新世纪高层建筑结构设计与施工手册

徐至钧　赵锡宏　主编
钱力航　唐兴荣等编著

中国建材工业出版社

图书在版编目（CIP）数据

新世纪高层建筑结构设计与施工手册/徐至钧，赵锡宏主编．—北京：中国建材工业出版社，2006.11

ISBN 7-80227-144-4

Ⅰ．新…　Ⅱ．①徐…　②赵…　Ⅲ．①高层建筑—结构设计—技术手册②高层建筑—工程施工—技术手册

Ⅳ．TU97-62

中国版本图书馆 CIP 数据核字（2006）第 102497 号

内容简介

本书根据中华人民共和国《高层建筑混凝土结构技术》规程（JGJ 2002）和我国 20 世纪 80 年代以来高层建筑结构设计经验和科研成果编著而成。该书比较系统地介绍了各种高层建筑结构的设计方法。全书共十三章。内容包括：绪论；高层建筑结构的体系选择和结构布置；高层建筑结构的设计荷载和地震作用；高层建筑结构分析方法；高层建筑结构内力分析和配筋要求；框架结构设计；剪力墙结构设计；框架-剪力墙结构设计；筒体结构设计；带转换层的高层建筑结构设计；高层建筑的地基与基础设计；高层建筑与地基基础的共同作用；高层钢结构设计；钢管混凝土结构；高层建筑结构计算实用程序与软件；高层建筑结构施工等。本书以实用为主，并附有大量工程实例和设计图表。

新世纪高层建筑结构设计与施工手册

徐至钧　赵锡宏　主编

钱力航　唐兴荣等编著

出版发行：中国建材工业出版社

地　　址：北京市西城区车公庄大街 6 号

邮　　编：100044

经　　销：全国各地新华书店

印　　刷：北京鑫正大印刷有限公司

开　　本：787mm×1092mm　1/16

印　　张：46.25

字　　数：1192 千字

版　　次：2006 年 11 月第 1 版

印　　次：2006 年 11 月第 1 次

定　　价：83.00 元

网上书店：www.ecool100.com

本书如出现印装质量问题，由我社发行部负责调换。联系电话：(010) 88386906

前　言

现代高层建筑是从19世纪80年代开始的。在1885年，美国芝加哥建成的家庭保险大楼被认为是世界第一幢现代高层建筑，仅为10层楼，55m高。此后，随着社会经济的发展，科学技术的进步和人类物质文化生活的需要不断发展，其高度、造型、建筑功能、结构体系、抗震防灾和环境艺术等方面都有新的发展和突破。特别是在20世纪50年代以后，各式各样的高层建筑如雨后春笋般地矗立于世界各大城市。据统计资料，目前不少发达国家的高层建筑约占整个城市建筑面积的30%～40%，如法国、原联邦德国、罗马尼亚约占40%，新加坡已占70%左右。所以，有的城市建筑专家预言：世界人口城市化以后，城市建筑必然也会向高层化发展。

高层建筑发展除了建筑功能、外观造型和结构体系不断创新和改进外，还有一个重要特点，就是建筑高度不断增高。这是因为高层建筑的高度，在一定程度上反映了一个国家的整体国力和科学技术的总体水平（特别是建筑科学技术）。同时，每幢著名高层建筑也是历史的写照和时代的纪念碑。自1885年世界第一幢现代高层建筑建成以后，经过13年（即1898年），其建筑高度才突破100m大关，又经过11年（即1909年）和21年（即1930年），分别突破了200m和300m大关。1931年美国纽约建成了帝国大厦，102层、381m高，41年后（即1972年）在美国纽约建成的世界贸易中心110层、417m高，突破了400m大关。根据目前美国高层建筑的建设，近期可望突破500m。日本也在积极构思和研究超过800m、1000m高的超高层建筑，试图建成世界最高的摩天大厦。因此，有的高层建筑专家预测：21世纪有可能超过1000m。

特别值得一提的是，亚洲高层建筑发展迅速，已逐步形成世界高层建筑的第二个中心。目前，亚洲高层建筑发展最快的除我国大陆及香港特别行政区外，还有新加坡、日本、韩国等，其共同特点是：地质条件较差，需要抗震和抗台风，建设场地狭窄，地皮价格高昂，建筑功能要求越来越全，建筑造型越来越复杂，高层建筑的需求量不断增多。另外，在世界最高的100幢高层建筑中，亚洲已有十多幢：香港中国银行和中环广场已排名前几位；新加坡的瑞福城市饭店（226m）是世界最高的旅馆；朝鲜的柳京饭店（334.2m）是世界最高的钢筋混凝土结构建筑；我国的上海金茂大厦是88层的超高层建筑，塔楼楼高420.5m，是目前国内最高的建筑物，也是世界第三高度的高层建筑。日本多地震，现超过100m高的有60多幢，超过200m高的有7幢。我国和日本在软土地基上建造高层建筑和结构抗震设计的水平，已位于世界领先地位。同时，在中国台湾、马来西亚、印度尼西亚、印度、泰国也兴建了很多高层建筑，特别是高层住宅。同时，亚洲的高层建筑专家也在积极构思和研究更高、更复杂的高层建筑，例如我国正在建设中的上海环球金融中心高492m，地上101层，预计2008年可以竣工，将成为亚洲最高的建筑也是世界最高的建筑。

本书根据中华人民共和国《高层建筑混凝土结构技术》规程（JGJ 2002）和我国20世纪80年代以来高层建筑结构设计经验和科研成果编著而成，比较系统地介绍了各种高层建筑结构的设计方法。全书共十三章，内容包括：绪论；高层建筑的建筑设计；高层建筑类型及布局；设计荷载和地震作用；框架与剪力墙结构设计；筒体结构设计；高层钢结构设计；钢管混凝土结构；带转换层高层建筑结构设计；地基与基础设计；高层建筑与地基基础的共同作用；高层建筑结构施工；高层建筑结构计算实用程序与软件等。本书以实用为主，并附有大量工程实例和设计图表。

本书可供高层建筑结构设计人员、科研工作者、现场施工工程技术人员使用，也可作为高等土建学校师生教学参考书。

书中引用了各科研、设计单位的资料，并在每章末参考文献中列出，尽可能在文中予以注明。

本书由徐至钧、赵锡宏主编。钱力航、唐兴荣等参加部分章节的编写。

本书各章编写人名单

第一章　赵锡宏、徐至钧、龚剑

第二章至第五章、第七章、第八章、第十二章　徐至钧

第十一章、第十三章　赵锡宏、龚剑

第十章　钱力航

第六章、第九章、第十二章第六节及第三章部分内容　唐兴荣

本书在编写过程中还得到很多同志的支持，提供了大量的实例资料，各章还邀请了一些国内知名专家审阅和修改。在编写过程中，傅细泉、张勇、赵尧钟、曾庆良、徐斐、李景、郭晰娥、罗利君、易亚东、林婷、徐卓、燕一鸣等同志也参加了部分编写和提供实例等工作，在此一并表示感谢。

书中不妥之处，尚祈各界读者朋友不吝指正。

编著者

2006 年 3 月 30 日于深圳

目　录

第一章 绪 论

近20年来，高层建筑发展十分迅速，如雨后春笋林立于世界各地，具有强大的生命力。它的突出优点是有效利用空间资源，占地面积小，可缓解大城市的住房困难、交通拥挤和用地紧张等情况。据国外的有关资料介绍，9～10层的建筑比5层的节约用地23%～28%，16～17层的建筑比5层的节约用地32%～49%。据前苏联的有关资料介绍，将5层的建筑增加到9层，其建筑密度可提高35%，小区市政设施的费用可降低32%。

高层建筑是相对而言的，全世界至今没有统一的划分标准，在不同国家、不同年代，其规定也不一样。如美国规定高度22～25m以上或7层以上的建筑为高层建筑；英国规定高度24.3m以上的建筑为高层建筑；法国规定居住建筑高度50m以上、其他建筑高度28m以上的建筑为高层；日本则把8层以上的建筑高度超过31m的建筑称为高层建筑，并把30层以上的旅馆、办公楼和20层以上的住宅规定为超高建筑。

根据欧洲和中东地区的商品房标准，超高层建筑是指楼层超过40～50层的建筑物。

我国《高层民用建筑防火规范》中规定10层以上的住宅和建筑高度超过24m的其他民用建筑为高层建筑。我国《高层建筑混凝土结构技术规程》中规定8层和8层以上的民用建筑为高层建筑。

高层建筑的意义深远，值得人们思考，主要表现在：

高层建筑的受力和变形状态十分复杂，设计与施工需要考虑的因素很多，涉及许多学科和部门。随着层数和高度的逐渐增加，建筑难度也越来越大。高层建筑的高度竞争，实际上是整个建筑科学技术和人才的竞争，它不仅反映一个国家的科学技术水平，而且也反映一个国家精神文明、物质文明和经济发展的程度和水平。与此同时，高层建筑的高度竞争必将推动和促进整个建筑科学、建筑材料和设备的发展，改变传统的设计概念、计算理论和施工方法，使现代高层建筑日臻完善，适应世界城市化的发展，满足人们的需要。高层建筑的发展已经成为历史的必然和时代的潮流。

我国古代高塔建筑早已闻名于世，20世纪末期，我国已有跃居世界第三建筑高度的上海金茂大厦，又有101层的台北国际金融中心，现正在建造更高的上海环球金融中心，但是，现代高层建筑的科研及建设水平与世界发达国家相比，还有相当大的差距。因此，应加强高层建筑的研究和实践，争取建设更多、更高和更好的高层建筑。

第一节 世界高层建筑的发展简况与趋势

远古时期具有高层建筑特性的构筑物始见于金字塔。据历史记载，公元前338年巴比伦帝国建造的巴贝尔塔（Tower of Babel Babylon），高度达300英尺（91.5m）。公元前280年建于亚历山大港口的石砌灯塔，高约500英尺（152.5m）。公元80年古罗马时期，已有砖墙承重的10层建筑。

现代高层建筑起源于18世纪初期，迄今约200多年历史。1801年英国建造的曼彻斯特棉纺厂，高7层，堪称世界上最早的以铸铁框架作为建筑物承重结构的高层建筑。1885年芝加哥建造10层的家庭保险公司，高55m，各国公认为第一幢具有现代意义的高层建筑，也是世界上第一幢高层钢结构建筑。1903年美国在辛辛那提建造的16层的英戈尔大楼，是世界上第一幢钢筋混凝土高层建筑。1907年纽约建造辛尔大厦，高47层，187m，是世界上第一幢超过金字塔高度的高层建筑。1913年纽约建造渥尔沃斯大厦，采用钢框架，高57层，241m。1931年纽约建成高381m、102层的帝国大厦（Empire State Building）（见图1-1），使高层建筑开始进入超高层，这座大厦保持世界最高建筑达40余年。1952年高38层的联合国秘书处办公楼在纽约落成。1973年，两座110层的世界贸易中心（World Trade Center）姐妹楼相继在纽约落成（见图1-2），其高度分别达到417m和415m。1967年芝加哥湖端大厦建成，高70层，196m，是世界上迄今最高的钢筋混凝土结构公寓楼。1969年和1973年高346m的标准石油公司大厦和高344m的约翰汉考克中心相继在芝加哥建成。1974年芝加哥西尔斯大厦（Sears Tower）建成（见图1-3），高110层，443m，成为世界第一高楼，第一称号保持24年之久，直至1998年马来西亚的双塔石油大厦（Petronas Tower）建成（见图1-4）。双塔石油大厦高452m，88层，成为新的世界第一高楼。1976年芝加哥水塔广场大厦建成，高74层，262m，是当时世界上最高的钢筋混凝土建筑，现在已让位给高288m的上海恒隆广场。

图1-1　帝国大厦

日本于1964年宣布废除不允许建造高层建筑的旧法规。同年，日本第一幢高楼，17层的新大谷旅馆建成。其后，东京新宿47层的京王旅馆、大阪32层的国际大厦、东京外围池袋区60层商业中心办公大楼、横滨70层的里程碑大厦等相继问世，横滨的里程碑大厦是日本当今的最高建筑。新加坡是拥有高层建筑较多的国家。在20世纪80年代中期，高66层、280m的海外联合银行中心大厦及高52层、235m的财政部大厦先后建成。20世纪90年代

图1-2　世界贸易中心大厦

图1-3　西尔斯大厦

图1-4　石油大厦

中期又建成高度均为280m的联合海外银行广场大厦和共和广场大厦。前苏联于1951年开始在莫斯科建造第一批高层建筑。1953年，莫斯科国立大学大厦建成，高26层，239m，至今仍是俄罗斯的最高建筑。朝鲜于1995年在平壤建成高300m、105层的柳京旅馆，是朝鲜的最高建筑。汉城于1985年建造的生活保险公司大厦，高249m，60层，是韩国的最高建筑。法国最高建筑是建于1973年的巴黎蒙巴那斯大厦，高229m，54层。德国的商业银行大厦（Commerzbank Tower)，高300m，是欧洲最高的大楼。非洲大陆最高建筑是南非约翰内斯堡的卡尔登中心，高50层，200m。

以上可见，高层建筑最多、最具有代表性的当推美国。在美国的高层建筑中，以纽约和芝加哥城市最有代表性。纽约高层建筑以高耸雄伟的气魄，表达金融精英的社会愿望。芝加哥高层建筑则以纯洁、简明的格局，显示现实的格调和经济发展的象征。表1-1是世界最高的14幢高层建筑。

表1-1 世界最高的14幢高层建筑

序号	名 称	城市	建成年代	层数	高度（m）	材料	用途
1	金融中心	台北	2003	101	508	M	多功能
2	石油大厦2 Petronas Tower 2	吉隆坡	1996	88	452	M	多功能
3	西尔斯 Sears Tower	芝加哥	1974	110	442	S	办 公
4	金茂大厦 Jinmao Building	上海	1998	88	421	M	多功能
5	世界贸易中心 World Trade Center	纽约	1972	110	417	S	办 公
6	帝国大厦 Empire State Building	纽约	1931	102	381	S	办 公
7	中环广场 Central Plaza	香港	1992	78	374	C	办 公
8	中银大厦 Bank of China Tower	香港	1989	70	369	M	办 公
9	T & C大厦 T & C Tower	高雄	1997	85	348	S	多功能
10	标准石油公司大厦 Amoco Building	芝加哥	1973	80	346	S	办 公
11	约翰汉考克中心 John Hancock Center	芝加哥	1969	100	344	S	多功能
12	地王大厦 Shun Hing Square	深圳	1996	69	384	M	办 公
13	中天广场 Sky Central Plaza	广州	1996	80	322	C	多功能
14	芝加哥湖滨大酒店 Chicago Beach Tower Hotel	迪拜	1998	60	321	M	旅 馆

注：材料栏中M为钢混结构；S为钢结构；C为混凝土结构。

国外高层建筑的发展大体可分为四个阶段：

第一阶段：在19世纪中叶以前，欧洲和美国一般只能建造6层左右的建筑，其主要原因是缺少建造高层建筑的材料和可靠的垂直运输系统。

第二阶段：从19世纪中叶开始到20世纪50年代初，在1855年发明电梯系统，1924年发明硅酸盐水泥，加上钢铁工业的不断进步，促进高层建筑的发展。如美国1903年建造16层的英戈尔大楼，1931年建造102层、高度为381m的帝国大厦，成为当时世界最高建筑。

第三阶段：从20世纪50年代开始，特别是20世纪60年代以后到20世纪80年代，高层建筑已发展成许多结构体系。除钢结构外，预应力钢筋混凝土及轻质高强混凝土相继用于高层建筑。此外，高层建筑的高度不断增加。美国1974年建成的西尔斯大厦，建筑面积为418000m^2，地面以上为110层，建筑高度为443m。该大厦从下向上分为四段：从地面到49层为第一段，其平面为68.6m×68.6m的正方形；第50～65层为第二段，其平面为Z字形，标准层面积为3848m^2；第66～89层为第三段，其平面为十字形，标准层面积2803m^2；第90层至110层为第四段，其平面为矩形，标准层面积为1141m^2。这样，世界最高的帝国大厦让位给了西尔斯大厦。

为了有助于对第四阶段高层建筑发展的认识，有必要阐述20世纪80年代国外高层建筑发展的简况与特点。

根据世界100幢高层建筑［2002年高层建筑与城市住宅委员会（CTBUH）发布的统计见表1-2］的调查分析表明，高层建筑发展迅速的主要原因是近代的工业革命和城市人口迅速发展。1920年，世界人口只有14%住在城市，而在20世纪80年代已有40%以上集居城市，发达国家超过70%，如美国为82.7%，德国为92%，日本为77%，前苏联为65%，我国城市人口已超过总人口的20%。据统计，全世界超过100万城市人口的特大城市已超过210个。

与其他国家相比，美国高层建筑的设计与施工具有突出的优势。世界超过212m以上的100幢高层建筑中，美国有79幢（其中纽约有24幢）；到1989年底，世界超过300m以上的10幢高层建筑中，美国有9幢（其中纽约有4幢）。由此可见，美国的建筑科学技术处于世界领先地位。仅80年代以来，美国建成的著名高层建筑将近50幢且颇具特色，如1985年在芝加哥建成的奥蒂尼中心大楼，58层，由一个主楼及一个斜坡形的低层辅助楼组成。整个建筑面积为85000m^2，主体结构的整体抗水平力的结构体系由钢筋混凝土外密柱及裙梁所组成，把一些窗灌充混凝土，以增加结构的横向刚度。这些钢筋混凝土填充格不仅像高层钢结构中的十字形支撑一样起作用，而且还可作为一种剪力墙，承担水平力。此外，1983年在休斯顿建成的特兰斯科大厦，以及美国电话电报办公大楼等均很有特色。

随着旅游业的兴起和发展，在各国的高层建筑中，旅馆和饭店占很大的比例。美国的希尔顿旅馆财团在国内和世界许多国家都拥有高层豪华宾馆，如24层的匹兹堡希尔顿旅馆，45层的纽约希尔顿旅馆，28层的伦敦希尔顿旅馆，以及我国上海43层的静安希尔顿旅馆。新加坡成拉弗尔斯城饭店，共70层，高226m，为在全世界旅馆建筑中第一高。

根据1987年统计，日本超过60m的建筑已有166幢，200m以上的有6幢，100m以上的有59幢。

英国的高层建筑占城市建筑的40%以上；法国的高层建筑占城市建筑的40%，代表性建筑如巴黎的麦纳·蒙帕尔斯办公大楼，64层（其中地上为58层，地下为6层），高229m。

其他各国的高层建筑也有相当大的发展。如加拿大72层的第一大银行大厦，高度为285m；澳大利亚70层的瑞尔图中心，高度为243m。此外，还有马来西亚的泰蓬哈奇大楼，总高度为137m。该大楼设计成锥筒形，把民族传统与现代建筑统一为一体。在香港建成的中国银行大厦，地下有2层，地面上有70层。总建筑面积为130000m^2，高度为315.4m，加上顶部的天线，总高度为368m，列为世界高层建筑第五位。朝鲜民主主义人民共和国的105层、305.4m高的平壤柳京饭店，采用钢筋混凝土锥形结构。

概括起来，20世纪80年代高层建筑发展有如下的主要特点：

1. 40层以上的超高层建筑，采用钢结构居多。40层以下一般采用现浇钢筋混凝土结构。按1990年对100幢高层建筑的分析表明：钢结构占66%，钢-混凝土结构占18%，钢筋混凝土结构仅占16%。

2. 混凝土强度等级不断提高，如美国旧金山1983年建成的一幢高层建筑，柱子的混凝土强度达到45.7MPa，高强钢筋也在这类工程中广泛应用，使得高层建筑中的梁、柱断面尽可能减小，建筑空间和有效使用面积尽可能增加。

表1-2 世界上最高的100幢建筑

高层建筑与城市住宅委员会（CTBUH）2002年6月发布

序号	名称	城市	建成	层数	高度	材料	用途
1	石油大厦1 Petronas Tower1	吉隆坡	1998	88	452	M	多功能
2	石油大厦2 Petronas Tower2	吉隆坡	1998	88	452	M	多功能
3	西尔斯大厦 Sears Tower	芝加哥	1974	110	442	S	办公
4	金茂大厦 Jin MaoBuilding	上海	1999	88	421	M	多功能
5	中信广场 Citic Plaza	广州	1996	80	391	C	多功能
6	地王大厦 Shun Hing Square	深圳	1996	69	384	M	办公
7	帝国大厦 Empire State Building	纽约	1931	102	381	S	办公
8	中环广场 Central Plaza	香港	1992	78	374	C	办公
9	中银大厦 Bank of China	香港	1989	70	369	M	办公
10	酋长国大厦1 Emirates Tower One	迪拜	1999	55	355	M	多功能
11	中环中心 The Center	香港	1998	79	350	S	办公
12	东帝士金融中心大厦 T&CTower	高雄	1997	85	348	S	多功能
13	Aon中心 Aon Centre	芝加哥	1973	80	346	S	办公
14	约翰汉考克中心 John Hancock Center	芝加哥	1969	100	344	S	多功能
15	阿拉伯饭店 Burj al Arab Hotel	迪拜	1999	60	321	M	饭店
16	克莱斯勒大厦 Chrysler Building	纽约	1930	77	319	S	办公
17	美洲银行广场 Bank of America Plaza	亚特兰大	1993	55	312	M	多功能
18	图书大厦 Libray Tower	洛杉矶	1990	75	310	M	办公
19	马来西亚电信总部 Telekom Malaysia Headquarters	吉隆坡	1999	55	310	M	办公
20	酋长国大厦2 Emirates Tower Two	迪拜	2000	56	309	C	饭店
21	AT&T公司中心 AT&T Corporate Center	芝加哥	1989	60	307	M	办公
22	JP摩根大厦 JP Morgan Chase Tower	休斯顿	1982	75	305	M	办公
23	拜约基大厦Ⅱ Baiyoke Tower Ⅱ	曼谷	1997	85	304	C	饭店

续表

序号	名　　称	城市	建成	层数	高度	材料	用途
24	咨询广场　Two Prudendial Plaza	芝加哥	1990	64	303	C	办　公
25	平壤饭店　Pyongyang Hotel	平　壤	1995	105	300	C	饭　店
26	商业银行大厦　Commerzbank Tower	法兰克福	1997	63	299	M	办　公
27	第一加拿大大厦　First Canadian Place	多伦多	1975	72	298	S	办　公
28	王国中心　Kingdom Center	利雅得	2001	72	296	C	办　公
29	威尔斯法哥广场　Wells Fargo Plaza	休斯顿	1983	71	296	S	办　公
30	标志大厦　Landmark Tower	横　滨	1993	70	296	S	多功能
31	美洲银行中心　Bank of America Center	西雅图	1984	76	295	M	办　公
32	南威克街 311 号大厦　311 South Wacker Drive	芝加哥	1990	65	293	C	办　公
33	赛格广场　SEG Plaza	深　圳	2000	72	292	M	多功能
34	美洲国际大厦　American International Building	纽　约	1932	67	290	S	办　公
35	长江中心　Cheung Kong Center	香　港	1999	70	290	S	办　公
36	琴键大厦　Key Tower	存利夫兰	1991	57	289	M	办　公
37	自由大厦 1　One Liberty Place	费　城	1987	61	288	S	办　公
38	明天广场　Sunjoy Tomorrow Square	上　海	1999	58	283	C	多功能
39	王牌大厦　The Trump Building	纽　约	1930	72	283	S	办　公
40	恒隆广场　Plaza66	上　海	2001	62	281	C	多功能
41	美洲银行广场　Bank of America Plaza	达拉斯	1985	72	281	M	办　公
42	大华银行中心　Overseas Union Bank Centre	新加坡	1986	66	280	S	办　公
43	大华银行广场　United Overseas Bank Plaza	新加坡	1992	66	280	S	办　公
44	共和广场　Republic Plaza	新加坡	1995	66	280	M	办　公
45	花旗中心　Citicorp Center	纽　约	1977	59	279	S	多功能
46	斯科休广场　Scotia Plaza	多伦多	1989	68	275	M	办　公
47	威廉姆大厦　Williams Tower	休斯顿	1983	64	275	S	办　公
48	复兴大厦　Renaissance Tower	达拉斯	1975	56	270	S	办　公
49	世界王牌大厦　Trump World Tower	纽　约	2001	72	269	C	居　住
50	AI 中心　AI Faisaliah Center	利雅得	2000	30	267	M	多功能
51	北密歇根街 900 号大厦　900 North Michigan Avenue	芝加哥	1989	66	265	M	多功能
52	国民银行合作中心　Nationsbank Corporate Center	夏络特	1992	60	265	C	办　公
53	太阳信托大厦　Sun Trust Plaza	亚特兰大	1992	60	265	C	办　公
54	香港新世界大厦　Hong Kong New World Building	上　海	2001	58	265	S	多功能
55	深圳特区报大厦　Shenzhen Special Zone Daily Tower	深　圳	1998	42	264	C	办　公
56	加拿大信托大厦　BCE Place-Canada Trust Tower	多伦多	1990	51	263	M	办　公
57	水塔大厦　Water Tower Place	芝加哥	1976	74	262	C	多功能
58	Aon 中心　Aon Center	洛杉矶	1974	62	262	S	办　公
59	全美金字塔大厦　Transamerica pyramid	旧金山	1972	48	260	M	办　公
60	洛克菲特中心　GE Building，Rockefeller Center	纽　约	1933	70	259	S	办　公
61	第一银行广场　Bank One Plaza	芝加哥	1969	60	259	S	办　公
62	自由大厦 2　Two Liberty Place	费　城	1990	58	258	S	办　公
63	公园大厦　Park Tower	芝加哥	2000	67	257	C	多功能

续表

序号	名 称	城市	建成	层数	高度	材料	用途
64	迈萨托大厦 Messeturm	法兰克福	1990	70	257	C	办 公
65	USX 大厦 USX Tower	匹兹堡	1970	64	256	S	办 公
66	林谷门楼 Rinku Gate Tower	大 阪	1996	56	256		多功能
67	首都大厦 Capital Tower	新加坡	2000	52	254		办 公
68	大阪世界贸易中心 Osaka World Trade Center	大 阪	1995	55	252	S	办 公
69	瑞托大厦 RialtoTower	墨尔本	1985	63	251	C	办 公
70	亚特兰大中心 One Atlantic Center	亚特兰大	1987	50	250	M	办 公
71	BNI 城市大厦 BNI City Tower	雅加达	1995	46	250	C	办 公
72	韩国人寿保险公司 Korea Life Insurance CoMPany	汉 城	1985	60	249	S	办 公
73	城巅大厦 City Spire	纽 约	1989	75	248	C	多功能
74	蔡斯曼哈顿广场 One Chase Manhattan Plaza	纽 约	1961	60	248	S	办 公
75	第一银行大厦 Bank One Tower	印第安纳波利斯	1989	48	247	S	办 公
76	皇家大厦 Royal Charoen Krung Tower	曼 谷	2001	68	247		办 公
77	康德纳斯大厦 Conde Nast Building	纽 约	1999	48	247	S	办 公
78	迈特莱夫大厦 MetLife	纽 约	1963	59	246	S	办 公
79	JR 中央大厦 JR Central Towers	名古屋	2000	51	245		多功能
80	顺康生命大厦 Shin gong Life Tower	台 北	1993	51	244	M	办 公
81	马来银行 Malayan Bank	吉隆坡	1988	50	244	C	办 公
82	东京都厅大厦 Tokyo Metropolitan Government	东 京	1991	48	243	M	办 公
83	城市门楼 City Gate Tower	拉马特甘	2001	67	242		多功能
84	大连世界贸易中心 Dalian World Trade Center	大 连	2000	55	242	M	办 公
85	乌尔沃斯大厦 Woolworth Building	纽 约	1913	57	241	S	办 公
86	美浓银行中心 Mellon Bank Center	费 城	1991	54	241	M	办 公
87	中银大厦 Bank of China Mansion	青 岛	1999	54	241	C	办 公
88	菲律宾交通银行 Philippine Bank of Communications	马尼拉	2000	52	241	C	办 公
89	约翰汉考克大厦 John Hancock tower	波士顿	1976	60	240	S	办 公
90	宏利莎广场 Manulife Plaza	香 港	1998	52	240		办 公
91	多科木约约基大厦 DoCoMo Yoyogi Building	东 京	2000	33	240		办 公
92	第一银行中心 Bank One Center	达拉斯	1987	60	240	M	办 公
93	加拿大商业银行 Canadian Imperial Bank of Commerce	多伦多	1973	57	239	M	办 公
94	莫斯科国立大学 Moscow State University.	莫斯科	1953	26	239	S	多功能
95	帝国大厦 Empire Tower	吉隆坡	1994	62	238	M	办 公
96	美洲银行中心 Bank of America Center	休斯顿	1984	56	238	S	办 公
97	美洲银行中心 Bank of America Center	旧金山	1969	52	237	S	办 公
98	世界广场 Worldwide Plaza	纽 约	1989	47	237	S	办 公
99	第一银行大厦 First Bank Place	明尼阿波	1992	58	236	M	办 公
100	IDS 中心 IDS Center	明尼阿波	1973	57	236	M	多功能

说明：1. 高度为建筑物主入口地面至结构顶。

2. S 为钢结构；C 为混凝土结构；M 为钢-混凝土结构。

3. 表中个别项目高度与实际有出入。

4. 本表摘自胡世德、方鄂华译编论文。

3. 在现浇钢筋混凝土结构的高层建筑中，普遍采用板柱体系，简化大量楼板的施工工艺。为了降低板柱体系的建筑用钢量，提高板柱的刚度和抗裂性能，尤其是尽量加大结构的跨度，采用无粘结预应力楼板较多时将有较好效果。

4. 大型超高层建筑大多是采用筒中筒结构或多筒结构体系，如世界贸易中心大厦，结构外筒采用加密柱，9 层以下柱距为 3m，9 层以上柱距仅 1m。在平面布局上，将电梯井、卫生间和设备管用房设置在中间筒体中，内外筒之间采用隔壁，按不同需要进行灵活分割。

5. 地基与基础的处理技术比较复杂。按补偿式基础设计的要求和增加建筑整体稳定性，一般高层建筑均设多层地下室，如世界贸易中心设地下室 7 层，其中 4 层是汽车库，可停 2000 辆小汽车，其余为商场和地下车站。总之，随着科学技术的进步，高层建筑的高度、结构体系、材料施工技术及设备必将得到进一步发展。

第四阶段：从 20 世纪 90 年代开始到现在。在这 15 年中，高层建筑发生了巨大变化，见表 1-1～表 1-4。

表 1-3　世界最高的 100 幢建筑发展简表

高层建筑与城市住宅委员会（CTBUH）发布

公布年月	高度范围（m）	层数范围	材料（幢）				用途（幢）				建成时间	分布国家或地区数	其中主要国家或地区幢数								
			钢S	钢混M	混凝土C	其他	办公	多功能	旅馆	其他			美国	加拿大	日本	新加坡	中国 内地	中国 香港	马来西亚	澳大利亚	其他
1986.01	206～443	32～110	65	22	13	0	89	8	3	0	1913～1988	12	78	5	4	3	0	2	1	2	5
1990.11	218～443	32～110	53	26	19	2	85	12	3	0	1913～1993	14	76	5	3	3	0	1	1	3	8
1995.10	226～450	26～110	45	26	18	11	81	16	1	2	1913～1996	17	60	4	6	4	3	5	4	3	11
1998.01	227～452	26～110	46	34	18	2	75	21	2	2	1913～1998	18	59	4	6	4	8	3	5	3	13
2002.06	236～452	26～110	37	32	23	8	71	24	4	1	1998～2001	17	48	4	6	4	17	5	5	1	13

表 1-4　世界最高的 100 幢建筑发展的建成年代和分布

高层建筑与城市住宅委员会（CTBUH）1998.1 发布

建成年代	北美洲	亚洲	欧洲	大洋洲	合计
1913～1979	28	—	2	1	31
1980～1989	19	7	—	1	27
1990～1998	16	22	3	1	42
总计	63	29	5	3	100

1. 世界高层建筑的最高位已由 1998 年马来西亚吉隆坡建成的石油大厦双塔楼（452m、88 层）占有。首位不再是美国，中国的金茂大厦（见图 1-5）也于 1998 年相继跃居第 4 位，见表 1-1；从表 1-1 所示的 14 幢（实存 13 幢）世界上最高建筑中，中国有 6 幢（包括台湾 1 幢），变为首位。

图 1-5　金茂大厦

2. 高层建筑的分布情况随着时间的推移有所变化，北美洲的高层建筑由 28 幢减至 16 幢，而亚洲则从无跃升至第 1 位，占了 22 幢，见表 1-2。

以上两点的变化，亚洲高层建筑的地位无疑显得越来越重要。

3. 高层建筑的结构。与 20 世纪 80 年代相仿，从表 1-1 可见，世界最高的 14 幢建筑中，钢结构仍最多，7 幢，占 46.7%；钢混结构 6 幢，占 40%；混凝土结构 2 幢，占 13.3%。其中钢-混凝土占的比例有所上升。

4. 从表 1-2 可以看出：世界最高的 100 幢建筑，经过 12 年的时间推移，分布国家或地区的数量由 12 个增至 18 个；美国由 78 幢减至 59 幢，仍占鳌头，显示着美国的高层建筑的高超水平。

此外，各国正在建造中的高层建筑有：上海环球金融中心（见图 1-6），101 层，高 492m；台北国际金融中心（见图 1-7），101 层，高 508m；还有计划已批准建造的澳大利亚墨尔本摩天大楼 120 层，高 560m。

为了发展旅游事业和满足人民生活需要，澳大利亚的黄金海岸正在建造号称世界第一的 80 层高层住宅，见图 1-8。

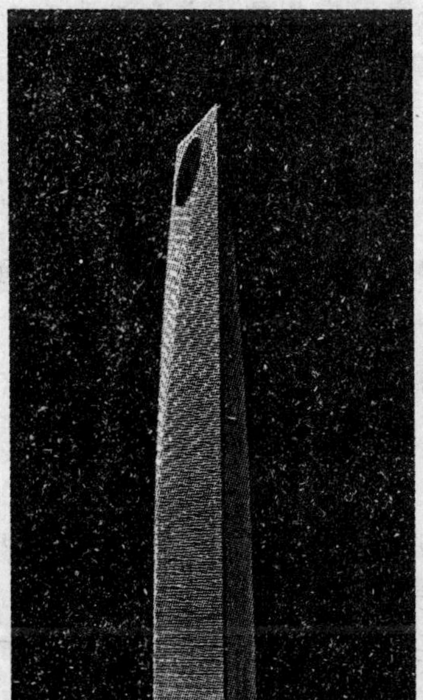

图 1-6　上海环球金融中心

图 1-7　台北国际金融中心

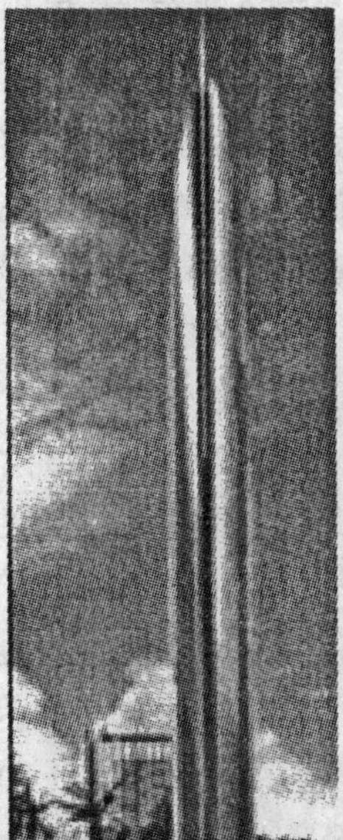

图 1-8　澳大利亚墨尔本摩天大楼

第二节 我国高层建筑的发展简况与趋势

我国是高层建筑的真正“故乡”和“发源地”，有着悠久的历史。

我国古代建造的许多佛塔，多因木结构建造已毁。据考证，公元386～534年北魏首都洛阳有千余佛寺，其中永宁寺木塔高达一千尺，现已毁。始建于公元247年（三国东吴）、重建于公元977年（北宋）的上海龙华塔，现保存良好。建于公元523年（南北朝）的河南登封县的嵩岳寺塔，15层，高约40m，是砖砌塔楼。建于公元1055年（北宋）的河北定县开元寺的料敌塔，11层，高约82m，是我国最高的砖塔。建于公元1056年（北宋）的山西应县佛宫寺释伽塔，9层，高为60m，堪称世界木结构奇迹，是世界现存最高最古老的木结构建筑。这些古代的高层建筑不仅在建筑艺术上具有很高的水平，而且，结构体系、施工技术和施工方法也具有很高的水平，并经受了若干次大地震的考验。

我国现代高层建筑的发展始于20世纪20年代。1923年上海建造10层高的字林亚报大楼，也就是今天中山东一路的桂林大楼，是我国第一幢现代高层建筑。1934年建成的上海国际饭店（Park Hotel），地上22层，地下2层，地面以上82.5m，是当时我国最高的高层建筑；同年建成的还有上海百老汇大厦，也就是今天的上海大厦，21层，高76m。此外，广州也建成了爱群大厦等。

20世纪初到新中国成立，我国高层建筑很少，大都是外国人设计的。我国自己设计和施工的高层建筑始于20世纪50年代初期。首都北京建造了8层的和平宾馆。1958～1959年，北京的十大建筑工程推动了高层建筑的发展。

20世纪60年代中期，高层建筑有所发展，如1966年广州建成18层的人民大厦，高度为63m；1968年建成广州宾馆，总高度为88m，是20世纪60年代我国最高的高层建筑，代替了上海国际饭店。

20世纪70年代，我国高层建筑发展较快，如北京的外交公寓、广州的流花宾馆和东方宾馆、上海的延安饭店、南宁的邕江饭店等。1974年北京建成高80.40m、20层的北京饭店新楼，是我国20世纪70年代在8度地震区的最高建筑。与此同时，高层住宅大量兴建，如北京14～16层的外交公寓、北京前三门大街的48幢8～15层高层住宅、上海漕溪路的20幢13～16层高层住宅、沈阳的16层的铁路局公寓（首次采用陶粒混凝土承重剪力墙结构）。1977年建成33层的广州白云宾馆，高度为112.45m，是20世纪70年代我国最高的高层建筑。

20世纪80年代，高层建筑发展更快，其特点是数量大、层数多、造型复杂、分布地区广泛、不断应用新的结构体系。

北京的高层建筑兴建的数量逐渐增加，已占房屋总建筑面积的52%。北京的中央彩色电视中心，建筑高度达112.7m，主层建筑为27层，是我国8度地震区中最高的建筑。北京西苑饭店建筑面积为625500m²，全楼分高层客房楼A段、裙房部分大厅B段和宴会厅C段。A段地面以上总高度为93.40m，地上29层，地下3层，平面呈L形。整个建筑设计布局紧凑、使用方便、外形新颖，室内装潢整洁素雅。

上海新锦江饭店是一座现代化的高级宾馆，总建筑面积为57000m²。大楼由主楼和裙房组成，共43层，总高度为153.52m。全部结构采用框架-芯墙全钢结构体系。上海第一家五星级旅馆——静安希尔顿酒店，建筑面积69244m²，塔楼43层，总高度为143.62m，外形呈三角形。另外，1989 年建成的上海展览馆北馆（上海商城），总建筑面积为 185000m²，高度为 164.80m，由 3 幢大楼联合组成，两侧为 32 层，共计 500 套公寓。中间一幢为 48 层，是拥有 700 间客房的国际一流水平旅馆。贯通三幢大楼的是 8 层裙楼。

广州白天鹅宾馆，共 34 层，总高度为 100m，主楼平面呈腰鼓形，长 80m，中间宽为 29m，两头为 18m。广州花园酒店，31 层，总高度为 111.5m，建筑面积为 170000m²。广州南海石油中心的珠江帆影工程，主楼 41 层，为框架-剪力墙-筒体结构，6 层裙房。

深圳特区的高层建筑发展更快。从 1981 年 4 月到 1989 年底，短短 8 年时间，高层建筑已有近 100 幢，如 38 层的亚洲大酒店，高 114.4m，建筑面积为 64000m²；深圳国际贸易中心大厦，钢筋混凝土结构，高 158.65m，地上 50 层，地下 3 层，建筑面积约为 100000m²，该大厦设计新颖，功能齐全，设计先进。此外还有我国第一项大型高层钢结构工程——深圳发展中心大厦，43 层，高 165.3m，加上天线，总高度为 185.3m。因此，深圳特区成为我国拥有高层建筑最多的城市之一。

20 世纪 90 年代，我国高层建筑发展进入一个新的时期，中国最高的 219 幢高层建筑（2005）的统计见表 1-5。其中绝大多数是在 20 世纪 90 年代建成。世界最高的 15 幢高层建筑中，已有上海金茂大厦（1998），深圳地王大厦（1996）和广州中天广场（1996）。目前，上海正在建造 101 层高的环球金融中心。

表 1-5　我国超高层建筑调查一览表（2005 年）

序号	名　称	地点	高度（m）	层数	结构	材料	竣工日期
1	国贸大厦	北京	155	39	筒中筒	S	1989
2	国贸大厦（二期）	北京	156	39	框筒	M	1998
3	国贸大厦（三期）	北京	330	73		FG+S	施工中
4	京广中心	北京	208	57	框剪	S	1990
5	京城大厦	北京	183	52	框剪	SC	1991
6	中国服装研究设计中心大厦	北京	125	32	框架内筒	RC	1994
7	新华社技术业务楼	北京	117	28	框剪	RC	1989
8	四川大厦	北京	114	36	框支剪力墙核心筒	RC	1994
9	方庄芳群园金汇中心	北京	114	32	框剪	RC	1994
10	中央彩色电视中心	北京	112	27	筒中筒	RC	1986
11	新世纪饭店	北京	111	35	框剪	RC	1991
12	电子科研设计楼	北京	111	32		RC	1994
13	京信大厦	北京	109	32		RC	1990
14	光大大厦	北京	106	26		RC	1994
15	中国国际贸易中心南、北公寓	北京	105	34	筒中筒	RC	1989
16	亮马河大厦	北京	104	29	框筒	RC	1989
17	北京国际饭店	北京	104	31	剪力墙	RC	1987
18	电视中心综合业务楼	北京	200	41		RC+F	施工中
19	摩根大厦	北京	168	39		F	2001
20	中关村金融中心	北京	150	35		F	2004
21	财富广场	北京	151.8	40		RC+F	施工中

续表

序号	名　称	地点	高度（m）	层数	结构	材料	竣工日期
22	佳程广场	北京	99.99	25		RC	
23	银泰中心	北京	249	62		F	施工中
24	LG 大厦	北京	141	31		RC+FG	施工中
25	建设大厦	上海	173	46	框筒	C	1996
26	世界广场	上海	172	43	框支	S	1997
27	上海力宝中心	上海	172	40	框筒	M	1998
28	中国保险公司	上海	169	42	框剪	C	1998
29	久事大厦	上海	168	40	框剪	C	1998
30	上海电视台制作中心	上海	168	32	框筒	C	1998
31	金茂大厦	上海	420.5	88	框筒	M	1998
32	恒隆广场	上海	288	66	框筒	C	1998
33	明天广场	上海	283	58	框筒	C	1996
34	上海交银金融大厦（北楼）	上海	230	55	框剪	M	1998
35	上海交银金融大厦（南楼）	上海	197	48	框剪	M	1998
36	世界贸易大厦	上海	229	58	筒中筒	C	1998
37	浦东国际金融大厦	上海	226	56	框筒	M	1998
38	万都中心	上海	211	55	框筒	C	1998
39	国际航运大厦	上海	208	50	框筒	M	1998
40	上海森茂国际大厦	上海	203	46	框筒	M	1997
41	世界金融大厦	上海	189	46	框筒	M	1997
42	金钟广场	上海	186	46	框筒	C	1998
43	东锦江大酒店	上海	174	49	框剪	C	1998
44	兰生大厦	上海	173	40	框筒	C	1996
45	建设大厦	上海	173	46	框筒	C	1996
46	世界广场	上海	172	43	框支	S	1997
47	上海力宝中心	上海	172	40	框筒	M	1998
48	中国保险公司	上海	169	42	框剪	C	1998
49	久事大厦	上海	168	40	框剪	C	1998
50	上海电视台制作中心	上海	168	32	框筒	C	1998
51	新金桥大厦	上海	167	42	框筒	RC+F	1996
52	上海展览馆北馆	上海	165	48	框剪	C	1990
53	上海京银大厦	上海	160	39	框筒	C	1998
54	复兴（无锡）大厦	上海	158	43	框筒	C	1997
55	浦东银都商厦	上海	158	41	框筒	C	1997
56	中欣大厦	上海	157	42	筒中筒	C	1998
57	期货大厦	上海	156	42	框筒	RC+F	1997
58	上海银冠大厦	上海	156	38	框筒	M	1998
59	浦东民航大厦	上海	154	44	框筒	C	1997
60	新锦江饭店	上海	153	46	框支剪	S	1988

续表

序号	名称	地点	高度(m)	层数	结构	材料	竣工日期
61	上海浦东假日酒店	上海	152	38	框剪	C	1995
62	宝安大厦	上海	151	42	框筒	C	1994
63	上海实业大厦	上海	150	42	框筒	C	1999
64	上海大厦	上海	150	40	框筒	C	1996
65	世界贸易大厦	上海	150	39	框筒	C	1996
66	上海商城中楼	上海	165	48		RC	1990
67	静安希尔顿酒店	上海	140	43	框筒	S+RC	1988
68	上海国际贸易中心大楼	上海	134	37		S	1990
69	上海电信大楼	上海	132	24		RC	1987
70	联合大厦	上海	129	36		RC	1990
71	扬子江大酒店	上海	124	39		RC	1994
72	华东电力大楼	上海	122	30		RC	1988
73	金陵综合业务楼	上海	121	32		RC	1993
74	花园饭店	上海	119	34		RC	1989
75	上海海仑宾馆	上海	116	35		RC	1990
76	上海物资贸易中心	上海	114	33		RC	1989
77	上海金桥大厦	上海	112	35		RC	1990
78	上海商城东、西公寓	上海	112	32	框剪	RC	1990
79	美丽园大厦	上海	109	32	框剪	RC	1991
80	柏树大厦	上海	107	33		RC	1991
81	瑞金大厦	上海	107	29		S+RC	1986
82	上海外贸谈判大楼	上海	107	33		RC	1990
83	联谊大厦	上海	106	30		RC	1985
84	银河宾馆	上海	106	36		RC	1990
85	上海锦沧文华大酒店	上海	105	31		RC	1990
86	远洋宾馆	上海	104	31		RC	1988
87	环球金融中心	上海	492	101		F+RC	施工中
88	世茂广场	上海	248	60		RC+FG	施工中
89	仿锤型某超高层建筑	上海	240.3	57		RC	施工中
90	中国银行大厦	上海	230	53		RG+F	2004
91	新世界广场	上海	206	60		RC+F	2004
92	上海银行	上海	200	46		RC+F	施工中
93	信息枢纽大楼	上海	184.5	41		RC+F	2002
94	中国保险大厦	上海	154	39		RC+FG	2001
95	国贸中心	上海	142	37		F	1998
96	证券大厦	上海	120.9	27		RC+F	2002
97	国贸大厦	深圳	160	53	筒中筒	C	1985
98	发展中心大厦	深圳	163	41	框剪	M	1990
99	联合广场	深圳	195	61	框-筒	C	1995

续表

序号	名　称	地点	高度（m）	层数	结构	材料	竣工日期
100	深房广场	深圳	172.05	50	框-筒	C	1995
101	华能大厦	深圳	188	45	框-筒	C	1995
102	地王商业大厦	深圳	383.95	69	框-筒	M	1996
103	鸿昌大厦	深圳	248	63	筒中筒	C	1996
104	深圳俊园	深圳	186	46	框剪	C	1996
105	国通大厦	深圳	207.22	45	框-筒	C	1997
106	蛇口新时代广场	深圳	175.13	39	框-筒	C	1997
107	深圳特区报业大厦	深圳	260	48	框-筒	C	1998
108	电子科技大厦	深圳	181	47	框剪	C	1998
109	彭年广场	深圳	213.6	58	框-多筒	C	1998
110	国税大厦	深圳	178.5	40	框-筒	C	1998
111	新世纪广场（双塔）	深圳	188	46/45	框-筒	C	1999
112	长江世贸广场	深圳	165	45	筒中筒	C	1999
113	赛格广场	深圳	345.8	72	框-筒	M	2000
114	招商银行大厦	深圳	237.1	52	框-筒	M	2001
115	信息枢纽大厦	深圳	240.65	52	框-筒	C	2001
116	福田保税区加福广场	深圳	217.8	58	剪力墙	M	2002
117	罗湖商务大厦	深圳	228	45	框-筒	M	2003
118	国际商会中心	深圳	224.5	53	框-筒	C	2004
119	安联大厦	深圳	159.7	37	框-筒	C	2004
120	皇都花园	深圳	150	43	框-筒	C	2004
121	经协大厦	深圳	195	56	框-筒	C	1995
122	深房广场	深圳	175	50	框-筒	C	1995
123	庐山大厦	深圳	120.6	35	框-筒	C	1998
124	城市天地广场	深圳	170	40	剪力墙	C+钢转换层	2005
125	地铁大厦	深圳	151.5	36	框-筒	C+钢支撑	2005
126	诺德中心	深圳	193.2	38	框-筒	FG+C	2005
127	雍景台大厦	深圳	168	48	剪力墙	RC	2004
128	中天广场	广州	322	80	框筒	C	1996
129	广州新中国大厦	广州	202	51	框筒	C	1998
130	广东国际大厦主楼	广州	199	63	筒中筒	C	1992
131	大都会广场	广州	199	48	框筒	C	1996
132	江湾新城中区	广州	152	46	剪力墙	C	1996
133	广东亚洲大酒店	广州	170	46	框剪	C	1998
134	广州国际贸易中心	广州	167	48	框筒	C	1996
135	广信大厦	广州	168	48	框筒	C	1996
136	东风路065工程	广州	166	46	框筒	C	1996
137	广东省彩色电视中心	广州	148	33		RC	1990
138	华侨大厦	广州	134	42		RC	1991

续表

序号	名　称	地点	高度（m）	层数	结构	材料	竣工日期
139	华厦大酒店	广州	133	43		RC	1991
140	金鹰大厦	广州	120	36		RC	1990
141	世界贸易中心大厦北楼	广州	120	36		RC	1992
142	花园酒店西楼	广州	112	31		RC	1985
143	中国人民银行广东分行	广州	110	29		RC	1987
144	振兴酒店	广州	109	28		RC	1990
145	广东国际大厦A副楼	广州	108	30		RC	1991
146	信合大厦	广州	120	32		RC+F	施工中
147	某超高层写字楼	广州	160	37		F	施工中
148	中银大厦	青岛	246	58	筒中筒	C	1996
149	武汉国际贸易中心	武汉	212	53	筒中筒	C	1996
150	金鹰国际商城	南京	206	58	筒中筒	C	1997
151	佳丽广场	武汉	202	54	筒中筒	C	1997
152	大连远洋大厦	大连	201	51	框筒	RC+F	1998
153	云山大厦	大连	208	52		RC+F	2004
154	国贸中心大厦	大连	341	78		FG+RC	
155	佛山国际商业中心	佛山	191	52	框筒	C	1997
156	山东省商业广场	济南	185	53	筒中筒	C	1996
157	裕达国际贸易中心	郑州	188	45	筒中筒	C	1997
158	武汉广场	武汉	183	49	框剪	C	1997
159	中南商业广场	武汉	179	47	框剪	C	1998
160	佛山百花广场	佛山	178	54	框筒	C	1996
161	湖南国际金融大厦	长沙	175	43	筒中筒	C	1997
162	泰和广场	武汉	175	45	筒中筒	C	1997
163	苏州商品交易市场	苏州	175	49	框筒	C	1998
164	门式超高层建筑	苏州	278	69～73		FG	施工中
165	通程国际商业大厦	长沙	174	45	框剪	C	1996
166	征订民族广场	重庆	173	42	框筒	C	1998
167	万豪国际会展大厦	重庆	300.8	74		F	施工中
168	世界贸易中心	重庆	234.4	60		FG+RC	施工中
169	石桥广场（六期）工程	重庆	166.4	45		FG+RC	
170	大连天伦大厦	大连	170	43	框筒	C	1996
171	东北电力预测中心	沈阳	169	43	框筒	C	1995
172	中信金融大厦	威海	162	44	框剪	C	1998
173	新世纪酒店	武汉	162	44	框筒	C	1997
174	石化大厦	海口	160	39	框剪	C	1996
175	国际贸易综合大厦	厦门	159	45	框筒	C	1995
176	和平商业城	天津	159	45	框筒	C	1998
177	齐鲁宾馆	济南	157	45	筒中筒	C	1996
178	江门邮电通信枢纽	江门	157	38	框筒	C	1997
179	金丝利大厦	南京	153	42	框剪	C	1998

续表

序号	名　称	地点	高度（m）	层数	结构	材料	竣工日期
180	电信局鼓楼多媒体综合楼	南京	140.5	31		F	
181	民兴金融大厦	成都	153	40	框筒	C	1996
182	天津远洋航运大厦	天津	153	41	框筒	C	1996
183	邮电通信网管大厦	天津	151	42	框筒	C	1996
184	天星河畔广场	天津	151	43	框支剪	C	1997
185	天津远洋航运大厦	天津	153	41	框筒	C	1996
186	邮电通信网管大厦	天津	151	42	框筒	C	1996
187	国贸大厦	天津	258	68		F	施工中
188	云顶花园	天津	165	43		RC＋F	施工中
189	西港国际大厦	西安	185.8	42		F＋RC	
190	厦门闽南贸易大厦	厦门	151	39	框筒	C	1995
191	湖南国际金融贸易中心	长沙	150	46	框筒	C	1995
192	天津国际大厦	天津	135	38		RC	1991
193	信联大厦	中山	125	35		RC	1994
194	南京邮政通信指挥中心	南京	124	34		RC	1994
195	裕宁大厦	沈阳	123	35		RC	1994
196	宏利大厦（2栋）	福州	120	30		RC	1994
197	新疆电力局生产调度楼	乌鲁木齐	118	26		RC	1994
198	华达大厦	烟台	118	32		RC	1994
199	星湖大酒店	肇庆	117	34		RC	1991
200	科技文化活动中心	沈阳	117	32		RC	1992
201	西南经济区协作大厦	重庆	117	28		RC	1989
202	烟台国际金融大厦	烟台	116	32		RC	1994
203	天津交易大厦	天津	115	34		RC	1989
204	黄和平大厦	郑州	114	35		RC	1988
205	青岛外贸大厦	青岛	114	36		RC	1993
206	杭州百货大楼	杭州	113	33		RC	1994
207	重庆工商银行大厦	重庆	112	33		RC	1990
208	大连商检大厦	大连	112	32		RC	1994
209	蜀都大厦	成都	111	34		RC	1990
210	金陵饭店	南京	111	37		RC	1990
211	银都酒店	珠海	110	32		RC	1988
212	贵阳市新百货大楼	贵阳	108	30		RC	1994
213	侨基花园（4栋）	番禺	107	33		RC	1994
214	贵州宾馆	贵阳	106	30		RC	1989
215	芳园大酒店	珠海	106	32		RC	1990
216	贵州电力大厦	贵阳	106	23		RC	1992
217	大连外贸大厦	大连	106	20		RC	1992
218	东北电网生产调度大楼	沈阳	105	24		RC	1987

注：1. 超高层建筑指100m（30层）以上的建筑。

2. 结构——钢结构（S）；钢筋混凝土结构（C）；钢管混凝土结构（FG＋RC）；钢混（M）。

我国高层建筑发展的趋势和特点如下：

1. 高层建筑层数增多，高度增高，发展速度快，结构平面形状多样化。现列举1990年后15幢高层建筑以作比较。从表1-6可以看出，只不过相隔8年，1990年国内15幢中最高的高层建筑，如今变成最后一幢高楼，层数由63层增到88层，平均每年增加26.5m。美国1974年建成的110层的西尔斯塔楼，高443m，直至1998年马来西亚吉隆坡建成的石油大厦双塔楼，高452m，88层，历时24年，平均每年增加不到0.4m。两者相比，充分表明我国高层建筑发展速度之快。

高层建筑的层数逐渐增多、高度不断加高以及抗震设防要求，使得筒体结构得到广泛应用，相应的结构平面形式已向多样化发展。框筒结构和筒中筒结构分别占57%和18%。而且，平面形状多种多样，有方形、八角形、矩形、梭形、菱形、三角形、圆形、双圆形、1/4圆形、扇形、弧形、椭圆形、橄榄形、槽形、风扇形、鼓风机形、工字形、梯形、L形、凸形等。其中：方形占25幢，矩形18幢，梭形7幢，八角形和圆形各占6幢。表1-7为我国最高的15幢高层建筑。

表1-6　我国最高的15幢高层建筑

序号	名　称	城市	建成年代	层数	高度（m）	材料	结构
1	金茂大厦	上海	1998	88	420	M	框筒
2	地王大厦	深圳	1996	69	384	M	框筒
3	中天广场	广州	1996	80	322	C	框筒
4	赛格广场	深圳	1998	72	292	M	框筒
5	恒隆广场	上海	1998	66	288	C	框筒
6	明天广场	上海	2003	58	283	C	框剪
7	中银大厦	青岛	1996	58	246	C	筒中筒
8	上海交银大厦	上海	1998	55	230	M	框剪
9	世界贸易大厦	武汉	1998	58	229	C	筒中筒
10	浦东国际金融大厦	上海	1998	56	226	M	框筒
11	彭年广场	深圳	1998	58	222	C	框筒
12	鸿昌广场	深圳	1996	63	248	C	筒中筒
13	国际贸易中心	武汉	1996	53	212	C	筒中筒
14	万都中心	上海	1998	55	211	C	框筒
15	京广中心	北京	1990	57	208	M	框剪

注：1. 材料栏中没有钢结构；M为钢混结构，6幢；C为混凝土结构，9幢。

2. 2003年已建成有上海的香港新世界大厦，58层，高265m。

3. 目前正在建造的有：上海环球金融中心（World Financial Center），101层，高492m，见图1-6；台北国际金融中心，101层，高508m，见图1-7。

4. 本表未包括港、澳、台地区的高层建筑。

表 1-7 我国最高的 15 幢高层建筑

序号	名　称	城　市	建成年代	层　数	高度（m）	材　料
1	京广中心	北京	1990	57	208	M
2	广东国际大厦	广州	1990	63	200	C
3	京城大厦	北京	1989	52	184	S
4	发展中心大厦	深圳	1988	43	166	M
5	展览中心主楼	上海	1990	48	165	C
6	国际贸易中心大厦	深圳	1985	50	159	C
7	中国国际贸易中心	北京	1989	39	155	S
8	广东省彩电中心	广州	1990	33	154	C
9	新锦江饭店	上海	1988	43	154	S
10	静安希尔顿饭店	上海	1988	43	143	M
11	内贸中心	上海	1990	38	142	C
12	金陵大厦	上海	1989	37	140	C
13	上海国际贸易中心	上海	1990	37	139	S
14	外贸中心大厦	深圳	1989	39	136	C
15	国际金融大厦	深圳	1990	38	135	S

注：材料栏中 S 为钢结构，5 幢；M 为钢筋混凝土结构，3 幢；C 为混凝土结构，7 幢。

表 1-8 我国最高的 100 幢高层建筑的分布城市

高度（m）	幢数	层数	上海	深圳	广州	武汉	北京	天津	其他城市
>400	1	88	1						
>300	2	80～81		1	1				
>250	2	66～72	1	1					
>200	17	46～60	7	2	1	3	1		3
>150	78	30～63	26	14	7	5	3	4	19
总计			35	18	9	8	4	4	22

2. 高层建筑结构与材料的变化。我国最高的 15 幢高层建筑的结构材料对比见表 1-6（1990）和表 1-7（1998）。由于高度和层数的增加，我国已经不采用纯钢结构，采用钢混凝土结构 M 由 3 幢增加到 6 幢，混凝土结构（C）由 7 幢增加到 9 幢。从我国最高的 100 幢高层建筑的结构材料统计可见，钢混占 18 幢，混凝土占 79 幢，而在 1990 年的统计中，高度在 101～208m，钢混只有 3 幢，混凝土则占 92 幢。

观察世界和我国最高 100 幢高层建筑的结构材料统计，一个共同显著特点和趋势是：高层建筑所采用的材料，钢结构逐步在减少，钢混结构在增加，混凝土结构在降低。根据我国国情，水泥和钢材的年产量已分别突破五亿 t 和一亿 t（1999 年），一般情况下，仍然以混凝土为主发展高层建筑。上海 66 层高 288m 的恒隆广场创造了我国建筑史上全钢筋混凝土结构工程新的高度。

应该注意，日本处于地震区，在二三十层的建筑中都很少采用钢筋混凝土结构。多数专家把钢筋混凝土视为脆性材料，很难抵抗强烈地震的作用。因此，必须根据具体条件，慎重选择结构材料。

3. 高层建筑的施工水平的提高。在现浇施工技术中，采用内筒外架以及分体组合整体提升式钢平台新型模板体系、高性能混凝土、大体积混凝土施工技术和粗直径钢筋连接技术等。在预制安装技术中，采用塔式起重机安装、集群千斤顶同步整体提升、高空平移法安装等技术。我国无论现浇施工技术和预制安装的技术水平均在不断提高，有所创新，特别是钢筋混凝土结构的施工水平，有的施工技术达到国际领先水平。基础工程的施工技术也得到迅速发展。

应该强调，大体积混凝土施工技术在现浇钢筋混凝土施工仍为主体。

1994 年上海浦东新上海国际大厦基础底板采用 76m×76m，厚度 3.5m，C30 的大体积混凝土，用 8 台泵车，分 8 个浇筑带，均用斜面分层浇筑，每层厚度不超过 50cm，从 5 月 28 日到 31 日，共用 64 小时，一次浇筑到顶，刮平覆盖薄膜、草袋养护，未发现裂缝。再如上海 88 层的金茂大厦，主楼基础 62.4m×62.4m，底板 4m，混凝土强度为 C50。规范对大体积混凝土的内外温差值控制在 25℃，而金茂大厦基础混凝土的温差值在 30℃，并未出现结构裂缝，因此，温差的控制值有待探讨。

4. 我国高层建筑发展，主要集中在上海、深圳和广州。从 2005 年的 219 幢国内超高层建筑和高度的分布城市作一对比见表 1-5。从表可见在 219 幢高层建筑中，上海有 62 幢；北京 24 幢；深圳 31 幢；广州 20 幢；天津 11 幢；武汉 8 幢。近 10 年来，上海高层建筑的高速发展是令世人瞩目的。

第三节 高层建筑与地基基础共同作用研究发展简况

经过数十年对高层建筑地基基础设计理论与实践的研究表明，高层建筑与地基基础是一个整体，必须把高层建筑与地基基础作为一个整体进行分析。

高层建筑与地基基础共同作用就是把高层建筑（上部结构）、地基与基础（包括桩）三者视作一个整体，地基、基础与上部结构三者在接触部位必须满足变形协调和力的平衡条件。

高层建筑与地基基础共同作用学科是一门新兴的前沿应用学科，已经历半个世纪的历程。只有在近 10 年间，由于高层建筑大量兴建、共同作用学科发展而逐步走向实践的新阶段。

一、国外对高层建筑与地基基础共同作用研究的发展简况与趋势

高层建筑与地基基础共同作用学科的研究始于国外。早在 20 世纪 50 年代，梅耶霍夫（G. G. Meyerhof）提出估算框架结构等效刚度的公式以考虑框架结构与基础的共同作用。1953 年弗朗西斯（A. J. Francis）首先研究单独基础上的多层多跨框架结构的共同作用。1956 年岑米斯基（S. Chamecki）独立研究单独基础上的多层多跨框架结构的共同作用。1965 年萨玛（H. Sommer）提出一个考虑上部结构刚度计算基础弯矩和沉降以及地基反力的方法。随着有限元方法的创立和发展以及计算机和计算技术的发展，张佑启和申凯维茨（Y. K. Cheung and O. C. Zeinkeiwicz）应用有限元方法研究地基基础的共同作用。1968 年普齐米尼斯基（J. S. Przemieniecki）提出子结构的分析方法，为哈达丁（M. J. Haddadin）首次利用子结构的分析方法研究地基基础与上部结构的共同作用创造了有利基础。1972 年克里斯琴（J. T. Christian）在高层建筑的规划与设计会议上阐述高层建筑与地基基础共同作用的问题。

此后，从事该课题的研究人员日益增多，例如，李和哈里申（I. K. Lee and H. B. Harrison），兰钠斯和伍德（W. J. Larnach and L. A. Wood），金和钱得拉斯肯（G. J. W. King and V. S. Chandrsekarn），胡珀和伍德（J. A. Hooper and L. A. Wood）等人，对于高层建筑的桩基进行单桩与土的共同作用研究。1966 年由 Coyle 和 Reese 提出荷载传递法。1963 年由 D' Appolonia 和 Romualdi 首先提出弹性理论法。此后，Salas 和 Belzunce（1965）、Nair（1967）、Poulos 和 Davis（1968）等人均对单桩在竖向荷载作用下用弹性理论法研究单桩与土的共同作用。剪切位移法最初由 R. W. Cooke（1974）在试验和理论分析基础上提出的。在群桩沉降分析中，1957 年 Zeevaert 首先提出一种把桩基和浮基础结合起来的设计方案，它的沉降计算很复杂，要求建筑物的沉降与地面沉降相匹配，这种高层建筑与地基基础共同作用的设计方法可用 43 层高的拉丁美洲大厦的基础设计来示范。可惜，其设计方法和思想并未引起人们的充分注意。1967 年 K. Terzaghi 和 R. B. Peck 假定桩群的总沉降按等效的实体基础作初略估算来考虑桩与桩间土的共同作用，1968 年 H. G. Poulos 采用弹性理论法对桩群与土的共同作用进行研究。迄至 1977 年在印度 Roorke 召开第一次“土与结构物共同作用”的国际会议，探讨高层建筑箱（筏）基础与地基的共同作用，反映了该课题在当时的新水平。以后，共同作用课题越来越引人注目，几乎涉及所有工程问题。

在第十、十一届直至第十四届国际土力学与基础工程会议（1981，1985，1997）以及第三、四、五届国际土质力学的数值方法会议（1979，1982，1985）均有一个“土与结构物共同作用”组进行讨论。应该指出，1981 年普洛斯（H. G. Poulos）在第十届国际土力学与基础工程会议上作了土与结构物共同作用的总报告，详述土与结构物共同作用的发展和前景。

“土与结构物共同作用”专著相继出版，例如 1979 年塞尔瓦杜雷（A. P. S. Selvadurai）出版的《Elastic analysis of soil-foundation interaction》以及 1980 年普洛斯和戴维斯（H. G. Poulos and E. H. Davis）出版的《Pile foundation analysis and design》。

对于高层建筑桩基础，前已述及，齐法特（L. Zeevaert）在 1957 年提出“Compensated friction-pile foundation”（补偿式摩擦桩基）并应用于 43 层高的拉丁美洲大厦的基础设计，首次把高层建筑桩箱基础与地基的共同作用用于基础设计，考虑地下室底板与群桩的荷载分担采用摩擦桩补偿基础减小建筑物的沉降。20 年后，1977 年东京的国际土力学与基础工程会议上，Burland 等人指出：“传统的工程师常考虑需要多少根桩才能承担建筑物的荷载或要求设计者减少沉降到某个容许值需要多少根桩才是最好的，但是，回答后者的人总是明显少于回答前者的人。”他把桩视为“Settlement reducers”。后来，Burland 等人 1986 年指出：“在一定的环境下，可以使用少量承载力充分发挥的桩把黏土地基上的片筏基础的沉降减少到一个合适的水平，这样的桩称为减小沉降桩‘settlement reducing piles’。”1986 年 G. Price 等人利用共同作用原理对 11 层高层建筑桩筏基础进行设计尝试，提出“减小基础应力桩”（stress reducing piles）的概念。1989 年底，结构封顶的 56 层高的法兰克福展览会大楼采用补偿式摩擦桩基减少建筑物的沉降，减少角桩和边桩的长度以限制角桩和边桩的承载力，使筏基底板的弯矩大大减小，但是，预估沉降比实测沉降大得多。

国外非常重视现场的测试研究，尤其是在英国和德国，进行约 30 幢高层建筑的现场测试研究，得到许多宝贵的资料特别指出，在德国对 300m 高的商业银行塔楼（Commerzbank Tower）进行共同作用实测与分析研究[3]。

总之，在半个世纪的研究过程中，国外许多研究学者进行了大量艰苦的理论和实践研究。现在，理论已经比较完整，能够采用共同作用的程序计算分析高层建筑的地基基础。

二、国内对高层建筑与地基基础共同作用研究发展的简况与趋势

在国内，20 世纪 60 年代初，张问清对高层建筑箱形基础与地基的共同作用的理论进行了研究。70 年代，我国高层建筑逐渐兴起，促使高层建筑箱形基础与地基的共同作用研究加速开展。在高层建筑箱形基础与地基的共同作用理论研究的基础上，从 1974 年起在北京、上海和陕西等地区对九幢高层建筑箱形基础与地基共同作用进行比较全面的现场测试研究工作，研究表明：对于补偿箱（筏）基础，发现上部结构刚度对箱（筏）基础的刚度是有贡献的；把箱（筏）基础和上部结构分开的常规设计方法使基础设计太保守；基础底板钢筋应力并未随层数的增加（即荷载增加）而增加，而是呈正弦形变化，箱基顶板钢筋应力由于中性轴上移至上部结构而出现拉应力；同时常规设计方法也不能解释由于箱（筏）基础的变形和刚度的影响引起上部结构的最下面几层的应力，特别是底层边、角柱（或墙）产生的“次应力”，次应力值可达到常规设计的 1.5 倍左右，有时会使底层的边、角柱（或墙）开裂，影响建筑物的使用寿命。

该阶段的研究所积累的宝贵经验和难得的数据，能够比较系统地检验理论的正确性，为我国《高层建筑箱形基础设计与施工规程》（JGJ 6—99）的编制创造了有利条件，使我国的高层建筑箱形基础设计提高到了一个新的水平。1981 年在上海同济大学召开“高层建筑与地基基础共同作用学术交流会”，检阅我国当时在该课题的研究水平。例如，上海同济大学张问清、赵锡宏课题组提出扩大子结构法计算高层建筑结构刚度，比较全面地研究了高层建筑与地基基础共同作用理论与实践。北京张国霞课题组、建研院何颐华课题组、北京工业大学叶于政课题组相继对高层建筑与地基基础共同作用进行理论和实践的研究。朱百里，曹名葆，魏道垛在同济大学学报发表《框架结构与地基基础共同作用的数值分析》，考虑地基的非线性。Zhao Xihong、Cao Mingbao、Lee I. K. & Valliappan（赵锡宏、曹名葆、李和威利阿磐）在国际第 5 届国际岩土力学数值方法会议（1985）发表建筑物和地基以及桩周土硬化和软化的共同作用的论文。

1982 年、1986 年、1990 年我国第一、二、三届岩土力学解析与数值方法会议和 1983 年、1987 年、1991 年我国第四、五、六届土力学及基础工程学术会议上均设有共同作用专题组进行讨论。特别在 1993 年召开第一届结构与介质相互作用学术会议，不但在岩土高层建筑中得到发展，而且应用到其他学科中去。1985 年董建国、路佳等对共同作用原理在高层建筑地基基础中的应用首次进行尝试。随着建筑物越造越高，高层建筑与地基基础（包括箱、筏、桩）的共同作用研究也得到深入发展，赵锡宏等著的《上海高层建筑桩筏与桩箱基础设计理论》（1989）反映了 80 年代后期该课题组的理论和实践研究成果。该书中指出：“在桩筏或桩箱基础能够满足建筑物荷载条件下，如果增减 10% 的桩数对基础的沉降影响甚微”，“实测表明：在上海，对于常规的桩距，筏或箱底分担的荷载为 10%～28% 的建筑物荷载”。通过理论和实践结果的分析，已得到一些定性的结论，可用于工程实践。90 年代董建国等对共同作用在实际上的应用提出建议，杨敏对上部结构与桩筏基础共同作用进行深入的理论和实验研究，黄绍铭、裴捷等的减少沉降桩的研究与其在多层建筑的应用以及疏桩工程的设计，均是上部结构与地基基础共同作用理论在多层建筑基础设计上的应用。在此期间“土与结构物共同作用”专著相继出版：宰金珉和宰金璋著的《高层建筑基础分析与设

计——土与结构物共同作用的理论与实践》(1993)，董建国和赵锡宏著的《高层建筑地基基础——共同作用理论与实践》(1997)，Zhao Xi Hong et al.《Theory of Design of Piled Raft & Piled Box Foundations for Tall Buildings in Shanghai》(1998) 以及赵锡宏等著的《带裙房的高层建筑与地基基础共同作用设计理论与实践》(1999)。1998 年在我国第八届土力学及基础工程学术会议上以及 2000 年在“21 世纪高层建筑基础工程学术研讨会”会议上，利用桩箱（筏）基础与地基共同作用的理论和实践研究成果，提出的建筑物的变形控制设计理论、方法及其应用均成为讨论的热点。

在最近几年中，我国对高层建筑与地基基础共同作用研究有了新的发展，表现在宰金珉、裴捷和董建国三篇博士论文中。这三篇博士论文发展共同作用理论并用之实践，取得了可喜的成果。对于现场测试研究，从 70 年代至今未间断，已经对近 20 幢高层建筑进行了现场研究，同样获得了宝贵的资料和可喜的成果。

此外，共同作用的理论已扩展到基坑工程中，例如，地下连续墙参与共同作用，共同作用理论用于逆作法的设计与施工，以及码头的双排桩结构与地基共同作用设计等。

总之，在近 30 年的研究过程中，国内许多研究学者进行了大量艰苦的理论和实践研究。现在，可以说，理论已经比较完整，能够采用共同作用的程序定量分析 101 层的上海环球金融中心的超长桩的桩筏基础。

现在无论在国外，还是在国内，已经显示，高层建筑与地基基础共同作用有着广阔的应用前景。

参考文献

1 张关林，石礼文主编. 金茂大厦——决策、设计、施工. 北京：中国建筑工业出版社，2000

2 第二届上海国际土木建筑施工技术研讨会论文集. 2000

3 Katzenbach R. et al. Soil-structural-interaction of the 300m high Commerzbank tower in Frankfurt am Main Measurements and numerical studies Proc. 14th International Conf. on Soil Mechanics and Foundation Engineering Hamburg Vo. 2 1081～1084 1997

4 何广乾，陈祥福，徐至钧主编. 高层建筑设计与施工. 北京：科学出版社，1992

5 赵西安，郝锐坤，胡世德. 国内已建成最高 100 栋建筑. 建筑技术. 30 (6)：26～29，1999 年 6 期

第二章　高层建筑的建筑设计

近30年来，高层建筑发展十分迅速，遍布世界各地，具有强大的生命力。它的突出优点是有效利用空间资源，占地面积小，可缓解大城市的住房困难、交通拥挤和用地紧张等问题。据国外的有关资料介绍，9～10层的建筑比5层的节约用地23%～28%，16～17层的建筑比5层的节约用地32%～49%。据前苏联的有关资料介绍，将5层的建筑增加到9层，其建筑密度可提高35%，小区市政设施的费用可降低32%。

高层建筑是相对而言的，全世界至今没有统一的划分标准，在不同国家、不同年代，其规定也不一样。如美国规定高度22～25m以上或7层以上的建筑为高层建筑；英国规定高度24.3m以上的建筑为高层建筑；法国规定居住建筑高度50m以上、其他建筑高度28m以上的建筑为高层建筑；日本则把8层以上或建筑高层超过31m的建筑称为高层建筑，并把30层以上的旅馆、办公楼和20层以上的住宅规定为超高建筑。

根据联合国教科文组织所属的世界高层建筑委员会的建议，一般将高层建筑划分为如下四类：

9～16层，高度不超过50m；

17～25层，高度不超过75m；

26～40层，高度不超过100m；

40层以上，高度超过100m以上。

各国对高层住宅的划分还有更详细的规定，如美国住宅规范规定10层以上为高层住宅；前苏联规定中高层住宅为11～16层，高层住宅为16层以上；我国《住宅设计规范》(GB 50096—1999)中规定，住宅按层数划分如下：

低层住宅为1～3层；

多层住宅为4～6层；

中高层住宅为7～9层；

高层住宅为10层及以上。

我国《高层建筑混凝土结构技术规程》(JGJ 3—2002) 中规定8层和8层以上的民用建筑为高层建筑。此规定仅限于钢筋混凝土结构，其高度不超过200m。

由于高层建筑的受力和变形状态十分复杂，因此其设计与施工需要考虑的因素很多，涉及许多学科和部门，而且随着层数和高度的逐渐增加，它的建设难度也越来越大。高层建筑的高度竞争，实际上是整个建筑科学技术和人才的竞争，它不仅反映一个国家的科学技术水平，而且也反映一个国家精神文明、物质文明和经济发展的程度和水平。与此同时，高层建筑的高度竞争必将不断推动和促进整个建筑科学、建筑材料和设备的发展，改变传统的设计概念、计算理论和施工方法，从而使现代高层建筑日臻完善，适应世界城市化的发展，满足人们的需求。现在，高层建筑的发展已经成为历史的必然和时代的潮流。我国古代高塔建筑闻名于世，而现代高层建筑的科研及建设水平与世界发达国家相比还有差距。因此，应大力加强高层建筑的研究和实践，争取建设更多、更高和更好的高层建筑。

本书在此只简述一下高层建筑住宅的设计要点。

高层建筑住宅的建筑设计要点如下：

一、看平面位置

建房主要要素是要选好平面位置。房产作为不可动的资产，所处位置对其使用和保值、增值起着决定性的作用。房产作为一种最实用的财产形式，建房的首要目的是为了有舒适环境，购买房产同时还是一种较经济的、具有较高预期潜力的投资。房产能否升值，所在的区位是一个非常重要的因素。看一个区位的潜力不仅要看现状，还要看发展，如果购房者在一个区域各项市政、交通设施不完善的时候以低价位购房，待规划中的各项设施完善之后，则房产大幅升值很有希望。区域环境的改善会提高房产的价值，如北京亚运村的落成就使得周围房地产价值成倍增长。研究城市规划，分析高层建筑所在区位的发展潜力，对建房购房者都十分重要。

例如，随着北京交通路网的建设，车程、车时概念逐渐取代了原来的绝对位置概念。所以在选择区位时还要注意交通是否方便，有多少路公共汽车能够通到小区。交通方便往往是开发商的强劲卖点，有的售楼广告说地铁某号线直达小区、某宽阔大道紧邻小区等其实这有可能只是城市规划中的远期设想。对于交通条件，建房者一定要不辞劳苦亲临实地调查分析。

二、看配套设施

高层建筑区配套公建是否方便合理，是衡量居住区质量的重要标准之一。稍大的居住小区内应设有小学以排除城市交通对小学生上学路上的威胁，且住宅离小学校的距离应在300m左右（近则扰民，远则不便）。菜店、食品店、小型超市等居民每天都要光顾的基层商店配套，服务半径最好不要超过150m。

目前在售楼书上经常见到的“会所”，指的就是住区居民的公共活动空间。会所大多包括小区餐厅、茶馆、游泳池、健身房等体育设施。由于经济条件，普通居民购买的是$80m^2$的住宅。随着居住意识越来越偏重私密性，休闲、社交的需求越来越大，会所将成为居住区不可缺少的配套设施。会所都有哪些设施，收费标准如何，是否对外营业，预计今后能否维持正常运转和持续发展等问题，也是建房者应当考虑的内容。

三、看绿化

目前北京高层住宅项目的园林设计风格多样，有的异国风光可能是真正翻版移植，有的欧陆风情不过虚晃几招，这就需要建房者自己用心观察、琢磨了。但是居住环境有一个重要的硬性指标——绿地率，指的是居住区用地范围内各类绿化地的总和和占居住区总用地的百分比。值得注意的是：“绿地率”与“绿化覆盖率”是两个不同的概念，绿地不包括阳台和屋顶绿化，有些开发商会故意混淆这两个不同概念。由于居住区绿地在遮阳、防风防尘、杀菌消毒等方面起着重要作用，所以有关规范规定：新建居住区绿地率不应低于30%。北京城近郊居住区绿地率应在35%以上，在市区附近，如果要住宅区绿地率能达到40%甚至50%，就比较难得了。

四、看平面布局是否合理

建筑容积率是建设区规划设计方案中主要技术经济指标之一。这个指标在高层建筑销售广告中经常见到，设计者应该了解。

一般来讲，规划建设用地范围内的总建筑面积乘以建筑容积率就等于规划建设用地面积。

容积率高，说明居住区用地内房子建的多，人口密度大。一般说来，居住区内的楼层越高，容积率也越高。以多层住宅（6层以下）为主的住区容积率一般在1.2～1.5左右，高层高密度的住宅区容积率往往大于2。在房地产开发中为了取得更高的经济效益，一些开发商千方百计地要求提高建筑高度，争取更高的容积率。但容积率过高，会出现楼房高、道路窄、绿地少的情形，将极大影响居住区的生活环境。

容积率的高低，只是一个简单的指标，有些项目虽然看上去容积率不高，但是为了增大中庭园林而使得楼座拥挤也是不可取的。

在居住区规划中，应使高层住宅布局合理，为保证每户都能获得规定的日照时间和日照质量，要求住宅长轴外墙之间保持一定距离，即为日照间距。北京地区的日照间距条形住宅采用（1.6～1.7）H（H为前排住宅檐口和后排住宅底层窗台的高差）。高层塔式住宅采用大于或等于$1H$的日照间距标准。如果住宅的日照间距不够，北面住宅的底层就不能获得有效日照。

五、看区内交通

居住区内的交通分为人车分流和人车混行两类。目前作为楼盘卖点的“人车分流”，汽车在小区外直接进入小区地下车库，车行与步行互不干扰，因小区内没有汽车穿行、停放、噪声的干扰，小区内的步行道兼有休闲功能，可大大提高小区环境质量，但这种方式造价较高。

人车混行的小区要考察区内主路是否设计得“通而不畅”以防过境车流对小区的干扰。是否留够了汽车的泊位，停车位的位置是否合理，一般的原则是露天停放的汽车尽量不进住宅组团，停车场若不得不靠近住宅，应尽量靠近山墙而不是住宅正面。另外，汽车泊位还分为租赁和购买两种情况，购房者有必要搞清楚车位的月租金是多少；如果购买，今后月管理费是多少，然后仔细算一笔账再决定是租还是买。

六、看建造成本和购房

大家都明白，买房子当然绝不是越便宜越好，关键是要看性能价格比，也就是说是否物有所值、价格合理。购房者看中某一楼盘后，应当尽力克制购买冲动，耐心对同一区位、同等档次楼盘的性能进行比较，同时还要问清实价。

对有意购买的几个项目进行性能与价格的比较时，首先要弄清每个项目报的价格到底是什么价：有的是“开盘价”，即最低价；有的是“均价”；有的是“最高限价”；有的是整套价格；有的是套内建筑面积价格……最主要的是应弄清（或换算）所选房屋的实际价格，因为这几个房价出入很大。房屋出售时是“毛坯房”、“初装修”还是“精装修”，也会对房屋的价格有影响，比较房价时应考虑这些因素。建房者要考虑建造成本，购房者是否承受不起。

当几个楼盘站到同一起跑线上后，购房者首先可以将大大超过预算和性能过差的项目剔除，然后再综合比较。一般来讲，性能越好的楼盘越贵，此时就需要冷静分析：哪些性能是必须的，哪些性能对自己无用，对于那些只会增加房价的华而不实的卖点性能一定要果断“割爱”。

七、看日照质量

万物生长靠太阳，特别是对经常在家的老人和儿童来说，阳光入室是保证他们身心健康的基本条件。有效的日照能改善住宅的小气候，保证住宅的卫生，提高住宅的舒适度。住宅内的日照标准，由日照时间和日照质量来衡量。北京地处北纬39°57′，日照时间以大寒日不少于两小时为标准。按照《住宅设计规范》（GB 50096—1999）规定："每套住宅至少应有一个居住空间能获得日照，当一套住宅中居住空间总数超过4个小时，其中宜有两个获得日照。"居住小区内的住宅"户户朝南"往往是开发商的强劲卖点，但值得注意的是：有些高层住宅楼南北之间间距达不到规范要求，南向窗面积很小或开在深凹槽里往往使住宅不能获得有效日照。北侧住宅长年得不到日照。

八、看通风效果

在炎热的夏季，良好的通风往往同寒冷季节的日照一样重要。北京属温带大陆性气候，夏季多为东南风，冬季多为偏北风。如果住宅有南北两个朝向，夏季能有穿堂风，所以一般来说，板楼的通风效果好于高层塔楼。目前北京楼市中还有"塔联板"和更紧密结合的"塔混板"出现，在选择时，选房者要仔细区别哪些户型是板楼的，哪些户型是塔楼的。此外还要注意住宅楼是否处在开敞的空间，住宅区的楼房布局是否有利于在夏季引进主导风，保证风路畅通。一些多层或板楼，从户型设计上看通风情况良好，但由于围合过紧，或是背倚高大建筑物，致使实际上无风光顾。

九、看户型平面

平面布局合理是居住舒适的根本，好的户型设计应做到以下几点：1. 人口有过渡空间，即"玄关"，便于换衣、换鞋，避免一览无遗。2. 平面布局中应做到"动静"分区。动区包括起居厅、厨房、餐厅，其中餐厅和厨房应联系并靠近住宅入口。静区包括主卧室、书房、儿童卧室等。若为双卫，带洗浴设备的卫生间应靠近主卧室。另一个则应在动区。3. 起居厅的设计应开敞、明亮，有较好的视野，厅内不能开门过多，应有一个相对完整的空间摆放家具，便于家人休闲、娱乐、团聚。4. 房间的开间与进深之比不宜超过1比2。5. 厨房、卫生间应为整体设计，厨房不宜过于狭长，应有配套的厨具、吊柜，应有放置冰箱的空间。卫生间应有独立可靠排气窗户，以免洗澡时煤气中毒。下水道和存水弯管不得在室内外露。

十、看设备设施

住宅设备包括管道、抽水马桶、洗浴设备、燃气设备、暖气设位，是否有方便、实用、高科技的趋势。以暖气为例，一些新建的小区，有绿色、环保、节能优点的壁挂式采暖炉温度可调，特别是家里有老人和儿童时，可将温度适当调高，达到最佳的舒适状态。

另外，在选择住房的时候，也应当注意配套设备技术的成熟度，即是否被广泛使用，是否经过市场检验。一些设计部门为制造卖点，盲目使用不成熟的高科技产品，最终有可能造成用户的使用不便或是高额支出。

十一、看设计节能措施

住宅应采取冬季保温和夏季隔热、防热及节约采暖和空调能耗的措施。屋顶和西北向外窗应采取隔热措施。按建筑热工分区，北京地处寒冷地区，北向窗户也不宜过大，并应尽量提高窗户的密封性。住宅外墙应有保温、隔热性能，如外围护墙较薄时，应加保温构造。

十二、看隔声效果

噪声对人的危害是多方面的，它不仅干扰人们的生活、休息，还会引起多种疾病。《住宅设计规范》(GB 50096—1999) 规定，卧室、起居室的允许噪声级白天应小于50dB，夜间应小于或等于40dB。房屋建成后虽然大多无法准确测量，但是应当注意：住宅应与居住区中的噪声源如学校、农贸市场等保持一定的距离；临街的住宅为了尽量减少交通噪声应有绿化屏幕、分户墙；楼板应有合乎标准的隔声性能，一般情况下，住宅内的居室、卧室不能紧邻电梯布置以防噪声干扰。

十三、看私密性

住宅之间的距离除考虑日照、通风等因素外，还必须考虑视线的干扰。一般情况下，人与人之间的距离24m内能辨别对方，12m内能看清对方容貌。为避免视线干扰，高层住宅居室与居室之间的距离以不小于24m为宜，高层住宅的侧向间距宜大于20m。此外，若设计考虑不周，塔式住宅侧面窗与正面窗往往形成“通视”现象，设计住宅时应予以注意。

十四、看结构牢固

住宅的结构类型主要是以其承重结构所用材料来划分的。北京地区目前常见的住宅结构有砖混结构和钢筋混凝土结构。

砖混结构的主要承重结构是轻质砖填充和大部分钢筋混凝土框架，只适用于多层住宅。它的优点是造价低，保温、隔热性能好，便于施工。缺点是房屋开间、进深受限制，室内格局一般不能改变，墙体结构占据空间过多，整体性、耐久性较差。

钢筋混凝土结构适用于中高层住宅，其中高层住宅以全现浇剪力墙结构为佳，多层或小高层、高层住宅常用的有框架结构、大模板结构、大板结构等。总体说来，钢筋混凝土结构抗震性能好，整体性强，防火性能、耐久性能好，室内布局较砖混结构灵活。但这种结构的施工难度相对较大，结构造价也相对较高。

十五、看抗震防火设计等级

地震烈度表示地面及房屋建筑遭受地震破坏的程度，北京地区的住宅应按8度（不是8级）设防。19层及19层以上的普遍住宅耐火等级应为一级；10层至18层的普通住宅、塔式住宅应设防烟楼梯间和消防电梯。

十六、看建筑物的智能化程度

美国智能建筑学会（American Intelligent Building Institute - AIBI）定义“智能建筑”是将结构、系统、服务、运营及其相互联系全面综合，并达到最佳组合，所获得的高效率、高功能与高舒适性大楼。该定义的特点是较概括与抽象。在日本建筑杂志中载文，突出智能建筑就是高功能大楼，是方便有效地利用现代信息与通信设备，并采用楼宇自动化技术，具有高度综合管理功能的大楼。在新加坡，规定智能大厦必须具备三个条件：一是先进的自动化控制系统，调节大厦内的各种设施，包括室温、湿度、灯光、保安、消防等，以创造舒适的环境；二是良好的通讯网络设施，使数据能在层与层之间或大厦内进行流通；三是提供足够的对外通讯设施。

图2-1中BAS为建筑设备自动化系统。图2-1所示为推荐的“智能建筑”定义图示。

智能建筑又简称为3A建筑。近年来，我国某些房地产开发商为吸引客户，号称为5A建筑，如图2-2所示。

通常定义BA系统应包括FA系统与SA系统，故建议不采用图2-1表示法，否则有人会分出6A、7A或更多，反而不利于全面理解“智能建筑”定义的内涵。住宅中的智能化是三表（水表、电表、燃气表）出户，远程计量、宽带入户、防盗、防火等智能系统的设计。

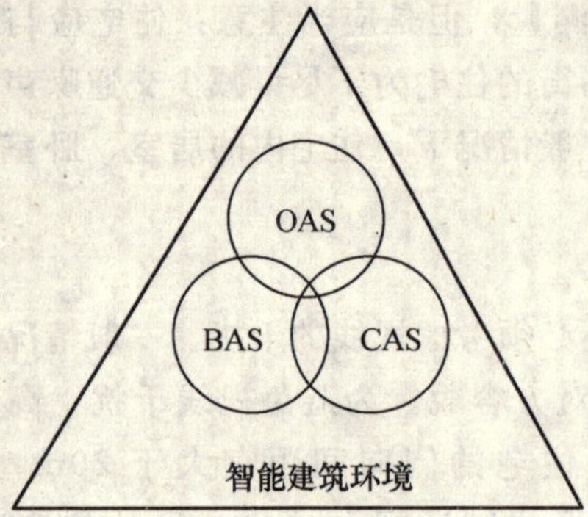

图 2-1 推荐的“智能建筑”定义图示

注：OAS 为办公自动化系统；CAS 为通讯自动化系统；BAS（PDS）为结构化综合布线系统。

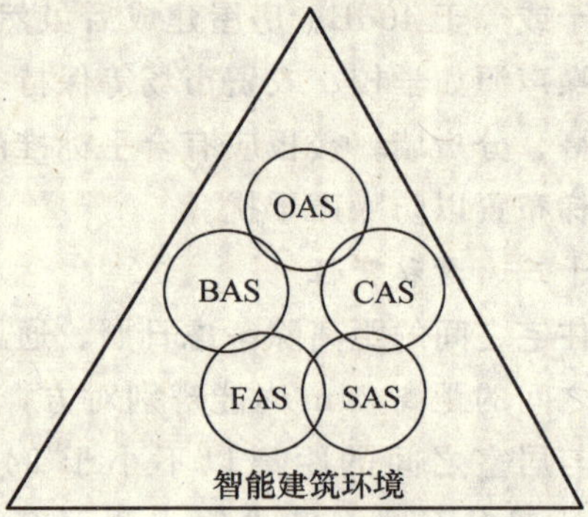

图 2-2 不推荐的“智能建筑”定义图示

注：图中 FAS 为防火监控系统；SAS 为保安自动化系统。

十七、看设计面积

住宅档次的高低其实不在于面积的大小，专家认为，三口之家面积有 $70m^2$ 至 $90m^2$ 就基本能够满足日常生活需要，关键的问题在于住宅是否经过了精心设计，是否合理地配置了起居室、卧室、餐厅等功能，是否把有限的空间充分利用起来了。

十八、看建筑物使用年限

建筑物的使用年限是指建筑物在有形磨损下能维持正常使用的年限，是由建筑物的结构、工程质量决定的自然寿命。建筑物的折旧年限是指建筑物价值转移的年限，是由使用过程中社会经济条件决定的社会必要平均使用寿命，也叫经济寿命。建筑物的使用年限一般大于折旧年限。国家规定不同建筑结构的折旧年限是：钢筋混凝土结构为 70 年；砖混结构为 50 年。

十九、看分摊是否合理

商品房的销售面积＝套内建筑面积＋分摊的公用建筑面积；套内建筑面积＝套内使用面积＋套内墙体面积＋阳台建筑面积。套内建筑面积比较直观，分摊的公共面积则可能会有出入。分摊的公共建筑面积包括公共走廊、门厅、楼梯间、电梯间、候梯厅等。购房者买时，一定要注意公摊面积是否合理，一般多层住宅的公摊面积较少，高层住宅由于公共交通面积大，公摊面积较多。同样使用面积的住宅，公摊面积小，说明设计经济合理，购房者能得到较大的私有空间。但值得注意的是：分摊面积也并不是越小越好，比如楼道过于狭窄，肯定会减少居住者的舒适度，所以设计方案必须合理。

二十、看物业管理费用

买房时，购房者一定要了解，物业公司是否进入了项目，何时进入项目。一般来说，物业公司介入项目越早，买房者受益越大。

若在住宅销售阶段物业公司还没有介入，开发商在物业管理方面做出许多不现实、不合理的承诺，如物业费如何低，服务如何多等，待物业公司一核算，成本根本达不到，承诺化为泡影，购房者就会有吃亏上当的感觉。

物业管理是由具备资格的物业管理公司实施的有偿服务，北京地区小区物业管理费标准因住宅等级、服务内容、服务深度而异。物业管理费都有哪些内容、小区停车位的收费标准、车位是租还是买等，买房前都应问清楚，以便于估算资金，量力而行。

其实，一些开发商将低物业收费作为卖点实在没有什么可信度，因为物业收费与开发商根本没有什么太大关系，住户将来长期面对的是物业公司。物业管理是一种长期的经营行为，如果物业收费无法维持日常开销，或是没有利润，物业公司也不肯干。一般来说，规模较大的社区能够为餐厅、超市、洗衣店、会所等项目提供充足的客源，住户也相对容易得到稳定、完善和低价的物业服务。如果购房者还是难以承受每月数百元的固定支出，建议干脆选择经济适用房项目，因为经济适用房的物业收费标准很低，而且受政策的严格控制。

第三章　高层建筑类型及布局

第一节　高层建筑的类型

目前，国内外修建的高层建筑，根据使用功能可分为高层旅馆、高层办公楼、高层住宅、高层公寓及多功能综合性高层建筑等。除此以外，高层的教学楼、医院等也占有一定的比例。

高层建筑采用的结构，可分为钢筋混凝土、钢结构、钢管混凝土结构三大类。现代高层建筑不采用砖石结构，但古代建高层建筑，大都采用砖石作承重结构。根据历史记载，古罗马城建过10层的砖石结构房屋。19世纪末，美国芝加哥建造了一幢砖石结构承重的16层房屋，其底层砖墙厚度竟达6呎（1.83m）多。该建筑自重太大，而地基土质又差，建成后3年下沉了20cm，到1940年下沉竟达50cm。后来，国外还用特种砖石材料（抗压强度达70MPa）建造19层公寓。在我国古建筑中，常采用砖石建高层的塔楼，如苏州虎丘塔，高47.7m，共7层，建于公元959年。解放后，我国建成的最高砖石结构房屋是北京建国门外的一幢高层公寓，共9层。

在高层建筑中，第一个取代砖石结构的是钢结构，一直到20世纪中期，钢结构始终在高层建筑中占主导地位，在钢产量比较多的国家应用比较普遍。我国由于钢产量不高和钢材价格高，所以不能大量采用钢结构。如北京的京城大厦，56层（其中地下4层），总建筑面积为130000m^2，钢结构总重量达1.8万t，是一座多功能的办公大楼，主要作为外商驻京的办事机构和公寓。深圳地王大厦的主楼墙体、梁柱均采用钢骨架，68层，总高326m，建筑面积149700m^2，用钢量达24500t（折合164kg/m^2）。目前，我国新建的高层钢结构建筑总高度已突破200m，上海金茂大厦总高420m，地上88层，地下3层，总建筑面积177000m^2，总用钢量14000t（折合79.1kg/m^2）。

使用钢筋混凝土结构建造高层建筑比较符合我国国情，现已占主导地位。钢筋混凝土高层建筑结构强度高，抗震性能好，结构布置灵活方便，比钢结构造价低，材料丰富，耐火性好，结构刚度大。尤其是预应力钢筋混凝土技术的发展和轻质高强混凝土的出现，使钢筋混凝土结构更加普及和实用。

高层建筑从形式上可分为塔式建筑和板式建筑两大类。国外以塔式建筑为主，平面形状为方形或矩形，也有Y形、十字形、H形、星形、T字形、三角形、六角形和正多边形等。近几年，我国设计的高层建筑体型也趋于多样化，图3-1和图3-2列举了一些结构平面。这类高层建筑随着建筑功能要求的提高，建筑平面形状与立面体型更趋复杂。不同单元的体型组合，立面结构构件或建筑配件的艺术处理，结构外形的非对称性将导致悬挑部分较长。也有的不设抗震缝、伸缩缝而采取相应的构造措施。外饰面装修材料的应用及各种新颖别致的设计技巧等，都使立面处理多样化。另外，板式建筑平面形式一般为长方形、扇形、棱形和屏风形等。若其横向较厚时，还有单元式、内廊式、外廊式或前两者交替排列和组合的形式，以及更复杂的弧形线段组成的平面等。

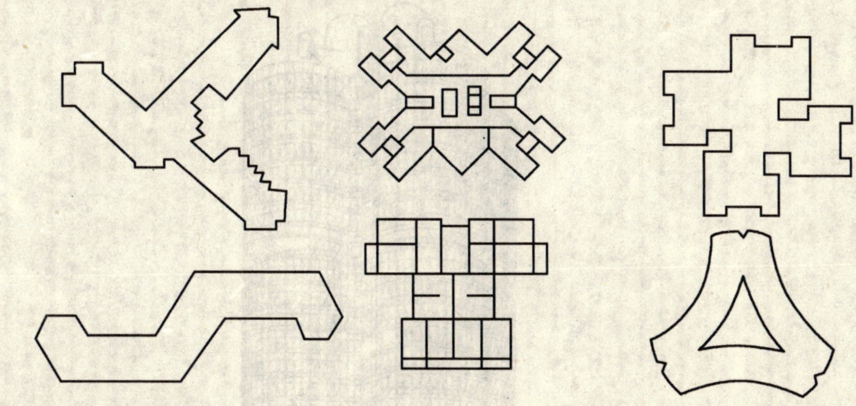

图 3-1　一些高层建筑结构平面（1）

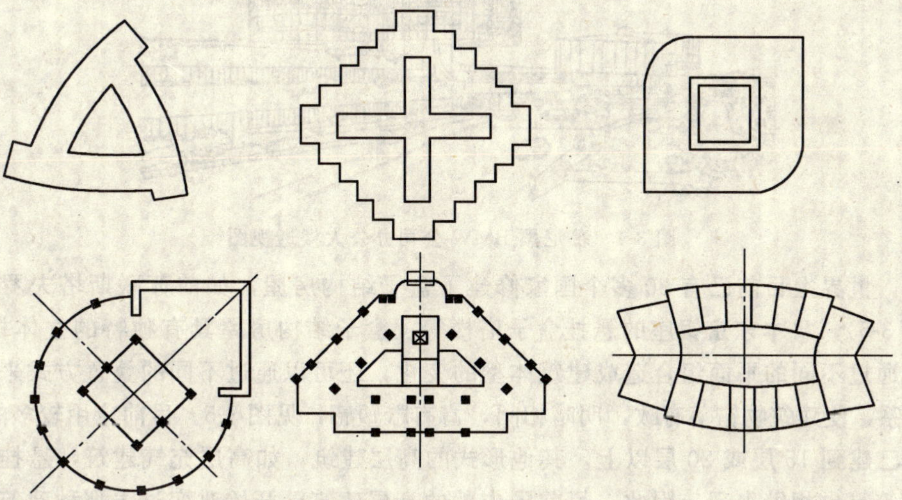

图 3-2　一些高层建筑结构平面（2）

国外有不少高层建筑的平面外形采用圆形，如德国慕尼黑 BMW 公司办公楼，19 层，高约 96m，为一悬挂结构。大楼由中间部分的 4 个内筒（花瓣式）和挂在四周的 4 个外筒组成，外筒挂在内筒上，荷载全部由内筒承担，内筒由相互连为一体的 4 个筒组合而成，见图 3-3 和图 3-4。德国建造了一幢大型的塔式旅游饭店，采用的是圆形平面向外辐射的建筑形式，建筑物中间是一个圆筒，直径为 11m，在圆筒内设置了电梯和安全人行楼梯，为了便于各客房的联系，围绕内圆筒设计了一个同心圆，在同心圆中设一宽 1.83m 的走廊，在每层的标准层内设置了 18 间统一客房，每客房设计了半圆形阳台，从而形成了这幢高层建筑特有的造型。这幢高层建筑的外轮廓线直径约 36m，地下 2 层，地上 35 层，总高度约 118m。

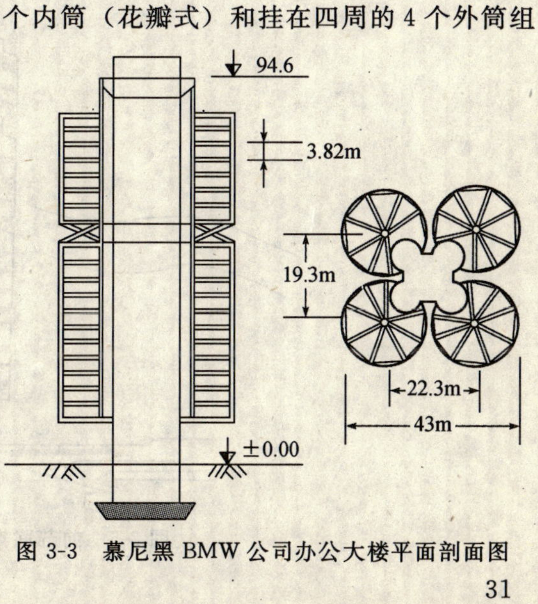

图 3-3　慕尼黑 BMW 公司办公大楼平面剖面图

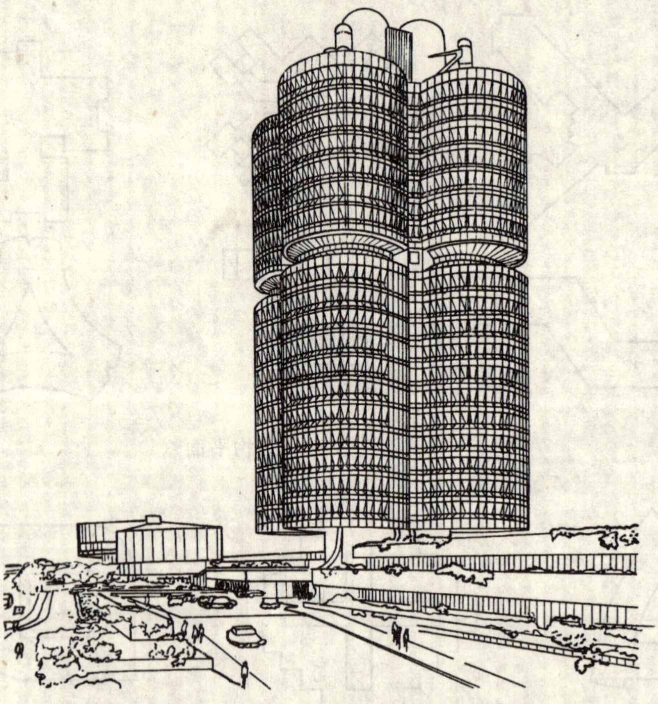

图 3-4　慕尼黑 BMW 公司办公大楼透视图

另外，世界上目前已有 30 多个国家修建了盒子结构房屋，如前苏联斯塔夫罗波利耶疗养院（图 3-5），日本东京银座的悬挂盒子塔楼等。盒子结构房屋具有独特的立体构图效果，不仅可以通过不同的平面组合造成建筑体型的变化，还可以通过不同的叠置方式来构成不同的比例关系，使建筑物错落有致，明暗相间，富有雕塑感，见图 3-5。目前应用较多的是 9～12 层，有的已建到 15 层或 20 层以上。其他形式的高层建筑，如高层充气建筑，悬挂建筑和高层网架建筑等也相继出现。因此，目前国内外的高层建筑已开始改变过去那种建筑形式单调的局面，向着更加灵活、多样和现代化方向发展。

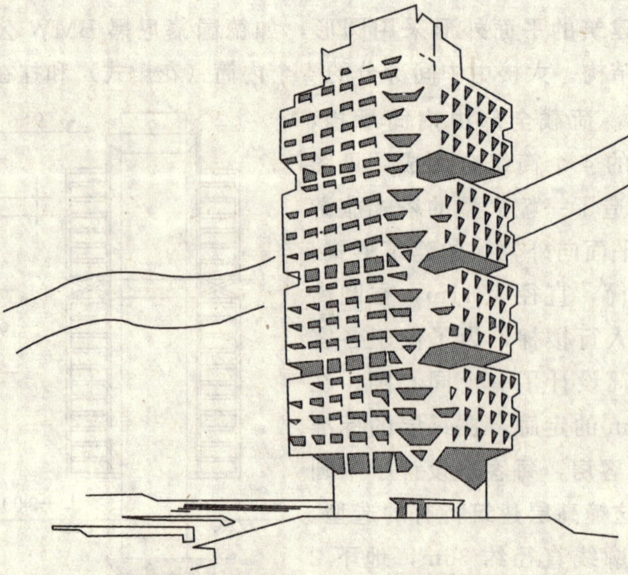

图 3-5　前苏联斯塔夫罗波利耶疗养院

第二节　建筑布局

高层建筑布局与城市规划设计密切相关。任何建筑本身不仅是当前社会政治、经济和文化的反映，也是社会生活的一面镜子。因此，在进行高层建筑设计时，除了强调经济效果以外，也要注意社会效果、环境效果和艺术效果，尽量为城市人民的生活、工作、学习、交通、休息和各种社会活动创造良好的条件和舒适的环境。近年来，国外学者提出了“人—建筑—环境”的学说，使建筑学、心理学、环境学和生态学互相渗透，互相影响，形成了一门新兴的交叉科学。因此，在进行高层建筑的布局时，要十分注意建筑艺术在美化城市中的作用。同时，重要建筑物的布局、层数、形体、色彩等，都要经过精心规划和精心设计，尽可能体现城市自身的性格与风貌。另外，高层建筑设计应当跟上现代化的要求和具有时代的特征，把使用功能、材料结构、艺术造型、空间环境和经济效果有机地结合起来，融为一体，创造出高层建筑独特的风格。国外的高层建筑的布局常有下列几种处理方法。

1. 单纯的高层建筑群

美国有不少超高层建筑群，由于未采取配套措施，造成交通拥挤、采光不好、环境恶化，不受人们的欢迎。而在瑞典、芬兰的高层住宅区，由于根据当地特殊的气候条件和地质情况，扩大了公共绿化场地，美化了环境，因此受到了人们的欢迎。

2. 高层与低层建筑相间搭配

这种处理手法比第一种优越，它可采取多种方式，如在一群低层建筑中零星布置一些高层建筑，或用一些高层建筑作为低层建筑群的边界，或用高层建筑与某一广场或公园相接。在法国、意大利就有这样的布局，高层建筑一般为20层以上的塔式建筑，低层均为6层左右的住宅。

3. 在原有几层建筑中插入高层建筑

高层建筑不直接建在原有建筑物旁边，而在它们的中间位置，目的是使高层建筑与原有建筑协调，两者高度最好相差一倍以上。

4. 把高层建筑作某建筑群突出部分来处理

将高层建筑放在中心位置，以达到景观效果。例如上海新建的虹桥宾馆，就是从虹桥机场进入市区所看到的第一幢高层建筑。值得注意的是，由于建筑基地周围干道上的车流和人流量很大，人们是在流动中观察宾馆，因此建筑造型要考虑该建筑的动态景观效果。但在一些著名城市，为使高层建筑不致破坏老市区的面貌，避免产生不协调，对高层建筑的高度要加以限制。如北京市，由于它是我国著名的文化古都，必须妥善保护珍贵的革命史迹、历史文物和古建筑，因此，北京市政府作出了《关于北京市区建筑高度控制的规定》。又如前苏联莫斯科克里姆林宫周围、法国巴黎和意大利罗马市中心等，都不许建高层建筑。美国华盛顿规定，新建的房屋不准超过纪念碑的高度。

5. 城市小区规划以高层居住建筑为主，设置部分商业设施、办公楼、社会性文化教育机构、娱乐场所和其他公用建筑等。在进行高层建筑的总体布局时，除了上述处理方法外，还需注意以下原则：

(1) 规划要符合城市经济发展战略，适应城市人口增长的需要；

(2) 确定科学的规划指标；

(3) 选择合理的城市模型和结构；

(4) 按功能适当分区，力求布局合理；

(5) 市政府设施和公用建筑要力求合理配套；

(6) 注意建筑艺术在美化城市中的作用；

(7) 规划要不断适应新的形势要求。

第三节　高层建筑受力特点和设计要求

一、受力特点

任何建筑在其使用时都会同时受到竖直荷载和水平荷载的作用。但不同高度的建筑物，在上述两种荷载作用下的反应却不相同。对单层或多层建筑来说，竖直荷载影响很大。结构以承受轴向力为主，而水平作用的影响却不大，结构承受的弯矩和剪力也相应较小，侧向位移也很小，通常作强度计算都可满足要求，一般无需采用特殊技术措施。对高层建筑来说，随着建筑高度的增加，水平作用力（风或地震作用）的影响不断加大，并逐渐成为主要的控制因素。同时，竖直作用的影响也相对减小，而侧向位移迅速增大，使高层建筑的设计不仅要求结构有足够的强度，而且更重要的是要求结构有足够的刚度，把水平作用所引起的侧向位移限制在一定的范围内，确保建筑物的安全。图 3-6 表示一座建筑物在水平（风荷载）作用下的计算简图，它相当于一个最简单的悬臂梁结构，基础部分是梁的固定端，当它受均布水平的风荷载 q 作用和竖直荷载 p 作用时，其悬臂结构底部轴向力 N、弯矩 M 和顶部的侧向位移 u 为：

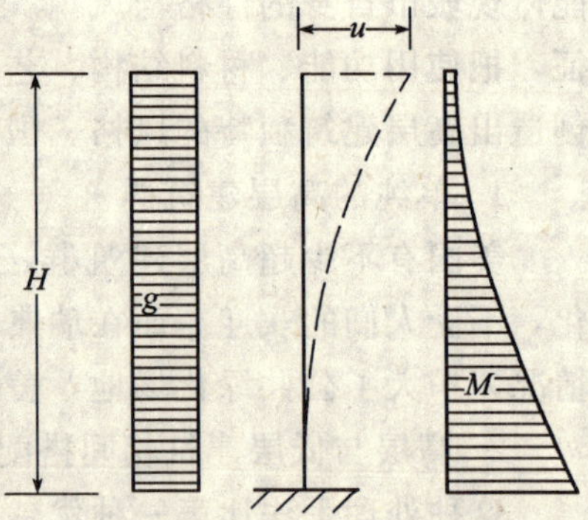

图 3-6　风荷载作用下的计算简图

$$\left.\begin{aligned} N &= pH \\ M &= \frac{1}{2}qH^2 \\ u &= qH^4/8EI \end{aligned}\right\} \tag{3-1}$$

式中　H——建筑物高度；

EI——建筑物的刚度（E 为弹性模量，I 为惯性矩）。

由式 (3-1) 可见，随着建筑物高度 H 的增加，由竖直作用 p 产生的轴向力 N 和 H 成正比（线性关系）；但由水平作用 q 产生的弯矩 M 却与 H 的 2 次方成正比；产生的位移 u 则与高度 H 的 4 次方成正比，即当 H 增加 1 倍时，M 增加 4 倍，u 要增加 16 倍，而 N 才增加 1 倍。显然，水平作用 q 对高层建筑的影响远比对单层或多层建筑大，因此成为设计的主要控制因素。

根据高层建筑结构的上述受力特点，在进行设计时，都应按有关规程要求进行，以免出现概念设计错误。

二、设计要求

1. 平面和体型要求

一般多层建筑设计时，对建筑体型和结构布局是不太重视的，而高层建筑则不同，建筑体型和结构布局对造价和结构安全起决定作用，尤其是建筑的平面形状、高宽比、抗侧力结构是否均匀对称，避免水平扭转等更为重要。此外，高层建筑平面应尽量简单、规则和对称。在结构单元的两端或拐角部位，不宜设置楼梯间和电梯间，否则应采取加强措施；机房、水箱和设备层的布置应注意结构的受力要求。一般高层建筑的建筑平面可参考图 3-7。

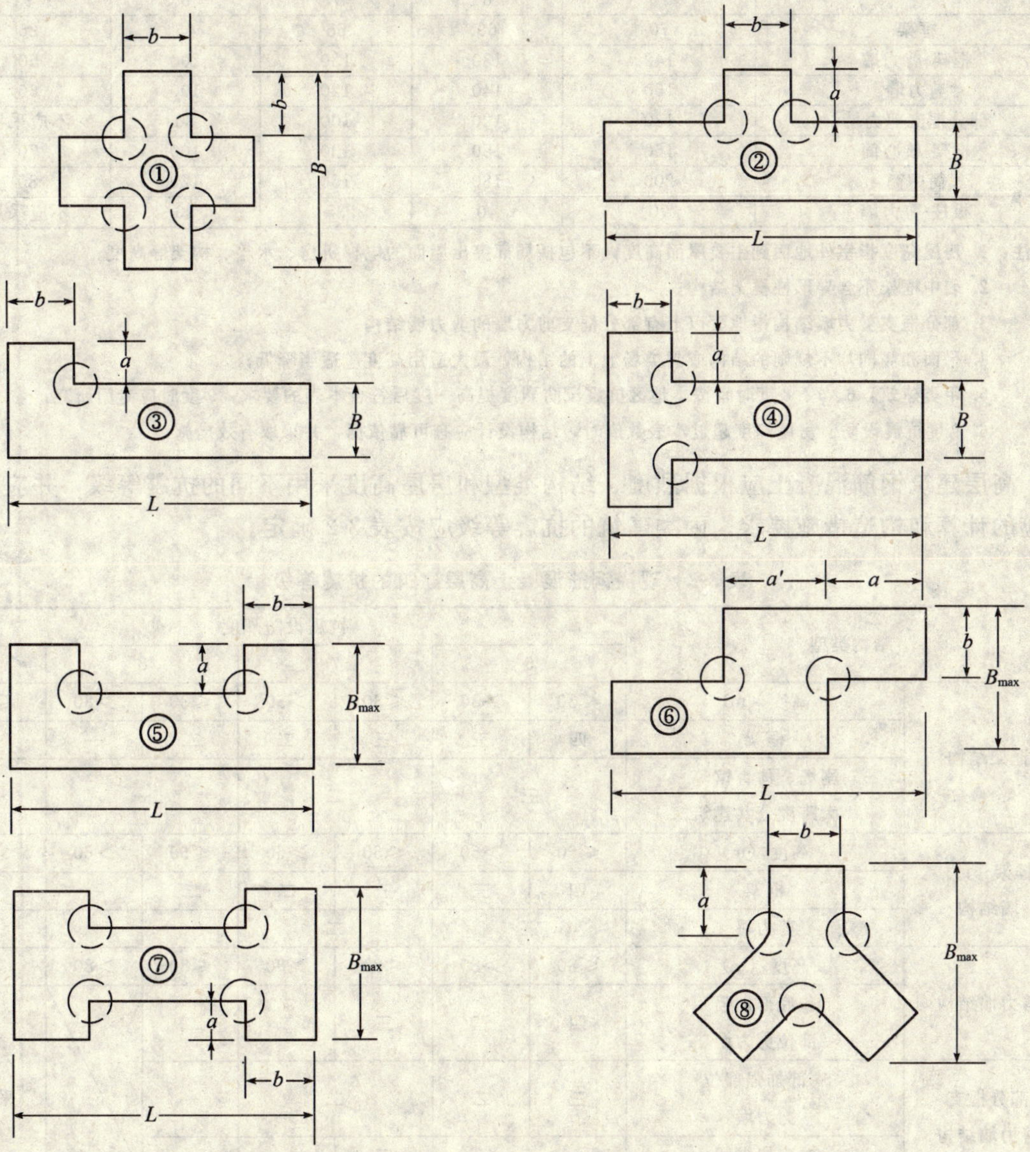

图 3-7 高层建筑平面外形图

2. 高宽比和高度

如前所述，由于高层建筑高度高，承受的水平力大，因而水平力产生的侧向变形和内力往往是设计的主要控制因素，这是和多层建筑结构设计的主要区别。除此之外，还必须保证结构的整体稳定和抗倾覆性能。因此，对高度较高、高宽比大、建筑自重大的高层建筑应验算结构的整体稳定和抗倾覆的安全性，并在设计时对建筑物的高度及高宽比作规定，一般不宜超过表 3-1、表 3-2 的数值（钢筋混凝土结构）。

本节适用的现浇钢筋混凝土高层建筑的结构类型和最大高度应符合表 3-1 的要求。平面和竖向均不规则的结构或建造于Ⅳ类场地的结构，适用的最大高度应适当降低。

表 3-1　高层建筑现浇钢筋混凝土适用最大高度　　(m)

结构类型	非抗震设计	抗震设防烈度			
		6	7	8	9
框架	70	60	55	45	25
框架-剪力墙	140	130	120	100	50
剪力墙	150	140	120	100	60
部分框支剪力墙	130	120	100	80	不应采用
框架-核心筒	160	150	130	100	70
筒中筒	200	180	150	120	80
板柱-剪力墙	70	40	35	30	不应采用

注：1. 房屋高度指室外地面到主要屋面高度，不包括局部突出屋面的电梯机房、水箱、构架等高度；
2. 表中框架不含异形柱框架结构；
3. 部分框支剪力墙结构指地面以上有部分框支剪力墙的剪力墙结构；
4. 平面和竖向均不规则的结构或Ⅳ类场地上的结构，最大适用高度应适当降低；
5. 甲类建筑，6、7、8 度时宜按本地区抗震设防烈度提高一度后符合本表的要求，9 度时应专门研究；
6. 9 度抗震设防、房屋高度超过本表数值时，结构设计应有可靠依据，并采取有效措施。

高层建筑钢筋混凝土应根据烈度、结构类型和房屋高度采用不同的抗震等级，并应符合相应的计算和构造措施要求。丙类建筑的抗震等级应按表 3-2 确定。

表 3-2　现浇钢筋混凝土高层建筑的抗震等级

<table>
<tr><th colspan="3" rowspan="2">结构类型</th><th colspan="7">抗震设防烈度</th></tr>
<tr><th colspan="2">6</th><th colspan="2">7</th><th colspan="2">8</th><th>9</th></tr>
<tr><td rowspan="3">框架结构</td><td colspan="2">高度（m）</td><td>≤30</td><td>>30</td><td>≤30</td><td>>30</td><td>≤30</td><td>>30</td><td>≤25</td></tr>
<tr><td colspan="2">框架</td><td>四</td><td>三</td><td>三</td><td>二</td><td>二</td><td>一</td><td>一</td></tr>
<tr><td colspan="2">剧场、体育馆等
大跨度公共建筑</td><td colspan="2">三</td><td colspan="2">二</td><td colspan="2">一</td><td>一</td></tr>
<tr><td rowspan="3">框架-剪力
墙结构</td><td colspan="2">高度（m）</td><td>≤60</td><td>>60</td><td>≤60</td><td>>60</td><td>≤60</td><td>>60</td><td>≤50</td></tr>
<tr><td colspan="2">框架</td><td>四</td><td>三</td><td>三</td><td>二</td><td>二</td><td>一</td><td>一</td></tr>
<tr><td colspan="2">剪力墙</td><td colspan="2">三</td><td colspan="2">二</td><td>一</td><td>一</td><td>一</td></tr>
<tr><td rowspan="2">剪力墙结构</td><td colspan="2">高度（m）</td><td>≤80</td><td>>80</td><td>≤80</td><td>>80</td><td>≤80</td><td>>80</td><td>≤60</td></tr>
<tr><td colspan="2">非底部加强
部位剪力墙</td><td>四</td><td>三</td><td>三</td><td>二</td><td>二</td><td rowspan="3"></td><td rowspan="3">不应
采用</td></tr>
<tr><td rowspan="2">部分框支
剪力墙结构</td><td colspan="2">底部加强部位
剪力墙</td><td>三</td><td>二</td><td colspan="2">二</td><td>一</td></tr>
<tr><td colspan="2">框支层框架</td><td colspan="2">二</td><td>二</td><td>一</td><td>一</td></tr>
<tr><td rowspan="4">筒体结构</td><td rowspan="2">框架-核心筒</td><td>框架</td><td colspan="2">三</td><td colspan="2">二</td><td colspan="2">一</td><td>一</td></tr>
<tr><td>核心筒</td><td colspan="2">二</td><td colspan="2">二</td><td colspan="2">一</td><td>一</td></tr>
<tr><td rowspan="2">筒中筒</td><td>外筒</td><td colspan="2">三</td><td colspan="2">二</td><td colspan="2">一</td><td>一</td></tr>
<tr><td>内筒</td><td colspan="2">三</td><td colspan="2">二</td><td colspan="2">一</td><td>一</td></tr>
<tr><td rowspan="2">板柱-剪力
墙结构</td><td colspan="2">板柱的柱</td><td colspan="2">三</td><td colspan="2">二</td><td colspan="2">一</td><td rowspan="2">不应
采用</td></tr>
<tr><td colspan="2">剪力墙</td><td colspan="2">二</td><td colspan="2">二</td><td colspan="2">二</td></tr>
</table>

注：1. 建筑场地为Ⅰ类时，除 6 度外可按表内降低一度所对应的抗震等级采取抗震构造措施，但相应的计算要求不应降低；
2. 接近或等于高度分界时，应允许结合房屋不规则程度及场地、地基条件确定抗震等级；
3. 部分框支剪力墙结构中，剪力墙加强部位以上的一般部位，应允许按剪力墙结构确定其抗震等级；
4. 表中“一、二、三、四级即抗震等级一、二、三、四级”的简称。

3. 位移控制

计算位移、控制变形、保证结构合理的侧移刚度是高层建筑结构设计的重要内容。侧向位移过大会使结构产生开裂、破坏、倾覆、电梯脱轨，以及过大的摆动，同时使人们感觉很不舒服。对于高宽比大而比较柔的高层建筑，变形验算将成为设计的主要控制因素。根据国内外试验研究结果表明，在水平作用（1～35Hz 频率）下，当楼板加速度 $a<0.005g$ 时，人无感觉；当 $a=(0.005\sim0.015)\ g$ 时，有感觉但能忍受；当 $a=(0.015\sim0.05)\ g$ 时，会烦恼且难忍受；当 $a=(0.05\sim0.15)\ g$ 时，人很难忍受；当 $a>0.15g$ 时，就不能忍受了（g 为重力加速度）。可见控制位移也是人们使用的要求。另外，对于砌体填充墙，当层间位移与层高比值 $\Delta u/h\geqslant1/4000$ 时，即出现微小裂缝；$\Delta u/h\geqslant1/500$ 时，墙体开裂相当严重；$\Delta u/h\geqslant1/300$ 时，则发生局部崩塌。钢筋混凝土剪力墙，当 $\Delta u/h=(1/800)\sim(1/1000)$ 时，产生裂缝；$\Delta u/h=(1/400)\sim(1/250)$ 时就会破坏。当顶点位移与总高度比值 $u/H>1/500$ 时，P-Δ 效应在结构内部产生的附加内力不能忽视。

因此，限制高层建筑的侧向变形应包括两方面：一是顶点位移，二是层间位移，见图 3-8。u/H 值是控制高层建筑的总变形值，而往往 $\Delta u/h$ 大于 u/H，为了防止墙体和装饰的破坏，主要是控制层间变形 $\Delta u/h$，在结构分析中，各层的计算刚度不同，所以 $\Delta u/h$ 值也不相同。当高层建筑考虑剪切型变形时，则底层 $\Delta u/h$ 值较大。当考虑弯曲型变形时，则顶层的 $\Delta u/h$ 值较大，设计时应限制最大的 $\Delta u/h$ 值小于允许值。

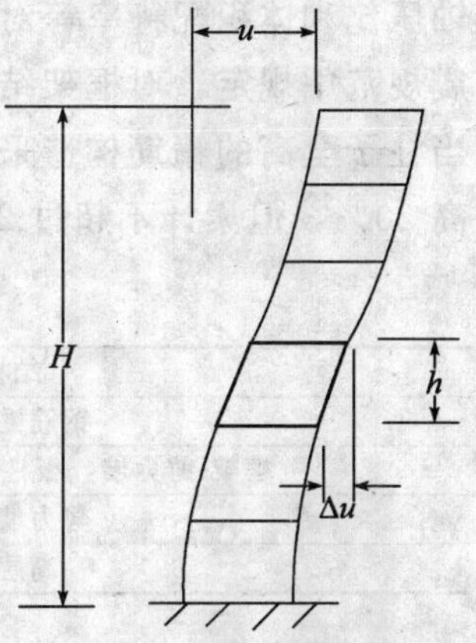

图 3-8　高层建筑的侧向变形

第一阶段抗震设计的变形验算方法是结构在较多遇的“小震”作用下的层间弹性位移应小于结构处于基本不坏状态的允许值。

《建筑抗震设计规范》（GB 50011—2001）规定的在第一阶段抗震设计中需要进行变形验算的房屋，是钢筋混凝土框架和钢筋混凝土框架-剪力墙结构以及高层钢结构等。

钢筋混凝土结构房屋中采用的非结构构件（包括围护墙、隔墙和各种装修）种类繁多，材料的性质和与结构连接性能都会影响其容许变形能力，经济合理地确定层间弹性位移角限制值 $[\theta_e]$ 是一个十分复杂和困难的问题。通过分析结构和主要的非结构构件的变形性能，提供了相应的变形允许指标。对于框架填充墙结构，根据试验资料的分析，填充墙与框架间出现周边裂缝至墙面初裂时，变形值极小，层间位移角约为 1/500。当墙面开裂较普遍，沿对角线裂缝基本贯通时，变形值（位移角为（1/650）～（1/350），但此时裂缝不宽且较易修复正常使用。当变形（位移角）达到（1/120）～（1/80）时，砌体破裂而严重破坏。所以，工程实际上用砌体填充墙面裂缝不超过对角线贯通作为“不坏”的标志。其他材料的非结构墙体，如外挂墙板及各种轻质隔墙，一般来说，其“不坏”的容许变形能力要比砌体填充墙大，但目前尚缺乏完整的实验资料。试验表明，钢筋混凝土抗震墙初裂时变形值（位移角）为（1/5000）～（1/3000）。墙板出现对角裂缝时的位移角约为（1/1000）～（1/800）。根据试验结果和有限元分析，《建筑抗震设计规范》（GB 50011—2001）给出了表 3-3 所列的层间弹性位移角 $[\theta_e]$ 的限值。

$$\Delta\mu_p\leqslant[\theta_e]h \tag{3-2}$$

式中　$[\theta_e]$ ——弹塑性层间位移角限值，即 $\Delta u/h$；

h——层间高度。

表 3-3　层间弹性位移角限值

结构类型	$[\theta_e]$
钢筋混凝土框架	1/550
钢筋混凝土框架-剪力墙、板柱-剪力墙、框架-核心筒	1/800
钢筋混凝土框架-剪力墙、筒中筒	1/1000
钢筋混凝土框支层	1/1000
高层钢结构	1/300

第二阶段在强烈地震作用下，结构将进入弹塑性状态，并通过发展塑性变形和累积耗能来消耗地震输入能量。大量的分析研究和震害都表明，具有薄弱楼层的结构，其弹塑性层间变形集中的现象是十分明显的。因此，在多遇地震作用下构件截面承载力抗震验算的基础上，进行罕遇地震作用下结构薄弱楼层（部位）的弹塑性变形验算，对于做到“大震不倒”具有十分重要的意义。

通过试验与计算分析还发现，除构件的剪跨比外，梁的纵向配筋率和体积配箍率、柱的轴压比和体积配箍率等对极限变形能力均有一定的影响。根据分析和试验研究结果，建筑抗震规范中规定，对框架结构，当柱轴压比小于 0.4 时，层间极限弹塑性位移角可提高 10%；当柱子全高的箍筋构造采用抗震规范柱加密区的箍筋最小体积配箍特征值大 30%时，可提高 20%，但累计不超过 25%。抗震规范给出的层间弹塑性位移角限值见表 3-4。

表 3-4　层间弹塑性位移角

结构类别	$[\theta_p]$
钢筋混凝土框架	1/50
框架-剪力墙，板柱-剪力墙，板柱-核心筒	1/100
剪力墙和筒中筒	1/120
高层钢结构	1/50

4. 基础

高层建筑基础必须要有足够的刚度和稳定性。高层建筑基础设计的要求是，对上部建筑物有可靠的嵌固作用，避免由于基础沉降和转动造成上部结构应力复杂化；同时，防止在巨大水平力作用下建筑物发生倾覆或滑移。所以，高层建筑的基础应优先选用整体性好、刚度大的深基础，如箱形基础、筏形基础或桩基。基础埋深应控制在建筑物高度的 1/12～1/8，一定的埋深对于保证建筑物的整体稳定、吸收地震能量、减轻上部结构的地震反应、平衡水平荷载的基底剪力都是必需的。对一般的砂黏土类地基，基础的埋置深度不宜小于 $H/12$；对于桩基，基础埋置深度不宜小于 $H/15$，但桩的长度不计算在埋置深度内；对设置在原土或一般黏性土上的高层建筑，至少应布置一层地下室，并符合埋深要求；对于岩石类地基，可不考虑埋深要求，但应有可靠的锚固措施。

5. 沉降缝、防震缝

对于地基沉降、温度收缩，以及有抗震设防要求的高层建筑，通常要将建筑物分割成几个结构单元，单元之间设缝隔开，宜将沉降缝、伸缩缝和防震缝结合起来处理。一般来说，高层建筑的地基处理、设计比较慎重。一般高层建筑对由于温度作用而收缩或伸长所设置的伸缩缝，要求也不一致，但由于伸缩引起的温度裂缝受建筑体量限制而不会不断扩大，因而不会严重影响建筑物的使用和安全。因此，在设计中往往采取预留伸缩缝等措施，就可达到要求，而不会造成破坏。但是，当高层建筑的高度或长度超过 60m 时，要考虑温度作用、设置伸缩缝等。当外形复杂或各部位刚度、重量和高度相差悬殊时，在地震作用下就会出现扭转、剪切错位等复杂变形状态，此时连接薄弱的部位，必然会出现震害。因此，一般遇有下列情况之一时，宜设置防震缝。

（1）平面长度 L 和突出部分 a 超过抗震规范的要求而无有效加强措施；

（2）高层建筑有较大的错层；

（3）各部分结构的刚度或荷载作用相差悬殊，而又未采取有效措施。

防震缝应沿房屋全高设置，基础可不设防震缝，但在防震缝处的上部结构和基础的连接部分均应加强，避免用牛腿托梁的做法设置防震缝。另外，地震区建筑物的沉降缝和伸缩缝必然兼有防震缝的作用，因此其缝宽应满足防震缝宽度的要求。

由于高层建筑的高度（H）大，设置的防震缝宽度常常比较大。例如 8 度设防区，120m 高的框架-剪力墙结构，设置较宽防震缝，这给建筑物的使用等都带来很大的困难。因此，在地震区设计高层建筑时，首先应从结构布置上尽量规则，刚度尽量均匀，用加强连接及加强薄弱环节等方法，使整个结构形成整体，并应采取必要的构造和施工措施，尽量避免设伸缩缝、防震缝和沉降缝。实践表明，一般高层建筑采取技术措施后，在 7、8 度抗震设防区不设防震缝，可以避免局部破坏。

震害表明，在强烈地震作用下由于地面运动变化、结构扭转、地震变形等复杂因素，相邻结构仍可能局部碰撞而损坏。防震缝宽度过大，会给建筑处理造成困难，因此，高层建筑宜选用合理的建筑结构方案，不设防震缝，同时采用合理的计算方法和有效的措施，以解决不设防震缝带来的不利影响，如差异沉降、偏心扭转、温度变形等。

当建筑平面过长、结构单元的结构体系不同、高度和刚度相差过大以及各结构单元的地基条件有较大差异时，应考虑设防震缝，其最小宽度应符合以下要求：

（1）钢筋混凝土框架结构房屋的防震缝宽度，当高度不超过 15m 时可采用 70mm；超过 15m 时，6 度、7 度、8 度和 9 度相应每增加高度 5m、4m、3m 和 2m，宜加宽 20mm。

（2）钢筋混凝土框架-剪力墙结构房屋的防震缝宽度可采用框架结构规定数值的 70%，剪力墙结构房屋的防震缝宽度可采用框架结构规定数值的 50%，且均不宜小于 70mm。

（3）防震缝两侧结构类型不同时，宜按照需较宽防震缝的结构类型和较低房屋高度确定缝宽。如图 3-9 所示，计算防震缝宽度 t 时，按框架结构并取房屋高度 H。

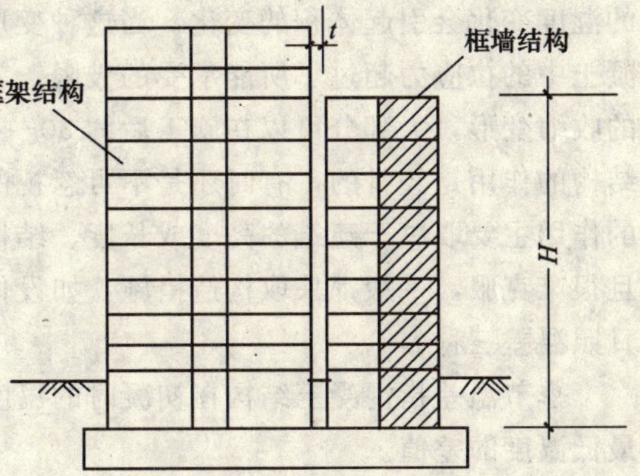

图 3-9 防震缝的宽度 t

（4）防震缝可以结合沉降缝要求贯通到地基，当无沉降问题时也可以从地基或地下室以上贯通。当有多层地下室形成大底盘，上部结构为带裙房的单塔或多塔结构时，可将裙房用防震缝自地下室以上分隔，地下室顶板应有良好的整体性和刚度，能将上部结构的地震作用分布到地下室结构。如图 3-10，框架结构房屋防震缝两侧结构高度、刚度或层高相差较大时，在防震缝两侧房屋的尽端沿全高设置垂直于防震缝的抗撞墙。每一侧抗撞墙的数量不应少于两道，宜分别对称布置，墙肢长度可不大于一个柱距。如图 3-11 所示，框架和抗撞墙内力应按考虑和不考虑抗撞墙两种情况进行分析，并按不利情况取值。防震缝两侧抗撞墙的端柱和框架边柱，箍筋应沿房屋全高加密。

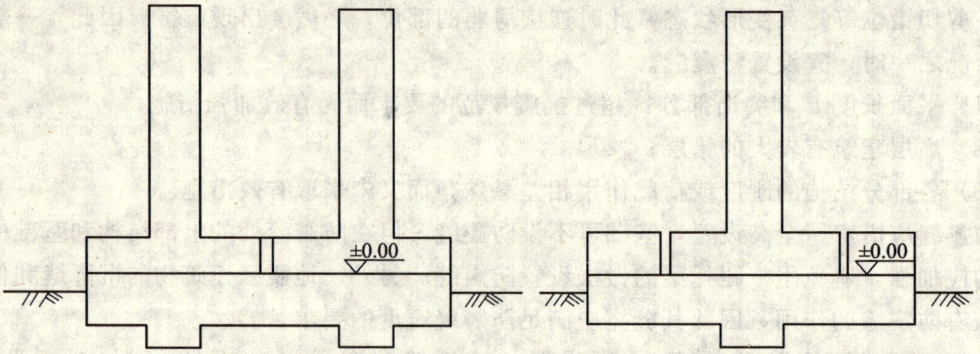

图 3-10　大底盘地下室示意图

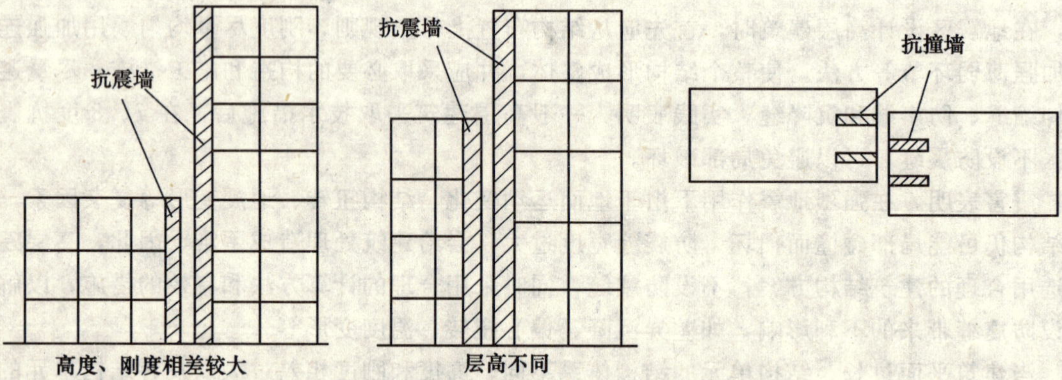

图 3-11　框架结构采用抗撞墙示意图

6. 伸缩缝——温差和收缩对高层建筑的影响

高层建筑中的钢筋混凝土结构，由于混凝土具有湿胀干缩的物理化学特性，在施工期间的湿度变化会引起体积的变化，当这种变形受到约束后，就会在结构内部产生应力。一旦混凝土中的拉应力超过了所能承受的极限，就会导致混凝土的开裂。这种混凝土在硬结过程中的收缩变形，大部分可以在施工后约 30～40d 内完成，对结构的影响有限。但温度的变化对结构的作用是经常的，有时还是不可忽视的。这种由温度变化引起的结构温度应力，对结构的作用主要取决于建筑的高度或长度、结构外露程度和温差大小。由于温度应力计算复杂而且很难克服，一般都采取构造措施，如设伸缩缝等。这种温差主要有季节温差、内外温差和日照温差三种。

季节温差指混凝土结构在初凝时的温度与构件在使用期间由于季节变化而出现的最高或最低温度的差值。

内外温差指高层建筑在使用期间，由于室内外不同的气温，在结构或构件内外表面间所产生的温差。

日照温差指高层建筑在使用期间受太阳辐射面与背阳面之间所产生的温差。

上述几种温差，对建筑的竖向和水平向都有影响。这种温度作用是一种十分复杂的结构效应，目前尚在研究，还没有成熟而统一的计算方法。根据简化计算、经验和实际观测，当建筑长度不超过 60m（见表 3-5），高度不超过 80～100m（30 层左右）时，可以不计算或不考虑温差作用引起的应力，亦可不设伸缩缝。当建筑高度在 100m 以上，如果立柱或外墙板无较好的隔热围护而直接外露曝晒，则不能忽视其温差作用和变形对结构内力的影响。当建筑物超过 30 层或高度超过 120m，长度超过规范中规定，则应考虑竖向和水平两个方向的温度差作用引起的应力问题。水平方向主要考虑地下室顶板（或基础顶面）与地面第一层楼面处纵向梁伸缩所引起的柱子附加弯矩。但是，如果环境温度剧烈变化及主体结构外露，也可根据设计要求验算并适当地从结构上考虑其温度效应。当高层建筑结构的总楼层在 20～30 层之间时，在垂直方向上的温差变形可根据具体情况适当加以考虑。例如当内外柱之间出现差异缩短，引起楼板倾斜和变形时，可采用钢筋混凝土柱与钢柱组合结构，在施工中加以补偿，也可每隔 5 层测量柱顶标高，插入厚度合适的填隙片，使新的一层的所有柱子处在同一标高上。当总层数超过 30 层时，设计与施工都要认真对待温度效应问题，并要作仔细的温度应力分析。为了解决两相邻垂直构件的变形差，一般在设计时可在梁和板的支座上、下多配些钢筋，并使其有效锚固，以免出现较大的裂缝。委内瑞拉一幢 40 层大楼，采取每隔一定层数将内柱中断，托以预应力大梁的措施，从而将 40 层内外柱温度效应的变化降低到允许的范围内（如图 3-12）。对于每一垂直分段可作为一个整体来考虑，施工时可设临时支撑。

表 3-5　伸缩缝的最大间距　　（m）

结构类型	施工方法		最大间距
框架	装配式		75
框架-剪力墙	现浇	外墙装配	65
		外墙现浇	55
剪力墙	外墙装配		65
	外墙现浇		45

注：如有充分依据或可靠措施，或通过计算，表中数值可适当增大，屋面上部无保温或隔热措施的结构，位于气候干燥地区、夏季炎热且暴雨频繁的地区的结构，可按经验适当减小伸缩缝间距，施工条件不利时（如材料的收缩较大或室内结构因施工外露时间较长），宜适当减小伸缩缝间距。

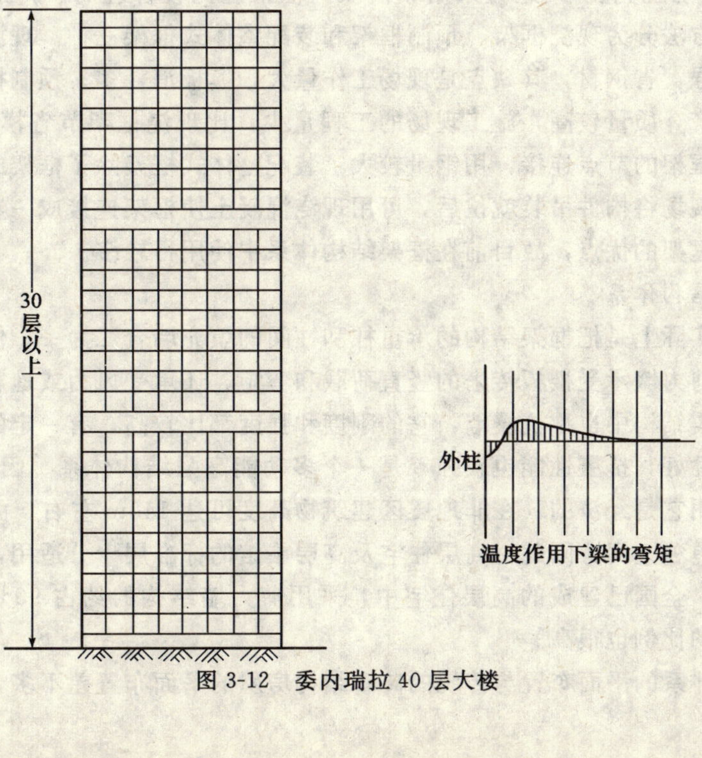

图 3-12　委内瑞拉 40 层大楼

第四节　高层建筑结构体系

由于我国高层建筑采用钢筋混凝土结构比钢结构更加普遍，因此这里将着重介绍高层建筑的钢筋混凝土结构体系，并对发展中的钢结构体系作简单阐述。

一、框架结构体系

框架结构体系由于竖柱的截面积较小，结构构件本身所占面积不多，因此房屋使用面积加大，可形成较大的空间，建筑布置灵活，在一般公共建筑、餐厅、旅馆和工业厂房中应用广泛。框架结构可通过合理设计，使之具有良好的延性，设计成为“延性框架”。在地震作用下，这种延性框架的抗震性能比较好，但由于框架结构的刚度小，受地震作用时横向侧移较大，常常引起一些非结构构件（如框架间的隔墙等）的破坏。因此，在地震区采用框架结构时，要限制其层数或高度。国外资料介绍，框架结构体系宜限于15层以下，若层数较多就会形成“高梁胖柱”，造价较高。我国已突破这个限制，如北京的民航局办公楼，采用装配整体式框架结构，中间部分达到15层；北京长城饭店采用框架结构，按8度设防，一般为18层，最高达22层。

框架结构有三种布置方案。第一种是横向框架。它的主要承重体系由横向主梁和柱组成，纵向连系梁将横向框架连成整体。在水平风荷载作用下，因横向柱子少，纵向柱子多，所以横向所受的内力远比纵向大。由此一般只对横向框架进行内力分析，而对纵向框架可按构造设计。但在水平地震作用时，因地震作用与房屋质量有关，地震引起的破坏有时会造成结构破坏，故对横向和纵向框架都要进行内力分析。第二种是纵向框架。与横向框架相反，纵向的梁和柱为主要承力结构，纵向布置主梁，横向是次梁，因而高度可以降低，净高度可以增大，并可充分利用室内空间。但由于它横向刚度太差，不利于受地震作用，所以在工程上很少采用。第三种是双向框架。如果高层建筑的平面呈正方形或接近 $L/B \leqslant 1.5$（L——房屋长度；B——房屋宽度），这时采用纵横双向框架是比较合理的。特别是在地震区，当对结构按其施工方法分为现浇框架、预制框架和装配整体式框架三种。现浇框架的结构整体性好，抗震性能强，省钢材，其缺点是现场工作量大，模板消耗多；预制框架的优点是构件可以在预制场生产，质量较高，施工现场的工程量少，比现浇框架节省模板并能缩短工期，其缺点是增加了框架的节点连接，用钢量较大；装配整体式框架除了框架的梁板柱可在预制场生产外，且在现场将构件吊装就位后，可用现浇混凝土使框架连接成一整体，从而兼备了现浇框架和预制框架的优点，故目前在框架结构体系中使用得较多。

二、剪力墙结构体系

剪力墙结构实际上是把框架结构的承重柱和柱间的填充墙合二为一，使其成为一宽而薄的矩形截面墙。剪力墙承受楼板传来的竖直荷载和弯矩，还承受风力或地震作用产生的水平力。剪力墙在抗震结构中也称抗震墙，它的刚度和强度都比较高，有一定的延性，结构传力直接均匀，整体性好，抗震性能也较强，是一个多功能高强结构体系。因此，在15层以上的高层建筑中采用它是经济的，在非地震区建筑物高度可达140m左右。由于建筑平面被剪力墙划分为若干单独空间，因此对高层住宅及高层旅馆的标准层十分适用，但不适用需要大空间的办公大楼。全国已建成的高层住宅中，采用剪力墙结构的约占90%左右，高层旅馆采用剪力墙结构的比例也很高。

剪力墙结构体系的平面布置与传统的砖石结构房屋的平面布置差不多，所不同的是剪力墙结构体系设计时，并不是所有的墙都是剪力墙，有的可以是轻质隔断墙，不作承重墙之用。一般剪力墙体系内平面布置可以分为三种基本类型，不管采用哪一种类型，设计时都是使剪力墙平面布置得尽可能简单、规整、对称和质量均匀，使得结构的质量中心与刚度中心尽量相重合，这对提高房屋的抗震性能是有利的。但往往一座建筑物要满足多方面的使用要求，因此要做到对称、均匀等有一定困难，因此房屋产生一点扭转也是不可避免的。为了抵抗这种扭转，可以将剪力墙尽可能布置在远离房屋重心的地方，因为这些剪力墙比靠近房屋重心的剪力墙有更强的抵抗扭转的能力。

剪力墙结构体系在竖向布置方面要尽可能使各层楼面的刚度中心和各层水平荷载的合力的作用线基本一致，以减小房屋沿竖向产生整体扭转。其次，剪力墙沿高度方向的刚度可以变化，但尽可能不要产生突变。因为剪力墙沿高度有刚度突变，在地震作用时往往会引起很大的震害。此外，在竖向布置时，还应尽可能使房屋的重心下移，这对高层建筑尤为重要。

剪力墙结构是一片既高又宽，但厚度相对较薄的墙体。它在竖向荷载作用下，是受压的薄壁柱，在水平荷载作用下，是底端固定、顶端自由的悬臂深梁，它主要承受水平荷载，因为它既受剪又受弯，故称之为剪力墙。但在真正工程设计中，还有一些特殊问题需要进一步分析。如，为了满足地震区建设底层大空间和大底盘大空间剪力墙结构（见图 3-13）的要求，需要把框架和剪力墙结构结合起来，形成新的体系。这种体系的上部是标准层，一般为剪力墙结构，在底层或底部 1～3 层把剪力墙改换成框架，其余剪力墙仍落到基础上，使其刚度不发生突变。根据建筑使用要求，还可以把下部几层扩大，形成底层大空间。另外，在剪力墙上总要设置门窗和通风设备管道，这就必须在剪力墙上开孔洞，从而破坏了剪力墙的整体性，因而就出现了各种不同类型的剪力墙体系。下面分别介绍几种典型的剪力墙。

1. 整体墙

这类剪力墙面上无孔洞（见图 3-14），并要符合墙的高宽比 $H/B \geqslant 2$，墙的宽度 $B \geqslant 1.5\text{m}$，在竖直荷载下产生的平均压应力 P_0 宜小于 $0.2f_{ck}$（f_{ck}为混凝土的轴心抗压强度）。在图 3-14 所示的加强区内，横向和纵向的分布钢筋的配筋率不小于 0.25%。在墙截面端部

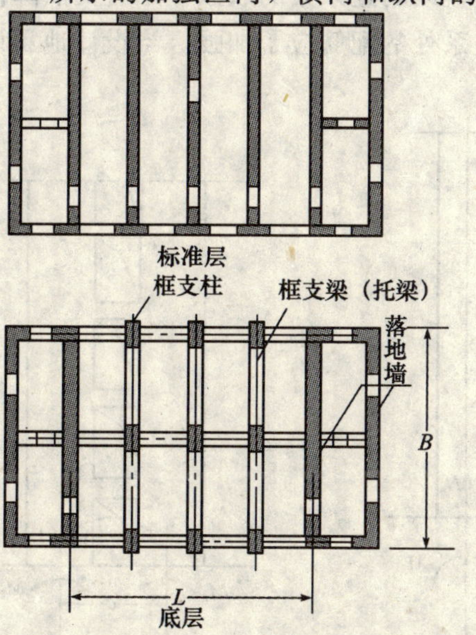

图 3-13 底层大空间剪力墙结构布置

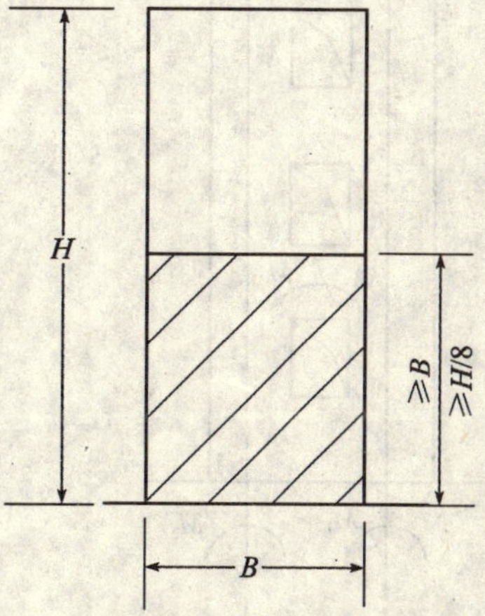

图 3-14 整体墙

2t（t为墙厚）的范围内，按暗柱配筋，竖向主筋不少于4ϕ14，箍筋按构造配置。当墙高超过60m，$P_0>0.2f_{ck}$或平均剪应力超过1.0MPa的实体墙，墙端暗柱应加强，加强区内应加强抗剪钢筋。

2. 整体小开口墙（图3-15）

剪力墙上开的孔洞比较小，开孔率大于0.15（孔面积/墙面积）。此时，各层楼上的门窗孔洞已经把整片剪力墙划分为两部分，孔洞两侧部分叫剪力墙的墙肢，孔洞上下之间部分叫连接各竖向墙肢的连系梁（这种划分是假定孔洞沿竖向成列整齐布置的情况）。这种剪力墙的连系梁刚度比较大，水平荷载产生的倾覆力矩M的80%以上由墙肢轴力N产生的内力偶所平衡，即$N_c\geqslant 0.8M$，而

$$M_1+M_2\leqslant 0.2M$$

这种结构体系的抗水平荷载性能较好，设计中可优先选用。

3. 联肢剪力墙（图3-16）

剪力墙上孔洞较大，其截面的整体性已破坏，连系梁的约束程度已不好，这种联肢剪力墙结构在工程中应用得较多，因此在设计时应合理选择连系梁与墙肢的刚度比，在保证连系梁不剪坏的前提下，应尽量增加梁的刚度和强度，使连系梁能消耗较多的能量，以减轻墙肢的损坏。一般要求：

$$N_c\geqslant 0.6M$$

为了充分发挥连系梁的作用，可考虑沿高度方向各层连系梁弯矩的调幅。当某几层连系梁计算弯矩过大时，可降低其截面抗弯强度的20%，同时使其余几层连系梁的截面抗弯强度相应提高，大于计算弯矩，满足极限平衡条件。

4. 弱连系墙（图3-17）

这种剪力墙的连系梁高度很小，甚至没有连系梁，仅由楼板将各片墙肢连系在一起，结构的强度、刚度及延性都较联肢墙差，墙肢轴力N产生的内力矩$N_c<0.2M$，墙肢弯矩大，与实体剪力墙相似，延性较差。当楼板开裂后，楼板或弱连系梁的联系作用会突然降低，因此一般不宜采用弱连系墙。需采用时，楼板与墙连系处的配筋应予加强。当设计地震设防烈度为9度时，不宜采用弱连系墙。

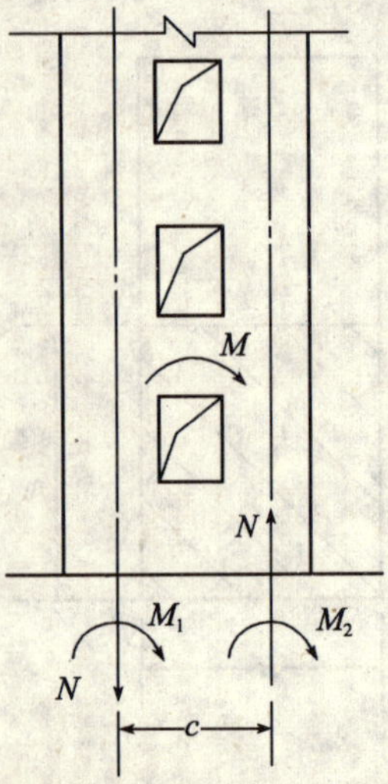

图3-15　整体小开口墙

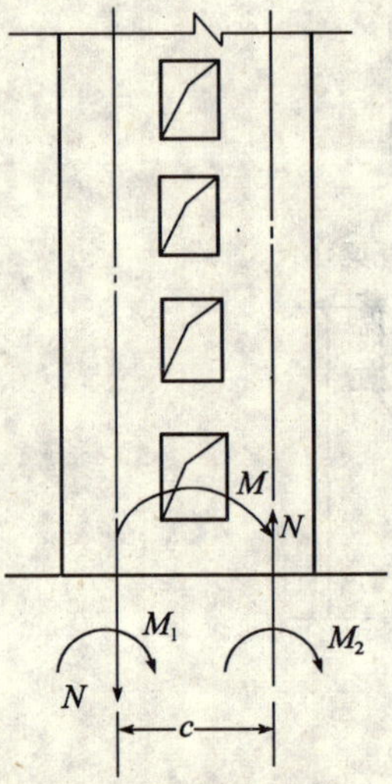

图3-16　联肢墙

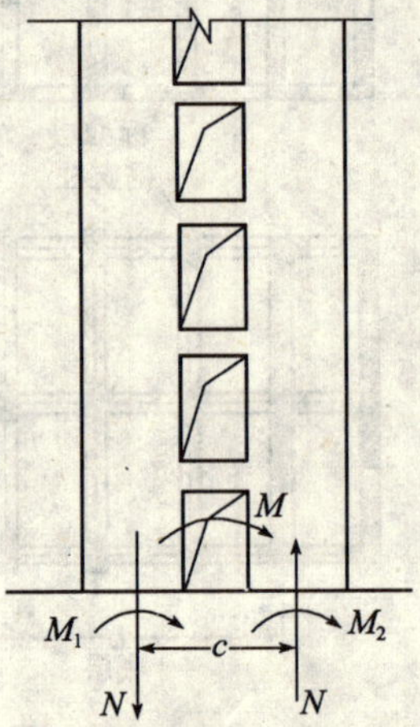

图3-17　弱连系墙

5. 有小墙肢的开洞墙（图 3-18）

剪力墙需要双列开洞时，洞与洞之间形成小墙肢，小墙肢的宽度 d 不宜小于 $3t$（t 为剪力墙的厚度），同时小墙肢应按暗柱配筋。

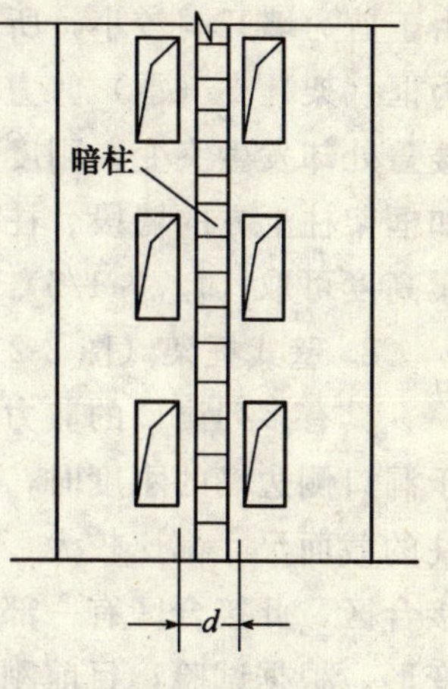

图 3-18　有小墙肢的开洞墙

6. 错洞墙（图 3-19）

剪力墙上开洞不规则时则形成错洞，错洞的形式分一般错洞墙［见图 3-19（a)］、叠合错洞墙［见图 3-19（b)］和底层局部错洞墙［见图 3-19（c)］三种。

（1）一般错洞墙

这种错洞墙受力不明确，内力分析和配筋构造比较困难，上下洞口接合区存在显著的应力集中，一般不宜采用。当采用时应使 $d \geqslant 3t$。洞口处应加强配筋，内力、位移计算宜用平面有限元法分析。

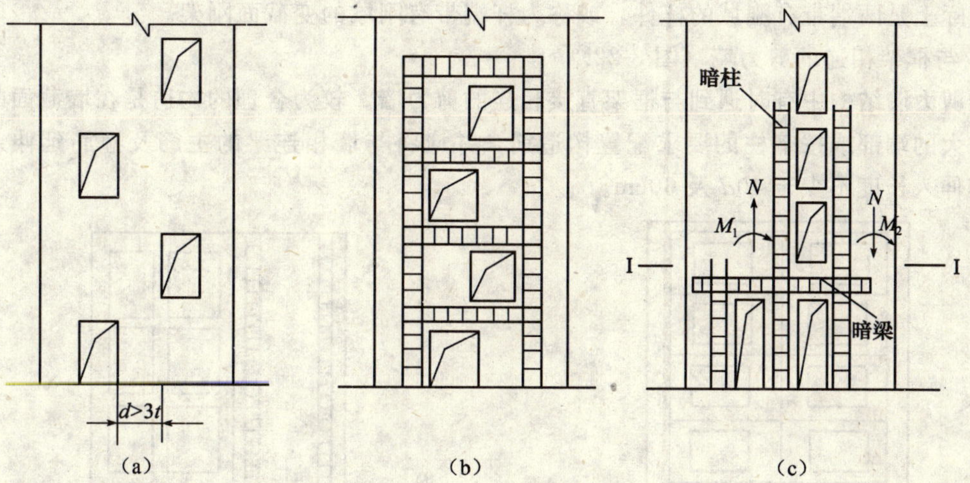

图 3-19　错洞墙

(a) 一般错洞墙；(b) 叠合错洞墙；(c) 底层局部错洞墙

（2）叠合错洞墙

叠合错洞墙应力分布较复杂，计算及配筋构造比较困难，应尽量避免采用。如采用这种墙，可按大开洞联肢墙计算，并按暗框架配筋。

（3）底层局部错洞墙

这种墙的内力和位移分析可采用平面有限元法。如采用近似简化计算内力时，可将标准层看作固定在Ⅰ—Ⅰ截面的联肢墙计算，当计算底层内力时，以Ⅰ—Ⅰ截面的内力作为外荷载。

标准层洞口部位的竖向钢筋延伸到底层，并在 1～3 层形成上下连续的暗柱。第 2 层洞口下设暗梁并加强配筋。底层截面的端部暗柱（包括洞边）应伸入第 2 层，锚固长度为 $45d$。

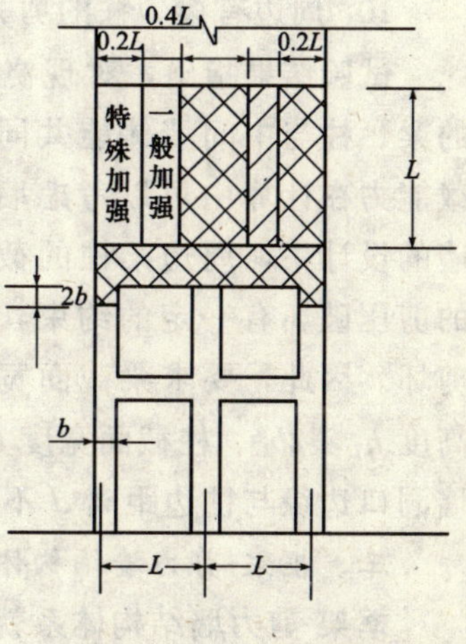

图 3-20　框支剪力墙

7. 框支剪力墙（图 3-20）

有些采用剪力墙结构的住宅，一般底层为大开间的商店，由于剪力墙开洞较小，所以在底层设剪力墙不适用，故将底层剪力墙改为框架结构，这就称为框（架）支（承）剪力墙结构。这种框支剪力墙的侧向刚度在2层以上比较大，但到底层楼盖处却发生突变，刚度迅速减弱，因而在框支剪力墙与框架交接区有几个应力集中区段，如框架柱上方的墙段、柱与托梁交接处、墙的门洞边、门洞下的托梁截面等应加强配筋。托梁高度可取（1/7～1/5）L，托梁为偏心受拉构件，主筋端部应有可靠锚固。

8. 壁式框架（图3-21）

具有多列洞口的剪力墙，当剪力墙洞口尺寸较大，特别是当洞口上梁的刚度大于或接近于洞口侧边墙的刚度时，应按壁式框架进行计算。壁式框架和一般框架不同之处是它的梁和柱的截面尺寸都比较大，梁柱交接处范围较宽，不能视为交接于一点，而应视为交接于一个接合区，此接合区有一部分是刚域。刚域的特点是刚度为无限大，受力时不产生弯曲和剪切变形。根据试验，目前刚域范围常取从梁端进入接合区 $h_L/4$（h_L 为梁高度），即到刚域的边缘；从柱顶（或底）进入接合区 $h_z/4$（h_z 为柱高度）即到刚域的边缘。因此，壁式框架的梁柱实际上是两端带有刚域的杆件，或称为杆端带有刚域的变截面刚架。

9. 与框架相连的剪力墙（图3-22）

在剪力墙结构中有时遇到与框架直接相连的剪力墙。较为合理的构造是在墙截面的两端形成扩大的端部或按暗柱的要求配置构造筋，并应将与墙相连梁的主筋及箍筋延伸入墙体内，其伸入长度不少于 $40d$ 及60cm。

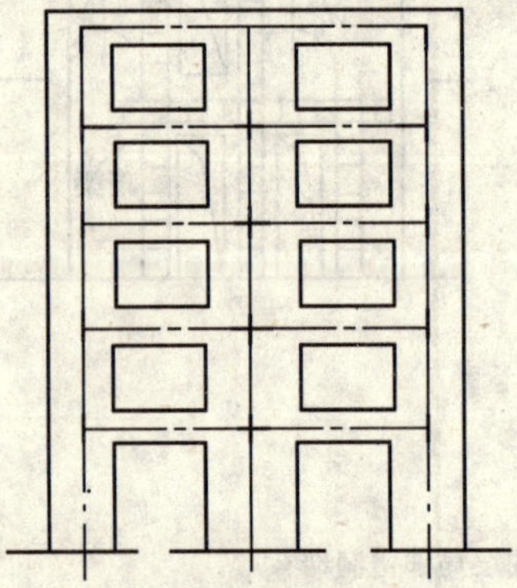

图3-21　壁式框架

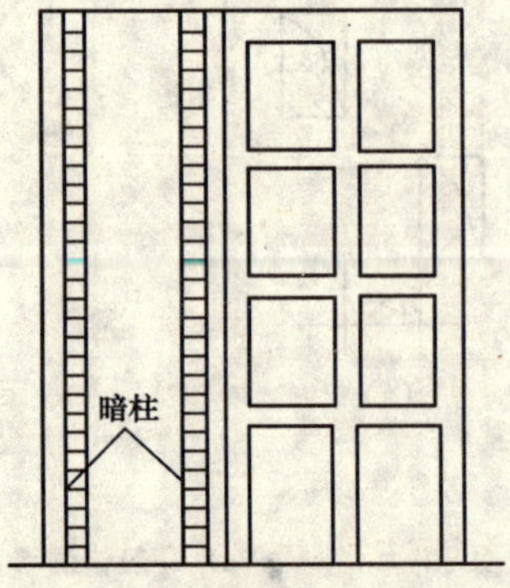

图3-22　与框架相连的剪力墙

10. 周边有梁、柱的剪力墙（图3-23）

试验结果指出，对现浇周边有梁、柱的剪力墙，其周边的梁、柱与中间墙体能共同工作，形成整截面墙。其抗弯承载能力在计算中可以考虑墙身竖向分布钢筋的作用。在这类墙的设计中，周边梁柱的截面要选择适当，以使周边梁对墙的剪压破坏有一定的约束，而周边柱在墙受剪压破坏时不被剪坏。因此，要求梁截面宽度 $b_L \geqslant 1.5t$（t 为墙厚）、梁截面高度 $h_L \geqslant 2b_L$、柱截面宽度 $b_z \geqslant 3t$、柱截面高度 $h_z \geqslant b_z$，并且墙洞口边缘与柱边距离 d 不宜小于 $2t$。

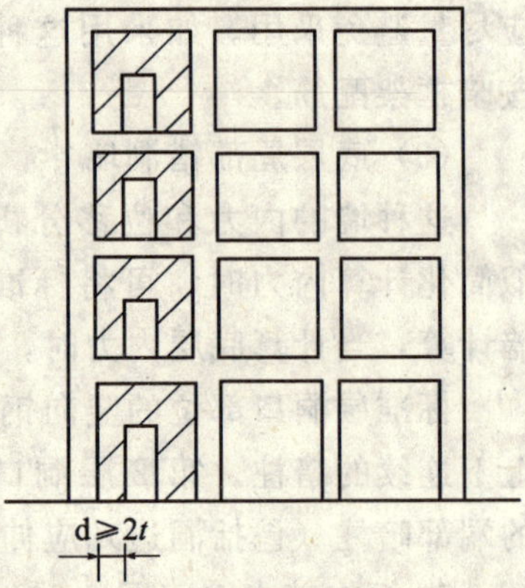

图3-23　周边有梁柱的剪力墙

三、框架-剪力墙结构体系

框架-剪力墙结构体系就是在框架结构中设置一些剪力墙。剪力墙可以单片分散布置，也可以集中布置。我国10～20层的办公楼、旅馆、医院和科研教学楼采用框架-剪力墙结构的很多，个别的超过20层，如上海宾馆达29层。在西欧，将框架-剪力墙结构用于高层建筑的也较为普遍。框架-剪力墙结构的抗震、抗风性能优于纯框架结构。按国内经验，在非地震设防区可达130m左右，抗震设防烈度为7度时可到120m左右，为8度时可到100m左右。总之，其抗震性能较好，比框架结构体系可节约用钢20%～30%。

在框架-剪力墙体系中，剪力墙是主要的抵抗水平荷重的结构构件，绝大部分的水平力由它承担，因此它的布置是否合理直接影响到到结构的安全和经济，横向剪力墙的最大间距宜满足表3-6的原则。

表3-6　框架-剪力墙体系中的抗震墙最大间距　(m)

楼盖形式	非抗震设计	抗震设防烈度		
		6度、7度	8度	9度
现浇	$\leqslant 5B$ 且 $\leqslant 60$	$\leqslant 4B$ 且 $\leqslant 50$	$\leqslant 3B$ 且 $\leqslant 40$	$\leqslant 2B$ 且 $\leqslant 30$
装配整体	$\leqslant 3.5B$ 且 $\leqslant 50$	$\leqslant 3B$ 且 $\leqslant 40$	$\leqslant 2.5B$ 且 $\leqslant 30$	—

注：1. B 为楼盖宽度。

2. 预应力或非预应力叠合楼板现浇层厚度大于60mm时，可按现浇楼板考虑。

剪力墙布置的原则是：

(1) 由于水平荷载来自房屋的任何方向，因此沿房屋的纵横两个方向都应该布置剪力墙。

(2) 剪力墙布置多少合适，是一个值得研究的课题。剪力墙太少，不起作用；太多了，既不经济，又影响使用。因此，应估计剪力墙合理的数量。其指标 γ 为沿房屋的某一个方向上设置剪力墙的长度 L 与该房屋的建筑面积 F 之比，在进行初步设计时，一般取 γ 为5～12cm/m^2。

(3) 剪力墙在平面布置上应力求均匀、对称。横向剪力墙最好布置在房屋的端部附近，或平面形状发生变化处和静荷载比较大的部位，纵向剪力墙也应布置在房屋的端部附近。

(4) 剪力墙在竖向布置上最好是贯通于整个房屋的全高，当底层需要大房间，致使部分剪力墙不能伸入底层时，需要采取补强措施，以免使房屋的刚度产生突变。

(5) 如有可能，单片剪力墙最好连在一起。如连成一直线，其总刚度要大于两片单剪力墙的刚度之和。尤其是在房屋的转角处，将相互垂直的剪力墙连成L形，则有利于提高房屋的抗扭刚度。

(6) 剪力墙的厚度和配筋量应按计算确定，但其厚度不应小于14cm，且不小于楼层净高度的1/25，一般宜用双排钢筋，根据剪力的大小其最小含钢率应在0.15%～0.25%之间。

(7) 在框架-剪力墙结构中，当楼板刚度与剪力墙的刚度比 B_f/B_q 大于4时，可不调整。否则应对一、二层框架剪力按下式调整：

$$V_w = K_Q V_{w0} \tag{3-3}$$

式中 K_Q——楼层剪力调整系数，按表 3-7 查取；

V_{W0}——未考虑楼板变形影响的楼层剪力。

表 3-7 框架-剪力墙结构在考虑楼板变形影响的楼层剪力调整系数 K_Q

总层数 N	B_f^1/B_q^2 层位	0.5	1.0	2	4
≥14	2	1.05	1.00	1.00	1.00
	1	1.70	1.35	1.20	1.05
13	2	1.15	1.10	1.00	1.00
	1	1.85	1.40	1.25	1.10
10	2	1.20	1.10	1.05	1.00
	1	2.00	1.50	1.30	1.10

注：1. B_f 为楼板的刚度。

2. B_q 为剪力墙的刚度。

框架-剪力墙结构是框架和剪力墙两种结构体系的结合物，当承受水平荷载作用时，它既有与纯框架结构和剪力墙结构相似的受力反应，又不同于这两者，而是一种新的相互混合作用、协同工作的机制。因而框架-剪力墙结构受的水平荷载的侧向变形既不是剪切型，又不是弯曲型，而是介于两者之间的弯剪型。从图 3-24 可以看出，向左面凸的是剪力墙单独变形时的弯曲型变形曲线，向左面凹的是框架单独变形的剪切型变形曲线，而框架-剪力墙结构体系的变形曲线，则介乎上述两者变形之间（见图 3-24 中虚线）。从图中可见，在高层建筑的上部，剪力墙的侧向变形比框架结构的要大；在其下部，剪力墙的侧向变形比框架的要小，框架-剪力墙结构体系则把这两个侧向变形曲线协同起来，而形成在结构上部，框架把剪力墙往左拉，而剪力墙又把框架朝前推，故顶端位移比框架的位移要大，但比剪力墙的位移要小。在结构下部，则刚刚相反，即框架-剪力墙结构下部侧向变形比框架要小，但比剪力墙要大。由此可见，由于两种结构的协同工作，顶部位移减小了，这样它的建筑高度就比纯框架体系要高些。

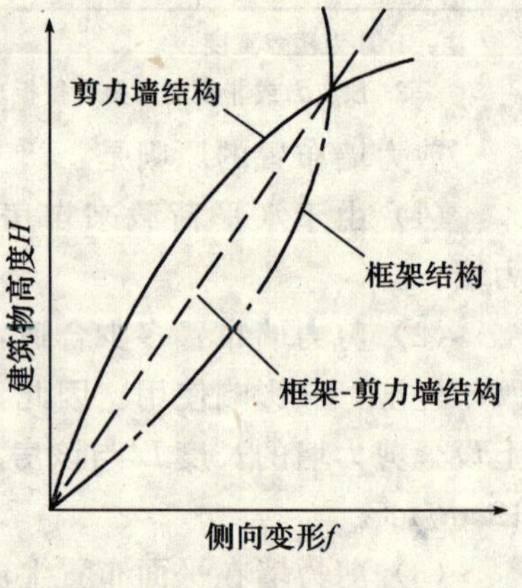

图 3-24 高层建筑侧向变形示意图

四、筒体结构体系

如果高层建筑层数超过 50 层，这时最理想的结构体系应是筒体结构。目前世界上最高的建筑物是美国芝加哥的西尔斯大厦，110 层，建筑高度为 443m。该大厦是采用钢筒体结构体系，其用钢量仅 16kg/m²，如采用钢框架结构体系，则用钢量将增加一倍。筒体结构是把高层建筑的墙体围成一个竖向井筒式的封闭结构，其结构刚度很大，比其他几种结构体系具有较大的抗剪和抗扭能力，抗震性能也比较好。20 世纪 50 年代初期，国外开始在公寓和办公楼的高层建筑中采用剪力墙核心筒结构［见图 3-25（a）］，但由于核心筒的平面尺寸受到限制，侧向刚度有限，房屋的高度不超过 30～40 层。以后在 20 世纪 60 年代初发展成框筒结构［见图 3-25（b）］，它的平面尺寸比较大，侧向刚度也较大，可用于 40 层以上的建筑。以后，由于高层建筑层数要求越来越多，而且框筒的内部总有一些电梯间、服务间及竖向设备管道井等需要集中隐蔽，这样便形成一个内核心筒［见图 3-25（c）］，从而产生了筒中筒结构体系。筒体结构可分为单筒结构、筒中筒结构、三重筒体结构和成束筒体结构等，现分述如下。

图 3-25　筒体结构的类型

(a) 剪力墙核心筒结构；(b) 框筒结构；(c) 筒中筒结构

1. 单筒结构

在高层建筑中，利用电梯井等形成的内筒体与外墙做成密排柱结合在一起，这样的结构叫单筒结构。单筒结构位于建筑物的内部，因此有时称之为“内核”。一般单筒结构的筒体四周的墙体可以不开孔洞，形成实腹式筒体；也可以开孔洞，形成空腹式筒体。如所开的门窗孔洞较大，则形成框架式筒体。由于“内核”竖向井筒的平面尺寸受到限制，因而它的抵抗水平侧向荷载的能力也受到限制。为了进一步提高单筒结构的抗侧力能力，可将高层建筑的四周外墙也设计成筒体。但由于四周外墙都要开门窗洞，因此形成空腹筒体的框筒结构。为了保证外框筒结构的抗侧力能力，要求外墙设计的孔洞面积，不宜超过筒壁面积的一半，并需构成密柱深梁。所谓密柱，即立柱的间距为 1.5～3m，深梁即横梁的高度为 0.6～1.5m，钢框筒的横梁高度取层高的 15%～20%，墙梁宽度一般取 30cm，外筒壁厚为 0.3～0.5m。因此，框筒结构实质上就是由窗裙梁和密排柱形成的空间格式结构，网格又兼作窗框。框筒的中间柱截面宜做成 T 形，其翼缘的厚度宜稍大于墙梁的宽度，以便墙梁的主筋的穿入时不碰钢筋。

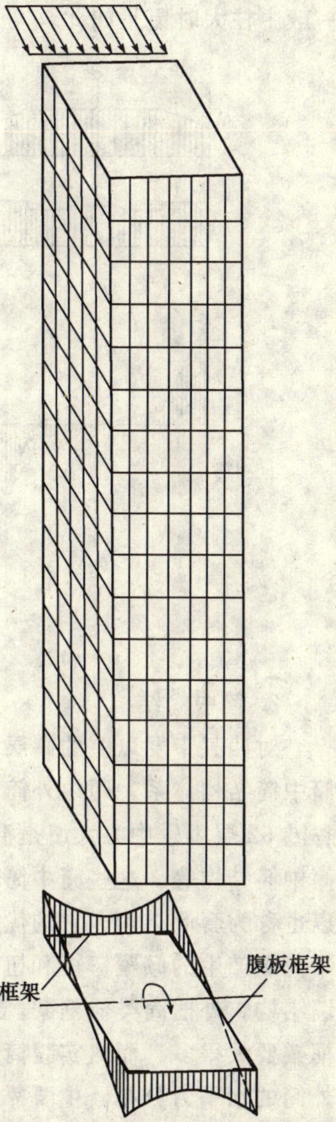

图 3-26　框筒结构受力示意图

框筒结构是由两个翼框架和两个腹板框架组成的立体空间结构（见图 3-26）。能不能充分发挥它的空间作用，这同很多的因素有关。当假定框筒结构平面的长宽比固定时，框筒结构的空间作用与梁柱的刚度比呈正比。当梁的刚度比柱的刚度大时，梁的变形比较小，梁的剪力传递应力的能力比较大，剪力滞后现象不严重，翼缘框架中各柱也能发挥作用，角柱的承载也减轻，这时框筒结构的空间作用也发挥得比较好。反之，梁柱的刚度比值较小，梁的变形较大，横梁较柔，梁的剪力传递使各柱的正应力分布很不均匀，剪力滞后现象比较严重，角柱的应力加大，中间柱应力较小，框筒结构的空间作用发挥得就很差，一般框筒结构平面的长宽比与框筒结构的空间作用呈反比，当长宽比等于1时，剪力滞后现象最轻，框筒结构的空间作用发挥得最好；当长宽比大于1（即平面为矩形）时，剪力滞后现象就越来越严重，框筒结构的空间作用就愈差；当长宽比小于1时，框筒结构空间作用的影响程度又与梁柱刚度比呈反比，梁柱刚度比愈小，其影响程度则愈大。

框筒的角柱是一个特殊而相当重要的构件。它协同翼缘框架承担相当大的抗倾覆轴力，又协同腹板框架承担相当大的剪力，所以角柱的受力复杂而集中，但也不宜因此而特殊加强，不然角柱的应力过于集中，而中间柱则因两侧梁端的剪力相互削减或抵消，形成累积的柱轴力很小，因而在腹板框架底层形成非线性或高次抛物线形的柱轴力分布状态，见图3-27。对一座高层建筑实例的计算结果表明，第15层同底层的柱轴力和剪力差几十倍。有的底部很可能出现拉应力，而且容易使翼缘部分的剪力滞后偏离正常状态，当角柱截面比一般中柱大时更是如此。

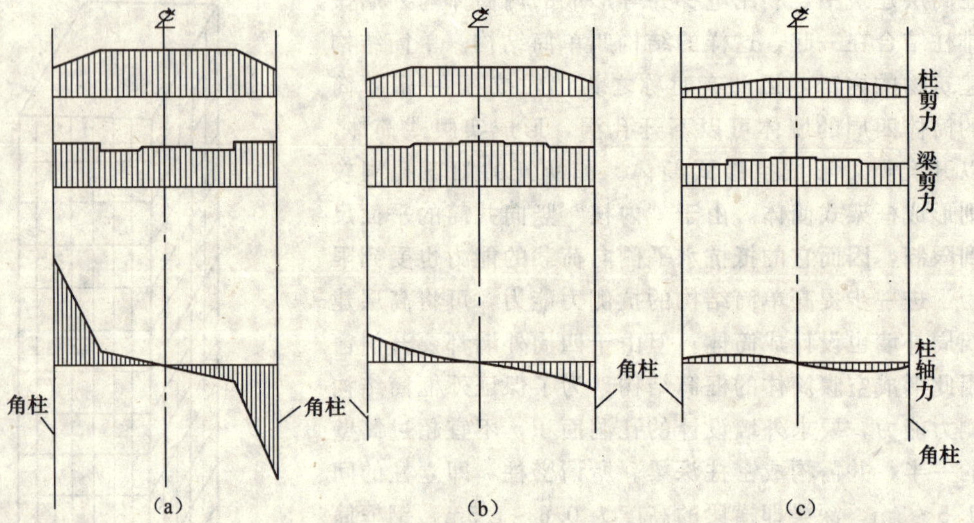

图3-27　某高层建筑筒结构柱梁剪力与柱轴力的分布曲线

(a) 底层；(b) 第10层；(c) 第15层

2. 筒中筒结构

对四五十层以上的高层建筑用单筒结构或框筒结构已不能满足要求，需采用刚度很大的筒中筒结构体系，即内外筒的双筒体结构。如美国110层的世界贸易中心是钢筒中筒结构；香港52层康乐中心大厦是混凝土筒中筒结构；美国休斯顿的50层壳体大厦是高强度混凝土筒中筒结构等。这些筒中筒结构特征是单筒结构的外面再套一个筒体，形成外筒和内筒，所以也称为套筒结构。它的优点是侧向刚度大，在水平荷载作用下，它的侧向变形小，抵抗水平荷载产生的倾覆弯矩和扭转力矩的能力强。在水平荷载作用下的受力状态类似框架-剪力墙结构，外框筒类似框架，承担高层建筑上部的大部分水平力，但外框筒的侧向刚度比一般框架要大得多。而内实腹筒则类似剪力墙，它承担高层建筑下部的大部分水平力。要调整内外筒的水平力分布，主要靠连接它的刚性水平楼盖。一般内筒与外筒之间采用密肋楼板连接，使每层楼盖在其平面内的刚度都非常大。楼盖如采用钢筋混凝土结构，其跨度可取8～

12m，如用钢结构跨度可取 15m 左右。加大内外筒的间距，不仅对建筑平面布置有利，而且也能加大内外筒的受力，这些是单筒结构无法达到的。

建造筒中筒结构，在平面形状方面（图 3-28）一般以正方形为好，也可采用矩形，但要满足其长宽比 $L/B \leqslant 1.5$。这种平面受力性能较好，能充分发挥结构的空间整体作用。如果采用狭长条的矩形平面，则房屋的纵横向刚度相差很大，对结构的抗震不利。筒中筒结构的平面形状可用正三角形和正多边形，但采用正三角形平面时，三个角点如果做成尖角就不好，容易在尖角处产生应力集中，一般都把尖角削平。筒中筒结构在立面布置时也要注意高宽比，一般要求 $H/B \geqslant 4$，这时可以充分发挥外框筒翼缘框架的抗倾覆作用。如 H/B 过小，则外框筒的空间作用就不能很好发挥，而以腹板框架平面受力为主，翼缘框架根本不起作用。计算表明，当 $H/B=3$ 时，外框筒在水平荷载作用下，开始出现剪切型变形，翼缘框架作用开始削弱；当 $H/B=2$ 时，外框筒结构主要呈剪切型变形，翼缘框架更加不起作用；当 $H/B=1$ 时，翼缘框架完全不起作用，只剩下腹板框架受力。

3. 多筒结构

这是一种大于两个筒体以上的结构体系。高层建筑设计采用的筒体较多，如三重筒体结构、群筒结构、成束筒结构和组合筒结构等。这种多筒结构由多个筒体，一个挨一个地挤在一起，或者相距一定距离而连在一起（见图 3-29）。例如日本新宿住宅大厦为 52 层、200m 高就是多筒结构，即外筒、内筒，在内筒中间形成天井；又如美国西尔斯大厦，它是由 9 个标准方形筒体组成，每个筒体尺寸为 22.9m×22.9m，建造到 52 层减少 2 个筒体，到 67 层再减少 2 个筒体，到 92 层再减少 3 个筒体，顶部变为 2 个筒体（见图 3-30）。

图 3-28　筒中筒结构外形示意图

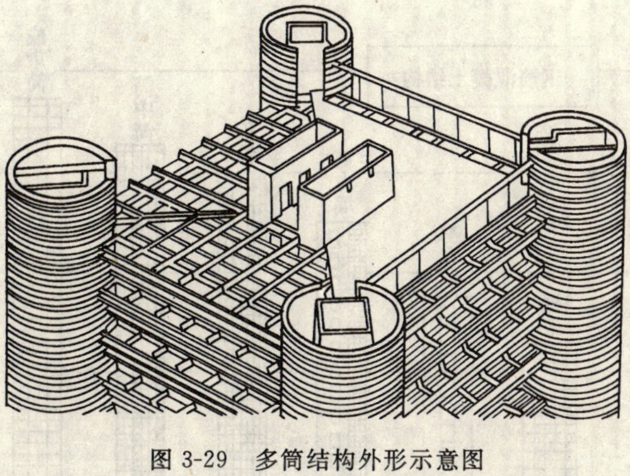

图 3-29　多筒结构外形示意图

这种独特结构引人入胜，大厦内可供 1.7 万人工作，楼内装有 103 部电梯和 18 部自动扶梯，是多筒结构中的巨型结构。在这类多筒结构中，每一个单独筒体都是独立的结构，本身具有很好的刚度和强度，能够单独工作。但必须指出，这些逐步减少的单筒结构，最好对称于建筑物的平面中心，把建筑物上部的某些单筒适当减少，可减小高层建筑上部的受风面积，并扰乱大气气流，使产生的湍流对高层建筑的摇摆振动减小，从而可以有效地减小风荷载产生的侧向位移。因此，多筒结构常常采用这种自下而上逐步减少筒体数量的处理手法，使高层建筑的结构体系更加合理和经济。钢筋混凝土的合理层数见图 3-31。

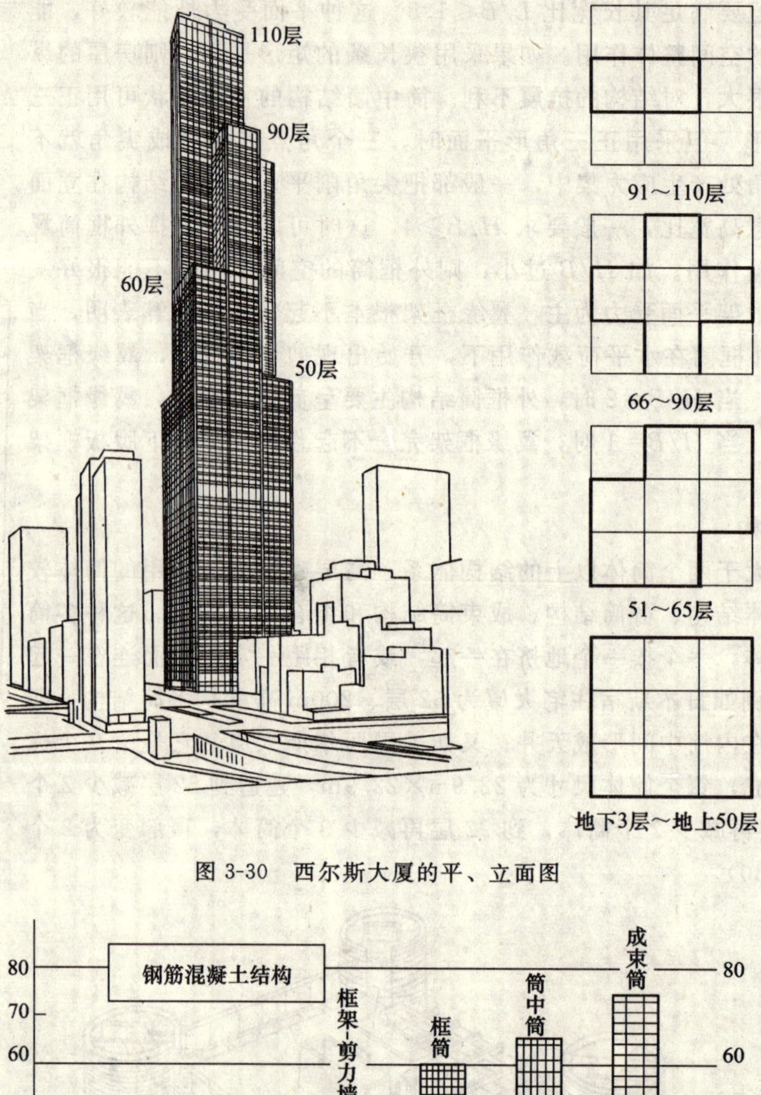

图 3-30　西尔斯大厦的平、立面图

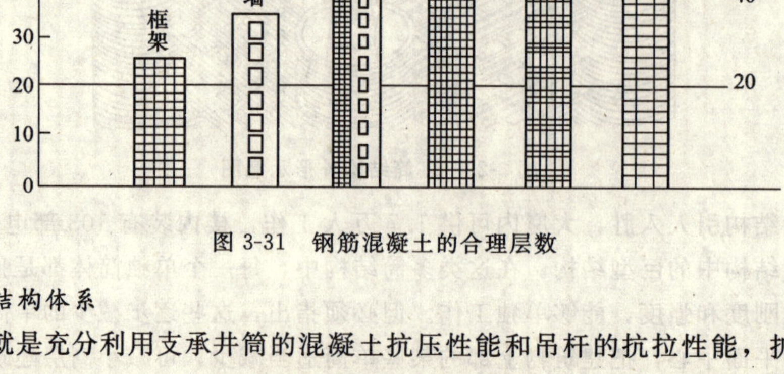

图 3-31　钢筋混凝土的合理层数

五、悬挂结构体系

悬挂结构就是充分利用支承井筒的混凝土抗压性能和吊杆的抗拉性能，扩大使用面积，减少基础工程量。国外已建成 80 多幢悬挂结构的高层建筑，其中最高的是南非约翰内斯堡的银行大楼，共 27 个悬挂层，高 130m。悬挂结构体系的特点是：在单筒结构上，改变楼盖结构的传力方法，从单筒（或群筒）结构上挑出（或搁置）刚度很大的桁架大梁，这种大梁的高度相当于一层楼的高度，可沿房屋的中间（或周边）布置，也可以隔若干楼层布置。在这种大梁以下的楼盖结构，由各种预应力吊杆吊到大梁上（图 3-32），荷载通过大梁传到筒体结构，而后传到地基基础。采用悬挂结构体系的优点是：楼盖荷载由传统的梁柱受压系统变为由吊杆受拉再传递到受压筒体结构，房屋内部没有柱子，故可得到较大的使用面积，使建筑平面布置灵活；吊杆承受若干层楼层的荷载，完全是受拉构件，仅承拉应力，既不弯曲，又不会因压屈失稳，充分利用了钢材的力学性能，可以减少用钢量；整个房屋只在筒体结构下面才有基础，其他楼盖结构都是吊在横梁上，基础工程量大为减少，因此受基础不均匀沉降的影响也相对要小。上海同济大学图书馆就是这种悬挂结构。

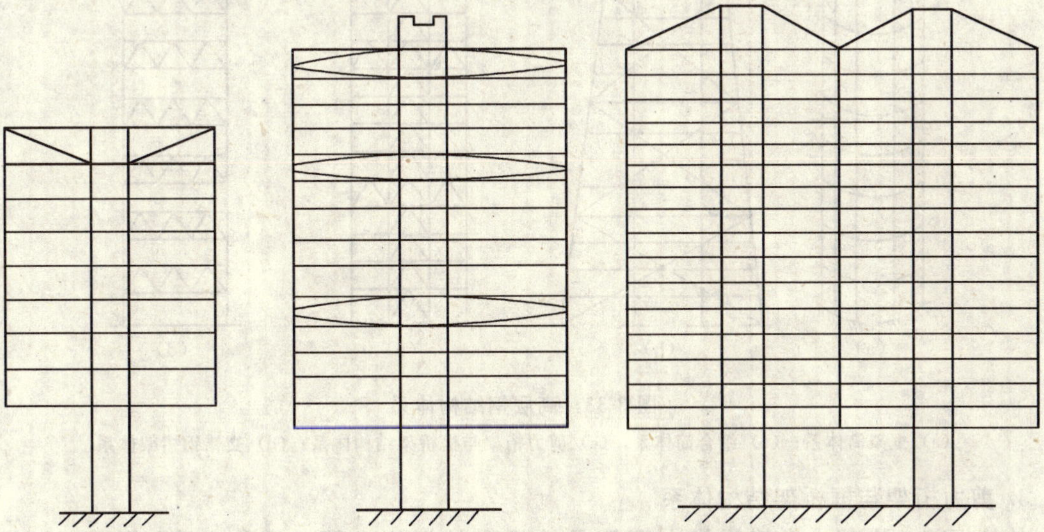

图 3-32　悬挂结构体系的高层建筑

但是，采用悬挂结构也要注意一些问题：筒体基础比较小，要求地基有较大的承载能力，以承受高层建筑的全部荷载；传力路径迂回曲折，设计时要全面分析悬挂结构的受力性能，特别是当上部若干层楼盖荷载传到核心筒的顶部时，顶部将出现了一个很大的压力区，这时核心筒与桁架式大梁、楼盖结构的有效锚固十分重要，在设计与施工中必须认真对待，吊杆很柔软，当作用的荷载有突变时，吊杆可能发生颤振现象，因此要保证楼盖结构的稳定性，应妥善处理筒体与吊杆之间的相对位移。由于吊杆的拉力是自下而上地逐渐增大，所以可逐层适当增加吊杆的数量。

六、高层钢结构体系

钢结构具有抗震性能好、承载力强、使用方便、设计灵活、施工快等优点。其缺点是用钢量大，造价高。近十几年来，国外在建筑物的抗风抗震方面做了大量的研究和实验，创造了不少高层钢结构的新体系，并获得了良好的技术经济效果。高层钢结构体系可分为：

1.·框架筒体系

外部为钢柱框筒，内部为钢构架。由框筒结构承受水平力而内部构架承受垂直荷载。另外，将钢柱连接形成空腹桁架与各层楼板梁组成一个刚度很大的筒体结构共同抵抗水平力，见图 3-33（a）。

2. 组合筒体系

有的为几个单独框筒用天桥连接起来；有的是多个框筒，各个框筒与相邻框筒连接，形成一个整体，每个框筒犹如独立的悬臂，它们靠每层楼板连结共同作用，见图 3-33（b）。

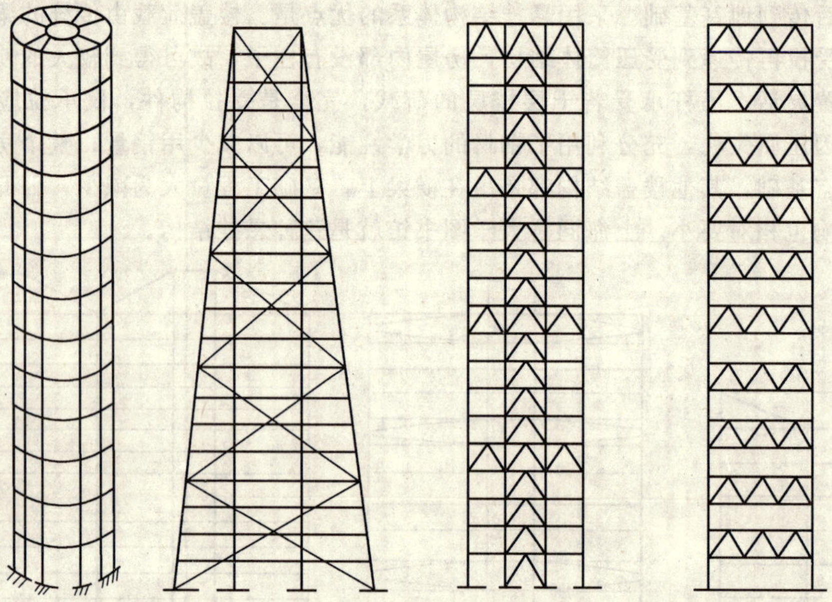

图 3-33　高层钢结构体系

（a）框架筒体系；（b）组合筒体系；（c）剪力桁架与框桥架结构体系；（d）交错钢桁架体系

3. 剪力桁架与框桥架结构体系

外柱框架，内部或建筑物横向两侧是转折形的钢架支撑，像剪力墙抵抗水平力，见图3-33（c）。

4. 交错钢桁架体系

国外发展了一种较经济的交错钢桁架体系。在这种体系中，桁架高度等于一层楼高，并横跨整个建筑宽度支撑在两侧外柱桁架位置上，在上下相邻两层楼中互相错开，楼板就支承在一个桁架的上弦上和悬挂在上一层相邻桁架的下弦上。据分析，这种体系比一般钢结构支撑桁架用钢量可节约 20%～40%。这种桁架既承受水平荷载，也承受竖向荷载，见图3-33（d）。

第五节　复杂高层建筑

本节所指的复杂高层建筑结构包括带转换层的结构、带加强层的结构、错层结构、连体结构、多塔楼建筑结构等。

带转换层的结构、带加强层的结构、错层结构、连体结构、多塔楼建筑结构等属不规则结构，在竖向荷载、风荷载或水平地震作用下受力复杂，抗震设计时应采用至少两个不同力学模型的结构分析软件进行整体计算，以便分析、对比，合理进行结构构件设计；同时在构造上应采取有效措施，保证结构有良好的抗震性能。9 度抗震设计时，这些结构目前缺乏研究和工程实践经验，不应采用。

对错层结构，一般包含框架结构、框架-剪力墙结构和剪力墙结构。因受力复杂，地震作用下易形成多处薄弱部位，因此规定了 7 度、8 度抗震设计时，高度分别大于 80m、60m 的剪力墙结构高层建筑不宜采用错层结构。连体结构的连接体部位易产生严重震害，房屋高度越高，震害加重。因此，表 3-10 中 B 级高度高层建筑不宜采用连体结构。抗震设计时，底部带转换层的筒中筒结构 B 级高度高层建筑，当外筒框支架以上采用壁式框架时，其抗震性能比密柱更为不利，因此其最大适用高度应比表 3-8（即《规程》中表 4.2.2-2）规定的数值适当降低。

本节所指的各类复杂高层建筑结构均属不规则结构。在同一工程中采用两种以上这类复杂结构，在地震作用下易形成多处薄弱部位。为保证结构设计的安全性，规定 7 度、8 度抗震设计时的高层建筑不宜同时采用两种以上的复杂结构。

一般高层建筑设计，采用合适的计算分析程序进行整体计算，按各构件承受的内力进行截面设计与配筋构造；而复杂高层建筑则要求在进行整体计算后，对其中某些受力复杂部位，宜用有限元法进行详细的应力分析，了解应力分布情况，并按应力进行配筋校核。

对转换层楼盖传递很大的剪力，其刚度大小直接决定其变形，并影响大空间层竖向构件的内力分配，因此应加强转换层楼盖的刚度和承载力。

一、带转换层高层建筑结构

目前在高层建筑设计中，底层由于可能作商业用房或作环境空间，上层设计住宅或写字楼，使结构布置规则、对称、上部竖向刚度均匀，因而在底层出现大跨度的架空层，为此设置结构的转换层常常不可避免。《高层建筑混凝土结构技术规程》（JGJ 3—2002）中定义带转换层的高层建筑结构为复杂高层建筑结构。

转换结构构件的主要形式有：梁柱体系；桁架体系，又分为空腹桁架、斜杆桁架、混合桁架；墙梁体系等。它们可以是常规的平面体系，也可以是刚度很大的空间体系格构式体系；筒体体系；箱梁体系等。

1. 带转换梁高层建筑结构

带转换层的底层大空间剪力墙结构的研究和工程应用始于 20 世纪 70 年代中期，20 世纪 90 年代的十年间，底层带转换层的大空间剪力墙结构迅速发展，在地震区许多工程的转换层位置已较高，目前国内已建工程底部大空间的通常最多层数为：8 度抗震设计时 3～4 层；7 度抗震设计时 5 层；6 度抗震设计时 6～7 层。但一般情况下为 1～3 层。

底层带转换层的高层建筑设置的转换结构构件可采用转换梁、转换桁架、空腹桁架、箱形结构、厚板等。梁式转换结层结构在实际工程中的应用较广，但是，在实际工程设计中，由于梁式转换层结构形式的多样性，作为其主要受力构件的转换梁表现出的受力特征也各不相同（详见本书第九章）。

2. 带桁架转换层高层建筑结构

抗震设计时应避免高位转换，当建筑功能需要不得已高位转换时，转换结构还宜优先选择不致引起框支柱（边柱）柱顶弯矩过大、柱剪力过大的结构形式，采用桁架转换层结构是一种有效的方法。

转换桁架可采用等节间空腹桁架、不等节间空腹桁架、混合空腹桁架、斜杆桁架、迭层桁架等型式。

当采用空腹桁架、斜杆桁架或迭层桁架作转换构件时，桁架下弦宜施加预应力，形成预应力混凝土桁架转换构件，以减小因桁架下弦轴向变形过大而引起桁架及带桁架转换层高层建筑结构在竖向荷载下内力的影响和提高转换桁架的抗裂度和刚度。必要时，桁架上、下弦杆可同时采用预应力混凝土，以改善上弦节点的受力状态，提高节点的抗剪承载力。

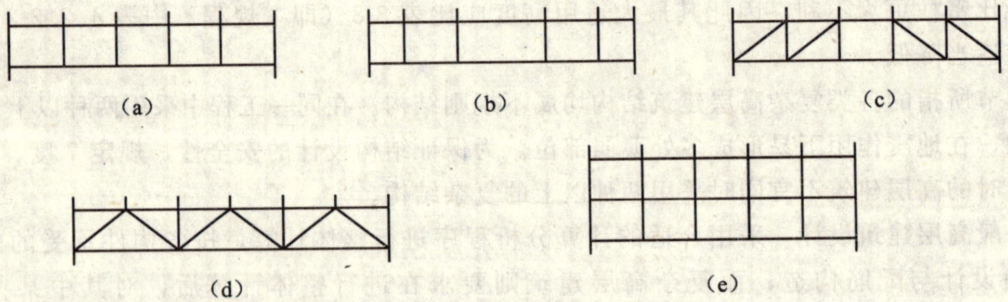

图 3-34　转换桁架的结构形式

(a) 等节间空腹桁架；(b) 不等节间空腹桁架；(c) 混合空腹桁架；(d) 斜杆桁架；(e) 迭层桁架

采用转换桁架将框架-核心筒结构、筒中筒结构的上部密柱转换为下部稀柱时，转换桁架宜满层设置，其斜杆的交点宜为上部密柱的支点。

采用空腹桁架转换层时，空腹桁架宜满层设置，应有足够的刚度保证其整体受力作用。

当桁架高度超过层高时，转换构件宜采用迭层桁架。

3. 带厚板转换层高层建筑结构

目前国内外高层建筑大多采用梁式转换层进行结构的竖向转换，这主要是由于梁式转换层具有传力直接、明确和传力途径清楚的优点。转换梁具有受力性能好、工作可靠、构造简单和施工方便等优点，结构计算也相对容易。但当转换层上、下柱网轴线错开较多，难以用梁直接承托时，则需要做成厚板，形成板式转换层。

厚板转换层一方面给上部结构的布置带来方便，另一方面也使板的传力途径变得不清楚，因而受力也非常复杂，结构计算相对困难，采用有限元法计算时，计算结果繁冗，给厚板配筋设计带来不便，而且从受力的角度考虑，往往需要在柱与柱、柱与墙之间配筋加强，相当于设置暗梁，增加了配筋量。

从抗剪和抗冲切的角度考虑，转换板的厚度往往很大，实际工程中转换板的厚度可达2.0m～2.8m。这样的厚板一方面重量很大，增大了对下部垂直构件的强度设计要求；另一方面其混凝土用量也很大，对混凝土的施工提出了更高的要求。

由于相当于几层楼重量的厚板质量集中在结构的中部，振动性能十分复杂，且该层刚度很大，下层刚度相对较小，容易产生底部变形集中。在地震作用下，地震反应强烈，对结构的抗震不利，不仅板本身受力很大，而且由于沿竖向刚度突然变化，相邻上、下层受到很大的作用力，容易发生震害。中国建筑科学研究院及东南大学等单位的试验研究表明，厚板本身产生破坏的可能性很小，厚板的上、下相邻层结构出现明显裂缝和混凝土剥落。另外试验还表明，在竖向荷载和地震力的共同作用下，板不仅发生冲切破坏，而且可能产生剪切破坏，板内必须三向配筋。

从已设计的工程来看，带有厚板转换层的商住建筑，结构设计和施工都比较复杂，材料用量和造价都较高，而且抗震设计上的问题较多，目前还在进一步研究，所以采用这种结构形式要慎重。

4. 带箱形转换层高层建筑结构设计

单向托梁或双向托梁连同其上、下层较厚的楼板共同工作，可以形成刚度很大的箱形转换层。箱形转换层是利用原有的上、下楼层和剪力墙经过加强后组成的，它的平面内刚度较单层的梁板结构要大得多，但较厚板转换层平面内的刚度要小，这将改善带转换层高层建筑结构的受力性能。

箱形梁在桥梁工程中是常见的结构形式，但箱形梁用于房屋结构工程则不多。

5. 其他形式转换层结构

(1) 搭接柱转换结构

采用搭接柱转换结构的特点是在框架-核心筒结构外围框架柱上、下不连续时，需要设置转换结构加以过渡，实际结构中常用的转换结构形式有：转换梁［图 3-35 (a)］、转换桁架、斜撑等，也可采用搭接柱转换形式，图 3-35 (b) 为框架-核心筒结构采用搭接柱转换柱网示意图。

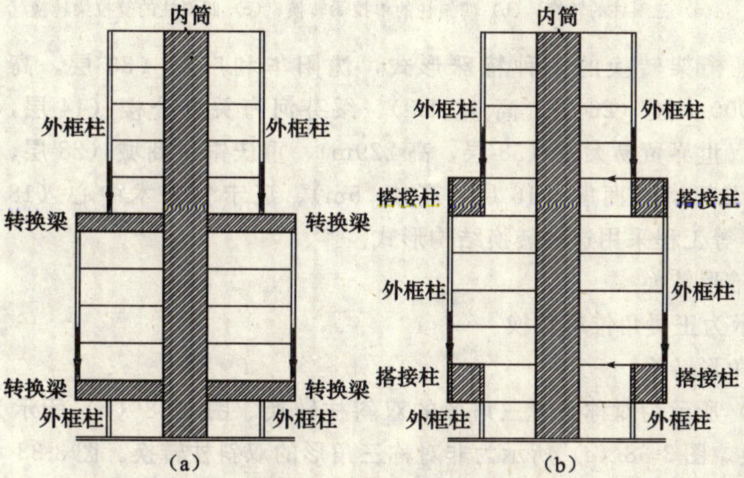

图 3-35 框架-核心筒结构采用转换梁与搭接柱转换示意图

(a) 梁式转换；(b) 搭接柱转换

当框架-核心筒结构外围框架柱网错开时，若采用梁式转换结构，楼板受力较小，转换梁承受很大的内力（弯矩和剪力），将造成转换梁截面大，用钢量大，施工复杂，同时转换层可利用空间较小。此外，由于转换梁刚度大、自重大，转换层附近刚度和质量分布不均匀，当转换层为高位转换时，对抗震尤为不利。

采用搭接柱作为转换构件，混凝土用量较少、造价低、自重小，转换层本层建筑空间可充分利用，上、下层刚度突变较小，外围框架柱的轴力较小。

搭接柱转换是一种新型转换结构，在立面收进变化的高层建筑中的应用具有十分广阔的前景。马来西亚吉隆坡石油大厦双塔（95 层，高 452m）、上海金茂大厦（88 层，高 421m）、深圳福建兴业银行大厦（28 层，高 106.7m）、北京中国人民银行大厦地下室等工程均采用了这种新型转换结构。

(2) 斜柱转换结构

一般斜柱转换可以在平面内转换，也可以在空间内转换。斜柱转换可采用下列几种基本形式：

1) 倒置角锥形转换

图 3-36 (a) 所示为三斜柱的转换。图 3-36 (b) 所示为四斜柱的单拉梁转换。图 3-36 (c) 所示为四斜柱的复拉梁转换。

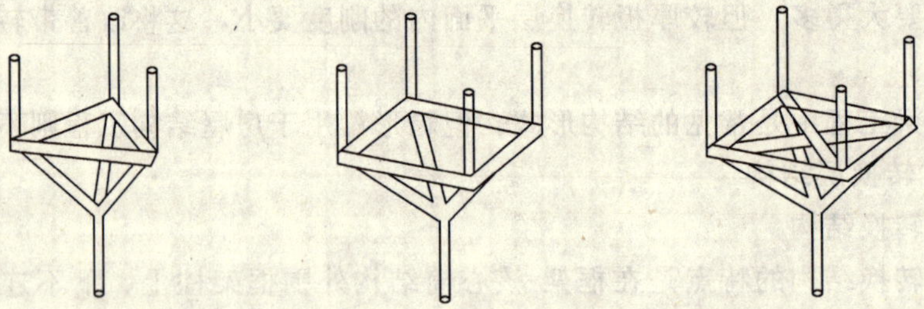

(a) (b) (c)

图 3-36 倒置角锥形转换示意图

(a) 三斜柱的转换；(b) 四斜柱的单拉梁转换；(c) 四斜柱的复拉梁转换

斜柱转换是桁架转换的一种特殊形式，沈阳华利广场 (33 层，高 115m)、深圳 2000 大厦 (26 层、高 97.1m)、绥芬河海关办公楼 (14 层，高 61.4m)、武汉世界贸易大厦 (58 层，高 229m)、重庆银星商城 (28 层、高 100.98m)、成都南洋商厦 (16 层，高 48.5m)、辽宁省艺术中心 (18 层、高 68.4m) 等工程采用这种转换结构形式。

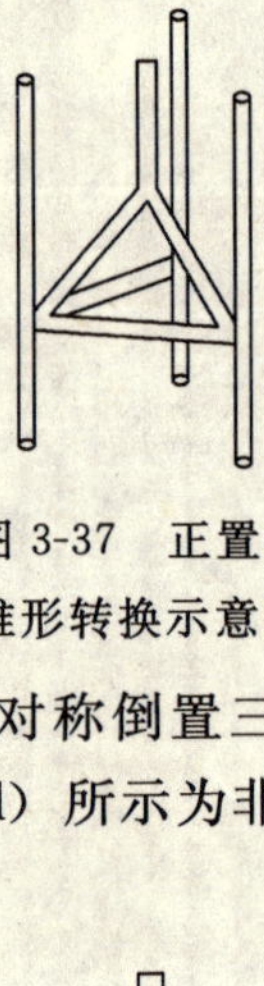

图 3-37 正置角锥形转换示意图

2) 正置角锥形转换

图 3-37 所示为正置角锥形转换。

3) 平面三角形转换

图 3-38 (a) 所示为对称正置三角形的双斜柱转换。图 3-38 (b) 所示为对称倒置三角形的双斜柱转换。图 3-38 (c) 所示为非对称三角形的双斜柱转换。图 3-38 (d) 所示为非对称三角形的单斜柱转换。

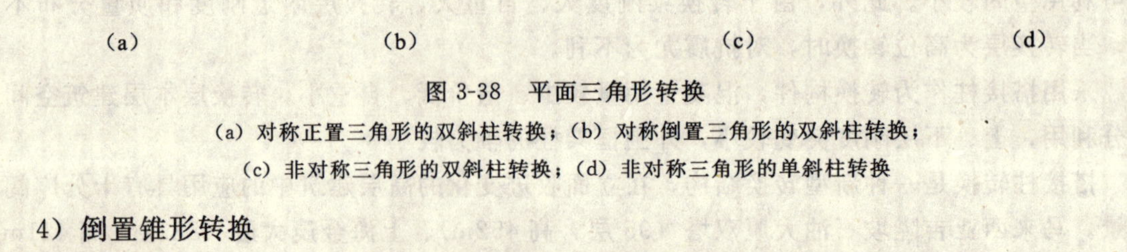

(a) (b) (c) (d)

图 3-38 平面三角形转换

(a) 对称正置三角形的双斜柱转换；(b) 对称倒置三角形的双斜柱转换；

(c) 非对称三角形的双斜柱转换；(d) 非对称三角形的单斜柱转换

4) 倒置锥形转换

沈阳“华利广场”中采用的双环结构斜柱转换即属此中的形式之一，见图 3-39。

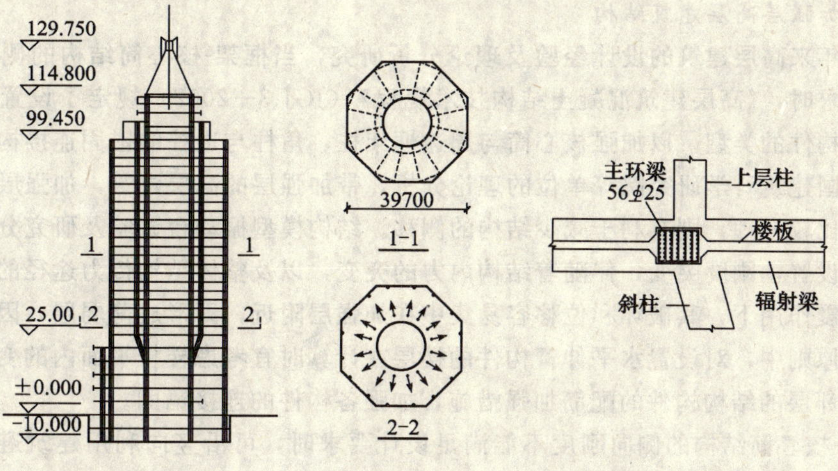

图 3-39　沈阳华利广场倒置锥形柱转换

从图 3-3～图 3-6 中可以看出：斜柱转换中的斜柱布局实际上是桁架结构（平面桁架或空间桁架）中最简单的基本单元——三角形布局形式。桁架结构与板、梁结构相比，构件只承受轴向力，传力简单直接，采用它可明显取得节约空间、增大使用面积、免除过大集中质量对地震作用的不利影响、节约材料、降低造价、方便施工等效果。因此，斜柱转换的发展前景理应是相当广阔的。但采用斜柱转换结构时要求结构工程师与建筑师紧密配合，进行布局协调；在选定斜柱处理的形式时应灵活组合、妥善设置。

由于斜柱的轴力在其与竖向柱相交的楼层中心面上产生的水平分量作用于楼层，对该水平分量最好的处理办法应是设法在最短的传力途径上加以平衡。

对图 3-37、图 3-38a 的转换做法来说，只要在斜柱底的各柱之间设置拉梁就可以满足。必要时，可采用预应力混凝土拉梁。

斜形柱的具体形态和尺寸，需结合具体工程情况及建筑平、立面处理而定。其构造措施有：

①控制斜柱的斜率，一般不要超过 1：4.5；

②斜形柱的两肢断面面积不小于原柱断面或同层框架柱断面；

③加强斜形柱顶部的拉梁配筋及对相邻框架梁加腋；

④采用斜形柱式结构转换时，楼板可以不必特别加强。

（3）宽扁梁转换结构

普通钢筋混凝土宽扁梁作为介于普通梁与无梁楼盖之间的一种过渡形式，有利于减小结构高度所占空间，减小楼板厚度，有利于实现“强柱弱梁”、“强剪弱弯”，具有明显的综合技术经济效益。深圳皇岗花园、深圳五洲宾馆、深圳翠海花园 B 型住宅等工程采用了宽扁梁这种转换结构形式。

由于转换梁受力巨大而又特别重要，控制裂缝出现后弹性刚度退化影响及重力荷载长期作用下混凝土徐变变形影响，对于整体结构正常工作更显重要。工程实际中，控制宽扁梁跨高比 $L/h_b \leqslant 10$，宽高比 $b_b/h_b \leqslant 2.5$，适当增加配筋率，控制重力荷载正常工作状态下最大裂缝宽度 $w_{max} \leqslant 0.2$mm，竖向长期变形 $f \leqslant L/400$（L 为宽扁梁转换梁的跨度），可控制重力荷载作用下刚度退化转换梁变形增大对整体结构的影响，整体结构可以正常工作。

二、带加强层高层建筑结构

根据近年来高层建筑的设计经验及理论分析研究，当框架-核心筒结构的侧向刚度不能满足设计要求时，《高层建筑混凝土结构技术规程》（JGJ 3—2002）规定了设置加强层的要求及加强层构件的类型，以加强核心筒与周边框架柱、角柱与边柱的锚固连接构造。

根据中国建筑科学研究院等单位的理论分析，带加强层的高层建筑，加强层的设置位置和数量如果比较合理，则有利于减少结构的侧移。结构模型振动台试验及研究分析表明：由于加强层的设置，刚度突变，伴随着结构内力的突变，以及整体结构传力途径的改变，从而使结构在地震作用下，其破坏和位移容易集中在加强层附近，即形成薄弱层，因此带加强层结构设计的原则中，对设置水平伸臂构件的楼层在计算时宜考虑楼板平面内的变形，并注意加强层及相邻层的结构构件的配筋加强措施，加强各构件的连接锚固。

当框架-核心筒结构的侧向刚度不能满足设计要求时，可沿竖向利用建筑避难层、设备层空间，设置适宜刚度的水平伸臂构件，构成带加强层的高层建筑结构。必要时，也可设置周边水平环带构件。加强层采用的水平伸臂构件、周边环带构件可采用斜腹杆桁架、实体梁、整层或跨若干层高的箱形梁、空腹桁架等形式。

带加强层高层建筑结构设计应符合下列要求：

1. 加强层位置和数量要合理有效，当布置 1 个加强层时，位置可在 0.6H 附近；当布置 2 个加强层时，位置可在顶层和 0.5H 附近；当布置多个加强层时，加强层宜沿竖向从顶层向下均匀布置。

2. 加强层水平伸臂构件宜贯通核心筒，其平面布置宜位于核心筒转角、T 字节点处；水平伸臂构件与周边框架的连接宜采用铰接或半刚接。结构内力和位移计算中，设置水平伸臂桁架的楼层宜考虑楼板平面内的变形。

3. 应避免加强层及其相邻层框架柱内力增加而引起的破坏。加强层及其上、下层框架柱的配筋构造应加强；加强层及其相邻层核心筒应加强。

4. 加强层及其相邻层楼盖刚度和配筋应加强。

5. 在施工程序及连接构造上应采取措施减小结构竖向温度变形及轴向压缩对加强层的影响。

抗震设计时，带加强层高层建筑结构应符合下列构造要求：

（1）加强层及其相邻层的框架柱和核心筒剪力墙的抗震等级应提高一级采用，一级提高至特一级，若原抗震等级为特一级则不再提高；

（2）加强层及其上、下相邻一层的框架柱，箍筋应全柱段加密，轴压比限值应按《高层建筑混凝土结构技术规程》（JGJ 3—2002）中表 6.4.2 规定的数值减小 0.05 采用。

三、错层结构

错层结构属竖向布置不规则结构；错层附近的竖向抗侧力结构受力复杂，难免会形成众多应力集中部位；错层结构的楼板有时会受到较大的削弱；剪力墙结构错层后会使部分剪力墙的洞口布置不规则，形成错洞剪力墙或叠合错洞剪力墙；框架结构错层则更为不利，往往形成许多短柱与长柱混合的不规则体系。

高层建筑尽可能不采用错层结构，特别对抗震设计的高层建筑应尽量避免采用，如建筑设计中遇到错层结构，对 7 度和 8 度抗震设计时，剪力墙结构错层高层建筑的房屋高度分别不宜大于 80m 和 60m；框架-剪力墙结构错层高层建筑的房屋高度分别不宜大于 80m 和

60m。中国建筑科学研究院等单位对错层剪力墙结构做了两个模型振动台试验。试验研究表明，平面规则的错层剪力墙结构使剪力墙形成错洞墙，结构竖向刚度不规则，对抗震不利，但错层对抗震性能的影响不十分严重；平面布置不规则、扭转效应显著的错层剪力墙结构破坏严重。错层框架结构或框架-剪力墙结构尚未见试验研究资料，但从计算分析表明，这些结构的抗震性能要比错层剪力墙结构更差。

错层结构应尽量减少扭转效应，错层两侧宜设计成侧向刚度和变形性能相近的结构方案，以减少错层处墙、柱内力，避免错层处结构形成薄弱部位。

当采用错层结构时，为了保证结构分析的可靠性，相邻错开的楼层不应归并为一个楼层计算。楼层侧向刚度计算中宜按每个错层为一楼层考虑。错层结构在错层处的构件（见图 3-40）要采取加强措施。《高层建筑混凝土结构技术规程》（JGJ 3—2002）规定了错层处柱截面高度、剪力墙截面厚度、剪力墙分布钢筋配筋率以及混凝土强度等级的最小值，并规定平面外受力的剪力墙应设置与其垂直的墙肢或扶壁柱，抗震设计时，错层处的框架柱和平面外受力的剪力墙的抗震等级应提高一级采用，以免该类构件先于其他构件破坏。如果错层处混凝土构件不能满足设计要求，则需采取有效措施。框架柱采用型钢混凝土柱或钢管混凝土柱，剪力墙内设置型钢，可改善构件的抗震性能。

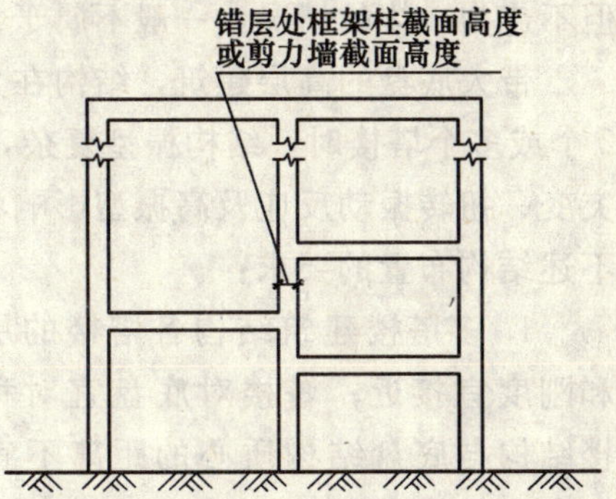

图 3-40　错层结构加强部位示意图

四、连体结构

连体结构可分为两种形式。第一种形式为架空的连廊，在两个建筑之间有设置 1 个连廊的，也有设置多个连廊的。连廊的跨度有的为几米，有的长到几十米；连廊的宽度一般都在 10m 之内。连体结构的第二种形式可称为凯旋门式，这种形式的两个主体结构一般采用对称的平面形式，在两个主体结构的顶部若干层连接成整体楼层，连接体的宽度与主体结构的宽度相等或接近。

由计算分析及同济大学等单位进行的振动台试验说明：连体结构自振型较为复杂，前几个振型与单体建筑有明显不同，除顺向振型外，还出现反向振型，因此要进行详细的计算分析；连体结构总体为一开口薄壁构件，扭转性能较差，扭转振型丰富，当第一扭转频率与场地卓越频率接近时，容易引起较大的扭转反应，易使结构发生脆性破坏。连体结构中部刚度小，而此部位混凝土强度等级又低于下部结构，从而使结构薄弱部位由结构的底部转为连体结构中塔楼的中下部，这是连体结构设计时应注意的问题。

《高层建筑混凝土结构技术规程》（JGJ 3—2002）规定，对连体结构各独立部分宜有相同或相近的体型、平面和刚度。宜采用双轴对称的平面形式。7 度、8 度抗震设计时，层数和刚度相差悬殊的建筑不宜采用连体结构。

8 度抗振设计时，连体结构的连接体应考虑竖向地震的影响。

连接体结构与主体结构宜采用刚性连接，必要时连接体结构可延伸至主体部分的内筒，并与内筒可靠连接。连接体结构与主体结构非刚性连接时，支座滑移量应能满足两个方向在罕遇地震作用下的位移要求。

连接体结构应加强构造措施，连接体结构的边梁截面宜加大，楼板厚度不宜小于

150mm，宜采用双层双向钢筋网，每层每方向钢筋网的配筋率不宜小于 0.25%。连接体结构可设置钢梁、钢桁架和型钢混凝土梁，型钢应伸入主体结构并加强锚固。当连接体结构包含多个楼层时，应特别加强其最下面一至两个楼层的设计和构造。

抗震设计时，连接体与连接体相邻的结构构件的抗震等级应提高一级采用，一级提高至特一级，若原抗震等级为特一级则不再提高。

五、多塔楼结构

多塔楼结构的主要特点是，在多个高层建筑的底部有一个连成整体的大裙房，形成大底盘。当 1 栋高层建筑的底部设有较大面积的裙房时，为带底盘的单塔结构，这种结构是多塔楼结构的一个特殊情况。对于多个塔楼仅通过地下室连为一体，地上无裙房或有局部小裙房但不连为一体的情况，一般不属于大底盘多塔楼结构。

带大底盘的高层建筑，结构在大底盘上一层突然收进，属竖向不规则结构。大底盘上有 2 个或多个塔楼时，结构振型复杂，并会产生复杂的扭转振动。如结构布置不当，竖向刚度突变、扭转振动反应及高振型影响将会加剧。因此，多塔楼结构（含单塔楼）设计中应遵守下述结构布置的要求：

1. 多塔楼建筑结构各塔楼的层数、平面和刚度宜接近；塔楼对底盘宜对称布置。塔楼结构与底盘结构质心的距离不宜大于底盘相应边长的 20%。

2. 抗震设计时，转换层不宜设置在底盘屋面上层塔楼内（见图 3-41），否则应采取有效的抗震措施。

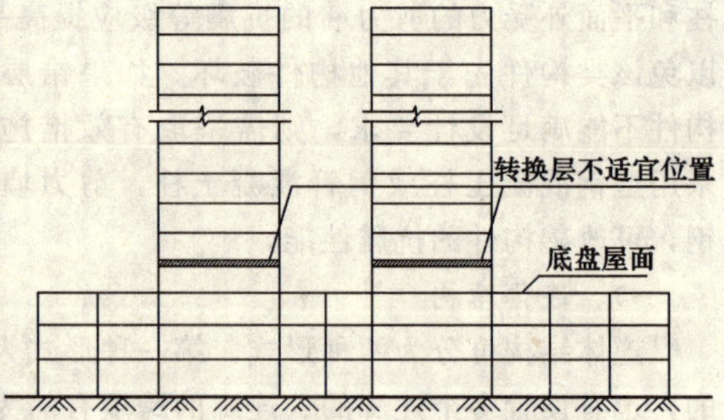

图 3-41　多塔楼结构转换层不适宜位置示意图

3. 为保证结构底盘与塔楼的整体作用，裙房屋面板应加厚并加强配筋，板面负弯矩配筋宜贯通；裙房屋面上、下层结构的楼板也应加强构造措施。要求底盘屋面楼板厚度不宜小于 150mm，并应加强配筋构造；底盘屋面上、下层结构的楼板也应加强构造措施。当底盘屋面为结构转换层时，转换层楼板厚度不宜小于 180mm，应双层双向配筋，且每层每方向的配筋率不宜小于 0.25%，楼板中钢筋应锚固在边梁或墙体内。

4. 抗震设计时，多塔楼之间裙房连接体的屋面梁应加强；塔楼中与裙房连接体相连的外围柱、剪力墙，从固定端至裙房屋面上一层的高度范围内，柱纵向钢筋的最小配筋率宜适当提高，柱箍筋宜在裙楼屋面上、下层的范围内全高加密，剪力墙宜设置约束边缘构件。

5. 为保证多塔楼建筑中塔楼与底盘整体工作，塔楼之间裙房连接体的屋面梁以及塔楼中与裙房连接体相连的外围柱、墙，从固定端至出裙房屋面上一层的高度范围内，在构造上应予以特别加强，见图 3-42。

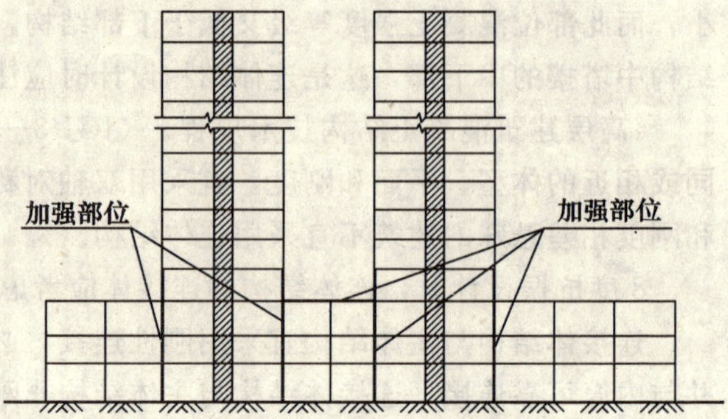

图 3-42　多塔楼结构加强部位示意图

第六节　高层建筑适用高度和高宽比

一、一般规定

本节主要对普通钢筋混凝土高层建筑适用高度和高宽比作出一般规定。

高层建筑结构应根据房屋高度和高宽比、抗震设防烈度、场地类别、结构材料和施工技术条件等因素考虑其适宜的结构体系。

目前，国内大量的高层建筑结构采用四种常见的结构体系为框架、剪力墙、框架-剪力墙和筒体，因此《高层建筑混凝土结构技术规程》（JGJ—2002）中若干章节对这四种结构体系的设计作了详细的规定，以适应量大面广工程设计的需要。框架结构不包括板柱结构（无剪力墙或井筒），因为这类结构侧向刚度和抗震性能较差，不适宜用于高层建筑；由L形、T形、Z形或十字形截面（截面厚度一般为180mm～300mm）构成的异形柱框架结构，目前一般适用于6、7度抗震设计或非抗震设计、12层以下的建筑中，规程中暂未列入。剪力墙结构包括部分框支剪力墙结构（有部分框支柱）、具有较多短肢剪力墙且带有筒体或一般剪力墙结构。A级高度高层建筑除9度抗震设计外，可采用具有较多短肢剪力墙且带有筒体或一般剪力墙结构，但最大适用高度应比表3-1中剪力墙结构的规定适当降低，应符合规程中的要求；B级高度高层建筑不应采用框架结构、板柱-剪力墙结构及具有较多短肢剪力墙的剪力墙结构。

板柱-剪力墙结构的板柱指无内部纵梁和横梁的无梁楼盖结构。由于在板柱框架体系中加入剪力墙或井筒，主要由剪力墙构件承受侧向力，侧向刚度也有很大的提高。这种结构目前在高层建筑中有较多的应用，但其适用高度仍应受到限制，宜低于一般框架结构。

20世纪80年代后，筒体结构在我国已广泛应用于高层办公建筑和高层旅馆建筑。由于其刚度较大，有较高承载能力，因而在层数较多时有较大优势。多年来，已经积累了许多工程经验和科研成果，在规程中作了较详细的规定。

一些新颖的结构体系（如巨型框架结构、巨型桁架结构、悬挂和悬挑结构和隔震减振结构等），目前工程较少、经验还不多，宜针对具体工程研究其设计方法，待积累较多经验后再上升为规程内容。

在规程中，有两条强调了高层建筑结构概念设计原则，宜采用规则的结构，不应采用严重不规则结构。

规则结构一般指：体型（平面和立面）规则，结构平面布置均匀、对称并具有较好的抗扭刚度，结构竖向布置均匀，结构的刚度、承载力和质量分布均匀，沿竖向无突变。

实际工程设计中，要使结构方案规则往往比较困难，有时会出现平面或竖向布置不规则的情况。规程中分别对结构平面布置及竖向布置的不规则性提出了限制条件。若结构方案中仅有个别项目超过了条款中规定的“不宜”的限制条件，此结构虽属不规则结构，但仍可按规程中有关规定进行计算和采取相应的构造措施；若结构方案中有多项超过了条款中规定的“不宜”的限制条件，而且超过较多，或者有一项超过了条款中规定的“不应”的限制条件，则此结构属严重不规则结构，这种结构方案不应采用，必须对结构方案进行调整。

无论采用何种结构体系，结构的平面和竖向布置都应使结构具有合理的刚度和承载力分布，避免因局部突变和扭转效应而形成薄弱部位；对可能出现的薄弱部位，在设计中应采取有效措施，增强其抗震能力；宜具有多道防线，避免因部分结构或构件的破坏而导致整个结构丧失承受水平风荷载、地震作用和重力荷载的能力。

二、房屋适用高度和高宽比

规程中最大的特点就是划分了A级高度的高层建筑和B级高度的高层建筑。A级高度的高层建筑是常规的、一般的建筑。B级高度的高层建筑指较高的建筑，因而设计有更严格的要求。对超限高层建筑的抗震设防，建设部已下文建质［2003］46号要进行专项审查。

本节的条文规定，主要是基于以下的考虑：

1. A级高度钢筋混凝土高层建筑指符合表3-1高度限值的建筑，也是目前数量最多，应用最广泛的建筑。当框架-剪力墙、剪力墙及筒体结构超出表3-1的高度时，列入B级高度高层建筑。B级高度高层建筑的最大适用高度不宜超过表3-8的规定，并应遵守规程中表3-8规定的更严格的计算和构造措施，且需经过专家的审查复核。

表3-8　B级高度钢筋混凝土高层的最大适用高度　(m)

结构类型		非抗震设计	抗震设防烈度		
			6	7	8
框架-剪力墙		170	160	140	120
剪力墙	全部落地剪力墙	180	170	150	130
	部分框支剪力墙	150	140	120	100
筒体	框架-核心筒	220	210	180	140
	筒中筒	300	280	230	170

注：1. 房屋高度指室外地面到主要屋面高度，不包括局部突出屋面的电梯机房、水箱、构架等高度；
2. 部分框支剪力墙结构指地面以上有部分框支剪力墙的剪力墙结构；
3. 平面和竖向均不规则的结构或Ⅳ类场地上的结构，表中数值应适当降低；
4. 甲类建筑，6、7度时宜按本地区抗震设防烈度提高一度后符合本表的要求，8度时应专门研究。
5. 当房屋高度超过本表数值时，结构设计应有可靠依据，并采取有效措施。

对于房屋高度超过A级高度高层建筑最大适用高度的框架结构、板柱-剪力墙结构以及9度抗震设计的各类结构，因研究成果和工程经验尚显不足，在B级高度高层建筑中未予列入。

2. 具有较多短肢剪力墙结构的抗震性能有待进一步研究和工程实践检验，规程中规定其最大适用高度比剪力墙结构适当降低，7度时不应大于100m、8度时不应大于60m；B级高度高层建筑及9度时A级高度高层建筑不应采用这种结构。

3. 高度超出表3-9的特殊工程，则应通过专门的审查、论证，补充多方面的计算分析，必要时进行相应的结构实验研究，采取专门的加强构造措施，才能予以实施。

4. 框架-核心筒结构中，除周边框架外，内部带有部分仅承受竖向荷载的板柱结构时，不属于本条所说的板柱-剪力墙结构。

5. 规程中最大适用高度表中，框架-剪力墙结构的高度均低于框架-核心筒结构的高度，其主要原因是，规程中的框架-核心筒相对于框架-剪力墙结构的剪力墙较强，核心筒成为主要抗侧力构件。

6. 高层建筑的高宽比，是对结构刚度、整体稳定、承载能力和经济合理性的宏观控制。A级高度高层建筑的高宽比限值（表3-9）大体保持了JGJ 3—91规程的规定。从目前大多数常规A级高度高层建筑来看，这一限值是各方面都可以接受的，也是比较经济合理的。

表 3-9　A 级高度钢筋混凝土高层建筑结构适用的最大高宽比

结构体系	非抗震设计	抗震设防烈度		
		6 度、7 度	8 度	9 度
框架、板柱-剪力墙	5	4	3	2
框架-剪力墙	5	5	4	3
剪力墙	6	6	5	4
筒中筒、框架-核心筒	6	6	5	4

7. 增加了对于 B 级高度高层建筑高宽比规定（表 3-10）。鉴于规程中对 B 级高度高层建筑规定了更严格的计算分析和构造措施要求，考虑到实际情况，B 级高度高层建筑高宽比略大于 A 级高度高层建筑，目前国内超限高层建筑中，高宽比超过这一限制的是极个别的，例如上海金茂大厦（88 层，420m）为 7.6，深圳地王大厦（69 层，384m）为 8.8。

表 3-10　B 级高度钢筋混凝土高层建筑结构适用的最大高宽比

抗震设计	抗震设防烈度	
	6 度、7 度	8 度
8	7	6

8. 在复杂体型的高层建筑中，如何计算高宽比是比较难以确定的问题。一般场合，可按所考虑方向的最小投影宽度计算高宽比，但对突出建筑物平面很小的局部结构（如楼梯间、电梯间等），一般不应包含在计算宽度内；对于不宜采用最小投影宽度计算高宽比的情况，应有设计人员根据实际情况确定合理的计算方法；对带有裙房的高层建筑，当裙房的面积和刚度相对于其上部塔楼的面积的刚度较大时，计算高宽比的房屋高度和宽度可按裙房以上部分考虑。

参考文献

1 中华人民共和国国家标准《建筑抗震设计规范》（GB 50011—2001）. 北京：中国建筑工业出版社，2001

2 行业标准《高层建筑混凝土结构技术规程》（JGJ 3—2002）. 北京：中国建筑工业出版社，2002

3 何广乾，陈祥福，徐至钧. 高层建筑设计与施工. 北京：科学出版社，1992

4 徐培福，黄小坤. 高层建筑混凝土结构技术规程理解与应用. 北京：中国建筑工业出版社，2003

5 唐兴荣. 高层建筑转换层结构设计与施工. 北京：中国建筑工业出版社，2002

第四章　设计荷载和地震作用

作用在高层建筑上的荷载主要分为竖向荷载和水平荷载两大类。竖向荷载包括永久荷载（恒荷载）和活荷载；水平荷载包括风荷载和地震区承受的地震作用以及地基基础中的水压力和土压力等。温差引起的温度变化，以及材料性质引起的收缩和徐变，都是间接作用。以下介绍几种最主要的设计荷载和地震作用。

1. 永久荷载（恒荷载）高层建筑建成后长期作用在结构上的不变荷载，包括构件、材料的自重和建筑构造（找平层、保温层、构造层和防水层等）的重量。

2. 可变荷载（活荷载）。高层建筑使用期间可能存在的、可取卸或移动的可变荷载，如各层楼面上的活荷载、屋面活荷载、雪荷载及各类移动设备的活荷载（如电梯、吊车）等。

3. 风荷载。空气流动形成的风吹在建筑物上时，就在建筑物表面产生压力或吸力，这种风力作用称为风荷载。风荷载的大小主要和近地风的性质、风速、风向有关，同时也和建筑物的高度、形状和表面粗糙度有关。在高层建筑中风是主要荷载，所以，风对高层建筑的作用，早已引起了人们的注意。

4. 地震作用。地震时，由于地震波的作用产生地面运动，并通过房屋基础影响到上部建筑，使高层建筑的结构产生振动，高层建筑结构振动时产生的惯性力就是地震作用。而地震波的作用可能使建筑物产生竖向振动与水平振动，但一般对建筑物的破坏主要是由水平振动造成的。在离震中较远时，垂直振动不大，而建筑物抵抗垂直力的安全贮备较大。因此，设计时应主要考虑水平地震作用，只有在震中附近的高烈度区（9 度以上地区）才同时考虑竖直地震作用。

确定活荷载的基本方法是调查研究和必要的数理统计。我国现行的《建筑结构荷载规范》(GB 50009—2001) 于 2002 年 3 月正式颁布。设计高层建筑的荷载，可按规范规定直接查用。

第一节　荷载效应组合

一般作用在高层建筑上的荷载，按其作用的时间来分，有经常作用的、临时作用的及偶然作用的三种。高层建筑结构设计应根据使用过程中在结构上可能同时出现的荷载，按承载能力极限状态和正常使用极限状态分别进行荷载效应组合，并取各自的最不利组合进行设计。

对于承载能力极限状态，应采用荷载效应的基本组合和偶然组合进行设计，并采用下列设计表达式：

$$\gamma_0 S \leqslant R \tag{4-1}$$

式中　γ_0——结构重要性系数。对安全等级而言，一级取 1.1、二级取 1.0、三级取 0.9，结构的安全等级应按有关建筑结构设计规范的规定确定；

S——荷载效应组合的设计值；

R——结构构件抗力的设计值，应按有关建筑结构设计规范的规定确定。

对高层建筑，当风作为主要荷载参与结合时，荷载组合值系数取 1.0，当风作为其他荷载参与结合时，荷载组合值系数取 0.6。

一般作用在高层建筑上的效应除了竖向荷载产生的以外，还有风荷载和地震作用产生的效应，考虑到它们共同作用的可能性，因此对它们产生的效应要进行效应组合，效应的基本组合按式（4-2）计算。

1. 对于基本组合，荷载效应组合的设计值 S 应从下列组合值中取最不利值确定：

（1）由可变荷载效应控制的组合：

$$S = \gamma_G S_{Gk} + \gamma_{Qi} S_{Qik} + \sum_{i=1}^{n} \gamma_{Qi} \psi_{ci} S_{Qik} \tag{4-2}$$

式中　γ_G——永久荷载的分项系数，应按永久荷载的分项系数条采用；

γ_{Qi}——第 i 个可变荷载的分项系数，其中 γ_{Q1} 为可变荷载的分项系数；

S_{Gk}——按永久荷载标准值 G_k 计算的荷载效应值；

S_{Qik}——按可变荷载标准值 Q_{ik} 计算的荷载效应值，其中 S_{Q1k} 为诸可变荷载效应中起控制作用者；

ψ_{ci}——可变荷载 Q_i 的组合值系数，应分别按可变荷载的分项系数的规定采用；

n——参与组合的可变荷载数。

（2）由永久荷载效应控制的组合：

$$S = \gamma_G S_{Gk} + \sum_{i=1}^{n} \gamma_{Qi} \psi_{ci} S_{Qik} \tag{4-3}$$

注：（1）基本组合中的设计值仅适用于荷载与荷载效应为线性的情况。

（2）当对 S_{Qik} 无法明显判断时，轮次以各可变荷载效应为 S_{Qik}，选其中最不利的荷载效应组合。

（3）当考虑以竖向的永久荷载效应控制的组合时，参与组合的可变荷载仅限于竖向荷载。

（3）对于一般框架结构，基本组合可采用简化规则，并应按下列组合值取最不利值确定：

1）由可变荷载效应控制的组合：

$$S = \gamma_G S_{Gk} + \gamma_{Qi} S_{Qik}$$

$$S = \gamma_G S_{Gk} + 0.9 \sum_{i=1}^{n} \gamma_{Qi} S_{Qik} \tag{4-4}$$

2）由永久荷载效应控制的组合仍按（4-3）式采用。

基本组合的荷载分项系数，应按下列规定采用：

①永久荷载的分项系数：

当其效应对结构不利时

对由可变荷载效应控制的组合，应取 1.2；

对由永久荷载效应控制的组合，应取 1.35。

②当其效应对结构有利时

一般情况下应取 1.0；

对结构的倾覆、滑移或漂浮验算，应取 0.9。

可变荷载的分项系数：

一般情况下应取 1.4；

对标准值大于 $4kN/m^2$ 的高层建筑楼面结构的活荷载应取 1.3。

注：对于某些特殊情况，可按建筑结构有关设计规范的规定确定。

2. 对于偶然组合，荷载效应组合的设计值宜按下列规定确定：偶然荷载的代表值不乘分项系数；与偶然荷载同时出现的其他荷载可根据观测资料和工程经验采用适当的代表值。各种情况下荷载效应的设计值公式，可由有关规范另行规定。

对于正常使用极限状态，应根据不同的设计要求，采用荷载的标准组合、频遇组合或准永久组合，并应按下列设计表达式进行设计：

$$S \leqslant C \tag{4-5}$$

式中 C——结构或结构构件达到正常使用要求的规定限值，例如变形、裂缝、振幅、加速度、应力等的限值，应按各有关建筑结构设计规范的规定采用。

对于标准组合，荷载效应组合的设计值 S 应按下式采用：

$$S = S_{\mathrm{Gk}} + S_{\mathrm{Q}i\mathrm{k}} + \sum_{i=1}^{n} \psi_{ci} S_{\mathrm{Q}i\mathrm{k}} \tag{4-6}$$

注：组合中的设计值仅适用于荷载与荷载效应为线性的情况。

对于频遇组合，荷载效应组合的设计值 S 应按下式采用：

$$S = S_{\mathrm{Gk}} + \psi_{\mathrm{f1}} S_{\mathrm{QLk}} + \sum_{i=1}^{n} \psi_{\mathrm{q}i} S_{\mathrm{Q}i\mathrm{k}} \tag{4-7}$$

式中 ψ_{f1}——可变荷载 Q_1 的频遇值系数，应按有关的规定采用；

$\psi_{\mathrm{q}i}$——可变荷载 Q_i 的频遇值系数，应按有关的规定采用。

注：组合中的设计值仅适用于荷载与荷载效应为线性的情况。

对于准永久组合，荷载效应组合的设计值 S 可按下式采用：

$$S = S_{\mathrm{Gk}} + \sum_{i=1}^{n} \psi_{\mathrm{q}i} S_{\mathrm{Q}i\mathrm{k}} \tag{4-8}$$

注：组合中的设计值仅适用于荷载与荷载与效应为线性的情况。

第二节　竖向荷载

竖向荷载包括恒载、楼面与屋面活荷载及雪荷载等。楼面上的活荷载可按《建筑结构荷载规范》(GB 5009—2001) 计算（见表 4-1）。

表 4-1　高层建筑楼面活荷载

项　次	类　别	标准值（kN/m²）	准永久值系数 ψ_q	附　注
1	酒吧间、舞厅、展销厅	3.0～4.0	0.5	荷载较大时，按实际情况计算
2	屋面花园	4.0～5.0	0.8	
3	贮藏室	5.0～8.0	0.8	
4	饭店厨房、洗衣房	4.0～5.0	0.5	
5	健身房、娱乐室	3.0～4.5	0.5	

高层建筑结构的活荷载在计算内力时一般可不作最不利布置，设计时按满载考虑。因为高层民用建筑楼面活荷载不大，一般为 1.5～2kN/m²，只占全部竖向荷载的 10%～15%，其不利分布产生的影响较小。在活荷载较大的情况下，可以把按满载计算的梁跨中弯矩乘以 1.1～1.2 的放大系数。

对于高层建筑的屋面或天台面，其水平投影面上的屋面均布活荷载应按表 4-2 计算。

表 4-2　屋面均布活荷载[1]

序　号	项　目	活荷载标准值（kN/m^2）	准永久值系数 ψ_q	附　注
1	不上人的屋面[2]	0.7	0	用于钢结构及钢筋混凝土结构的钢筋混凝土屋面、挑檐及雨篷
2	上人的屋面	1.5	0.4	兼作其他用途时，按相应面活荷载计算

注：1. 均布活荷载，一般不与雪荷载同时考虑，设计屋面构件时，尚应按有关规定的施工或检修集中荷载进行验算。
2. 对于不上人的屋面，当施工荷载较大时按实际情况计算。

一、楼面活荷载

高层民用建筑楼面均布活荷载的标准值及其组合值、频遇值和准永久值系数应按表 4-3 的规定采用。

表 4-3　民用建筑楼面均布活荷载的标准值及其组合值、频遇值和准永久值系数

项　次	类　别	标准值（kN/m^2）	组合值系数 ψ_c	频遇值系数 ψ_f	准永久值系数 ψ_q
1	（1）住宅、宿舍、旅馆、办公楼、医院、病房、托儿所、幼儿园			0.5	0.4
	（2）教室、试验室、阅览室、会议室、医院门诊部	2.0	0.7	0.6	0.5
2	食堂餐厅、一般资料档案室	2.5	0.7	0.6	0.5
3	（1）礼堂、剧场、影院、有固定座位的看台	3.0	0.7	0.5	0.3
	（2）公共洗衣房	3.0	0.7	0.6	0.5
4	（1）商店、展览厅、车站、港口、机场大厅及其旅客等候室	3.5	0.7	0.6	0.5
	（2）无固定座位的看台	3.5	0.7	0.5	0.3
5	（1）健身房、演出舞台	4.0	0.7	0.6	0.5
	（2）舞厅	4.0	0.7	0.6	0.3
6	（1）书库、档案室、贮藏室	5.0	0.9	0.9	0.8
	（2）密集柜书库	12.0			
7	通风机房、电梯机房	7.0	0.9	0.9	0.8
8	汽车通道及停车房：				
	（1）单向板楼盖（板跨不小于 2m）				
	客车	4.0	0.7	0.7	0.6
	消防车	35.0	0.7	0.7	0.6
	（2）双向板楼盖和无梁楼盖（柱网尺寸不小于 6m×6m）				
	客车	2.5	0.7	0.7	0.6
	消防车	20.0	0.7	0.7	0.6
9	厨房：				
	（1）一般的	2.0	0.7	0.5	0.5
	（2）餐厅的	2.5	0.7	0.6	0.7
10	浴室、厕所、盥洗室：				
	（1）第 1 项中的民用建筑	2.0	0.7	0.6	0.5
	（2）其他民用建筑	2.5	0.7	0.7	0.7

续表

项次	类别	标准值 (kN/m²)	组合值系数 ψ_c	频遇值系数 ψ_f	准永久值系数 ψ_q
11	走廊、门厅、楼梯： (1) 宿舍、旅馆、医院病房、托儿所、幼儿园、住宅 (2) 办公楼、教室、餐厅、医院门诊部 (3) 消防疏散楼梯，其他民用建筑	 2.0 2.5 3.5	 0.7 0.7 0.7	 0.5 0.6 0.5	 0.4 0.5 0.3
12	阳台： (1) 一般情况 (2) 当人群有可能密集时	 2.5 3.5	 0.7	 0.6	 0.5

注：1. 本表所给各项活荷载适用于一般使用条件，当使用荷载较大时，应按实际情况采用；
2. 第6项书库活荷载当书架高度大于2m时，书库活荷载尚应按每米书架高度不小于2.5kN/m² 确定；
3. 第8项中的客车活荷载只适用于停放载人少于9人客车；消防车活荷载是适用于满载总重为300kN的大型车辆；当不符合本表的要求时，应将车轮局部荷载按结构效应的等效原则，换算为等效均布荷载；
4. 第11项楼梯活荷载，对预制楼梯踏步平板，尚应按1.5kN集中荷载算；
5. 本表各项荷载不包括隔墙自重和二次装修荷载。对固定隔墙的自重应按恒荷载考虑，当隔墙位置可灵活布置时，非固定隔墙的自重应取每延米墙重（kN/m）的1/3作为楼面活荷载的附加值（kN/m²）计入，附加值不小于1.0kN/m²。

设计楼面梁、墙、柱及基础时，表4-3中的楼面活荷载标准值在下列情况下应乘以规定的折减系数。

1. 设计楼面梁时的折减系数

(1) 第1项（1）项当楼面梁从属面积超过25m² 时，应取0.9；

(2) 第1项（2）项～7项当楼面梁从属面积超过50m² 时，应取0.9；

(3) 第8项对单向板楼盖的次梁和槽形板的纵肋应取0.8；对单向板楼盖的主梁应取0.6；对双向板楼盖的梁应取0.8；

(4) 第9～12项应采用与所属房屋类别相同的折减系数。

2. 设计墙、柱和基础时的折减系数

(1) 第1项（1）项应采用与其楼面相同的折减系数；

表4-4 活荷载按楼层的折减系数

墙、柱、基础计算截面以上的层数	1	2～3	4～5	6～8	9～20	>20
计算截面以上各楼层活荷载总和的折减系数	1.00 (0.90)	0.85	0.70	0.65	0.60	0.55

注：当楼面梁的从属面积超过25m² 时，应采用括号内的系数。

(2) 第1项（2）项～7项应采用与其楼面相同的折减系数；

(3) 第8项对单向板楼盖应取0.5，对双向板楼盖和无梁楼盖应取0.8；

(4) 第9～12项应采用与所属房屋类别相同的折减系数。

注：楼面梁的从属面积应按梁的两侧各延伸二分之一梁间距的范围内的实际面积确定。

对高层建筑中设有钢筋混凝土挑檐、雨篷上有可能悬挂重物，如施工吊斗、消防爬梯或擦窗机临时固定等，此项荷载取集中荷载1.0kN。至于集中荷载的分布宽度，可根据其挑出长度及构造情况考虑确定，一般计算宽度不小于1m。

二、屋面活荷载

1. 房屋建筑的屋面，其水平投影面上的屋面均布活荷载，应按表 4-5 采用。屋面均布活荷载，不应与雪荷载同时组合。

表 4-5　屋面均布活荷载

项　次	类　别	标准值（kN/m^2）	组合值系数 ψ_c	频遇值系数 ψ_f	准永久值系数 ψ_q
1	不上人的屋面	0.5	0.7	0.5	0
2	上人的屋面	2.0	0.7	0.5	0.4
3	屋顶花园	3.0	0.7	0.6	0.5

注：1. 不上人的屋面，当施工或维修荷载较大时，应按实际情况采用；对不同结构应按有关设计规范的规定，将标准值作 $0.2kN/m^2$ 的增减；

2. 上人的屋面，当兼作其他用途时，应按相应楼面活荷载采用；

3. 对于因楼屋面排水不畅、堵塞等引起的积水荷载，应采取构造措施加以防止；必要时，应按积水的可能深度确定屋面活荷载；

4. 屋顶花园活荷载不包括花圃土石等材料自重。

2. 屋面直升机停机坪荷载

屋顶直升机停机坪：$P=3\times$直升机重量。直升机重量一般为 20kN，重量分布面积为 $2m\times2m$，同时其等效均布荷载不低于 $5.0kN/m^2$。

局部荷载应按直升机实际最大起飞重量确定，当没有机型技术资料时，一般可依据轻、中、重三种类型的不同要求，按下述规定选用局部荷载标准值及作用面积：

（1）轻型，最大起飞重量 2t，局部荷载标准值取 20kN，作用面积 $0.20m\times0.20m$；

（2）中型，最大起飞重量 4t，局部荷载标准值取 40kN，作用面积 $0.25m\times0.25m$；

（3）重型，最大起飞重量 6t，局部荷载标准值取 60kN，作用面积 $0.30m\times0.30m$；

荷载的组合值系数应取 0.7，频遇值系数应取 0.6，准永久值系数应取 0。

部分轻型直升机的有关参数见表 4-6。

表 4-6　部分轻型直升机的技术数据

机　型	生产国	空重（kN）	最大起飞重（kN）	尺　寸			
				旋翼直径（m）	机长（m）	机宽（m）	机高（m）
Z－9（直 9）	中国	19.75	40.00	11.68	13.29		3.31
SA360 海豚	法国	18.23	34.00	11.68	11.40		3.50
SA315 美洲驼	法国	10.14	19.50	11.02	12.92		3.09
SA350 松鼠	法国	12.88	24.00	10.69	12.99	1.08	3.02
SA341 小羚羊	法国	9.17	18.00	10.50	11.97		3.15
BK－117	德国	16.50	28.50	11.00	13.00	1.60	3.36
BO－105	德国	12.56	24.00	9.84	8.56		3.00
山猫	英法	30.70	45.35	12.80	12.06		3.66
S－76	美国	25.40	46.70	13.41	13.22	2.13	4.41
贝尔－205	美国	22.55	43.09	14.63	17.40		4.42
贝尔－206	美国	6.60	14.51	10.16	9.50		2.91
贝尔－500	美国	6.64	13.61	8.05	7.49	2.71	2.59
贝尔－222	美国	22.04	35.60	12.12	12.50	3.18	3.51
A109A	意大利	14.66	24.50	11.00	13.05	1.42	3.30

注：1. 直 9 机主机轮距 2.03m，前后轮距 3.61m；

2. 本表摘自参考文献（5）。

高层建筑中的楼梯、走廊、阳台和上人平屋面等的栏杆顶部水平荷载，应按所属房屋类型分别按《建筑结构荷载规范》(GB 50009—2001) 中有关规定计算。

第三节　风荷载

在世界建筑历史中，至今还没有一幢高层建筑被风吹垮。但在风荷载作用下，外墙窗户的破坏，部分构件的吹落已屡有发生。高层建筑中除了地震作用的水平力以外，主要的侧向荷载是由风产生的，在荷载的组合时往往起控制作用，因而风对高层建筑的作用，已引起了科学家和结构工程师的高度重视和注意。

根据大量风的实测资料可以看出，作用于高层建筑上的风力是不规则的，风压随风速、风向的紊乱变化而不断改变。在风的顺风向曲线（见图 4-1 所示的风载记录）中，包括两部分：一种是长周期部分（10min 以上的平均风压），常称稳定风，即图 4-1 中 A—A 所示，由于这种风的长周期远大地大于一般建筑物的结构自振周期，因而其作用性质相当于静力，这部分称为风的静力作用，这种风对建筑物产生侧移；另一种是短周期部分（只有几秒钟左右），常称阵风脉动，即图 4-1 中沿 A—A 之上下的波动部分（脉动风压）。脉动风是由于风的不规则性引起的，它的强度随时间按随机规律变化。由于它周期较短，因而其作用性质是动力的，这种脉动风压使建筑物在平均侧移的附近左右摇摆，引起结构的振动。

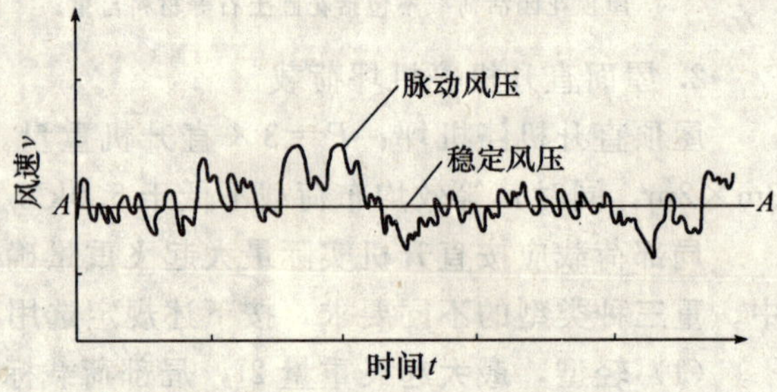

图 4-1　平均风速与脉动风速

除顺风向的振动以外，在横风向，由于升力的作用，也会引起横向风振。升力的大小，随迎风角 α 的变化而变化。在一般情况下，α 加大时，升力也增加，α 变小时，升力也变小。同时外扭矩还将引起扭转振动。可见高层建筑受风的作用，在受力方向、作用性质等方面与一般建筑是不一样的。

一般处于风流场中的建筑物，因是非流线型的，在迎风面受到压力，而在背风面因形成漩涡而产生吸力。这些力在整个建筑物表面并不是均匀的，它随建筑物的体型、面积、高度、风速、内向、紊流和结构的变化而改变着。因此，在风力作用下，建筑物将产生振动，这种振动引起建筑物表面压力的变化。又由于建筑物之间的空气动力影响，大大增加了问题的复杂性。至今，要科学而确切地描述风力和高层建筑之间的关系还相当困难。但人们已开始认识到高层建筑的“风患”。特别是孤立的高楼，风可能会沿着外墙向下冲，直到人行便道，出现类似压力波的现象。据有关的风洞模拟试验表明，这种高空风有时会像水在狭窄处流势湍急时的情况一样，往往会激起一场风害。但如果在建筑物的体型方面进行一些改变，情况就会大有好转，如日本东京电气公司大厦的一座箱形高层建筑，将其设计方案修改为带“风穴”的阶梯形方案后，可取得满意的效果。

1. 基本风压及荷载

风不仅受到时间、空间及气压、气温、湿度等因素的影响，而且还受到地球表面各种障碍物（高山、河流、海洋、树木、房屋、构筑物）的影响。尤其是邻近地表一定高度的风，受地面障碍物影响格外紊乱，只有远离地面一定高度之后，才不受这些地面障碍物的影响。这个高度称为梯度风高度（离地 300～500m 以上）。风在此高度以上才不受地表的影响，能在气压梯度的作用下自由流动，从而成为所谓“梯度风”。另外，由于地表粗糙度不同，近地面层风速度变化的快慢也不相同。

垂直于建筑物表面上的风荷载标准值，应按下列公式计算：

（1）当计算主要承重结构时

$$W_k = \beta_z \mu_s \mu_z W_0 \tag{4-9}$$

式中　W_k——风荷载标准值，kN/m^2；

β_z——高度 z 处的风振系数；

μ_s——风荷载体型系数；

μ_z——风压高度变化系数；

W_0——基本风压，kN/m^2。

（2）当计算围护结构时

$$W_k = \beta_{gz} \mu_s \mu_z W_0 \tag{4-10}$$

式中　β_{gz}——高度 z 处的阵风系数。

基本风压应按（GB 0009—2001）给出的 50 年一遇的风压采用，但不得小于 $0.3kN/m^2$。

对于高层建筑以及对风荷载比较敏感的其他结构，基本风压适当提高，并应由有关的结构设计规范具体规定。

当城市或建设地点的基本风压值在规范全国基本风压图上没有给出时，基本风压值可根据当地年最大风速资料，按基本风压定义，通过统计分析确定，分析时考虑样本数量的影响。当地没有风速资料时，可根据附近地区规定的基本风压或长期资料，通过气象和地形条件的对比分析确定；也可按《建筑结构荷载规范》（GB 50009—2001）附录 D 中全国基本风压分布图近似确定。

风荷载的组合值可取 0.6，频遇值可取 0.4 和准永久值系数可取 0。

计算基本风压的风速，称为标准风速。关于风速的标准值，各个国家规定的时距不相同，到目前为止，尚无一致标准（见表 4-7）。

表 4-7　一些国家对风速的取值标准

序号	国家	风速标准			备注
		离地高度（m）	重现期（年）	时距	
1	日本	15	50	自记瞬时最大风速	1971 年
2	前苏联	10	一般房屋、10～15 高层、20	2min，平均风速	1970 年
3	美国	10	25～100	0.5～1min、年平均极大风速	1972 年
4	英国	13	50	3s，瞬时风速	1970 年
5	加拿大	10	10（围护结构） 30（主体结构） 100（重要结构）	1h，平均风速	
6	澳大利亚	10	50	3s，瞬时风速	1969 年
7	丹麦	10	50	10min，平均风速	
8	中国	10	30	10min，平均风速	1987 年

注：英国规定离地面高度为 40 英尺（13m）。

我国现行的荷载规范。对于主要承重结构，风荷载标准值的表达可有两种形式：其一为平均风压加上由脉动风引起导致结构风振的等效风压；另一种为平均风压乘以风振系数。由于在结构的风振计算中，一般往往是第1振型起主要作用，因而我国与大多数国家相同，采用后一种表达形式，即采用风振系数 β_z，它综合考虑了结构在风荷载作用下的动力响应，其中包括风速时间、空间的变异性和结构的阻尼特性等因素。

对于围护结构，由于其刚性一般较大，在结构效应中可不必考虑其共振分量，此时可仅在平均风压的基础上，近似考虑脉动风瞬间的增大因素，通过阵风系数 β_{gz} 来计算其风荷载。

基本风压 W_0 是根据全国各气象台站历年来的最大风速记录，按基本风压的标准要求，将不同风仪高度和时次时距的年最大风速，统一换算为离地10m高，自记10min平均年最大风速（m/s）。根据该风速数据，按荷载规范附录D的规定，经统计分析确定重现期为50年的最大风速，作为当地的基本风速 V_0。再按贝努利公式：

$$W_0 = 1/2\rho v^2 \tag{4-11}$$

确定基本风压。以往，国内的风速记录大多数根据风压板的观测结果，刻度所反映的风速，实际上是统一根据标准的空气密度 $\rho=1.25\text{kg/m}^3$ 按上述公式反算而得，因此在按该风速确定风压时，可统一按以下公式计算：

$$\omega_0 = v_0^2/1600(\text{kN/m}^2) \tag{4-12}$$

鉴于通过风压板的观测，人为的观测误差较大，再加上时次时距换算中的误差，其结果就不太可靠，当前各气象台站已累积了较多的根据风杯式自记风速仪记录的10min平均年最大风速数据，因此在这次数据处理时，基本上是以自记的数据为依据。因此在确定风压时，必须考虑各台站观测当时的空气密度，当缺乏资料时，也可参考荷载规范附录D的规定采用。全国主要城市的风压标准值见表4-8。

表4-8 全国主要城市风压标准值

城市名	海拔高度（m）	风压（kN/m²）		
		$n=10$	$n=50$	$n=100$
北京市	54.0	0.30	0.45	0.50
天津市	3.3	0.30	0.50	0.60
塘沽市	3.2	0.40	0.55	0.60
上海市	2.8	0.40	0.55	0.60
重庆市	259.1	0.25	0.40	0.45
石家庄市	80.5	0.25	0.35	0.40
张家口市	724.2	0.35	0.55	0.60
承德市	377.2	0.30	0.40	0.45
秦皇岛市	2.1	0.35	0.45	0.50
唐山市	27.8	0.30	0.40	0.45
保定市	17.2	0.30	0.40	0.45
沧州市	9.6	0.30	0.40	0.45
太原市	778.3	0.30	0.40	0.45
大同市	1067.2	0.35	0.55	0.65
呼和浩特市	1063.0	0.35	0.55	0.60

续表

城市名	海拔高度（m）	风压（kN/m²）		
		n=10	n=50	n=100
海拉尔市	610.2	0.45	0.65	0.75
扎兰屯市	306.5	0.30	0.40	0.45
乌兰浩特市	274.7	0.40	0.55	0.60
包头市	1067.2	0.35	0.55	0.60
集宁市	1419.3	0.40	0.60	0.70
赤峰市	571.1	0.30	0.55	0.65
沈阳市	42.8	0.40	0.55	0.60
锦州市	65.9	0.40	0.60	0.70
鞍山市	77.3	0.30	0.50	0.60
本溪市	185.2	0.35	0.45	0.50
抚顺市章党	118.5	0.30	0.45	0.50
营口市	3.3	0.40	0.60	0.70
丹东市	15.1	0.35	0.55	0.65
大连市	91.5	0.40	0.65	0.75
长春市	236.8	0.45	0.65	0.75
吉林市	183.4	0.40	0.50	0.55
通化市	402.9	0.30	0.50	0.60
哈尔滨市	142.3	0.35	0.55	0.65
黑河市	166.4	0.35	0.50	0.55
齐齐哈尔市	145.9	0.35	0.45	0.50
安达市	149.3	0.35	0.55	0.65
佳木斯市	81.2	0.40	0.65	0.75
济南市	51.6	0.30	0.45	0.50
德州市	21.2	0.30	0.45	0.50
烟台市	46.7	0.40	0.55	0.60
威海市	46.6	0.45	0.65	0.75
潍坊市	44.1	0.30	0.40	0.45
青岛市	76.0	0.45	0.60	0.70
南京市	8.9	0.25	0.40	0.45
徐州市	41.0	0.25	0.35	0.40
淮阴市	17.5	0.25	0.40	0.45
镇　江	26.5	0.30	0.40	0.45
无　锡	6.7	0.30	0.45	0.50
连云港	3.7	0.35	0.55	0.65
南通市	5.3	0.30	0.45	0.50
常州市	4.9	0.25	0.40	0.45
杭州市	41.7	0.30	0.45	0.50
慈溪市	7.1	0.30	0.45	0.50

续表

城市名	海拔高度（m）	风压（kN/m²）		
		$n=10$	$n=50$	$n=100$
舟山市	35.7	0.50	0.85	1.00
宁波市	4.2	0.30	0.50	0.60
温州市	6.0	0.35	0.60	0.70
合肥市	27.9	0.25	0.35	0.40
蚌埠市	18.7	0.25	0.35	0.40
六安市	60.5	0.20	0.35	0.40
安庆市	19.8	0.25	0.40	0.45
黄山市	142.7	0.25	0.35	0.40
南昌市	46.7	0.30	0.45	0.55
九　江	36.1	0.25	0.35	0.40
庐　山	1164.5	0.40	0.55	0.60
景德镇市	61.5	0.25	0.35	0.40
福州市	面上 83.8	0.40	0.70	0.85
南平市	125.6	0.20	0.35	0.45
龙岩市	342.3	0.20	0.35	0.45
厦门市	139.4	0.50	0.80	0.95
西安市	397.5	0.25	0.35	0.40
延安市	957.8	0.25	0.35	0.40
宝鸡市	612.4	0.20	0.35	0.40
安康市	290.0	0.30	0.45	0.50
兰州市	1517.2	0.20	0.30	0.35
酒泉市	1477.2	0.40	0.55	0.60
平凉市	1346.6	0.25	0.30	0.35
天水市	1141.7	0.20	0.35	0.40
玉门市	1526.0			
银川市	1111.4	0.40	0.65	0.75
西宁市	2261.2	0.25	0.35	0.40
格尔木市	2807.6	0.30	0.40	0.45
乌鲁木齐市	917.9	0.40	0.60	0.70
克拉玛依市	427.3	0.65	0.90	1.00
吐鲁番市	34.5	0.50	0.85	1.00
喀什市	1288.7	0.35	0.55	0.65
郑州市	110.4	0.30	0.45	0.50
三门峡市	410.1	0.25	0.40	0.45
洛阳市	137.1	0.25	0.40	0.45
开封市	72.5	0.30	0.45	0.50
南阳市	129.2	0.25	0.35	0.40
信阳市	114.5	0.25	0.35	0.40
武汉市	23.3	0.25	0.35	0.40

续表

城市名	海拔高度（m）	风压（kN/m²）		
		$n=10$	$n=50$	$n=100$
宜昌市	133.1	0.20	0.30	0.35
黄石市	19.6	0.25	0.35	0.40
长沙市	44.9	0.25	0.35	0.40
岳阳市	53.0	0.25	0.40	0.45
常德市	35.0	0.25	0.40	0.50
沅江市	36.0	0.25	0.40	0.45
邵阳市	248.6	0.20	0.30	0.35
衡阳市	103.2	0.25	0.40	0.45
郴州市	184.9	0.20	0.30	0.35
广州市	6.6	0.30	0.50	0.60
韶　关	69.3	0.20	0.35	0.45
梅　县	87.8	0.20	0.30	0.35
汕头市	1.1	0.50	0.80	0.95
深圳市	18.2	0.45	0.75	0.90
汕尾市	4.6	0.50	0.85	1.00
湛江市	25.3	0.50	0.80	0.95
南宁市	73.1	0.25	0.35	0.40
桂林市	164.4	0.20	0.30	0.35
柳州市	96.8	0.20	0.30	0.35
百色市	173.5	0.25	0.45	0.55
北海市	15.3	0.45	0.75	0.90
海口市	14.1	0.45	0.75	0.90
三亚市	5.5	0.50	0.85	1.05
成都市	506.1	0.20	0.30	0.35
绵阳市	470.8	0.20	0.30	0.35
宜宾市	340.8	0.20	0.30	0.35
西昌市	1590.9	0.20	0.30	0.35
南充市	309.3	0.20	0.30	0.35
万县市	186.7	0.15	0.30	0.35
泸州市	334.8	0.20	0.30	0.35
贵阳市	1074.3	0.20	0.30	0.35
遵义市	843.9	0.20	0.30	0.35
安顺市	1392.9	0.20	0.30	0.35
昆明市	1891.4	0.20	0.30	0.35
大理市	1990.5	0.45	0.65	0.75
拉萨市	3658.0	0.20	0.30	0.345
台北市	8.0	0.40	0.70	0.85
香　港	50.0	0.80	0.90	0.95
横澜岛	55.0	0.95	1.25	1.40
澳　门	57.0	0.75	0.85	0.90

规范将基本风压的重现期由以往的30年统一改为50年，这样，在标准上将与国外大部分国家取得一致。但经修改后，各地的基本风压并不是全在原有的基础上提高10%，而是根据新的风速观测数据，进行统计分析后重新确定的。为了能适应不同的设计条件，风荷载也可采用与基本风压不同的重现期，《建筑结构荷载规范》(GB 50009—2001) 附录D给出了相应的换算公式。

资料表明，修订后的基本风压值与原规范的取值相比，总体上虽已提高了10%，但对风荷载比较敏感的高层建筑以及自重较轻的钢主体结构，其基本风压值仍可由各结构设计规范，根据结构的自身特点，考虑适当提高其重现期；对于围护结构，其重要性与主体结构相比要低些，可仍取50年；对于其他设计情况，其重现期也可由有关的设计规范另行规定，或由设计人员自行选用。

2. 风压高度变化系数

对于平坦或稍有起伏的地形，风压高度变化系数应根据地面粗糙度类别按表4-9确定。

表4-9　风压高度变化系数 μ_z

离地面或海平面高度（m）	地面粗糙度类别			
	A	B	C	D
5	1.17	1.00	0.74	0.62
10	1.38	1.00	0.74	0.62
15	1.52	1.14	0.74	0.62
20	1.63	1.25	0.84	0.62
30	1.80	1.42	1.00	0.62
40	1.92	1.56	1.13	0.73
50	2.03	1.67	1.25	0.84
60	2.12	1.77	1.35	0.93
70	2.20	1.86	1.45	1.02
80	2.27	1.95	1.54	1.11
90	2.34	2.02	1.62	0.19
100	2.40	2.09	1.70	1.27
150	2.64	2.38	2.03	1.61
200	2.83	2.61	2.30	1.92
250	2.99	2.80	2.54	2.19
300	3.12	2.97	2.75	2.45
350	3.12	3.12	2.94	2.68
400	3.12	3.12	3.12	2.91
≥450	3.12	3.12	3.12	3.12

地面粗糙度可分为A、B、C、D四类：

A类　指近海海面和海岛、海岸、湖岸及沙漠地区；

B类　指田野、乡村、丛林、丘陵以及房屋比较稀疏的乡镇和城市郊区；

C类　指有密集建筑群的城市市区；

D类　指有密集建筑群且房屋较高的城市市区。

对于山区的建筑物，风压高度变化系数可按平坦地面的粗糙度类别，由表4-9确定外，还应考虑地形条件的修正，修正系数 η 分别按下述规定采用：

(1) 对于山峰和山坡，其顶部B处的修正系数可按下述公式采用：

$$\eta_B=\left[1+k\text{tg}\alpha\left(1-\frac{z}{2.5H}\right)\right]^2 \tag{4-13}$$

式中　$\text{tg}\alpha$——山峰或山坡在迎风面一侧的坡度；当 $\text{tg}\alpha>0.3$ 时，取 $\text{tg}\alpha=0.3$；

k——系数，对山峰取3.2，对山坡取1.4；

H——山顶或山坡全高，m；

z——建筑物计算位置离建筑物地面的高度，m；当 $z>2.5H$ 时，取 $z=2.5H$。

对于山峰和山坡的其他部位，可按图4-2所示，取A、C处的修正系数为 η_A、η_C 为1，AB间、BC间的修正系数按 η 的线性插值确定。

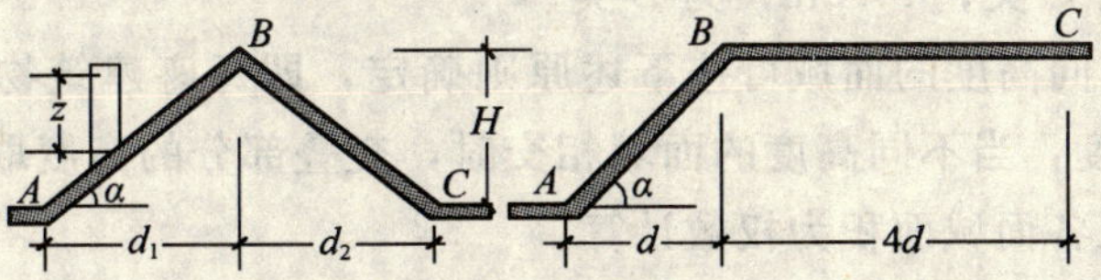

图4-2　山峰和山坡的示意图

(2) 山间盆地、谷地等闭塞地形 $\eta=0.75\sim0.85$；

对于与风向一致的谷口、山口 $\eta=1.20\sim1.50$。

对于远海海面和海岛的建筑物或构筑物，风压高度变化系数可按A类粗糙度类别，由表4-9确定外，还应考虑表4-10中给出的修正系数。

表4-10　远海海面和海岛的修正系数 η

距海岸距离（km）	η
<40	1.0
40～60	1.0～1.1
60～100	1.1～1.2

在大气边界层内，风速随离地面高度而增大。当气压场随高度不变时，风速随高度增大的规律，主要取决于地面粗糙度和温度垂直梯度。通常认为在离地面高度为300～500m时，风速不再受地面粗糙度的影响，也即达到所谓“梯度风速”，该高度称为梯度风高度。地面粗糙度等级低的地区，其梯度风高度比等级高的地区为低。

(3) 原《建筑结构荷载规范》(GB 50009—2001)将地面粗糙度等级由过去的陆、海两类改成A、B、C三类，但随着我国建设事业的蓬勃发展，城市房屋的高度和密度日益增大。因此，对大城市中心地区，其粗糙程度也有不同程度的提高。考虑到大多数发达国家，诸如美、英、日等国家的规范，以及国际标准ISO 4354和欧洲统一规范EN 1991-2-4都将地面粗糙度等级划分为四类，甚至于五类（日本）。为适应当前发展形势，《建筑结构荷载规范》(GB 50009—2001)修订也将由三类改成四类，其中A、B两类的有关参数不变，C类指有密集建筑群的城市市区，其粗糙度指数 α 由 0.2 改为 0.22，梯度风高度 H_G 仍取 400m；新增添的 D 类，指有密集建筑群且有大量高层建筑的大城市市区，其粗糙度指数 α 取 0.3，H_G 取 450m。

根据地面粗糙度指数及梯度风高度，即可得出风压高度变化系数如下：

$$\left.\begin{aligned} \mu_z^A &= 1.379\left(\frac{Z}{10}\right)^{0.24} \\ \mu_z^B &= 1.000\left(\frac{Z}{10}\right)^{0.32} \\ \mu_z^C &= 0.616\left(\frac{Z}{10}\right)^{0.44} \\ \mu_z^D &= 0.318\left(\frac{Z}{10}\right)^{0.60} \end{aligned}\right\} \tag{4-14}$$

在确定城区地面粗糙度类别时，若无 α 的实测可按下述原则近似确定：

1）以拟建房 2km 为半径的迎风半圆影响范围内的房屋高度和密集度来区分粗糙度类别，风向原则上应以该地区最大风的风向为准，但也可取其主导风向；

2）以半圆影响范围内建筑物的平均高度 $\bar{h}$ 来划分地面粗糙度类别，当 $\bar{h} \geqslant 18$m，为 D 类；$9\text{m} < \bar{h} \leqslant 18$m，为 C 类；$\bar{h} < 9$m，为 B 类；

3）影响范围内不同高度的面域可按下述原则确定，即每座建筑物向外延伸距离为其高度的面域内均为该高度，当不同高度的面域相交时，交叠部分的高度取大者；

4）平均高度 $\bar{h}$ 取各面域面积为权数计算。

对于山区的建筑物，原规范采用系数对其基本风压进行调整，并对山峰和山坡也是根据山麓的基本风压，按高差的风压高度变化系数予以调整。这些规定缺乏根据，没有得到实际观测资料进行验证。

3. 风载体型系数 μ_s

风荷载体型系数是指风作用在建筑物表面上所引起的实际压力（或吸力）与来流风的速度压的比值，它描述的是建筑物表面在稳定风压作用下的静态压力的分布规律，主要与建筑物的体型和尺度有关，也与周围环境和地面粗糙度有关。由于它涉及的是关于固体与流体相互作用的流体动力学问题，对于不规则形状的固体，问题尤为复杂，无法给出理论上的结果，一般均应由试验确定。鉴于原型实测的方法对结构设计的不现实性，目前只能采用相似原理，在边界层风洞内对拟建的建筑物模型进行测试。

风载体型系数 μ_s 主要与建筑物的体型、尺寸等几何性质有关。高层建筑的体型变化大且复杂，很难找到现成的体型系数，一般都通过实测或风洞模拟试验得到它。不同风向下建筑物表面的风压力分布见图 4-3 和图 4-4。

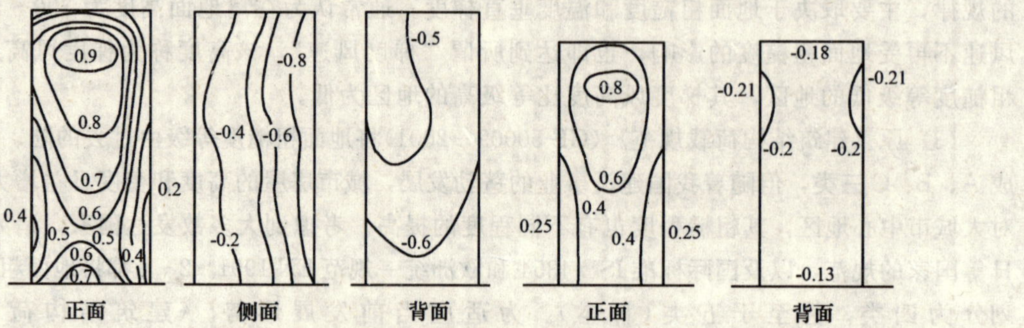

图 4-3　建筑物表面风压分布（风洞试验）

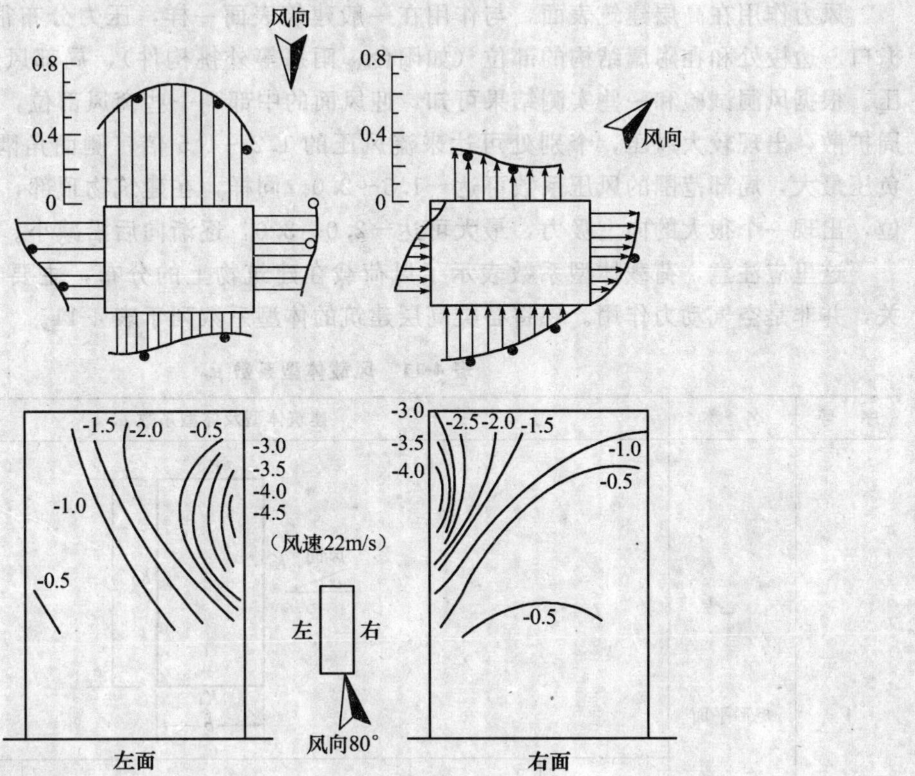

图 4-4　建筑物表面风压分布（现场实测）

从图 4-4 中可以看到，正压在迎风面的中间偏上为最大，两边及底下最小；建筑物的背风面全部承受负压力（吸力），一般两边略大、中间小，整个背面的负压分布比较均匀；当风平行于建筑物侧面时，两侧也承受吸力，一般近侧大，远侧小，分布也极不均匀，前后差别较大；由于风向、风速的随机性，因而迎风面正压、背风面负压及两侧面负压也是随机变化的，各次测试结果也有较大的不同。

由上可以看出，风压除了与建筑体型直接有关外，还与建筑物的高与宽有关。有的研究指出，随着高宽比的增大，体型系数 μ_s 亦增大。

在建筑体积相同的情况下，合理地选用高层建筑的体型，将能降低风对结构的作用。一般来说，十字形、Y 形、六边形及圆形平面的风载体型系数，都比矩形平面的小，但实用上还是以矩形平面的高层建筑居多。如从降低风载体型系数的观点出发，将矩形平面在角隅处进行适当的平滑处理（如改为圆角或截角），将会得到较好的效果。

根据试验实测结果可知，矩形平面的高层建筑，还同风向角 α 有关。迎风面的体型系数 μ_s 随 α 的增大而减小，但压力分布沿宽度趋于不均匀。当 $\alpha=0°$时，沿宽度均为压力；而当 $\alpha=60°$时，宽度两端各为压力和吸力，此时将对房屋产生扭矩。此外，影响矩形平面高层建筑风载体型系数的因素，还有建筑物的表面形态（有无阳台、遮阳板以及横、竖线条处理等）及建筑物的透气性。如表面有明显凹凸，其迎风面的体型系数比表面平整的大，尤其当表面有竖线条处理时更为明显，一般增大 6%～8%。建筑物透气性越大，则体型系数就越小。

Y 形平面的高层建筑，其风载体型系数较矩形平面为小。但必须注意最不利的风向角是在 30°～40°，所以最大风力也要与最大风力产生的扭矩相组合（其偏心率约为 4%）。

风力作用在高层建筑表面，与作用在一般建筑表面一样，压力分布很不均匀，在角隅、檐口、边棱处和在附属结构的部位（如阳台、雨篷等外挑构件），局部风压大大超过平均风压。根据风洞试验和一些实测结果可知，迎风面的中部和一些窝风部位，由于气流不易向四周扩散，出现较大风压，个别处可达来流风压的 1.2～1.5 倍，侧面角隅处常是气流分点，负压最大，局部范围的风压系数可达－1.5～2.0。同样，在建筑物顶部，靠近来流的前沿部位，出现一个很大的向上吸力，最大可达－2.0～3.0，逐渐向后沿减小。

这里应注意，荷载体型系数表示了风荷载在建筑物上的分布，主要与建筑物的体型有关，并非是空气动力作用。现将各类高层建筑的体型系数列于表 4-11。

表 4-11　风载体型系数 μ_s

序　号	名　称	建筑体型及体型系数 μ_s
1	矩形平面	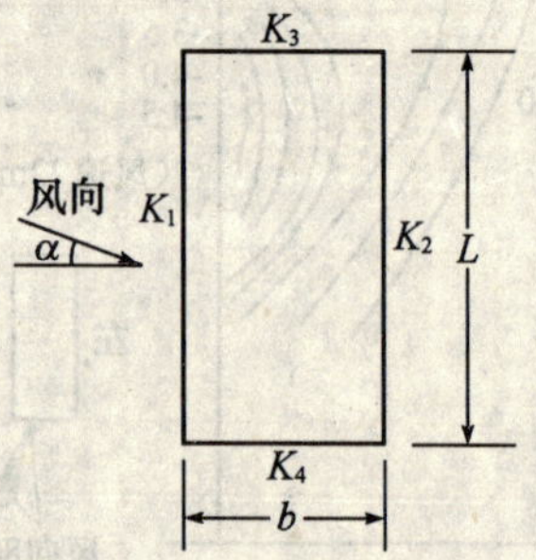

α	μ_1	μ_2	μ_3	μ_4
0°	0.80	$-1.0(0.48+0.03H/L^{1)})$	−0.60	−0.60
30°	0.68	$-0.85(0.48+0.03H/L)$	−0.50	−0.50
45°	−0.56	$0.70(0.48+0.03H/L)$	+0.30	−0.50
60°	0.48	$-0.60(0.48+0.03H/L)$	+0.60	−0.50

注：①H 为主体结构的高度

序　号	名　称	建筑体型及体型系数 μ_s
2	L 形平面	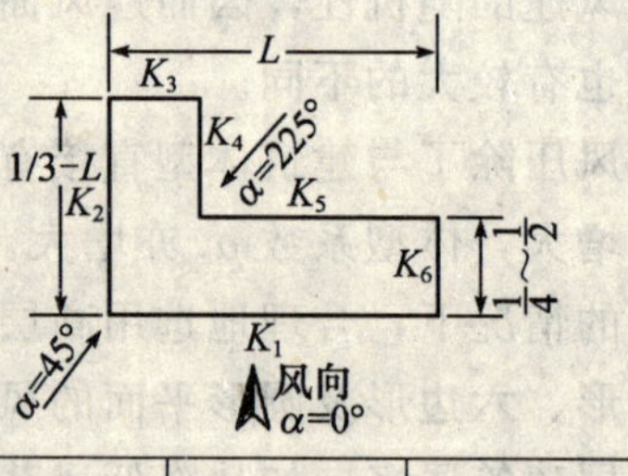

α	μ_1	μ_2	μ_3	μ_4	μ_5	μ_6
0°	+0.80	−0.70	−0.60	−0.50	−0.50	−0.60
45°	+0.50	+0.50	−0.80	−0.70	−0.70	−0.80
225°	−0.60	−0.60	+0.30	+0.90	+0.90	+0.30

序　号	名　称	建筑体型及体型系数 μ_s
3	槽形平面	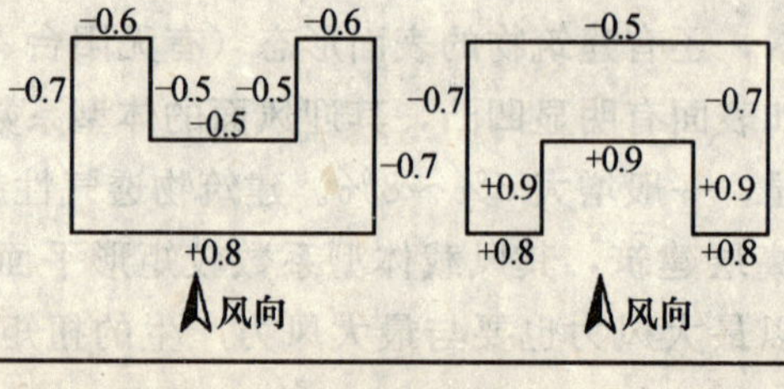

续表

<table>
<tr><th>序　号</th><th>名　称</th><th>建筑体型及体型系数 μ_s</th></tr>
<tr><td>4</td><td>十字形平面</td><td>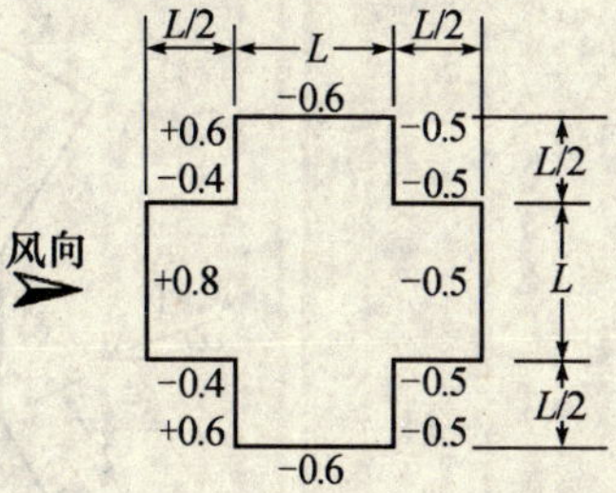
</td></tr>
<tr><td>5</td><td>双十字形平面</td><td>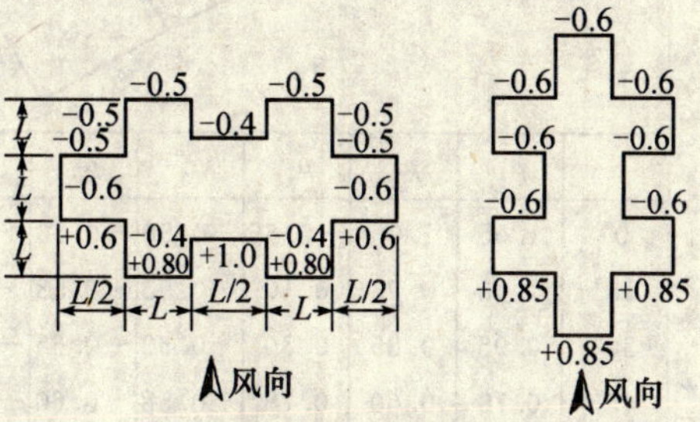
</td></tr>
<tr><td>6</td><td>X 形平面</td><td>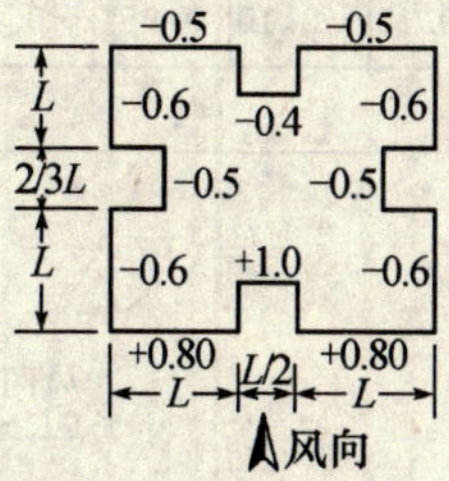
</td></tr>
<tr><td>7</td><td>井字形平面</td><td>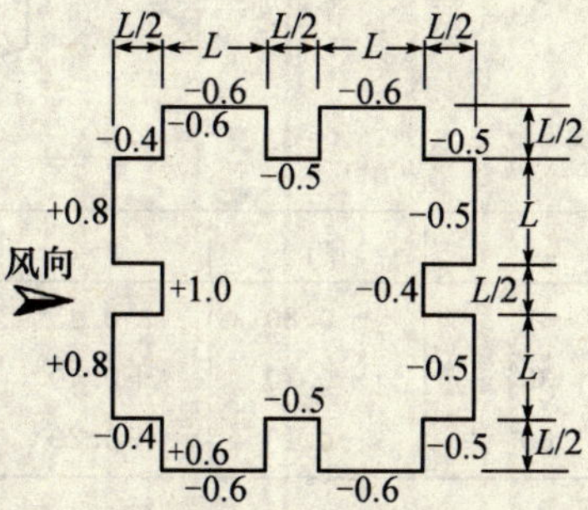
</td></tr>
<tr><td>8</td><td>扇形平面</td><td>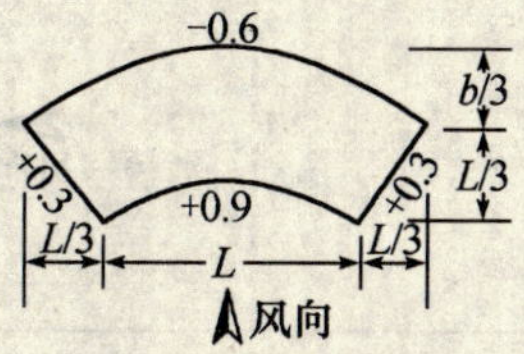
</td></tr>
<tr><td>9</td><td>梭形平面</td><td>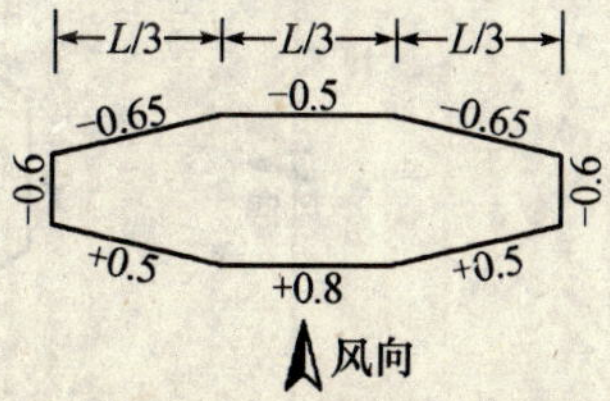
</td></tr>
</table>

续表

序号	名称	建筑体型及体型系数 μ_s
10	Y形平面	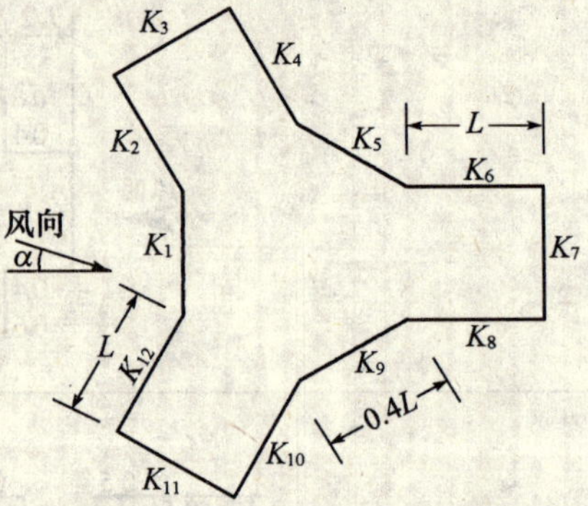

α	μ_1	μ_2	μ_3	μ_4	μ_5	μ_6	μ_7	μ_8	μ_9	μ_{10}	μ_{11}	μ_{12}
0°	1.05	1.00	−0.65	−0.50	−0.50	−0.55	0.50	−0.55	−0.50	−0.50	−0.65	1.00
15°	1.03	0.93	0.10	−0.53	−0.58	−0.58	−0.50	−0.55	−0.50	−0.50	−0.58	0.93
30°	0.95	0.85	0.50	−0.60	−0.65	−0.70	−0.55	−0.50	−0.50	−0.50	−0.55	0.80
45°	0.70	0.60	0.78	−0.58	−0.60	−0.40	−0.55	−0.50	−0.50	−0.50	−0.55	0.70
60°	−0.15	−0.10	0.95	−0.10	−0.15	−0.35	−0.55	−0.50	−0.50	−0.50	−0.55	0.35

序号	名称	建筑体型及体型系数 μ_s
11	六角形平面	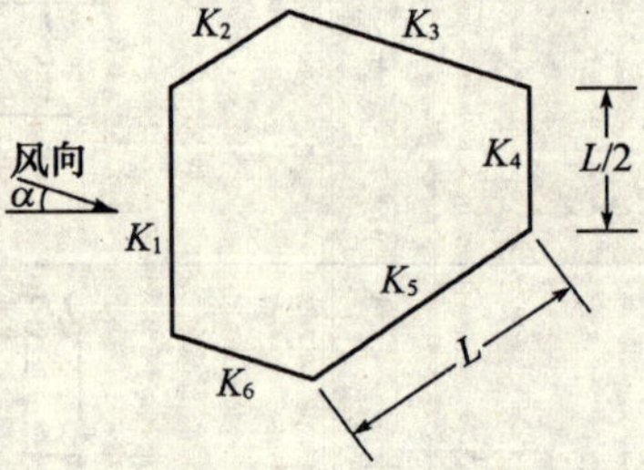

α	μ_1	μ_2	μ_3	μ_4	μ_5	μ_6
0°	+0.80	−0.45	−0.50	−0.60	−0.50	−0.45
30°	+0.70	+0.40	−0.55	−0.50	−0.55	−0.55
60°	−0.10	+0.80	−0.10	−0.50	−0.50	−0.50

序号	名称	建筑体型及体型系数 μ_s
12	正方形	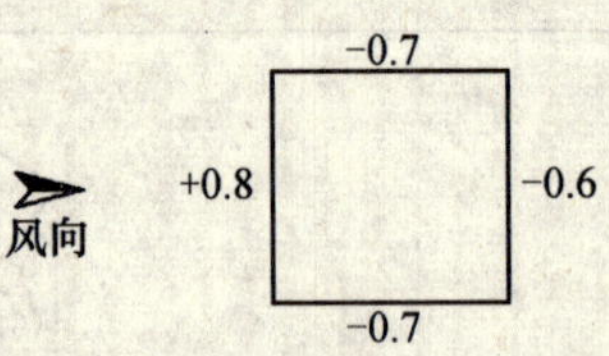
13	多边形	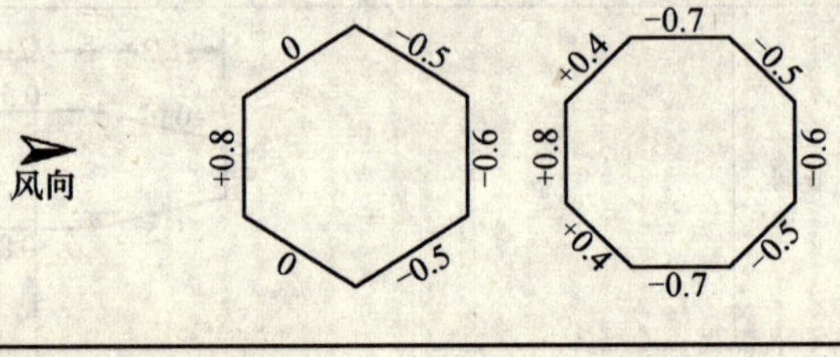

续表

<table>
<tr><th>序号</th><th>名称</th><th colspan="2">建筑体型及体型系数 μ_s</th></tr>
<tr><td>14</td><td>圆形</td><td>
(1)局部计算时表面分布的
μ_s($W_0d^2 \geqslant 0.015$ 的表面光滑情况)①
<table>
<tr><th>α</th><th>$h/d \geqslant 25$</th><th>$h/d=7$</th><th>$h/d=1$</th></tr>
<tr><td>0°</td><td>+1.0</td><td>+1.0</td><td>+1.0</td></tr>
<tr><td>15°</td><td>+0.8</td><td>+0.8</td><td>+0.8</td></tr>
<tr><td>30°</td><td>+0.1</td><td>+0.1</td><td>+0.1</td></tr>
<tr><td>45°</td><td>−0.9</td><td>−1.7</td><td>−0.7</td></tr>
<tr><td>60°</td><td>−1.9</td><td>−2.2</td><td>−1.2</td></tr>
<tr><td>75°</td><td>−2.5</td><td>−2.2</td><td>−1.5</td></tr>
<tr><td>90°</td><td>−2.6</td><td>−1.7</td><td>−1.7</td></tr>
<tr><td>105°</td><td>−1.9</td><td>−0.8</td><td>−1.2</td></tr>
<tr><td>120°</td><td>−0.9</td><td>−0.6</td><td>−0.7</td></tr>
<tr><td>135°</td><td>−0.7</td><td>−0.6</td><td>−0.5</td></tr>
<tr><td>150°</td><td>−0.6</td><td>−0.5</td><td>−0.4</td></tr>
<tr><td>165°</td><td>−0.6</td><td>−0.5</td><td>−0.4</td></tr>
<tr><td>180°</td><td>−0.6</td><td>−0.5</td><td>−0.4</td></tr>
</table>
①W_0——基本风压(kN/m²);d——直径(m)
</td><td>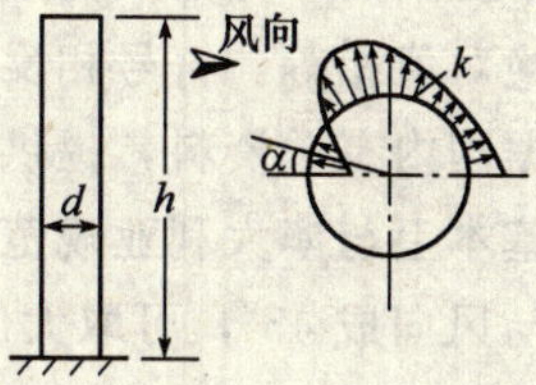
</td></tr>
<tr><td>15</td><td>圆形</td><td>
(2)整体计算时的 μ
当 $W_0d^2 \leqslant 0.002$ 时,$\mu_s=1.2$
$W_0d^2 \geqslant 0.015$ 时,$\mu_s=0.6$
</td><td>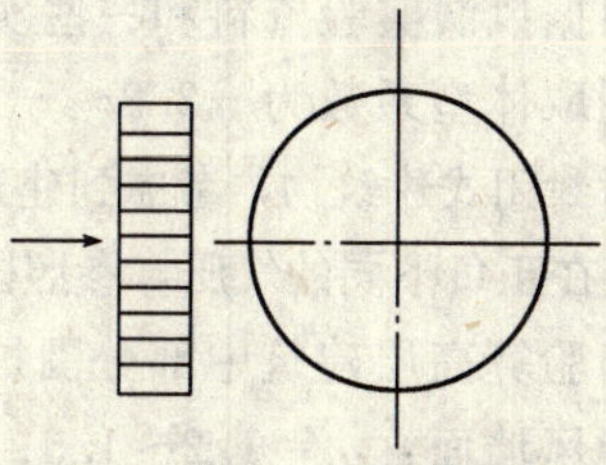</td></tr>
<tr><td>16</td><td>双排圆形</td><td>
(1)上下双排(适用于 $W_0d^2 \geqslant 0.015$ 的情况)
<table>
<tr><th>S/d②</th><th>μ_s</th><th>S/d</th><th>μ_s</th></tr>
<tr><td>≤0.25</td><td>+1.2</td><td>1.5</td><td>+0.65</td></tr>
<tr><td>0.5</td><td>+0.90</td><td>2.0</td><td>+0.63</td></tr>
<tr><td>0.75</td><td>+0.75</td><td>≥3.0</td><td>+0.60</td></tr>
<tr><td>1.0</td><td>+0.70</td><td></td><td></td></tr>
</table>
②当 $S/d \geqslant 3.0$ 时,μ_s 按单个圆形计算。
(2)前后双排③
<table>
<tr><th>S/d</th><th>μ_s</th><th>S/d</th><th>μ_s</th></tr>
<tr><td>≤0.25</td><td>+0.68</td><td>4.0</td><td>+0.80</td></tr>
<tr><td>0.5</td><td>+1.86</td><td>6.0</td><td>+1.11</td></tr>
<tr><td>1.5</td><td>+0.94</td><td>8.0</td><td>+1.14</td></tr>
<tr><td>3.0</td><td>+0.99</td><td>≥10.0</td><td>+1.20</td></tr>
</table>
③所列 μ_s 值为前后双排之和。其中前排圆形为+0.6,后排为余数:当 $S/d \geqslant 10$ 时,前排对后排不起挡风作用。
</td><td>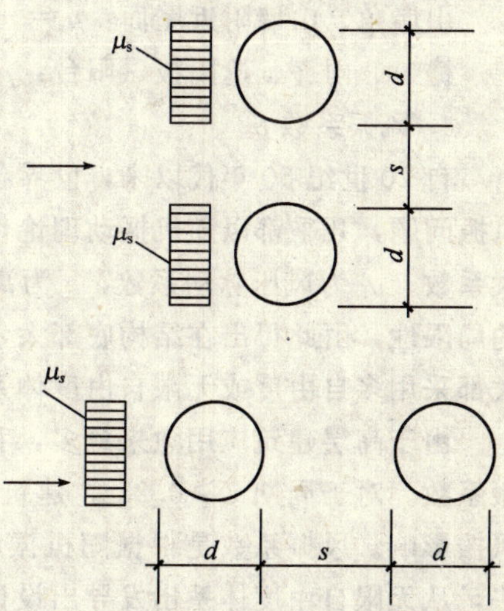
</td></tr>
</table>

表 4-11 列出不同类型的建筑各类结构体型及其体型系数，这些都是根据国内外试验资料和外国规范中的建议性规定整理而成，当建筑物与表中列的体型类相同时可参考应用。将原高层建筑改为封闭式房屋和构筑物，并将其中的矩形平面用封闭式正方形及多边形构筑物的内容代替。

必须指出，表 4-11 中的系数是有局限性的，这次规范修订强调了将风洞试验作为抗风设计辅助工具的必要性，尤其是对于体型复杂而且性质重要的房屋结构。

当建筑群尤其是高层建筑群，房屋相互间距较近时，由于漩涡的相互干扰，房屋某些部位的局部风压会显著增大，设计时应予注意。对比较重要的高层建筑，建议在风洞试验中考虑周围建筑物的干扰因素。

在表 4-11 中，（+）表示压力，（—）表示吸力，对于表中未列入的比较特殊体型的高层建筑，建议通过风洞试验确定 μ_s 值。

对于正反两个方向风荷载不同的复杂体型建筑物，在进行内力计算时可以正反两个方向风力取绝对值相等，符号相反，绝对值按两个方向上的较大值取用。

根据国内有关资料，提供的增大系数，是根据国内试验研究报告取较低的下限而得出，其取值基本上与澳大利亚规范接近。当与邻居的间距小于 3.5 倍的迎风面宽度且两栋房屋中心连线与风向成 45°，可取大值；当房屋连线与风向一致时，可取小值；当与风向垂直时不考虑；当间距大于 7.5 倍的迎风面宽度时也可不考虑。

风力作用在高层建筑表面，与作用在一般建筑物表面上一样，压力分布很不均匀，在角隅、檐口、边棱处和在附属结构的部位（如阳台、雨篷等外挑构件），局部风压会超过按表 4-7 所得的平均风压。

根据风洞实验资料和一些实测结果，并参考国外的风荷载规范，对负压区可根据不同部位分别取体型系数为－2.2～－1.0。

对封闭式建筑物，考虑到建筑物内实际存在的个别孔口和缝隙，以及机械通风等因素，室内可能存在正负不同的气压，参照国外规范，大多取±（0.2～0.25）的压力系数，现取±0.2。

当验算高层建筑中部分围护构件及其连接强度时，可采用下列局部风压体型系数：

迎风墙面：$\mu_s=1.2\sim1.5$；

山墙角、山墙附近屋面：$\mu_s=-1.5$；

檐口、雨篷、遮阳板、阳台：$\mu_s=-2.0$。

4. 风振系数 β_z

自 20 世纪 50 年代以来，世界各国（如前苏联、法国、加拿大等）的风荷载规范中有关风振问题，几乎都以随机振动理论作为依据。早期采用的风振系数 $\beta_z=1+\mu_f\xi_m$（ξ 为脉动增大系数，μ_f 为风压脉动系数，z 为离地面高度），在理论上仅适用于单自由度体系，有一定的局限性，由此得出在结构底部大，顶部小的计算值，与实际情况并不符合。近年来国内外大都采用多自由度或无限自由度体系，通过振型分解法进行计算。

由于高层建筑应用愈来愈多，我国《建筑结构荷载规范》（GB 50009—2001）修订了风振系数。对于周期 $T\geqslant0.25$s，建筑物高度大于 30m 且高宽比大于 1.5 的高层建筑，才考虑风振影响。风振系数是根据随机振动理论导出，考虑脉动风压的空间相关性，按振型分解法，从无限自由度体系出发导出设计高层建筑结构所需的风振系数。

$$\beta_z=1+\frac{H_i\xi V}{H\mu_z} \tag{4-15}$$

式中 H_i——第 i 层标高；

H——建筑总高度；

ξ——脉动增大系数，可按表 4-12 采用；

V——脉动影响系数，可按表 4-13 采用；

μ_z——风压高度变化系数，按表 4-9 采用。

因此，ξ 此时仅与阻尼比 ξ_1 及 x^2（或 WT_1^2）有关。若钢结构的阻尼比取 0.01，钢筋混凝土结构阻尼比取 0.05，则可得出相应于基本自振周期的 ξ 值，见表 4-12。

表 4-12　脉动增大系数 ξ

$W_0T_1^2$ (kNS²/m²)	0.01	0.02	0.04	0.06	0.08	0.10	0.20	0.40	0.60
钢　结　构	1.47	1.57	1.69	1.77	1.83	1.88	2.04	2.24	2.36
有填充墙的房屋钢结构	1.26	1.32	1.39	1.44	1.47	1.50	1.61	1.73	1.81
混凝土及砌体结构	1.11	1.14	1.17	1.19	1.21	1.23	1.28	1.34	1.38
$W_0T_1^2$ (kNS²/m²)	0.80	1.00	2.00	4.00	6.00	8.00	10.00	20.00	30.00
钢　结　构	2.46	2.53	2.80	3.09	3.28	3.42	3.54	3.91	4.14
有填充墙的房屋钢结构	1.88	1.93	2.10	2.30	2.43	2.52	2.60	2.85	3.01
混凝土及砌体结构	1.42	1.44	1.54	1.65	1.72	1.77	1.82	1.96	2.06

注：计算 $W_0T_1^2$ 时地面粗糙度 B 类地区可直接代入基本风压，而对 A 类、C 类和 D 类地区应按当地的基本风压分别乘以 1.38、0.62 和 0.32 后代入。

考虑风压脉动、空间相关性等的影响系数 υ。它涉及 $\mu_f(z)$，$\mu_z(z)$，$x_1(z)$ 及 η_{xz} 等系数。其中脉动系数 $\mu_f(z)$ 据国内一些实测数据，并参考国外规范，取：

$$\mu_f(z) = 0.5 \times 35^{1.8(\alpha-0.16)}\left(\frac{Z}{10}\right)^{-\alpha} \tag{4-16}$$

式中　α——粗糙度系数。根据我国具体情况，将地面粗糙度分成 A、B、C、D 四类地区，分别取值 0.12、0.16 和 0.22、0.3。

η_{xz} 是考虑空间相关性后的折算系数，它按随机振动理论导出，其中涉及的相关性系数一般都采用简单的指数衰减律。

振型函数 $x_1(z)$ 对高层建筑结构按剪弯型考虑取：

$$x_1(z) = \tan\left[\frac{\pi}{4}\left(\frac{Z}{H}\right)^{0.7}\right] \tag{4-17}$$

5. 脉动影响系数

可按下列情况分别确定。结构迎风面宽度远小于其高度的情况（如高层建筑高耸结构等）：

(1) 若外形、质量沿高度比较均匀，脉动系数可按表 4-13 确定。

表 4-13　脉动影响系数 υ

总高度 H (m)		10	20	30	40	50	60	70	80	90
粗糙度类别	A	0.78	0.83	0.86	0.87	0.88	0.89	0.89	0.89	0.89
	B	0.72	0.79	0.83	0.85	0.87	0.88	0.89	0.89	0.90
	C	0.64	0.73	0.78	0.82	0.85	0.87	0.88	0.90	0.91
	D	0.53	0.65	0.72	0.77	0.81	0.84	0.87	0.89	0.91
		100	150	200	250	300	350	400	450	
	A	0.89	0.87	0.84	0.82	0.79	0.79	0.79	0.79	
	B	0.90	0.89	0.88	0.86	0.84	0.83	0.83	0.83	
	C	0.91	0.93	0.93	0.92	0.91	0.90	0.89	0.91	
	D	0.92	0.97	1.00	1.00	1.01	1.01	1.00	1.00	

(2) 当结构迎风面和侧风面的宽度沿高度按直线或接近直线变化，而质量沿高度按连续规律变化时，表 4-13 中的脉动影响系数应再乘以修正系数 θ_B 和 θ_v。θ_B 应为构筑物迎风面在 z 高度处的宽度 B_z 与底部宽度 B_0 的比值；θ_v 可按表 4-14 确定。

表 4-14　修正系数 θ_v

B_z/B_0	1	0.9	0.8	0.7	0.6	0.5	0.4	0.3	0.2	≤0.1
θ_v	1.00	1.10	1.20	1.32	1.50	1.75	2.08	2.58	3.30	5.60

注：B_z、B_0 分别为构筑物迎风面在顶部和底部的宽度。

目前国内建造的高层建筑，其外形和质量沿高度多数是比较均匀的，因此，都可按本书有关公式和数值表进行计算。但对于深度和迎风面宽度沿高度按直线或接近直线变化、质量沿高度作连续规则变化时，则表 4-15 的 υ 值，需再乘以修正系数 θ_v 来确定。

(3) 结构迎风面宽度较大时，应考虑宽度方向风压空间相关性的情况（如高层建筑等）：若外形、质量沿高度比较均匀，脉动影响系数可根据总高度 H 及其与迎风面宽度 B 的比值，按表 4-15 确定。

表 4-15　高层建筑的脉动影响系数 υ

H/B	粗糙度类别	总高度 H（m）							
		≤30	50	100	150	200	250	300	350
≤0.5	A	0.44	0.42	0.33	0.27	0.24	0.21	0.19	0.17
	B	0.42	0.41	0.33	0.28	0.25	0.22	0.20	0.18
	C	0.40	0.40	0.34	0.29	0.27	0.23	0.22	0.20
	D	0.36	0.37	0.34	0.30	0.27	0.25	0.24	0.22
1.0	A	0.48	0.47	0.41	0.35	0.31	0.27	0.26	0.24
	B	0.46	0.46	0.42	0.36	0.36	0.29	0.27	0.26
	C	0.43	0.44	0.42	0.37	0.34	0.31	0.29	0.28
	D	0.39	0.42	0.42	0.38	0.36	0.33	0.32	0.31
2.0	A	0.50	0.51	0.46	0.42	0.38	0.35	0.33	0.31
	B	0.48	0.50	0.47	0.42	0.40	0.36	0.35	0.33
	C	0.45	0.49	0.48	0.44	0.42	0.38	0.38	0.36
	D	0.41	0.46	0.48	0.46	0.46	0.44	0.42	0.39
3.0	A	0.53	0.51	0.49	0.42	0.41	0.38	0.38	0.36
	B	0.51	0.50	0.49	0.46	0.43	0.40	0.40	0.38
	C	0.48	0.49	0.49	0.48	0.46	0.43	0.43	0.41
	D	0.43	0.46	0.49	0.49	0.48	0.47	0.46	0.45
5.0	A	0.52	0.53	0.51	0.49	0.46	0.44	0.42	0.39
	B	0.50	0.53	0.52	0.50	0.48	0.45	0.44	0.42
	C	0.47	0.50	0.52	0.52	0.50	0.48	0.47	0.45
	D	0.43	0.48	0.52	0.53	0.53	0.52	0.51	0.50
8.0	A	0.53	0.54	0.53	0.51	0.48	0.56	0.43	0.42
	B	0.51	0.53	0.54	0.52	0.50	0.49	0.46	0.44
	C	0.48	0.51	0.54	0.53	0.52	0.52	0.50	0.48
	D	0.43	0.48	0.54	0.53	0.55	0.55	0.54	0.53

(4) 振型函数 $x(z)$。振型函数应按结构动力学进行计算而得。如果是等质量等截面的结构，也可进行近似计算，将其值制成表，见表 4-16 和图 4-5。

表 4-16 振型系数 φ_z

相对高度 Z/H	振型系数 φ_z	
	高耸结构[①]	高层建筑
0.1	0.02	0.16
0.2	0.07	0.26
0.3	0.15	0.35
0.4	0.24	0.44
0.5	0.35	0.53
0.6	0.48	0.61
0.7	0.60	0.70
0.8	0.73	0.80
0.9	0.87	0.89
1.0	1.00	1.00

注：① 高耸结构按弯曲型考虑，当顶部和底部截面相同取 $\varphi_2=\frac{GZ^2H^2-4Z^3H+Z^4}{3H^4}$；对高层建筑大部分可按弯剪型考虑，可采用下列近似公式：

$$\varphi_2=\mathrm{tg}\left[\frac{\pi}{A}\left(\frac{Z}{H}\right)^{0.1}\right]$$

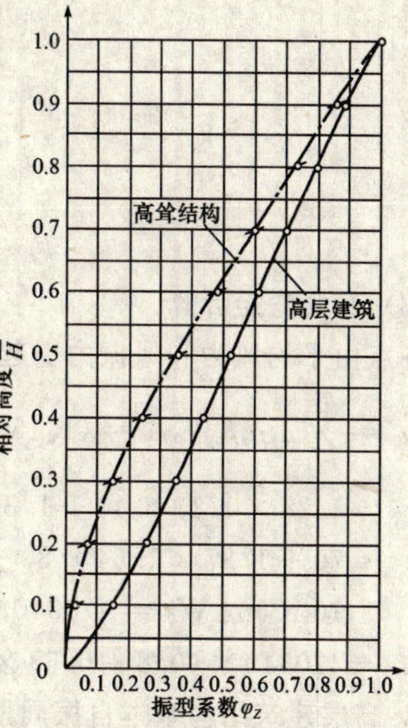

图 4-5 振型曲线图

[计算实例] 已知一座 33 层的钢筋混凝土高层建筑质量和外形沿高度均匀分布。房屋总高度 $H=100\text{m}$，宽度 $B=50\text{m}$，基本风压 $W_0=0.7\text{kN/m}^2$，C 类地区，求风振系数和基底弯矩。已知自振周期 $T_1-1.65\text{s}$。

[解] (1) 风振参数计算

按表 4-11 求得 $W_0=0.74\times0.7=0.518\text{kN/m}^2$

所以 $W_0T_1^2=0.518\times(1.65)^2=1.41$

查表 4-12 得脉动增大系数 $\xi=1.481$

脉动影响系数 υ 由表 4-15 查得，

根据 $H/B=\frac{100}{50}=2$，$H=100\text{m}$ 得出 $\upsilon=0.48$

振型系数 φ_z 由表 4-16 确定，风压高度变化系数 μ_z 由表 4-9 确定。

(2) 风振系数计算

设沿高度分 10 个点，每点间隔 10m，则由式 (4-15) 得：

$$\beta_{10}=1+1.481\times0.48\times\frac{0.16}{0.74}=1.5$$

$$\beta_{20}=1+0.71\times\frac{0.26}{0.84}=1.22$$

$$\beta_{30}=1+0.71\times\frac{0.35}{1.0}=1.25$$

$$\beta_{40}=1+0.71\times\frac{0.44}{1.13}=1.28$$

$$\beta_{50}=1+0.71\times\frac{0.53}{1.25}=1.30$$

$$\beta_{60}=1+0.71\times\frac{0.61}{1.35}=1.32$$

$$\beta_{70}=1+0.71\times\frac{0.70}{1.45}=1.34$$

$$\beta_{80}=1+0.71\times\frac{0.80}{1.54}=1.37$$

$$\beta_{90}=1+0.71\times\frac{0.89}{1.62}=1.39$$

$$\beta_{100}=1+0.71\times\frac{1.00}{1.70}=1.42$$

(3) 基底弯矩计算

各点由平均风力和风振力引起的总风力为 $\mu_s\mu_z\beta_z W_0 A$，由此即可求出基底弯矩：

$$\mu_0=\sum_{i=1}^{10}\mu_s\mu_z\beta_z W_0 A=(1.15\times0.74\times10+1.22\times0.84\times20+1.25\times1.0\times30+1.28\times1.13\times40+1.30\times1.25\times50+1.32\times1.35\times60+1.34\times1.45\times70+1.37\times1.54\times80+1.39\times1.62\times90+1.42\times1.70\times100\times1/2)\times10\times50\mu_s W_0=470340M_s W_0$$

$$M_0=470340\times(0.8+0.5)\times0.7=428009.4\text{kN}\cdot\text{m}$$

6. 高层建筑结构基本自振周期的经验公式

(1) 一般情况

1) 钢结构 $T_1=(0.10\sim0.15)\ n$ (4-18)

2) 钢筋混凝土结构 $T_1=(0.05\sim0.10)\ n$ (4-19)

式中 n——建筑层数。

(2) 具体结构

1) 钢筋混凝土框架和框剪结构

$$T_1=0.25+0.53\times10^{-3}\frac{H^2}{\sqrt[3]{B}} \tag{4-20}$$

2) 钢筋混凝土剪力墙结构

$$T_1=0.03+0.03\frac{H^2}{\sqrt[3]{B}} \tag{4-21}$$

式中 H——房屋总高度，m；

B——房屋宽度，m。

7. 顺风向风振及风振系数

参考国外规范及我国振动工程设计和理论研究的实践情况，当结构基本自振周期 $T\geqslant 0.25$s 时，以及等于高度超过 30m 且高宽比大于 1.5 的高柔房屋，由风引起的结构振动比较明显，而且随着结构自振周期的增长，风振也随着增强，因此在设计中应考虑风振的影响，而且在原则上还应考虑多个振型的影响；对于前几个频率比较密集的结构，例如桅杆、屋盖等结构，需要考虑的振型可多达 10 个以上。对此都应按结构的随机振动理论进行计算。

对于 $T<0.25$s 的结构和高度小于 30m 或高宽比小于 1.5 的房屋，原则上也应考虑风振影响，但结构计算表明，这类结构的风振一般不大，此时往往按构造要求进行设计，结构已有足够的刚度，因此一般不考虑风振影响也不会影响结构的抗风安全性。

对于一般悬臂型结构，例如框架、塔架、烟囱等高耸结构，高度大于 30m 且高宽比大于1.5且可以忽略扭转的高柔房屋，由于频谱比较稀疏，第一振型起到绝对的影响，此时可以仅考虑结构的第一振型，并通过风振系数来表达，计算可按结构的随机理论进行，书中给出了有关的公式和计算用表。

对于外形和重量沿高度无变化的等截面结构，如只考虑第一振型影响，可推导出沿高度 z 处的风振系数：

$$\beta_z = 1 + \frac{\xi \upsilon \omega_z}{\mu_z} \tag{4-22}$$

风振动力系数 ζ 如取 Davenport 建议的风谱密度经验公式，并把响应近似取静态分量及窄带白噪声共振响应分量之和，则可得到：

$$\varepsilon = \sqrt{1 + \frac{x^2 \pi / 6\zeta}{(1+x^2)^{3/4}}} \tag{4-23}$$

式中　$x = \frac{1200 f_1}{\upsilon_0} \approx \frac{30}{\sqrt{W_0 T_1^2}}$；

ζ——结构的阻尼比，对钢结构取0.01，对有墙体材料填充的房屋钢结构取0.02，对钢筋混凝土及砖石砌体结构取0.05；

W_0——考虑当地地面粗糙度后的基本风压；

T_1——结构的基本自振周期。

式（4-22）中的 φ_z 为结构的振型系数，应在结构动力分析时确定，为了简化，在确定风荷载时，可采用近似公式。按结构变形特点，对高耸构筑物可按弯曲型考虑，采用下述近似公式：

$$\omega_z = \frac{6Z^2H^2 - 4Z^3H + Z^4}{3H^4} \tag{4-24}$$

对高层建筑，当以剪力墙的工作为主时，可按弯剪型考虑，采用下述近似公式：

$$\omega_z = \mathrm{tg}\left[\frac{\pi}{4}\left(\frac{Z}{H}\right)^{0.7}\right] \tag{4-25}$$

对高层建筑也可进一步考虑框架和剪力墙各自的弯曲和剪切刚度，根据不同的综合刚度参数 λ，给出不同的振型系数，表4-17对高层建筑给出前四个振型系数，它是假设框架和剪力墙均起主要作用时的情况，即取 $\lambda=3$。综合刚度参数 λ 可按下式确定：

表 4-17　高层建筑的振型系数

相对高度	振型序号			
Z/H	1	2	3	4
0.1	0.02	−0.09	0.22	−0.38
0.2	0.08	−0.30	0.58	−0.73
0.3	0.17	−0.50	0.70	−0.40
0.4	0.27	−0.68	0.46	0.33
0.5	0.38	−0.63	−0.03	0.68
0.6	0.45	−0.48	−0.49	0.29
0.7	0.67	−0.18	−0.63	−0.47
0.8	0.74	0.17	−0.34	−0.62
0.9	0.86	0.58	0.27	−0.02
1.0	1.00	1.00	1.00	1.00

脉动系数 μ_f 根据国内实测数据，并参考国外规范资料取用：

$$\mu_f = 0.5 \times 35^{1.8(\alpha-0.16)} \left(\frac{Z}{10}\right)^{-\alpha} \tag{4-26}$$

式中 α——地面粗糙度指数，对应于 A、B、C 和 D 类地貌，分别取 0.12、0.16、0.22 和 0.30；

μ_f——高度变化系数。

8. 阵风系数

计算围护结构的风荷载时所采用的阵风系数，是参考国外规范的取值水平，按下述公式确定：

$$\beta_{gz} = k(1+2\mu_f) \tag{4-27}$$

式中 μ_f——脉动系数，按式（4-16）确定；

k——地面粗糙度调整系数，对 A、B、C、D 四种类型，分别取 0.92、0.89、0.85、0.80。

9. 横风向风振

当建筑物受到风力作用时，不但顺风向能发生风振，而且在一定条件下，也能发生横风向的风振。横风向风振都是由不稳定的空气动力形成，其性质远比顺风向更为复杂，其中包括漩涡脱落 Vortex－shedding、驰振 Galloping、颤振 Flutter、扰振 Buffeting 等空气动力现象。

对圆截面柱体结构，当发生漩涡脱落时，若脱落频率与结构自振频率相符，将出现共振。大量试验表明，漩涡脱落频率 f_s 与风速 v 成正比，与截面的直径 D 成反比。同时，雷诺数 $Re=vD/\upsilon$（υ 为空气运动黏性系数，约为 $1.45\times10^{-5}\,m^2/s$）和斯脱罗哈数 $St=f_sD/v$，在识别其振动规律方面有重要意义。

当风速较低，即 $Re\leqslant3\times10^5$ 时，一旦 f_s 与结构自振频率相符，即发生亚临界的微风共振，对圆截面柱体，$St\approx0.2$；当风速增大而处于超临界范围，即 $3\times10^5\leqslant Re<3.5\times10^6$ 时，漩涡脱落没有明显的周期，结构的横向振动也呈随机性；当风更大，$Re\geqslant3.5\times10^6$，即进入跨临界范围，重新出现规则的周期性漩涡脱落，一旦与结构自振频率接近，结构将发生强风共振。

一般情况下，当风速在亚临界或超临界范围内时，只要采取适当构造措施，就不会对结构产生严重影响，即使发生微风共振，结构可能对正常使用有些影响，但也不至于破坏，设计时，只要按《建筑结构荷载规范》（GB 50009—2001）公式的要求控制结构顶部风速即可。

当风速进入跨临界范围内时，结构有可能出现严重的振动，甚至破坏，国内外都曾发生过很多此类损坏和破坏的事例，对此必须加以重视。

对跨临界的强风共振，设计时必须按不同振型对结构予以验算，规范公式中的计算系数 λ_j 是对 j 振型情况下考虑与共振区分布有关的折算系数，若临界风速起始点在结构底部，整个高度为共振区，它的效应最严重，系数值最大；若临界风速起始点在结构顶部，不发生共振，也不必验算横风向的风振荷载。根据国外资料和我们的计算研究，认为一般考虑前 4 个振型就足够了，以前两个振型的共振最为常见。公式中的临界风速 v_{cr} 计算时，应注意对不同振型是不同的。

在风荷载作用下，同时发生的顺风向和横风向风振，其结构效应应予以矢量叠加。一般情况下，当发生强风共振时，横风向的影响起主要作用。

对于非圆截面的柱体，同样也存在漩涡脱落等空气动力不稳定问题，但其规律更为复杂，国外的风荷载规范逐渐趋向于也按随机振动的理论建立计算模型，目前，规范仍建议对重要的高层结构，应在风洞试验的基础上进行设计。

对圆形截面的结构，应根据雷诺数 Re 的不同情况按下述规定进行横风向风振（漩涡脱落）的校核：

(1) 当 $Re<3\times10^5$ 时（亚临界的微风共振），应按下式控制结构顶部风速 υ_H 不超过临界风速 υ_{cr}，υ_{cr} 和 υ_H 可按下列公式确定：

$$\upsilon_{cr}=\frac{D}{T_1S_t} \tag{4-28}$$

$$\upsilon_H=\sqrt{\frac{2000\gamma_w\mu_HW_0}{\rho}} \tag{4-29}$$

式中 T_1——结构基本自振周期；

S_t——斯脱罗哈数，对圆截面结构取 0.2；

γ_w——风荷载分项系数，取 1.4；

μ_H——结构顶部风压高度变化系数；

W_0——基本风压，kN/m^2；

ρ——空气密度，kg/m^3。

当结构顶部风速超过 υ_{cr} 时，可在构造上采取防振措施，或控制结构的临界风速 υ_{cr} 不小于 15m/s。

(2) $Re\geqslant3.5\times10^6$ 且结构顶部风速大于 υ_{cr} 时（跨临界的强风共振），应考虑横风向风荷载引起的荷载效应。

(3) 雷诺数 Re 可按下列公式确定：

$$Re=69000\upsilon D \tag{4-30}$$

式中 υ——计算高度处的风速，m/s；

D——结构截面的直径，m。

(4) 当结构沿高度截面缩小时（倾斜度不大于 0.02），可近似取 2/3 结构高度处的风速和直径。

跨临界强风共振引起在 z 高处振型 j 的等效风荷载可由下列公式确定：

$$W_{czj}=|\lambda_j|\upsilon_{cr}^2\varphi_{zj}/12800\zeta_j(kN/m^2) \tag{4-31}$$

式中 λ_j——计算系数，按表 4-18 确定；

φ_{zj}——在 z 高处结构的 j 振型系数，由计算确定；

ζ_j——第 j 振型的阻尼比；对第 1 振型，钢结构取 0.01，房屋钢结构取 0.02，混凝土结构取 0.05；对高振型的阻尼比，若无实测资料，可近似按第 1 振型的值取用。

表 4-18 中的 H_1 为临界风速起始点高度，可按下式确定：

$$H_1=H\times\left(\frac{\upsilon_{cr}}{\upsilon_H}\right)^{1/\alpha} \tag{4-32}$$

式中 α——地面粗糙度指数，对A、B、C、D四类分别取0.12、0.16、0.22和0.30；

v_H——结构顶部风速，m/s。

注：校核横风向风振时所考虑的高振型序号不大于4，对一般悬臂型结构，可只取第1或第2振型。

表 4-18 λ_i 计算用表

结构类型	振型序号	H_1/H										
		0	0.1	0.2	0.3	0.4	0.5	0.6	0.7	0.8	0.9	1.0
高耸	1	1.56	1.55	1.54	1.49	1.42	1.31	1.15	0.94	0.68	0.37	0
	2	0.83	0.82	0.76	0.60	0.37	0.09	−0.16	−0.33	−0.38	−0.27	0
	3	0.52	0.48	0.32	0.06	−0.19	−0.30	−0.21	0.00	0.20	0.23	0
	4	0.30	0.33	0.02	−0.20	−0.23	0.03	0.16	0.15	−0.05	−0.18	0
高层建筑	1	1.56	1.56	1.54	1.49	1.41	1.28	1.12	0.91	0.65	0.35	0
	2	0.73	0.72	0.63	0.45	0.19	−0.11	−0.36	−0.52	−0.53	−0.36	0

校核横风向风振时，风的荷载总效应可将横风向风荷载效应 S_C 与顺风荷载效应 S_A 按下式组合后确定：

$$S=\sqrt{S_C^2+S_A^2} \tag{4-33}$$

10. 实测高层建筑上风的特性

为了进一步了解高层建筑上风的特性（包括观测风谱、风向、风速以及实测与风洞试验对比等），除了风洞模拟实验外，主要还应在实际建筑物上进行观测，以便为高层建筑计算提供实测资料。

到目前为止，世界各国对高层建筑上的最大风速进行数理统计时，是不考虑风向（即在设计高层建筑时所采用的最大风速来自任意方向）的。这种处理最大风速的方法，不符合客观实际，事实上，各地最大风速的成因，都与当地特殊的大气环境及地形条件等因素有关。但各地的风向统计表明，最大风速具有明显的方向性。以广州地区来说，造成最大风速，东向概率最大；而由寒潮影响所决定的最大风速，则基本上为北向。但是各方的最大风速，具有不同的概率分布和不同的统计参数。以往统计最大风速时虽没有考虑风向，但实际上还是以主风向的最大风速为主体。因此，这种最大风速用于任意方向，显然是不合理的。

为便于比较，表4-19列出了广州地区各方位不同保证率的最大风速与不考虑风向的最大风速比值，并根据表中60年一遇的各向风速比值绘制了风向频率图，见图4-6。从这些表、图中可以看出，在各种保证率下，不考虑风向的最大风速，比主风向 E、N 的最大风速都要大5%左右，相应的风荷载就要大10%左右。如不考虑风向的最大风速，则主风向比其他方位的最大风速还要大。这就为我们选择恰当的建筑方位以降低高层建筑上的风荷载，提供了形象的科学依据。例如当平面为L形的广州宾馆取 SE 方位时，可以使风荷载达到最小值，可比主风向 E、N 的风荷载减小30%～40%左右。

表 4-19　广州地区风向频率实测表

风速及比值 / 风向　　保证率		1/100		1/60		1/30	
		最大风速	比　值	最大风速	比　值	最大风速	比　值
考虑风向	N	21.1	0.95	20.3	0.94	19.5	0.94
	NNE	19.8	0.89	19.1	0.89	18.2	0.88
	N E	19.4	0.87	18.4	0.86	17.3	0.84
	ENE	21.5	0.97	20.6	0.96	19.4	0.94
	E	21.5	0.97	20.6	0.96	19.2	0.93
	ESE	18.2	0.82	17.3	0.80	16.0	0.77
	S E	16.9	0.76	16.3	0.76	15.5	0.75
	SSE	15.6	0.70	15.1	0.70	14.5	0.70
	S	15.0	0.68	14.5	0.67	13.8	0.67
	SSW	13.3	0.60	12.9	0.60	12.5	0.60
	S W	11.9	0.54	11.5	0.53	11.1	0.54
	WSW	11.8	0.53	11.4	0.53	10.8	0.52
	W	18.6	0.84	17.4	0.81	15.8	0.76
	NWW	14.8	0.67	13.9	0.65	12.9	0.62
	N W	13.2	0.60	12.9	0.60	12.4	0.60
	NNW	21.5	0.97	20.3	0.94	18.7	0.90
不考虑风向		22.2	1.00	21.5	1.00	20.7	1.00

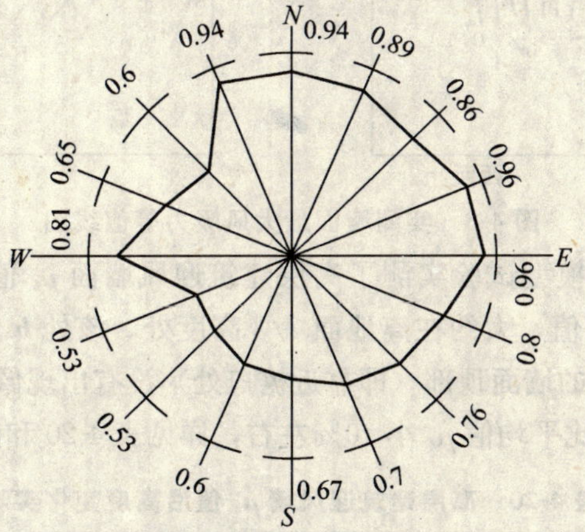

图 4-6　广州地区风向频率实测（保证率 1/60）

对伦敦市中心一幢 18 层的大厦进行风荷载的实地测量，实测时在该大厦的不同方位埋设了记录仪。一般当风速超过 $v>15\text{m/s}$ 时就开启记录仪。图 4-7 是该大厦已测得的风极坐标图，从图中可见风是以西南之间和东北之间为主。图 4-8 表示从北面和南面吹来的瞬时风对西墙面和东墙面的最大平均 3s 风吸力荷载分布情况，从中发现最高的局部风吸力在离屋顶很低的墙面前缘处。

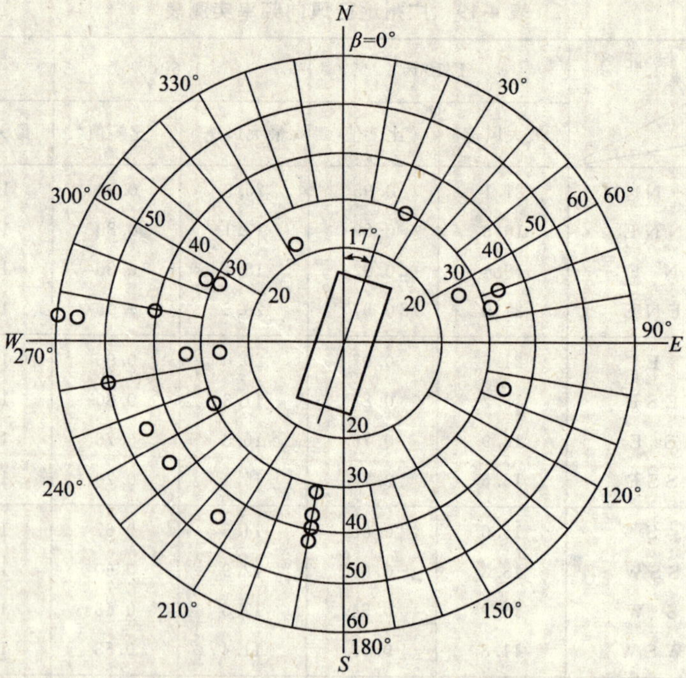

图 4-7　伦敦某大厦实测的风极坐标图

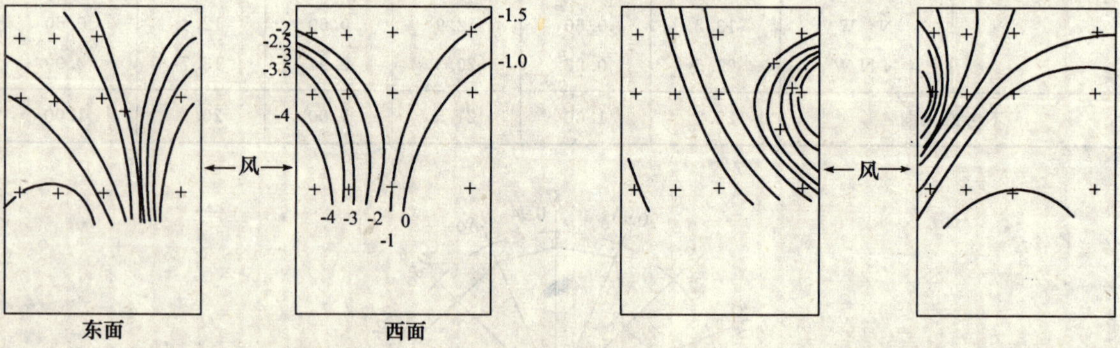

图 4-8　实测墙面最大风吸力等值线图

中国建筑科学研究院用模型试验实测了高层建筑迎风墙面 μ_z 值沿高度变化情况实测结果。其迎风墙面沿高度的最大 μ_z 值，大约在离地面 2/3 高度处，该处 h 值比墙面平均 μ_z 值（＋0.9）大 15%左右。这类高层建筑的墙面顶部（即靠近檐口处）没有出现像双坡单层和多层建筑该处 μ_z 值显著增大的情况，反而要比平均值 μ_z 小 10%左右，详见表 4-20 和图 4-9。

表 4-20　高层建筑迎风墙 μ_z 值沿高度变化实测

点　号	模型试验组别						
	一组	二组	三组	四组	五组	六组	平均值
6	＋0.76	＋0.81	＋0.78	＋0.97	＋0.77	＋0.77	＋0.78
5	＋0.87	＋0.94	＋0.88	＋0.90	＋0.88	＋0.90	＋0.90
4	＋1.02	＋1.05	＋1.04	＋1.05	＋1.03	＋1.04	＋1.04
3	＋0.95	＋0.97	＋0.97	＋0.98	＋0.96	＋0.96	＋0.96
2	＋0.91	＋0.92	＋0.93	＋0.94	＋0.92	＋0.92	＋0.92
1	＋0.86	＋0.92	＋0.88	＋0.89	＋0.90	＋0.87	＋0.89

注：表中模型风洞试验取六组进行分析。

芝加哥湖岸广场大厦（56 层），矩形平面尺寸为 27m×28m，高 162m，剪力墙结构，为了实测整个高层建筑的实际运动轨迹，在高层建筑物的 55 层、42 层和第 3 层，埋设了实测风速、水平摆动、倾斜等各种仪器，每隔 0.5s，实测南北向和东西向的移动位置，并在直角坐标系上绘制成图，如图 4-10 所示。实测基本周期为 3.2s，在观测期间最大的振动量是在建筑物顶部，当风速为 31m/s 时记录到的，得到的全振幅为 3.9cm，以风速为函数测量到的振动位移示于图 4-11 中。利用风速的增量和对应的高层建筑运动增量之间的关系，可以确定高层建筑顶部的位移，见图 4-12。当观测记录的最大风速为 31m/s 时，实测位移是 3.81cm。

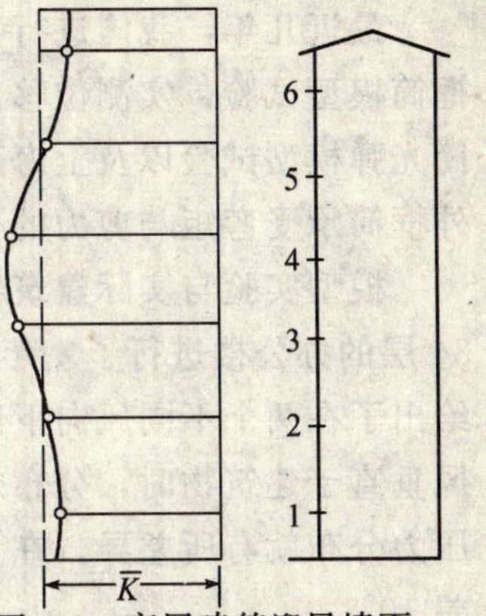

图 4-9　高层建筑迎风墙面 μ_z 值沿高度变化图

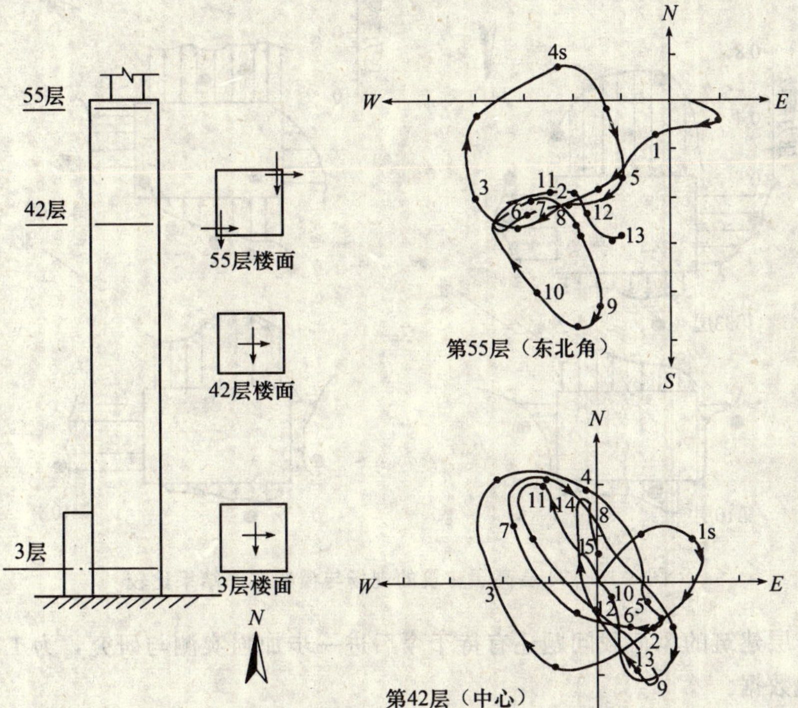

图 4-10　湖岸广场大厦振动轨迹

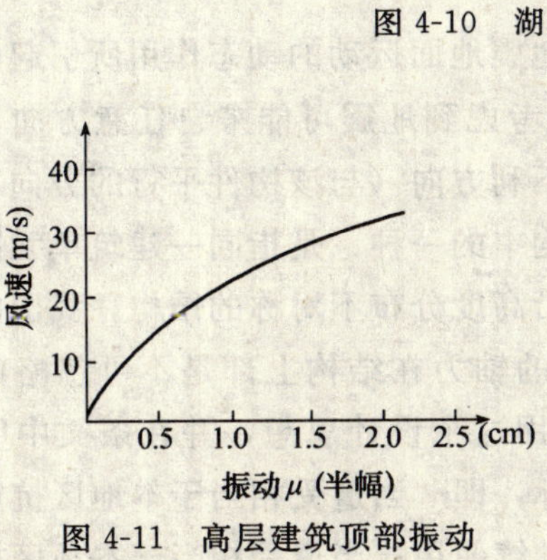

图 4-11　高层建筑顶部振动

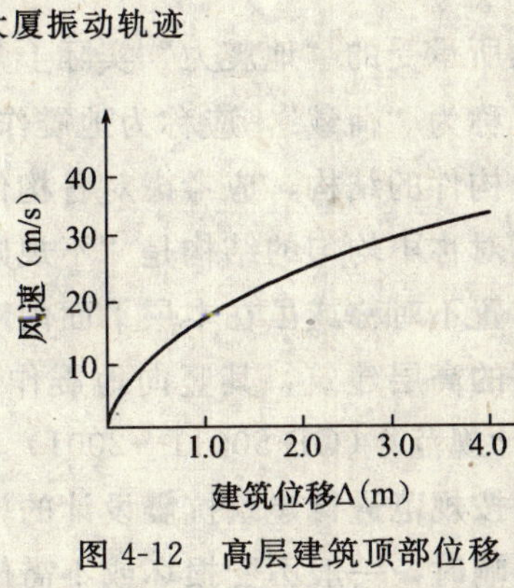

图 4-12　高层建筑顶部位移

最近几年，我国进行了一些筒体结构的模型试验。如上海建筑科学研究所进行的8层外框筒模型试验，实测位移曲线呈剪弯型，模型顶部位移1.3mm；同济大学进行了10层外框筒光弹模型试验以及上海建筑科学研究所进行的12层筒中筒结构的模型试验，除了实测内外框筒承受弯矩与剪力的分配比例以外，还实测到位移曲线呈剪弯型。

模型实验与实际建筑物的实测对比是一项很重要的研究工作。加拿大蒙特利尔市对一幢34层的办公楼进行了4年多的风压实测，并与风洞模型实验得到的资料进行对比，图4-13绘出了在两个不同风向下以压力系数表示实物和模型的平均压力分布曲线。第一种情况是当风垂直于建筑物时，分布规律和大小二者基本吻合，尤其在第33层。但风倾斜于建筑物时压力分布就有所差异。在33层的西南墙角上出现吸力，其原因主要是两者的实际风向角相差10°。

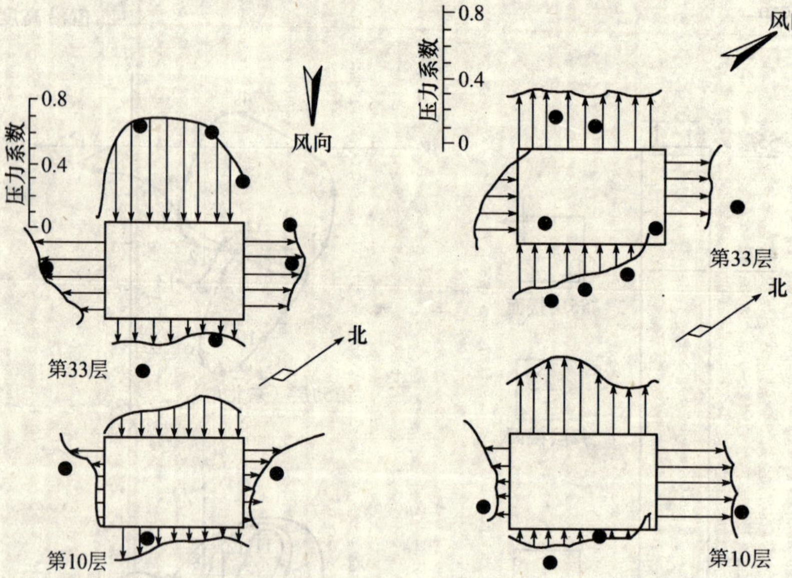

图4-13　34层高层建筑的现场与模型实测结果比较

总之，高层建筑的风荷载问题还有待于今后进一步加强实测与研究，为工程设计提供比较切合实际的数据。

第四节　地震作用

建筑结构所承受的“地震力”实际上是由于地震地面运动的动态作用所引起的，属于间接作用，不可称为“荷载”，应称为地震作用。但考虑到地震可能来自任意方向，为此要求有斜交抗侧力构件的结构，应考虑对各构件的最不利方向（与该构件平行的方向）的水平地震作用。对不对称不均匀的结构是“不规则”结构中的一种，是指同一建筑单元同一平面内质量、刚度布置不对称或虽在本层平面内对称但沿高度分布不对称的结构。我国的研究还表明，对于较高的高层建筑，其竖向地震作用产生的轴力在结构上部是不可忽略的，因此在《建筑抗震设计规范》（GB 50011—2001）继续采用这个设计思想，并在条文中明确规定三个水准设防为按规范进行建筑抗震设计的设防目标，即“当遭受相当于本地区抗震设防烈度的多遇地震影响时，一般不受损坏或不需修理可继续使用；当遭受相当于本地区抗震设防烈震度的地震影响时，可能损坏，经一般修理或不需修理仍可继续使用；当遭受高于本地区设防烈度的预估的罕遇地震影响时，不致倒塌或发生危及生命的严重破坏。”这个抗震设防目标，简称“小震不坏，中震可修，大震不倒”。要求如下：

1. 三水准的地震作用水平，仍按三个不同超越概率（或重现期）来区分：

多遇地震 50 年超越概率 63.2%，重现期 50 年；

设防烈度地震（基本地震）50 年超越概率 10%，重现期 475 年；

罕遇地震 50 年超越概率 2%～3%，重现期平均约 2000 年。

2. 三水准设防对建筑性能的要求：

“小震不坏”，要求建筑结构满足多遇地震作用下的承载力极限状态验算要求及建筑的弹性变形不超过规定的弹性变形限值。

“中震可修”，要求建筑结构具有足够的变形能力，其弹塑性变形不超过规定的弹塑性变形限值。

“大震不倒”，要求建筑具有足够的变形能力，其弹塑性变形不超过规定的弹塑性变形限值。

3. 两个阶段设计步骤：

（1）第一阶段　对绝大多数结构进行多遇地震作用下的结构和构件承载力验算和结构弹性变形验算，对各类结构按要求采取抗震措施；

（2）第二阶段　对一些规范规定的结构进行罕遇地震下的弹塑性变形验算。

为了加深对地震作用的特性的理解，我们列举出地震作用与风力的不同特点：风力是由地面上房屋的受压面作用在高层建筑上，其大小主要是由房屋外形大小和形状决定，如果高层建筑很高，受到的风力就很大；而地震作用与一般受力不同，它不仅取决于地震烈度大小，而且与建筑物的动力特性（结构的自振周期和阻尼大小）有关；地震作用完全属于动力，但风力具有静力和动力双重作用；地震作用虽然不一定与房屋的重量成比例，但其大小与房屋重量有密切关系，可是对风力来说，重量只起着次要的作用；地震作用时间极短，地震波的卓越周期约为 0.1～2s，但风力作用时间较长，有时达几十分钟，而且发生机会多；风力受周围的地形及附近的建构筑物的影响很大，而地震作用虽按地基土性质不同有所变化，但受周围的直接影响较小。但作用于高层建筑上的地震作用是很复杂的，具有以下几方面的影响。

地基变形的影响。由于土液化、滑移、地裂、地陷等因素引起结构的地基失效；由于地基下沉而形成的不均匀沉降，使基础各点产生差异沉降；由于地震作用使桩基破坏等。

地面运动的复杂性，包括多向性、非平稳随机性。地震时地面不仅作水平运动，而且作竖向运动和转动，但水平运动对结构起主要作用，个别情况下适当考虑地面的竖向运动和结构的扭转振动。关于非平稳随机性，目前各国抗震规范在考虑振型耦合问题时，实质上都不考虑地面运动的非平稳性，而把它简化为平稳随机过程考虑。

结构本身的复杂性，包括结构的非线性、非结构构件的影响、构件节点的连接。由于地震是很少发生而又十分强烈的一种运动，因而抗震设计应该允许在基本烈度情况下进入塑性阶段，并在超过基本烈度情况下坏而不倒。结构的很多部件（如非承重隔墙、非承重构件等）在建立计算简图时无法考虑，但它们对结构的抗震能力却有不容忽视的影响。结构各部件间的节点或连接质量的好坏，往往对结构是否被破坏起决定作用。

以上三种情况有些可以在结构影响系数中综合考虑，有些必须靠合理的抗震构造措施和良好的施工质量来解决。但应当指出，地震的破坏作用和结构的破坏机理十分复杂，目前人们还没有真正掌握它。根据所求得的地震作用而进行的抗震强度验算不论怎样严格，总还是一种近似的计算，过分地要求精确也是不现实的。但这种验算又经多次大地震的检验证明是有成效的，因此，更确切地估计高层建筑的地震作用对设计将有十分重要的意义。

一、地震作用和结构抗震验算

《建筑抗震设计规范》（GB 50011—2001）中规定了新的抗震设计计算方法，它的主要内容可以用图 4-14 表示。从图中可以看出建筑抗震设计规范在以下几个方面有了发展与改进。

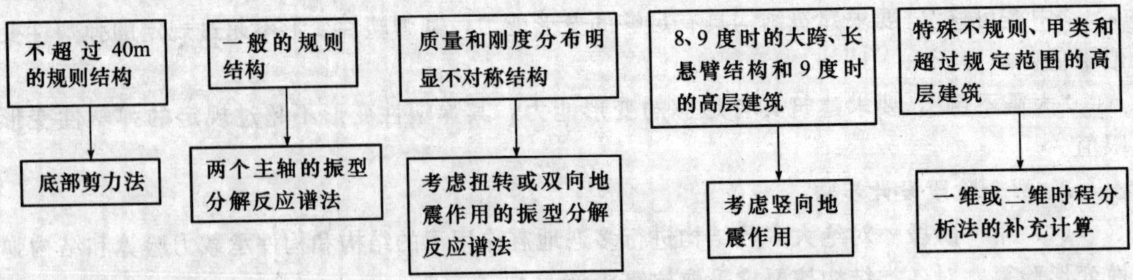

图 4-14　与各类型结构相适应的地震作用分析方法

根据《中华人民共和国防震减灾法》第十三章第十四条的规定，《建筑抗震设计规范》（GB 50011—2001）对甲、乙类建筑的分类原则和地震作用及抗震措施作了修改。

GB 50011—2001 规范与 GB 50223—95 标准的分类原则，地震作用计算和抗震措施的规定比较见表 4-21。

表 4-21　两本规范建筑抗震设防分类比较

		GB 50223—95 标准	GB 50011—2001 规范
设防分类	甲类	地震破坏后对社会有严重影响，对国民经济有巨大损失或有特殊要求的建筑	重大建筑工程和地震时可能发生严重次生灾害的建筑
	乙类	使用功能不能中断或需尽快恢复，且地震破坏会造成社会重大影响和国民经济重大损失的建筑	地震时使用功能不能中断需尽快恢复的建筑
	丙类	地震破坏后有一般影响及其他不属于甲、乙、丁类的建筑	除甲、乙、丁类以外的一般建筑
	丁类	地震破坏或倒塌不会影响甲、乙、丙类建筑，且社会影响、经济损失轻微的建筑	抗震次要建筑
地震作用	甲类	应按提高设防烈度一度设计	按地震安全性评价结果确定
	乙类	应按本地区抗震设防烈度计算	应符合本地区抗震设防烈度要求
	丙类	应按本地区抗震设防烈度设计	应符合本地区抗震设防烈度要求
	丁类	一般情况下可不降低	一般情况下仍应符合本地区抗震设防烈度的要求

续表

		GB 50223—95 标准	GB 50011—2001 规范
抗震措施	甲类	应按提高设防烈度一度设计	当抗震设防烈度为 6～8 度时，应符合本地区抗震设防烈度提高 1 度的要求，当为 9 度时，应符合比 9 度抗震设防更高的要求
	乙类	当设防烈度为 6～8 度时应提高一度设计，当为 9 度时，应加强抗震措施*1，对较小的乙类建筑，可采用抗震性能好、经济合理的结构体系，并按本地区的抗震设防烈度采取抗震措施	一般情况下，当抗震设防烈度为 6～8 度时，应符合本地区抗震设防烈度提高一度的要求，当 9 度时，应符合比 9 度抗震设防更高的要求，对较小的乙类建筑*2，当其结构改用抗震性能较好的结构类型时，应允许仍按本地区抗震设防烈度的要求采取抗震措施
	丙类	应按本地区设防烈度设计	应符合本地区抗震设防烈度的要求
	丁类	当设防烈度为 7～9 度时，抗震措施可按本地区设防烈度降低一度设计，当为 6 度时可不降低	应允许比本地区抗震设防烈度的要求适当降低，但抗震设防烈度为 6 度时不应降低

注：*1. 抗震措施指除结构地震作用计算和抗力计算以外的抗震设计内容，包括抗震构造措施；抗震构造措施指一般不需计算而对结构和非结构各部分必须采取的各种细部要求。

*2. 较小的乙类建筑指工矿企业的变电所、空压站、水泵房以及城市供水水源的泵房等；当为丙类建筑时，一般可采用砖混结构，当为乙类建筑时，若改用钢筋混凝土结构或钢结构，则可按本地区设防烈度的规定采取抗震措施。

二、地震影响

《建筑抗震设计规范》（GB 50011—2001）规范规定，一般情况下，抗震设防烈度可采用中国地震动参数区划图的地震基本烈度（或与本规范设计基本地震加速度对应的烈度值）。对已编制抗震设防区划的城市，可按批准的抗震设防烈度或设计地震动参数进行抗震设防。

这里有三个方面的值，即抗震设防烈度值、设计基本地震加速度值和《中国地震动参数区划图》的地震动峰值加速度值，GB 50011—2001 规范用表 4-22 的对应关系予以联系和协调。

表 4-22　设防烈度与设计基本地震加速度

<table>
<tr><td>设计基本地震加速度</td><td>0.05g</td><td>0.10g</td><td>0.15g</td><td>0.20g</td><td>0.30g</td><td>0.40g</td></tr>
<tr><td>抗震设防烈度</td><td>6</td><td colspan="2">7</td><td colspan="2">8</td><td>9</td></tr>
</table>

这里的设计基本地震加速度，指的是建设部 1992 年 7 月 3 日颁发的建标［1992］419 号《关于统一抗震规范地面运动加速度设计取值的通知》规定的加速度值，其规定如下：

术语名称：设计基本地震加速度值。

定义：50 年设计基准期超越概率 10％的地震加速度设计取值。

取值：7 度 0.10g，8 度 0.20g，9 度 0.40g。

表中的设计基本地震加速度的取值与《中国地震动参数区划图》所规定的“地震动峰值加速度”相当，只是在 0.10g 与 0.20g 之间有一个 0.15g，0.20g 与 0.40g 之间有一个 0.30g 的区域，这两个区分别同 7 度和 8 度地区相当。

按 Introduction of Seismic Zoning Map of China（1999）Mengtan Gbo 12WCEE 2000，

地震峰值加速度 A，按下法取得：

首先计算加速度反应谱，得谱加速度的平均值 S_a，则：

$$A = S_a/\beta \tag{4-34}$$

式中　β——动力放大系数值。

再计算速度反应谱，得谱速度的平均值 S_v，则：

$$T_g = 2\pi \frac{S_v}{S_a} \tag{4-35}$$

参阅图 4-15 三联反应谱，T_g 为平面 S_a 同 S_v 交会点处的周期值。

GB 50011—2001 规范，根据建筑工程的实际情况，将地震反应谱特征周期，取名为“设计特征周期”，其取值根据“设计地震分组”确定。

建筑工程的设计地震分为三组，对Ⅱ类场地，第一、二、三组的设计特征周期分别取为 0.35s、0.40s、0.45s。

设计地震分组在《中国地震动反应谱特征周期区划图》的基础上作如下的调整，调整的原则参照 GB J11—89 规范关于近震和远震的划分原则。

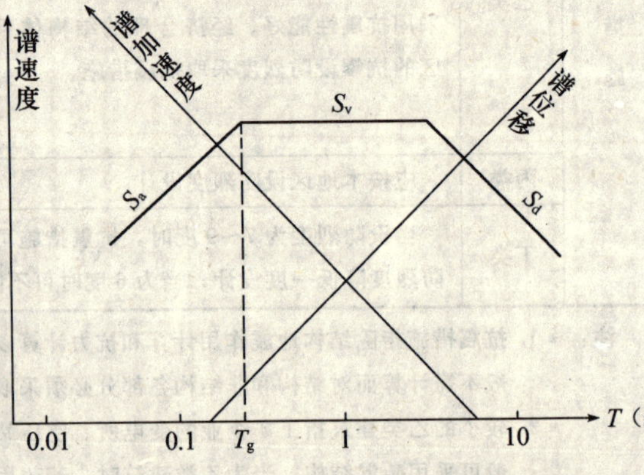

图 4-15　三联反应谱

(1) 区划图 B1 中 0.35s 和 0.40s 的区域作为设计地震第一组；

(2) 区划图 B1 中 0.45s 的区域，多数作为设计地震第二组；

(3) 凡符合下列情况的区域，多数作为设计地震第三组：

1) 区划图中峰值加速度减至 1/3 以下的影响区；

2) 位于区划图中 0.45s，且区划图中大于等于 0.40s 的峰值加速度减至 1/2 以下的影响区域。

GB 50011—2001 规范在附录 A 中规定了县级及县级以上城镇的中心地区（如城关地区）的抗震设防烈度、设计基本地震加速度和所属的设计地震分组。

三、建筑抗震概念设计

建筑抗震概念设计的基本内容

1. 建筑设计应重视建筑结构的规则性；
2. 合理的建筑结构体系选择；
3. 抗侧力结构和构件的延性设计。

这三大重要的抗震设计的基本要求，在 GBJ 11—89 规范中得到确认，而在《建筑抗震设计规范》(GB 50011—2001) 规范中得到进一步补充和加强。在 GB 50011—2001 第三章第 3.4 节（建筑设计和建筑结构的规则性）和第 3.5 节（结构体系）的规定中予以体现。

建筑结构的规则性

建筑结构的规则性对抗震能力的重要影响的认识始自若干现代建筑在强地震中的表现。其中最为典型的是 1972 年 12 月 23 日南美洲的马那瓜（Managua）地震。马那瓜有两幢高层建筑，相隔不远（当地的地震烈度估计为 8 度），一幢是 15 层的中央银行大厦；另一幢是美洲银行大厦。前一幢的建筑结构严重不规则，地震时破坏严重，地震后拆除，后幢建筑结构很规则，地震时只轻微损坏，地震后仅稍加修理便恢复使用。

（1）中央银行大厦（图 4-16）

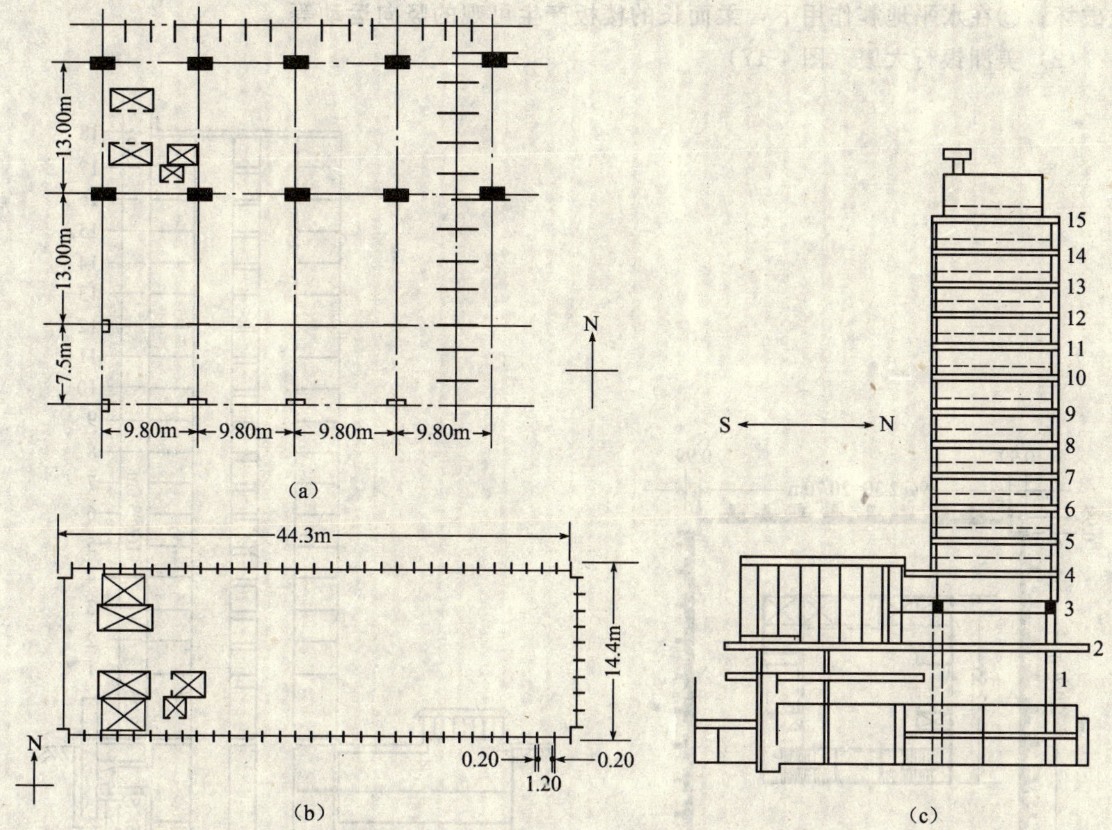

图 4-16　马那瓜中央银行大厦平、立面图

(a) 高层平面图；(b) 裙房平面图；(c) 立面图

1）平面不规则

如图 4-16 (a) 所示，四个楼梯间，偏置塔楼西端，再加上西端有填充墙，地震时产生极大的扭转偏心效应。

四层以上楼板仅 50mm 厚，偏置在 14m 长的小梁上，小梁的全高仅 450mm，这样一个楼面体系是十分柔弱的，抗侧力的刚度很差，在水平地震作用下产生很大的楼板水平变形和竖向变形。

2）竖向不规则

塔楼的上部（四层楼面以上），北、东、西三面布置了密集的小柱子，共 64 根，支承在四层楼板水平处的过渡大梁上，大梁又支承在其下面的 10 根 1m×1.55mm 的柱子上（柱子的间距达 9.4m）。形成上下两部分严重不均匀，不连续的结构系统，如图 4-16 (c)。

由于这样的不规则结构，该建筑在这次地震中遭受了以下的主要破坏：

第四层与第五层之间（竖向刚度和承载力突变），周围柱子严重开裂，柱钢筋压屈；

横向裂缝贯穿三层以上的所有楼板（有的宽达 10mm），直至电梯井的东侧；

塔楼的西立面、其他立面的窗下和电梯井处的空心砖填充墙及其他非结构构件均严重破坏或倒塌。

美国加州大学贝克莱分校对这幢建筑在地震后进行了计算分析，分析结果表明：①结构存在十分严重的扭转效应；②塔楼三层以上北面和南面的大多数柱子抗剪能力大大不足，率先破坏；③在水平地震作用下，柔而长的楼板产生可观的竖向运动等。

(2) 美洲银行大厦（图 4-17）

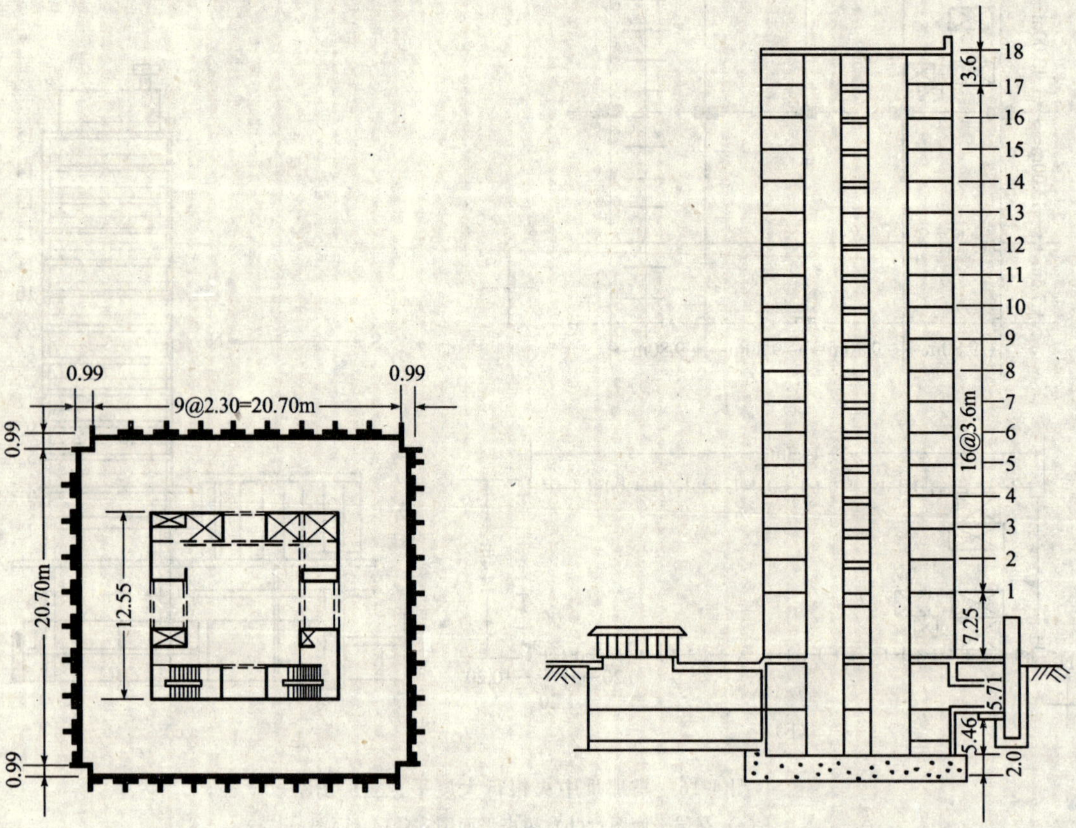

(a) (b)

图 4-17 马那瓜美洲银行平、立面图

(a) 平面图；(b) 立面图

结构系统是均匀对称的，基本的抗侧力系，包括四个 L 形的筒体，对称地由连梁连接起来，这些连梁在地震时遭到剪切破坏，是整个结构能观察到的主要破坏。

对整个建筑的分析表明：①对称的结构布置及相对刚强的联肢墙，有效限制了侧向位移，并防止了任何明显的扭转效应；②避免了长跨度楼板和砌体填充墙的非结构构件的损坏；③当连梁剪切破坏后，结构体系的位移虽有明显增加，但由于抗震墙提供了较大的侧向刚度，位移量得到控制。

马那瓜地震中两幢现代化钢筋混凝土高层建筑的抗震性差异表明建筑平面和竖向的规则性在抗震工程中的重要影响。

由于地震震害的经验教训，对建筑规则性的要求，从 20 世纪 80 年代以来，已普遍得到工程界的重视。美国的加州结构工程师协会的侧力规范（Recommended Lateral Force Requirements And Commentary）和统一建筑法规（UBC）在 20 世纪 80 年代末和 90 年代初就对建筑的平面和竖向的规则性提出了要求。最近的 IBC（International Building Code）还作了补充，其规定要求见表 4-23 和表 4-24。

表 4-23 结构平面不规则（IBC—2000）

	不规则形式与定义
1a	扭转不规则——非柔性横隔板 在结构一端垂直于轴线的楼层侧移大于结构两端楼层侧移平均值的 1.2 倍时，可认为存在扭转不规则，计算中包括附加扭转
1b	极度扭转不规则——非柔性横隔板 在结构一端垂直于轴线的楼层侧移大于结构两端楼层侧移平均值的 1.4 倍时，可认为极度扭转不规则，计算中包括附加扭转
2	凹角 结构在两个方向投影超出凹角边长度部分大于所考虑方向结构平面尺寸的 15%时，结构的平面及其抗侧力体系存在凹角不规则
3	横隔板不连续 横隔板在刚度上有突变或不连续部分，包括其切口或开口面积大于横隔板总面积的 50%，或从一层到下一层有效横隔板刚度改变超过 50%
4	平面外偏置 侧力传递路线不连续，如竖向构件偏置在平面外
5	非平行体系 竖向的侧力承载构件或抗侧力构件对于抗侧力体系的主正交轴不平行或不对称

表 4-24 结构竖向不规则（IBC—2000）

	不规则形式与定义
1a	刚度不规则——软层 该层的侧向刚度小于其上一楼层侧向刚度的 70%或小于其上 3 层楼层平均侧向刚度的 80%
1b	刚度不规则——极度软层 该层的侧向刚度小于其上一层侧向刚度的 60%或小于其上 3 层楼层平均侧向刚度的 70%
2	重量（质量）不规则 任何一层的有效质量为相邻层的有效质量 150%以上，可视为质量不规则，但屋顶下一层的质量大于屋顶层 150%时，不视为不规则
3	竖向几何不规则 任何一层抗侧力结构的水平尺寸为相邻层的 130%以上，则可视为竖向几何不规则，单层突出屋面的小房间不考虑在内
4	竖向抗侧力结构构件在平面内不连续 抗侧向荷载构件在平面内的偏置部分，其长度大于这些构件的长度
5	承载力不连载——弱层 该层的承载力小于其上一层承载力的 80%时，称为弱层。楼层承载力是指在所考虑方向承受楼层剪力的所有抗震构件的承载力之和

新的建筑抗震设计规范对建筑抗震设计的规则性给予很大重视，在第三章的建筑抗震设计基本要求中专列一节，新规范首先对建筑设计提出要求：首先从建筑设计应符合抗震概念设计的要求，不应采用严重不规则的设计方案；建筑及其抗侧力结构的平面布置宜规则、对称；建筑的立面和竖向剖面宜规则，结构的侧向刚度宜均匀变化，竖向抗侧力构件的截面尺寸和材料强度宜自下而上逐渐减小，避免抗侧力结构的侧向刚度和承载力突变。在这一条里，新规范参照了美国 UBC 规范结合我国实际工程中较常遇见的问题，对建筑结构的几类平面不规则和竖向不规则明确了定义范围。

新规范在条文说明里指出，实际上引起建筑结构不规则的因素还有很多，特别是复杂的建筑体型，很难一一用若干简化的定量指标来划分不规则的程度并规定限制范围，但是，有经验的、有抗震知识素养的建筑设计人员应该对所设计的建筑的抗震性能有所估计，要区分不规则，特别不规则和严重不规则等的不规则程度，避免采用抗震性能差的严重不规则的设计方案。

四、场地、地基和基础

地震对建筑物的破坏作用是通过场地、地基和基础传递给上部结构的，同时，场地与地基在地震时又支承着上部结构，因此具有双重作用。任何一个建筑物，都坐落和嵌固在建设场地的岩石地基上。研究工程在地震作用下的震害形态、破坏机理以及抗震设计等问题，都离不开对场地土和地基的研究，而研究场地和地基在地震作用下的反应及其对上部结构影响，正是场地抗震评价的重要任务。新的抗震设计规范中场地抗震评价，就是通过对地震地质、工程地质、地形地貌以及岩土工程环境等场地条件的分析，研究场地条件对基础和上部结构震害的影响，从而合理选择有利于建筑场地及地基或结构抗震的措施，避免和减轻地震对建筑物或工程设施的破坏。

1. 地震破坏作用

一次强烈地震后，有大量建筑物和构筑物等设施遭受破坏，其破坏形态多种多样，极其复杂，但是我们可以从破坏性质和工程对策的角度大体区分为两种类型，即场地和地基的破坏作用和场地的震动作用。

(1) 场地和地基的破坏作用

场地和地基的破坏作用一般是指造成建筑物和构筑物破坏的直接原因是由于场地和地基稳定性引起的，也就是说地震时首先是场地和地基破坏从而产生建筑物和构筑物破损并引起其他灾害。场地和地基破坏作用大致有地面破裂、滑坡和坍塌、地基失效等几种类型。这种场地和地基的破坏作用一般是通过场地选择和地基处理来减轻地震灾害的。

(2) 场地的震动作用

场地的震动作用是指由于强烈地面运动引起地面设施振动而产生的破坏作用。强烈地震引起的结构破坏和倒塌是造成大量生命财产损失的最普遍和最主要的原因。根据国内外破坏性地震的调查资料估计，至少 95%以上的人员伤亡和建筑物破坏是直接由于地面震动造成的。此外，强烈的地面震动也是其他地震破坏作用如地基失效、滑坡等的外部条件。所以，影响范围广大的强烈地震动是所有地震破坏作用中最重要的。减轻它所产生的地震灾害的主要途径是合理地进行抗震和减震设计和采取抗震和减震措施。为此需要确定工程场地的设计地震动参数。

为了有效减轻两种地震破坏作用，新的抗震设计规范与“89 规范”一样采取场地选择和地基处理来减轻场地破坏效应作用的震害，对于震动作用则通过场地分类来调整设计反应谱的途径加以区分。

2. 场地类别划分

为了考虑场地条件对设计反应谱的影响，通常的做法是将场地按某些指标和描述划分为若干类，以便采取合理的设计参数和有关的抗震构造措施。由此可见，场地分类的目的是确定不同场地上设计反应谱，其作用是在地震作用计算中定量考虑场地条件对设计参数的影响。从各国规范场地分类的总趋势看，分类的标准应当反映影响强地面运动特征的主要因素，但现有的强震资料还难以用更细的尺度与之对应，所以场地分类一般至多分为三类或四类，划分指标尤以土层软硬描述为最多，它虽然只是一种定性描述，由于其精度能与场地分类要求相适应，似乎已为各国规范认同。作为定量指标覆盖层厚度亦已被许多规范所接受，采用剪切波速作为土层描述软硬的指标近年来逐渐增多。我国近年来修订的规范，都采用了这类指标进行场地分类。此外，为避免场地分类所引入的设计反应谱跳跃式变化，我国构筑物抗震设计规范、公路工程抗震设计规范还采用了连续场地指数对应连续反应谱的处理方式。

基于上述背景和实用中提出的意见，考虑到规范的延续性和新研究成果、新的抗震设计规范修改了场地类别的划分依据和标准。场地类别的划分依据由“89 规范”中场地土类型和覆盖层厚度双指标修改为等效剪切波速和覆盖层厚度双指标。参见表 4-25。

表 4-25　建筑场地类别划分

等效剪切波速	场地类别			
	Ⅰ类	Ⅱ类	Ⅲ类	Ⅳ类
$\upsilon_s>500$	0m			
$500\geqslant\upsilon_{se}>250$	<5m	≥5m		
$500\geqslant\upsilon_{se}>140$	<3m	3～50m	>50m	
$\upsilon_{se}\leqslant140$	<3m	3～15m	15～80m	>80m

在运用新抗震规范的场地分类划分标准时，应注意以下修改：

(1) 在“89 规范”中，土层平均剪切波速是按厚度加权方法计算的，总厚度取为 15m。由于按厚度加权方法缺乏物理意义，也不能与土层共振周期建立等价的关系，因此在这次修订中采用了国际上通用的以下计算公式：

$$\upsilon_{se}=d_0/t \tag{4-36}$$

$$t=\sum_{i=1}^{n}(d_i/\upsilon_{si}) \tag{4-37}$$

式中 υ_{se}——土层等效剪切波速，m/s；

d_0——场地评定用的计算深度，取覆盖层厚度和 20m 两者的较小值，m；

t——剪切波在地表与计算深度之间传播的时间，s；

d_i——在计算深度范围内，第 i 土层的厚度，m；

n——计算深度范围内土层的分层数；

υ_{si}——计算深度范围内第 i 土层的剪切波速，m/s。

式 (4-36)、式 (4-37) 在“89 规范”编制中就已提出，后来考虑到我国工程界的习惯，采用了按厚度加权的算法。在有的文献中还曾比较过两种算法的差异。在多数情况下，按照式（4-36）、式（4-37）计算的土层等效剪切波速比按“89 规范”中平均剪切波速的公式计算结果偏小。考虑到实际需要和规范分类标准的延续性，在这次修订中将计算深度从 15m 提高到 20m。由于剪切波速随深度的变化在多数情况下具有增大的趋势，计算深度从 15m 增大到 20m 以后，按“89 规范”中平均剪切波速的公式和式（4-36）、式（4-37）计算的土层等效剪切波速就比较接近了。

（2）工程场地覆盖层厚度的确定方法修订为：

1）在一般情况下应按地面至剪切波速大于 500m/s 的坚硬土层或岩层顶面的距离确定。

2）当地面 5m 以下存在剪切波速大于相邻的上层土剪切波速的 2.5 倍的下卧土层，且下卧土层的剪切波速不小于 400m/s 时，可取地面至该下卧层顶面的距离和地面至剪切波速大于 500m/s 的坚硬土层或岩层顶面距离两者中的较小值。

3）场地土剪切波速大于存在 500m/s 的孤石和硬土透镜体应视同周围土层一样。

4）剪切波速大于 500m/s 的硬夹层（火山岩夹层）当做绝对刚体看待，从而可以从土层柱状中扣除。

（3）“89 规范”对土层剪切波速的测试数量无明确要求，本次修改增加了在大面积的初勘阶段，测量剪切波速的钻孔应为控制性钻孔的 1/5～1/3，且不少于 3 个。对于在详勘阶段，单幢建筑不少于 2 个，密集的建筑每幢不少于 1 个。

（4）对丁类建筑及层数不超过 10 层且高度不超过 30m 的丙类建筑，当无实测剪切波速时，可根据岩土名称和性状，按表 4-26 划分土的类型，再利用当地经验在表 4-26 的剪切波速范围内估计各土层剪切波速。

表 4-26　场地土类型

土的类型	岩土名称和状态	土层剪切波速（m/s）
坚硬土或岩石	稳定岩石，密实的碎石土	$\upsilon_s>500$
中硬土	中密、稍密的碎石土，密实、中密的砾、粗、中砂，$f_k>200$ 的黏性土和粉土，坚硬黄土	$500\geqslant\upsilon_s>500$
中软土	稍密的砾、粗、中砂，除松散外的细、粉砂，$f_k\leqslant200$ 的黏性土和粉土，$f_k\geqslant130$ 的填土，可塑黄土	$250\geqslant\upsilon_s>140$
软弱土	淤泥和淤泥质土，松散的砂，新近沉积的黏性土和粉土，$f_k<130$ 的填土，流塑黄土	$\upsilon_s\leqslant140$

注：f_k——地基土静承载力标准值，kPa。

（5）由于与场地类别有关的设计反应谱特征周期 T_g 愈大，中长周期结构的地震作用也将增大，设防投资一般来讲也相应增加。从提高设防投资效果的要求出发，场地分类和 T_g 值的划分和确定似乎愈细愈好。但就目前的资料基础是做不到的。即使是像现行规范这样的粗略分档在实际地震中也难保准确，α_{max} 和 T_g 比预期值差一倍都是不足为奇的。因此过细的分档和连续化划分只能满足人们心理上精度要求。因此，我们不主张这样做。但是经修改以后的场地分类标准和相应的 T_g 取值并不排斥连续化的运用，当有可靠的剪切波速、覆盖层厚度等数据且处于两类场地边界时，允许运用插入方法求得场地的特征周期。

总体上讲新规范的场地分类标准中对Ⅳ类场地的范围未做任何调整，Ⅲ类场地的范围有些扩大，Ⅰ类场地的范围略有缩小，Ⅱ类场地的范围有增有减，总的来讲变化不是很大。

五、水平地震作用计算

与 GBJ 11—89 规范相比，GB 50011—2001 规范在水平地震作用计算上的修改主要是：给出了长周期和不同阻尼比的设计的设计反应谱；增加了当结构在地震作用下的重力附加弯矩的 10%时，应计入重力二阶效应的影响等结构分析的一些规定，以及结构楼层最小水平地震剪力控制和规则结构偶然偏心等。

1. 抗震设计反应谱

地震反应谱是现阶段计算地震作用的基础，即通过反应谱把随时程变化的地震作用转化为最大的等效侧向力。地震反应谱是给定的地震加速度作用期间内，单质点体系弹性最大反应随质点自振周期变化的曲线。

按照反应谱理论，单质点体系所受到的最大地震作用 F 为：

$$F = m(\ddot{X}_g + \ddot{X})_{max} = mS_a \tag{4-38}$$

同时，作用于单质点系的最大剪力 V 为：

$$V = KX_{max} = KS_d \tag{4-39}$$

式中　S_a——加速度反应谱；

S_d——位移反应谱；

K——单质点体系的刚度；

m——单质点体系的质量。

由于加速度反应谱与位移反应谱之间的关系是：

$$S_a = \omega^2 S_d = \frac{K}{m} S_d \tag{4-40}$$

将式（4-40）代入式（4-38），可得到：

$$F = mS_a = KS_d \tag{4-41}$$

这就意味着，单质点体系由反应谱算得的地震作用 F 等于其底部最大剪力 V。

上述关系对于多质点体系只是近似的。然而，这给结构抗震分析带来了极大的简化，结构所受的水平地震作用可以转换为等效的侧向力，相应地，结构在地震作用下的作用效应分析也就转换为等效侧向力下的作用效应分析。因此，只要解决了等效侧向力的计算，则地震作用效应的分析可以采用静力学的方法来解决。

取同样场地条件下的许多加速度记录，并取阻尼比 $\zeta=0.05$，得到相应于该阻尼比的加速度反应谱，除以每一条加速度记录的最大加速度，进行统计分析取综合平均并结合经验判断给予平滑化得到“标准反应谱”，将标准反应谱乘以地震系数（相当于 7 度、8 度、9 度烈度峰值加速度与重力加速度的比值），即为规范采用的地震影响系数，或者称为抗震设计反应谱。

抗震设计中的反应谱，它包括着地震动强度（地面运动峰值加速度）和频谱特性的影响。前者影响谱坐标的绝对值，后者影响谱形状。强震地面运动的谱特性决定于许多因素，如震源机制，传播途径特征，地震波的反射、散射和聚焦以及局部地质和土质条件等。

宏观震害表明，大震级远震中距的高柔建筑的震害要比发生在该地区的中小地震近震中距重得多。这也说明了随着震源机制、震级大小、震中距远近的变化，在同样场地条件的反应谱形状有较大的差别。GBJ 11—89 建筑抗震设计规范中，适当考虑了震级、震中距对谱形状的影响，区分为抗震设计近震和抗震设计远震二组地震影响系数曲线。我国新的地震动参数区划图，已较好地考虑了地震级大小、震中距和场地条件的影响，即同一类场地的反应谱特征周期又可分为三个区。GB 50011—2001 建筑抗震设计规范称为三个组，分别为第一组、第二组和第三组。

2.《建筑抗震设计规范》(GB 50011—2001) 对抗震设计反应谱有如下修改：

(1) 设计反应谱周期延至 6s。根据地震学研究和强震观测资料统计分析，在周期 6s 范围内，有可能给出比较可靠的数据，也基本满足了国内绝大多数高层建筑和长周期结构的抗震设计需要。对于周期大于 6s 的结构，抗震设计反应谱应进行专门研究。

(2) 从理论上看，设计反应谱存在两个下降段，即：速度控制段和位移控制段，在加速度反应谱中，前者衰减指数为 1，后者衰减指数为 2。设计反应谱是用来预估建筑结构在其设计基准期内可能经受的地震作用，通常根据大量实际地震记录的反应谱进行统计并把结合工程经验判断加以规定。为保持规范的延续性，在 $T \leqslant 5T_g$ 范围内与“89 规范”相同，把“89 规范”的下平台改为倾斜段，使 $T > 5T_g$ 后的反应谱值有所下降，不同场地类别的最小值不同，较符合实际反应谱的统计规律。在 $T = 6T_g$ 附近，新的反应谱值比 89 规范约增加 15%，其余范围取值的变动更小一些。图 4-18 所示为建筑结构地震影响系数曲线。

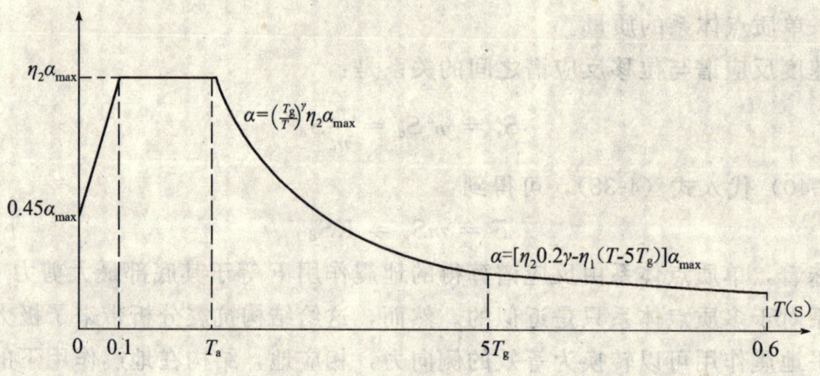

图 4-18 地震影响系数曲线

α——地震影响系数；α_{max}——地震影响系数最大值；γ——衰减指数；

η_1——直线下降段的下降斜率调整系数；T——结构自振周期；

η_2——阻尼调整系数；T_g——特征周期

(3) 为了与我国地震动参数区划图接轨，根据地震分区和不同场地类别确定特征周期 T_g，即特征周期不仅与场地类别有关，而且还与地震分区有关，同时反映了震级大小、震中距和场地条件的影响。同理罕遇地震作用时，特征周期 T_g 值也适当延长。根据场地类别的特征周期分组按表 4-27 采用，计算 8 度、9 度罕遇地震时，特征周期宜增加 0.05s。

表 4-27 地震特征周期分组的特征周期值 (s)

场地类别	Ⅰ	Ⅱ	Ⅲ	Ⅳ
第一组	0.25	0.35	0.45	0.65
第二组	0.30	0.40	0.55	0.75
第三组	0.35	0.45	0.65	0.90

(4) 计算地震作用标准值时，阻尼比为 0.05 的水平地震影响系数最大值应按表 4-28 采用。

表 4-28 水平地震影响系数最大值（阻尼比 0.05）

地震影响	烈度			
	6	7	8	9
多遇地震	0.04	0.08 (0.12)	0.16 (0.24)	0.32
罕遇地震	——	0.50 (0.72)	0.90 (1.20)	1.40

注：括号数字分别对应于设计基本加速度 0.15g 和 0.30g 地区的地震作用影响系数。

(5) 理论分析和实际地震记录计算地震影响系数的统计结果表明，不同阻尼比的地震影响系数是有差别的，随着阻尼比的减小，地震影响系数增大，而其增大的幅度则随周期的增大而减小。新的抗震设计规范规定，当建筑结构的阻尼比不等于 0.05 时其水平地震影响系数曲线仍按图 4-18 确定，但形状参数应进行下列调整：

1) 曲线下降段的衰减指数按下式确定：

$$\gamma = 0.9 + \frac{0.05 - \zeta}{0.5 + 5\zeta} \tag{4-42a}$$

式中 γ——下降段的衰减指数；

ζ——阻尼比。

2) 直线下降段的下降斜率调整系数应按下式确定：

$$\eta_1 = 0.02 + (0.05 - \zeta)/8 \tag{4-42b}$$

式中 η_1——直线下降段的下降斜率调整系数，小于 0 时取 0。

3) 阻尼调整系数应按下式确定：

$$\eta_2 = 1 + \frac{0.05 - \zeta}{0.06 + 1.7\zeta} \tag{4-42c}$$

式中 η_2——阻尼调整系数，当小于 0.55 时，应取 0.55。

3. 结构自振周期的计算

应用抗震设计反应谱计算地震作用下的结构反应，除砌体结构、底部框架抗震墙砖房和内框架房屋采用底部剪力法不需要计算其自振周期外，其余均要计算结构的自振周期。因此，结构自振周期的计算是分析结构水平地震作用反应的基本条件之一。

建筑结构自振周期的分析方法大体有以下三种：(1) 矩阵位移法求特征问题，由计算机程序完成；(2) 用能量法等近似的公式；(3) 实测基础上加以统计分析得到经验公式。前两种方法的计算结果与所取的结构计算简图有关，往往要乘以周期的经验修正系数；后一种方法则受到实测条件的限制，比较粗略。

4. 基本自振周期的近似计算法

基本自振周期即第一自振周期，有多种近似方法来计算。

(1) 等效单质点方法

对大部分质量集中于某一高度的建筑结构，如等高单层厂房、水塔等，其自振周期 T_1 可近似按单质点计算，取：

$$T_1 = 2\pi\sqrt{m/K} \tag{4-43}$$

式中 m——集中质量，通常包括支承结构的折算质量，单层厂房可将等截面柱和围护墙的 1/4 集中到截面处，阶形柱可取 1/5 集中到截面处，一般水塔也可将支柱和支承结构的 1/4 集中到水箱（水柜）处；

K——支承结构的侧移刚度。

（2）能量法

对多层结构，只要容易计算出水平力作用下各集中质点处的侧移，则可用能量法计算结构的基本自振周期 T_1。

$$T_1 = 2\psi_T \sqrt{\sum_{i=1}^{n} G_i u_i^2 \Big/ \sum_{i=1}^{n} G_i u_i} \tag{4-44}$$

$$u_i = u_i - 1 + \sum_{i=1}^{n} G_j / K_i \tag{4-45}$$

式中 G_i——集中于第 i 层的集中重力荷载代表值，包括构件、配件自重和地震时各有关重力荷载的组合值，kN；

u_i——各层作用有相当于集中重力荷载代表值的水平力时第 i 层的侧移，m；

K_i——第 i 层的侧移刚度，视结构的变形特点，可考虑剪切变形、弯曲变形或同时考虑剪切和弯曲变形，kN/m；

ψ_T——周期折减系数，根据刚度计算中非结构构件影响的实际情况和所考虑的方法适当选取。

（3）顶点位移法

对于顶点位移容易估算的建筑结构，例如可视为悬臂杆的结构，可直接由顶点移 u_n（单位为 m）来估计基本自振周期：

剪切变形为主：

$$T_1 = 1.8\psi_T \sqrt{u_n} \tag{4-46}$$

$$u_n = \mu q H^2 / 2GA_{eq} \tag{4-47}$$

弯曲变形为主：

$$T_1 = 1.7\psi_T \sqrt{u_n} \tag{4-48}$$

$$u_n = qH^4 / 8EI_{eq} \tag{4-49}$$

式中 H——总高度；

q——单位高度上的重力荷载代表值；

EI_{eq}——折算的等截面杆的抗弯刚度；

GA_{eq}——折算的等截面杆的抗剪刚度；

μ——等截面杆的截面形状系数。

为弯剪型结构需把弯曲变形的侧移切变形的侧移相加。沿高度有变化时，折算的等截面杆的抗弯刚度和抗剪刚度可按高度加权平均。因此，当平立面沿高度变化甚大时，此法并不适用。

（4）底部剪力法

底部剪力法是常用的简化方法。此法的基本思路是：结构底部的剪力等于其总水平地震作用，由反应谱得到，而地震作用沿高度的分布则根据近似的结构侧移假定得到。

底部剪力法适用于一般的多层砖房等砌体结构、内框架和底部框架抗震墙砖房、单层空旷房屋、单层工业厂房及多层框架结构等低于 40m 以剪切变形为主的规则房屋。这里，“以剪切变形为主”表示，在结构侧移曲线中，楼盖出平面转动产生的侧移所占的比例较小。

(5) 振型分解反应谱法

当不考虑扭转影响的结构时，可按下列规定计算地震作用和地震效应。

结构 j 振型 i 质点的水平地震作用的标准值应按下式确定：

$$F_{ji}=\alpha_j\gamma_jX_{ji}G_i(i=1,2,\cdots,n;j=1,2,\cdots,m) \tag{4-50}$$

式中　F_{ji}——j 振型 i 质点的水平地震作用标准值；

α_j——相应于 j 振型自振周期的地震影响系数（按图 4-18 和表 4-28 采用）；

X_{ji}——j 振型 i 质点的水平相对位移；

γ_j——j 振型的参与系数（见下式（4-51））。

$$\gamma_j=\sum_{i=1}^{n}X_iG_i\Big/\sum_{i=1}^{n}X_{ji}^2G_i \tag{4-51}$$

水平地震作用效应按下式确定：

$$S=\sqrt{\sum S_j^2}$$

式中　S——水平地震作用效应；

S_j——j 振型水平地震作用产生的作用效应，可只取前 2～3 个振型，当基本自振周期大于 1.5s 或建筑物高宽比大于 5 时，振型个数可适当增加。

(6) 时程分析法

又称为直接动力法，是从强度和变形两方面通过弹塑性反应分析判断结构抗震性能、识别通常设计中可能存在的薄弱部位及是否会倒塌的有效方法。《建筑抗震设计规范》(GB 50011—2001)中规定对于特别不规则的建筑、特殊要求建筑以及 7 度、8 度的Ⅰ、Ⅱ类场地高度超过 100m 和 8 度的Ⅲ、Ⅳ类场地高度超过 80m 及 9 度高度超过 60m 的超高层建筑，要采用时程分析法进行补充计算。采用时程分析法的要求是：输入波形要符合场地条件和设防烈度的要求；算出的底部剪力，当小于底部剪力法或振型分解法计算法计算结果的 80%时，要调整到不小于 80%。

时程分析法又称为直接动力法，将地震记录数字化（即每一时间对应的加速度值），根据结构的参数，由初始状态开始一步一步积分求解运动方程，从而了解结构整个地震加速度记录时间过程的地震反应（速度、位移和加速度）。

地震作用下 n 个自由度结构的震动微分方程为：

$$[M]\{\ddot{u}\}+[c]\{\bar{u}\}+[k]\{u\}=-[M]\{\ddot{u}_g\} \tag{4-52}$$

式中　$[M]$——结构的质量矩阵；

$[c]$——结构的阻尼矩阵；

$[k]$——结构的刚度矩阵；

$\{\ddot{u}\}$ $\{\bar{u}\}$ $\{u\}$——分别为结构的加速度、速度和位移向量；

$\{\ddot{u}_g\}$——输入的地震波加速度向量。

求解式（4-52）方程的逐步积分法有线性加速度法、威尔逊 θ 法和纽马克 β 法等。当结构在地震作用下处于弹性状态时，构件（或楼层）的刚度不变，则式（4-52）中的刚度矩阵不改变；当结构在强烈地震作用下进入弹塑性阶段时，构件（或楼层）的刚度要按照恢复力特征曲线上的位置取值，在振动过程中不断变化。因此，时程分析法需要运用编制的计算机程序求解。

新的建筑抗震设计规范规定，对于特别不规则的建筑、甲类建筑和表 4-29 所列高度范围的高层建筑，应采用时程分析法进行多遇地震下的补充计算，可取多条时程曲线计算结果的平均值与振型分解反应谱法计算结果的较大值。

表 4-29　采用时程分析的房屋高度范围

烈度、场地类别	房屋高度范围（m）
8 度Ⅰ、Ⅱ类场地和 7 度	>100
8 度Ⅲ、Ⅳ类场地	>80
9 度	>60

采用时程分析法时，应按建筑场地类别和设计地震分组选用不少于 2 条的实际强震记录和 1 条人工模拟的加速度时程曲线，其平均地震影响系数曲线应与振型分解反应谱法所采用的地震影响系数曲线在统计意义上相符，其加速度时程的最大值可按表 4-30 采用。弹性时程分析时，每条时程曲线计算所得结构底部剪力不应小于振型分解反应谱法计算结果的 65%，多条时程曲线计算所得结构底部剪力的平均值不应小于振型分解反应谱法计算结果的 80%。

表 4-30　时程分析所用地震加速度时程曲线的最大值　(cm/s^2)

地震影响	6 度	7 度	8 度	9 度
多遇地震	18	35 (55)	70 (110)	140
罕遇地震	—	220 (310)	400 (510)	620

注：括号内数值分别用于设计基本地震加速度为 0.15g 和 0.30g 的地区。

5. 自振周期的经验公式

（1）脉动实测统计公式

自振周期的经验公式根据实测统计，在脉动或激振下，忽略了填充墙布置、质量分布差异等，在初步设计时，可按下列公式估算：

1）高度低于 25m 且有较多的填充墙框架办公楼、旅馆的基本周期：

$$T_1 = 0.22 + 0.35H/\sqrt[3]{B} \tag{4-53}$$

2）高度低于 50m 的钢筋混凝土框架-抗震墙结构的基本周期：

$$T_1 = 0.33 + 0.00069H^2/\sqrt[3]{B} \tag{4-54}$$

3）高度低于 50m 的规则钢筋混凝土抗震墙结构的基本周期：

$$T_1 = 0.04 + 0.038H/\sqrt[3]{B} \tag{4-55}$$

4）高度低于 35m 的化工煤炭工业系统钢筋混凝土框架厂房的基本周期：

$$T_1 = 0.29 + 0.0015H^{2.5}/\sqrt[3]{B} \tag{4-56}$$

式（4-53）～式（4-56）中，H 为房屋的总高度，当房屋为不等高时，取平均高度，B 为所考虑方向房屋总宽度。这些公式均比脉动实测平均值增大 1.2～1.5 倍，以反映地震时与脉动测量的差异。

（2）近似的估算公式

在基于脉动实测的基础上，再忽略房屋宽度和层高的影响等，可给出下列更粗略的估算公式：

1）钢筋混凝土框架结构，$T_1=(0.08\sim0.10)n$；

2）钢筋混凝土框架-抗震墙或钢筋混凝土框架-筒体结构，$T_1=(0.06\sim0.08)n$；

3）钢筋混凝土抗震墙结构或筒中筒结构，$T_1=(0.04\sim0.05)n$；

4）钢-钢筋混凝土混合结构，$T_1=(0.06\sim0.08)n$；

5）高层钢结构，$T_1=(0.08\sim0.12)n$，n为结构总层数。

(3) 美国的经验公式

美国海岸及大地测量局根据400多幢房屋中进行大量的实测统计得到一般房屋的自振周期为：

$$T=0.108\frac{H}{\sqrt{B}}\quad\text{（从平均曲线得到的公式）}$$

$$T=0.09\frac{H}{\sqrt{B}}\quad\text{（从安全考虑得到的公式）}$$

式中　H——建筑高度；

B——建筑宽度。

对无墙框架：

$$T=0.1n$$

式中　n——地面以上的层数。

以上公式已列入美国洛杉矶市抗震设计规范。

对于具有砖填充墙的钢筋混凝土房屋：

$$T=0.05\frac{H}{\sqrt{B}}$$

(4) 日本的经验公式

有抗震壁的房屋，根据壁率可采用下列公式：

当壁率不大于7cm/m^2时，$T=0.13\dfrac{H}{\sqrt{B}}$

当壁率为$7\sim12\text{cm/m}^2$时，$T=0.091\dfrac{H}{\sqrt{B}}$

当壁率大于12cm/m^2时，$T=0.07\dfrac{H}{\sqrt{B}}$

一般壁率以$4\sim7\text{cm/m}^2$者较多。

在微幅振动下，基本周期经验公式为

$$T=(0.06\sim0.10)n$$

式中　n——层数（包括地下室）。

(5) 前苏联的经验公式

对有填充墙的钢筋混凝土框架房屋：

$$T=0.03\frac{H}{\sqrt{B_g}}$$

框架—剪力墙联结体系自振周期近似公式

$$T=\alpha_i H^2\sqrt{\frac{W}{gE_wJ_w}}$$

式中　W——每层的平均重量；

E_wJ_w——剪力墙的总刚度；

α_i——系数，查图 4-19。

刚度沿房屋高度均匀分布的钢筋混凝土板材骨架式房屋，当具有圈梁隔断、柔性吊挂的墙板、墙板不与骨架共同承载的房屋，其自振周期为：

$$T=[0.021H+0.0104(L-2B)]K$$

墙板局部嵌入楼层、参与骨架承载的房屋：

$$T=[0.014H+0.0104(L-2B)]K$$

式中　K——系数，岩性土取 1，半岩性土取 1.05，黏性土取 1.1～1.15。

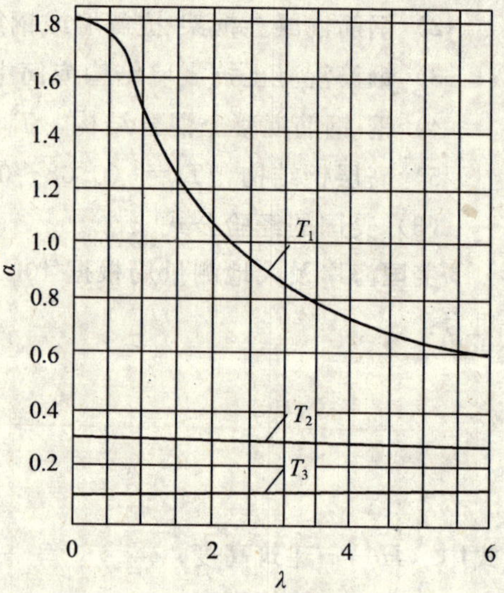

图 4-19　α 系数图

(6) 罗马尼亚的经验公式

刚性结构，中间有柱或无柱的承重墙建筑，现浇或预制混凝土或钢筋混凝土竖向墙板结构。

对矩形房屋：

$$T_{横向}=0.045n$$
$$T_{纵向}=0.04n$$

式中　n——层数（包括地下室）。

对塔式房屋：

$$T=0.065\frac{H}{\sqrt{B}}$$

半柔性结构，有柔性竖向墙板的多层框架（墙板高宽比>5），有填充墙的多层框架，计算时考虑填充墙和框架的共同作用。

对矩形房屋：

$$T_{横向}=0.55n$$
$$T_{纵向}=0.045n$$

对塔式房屋：

$$T=0.075\frac{H}{\sqrt{B}}$$

(7) 其他各国的经验公式

1) 保加利亚的经验公式

无支撑的空框架 15 层以内建筑物

$$T=0.19n$$

刚性体系，有单独支撑的建筑物：

$$T=0.09\frac{H}{\sqrt{B}}$$

式中　B——两道抗震缝间的宽度。

2）西班牙的经验公式

预制混凝土墙板建筑，矩形或近似矩形，层高很不一致的建筑均可用下式：

$$T=0.06\frac{H}{\sqrt{B}}\sqrt{\frac{H}{2B+h}}$$

钢筋混凝土结构：

$$T=0.09\frac{H}{\sqrt{B}}$$

钢结构：

$$T=0.10\frac{H}{\sqrt{B}}$$

式中　B——沿地震力作用方向上的建筑物宽度。

3）秘鲁的经验公式

纯框架结构：

$$T=0.08n$$

框架和筒壁结构（不考虑内外墙）：

$$T=0.09\frac{H}{\sqrt{B}}$$

框架和较少剪力墙，门窗洞较大，填充墙较少时：

$$T=0.07\frac{H}{\sqrt{B}}$$

剪力墙较多，填充墙亦较多，窗洞较少时：

$$T=0.05\frac{H}{\sqrt{B}}$$

式中　B——建筑物的水平宽度；

　　　H——建筑物的层高。

六、自振周期的实测与分析

无论是采用刚度法、柔度法或采用各种近似计算方法，它们的精确程度都是相对的。在工程中也常常通过实测得到某一类型结构物的自振周期，以便归纳出计算同类型结构自振周期的结构自振周期的经验公式，设计时可直接计算出结果，简化计算。为此，近几年来，我国对新建的高层建筑进行了自振特性的实测，其实测成果见表 4-31。

表 4-31　高层建筑实测周期　（s）

序　号	建筑物名称	总高度（m）	层数		结构特征	实测自振周期	
			地上	地下		横向	纵向
1	上海大厦	79.8	20		现浇框架	1.15	0.85
2	上海衡山饭店	62.1	17	1	现浇框架	0.72	0.60
3	上海和平饭店	76.7	14		现浇框架	0.75	0.55
4	上海曹溪路 3 号楼	45.9	16		现浇剪力墙	0.80	0.75
5	北京民航总局办公楼	60.8	14		装配整体式框架	1.10	0.89
6	北京饭店	80.4	20	3	现浇框架-剪力墙	0.90	0.90

续表

序号	建筑物名称	总高度(m)	层数		结构特征	实测自振周期	
			地上	地下		横向	纵向
7	北京16号外交公寓	59.4	16		装配整体式框架-剪力墙	0.95	0.83
8	北京军事博物馆	69.3			现浇框架L形剪力墙	0.58	
9	北京民族文化宫	63.2	13	2	现浇框架L形剪力墙	0.73	
10	北京外交公寓16号楼	60.00	16	1	大模板现浇内墙，外墙预制	0.85	0.68
11	广州宾馆	86.51	27		现浇剪力墙	0.97	0.74
12	广州白云宾馆	112.45	33	1	现浇剪力墙	1.47	0.86
13	北京西单大楼	43.9	10		现浇框架，多孔砖填充墙	0.51	
14	北京贸易促进委员办公楼	34.00	10		现浇框架砖填充	0.50	
15	清华大学主楼	44.4	10		现浇框架砖填充	0.66	
16	北京民族饭店	43.5	11		装配框架、剪力墙	0.52	
17	上海某饭店	48.2	11		现浇剪力墙六道	0.65	
18	天津友谊宾馆	47.3	11		现浇框架剪力墙	0.50	0.50
19	北京前三门201楼	34.8	12		外墙预制大模板现浇内墙	0.47	0.29
20	北京前三门602楼	29.00	10		外墙预制大模板现浇内墙	0.40	0.30
21	北京前三门603楼	40.6	14		外墙预制大模板现浇内墙	0.50	0.38
22	北京前三门202楼	34.8	12		外墙预制大模板现浇内墙	0.50	0.26
23	北京民航总局住宅	35.4	12		滑模现浇内外墙	0.59	0.38
24	北京广播事业局住宅	35.5	12		滑模现浇内外墙	0.57	0.35
25	北京外交公寓15号楼	47.00	14		外墙预制大模板现浇内墙	0.73	0.57
26	上海曹溪路4号楼	37.4	13		滑模现浇内外墙	0.70	0.62
27	上海曹溪路5号楼	37.4	13		滑模现浇内外墙	0.72	
28	上海陆家宅住宅	36.4	13		外墙预制大模板现浇内墙	0.66	0.45
29	北京牛街住宅	36.6	12		滑模现浇	0.48	0.33
30	北京天坛住宅楼	33.00	11		全预制装配	0.53	0.51

根据实测周期来确定建筑物的振动周期，也有一定的局限性和误差。由于不同类型结构的周期不同，计算时必须选取同类型结构，实测的周期数据才有参考价值。另外，由于实测周期大部分是采用脉动法，而脉动法实测是反映结构在很微小变形下的动力特性，这时结构处于弹性状态，结构刚度大，因而测得的周期都偏小。当采用激振法实测时，随着激振力的加大，同一结构的周期会略有增加。在实际地震作用下，随着地震烈度的不同，房屋有不同程度的破坏，所测得的周期将更长。这是由于作用力加大，使材料出现塑性变形，各连接点变形也加大，非结构性构件如填充墙等出现裂缝或破坏所致。当烈度较大时，甚至结构本身也会进入屈服阶段，这会使周期更长。总之，确定结构自振周期的方法，可在理论计算的基

础上考虑一个缩短周期的系数，也可在实测的基础上乘以一个增长系数，建立经验公式。

七、计算自振周期的实例分析

以北京新建图书馆为例，抗震验算采用手算、电算方法，对结构形式——剪力墙按联肢墙、壁式框架进行分析对比。图书馆书库地下 3 层，地上 19 层，总高度为 64m，柱网 6m×6m，标准层结构平面为 42m×54m（见图 4-20），荷载为 6kN/m²，按 8 度抗震设防，结构体系采用现浇剪力墙，其计算自振周期的对比分析见表 4-32。

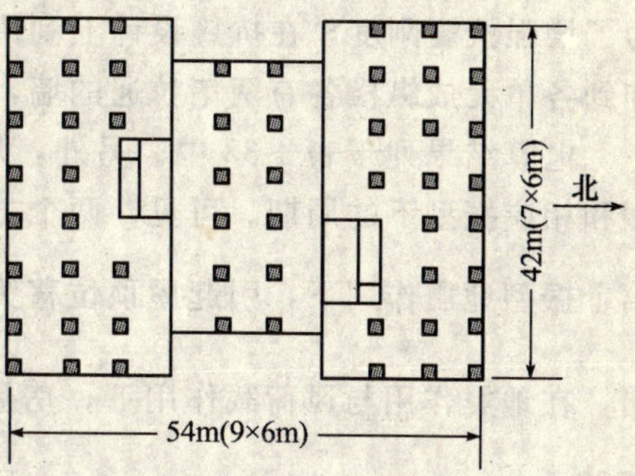

图 4-20　北京图书馆结构平面图

表 4-32　北京图书馆南北向地震计算比较

序　号	计算方法	计算周期（s）			顶点位移	基底剪力
		T_1	T_2	T_3	（cm）	（kN）
1	手算（分 6 个质点）	0.73	—	—	3.01	32080
2	电算（按 19 层联肢墙）	0.718	0.197	0.087	2.25	41120
3	电算（按 20 层联肢墙）	0.749	0.212	0.111	2.81	39840
4	电算（按 20 层壁式框架）	0.500	0.191	0.122	1.74	41510

从表 4-32 中计算结果可以看出，手算方法由于未考虑高振型的影响，因而基底剪力偏小约 20%，在电算分析中算得的基底剪力基本相同，顶点位移则比按壁式框架计算的偏小。在壁式框架中，联系梁按弹性计算，刚度偏大，周期短，顶点位移偏小，实际上连系梁会进入塑性阶段，有的不能发挥作用，刚度降低很多。设计时剪力墙仅到 19 层，第 20 层的结构是没有支撑的框架，计算结果两者相差很小，即 20 层框架可简化不计算。

上海 20 层高层住宅，按 7 度Ⅲ类场地土考虑抗震设计，以楼梯电梯间形成内核心为 9.6m×9.5m，核心四边有矩形单元 9.9m×9.9m 四个单元伸出，形成风车形（见图 4-21）。

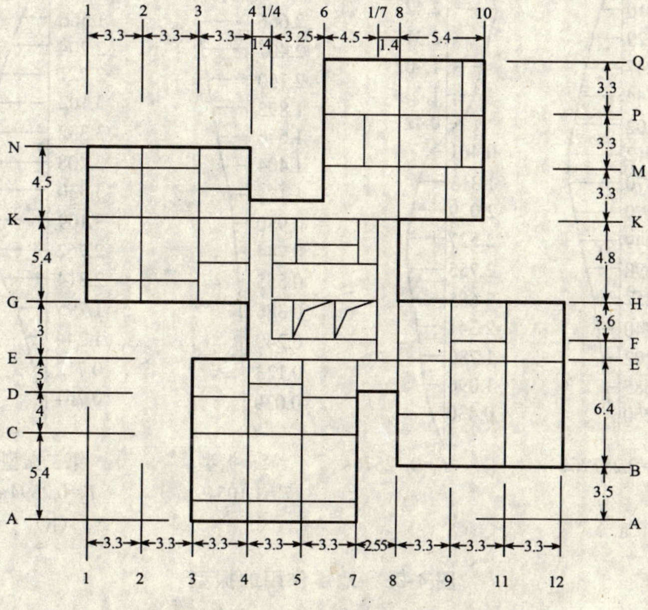

图 4-21　风车形 20 层高层住宅平面

为了增强抗震刚度，在抗震设计上利用内核心的剪力墙形成内筒，把内核心的四周剪力墙延伸到各单元成纵横各有两堵拉通的墙，组成内筒和四个外筒，增加整体刚度。

电算结果列于表 4-33 中。另外，从图 4-21 可以看出，地震力在 x、y 方向各有 3 个振型和相应振型下的周期。可见，两个方向各有 3 个主振型曲线，完全符合地震力学模型。在第Ⅰ振型地震作用下，引起屋顶位移为 $\frac{7.54}{5600}=\frac{1}{742}<\frac{1}{500}$，符合规范要求。由表 4-33 比较得出，在地震作用与风荷载作用下，房屋基底剪力：在 x 方向为 $\frac{5425.4}{1987}=2.73$；在 y 方向为 $\frac{5779}{1950}=2.96$。可见地震作用大于风荷载产生的剪力。

表 4-33　风荷载与地震作用计算对比表

荷载性质	方向	基底剪力 Q_0（kN）			顶层位移（cm）			周期 T（s）		
		Ⅰ	Ⅱ	Ⅲ	Ⅰ	Ⅱ	Ⅲ	T_1	T_2	T_3
风荷载	x	1987	—	—	0.826	—	—	—	—	—
	y	1950	—	—	0.813	—	—	—	—	—
地震作用	x	5425.4	2558.4	755.1	7.98	0.42	0.061	1.107	0.258	0.126
	y	5779	2547.1	536.1	7.54	0.425	0.109	1.106	0.259	0.126

地震作用的振型见图 4-22。

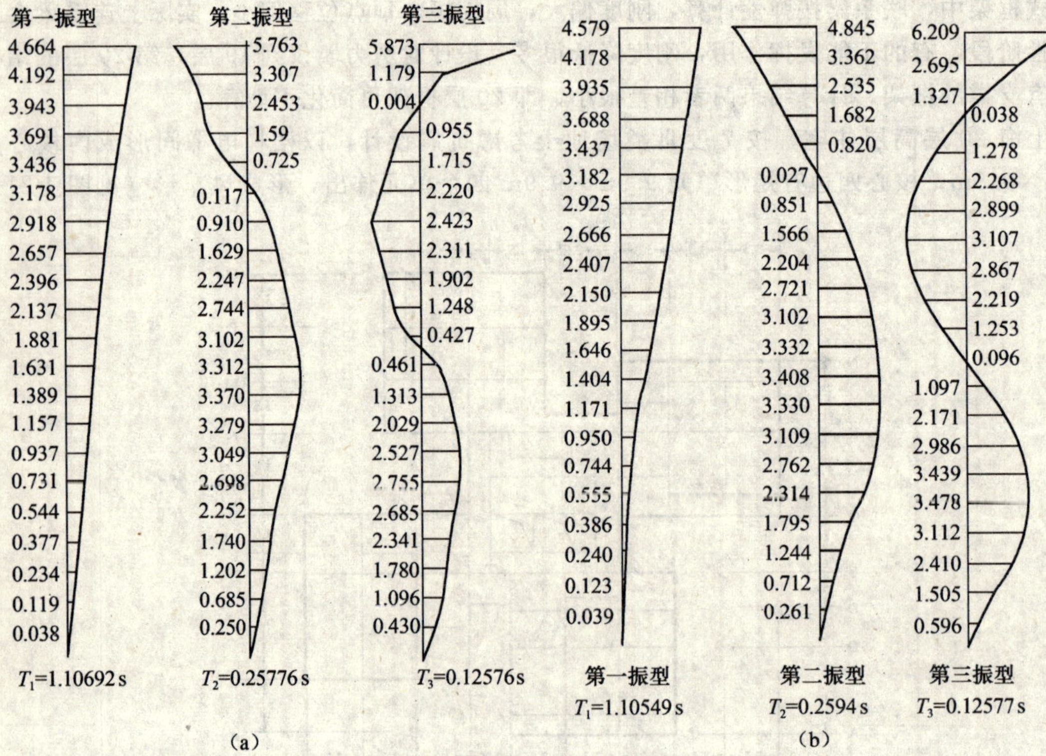

图 4-22　地震作用的振型

(a) x 方向；(b) y 方向

八、竖向地震作用的简化计算方法

(1) 竖向地震地面运动的衰减较快，过去的抗震设计往往不够重视，近年来，高烈度区的宏观震害和强震记录，说明竖向地震运动及其对建筑结构的影响，有时是相当可观的，抗震设计中要给以足够的重视。

唐山地震中，砖烟囱上部折断后横搁在断头的烟囱顶部，大型屋面板被单层工业厂房的上柱所穿破等震害，清楚地显示了地震区竖向地震作用的影响。根据强震观测资料的统计分析，在震中距小于 200km 的范围内，同一地震的竖向地面加速度峰值与水平地面加速度峰值之比 α_v/α_h，平均值约 1/2；考虑到现有观测的震中距尚不很近，以增加一个均方差来提高保证率，则比值 α_v/α_h 接近 2/3。近年来，国内外都获得 α_v 接近或超过 α_h 的强震记录，最大的 α_v/α_h 达到 1.6。于是，结构竖向地震反应的研究日益受到重视。

1) 目前，国外抗震设计规定中要求考虑竖向地震作用的结构或构件有：①长悬臂结构；②大跨度结构；③高耸结构和较高的高层建筑；④以轴向力为主的结构构件（柱或悬挂结构）；⑤砌体结构；⑥突出于建筑顶部的小构件。其中，前三类居多。我国的抗震设计规范，也只规定前三类结构要考虑向上或向下竖向地震作用的不利影响。

2) 计算结构竖向地震作用的方法，多数国家采用静力法或水平地震作用折减法，只有少数国家采用竖向地震反应谱方法。这三种方法的特点如下：

①静力法最简单。不必计算结构或构件的竖向自振周期和振型，直接取结构或构件重力的某个百分数作为其竖向地震作用。

②水平地震作用折减法不甚合理。此法认为结构的竖向地震反应与水平地震反应直接相关，取结构或构件水平地震作用的某个百分比。由于竖向地面运动与水平地面运动的频率成分不同，结构竖向振动特性也不同，所以竖向地震作用与水平地震作用并无直接关系。

③竖向地震作用反应谱法较合理。此法与水平地震反应谱相同，先计算结构的竖向自振周期和振型，再由竖向振型周期从竖向反应谱求得等效竖向力。求出各振型的竖向地震作用和内力后，用平方和开方法进行振型的内力组合。此法较合理，然而要计算结构的竖向自振特性，并需要建立相应的竖向地震反应谱。

此外，结构的竖向地震反应谱也可采用时程分析法求解，但计算量较大。在我国根据竖向地震反应谱和时程分析法的结果进行统计分析，获得了高耸结构和大跨度结构竖向地震作用的实用简化分析法——拟静力法。此法被建筑抗震设计规范所采用。

(2) 高耸结构和高层建筑竖向地震作用的简化

有的文献中通过将一些台站同时记录到水平与竖向地震波按场地条件分类，求出各类场地竖向和水平平均反应谱，发现竖向和水平地震反应谱形状相差不大，故可以近似采用水平地震反应谱曲线来计算竖向地震作用。考虑到竖向地震加速度峰值平均约为水平地震加速度峰值的 1/2～2/3，建筑抗震规范规定竖向地震影响系数取水平地震影响系数 α_v 的 65％。

通过对高耸结构、高层建筑的时程分析和竖向反应谱分析，发现有以下规律：

1) 高耸结构、高层建筑的竖向地面内力与竖向构件所受重力之比 λ_v，沿结构的高度由下往上逐渐增大，而不是一个常数，表 4-34 列出了部分结果。

2）从表 4-34 可见，高耸结构顶部在强烈地震可能出现拉力，这说明，竖向地震作用的影响是不可忽略的。

表 4-34　355m 电视塔的比值 λ_N

位　置	输入 EI—centro 波	输入天津波
顶　部	1.38	1.32
270m	0.85	1.01
190m	0.45	0.58
90m	0.29	0.30
底　部	0.22	0.25

3）高耸结构和高层建筑竖向第一振型的地震内力与竖向前 5 个振型按平方和开方组合的地震内力相比较，误差仅在 5%～15%。同时竖向第一振型不仅竖向自振周期小于场地特征周期，而且其振型接近于倒三角形。

基于竖向地震作用的上述规律，高耸结构和高层建筑竖向地震作用的简化计算为类似于水平地震作用的底部剪力法（图 4-23），其计算公式为：

$$F_{EVK}=\alpha_{vmax}G_{eq} \tag{4-57}$$

$$F_{vi}=\frac{G_iH_i}{\sum_{j=1}^{n}G_jH_j}F_{EVK} \tag{4-58}$$

$$G_{ep}=0.75\sum G_i \tag{4-59}$$

$$\alpha_{vmax}=0.65\alpha_{Hmax} \tag{4-60}$$

式中　F_{EVK}——结构总竖向地震作用标准值；

F_{vi}——质点 i 的竖向地震作用标准值；

α_{vmax}，α_{Hmax}——分别为竖向、水平地震影响系数最大值。

各构件竖向地震作用内力按各构件承受的重力荷载内力代表值进行分配。

建筑抗震设计规范对高耸结构和高层建筑竖向地震作用沿高度分布采用倒三角形分布比原抗震规范的静力法有很大改进，在上部 1/3 高度的各质点数值明显增大，应该说更符合震害规律。

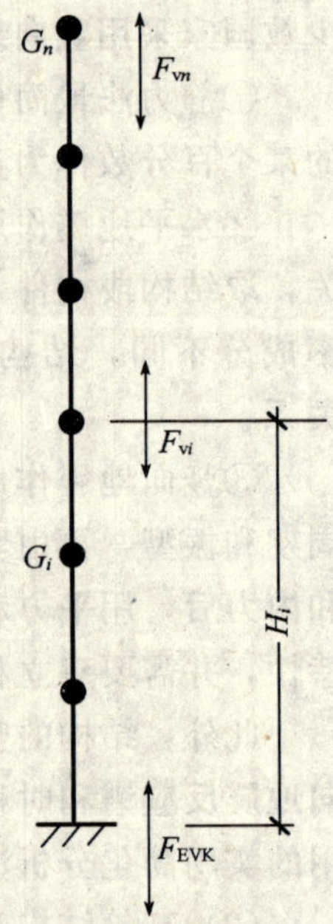

图 4-23　结构竖向地震作用计算简图

根据我国台湾 1999 年 9 月 21 日大地震的震害经验，震中竖向地震作用较为明显，新的建筑抗震设计规范要求，9 度时高层建筑楼层的竖向地震作用效应，应乘以 1.5 的增大系数。

第五节　施工荷载及其他竖向荷载

一、施工荷载

高层建筑的施工荷载要根据施工方案及场地特点等作出相应的规定，现分述如下。

(1) 采用滑升模板工艺施工时的各种荷载的参考数值，见表 4-35。

表 4-35　模板滑升平台荷载一览表

序　号	荷　载　名　称	施工荷载（kN/m^2）	备　注
1	模板、围圈、提升架自重	1.5～2.0	
2	模板侧压力	4.0～5.0	按模板面积计算
3	钢模板摩擦阻力	1.5～2.0	同上
4	木模板摩擦阻力	2.0～2.5	同上
5	倾倒混凝土时的水平冲击力	2.0	同上
6	滑升平台自重	0.6	
7	吊脚手架自重	0.3	
8	采用平台板及檩条的滑升平台均布活荷载	2.5	
9	采用平台桁架的滑升平台均布活荷载	1.5	
10	采用围圈提升架的滑升平台均布活荷载	1.0	

注：平台堆放材料、构件及设备重量可按实际情况确定。滑升模板、外墙模板和支承杆的风压系数可按本章中表 4-7 有关规定确定。

(2) 采用滑模、大模板、全现浇等工艺施工时的材料与构件、施工设备（不包括特殊设备）的重量，一般可按 2.7～3.0kN/m^2 考虑。

(3) 高层建筑装饰阶段的施工荷载可取 2.0kN/m^2。

(4) 施工外用电梯、垂直运输井架、自升式起重机、升降机、吊篮等施工用具的风荷载，可按当地基本风压值取用，并要考虑风压高度变化系数及风载体型系数，但取用的基本风压值不应小于 0.5kN/m^2。

(5) 高层建筑施工时的地面临时荷载，包括材料和工具堆放、混凝土和建筑材料的运输荷载等，一般不小于 4.0kN/m^2。

(6) 塔式起重机锚固在建筑物上的附着装置所传给结构的水平反力，应考虑非工作状态时最大风荷载及满载起吊时的两种情况。这时可视塔式起重机为悬臂连续梁、附着装置为梁的支承点，按此分别计算求出，并取其较大值。

(7) 在高层建筑施工中，在现浇混凝土楼层施工中需要考虑的基本荷载有：竖向静荷载和竖向动荷载，风的水平荷载，设备的竖向荷载和横向冲击荷载，模板的倾斜支撑构件引出的竖向和水平两个方向上的冲击荷载。除了这些基本荷载外，施工时还必须考虑浇灌混凝土时的非对称性荷载。以及由于堆积混凝土或堆放施工材料所产生的集中荷载等。另外，还要考虑因现场施工所出现的特殊荷载。这种特殊荷载往往能使新浇灌的混凝土出现裂缝或断裂。在某些情况下，还可能导致结构的局部或整体破坏。

(8) 设计模板时的荷载组合。为了使模板设计既安全又经济，应从施工工艺流程来考虑模板上的荷载情况，进行模板的荷载组合。高层建筑的施工周期可分如下四个阶段：

1) 模板和支撑的安装；

2) 混凝土的浇筑；

3) 模板中混凝土的养护；

4) 脱模和拆除支撑。

上述施工阶段的最关键的荷载组合可分以下几种：

荷载情况一：在浇灌混凝土前，模板单独支撑，易受到最大风荷载，即：

$$F+L+W_{max}$$

荷载情况二：在浇灌混凝土过程中，风小于最大风荷载，但工人操作和设备的垂直重量与水平荷载同时存在（这时的水平荷载是因为倾斜支撑、混凝土浇灌时的冲击力、设备启动与停止、也可能由于混凝土不对称或设备的意外碰撞等产生），即：

$$F+Q+L+W_0+H$$

式中 F——模板的重量；

L——动荷载，至少取 1.5～2.4kPa；

Q——混凝土的重量；

H——水平荷载，取 1.5kN/m² 或楼面静荷载的 2%；

W_0——基本风荷载。

荷载情况三：浇灌混凝土后还未达到设计强度，这时风荷载可能达到最大，即：

$$F+Q+W_{max}$$

式中 W_{max}——最大风荷载。

混凝土的模板必须支撑施工期间出现的各种荷载，直到混凝土具有足够的强度，并可以承受所有的荷载为止。

二、其他竖向荷载

（1）对楼面均布活荷载作部分的调整和增项

1）办公楼、住宅和宿舍等项目，其建设量在近期比较大，而且其荷载性质存在变化的可能性，应工程界的普遍要求，将其荷载标准值提高到 2.0kN/m²。

2）其他用途的民用项目，除个别有调整外，大部分仍保持原有水平。为了便于工程人员能在一般情况下确定荷载，对民用建筑楼面可根据在楼面上活动的人和设施的不同，将取值分成 8 个档次：

活动的人很少	$L_K=1.5\text{kN/m}^2$
活动的人较多	$L_K=2.0\text{kN/m}^2$
活动的人更多且有较多设备	$L_K=2.5\text{kN/m}^2$
活动的人很多且有较重设备	$L_K=3.0\text{kN/m}^2$
活动的人很集中，有时很拥挤或有较重设备	$L_K=3.5\text{kN/m}^2$
活动的性质比较剧烈	$L_K=4.0\text{kN/m}^2$
贮存物品的仓库	$L_K=5.0\text{kN/m}^2$
有大型的机械设备	$L_K=6.0\text{kN/m}^2$

3）通风机房和电梯机房是新增的，根据有关资料和意见反馈，暂时定为 6.0kN/m²。

4）增添的车道荷载与车库荷载的性质相同，除客车与原定规范相同外，增加了考虑消防车的楼面活荷载，客车不包括 9 人以上的大型客车，消防车指 30t 级的大型车，当用途不符要求时，可按实际轮压参考《建筑结构荷载规范》（GB 5009—2001）附录 B 的规定换算。

5）书库活荷载一般仍按原规范采用，但书架超过 2m 时，应按每米书架高度不小于 2.5kN/m² 确定。

6）增加了非固定隔墙的荷载，取隔墙每延米自重（kN/m）的 1/3 作为楼面活荷载的附加值（kN/m²），并规定该值不小于 1.0kN/m²。

(2) 对屋面均布活荷载中不上人屋面的取值也作了部分调整，参照国外规范，采用 $0.5kN/m^2$；但当施工荷载较大时，仍应按实际情况采用或在施工中采取特殊措施。考虑到有些结构规范，在采用该规定时，有可能与原规范相差较大，为此在附注中给出允许做 $0.2kN/m^2$ 的增减。屋顶花园的荷载标准值取 $3.0kN/m^2$，但不包括花圃土石材料的自重。

屋面还应考虑可能出现的积水荷载，必要时应按积水的可能深度确定。

第六节　温度作用

高层建筑建成后，由于收缩、徐变和温差会引起材料体积的变化，当结构构件的自然反应在其边界处受到阻碍时，将对构件产生作用。

温度作用是在外界温度变化影响下，使建筑构件的温度与其原始温度有差异时，该构件将产生温度变形，若变形受到约束，构件就存在内力。由于高层建筑的高度和构件刚度都较大，温度变化引起的内力不容忽视。

关于温度变化影响的计算，先要确定构件的原始温度——成型温度，它与施工方法和施工时间有关，各构件亦有差别，若按实际情况进行计算将会十分繁琐。因此，一般应考虑简化的计算方法。对高层建筑的温度分析有下列三种情况：

(1) 当结构主体完成后，未作内外装修和围护结构，结构全部处于通透状态时的温差造成的内力；

(2) 外墙围护结构已施工，室内处于自然通风状态的温差造成的内力；

(3) 外墙围护结构已施工，室内空调恒温。

从上述3种情况的计算分析可以看出，后两种是房屋正常使用过程中可能出现的情况，均应予以考虑；而第一种情况属于施工阶段，收缩和温度变形都比较大。但由于围护结构尚未施工，而某些受影响较大的构件，则应将温度内力考虑在内力组合之内。经过分析研究和试算，对于体型较简单的筒中筒结构，可以得出下列简化计算的途径，现叙述如下。

高层建筑单个构件受到温度变化的影响，可以分解为两个方面的反应，一是内外表面有温差时造成弯曲；二是内外温差的平均值比构件原始温度高（低）时造成伸长（缩短）。经分析研究，可以有以下几种情况：

在整体结构中，当部分外框筒柱有相当多层同时具有平均温升（或温降）时，会造成整体结构的侧向和竖向变形与各构件的内力；

外框筒柱全部具有同样平均温升时，仅造成整体结构的竖向变形，而不会造成外框筒柱各构件的内力，但内筒与外筒温升的不同会引起楼板内力并导致各竖向构件有微小的轴向力；

当若干或全部外框筒柱沿高度有若干或全部层具有内外温差时，对结构的整体变形影响甚微，而主要存有各柱段内的弯曲；

裙梁具有内外温差或平均温升时，其全部作用由楼板承担。

上述温度变化所产生的荷载基本适用于大多数由气温条件造成的不同的温度场。由此，在作温度影响的计算时，可以简化为主要考虑外框筒柱或内筒的平均温差和外框筒柱内外温差的影响，而且两者可以分别计算。

对63层广东国际大厦主塔楼的温度变化的影响程度与模型试验作有关对比，得出如下结论：

在侧向变形方面，整个结构向东弯曲，变形曲线如图 4-24（a）所示。变形曲线属于弯曲型，与模型试验结论侧移曲线类似于弯曲为主的变形曲线的结论一致。顶点最大侧移为 15.52mm，与模型试验 15.05mm 甚为接近。

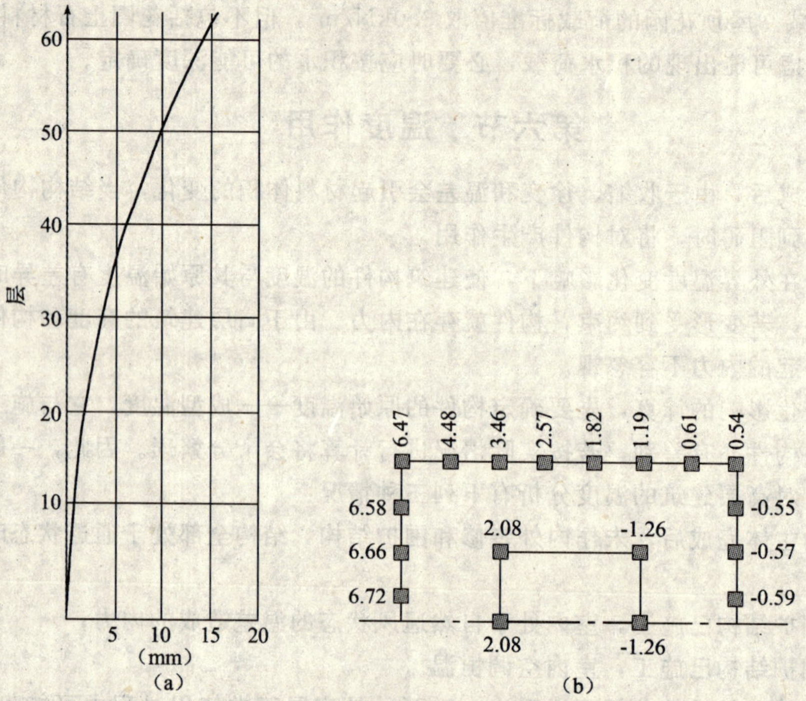

图 4-24　广东国际大厦主塔楼的温度影响

(a) 侧向位移；(b) 竖向位移

在竖向变形方面，顶层不同柱子处的竖向位移如图 4-25（b）所示。由图中可见，除东

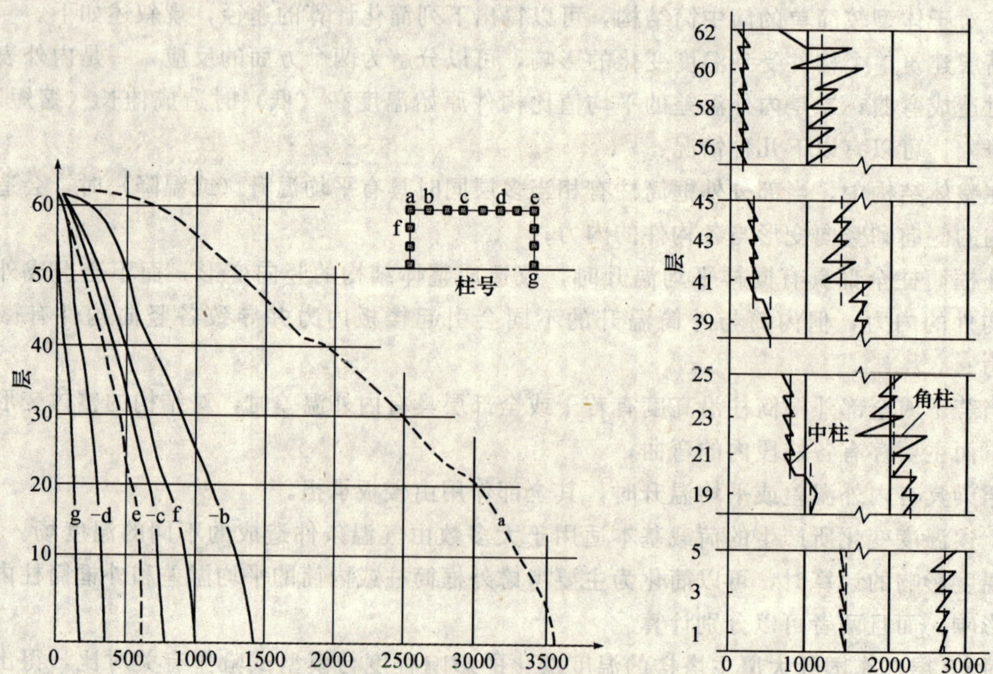

图 4-25　温度影响的柱轴力

面框架各柱（包括角柱）为下沉外，其他各柱均为上升。而上升值比下沉的大，最大上升达6.72mm，但由西向东递减，形成一个由西向东略为倾斜的平面，若连同内筒的变形考虑在内，则该平面略有扭曲。塔楼各层具有与顶层基本相似的变形形式，不过程度不同，到顶层时达到图4-25（b）所示的值；每层均以中柱为最大，角柱最小，其差值按10层为一段作变化，这种变化主要是由于角柱每10层变一次截面所造成的。

外框筒各竖向构件以轴力（压力或拉力）为主，只有较小的剪力和弯矩，东西面框架各柱（包括角柱）全部受压，但西面的比东面的大得多。几根典型柱的轴力如图4-25（a）。西面框架角柱轴压力最大，其余各中柱轴压力较平均，但离角柱远者略小。无论压力或拉力柱，轴力均以底层为最大，越往上越小。上述柱轴力的分布情况，计算与模型实验结果从定性上来说是一致的。至于柱的弯矩在所有中柱，以南、北柱在框架平面内为大，其中以最靠近西端的一根为首，该柱弯矩基本沿高度逐步增大，约由50～150kN·m变化，但在加强层附近的几层有较突出的增大，可达250kN·m，在60～62层甚至达到450kN·m，这些弯矩在各层柱底和柱顶具有相反符号。当柱越往东靠时，弯矩越小且具有同样的变化规律。

从上述分析和试验说明，外框筒柱平均温差的影响和内外温差的影响基本上是互相独立的，如分别进行计算然后按实际情况进行叠加不会导致结果产生较大的误差，加上温度内力的大小与温度变化值有线性关系，而温度影响产生的作用至今还是一个复杂的问题，因而将复杂的情况进行分解，用简化方法来计算复杂的温差作用将带来较大的方便。

参考文献

1 中华人民共和国国家标准.《建筑结构荷载规范》(GB 50009—2001). 北京：中国建筑工业出版社，2002

2 中华人民共和国国家标准.《建筑抗震设计规范》(GB 50011—2001). 北京：中国建筑工业出版社，2001

3 行业标准《高层建筑混凝土结构技术规程》. (JGJ 3—2002). 北京：中国建筑工业出版社，2002

4 何广乾，陈祥福，徐至钧. 高层建筑设计与施工. 北京：科学出版社，1992

5 徐培福，黄小坤. 高层建筑混凝土结构技术规程理解与应用. 北京：中国建筑工业出版社，2003

第五章　框架与剪力墙结构设计

本章主要介绍高层建筑结构中常用的结构体系，如框架、剪力墙、框架一剪力墙的结构体系、结构内力和侧移的计算、截面构造设计等。

第一节　框架结构设计

一、结构体系与布置

1. 关于单跨框架

《高层建筑混凝土结构技术规程》(JGJ 3—2002)(以下简称规程)规定：抗震设计的框架结构不宜采用单跨框架。在高层建筑中，在纵横两个方向都应布置成框架结构，不得采用横向为框架，纵向为铰接排架的结构体系。高层建筑结构纵横两个方向都承受很大的竖向荷载和水平荷载，因此都应做成刚接框架结构，保持尽可能多次超静定。特别在抗震设计时，由于纵向框架不仅不能削弱，相反必须加强。在高层建筑框架结构中不存在纵向设连系梁的做法。纵横两向都是框架梁，截面都不能太小。1999 年我国的台湾地震，就有不少单跨框架倒塌的震害实例，因此提出了这一规定。现浇钢筋混凝土框架总高度，根据地震烈度和抗震等级，一般规定为 25～60m 左右。非抗震区高度可达 70m。

但是，带剪力墙的单跨框架结构可不受此限制，因为它有剪力墙作为第一道防线，它的高度也不宜太高。

2. 梁柱节点一梁偏心处理

根据规程规定，框架梁、柱中心线宜重合。当梁柱中心线不能重合时，在计算中应考虑偏心对梁柱节点核心区受力和构造的不利影响以及梁荷载对柱子的偏心影响。梁、柱中心线之间的偏心距，9 度抗震设计时不应大于柱截面在该方向宽度的 1/4；非抗震设计和 6～8 度抗震设计时不宜大于柱截面在该方向宽度的 1/4。如偏心距大于该方向柱宽的 1/4 时，可采取增设梁的水平加腋等措施。设置水平加腋后，仍须考虑梁柱偏心的不利影响。

如果采用梁水平加腋，规程规定了：①加腋的尺寸要求；②节点核心区承载力验算时节点有效宽度的计算要求（见图 5-1）。

(1) 梁的水平加腋厚度可取梁截面高度，其水平尺寸宜满足下式和图 5-1 水平加腋梁要求：

$$b_x/l_x \leqslant 1/2 \tag{5-1}$$

$$b_x/b_b \leqslant 2/3 \tag{5-2}$$

$$b_b + b_x + x \geqslant b_c/2 \tag{5-3}$$

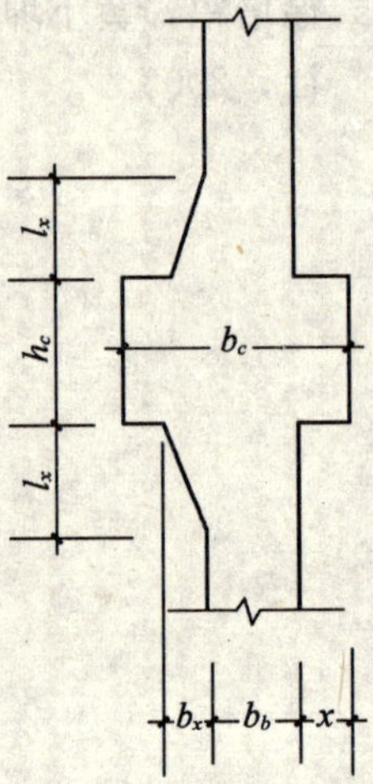

图 5-1　水平加腋梁

式中　b_x——梁水平加腋宽度；

l_x——梁水平加腋长度；

b_b——梁截面宽度；

b_c——沿偏心方向柱截面宽度；

x——非加腋侧梁边到柱边的距离。当梁柱偏心较大时，一般 x 较小。

（2）梁采用水平加腋时，框架节点有效宽度 b_j 宜符合下式要求：

当 $x=0$ 时，b_j 按下式计算：

$$b_j \leqslant b_b + b_x \tag{5-4}$$

当 $x\neq0$ 时，b_j 取式（5-5）和式（5-6）二式计算的较大值，且应满足公式（5-7）的要求：

$$b_j = b_b + b_x + x \tag{5-5}$$

$$b_j = b_b + 2x \tag{5-6}$$

$$b_j \leqslant b_b + 0.5h_c \tag{5-7}$$

式中　h_c——柱截面高度。

在实际工程中，框架梁、柱中心线有时不能重合，产生偏心的实例较多，需要有一个解决问题的方法。本条是根据国内外试验的综合结果提出的。根据试验结果，采用水平加腋方法，能明显改善梁柱节点的承受反复荷载性能，因此将其列入规程，供设计人员选用。9度抗震设计时，不应采用梁柱偏心较大的结构。

3. 框架填充墙

框架结构与砌体结构是两种截然不同的结构体系，两种体系所用之承重材料完全不同，其抗侧刚度、变形能力等相差很大，如将这两种结构在同一建筑中混合使用而不以防震缝将其分开，对建筑物的抗震能力将产生很不利的影响。

框架结构如采用砌体填充墙，当布置不当时，常能造成结构竖向刚度变化过大；或形成短柱；或形成较大的刚度偏心。由于填充墙是由建筑专业布置，结构图纸上不予给出，容易被忽略。国内外皆有由此而造成的震害例子。规程中提出此点，目的是提醒结构工程师注意防止砌体（尤其是砖砌体）填充墙对结构设计的不利影响。

框架结构的填充墙及隔墙宜选用轻质墙体。抗震设计时，框架结构如采用砌体填充墙，其布置应符合下列要求：

（1）避免形成上、下层刚度变化过大；

（2）避免形成短柱；

（3）减少因抗侧刚度偏心所造成的扭转。

抗震设计时，砌体填充墙及隔墙应具有自身稳定性，并应符合下列要求：

（1）砌体的砂浆强度等级不应低于M5，墙顶应与框架梁或楼板密切结合；

（2）砌体填充墙应沿框架柱全高每隔500mm左右设置2根直径6mm的拉筋，拉筋伸入墙内的长度，6、7度时不应小于墙长的1/5且不应小于700mm，8、9度时宜沿墙全长贯通；

（3）墙长大于5m时，墙顶与梁（板）宜有钢筋拉结；墙长大于层高的2倍时，宜设置钢筋混凝土构造柱；墙高超过4m时，墙体半高处（或门洞上皮）宜设置与柱连接且沿墙全长贯通的钢筋混凝土水平连系梁。

4. 关于混合承重问题

新规程规定：框架结构按抗震设计时，不应采用部分由砌体墙承重之混合形式。其出屋顶之小室（电梯机房等），也不应采用砌体墙承重，应采用框架承重。

此条系强制性条文，设计者应特别注意。

5. 抗震设计的框架结构中，当仅布置少量钢筋混凝土剪力墙时，结构分析计算应考虑该剪力墙与框架的协同工作。如楼、电梯间位置较偏而产生较大的刚度偏心时，宜采取将此种剪力墙减薄、开竖缝、开结构洞、配置少量单排钢筋等措施，减小剪力墙的作用，并宜增加与剪力墙相连的柱子的配筋。

6. 现浇框架梁、柱、节点的混凝土强度等级，按一级抗震等级设计时，不应低于 C30；按二～四级和非抗震设计时，不应低于 C20。

7. 现浇框架梁的混凝土强度等级不宜大于 C40；框架柱的混凝土强度等级，抗震设防烈度为 9 度时不宜大于 C60；抗震设防烈度为 8 度时不宜大于 C70。

二、框架结构计算

高层框架都属高次超静定结构。如果按精确方法用手工计算它的内力十分困难，也是很复杂的。因此，目前在工程结构的计算中，常按本书第十二章所述，即用电子计算机来完成。本节将介绍手算方法，即一般采用的近似计算分析方法。现有不少近似法，例如求竖向荷载作用下的内力时，则有反弯点法、改进反弯点法（又称“D 值法”）、迭代法及无剪力分配法等，当然，由于各个方法的采用假定不同，其计算结果的近似程度也有区别，但一般都能满足设计所要求的精度。

本节重点介绍分层法和 D 值法。

1. 高层框架在竖向荷载作用下的内力计算——分层法

高层框架在竖向荷载作用下，侧移比较小，计算时可作为无侧移的框架来处理。在竖向荷载作用下，框架的内力可按分层法计算，此时，每层框架梁连同上、下层框架柱作为基本计算单元（见图 5-2），柱的远端按固定端考虑。

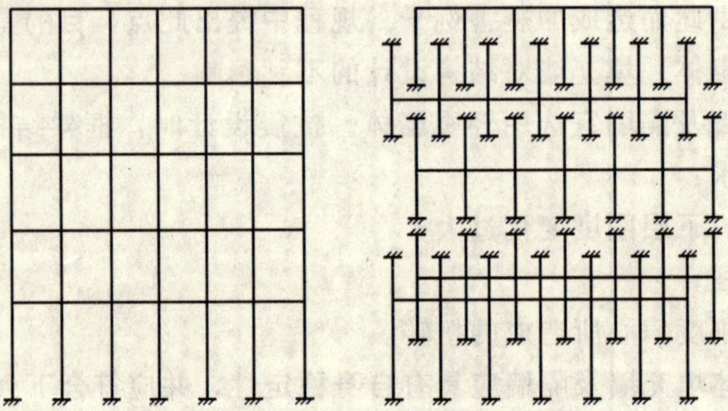

(a)　　(b)

图 5-2　框架按分层法计算

(a) 全框架；(b) 基本分层计算单元

为了简化计算，现假定：

(1) 在竖向荷载作用下，多层多跨框架的侧移极小，可忽略不计。

(2) 不考虑上、下层荷载的相互影响，而每层的竖向荷载对其他各层的影响也忽略不计。

按上述假定，计算时可将各层梁及其上、下柱所组成的框架作为一个独立的计算单元分层计算，每层均按双层框架（上、下柱端固定）计算其内力。分层计算所得的梁弯矩（即梁的平衡弯矩）作用梁端弯矩，由于每根柱都在上、下两个单元中用了一次，所以取相邻单元柱端平衡弯矩之和作为柱端弯矩。

按上述计算假定，用一般迭代法或力矩分配法求各层框架的弯矩图，然后叠加即得其最终弯矩图。

分层框架的柱子在底层基础处，可以按原结构确定为固定支座，至于其余柱端在分层计算时，假定上、下柱的远端是固定的，但实际上有转角产生。为了改善由于在计算简图中假定上、下柱的远端为固定端所带来的误差，对于这类柱子的线刚度可取 $0.9i$，即取固定时的 i 与铰接时的 $0.75i$ 的平均值。相应的传递系数则为 1/3，此值的推导如下：

设柱 jk 的 k 端为弹性的约束端，由转角位移方程得：

$$M_{jk} = 4i\theta_j + 2i\theta_k \tag{5-8}$$

$$M_{kj} = 2i\theta_j + 4i\theta_k \tag{5-9}$$

根据假设条件，当 $\theta_j=1$ 时，$M_{jk}=4\times0.9i=3.6i$，代入式（5-8）得：

$$\theta_k = -0.2$$

将 $\theta_j=1$ 和 $\theta_k=-0.2$ 代入式（5-9），得：

$$M_{kj} = 2i - 0.8i = 1.2i$$

因此

$$传递系数 = \frac{M_{kj}}{M_{jk}} = \frac{1.2i}{3.6i} = \frac{1}{3}$$

在进行框架分析时，一般情况下梁上活荷载可以按满荷载分布考虑，不考虑不利分布。但计算跨中弯跨时，应乘以 1.1～1.2 的放大系数，以考虑不利分布的可能影响，当梁端负弯矩求得后，可以考虑梁端由于塑性变形而产生的内力重分布，将梁端弯矩予以降低，同时相应加大梁的跨中弯矩，采用调幅系数 β。对现浇框架，β 取 0.8～0.9；对装配式框架，β 取 0.7～0.8。将调幅后的梁端弯矩叠加简支梁弯矩即可得到梁的跨中弯矩 M'_3（见图 5-3）。

为使梁跨中钢筋不至于过少，保证梁跨中截面有足够的安全度，M'_3 至少取简支梁弯矩的 50%。

只有竖向荷载作用下的梁端弯矩可以调幅，而水平荷载作用下的梁端弯矩是不允许调幅的，因此，必须先将竖向荷载作用下产生的梁端弯矩调幅后，再与水平荷载产生的梁端弯矩进行叠加（见图 5-4）。

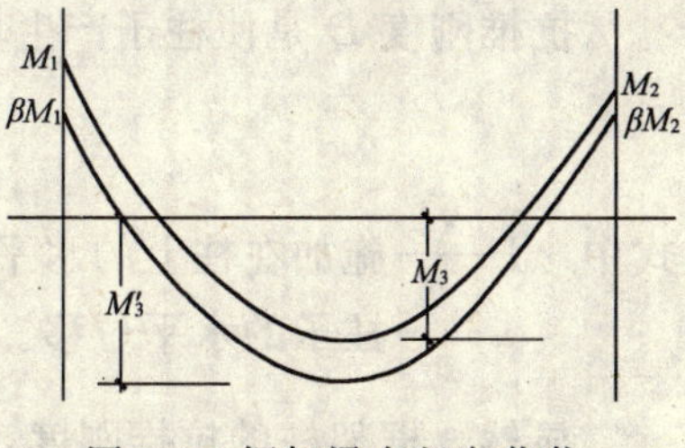

图 5-3　框架梁在竖向荷载作用下的弯矩调幅

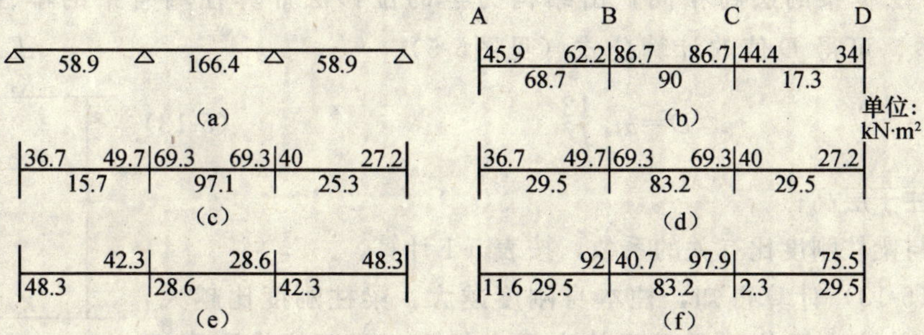

图 5-4　框架梁在竖向荷载作用时进行调幅与组合

2. 高层框架在水平荷载作用下的内力计算——D值法

(1) 柱子的抗推刚度

D值指框架柱的抗推刚度。修正后的柱的侧移刚度用D表示，故此法称为D值法。柱子的抗推刚度越大，使它产生同样水平位移时所加的水平力越大。

由于假定楼板的刚度无限大，所以在不考虑扭转影响的情况下，同一楼面上所有框架柱的水平位移都相等，各柱所受到的水平力便与柱的D值成正比。由此，我们得到一个结论：楼层的总剪力按D值分配到各柱上。这样，便可直接求得各柱所承受的剪力，当柱剪力求得后，其余各内力由平衡条件均可逐一求出。

为简化计算，作如下假定；同一楼层的柱子侧移相同；梁的跨中存在反弯点；水平外力可以视为集中力，作用在梁柱节点上。

设某片框架上作用于某一楼层的总剪力为V_i，这个总剪力按各柱的抗推刚度D值比例分配到各柱，得柱的剪力

$$V_{ij} = V_i \frac{D_{ij}}{\sum_{j=1}^{n} D_j} \tag{5-10}$$

式中　V_{ij}——每根柱子上分配到的剪力；

D_{ij}——第j柱的抗推刚度。

令：$P_{ij}=\frac{D_{ij}}{\sum_{j=1}^{n} D_j}$，代入式（5-10）得：

$$V_{ij} = P_{ij} V_i \tag{5-11}$$

式中　P_{ij}——剪力分配系数。

下面介绍柱子的抗推刚度计算。

抗推刚度D是使柱子产生单位水平位移所施加的水平力，所以

$$D = \frac{P}{u} \tag{5-12}$$

式中　P——施加在柱上的水平力；

u——柱子的水平位移。

显然，框架柱的抗推刚度，不但与柱本身的线刚度$\frac{E_c I_c}{h}$有关，而且还与梁的线刚度$\frac{E_c I_B}{L_c}$有关。

如果同一层框架的层高相同，由结构力学的位移法计算柱端有梁的单柱剪力V与位移u的关系，可得D值的计算公式（见图5-5）。

$$D=\alpha i_z \frac{12}{h^2} \tag{5-13}$$

式中　h——柱子层高；

α——与梁柱刚度比有关的系数，按表5-1计算。

从公式（5-13）计算得知，柱本身刚度越大，梁柱刚度比越大，使柱子产生的单位水平位移所需要的水平力越大，因而抗推刚度D越大。

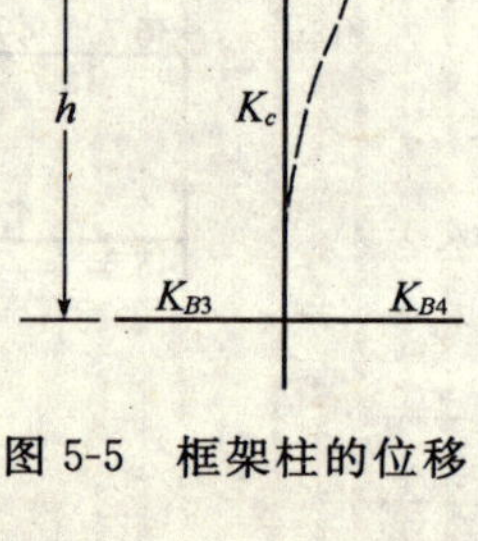

图5-5　框架柱的位移

表 5-1　α 值计算公式表

层　次	边　柱	中　柱	α 值
一般层	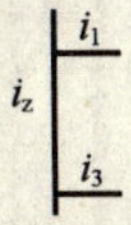 $k=\frac{i_1+i_3}{2i_z}$	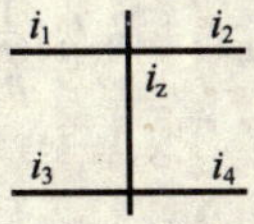 $k=\frac{i_1+i_2+i_3+i_4}{i_z}$	$\alpha=\frac{k}{2+k}$
底层柱脚固定	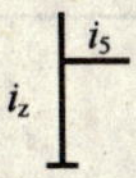 $k=\frac{i_5}{i_z}$	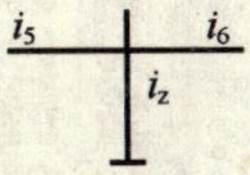 $k=\frac{i_5+i_6}{i_z}$	$\alpha=\frac{0.5+k}{2+k}$
底层柱脚铰接	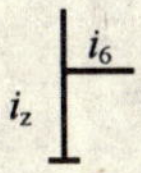 $k=\frac{i_5}{i_z}$	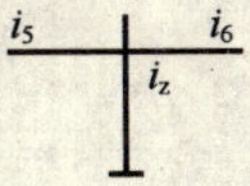 $k=\frac{i_5+i_6}{i_z}$	$\alpha=\frac{0.5+k}{1+2k}$

注：表中 i_1，i_2，i_3，i_4，i_5 为梁的线刚度；i_z 为柱的线刚度。

在不同情况下的 α 值分为下列三种情况：

1）第一种情况：在同一层中，各柱的高度相同时，α 值可按表 5-2 取用。

表 5-2　α 系数表

K	一般层	柱脚固定	柱脚铰接	K	一般层	柱脚固定	柱脚铰接
	$\alpha=\frac{K}{2+K}$	$\alpha=\frac{0.5+K}{2+K}$	$\alpha=\frac{0.5K}{1+2K}$		$\alpha=\frac{K}{2+K}$	$\alpha=\frac{0.5+K}{2+K}$	$\alpha=\frac{0.5K}{1+2K}$
0.10	0.05	0.29	0.04	1.20	0.38	0.53	0.18
0.15	0.07	0.30	0.06	1.30	0.39	0.55	0.18
0.20	0.09	0.32	0.07	1.40	0.41	0.56	0.18
0.25	0.11	0.33	0.08	1.50	0.43	0.57	0.19
0.30	0.13	0.35	0.09	1.60	0.44	0.58	0.19
0.35	0.15	0.36	0.10	1.70	0.46	0.60	0.19
0.40	0.17	0.38	0.11	1.80	0.47	0.61	0.20
0.45	0.18	0.39	0.12	1.90	0.49	0.62	0.20
0.50	0.20	0.40	0.13	2.00	0.50	0.63	0.20
0.55	0.22	0.41	0.13	3.5	0.56	0.67	0.21
0.60	0.23	0.42	0.14	3.0	0.60	0.70	0.21
0.65	0.25	0.43	0.14	3.5	0.64	0.73	0.22
0.70	0.26	0.44	0.15	4.0	0.67	0.75	0.22
0.75	0.27	0.46	0.15	5.0	0.71	0.79	0.23
0.80	0.29	0.46	0.15	10.0	0.83	0.88	0.24
0.85	0.30	0.47	0.16	15.0	0.88	0.91	0.24
0.90	0.31	0.48	0.16	20.0	0.91	0.93	0.24
0.95	0.32	0.49	0.16	30.0	0.94	0.95	0.25
1.00	0.33	0.50	0.17	40.0	0.95	0.96	0.25
1.10	0.36	0.52	0.17	∞	1.00	1.00	0.25

2）第二种情况：在同一层中，有个别柱子的高度为 h' 与一般柱高 h 不等（见图 5-6）时，这个特殊柱的抗推刚度 D' 可按下式计算：

$$D' = \alpha' i_z' \frac{12}{h'^2} \tag{5-14}$$

式中 α'——按 h' 求出的 α 参数；

i_z'——特殊柱的线刚度。

3）第三种情况：当同一层中，柱子中间有梁（即不等楼层），如图 5-7 所示。

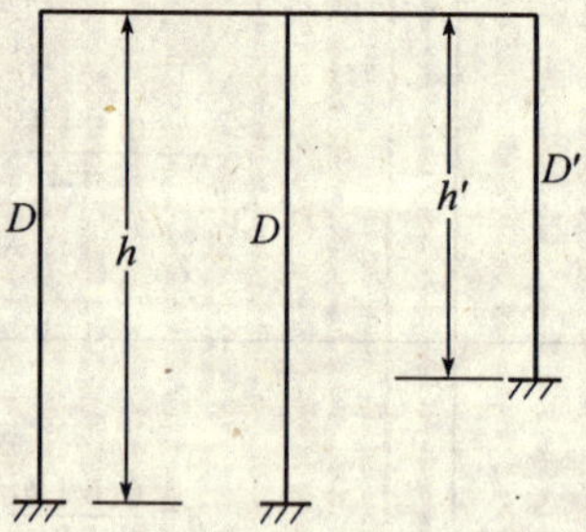

图 5-6　同层柱高不等时的 D 值

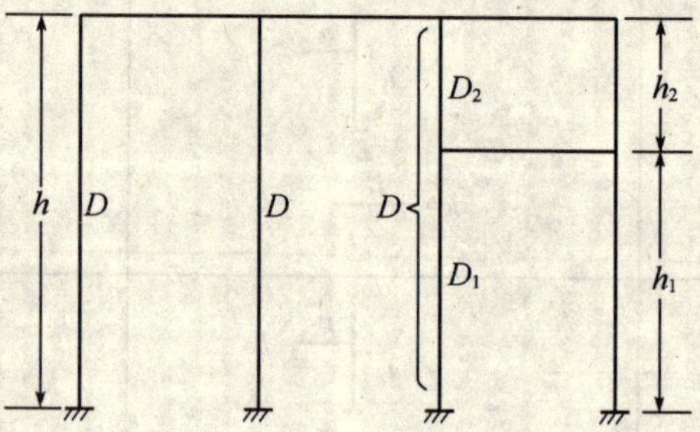

图 5-7　同一层中柱子中间有梁时的 D 值

$$D' = \frac{1}{\frac{1}{D_1}\left(\frac{h_1}{h}\right)^2 + \frac{1}{D_2}\left(\frac{h_2}{h}\right)^2} \tag{5-15}$$

式中 $D_1 = \alpha_1 i_{z1}$，$D_2 = \alpha_2 i_{z2}$；

α——按 K 值，查表 5-2。

当 $h_1 = h_2$ 时：

$$\frac{1}{D'} = \frac{1}{4}\left(\frac{1}{D_1} + \frac{1}{D_2}\right) \tag{5-16}$$

（2）框架柱的反弯点高度

求出柱的反弯点高度 y，由 V_{ij} 及 y 即可求得柱端弯矩。框架柱的反弯点高度 y 按下式确定：

$$y = y_0 + y_1 + y_2 + y_3 \tag{5-17}$$

式中 y_0——标准反弯点高度。其值根据框架总层数 m、该柱所在层数 n 和梁柱线刚度比 K 由表 5-3、表 5-4 查得；

y_1——上、下层梁的线刚度不同时，该层柱反弯点高度比修正值，由表 5-5 查得；

y_2——上层高度 $h_上$ 与本层高度 h 不同时，反弯点高度比修正值。其值根据 $\alpha_2 = \frac{h_上}{h}$ 和 K 的数值由表 5-6 查得；

y_3——下层高度 $h_下$ 与本层高度 h 不同时，反弯点高度比修正值。其值根据 $\alpha_2 = \frac{h_下}{h}$ 和 K 的数值仍由表 5-6 查得。

表 5-3～表 5-6 由力法计算框架各层弯矩和剪力求得。反弯点高度取决于荷载形式、梁柱刚度比、建筑物总层数和柱所在楼层号。当查出 $y>1$ 时，反弯点在本楼层之上。当查出 $y<0$ 时，反弯点在本层之下。

表 5-3　在均布水平荷载作用下的标准反弯点高度比 y_0/h

m	n \ K	0.1	0.2	0.3	0.4	0.5	0.6	0.7	0.8	0.9	1.0	2.0	3.0	4.0	5.0
7	7	−0.35	−0.05	0.10	0.20	0.20	0.25	0.30	0.30	0.35	0.35	0.40	0.45	0.45	0.45
	6	−0.10	0.15	0.25	0.30	0.35	0.35	0.35	0.40	0.40	0.40	0.45	0.45	0.50	0.50
	5	0.10	0.25	0.30	0.35	0.40	0.40	0.40	0.45	0.45	0.45	0.50	0.50	0.50	0.50
	4	0.30	0.35	0.40	0.40	0.40	0.45	0.45	0.45	0.45	0.45	0.50	0.50	0.50	0.50
	3	0.50	0.45	0.45	0.45	0.45	0.45	0.45	0.45	0.45	0.45	0.50	0.50	0.50	0.50
	2	0.75	0.60	0.55	0.50	0.50	0.50	0.50	0.50	0.50	0.50	0.50	0.50	0.50	0.50
	1	1.20	0.95	0.85	0.80	0.75	0.70	0.70	0.65	0.65	0.65	0.55	0.55	0.55	0.55
8	8	−0.35	−0.15	0.10	0.10	0.25	0.25	0.30	0.30	0.35	0.35	0.40	0.45	0.45	0.45
	7	−0.10	0.15	0.25	0.30	0.35	0.35	0.40	0.40	0.40	0.40	0.45	0.50	0.50	0.50
	6	0.05	0.25	0.30	0.35	0.40	0.40	0.40	0.45	0.45	0.45	0.45	0.50	0.50	0.50
	5	0.20	0.30	0.35	0.40	0.40	0.45	0.45	0.45	0.45	0.45	0.50	0.50	0.50	0.50
	4	0.35	0.40	0.40	0.45	0.45	0.45	0.45	0.45	0.45	0.45	0.50	0.50	0.50	0.50
	3	0.50	0.45	0.45	0.45	0.45	0.45	0.45	0.45	0.50	0.50	0.50	0.50	0.50	0.50
	2	0.75	0.60	0.55	0.55	0.50	0.50	0.50	0.50	0.50	0.50	0.50	0.50	0.50	0.50
	1	1.20	1.00	0.85	0.80	0.75	0.70	0.70	0.65	0.65	0.65	0.55	0.55	0.55	0.55
9	9	−0.40	−0.05	0.10	0.20	0.25	0.25	0.30	0.30	0.35	0.35	0.45	0.45	0.45	0.45
	8	−0.15	0.15	0.10	0.20	0.25	0.25	0.30	0.30	0.35	0.35	0.45	0.45	0.50	0.50
	7	0.05	0.25	0.30	0.35	0.40	0.40	0.40	0.45	0.45	0.45	0.45	0.50	0.50	0.50
	6	0.15	0.30	0.35	0.40	0.40	0.45	0.45	0.45	0.45	0.45	0.50	0.50	0.50	0.50
	5	0.25	0.35	0.40	0.40	0.45	0.45	0.45	0.45	0.45	0.45	0.50	0.50	0.50	0.50
	4	0.40	0.40	0.40	0.45	0.45	0.45	0.45	0.45	0.45	0.45	0.50	0.50	0.50	0.50
	3	0.55	0.45	0.45	0.45	0.45	0.45	0.45	0.45	0.50	0.50	0.50	0.50	0.50	0.50
	2	0.80	0.65	0.55	0.55	0.50	0.50	0.50	0.50	0.50	0.50	0.50	0.50	0.50	0.50
	1	1.20	1.00	0.85	0.80	0.75	0.70	0.70	0.65	0.65	0.65	0.55	0.55	0.55	0.55
10	10	−0.40	−0.05	0.10	0.20	0.25	0.30	0.30	0.30	0.30	0.35	0.40	0.45	0.45	0.45
	9	−0.15	0.15	0.25	0.30	0.35	0.35	0.40	0.40	0.40	0.40	0.45	0.45	0.50	0.50
	8	0.00	0.25	0.30	0.35	0.40	0.40	0.40	0.45	0.45	0.45	0.45	0.50	0.50	0.50
	7	0.10	0.30	0.35	0.40	0.40	0.45	0.45	0.45	0.45	0.45	0.50	0.50	0.50	0.50
	6	0.20	0.35	0.40	0.40	0.45	0.45	0.45	0.45	0.45	0.45	0.50	0.50	0.50	0.50
	5	0.30	0.40	0.40	0.45	0.45	0.45	0.45	0.45	0.45	0.50	0.50	0.50	0.50	0.50
	4	0.40	0.40	0.45	0.45	0.45	0.45	0.45	0.45	0.45	0.50	0.50	0.50	0.50	0.50
	3	0.55	0.50	0.45	0.45	0.45	0.50	0.50	0.50	0.50	0.50	0.50	0.50	0.50	0.50
	2	0.80	0.65	0.55	0.55	0.55	0.50	0.50	0.50	0.50	0.50	0.50	0.50	0.50	0.50
	1	1.30	1.00	0.85	0.80	0.75	0.70	0.70	0.65	0.65	0.65	0.60	0.55	0.55	0.55
11	11	−0.40	0.05	0.10	0.20	0.25	0.30	0.30	0.30	0.35	0.35	0.40	0.45	0.45	0.45
	10	−0.15	0.15	0.25	0.30	0.35	0.35	0.40	0.40	0.40	0.40	0.45	0.45	0.50	0.50
	9	0.00	0.25	0.30	0.35	0.40	0.40	0.40	0.45	0.45	0.45	0.45	0.50	0.50	0.50
	8	0.10	0.30	0.35	0.40	0.40	0.45	0.45	0.45	0.45	0.45	0.50	0.50	0.50	0.50
	7	0.20	0.35	0.40	0.45	0.45	0.45	0.45	0.45	0.45	0.45	0.50	0.50	0.50	0.50
	6	0.25	0.35	0.40	0.45	0.45	0.45	0.45	0.45	0.45	0.45	0.50	0.50	0.50	0.50
	5	0.35	0.40	0.40	0.45	0.45	0.45	0.45	0.45	0.45	0.50	0.50	0.50	0.50	0.50
	4	0.40	0.45	0.45	0.45	0.45	0.45	0.45	0.50	0.50	0.50	0.50	0.50	0.50	0.50
	3	0.55	0.50	0.50	0.50	0.50	0.50	0.50	0.50	0.50	0.50	0.50	0.50	0.50	0.50
	2	0.80	0.65	0.60	0.55	0.55	0.50	0.50	0.50	0.50	0.50	0.50	0.50	0.50	0.50
	1	1.30	1.00	0.85	0.80	0.75	0.70	0.70	0.65	0.65	0.65	0.60	0.55	0.55	0.55

续表

m	n \ K	0.1	0.2	0.3	0.4	0.5	0.6	0.7	0.8	0.9	1.0	2.0	3.0	4.0	5.0
12以上	自上1层	−0.40	−0.05	0.10	0.20	0.25	0.30	0.30	0.30	0.35	0.35	0.40	0.45	0.45	0.45
	2	−0.15	0.15	0.25	0.30	0.35	0.35	0.40	0.40	0.40	0.40	0.45	0.45	0.50	0.50
	3	0.00	0.25	0.30	0.35	0.40	0.40	0.40	0.45	0.45	0.45	0.50	0.50	0.50	0.50
	4	0.10	0.30	0.35	0.40	0.40	0.45	0.45	0.45	0.45	0.45	0.50	0.50	0.50	0.50
	5	0.20	0.35	0.40	0.40	0.45	0.45	0.45	0.45	0.45	0.45	0.50	0.50	0.50	0.50
	6	0.25	0.35	0.40	0.45	0.45	0.45	0.45	0.45	0.45	0.45	0.50	0.50	0.50	0.50
	7	0.30	0.40	0.40	0.45	0.45	0.45	0.45	0.45	0.50	0.50	0.50	0.50	0.50	0.50
	8	0.35	0.40	0.45	0.45	0.45	0.45	0.45	0.50	0.50	0.50	0.50	0.50	0.50	0.50
	中间各层	0.40	0.40	0.45	0.45	0.45	0.45	0.50	0.50	0.50	0.50	0.50	0.50	0.50	0.50
	4	0.45	0.45	0.45	0.45	0.50	0.50	0.50	0.50	0.50	0.50	0.50	0.50	0.50	0.50
	3	0.60	0.50	0.50	0.50	0.50	0.50	0.50	0.50	0.50	0.50	0.50	0.50	0.50	0.50
	2	0.80	0.65	0.60	0.55	0.55	0.50	0.50	0.50	0.50	0.50	0.50	0.50	0.50	0.50
	自下1层	1.30	1.00	0.85	0.80	0.75	0.70	0.70	0.65	0.65	0.55	0.55	0.55	0.55	0.55

注：1. m——总层数；

2. n——所在楼层的位置；

3. K——平均相对刚度，按表 5-1 计算。

表 5-4　三角形荷载作用下标准反弯点高度比 y_0/h

m	n \ K	0.1	0.2	0.3	0.4	0.5	0.6	0.7	0.8	0.9	1.0	2.0	3.0	4.0	5.0
7	7	−0.20	0.05	0.15	0.20	0.25	0.30	0.30	0.35	0.35	0.35	0.45	0.45	0.45	0.45
	6	0.05	0.20	0.30	0.35	0.35	0.40	0.40	0.40	0.40	0.45	0.45	0.50	0.50	0.50
	5	0.20	0.30	0.35	0.40	0.40	0.45	0.45	0.45	0.45	0.45	0.50	0.50	0.50	0.50
	4	0.35	0.40	0.40	0.45	0.45	0.45	0.45	0.45	0.45	0.45	0.50	0.50	0.50	0.50
	3	0.55	0.50	0.50	0.50	0.50	0.50	0.50	0.50	0.50	0.50	0.50	0.50	0.50	0.50
	2	0.80	0.65	0.60	0.55	0.55	0.55	0.50	0.50	0.50	0.50	0.50	0.50	0.50	0.50
	1	1.30	1.00	0.90	0.80	0.75	0.70	0.70	0.70	0.65	0.65	0.60	0.55	0.55	0.55
8	8	−0.20	0.05	0.15	0.20	0.25	0.30	0.30	0.35	0.35	0.35	0.45	0.45	0.45	0.45
	7	0.00	0.20	0.30	0.35	0.35	0.40	0.40	0.40	0.40	0.45	0.45	0.50	0.50	0.50
	6	0.15	0.30	0.35	0.40	0.40	0.45	0.45	0.45	0.45	0.45	0.50	0.50	0.50	0.50
	5	0.30	0.45	0.40	0.45	0.45	0.45	0.45	0.45	0.45	0.45	0.50	0.50	0.50	0.50
	4	0.40	0.45	0.45	0.45	0.45	0.45	0.45	0.50	0.50	0.50	0.50	0.50	0.50	0.50
	3	0.60	0.50	0.50	0.50	0.50	0.50	0.50	0.50	0.50	0.50	0.50	0.50	0.50	0.50
	2	0.85	0.65	0.60	0.55	0.55	0.55	0.50	0.50	0.50	0.50	0.50	0.50	0.50	0.50
	1	1.30	1.00	0.90	0.80	0.75	0.70	0.70	0.70	0.65	0.65	0.60	0.55	0.55	0.55
9	9	−0.25	0.00	0.15	0.20	0.25	0.30	0.30	0.35	0.35	0.40	0.45	0.45	0.45	0.45
	8	−0.00	0.20	0.30	0.35	0.35	0.40	0.40	0.40	0.40	0.45	0.45	0.50	0.50	0.50
	7	0.15	0.30	0.35	0.40	0.40	0.45	0.45	0.45	0.45	0.45	0.50	0.50	0.50	0.50
	6	0.25	0.35	0.40	0.40	0.45	0.45	0.45	0.45	0.45	0.50	0.50	0.50	0.50	0.50
	5	0.35	0.40	0.45	0.45	0.45	0.45	0.45	0.45	0.50	0.50	0.50	0.50	0.50	0.50
	4	0.45	0.45	0.45	0.45	0.45	0.50	0.50	0.50	0.50	0.50	0.50	0.50	0.50	0.50
	3	0.60	0.50	0.50	0.50	0.50	0.50	0.50	0.50	0.50	0.50	0.50	0.50	0.50	0.50
	2	0.80	0.65	0.60	0.55	0.55	0.55	0.55	0.50	0.50	0.50	0.50	0.50	0.50	0.50
	1	1.35	1.00	0.90	0.80	0.75	0.75	0.70	0.70	0.65	0.65	0.60	0.55	0.55	0.55

续表

m	n \ K	0.1	0.2	0.3	0.4	0.5	0.6	0.7	0.8	0.9	1.0	2.0	3.0	4.0	5.0
10	10	−0.25	0.00	0.10	0.20	0.25	0.30	0.30	0.35	0.35	0.40	0.45	0.45	0.45	0.45
	9	−0.05	0.20	0.30	0.35	0.35	0.40	0.40	0.40	0.40	0.45	0.45	0.50	0.50	0.50
	8	0.10	0.30	0.35	0.40	0.40	0.40	0.45	0.45	0.45	0.45	0.50	0.50	0.50	0.50
	7	0.20	0.35	0.40	0.40	0.45	0.45	0.45	0.45	0.45	0.50	0.50	0.50	0.50	0.50
	6	0.30	0.40	0.40	0.45	0.45	0.45	0.45	0.45	0.45	0.50	0.50	0.50	0.50	0.50
	5	0.40	0.45	0.45	0.45	0.45	0.45	0.45	0.50	0.45	0.50	0.50	0.50	0.50	0.50
	4	0.50	0.45	0.45	0.45	0.50	0.50	0.50	0.50	0.50	0.50	0.50	0.50	0.50	0.50
	3	0.60	0.55	0.50	0.50	0.50	0.50	0.50	0.50	0.50	0.50	0.50	0.50	0.50	0.50
	2	0.85	0.65	0.60	0.55	0.55	0.55	0.55	0.50	0.50	0.50	0.50	0.50	0.50	0.50
	1	1.35	0.10	0.90	0.80	0.75	0.75	0.70	0.70	0.65	0.65	0.60	0.55	0.55	0.55
11	11	−0.25	0.00	0.15	0.20	0.25	0.30	0.30	0.30	0.35	0.45	0.45	0.45	0.45	0.45
	10	−0.05	0.20	0.25	0.30	0.35	0.40	0.40	0.40	0.40	0.45	0.50	0.50	0.50	0.50
	9	0.10	0.30	0.35	0.40	0.40	0.40	0.45	0.45	0.45	0.50	0.50	0.50	0.50	0.50
	8	0.20	0.35	0.40	0.40	0.45	0.45	0.45	0.45	0.45	0.50	0.50	0.50	0.50	0.50
	7	0.25	0.40	0.40	0.45	0.45	0.45	0.45	0.45	0.45	0.50	0.50	0.50	0.50	0.50
	6	0.35	0.40	0.45	0.45	0.45	0.45	0.45	0.50	0.50	0.50	0.50	0.50	0.50	0.50
	5	0.40	0.45	0.45	0.45	0.45	0.50	0.50	0.50	0.50	0.50	0.50	0.50	0.50	0.50
	4	0.50	0.50	0.50	0.50	0.50	0.50	0.50	0.50	0.50	0.50	0.50	0.50	0.50	0.50
	3	0.65	0.55	0.50	0.50	0.50	0.50	0.50	0.50	0.50	0.50	0.50	0.50	0.50	0.50
	2	0.85	0.65	0.60	0.55	0.55	0.55	0.55	0.50	0.50	0.50	0.50	0.50	0.50	0.50
	1	1.35	1.05	0.90	0.80	0.75	0.75	0.75	0.70	0.65	0.60	0.60	0.55	0.55	0.55
12以上	自上1层	−0.30	0.00	0.15	0.20	0.25	0.30	0.30	0.30	0.35	0.35	0.40	0.45	0.45	0.45
	2	−0.10	0.20	0.25	0.30	0.35	0.40	0.40	0.40	0.40	0.40	0.45	0.45	0.45	0.50
	3	0.05	0.25	0.35	0.40	0.40	0.40	0.45	0.45	0.45	0.45	0.45	0.50	0.50	0.50
	4	0.15	0.30	0.40	0.40	0.45	0.45	0.45	0.45	0.45	0.45	0.45	0.50	0.50	0.50
	5	0.25	0.35	0.50	0.45	0.45	0.45	0.45	0.45	0.45	0.45	0.50	0.50	0.50	0.50
	6	0.30	0.40	0.50	0.45	0.45	0.45	0.45	0.50	0.50	0.50	0.50	0.50	0.50	0.50
	7	0.35	0.40	0.55	0.45	0.45	0.45	0.50	0.50	0.50	0.50	0.50	0.50	0.50	0.50
	8	0.35	0.45	0.55	0.45	0.50	0.50	0.50	0.50	0.50	0.50	0.50	0.50	0.50	0.50
	中间各层	0.45	0.45	0.55	0.45	0.50	0.50	0.50	0.50	0.50	0.50	0.50	0.50	0.50	0.50
	4	0.55	0.50	0.50	0.50	0.50	0.50	0.50	0.50	0.50	0.50	0.50	0.50	0.50	0.50
	3	0.65	0.55	0.50	0.50	0.50	0.50	0.50	0.50	0.50	0.50	0.50	0.50	0.50	0.50
	2	0.70	0.70	0.60	0.455	0.55	0.55	0.55	0.50	0.50	0.50	0.50	0.50	0.50	0.50
	自下1层	1.35	1.05	0.70	0.80	0.75	0.70	0.70	0.70	0.65	0.65	0.60	0.55	0.55	0.55

表 5-5　按照上下梁相对刚度变化的修正值 y_1/h

α_1 \ K	0.1	0.2	0.3	0.4	0.5	0.6	0.7	0.8	0.9	1.0	2.0	3.0	4.0	5.0
0.4	0.55	0.40	0.30	0.25	0.20	0.20	0.20	0.15	0.15	0.15	0.05	0.05	0.05	0.05
0.5	0.45	0.30	0.20	0.20	0.20	0.15	0.15	0.10	0.10	0.10	0.05	0.05	0.05	0.05
0.6	0.30	0.20	0.15	0.15	0.10	0.10	0.10	0.10	0.05	0.05	0.05	0.05	0.00	0.00
0.7	0.20	0.15	0.10	0.10	0.10	0.05	0.05	0.05	0.05	0.05	0.05	0.00	0.00	0.00
0.8	0.15	0.10	0.05	0.05	0.05	0.05	0.05	0.05	0.05	0.00	0.00	0.00	0.00	0.00
0.9	0.05	0.05	0.05	0.05	0.00	0.00	0.00	0.00	0.00	0.00	0.00	0.00	0.00	0.00

注：α_1 在最下层可以不考虑，当上梁相对刚度较大时则取倒数，$\alpha_1=\dfrac{K_{Lx}}{K_{Ls}}$时，图中 $K_{Ls}=K_{L1}+K_{L2}$，$K_{Lx}=K_{L3}+K_{L4}$。

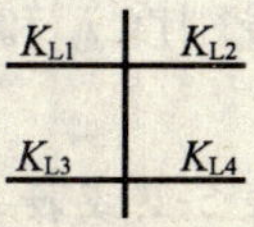

表 5-6　按照上下层高不同的修正值 y_2/h 和 y_3/h

α_2 上	α_3 下 ＼ K	0.1	0.2	0.3	0.4	0.5	0.6	0.7
2.0		0.25	0.15	0.15	0.10	0.10	0.10	0.10
1.8		0.20	0.15	0.10	0.10	0.10	0.05	0.05
1.6	0.4	0.15	0.10	0.10	0.05	0.05	0.05	0.05
1.4	0.6	0.10	0.05	0.05	0.05	0.05	0.05	0.05
1.2	0.8	0.05	0.05	0.05	0.0	0.0	0.0	0.0
1.0	1.0	0.0	0.0	0.0	0.0	0.0	0.0	0.0
0.8	1.2	−0.05	−0.05	−0.05	0.0	0.0	0.0	0.0
0.6	1.4	−0.10	−0.05	−0.05	−0.05	−0.05	−0.05	−0.05
0.4	1.6	−0.15	−0.10	−0.10	−0.05	−0.05	−0.05	−0.05
	1.8	−0.20	−0.15	−0.10	−0.10	−0.10	−0.05	−0.05
	2.0	−0.25	−0.15	−0.15	−0.10	−0.10	−0.10	−0.10
α_2 上	α_3 下 ＼ K	0.8	0.9	1.0	2.0	3.0	4.0	5.0
2.0		0.10	0.05	0.05	0.05	0.05	0.0	0.0
1.8		0.05	0.05	0.05	0.05	0.0	0.0	0.0
1.6	0.4	0.05	0.05	0.05	0.0	0.0	0.0	0.0
1.4	0.6	0.05	0.05	0.0	0.0	0.0	0.0	0.0
1.2	0.8	0.0	0.0	0.0	0.0	0.0	0.0	0.0
1.0	1.0	0.0	0.0	0.0	0.0	0.0	0.0	0.0
0.8	1.2	0.0	0.0	0.0	0.0	0.0	0.0	0.0
0.6	1.4	−0.05	−0.05	0.0	0.0	0.0	0.0	0.0
0.4	1.6	−0.05	−0.05	−0.05	0.0	0.0	0.0	0.0
	1.8	−0.05	−0.05	−0.05	−0.05	0.0	0.0	0.0
	2.0	−0.10	−0.05	−0.05	−0.05	−0.05	0.0	0.0

注：1. y_2——按照 $\alpha_2=\frac{h_s}{H}$ 求得，上层较高时为正值，但对于最上层 y_2 可不考虑。

2. y_3——按照 $\alpha_2=\frac{h_x}{H}$ 求得，对于最下层 y_3 可不考虑。

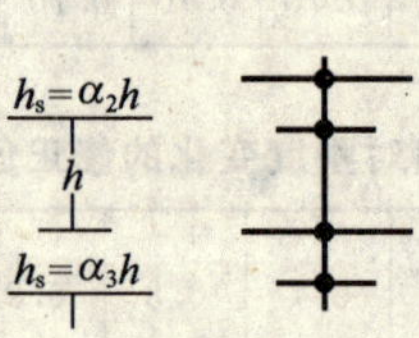

(3) 框架内力的计算步骤

1) 高层框架在节点水平荷载作用下，任一柱 j 的柱端弯矩按下式计算，见图 5-8。

$$\left.\begin{aligned}&\text{柱下端弯矩：}\quad M_{i下}=V_{ij}y\\&\text{柱上端弯矩：}\quad M_{i上}=V_{ij}(h-y)\end{aligned}\right\}\tag{5-18}$$

式 (5-18) 中柱 j 的剪力 V_{ij} 可按式 (5-11) 计算。

各柱的抗推刚度 D，应根据各柱的线刚度 i_z 和高度 h 按式 (5-13) 计算。

α 可根据各柱的梁柱线刚度比 K 由表 5-1 或表 5-2 查得。

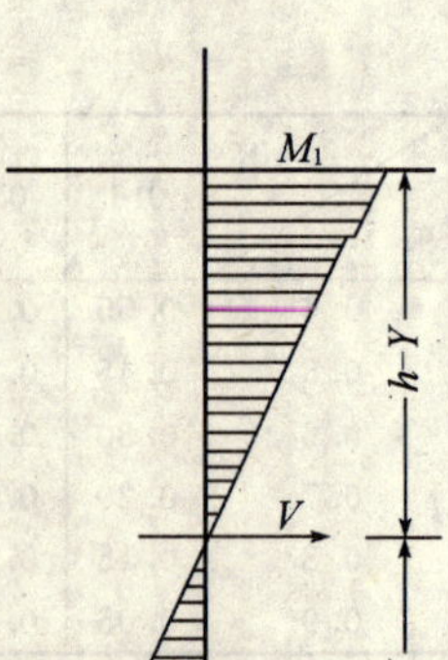

图 5-8　柱端弯矩

柱 j 的反弯点高度按式（5-17）计算，式中 y_0、y_1、y_2、y_3 应根据情况分别由表 5-3～表 5-6 查得。

2）梁端弯矩 M_{i1}，M_{i2} 计算。任一节点 i 处左右横梁的端弯矩（见图 5-9），应根据上下柱的 i 端弯矩的代数和按横梁线刚度进行分配求得：

$$\left.\begin{aligned} M_{i右} &= (M_{i上} + M_{i下}) \frac{i_{L右}}{i_{L右} + i_{L左}} \\ M_{i左} &= (M_{i上} + M_{i下}) \frac{i_{L左}}{i_{L右} + i_{L左}} \end{aligned}\right\} \tag{5-19}$$

式中　$M_{i右}$，$M_{i左}$——右梁及左梁的梁端弯矩；

$M_{i上}$，$M_{i下}$——上柱及下柱的柱端弯矩；

$i_{L右}$；$i_{L左}$——右梁及左梁的线刚度。

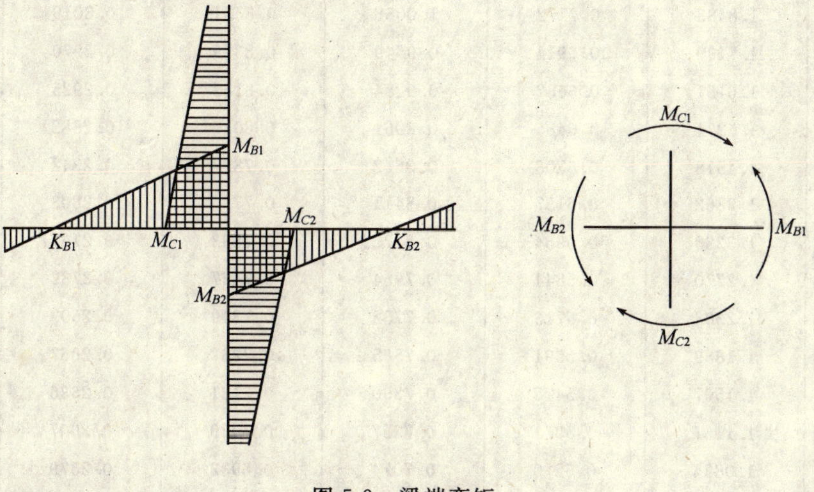

图 5-9　梁端弯矩

（4）框架水平位移的计算

高层框架的水平位移 u 可分为两部分：由于框架梁柱弯曲产生的位移 u_M 和柱子轴向变形产生的位移 u_N，即：

$$u = u_M + u_N \tag{5-20}$$

u_M 可由 D 值法求得。高层框架任一楼层的层间位移为：

$$u_x = \frac{V_{ij(n)}}{D_{(n)}} \tag{5-21}$$

框架顶位移为各层间相对位移之和（见图 5-10），即：

$$u_M = \sum_{i=1}^{u} u_n \tag{5-22}$$

用积分代替求和，顶点位移 u_M 也可按下式计算：

$$u = \frac{Wh^2 H}{12\sum E_{j1} I_{j1}} \quad (F_a + 2\lambda F_b) \tag{5-23}$$

式中　W——水平荷载总值；

H——高层框架总高度；

h——层间高度；

$\sum E_{j1} I_{j1}$——底层柱刚度之和；

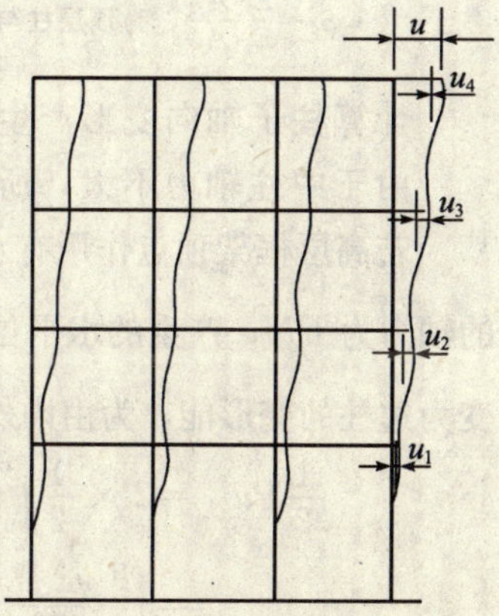

图 5-10　框架顶侧移

λ——梁柱刚度比，即 $\lambda=\dfrac{\sum E_{j1}I_{j1}}{2\sum E_{j1}I_{j1}/L}$ (5-24)

F_a，F_b——系数，取决于荷载形式和顶层、底层刚度比，由表 5-7 查得。

表 5-7 系数 F_a、F_b 及 F_c 的数值

S_a、S_b、S_c	F_a 及 F_b			F_c		
数 值	顶点集中荷载	均布荷载	三角形分布荷载	顶点集中荷载	均布荷载	三角形分布荷载
0.00	∞	1.0000	1.5000	1.0000	0.3333	0.5000
0.05	3.1534	0.8866	1.2936	0.9592	0.3256	0.4872
0.10	2.5584	0.8268	1.1899	0.9273	0.3188	0.4761
0.15	2.2319	0.7826	1.1150	0.9002	0.3127	0.4661
0.20	2.0117	0.7470	1.0558	0.8764	0.3071	0.4570
0.25	1.8483	0.7172	1.0068	0.8551	0.3019	0.4486
0.30	1.7199	0.6914	0.9649	0.8359	0.2970	0.4409
0.35	1.6151	0.6687	0.9284	0.8152	0.2925	0.4336
0.40	1.5271	0.6485	0.8961	0.8019	0.2882	0.4268
0.45	1.4518	0.6303	0.8672	0.7867	0.2842	0.4204
0.50	1.3862	0.6137	0.8411	0.7725	0.2803	0.4143
0.55	1.3285	0.5984	0.8172	0.7593	0.2767	0.4085
0.60	1.2770	0.5844	0.7954	0.7467	0.2732	0.4030
0.65	1.2308	0.5713	0.7752	0.7349	0.2699	0.3978
0.70	1.1889	0.5591	0.7565	0.7237	0.2667	0.3928
0.75	1.1507	0.5478	0.7390	0.7131	0.2636	0.3880
0.80	1.1157	0.5371	0.7227	0.7029	0.2607	0.3834
0.85	1.0834	0.5270	0.7074	0.6932	0.2579	0.3789
0.90	1.0536	0.5175	0.6930	0.6840	0.2551	0.3747
0.95	1.0258	0.5085	0.6795	0.6751	0.2525	0.3706
1.00	1.0000	0.5000	0.6667	0.6667	0.2500	0.3666

注：1. $S_a=\dfrac{E_{j2}I_{j2}}{E_{j1}I_{j1}}$。

2. $S_b=\dfrac{E_{j2}I_{j2}}{E_{j1}I_{j1}}$，为顶层与底层柱、梁的刚度比。

3. $S_c=\dfrac{E_{j2}A_{j2}}{E_{j1}A_{j1}}$，为顶层柱与底层柱的轴向刚度比。

计算柱子轴向变形产生的位移 u_N。

由于中柱轴力不大，所以可以只考虑边柱的影响。

若高层框架顶点作用有水平力 P（见图 5-11），边柱产生的轴力为 $\pm N$，产生的水平位移 u_N，这时外力作功 $\frac{1}{2}Pu_N$，它变为边柱的变形能，为由内外功相等的条件可得：

$$\frac{1}{2}Pu_N=2\times\frac{1}{2}\int_0^H N(x)\,\frac{N(x)}{A_j(x)E_j(x)}\mathrm{d}x$$

$$=\int_0^H \frac{p^2x^2}{B^2}\,\frac{1}{A_{j1}E_{j1}}f(x)\mathrm{d}x$$

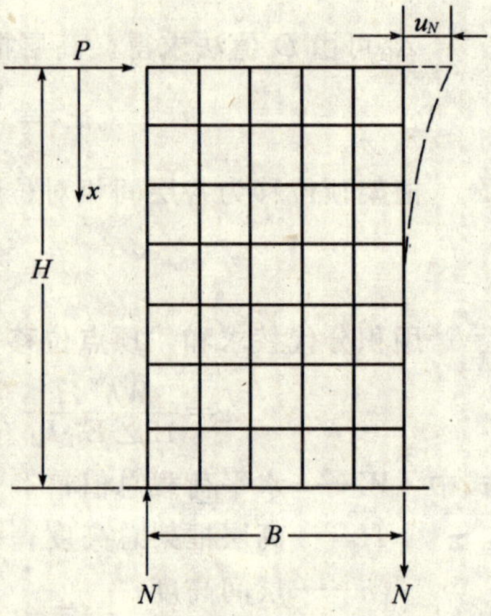

图 5-11 柱轴向变形产生的侧移

式中　$f(x)$——顶层柱与底层柱刚度比的函数；

$A_{j1}E_{j1}$——底层柱的刚度。

所以，由柱轴向变形产生的顶点位移按下式计算：

$$u_N=\frac{V_0H^3}{A_{j1}E_{j1}B^2}F_c \tag{5-25}$$

式中　V_0——底部剪力；

B——框架的宽度；

$A_{j1}E_{j1}$——底层柱的轴向刚度；

F_c——系数，取决于荷载形式、顶层柱与底层柱轴向刚度比，由表 5-7 查得。

3. 高层框架考虑扭转的近似计算

在高层框架的计算中，一般假定水平荷载合力的作用线都通过结构的刚度中心，因而结构可以不考虑扭转的产生。但当框架结构的平面布置不对称时，水平力合力作用线，就不经过高层框架楼层平面的刚度中心。这时，外荷载会使这座高层框架结构的建筑物产生扭转，这就增加了结构受力的复杂性，也会给计算增添麻烦。

目前考虑扭转的计算方法，大致可分为两类：一类是将整个结构作为一个空间结构，用矩阵位移法来分析内力与位移，这时可以考虑扭转的影响；另一类是简化计算，考虑扭转因素修改抗推刚度的近似计算法。本节主要介绍的是近似计算。

（1）抗推刚度与刚度中心

某层框架抗侧力结构，使其层间产生单位相对位移时需要作用的水平推力，称为该层的抗推刚度。

若是以刚度 D 为假想面积，则此假想面积的形心就是刚度中心。所以，求刚度中心的方法与求面积形心的方法一样。在楼层平面上，任选一坐标系 $x'O'y'$，则刚度中心的坐标为：

$$\left.\begin{aligned} X&=\frac{\sum\limits_{i} D_{yj}\gamma'_{xj}}{\sum\limits_{j} D_{yj}} \\ Y&=\frac{\sum\limits_{i} D_{xj}\gamma'_{yj}}{\sum\limits_{j} D_{xj}} \end{aligned}\right\} \tag{5-26}$$

式中　D_{xi}，D_{yj}——x 向第 i 片，y 向第 j 片框架抗推刚度之和；

γ'_{xj}，γ'_{yj}——y 向第 j 片，x 向第 i 片至参考坐标系原点 O' 的距离，见图 5-12。

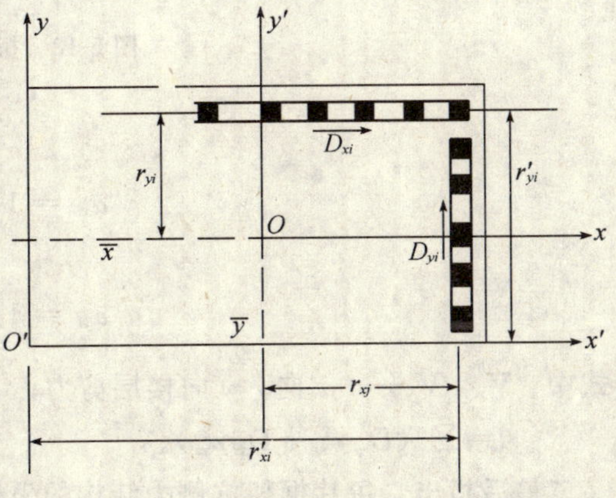

图 5-12　框架楼层平面坐标系

（2）考虑扭转影响的修正系数

假设楼层在自身平面内为刚性体，因而楼面上各点间没有相对变形，整个框架楼面像一个刚性片一样，仅产生平移和转动，见图 5-13。从图所示的受力和位移状态分解为图 5-13 中（b）和（c）通过刚度中心 O_D 作用的 Q_{y0}，此时楼层框架

平面沿 y 方向产生层间相对水平位移 u。图中（c）为通过刚度中心作用有力矩 $M_t=Q_y e_y$，此时楼层平面绕过刚度中心的竖轴产生层间相对转角 θ，则在刚度中心建立坐标系 x_{0y} 后，各片框架的水平剪力为：

$$\left.\begin{aligned} V_{xi} &= V_{xi0}\alpha_{xi} \\ V_{yi} &= V_{yi0}\alpha_{yi} \end{aligned}\right\} \tag{5-27}$$

式中　V_{xi0}，V_{yi0}——不考虑扭转影响时的水平力；

α_{xi}，α_{yi}——扭转影响系数。

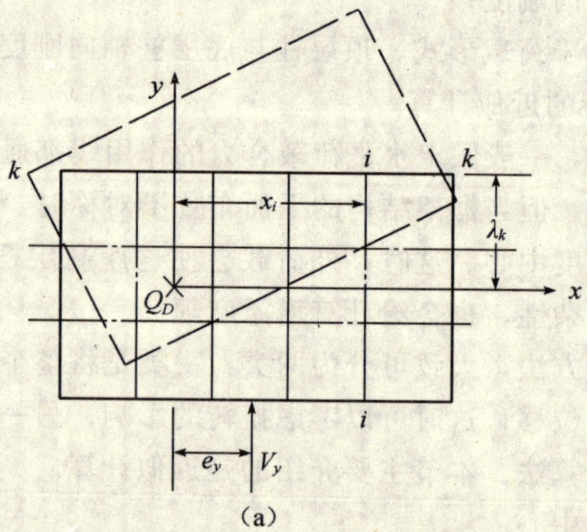

(a)

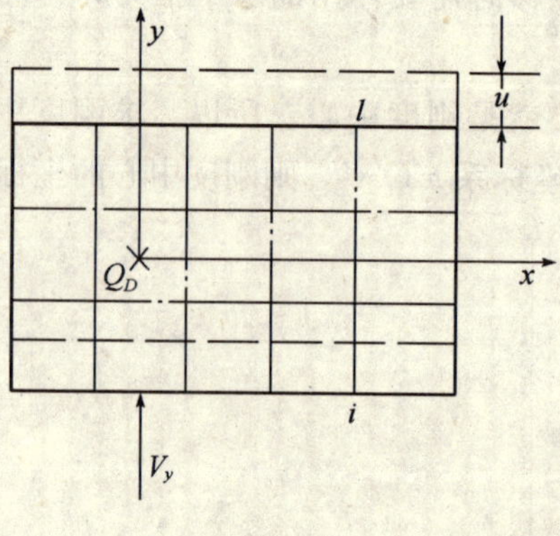

(b)

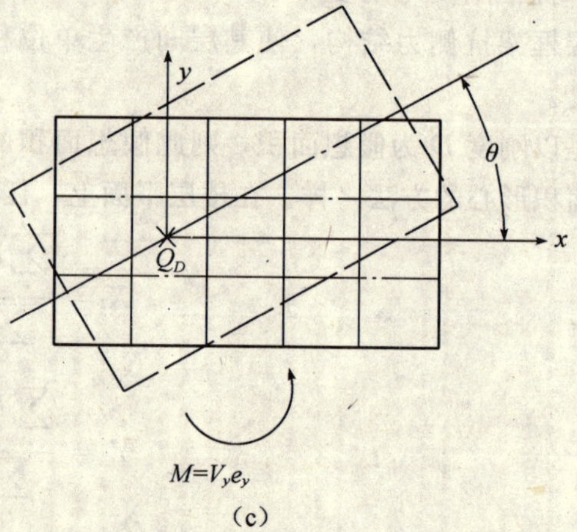

(c)

图 5-13　扭转影响的刚性片运动

$$\left.\begin{aligned} \alpha_{xi} &= 1+\frac{\sum_i D_{xi}M_i}{IV_x}\gamma_{yi} \\ \alpha_{yi} &= 1+\frac{\sum_i D_{yi}M_i}{IV_y}\gamma_{xi} \end{aligned}\right\} \tag{5-28}$$

式中　V_x，V_y——x 向、y 向楼层剪力；

$I=\sum\ (D_{yj}\gamma_{xj}^2+D_{xi}\gamma_{xi}^2)$。

最后指出，每片框架抗侧力结构的坐标位置有正负，因而扭转影响系数中的第二项也有正负，即可能出现 $\alpha>1$ 情况，也可能出现 $\alpha<1$ 的情况。前者相当于考虑扭转后，剪力增大

了；后者相当于考虑扭转后，剪力减小了。在考虑框架扭转影响的验算中，只考虑剪力增大的情况。

三、截面设计与构造要求

规程内容，基本上是由现行国家标准《建筑抗震设计规范》(GB 50011—2001) 及《混凝土结构设计规范》(GB 50010—2002) 中的相应规定：

1. 框架柱构造要求根据规程要求框架柱的截面尺寸由以下三个条件决定，即最小构造尺寸；轴压比要求；抗剪截面最小尺寸。

(1) 柱截面尺寸宜符合下列要求：

1) 矩形截面柱的边长，非抗震设计时不宜小于 250mm，抗震设计时不宜小于 300mm；圆柱截面直径不宜小于 350mm；

2) 柱剪跨比宜大于 2；

3) 柱截面高宽比不宜大于 3。

抗震设计时，钢筋混凝土柱轴压比不宜超过表 5-8 的规定；对于Ⅳ类场地上较高的高层建筑，其轴压比限值应适当减小。

表 5-8　柱轴压比限值

结构类型	抗震等级		
	一	二	三
框　架	0.70	0.80	0.90
板柱-剪力墙、框架-剪力墙、框架-核心筒、筒中筒	0.75	0.85	0.95
部分框支剪力墙	0.60	0.70	—

注：1. 表内数值适用于混凝土强度等级不高于 C60 的柱。当混凝土强度等级为 C65～C70 时，轴压比限值应比表中数值降低 0.05；当混凝土强度等级为 C75～C80 时，轴压比限值应比表中数值降低 0.10；

2. 表内数值适用于剪跨比大于 2 的柱。剪跨比不大于 2 但不小于 1.5 的柱，其轴压比限值应比表中数值减小 0.05；剪跨比小于 1.5 的柱，其柱轴压比限值不应大于 1.05；

3. 当沿柱全高采用井字复合箍，箍筋间距不大于 100mm、肢距不大于 200mm、直径不小于 12mm 时，柱轴压比限值可增加 0.10；当沿柱全高采用复合螺旋箍，箍筋螺距不大于 100mm、肢中距不大于 200mm、直径不小于 12mm 时，柱轴压比限值可增加 0.10；当沿柱全高采用连续复合螺旋箍，且螺距不大于 80mm、肢距不大于 200mm、直径不小于 10mm 时，轴压比限值可增加 0.10。以上三种配箍类别的含箍特征值应按增大的轴压比由表 14-15 确定；

4. 当柱截面中部设置由附加纵向钢筋形成的芯柱，且附加纵向钢筋的截面面积不小于柱截面面积的 0.8%时，柱轴压比限值可增加 0.05。当本项措施与注 (3) 的措施共同采用时，柱轴压比限值可比表中数值增加 0.15，但箍筋的配箍特征值仍可按轴压比增加 0.10 的要求确定；

5. 表注第 3、4 两款之措施，也适用于框支柱。

轴压比指柱考虑地震作用组合的轴压力设计值与柱全截面面积和混凝土轴心抗压强度设计值乘积的比值。

当房屋高度大、层数多、柱距大时，由于单柱轴向力很大，受轴压比限制而使柱截面过大，不仅加大自重和材料消耗，而且妨碍建筑功能。减小柱截面尺寸通常有采用高强度混凝土、钢管混凝土和型钢混凝土柱这三条途径。

采用 C60～C80 高强度混凝土可以减小柱截面积 30%左右 (与 C40 相比)，C60 混凝土已广泛采用，取得了良好的效益。

(2) 框架宜优先采用预制梁板现浇柱的方案，并应采用叠合梁方式，使预制楼板锚结于梁的叠合层中，以保证梁和板的整体性；

(3) 现浇框架的混凝土强度等级，按一级抗震设计时，不宜低于C30；按二～四级抗震和非抗震设计时，不宜低于C20。梁、柱混凝土强度等级相差不宜大于5MPa。如超过时，梁、柱节点区施工时应作专门处理，使节点区混凝土强度等级与柱相同。装配整体式框架的混凝土强度等级不宜低于C30，其节点区混凝土强度等级宜比柱的提高5MPa。

2. 柱承载力计算

框架柱为偏心受压、偏心受拉构件，其正截面强度计算，按《混凝土结构设计规范》(GB 50010—2002) 规定进行。

框架柱宜考虑双向偏心正截面承载计算。角柱应按双向偏心计算。当一、二级抗震设计时，角柱的设计内力宜乘以放大系数1.30，以保证角柱有足够的抗震能力。

(1) 由于框架柱的延性通常比梁的延性小，一旦框架柱形成了塑性铰，就会产生较大的层间侧移，并影响结构承受垂直荷载的能力。因此，在框架柱的设计中，有目的地增大柱端弯矩设计值体现了“强柱弱梁”的设计概念。对9度设防烈度和一级抗震等级的框架结构，上、下柱端弯矩和的取值，除弯矩增大系数以外，还考虑梁端真正出现塑性铰时的受弯承载力值 M_{bua}。

(2) 抗震设计时，四级框架柱的柱端弯矩设计值可直接取考虑地震作用组合的弯矩值；一、二、三级框架的梁、柱节点处，除顶层和柱轴压比小于0.15者外，柱端考虑地震作用组合的弯矩设计值应按下列公式予以调整：

$$\sum M_c = \eta_c \sum M_b \tag{5-29}$$

9度抗震设计的结构和一级框架结构尚应符合

$$\sum M_c = 1.2 \sum M_{bua} \tag{5-30}$$

式中 $\sum M_c$——节点上、下柱端截面顺时针或逆时针方向组合弯矩设计值之和。上、下柱端的弯矩设计值，可按弹性分析的弯矩比例进行分配；

$\sum M_b$——节点左、右柱端截面顺时针或逆时针方向组合弯矩设计值之和。当抗震等级为一级且节点左、右梁端均为负弯矩时，绝对值较小的弯矩应取零；

η_c——柱端弯矩增大系数，一、二、三级分别取1.4、1.2和1.1；

$\sum M_{bua}$——节点左、右梁端顺时针或逆时针方向实配的正截面受弯承载力所对应的弯矩设计值之和，可根据实际配筋面积（计入受压钢筋）和材料强度标准值并考虑承载力抗震调整系数计算。

当反弯点不在柱的层高范围内时，柱端弯矩设计值可直接乘以柱端弯矩增大系数 η_c。

(3) 抗震设计时，一、二、三级框架结构的底层柱截面的弯矩设计值，应分别采用考虑地震作用组合的弯矩值与增大系数1.5、1.25和1.15的乘积。

抗震设计的框架柱、框支柱端部截面的剪力设计值，一、二、三级时应按下列公式计算；四级时可直接取考虑地震作用组合的剪力计算值。

$$V = \eta_{Vc}(M_c^t + M_c^b)/H_n \tag{5-31}$$

9 度抗震设计的结构和一级框架结构尚应符合：

$$V=\eta_{Vc}(M_{cua}^{t}+M_{cua}^{b})/H_{n} \tag{5-32}$$

式中　M_c^t、M_c^b——柱上、下端顺时针或逆时针方向截面组合的弯矩设计值，应符合规程中的规定；

M_{cua}^t、M_{cua}^b——柱上、下端顺时针或逆时针方向实配的正截面受弯承载力所对应的弯矩值，可根据实际配筋面积、材料强度标准值和重力荷载代表值产生的轴向压力设计值并考虑承载力抗震调整系数计算；

H_n——柱的净高；

η_{Vc}——柱端剪力增大系数，一、二、三级分别取 1.4、1.2 和 1.1。

（4）抗震设计时，框架角柱应按双向偏心受力构件进行正截面承载力设计。一、二、三级框架角柱按式（5-29）～式（5-32）调整后的弯矩、剪力设计值应乘以不小于 1.1 的增大系数。

3. 柱钢筋的连接

（1）避免焊接损伤柱纵向钢筋

规程规定，柱的纵筋不应与箍筋、拉筋及预埋件等焊接，其理由焊接容易使钢筋变脆，不利于抗震。

（2）柱加密区箍筋构造

抗震设计时，柱箍筋在规定的范围内应加密，加密区的箍筋间距、直径、肢距、体积配箍率等，应符合下列要求：

1）一般情况下，箍筋的最大间距和最小直径，应按表 5-9 采用。

表 5-9　柱端箍筋加密区的构造要求

抗震等级	箍筋最大间距（mm）	箍筋最小直径（mm）
一　级	6d 和 100 的较小值	10
二　级	8d 和 10 的较小值	8
三　级	8d 和 150（柱根 100）的较小值	8
四　级	8d 和 150（柱根 100）的较小值	6（柱根 8）

注：1. d 为柱纵向钢筋直径（mm）；

2. 柱根指框架底部嵌固部位。

2）二级框架柱箍筋直径不小于 10mm、肢距不大于 200mm 时，除柱根外最大间距应允许采用 150mm；三级框架柱的截面尺寸不大于 400mm 时，箍筋最小直径应允许采用 6mm；四级框架柱的剪跨比不大于 2 或柱中全部纵向钢筋的配筋率大于 3%时，箍筋直径不应小于 8mm。

3）剪跨比不大于 2 的柱，箍筋间距不应大于 100mm，一级时尚不应大于 6 倍的纵向钢筋直径。

4）箍筋应为封闭式，其末端应做成 135°弯钩且弯钩末端平直段长度不应小于 10 倍的箍筋直径，且不应小于 75mm。

5）箍筋加密区的箍筋肢距，一级不宜大于 200mm，二、三级不宜大于 250mm 和 20 倍箍筋直径的较大值，四级不宜大于 300mm。每隔一根纵向钢筋宜在两个方向有箍筋约束；

采用拉筋组合箍时，拉筋宜紧靠纵向钢筋并勾住封闭箍。

6）柱箍筋加密区箍筋的体积配箍率，应符合下式要求：

$$p_v \geqslant \lambda_v f_c / f_{yv} \tag{5-33}$$

式中 p_v——柱箍筋的体积配箍率；

λ_v——柱最小配箍特征值，宜按表 5-10 采用；

f_c——混凝土轴心抗压强度设计值。当柱混凝土强度等级低于 C35 时，应按 C35 计算；

f_{yv}——柱箍筋或拉筋的抗拉强度设计值，超过 360N/mm² 时，应按 360N/mm² 计算。

7）对一、二、三、四级框架柱，其箍筋加密区范围箍筋的体积配箍率尚且分别不应小于 0.8%、0.6%、0.4%和 0.2%。

8）剪跨比不大于 2 的柱宜采用复合螺旋箍或井字复合箍，其体积配箍率不应小于 1.2%；设防烈度为 9 度时，不应小于 1.5%。

9）计算复合箍筋的体积配箍率时，应扣除重叠部分的箍筋体积；计算复合螺旋箍筋的体积配箍率时，其非螺旋箍筋的体积应乘以换算系数 0.8。

我国及国外的许多试验结果都表明，提高箍筋的强度，能有较好的约束作用；同时，柱的混凝土强度越高，对箍筋的约束要求也越高。因此，规程采用了箍筋的配箍特征值的做法，以适应钢筋和混凝土强度的变化，更合理地采用了较高强度的钢筋；同时，为了避免计算所得的配筋率过低，还规定了柱最小体积配箍率。

规程所提出的箍筋最小配箍特征值，除与柱抗震等级和轴压比有关外，还与箍筋形式有关。井式复合箍、螺旋箍、复合螺旋箍、连续复合螺旋箍等形式，对混凝土具有较好的约束性能，因此其配箍特征值可比普通箍筋低一些，可以取表 5-10 各抗震等级中的较低一档。

表 5-10 柱端箍筋加密区最小配箍特征值 λ_v

抗震等级	箍筋形式	柱轴压比								
		≤0.30	0.40	0.50	0.60	0.70	0.80	0.90	1.00	1.05
一	普通箍、复合箍	0.10	0.11	0.13	0.15	0.17	0.20	0.23	—	—
	螺旋箍、复合或连续复合螺旋箍	0.08	0.09	0.11	0.13	0.15	0.18	0.21	—	—
二	普通箍、复合箍	0.08	0.09	0.11	0.13	0.15	0.17	0.19	0.22	0.24
	螺旋箍、复合或连续复合螺旋箍	0.06	0.07	0.09	0.11	0.13	0.15	0.17	0.20	0.22
三	普通箍、复合箍	0.06	0.07	0.09	0.11	0.13	0.15	0.17	0.20	0.22
	螺旋箍、复合或连续复合螺旋箍	0.05	0.06	0.07	0.09	0.11	0.13	0.15	0.18	0.20

注：普通箍指单个矩形箍或单个圆形箍；螺旋箍指单个连续螺旋箍筋；复合箍指由矩形、圆形箍或拉筋组成的箍筋；复合螺旋箍指由螺旋箍与矩形、多边形、圆形箍或拉筋组成的箍筋；连续复合螺旋箍指全部螺旋箍由同一根钢筋加工而成的箍筋。

柱箍筋形式举例如图 5-14 所示。

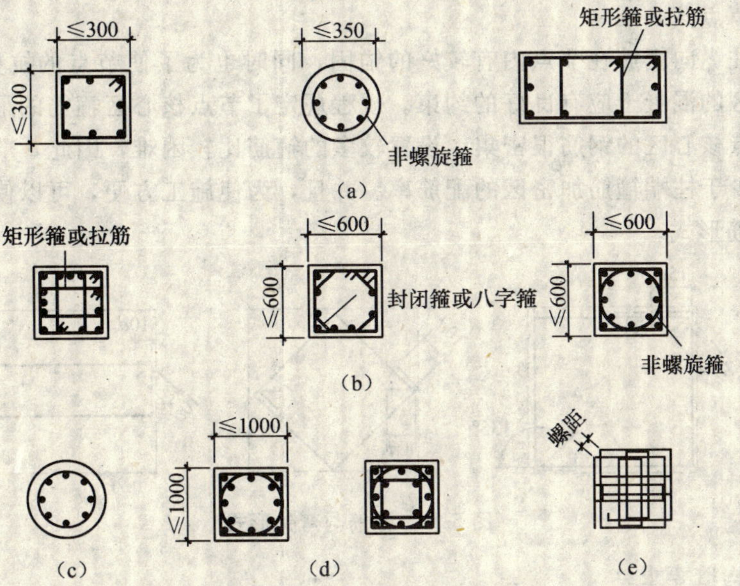

图 5-14　柱箍筋形式示例

(a) 普通箍；(b) 复合箍；(c) 螺旋箍；(d) 复合螺旋箍；(e) 连续复合螺旋箍

应该注意的是，由于规范中有一个柱箍筋肢距不大于 200mm 的规定，有不少设计人员在画图时，将箍筋肢距一律按均匀分布且不大于 200mm，如图 5-15 所示，这样将使浇捣混凝土发生困难。因为混凝土在浇捣时，是不允许从高处直接坠落的，必须使用导管，将混凝土引导至柱根部，然后逐渐向上浇灌。如果箍筋肢距全部不大于 200mm，将无法使用导管。国外设计单位在柱的横剖面中的箍筋布置，常如图 5-15（b）所示，这样既便于施工，对柱纵筋的拉结，也符合要求。

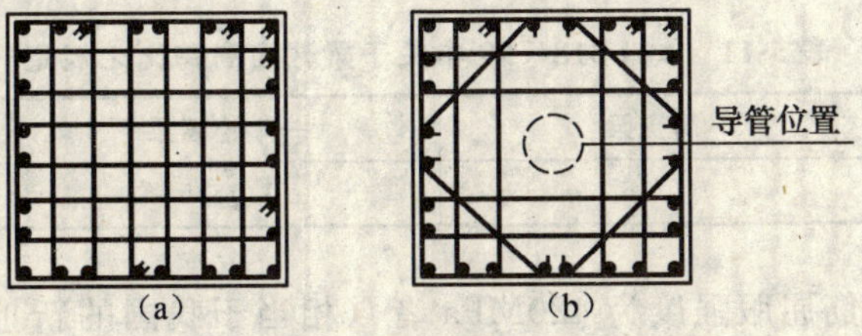

图 5-15

(a) 未考虑导管位置；(b) 加导管位置

当柱截面很大，且为矩形时，例如 1.2m×2.4m 等，应考虑留 2 个导管的位置。

(3) 箍筋焊接

过去曾经规定，当柱内全部纵向钢筋的配筋率超过 3%，应将箍筋焊成封闭箍。考虑到此种要求在实施时，常易将箍筋与纵筋焊在一起，使纵筋变脆；同时，每个箍筋皆要求焊接，费时费工，增加造价，于质量无益反而有害，而且目前国际上主要的结构设计规范，皆无此种将箍筋焊成封闭箍的要求。因此规程规定，当柱纵筋配筋率超过 3%时，未作箍筋必须焊成封闭箍的规定。不论抗震与非抗震设计，箍筋只需做成带 135°弯钩的封闭箍，箍筋末端的直段长度应不小于 10d，皆不需焊成封闭箍。

对于截面较大的柱，其截面中心部分的箍筋，一部分可用拉条代替，拉条两端弯钩的做法同箍筋。

(4) 框架节点核心区

为使梁、柱纵向钢筋在节点内有较好的锚固，同时也为了使节点的抗剪能力有所保证，对于节点核心区的混凝土应有良好的约束。规程规定了节点核心区箍筋的最小配箍率。

但是，节点核心区的钢筋很密集，设置较多的箍筋比较困难，因此，节点核心区的箍筋配筋率可以略少于柱端箍筋加密区的配筋率。并且，为使施工方便，可以使用开口箍，如图5-16所示的箍筋形式。

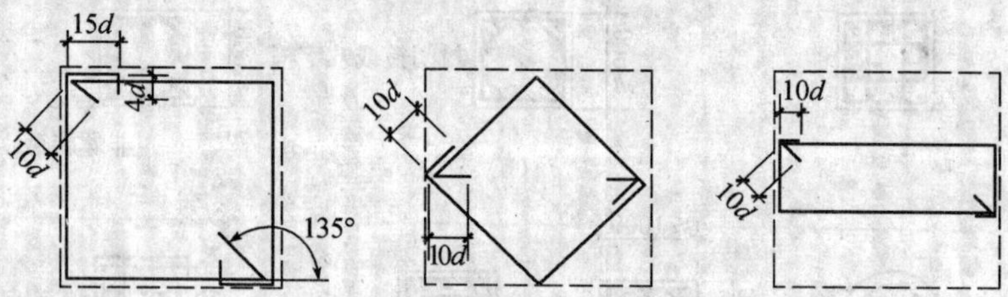

图 5-16 箍筋与弯钩形式

4. 框架梁构造要求

(1) 梁截面尺寸

原行业标准《钢筋混凝土高层建筑结构设计与施工规程》JGJ 3—91 中，曾规定框架主梁的高度可取梁的设计跨度之1/12～1/8。这个高度对于现代高层建筑已不能完全适用。最近十几年，我国一些设计单位在设计框架梁时，其高度取值已突破上述规定，一般为跨度的1/18～1/15，且已有大量工程实践。对于8m左右的柱网的一般高层建筑，框架主梁高度取500mm左右，宽度为350～400mm，工程实例很多。

国外规范中，对于梁高的规定，比我国的还小。美国混凝土结构规范ACI 318—99中，规定梁的高度如表5-11所示。

表 5-11 ACI 318—99 中关于梁截面高跨比之规定

支承情况	简支梁	一端连续梁	两端连续梁
高跨比	1/16	1/18.5	1/21

表中数值适用于钢筋屈服强度为420MPa者（相当于我国的新Ⅲ级钢），其他屈服强度为f_{yk}之钢筋，表中数字应乘以（$0.4+f_{yk}/700$）。例如，屈服强度为335MPa的Ⅱ级钢，$0.4+\frac{335}{700}=0.88$，对于简支梁，$\frac{1}{16}\times0.88\approx\frac{1}{18}$。

新西兰《混凝土结构标准》DZ 3101—94关于梁截面高度之规定，见表5-12。

表 5-12 DZ 3101—94 中关于梁截面跨高比之规定

钢筋屈服强度	简支梁	一端连续梁	两端连续梁
300MPa	1/20	1/23	1/26
430MPa	1/17	1/19	1/22

从以上数据可以看出，我们规定的高跨比下限1/18，比国外规范要严得多。因此，不论从国内已有的工程经验以及与国外规范相比较，这次规程规定的1/10～1/18，是可行的。

在选用时，上限仅适用于荷载很大的情况，对于一般高层建筑的荷载，不应采用此数值，而以选用接近下限为宜。当设计人确有可靠依据，且工程上确有需要时，梁的高跨比也可小于1/18，也即规程提出的下限1/18，并非不能突破。

在计算梁的挠度时，应考虑梁受压区翼缘的有利作用，并可将梁的合理起拱值，从其计算所得挠度中扣除。对于一般高层建筑的框架主梁，如果考虑了以上两条有利因素，高跨比取1/18，是完全可以满足规定中的有关要求的，当然，梁的裂缝控制应符合有关规定。

同时，要注意的是，在一般高层建筑结构中，如柱网尺寸为8m左右，梁高为450～500mm时，梁宽一般400mm左右，即可满足要求，不必做成“宽扁梁”。

(2) 框架梁配筋构造要求

规程中的强制性条文，有如下规定，应引起注意：

1) 抗震设计时，计入受压钢筋作用的梁端截面混凝土受压区高度与有效高度之比值，一级不应大于0.25，抗震等级二、三级不应大于0.35；梁端纵向受拉钢筋的配筋率不应大于2.5%；梁端截面的底面和顶面纵向钢筋截面面积的比值，除按计算确定外，抗震等级一级不应小于0.5，二、三级不应小于0.3。

2) 纵向受拉钢筋的最小配筋百分率 P_{min} (%)，非抗震设计时，不应小于0.2和 $45f_t/f_y$ 二者的较大值；抗震设计时，不应小于表5-13规定的数值。

表5-13　梁纵向受拉钢筋最小配筋百分率 P_{min}　(%)

抗震等级	位置	
	支座（取较大值）	跨中（取较大值）
一　级	0.40和 $80f_t/f_y$	0.30和 $65f_t/f_y$
二　级	0.30和 $65f_t/f_y$	0.25和 $55f_t/f_y$
三、四级	0.25和 $55f_t/f_y$	0.20和 $45f_t/f_y$

3) 抗震设计时，梁端箍筋的加密区长度、箍筋最大间距和最小直径应符合表5-14的要求；当梁端纵向钢筋配筋率大于2%时，表中箍筋最小直径应增大2mm。

表5-14　梁端箍筋加密区的长度、箍筋最大间距和最小直径

抗震等级	加密区长度（取较大值）(mm)	箍筋最大间距（取最小值）(mm)	箍筋最小直径 (mm)
一	$2.0h_b$，500	$h_b/4$，$6d$，100	10
二	$1.5h_b$，500	$h_b/4$，$8d$，100	8
三	$1.5h_b$，500	$h_b/4$，$8d$，150	8
四	$1.5h_b$，500	$h_b/4$，$8d$，150	6

注：d 为纵向钢筋直径，h_b 为梁截面高度。

在抗震设计中，为保证梁的延性，要求框架梁梁端的纵向受压及受拉钢筋的比例 A_s'/A_s 不小于0.5（一级）或0.3（二、三级）。因为梁端有箍筋加密区，箍筋间距较密，对于充分发挥受压钢筋的作用，是很好的保证。所以，在验算梁端截面混凝土受压区高度与有效高度的比值时，可以按双筋梁考虑。在计入受压钢筋的作用后，梁端截面的相对受压区高度 x/h_0 值即可减小很多。即使梁的高度较小，例如取到跨度的 1/18，一般也能满足要求。

国外规范，一般皆将梁的纵向钢筋最小配筋率，与混凝土及钢筋强度一致，这是合理的。新的混凝土规范已有改进。规程中的相关条文，是从该规范中摘录的。

(3) 梁纵向钢筋要求

规程规定：

1) 沿梁全长顶面和底面应至少各配置两根纵向配筋，一、二级抗震设计时钢筋直径不应小于 14mm，且分别不应小于梁两端顶面和底面纵向配筋中较大截面面积的 1/4；三、四级抗震设计和非抗震设计时钢筋直径不应小于 12mm；

2) 一、二级抗震等级的框架梁内贯通中柱的每根纵向钢筋的直径，对矩形截面柱，不宜大于柱在该方向截面尺寸的 1/20；对圆形截面柱，不宜大于纵向钢筋所在位置柱截面弦长的 1/20。

过去的规范中，曾规定沿梁全长应布置“贯通梁全长”的钢筋，这个规定是不妥当的。首先，每根钢筋的长度有限，不可能“贯通梁全长”，必然会有接头。既然要有接头，就可以分段布置。

对于非抗震设计，连续梁的跨中上部钢筋，仅是架立筋，不是受力筋。对于抗震设计，由于在强震发生时，梁支座上部的负弯矩区，有可能延伸至跨中，因此规程规定，在一、二级抗震设计时，梁跨中上部钢筋不小于 2ϕ14 且分别不应小于梁两端顶面纵向配筋中较大截面面积的 1/4。

上述第 2 条的规定，主要是为防止梁在地震反复荷载作用时，纵筋的滑移。这种现象，在过去的震害以及在试验中，都发现过由于柱截面与框架梁纵直径的比例过小而发生滑移的现象。

(4) 避免焊接损伤纵向钢筋

美国 ACI318 规范，从 1999 年开始，在抗震设计一章中，增加了不允许做钢筋十字交叉形焊接的规定，也不允许构件的纵筋与其他钢筋等焊接。因为此种焊接，容易使钢筋变脆，不利于抗震。

我国在北京等地，曾因钢筋十字形焊接而发生脆断事故：某工程的剪力墙竖向分布筋，在根部与 1 根水平定位钢筋焊接。由于焊接时气温较低（但高于零摄氏度），焊接处发生冷脆，所有剪力墙的竖筋皆在焊接处脆断。

所以，规程规定，应避免将纵筋与箍筋、拉筋、埋件等焊接，尤其是在抗震设计的场合。

5. 钢筋的连接和锚固

(1) 机械连接和焊接

规程中对于钢筋的连接的规定，与过去的“89 规范”相比有较大的变化：过去对于构件的关键部位，钢筋的连接皆要求焊接，现在改为要求用机械连接。这是因为目前施工条件下，焊接质量较难保证，而机械连接技术已比较成熟，质量和性能比较稳定。

美国有一个非赢利机构 CRSI (Concrete Reinforcing Steel Institute)，简译为“钢筋协会”，是专门从事协助混凝土结构中钢筋的使用、推广、科研等事业的机构。该机构出版了许多手册、书籍。其中在 1990 年出版的《Reinforcement — Anchorages，Lap Spices and Connections》第 3 版（钢筋—锚固，搭接与连接）中，提到对于钢筋的焊接连接的看法：在现有的各种钢筋连接方法中，电弧焊可能是最不可靠和最贵的方法。对于任何规模的工程项目，人工电弧焊将是最贵的方法，这是因为直接费用和必需的检测的间接费用相加起来就很贵。

控制质量的检验不仅费钱而且不一定完全令人满意。例如，在现场切下实样并进行检验后，在切除段两端的焊接又必须进行检查，这些都是费钱和费时的工作。没有这些质量控制，人工剖口电弧焊是不能与机械接头相提并论的（注：美国规范规定，钢筋直径不大于 16mm 者可以用搭接或邦条焊，大于 16mm 者应采用剖口对焊）。

因此，CRSI 对于钢筋接头作了具体建议，摘要如下。

尽可能减少现场人工电焊；当采用电焊时，应注意下列要求：

1）所有焊接应遵守规范要求；

2）钢筋应作化学分析以计算其“碳当量”（CE）；

3）调整焊接方法以适应 CE 值及现场温度；

4）选用强度、等级与直径适当的低氢焊条，并保持烘干；

5）在工程开始前所有焊工均应考试合格，并在以后长期定时考核；

6）对所有电焊步骤都连续监测；

7）至少对不少于 25%的接头用放射性或其他非破坏方法检测；

8）当非破坏性检测不合格时，在现场截取焊接实样加以检验。

以上是美国对人工电弧焊的质量要求。世界上其他国家也有类似规定。而这些要求，在目前我国的施工现场，逐一做到是很难的，但如不做到，电焊接头的质量将难以保证。

目前我国施工现场的质量状况还参差不齐，而机械连接技术近年已比较成熟，不论是不等强或等强连接，质量和性能比较稳定。因此，改变过去对于钢筋连接的要求，对于重要构件以及构件的关键部位，宜首先选用机械接头。

机械接头一般有等强与不等强两种，这两种接头在抗震设计中皆可应用。当接头必须设在构件受力较大部位，例如构件箍筋加密区，且必须在同一连接区段 50%连接时，应选用等强连接。当接头可以避开受力较大部位，并能错开接头，一次只接 50%以下时，可以选用不等强连接，例如锥螺纹连接。

（2）搭接连接

至于搭接接头，只要 1）选择正确的接头部位；2）有足够的搭接长度；3）搭接部位箍筋间距加密至满足规范要求；4）有足够的混凝土强度，则其质量是可以保证的。而且，很少有机械接头或焊接接头那样出现人为失误的可能。因此，它也是一种较好的钢筋接头方法，而且往往是最省工的方法。当然，它也有缺点，例如在抗震构件的内力较大部位，承受反复荷载时，有滑动的可能；又如在构件较密集部位，采用搭接方法将使浇捣混凝土很困难。所以，在梁柱节点处梁下部钢筋的搭接接头可以设在节点以外，这在国外的规范中是这样规定的，在我国也已由试验证明其可靠性，并已在工程中应用。搭接接头宜避开梁的箍筋加密区；对于柱子，搭接接头宜设置在柱子中间 1/3 长度范围内。

（3）框架节点区钢筋锚固和搭接

1）非抗震设计时

规程中规定了非抗震设计时节点区梁柱纵向钢筋的锚固和连接方法（图 5-17）。过去有些构造规定中，将非抗震与抗震设计混淆了，不适当地提高了非抗震设计的要求。

例如，框架下部钢筋伸入支座的长度，有 12d 已足够，不必一定伸入 l_a。梁跨中上部钢筋，位于梁的受压区，是不受拉力的，只须配置为绑扎钢筋所用的架立筋即可，直径不需很大，它与支座上部受力钢筋的搭接长度，仅需 150mm 足够。

当然，本图中所示支座负弯矩钢筋的延伸长度，只适用于跨度相等（或各跨长度基本相同，长跨与短跨之比值不超过 1.2）的情况，一般也不适用于楼面活荷载很大且有不利组合的可能的情况。

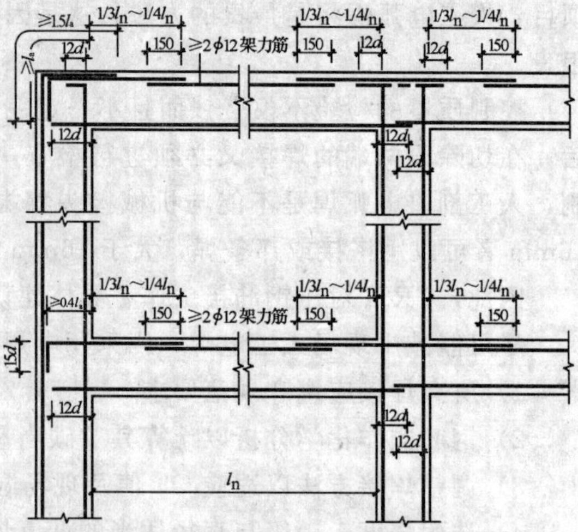

图 5-17　非抗震设计时框架梁、柱纵向钢筋在节点区的锚固要求

2）抗震设计时

抗震设计中，框架梁、柱纵向钢筋在节点区的配置方法如图 5-18 所示。

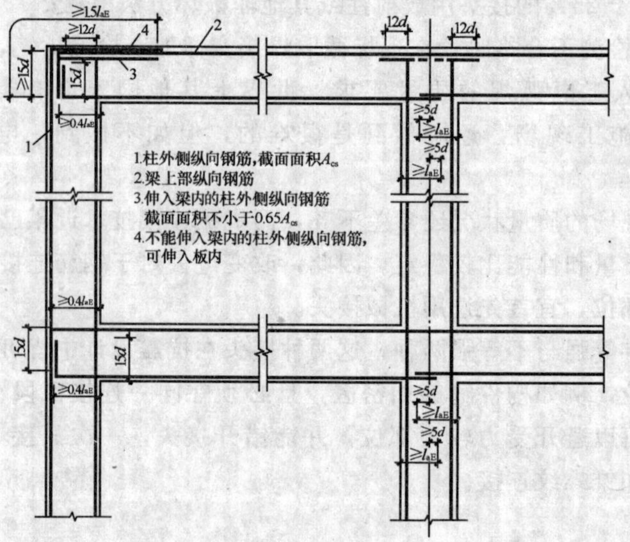

图 5-18　抗震设计时框架梁、柱纵向钢筋在节点区的锚固要求

图中 2# 钢筋，也可不与支座钢筋连续，另外配置。例如，当某一跨连续两端支座配筋皆为 4ϕ25 时，梁跨中上部钢筋可配 2ϕ18（满足 1/4 支座钢筋面积的要求），当箍筋为 4 肢箍时，也可配 4ϕ14。此钢筋与支座上部钢筋，可搭接 l_{aE} 长度，l_{aE} 为抗震设计时钢筋受拉锚固长度，按 18mm 或 14mm 的钢筋直径计算取值。同理，楼层梁的跨中上部钢筋也可采用同样方法配置。支座上部钢筋的延伸长度，可与非抗震设计情况取相同值。

需注意，上述支座上部钢筋的延伸长度，不适用于各跨跨度相差过大以及活荷载很大等情况。

(4) 框架梁柱节点的强度验算和施工处理

高层建筑框架梁柱节点区混凝土如何浇筑才能满足承载力要求，是长期困扰着设计和施工人员的一个问题，本节中根据规程的定性规定，经定量验算而总结出一种节点区简易处理方法，并在实际工程中加以运用。

在规程中，有关框架梁柱节点区混凝土的设计和浇筑有以下的条文内容及条文说明：

1) 当柱混凝土设计强度高于梁、楼板的设计强度时，应对梁柱节点混凝土施工采取有效措施；

2) 高层建筑不同强度的梁、柱节点混凝土浇筑需要有关单位具体协商解决；

3) 抗震设计时，一、二级框架的节点核心区应按规程中附录C进行抗震验算；三、四级框架节点以及各抗震等级的顶层端节点核心区，可不进行抗震验算。

4) 凡是梁柱节点之混凝土强度低于柱混凝土强度较多者，皆必须仔细验算节点区的承载力，包括受剪、轴心受压、偏心受压等，并采取有效的构造措施。

由此可以看出，规程中对梁柱节点区混凝土的设计及施工并未作出明确的规定，而在高层建筑混凝土结构的设计与施工中，这一问题是不可能回避的，因此寻求一种梁柱节点区混凝土合理设计和便利施工的方法正是本节的目标。

6. 高层建筑混凝土结构设计和施工中的现实问题

为了满足柱轴压比的要求，同时又要控制柱截面不过大，柱子采用较高强度等级的混凝土是一种必然。而对于以受弯为主的楼层梁板，过高的混凝土强度等级却是不需要且不适宜的，前者指对其抗弯承载力的贡献不明显，后者则指对构件承受非荷载应力（混凝土收缩应力、温度应力等）不利。正因如此，规程中才有“现浇框架的混凝土强度等级不宜高于C40”的规定，但实际工程设计中楼盖合适的混凝土强度高于梁板的设计强度必然存在，而且随着建筑物高度的增大，两者的设计强度差距会越大，当然该区段主要存在于高层建筑的下部。

目前混凝土的浇筑施工几乎都是采用商品混凝土泵送工艺，而且习惯于将竖向构件与水平构件分两批集中浇筑（即节点区采用楼盖混凝土强度等级浇筑）。如果要求其中的梁柱节点单独浇筑，则首先是其供应量及浇筑时间不易控制而会导致质量事故，其次是节点区与梁板之间的分隔确实存在难度，故施工单位至少不希望大面积采用此方法。

(1) 受剪、受压验算规律

考虑到现场施工的操作程序，同时又要满足规程中对节点核心区承载力的要求，我们列举数例对典型节点区的受剪、轴心受压、偏心受压进行计算。通过验算可得出以下规律：

1) 按规程中附录C进行受剪抗震验算，即使柱梁混凝土强度等级相差20MPa，而节点区用楼盖混凝土强度等级浇筑，其节点核心区截面的受剪承载力仍可以满足要求。

2) 在偏心受压验算中，当梁板混凝土强度等级比柱低5MPa时，其受压强度可以满足要求；当两者的混凝土强度等级相差10MPa及以上时，其受压强度不满足要求。

3) 当梁板比柱的混凝土强度等级低10MPa及以上而仍用梁混凝土浇筑节点区，则对节点区必须采取措施。从偏心受压公式 $N \leqslant 0.9(f_c A_{cor} + f'_y A'_s + 2\alpha f_y A_{sso})$ 中的3项抗压数值来看，第1项即节点区截面混凝土抗压强度是不可变更的；第3项即箍筋提供的抗压强度所占的比例最小，且一般设计不可能改变节点区的配箍规格；第2项即节点区竖向钢筋提供的抗压强度所占比例较大，且若采用HRB400钢（$f_y = 360\text{N/mm}^2$）来增加节点区的竖向配筋率则可显著提高其抗压强度。

（2）施工措施

考虑到梁柱节点区需要处理的都在高层建筑的下部，该区段的柱主筋配筋率一般接近或略大于1%，因此根据以上规律可将节点区的施工措施归纳如下：

1）当梁板与柱的混凝土强度等级仅相差5MPa时，节点区完全可以与楼盖一起浇注。

2）当梁板比柱的混凝土强度等级分别低于10MPa和15MPa时，节点区需增设竖向短筋，其数量分别为柱主筋配筋量的50%和100%。

3）当梁板比柱的混凝土强度等级低20MPa及以上时，再靠增设节点区竖向短筋来提高其抗压强度已不可行，其原因一是无法布筋，二是短筋数量太大。此时节点区需采用与柱同等级混凝土单独浇筑，虽然有一定的施工难度且需有较严密的施工组织措施，但所占的分量不很大，仍可以接受。

偏心受压计算公式中没有体现节点区各方向水平梁对其提高强度的影响，事实上该影响是存在且有效的，尤其中柱节点通常有两向梁对其约束产生的效果较为显著。正如抗剪验算中考虑“正交梁的约束影响系数”一样，同等条件下中柱的抗剪承载力是边柱、角柱的1.3倍左右。上述施工措施虽未将中柱、边柱、角柱加以区分，但事实上应有所不同。上述施工措施可以针对边柱和角柱节点区而言，如系中柱节点区，则可将各条措施中梁柱混凝土强度等级的差异各提高5MPa。该结论的依据虽是定性而不是定量的，但从充分发掘中柱节点的抗压潜力，并考虑现场施工方便性的角度而言，它是可行且科学的。综上所述，节点区的施工措施可用表5-15表示。

表5-15　节点区施工措施表

梁柱混凝土强度等级相差级别	边柱、角柱节点	中柱节点
5MPa（一级）	不需特殊处理	不需特殊处理
10MPa（二级）	加插短筋（柱主筋数的50%）	
15MPa（三级）	加插短筋（柱主筋数的100%）	加插短筋（柱主筋数的50%）
20MPa（四级）	需用柱混凝土强度等级浇筑	加插短筋（柱主筋数的100%）
25MPa（五级）	需用柱混凝土强度等级浇筑	

（3）混凝土强度等级的合理取值

梁柱节点区的强度验算和施工处理同时也涉及到高层建筑混凝土结构中竖向构件和水平构件混凝土强度等级的合理取值问题，其合理与否必须符合以下原则：

1）整个工程的竖向构件混凝土强度等级种类不宜太多，一般为8层左右变1个等级，且与竖向构件截面的变化错层同步。

2）水平构件的混凝土强度等级取值要符合规程要求，同时要与竖向构件相配搭，使施工处理简单化，尽量避免或减少节点区单独浇筑混凝土。

根据上述原则，有关混凝土强度等级的确定，对于诸如楼层分别为30层（$H<100$m）、40层（$H\approx140$m）和55层（$H\approx190$m）的高层建筑混凝土结构来说，其竖向构件及水平构件两者间混凝土强度等级的配搭，下面的取值可能是较合理和科学的（括号内为楼层混凝土等级）：

①30层：C40（C30）→C35（C30）→C30（C25）→C25（C25）；

②40层：C50（C35）→C45（C35）→C40（C30）→C35（30）→C30（C25）；

③55层：C60（C35）→C55（C35）→C50（35）→C45（C35）→C40（C30）→C35（C30）→C30（C25）；

或 C60（C40）→C60（C40）→C50（C40）→C50（C40）→C40（C30）→C40（C30）→C30（C30）→C30（C30）

分析以上高层建筑混凝土强度等级的搭配，对于 30 层高层建筑，节点区需要加短筋的仅为 1/4 楼层；对于 40 层高层建筑，则为 3/5 楼层；对于 55 层高层建筑，第 1 方案节点区需单独浇筑混凝土的为 2/7，节点加短筋的为 3/7，第 2 方案节点区需单独浇筑混凝土的 1/4，节点加短筋的为 1/2（后一方案的优点在于混凝土强度等级种类最少，仅有 4 种且为完整等级）。至于节点区加短筋的做法，在柱顶梁底标高处预插短筋，其插入深度及突出梁面各 300mm，位置首选复合箍筋的交叉点处，当交叉点少于短筋根数时则另加选取靠近柱主筋的内侧位置，布筋原则是均匀对称，如图 5-19 所示。

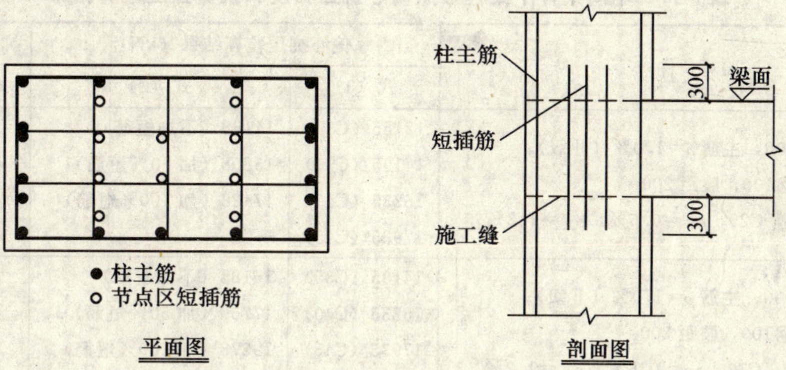

图 5-19　梁、柱节点图

（4）经济分析

在经济指标方面，节点区加插短筋所增加的用钢量对于一个节点来说是微不足道的，如果摊到整个工程则更是微乎其微。以 8m×8m 柱网、柱截面 bh=800mm×800mm，主筋配筋率为 ρ=1%为例，则中柱、边柱、角柱单位面积所需的用钢量以及摊销到整个工程的用钢量如表 5-16 所示（摊用钢量中，以中柱占 2/6，边柱占 3/6，角柱占 1/6 计）。

表 5-16　各柱位节点区用钢量计算结果

单位面积用钢量（kg/m²）				整个工程摊销量（kg/m²）		
柱位置	中柱	边柱	角柱	30 层		0.234
①	0.468	0.936	1.872	40 层		0.374
②	0.936	1.872	3.744	50 层	Ⅰ	0.267
—	—	—	—		Ⅱ	0.468

注：①、②分别指插筋为主筋数量 50%和 100%的情况。

从表 5-16 中可以看出，节点区加插短筋所增加的用钢量占整个工程用钢量的比例小至几乎可忽略不计，因此以消耗工地上一些准备弃用的边材废料而换取节点区浇注混凝土的方便，无论从哪个角度衡量都是值得的。当然，节点区加插短筋所花费的费用要比节点区采用柱混凝土强度等级单独浇筑高一些，但正如前面所述，节点区混凝土单独浇筑既存在许多困难，掌握不好还会导致混凝土质量事故，因此采取在节点区加插短筋的做法来保证节点区的承载力无疑是一种简易且科学的方法，设计方和施工方肯定乐于采用，即使是投资方，如能从大处着眼也应该能够接受。

（5）计算实例

1）偏心抗压强度验算

$$N=\mu N f_c A$$

$$N\leqslant 0.9(f_c A_{cor}+f'_y A'_s+2\alpha f_y A_{ss0})$$

2）抗剪强度验算

$$V_j=\eta_{jb}\sum Mb/(Hb_o-a'_s)\times[1-(hb_o-a'_s)/(H_c-hb)]$$

$$V_j\leqslant(1/r_{RE})\times(1.1\eta_j f_t b_j h_j+0.5\eta_j Nb_i/b_c)+f_{tv}A_{svj}(hb_o-a'_s)/s$$

对某工程实例的梁柱节点强度采用上述公式分别进行计算和比较，其结果列于表5-17。

表5-17　不同条件下梁柱节点偏心抗压强度和抗剪强度验算结果

验算条件	偏心抗压验算结果（kN）		抗剪验算结果（kN）	
	式（1）	式（2）	式（3）	式（4）
柱 bh=1000×1000，主筋 ρ=1.0%（Ⅱ级）； 节点区箍筋 ϕ12@100，肢距 200 梁 bh=500×600，C25，$\rho_下$=0.6%，$\rho_上$=1.2%	12155（C30） 14195（C50） 16235（C40） 17935（C45）	14188（不加短筋） 15808（加50%短筋） 17428（加100%短筋） —	1287	3346
柱 bh=1000×1000，主筋 ρ=1.0%（Ⅱ级）； 节点区箍筋 ϕ12@100，肢距 200 梁 bh=500×600，C30，$\rho_下$=0.6%，$\rho_上$=1.2%	14195（C35） 16235（C40） 17935（C45） 19635（C50）	16188（不加短筋） 17757（加50%短筋） 19378（加100%短筋） —	1319	3624
柱 bh=1000×1000，主筋 ρ=1.0%（Ⅱ级）； 节点区箍筋 ϕ10@100，肢距 200 梁 bh=500×600，C25，$\rho_下$=0.6%，$\rho_上$=1.2%	7779（C30） 9034（C35） 10390（C40） 11478（C45）	8542（不加短筋） 9453（加50%短筋） 10364（加100%短筋） —	1287	2058
柱 bh=1000×1000，主筋 ρ=1.0%（Ⅱ级）； 节点区箍筋 ϕ10@100，肢距 200 梁 bh=500×600，C30，$\rho_下$=0.6%，$\rho_上$=1.2%	9084（C35） 10890（C40） 11478（C45） 12566（C50）	9757（不加短筋） 10668（加50%短筋） 11579（加100%短筋） —	1319	2234

注：表中式（1）、（2）、（3）、（4）是指计算实例中的4个公式。

第二节　剪力墙结构设计

剪力墙在抗震设计中也称抗震墙；剪力墙结构体系的高层建筑，是由一系列纵向、横向剪力墙及楼板所组成的空间结构，它承受竖向和侧向荷载，在竖向荷载作用下各片剪力墙的受力比较简单，也容易分析，但在侧向荷载作用下则不同了，为了简化计算，可以认为剪力墙在其自身平面内刚度较大，而在其平面外的刚度又极小，这样，可把纵横向的剪力墙分别考虑，化空间结构为平面结构来处理；其次，可认为楼板在其本身平面内的抗弯刚度很大，在侧向荷载作用下只产生刚体运动，而不发生变形，于是整个房屋上所承受的水平荷载，就可按各片剪力墙的等效抗弯刚度分配给各片剪力墙，然后分别进行内力和位移计算。

设置剪力墙的高层建筑最大适用高度在抗震设防烈度区内可建高度为60～140m，非抗震区可达150m，部分框支剪力墙抗震设防烈度9度区不应采用，6～8度区最大适用高度可达80～120m，非抗震区可达130m。

对每一片剪力墙来说，由于墙的形式不同，其受力特点和计算方法也不相同，以下将介绍各种类型的单片剪力墙在侧向荷载作用下的内力和位移计算方法。

一、剪力墙结构布置

（1）剪力墙结构中，剪力墙宜沿主轴方向或其他方向双向布置；抗震设计的剪力墙结构，应避免仅单向有墙的结构布置形式，剪力墙墙肢截面宜简单、规则。剪力墙结构的侧向刚度不宜过大。

当建筑物为矩形、T形和L形平面的可沿两个主轴方向布置；三角形、Y形平面可沿三个主轴方向布置。内、外墙应拉通对直，尽量避免剪力墙错开或转折。如建筑平面布置不能拉通。墙错开≤3倍墙厚时，可按整体平面剪力墙考虑。如墙有转折，转折≤15°，亦可作整体、平面剪力墙考虑，见图5-20。

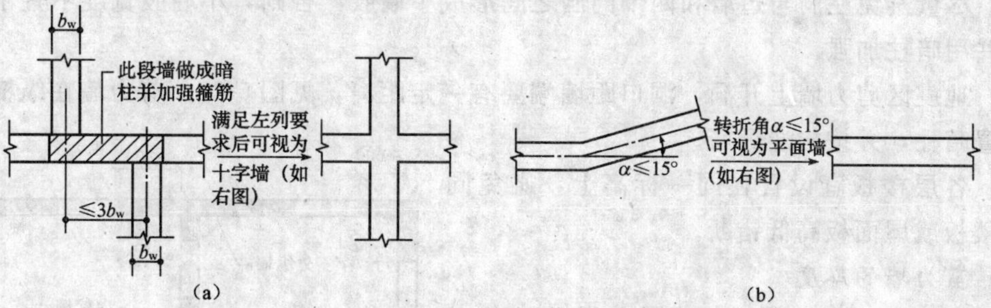

图5-20　内、外墙错开或转折时要求

（2）剪力墙沿竖向应贯通全高，墙厚可沿高度方向逐渐减薄，避免竖向刚度突变。

（3）剪力墙上下层门窗洞口尽量对齐、成列布置，形成明确的墙肢和连梁。由于使用要求上下洞口不能对齐需要错开时，应采取下列措施：

1）一、二和三级不宜采用错洞布置。其他情况如无法避免错洞墙，宜控制错洞口间的水平距离不小于2m，设计时应仔细计算分析，并在洞口周边采取有效构造措施[图5-21(a)、(b)]；

2）一、二、三级抗震设计的剪力墙不宜采用叠合错洞墙；当无法避免叠合错洞布置时，应按有限元方法仔细计算分析并在洞口周边采取加强措施[图5-21(c)]或采用其他轻质材料填充将叠合洞口转化为规则洞口[图5-21(d)，其中阴影部分表示轻质填充墙体]。

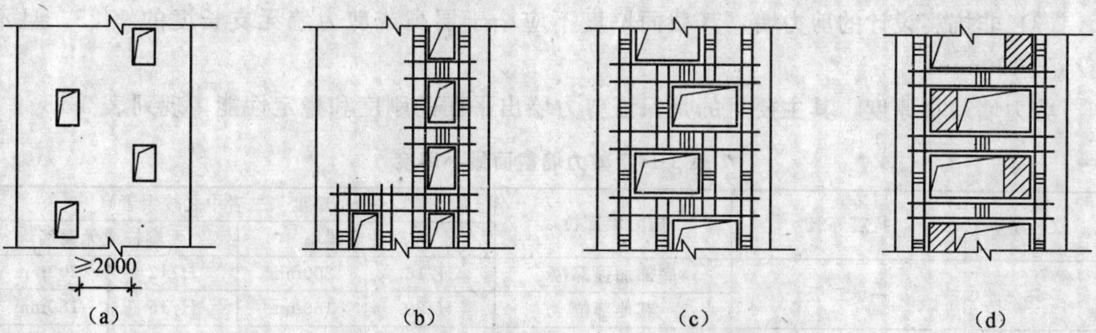

图5-21　剪力墙洞口不对齐时的构造措施

(a)一般错洞墙；(b)底部局部错洞墙；

(c)叠合错洞墙构造之一；(d)叠合错洞墙构造之二

(4) 按一级抗震等级设计的剪力墙，应采用有连梁连接的联肢墙。

(5) 较长的剪力墙宜开设洞口，将其分成长度较为均匀的若干墙段，墙段之间宜采用弱连梁连接，每个独立墙段的总高度与其截面高度之比不应小于2。墙肢截面高度不宜大于8m。

(6) 应控制剪力墙平面外的弯矩。当剪力墙墙肢与其平面外方向的楼面梁连接时，应至少采取以下措施中的一个措施，减小梁端部弯矩对墙的不利影响。

1) 沿梁轴线方向设置与梁相连的剪力墙，抵抗该墙肢平面外弯矩；

2) 当不能设置与梁轴线方向的相连的剪力墙时，宜在墙与梁相交处设置扶壁柱。扶壁柱宜按计算确定截面及配筋；

3) 当不能设置扶壁柱时，应在墙与梁相交处设置暗柱，并宜按计算确定配筋；

4) 必要时，剪力墙内可设置型钢。

(7) 尽量避免在洞与边墙和两个门洞之间形成小墙肢，否则，小墙肢宽度不宜小于3倍墙厚，并用暗柱加强。

(8) 地震区剪力墙上开洞，洞口距墙端要有一定距离，见图5-22，剪力墙在纵横墙交会处应配置暗柱，并按构造配筋。

(9) 各层楼板宜设置在同一标高上，避免同一楼层楼板或屋面板高低错断。

二、剪力墙的厚度

(1) 按一、二级抗震等级设计的剪力墙的截面厚度，底部加强部位不应小于层高或剪力墙无支长度的1/16，且不应小于200mm；其他部位不应小于层高或剪力墙无支长度的1/20，且不应小于160mm。当为无端柱或翼墙的一字形剪力墙时，其底部加强部位截面厚度尚不应小于层高的1/12；其他部位尚不应小于层高的1/15，且不应小于180mm；

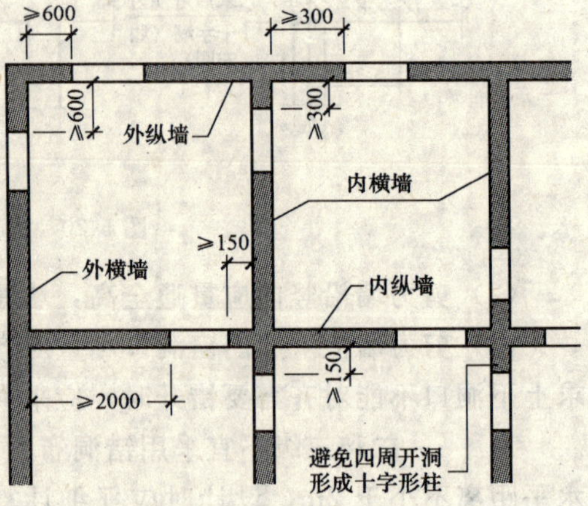

图5-22 地震区洞口距墙端的要求

(2) 按三、四级抗震等级设计的剪力墙的截面厚度，底部加强部位不应小于层高或剪力墙无支长度的1/20，且不应小于160mm；其他部位不应小于层高或剪力墙无支长度的1/25，且不应小于160mm；

(3) 非抗震设计的剪力墙，其截面厚度不应小于层高或剪力墙无支长度的1/25，且不应小于160mm；

剪力墙最小厚度，其主要目的是保证剪力墙出平面的刚度和稳定性能，现列表5-18。

表5-18 剪力墙截面最小厚度

款序	抗震等级	剪力墙部位	最小厚度（二者中之较大者）			
			有端柱或翼墙		无端柱或无翼墙	
1	一、二级	底部加强部位	$H/16$	200mm	$H/12$	200mm
		其他部位	$H/20$	160mm	$H/15$	180mm
2	三、四级	底部加强部位	$H/20$	160mm	$H/20$	160mm
		其他部位	$H/25$	160mm	$H/25$	160mm
3	非抗震		$H/25$	160mm	$H/25$	160mm

注：表内符号 H 为层高或无支长度。

(4) 当墙厚不能满足上述的要求时，应按“高层建筑混凝土结构技术规程”（JGJ 3—2002）计算墙体的稳定性；

(5) 剪力墙井筒中，分隔电梯井或管道井的墙肢截面厚度可适当减小，但不宜小于 160mm；

(6) 剪力墙的受剪截面应符合下列要求：

1）有地震作用组合时

剪跨比 λ 大于 2.5 时　　$V_w \leqslant \frac{1}{\gamma_{RE}}(0.20\beta_c f_c b_w h_{w0})$　　(5-34)

剪跨比 λ 不大于 2.5 时　　$w \leqslant \frac{1}{\gamma_{RE}}(0.15\beta_c f_c b_w h_{w0})$　　(5-35)

2）无地震作用组合时

$$V_w \leqslant 0.25\beta_c f_c b_w h_{w0} \tag{5-36}$$

式中　V_w——剪力墙截面剪力设计值，应按以下要求进行调整；

h_{w0}——剪力墙截面有效高度；

β_c——混凝土强度影响系数，当混凝土强度 C50 时取 1.0；当 C80 时取 0.8；当 C50 和 C80 之间按线性内插取用；

λ——计算截面处的剪跨比，即 $M^c/(V^c h_{w0})$，其中 M^c、V^c 应分别取 V_w 与同一组组合的、未按调整的弯矩和剪力计算值。

(7) 剪力墙底部加强部位墙肢截面的剪力墙设计值，一、二、三级抗震等级时应按下式调整，四级抗震等级及无地震作用组合时可不调整。

$$V = \eta_{vw} V_w \tag{5-37}$$

9 度抗震设计时尚应符合　　$V_w \leqslant 1.1 \frac{M_{wua}}{M_w} V_w$　　(5-38)

式中　V——考虑地震作用组合的剪力墙墙肢底部加强部位截面的剪力设计值；

V_w——考虑地震作用组合的剪力墙墙肢底部加强部位截面的剪力计算值；

M_{wua}——考虑承载力抗震调整系数 γ_{RE} 后的剪力墙墙肢正截面抗弯承载力，应按实际配筋面积、材料强度标准值和轴向力设计值确定，有翼墙时应考虑墙两侧各一倍翼墙厚度范围内的纵向钢筋；

M_w——考虑地震作用组合的剪力墙墙肢截面的弯矩设计值；

η_{vw}——剪力增大系数，一级为 1.6，二级为 1.4，三级为 1.2。

三、剪力墙的配筋构造

(1) 高层建筑剪力墙中竖向和水平分布钢筋，不应采用单排配筋。剪力墙分布钢筋配筋方式见表 5-19。

表 5-19　剪力墙分布钢筋配筋方式

截面厚度	配筋方式	截面厚度	配筋方式
$b_w \leqslant 400$mm	双排配筋	$b_w > 700$mm	四排配筋
400mm $< b_w \leqslant 700$mm	三排配筋		

各排分布钢筋之间的拉接筋间距不应大于 600mm，直径不应小于 6mm，在底部加强部位，约束边缘构件以外的拉接筋间距尚应适当加密。

(2) 剪力墙分布钢筋最小配筋率

为了防止混凝土墙体在受弯裂缝出现后立即达到极限抗弯承载力，同时为了防止斜裂缝出现后发生脆性的剪拉破坏，规定了竖向分布钢筋和水平分布钢筋的最小配筋率，见表5-20。

表 5-20 剪力墙分布钢筋最小配筋率

情况	抗震等级	最小配筋率	最大间距	最小直径
一般剪力墙	一、二、三级	0.25%	300mm	8mm
	四级、非抗震	0.20%	300mm	8mm
B级高度剪力墙	特一级	0.35% 0.40%(底部加强部位)	300mm	8mm
1. 房屋顶层 2. 长矩形平面房屋的电梯间 3. 纵向剪力墙端开间 4. 端山墙	抗震与非抗震	0.25%	200mm	—

(3) 约束边缘构件设计

剪力墙约束边缘构件（图 5-23）的设计应符合下列要求：

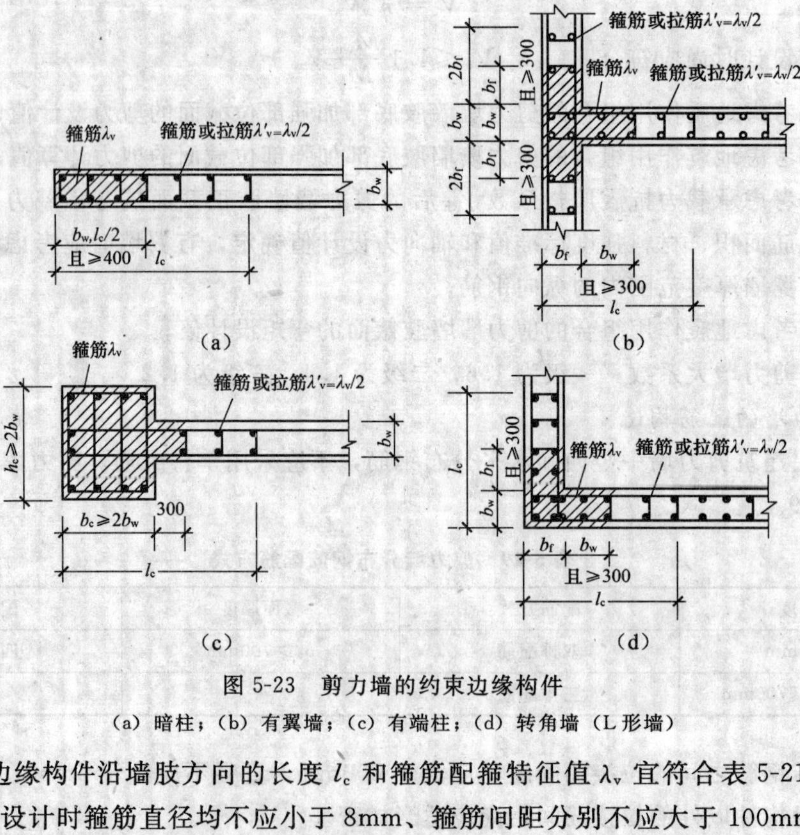

图 5-23 剪力墙的约束边缘构件

(a) 暗柱；(b) 有翼墙；(c) 有端柱；(d) 转角墙（L形墙）

1) 约束边缘构件沿墙肢方向的长度 l_c 和箍筋配箍特征值 λ_v 宜符合表 5-21 的要求，且一、二级抗震设计时箍筋直径均不应小于 8mm、箍筋间距分别不应大于 100mm 和 150mm。

箍筋的配筋范围如图 5-23 中的阴影面积所示，其体积配箍率 ρ_v 应按下式计算：

$$\rho_v \geqslant \lambda_v \frac{f_c}{f_{yv}} \tag{5-39}$$

式中　λ_v——约束边缘构件配箍特征值；

f_c——混凝土轴心抗压强度设计值；

f_{yv}——箍筋或拉筋的抗拉强度设计值，超过 360MPa 时，应按 360MPa 计算。

表 5-21　约束边缘构件范围 l_c 及其配箍特征值 λ_v

项　目	一级（9 度）	一级（7、8 度）	二级
λ_v	0.20	0.20	0.20
l_c（暗柱）	$0.25h_w$	$0.20h_w$	$0.20h_w$
l_c（翼墙或端柱）	$0.20h_w$	$0.15h_w$	$0.15h_w$

注：1. λ_v 为约束边缘构件的配箍特征值，h_w 为剪力墙墙肢长度；

2. l_c 为约束边缘构件沿墙肢方向的长度，不应小于表中数值、$1.5b_w$ 和 450mm 三者的较大值，有翼墙或端柱时尚不应小于翼墙厚度或端柱沿墙肢方向截面高度加 300mm；

3. 翼墙长度小于其厚度 3 倍或端柱截面边长小于墙厚的 2 倍时，视为无翼墙或无端柱。

2）约束边缘构件纵向钢筋的配筋范围不应小于图 5-23 中的要求；

3）剪力墙构造边缘构件的设计宜符合下列要求：

①构造边缘构件的范围和计算纵向钢筋用量的截面面积 A_c 宜取图 5-23 中的阴影部分；

②构造边缘构件的纵向钢筋应满足受弯承载力要求；

③抗震设计时，构造边缘构件的最小配筋应符合表 5-22 的规定，箍筋的无支长度不应大于 300mm，拉筋的水平间距不应大于纵向钢筋间距的 2 倍。当剪力墙端部为端柱时，端柱中纵向钢筋及箍筋按框架柱的构造要求配置；

表 5-22　剪力墙构造边缘构件的配筋要求

抗震等级	底部加强部位			其他部位		
	纵向钢筋最小量（取较大值）	箍筋		纵向钢筋最小量（取较大值）	箍筋或拉筋	
		最小直径（mm）	最大间距（mm）		最小直径（mm）	最大间距（mm）
一级	—	—	—	$0.008A_c$，6ϕ14	8	150
二级	$0.005A_c$，4ϕ12	—	—	$0.006A_c$，6ϕ12	8	200
三级	$0.005A_c$，4ϕ12	6	150	$0.004A_c$，4ϕ12	6	200
四级	$0.005A_c$，4ϕ12	6	200	$0.004A_c$，4ϕ12	6	250

注：1. 符号 ϕ 表示钢筋直径；

2. 对转角墙的暗柱，表中拉筋宜采用箍筋。

4）抗震设计时，对于复杂高层建筑结构、混合结构、框架-剪力墙结构、筒体结构以及 B 级高度的剪力墙结构中的剪力墙（筒体），其构造边缘构件的最小配筋应符合下列要求：

①纵向钢筋最小配筋应将表 5-22 中的 $0.008A_c$、$0.006A_c$ 和 $0.004A_c$ 分别代之以 $0.010A_c$、$0.008A_c$ 和 $0.005A_c$；

②箍筋的配筋范围宜取图 5-23 中阴影部分，其配箍特征值 λ_v 不宜小于 0.1。

5）非抗震设计时，剪力墙端部应按构造配置不少于 4 根 12mm 的纵向钢筋，沿纵向钢筋应配置不少于直径为 6mm、间距为 250mm 的拉筋。

四、剪力墙轴压比

在竖向荷载和地震作用组合下的轴力 N 与截面混凝土承载力之比为轴压比。

抗震设计时，一、二级抗震等级的剪力墙底部加强部位，其重力荷载代表值作用下墙肢的轴压比不宜超过表 5-23 的限值。

表 5-23　剪力墙轴压比限值

轴压比	一级（9 度）	一级（7、8 度）	二级
$\frac{N}{f_c A}$	0.4	0.5	0.6

注：N——重力荷载代表值作用下剪力墙墙肢的轴向压力设计值，不考虑地震作用组合，但需乘以重力荷载分项系数后的最大轴力设计值；A——剪力墙墙肢截面面积；f_c——混凝土轴心抗压强度设计值。

应当说明的是，截面受压区高度，不仅与轴压力有关，而且与截面形状有关，在相同的轴压力作用下，带翼缘的剪力墙受压区高度小，延性相对要好些；一字形的矩形截面最为不利。但为了设计简化，未区分工形、T 形及矩形截面，在设计时，对一字形截面剪力墙墙肢（或墙段）应从严掌握其轴压比。

五、钢筋的连接和锚固

剪力墙内钢筋的锚固与连接要求有所不同，第 1 条是钢筋锚固要求，第 2 条是钢筋搭接连接要求，第 3 条是暗柱、端柱等边缘构件中钢筋连接和锚固要求，规定如下：

（1）非抗震设计时，剪力墙纵向钢筋最小锚固长度应取 l_a；抗震设计时，剪力墙纵向钢筋最小锚固长度应取 l_{aE}。l_a、l_{aE} 的取值应分别符合本章第二节框架结构钢筋的连接和锚固的有关规定；

（2）剪力墙竖向及水平分布钢筋的搭接连接（图 5-24），一级、二级抗震等级剪力墙的加强部位，接头位置应错开，每次连接的钢筋数量不宜超过总数量的 50%，错开净距不宜小于 500mm；其他情况剪力墙的钢筋可在同一部位连接。非抗震设计时，分布钢筋的搭接长度不应小于 $1.2l_a$；抗震设计时，不应小于 $1.2l_{aE}$；

（3）暗柱及端柱内纵向钢筋连接和锚固要求宜与框架柱相同，宜符合本章第二节框架结构钢筋的连接和锚固的有关规定。

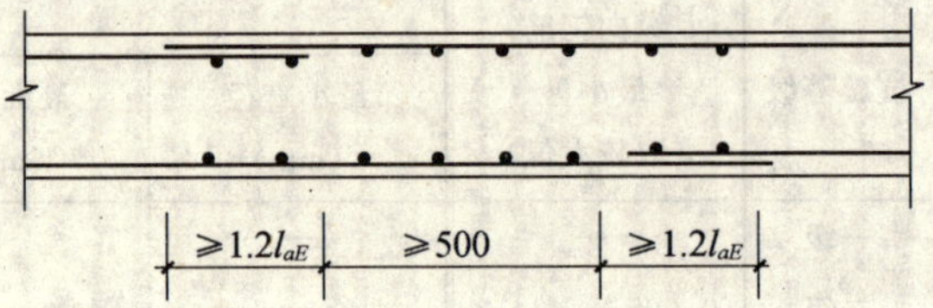

图 5-24　墙内分布钢筋的连接

六、连梁截面和配筋构造

（1）剪力墙连梁的截面尺寸应符合下列要求：

1）无地震作用组合时

$$V_b \leqslant 0.25\beta_c f_c b_b h_{b0} \tag{5-40}$$

2）有地震作用组合时

①跨高比大于 2.5 时

$$V_b \leqslant \frac{1}{\gamma_{RE}}(0.20\beta_c f_c b_b h_{b0}) \tag{5-41}$$

②跨高比不大于 2.5 时

$$V_b \leqslant \frac{1}{\gamma_{RE}}(0.15\beta_c f_c b_b h_{b0}) \tag{5-42}$$

式中　V_b——连梁剪力设计值；

b_b——连梁截面宽度；

h_{b0}——连梁截面有效高度；

β_c——混凝土强度影响系数，可按剪力墙的规定采用。

（2）连梁的斜截面受剪承载力，应按下列公式计算：

1）无地震作用组合时

$$V_b \leqslant 0.7 f_t b_b h_{b0} + f_{yv} \frac{A_{sv}}{S} h_{b0} \tag{5-43}$$

2）有地震作用组合时

跨高比大于 2.5 时

$$V_b \leqslant \frac{1}{\gamma_{RE}}(0.42 f_t b_b h_{b0} + f_{yv} \frac{A_{sv}}{S} h_{b0}) \tag{5-44}$$

跨高比不大于 2.5 时

$$V_b \leqslant \frac{1}{\gamma_{RE}}(0.38 f_t b_b h_{b0} + 0.9 f_{yv} \frac{A_{sv}}{S} h_{b0}) \tag{5-45}$$

（3）当剪力墙的连梁不满足要求时，可作如下处理：

1）减小连梁截面高度；

2）抗震设计的剪力墙中连梁弯矩及剪力可进行塑性调幅，以降低其剪力设计值。但在内力计算时已经按连梁刚度予以折减的规定降低了刚度的连梁，其调幅范围应当限制或不再继续调幅，当部分连梁降低弯矩设计值后，其余部位连梁和墙肢的弯矩设计值应相应提高；

3）当连梁破坏对承受竖向荷载无明显影响时，可考虑在大震作用下该连梁不参与工作，按独立墙肢进行第二次多遇地震作用下结构内力分析，墙肢应按两次计算所得的较大内力进行配筋设计。

（4）连梁配筋（图 5-25）应满足下列要求：

1）连梁顶面、底面纵向受力钢筋伸入墙内的锚固长度，抗震设计时不应小于 l_{aE}，非抗震设计时不应小于 l_a，且不应小于 600mm；

2）抗震设计时，沿连梁全长箍筋的构造应按框架梁梁端加密区箍筋的构造要求采用；非抗震设计时，沿连梁全长的箍筋直径不应小于 6mm，间距不应大于 150mm；

3）顶层连梁纵向钢筋伸入墙体的长度内，应配置间距不大于 150mm 的构造箍筋，箍筋直径应与该连梁的箍筋直径相同；

4）墙体水平分布钢筋应作为连梁的腰筋在连梁范围内拉通连续配置；当连梁截面高度大于 700mm 时，其两侧面沿梁高范围设置的纵向构造钢筋（腰筋）的直径不应小于 10mm，间距不应大于 200mm；对跨高比不大于 2.5 的连梁，梁两侧的纵向构造钢筋（腰筋）的面积配筋率不应小于 0.3%。

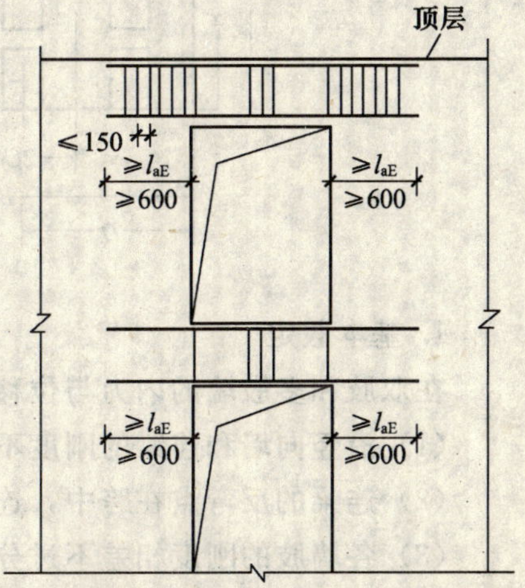

图 5-25　连梁配筋构造示意图

七、剪力墙墙面和连梁开洞时的构造要求

当剪力墙墙面开洞较小，在整体计算中不考虑其影响时，除了将切断的分布钢筋集中在洞口边缘补足外，

还要有所加强，以抵抗洞口应力集中。连梁是剪力墙中的薄弱部位，应重视连梁中开洞后的截面抗剪验算和加强措施。剪力墙墙面开洞洞口长度小于 800mm 以及连梁开洞时，应采取以下措施：

(1) 当剪力墙墙面开有非连续小洞口（其各边长度小于 800mm），且在整体计算中不考虑其影响时，应将洞口处被截断的分布筋量分别集中配置在洞口上、下和左、右两边（图 5-26），且钢筋直径不应小于 12mm；

(2) 穿过连梁的管道宜预埋套管，洞口上、下的有效高度不宜小于梁高的 1/3，且不宜小于 200mm，洞口处宜配置补强钢筋，被洞口削弱的截面应进行承载力验算（图 5-26）。

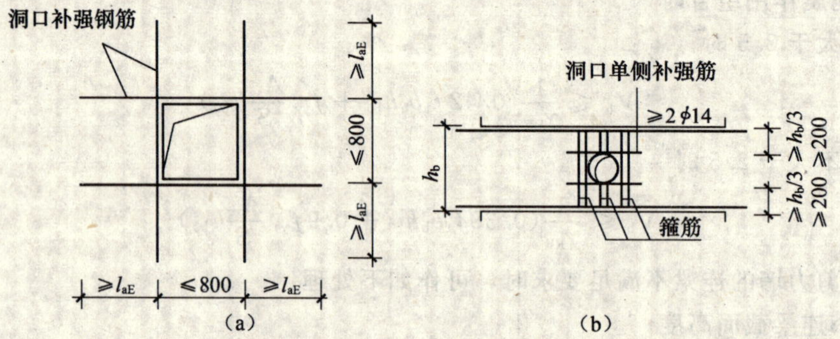

图 5-26 洞口补强配筋示意图

(a) 剪力墙洞口补强；(b) 连梁洞口补强

八、联肢剪力墙的计算

图 5-27 是联肢剪力墙结构的几何参数。墙肢可以为矩形截面或 T 形截面（翼缘参加工作），但都以截面的形心线作为墙肢的轴线，边梁一般取矩形截面。

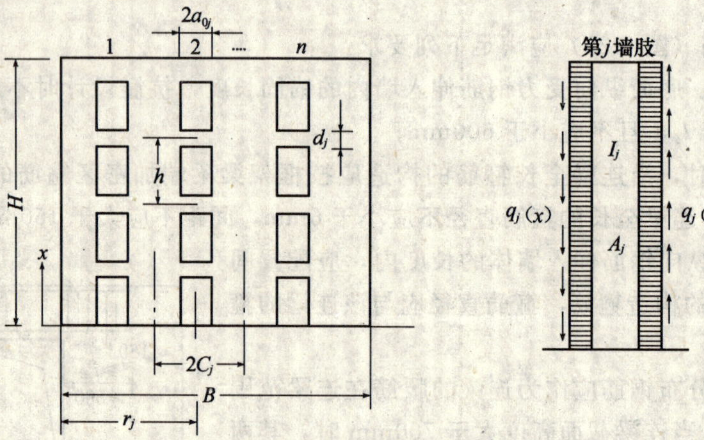

图 5-27 联肢剪力墙

1. 基本假定

在双肢和多肢墙的内力与位移计算中，按连续杆法的假设如下：

(1) 沿竖向墙和连梁的刚度不变、层高不变，如有变化，取各层平均值；

(2) 连梁的反弯点在跨中，连梁的作用可以由均匀分布的竖向弹性薄板来代表；

(3) 各墙肢的刚度相差不过分悬殊，因而变形曲线相同，各层位移 y 和转角 y' 相同。

应用力法原理，将连梁中点切开，去掉多余联系，建立静定基本体系，在切口两侧出现多余未知力——连续分布的剪力 $q_j(x)$。

分析在未知力 $q_j(x)$ 和外荷载作用下，在切口两侧之间产生的位移，使切口两侧产生相对位移的因素有：在 $q_j(x)$ 作用下使连梁产生弯曲变形和剪切变形；在墙肢轴向力作用下，墙肢产生竖向位移而使切口处发生相对位移；由于外荷载作用，使墙肢产生弯曲与剪切变形。

第 j 列连梁由于连梁的弯曲与剪切变形使切口两边产生的相对位移为

$$u_{1j}(x) = u_{1M} + u_{1Q} = -2q_j(x)\left(\frac{\alpha_j^3 h}{3EI_{1j}} + \frac{\mu\alpha_j h}{GA_{1j}}\right) = -\frac{2}{3}\frac{\alpha_j^3 h}{EI_{1j}^*}q_j(x) \tag{5-46}$$

式中 α_j——第 j 列连梁跨度之半，$\alpha_j = \alpha_{0j} + \dfrac{d_j}{4}$；

$q_j(x)$——第 j 列连梁的分布剪力；

I_{1j}——第 j 列连梁惯性矩；

I_{1j}^*——第 j 列连梁考虑剪切变形的惯性矩

$$I_{1j}^* = \frac{I_{1j}}{1 + \dfrac{7\mu I_{1j}}{\alpha_1^2 A_{1j}}}$$

由于外荷载作用，使墙肢产生的弯曲与剪切变形，使连梁切口两边产生的相对位移为：

$$u_{2j} = 2C_j\theta_1 = 2\alpha_j\theta_2 \tag{5-47}$$

式中 θ_1——由于墙肢弯曲产生的转角，顺时针方向为正；

θ_2——由于墙肢剪切变形产生的转角，当不考虑剪切变形时，$\theta_2 = 0$。由于墙肢轴向变形的位移为：

$$\begin{aligned} U_{3j} &= \int_x^H \frac{N(x)\mathrm{d}x}{EA_j} + \int_x^H \frac{N(x)\mathrm{d}x}{EA_{j+1}} \\ &= \frac{1}{E}\left(\frac{1}{A_j} + \frac{1}{A_{j+1}}\right)\int_x^H N(x)\mathrm{d}x \\ &= \frac{1}{E}\left(\frac{1}{A_j} + \frac{1}{A_{j+1}}\right)\int_x^H\int_0^x q_j(x)\mathrm{d}x\mathrm{d}x \end{aligned} \tag{5-48}$$

第 j 列连梁切口本来不存在，因此其连续条件为：

$$u_{1j}(x) + u_{2j}(x) + u_{3j}(x) = 0$$

将式（5-46）、（5-47）、（5-48）代入，微分两次，可得第 j 列连梁的微分方程，将所有连梁的微分方程相加，得总微分方程

$$m''(x) - \frac{x^2}{H^2}m(x) = \begin{cases} -\dfrac{\alpha_1^2}{H^2}Q_0\left(1 + 2\gamma^2 - \dfrac{x^2}{H^2}\right) & \text{（倒三角荷载）} \\ -\dfrac{\alpha_1^2}{H^2}Q_0\left(1 - \dfrac{x}{H}\right) & \text{（均布荷载）} \\ -\dfrac{\alpha_1^2}{H^2}Q_0 & \text{（顶点集中荷载）} \end{cases} \tag{5-49}$$

式中 $m(x)$——连梁对墙肢的约束弯矩，

$$m(x) = \sum_1^n q_j(x)2C_j$$

α^2——联肢墙的整体系数，即：

$$\alpha^2 = \begin{cases} \dfrac{24H^2}{\tau h\sum\limits_{j=1}^{m+1} I_j}\sum_{i=1}^{n}\dfrac{I_{Bj}C_1^2}{\alpha_j^3} & \text{（多肢墙）} \\ \dfrac{24H^2 I_B C^2}{H(I_1 + I_2)\alpha^3}\dfrac{I}{I_A} & \text{（双肢墙）} \end{cases}$$

式中 τ——轴向变形影响系数，3～4 肢时取 0.8，5～7 肢时取 0.85，8 肢以上取 0.90；

I——组合截面形心惯性矩；

I_A——$I_A=I-\sum_{j+1}^{m+1}I_j$；

m——孔洞列数。

求解微分方程（5-49），可得各列连梁对墙肢约束弯矩之和 $m(x)$，将 $m(x)$ 分配到各列连梁上，可得各列连梁的约束弯矩 $m_j(x)$，进一步求得各列连梁的剪力分布 $q_j(x)=m_j(x)/2C_j$，从而其他内力均可求得。

2. 计算内力和位移的步骤

（1）计算几何特征

首先计算连梁考虑剪切变形的折算惯性矩为

$$I_{Bj}^{*}=\frac{I_{Bj}}{1+\dfrac{7\mu I_{Bj}}{\alpha_1^2A_B}} \tag{5-50}$$

式中 μ——剪应分布不均匀系数，矩形截面 $\mu=1.2$，T 形截面 $\mu=1.5$。

（2）计算等效刚度

$$Ie=\begin{cases}I/\left[(1-\tau)+(1-\beta)\tau\psi_\alpha+3.64\gamma_1^2\right] & \text{（三角荷载）}\\ I/\left[(1-\tau)+(1-\beta)\tau\psi_\alpha+4\gamma_1^2\right] & \text{（均布荷载）}\\ I/\left[(1-\tau)+(1-\beta)\tau\psi_\alpha+3\gamma_1^2\right] & \text{（顶点集中荷载）}\end{cases} \tag{5-51}$$

式中 ψ_α 可根据 α 由表 5-24 查取。

表 5-24 ψ_α 数值表

α	均布荷载	三角形荷载	顶点集中荷载	α	均布荷载	三角形荷载	顶点集中荷载
1.0	0.722	0.720	0.715	11.0	0.027	0.026	0.022
1.5	0.540	0.537	0.528	11.5	0.025	0.023	0.020
2.0	0.403	0.399	0.388	12.0	0.023	0.022	0.019
2.5	0.306	0.302	0.290	12.5	0.021	0.020	0.017
3.0	0.238	0.234	0.222	13.0	0.020	0.019	0.016
3.5	0.190	0.186	0.175	13.5	0.018	0.017	0.015
4.0	0.155	0.151	0.140	14.0	0.017	0.016	0.014
4.5	0.128	0.125	0.115	14.5	0.016	0.015	0.013
5.0	0.108	0.105	0.096	15.0	0.015	0.014	0.012
5.5	0.092	0.089	0.081	15.5	0.014	0.013	0.011
6.0	0.080	0.077	0.069	16.0	0.013	0.012	0.010
6.5	0.070	0.067	0.060	16.5	0.013	0.012	0.010
7.0	0.061	0.058	0.052	17.0	0.012	0.011	0.009
7.5	0.054	0.052	0.046	17.5	0.011	0.010	0.009
8.0	0.048	0.046	0.041	18.0	0.011	0.010	0.008
8.5	0.043	0.041	0.036	18.5	0.010	0.009	0.008
9.0	0.039	0.037	0.032	19.0	0.009	0.009	0.007
9.5	0.035	0.034	0.029	19.5	0.009	0.008	0.007
10.0	0.032	0.031	0.027	20.0	0.009	0.008	0.007
10.5	0.030	0.028	0.024	20.5	0.008	0.008	0.006

(3) 计算各列连梁约束弯矩分配系数

对于双肢墙：

$$\eta=1$$

对于多肢墙：

$$\eta_j=\frac{D_j\psi_j}{\sum D_j\psi_j}$$

式中　ψ_j——可根据 α 及 r_j/B（其中 r_j 为第 j 列连梁跨中至墙边的距离，B 为墙的宽度），由表 5-25 查取。

表 5-25　约束弯矩分布系数 ψ_j

γ_j/B \ α	0.00	0.05	0.10	0.15	0.20	0.25	0.30	0.35	0.40	0.45	0.50
	1.00	0.95	0.90	0.85	0.80	0.75	0.70	0.65	0.60	0.55	0.50
0.0	1.000	1.000	1.000	1.000	1.000	1.000	1.000	1.000	1.100	1.000	1.000
0.4	0.909	0.934	0.958	0.978	0.996	1.011	1.023	1.033	1.040	1.044	1.045
0.8	0.833	0.880	0.923	0.960	0.993	1.020	1.043	1.060	1.073	1.080	1.083
1.2	0.769	0.835	0.893	0.945	0.990	1.028	1.060	1.084	1.101	1.111	1.115
1.6	0.714	0.795	0.868	0.932	0.988	1.035	1.074	1.104	1.125	1.138	1.142
2.0	0.666	0.761	0.846	0.921	0.986	1.041	1.086	1.121	1.146	1.161	1.166
2.4	0.625	0.731	0.827	0.911	0.985	1.046	1.007	1.136	1.165	1.181	1.187
2.8	0.588	0.705	0.810	0.903	0.983	1.051	1.107	1.150	1.181	1.199	1.205
3.2	0.555	0.682	0.795	0.895	0.982	1.055	1.115	1.162	1.195	1.215	1.222
3.6	0.526	0.661	0.782	0.888	0.981	1.059	1.123	1.172	1.208	1.229	1.236
4.0	0.500	0.642	0.770	0.882	0.980	1.062	1.130	1.182	1.220	1.242	1.250
4.4	0.476	0.625	0.759	0.876	0.979	1.065	1.136	1.191	1.230	1.254	1.261
4.8	0.454	0.610	0.749	0.871	0.978	1.066	1.141	1.199	1.240	1.264	1.272
5.2	0.434	0.595	0.740	0.867	0.977	1.070	1.146	1.206	1.248	1.274	1.282
5.6	0.416	0.582	0.731	0.862	0.976	1.072	1.151	1.212	1.256	1.282	1.291
6.0	0.400	0.571	0.724	0.859	0.975	1.075	1.156	1.219	1.264	1.291	1.300
6.4	0.384	0.560	0.716	0.855	0.975	1.076	1.160	1.224	1.270	1.298	1.307
6.8	0.370	0.549	0.710	0.852	0.974	1.078	1.163	1.229	1.277	1.305	1.314
7.2	0.357	0.540	0.704	0.848	0.974	1.080	1.167	1.234	1.282	1.311	1.321
7.6	0.344	0.531	0.698	0.846	0.973	1.081	1.170	1.239	1.288	1.317	1.327
8.0	0.333	0.523	0.693	0.843	0.973	1.083	1.173	1.243	1.293	1.323	1.333
12.0	0.250	0.463	0.655	0.823	0.969	1.093	1.195	1.273	1.330	1.363	1.375
16.0	0.200	0.428	0.632	0.811	0.967	1.100	1.208	1.292	1.352	1.388	1.400
20.0	0.166	0.404	0.616	0.804	0.966	1.104	1.216	1.304	1.366	1.404	1.416
24.0	0.142	0.387	0.605	0.798	0.965	1.107	1.222	1.300	1.377	1.415	1.428
28.0	0.125	0.374	0.597	0.794	0.964	1.109	1.227	1.319	1.385	1.424	1.437
32.0	0.111	0.364	0.591	0.791	0.964	1.111	1.231	1.324	1.391	1.431	1.444
36.0	0.100	0.356	0.586	0.788	0.964	1.112	1.234	1.328	1.306	1.436	1.450
40.0	0.090	0.350	0.581	0.786	0.963	1.113	1.236	1.331	1.400	1.440	1.454

(4) 剪切参数计算

$$\gamma^2\approx\frac{2.38\mu I}{H^2A}\frac{\sum\alpha_j}{\sum C_j}\tag{5-52}$$

$$\gamma_1^2=\frac{2.38\mu I}{H^2A}\tag{5-53}$$

$$\beta=\alpha^2\gamma^2\tag{5-54}$$

对于 $H/B\geqslant 4$ 的情况，可不考虑剪切变形影响，取 $\gamma^2=\gamma_1^2=\beta=0$。

整体参数：

$$\alpha^2=\frac{6H^2}{\tau hI}\sum_{j=1}^{m}D_j \tag{5-55}$$

式中 I——墙肢惯性矩之和。

(5) 计算等效刚度，即：

$$I_d=\begin{cases}\dfrac{I}{[(1-\tau)=(1-\beta)\ \tau\psi_1+3.64\gamma_1^2]} & \text{(倒三角荷载)}\\ \dfrac{I}{[(1-\tau)=(1-\beta)\ \tau\psi_1+4\gamma_1^2]} & \text{(均布荷载)}\\ \dfrac{I}{[(1-\tau)=(1-\beta)\ \tau\psi_1+3\gamma_1^2]} & \text{(顶点集中荷载)}\end{cases}$$

式中 ψ_1——可根据 α，由表 5-26～表 5-28 查取。

3. 计算内力

计算各列连梁约束弯矩的分配系数：

$$\alpha_j=\alpha_{j0}+\frac{d_j}{4} \tag{5-56}$$

4. 计算基本参数

对于双肢墙，轴向变形影响系数为：

$$\tau=2S_c/(I_1+I_2+2S_c) \tag{5-57}$$

$$S=\frac{2cA_1A_2}{A_1+A_2} \tag{5-58}$$

式中 A_1，A_2，I_1，I_2——墙肢的截面面积的惯性矩；

c——墙肢轴线距离之半。

对于多肢墙：

3～4 肢，$\tau=0.8$；5～7 肢，$\tau=0.85$；8 肢以上，$\tau=0.9$。

剪切参数：

连梁的弯矩及剪力

$$M_{B,ij}=V_{B,ij}\alpha_j \tag{5-59}$$

$$V_{B,ij}=\frac{\eta_j}{2_{cj}}\tau hV_0[(1-\beta)\phi_1+\beta\phi_2] \tag{5-60}$$

式中 V_0——剪力墙的底层剪力；

ϕ_1，ϕ_2——参数，按 α，$\xi_i=\dfrac{x_i}{H}$由表 5-26 至 5-29 查得。

墙肢轴力：

第 1 肢：

$$N_{i1}=\sum_{k=i}^{n}V_{B,k1} \tag{5-61}$$

第 2～m 肢：

$$N_{i1}=\sum_{k=i}^{n}(V_{B,k1}-V_{Bk,j-1}) \tag{5-62}$$

第 $m+1$ 肢：

$$N_{i,m+1}=\sum_{k=i}^{n}V_{B,k,m+1} \tag{5-63}$$

墙肢总弯矩和总剪力：

$$\left.\begin{aligned} M_i &= M_{pi} - \sum_{\kappa=i}^{n} m_\kappa \\ V_i &= V_{\eta i} \end{aligned}\right\} \tag{5-64}$$

式中　M_{pi}，V_{pi}——第 i 层由于外荷载产生的弯矩和剪力；

m_k——第 k 层（$k \geqslant i$）的总约束弯矩，

$$m_k = \tau h V_0 [(1-\beta)\phi_1 + \beta\phi_2]_k \tag{5-65}$$

第 i 层第 j 墙肢的弯矩按刚度分配，剪力按折算刚度分配

$$M_{ij} = \frac{I'_j}{I'} M_I \tag{5-66}$$

$$V_{ij} = \frac{I'_j}{I'} V_i \tag{5-67}$$

式中　I'_j——折算刚度，$I'_j = \dfrac{I_j}{1+2\beta_j}$　(5-68)

$$\left(\beta_j = \frac{\mu I_i}{0.07 A_i h^2}, I' = \sum_{j=1}^{m+1} I'_j\right) \tag{5-69}$$

计算位移：

$$U = \begin{cases} \dfrac{11}{60}\dfrac{V_0 H^3}{EI_d} & \text{（倒三角荷载）} \\ \dfrac{1}{8}\dfrac{V_0 H^3}{EI_d} & \text{（均布荷载）} \\ \dfrac{1}{3}\dfrac{V_0 H^3}{EI_d} & \text{（顶点集中荷载）} \end{cases}$$

式中　V_0——底层剪力；

I_d——等效惯性矩。

剪力墙分类的判别式

为了设计工作的方便，按照剪力墙的主要受力特性，采用相应的简化近似计算方法，可将剪力墙划分为下列几种类型：

1）当 $\alpha < 1$ 时，连系梁的约束作用很小，各墙肢可近似地按单肢剪力墙计算。

2）当 $1 \leqslant \alpha < 10$ 时，连系梁的约束作用不能忽略，但墙肢仍以弯曲变形为主，按多肢墙计算。

表 5-26　均布荷载下的 ϕ_1 值

ξ \ α	1.0	1.5	2.0	2.5	3.0	3.5	4.0	4.5	5.0	5.5
0.00	0.000	0.000	0.000	0.000	0.000	0.000	0.000	0.000	0.000	0.000
0.05	0.019	0.036	0.054	0.074	0.093	0.113	0.133	0.152	0.171	0.190
0.10	0.036	0.067	0.100	0.134	0.167	0.200	0.233	0.264	0.294	0.323
0.15	0.050	0.094	0.138	0.182	0.225	0.266	0.306	0.344	0.379	0.413
0.20	0.074	0.116	0.169	0.220	0.269	0.315	0.358	0.398	0.435	0.469
0.25	0.083	0.135	0.194	0.249	0.300	0.348	0.392	0.431	0.467	0.499
0.30	0.091	0.150	0.212	0.270	0.322	0.369	0.411	0.449	0.482	0.511
0.35	0.097	0.162	0.226	0.284	0.335	0.380	0.419	0.453	0.483	0.508
0.40	0.103	0.171	0.236	0.293	0.341	0.382	0.418	0.448	0.474	0.495
0.45	0.106	0.178	0.242	0.296	0.341	0.378	0.409	0.435	0.456	0.474

续表

α ξ	1.0	1.5	2.0	2.5	3.0	3.5	4.0	4.5	5.0	5.5
0.50	0.109	0.182	0.246	0.296	0.336	0.369	0.395	0.416	0.433	0.447
0.55	0.111	0.185	0.246	0.293	0.328	0.355	0.376	0.393	0.406	0.416
0.60	0.113	0.186	0.245	0.287	0.317	0.339	0.355	0.367	0.376	0.382
0.65	0.114	0.187	0.242	0.279	0.304	0.321	0.332	0.339	0.344	0.347
0.70	0.114	0.186	0.237	0.270	0.290	0.302	0.308	0.311	0.312	0.312
0.75	0.114	0.185	0.233	0.261	0.276	0.283	0.285	0.284	0.281	0.273
0.80	0.114	0.183	0.228	0.252	0.263	0.265	0.263	0.258	0.252	0.246
0.85	0.114	0.181	0.223	0.244	0.251	0.249	0.243	0.235	0.226	0.218
0.90	0.113	0.179	0.219	0.237	0.241	0.235	0.227	0.217	0.206	0.195
0.95	0.113	0.178	0.217	0.233	0.234	0.228	0.217	0.204	0.191	0.179
1.00	0.113	0.178	0.216	0.231	0.232	0.224	0.213	0.199	0.186	0.173

α ξ	6.0	6.5	7.0	7.5	8.0	8.5	9.0	9.5	10.0	10.5
0.00	0.000	0.000	0.000	0.000	0.000	0.000	0.000	0.000	0.000	0.000
0.05	0.209	0.227	0.245	0.262	0.279	0.296	0.312	0.328	0.343	0.358
0.10	0.351	0.378	0.403	0.427	0.450	0.472	0.493	0.513	0.532	0.550
0.15	0.444	0.473	0.500	0.525	0.548	0.570	0.590	0.609	0.626	0.643
0.20	0.500	0.528	0.553	0.577	0.598	0.617	0.634	0.650	0.664	0.677
0.25	0.528	0.554	0.576	0.597	0.614	0.630	0.644	0.657	0.667	0.677
0.30	0.537	0.559	0.578	0.595	0.609	0.622	0.632	0.642	0.650	0.657
0.35	0.530	0.549	0.565	0.578	0.589	0.599	0.607	0.614	0.619	0.624
0.40	0.513	0.528	0.541	0.551	0.560	0.567	0.573	0.577	0.581	0.585
0.45	0.488	0.500	0.510	0.517	0.524	0.529	0.533	0.536	0.539	0.541
0.50	0.458	0.467	0.474	0.479	0.483	0.487	0.490	0.492	0.493	0.485
0.55	0.424	0.430	0.434	0.438	0.441	0.443	0.444	0.445	0.446	0.447
0.60	0.387	0.390	0.393	0.395	0.396	0.397	0.398	0.398	0.399	0.399
0.65	0.349	0.350	0.351	0.351	0.351	0.351	0.351	0.351	0.351	0.351
0.70	0.312	0.310	0.309	0.308	0.307	0.306	0.305	0.304	0.303	0.303
0.75	0.257	0.272	0.269	0.266	0.264	0.262	0.260	0.258	0.257	0.256
0.80	0.241	0.235	0.231	0.227	0.223	0.220	0.217	0.215	0.213	0.211
0.85	0.210	0.203	0.196	0.191	0.186	0.181	0.178	0.174	0.171	0.168
0.90	0.185	0.176	0.168	0.161	0.155	0.149	0.144	0.140	0.136	0.133
0.95	0.168	0.157	0.148	0.140	0.133	0.126	0.120	0.115	0.110	0.106
1.00	0.161	0.150	0.141	0.132	0.124	0.117	0.110	0.105	0.099	0.095

α ξ	11.0	11.5	12.0	12.5	13.0	13.5	14.0	14.5	15.0	15.5
0.00	0.000	0.000	0.000	0.000	0.000	0.000	0.000	0.000	0.000	0.000
0.05	0.373	0.387	0.401	0.414	0.428	0.440	0.453	0.465	0.477	0.489
0.10	0.567	0.583	0.598	0.613	0.627	0.640	0.653	0.665	0.676	0.687
0.15	0.657	0.671	0.684	0.696	0.707	0.718	0.727	0.736	0.744	0.752
0.20	0.689	0.699	0.709	0.717	0.725	0.732	0.739	0.744	0.750	0.754
0.25	0.686	0.693	0.709	0.706	0.711	0.715	0.719	0.723	0.726	0.729
0.30	0.663	0.668	0.672	0.676	0.679	0.682	0.684	0.687	0.688	0.690
0.35	0.628	0.632	0.634	0.637	0.639	0.641	0.642	0.643	0.644	0.645
0.40	0.587	0.589	0.591	0.593	0.594	0.595	0.596	0.596	0.597	0.597
0.45	0.543	0.544	0.545	0.546	0.547	0.547	0.548	0.548	0.548	0.548

续表

ξ \ α	11.0	11.5	12.0	12.5	13.0	13.5	14.0	14.5	15.0	15.5
0.50	0.496	0.496	0.497	0.498	0.498	0.498	0.499	0.499	0.499	0.499
0.55	0.448	0.448	0.448	0.448	0.448	0.449	0.449	0.449	0.449	0.449
0.60	0.399	0.399	0.399	0.399	0.399	0.399	0.399	0.399	0.399	0.399
0.65	0.351	0.350	0.350	0.350	0.350	0.350	0.350	0.350	0.350	0.350
0.70	0.302	0.302	0.301	0.301	0.301	0.301	0.300	0.300	0.300	0.300
0.75	0.255	0.254	0.253	0.253	0.252	0.252	0.251	0.251	0.251	0.251
0.80	0.209	0.208	0.207	0.206	0.205	0.205	0.204	0.203	0.203	0.202
0.85	0.167	0.165	0.163	0.162	0.160	0.159	0.158	0.157	0.156	0.156
0.90	0.130	0.127	0.124	0.122	0.120	0.119	0.117	0.116	0.114	0.113
0.95	0.102	0.098	0.095	0.092	0.090	0.087	0.085	0.083	0.081	0.079
1.00	0.090	0.086	0.083	0.079	0.076	0.074	0.071	0.068	0.066	0.064

ξ \ α	16.0	16.5	17.0	17.5	18.0	18.5	19.0	19.5	20.0	20.5
0.00	0.000	0.000	0.000	0.000	0.000	0.000	0.000	0.000	0.000	0.000
0.05	0.500	0.511	0.522	0.533	0.543	0.553	0.563	0.572	0.582	0.591
0.10	0.698	0.707	0.717	0.726	0.734	0.742	0.750	0.757	0.764	0.771
0.15	0.759	0.765	0.771	0.777	0.782	0.787	0.792	0.796	0.800	0.803
0.20	0.759	0.763	0.766	0.768	0.772	0.775	0.777	0.779	0.781	0.783
0.25	0.731	0.733	0.735	0.737	0.738	0.740	0.741	0.742	0.743	0.744
0.30	0.691	0.692	0.693	0.649	0.695	0.696	0.696	0.697	0.679	0.679
0.35	0.646	0.646	0.647	0.647	0.648	0.648	0.648	0.648	0.649	0.649
0.40	0.598	0.598	0.598	0.599	0.599	0.599	0.599	0.599	0.599	0.599
0.45	0.549	0.549	0.549	0.549	0.549	0.549	0.549	0.549	0.549	0.549
0.50	0.499	0.499	0.499	0.499	0.499	0.499	0.499	0.499	0.499	0.499
0.55	0.449	0.449	0.449	0.449	0.449	0.449	0.449	0.449	0.449	0.449
0.60	0.399	0.399	0.399	0.399	0.399	0.399	0.399	0.399	0.399	0.399
0.65	0.350	0.350	0.350	0.349	0.349	0.349	0.349	0.349	0.349	0.349
0.70	0.300	0.300	0.300	0.300	0.300	0.300	0.300	0.300	0.299	0.288
0.75	0.250	0.250	0.250	0.250	0.250	0.250	0.250	0.250	0.250	0.250
0.80	0.202	0.202	0.201	0.201	0.201	0.201	0.201	0.200	0.200	0.200
0.85	0.155	0.154	0.154	0.153	0.153	0.153	0.152	0.152	0.152	0.152
0.90	0.112	0.111	0.110	0.109	0.109	0.108	0.107	0.107	0.106	0.106
0.95	0.077	0.076	0.075	0.073	0.072	0.071	0.070	0.069	0.068	0.067
1.00	0.062	0.060	0.058	0.057	0.055	0.054	0.052	0.051	0.050	0.048

表 5-27　三角形荷载下的 ϕ_1 值

ξ \ α	1.0	1.5	2.0	2.5	3.0	3.5	4.0	4.5	5.0	5.5
0.00	0.000	0.000	0.000	0.000	0.000	0.000	0.000	0.000	0.000	0.000
0.05	0.025	0.047	0.069	0.092	0.115	0.137	0.159	0.181	0.202	0.222
0.10	0.048	0.089	0.130	0.171	0.210	0.248	0.285	0.321	0.354	0.386
0.15	0.069	0.126	0.182	0.236	0.288	0.337	0.383	0.426	0.467	0.504
0.20	0.087	0.158	0.226	0.290	0.350	0.406	0.457	0.504	0.547	0.587
0.25	0.103	0.185	0.263	0.334	0.399	0.458	0.511	0.559	0.602	0.640
0.30	0.118	0.209	0.293	0.363	0.435	0.495	0.548	0.594	0.636	0.671
0.35	0.130	0.228	0.317	0.394	0.461	0.519	0.570	0.614	0.652	0.685

续表

ξ \ α	1.0	1.5	2.0	2.5	3.0	3.5	4.0	4.5	5.0	5.5
0.40	0.140	0.244	0.335	0.412	0.477	0.533	0.580	0.620	0.654	0.688
0.45	0.149	0.256	0.348	0.423	0.485	0.537	0.579	0.615	0.645	0.670
0.50	0.156	0.266	0.357	0.429	0.487	0.533	0.570	0.601	0.626	0.647
0.55	0.161	0.272	0.362	0.430	0.482	0.522	0.554	0.579	0.599	0.616
0.60	0.165	0.276	0.363	0.426	0.472	0.506	0.532	0.552	0.567	0.579
0.65	0.168	0.279	0.362	0.419	0.459	0.486	0.506	0.519	0.530	0.537
0.70	0.170	0.279	0.358	0.410	0.443	0.463	0.476	0.484	0.489	0.492
0.75	0.171	0.278	0.353	0.399	0.425	0.439	0.446	0.448	0.448	0.447
0.80	0.172	0.277	0.347	0.388	0.408	0.415	0.416	0.412	0.407	0.402
0.85	0.172	0.275	0.341	0.377	0.391	0.393	0.388	0.380	0.370	0.360
0.90	0.171	0.273	0.336	0.367	0.377	0.374	0.365	0.352	0.338	0.324
0.95	0.171	0.271	0.332	0.360	0.367	0.361	0.343	0.332	0.316	0.299
1.00	0.171	0.270	0.331	0.358	0.363	0.356	0.342	0.325	0.307	0.289

ξ \ α	6.0	6.5	7.0	7.5	8.0	8.5	9.0	9.5	10.0	10.5
0.00	0.000	0.000	0.000	0.000	0.000	0.000	0.000	0.000	0.000	0.000
0.05	0.242	0.262	0.280	0.299	0.316	0.334	0.351	0.367	0.383	0.398
0.10	0.417	0.446	0.473	0.499	0.523	0.546	0.568	0.588	0.609	0.628
0.15	0.539	0.571	0.601	0.629	0.654	0.678	0.700	0.720	0.738	0.756
0.20	0.622	0.654	0.683	0.709	0.733	0.754	0.774	0.791	0.807	0.821
0.25	0.674	0.704	0.731	0.755	0.775	0.794	0.810	0.824	0.837	0.848
0.30	0.703	0.730	0.753	0.774	0.791	0.807	0.820	0.831	0.841	0.849
0.35	0.712	0.736	0.756	0.774	0.788	0.801	0.811	0.820	0.828	0.834
0.40	0.707	0.728	0.745	0.759	0.771	0.781	0.789	0.796	0.802	0.807
0.45	0.690	0.707	0.721	0.733	0.742	0.750	0.757	0.762	0.767	0.771
0.50	0.663	0.677	0.688	0.697	0.705	0.711	0.716	0.721	0.724	0.727
0.55	0.629	0.639	0.648	0.655	0.661	0.665	0.669	0.672	0.675	0.677
0.60	0.588	0.596	0.601	0.606	0.610	0.614	0.616	0.619	0.621	0.622
0.65	0.543	0.547	0.550	0.553	0.555	0.557	0.559	0.560	0.561	0.562
0.70	0.494	0.496	0.496	0.497	0.497	0.497	0.498	0.498	0.498	0.499
0.75	0.445	0.443	0.440	0.439	0.437	0.436	0.434	0.433	0.433	0.432
0.80	0.396	0.390	0.385	0.331	0.377	0.373	0.371	0.368	0.366	0.364
0.85	0.350	0.341	0.333	0.326	0.320	0.314	0.309	0.305	0.301	0.298
0.90	0.311	0.299	0.288	0.278	0.270	0.262	0.255	0.248	0.243	0.238
0.95	0.283	0.269	0.256	0.243	0.233	0.223	0.214	0.205	0.198	0.191
1.00	0.273	0.257	0.243	0.230	0.218	0.207	0.197	0.188	0.179	0.172

续表

ξ \ α	11.0	11.5	12.0	12.5	13.0	13.5	14.0	14.5	15.0	15.5
0.00	0.000	0.000	0.000	0.000	0.000	0.000	0.000	0.000	0.000	0.000
0.05	0.413	0.423	0.442	0.456	0.469	0.483	0.495	0.508	0.520	0.532
0.10	0.646	0.663	0.679	0.694	0.708	0.722	0.735	0.748	0.760	0.771
0.15	0.772	0.786	0.800	0.813	0.825	0.836	0.846	0.855	0.864	0.872
0.20	0.834	0.846	0.856	0.866	0.874	0.882	0.889	0.896	0.901	0.907
0.25	0.858	0.866	0.874	0.881	0.887	0.892	0.897	0.901	0.903	0.908
0.30	0.857	0.863	0.868	0.873	0.878	0.881	0.884	0.887	0.890	0.892
0.35	0.840	0.844	0.848	0.852	0.855	0.857	0.859	0.861	0.863	0.864
0.40	0.811	0.815	0.818	0.820	0.822	0.824	0.826	0.827	0.828	0.829
0.45	0.774	0.777	0.778	0.781	0.782	0.784	0.785	0.786	0.787	0.788
0.50	0.730	0.732	0.733	0.735	0.736	0.737	0.738	0.738	0.740	0.741
0.55	0.679	0.681	0.682	0.684	0.685	0.686	0.686	0.687	0.688	0.688
0.60	0.624	0.625	0.626	0.627	0.628	0.628	0.629	0.630	0.631	0.631
0.65	0.563	0.564	0.565	0.566	0.566	0.567	0.568	0.568	0.569	0.568
0.70	0.499	0.498	0.500	0.500	0.500	0.501	0.501	0.502	0.502	0.502
0.75	0.432	0.431	0.431	0.431	0.431	0.431	0.431	0.431	0.431	0.431
0.80	0.363	0.361	0.360	0.360	0.358	0.358	0.358	0.357	0.357	0.357
0.85	0.295	0.293	0.290	0.288	0.287	0.285	0.284	0.283	0.282	0.281
0.90	0.233	0.229	0.226	0.222	0.219	0.217	0.214	0.212	0.210	0.208
0.95	0.185	0.180	0.174	0.170	0.165	0.161	0.158	0.154	0.151	0.143
1.00	0.165	0.158	0.152	0.147	0.142	0.137	0.132	0.128	0.124	0.120

ξ \ α	16.0	16.5	17.0	17.5	18.0	18.5	19.0	19.5	20.0	20.5
0.00	0.000	0.000	0.000	0.000	0.000	0.000	0.000	0.000	0.000	0.000
0.05	0.543	0.555	0.566	0.576	0.587	0.597	0.607	0.617	0.626	0.635
0.10	0.781	0.792	0.801	0.810	0.819	0.827	0.835	0.843	0.850	0.857
0.15	0.879	0.886	0.893	0.899	0.904	0.909	0.914	0.918	0.922	0.926
0.20	0.911	0.916	0.919	0.923	0.926	0.929	0.932	0.934	0.936	0.938
0.25	0.911	0.914	0.916	0.918	0.920	0.921	0.923	0.924	0.925	0.926
0.30	0.893	0.895	0.896	0.898	0.899	0.900	0.901	0.901	0.902	0.903
0.35	0.865	0.867	0.867	0.868	0.869	0.870	0.870	0.871	0.871	0.871
0.40	0.830	0.831	0.831	0.832	0.833	0.833	0.833	0.834	0.834	0.834
0.45	0.788	0.789	0.790	0.790	0.790	0.791	0.791	0.792	0.792	0.792
0.50	0.741	0.742	0.742	0.743	0.743	0.743	0.744	0.744	0.744	0.745
0.55	0.688	0.688	0.690	0.690	0.691	0.691	0.691	0.692	0.692	0.692
0.60	0.632	0.632	0.633	0.633	0.633	0.634	0.634	0.634	0.634	0.635
0.65	0.568	0.570	0.570	0.571	0.571	0.571	0.571	0.572	0.572	0.572
0.70	0.503	0.503	0.503	0.503	0.504	0.504	0.504	0.504	0.505	0.505
0.75	0.431	0.431	0.432	0.432	0.432	0.432	0.432	0.432	0.432	0.433
0.80	0.357	0.356	0.356	0.356	0.356	0.356	0.356	0.356	0.356	0.356
0.85	0.280	0.280	0.279	0.278	0.278	0.278	0.277	0.277	0.277	0.276
0.90	0.207	0.205	0.204	0.203	0.201	0.200	0.199	0.199	0.198	0.197
0.95	0.145	0.143	0.140	0.138	0.136	0.134	0.132	0.130	0.129	0.127
1.00	0.117	0.113	0.110	0.107	0.104	0.102	0.099	0.097	0.095	0.092

表 5-28　顶点集中荷载下的 ϕ_1 值

ξ \ α	1.0	1.5	2.0	2.5	3.0	3.5	4.0	4.5	5.0	5.5
0.00	0.000	0.000	0.000	0.000	0.000	0.000	0.000	0.000	0.000	0.000
0.05	0.036	0.065	0.091	0.115	0.138	0.160	0.181	0.201	0.221	0.240
0.10	0.071	0.125	0.174	0.217	0.257	0.294	0.329	0.362	0.393	0.423
0.15	0.103	0.179	0.248	0.307	0.360	0.407	0.450	0.490	0.527	0.561
0.20	0.133	0.230	0.314	0.386	0.448	0.502	0.550	0.593	0.632	0.667
0.25	0.161	0.276	0.374	0.455	0.523	0.581	0.631	0.675	0.713	0.747
0.30	0.186	0.318	0.428	0.516	0.588	0.647	0.697	0.740	0.776	0.807
0.35	0.210	0.356	0.476	0.569	0.643	0.703	0.752	0.792	0.826	0.854
0.40	0.231	0.390	0.518	0.616	0.691	0.760	0.796	0.834	0.864	0.889
0.45	0.251	0.421	0.556	0.656	0.731	0.788	0.832	0.867	0.893	0.915
0.50	0.269	0.449	0.589	0.692	0.766	0.821	0.862	0.893	0.917	0.935
0.55	0.285	0.474	0.619	0.722	0.795	0.848	0.886	0.914	0.935	0.951
0.60	0.299	0.496	0.644	0.748	0.820	0.870	0.905	0.931	0.949	0.962
0.65	0.311	0.515	0.666	0.770	0.840	0.888	0.921	0.944	0.960	0.971
0.70	0.322	0.531	0.634	0.788	0.857	0.903	0.933	0.954	0.968	0.977
0.75	0.331	0.544	0.700	0.804	0.871	0.915	0.943	0.962	0.974	0.982
0.80	0.338	0.555	0.712	0.816	0.882	0.924	0.951	0.968	0.979	0.986
0.85	0.344	0.564	0.722	0.825	0.890	0.931	0.956	0.972	0.982	0.988
0.90	0.348	0.570	0.728	0.831	0.896	0.935	0.960	0.975	0.984	0.990
0.95	0.351	0.573	0.732	0.835	0.899	0.938	0.962	0.977	0.986	0.991
1.00	0.351	0.574	0.734	0.836	0.900	0.939	0.963	0.977	0.986	0.991

ξ \ α	6.0	6.5	7.0	7.5	8.0	8.5	9.0	9.5	10.0	10.5
0.00	0.000	0.000	0.000	0.000	0.000	0.000	0.000	0.000	0.000	0.000
0.05	0.259	0.277	0.295	0.312	0.329	0.346	0.362	0.378	0.393	0.408
0.10	0.451	0.478	0.503	0.527	0.550	0.572	0.593	0.613	0.632	0.650
0.15	0.593	0.622	0.650	0.675	0.698	0.720	0.740	0.759	0.776	0.793
0.20	0.698	0.727	0.753	0.776	0.798	0.817	0.834	0.850	0.864	0.877
0.25	0.776	0.803	0.826	0.846	0.864	0.880	0.894	0.907	0.917	0.927
0.30	0.834	0.857	0.877	0.894	0.909	0.921	0.932	0.942	0.950	0.957
0.35	0.877	0.897	0.913	0.927	0.939	0.948	0.957	0.964	0.969	0.974
0.40	0.909	0.925	0.939	0.950	0.959	0.966	0.972	0.977	0.981	0.985
0.45	0.932	0.946	0.957	0.965	0.972	0.978	0.982	0.986	0.988	0.991
0.50	0.950	0.961	0.969	0.976	0.981	0.985	0.988	0.991	0.993	0.994
0.55	0.962	0.971	0.978	0.983	0.987	0.990	0.992	0.994	0.995	0.996
0.60	0.972	0.979	0.984	0.988	0.991	0.993	0.997	0.996	0.997	0.998
0.65	0.979	0.985	0.989	0.992	0.994	0.996	0.997	0.997	0.998	0.998
0.70	0.984	0.989	0.992	0.994	0.996	0.997	0.998	0.998	0.999	0.998
0.75	0.988	0.992	0.994	0.996	0.997	0.998	0.998	0.999	0.999	0.999
0.80	0.991	0.994	0.996	0.997	0.998	0.999	0.999	0.999	0.999	0.999
0.85	0.992	0.995	0.997	0.998	0.998	0.999	0.999	0.999	0.999	0.999
0.90	0.994	0.996	0.997	0.998	0.999	0.999	0.999	0.999	0.999	0.999
0.95	0.994	0.996	0.998	0.998	0.999	0.999	0.999	0.999	0.999	0.999
1.00	0.995	0.996	0.998	0.998	0.999	0.999	0.999	0.999	0.999	0.999

续表

ξ \ α	11.0	11.5	12.0	12.5	13.0	13.5	14.0	14.5	15.0	15.5
0.00	0.000	0.000	0.000	0.000	0.000	0.000	0.000	0.000	0.000	0.000
0.05	0.423	0.437	0.451	0.464	0.478	0.490	0.503	0.515	0.527	0.538
0.10	0.667	0.683	0.698	0.713	0.727	0.740	0.753	0.765	0.776	0.787
0.15	0.808	0.821	0.834	0.846	0.857	0.868	0.877	0.886	0.894	0.902
0.20	0.889	0.899	0.909	0.917	0.925	0.932	0.939	0.945	0.950	0.954
0.25	0.936	0.943	0.950	0.956	0.961	0.965	0.969	0.973	0.976	0.979
0.30	0.963	0.969	0.972	0.976	0.979	0.982	0.985	0.987	0.988	0.990
0.35	0.978	0.982	0.985	0.987	0.989	0.991	0.992	0.993	0.994	0.995
0.40	0.987	0.989	0.991	0.993	0.994	0.995	0.996	0.996	0.997	0.997
0.45	0.992	0.994	0.995	0.996	0.997	0.997	0.998	0.998	0.998	0.999
0.50	0.995	0.996	0.997	0.998	0.998	0.998	0.999	0.999	0.999	0.999
0.55	0.997	0.998	0.998	0.998	0.999	0.999	0.999	0.999	0.999	0.999
0.60	0.998	0.998	0.999	0.999	0.999	0.999	0.999	0.999	0.999	0.999
0.65	0.999	0.999	0.999	0.999	0.999	0.999	0.999	0.999	0.999	0.999
0.70	0.999	0.999	0.999	0.999	0.999	0.999	0.999	0.999	0.999	0.999
0.75	0.999	0.999	0.999	0.999	0.999	0.999	0.999	0.999	0.999	0.999
0.80	0.999	0.999	0.999	0.999	0.999	0.999	0.999	0.999	0.999	0.999
0.85	0.999	0.999	0.999	0.999	0.999	0.999	0.999	0.999	0.999	0.999
0.90	0.999	0.999	0.999	0.999	0.999	0.999	0.999	0.999	0.999	1.000
0.95	0.999	0.999	0.999	0.999	0.999	0.999	0.999	0.999	1.000	1.000
1.00	0.999	0.999	0.999	0.999	0.999	0.999	1.000	1.000	1.000	1.000

ξ \ α	16.0	16.5	17.0	17.5	18.0	18.5	19.0	19.5	20.0	20.5
0.00	0.000	0.000	0.000	0.000	0.000	0.000	0.000	0.000	0.000	0.000
0.05	0.550	0.561	0.572	0.583	0.593	0.603	0.613	0.622	0.632	0.641
0.10	0.798	0.808	0.817	0.826	0.834	0.842	0.850	0.857	0.864	0.871
0.15	0.909	0.915	0.921	0.927	0.932	0.937	0.942	0.946	0.950	0.953
0.20	0.959	0.963	0.966	0.968	0.972	0.975	0.977	0.979	0.981	0.983
0.25	0.981	0.983	0.985	0.987	0.988	0.990	0.991	0.992	0.993	0.994
0.30	0.991	0.992	0.993	0.994	0.995	0.996	0.996	0.997	0.997	0.997
0.35	0.996	0.996	0.997	0.997	0.998	0.998	0.998	0.998	0.999	0.999
0.40	0.998	0.998	0.998	0.999	0.999	0.999	0.999	0.999	0.999	0.999
0.45	0.999	0.999	0.999	0.999	0.999	0.999	0.999	0.999	0.999	0.999
0.50	0.999	0.999	0.999	0.999	0.999	0.999	0.999	0.999	0.999	0.999
0.55	0.999	0.999	0.999	0.999	0.999	0.999	0.999	0.999	0.999	0.999
0.60	0.999	0.999	0.999	0.999	0.999	0.999	0.999	0.999	0.999	0.999
0.65	0.999	0.999	0.999	0.999	0.999	0.999	0.999	0.999	0.999	0.999
0.70	0.999	0.999	0.999	0.999	0.999	0.999	0.999	0.999	1.000	1.000
0.75	0.999	0.999	0.999	0.999	0.999	1.000	1.000	1.000	1.000	1.000
0.80	0.999	0.999	0.999	1.000	1.000	1.000	1.000	1.000	1.000	1.000
0.85	0.999	1.000	1.000	1.000	1.000	1.000	1.000	1.000	1.000	1.000
0.90	1.000	1.000	1.000	1.000	1.000	1.000	1.000	1.000	1.000	1.000
0.95	1.000	1.000	1.000	1.000	1.000	1.000	1.000	1.000	1.000	1.000
1.00	1.000	1.000	1.000	1.000	1.000	1.000	1.000	1.000	1.000	1.000

表 5-29　系数 ϕ_2（ξ）的数值表

ξ	均布荷载	三角形荷载	顶点集中荷载
0.00	1.000	1.000	
0.05	0.949	0.997	
0.10	0.899	0.989	
0.15	0.849	0.977	
0.20	0.799	0.958	
0.25	0.749	0.937	
0.30	0.699	0.909	
0.35	0.649	0.877	
0.40	0.599	0.839	
0.45	0.549	0.797	
0.50	0.499	0.749	1.000
0.55	0.449	0.697	
0.60	0.399	0.639	
0.65	0.349	0.577	
0.70	0.299	0.508	
0.75	0.249	0.437	
0.80	0.199	0.359	
0.85	0.149	0.277	
0.90	0.099	0.189	
0.95	0.049	0.097	
1.00	0.000	0.000	

第三节　框架-剪力墙结构设计

当高层建筑层数较多且高度较高时，如仍单独采用框架结构，则其在水平力作用下，截面内力增加很快。这时，框架柱截面增加很大，并且还产生过大的水平侧移。为解决上述矛盾，通常的做法是在框架体系中，增设一些刚度较大的钢筋混凝土剪力墙，使之代替框架承担水平荷载，于是就形成了框架-剪力墙结构体系。

框架-剪力墙结构中，框架主要用以承受竖向荷载，而剪力墙主要用以承受水平荷载，两者分工明确，受力合理，是一种比较理想的高层建筑体系。

一、一般规定

1. 框架-剪力墙结构的形式

框架-剪力墙结构由框架和剪力墙两种结构组成，形式是多样而且是可变的，主要根据建筑平面布局和结构受力需要去灵活处理。在布置方面一般可采用下列几种形式：框架和剪力墙（包括单片墙、联肢墙、剪力墙筒体）分开布置，各成比较独立的抗侧力片；在框架的若干跨内嵌入剪力墙（框架相应跨的柱和梁成为该片墙的边框，称为带边框剪力墙）；框架和剪力墙混合组成抗侧力片等，当然亦可以是以上几种形式的混合，也不排除根据实际情况采用其他形式。但无论采用哪种形式，它都是以其整体来承担荷载和作用，各部分承担的力应通过整体分析方法（包括简化方法）确定，总之，应通过各部分含量的搭配和布置的调整来取得更合理的设计。

2. 抗震设计时在框架-剪力墙结构中，柱与剪力墙相比，其抗剪刚度很小的，故在地震作用下，楼层地震总剪力主要由剪力墙来承担，框架柱只承担很小一部分，就是说框架由于地震作用引起的内力是很小的，而框架作为抗震的第二道防线，过于单薄是不利的，为了保证框架部分有一定的能力储备，规定框架部分所承担的地震剪力不应小于一定的值，并将该值规定为：取基底总剪力的20%（$0.2V_0$）和各层框架承担的地震总剪力中的最大值的1.5倍（$1.5V_{f,\max}$）两者中的较小值。但在执行中发现，若某楼层段突然减少了框架柱，按原方法来调整柱剪力时，将使这些楼层的单根柱承担过大的剪力而难于处理，故增加了容许分段进行调整的做法，即当某楼层段柱根减少时，则以该段为调整单元，取该段最底一层的地震剪力为该段的底部总剪力；该段内各层框架承担的地震总剪力中的最大值为该段的$V_{f,\max}$。

3. 框架-剪力墙结构的结构布置

(1) 双向抗侧力体系

框架-剪力墙结构中，剪力墙是主要的抗侧力构件。采用这种结构时在两个主轴方向都布置剪力墙，形成双向抗侧力体系。这是因为如果仅在一个主轴方向布置剪力墙的话，将会造成两个主轴方向的抗侧刚度悬殊，无剪力墙的一个方向刚度不足且带有纯框架的性质，与有剪力墙的另一向不协调，也容易造成结构整体扭转。

(2) 刚性连接及构件对中布置

框架-剪力墙结构中，主体结构构件间的连接（节点）应采用刚接，目的是保证整体结构的几何不变和刚度的发挥；同时，较多的赘余约束对结构在大震下的稳定性是有利的。当然，个别节点由于特殊需要（如为了调整个别梁的内力分布，为了避免由于沉降不均而产生过大内力等），也可以采用梁端与柱或剪力墙铰接的形式，但要注意保证结构的几何不变性，同时结构整体分析简图要与之相符。

框架梁与柱的连接，两者的中线宜重合以使内力传递和分布合理保证节点核心区的完整性。实际工程中，所有梁、柱轴线完全对中、重合的场合并不多，此时应在计算中考虑其不利影响，采取必要的构造处理，参见图5-1。

(3) 剪力墙的布置

框架-剪力墙结构中，由于剪力墙的刚度较大，其数量和布置不同时对结构整体刚度和刚心位置影响很大，因此处理好剪力墙的布置是框架-剪力墙结构设计中的重要问题。首先，墙量要适当，过少刚度不足，而过多则刚度过大，反会引起较大的地震作用效应。其次，应通过布置剪力墙的位置使整体结构的刚心尽量与房屋质心重合以免引起结构过大的扭转。具体布置时，应尽量做到：

1）剪力墙宜均匀布置在建筑物的周边附近，楼梯间、电梯间平面形状变化及恒载较大的部位，剪力墙间距不宜过大；抗震设计时，剪力墙的布置宜使结构两个主轴方向的侧向刚度接近；

2）平面形状凹凸较大时，宜在凸出部分的端部附近布置剪力墙；

3）纵、横剪力墙宜组成L形、T形和匚形等型式；

4）单片剪力墙底部承担的水平剪力不宜超过结构底部总水平剪力的40%，以免受力过分集中；

5）剪力墙宜贯通建筑物的全高，宜避免刚度突变；剪力墙开洞时，洞口宜上下对齐；

6）楼、电梯间等竖井宜尽量与靠近的抗侧力结构结合布置；

7）抗震设计时，剪力墙的布置宜使结构各主轴方向的侧向刚度接近。

（4）长矩形平面或平面有一部分较长的建筑中，其剪力墙的布置尚宜符合下列要求：

1）横向剪力墙沿长方向的间距满足表 5-30 的要求，当这些剪力墙之间的楼盖有较大开洞时，剪力墙的间距应适当减小；

2）纵向剪力墙不宜集中布置在房屋的两尽端。

表 5-30　剪力墙间距　（m）

楼盖形式	非抗震设计（取较小值）	抗震设防烈度		
		6 度、7 度（取较小值）	8 度（取较小值）	9 度（取较小值）
现　浇	$5.0B$，60	$4.0B$，50	$3.0B$，40	$2.0B$，30
装配整体	$3.5B$，50	$3.0B$，40	$2.5B$，30	—

注：1. 表中 B 为楼面宽度，单位为 m；

2. 装配整体式楼盖的现浇层应符合“高层建筑混凝土结构技术规程”（JGJ 3—2002）的有关规定；

3. 现浇层厚度大于 60mm 的叠合楼板可作为现浇板考虑。

（5）板柱-剪力墙结构的布置应符合下列要求：

1）应布置成双向抗侧力体系，两主轴方向均应设置剪力墙；

2）抗震设计时，房屋的周边应设置框架梁，房屋的顶层及地下一层顶板宜采用梁板结构；

3）有楼、电梯间等较大开洞时，洞口周围设置框架梁或边梁；

4）无梁板可根据承载力和变形要求采用无柱帽板或有柱帽板。当采用托板式柱帽时，托板的长度和厚度应按计算确定，且每方向长度不宜小于板跨度的 1/6，其厚度不宜小于 1/4 无梁板的厚度；抗震设计时，托板每方向长度尚不宜小于同方向柱截面宽度与 4 倍板厚度之和，托板处总厚度尚不宜小于 16 倍柱纵筋直径。当不满足承载力要求且不允许设置柱帽时采用剪力墙，此时板的厚度，非抗震设计时不应小于 150mm，抗震设计时不应小于 200mm；

5）双向无梁板厚度与长跨之比，不宜小于表 5-31 的规定。

表 5-31　双向无梁板厚度与长跨的最小比值

非预应力楼板		预应力楼板	
无柱帽	有柱帽	无柱帽	有柱帽
1/30	1/35	1/40	1/45

6）抗震设计时，板柱-剪力墙结构中各层横向及纵向剪力墙应能承担相应方向该层的全部地震剪力；各层板柱部分除应符合计算要求外，尚应能承担不少于该层相应方向地震剪力的 20%。

4. 截面设计及构造

(1) 框架-剪力墙结构和板柱-剪力墙这两种结构中，剪力墙竖向和水平分布钢筋的配筋率，抗震设计时不应小于 0.25%，非抗震设计时均不应小于 0.20%，并应至少双排布置。各排分布钢筋之间应设置拉筋，拉筋直径不应小于 6mm，间距不应大于 600mm。

(2) 带边框剪力墙的构造应符合下列要求：

1) 带边框剪力墙的截面厚度应符合下列规定：

①抗震设计时，一、二级剪力墙的底部加强部位均不应小于 200mm，且不应小于层高的 1/16；

②除上述第①项以外的其他情况下不应小于 160mm，且不应小于层高的 1/20；

③当剪力墙截面厚度不满足上述①、②项的要求时，应计算墙体稳定。

2) 剪力墙的水平钢筋应全部锚入边框柱内，锚固长度不应小于 l_a（非抗震设计）或 l_{aE}（抗震设计）；

3) 带边框剪力墙的混凝土强度等级宜与边框柱相同；

4) 与剪力墙重合的框架梁可保留，亦可做成宽度与墙厚相同的暗梁，暗梁截面高度可取墙厚的 2 倍或与该片框架梁截面等高，暗梁的配筋可按构造配置且应符合一般框架梁相应抗震等级的最小配筋要求；

5) 剪力墙截面宜按工字形设计，其端部的纵向受力钢筋应配置在边框柱截面内；

6) 边框柱截面宜与该榀框架其他柱的截面相同，边框柱应符合框架柱有关构造配筋规定；剪力墙底部加强部位边框柱的箍筋宜沿全高加密；当带边框剪力墙上的洞口紧邻边框柱时，边框柱的箍筋宜沿全高加密。

(3) 板柱-剪力墙结构中板的构造要求

1) 防止无梁板脱落的措施

在地震作用下，无梁板与柱的连接是最薄弱的部位。在地震的反复作用下易出现梁柱交接处的裂缝，严重时发展成为通缝，板失去了支承而脱落。为防止板的完全脱落而下坠，沿两个主轴方向布置通过柱截面的板底连续钢筋不应过小（连续钢筋的总抗拉力等于该层楼板造成的对该柱的轴压力），以便把趋于下坠的楼板吊住而不至于倒塌。具体可按下式计算：

$$A_s \geqslant N_G/f_y$$

式中　A_s——通过柱截面的板底连续钢筋的总截面面积；

N_G——在该层楼面重力荷载代表值作用下的柱轴向压力设计值；

f_y——通过柱截面的板底连续钢筋的抗拉强度设计值。

2) 关于预应力无梁板

当柱网较大时，有时会采用预应力无梁楼板，对于这种情况，要求只能采用部分预应力而不能采用全预应力，而且板内钢筋应以非预应力筋为主要受力钢筋，预应力筋主要用作提高板的刚度（减小挠曲变形）和抗裂能力，因为预应力筋在地震的反复作用下的可靠性不如非预应力筋；

3) 板柱-剪力墙结构中构成板柱框架的柱上板带，当无柱帽时，由于柱的宽度有限，板带的受力主要集中在柱的连线附近，抗震设计时，无柱帽的板应在板内沿纵横柱轴线设置暗梁，将柱上板带上下纵向钢筋各 50%集中布置在暗梁内，并按梁的构造要求设置箍筋。

4）有托板式柱帽时，应加强托板与平板的连结使之成为整体。非抗震设计时，应在托板内设置构造钢筋（锚入平板内）；抗震设计时，托板在柱边处的弯矩可能发生变号，托板底部的钢筋要按计算确定；由于托板与平板成了整体，故计算柱上板带的支座面部钢筋时可把托板的厚度考虑在内；

5）无梁板上允许开局部洞口。当洞口尺寸满足图 5-28 的规定时，对板的受力影响不大，均可不作由于开洞的强度复核。但当洞口较大时，则应对被洞口削弱的板带进行刚度和强度的验算。所有洞口均应沿其周边设置补强钢筋；

6）无梁板的冲切计算，洞口补强措施应符合现行国家标准《混凝土结构设计规范》（GB 50010—2002）的有关规定。

二、框架-剪力墙结构计算

1. 基本计算假定

（1）楼板在自身平面内的刚度是无限大的，这一点可保证在同一楼层上，框架和剪力墙的水平位移都相等：$u_w = u_f$（这里不考虑扭转的影响）。

（2）外荷载由剪力墙和框架共同承担，即：

$$\left.\begin{aligned} P &= P_w + P_f \\ V &= V_w + V_f \end{aligned}\right\} \qquad (5\text{-}70)$$

式中　W——剪力墙；

f——框架。

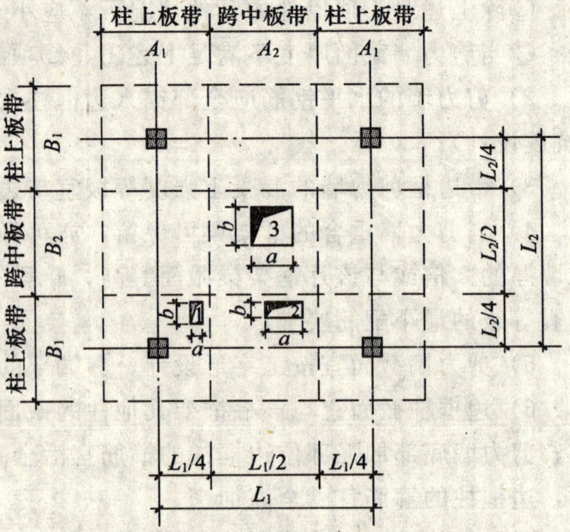

图 5-28　无梁楼板开洞要求

独立的剪力墙，在水平荷载作用下，变形曲线为弯曲型，其特征是它的层间变形上大下小［见图 5-29（a）］。

框架作为一空腹的悬臂梁，其变形主要由剪力引起，因此框架变形曲线为剪切型，其变形特征是下大上小［见图 5-29（b）］。

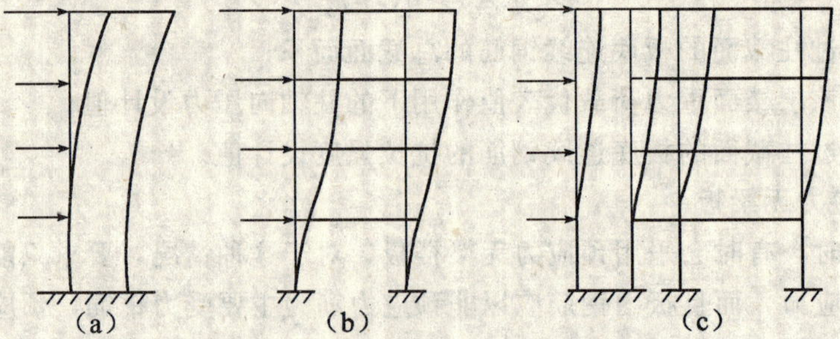

图 5-29　框架-剪力墙的组合变形特征

（a）剪力墙变形；（b）框架变形；（c）框架-剪力墙组合变形

当框架与剪力墙共同组成框架-剪力墙结构后，使两者共同工作，在顶部框架将协助墙工作，减小墙的水平变形，故框架承担大部分剪力，由于顶部总剪力很小，框架内力并不太大，所以对框架并无妨碍，在底部恰好相反，墙协助框架工作，减小框架的水平变形，故墙将承担大部分剪力，由于底部剪力很大，所以对框架十分有利。

因此，剪力墙和框架之间的连梁变形后，对剪力墙轴线产生一个约束弯矩 m，该弯矩减少了外荷载在剪力墙上产生的弯矩，相当于附加一个小的框架，因而连梁的作用以剪切刚度用 C_b 来代表。

按上述的假定，结构单元中所有剪力墙合并为总剪力墙，相当于竖向悬臂弯曲构件，所有框架合并为总框架、所有连梁合并为总连梁，总框架与总连梁的作用相当于竖向悬臂剪切构件，框剪结构单元的计算图形如图 5-30 所示，总剪力墙、总框架与总连梁的刚度分别为各类型侧力结构单片刚度之和。

$$\left.\begin{aligned} EI_w &= \sum EI_{wi} \\ C_s &= \sum C_{bi} \\ C_f &= \sum C_{fi} \end{aligned}\right\} \tag{5-71}$$

式中　C_{bi}——第 i 根连梁的等效剪切刚度，

$$C_{bi} = \frac{1}{H}(K_{12} + K_{21}) \tag{5-72}$$

其中　h——层高；

EI_{wi}——第 i 片剪力墙的刚度，根据剪力墙类型，取其各自的等效刚度；

C_{fi}——第 i 片框架的剪切刚度，

$$C_{fi} = D_{ih}$$

其中　D_i——框架的抗推刚度，取各柱抗推刚度之和。

在框架与剪力墙之间的连梁，一端连着剪力墙，带有刚域，长度为 αL；另一端不带刚域，刚域长度 αL 取墙肢轴线至洞边距离减去梁高的 1/4（见图 5-31），其约束刚度为：

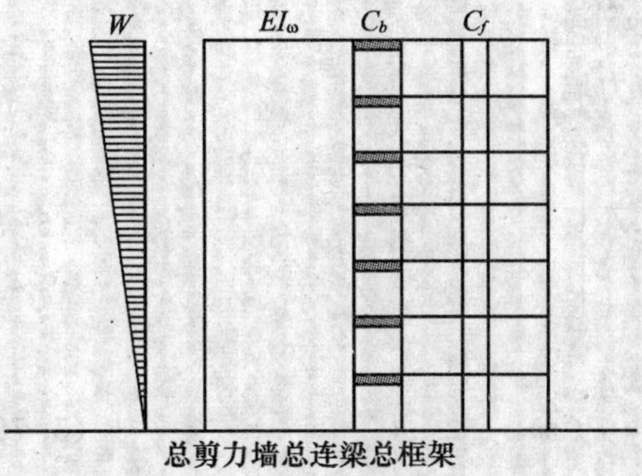

图 5-30　框剪结构的计算图形

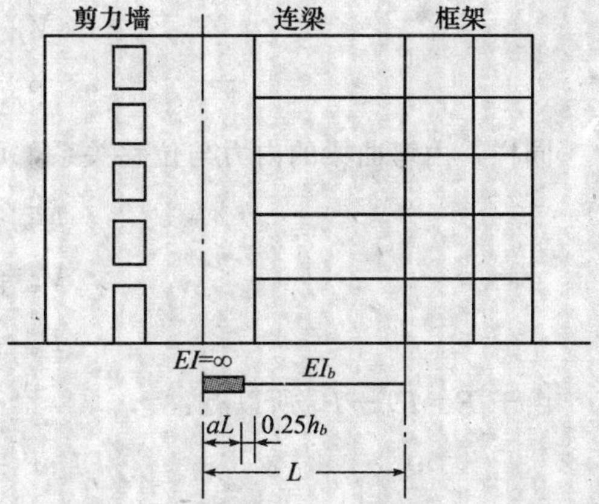

图 5-31　连梁的刚域

$$\left.\begin{aligned} K_{12} &= \frac{6\ (1+\alpha)}{(1-\alpha)^2}\frac{EI_b}{L} \\ K_{21} &= \frac{6}{(1-\alpha)^2}\frac{EI_b}{L} \end{aligned}\right\} \tag{5-73}$$

所以：

$$C_{bi} = \frac{12}{(1-\alpha)^2}\frac{EI_b}{L} \tag{5-74}$$

计算 EI_b 时，应考虑梁的剪切变形予以折减，其折减系数按表 5-32 取值。

表 5-32 剪切变形影响系数 γ_v

$\frac{h_L}{L_0}$	0.00	0.05	0.10	0.15	0.20	0.25	0.30	0.35	0.40	0.45	0.50
γ_v	1.00	0.99	0.97	0.94	0.90	0.85	0.80	0.74	0.68	0.63	0.58
$\frac{h_L}{L_0}$	0.55	0.60	0.65	0.70	0.75	0.80	0.85	0.90	0.95	1.00	
γ_v	0.54	0.50	0.46	0.42	0.39	0.36	0.33	0.30	0.28	0.26	

为了表达框剪结构中框架刚度与剪力墙之间刚度的比值，所以引进刚度特征值 λ：

$$\lambda = H\sqrt{\frac{C_f + C_b}{EI_w}} \tag{5-75}$$

当 $\lambda=0$ 时，为剪力墙结构，随框架增多，连梁刚度逐渐加大，λ 的数值也逐渐加大。

2. 用侧移法计算框架-剪力墙结构的内力

在水平荷载 $p(x)$ 的作用下，在剪力墙与框架之间出现相互作用力 $p_f(x)$。

如上所述，连梁的作用相当于一个附加的框架，把总框架和总连梁合并后化为广义框架，记 $\overline{C}_f = C_f + C_b$ 为广义框架的剪切刚度（见图 5-32）。

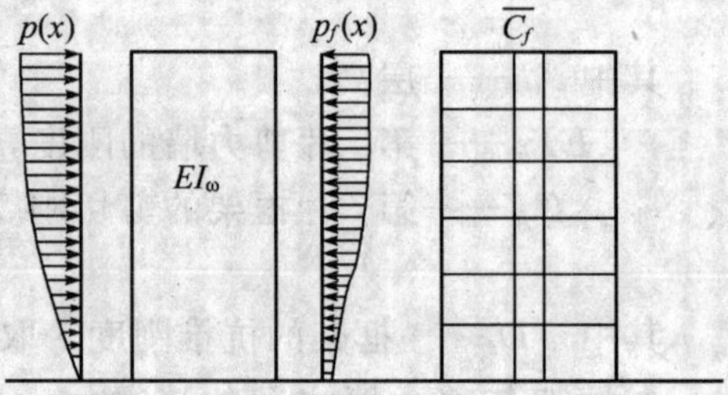

图 5-32 剪力墙与框架之间的剪力传递

由材料力学中剪切梁的内力与位移的关系，可得框架中有如下关系：

$$\left.\begin{aligned} V_f &= \overline{C}_f y' \\ P_f &= -\overline{C}_f y'' \end{aligned}\right\} \tag{5-76}$$

同样，由弯曲梁的内力与位移关系，可得到剪力墙：

$$\left.\begin{aligned} M_w &= -EI_w y'' \\ V_w &= -EI_w y'' \\ P_w &= EI_w y' \end{aligned}\right\} \tag{5-77}$$

由于 $P = P_w + P_{fb}$ 所以有：

$$EI_w y' - C_y y'' = P(x) \tag{5-78a}$$

这就是框架-剪力墙结构的基本方程，其形式如同弹性地基梁的基本方程，框架相当于剪力墙的弹性地基，其弹簧常数为 C_f。

式（5-78a）还可改写为

$$y'''' - \frac{\lambda^2}{H^2}y'' = \frac{P(x)}{EI_w} \tag{5-78b}$$

式中 λ——刚度特征值，见式（5-75）。

求解方程（5-78b），即可求得 y，对 y 取各阶导数，即可得到剪力墙和框架的内力。

为了便于设计，已将不同荷载作用下的位移、剪力分配系数以及剪力墙的弯矩制成了图表（见图 5-33～5-41），在设计中主要计算步骤如下：

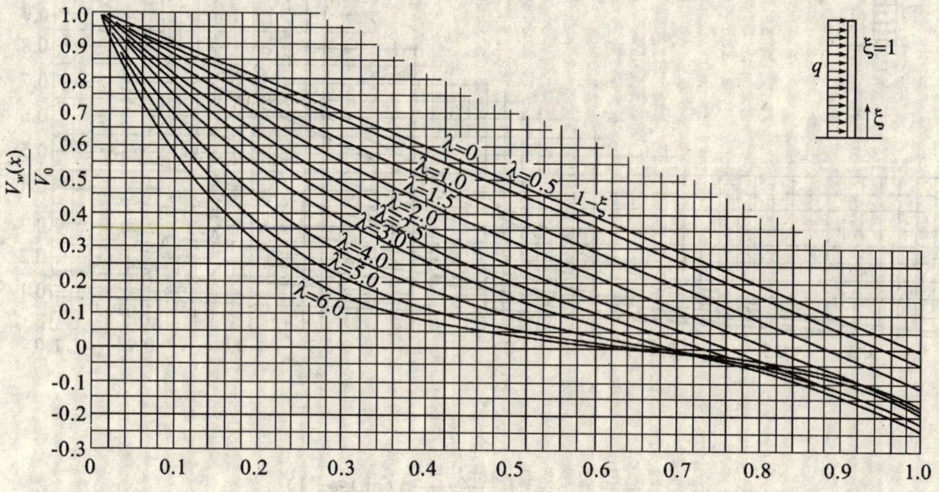

$$\xi = \frac{x}{H}$$

$$\frac{V_w(\xi)}{V_0} = \frac{1}{\lambda}\left[\lambda \text{ch}\lambda\xi - \left(\frac{\lambda \text{sh}\lambda + 1}{\text{ch}\lambda}\right)\text{sh}\lambda\xi\right]$$

$$V_0 = qH$$

$$\frac{V_f(\xi)}{V_0} = (1-\xi) - \frac{V_w(\xi)}{V_0}$$

图 5-33　均布荷载作用下剪力墙的剪力系数

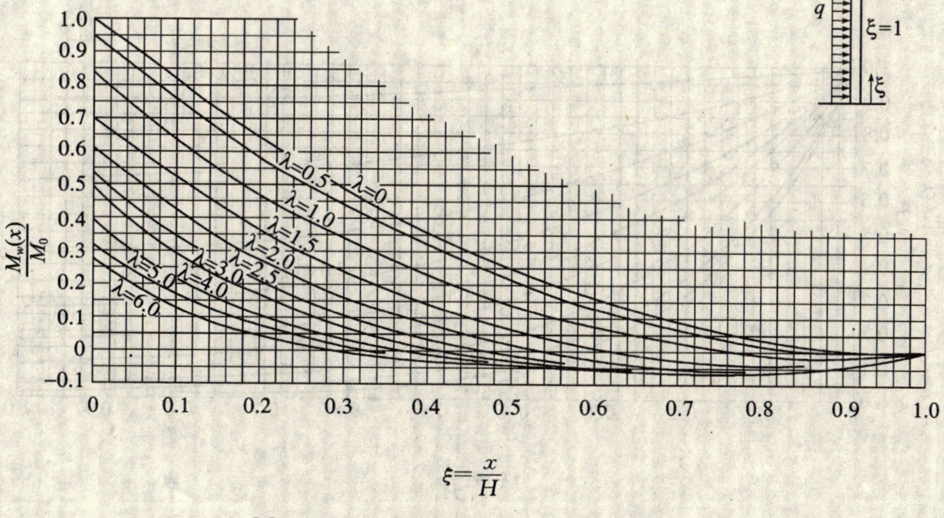

$$\xi = \frac{x}{H}$$

$$\frac{M_w(\xi)}{M_0} = \frac{2}{\lambda^2}\left[\left(\frac{\lambda \text{sh}\lambda + 1}{\text{ch}\lambda}\right)\text{ch}\lambda\xi - \lambda \text{sh}\lambda\xi - 1\right]$$

$$M_0 = \frac{1}{2}qH^2$$

图 5-34　均布荷载作用下剪力墙的弯矩系数

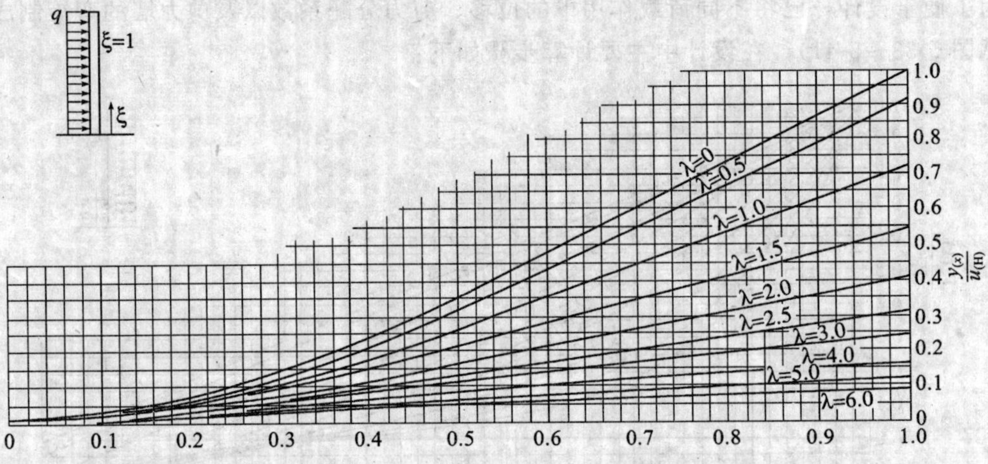

$$\xi = \frac{x}{H}$$

$$\frac{u(\xi)}{u_H} = \frac{8}{\lambda^4}\left[\left(\frac{\lambda \mathrm{sh}\lambda + 1}{\mathrm{ch}\lambda}\right)(\mathrm{ch}\lambda\xi - 1) - \lambda \mathrm{sh}\lambda\xi + \lambda^2\left(\xi - \frac{1}{2}\xi^2\right)\right]$$

$$u_H = \frac{qH^4}{8EI_w}$$

图 5-35　均布荷载作用下剪力墙的位移系数

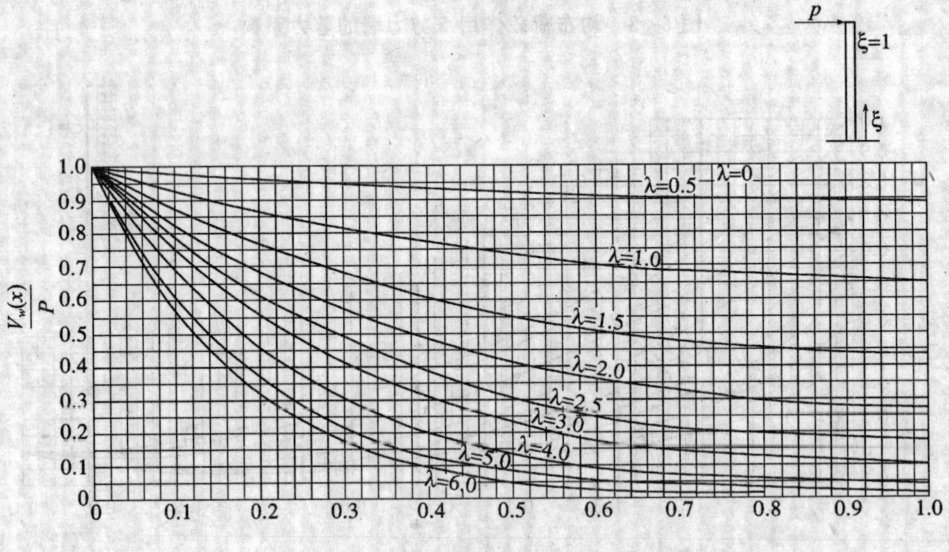

$$\xi = \frac{x}{H}$$

$$\frac{V_w(\xi)}{P} = \mathrm{ch}\lambda\xi - \mathrm{th}\lambda \mathrm{sh}\lambda\xi$$

$$\frac{V_f(\xi)}{P} = 1 - \frac{V_w(\xi)}{P}$$

图 5-36　集中荷载作用下剪力墙的剪力系数

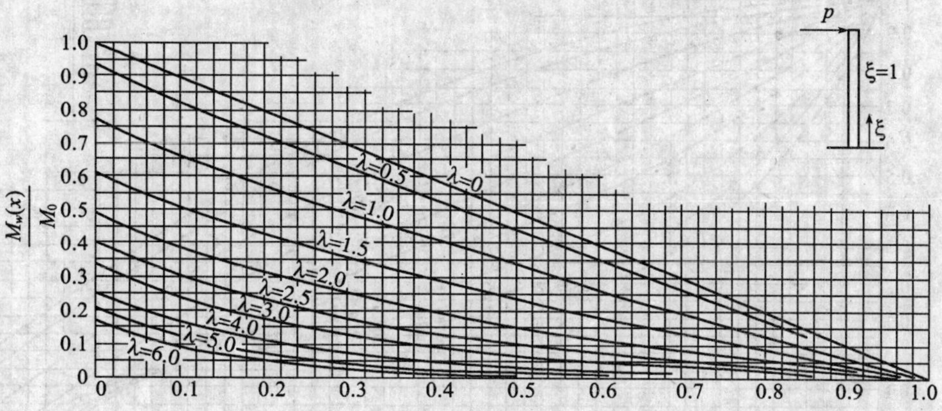

$$\xi=\frac{x}{H}$$

$$\frac{M_w(\xi)}{M_0}=\frac{1}{\lambda}(\text{th}\lambda\text{ch}\lambda\xi-\text{sh}\lambda\xi)$$

$$M_0=PH$$

图 5-37　集中荷载作用下剪力墙的弯矩系数

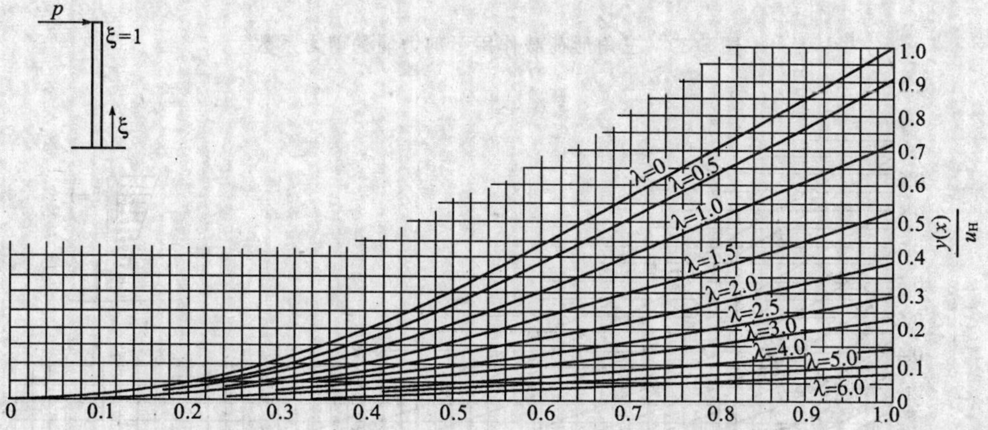

$$\xi=\frac{x}{H}$$

$$\frac{u(\xi)}{u_H}=3\left[\frac{\text{sh}\lambda}{\lambda^3\text{ch}\lambda}(\text{ch}\lambda\xi-1)-\frac{\text{sh}\lambda\xi}{\lambda^3}+\frac{\xi}{\lambda^2}\right]$$

$$u_H=\frac{PH^3}{3EI_w}$$

图 5-38　集中荷载作用下剪力墙的位移系数

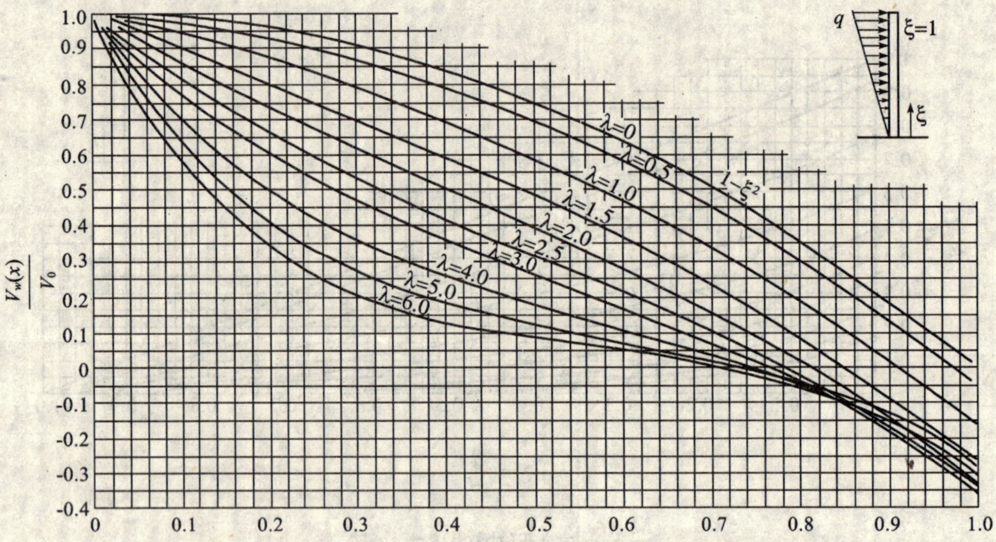

$$\xi = \frac{x}{H}$$

$$\frac{V_w(\xi)}{V_0} = -\frac{2}{\lambda^2}\left[\left(\frac{\lambda^2 \mathrm{sh}\lambda}{2} - \mathrm{sh}\lambda + \lambda\right)\frac{\mathrm{sh}\lambda\xi}{\mathrm{ch}\xi} - \left(\frac{\lambda^2}{2} - 1\right)\mathrm{ch}\lambda\xi - 1\right]$$

$$V_0 = \frac{1}{2}qH, \frac{V_f(\xi)}{V_0} = (1 - \xi^2) - \frac{V_w(\xi)}{V_0}$$

图 5-39　三角形荷载作用下剪力墙的剪力系数

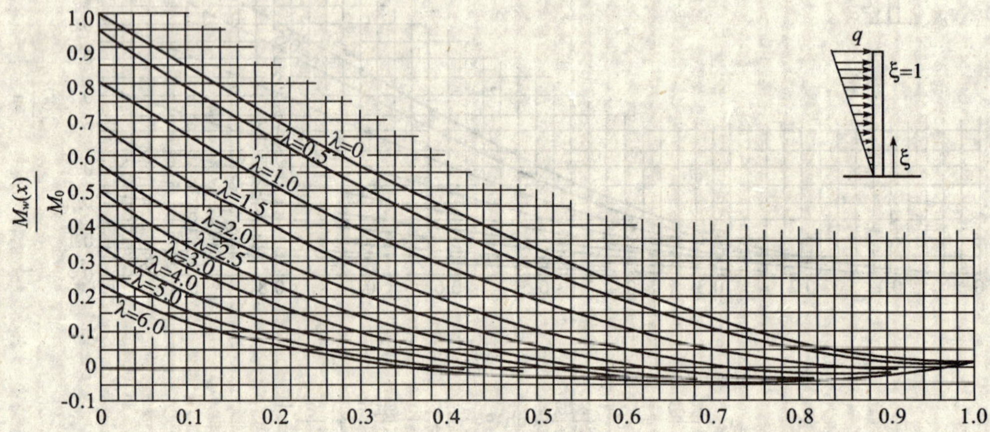

$$\xi = \frac{x}{H}$$

$$\frac{M_w(\xi)}{M_0} = \frac{3}{\lambda^3}\left[\left(\frac{\lambda^2 \mathrm{sh}\lambda}{2} - \mathrm{sh}\lambda + \lambda\right)\frac{\mathrm{ch}\lambda\xi}{\mathrm{ch}\lambda} - \left(\frac{\lambda^2}{2} - 1\right)\mathrm{sh}\lambda\xi - \lambda\xi\right]$$

$$M_0 = \frac{1}{3}qH^2$$

图 5-40　三角形荷载作用下剪力墙的弯矩系数

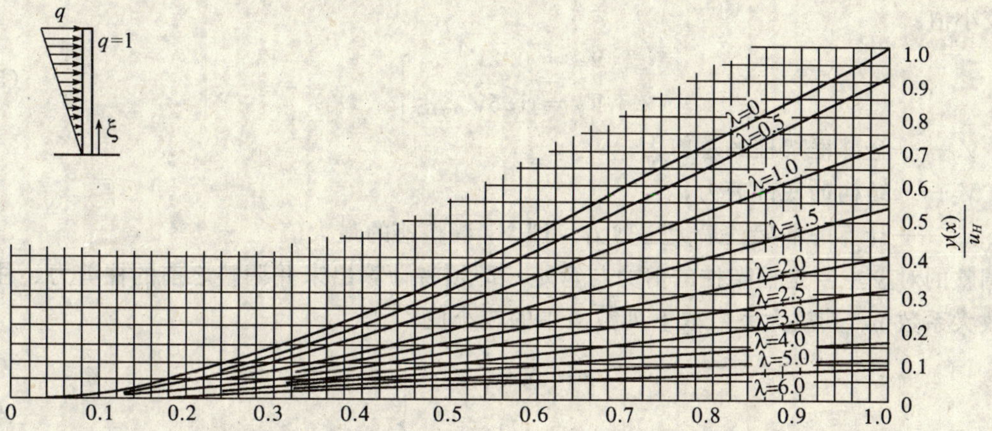

$$\xi=\frac{x}{H}$$

$$\frac{u(\xi)}{u_H}=\frac{120}{11}\frac{1}{\lambda^2}\left[\left(\frac{\mathrm{sh}\lambda}{2\lambda}-\frac{\mathrm{sh}\lambda}{\lambda^2}+\frac{1}{\lambda^2}\right)\left(\frac{\mathrm{ch}\lambda\xi-1}{\mathrm{ch}\lambda}\right)+\left(\xi-\frac{\mathrm{sh}\lambda\xi}{\lambda}\right)\left(\frac{1}{2}-\frac{1}{\lambda^2}\right)-\frac{\xi^3}{6}\right]$$

$$u_H=\frac{11}{120}\frac{qH^4}{EI_w}$$

图 5-41　三角形荷载作用下剪力墙的位移系数

1）计算总剪力墙、总框架和总连梁的刚度，它们分别是各自类型的单片结构刚度之和。

2）按式（5-75）计算刚度特征值 λ。

3）由 λ 及楼层相对标高$\xi=\dfrac{x}{H}$，从图 5-33～5-41 查出相应的位移值和内力值。

4）将剪力墙的弯矩 M_w 和剪力 V_w 按各片墙的等效刚度 EI_w 比例分配给各片墙，得到各片墙的内力 M_{wi} 及 V_{wi}，将得到的广义框架剪力 V_f（它实际包括总框架与总连梁所承担的剪力 V_f 及 Q_b）按 C_b 及 C_f 分配给总连梁与总框架；最后，V_b 按各列连梁的 C_{bi} 比例分配，V_f 按各片框架的 C_{if} 分配。

5）进行单片框架和单片剪力墙的计算。

3. 框架剪力的调整

目次不论是手算方法还是计算机算方法，计算中都采用了楼板平面内刚度无限大的假定。而实际上由于剪力墙的间距较大，在框剪结构中，楼板是会变形的。在水平力作用下，剪力墙部位水平位移较大，而在框架部位由于框架的刚度较小，因此楼板位移较大，相应地框架的水平力较计算值大。

更重要的是，剪力墙刚度较大，承受了大部分水平力，在地震作用下，剪力墙（抗震墙）首先开裂，使刚度降低，从而使一部分地震力向框架转移，框架承受的地震力增加。由于框架在框剪结构中抵抗地震作用的第二道防线，所以有必要提高其设计的抗震能力，使强度有更大的储备。

因此，在地震作用下，框架-剪力墙结构中框架的剪力应适当调整。调整的原则如下：

（1）框架总剪力 $V_f \geqslant 0.2V_0$ 的楼层可以不调整，按计算得到的楼层剪力进行设计。

（2）当 $V_f < 0.2V_0$ 的楼层，应将框架承受的剪力 V_f 适当放大，调整后的剪力取下式

中的较小值：

$$\left.\begin{aligned} V_f &= 0.2V_0 \\ V_f &= 1.5V_{f(\max)} \end{aligned}\right\} \tag{5-79}$$

式中 V_f——全部框架柱的总剪力；

V_0——结构的底部剪力；

$V_{f(\max)}$——计算的框架柱最大层剪力，即 V_f 调整前的最大值。

调整的对象主要是框架柱的剪力与弯矩，即须将计算出来并调整之前的柱剪力、柱弯矩乘以放大系数 η，其放大系数取下列数值中的较小值：

$$\left.\begin{aligned} \eta &= 0.2\frac{V_0}{V_f} \\ \eta &= 1.5\frac{V_{f(\max)}}{V_f} \end{aligned}\right\} \tag{5-80}$$

梁弯矩与剪力墙宜同时放大，梁的放大系数可取上、下层 η 的平均值。柱的轴力不调整。

框架内力的调整不是力学计算的结果，只是为了保证框架安全的一种人为的增加安全度。所以调整后的内力不再保持平衡条件。

当采用计算机程序进行计算机计算时，这项调整也必须进行，由于计算机计算时是采用振型组合法，因此调整时采用放大系数比较困难，目前一般采用第一振型的 V_{iy} 按式（5-80）计算 η_y，然后用 η 放大振型组合系数后的梁、柱内力。

目前，对计算框架-剪力墙结构，大多数是采用电算程序，在计算机上完成计算工作，有关高层建筑结构分析的计算机方法，可见本书第十二章。

参考文献

1 行业标准《高层建筑混凝土结构技术规程》（JGJ 3—2002）. 北京：中国建筑工业出版社，2002

2 高层建筑结构学组. 高层建筑结构设计建议（体系选择与构造措施）. 上海：上海科学技术出版社，1986

3 何广乾，陈祥福，徐至钧. 高层建筑设计与施工. 北京：科学出版社，1992

4 赵西安. 高层结构设计. 中国建筑科学研究院，1995

5 徐培福，黄小坤. 高层建筑混凝土结构技术规程理解与应用. 北京：中国建筑工业出版社，2003

6 陈祥福，徐至钧. 超高层建筑结构设计. 北京：机械工业出版社，2006

第六章 筒体结构设计

第一节 一般规定

一、筒体结构的分类

筒体系空间整截面工作的结构，如同一根竖立在地面上的悬臂箱形梁，具有造型美观、使用灵活、受力合理、刚度大、有良好的抗侧力性能等优点，适用于 30 层或 100m 以上的高层和超高层建筑。

筒体结构最早的应用是在 1963 年美国芝加哥的一幢 43 层高层住宅楼，其利用建筑物的外轮廓布置密柱、跨高比较小的裙梁组成框架筒体结构（Framed Tube Structure，简称框筒结构）作为其抗侧力构件。随后在世界各地应用这种结构体系相继建造了高度更高的超高层建筑，最具有代表性的是美国纽约世界贸易中心双塔楼（钢结构筒中筒结构、高 412m，2001 年 9・11 事件中被撞倒塌）、芝加哥市西尔斯大厦（钢结构成束筒结构、高 443m）；我国深圳市国贸大厦（高 159m，1985 年建成）及广州市广东国际大厦（高 199m、1992 年建成）为全现浇的钢筋混凝土筒中筒结构。目前全世界最高的 100 幢高层建筑中约有 2/3 采用筒体结构，国内 100m 以上的高层建筑约有 1/2 采用钢筋混凝土筒体结构。

筒体结构可根据其平面墙、柱构件的布置情况分为：

1. 框架-筒体结构（图 6-1a）

利用建筑物的外轮廓布置密柱、窗裙梁组成的框筒为其抗侧力构件，内部布置梁、柱框架主要承受楼盖传来的竖向荷载，其主要特点是可提供很大的内部空间，但对钢筋混凝土结构来说，在建筑物内部总会布置实体墙体、筒体，因此框架-筒体结构实际应用很少。

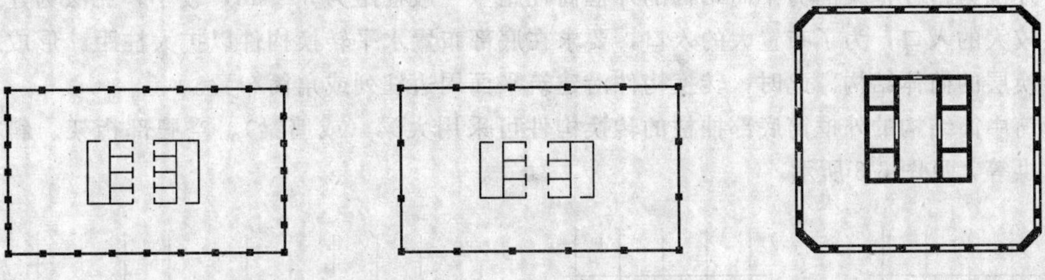

(a) (b) (c)

图 6-1 筒体结构的平面示意

(a) 框架-筒体结构；(b) 框架-核心筒结构；(c) 筒中筒结构

2. 框架-核心筒结构（图 6-1b）

利用建筑功能的需要在内部组成实体筒体作为主要抗侧力构件，在内筒外布置梁柱框架，可以认为是一种剪力墙集中布置的框架-剪力墙结构，因此其受力特征与框架-剪力墙结构相同。这种结构体系由于其平面布置的规则性和内部核心筒的稳定性以及抗侧力作用的空间有效性，其力学性能与抗震性能优于一般框架-剪力墙结构，是目前我国高层建筑中一种常见的结构体系之一。

3. 筒中筒结构（图 6-1c）

由外部的框筒与内部的核心筒组成。利用楼电梯间的剪力墙形成的薄壁筒；外筒由外周边间距为 3～4m 的密柱和跨高比较小的裙梁所组成，具有很大的抗侧力刚度和承载力。

在侧向荷载作用下，外框筒承受轴向力为主，并提供相应的抗倾覆弯矩；内筒承受较大的侧向力产生的剪力，同时也提供一定比例的抗倾覆弯矩。

4. 多重筒、成束筒和多筒体结构

在外框筒与内筒之间另加一组框架筒体或实体筒体形成多重筒结构（图 6-2a）；将多组框筒拼组成平面尺寸更大的框筒形成成束筒结构（图 6-2b）。这两种结构体系在国外的超高层建筑中均有应用。在国内的高层建筑中，常在筒中筒结构的基础上，根据需要在合适的部位（例如角部）另布置若干实体筒体来组成多筒体结构，其抗侧性能与抗扭性能均有较大的提高。

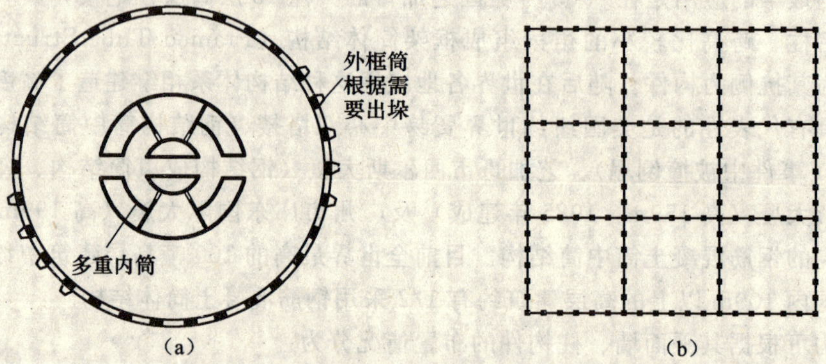

图 6-2　多重筒、成束筒结构的平面示意

(a) 多重筒结构；(b) 成束筒结构

5. 复杂筒体结构

外围为密柱框架的筒中筒结构的外框筒柱距（一般柱距为 3～4m）较小，无法为建筑物提供较大的入口，为了布置大的入口，要求在底部布置水平转换构件以扩大柱距，形成底部带转换层的筒体结构。此时，转换构件沿建筑平面周边柱列或角筒布置。

筒中筒结构的外框筒底部抽柱的转换构件可采用大梁（或墙梁）、空腹部桁架、斜杆桁架、拱等，见图 6-3 所示。

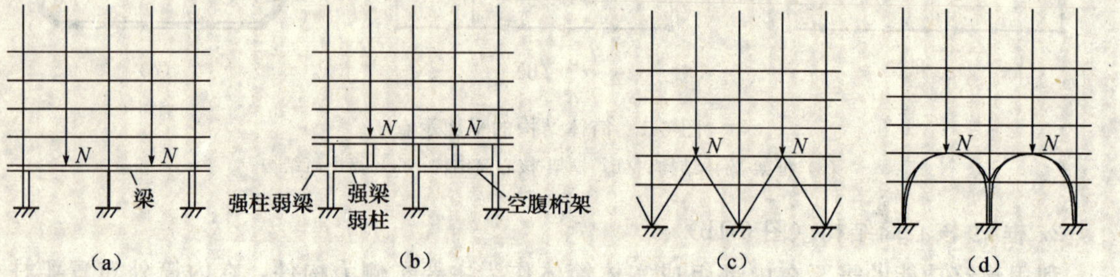

图 6-3　框筒抽柱转换结构形式

(a) 梁转换结构；(b) 空腹桁架转换结构；(c) 斜杆桁架转换结构；(d) 拱转换结构

框架-核心筒结构的外围框架都采用稀柱框架，当房屋高宽比较大、核心筒高宽比较大、外框架较弱时，结构的侧向刚度较弱，有时不能满足设计要求，为更有效地发挥周边外框架柱的抗侧作用，提高结构整体抗侧刚度以满足规范要求，沿建筑物竖向利用建筑设备层、避难层空间，在核心筒与外围框架之间设置适宜刚度的伸臂构件加强核心筒与框架柱间的联系，必要时可设置刚度较大的周边环带构件，加强外周框架角柱与翼缘柱间的联系，构成带加强层的高层建筑结构，也即框架-核心筒-伸臂结构。

常用规则典型框架-核心筒-伸臂结构的平面、剖面如图 6-4 所示。

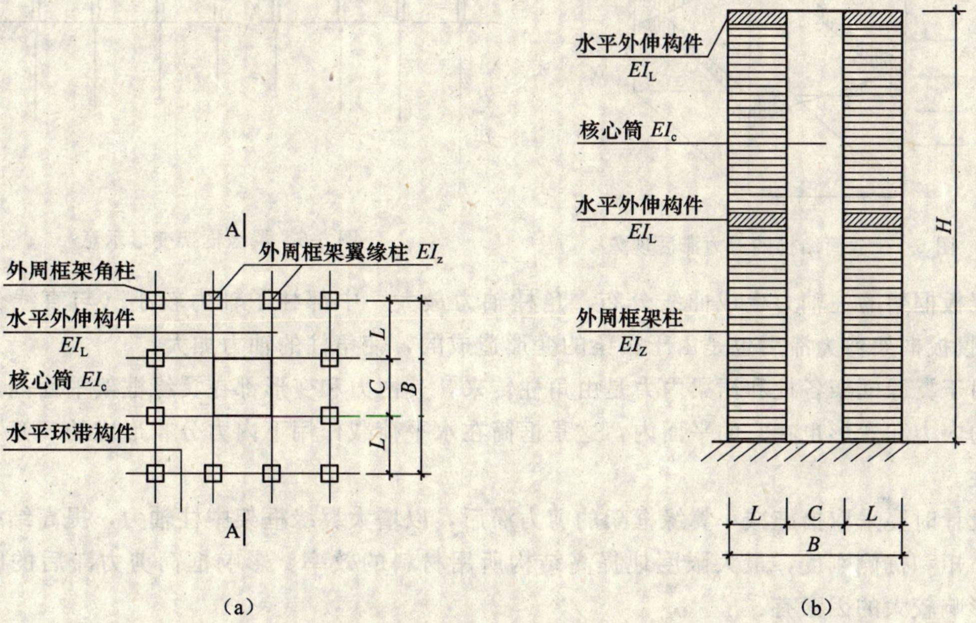

图 6-4 常用规则典型框架-核心筒-伸臂结构的平面、剖面示意

(a) 结构平面；(b) A—A 剖面图

二、框筒结构的受力特点

1. 框筒结构的剪力滞后现象

由密柱和跨高比较小的裙梁构成的密柱深梁框架，布置在建筑物的周围形成框筒，框筒也可以看成实腹筒上开了很多小孔洞，但它的受力比一般实腹筒要复杂得多。剪力滞后现象使翼缘框架各柱受力不均匀，中部柱子的轴力应力减少，角柱轴向力增大，见图 6-5，腹板框架各柱轴力也不是直线分布（剪力滞后造成的）。

与水平力方向平行的腹板框架与一般框架相似，一端受拉，另一端受压，角柱受力最大。翼缘框架受力是通过腹板框架相交的角柱传递过来的，图 6-6 给出了翼缘框架变形示意，角柱受压力缩短，使与它相邻的裙梁承受剪力（受弯），因此相邻柱承受轴压；第二个柱子受压又使第二跨裙梁受剪（受弯），相邻柱又承受轴压，如此传递，使翼缘框架的裙梁和柱都承受其平面内的弯矩、剪力与轴力（与水平力作用方向相垂直）。由于梁的变形使翼缘框架各柱压缩变形向中心逐渐递减，轴力也逐渐减小，这就是剪力滞后现象。同理，受拉的翼缘框架也产生轴向拉力滞后现象。

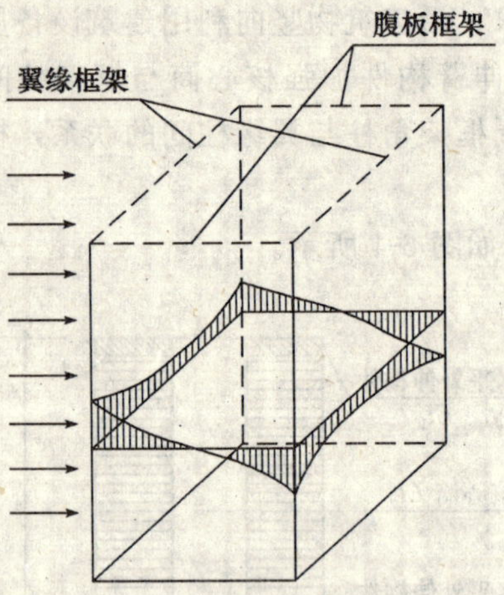

图 6-5　框筒结构的剪力滞后现象

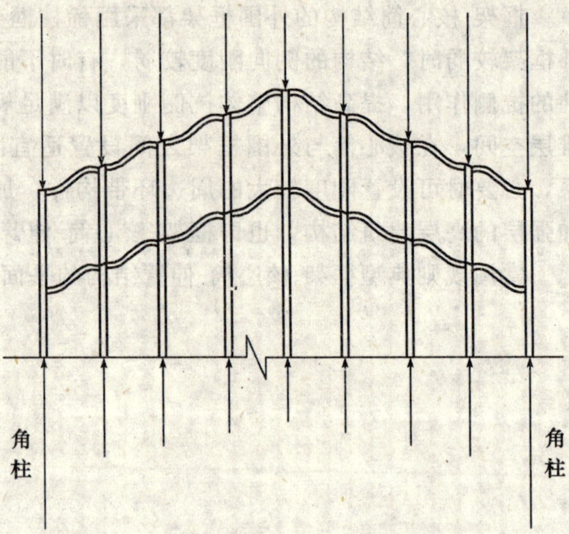

图 6-6　翼缘框架变形示意

腹板框架的柱轴力也成曲线分布，角柱轴力最大，中部柱子轴力较小（与直线分布相比），腹板框架剪力滞后也是由于裙梁的变形造成的，使角柱的轴力加大。

由于翼缘框架各柱和裙梁内力是由角柱传来，其内力和变形都在翼缘框架平面内，腹板框架的内力和变形也在它的平面内，这是框筒在水平荷载作用下内力分布形成的“筒”的空间特性。

设计时要采取措施减小翼缘框架的剪力滞后，以增大翼缘框架中柱轴力，提高结构的抗倾覆力矩和抗侧刚度，最大限度地提高结构所用材料的效率。影响框筒剪力滞后的因素很多，影响较大的因素有：

（1）裙梁剪切刚度 S_b 与柱轴向刚度 S_c 的比值 S_b/S_c

裙梁剪切刚度 $S_b=\frac{12\ (EI)_b}{l_n^3}$

柱轴向刚度 $S_c=\frac{(EA)_c}{h_n}$

式中　l_n、I_b——分别为裙梁的净跨及梁截面惯性矩；

h_n、A_c——分别为柱净高及柱截面面积；

E——裙梁、柱混凝土弹性模量。

分析表明，随着裙梁高度和 S_b/S_c 比值增大，剪力滞后现象改善，但当裙梁的高度增加到一定程度后，剪力滞后现象改善不大，也就是说，裙梁高度没必要太大。

如果裙梁高度受到限制，深梁效果不足，可以结合设备层、避难层设置沿框筒周围的环向桁架（一般做成一层楼高）加以弥补，可减小翼缘框架和腹板框架的剪力滞后。

（2）角柱面积

角柱面积越大，其承受的轴力也越大，同时也可相应提高其相邻柱的轴力，增大翼缘框架的抗倾覆力矩，但会加大角柱与中柱轴力差。

角柱面积增加也会使水平荷载作用下角柱拉力加大，需要更多的竖向荷载平衡角柱的拉力，柱出现拉力是非常不利的，因此角柱面积也不宜太大。

(3) 框筒结构高度

分析表明，剪力滞后现象沿框筒高度是变化的，底部剪力滞后现象相对严重些，越向上柱的轴力绝对值减小，剪力滞后现象缓和，轴力分布趋于平均。因此框筒结构要达到相当的高度，才能充分发挥框筒结构的作用，高度不大的框筒，剪力滞后影响相对较大。

(4) 框筒平面形状

翼缘框架越长，剪力滞后也越大，翼缘框架中部的柱子轴力会很小。因此框筒平面尺寸过大或长方形平面都是不利的，框筒结构最理想的平面形状是正方形、圆形和正多边形。

2. 框筒结构的变形规律

框架-筒体结构的变形由两部分组成，腹板框架与一般框架类似，由梁柱弯曲及剪切变形产生的层间变形一般是下大上小的剪切型。而翼缘框架中主要由轴向变形抵抗力矩，翼缘框架的拉、压轴向变形使结构侧移具有弯曲型性质。作为一个整体，框筒结构总变形综合了弯曲和剪切型，大多数情况下框筒结构总变形仍略偏向于剪切型。

三、截面设计和构造措施

1. 当相邻层的柱不贯通时，应设置转换构件，转换构件可采用梁、空腹桁架、斜杆桁架、拱等（见图 6-3）。为保证转换梁的刚度和承载力，转换梁的高跨比不宜小于 1/6，转换梁的具体构造详见第九章。

2. 楼板角区构造

由于框筒各个柱承受的轴力不同，轴向变形也不同，角柱轴力及轴向变形最大（拉伸或压缩），中部柱子轴向力及轴向变形减小，这就使楼板产生翘曲。楼板平面外受荷后的翘曲受到竖向构件的约束等原因，楼板角区常出现斜裂缝。因此楼盖的楼板和梁构件除了进行竖向荷载下的抗弯承载力计算外，还要考虑楼板翘曲，楼板四角要配置抗翘曲的板面斜向钢筋或配置钢筋网，见图 6-7。

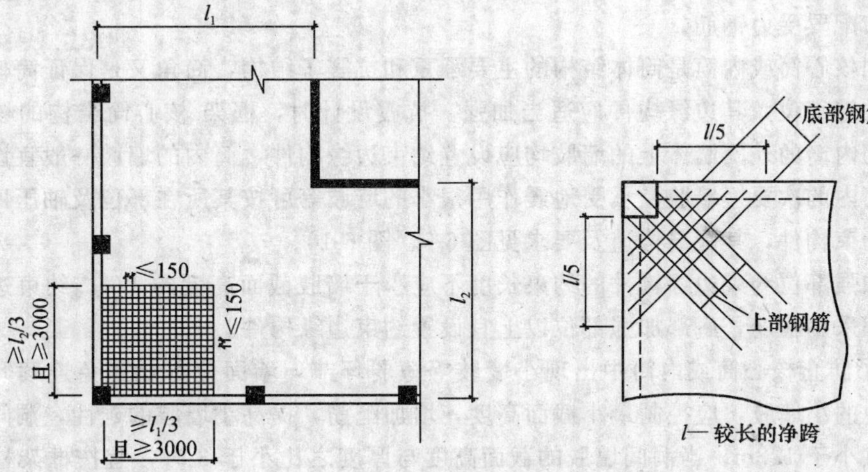

图 6-7　楼板四角上下双面配置钢筋

单向单层配筋率不宜小于 0.3%，钢筋直径不应小于 8mm，间距不应大于 150mm，配筋范围不宜小于外框架（或外筒）至内筒外墙中距的 1/3 或 3m。

3. 楼盖梁系的布置

楼盖梁系的布置方式，宜使角柱承受较大的竖向荷载，以平衡角柱中的拉力。图 6-8 给出了几种筒中筒结构的楼盖布置形式。

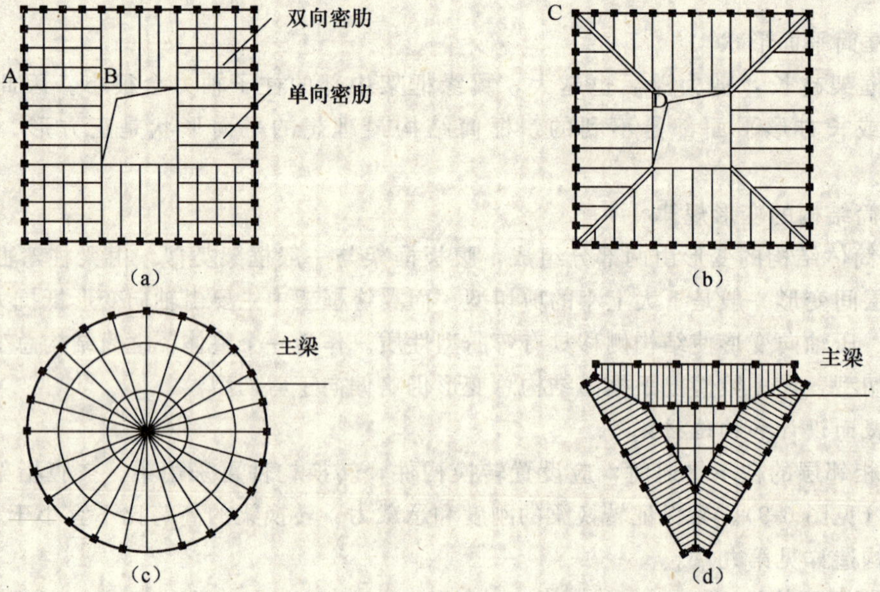

图 6-8 筒中筒结构楼盖布置示例

外框架（或框筒）柱与核心筒（或内筒）外墙的中距不宜过大，以免增加楼盖高度和造价。一般而言，非抗震设计的中距不宜大于 12m，抗震设计的中距不宜大于 10m，超过上述规定时，宜采用预应力混凝土梁或增设内柱以减小楼盖梁的跨度。

4. 核心筒或内筒由若干剪力墙和连梁组成，其截面设计和构造措施应符合剪力墙结构的有关规定（详见本书第五章），各剪力墙的截面形状尽量简单，截面形状复杂的剪力墙可按应力分布配置受力钢筋。

考虑到核心筒或内筒是筒体结构的主要承重和抗震子结构，筒角又是保证筒核心保持整体作用的关键部位，其边缘构件应适当加强。抗震设计时，框架-核心筒结构的核心筒和筒中筒结构的内筒的外围墙体上的墙肢均应设置约束边缘构件，筒内的墙肢一般宜设置约束边缘构件，筒内的次要短墙肢及承受地震作用很小的墙肢等可按其所在部位及轴压比值的要求设置构造约束构件，其配筋构造及要求见图 6-9、图 6-10。

底部加强部位约束边缘构件的约束长度不应小于墙肢截面高度的 1/4，约束边缘构件范围内应全部采用箍筋，底部加强部位以上宜设置约束边缘构件。

5. 为了防止核心筒或内筒中出现小墙肢等薄弱环节，墙面应尽量避免连续开洞，对个别无法避免的小墙肢，应控制最小截面高度，增加配筋，提高小墙肢的延性，洞间墙肢的截面高度不宜小于 1.2m，当洞间墙肢的截面高度与厚度之比小于 3 时，宜按框架柱进行截面设计，底部加强部位纵向钢筋的配筋率不应小于 1.2%，一般部位不应小于 1.0%，箍筋宜沿墙肢全高加密。

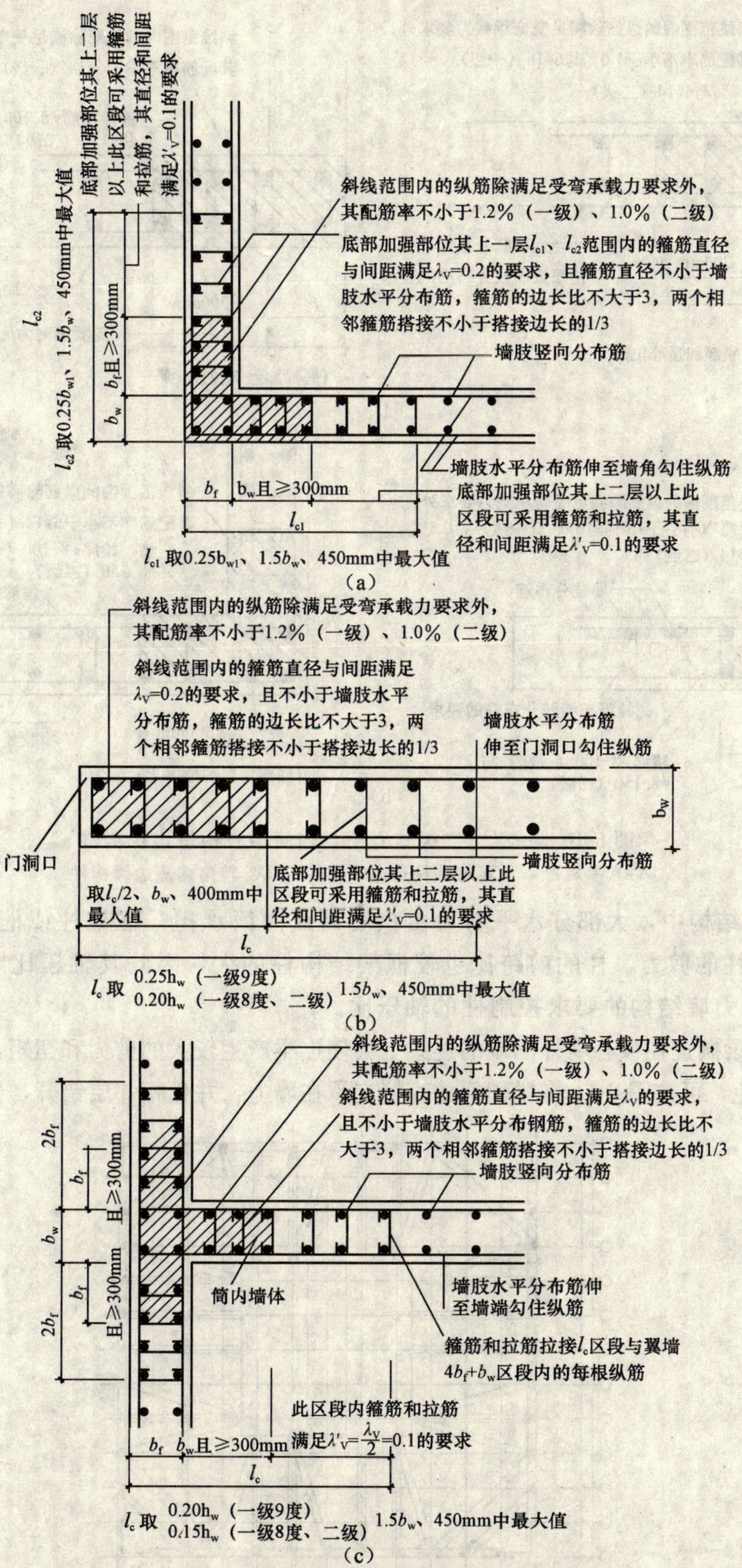

图 6-9　一级、二级核心筒、内筒墙肢约束边缘构件

（a）核心筒、内筒外围墙体的转角约束边缘构件；（b）核心筒、内筒的门洞口的约束边缘构件（沿全高不变）；（c）核心筒、内筒的有翼缘约束边缘构件（沿全高不变）

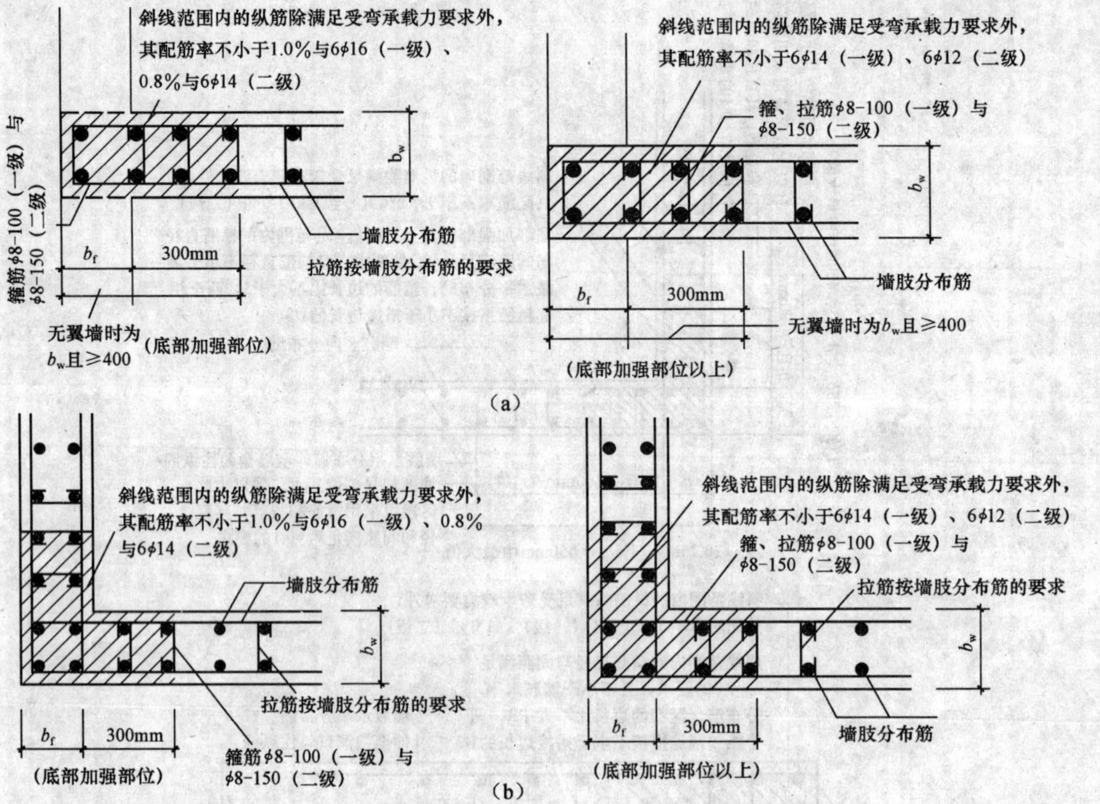

图 6-10　一级、二级核心筒、内筒墙肢构造边缘构件

（a）有翼缘、无翼缘墙构造边缘构件；（b）转角构造边缘构件

6. 在筒体结构中，大部分水平剪力由核心筒或内筒承担，框架柱或框筒柱所受剪力远小于框架结构柱的剪力，柱的剪跨比也较框架结构柱的大，因此其轴压比限值可适当放宽，并参照框架-剪力墙结构的要求控制柱的轴压比。

7. 楼盖主梁搁置在核心筒外围墙的连梁上会使连梁产生较大的剪力和扭矩，容易导致脆性破坏，应尽量避免，可按图 6-11 将梁稍斜放直接支承在墙上，并且相邻层错开，使墙体受力均衡。

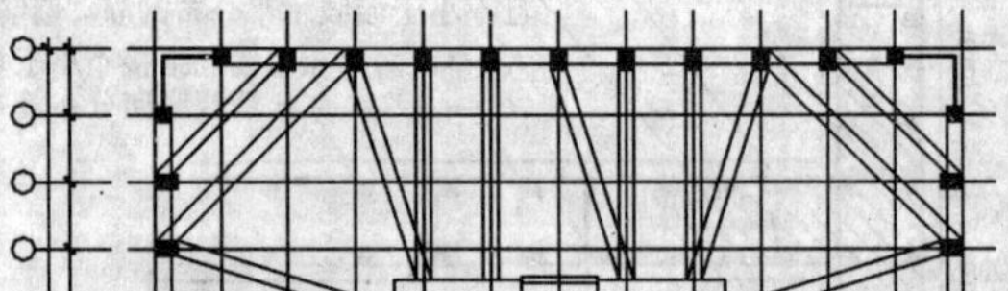

图 6-11　楼盖梁与筒体墙连接平面示意

8. 筒体结构的最大适用高度见表 6-1。

表 6-1　筒体结构的最大适用高度

	结构体系	非抗震设计	抗震设防烈度			
			6 度	7 度	8 度	9 度
A 级高度	框架-核心筒	160	150	130	100	70
	筒中筒	200	180	150	120	80
B 级高度	框架-核心筒	220	210	180	140	—
	筒中筒	300	280	230	170	—

注：底部带转换层的筒中筒结构 B 级高度的高层建筑，当外筒框支层以上由剪力墙构成的壁式框架时，其最大适用高度应比表 6-1 规定的数值适当降低。

A 级高度的框架-核心筒结构、筒中筒结构的适用最大高宽比：6（非抗震设计、6 度、7 度）、5（8 度）、4（9 度）。

B 级高度的框架-核心筒结构、筒中筒结构的适用最大高宽比：8（非抗震设计）、7（6 度、7 度）、6（8 度）。

第二节　框架-核心筒结构

一、核心筒设计

核心筒为框架-核心筒结构的主要抗侧力结构，宜贯通建筑物全高，并要求具有较大的侧向刚度。一般而言，当核心筒的宽度不小于筒体总高度的 1/12 时，结构的层间位移就能满足规定；当筒体结构设置角筒、剪力墙或增强结构整体刚度的构件时，核心筒的宽度可适当减小。

核心筒应具有良好的整体性，并满足下列要求：

(1) 墙肢宜均匀、对称布置；

(2) 筒体角部附近不宜开洞，当不可避免时，筒角内壁至洞口的距离不应小于 500mm 和开洞墙的截面厚度；

(3) 核心筒外墙的截面厚度不应小于层高的 1/20 或 200mm，对一级、二级抗震设计的底部加强部位不宜小于层高的 1/16 或 200mm，当厚度不满足上述要求时，应计算墙体的稳定，必要时可增设扶壁柱或扶壁墙；在满足承载力要求以及轴压比限值（仅对抗震设计）时，核心筒内墙可适当减薄，但不应小于 160mm；

(4) 为提高核心筒各墙肢自身平面外的承载力和抗裂度，筒体墙的水平、竖向配筋不应少于两排；

(5) 抗震设计时，核心筒的连梁宜通过配交叉暗撑、设置水平缝或减小梁截面的高宽比等措施来提高连梁的延性。

二、框架设计

国内外的震害表明，框架-核心筒结构在强烈地震作用下，框架柱的损坏程度明显大于核心筒，为了提高各柱的可靠度，应适当调整各框架柱的地震剪力。满足式（6-1）要求的楼层，其框架总剪力不必调整；不满足式（6-1）要求的楼层，其框架承担的总剪力应按 $0.2V_0$ 与 $1.5V_{f,max}$ 二者的较小值采用。

$$V_f \geqslant 0.2V_0 \tag{6-1}$$

式中　V_0——地震作用产生的结构底部总剪力标准值；

$V_{f,max}$——地震作用产生的各层框架总剪力标准值中的最大值。

各层框架柱在地震作用下的剪力和弯矩可按相应层的调整系数进行调整。

实践表明，纯无梁楼盖会明显降低框架-核心筒结构的整体抗扭刚度，影响结构的抗震性能，因此在采用无梁楼盖时，仍须设置外周边柱间的框架梁。

三、墙体稳定验算

当剪力墙墙肢的截面厚度小于上述规定时，应满足下列稳定要求：

$$q=\frac{E_c t^3}{10l_0^2} \tag{6-2}$$

式中 q——作用于墙顶组合的等效竖向均布荷载设计值；

E_c——剪力墙混凝土弹性模量；

t——剪力墙墙肢截面厚度；

l_0——剪力墙墙肢计算长度，应按式（6-3）确定。

$$l_0=\beta h \tag{6-3}$$

h——墙肢所在楼层的层高；

β——墙肢计算长度系数，应根据墙肢的支承条件按公式（6-4）～式（6-6）式确定

（1）单片独立墙肢（两边支承）；

$$\beta=1.00 \tag{6-4}$$

（2）T形、工字形剪力墙的翼缘墙肢（三边支承）应按下式计算，当计算结果小于0.25时，取0.25；

$$\beta=\frac{1}{1+\left(\frac{h}{3b_f}\right)^2} \tag{6-5}$$

（3）T形剪力墙的拂板墙肢（三边支承），应按式（6-5）计算，但应将式（6-5）中的b_f代以b_w；

（4）工字形剪力墙的腹板墙肢（四边支承）应按式（6-6）计算，当计算结果小于0.20时，取0.20。

$$\beta=\frac{1}{1+\left(\frac{h}{b_w}\right)^2} \tag{6-6}$$

式中 b_f——T形、工字形剪力墙的单侧翼缘截面高度；

b_w——T形、工字形剪力墙的腹板截面高度。

四、框架 筒体结构的计算要点

框架-核心筒结构的内力分析可按一般框架-剪力墙结构的计算方法进行。核心筒可按门洞、施工洞或计算洞划分为若干个薄壁杆单元，与框架协同按空间杆-薄壁杆系模型进行结构内力分析。

支承在核心筒外墙上的框架梁的支承条件可按以下情况分别确定：

（1）沿着梁的轴线方向有墙相接时可按刚接；

（2）核心筒外墙厚度大于$0.4l_{aE}$（梁的纵向主筋锚固长度）且梁端内侧楼板无洞口时，可按刚接；

（3）梁支承处另设附墙柱时，可按刚接；

（4）不满足以上条件的梁端支承宜按铰接。

核心筒外墙门洞的连梁的刚度折减系数不宜小于 0.5；当墙肢受弯承载能力很强且连梁的过早屈服或破坏对其承受竖向荷载影响不大时，可取较小的刚度折减系数，并按内力分析结果，对墙肢进行截面设计。

第三节　筒中筒结构

一、平面外形

研究表明，筒中筒结构在侧向荷载作用下，其结构性能与外框筒的平面外形也有关系。对正多边形而言，边数越多，剪力滞后现象越不显著，结构的空间作用越大；反之，边数越少，结构的空间作用越差。因此《高层建筑混凝土结构设计规程》（JGJ 3－2002）规定，筒中筒结构的平面外形宜选用圆形、正多边形、椭圆形或矩形等，内筒宜居中。

表 6-2 为圆形、正六边形、正方形、正三角形及矩形（长宽比为 2）平面框筒的性能比较。假定 5 种外形的平面面积和筒壁混凝土用量均相同。在相同水平荷载作用下，以圆形的侧向刚度和受力性能最佳，矩形最差；在相同基本风压作用下，圆形平面的风载体型系数和风荷载最小，优点更为明显；矩形平面相对更差，由于正方形和矩形平面的利用率较高，仍具有一定的实用性，但对矩形平面的长宽比需要加以限制。矩形的长宽比越接近 1，框筒翼缘框架角柱和中间柱的轴力比 $N_{角柱}/N_{中柱}$ 越小。一般而言，当长宽比 $L/B=1$（即正方形）时，$N_{角柱}/N_{中柱}=2.5\sim5$；当 $L/B=2$ 时，$N_{角柱}/N_{中柱}=6\sim9$；当 $L/B=3$ 时，$N_{角柱}/N_{中柱}\phi 10$，此时，中间柱已不能发挥作用，说明在设计筒中筒结构中，矩形平面的长宽比不宜大于 2。

表 6-2　规则平面框筒的性能比较

平面形状		圆　形	正六边形	正方形	正三角形	矩形（长宽比为 2）
水平荷载相同	筒顶位移	0.90	0.96	1.0	1.0	1.72
	最不利柱的轴向力	0.67	0.96	1.0	1.54	1.47
基本风压相同	筒顶位移	0.48	0.83	1.0	1.63	2.46
	最不利柱的轴向力	0.35	0.83	1.0	2.53	2.69

由表 6-2 可知，正三角形平面的结构性能也较差，应通过切角使其成为六边形来改善外框筒的剪力滞后现象，提高结构的空间作用。外框筒的切角长度不宜小于相应边长的 1/8，其角部可设置刚度较大的角柱或角筒；内筒的切角不宜小于相应边长的 1/10，切角处的筒壁宜适当加厚，见图 6-12 所示。

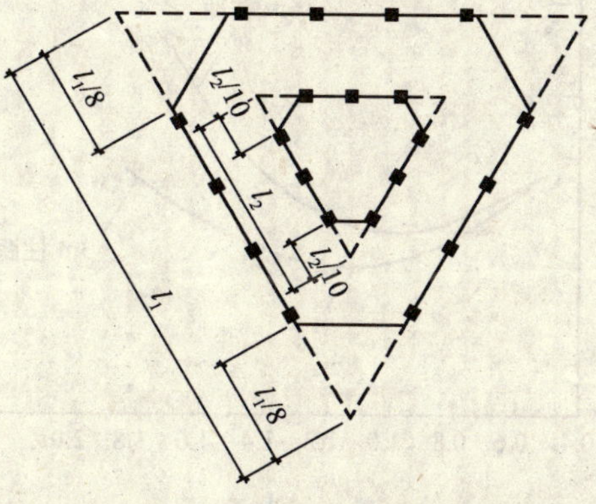

图 6-12　正三角形平面切角示意

二、内筒设计

内筒是筒中筒结构抗侧力的主要子结构，宜贯通建筑物全高，竖向刚度宜均匀变化，以免结构的侧移和内力发生急剧变化。为了使筒中筒结构具有足够的侧向刚度，内筒的刚度不宜过细小，其边长可取筒体结构高度的1/12～1/15；当外框筒内设置刚度较大的角筒或剪力墙时，内筒平面尺寸可适当减小。

三、外框筒设计

1. 框筒的开孔率

开洞率是框筒结构的重要参数之一，当框筒孔洞的双向尺寸分别等于柱距和层高的40％（即开孔率为16％）时，截面应力分布接近实体墙，在侧向荷载作用下，框筒同一横截面的竖向应力分布接近平截面假定；当孔洞的双向尺寸分别等于柱距和层高的80％（即开孔率为64％）时，框筒的剪力滞后现象相当明显，轴力比 $N_{角柱}/N_{中柱}$ 已大于9，用料指标相当于开孔率25％的4倍以上（图6-13），说明开孔率应适当控制，为满足实用需要，框筒的开孔率不宜大于60％。

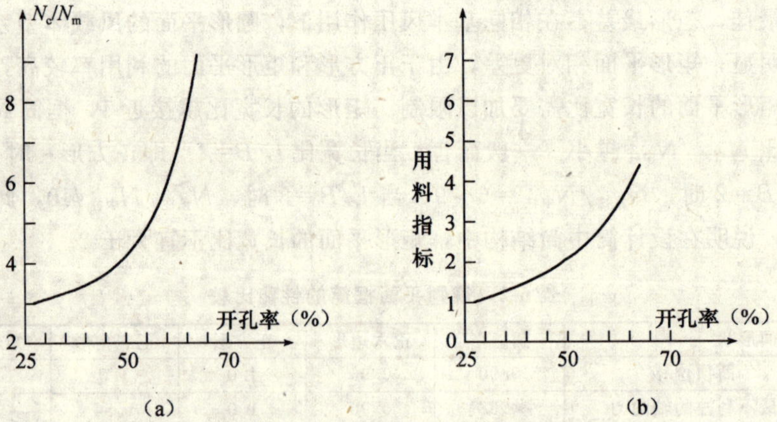

图6-13　开孔率与框筒空间作用的关系

(a) 与轴力比的关系；(b) 与用料指标的关系

2. 孔洞的形状

框筒的刚度与孔洞的形状也有很大的关系，图6-14表示框筒开孔率为36％时，孔洞形状参数 γ_s 与框筒结构顶端侧移 Δ 的关系。孔洞形状参数 γ_s 可用下式表示

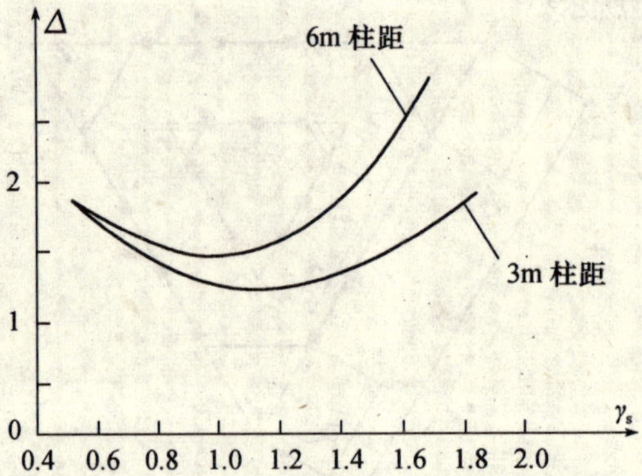

图6-14　孔洞形状参数 γ_s 与筒体顶部侧移 Δ 的关系（框筒开孔率为36％）

$$\gamma_s = \frac{\gamma_1}{\gamma_2} \tag{6-7}$$

式中　γ_1——孔洞的高宽比；

γ_2——层高与柱距之比。

由图 6-14 可知，当 $\gamma_s=1$ 时，框筒顶部侧移 Δ 最小，刚度最大，说明洞口高宽比 γ_1 宜尽量与层高与柱距之比 γ_2 相近。

3. 柱距和梁高

从理论上讲，框筒采用密柱和深梁有利于结构的空间作用，但实用上尚需满足使用要求。计算分析表明，当孔洞的开孔率和形状一定时，框筒的刚度以柱距等于层高时最佳，考虑到高层建筑的标准层层高大多在 4m 以内，因此在一般情况下，柱距不宜大于 4m。外框筒梁的截面高度可取柱净距的 1/4。

4. 角柱截面面积

在侧向力作用下，框筒角柱的轴向力明显大于端柱，为了减小各层楼盖的翘曲，角柱的截面面积可适当放大，可取中柱截面面积的 1～2 倍，必要时可采用 L 形角墙或角筒。

四、框筒梁和连梁的设计

1. 为改善外框筒的空间作用，避免框筒梁和内筒连梁在地震作用下产生脆性破坏，外框筒梁和内筒连梁的截面尺寸应符合下列要求：

无地震作用组合：

$$V_b \leqslant 0.25\beta_c f_c b_b h_{b0} \tag{6-8}$$

有地震作用组合：

（1）跨高比大于 2.5 时：

$$V_b \leqslant \frac{1}{\gamma_{RE}}(0.20\beta_c f_c b_b h_{b0}) \tag{6-9}$$

（2）跨高比不大于 2.5 时：

$$V_b \leqslant \frac{1}{\gamma_{RE}}(0.15\beta_c f_c b_b h_{b0}) \tag{6-10}$$

式中　V_b——外框筒梁或内筒连梁剪力设计值；

b_b——外框筒梁或内筒连梁截面宽度；

h_{b0}——外框筒梁或内筒连梁截面的有效高度；

γ_{RE}——承载力抗震调整系数。

2. 外框筒梁和内筒连梁的构造配筋应符合下列要求：

（1）非抗震设计时，箍筋直径不应小于 8mm，箍筋间距不应大于 150mm；抗震设计时，因框筒梁和内筒梁的端部反复承受正、负弯矩和剪力，箍筋必须加强，箍筋直径不应小于 10mm，箍筋间距不应大于 100mm，由于梁跨高比较小，箍筋间距沿梁长不变。

（2）框筒梁上、下纵向钢筋直径均不应小于 16mm。为了避免混凝土收缩以及温差等间接作用导致梁腹部过早出现裂缝，当梁腹板高度大于 450mm 时，梁的两侧应增设腰筋，其直径不应小于 10mm，间距不应大于 200mm。

3. 交叉暗撑配筋连梁

交叉暗撑配筋连梁的延性很好，它是由新西兰坎伯雷大学 T. Pauly 教授提出，经过多次实验，并在工程中已经加以应用的一种连梁。

在普通配筋的连梁中，要依靠混凝土传递剪力，反复荷载作用下混凝土挤压破碎，连梁便失去承载力；而交叉配筋的连梁中，连梁的剪力全部由交叉暗撑承担，交叉暗撑起拉杆、压杆作用，形成桁架传力途径，混凝土虽然破碎，桁架仍然能继续受力，对墙肢的约束弯矩仍起作用，见图 6-15。

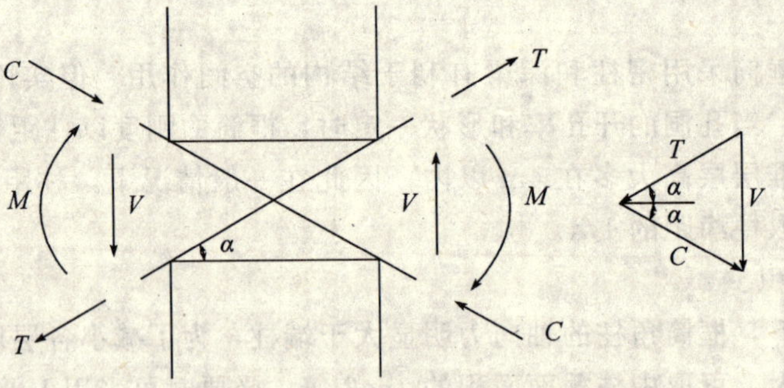

图 6-15　交叉暗撑连梁受力简图

交叉配筋连梁的构造要求高，其配筋构造见图 6-16，为防止斜筋屈服，必须用矩形箍筋或螺旋箍筋与两个方向斜撑的纵向钢筋绑在一起，成为既受拉、又受压的暗撑杆，箍筋直径不应小于 8mm，箍筋间距不应大于 200mm 及梁截面宽度的一半；端部加密区的箍筋间距不应大于 100mm，加密区程度不应小于 600mm 及梁截面宽度的 2 倍。因此配置交叉暗撑的连梁的截面宽度不宜小于 300mm，交叉暗撑还必须伸入墙体并有足够的锚固长度，纵筋伸入竖向构件的长度不应小于 l_{a1}，非抗震设计时 l_{a1} 可取 l_a；抗震设计时 l_{a1} 宜取 l_{aE}。

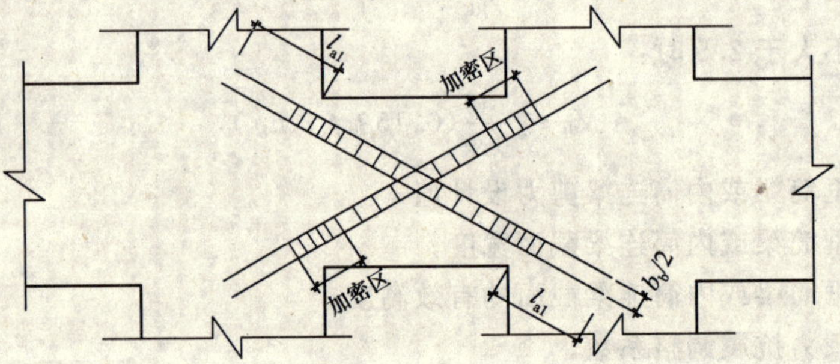

图 6-16　梁内交叉暗撑的配筋

对于延性要求高的框筒或内筒连梁，可采用这种特殊配筋的连梁。《高层建筑混凝土结构设计规程》（JGJ 3—2002）规定，跨高比不大于 2 的框筒梁和内筒梁宜采用交叉暗撑，跨高比不大于 1 的梁应采用交叉暗撑。

每根暗撑应由 4 根纵向钢筋组成，纵筋直径不应小于 14mm，其总面积应按下列公式计算：

（1）无地震作用组合时：

$$A_s \geqslant \frac{V_b}{2f_y \sin\alpha} \tag{6-11}$$

（2）有地震作用组合时：

$$A_s \geqslant \frac{\gamma_{RE}V_b}{2f_y\sin\alpha} \tag{6-12}$$

式中　V_b——连梁经内力调整的组合剪力设计值；

γ_{RE}——承载力抗震调整系数；

α——暗撑与水平线的夹角，可近似取 $\alpha=\tan^{-1}\left(\frac{h_b-0.35b_b-100}{l_b}\right)$；

b_b——连梁截面宽度。

五、筒中筒结构计算要点

框筒宜按带刚域的杆件（壁式框架）进行分析。内筒按门洞、计算洞所划分的开口薄壁杆的最大肢长小于总高度的1/10时，可与框筒协同按空间杆（带刚域）—薄壁杆系模型进行三维整体分析；否则宜按空间杆（带刚域）—墙板元模型进行三维整体分析。

由于裙梁的存在，框筒柱的实际轴向变形将比按纯杆计算的轴向变形小，国内的一些模型试验结果分析表明，如不考虑其影响，在侧向荷载作用下，外框筒的计算内力值将偏小；图6-17为裙梁对柱的轴向刚度的影响示意，在轴向力作用下，柱的层间变形为 $\Delta_N=\Delta_b+\Delta_c$，其中 Δ_c 为裙梁以下部分柱的变形，Δ_b 为裙梁部分在轴力作用下的变形，Δ_b 可按平面应力问题求得，并以系数 β 对柱的单元轴向刚度进行修正：

$$K_c=\frac{E_cb_ch_c}{\beta h} \tag{6-13}$$

式中　$\beta=\left[1-\frac{h_b}{h}+\frac{h_c}{L}\cdot\frac{h_b}{h}\cdot\frac{b_c}{b_b}+\frac{8Lb_c}{3\pi^2hb_b}\cdot\sum_{n=1}^{3}\sum_{m=1}^{\infty}\frac{A_m\cdot A_n}{m}\text{sh}^2\ (\alpha h_b)\right]$；

$A_m=\frac{\sin\ (\alpha h_c)}{m\ (\text{sh}\ (2\alpha h_b)\ +2\alpha h_b)}$；

$A_n=\cos\ (\alpha h_c\ (2-n))$；

$\alpha=\frac{m\pi}{L}$。

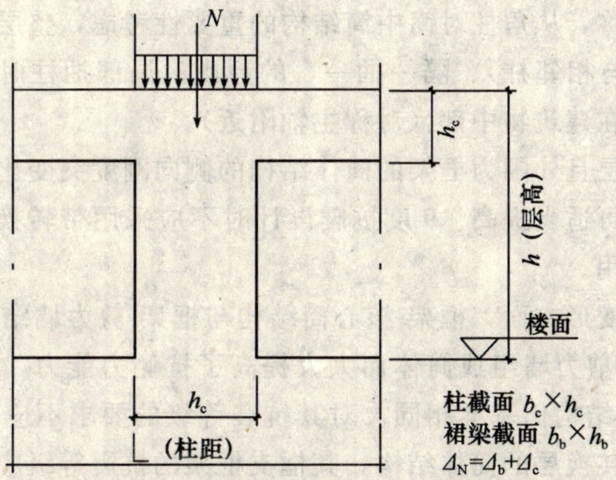

图6-17　裙梁对柱的轴向刚度的影响示意

当框筒的基本参数确定后，由式（6-13）算出修正系数 β，β 值小于1。表6-3为框筒参数为某些确定值时的 β 系数值。

表 6-3　修正系数 β 值

层高 h（mm）			3200		3600		3800	
裙梁截面（$b_b \times h_b$）（mm）			400×600	400×800	400×600	400×800	400×600	400×800
柱距（L）和柱截面（$b_c \times h_c$）（mm）	3000	400×800	0.940	0.919	0.946	0.928	0.932	0.914
	3300	400×800	0.940	0.919	0.946	0.928	0.932	0.914
	3600	400×800	0.940	0.919	0.946	0.948	0.932	0.914
	4000	400×1000	0.939	0.920	0.946	0.929	0.932	0.915

从表 6-3 可以看出，裙梁高度的加大，柱的轴向刚度提高较明显。β 值与 h_b 及 h_b/h 的变化相关性比柱距 L 的变化要大。

内筒外围墙门洞的连梁刚度折减系数不宜小于 0.5；当其与相连的墙肢受弯承载能力很强且连梁的过早屈服或破坏对其承受竖向荷载影响不大时，可取较小的刚度折减系数。

第四节　带转换层筒中筒结构

在框架-筒体、筒中筒及束筒结构中，外框筒柱距（一般柱距为 3～4m）较小，无法为建筑物提供较大的出入口，为了布置大的出入口，就要求在底部布置水平转换构件以扩大柱距，形成底部带转换层的筒体结构。此时，转换构件沿建筑平面周边柱列或角筒布置，见图 6-18。

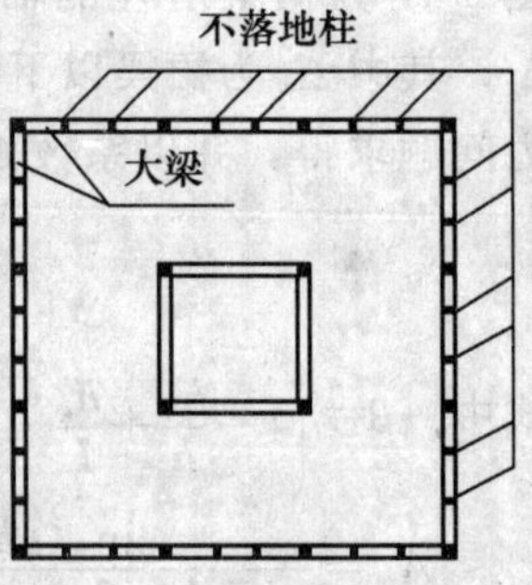

图 6-18　转换结构构件的平面布置

框架-核心筒结构、筒中筒结构的上部密柱转换为下部稀柱时转换构件可采用大梁（或墙梁）、斜杆桁架、空腹桁架、合柱以及拱等进行。

转换斜杆桁架宜满层设置，其斜杆的交点宜作为上部密柱的支点。转换空腹桁架宜满层设置，应有足够的刚度保证其整体受力作用。

抽柱位置应均匀对称，从角柱对筒中筒结构的重要性考虑，整层抽柱时，应遵循“保留角柱（8 度宜保留角柱与相邻柱）、隔一抽一”的原则；局部抽柱时，不应连续抽柱多于 2 根以上柱，且其位置应在建筑物中部（对称主轴附近）。

考虑到底部带转换层且外围为框架的筒体结构的侧向刚度突变比部分框支剪力墙结构有所改善，其转换层位置可适当提高。9 度抗震设计时不应采用带转换层的结构。8 度转换层结构应考虑竖向地震作用。

在结构受力性质与变形方面，框架-核心筒结构与框架-剪力墙结构基本上是一致的，尽管框架-核心筒结构由于剪力墙组成筒体而大大提高了抗侧力能力，但周边稀柱较弱，设计上的处理与框架-剪力墙结构仍基本相同。对其抗震等级的要求不应降低，个别情况要求更严。A 级高度的底部带转换层的筒体结构，其框支框架的抗震等级应按框支剪力墙结构的规定采用。B 级高度底部带转换层的筒体结构，其框支框架和底部加强部位筒体的抗震等级应按框支剪力墙结构的规定。

带转换层的筒中筒结构一般应进行不抽柱的三维空间整体分析和抽柱后的三维空间整体分析，并对其侧向变形与主要杆件内力进行比较，其侧向层间变形不应有突变，框筒柱组合的轴力设计值增加不宜小于80%，其组合的剪力设计值不宜增大30%。

采用斜杆桁架、拱转换层结构时，宜采用抽柱前最大组合轴力设计值对其进行简化补充计算，并与整体空间三维计算结果相比较。

框筒转换层及以下层柱的强柱系数η_c、剪力增大系数η_{vc}宜增大20%。

第五节 框架-核心筒-伸臂结构

一、加强层的工作机理

为弄清框架-筒体结构设置水平加强层减小结构侧移的机理，首先来分析一下框架-筒体结构的侧移Δ的组成成分。在水平荷载作用下，结构的总侧移Δ由内筒的弯曲型侧移Δ_c和外框架的剪切型侧移Δ_f两部分组成。Δ_c的大小主要取决于内筒弯矩的大小，Δ_f则是由框架柱上下端的剪切和弯曲变形所引起的垂直于柱轴线的位移δ_1和框架梁的竖向弯曲变形引起框架节点的转动φ所间接引起的框架侧移δ_2组成，即$\Delta_f=\delta_1+\delta_2$。要减小结构总侧移$\Delta$，必须减小$\Delta_c$和$\Delta_f$，要减小$\Delta_c$和$\Delta_f$，在筒体、柱、梁的刚度保持不变的情况下，就必须使引起Δ_c的筒体的弯矩和引起Δ_f的框架梁柱的弯矩、剪力等内力减小。在水平荷载F作用下，框架-核心筒结构体系中的内筒各截面引起的弯矩M，使内筒发生弯曲而产生位移。在内筒顶部增设加强层后（图6-19），迫使外柱参与整体抗弯，一侧外柱受压，一侧外柱受拉，压力C和拉力T形成一个反弯矩M_1，作用于内筒的顶部。这一反向弯矩M_1部分抵消了内筒各水平截面所受到的水平荷载弯矩，改善了内筒和框架的楼层剪力的竖向分布状况，使它进一步均匀化，因此结构的侧移也得到减小。

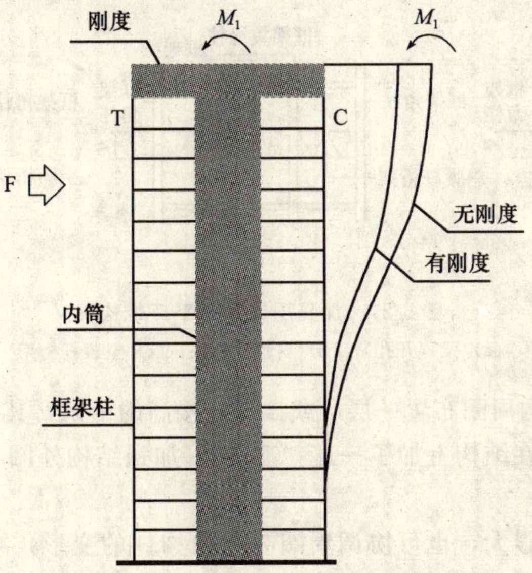

图6-19 伸臂对内筒引起的反弯矩

二、水平加强构件的结构形式

加强层采用的水平伸臂构件一般可归纳为实体梁（或整层或跨若干层高的箱形梁）、斜腹杆桁架和空腹桁架三种基本形式，如图6-20所示。通常伸臂构件高度都取一层楼高，需要刚度更大时，也可设置两层楼高的伸臂构件。

桁架和空腹桁架有较大的抗弯刚度，杆件截面小，特别是利于避免上、下柱端出铰，是伸臂的常用形式。

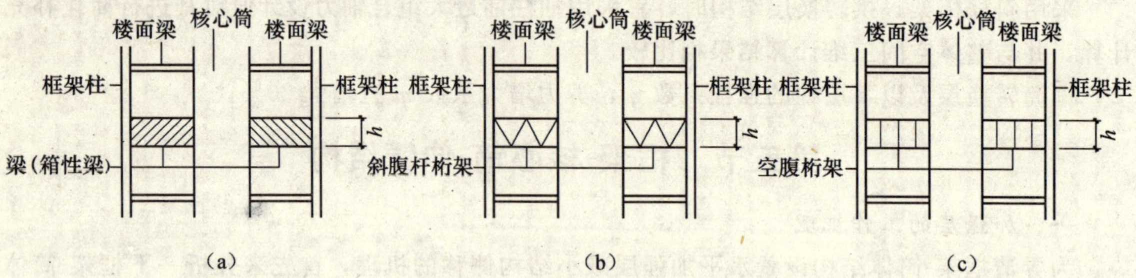

图 6-20　加强层水平外伸构件

(a) 梁（箱形梁）；(b) 斜腹杆桁架；(c) 空腹杆桁架

伸臂所在的楼层无论是设备层，还是避难层，都要布置通道，也就是在伸臂杆件中要允许开洞。如采用实腹梁，则必须开较大的洞口，而桁架和空腹桁架便于设置通道。但筋混凝土桁架和空腹桁架的模板制作和浇筑混凝土都比较困难，因此混凝土结构中经常采用钢桁架作伸臂，既可减小重量，又可工厂制作后现场拼装，自然形成通道，是一种较为理想的伸臂结构形式。

三、环向构件的结构形式

加强层采用的周边水平环向构件一般可归纳为开孔梁、斜腹杆桁架和空腹桁架三种基本形式，如图 6-21 所示。考虑到建筑外围需要有窗洞采光，此外加强层常常与设备层、避难层结合在一起，更需要对外敞开以便遇到意外灾难时的救援。因此环向构件很少采用实腹梁，多数情况下采用斜杆桁架、空腹桁架。

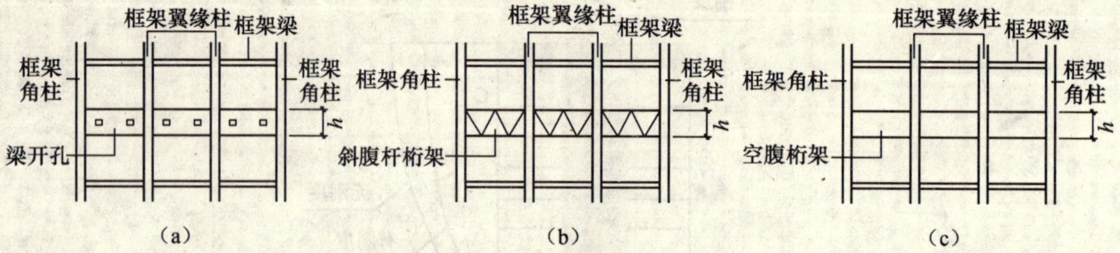

图 6-21　加强层周边水平环带构件

(a) 梁（开孔）；(b) 斜腹杆桁架；(c) 空腹杆桁架

环向构件是指沿结构周圈布置一层（或二层）楼高的桁架，其作用是：

1. 环向构件相当于在结构上加了一道“箍”，可加强结构外圈各竖向构件的联系，加强结构的整体性。

2. 由于它们的刚度很大，也可协调周圈各竖向构件的变形，减小竖向变形差，使竖向构件受力均匀。在框架-核心筒结构中，环向桁架可加强深梁的作用，可减少剪力滞后。也可以加强外圈柱子的联系，减小稀柱之间的剪力滞后并增大翼缘框架柱的轴向力，从而减少侧移，但其作用不如设置伸臂时直接。

3. 在框架-核心筒-伸臂结构中，环向桁架的作用是使相邻框架柱轴力均匀化。通常伸臂只和一根柱子相连接，环向桁架将伸臂产生的轴力分散在其他柱子，使较多的柱子共同承受轴力，因此环向桁架常常和伸臂结合使用。环梁本身对减小侧移也有一定作用，设置环向桁架后可以减小伸臂的刚度，环向桁架与伸臂结合有利于减小框架柱和内筒的内力突变。

四、带加强层高层建筑结构设计原则

1. 带加强层高层建筑结构属于结构刚度沿竖向发生突变的结构，在重力、水平荷载作用下加强层及其相邻层内力变化较大，应力集中，地震响应复杂，地震区采用时需采取专门有效措施，9 度抗震设防地区不应采用。

2. 带加强层框架-核心筒结构体系的最大适用高度同框架-核心筒结构体系。

3. 在筒中筒结构中，框筒主要依靠密柱深梁使翼缘框架各柱受力，结构抗侧刚度很大，设置加强层的作用与此重复，设置加强层的作用相对较小，反而使柱受力沿高度方向产生突变的不利后果。因此在筒中筒结构中，一般不再设置加强层。

4. 带加强层高层建筑结构应按实际结构的构成采用空间协同的方法分析计算。尤其应注意对重力荷载作用进行准确的符合实际情况的整体三维施工模拟计算。抗震设计时，需进行弹性时程分析、补充计算和弹塑性时程分析的计算校核。同时还应注意计入温差、混凝土徐变、收缩等非荷载效应影响。

加强层内布置桁架或实体梁等水平伸臂构件，有时还在加强层楼层周边布置环带构件。这些构件由杆件组成，所以加强层可以在整体空间分析时一并参与计算。

桁架伸臂构件可以直接参与三维空间分析。采用杆件-薄壁杆件空间分析程序时，上、下弦杆作为楼面梁、竖向腹杆作为柱、斜腹杆作为斜柱处理。结构内力和位移计算中，设置水平伸臂桁架的楼层宜考虑楼板平面内的变形。

如果实体梁高度小于层高时，实体梁可视为一般楼面梁直接参与计算。当实体梁高度等于层高（图 6-22）时，将其位置定在实体梁的上层楼面，截面按实际尺寸输入，再在实体梁的下层楼面增补刚度很小的“虚梁”来降低柱子的层高。两层楼面的全部荷载均由实体梁承担，“虚梁”楼面荷载可设为零。

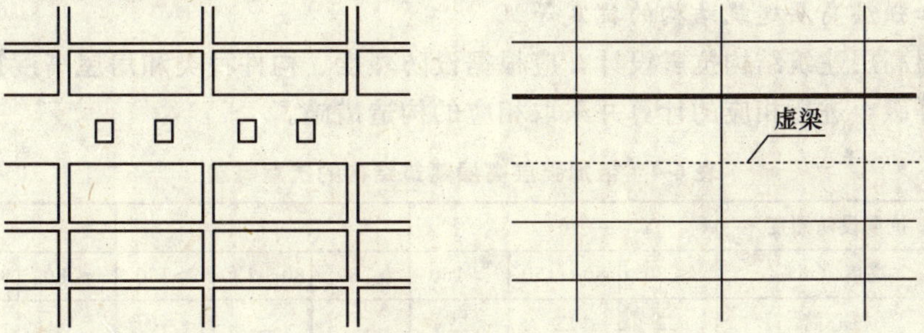

图 6-22　伸臂实体梁为一层高时计算简图

但须注意：当采用假定楼板刚度为无限刚性时，由于楼板不能变形，伸臂桁架的上、下弦没有伸长或缩短，不能得到弦杆、腹杆的正确内力。在带加强层高层建筑结构整体结构分析后，尚应取整体分析中的变形作为边界条件及竖向荷载，对加强层进行局部分析。

五、加强层的刚度选择和结构布置

1. 在地震作用下，框架-核心筒结构宜采用“适宜刚度”的加强层

框架-核心筒结构在地震作用下，若结构整体刚度不能满足设计要求时，提高结构整体刚度的途径有：

（1）采用刚度很大的“刚性”加强层；

（2）在调整增强原结构刚度的基础上，设置“适宜刚度”加强层。

前者从概念上强调“刚性”加强层增强整体结构刚度，往往还希望整体刚度有越大越感觉安全之意，但其结果反而会使结构刚度突变，内力剧增，在罕遇地震作用下结构在加强层附近容易形成薄弱层而破坏。后者从概念上强调尽可能调整增强原结构的刚度，采用“适宜刚度”加强层只是弥补整体刚度之不足，而且只希望结构整体刚度满足规范的最低要求，以减少非结构构件的破损。采用“有限刚度”加强层其目的是尽量减少结构刚度突变和内力的剧增，仍希望结构在罕遇地震作用下还能呈现“强柱弱梁”、“强剪弱弯”的延性屈服机制，避免结构在加强层附近形成薄弱层。

2.“适宜刚度”加强层的结构布置

在地震作用下，沿整个结构高度加强层的设置部位不需强调最佳位置，如建筑上允许，沿高度可设置多道（2～3道）加强层，而每道加强层的刚度应尽量小。《高层建筑混凝土结构设计规程》(JGJ 3—2002) 当布置一个加强层时，加强层位置可在 $0.6H$ 附近。当布置两个加强层时，加强层位置可在顶层和 $0.5H$ 附近。当布置多个加强层时，加强层宜沿竖向从顶层向下均匀布置。

加强层宜利用建筑避难层、设备层空间。加强层内水平伸臂构件宜布置在核心筒墙与外围框架柱之间，这种布置方式要比沿加强层外围柱设置周边环带构件对减少结构整体位移有利一些。如水平伸臂构件与周边环带构件同时布置，则对减小结构整体位移的作用不明显，但可使水平伸臂构件所受剪力和弯矩减小，加强层上、下楼板的翘曲影响将减少。

加强层采用的水平伸臂构件、周边环带构件宜采用桁架形式，可通过调整桁架腹杆的刚度，使加强层既能适当弥补结构整体刚度的不足，又能尽量减少结构的内力突变。在罕遇地震作用下，宜使加强层桁架腹杆先屈服破坏，避免加强层附近的外围框架柱和核心筒墙肢发生破坏。加强层若采用实体梁，仅可通过改变梁的厚度以调整加强层的刚度，其调整幅度比较小，且实体梁很难做到“强剪弱弯”。

六、带加强层高层建筑结构的抗震等级

带加强层高层建筑结构抗震设计，应根据设防烈度、构件种类和房屋高度按表 6-4 采用相应的抗震等级，进行相应的计算并采取相应的构造措施。

表 6-4　带加强层高层建筑结构的抗震等级

结构类型	抗震设防烈度	6			7			8		
非加强层区间	高度（m）	≤80	80～150	>150	≤80	80～130	>130	≤80	80～100	>100
	核心筒	二	二	二	二	二	一	一	一	特一
	框　架	三	三	二	二	二	一	一	一	一
加强层区间	核心筒	一	一	一	一	一	特一	特一	特一	特一
	框　架	二	二	一	一	一	特一	特一	特一	特一
	水平外伸构件	二	二	一	一	一	特一	特一	特一	特一
	水平环带构件	二	二	一	一	一	特一	特一	特一	特一

注：加强层区间指加强层及其相邻各 1 层的竖向范围。

加强层区间的框架柱、核心筒是带加强层高层建筑结构的关键构件，应确保加强层区间框架柱、核心筒的安全，《高层建筑混凝土结构设计规程》(JGJ 3—2002) 规定：加强层及其相邻的框架梁、柱和核心筒剪力墙的抗震等级应提高一级采用，一级提高至特一级，若原抗震等级为特一级则不再提高。

七、带加强层高层建筑结构构件的设计要求

1. 加强层水平外伸构件

当实体梁（或整层或跨若干层高的箱形梁）作为加强层水平外伸构件时，一般宜满层设置，利用加强层楼板作为有效翼缘，以有效提高其抗弯刚度，其设计要求同其用作转换结构时的要求。

实体梁腹板截面厚度不宜小于 300mm，且宜由其剪压比控制计算确定，其适宜值如表 6-5 所示。

表 6-5 箱形梁腹板适宜剪压比

抗震等级		一 级	二 级	三 级	非抗震设计
混凝土强度等级	C30	0.10	0.13	0.15	0.15
	C40	0.09	0.11	0.13	0.13
	C50	0.08	0.10	0.11	0.12

注：梁腹板剪压比 $=V_{max}/f_c bh_0$，V_{max}—梁最大组合设计剪力值；f_c—梁的混凝土抗压设计强度；b—梁腹板厚度；h_0—梁断面的有效高度。

当采用斜腹杆桁架、空腹桁架作为加强层外伸构件时，其设计要求同其用作相应转换结构时的要求。

2. 加强层区间核心筒体

加强层区间的核心筒是带加强层高层建筑结构的关键构件，分析表明，在带加强层的框架-核心筒结构中，核心筒墙肢弯矩和剪力在加强层的上、下几层大幅度的增大。因此，为确保加强层区间核心筒的安全，加强层区间核心筒应提高一级抗震设防（见表 6-4）。加强层区间核心筒大轴压比不宜超过表 6-6。

加强层区间核心筒体截面尚需满足适宜剪压比限值要求，如表 6-7 所示。

表 6-6 加强层区间核心筒体轴压比限值

轴压比	抗震等级		
	特一级	一 级	二 级
N/f_cA_c	0.4	0.5	0.6

注：N 为加强层区间核心筒体重力荷载代表值作用轴力设计值；f_c 为加强层区间核心筒混凝土抗压强度设计值；A_c 为加强层区间核心筒体水平截面净面积。

表 6-7 加强层区间核心筒体适宜剪压比限值

抗震等级		一 级	二 级	三 级	非抗震设计
混凝土强度等级	C30	0.10	0.11	0.13	0.14
	C40	0.09	0.09	0.11	0.12
	C50	0.08	0.08	0.09	0.11

注：梁腹板剪压比 $=V_{max}/f_c th_0$，V_{max}—加强层区间核心筒体最大水平剪力组合设计值；f_c—加强层区间核心筒体混凝土抗压设计强度；t—水平剪力方向加强层区间核心筒体墙肢厚度；h_0—水平剪力方向加强层区间核心筒体墙肢有效高度。

3. 加强层区间框架柱

加强层区间的框架柱是带加强层高层建筑结构的关键构件，分析表明，在带加强层的框架-核心筒结构中，框架柱的轴力在加强层的下层突然增大；框架柱的弯矩和剪力在加强层的上、下层均急剧增加。为确保加强层区间框架柱的安全，抗震设计时，加强层区间框架柱应提高一级抗震设防（表 6-4）。加强层区间框架柱最大轴压比不宜超过表 6-8。

表 6-8　加强层区间框架柱轴压比限值

轴压比	抗震等级		
	特一级	一　级	二　级
N/f_cA_c	0.6	0.7	0.8

注：1. N 为加强层区间框架柱地震作用组合轴力设计值；f_c 为加强层区间框架柱混凝土抗压强度设计值；A_c 为加强层区间框架柱截面面积；

2. 表中数值适用于混凝土强度等级不高于 C60 的柱；

3. 表中数值适用于剪跨比大于 2 的柱。

4. 加强层周边水平环带构件

各类加强层周边水平环带构件设计要求均同相应各类加强层水平外伸构件。

5. 加强层区间楼板

分析表明，加强层上、下楼板存在翘曲现象。在加强层周边设置环带构件可减小楼板的翘曲影响。因此加强层上、下的楼板厚度宜加厚，其厚度不宜小于 150mm，配筋设计中要考虑楼板的翘曲影响，宜在板中配置双向、双层构造钢筋。

6. 非加强层区间结构

非加强层区间结构可按照普通框架-核心筒结构设计要求执行。

八、带加强层高层建筑结构的构造要求

1. 加强层水平外伸构件设置后浇块

为消除施工阶段重力荷载作用下竖向构件轴向变形对加强层水平外伸构件的不利影响，加强层水平外伸构件一般宜设置后浇块（图 6-23），待主体结构施工完成后再行封闭。

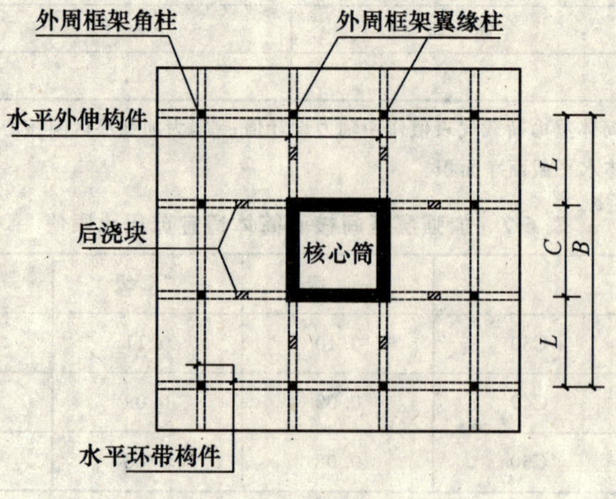

图 6-23　加强层水平外伸构件后浇块示意图

在施工程序及连接构造上应采取措施减小结构竖向温度变形及轴向压缩对加强层的影响。

2. 加强层水平外伸构件的构造要求

在风荷载作用下，设置加强层可使周边框架柱有效地发挥作用，以增强整个结构的抗侧刚度。但在水平地震作用下会引起结构刚度、内力突变，并易形成薄弱层，结果是损坏机制难以呈现“强柱弱梁”、“强剪弱弯”的延性屈服机制，在地震区采用带加强层的框架-核心筒结构宜慎重，并应采取有效措施。

(1) 加强层采用水平外伸实体梁（或整层或跨若干层高的箱形梁）的高层建筑结构一般仅适用于非地震区。

实体梁上下主筋最小配筋率为 0.3%；梁上下部主筋至少应有 50%沿梁全长贯通，且不宜有接头。若需设置接头时，应采用机械连接（A 级），且同一截面内钢筋接头面积不应超过全部主筋截面面积的 50%；

梁腹筋应沿梁全高配置，且≥2ϕ12@200，并按充分受拉要求锚固于柱、核心筒；

梁箍筋宜沿全梁段加密，直径不小于 ϕ10，间距不大于 150mm，最小面积配箍率为 $0.5f_c/f_{yv}$；

梁上、下部纵筋进入核心筒支座均按受拉锚固，顶层梁上部纵筋至少需有 50%贯通核心筒拉通；顶层梁下部纵筋及其他层梁上下部纵筋至少各需 4 根贯穿核心筒拉通；

梁上、下部纵筋进入框架柱均按充分受拉锚固。

(2) 当斜腹杆桁架作为加强层水平外伸构件时，其构造要求同其转为转换结构使用的要求，其上下弦主筋进入核心筒支座的贯通构造要求同实体梁。

(3) 当空腹桁架作为加强层水平外伸构件时，其构造要求同其转为转换结构使用的要求，其上下弦主筋进入核心筒支座的贯通构造要求同实体梁。

水平外伸构件的混凝土强度等级不应低于 C30。

3. 加强层区间筒体构造要求

加强层区间筒体墙身竖向分布钢筋、水平分布钢筋的最小含钢筋率为：抗震等级一级时≥0.4%，抗震等级二级时≥0.3%，非抗震设计时≥0.25%，且钢筋间距≤200mm，直径≥ϕ10。

加强层区间筒体端角部及门窗洞边均应设置约束边缘构件，其构造要求同带转换层高层建筑结构底部加强区设置的约束边缘构件要求。

4. 加强层区间框架柱构造要求

加强层区间框架柱纵向钢筋总配筋率抗震设计为特一、一、二抗震等级时分别为 1.4%，1.2%，1.0%，非抗震设计时为 0.6%。纵筋钢筋间距不应大于 200mm，且不应小于 80mm，总配筋率不宜大于 5%。

加强层区间框架柱箍筋应沿全柱段加密，钢筋直径≥ϕ10，间距≤200mm。体积配箍率抗震设计时不应小于 1.6%（特一级）、1.5%（一、二级），非抗震设计时不应小于 1.0%，并宜采用复合螺旋箍或井字复合箍。

加强层区间框架柱纵筋不宜设接头，若需设置，其接头率≤50%，且接头位置离节点区≥500mm。接头应采用机械连接（A 级）。

5. 加强层区间楼板构造要求

加强层区间楼板混凝土强度等级不宜低于 C30，并应采用双层双向配筋，每层每方向贯通钢筋配筋率不宜小于 0.25%，且在楼板边缘、孔洞边缘应结合边梁设置予以加强。

参考文献

1 唐兴荣．高层建筑转换层结构设计与施工［M］．北京：中国建筑工业出版社，2002.
2 方鄂华．高层钢筋混凝土结构概念设计［M］．北京：机械工业出版社，2004.
3 钢筋混凝土高层建筑结构设计规程（JGJ 3—2002）
4 建筑抗震设计规范（GB 50011—2001）
5 R. Park and T. Pauiay Reinforced Concrete Structures. John Wiley&Sons inc. 1975.
6 方鄂华，钱稼茹，叶列平．高层建筑结构设计．北京：中国建筑工业出版社，2003.
7 李国胜．简明高层建筑混凝土结构设计手册（第二版）［M］．北京：中国建筑工业出版社，2004.

第七章　高层钢结构设计

20世纪80年代以来，我国北京、上海、深圳等城市兴建了一批高层钢结构建筑，如北京有26层、83.40m高的香格里拉饭店，26层、90.85m高的长富宫中心，40层、155.25m高的国际贸易中心办公楼，52层、183.50m高的京城大厦和57层、208m高的京广中心；上海有16层、51.60m高的金沙江大酒店，16层的金山港饭店，29层、106.90m高的瑞金大厦，43层、143.62m高的静安希尔顿饭店和43层、153.52m高的锦江饭店；深圳有68层、326m高的地王大厦。上海金茂大厦420m高，采用钢筋混凝土柱内含H型。

我国100米以上超高层建筑见表7-1。

表7-1　钢结构超高层建筑一览表

序号	工程名称	地点	高度（m）	层数		建筑面积（m^2）	总用钢量（t）	结构形式	工程阶段
				地下	地上				
1	环球金融中心	上海	492	3	101	25.3	26000	钢筋混凝土核心筒，外框钢骨混凝土及钢柱	施工中
2	金茂大厦	上海	420	3	88	17.7	14000	钢筋混凝土核心筒，外框钢骨混凝土及钢柱	竣工
3	大连国贸中心大厦	大连	340	5	78	28.0	45000	钢筋混凝土核心筒，外框钢结构	施工中
4	北京国贸中心三期	北京	330	3	73	18.0	40000	钢筋混凝土框架-钢支撑	施工中
5	重庆万豪国际会展	重庆	303.6	5	74	16.0	20000	钢框架-钢支撑	施工中
6	地王大厦	深圳	294.1	3	67	13.8	12000	钢筋混凝土核心筒，外框钢结构	竣工
7	赛格广场	深圳	278.6	4	70	15.8	1000	钢筋混凝土核心筒，外框钢骨混凝土结构	竣工
8	天津国贸	天津	258	3	68	10.0	11000	钢框架-钢支撑	施工中
9	北京银泰中心	北京	249	3	62	9.0	20000	钢框架-钢支撑	施工中
10	上海世贸广场	上海	248	3	60	14	10000	钢筋混凝土核心筒，外框钢骨混凝土结构	施工中
11	武汉国际证券大厦	武汉	243	3	68	13.0	18000	钢筋混凝土核心筒，外框矩形钢管混凝土框架	竣工
12	上海中国银行大厦	上海	230	3	53	12.0	11000	钢筋混凝土核心筒，外框钢结构	竣工
13	国际航运大厦	上海	210	3	48	10	9500	钢筋混凝土核心筒，外框钢结构	竣工

续表

序号	工程名称	地点	高度(m)	层数		建筑面积(m²)	总用钢量(t)	结构形式	工程阶段
				地下	地上				
14	大连云山大厦	大连	208	4	52	9.6	7000	钢筋混凝土核心筒，外框钢结构	竣工
15	上海新世界广场	上海	206	3	60	5.5	7500	钢筋混凝土核心筒，外框钢结构	竣工
16	京广中心	北京	203	3	51	13.7	19000	钢框架-带边框钢筋混凝土带缝剪力墙	竣工
17	大连远洋大厦	大连	200.8	3	51	7.0	5000	钢筋混凝土核心筒，外框钢结构	竣工
18	北京电视中心	北京	200	3	41	15.0	30000	钢框架-钢支撑	施工中
19	上海银行	上海	200	3	46	10.8	8300	钢筋混凝土核心筒，外框钢结构	施工中
20	森茂大厦	上海	198	3	48	11.0	8000	钢筋混凝土核心筒，外框钢骨混凝土结构	竣工
21	上海信息枢纽大楼	上海	184.5	4	41	8.7	8000	钢筋混凝土筒体，矩形钢框架结构	竣工
22	京城大厦	北京	182	4	52	11.0	12000	钢框架-钢支撑（外包钢筋混凝土）	竣工
23	北京摩根大厦	北京	168	5	39	16.0	24800	钢框架-钢支撑	竣工
24	世界金融大厦	上海	166.5	3	43	8.3	3300	钢筋混凝土核心筒，外框钢骨混凝土框架	竣工
25	云顶花园	天津	165	2	43	6	13000	钢筋混凝土核心筒，外框钢结构	基础施工
26	深圳发展中心	深圳	165	2	48	5.6	9000	钢筋混凝土核心筒，外框钢结构	竣工
27	北京国贸中心二期	北京	160	4	38	5.5	6000	钢筋混凝土核心筒，外框钢结构	竣工
28	期货大厦	上海	157.7	3	43	8.5	6500	钢筋混凝土核心筒，外框钢结构	竣工
29	新金桥大厦	上海	157	2	38	4.0	7000	钢筋混凝土核心筒，外框钢结构	竣工
30	北京国贸中心	北京	155.2	2	39	8.6	12000	内钢框架-钢支撑，外钢框架	竣工
31	中国保险大厦	上海	154	3	39	6.6	1200	钢筋混凝土筒体，钢桁架梁	竣工
32	上海锦江饭店	上海	153	1	46	4.8	7500	钢框架-钢支撑及钢板剪力墙	竣工
33	北京财富一期	北京	151.8	2	40	10	6100	钢筋混凝土核心筒，钢骨混凝土框架	施工中
34	世界广场	上海	150	2	38	10	11000	钢框架-钢支撑	竣工

续表

序号	工程名称	地点	高度（m）	层数		建筑面积（m²）	总用钢量（t）	结构形式	工程阶段
				地下	地上				
35	北京金融中心	北京	150	3	32	6	13500	钢筋混凝土核心筒，外框钢结构	竣工
36	上海希尔顿饭店	上海	144	1	43	5.2	4000	钢筋混凝土核心筒，外框钢结构	竣工
37	上海国贸中心	上海	142	2	37	9.0	10740	钢框架-钢支撑	竣工
38	LG大厦	北京	141	4	31	15.0	14000	钢筋混凝土核心筒，外框钢骨混凝土框架	施工中
39	上海证券大厦	上海	120.9	2	27	9.8	9000	钢筋混凝土筒体，矩形钢框架-钢支撑	竣工
40	广州信合大厦	广州	120	4	32	5.6	5500	钢筋混凝土核心筒，外框钢结构	施工中
41	上海瑞金大厦	上海	107	1	27	3.2	3700	钢筋混凝土核心筒，外框钢结构	竣工
42	大连森茂大厦	大连	109	3	24	4.6	3530	钢骨混凝土框架-钢支撑	竣工
43	河南汝山大佛	河南	108	3	16		2000	钢框架-钢支撑	竣工
44	南京地铁综合楼	南京	103.6	3	27	2.6	3600	钢框架-钢支撑	施工中
45	北京通用国际商城	北京	102.6	3	28	6.0	7000	内钢框架-钢支撑外钢框筒	施工中
46	广州远洋公寓	广州	102	2	28	2.5	2000	钢框架-钢筋混凝土剪力墙	竣工
47	沪东技术中心	上海	99.9	2	28	3.1	3100	钢筋混凝土核心筒，外框钢结构	竣工
48	北京城建大厦	北京	98.4	3	28	12	7000	钢筋混凝土核心筒，钢骨混凝土框架	施工中

本表摘自参考文献［4］

我国的高层钢结构起步虽然比较晚，但已有了一个良好的开端。为了适应新形势的需要，本章主要介绍高层钢结构设计中的选型与计算问题，其内容包括：钢结构的选型、型钢混凝土结构、H型钢的应用、钢结构的防火保护等。

第一节　钢结构的选型

高层建筑钢结构主要有全钢结构（以下简称钢结构）和钢-混凝土组合结构两大类型，它们有各自的特点和适用范围。在具体工程设计中，应根据高层建筑的刚度标准，选择最经济的结构类型和结构体系。

钢结构具有强度高、自重轻、延性好、地震作用小、可建层数多等优点，且建造周期短，施工速度快，投资效益高。此外，钢结构还具有钢柱截面小、钢梁跨度大、节约空间、建筑布置灵活、可以满足不同时期不同用户的需要等特点。它的缺点主要是刚度及耐火性能较差，造价较高等。

钢-混凝土组合结构综合利用了钢结构与混凝土结构各自的优点，它既保留了钢结构的优点，又吸收了混凝土良好的可成形性、结构刚度及防火性能。以及造价低等优点，以弥补钢结构的不足。因此，这种组合结构有较好的刚性和延性，有较高的承载能力。

据不完全统计，世界各国在1983年以前已建成的89幢40层以上的高层钢结构中，钢结构为71幢，约占80%，钢-混凝土组合结构18幢，约占20%。可见，世界各国的超高层建筑主要选用钢结构（表7-2）。对于一般的高层建筑，可以根据工程条件，进行多方案比较，然后确定选用钢结构还是钢-混凝土组合结构。但是，根据我国的国情，钢-混凝土组合结构将在我国的高层钢结构中，占有一定的比重。

下面进一步分别介绍两大类结构的结构体系和钢结构的刚度选择问题，以供设计人员选用。

表7-2　国外钢结构高层建筑实例

结构形式	建筑名称及参数	结构平面	结构体系及特征	框架柱梁截面尺寸	楼盖系统和防火	用钢量和工期
全钢结构	东京新宿办公楼，54层，222.95m；平面63×42（45×11.2)m	矩形	刚性框架＋剪力-周边-外伸桁架体系，高强螺栓刚性连接（楼盖梁-柱）；用RC预制板代替垂直桁架，设于框格内；周边桁架位于14，27，40和顶层	外柱：箱形截面，55cm×55cm、6.5cm×1.3cm，柱中心距3m；内柱与外柱同	钢梁：工字形截面，高70cm，间距3m，跨度15.4和11.2m；压型钢板：肋高65mm，浇轻混凝土；防火：喷涂矿物纤维	钢材：131kg/m²；钢筋：46.4kg/m²（1976～1979年）
	匹兹堡美国钢铁公司大楼，64层，256m；三角平面，边长67.33(48.3)m	正三角形	刚性框架＋剪力桁架体系，井筒每侧设4榀“华伦”型垂直桁架；顶部刚性空间框架把内筒同21根外柱连在一起	外柱：箱形截面，73cm×71cm×10cm；周边梁：箱形截面，119cm×37cm；斜撑工字形截面	压型钢板＋6.4cm轻混凝土；钢柱每14～18层组成水冷却循环系统，配一水箱，水中加防冻剂和阻锈剂	钢材：148kg/m²；（1967～1979年）
	多伦多第一银行大楼，72层，285m；平面58.23×55.18(28.88×27.41)m	正方形	外框架筒体系	外柱：U形焊接截面，53cm×39cm，中心距3.05m；周边梁：厚8～11mm钢板，高2.23m（50层以上，外柱用工字形截面代替）	钢梁，H型钢，型号W530×92，中心距3.05m，跨度14.33m；压型钢板，肋高51mm，轻混凝土层，厚89mm	钢材：171kg/m²；（1973～1976年）
	芝加哥标准石油公司大楼，82层342m；平面58.23×55.18（28.88×27.41)m	正方形	外框架筒体系	外柱：V形焊接截面，柱宽1.52m，钢板厚16～63mm；周边梁：钢板，跨度3.05m，高1.68m	钢桁架：高966mm，跨度13.72m；压型钢板：蜂窝型，肋高38mm，轻混凝土140mm；防火：喷涂蛭石水泥厚13～67mm	钢材：161kg/m²；（1970～1973年）

续表

结构形式	建筑名称及参数	结构平面	结构体系及特征	框架柱梁截面尺寸	楼盖系统和防火	用钢量和工期
全钢结构	鹿特丹 Roai 大楼，88 层，300m，平面直径 41m	圆形	外框架筒体系在 5 个楼层水平上设置水平刚性框架，高度等于 2 个楼层；在飓风下，建筑物弹性摆幅度为 55cm	外柱：48 根，间距 2.6m，实心矩形截面，40×30cm；周边梁：工字形截面 120cm×30cm	钢梁：工字形截面，高 60cm；楼板：预制 RC 板厚 16cm	钢材：161kg/m²；（1984 年设计）
	休斯顿联合银行广场大楼 71 层；平面由两个 1/4 圆构成，64×54.6m	圆弧长菱形	成束框架筒＋垂直-周边外伸桁架体系；内筒设 6 榀垂直桁架；34 层和 36 层设周边桁架和一对平行外伸桁架（该市风力比内陆城市大 1 倍）	外柱：用 H 型钢切成两半，腹板加焊钢板，宽 101cm，中心距 5.18m；周边梁：工字形截面，高 99cm；内柱：H 型钢，W14（宽 340mm）	钢梁：H 型钢，W21；压型钢板：肋高 74mm，轻混凝土层 80mm	工期：1 层/周
组合结构	卡尔加里第一加拿大中心 64 层	平行四边形	筒中筒体系（RC 外框架筒＋RC 剪力墙），内筒由槽形和工字形剪力墙组成；外筒四角加 L 形和槽形剪力墙	外柱：RC 现浇，宽 0.9m，中心距 2.95m，周边梁：现浇 RC，高 1m；柱和梁的厚度逐渐变小，剪力墙厚度亦同	钢桁架：高 0.7m，间距 2.95m，压型钢板，肋高 51mm（钢桁架架设于内外的牛腿上）	钢材：21.2kg/m² 钢筋：18.2kg/m²
	巴黎麦纳·蒙帕尔纳斯办公大楼，64 层，229m；平面 61.8×37.9（37.3×14.2）m	纺锤形	钢框架＋RC 井筒体系，钢框架用高强螺栓连接：井筒分两次滑升完毕，即滑升一半→安装钢框架→滑升另一半→安装	外柱：工字形焊接截面（450×450×90）～（15×30×10）mm，中心距 5.73m，周边梁：宽翼缘槽钢高 220mm	主钢梁：跨度 11m，H 型钢，型号 IPE500；2 根主梁和 5 根次梁组成一个吊装组合件；压型钢板：肋高 100mm 和 75mm，混凝土层 50mm，防火：喷涂矿物纤维	钢材：60.3kg/m² 钢筋：25.9kg/m²（1971 年～1973 年）
	新加坡财政部办公大楼，52 层：平面直径 48.56(25)m	圆形	SRC 井筒＋楼盖悬臂钢梁·井筒承受全部风荷载和重力荷载，直径 25m，壁厚最大 1m	钢柱：16 根，埋设于井筒壁内，H 型钢用以约束楼盖钢梁	径向钢梁：悬臂共 16 根，跨度 11.73m，高 1.2m，用钢板焊成（施工时加临时支撑）	—
	休斯顿第一城市大楼，49 层，207m；平面 73.1×40（36.5×12）m	平行四边形	SRC 外框架＋SRC 内筒（剪力墙）＋钢楼盖系统，用复合楼板保证内外筒的共同工作，用预制 RC 板壳做永久模板，浇灌柱子	外柱：H 型钢，（455×418）～（356×254）mm，中心距 9.1～14.3m；长边复合柱，直径 1.2m，周边梁：长边；406mm×140mm，短边：914mm×304mm，H 型钢；内柱：H 型钢，267×257mm	主梁：H 型钢，跨度 12m，间距 9.1m；次梁：间距 3m；压型钢板＋现浇混凝土	钢材：59.8kg/m² 钢筋：21.6kg/m² 混凝土：0.313m³/m²（1979～1982 年）

续表

结构形式	建筑名称及参数	结构平面	结构体系及特征	框架柱梁截面尺寸	楼盖系统和防火	用钢量和工期
组合结构	休斯顿得克萨斯商业广场大楼，79层，305m；正方形平面（切角），最大边长49m	切角正方形	SRC外框架筒＋SRC剪力墙＋内钢框架·外框架筒与剪力墙（槽形）共同抵抗风荷载；剪力墙与RC三角形柱之间，每层用钢梁连接，梁高107cm，跨度9.1m	外柱：宽1.22m，中心距3m，周边梁：高1.52m；两者含H型钢骨架，浇轻混凝土，强度21～52N/mm²；正立面钢梁：跨度26m，支承在RC三角空心柱上，不包混凝土	钢梁：最大跨度12.2m；压型钢板＋轻混凝土层	混凝土用量73000m³，钢筋8500t，每三天一层，结构工期为11个月（1982年开始）
	达位斯·梅茵中心办公大楼，72层，276m	长菱形	SRC刚性框架＋空间承台·结构的高宽比大于7：1；从第6层到第12层设置空间结构承台（7个楼层高度），以保证柱子共同工作和结构总体刚度；楼板最大悬臂长度约5m	钢柱：轧制H型钢，宽106～91cm，用强度为70N/mm²的混凝土包裹，截面尺寸为2.1×2.1m～1.5m×1.5m；荷载最大的柱子还配置φ54mm的钢筋96根；周边钢柱用周边钢梁相连	现浇混凝土楼板，跨度9m，厚10.5cm	每两周安装4个楼层的钢架；钢结构安装工期约一年，建筑总工期28个月

一、钢结构体系

高层钢结构体系主要有框架结构体系、框架-抗剪桁架结构体系、半筒结构体系、外框筒结构体系、成束筒结构体系和巨型桁架外筒结构体系等，如图7-1所示。图中所列的楼层数为各体系的适用高度。现简述如下。

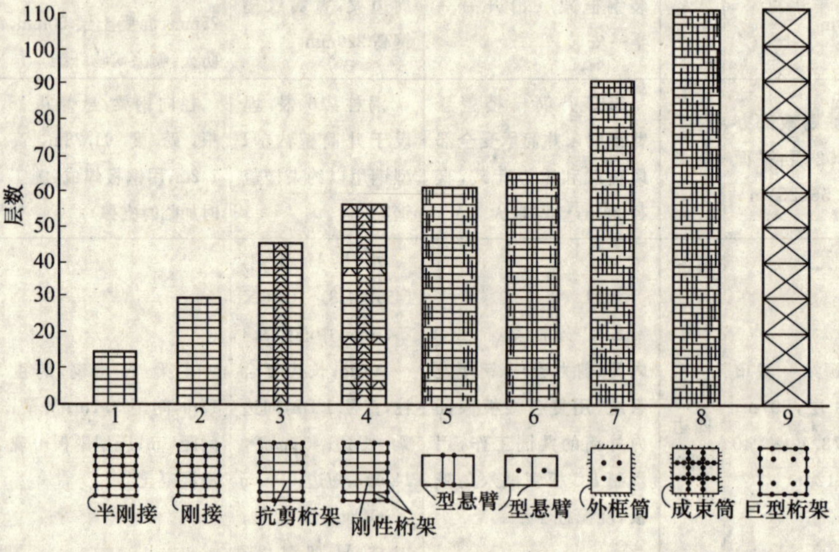

图7-1 钢结构中各体系适用楼层高度

1. 框架结构体系

图 7-1 中的 1 型和 2 型为框架结构体系。其中 1 型为半刚接框架，其梁柱节点只能承受一定的弯矩（即介于铰接与刚接之间）。图 7-1 中的 2 型为钢接框架，其梁柱节点能承受侧向荷载和竖向荷载所产生的弯矩。

框架结构体系的最大优点是：建筑平面布置灵活，能适用于各类性质的建筑。但其缺点是侧向刚度较差，在大风或中等地震作用下，层间位移较大，会导致非结构部件破坏。我国上海新建的金山港饭店和金沙江大酒店，均采用钢框架结构体系。

2. 框架-抗剪桁架结构体系

图 7-1 中的 3 型和 4 型为框架-抗剪桁架结构的体系。其中 3 型是在框架结构中设有楼梯和电梯的中部柱间，沿其全高布置抗剪桁架以提高结构的侧向刚度。此时，侧向荷载主要由抗剪桁架承受，而框架的梁和柱仅承受竖向荷载，梁柱节点可做成半刚接或铰接，构造简单。

为了进一步加强其侧向刚度，图 7-1 中的 4 型是在 3 型的基础上，于其顶层和个别中间层（一般可利用避难层或设备层）设置若干个整层高的横向桁架，即刚性伸臂桁架。通过刚性伸臂桁架，使外柱与抗剪桁架共同工作，此时抗剪桁架的变形由于受到外柱的约束而减小，从而使整个结构的刚度得到显著增强。

我国新建的上海锦江饭店采用了这种体系，并分别在顶层（43 层）和 23 层设置了两道刚性伸臂桁架。美国 64 层的匹兹堡钢铁总公司大楼，只在顶层设置了一道刚性伸臂桁架。

3. 半筒体结构体系

图 7-1 中的 5 型系由内部为抗剪桁架，与两端部为槽形悬臂组合而成的空间结构体系。

图 7-1 中的 6 型系由内部为工字形悬臂，与两端部为槽形悬臂组合而成的空间结构体系。

以上槽形与工字形悬臂为交叉桁架或由密排柱组成的框架，因其只设置在平面为矩形的短边方向，故称为半筒体结构体系，其抗侧力效果显著。

4. 外框筒结构体系

图 7-1 中的 7 型系由密排外柱与窗裙深梁组成的框筒体系，空间刚度很大。这种体系早在美国纽约 110 层的世界贸易中心大厦中使用，闻名世界。

5. 成束筒结构体系

图 7-1 中的 7 型系由密排外柱与窗裙深梁组成的群筒，又称为模数筒结构体系。美国芝加哥的西尔斯大厦，就是采用这种结构体系。

6. 巨型桁架外筒结构体系

图 7-1 中的 9 型系由巨型桁架结构围成的筒体，空间刚度很大，当采用适当的高宽比值时，可以建最高的层数。

美国匹兹堡的 IBM 大楼和香港新建的中国银行大厦，均采用这种结构体系。

二、钢-混凝土组合结构体系

高层组合结构体系主要有以下两种：

1. 钢外框架-钢筋混凝土核心筒体系

如图 7-2 所示，这种体系由钢筋混凝土核心筒承受全部侧向荷载，而钢外框架只承受竖向荷载。因为钢框架不承受侧向荷载，所以既能更好发挥高强钢的效应，又能简化钢框架梁柱节点的构造，一般只需作简单的连接即可。此外，钢梁的跨度大，使建筑有较多的空间和使用面积。它的缺点是：核心筒布置不够灵活，侧向刚度不够大，而且筒身墙也占据了一定空间。

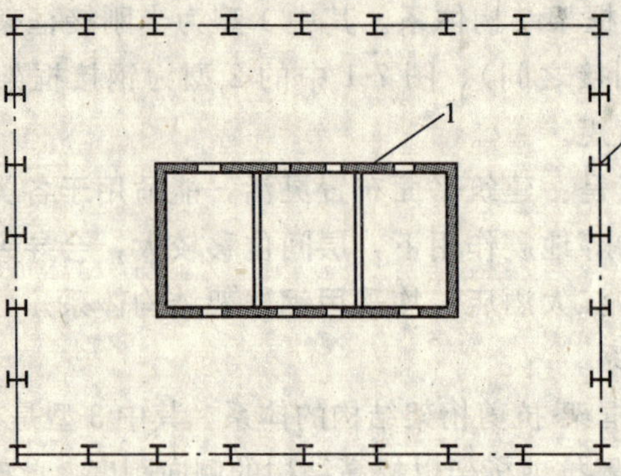

图 7-2

1—钢筋混凝土核心筒；2—钢外框架

这种结构体系适合于 20～40 层的高层建筑，它在东欧和西欧采用较多；我国上海新建的静安希尔顿饭店和瑞金宾馆，都是属于这一类体系。当前采用这种结构体系建成的最高建筑，是法国巴黎 58 层、210m 高的 Maine-Montparnasse 大楼。

2. 钢筋混凝土外框筒-钢内框架体系

如图 7-3 所示，这种结构体系由钢筋混凝土框筒承受全部侧向荷载，而钢内框架仅承受竖向荷载，因此能更好地发挥高强的效能，同时梁与柱可采用简单的连接。此外，混凝土的隔热性能好，可降低冷热负荷而节约能源。内框架对电梯间等公用设施的布置也十分灵活，不像混凝土核心筒那样，在设计中将受到某些条件的限制而较难处理。

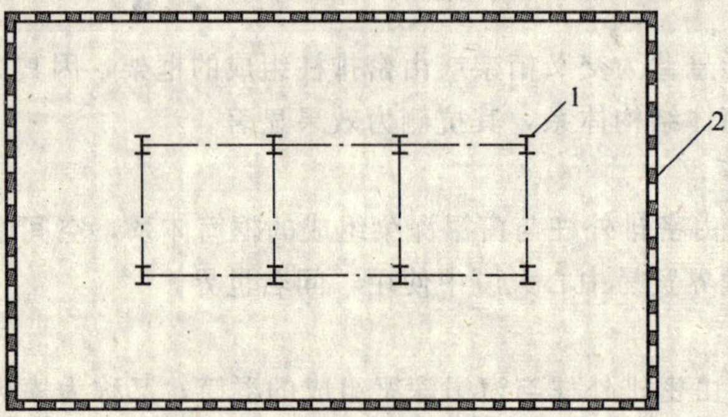

图 7-3

1—钢内框架；2—钢筋混凝土外筒

这种结构体系的平面形状富于变化，因为外框筒有较大的抗扭刚度，故对其外形不要求完全对称，如图 7-4 所示。同时，内框架系统因不承受侧力，故其平面可以任意布置，这些

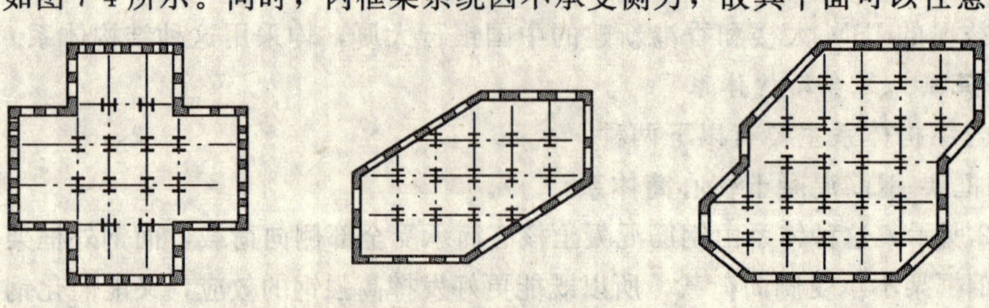

图 7-4

将是建筑师所欢迎的。

这种结构体系适用于 50～80 层的高层建筑，它首次应用于美国芝加哥 35 层的 Gateway Ⅲ大楼，另外还应用于美国新奥尔良市 52 层的 One Shell Square 大楼。

除上述两种组合结构体系外，最后在此值得一提的，还有日本高层建筑中颇具特色的一种结构体系，它将地面以上 1～3 层采用型钢-混凝土梁和柱（即在钢筋混凝土梁和柱内埋入型钢）作为过渡段，以增加结构的刚度；3 层以上则全是钢结构，以减轻自重和缩短施工周期。日本东京 47 层的京王广场旅馆和 30 层的太平洋东京旅馆等均采用这种结构体系。

三、钢结构的刚度选择

随着建筑高度不断增加，高宽比越来越大以及新材料如幕墙、轻隔墙、高强钢和高强度等级混凝土使用日益增多，侧向荷载如风和地震的影响必然越来越显著，并已成为决定高层钢结构的主要因素。因此，高层钢结构的刚度选择将成为设计中的首要问题。现将刚度选择的原则、标准和方法分述如下：

1. 刚度选择的原则

（1）必须保证各柱的局部稳定和结构的整体稳定，以免因钢柱的截面小或结构的高宽比大，而导致在强度破坏之前，过早地出现失稳破坏。

（2）必须防止任何非结构性的隔墙破裂和玻璃破坏，以免因大风或中等地震后，造成非结构性的破坏，需要经常性的维修而不经济。

（3）必须防止结构在强风和旋风作用下产生晃动，以免引起居住者生理和心理上的不舒适感，从而造成居住者的烦恼和不安。

2. 刚度选择的标准

大家知道，衡量结构刚度的标准是结构侧移的大小，侧移小即刚度大；反之，侧移大即刚度小。而衡量人体舒适感的标准是结构晃动时加速度的大小，其值与结构刚度有一定的关系。

在风荷载作用下，高层钢结构的层间侧移和顶点侧移应不超过表 7-3 中给出的值。

表 7-3　风荷载作用下的层间侧移和顶点侧移限值

结构类型	层间相对侧移 δ/h	顶点相对侧移 Δ/H
框架	1/400	1/500
框架-抗震墙	1/600	1/800
框筒	1/800	1/1000
筒中筒	1/1000	1/1100

根据国外资料报道，人体适应的加速度 a 值宜小于 0.015g（重力加速度）。a 由下式计算：

$$a = A(\omega)^2$$

式中　ω，A——结构动力特性的频率与振幅。

3. 刚度选择的方法

图 7-1 中所示的各种钢结构体系，在其限定的层数范围内，一般均能满足刚度标准；否则，应采取有效措施和方法，以保证其刚度。前面介绍的钢-混凝土组合结构体系，利用钢筋混凝土增强其刚度，就是一个很好方法，并在实践中早已得到验证。下面再介绍几种刚度选择的方法，供设计参考。

（1）对纯框架结构，一般可以将其所有主梁的线刚度（EI/l）增大，使框架的刚度有一定程度增加，但是增加的幅度有限，且不一定经济。如果将其所有柱的线刚度增大，其效果并不明显。只将外柱沿其全高倾斜放置时，才能显著地提高框架的刚度，如图 7-5 所示。特别是对高宽比大的框架，更是如此，而且最经济。

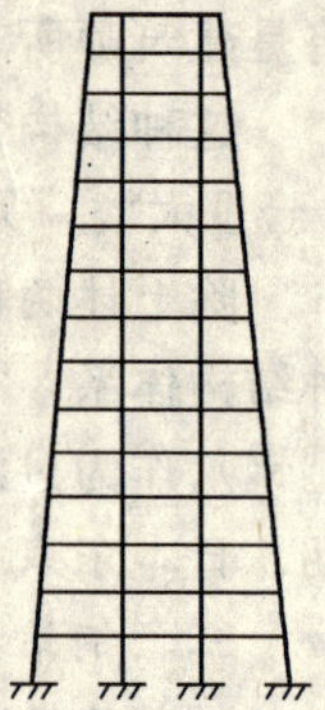

图 7-5

（2）把抵抗侧向荷载的柱，布置在离平面重心最远的地方，并形成三维结构，能显著地提高结构的刚度。筒体结构就是这样构思而成的，如圆形和矩形框筒结构体系。其中圆形框筒，不仅刚度大而且它的风压还可减少到通常风压值的 3/5～4/5，因此很经济，所以美国建造了不少圆形高层建筑。

（3）利用钢板幕墙加强建筑的整体刚度。这与钢筋混凝土框架利用填充砖墙加强刚度的原理一样。当前，国外常采用碳素钢钢板墙皮，板厚 6.35～9.53mm，板与板之间相互焊接后，形成连续墙皮，并与框架连成整体。设计时可以采用应力蒙皮原理，考虑其整体工作。但为了使结构有一定的安全储备，一般在强度设计中可不考虑钢墙板参与工作，只在刚度计算中考虑。

对一幢 40 层建筑的刚度提高所作的研究表明，在不增加框架钢材用量的前提下，减少侧移 40%是可能的。所研究的建筑平面尺寸为 21.3m×26.8m，在宽度方向由间距 6.1m、9.1m、6.1m 的四榀框架抵抗风荷载，建筑高度为 122m。整个建筑高度上的风荷载假定为 1912Pa，活荷载为 1912Pa，加上外墙过梁上钢板的重量。主梁和次梁根据它们所承受的垂直荷载和风荷载选择截面，求得的顶点侧移为 458mm，相当于高度的 0.0038。当侧移标准为高度的 0.0025 时，并规定只靠增加横梁截面时，最后钢材总重量增加 40%；当使用 7.9mm 钢墙板及混凝土防火层与原来的钢横梁组合时，顶点侧移减少到 230mm，相当于高度的 0.0019，侧移减少到约 49%，而框架结构的钢材用量没有增加。

以上说明利用钢板幕墙加强整个建筑的刚度，是一个经济实用的方法。

（4）利用承重结构与围护结构合二而一的方法。将建筑外墙上所开的窗孔，只限于满足建筑设计允许的视线规定范围内。这样，就可以把钢材连续地分布在外墙的四周，而不是集中在一般的柱、梁和支撑构件上；换而言之，窗与窗之间的墙面又是承重柱的柱面和窗裙梁的梁面。由此组成的外框筒，刚度最大。例如美国芝加哥的印第安纳标准石油大厦，共 80 层，高度为 346m。如图 7-6 所示。其外筒由 64 根由两块钢板组成的人字形外柱和 4 根凹角柱（用加劲筋的钢板作成）与窗裙梁焊在一起。这样不仅满足了大厦所需的刚度，而且用钢量只有 161.34kg/m²，相当于 40 层以下建筑和单位面积用钢量。

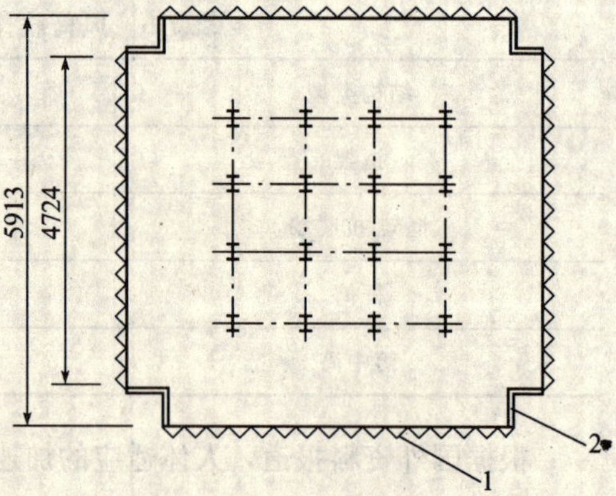

图 7-6　凹角柱

1—凹角柱；2—八字形柱

（5）采用多种体系自然组合的方法，如美国芝加哥 100 层的约翰·汉考克大厦，采用由外斜柱、交叉撑及框筒组成的结构体系，如图 7-7 所示。

该大厦的高为 344m，建筑平面：底部为 48.768×79.248m，顶部为 30.48×48.768m。满足了大厦所需的刚度，而且用钢量只有 146.49kg/m²，相当于 30～40 层建筑的单位面积用钢量。这个工程可以说是建筑师与结构工程师密切合作的典范。

(6) 优化方法。对图 7-1 中的 4 型（框架-抗剪桁架结构体系），可以采用优化方法，找出其刚性伸臂桁架的最佳位置和最佳数量，现述之如下：

①基本假定：

横向伸臂桁架为无限刚性，并与外柱连成铰接；

竖向抗剪桁架如同悬臂梁，以弯曲变形为主，外柱只有轴向变形；

竖向抗剪桁架的惯性矩 I 和柱的截面面积 A_c，沿建筑高度不变。

②一个伸臂桁架的最佳位置：

计算图形如图 7-8 所示。在风荷载 P 作用下，设外柱产生的轴力为 p，即 $M_x=P\times b$。

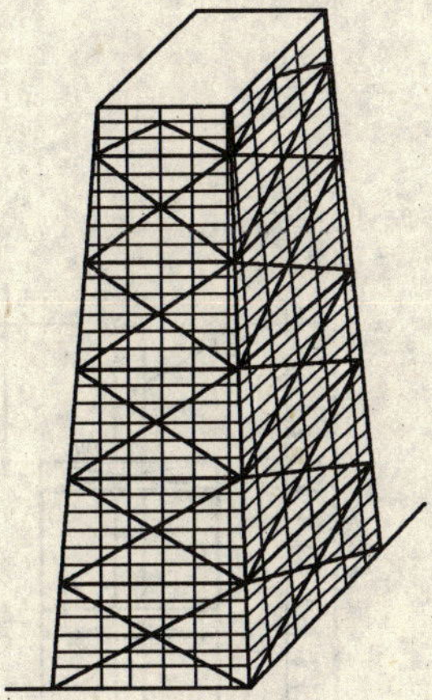

图 7-7　八字形外斜柱

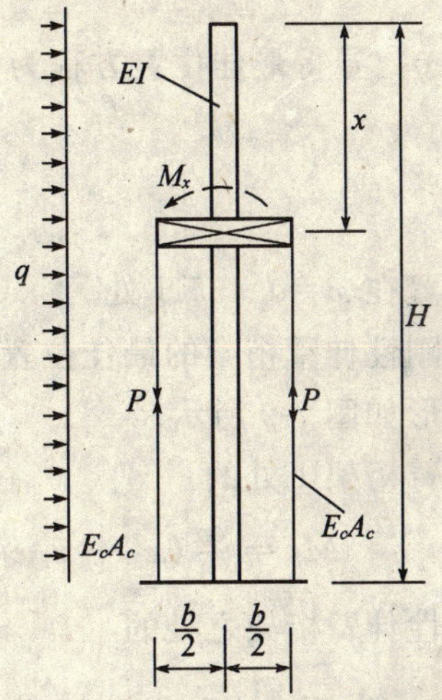

图 7-8

外柱的轴向位移为

$$\Delta=\frac{P(H-x)}{E_cA_c}=\frac{M_x(H-x)}{bE_cA_c}$$

式中　E_c——柱的弹性模量；

A_c——柱的截面建筑面积。

由此引起刚性伸臂桁架的转角为

$$\theta=\frac{\Delta}{B/2}=\frac{2M_x(H-x)}{b^2E_cA_c}$$

竖向抗剪桁架在 q 和 M_x 作用下，其在 x 处产生的转角由材料力学按悬臂梁求得

$$\theta_x=\frac{q(H^3-x^3)}{6EI}-\frac{M_x(H-x)}{EI}$$

式中　I——惯性矩。

由上述式中得知值 θ 相等，则

$$\frac{q(H^3-x^3)}{6EI}-\frac{M_x(H-x)}{EI}=\frac{2M_x(H-x)}{b^2E_cA_c}$$

求得

$$M_x=\frac{q\alpha(H^3-x^3)}{6(H-x)}$$

式中　$\alpha=\dfrac{1}{1+\dfrac{2EI}{b^2E_cA_c}}$（称为侧移折减系数）

竖向抗剪桁架在 q 和 M_x 作用下，其顶部产生的侧移由材料力学按悬臂梁求得

$$y=\frac{qh^4}{8EI}-\frac{M_x(H^2-x^2)}{2EI}$$

而且

$$R=y\left(\frac{qh^4}{8EI}\right),\xi=\frac{x}{H}$$

得

$$R=1-\frac{2\alpha}{3}(1+\xi-\xi^3-\xi^4)$$

由$\dfrac{\mathrm{d}R}{\mathrm{d}\xi}=0$，导得最佳位置方程为

$$1-3\xi^2-4\xi^3=0$$

解之得

$$\xi=0.455$$

故其最佳位置在 $x=0.455$H 处。

③多个刚性伸臂桁架的最佳位置：

计算图形如图 7-9 所示。

刚性伸臂桁架 1 处的

$$M_1=\frac{q\alpha}{6}(x_2^2+x_2x_1+x_1^2)$$

任一刚性伸臂桁架之处的

$$M_i=\frac{q\alpha}{6}(x_{i+1}^2+x_{i+1}x_i-x_ix_{i-1}^2)$$

又顶点的侧移为

$$y=\frac{qH^4}{8EI}-\frac{1}{2EI}\sum_{i=1}^{n}M_i(H^2-x_i^2)$$

导得最佳位置方程：

第一个方程

$$4x_1^3-3x_1^2x_2-x_2^3=0$$

第二个至 n 个方程

$$x_{i-1}^3-3x_{i-1}x_i^2+3x_i^2x_{i+1}-x_{i+1}^3=0$$

（当 $i=n$ 时，取 $x_{i+1}=H$）。

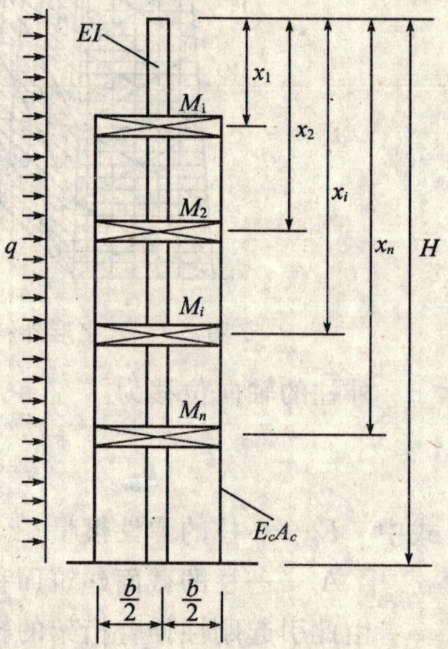

图 7-9

计算结果见表 7-4。

表 7-4　刚性伸臂桁架的最佳位置

刚性伸臂桁架的数量	ξ_1	ξ_2	ξ_3	ξ_4
1	0.455			
2	0.312	0.686		
3	0.243	0.534	0.779	
4	0.202	0.443	0.646	0.829

通过上述优化，现小结如下：

刚性伸臂桁架设置多个比设置一个效果好，但不宜多于 4 个，因为超过 4 个后，其效果不太明显。刚性伸臂桁架为一个时，应设置在 0.455H 标高处，如设在顶部即效果差。刚性

伸臂桁架为多个时，其最佳位置接近等距离设置。设置时应尽量利用设备层或避难层。

第二节　H 型钢的应用

近几年我国钢结构工程技术及其应用在高层建筑上有了较大的发展，作为钢结构工程最常用的型材——热轧 H 型钢的应用也日趋广泛。热轧宽翼缘 H 型钢是一种优化的截面型材，所以也称是一种经济断面型材，在相同的使用条件下，可比传统的窄翼缘热轧工字钢节约用钢量 10%～15%；按构件的成本相比，可以降低钢材 25%～30%，且有更好的外观质量。但多年来我国设计规范、标准或技术资料、手册等都对热轧 H 型钢涉及很少，也缺少交流，影响推广应用。

最新（1998 年）修正的《热轧 H 型钢和部分 T 型钢》GB/T 11263—98 标准和"热轧 H 型钢设计应用手册"的出版和发行，其目的是使广大工程技术人员在工程应用时有所参考，有所依循，从而使热轧 H 型钢的应用更为合理、更为有效、更为普及。

本节主要对 H 型钢的特性、应用及 H 型钢构件的节点连接作一扼要介绍。

一、H 型钢的特性

H 型钢是钢结构工程最常用的型材之一，本节所述的 H 型钢系指其翼缘内外表面相互平行、截面为 H 型的热轧型材。不同于国内沿用已久的、翼缘内表面为斜面的窄翼缘热轧工字钢。H 型钢生产制造有热轧成型及焊接组合成型两种工艺，本节主要应用对象为轧制 H 型钢，其中多数内容亦适用于焊接 H 型钢。按新国家标准 GB/T 11263—98《热轧 H 型钢和部分 T 型钢标准》，H 型钢可分为宽翼缘型（HW 系列）、中翼缘型（HM 系列）及窄翼缘型（HN 系列）与钢桩专用型（HP 系列）四种基本类型。在钢结构工程应用方面，前二者适用于钢柱等受压构件，后者（HN 系列）适用钢梁等受弯构件。

1. H 型截面是实际工程中最常用的截面，以往常用的国产工字钢翼缘宽度较窄，承载性能较差，而与其同类型的 H 型钢，其截面积的分配更合理、更优化，与工字钢相比有以下显著特点：

(1) 翼缘宽，侧向刚度大。热轧宽翼缘 H 型钢截面的高宽比可达到 1 甚至略小于 1，其绕弱轴（侧向）的刚度显著增加，可以更合理地用受压构件。即使窄翼缘 H 型钢（是国际 HN 系列）其常用规格的翼缘宽度亦较同高度的工字钢翼缘宽度大 1.1～1.4 倍，因而在相同截面积（A）的条件下其弱轴方向刚度（I_y）要大近 1 倍或 1 倍以上，其比较曲线可见图 7-10。

(2) 抗弯能力强。由于截面面积分配更加合理，在相同截面积（或重量）条件下，H 型钢面抵抗矩比较可见图 7-11，一般约增大 5%～10%。

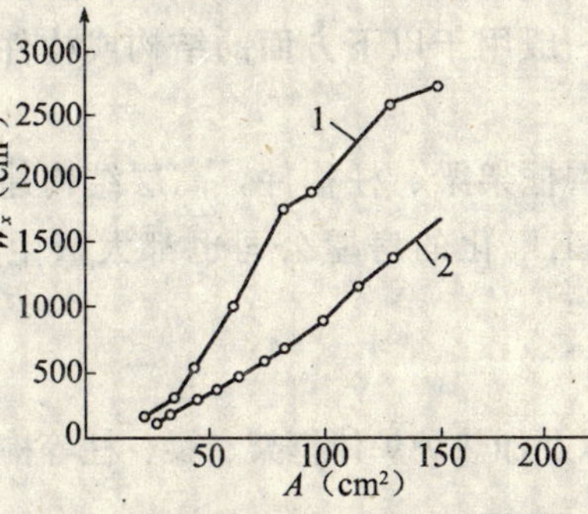

图 7-10　H 型钢与工字钢弱轴惯性矩（I_y）比较曲线

1—窄翼缘（HN 系列）H 型钢；2—工字型钢

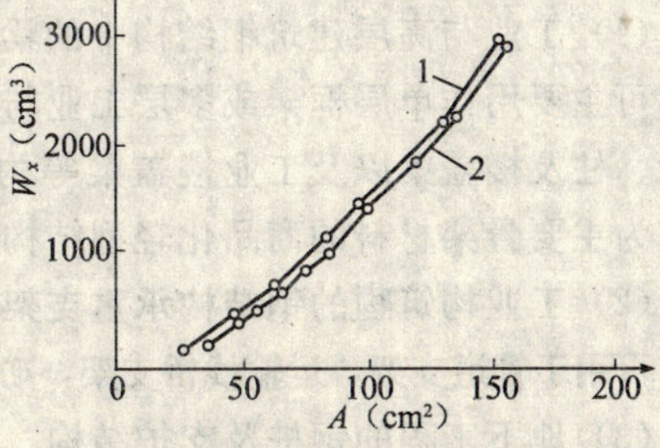

图 7-11　H 型钢与工字钢强轴抵抗矩（W_x）的对比曲线

1—H 型钢（HN 系列）；2—工字型钢

(3) 翼缘两表面相互平行，构造方便。热轧 H 型的翼缘较宽且两个表面相互平行，因而在其连接构造方面更加方便易行。如翼缘连接螺栓不再需附加斜垫圈（图 7-12），螺栓的排列直径选用范围更加扩大以及可在平行的内翼缘面上设置拼材等。

(4) 可加工再生型材。H 型钢可较方便的经再加工制成部分 T 形钢及蜂窝梁等再生型材，这些型材在高层建筑、石油化工等方面均有较广泛用途。

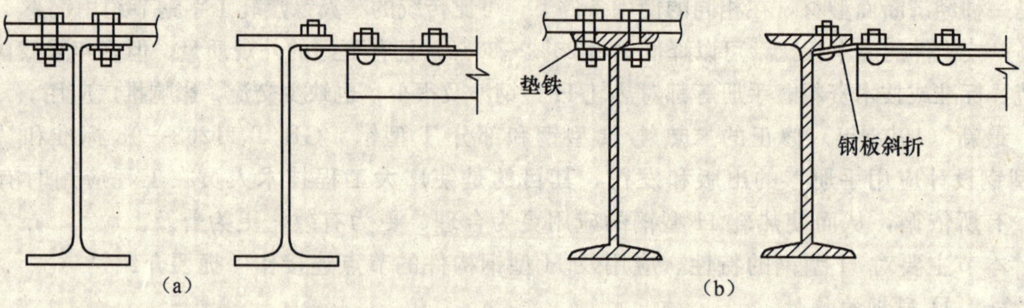

图 7-12 H 型钢及工字钢的连接构造比较

1—H 型钢（HN 系列）；2—工字钢

2. 按制作方法分成的轧制 H 型钢及焊接 H 型钢，其主要特点如下：

(1) 轧制 H 型钢由万能轧机轧制而成，其截面尺寸准确，精度高而不需校正工序，制造成本较低，特别是可以直接轧制截面板厚较厚（$t>36$mm）的厚重密实型截面，但其轧制截面高度受到一定的限制，目前最大高度不大于 1200mm。

(2) 焊接 H 型钢由焊接组装方法将三块钢板焊接组合而成，由于焊接变形影响，在成型中一般采用专门的防变形措施及校正工序，其截面尺寸、形状的准确性较低，并且工序较多，加工费用较高。但其优点是可以加工外形或截面有变化的 H 型钢以及截面高度很高（可大于 3.0m）的 H 型钢（如大跨度托梁或吊车梁等）。

可以认为，不论从工程应用或市场需求方面看，轧制 H 型钢与焊接 H 型钢都将以互补的方式占有其自身的位置并继续得到发展与应用，但在条件相同时，以优先选用轧制 H 型钢为宜。

二、H 型钢应用概况

1. H 型钢的应用范围

如前所述，H 型钢是一种截面面积分配更加优化、强重比（强度性能与钢材用量之比）较大的高效型材，具有良好的抗压、抗弯性能，因而多年来一直广泛应用于高层建筑，同时在机械、石化、电力、交通等方面也有不少的应用，一般用于以下方面的结构或构件。

(1) 工业与高层建筑钢结构中的梁、柱结构构件

可主要用作单层框架或多层工业与高层建筑的承重框架梁、柱构件，高层结构建筑的框架梁、柱及楼盖梁以及工业楼盖梁等构件。国外许多工厂化的房屋公司也都大量生产以 H 型钢为主要骨架材料的商品化轻型结构建筑。

(2) 工业构筑物的钢结构承重支架

可用于管道支架，运输栈桥支架，矿槽及矿井支架以及加热炉炉体框架、梁、柱等构架件。

(3) 地下工程的钢桩及支护结构

主要用于深基坑工程的护坡桩，具有施工方便快速、承载力可靠并可以回收多次使用的特点，现已可生产专门用作桩的 H 型钢（HP 系列），可以更方便合理地应用。此外，当需在深

基坑内增设水平及竖向护坡支撑时，H型钢也是此类支撑构件的常用型材，由于支撑可以回收重复使用，国外已有专门的地基公司出租系列配套的H型支撑及桩，供用户方便使用。

（4）石油化工及电力等工业设备构架

石化系统大量室外储、塔设备及管道的支撑构架多年来均采用H型钢作为梁、柱基本构件；近年来国内兴建的数十座火力发电站的锅炉支承钢架，几乎无一例外的采用进口的轧制H型作为梁、柱构件。

（5）大跨度钢桥构件

大跨度桁架式钢桥，其桁架的杆件及桥面系梁与支撑也常采用H型钢作为基本构件，但由于其杆件多要求更宽的翼缘，因而在应用轧制系列的H型钢方面受到一定的限制。

（6）其他应用

除上述外，在机械设备制造、车辆及船舶制造、地下铁道及高架桥建造、抗震防火等临时建筑及加层建筑等方面，H型钢及其部分的T型钢也是常用的型材。

2. H型钢在工程应用中的概况

根据20世纪90年代初期在国内进行的专项调查分析，可归纳出几类主要钢结构工程在H型钢应用方面的基本特点与概况，见表7-5。

表7-5　H型钢在工程中的应用概况

工程类别	常用H型钢截面高度（mm）	常用H型钢规格数量	H型钢单位用钢量指标	H型钢占总用钢量（%）	说明
高层钢结构	400～700	30～50	50～60（kg/m²）	40～70	
电站锅炉钢架	400～900 其中400高度用量最多	20～40	4～7（kg/kW）	50～75	单位用量指标按每千瓦公斤计算
重型工业厂房	250～400 300～500	15～20	25～50（kg/kW）	20～45	
石化设施构架	其中300高度用量最多		炼油6～8吨/每万吨生产能力，乙烯50万吨生产能力	15～30	

3. H型钢应用的基本条件

在日本，从1981年到1991年的10年中，轧制H型钢的产量从400万t/a增长到了700万t/a，增长了70%以上，达到了年总产钢量的8%左右，而其他大型型钢及中厚板则一直分别稳定在170万t/a及900 t/a左右。说明H型钢应用、发展十分迅速。为了创造更加合理与良好的使用条件，日本钢结构协会还组织编制出版了《H型钢设计手册》及标准节点构造等技术资料，美国和欧洲也都有类似的手册与工具书供设计参考。我国马鞍山钢铁股份有限公司等厂家建成万能轧机生产线后，不仅填补了我国的空白，而且产品的质量及技术性能水平也完全达到国际上同类产品的先进水平，从根本上提供了产品应用的条件。

积极有效地发展H型钢的应用是一项综合性的长期工作，设计及有关技术部门也需做好与完善有关设计专门技术规定、标准、专用手册、资料、通用设计等工作，在项目设计中优先选用轧制H型钢，钢结构制造厂家应完善H型钢高质量加工作业线，建立计算机辅助制造（CAM）生产线，包括工厂详图（CAD）及质量控制管理体系，在近年内还应积极发展与建立中国自己的钢结构房屋工厂及产品系列。

4. 应用轧制 H 型钢的技术经济合理性

工业与民用建筑中采用型钢不仅比常用的工字钢节省劳力、降低成本，而且还可降低用钢量，现以下述比较说明。

高层钢结构采用热轧工字钢与热轧宽翼缘 H 型钢的用量比较

对某厂房采用热轧工字钢及热轧宽翼缘 H 型钢两种方案用钢量进行了比较。由比较可知，使用热轧宽翼缘 H 型钢可降低用量 19.2%，具体比较见表 7-6。

表 7-6　高层建筑钢结构采用工字钢及 H 型钢方案的用量比较

构件类别	采用热轧工字钢方案用钢量（kg）	采用热轧宽翼缘 H 型钢方案用钢量（kg）
屋　面	92100	76000
主梁（中）	39700	32400
次梁（边）	31000	26300
平　台	85000	72000
栏　杆	58000	5800
柱　子	26400	20200
桁架中柱	85000	62300
总　计	365000	295000

H 型钢其化学成分见表 7-7、表 7-8。

表 7-7　Q235（HPB 235）级钢化学成分

编　号	等　级	化学成分 C	Mn	Si（不大于）	S（不大于）	P（不大于）	脱氧方法
Q235	A	0.14～0.22	0.30～0.65	0.30	0.050	0.045	F、b、z
	B	0.12～0.20	0.30～0.70		0.045		
	C	0.18	0.35～0.80		0.040	0.040	z
	D	≤0.17			0.035	0.035	T_z

注：表中按脱氧（冶炼）方法与冲击韧性的不同分为 A、B、C、D 四个等级。

表 7-8　钢材的机械性能

标准代号	钢号	钢材厚度或直径（mm）	拉力试验 屈服点 f_y（N/mm²）≥	拉力试验 抗拉强度 f_u（N/mm²）	拉力试验 伸长率 δ_s（%）≥	180°冷弯试验 d—弯心直径 a—试样厚度或直径（mm） 型钢	钢板
GB 700—88	Q235 钢	≤16	235	375～460	26	$d=a$	$d=1.5a$
		>16～40	225		25		
		>40～60	215		24		
GB/T 1591—94	16Mn 钢	≤16	345	510～660	22	$d=2a$	
		>16～25	325	490～640	21	$d=3a$	
		≥25～36	315	470～620			
GB/T 1591—94	15MnV 钢	>4～16	390	530～680	18	$d=3a$	
		>16～25	375	510～660			
		>25～36	355	490～640			

三、H 型钢技术标准及截面规格

1. H 型钢所用钢材及其性能

H 型钢用作建筑钢构件时，其适用的钢材为低碳结构钢 3 号钢（现 HPB 235 级钢），低合金高强度钢 16Mn 钢（现 HPB 335 级钢）及 15MnV 钢（现 HPB 400 级钢）。按现行国家钢材标准，上述三种钢材现均以屈服强度级别统一标示其名称牌号，即应分别为 Q235 级（HPB 235）钢、Q345 级（HPB 335）钢和 Q390 级（HPB 2400）钢，标号数字 235 等分别表示其屈服强度（MPa）。

采用 HPB 235 级钢的化学成分及力学性能均应符合国标《碳素结构钢》（GB 700—88）的规定表 7-9，表 7-10。

Q345 级钢的基本性能（GB/T 1591—94），采用牌号为 HPB 335、HPB 400H 型钢其力学性能及化学成分见表 7-9。

表 7-9　HPB 335 级和 HPB 400 级钢的化学成分

牌号	质量等级	化学成分（%）										
		C≤	Mn	Si≤	P≤	S≤	V	Nb	Ti	Al≥	Cr≤	Ni≤
	A	0.20			0.045	0.045				—		
	B	0.20	1.0		0.040	0.040	0.02	0.015	0.02	—		
Hrb335（16Mn）	C	0.20	—	0.55	0.035	0.035	—	—	—	0.015		
	D	0.18	1.6		0.030	0.030	0.15					
	E	0.18			0.025	0.25				0.015		
	A				0.045	0.045				—		
	B		1.0		0.040	0.040	0.02	0.015	0.02	—		
Hrb400（15Mnv）	C	0.20	—	0.55	0.035	0.03	—	—	—	0.015	0.30	0.70
	D		1.6		0.030	0.030	0.20	0.060	0.20	0.015		
	E				0.025	0.025				0.015		

注：表中按化学成分、伸长率及冲击功等不同分为 A、B、C、D、E 五个等级。

2. H 型钢技术标准及截面规格

当前国内生产 H 型钢的厂家由马鞍山钢铁有限公司、鞍山第一轧钢厂、莱芜钢铁股份有限公司，相继建三条热轧 H 型钢生产线，年产量达 100 万 t，实现了 H 型钢的国产化。

在工程中采用的热轧 H 钢应符合最新的中华人民共和国国家标准《热轧 H 型钢的部分 T 形钢》（GB/T 11263—98）的有关规定，其所用钢材的材质则应符合以上所述的材料性能的要求。H 型钢截面共分宽翼缘（HW）、中翼缘（HM）、窄翼缘（HN）及地基打桩用的 H 型钢（HP）等 4 个系列，在设计中应按柱、梁构件不同受力状态合理选用。表 7-10 为国内可供规格，可供设计选用，其中一部分为进口配套产品，执行日本标准，表 7-10 为 GB/T 11263—1998标准产品，H 型钢截面尺寸、截面面积、理论重量和截面特性等。

表 7-10 热轧 H 型钢截面尺寸、截面面积、理论重量和截面特性表

公称尺寸	H(mm)	B(mm)	t_1(mm)	t_2(mm)	r(mm)	理论质量(kg/m)	截面面积(cm^2)	截面特性参数					
								惯性矩(cm^4)		惯性半径(cm)		截面系数(cm^3)	
								I_x	I_y	i_y	i_y	Z_y	Z_y
100×100	100	100	6	8	10	17.2	21.90	383	134	4.18	2.47	76.5	26.7
125×125	125	125	6.5	9	10	23.8	30.31	847	294	5.29	3.11	136	47.0
150×150	150	150	7	10	13	31.5	40.14	1640	563	6.39	3.75	219	75.1
175×175	175	175	7.5	11	13	40.3	51.4	2895	984	7.50	4.37	331	112
200×100	200	100	5.5	8	11	21.3	27.16	1840	134	8.24	2.22	184	26.8
200×150	194	150	6	9	13	30.6	39.01	2690	507	8.30	3.61	277	67.6
200×186	200	186	14.5	24	15	88.9	113.8	7482	2579	8.1	4.77	748	277
200×200	200	200	8	12	16	50.5	64.3	4767	1602	8.61	4.99	477	160
250×125	248	124	5	8	12	25.7	32.68	3540	255	10.4	2.79	285	41.6
	250	125	6	9	12	29.6	37.66	4050	294	10.4	2.79	324	47.0
250×175	244	175	7	11	16	44.1	56.24	6120	984	10.4	4.18	502	113
250×250	250	250	9	14	16	72.4	92.18	10800	3650	10.8	6.29	867	292
300×150	298	149	5.5	8	13	32.0	40.8	6320	442	12.4	3.29	424	59.3
	300	150	6.5	9	13	36.7	46.78	7210	508	12.4	3.29	481	67.7
300×200	294	200	8	12	20	57.3	73.03	11400	1600	12.5	4.69	779	160
300×300	300	300	10	15	20	94.5	120.4	20500	6760	13.1	7.49	1370	450
310×288	310	288	18.5	33	24	188.5	240.2	39546	10161	12.8	7.40	2561	914
320×300	320	300	11.5	20.5	27	126.7	161.3	30821	9237	13.8	7.57	1926	615
340×300	340	300	12.0	21.5	27	134.2	170.9	36654	9688	14.6	7.53	2156	645
340×310	340	310	21	39	27	137.9	303.1	39198	19401	14.0	8.0	3482	1251
350×175	346	174	6	9	14	41.4	52.68	11100	792	14.5	3.88	641	91
	350	175	7	11	14	49.6	63.14	13600	984	14.7	3.95	775	112
350×250	340	250	9	14	20	79.7	101.5	21700	3640	14.8	6.00	1280	292
350×350	350	350	12	19	20	137	173.9	40300	13600	15.2	8.84	2300	776
359×309	359	309	21.0	40.0	27	245.0	312.0	68132	19707	14.8	7.95	3795	1275
360×300	360	300	12.5	22.5	27	141.8	180.6	43191	10139	15.5	7.49	2399	675
400×200	396	199	7	11	16	56.6	78.16	20000	1450	16.7	4.48	1010	145
	400	200	8	13	16	66.0	84.12	23700	1740	16.8	4.54	1190	174
400×300	390	300	10	16	22	107	136.0	38700	7210	16.9	7.28	1980	481
400×400	400	400	13	21	22	172	218.7	66600	22400	17.5	10.1	3330	1120
450×200	446	199	8	12	18	66.2	84.3	28700	1580	18.5	4.33	1290	159
	450	200	9	14	18	76.0	96.76	33500	1870	18.6	4.4	1490	187
450×300	440	300	11	18	24	124	157.4	56100	8110	18.9	7.18	2550	541
500×200	496	199	9	14	20	79.5	101.3	41900	1840	20.3	4.27	1690	185
	500	200	10	16	20	89.6	114.2	47800	2140	20.5	4.33	1910	214
500×300	482	300	11	15	26	114	145.5	60400	6760	20.4	6.82	2500	451
	488	300	11	18	26	128	163.5	71000	8110	20.8	7.04	2910	541
600×200	596	199	10	15	22	94.6	120.5	68700	1980	23.9	4.05	2310	199
	600	200	11	17	22	106	134.4	77600	2280	24.0	4.12	2590	228
	582	300	12	17	28	137	174.5	103000	7670	24.3	6.63	3530	511
	588	300	12	20	28	151	192.5	118000	9020	24.8	6.85	4020	601
700×300	700	300	13	24	28	185	235.5	201000	10800	29.3	6.78	5760	722
	800	300	14	26	28	210	267.4	292000	11700	33.0	6.62	7290	782
※900×300	900	300	16	28	28	243	309.8	411000	12600	36.4	6.39	9140	843

注：1. 有※表示的规格，目前国内尚未生产。

2. 截面面积计算公式为“$t_1(H-2t_2)+2Bt_2+0.858r^2$”。

四、H型钢构件的节点连接

H型钢及其相应构件常用的连接方法有焊接连接、高强度螺栓连接、普通螺栓连接和高强度螺栓与焊接并用的混合连接以及专用的焊钉连接等，根据高层建筑目前常用的连接方式主要是焊接，本节主要介绍H型钢焊接连接的设计原则与节点构造，现分述如下。

1. 节点连接设计的原则

节点连接是用焊缝连接件将单个构件组成承重结构。按传力和变形情况，节点连接可分为铰接、刚接和介于两者之间的半刚性连接。尽管理想的铰接和刚接在实际结构中并不存在，但可以采取适当的构造措施，使其接近理想情况，满足工程上的要求。

节点连接的设计应遵守以下基本原则

(1) 节点连接应安全可靠，具有足够的强度和变形能力，并符合结构计算简图。当计算简图是铰接时，则应设计成能发生相对转动的连接：当计算简图是刚接时，则应设计成以承受和传递计算弯矩、相对转角的连接。

(2) 节点连接的构造形式应尽量简单，便于制造、运输、安装和维护。同一类型结构中应采用相同或类似的连接节点。考虑到制造和安装过程中不可避免的误差，不宜采用对构件尺寸要求十分准确的构造形式，应使构件在安装过程中有调节的余地。充分利用吊装设备的能力以及设置安装承托和安装螺栓，尽量减少高空作业，避免仰焊等困难复杂的作业方式，以保证质量、提高工效。

(3) 要考虑综合的经济效果。节点连接处不仅要消耗材料，更重要的是钢结构制作安装的工作量主要消耗在节点连接处，对采用H型钢的结构更是如此。一般来说，制造安装简单的构造形式，材料消耗较多，而节省材料的构造形式，人工消耗较多。如图7-13所示的柱脚，采用厚底板时，材料消耗较多，人工消耗较少；而采用薄底板增设加劲肋的方式，材料较省然而比较费工。所以，当需要确定最佳方案时，应根据工时费和材料费进行综合经济技术比较。但这种比较在很多情况下是比较困难的。从总的趋势看，单位工时费与材料单价的比值是逐年上升的，即耗钢量稍多但构造更简单的节点连接形式越来越占优势。

图7-13　两种柱脚构造方案的比较

2. H型钢的构件拼接

高层建筑用H型钢主要用在主体框架、支承桁架、钢楼梯间及管道支架等。现将构造连接介绍如下：

(1) 钢构件的拼接

H型钢构件的拼接可分为工厂拼接和施工现场拼接两种。构件在工厂制作过程中，当材料长度不能满足构件长度时，要进行接长拼接。有时结构构件为了满足运输上的要求，被划分成若干个运输单元，在方便现场的地面将这些单元拼接组装成构件，然后吊装（见本书第十二章）。有时结构构件为了吊装方便，需要在高空安装过程中进行拼接，如高层钢结构中的柱子，一般需要分成几段，在高空安装过程中进行拼接；多层框架的柱子于工厂制作时，与一小段短梁相连接，结构安装时再拼接成完整的框架梁，不仅安装方便，还可使拼接头位于梁内弯矩较小处。在一般构件设计中，时常将拼接处也作为构件的变截面处，以减少构件的接头数量，提高构件的质量。

H 型钢的工厂接长拼接一般采用等截面等强度的焊接，拼接处的抗压、抗弯、抗剪强度均不低于 H 型钢本身的强度。H 型钢的工厂焊缝拼接有开坡口并焊透的对焊接和加拼接板的角焊缝拼接，如图 7-35 所示。为了做到等强，对接焊缝采用直缝时，焊缝质量不低于二级标准，并且在翼缘边缘起落弧处采用引弧板；或者在翼缘上做 45°斜缝拼接。采用带拼接板的拼接时，翼缘拼接板宽度可比 H 型钢翼缘宽度略大或略小。拼接板的尺寸和角焊缝尺寸按计算确定，计算时应保证上、下翼缘和腹板三部分各自的连接都与其相应的母材部分等强。

H 型钢的现场拼接可采用焊缝连接、螺栓或高强度螺栓连接以及焊缝与高强度螺栓的混合连接。H 型钢的现场拼接可不必完全等强，只需满足荷载即可。因此，可根据受力状态和施工情况，采用各种现场拼接形式。

H 型钢的受拉构件的现场拼接，除可同样采用图 7-14 所示对接焊缝拼接和角焊缝拼接外，还可采用螺栓拼接，如图 7-15 所示。H 型钢受拉构件的拼接一般应按等强度设计。

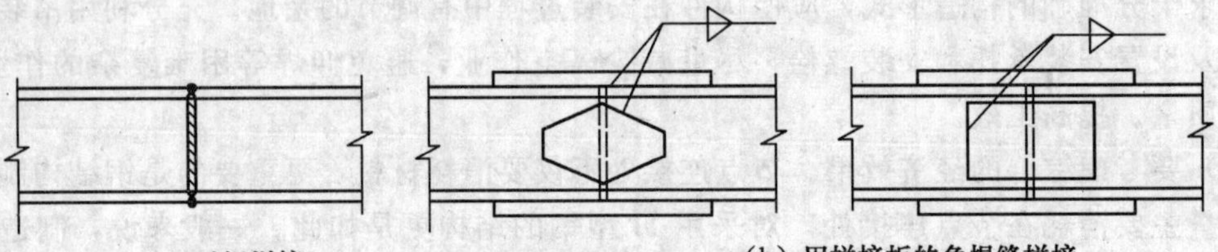

(a) 对焊拼接　　(b) 用拼接板的角焊缝拼接

图 7-14　H 型钢的工厂拼接

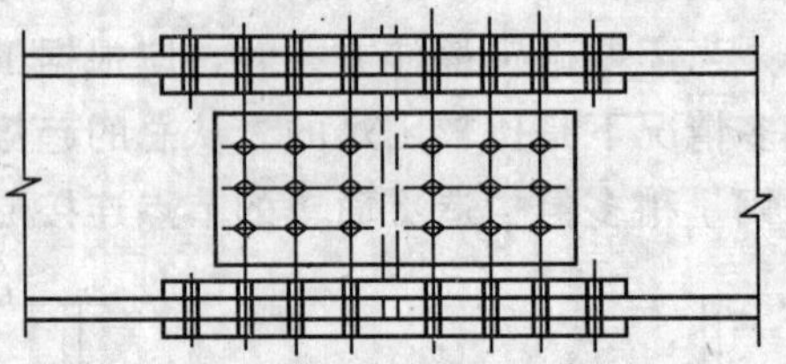

图 7-15

(2) 柱与柱拼接

H 型钢柱的轴心受压、压弯承载能力，一般由稳定控制，当其拼接接头的位置在反弯点附近时，可不必做成等强拼接。H 型钢柱的拼接（图 7-16）、螺栓拼接（图 7-16b）、焊接和高强度螺栓混合拼接图（7-16）以及利用端面承压的拼接（图 7-16d）和（图 7-16e）。

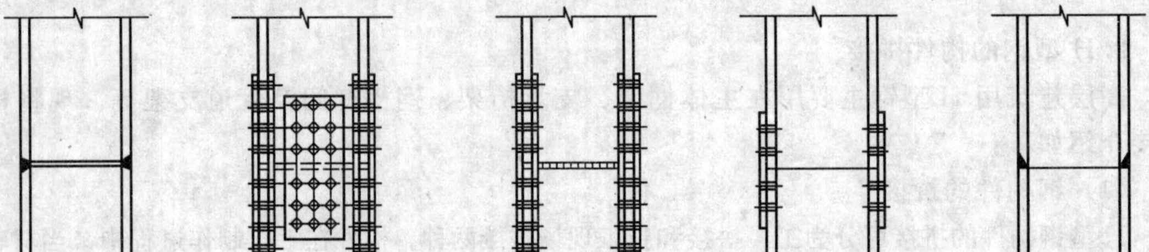

(a)　(b)　(c)　(d)　(e)

图 7-16　H 型柱的拼接

现场焊接拼接接头在可能的情况下应布置在施焊方便的部位，如离平台或地面 50～10cm 处。为保证焊接时上下部分对位准确，可利用角钢、槽钢或小块钢板焊接或螺栓在接头处进行临时定位，如图 7-17 所示。

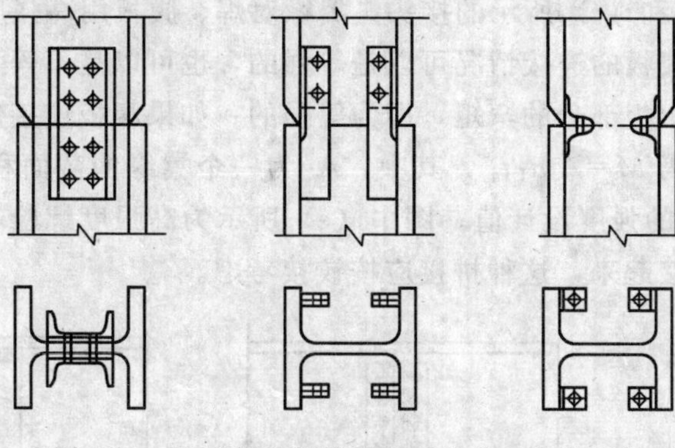

图 7-17　H 型钢柱焊接拼接时的临时定位固定

H 型钢柱不同截面的拼接，一般均为多层框架柱，位置多在与框架横梁交界处，有时与柱的安装拼接一并考虑。其焊接拼接形式和螺栓拼接形式如图 7-18 所示。

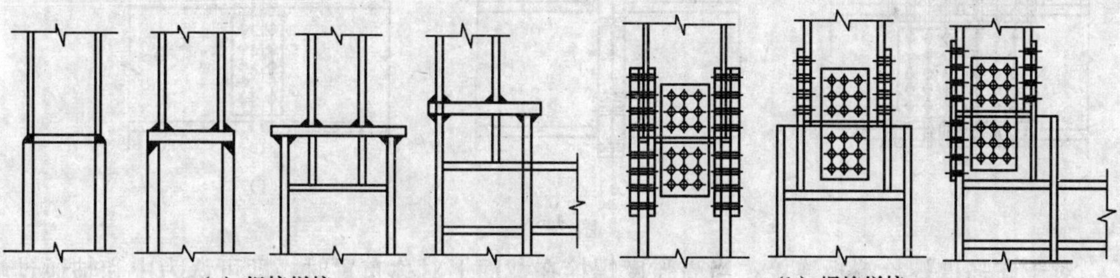

（a）焊接拼接　　（b）螺栓拼接

图 7-18　不同截面 H 型钢柱的拼接

当截面相关较大、采用带有隔板的构造形式时（图 7-19），应按下式计算隔板的厚度：

$$t \geqslant \sqrt{6\,\frac{b_{\mathrm{f}}}{b}\cdot e\cdot t_{\mathrm{f}}\cdot\frac{\sigma}{f}}$$

式中　σ——接头处上柱翼缘的平均应力；

f——隔板的钢材强度设计值。

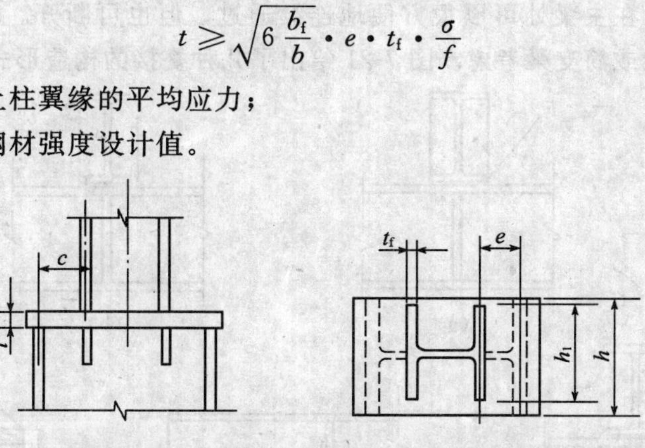

图 7-19　带有隔板的不同截面 H 型钢柱的拼接

采用考虑端面承压的拼接时，在拼接接头处仍需要用焊缝或螺栓进行连接，以承担剪力和可能出现的拉力。承压面必须保证与柱轴线垂直并且应加工平整，使承压面全部接触。接头位置应尽可能接近反弯点，距离反弯点不应超过计算长度的 20%。

(3) 梁与梁的拼接

梁的拼接接头要能传递弯矩和剪力。图 7-20 给出了 H 型钢梁的几种拼接方式。图中 (a) 和 (b) 所示的接头，翼缘和腹板均采用对焊或高强度螺栓拼接，等强度的拼接可采用这两种方式。图中 (b) 和 (c) 所示的接头，翼缘对焊、腹板用高强度螺栓或焊缝通过连接板连接，这类接头根据腹板的连接情况可以是等强的，也可以是不等强的。如果腹板连接既能承受剪力也能承受梁腹板部分的弯矩，即为等强的。如果腹板连接仅考虑承受剪力，那么它所能承受的最大弯矩为 $M=A_f d_f f_t^w$，其中，A_f 为一个翼缘的截面积，d_f 为两翼缘形心间的距离，f_t^w 为对接焊缝的强度设计值。图中 (e) 所示为高强度螺栓端板连接，(f) 所示的拼接仅将腹板用螺栓连接起来，这种拼接应按铰接考虑。

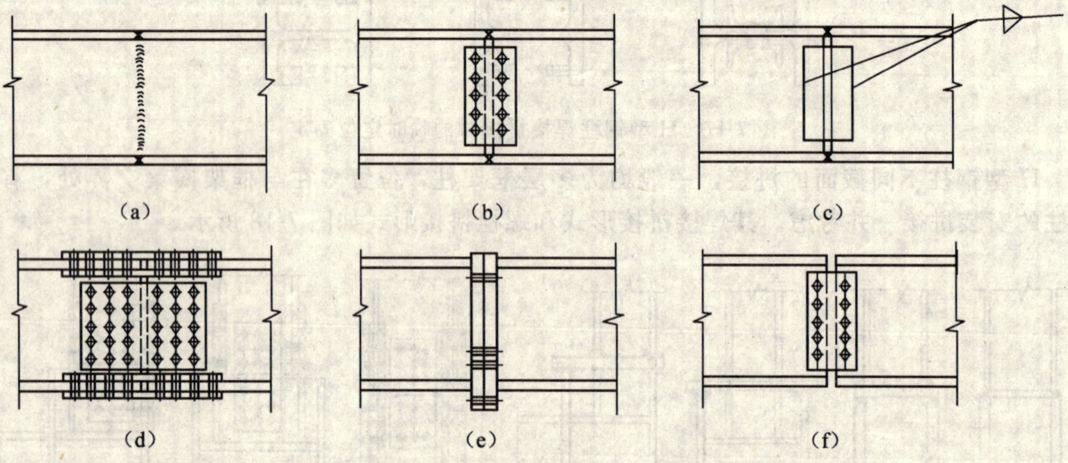

图 7-20

对于高强度螺栓端板连接，当高强度螺栓在截面上对称布置时，即可认为中和轴通过端板形心（一般即为螺栓群中心）。

(4) 次梁与主梁的连接

①次梁与主梁的叠接连接。次梁与主梁的叠接连接，即次梁搁置在主梁上或悬吊在主梁之下。叠接时，次梁在主梁处可以很方便地连续通过，但也可断开。这时，次梁的内力计算，应分别按连续梁或简支梁考虑。图 7-21 给出了几种叠接的构造形式。图中 (a) 和 (b)

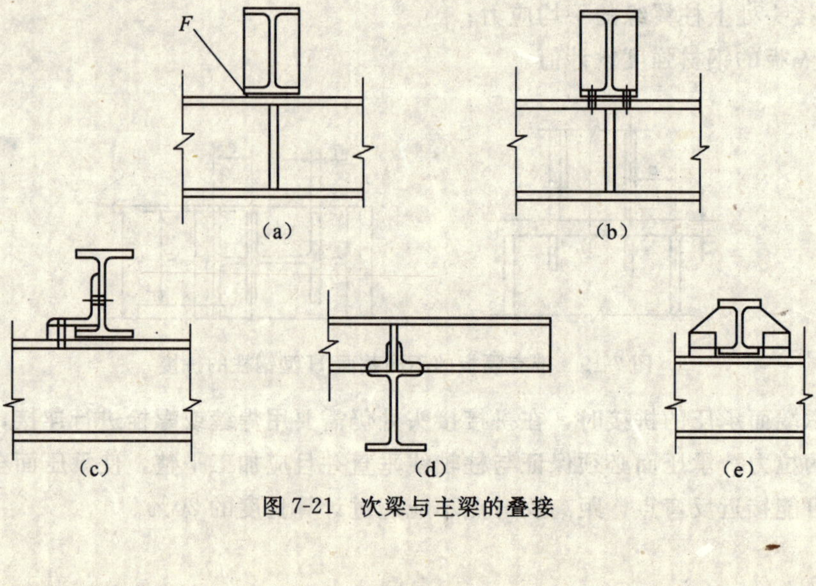

图 7-21 次梁与主梁的叠接

分别为次梁焊接和螺栓连接于主梁上的情况。对于主梁上是否设置加劲肋，应根据主梁腹板计算高度、边缘的局部承压强度来确定。次梁上的加劲肋设置与否，除了要考虑腹板边缘局部承压强度之外，还要考虑次梁在支座处的扭转约束是否足够的保证。图中（c）所示次梁在支座处虽不设置加劲肋，但它的抗扭约束由于有侧向连接短角钢因而比不加劲肋的直接焊接或螺栓连接要好。当次梁外伸并需要考虑外伸部分的抗扭转能力。

②次梁与主梁的平接连接。次梁与主梁叠接缺点造成结构高度增大，为了减小结构高度，可采用次梁在主梁侧面连接的方式，即平接。根据具体条件，次梁可做成与主梁顶面等高或较之略高或略低。次梁与主梁侧面连接有铰接和刚接两种方式。当次梁与主梁刚接时，主梁一侧次梁的弯矩能全部传递给另一侧的次梁。刚接时，次梁相当于连续梁，由于主梁扭转刚度相对较小，对次梁的转动约束作用可以不考虑，因此主梁相当于铰支点。计算时只考虑主梁承担次梁传来的支座反力。

次梁与主梁铰接构造示意图 7-22，其中（a）是利用角钢将次梁连接到主梁腹板上，其余（b）、（c）、（d）是将次梁连接到加劲肋上。图中表示的都是螺栓连接，实际上也可以采用现场焊接，此时螺栓作为安装定位之用。在计算连接螺栓或焊缝时，除考虑次梁端部的剪力 V 外，还要考虑偏心产生的弯矩，e 为计算连接螺栓或焊缝处至主梁腹板中心线的距离。

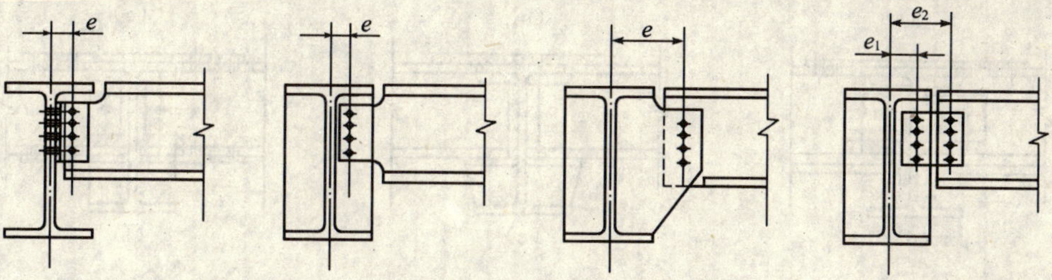

图 7-22　次梁与主梁铰接

次梁与主梁刚接的构造示意图 7-41。图中（a）构造一般是工厂焊接，它没有盖板，上表面平整，主梁上翼缘受双向应力，计算时应进行折算应力的验算。图中（b）～（f）构造中都采用了盖板，盖板与上翼缘可采用焊接或螺栓连接。盖板可做成变截面的，即从盖板两端到中部逐渐加宽。采用盖板连接时，无论次梁腹板如何连接或者不连接［图中（e）］盖板截面积和连接强度应按传递次梁全部端弯矩设计。次梁的剪力由次梁腹板连接或主梁上的承托承受，在图中（c）、（d）构造中，次梁通过承压传递弯矩产生的压力。

次梁与主梁的连接，在设计时应考虑安装顺序和安装过程。除图 7-14 中（a）和（f）构造形式外，对其他构造形式，在设计时应考虑两端主梁安装定位后、其中次梁能否嵌入主梁翼缘内进行安装。

（5）梁与柱的连接

梁与柱的连接从受力性能上来看，有铰接、半刚性连接和刚性连接三种，其受力性能可用图 7-23 来说明。在均布荷载作用下且两端连接处的柱子没有转角时（如图中（a）所示，多跨框架内各跨度和均布荷载相同时，内跨的梁就属于此种情况），端弯矩与梁端转角的关系如图中直线所示。当 $\theta=0$ 时，$M=(Y_{12})ql^2$，是理想的刚接，此时跨中弯矩为 $M=(1/24)ql^2$，是端弯矩的一半。实际的刚性连接中，梁端均会有很小的转角，使得梁端弯矩略有降低，跨中弯矩略增加，但仍然是端弯矩控制强度设计。随着梁端约束的减少，梁柱连接成为半刚性的，梁端转角增大，端弯矩进一步减小，跨中弯矩进一步增大，当 $\theta=ql^3/(96EJ)$ 时，$M=(1/16)ql^2$，跨中弯矩与端弯矩相等，如图中(c)所示。当梁端没有约束时，梁端转角为，$\theta=ql^3/(24EJ)$，是理想的铰接，梁端弯矩为零，跨中弯矩为 $M=(1/8)ql^2$。实际上梁与柱的连接总有一定的约束，因而梁端有一些弯矩作用，跨中弯矩略低于 $M=(1/8)ql^2$，但仍是跨中弯矩控制设计。以上分析说明，使跨中弯矩和端弯矩相等的半刚性梁柱连接是最佳的方案，此时的截面抵抗矩只需要刚接时的3/4，铰接时的1/2。然而，按某一确定的刚度设计半刚性连接并非容易事，图7-24中的 $M—\theta$ 关系曲线一般应通过实验来确定，当梁柱的连接实际刚度与最佳刚度有差别时，或者使梁端弯矩增加或者使跨中弯矩增加，这就需要增大梁截面抵抗矩，降低半刚性连接的优越性。而采用铰接和刚接时，即使其实际工程状态与理想情况有些差别，但对结构承载能力的影响不是很大，结构的分析计算也简便很多。因此，目前在建筑设计中均按框架结构。

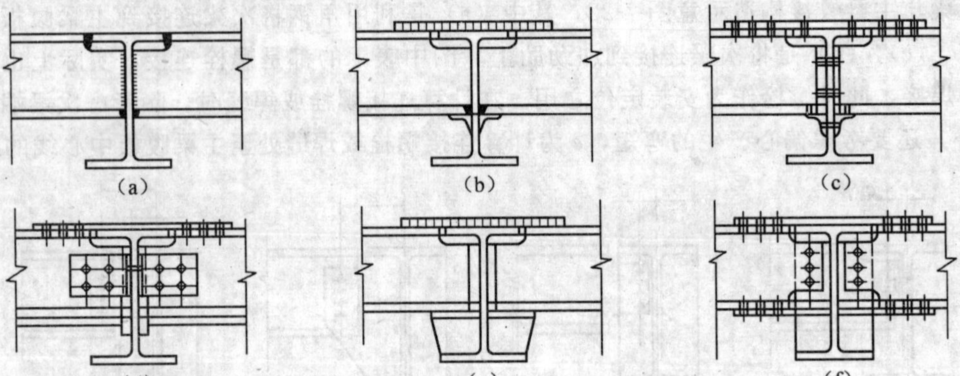

图 7-23 次梁与主梁的刚接

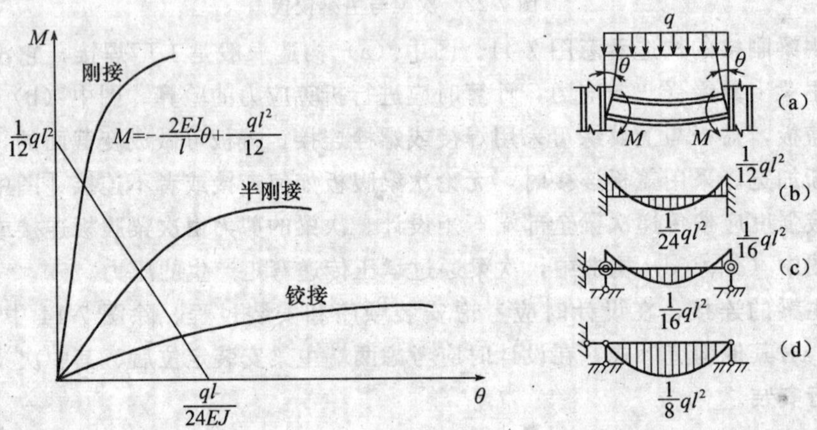

图 7-24 梁的端部约束对内力的影响

梁与柱刚性连接有下列几种构造形式，如图7-25所示。图中(a)所示为全焊连接，柱内加劲肋在工厂焊接，梁与柱的连接可在现场焊接，或者先在工厂将短梁段焊接在柱上，现场再拼接其余梁段。在图中(b)所示构造图，梁腹板与焊接于柱子上的短肋用高强度螺栓连接，翼缘与柱子焊接，与图中(a)相比，安装定位较方便。图中(c)所示为过去框架结构中常用的全焊连接，其优点是对梁长度和柱间距精度的要求较宽松。先在柱上设连接上翼缘盖板，梁腹板可不与柱子连接，盖板的截面积应足以承担全部弯矩。焊接时，在焊缝总量不增加的条件下增加焊缝道数和适当安排焊缝的顺序以减小焊接收缩量。图中（d)、(e)、(f）所示为螺栓连接的梁柱接头，其中（d）是用T型钢连接梁的上下翼缘，而（e）是用角钢，它们的长度可以大于梁翼缘宽度，做成变截面的，腹板用角钢连接，设计时可按仅承受剪力考虑，也可按承受剪力和梁腹板部分的弯矩考虑。图中（f）所示为端板连接，端板应具有足够的厚度，柱子翼缘板的厚度也应该相应较大才比较合适。图中（g)、(h)、(i）所示是梁在柱子绕弱轴的弯曲平面内与柱的刚性连接，（g）和（h）都是先在工厂连接一短梁段后，再在现场将梁的拼接，（i）和（c）类似，不同的是梁上翼缘用两块盖板与柱子局部进行加劲，受焊接空间的限制，T型钢腹板经常是只能部分与柱子腹板连接。

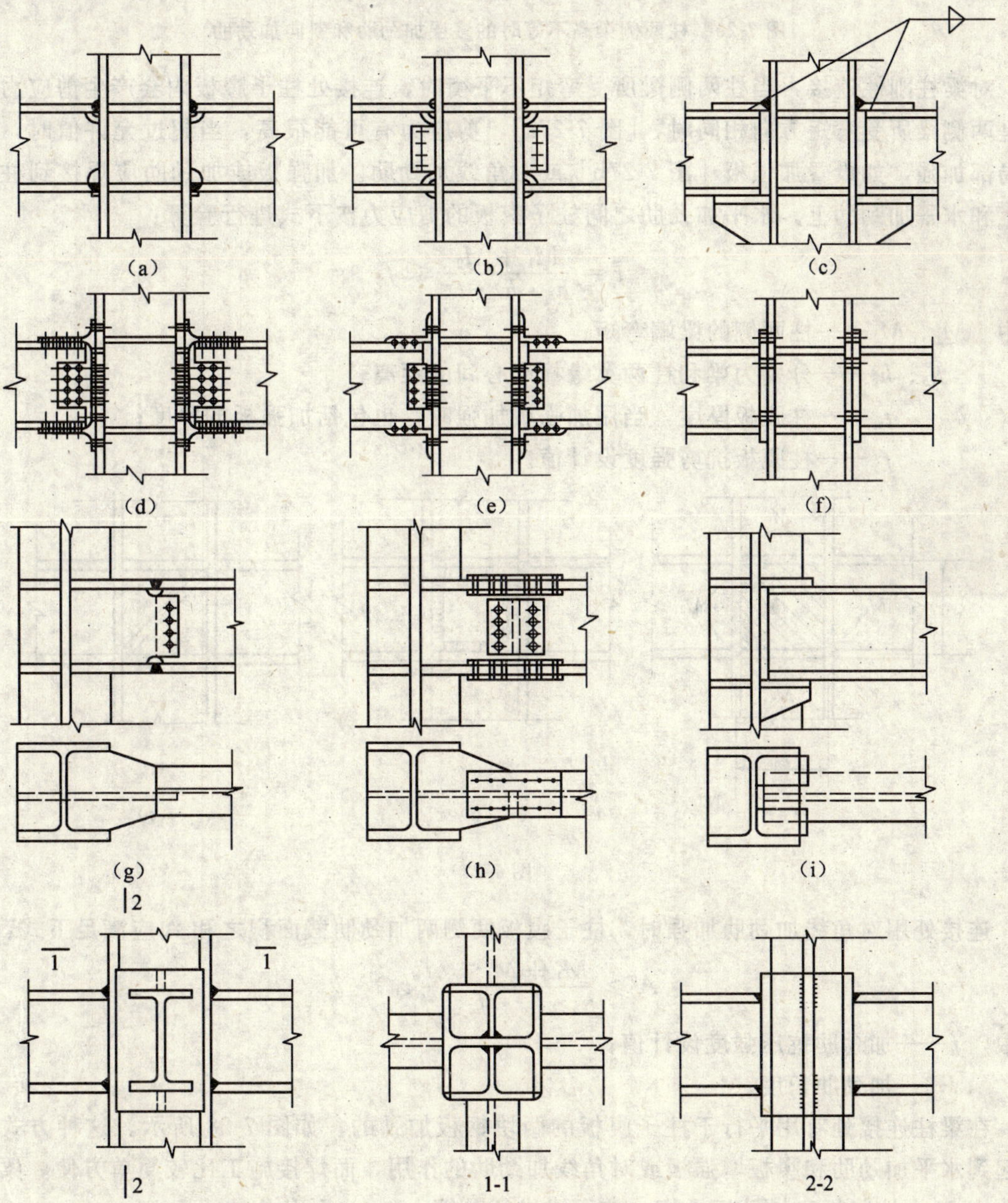

图 7-25　梁与柱刚性连接

梁与柱子刚接时，一般应在柱子上与梁翼缘对应处设置水平加劲肋。当柱子两侧的梁高度不等时，可设置多层加劲肋和斜向加劲肋，如图 7-26 所示。加劲肋的截面应足以传递梁翼缘的集中力并对准传力位置。加劲肋的外伸宽度不宜短于梁翼缘的外伸宽度，但其边缘与柱子边缘宜至少留出 10～15mm，以便绕焊。

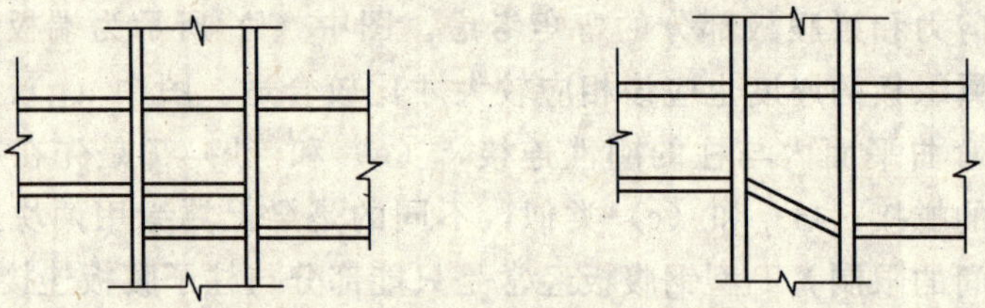

图 7-26　柱两侧梁高不等时的多层加劲肋和斜向加劲肋

对梁柱刚性连接，当柱两侧梁所受弯矩不平衡时，连接处柱子腹板内会产生剪应力，尤其是两侧梁所受弯矩方向相同时，[图 7-27a]，剪应力有可能很高，当超过允许值时，应进行局部加强，如设置加强板［图 7-27b］或对角线加劲肋。加强板或加劲肋应焊接到柱子翼缘上和水平加劲肋上。水平加劲肋之间柱子腹板的剪应力按下式进行验算：

$$\tau = \frac{M_1 + M_2}{h_b \cdot h_c \cdot t_w} \leqslant f_y$$

式中　M_1、M_2——柱两侧的梁端弯矩；

h_b、h_c——分别为梁和柱两翼缘板形心间的距离；

t_w——柱腹板厚度，当用加强板加强时，也包括加强板的厚度；

f_y——柱腹板抗剪强度设计值。

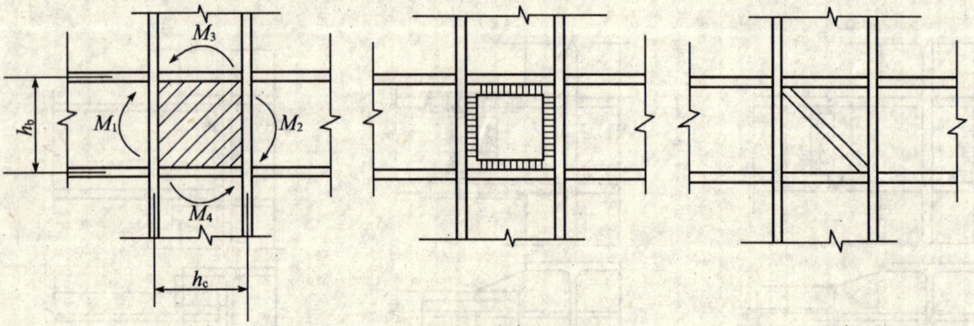

(a)　(b)　(c)

图 7-27

连接处用对角线加劲肋加强时，柱子腹板两侧两加劲肋截面积之和 A 应满足下式：

$$A \geqslant \frac{M_1 + M_2}{h_b \cdot h_c \cdot f} - \frac{f_v}{f} t_w) \cdot l$$

式中　f——加劲肋抗压强度设计值；

l——加劲肋长度。

在梁柱连接处有用平行于柱子腹板的两块钢板加劲的，如图 7-28 所示。这种方式可同时起到水平加劲肋和腹板增强板或对角线加劲肋的作用，而焊接施工比较简单方便。梁翼缘轴向力 N 由柱腹板和加劲板承担，按下式进行验算：

$$N = N_1 + 2N_2 \leqslant t_w(t + 5t_f + 5R)f + 2t_2(t + 5t_f)f_t^w$$

式中　f_t^w——对接焊缝抗拉强度设计值；

R——H型钢柱柱腹板与翼缘相接处的圆弧半径。

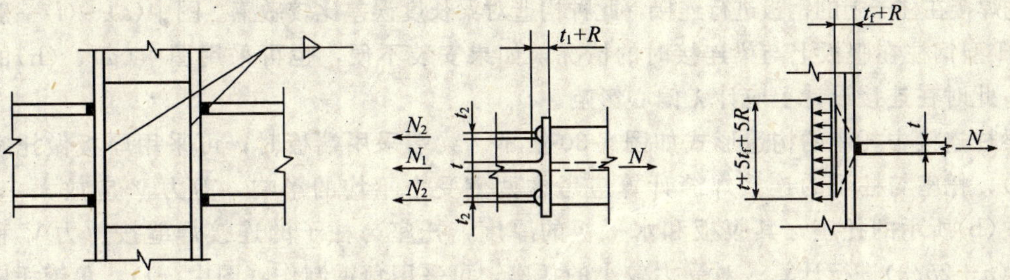

图 7-28　有两块平行于柱腹板的加劲板的梁柱连接

柱腹板和加劲板对梁翼缘来说亦可看做是集中荷载，其在柱翼缘外表面处的传力范围应包括整个梁翼缘宽度。

梁与柱的铰接设计应按不传递弯矩或仅传递少量弯矩考虑，并具有足够延性以容许梁端转动。连接处应能承受梁端剪力，有时还要考虑能承受梁内轴向力。此外，在连接处应对梁侧向有一定的约束，以形成保证梁整体稳定所需的抗扭转能力。梁与柱的铰接构造形式如图 7-29 所示。图中（a）采用托座承受梁端剪力，上面的角钢在肢尖处分别与梁和柱子焊接，它能允许梁端在腹板平面转动并防止梁平面外的侧移。图中（b）和（e）也采用了托座，梁

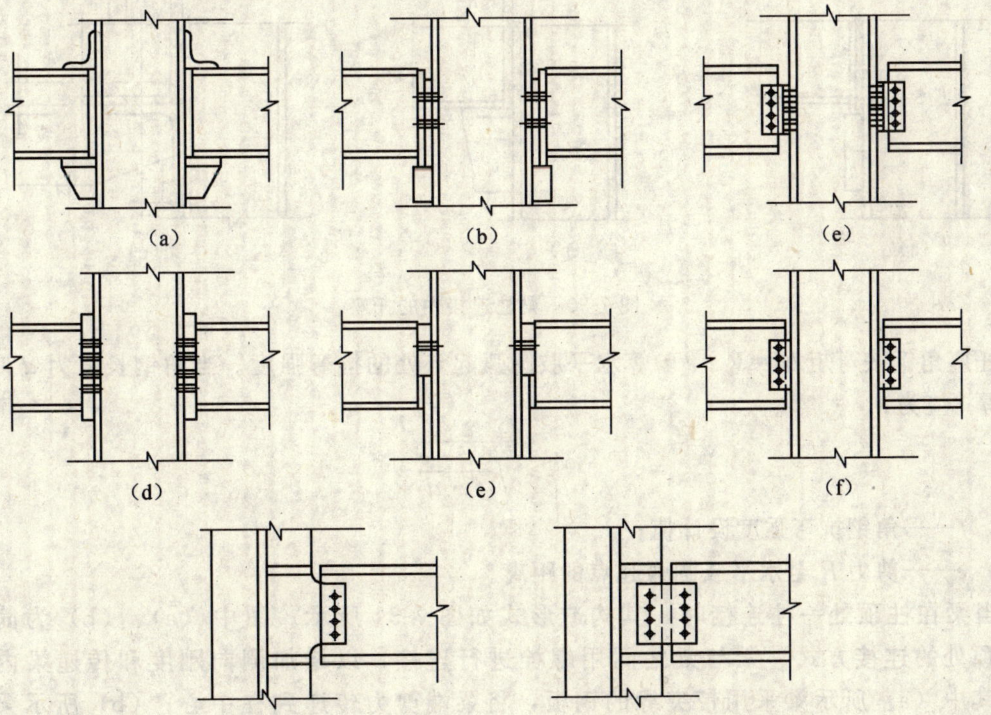

图 7-29　梁与柱的铰接连接

端预先焊接有突缘端弧或部分端板，端板用普通螺栓与柱翼缘连接。图中(c)、(d)和(f)采用高强度螺栓或精致螺栓连接，其中(c)是通过每侧两个角钢连接，(d)是端板连接，(f)是通过预先焊接在柱子上的钢板进行连接，此种构造对梁长度误差比较敏感。图中(a)～(f)一般也可用于H型钢柱在腹板上与梁连接时的情况，如果安装不便，也可采用图中(g)、(h)的构造形式，此时在连接设计上应计λ偏心影响。

梁柱连接中托座的构造形式如图7-30所示。梁端采用端板时，可采用厚板做托座（图中(a)），托座与柱子的连接焊缝计算应考虑两侧受力不均的影响，剪力V应放大1.2倍。对图中(b)所示的托座，其腹板和水平板的厚度，托座与柱子的连接焊缝按剪力V和弯矩$M=V(a+2b/3)$进行计算。对受力较小的托座，可采用角钢制作（图中(c)），角钢托座与柱子用焊缝或螺栓进行连接，计算时考虑剪力R和弯矩$M=V(a+2b/3)$。角钢托座的b值按下式计算：

$$b=\frac{V}{t_w f}-c\geqslant 0$$

式中　t_w——梁腹板的厚度；

f——梁腹板材料的抗压强度设计值；

c——梁翼缘外表面腹板圆弧起点的距离。

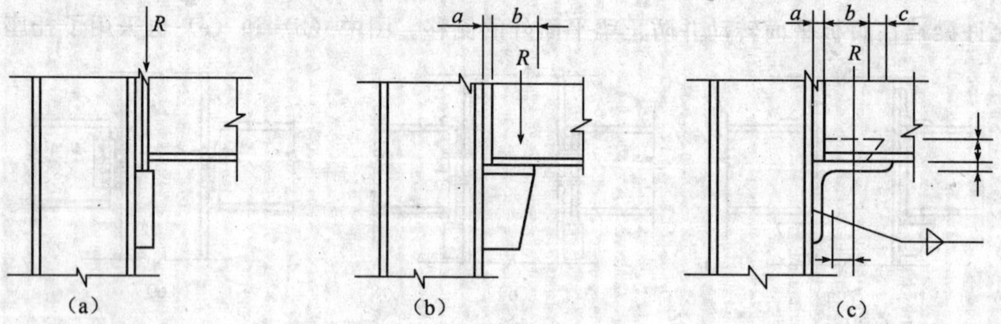

图7-30　梁柱连接中的托座

托座角钢按弯矩$M=V\cdot e$验算水平肢圆弧起点处的抗弯强度。当角钢长度为d时，角钢肢厚t应为：

$$t\geqslant\sqrt{\frac{6V\cdot e}{f\cdot d}}$$

式中　f——角钢抗弯强度设计值；

e——剪力R至水平肢圆弧起点的距离。

当梁在柱顶处一柱连接时，其构造形式如图7-31所示。图中(a)、(b)为简支梁在柱顶处的连接方式，梁与梁之间用螺栓进行连接，以增加侧向刚度和传递梁内轴向力，其中(a)所示梁采用带突缘的钢板，将梁端剪力传递到柱中心；(b)所示梁的端部剪力传递到柱翼缘板上，这样，当两侧上端剪力不等时会造成柱顶偏心受力。图中(c)、(d)所示为连续梁铰支于柱顶的构造形式。图中(e)～(g)所示都是梁与柱刚接的构造形式。其中(e)和(f)一般是工厂连接，适用于刚架结构或空腹桁架，(f)中的加腋部分可用T型钢切割而成，(g)可以在现场连接，在刚接节点的设计中，对于由梁或柱翼缘和加劲肋包围的节点板域，应按水平加劲肋之间柱子腹板的剪应力公式验算剪应力，需要时设置加劲肋。

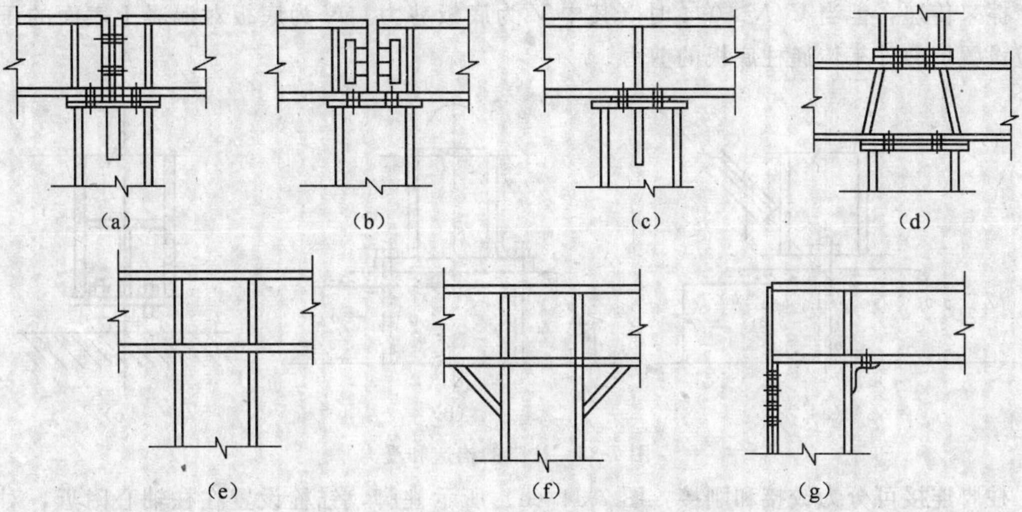

图 7-31　梁在柱顶处与柱连接的构造形式

(6) 肩梁和牛腿

在高层框架中常常采用阶形柱，即上下柱为截面悬殊的两段柱。一般采用的格构式阶形柱，其上下两段柱通过肩梁联系起来。

牛腿是从柱伸出的悬臂支座，用来支承梁或其他结构构件。实腹柱的牛腿构造形式如图 7-32 所示。牛腿一般是单腹壁的。牛腿前端的高度不宜小于 200mm，下翼缘与水平面的夹角一般为 15°～30°。当牛腿较小时，可直接采用 H 型钢做成等高的牛腿，如图 7-32（b），支承荷载较大的梁牛腿受到水平力 T 和带偏心的竖向荷载的作用如图 7-32（a）。

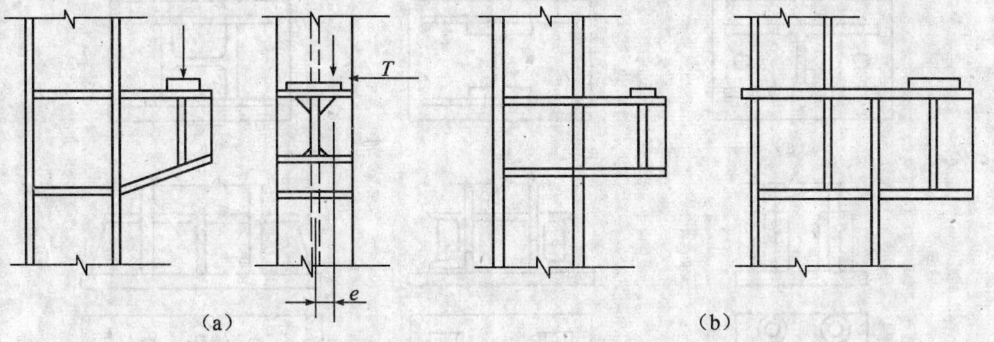

图 7-32　实腹柱的牛腿

(7) 柱脚

柱脚是柱与基础（一般是混凝土基础）的连接部分，如图 7-33 所示。由于基础材料的强度远低于钢材的强度，故在柱脚处设置底板将柱截面放大以分布荷载。在柱子底板与基础之间需要留有一定的空隙（一般为 50mm）以调整柱子标高和基础误差，柱子定位后用细石混凝土或膨胀砂浆进行二次灌浆。当底板较大时，可在底板上开孔以便灌浆。为了固定柱子或抵抗拉力，需要用锚栓进行固定。轴心受压柱的柱脚主要受轴力作用，但当其与柱间支撑相连时（图 7-33），在底板上还受到水平剪力的作用。偏心受压柱的柱脚受到轴力、弯矩和水平剪力的作用。一般在设计中不考虑锚栓的抗剪作用，底板剪力由底板与混凝土表面之间的摩擦来传递，但当$V/N>0.4$时（其中V为底板剪力，N为底板对混凝土表面的压力），则应设置抗剪件来传递柱底板的剪力。

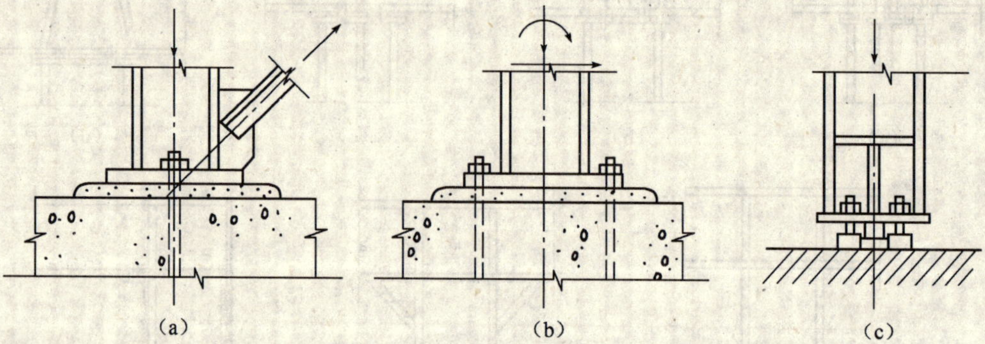

图 7-33 柱脚的构造和受力

柱脚连接可分为铰接和刚接，图 7-34（a）所示柱脚，锚栓设置在柱轴心附近，对柱子转动约束较小，可认为是铰接的，但总归还是有一定约束的，在某些特定情况下不允许有约束时，可采用图 7-34（c）所示构造，此时在柱底特设的凸座两边应设置传递剪力的挡块。图 7-34（b）所示的柱脚由于锚栓对底板可形成抵抗转动的机制，故一般可传递由于刚接而产生的弯矩。但当柱截面较大（一般大于 300mm）时，仅靠底板的弯曲刚度的中心足以有效地形成刚接，因此需要在柱脚上设置加劲肋，如图 7-34 所示。

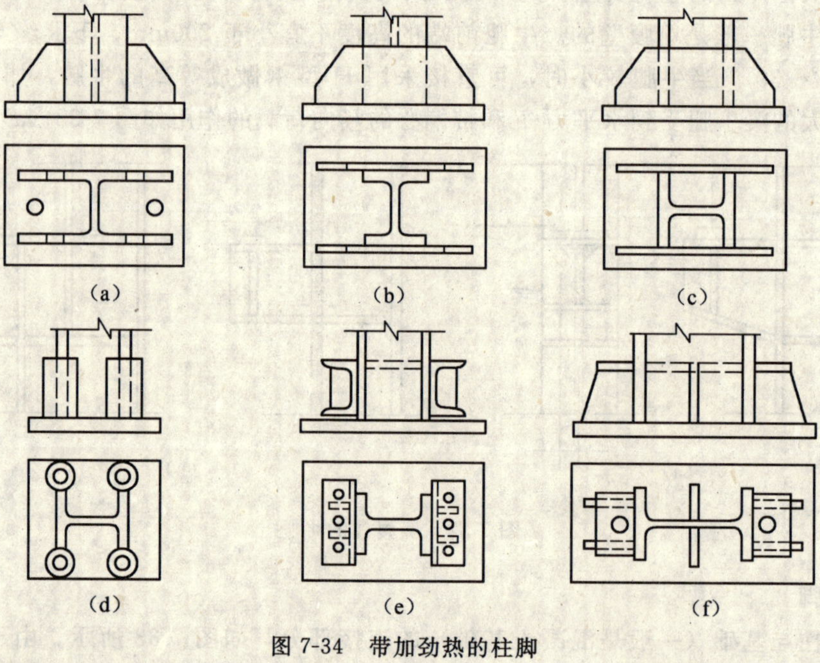

图 7-34 带加劲热的柱脚

（8）H 型钢支撑的连接

在高层建筑一些大型构架基础和侧向荷载大的结构中，可采用侧向刚度好并且抗压承载能力大的 H 型钢支撑。支撑一般都是在现场安装，所以大多采用高强度螺栓连接。为避免偏心影响，支撑的杆件轴线一般应与梁柱轴线交汇在一起。但有时为了抗震的需要，会采用偏心支撑，以调整结构的刚度，使之保持合适的自振周期，并使结构具有较大变形能力和耗能能力以及稳定的恢复力特性。偏心支撑的耗能段只能发生屈服而不能出现屈曲，支撑的屈曲荷载应是耗能段屈服荷载的 1.3～1.5 倍。偏心支撑的设计应参照其他专门设计资料进行。在大型和重型支撑的设计中，应包括节点强度的校核。

H 型钢支撑的连接节点如图 7-35 所示。图示（a）～（d）所示为支撑杆件与梁柱节点的连接，（a）和（b）为支撑杆件在梁柱腹板平面内的构造形式，（c）和（d）为支撑杆件在平行于柱子翼缘平面内的连接构造形式，其中（c）支撑杆件翼缘垂直放置，可在平面外形成较大的刚度。图中（e）～（h）所示为人字形支撑与横梁的连接节点。在支撑与梁柱的连接中，如果梁柱的翼缘都在同一平面内，也可采用类似于图中（e）和（f）所示的构造形式。H 型钢支撑的交叉节点如图中（i）～（k）所示，在交叉节点中，一般应保持其中一根杆连续，将短 H 型钢或连接板预先焊接在连续杆上，再用高强度螺栓连接另外一根支撑杆件。

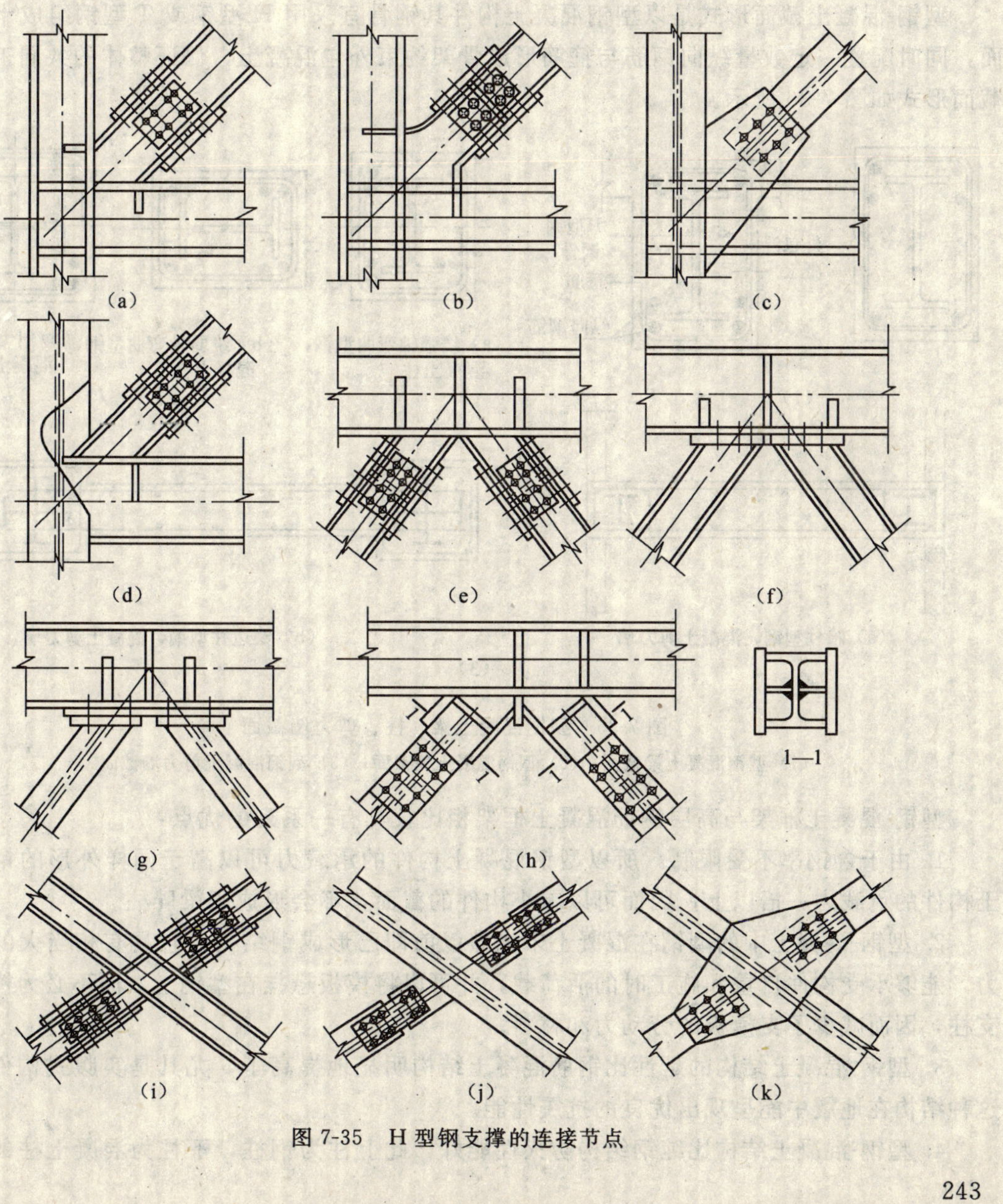

图 7-35 H 型钢支撑的连接节点

第三节　型钢-混凝土结构

一、概述

型钢-混凝土（又称钢骨混凝土）是由混凝土包裹型钢做成的结构。它的特征是钢材被全部包在混凝土内部，外面有一层混凝土外壳。型钢-混凝土中的型钢除采用轧制型钢外，还广泛使用焊接型钢，此外还配合使用钢筋和钢箍，因此可以做成品种繁多的构件，更能做成各种结构，可以代替钢筋混凝土结构和钢结构应用于工业和高层建筑之中。型钢混凝土梁和柱是最基本的构件，型钢可以分为实腹式和空腹式两大类。空腹式型钢比较节省材料，但制作费用偏高；实腹式型钢制作简便，承载力大，以 H 型钢为骨架芯材，外包以钢筋混凝土组成的型钢混凝土梁、柱结构具有承载力高，防火、防腐性能好等特点。适用于负荷较大并有防护要求的高层钢结构及高层建筑中底层框架与裙房框架等。

型钢-混凝土截面形式是以型钢混凝土构件其钢骨宜采用 H 型钢或 T 型钢组成十字型截面，同时配置一定数量纵向钢筋与箍筋形成骨架约束外包混凝土，保证整体的共同工作。其截面形式如图 7-36 所示。

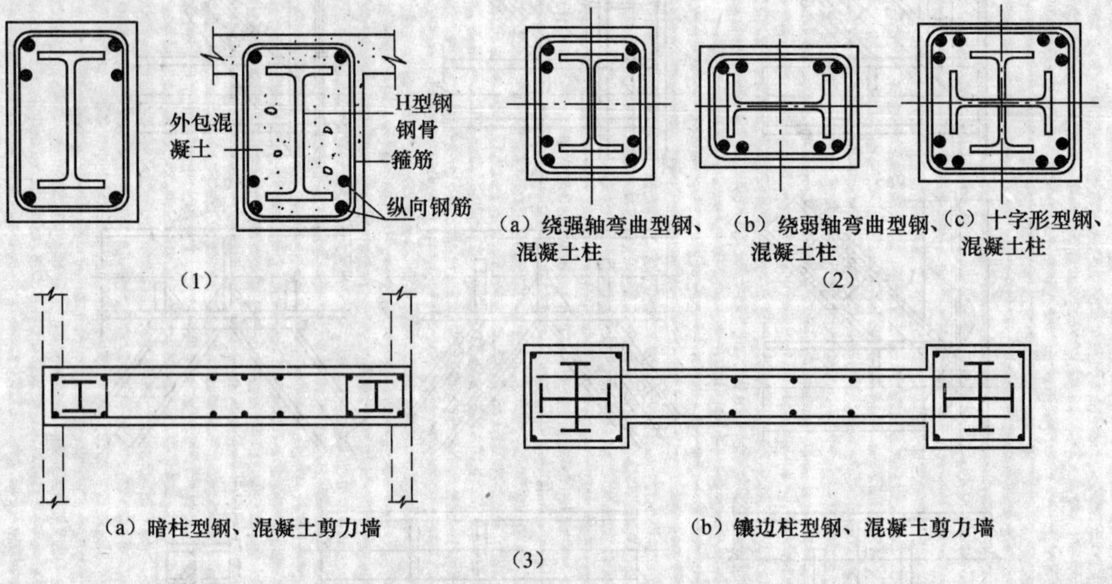

图 7-36　型钢混凝土梁、柱、剪力墙截面

(1) 型钢混凝土梁截面；(2) 型钢混凝土柱截面；(3) 型钢混凝土剪力墙截面

型钢-混凝土框架与高层钢筋混凝土框架相比较具有一系列的优点：

1. 由于含钢率不受限制，所以型钢混凝土构件的承载力可以高于同样外形的钢筋混凝土构件的承载力一倍以上，因而可以减小构件的截面，不会形成肥梁胖柱。

2. 型钢-混凝土中的型钢在混凝土未浇灌以前即已形成钢结构，它具有相当大的承载能力，能够承受构件自重和施工时的活荷载，并可以将模板悬挂在型钢上，而不必为模板设置支柱，因而减少了支模板的劳动力和材料。

3. 型钢-混凝土结构的延性比钢筋混凝土结构明显地提高了，尤其是实腹式构件，因此这种结构在地震中能呈现出优良的抗震性能。

4. 型钢-混凝土结构比纯钢结构防火性能好，此上柱为钢柱，下柱为混凝土柱的结构连接简易。

5. 钢骨混凝土结构中的H型钢在梁（或柱）中为连续配置，其自身具有较大刚度和较好塑性性质，可约束混凝土裂缝开展，使混凝土变形能力得到提高。同时，混凝土对H型钢的约束阻止了H型钢板件的局部屈曲。

6. 型钢-混凝土中的H型钢不受含钢率限制，其承载能力可高于同样外形钢筋混凝土构件承载力一倍以上；同时，型钢混凝土框架较之钢框架又可显著降低用钢量达50%或更多。

7. 型钢-混凝土中H型钢在混凝土浇灌前已形成可独立承载的结构体系，可承受施工活荷载和结构自重，勿需设置临时支柱，在高层建筑中不必等待混凝土达到一定强度后再施工，可缩短建设工期。

二、钢结构体系

高层钢结构体系主要有框架结构体系、框架-抗剪桁架结构体系、半筒体结构体系、外框筒结构体系、成束筒结构体系和巨型桁架外筒结构体系等，如图7-11所示。在图7-11图中所列的楼层数为各体系的适用高度。

三、型钢混凝土构件设计

1. 我国的《型钢混凝土组合结构技术规程》GJ 138—2001中的构件设计方法主要依据以下假定：

(1) 平截面假定；

(2) 不考虑混凝土的抗拉强度；

(3) 混凝土受压边缘极限应变为0.003，相应的最大压应力取混凝土抗压强度设计值f_c；

(4) 型钢腹板的应力图形简化为等效矩形平面；

(5) 钢筋极限拉应变为0.01。

破坏形态以型钢翼缘以上混凝土压碎，型钢翼缘达到屈服为标志，由此建立型钢混凝土构件的正截面承载力计算公式，并根据平截面假定提出了判断适筋梁的界限受压区高度的计算公式。值得注意的是，上述公式是建立在型钢与混凝土变形协调基础上的，这就要求实腹式型钢应设置必要的剪力键或设置必要的箍筋使二者变形协调一致。至于空腹式型钢混凝土构件可认为二者能够协调变形。

2. 型钢-混凝土构件中型钢与混凝土共同工作机理

型钢与混凝土能够共同工作，主要有以下几个原因：

(1) 型钢与混凝土间的粘结作用。如混凝土收缩，使其紧紧地握住型钢而产生的“握裹力”，以及由于型钢本身形状对其附近的混凝土的约束作用所形成的机械咬合力等。

(2) 由于各种锚固措施的采用。如型钢翼缘上加焊抗剪件，腹板上设置加劲肋等，也使得二者具有良好的共同工作性能。

3. 型钢-混凝土框架柱设计的理论依据

(1) 受力特点

1) 型钢-混凝土轴压短柱的破坏形态与钢筋混凝土短柱的破坏形态相同，可以采用叠加原理来计算其极限承载力。

2) 型钢-混凝土偏压短柱的破坏形态可分为大偏心和小偏心两种。破坏时，沿保护层的纵向劈裂比较显著，丧失最大承载力后，变形性能良好，而且还保持相当大的承载力。

3) 型钢-混凝土偏压短柱中的型钢与混凝土基本上能够共同工作，考虑到后期变形不协调的影响，型钢的设计强度应乘以折减系数 0.9。

4）长柱的极限承载力计算可以在短柱计算的基础上建立起来，轴压长柱可乘以稳定系数 φ，偏压长柱则对荷载偏心距乘以放大系数 η。

5）型钢-混凝土柱的变形性能比钢筋混凝土柱好，表面混凝土破坏后并不完全丧失承载力，一旦卸载，挠曲的柱轴会出现反弹。

6）箍筋和横向钢筋对核心混凝土有约束作用。并有助于型钢和混凝土的共同工作，一般的型钢混凝土柱都要设置箍筋。但矩形箍筋对于提高混凝土的承载力的作用不明显，所以计算正截面强度时不考虑箍筋的作用。

（2）柱的正截面承载力计算理论

柱的计算理论的基本假定和型钢混凝土梁的正截面强度计算理论的基本假定原则上是相同的，但要补充以下的说明：

1）轴心受压柱的极限压应变取 0.002，相应的最大压力取 f_c，偏心受压柱的极限压应变取 0.0033，相应的最大压应力取 f_{cm}。但偏心受压柱的极限承载力不应大于同等截面的轴心受压柱。

2）大偏心受压柱中型钢的应力可以简化成双矩形应力分布。但小偏心受压柱则不能采用此简化方法，钢筋和型钢的应力取等于钢筋应变与其弹性模量的乘积，但不大于其设计强度。

3）考虑柱的长细比对承载力的影响，轴心受压柱应乘以稳定系数 φ，其值可按“混凝土结构设计规范”（GB 50010—2002）中的轴心受压柱的规定使用，偏心受压柱则对荷载偏心距乘以放大系数 η。

（3）柱的正截面承载力计算

本节主要论述矩形截面内部配有 H 型钢并同时配有钢筋和钢箍的型钢混凝土偏心受压柱的单向受弯计算。

配 H 型钢且腹板平行于弯矩作用平面的矩形截面：

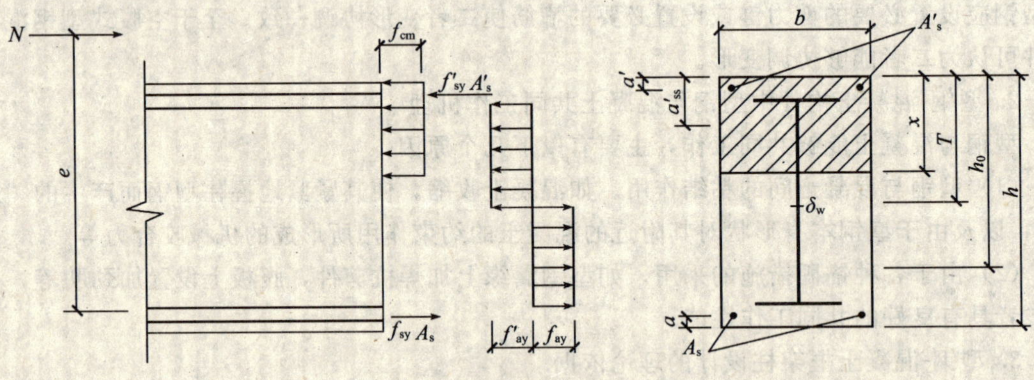

图 7-37 配 H 型钢的矩形截面（大偏心）

当 $x \leqslant \xi_b h_0$ 时，此种截面的应力如图 7-37 所示，混凝土受压区高度按下式计算：

$$x=\frac{N-(f'_{sy}-f_{cm})A'_s+f_{sy}A_s+1.8f_{ay}\delta_w r+f_{cm}A_{ss,c}}{f_{cm}b+2.25f_{ay}\delta_w}$$

式中 N——设计轴向压力；

A_s、A'_s——受拉、受压钢筋面积；

f_{ay}、f'_{ay}——型钢受拉、受压设计强度；

f_{sy}、f'_{sy}——钢筋受拉、受压设计强度；

f_{cm}——混凝土的弯曲抗压强度设计值；

b、h——型钢混凝土柱截面宽度和高度；

$A_{ss,c}$——H 型钢受压区面积；

δ_w——H 型钢腹板厚度；

r——H 型钢中心至混凝土受压外边缘的距离。

当 $x \leqslant \xi_b h_0$ 时，受拉钢筋和型钢的应力没有屈服，因此它们的应力不能取屈服应力的双矩形应力图形，而应按平截面应变的规律计算钢材的应力，此时这种截面的应力如图 7-38 所示：

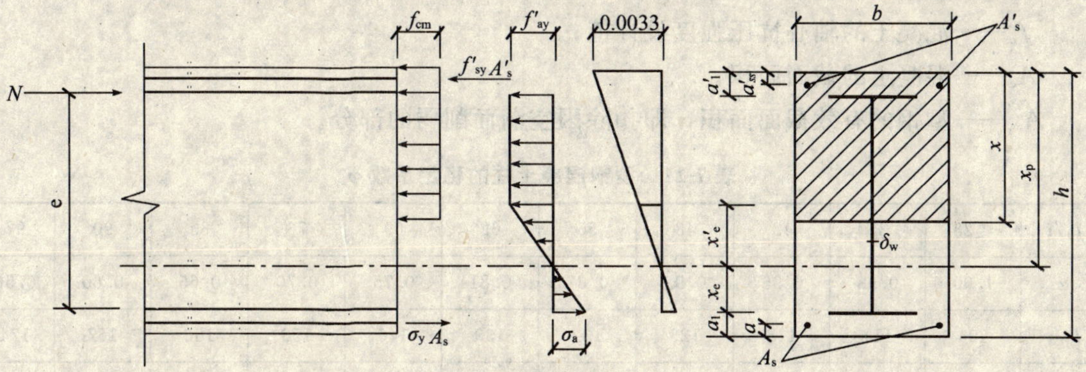

图 7-38　配 H 型钢的矩形截面（小偏心）

这种类型一般是小偏心构件，混凝土受压区高度按下式计算：

$$x = \frac{-B \pm \sqrt{B^2 - 4AC}}{2.5A}$$

$$A = \frac{f_{cm} b}{1.25} + \left(2 f_{cm} - 0.9 f'_{ay} \frac{\varepsilon_{cu} E_{ss}}{2} + \frac{0.81 f_{ay}^2}{2 \varepsilon_{cu} E_{ss}}\right) \delta_w$$

$$B = N - (f'_{sy} - f_{cm}) A'_s - (0.9 f'_{ay} - f_{cm}) A_{ssf} - \varepsilon_{cu} E_s A_s - \varepsilon_{cu} E_{ss}$$

$$[A_{ssf} + (h - a_f)\delta_w] + 0.9 f_{ay} a_f \delta_w - f_{cm}(h + a'_f - a_f)\delta_w$$

$$C = \varepsilon_{cu} E_s (h - a) A_s + \varepsilon_{cu} E_{ss} (h - a_f)[A_{ssf} + (h - a_f)]$$

式中　E_{ss}——型钢的弹性模量；

E_s——钢筋的弹性模量；

A_{ssf}——型钢翼缘截面面积；

a_f、a'_f——型钢下、上翼缘截面重心至梁截面下、上边缘的距离；

ε_{cu}——混凝土受压边外缘极限压应变，取 $\varepsilon_{cu} = 0.0033$。

此时，构件的正截面强度按以下公式计算：

$$N_e \leqslant f_{cm} bx \left(h - a - \frac{x}{2}\right) + (f'_{ay} - f_{cm})(h - a - a'_f) A'_s + (0.9 f'_{ay} - f_{cm}) \cdot$$

$$\left[(h - a - a'_f) A_{ssf} + (x_p - x'_e - a'_f)\left(h - a_f - a - \frac{x_p - x'_e - a'_f}{2}\right)\delta_w\right]$$

$$-\sigma_a (h - x_p - x_e - a) A_{ssf} + \frac{(0.9 f'_{ay} - f_{cm})}{2} x'_e \left(h - x_p - a - \frac{2x'_e}{2}\right) \cdot$$

$$\delta_w - \frac{\sigma_{ss}}{6} x_e (h - x_p - 3a + 2a_f) \delta_w$$

式中 σ_a——型钢受拉翼缘应力，可按下式计算，但 σ_a 不得大于型钢的设计强度 f_{ay}；

$$\sigma_a = \frac{\varepsilon_{cu} E_{ss} (h - x_p - a_f)}{x_p}$$

x'_e、x_e——型钢腹板弹性受压、受拉段的长度。

当 $x > 0.8h$ 时，构件全截面均受压，除了要按照公式（8-6）计算偏心受压的正截面强度外，还要按照下式计算轴心受压的正截面强度。

$$N \leqslant \varphi (f_c A_c + f'_{sy} A'_s + f'_{ay} A_{ss})$$

式中 φ——型钢混凝土柱的稳定系数，可按表 7-11 采用；

f_c——混凝土的轴心抗压强度设计值；

A_c——混凝土的截面面积；

A_{ss}——型钢的有效截面面积，即扣除因空洞而削弱的部分。

表 7-11 型钢混凝土柱的稳定系数 φ

l_0/i	≤28	35	42	48	55	62	69	76	83	90	97
φ	1.00	0.98	0.95	0.92	0.87	0.81	0.75	0.70	0.65	0.60	0.56
l_0/i	104	111	118	125	132	139	146	153	160	167	174
φ	0.52	0.48	0.44	0.40	0.36	0.32	0.29	0.26	0.23	0.21	0.19

注：表中 l_0—构件的长度；

i—截面最小回转半径。

最小回转半径按下列公式计算：

$$i = \sqrt{\frac{I_0}{A_0}}$$

I_0 为换算截面惯性矩，按下列公式计算：

$$I_0 = I_c + a_{ss} I_{ss} + a_s I_s$$

式中 I_c——混凝土截面（扣除钢筋和型钢截面）对经过换算截面重心并垂直于计算偏心平面的轴的惯性矩；

I_{ss}，I_s——型钢和钢筋对上述轴的惯性矩；

$a_{ss} = E_{ss}/E_c$，$a_s = E_s/E_c$；

E_c，E_{ss}，E_s——混凝土和型钢，钢筋的弹性模量。

A_0 为换算截面面积，按下列公式计算：

$$A_0 = A_c + a_{ss} A_{ss} + a_s A_s$$

偏心距 e 的计算：

$$e = \eta e_i + y_s$$

式中 e_i——初始偏心距；

y_s——截面重心至经过受拉（或最小受压）钢筋重心且与构件纵轴垂直的轴线距离。

$$e_i = e_0 + e_a$$

e_0——荷载偏心距，$e_0 = M/N$；

e_a——附加偏心距，当 $e_0 = h/3$，取 $e_a = 0$；

$$e_a = \frac{1}{30}(h - 3e_0)$$

η——偏心距增大系数，当长细比 $l_0/i>14$ 时，该系数按下列公式计算：

$$\eta = \frac{1}{1-\dfrac{N}{N_{cr}}}$$

N_{cr}——临界压力，按下列公式计算：

$$N_{cr} = \frac{6.4E_c}{l_0^2}\left[\frac{I_c}{K_L}\left(\frac{0.11}{0.1+t}+0.1\right)+a_{ss}I_{ss}+a_sI_s\right]$$

t——系数，取 $t=e_i/h$，但不小于按下式计算得到的最小值；

$$t_{min} = 0.5 - 0.01\left(\frac{l_0}{h}+f_{cm}\right)$$

K_L——考虑荷载长期作用，对极限状态下构件挠曲变形影响系数，按下式确定：

$$K_L = 1 + \frac{M_{L1}}{M_1}$$

式中 M_{L1}——长期荷载对通过最大受拉（在全截面受压时为最小受压）钢筋重心并垂直于计算偏心距平面的轴所取的力矩；

M_1——全部荷载对上述轴所取的力矩。

(4) 构件连接构造

1) 钢-混凝土构件中，纵筋直径不小于 12mm，纵筋净间距，对梁不小于 25mm，对柱不小于 50mm，纵筋与型钢的净间距不小于 30mm。

2) 对要求抗震的结构，应采用具有 135°弯钩的封闭式箍筋，弯钩的直线长度不小于 10 倍箍筋直径（d_v）。

3) 钢-混凝土柱中，型钢的含钢率不小于 2%，型钢混凝土构件中，也不宜大于 15%。型钢板件的厚度不小于 6mm，宽厚比应满足表 7-12 的要求。

表 7-12 型钢板件宽厚比限值

钢号	翼缘 b/t_f	腹板 h_w/t_w	
		梁	柱
Q235	23	107	96
Q345	19	91	81

注：表中符号见图 7-39。

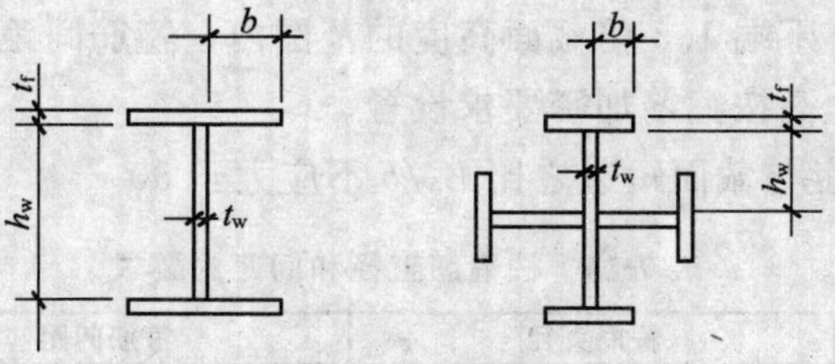

图 7-39 型钢截面板件

4) 钢筋的保护层厚度，按《混凝土结构设计规范》（GB 50010—2002）采用。型钢的保护层厚度对梁宜采用 100mm，对柱宜采用 150mm，同时型钢的保护层厚度不得小于 50mm，且不应影响混凝土的浇注。图 7-40 为型钢混凝土梁、柱构件截面的有关构造要求。

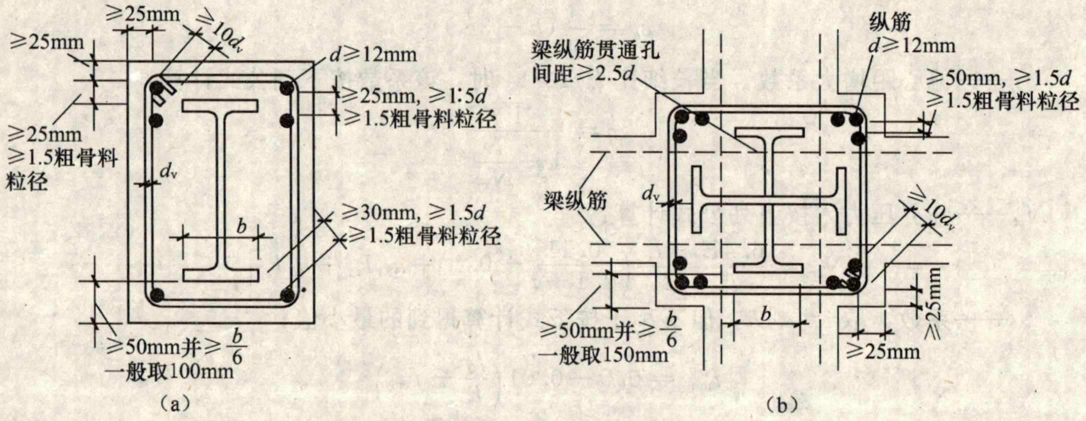

图 7-40　型钢混凝土梁、柱构件截面构造要求

(a) 型钢混凝土梁；(b) 型钢混凝土柱

5) 钢-混凝土梁的构造要求：

①钢-混凝土梁纵筋的配置不超过两排。

②梁中箍筋直径和间距应满足表 7-13 的要求，箍筋间距也不应大于梁高的 1/2。对抗震设防的结构，在距梁端 1.5 倍梁高范围内，箍筋间距应加密，当梁净跨小于梁截面高度的 4 倍时，梁全跨按箍筋加密要求配置。

表 7-13　梁箍筋直径和间距的要求

抗震设防烈度	箍筋直径	箍筋间距	加密区箍筋间距
非抗震设防	≥8mm	≤250mm	—
6、7 度	≥8mm	≤250mm	≤150mm
8、9 度	≥10mm	≤200mm	≤100mm

③与柱连接时，梁的钢骨与柱钢骨应作成刚性连接。如梁端为简支，在梁的钢骨上应设置锚固连接件。连接件按国家现行标准《高层民用建筑钢结构设计规程》(JGJ 99—98) 中钢混凝土组合梁连接件要求设计。

6) 钢-混凝土柱的构造要求：

①柱受压侧纵向钢筋的配筋率不应小于 0.2%。且至少应在四角配置一根直径 12mm 的纵向钢筋。

②柱中箍筋的体积配箍率 ρ_{sv} 不应小于 0.5%，箍筋直径间距应满足表 7-14 的要求。对抗震设防结构，在距上、下端 1.5 倍截面高度的范围内，箍筋间距应加密，当柱净高小于柱截面高度的 4 倍时，柱全高按箍筋加密要求设置。

③钢-凝土柱计算长度与截面短边之比 L_0/b 不应大于 30。

表 7-14　柱箍筋直径和间距的要求

抗震设防烈度	箍筋直径	箍筋间距	加密区箍筋间距
非抗震设防	≥8mm	≤200mm	—
6、7 度	≥10mm	≤200mm	≤150mm
8、9 度	≥12mm	≤150mm	≤100mm

7) 型钢上设置抗剪连接件时，宜采用焊钉，焊钉的直径规格宜选用 19mm、22mm，其长度不应小于 $4d$，间距不应小于 $7.5d$。

四、钢-混凝土框架构件连接

钢-混凝土框架梁、柱节点应做成刚性连接，节点核心区是受力的关键部位，设计时应保证是有足够的承载力、刚度和一定的延性。

型钢结构的各类节点构造见图 7-41

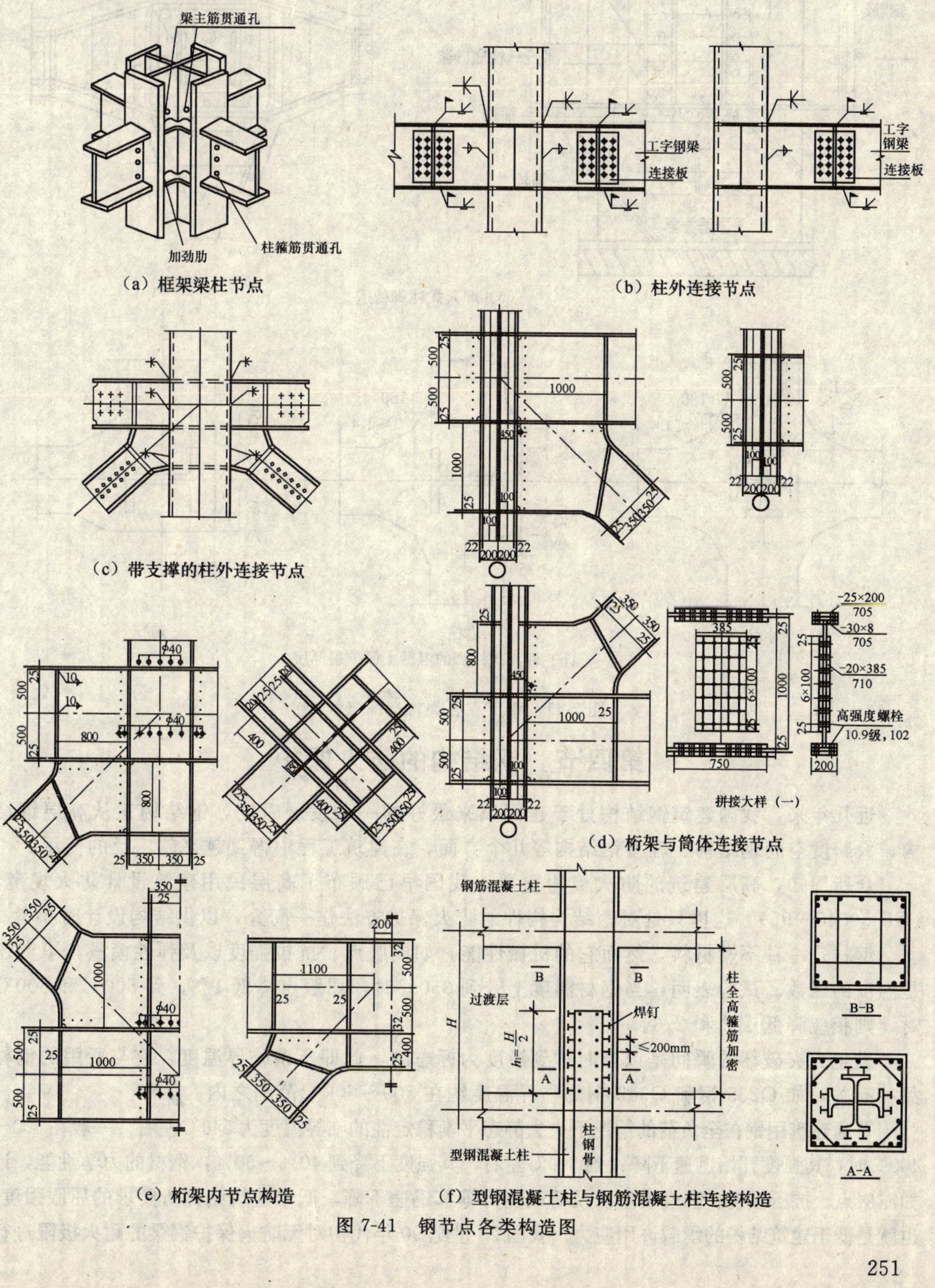

图 7-41　钢节点各类构造图

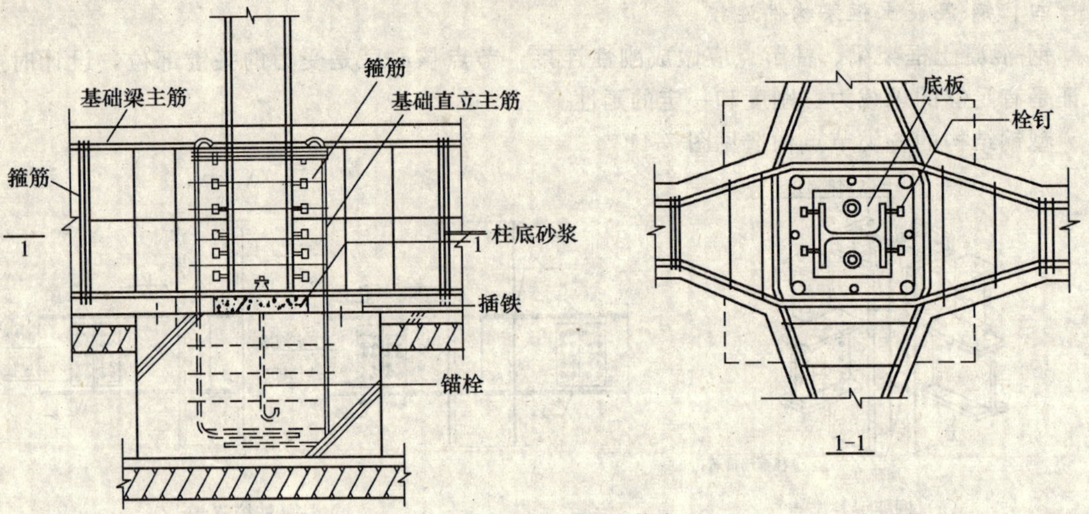

(g) 埋入式柱脚构造

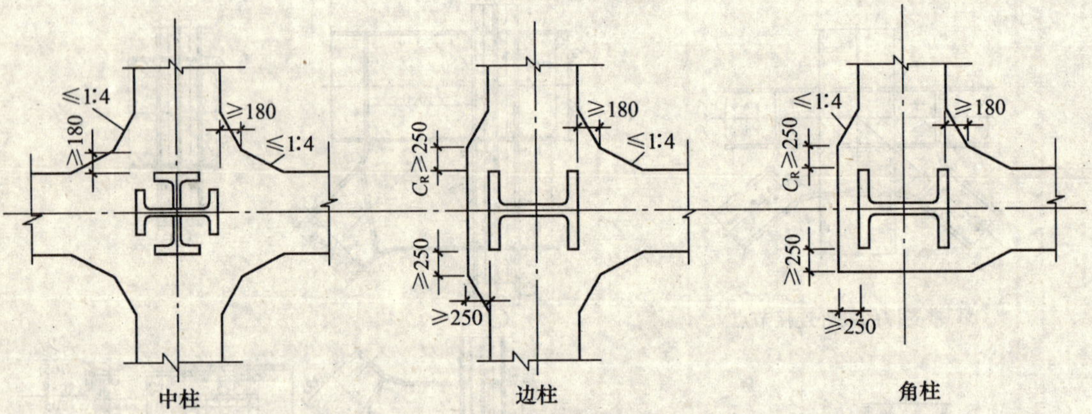

(h) 埋入式柱脚的混凝土保护层厚度

图 7-41　钢节点各类构造图（续）

第四节　钢结构的防火保护

近几年来，我国建筑钢结构处于建国以来最好的一个发展时期，钢结构正从高层钢结构、大跨度空间钢结构、轻型钢结构等几个方面，在建筑工程中得到越来越广泛的使用。

众所周知，高层建筑的防火极为重要，我国早已颁布了高层民用建筑设计防火规范，(GB 50045—95)。这里只是对钢结构构件的防火保护方法作一简介，以供结构设计时参考。

钢材是一种不燃材料，然而它的机械性能，如屈服点、抗拉强度以及弹性模量，毕竟还是温度的函数。试验表明，当钢材温度上升到 350℃时，屈服点降低 1/3，到 500℃和 600℃时，则相应降低 1/2 和 2/3。

发生火灾破坏的瞬间是以当时达到温度为标志的，此即所谓临界温度，它与所用的钢材品种有关，如 Q235 钢和 Q345 钢的临界温度约在 500～600℃范围之内。

普通建筑用钢在全负荷的情况下失去静态平衡稳定性的临界温度为 540℃左右。一般在 300～400℃时，其强度开始迅速下降；到 500℃左右，其强度下降到 40%～50%，钢材的力学性能，诸如屈服点、抗压强度、弹性模量以及荷载能力等都迅速下降，低于建筑结构所要求的屈服强度，也就是低于建筑结构的承载许用应力。我国 20 世纪 90 年代初对无防火保护钢梁的耐火极限进行了试验实测，确认了 I36b、I40b 标准工字钢梁的耐火极限分别为 15min、16min（见图 7-42，其中 B 为标准升温曲线，C 为实际升温曲线，D 为钢梁形变曲线），因此，若使用没有防火保护的普通建筑用钢作为建筑物承载的主体，一旦发生火灾，则建筑物会迅速坍塌，对人民的生命和财产安全将造成严重的损失。2001 年 9 月 11 日恐怖主义者用飞机撞毁世界贸易中心大楼的恐怖事件，震动全球。说明高层钢结构建筑一旦起火，会很快坍塌。

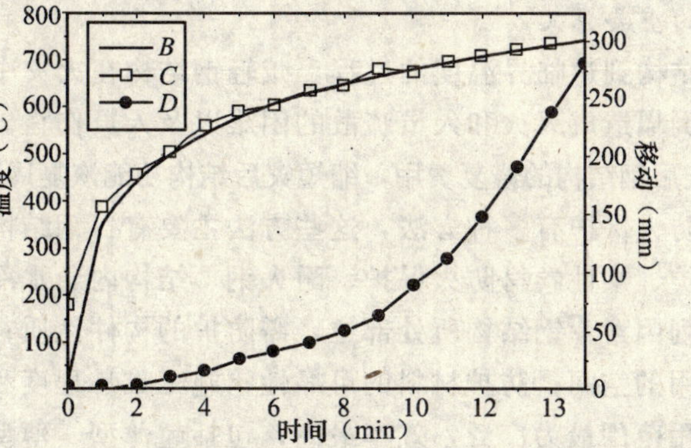

图 7-42　标准工字钢梁（I36b）无防火保护在标准火灾条件下实测的耐火极限图

一根结构构件在达到临界温度前所能经受的时间，是由构件的吸热比值确定的。一般来说，一根大截面的构件要达到某一确定的温度，就必须吸收较多的热量，而一根小截面的构件吸收热量就相对少一些。如果体积相等，则表面积较大的构件，热传导就比较快，亦即吸热较快。因此，细而长的开敞式截面，其吸热比和升温比就高。而封闭式的箱形截面，其吸热比和升温比就低一些。其衡量标准是横截面比值 U/F（其中 U 是截面周长，以 cm 计；F 是截面面积，以 cm^2 计）。U/F 小则耐火时间长，反之亦然。（图 7-43）给出了耐火时间、横截面比以及

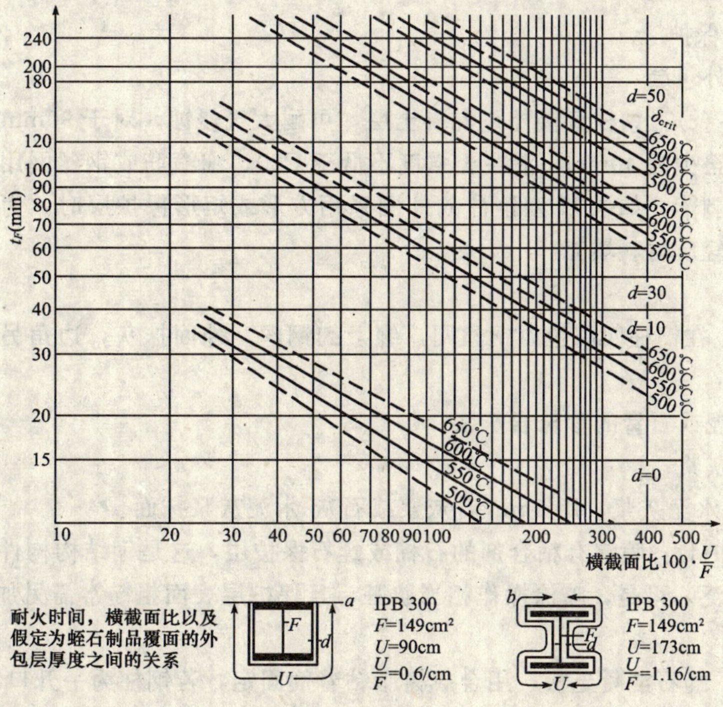

图 7-43

假定为蛭石制品护面的外包层厚度之间的关系，这些关系是通过试验和计算确定的。

现以一根箱形构件为例，设其临界温度为550℃，壁厚为30mm，则$U/F=1/30=0.333$。由图8-23查得无外包层$d=0$时，耐火极限$t_F=30min$；当外包层$d=10mm$时，耐火极限$t_F=120min$；当外包层$d=30mm$时，则t_F大大超过了240min。由此可知，外包层的效果是明显的，同时也说明了如果无外包层保护，钢结构满足不了防火规范所规定的要求。

一、钢结构防火的重要意义

一是可以延长钢结构到达临界温度的过程，减轻钢结构在火灾中的破坏，避免钢结构在火灾中局部或者整体倒塌造成灭火和人员疏散的困难以及人员伤亡。

二是可以减少火灾后钢结构的修复费用，缩短灾后结构功能恢复周期，减少间接经济损失。

目前，钢结构的防火保护有多种方法，这些方法主要有：钢结构防火涂料保护、防火板保护、混凝土防火保护、柔性卷材防火保护、耐火钢、结构内通水冷却等。选择钢结构的防火措施时，应考虑下列因素：钢结构所处部位，需防护的构件性质；钢结构采取防护措施后结构增加的重量及占用的空间；防护材料的可靠性；施工难易程度和经济性。其中以钢结构防火涂料保护方法应用范围最为广泛，效率最高；包括超薄型、薄型、厚型，而这其中超薄型钢结构防火涂料的用量几乎占全部防火涂料的90%，使用数量达到15000吨/年以上。

二、关于防火保护设计

高层钢结构对于矩形或圆形钢管混凝土柱的防火涂层宜采用厚涂型钢结构防火涂料或金属网50#水泥砂浆。耐火时间应符合现行国家标准《建筑设计防火规范》(GB 50016)、《高层民用建筑设计防火规范》(GB 50045) 的规定。保护层采用厚涂型钢结构防火涂料时，涂料性能应符合《钢结构防火涂料应用技术规范》(CECS 24) 中的有关规定。当有充分依据时，也可采用薄涂型钢结构防火涂料。

三、防火保护构造

1. 柱子防火保护

(1) 混凝土外包层

图7-44(a)～(c)：钢柱直接外包混凝土层，可耐大气侵蚀，对于90min耐火极限，混凝土保护层的厚度至少为40mm，混凝土强度不低于C20。细箍筋或钢丝网用来固定混凝土保护层并防止遇火剥落。如果H型钢柱的外围采用方形或矩形保护层时，为了减轻重量，翼缘间的空隙可用轻质材料填充。

(2) 抹灰层

图7-44(d)：在钢柱四周包以钢丝网，缠上细钢丝，外面抹灰，边角另加防护钢条。抹灰层有下列几种：

35mm掺水泥或石膏的珍珠岩灰浆；

35mm石膏灰浆；

35mm蛭石-水泥灰浆，用5mm石灰浆或石灰-水泥灰浆抹面。

图7-44(e)和(f)：喷涂有粘合剂的石棉或蛭石保护层，这是钢结构构件最经济的防火方法，应用比较广泛。可是，喷涂操作相当肮脏，且保护层表面粗糙常需另加处理。

(3) 盖板

图7-44(g)：蛭石混凝土板，用合成树脂粘着剂固定，若钢柱为一开口截面（如H型），则在板的接缝处，于柱翼缘之间应插入厚横隔板。用饰面和覆盖层作为板的装修，在玻璃纤

维织物上抹腻子再涂油漆，将能满足简单的防火要求。

图 7-44（h）：石棉水泥板较坚固，能用木工工具加工，用钉子或螺丝固定。当钢柱高度超过板的最大长度时，板的水平接缝至少错开 50cm。

图 7-44（i）：耐火极限为 90min 的 3 层保护层。3 层 15mm 厚的石膏抹灰板 a，用钢箍 b 和粘着剂 c 固定。

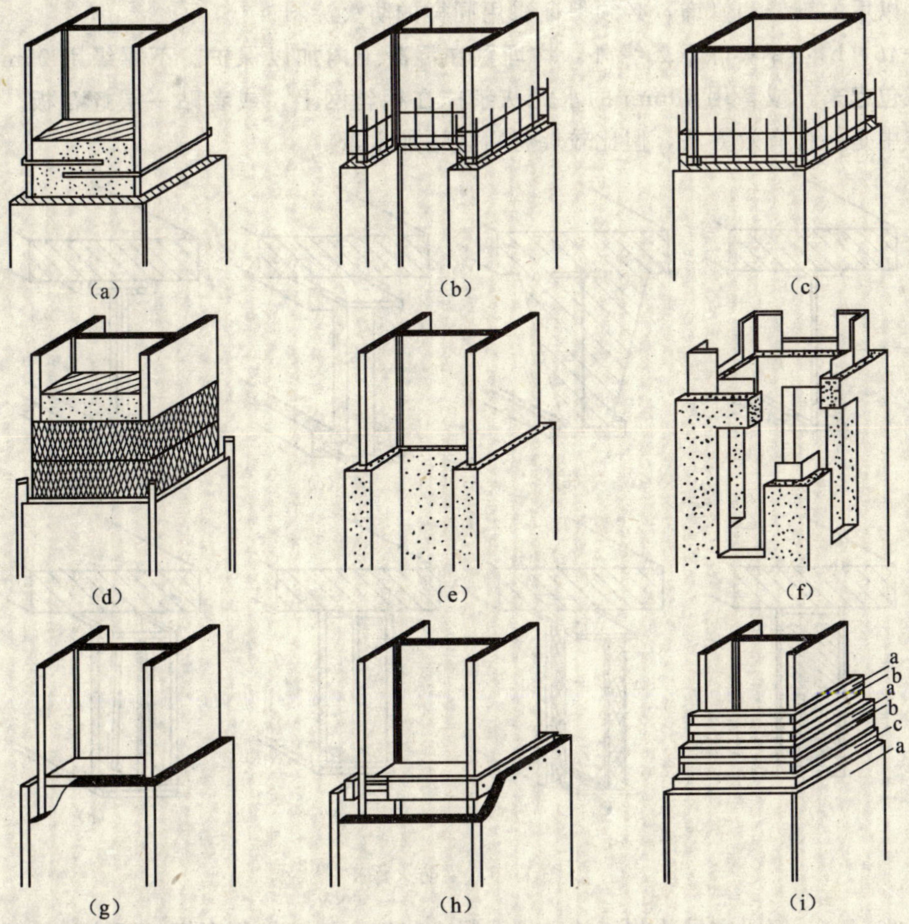

图 7-44 柱子防火保护

2. 外柱防火保护

图 7-45（a）和图 7-45（b）：用 25mm 厚的匀质材料防火板放在柱后作防火屏障，每边突出柱外 10～15cm，以防止窗口喷出的火焰烧热钢柱。

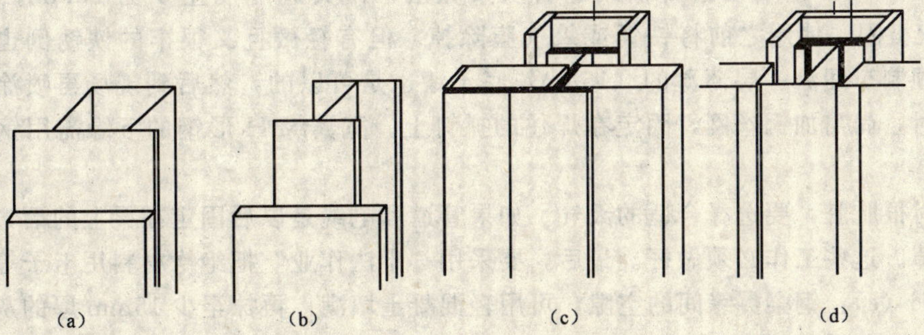

图 7-45 外柱防火保护

图 7-45（c）和图 7-45（d）：翼缘外露的钢柱。柱可设在外墙内，柱里面要做好防火，仅外翼缘露出装门面。如果柱子不直接靠近窗子，遇火的危险就小。图中 c 为内部防火层，d 为隔热层。

3. 梁防火保护

图 7-46（a）：涂以数层防火涂料可以达到 30min 钟耐火极限，钢梁露在外部，这样有一定优点。以后的维修和修饰，必须保证采用同样的防火涂料。

图 7-46（b）：钢梁除下翼缘外，均埋置在混凝土内加以保护。下翼缘用 25mm 厚的蛭石石灰浆包起来，或者用 40mm 的水泥灰浆抹在钢丝网上，或者贴一层蛭石板。把钢梁埋在混凝土中是一种有效方法，但比较耗材料且增加重量。

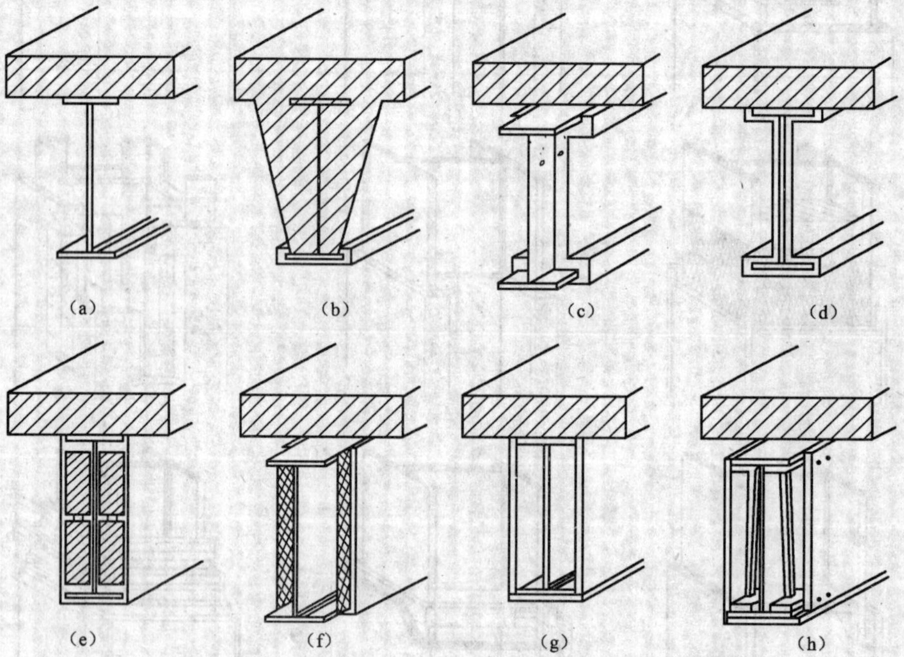

图 7-46　梁防火保护

图 7-46（c）：钢梁在吊装前，就已用混凝土包好。里面必须有钢丝网才能保证混凝土牢固。如果梁身很高时，需在腹板上部焊上栓钉或切割一些洞口，以使两边的混凝土联结起来，要达到 90min 耐火极限，混凝土面层需 60mm 厚。此法只有当钢梁的数量很多时才适用，因为需要耗费模板。

图 7-46（d）：连续喷涂石棉或蛭石灰浆数层，使其总厚度至少为 25mm，才能达到 90min 耐火极限。使用之前将铁锈或氧气膜除掉，但有轻微且又很牢的铁锈倒也无妨。有时，先在预制车间涂一层薄薄的（15μm）底子漆也是可以的，然后到现场再喷涂面层。如梁身较高时，尚需加钢丝网，固定在焊住的抓钉上。宽翼缘 H 形钢的下缘需用钢丝网包好再喷涂层。

喷涂时很肮脏，要选择合适的天气。如果管道和电缆是以后固定在梁上的话，应局部把灰浆层除掉。这些工作必须做好。最后，要采用“干法作业”把绝缘材料用卡子等固定。

图 7-46（e）：钢梁翼缘间的空隙，可用轻混凝土填满，再抹至少 15mm 厚的灰浆，下翼缘要用钢丝网包上。

图 7-46（f）：钢梁用金属网包起来，如用拉板网，再抹 25mm 厚的蛭石灰浆包层。

图 7-46（g）：把钢梁用粘结式的板材包起来，如用 25mm 厚的蛭石板。所用的粘结剂，在预计的耐火时间内受热而不致失掉粘结作用。此法的优点是不受天气影响，也较干净。

图 7-46（f）：用螺栓或钉子固定的板材，有石棉板、石棉水泥板或石膏板。在固定前，在梁上先要加一些防火材料做的板条，并将其卡在梁上，接缝要用石膏或其他类似材料填充。优点是“干法作业”，不受气候影响，不易弄脏。图示的这种构造形式可达 90min 耐火极限。如果在空腔内插进一些防火材料，则耐火极限还可提高到 120min。

4. 楼板防火

（1）组合楼板直接防火

图 7-47（a）：混凝土板浇注在压型钢板上，若要达到 90min 耐火极限，火焰冲袭来自上面，则板厚需 50mm。如火焰来自下部，则需 25mm 蛭石、珍珠岩或石棉灰泥喷涂。

图 7-47（b）：与图 8-27（a）相似，要达到 180min 耐火极限，火焰来自下部，用 30mm 厚蛭石板粘结在下面。

图 7-47（c）：不论是由压型钢板单独承重，或是与钢筋混凝土共同承重，底部不加防护时，可认为能达到 90min 耐火极限。

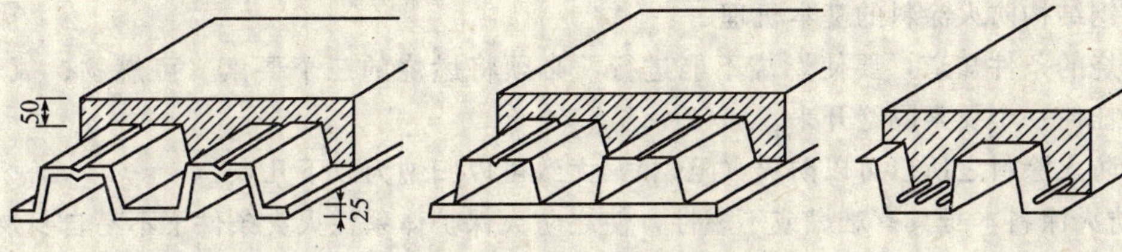

（a）　（b）　（c）

图 7-47　楼板防火保护

（2）吊顶防火保护

图 7-48（a）：15mm 厚预制石膏板，用螺栓固定在有保护的金属板横轨上，可达到 90min 耐火极限（也可用 10mm 厚预制石棉水泥板代替预制石膏板）。

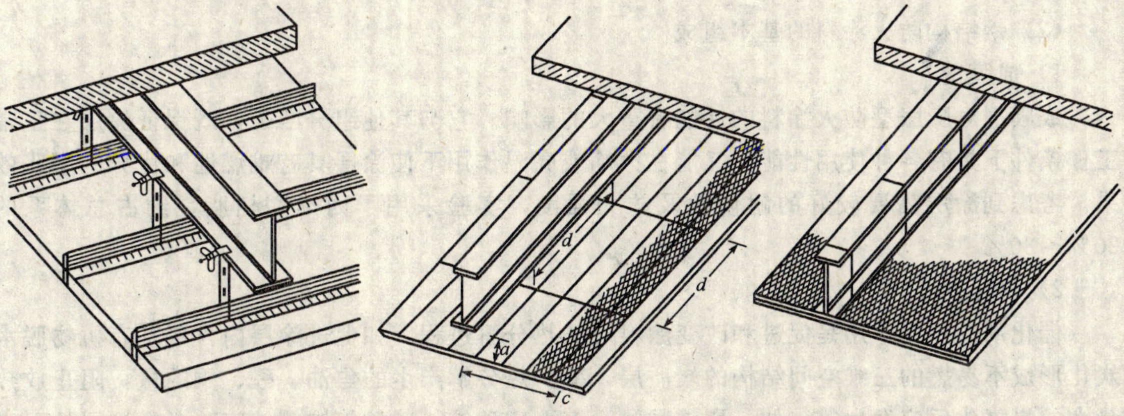

（a）　（b）　（c）

图 7-48　吊顶防火保护

图 7-48（b）：蛭石水泥或珍珠岩水泥或石膏灰浆，25mm 厚，抹在拉板网上，支承拉板

网用5～8mm直径的钢筋，间距d为200～600mm。悬挂的间距c为300～1000mm。顶棚到钢梁的距离a=10～60mm，其耐火极限可达120～180min。

图7-48（c）：蛭石石膏灰浆，20mm厚，饰面层抹在拉板网上，不用板条。固定件的间距，沿梁纵向为200mm，横向为700mm，耐火极限可达180min。

5. 钢结构防火涂料

超薄型钢结构防火涂料为膨胀型防火涂料，该类钢结构防火涂料涂层超薄型（小于3mm、薄型小于6mm和厚型10～30mm三种）一般为溶剂型体系，具有优越的粘结强度、耐候耐水性好，流平性好、装饰性好等特点；在受火时缓慢膨胀发泡形成致密坚硬的防火隔热层，该防火层具有很强的耐火冲击性，延缓了钢材的温升，有效保护钢构件。型钢结构防火涂料施工可采喷涂、刷涂或辊涂，一般使用在耐火极限要求在2小时以内的建筑钢结构上。目前国内外，已出现了耐火性能达到或超过2小时的超薄型钢结构防火涂料新品种。目前各种轻钢结构、网架等多采用该类型防火涂料进行防火保护。由于该类防火涂料涂层超薄，工程中使用量较厚型、薄型钢结构防火涂料大大减少，从而降低了工程总费用，又使钢结构得到了有效的防火保护，是目前市场上大力推广的品种。作为膨胀型防火涂料，通常含有成膜剂、成炭剂、成炭催化剂、发泡剂、无机颜填料等。

（1）钢结构防火涂料的基本机理

从燃烧的条件知道，要使燃烧不能进行，必须将燃烧的三个要素（可燃物、氧气、热源）中的任何一个要素隔绝开来。

因此防火涂料之所以可以防火（阻燃），大致可以归纳为以下几点：

1）防火涂料本身具有难燃或不燃性，使之防火保护体系在火灾条件下不易自身燃烧。

2）防火涂料遇火受热分解放出不燃性的惰性气体，冲淡被保护基材周围的易燃气体和空气中的氧气，抑制火焰燃烧。

3）燃烧被认为是游离基引起的连锁反应。而含氮、磷的防火涂料受热分解放出一些活性自由基团，与有机自由基结合，中断连锁反应，降低燃烧速度。

4）膨胀防火涂料遇火膨胀发泡，生成一层致密泡沫隔热层，封闭被保护的钢基材，阻止钢基材温度升高。

（2）钢结构防火涂料的基本组成

1）成膜剂

成膜剂对膨胀型防火涂料的性能有重大的影响。它与其他组分匹配，既保证涂层在正常工作条件下具有各种使用性能，又能在火焰或高温作用下使涂层具有难燃性和优异的膨胀效果。考虑到涂层需要较好的耐候性及防火强度，实验采用了丙烯酸树脂，约占总体系的20%～30%。

2）催化剂

催化剂的主要作用是促进和改变涂料层的热分解进程，如促进涂层内含羟基有机物脱水炭化形成不易燃的三维空间结构的炭质层，减少热分解产生的焦油、醛、酮的量，阻止放热量大的炭氧化反应发生等，如：聚磷酸铵、多聚磷酸铵、磷酸氢铵等。实验考虑涂层的耐水性和后期发泡性，故采用了聚合度达到600的高聚合聚磷酸铵，约占总体系的25%～30%。

3）成炭剂

成炭剂是形成三维空间结构不易燃的泡沫炭化层的物质基础，对泡沫炭化层起着骨架的作用，它们是一些含高碳的多羟基化合物，如淀粉、季戊四醇、双季戊四醇、含羟基的树脂等。这些多羟基的化合物和脱水催化剂反应生成多孔结构的炭化层。实验采用了质量成分10%～15%的双季戊四醇。

4）发泡剂

膨胀型防火涂料的特点是涂层遇热时，能放出不燃性的气体，如氨、二氧化碳、水蒸气、卤化氢等，使涂层膨胀起来，并在涂层内形成蜂窝状泡沫结构。这些是靠发泡剂来实现的。发泡剂的分解温度是决定它是否适用的关键，分解温度过低，气体在成炭前逸出起不到作用；分解温度过高，产生的气体会把氢炭层顶起或吹掉，不能形成良好的碳质泡沫层。因此不同的多元醇和脱水成碳催化剂，采用的发泡剂也应该有所区别。常用的发泡剂有三聚氰胺、双氰胺、聚磷酸铵、氯化石蜡、磷酸铵盐、氨基树脂等。实验采用了质量成分2%～5%的氯化石蜡70和5%～10%的三聚氰铵。

5）无机颜填料

对膨胀型防火涂料来说，含无机填料的比例较少，因其含量过高，会影响涂层的发泡高度，从而达不到隔热的目的，但少量无机颜填料确不可少，因其可使泡沫层更致密，强度更好，从而提高其防火性能。防火涂层一般施工厚度大，较低的颜料组分已能满足遮盖力的要求，故不需采用较多的无机颜填料，常用的着色颜料有钛白粉、氧化锌、铁黄、铁红等。实验采用了质量成分2%～7%的钛白粉、3%～8%的高岭土和1%～4%的硼酸锌。

6）其他成分

10%～15%的溶剂、少量的有机膨润土、消泡剂和流平剂等。

钢结构防火涂料各项性能指标依据国家标准《钢结构防火涂料》（GB 14907—2002）技术要求来判定产品质量。使用前将成型产品送国家固定灭火系统和耐火构件质量监督检验中心检验，具体指标见表7-15。

表7-15　B钢结构防火涂料各项性能指标

检验项目		技术指标	检验结果	
耐火性能	涂层厚度（mm）	2.00±0.20	1.57	0.21
	耐火极限（h）	1.0	1.9	0.5
在容器中的状态		经搅拌后呈均匀细腻状态，无结块	合格	
干燥时间（表干）（h）		≤8	2	
初期干燥抗裂性		不应出现裂纹	无裂纹	
粘结强度（MPa）		≥0.20	1.04	
耐水性（h）		≥24 涂层应无起层、发泡、脱落现象	合格	
耐冻融循环性/次		≥15 涂层应无起层、发泡、脱落现象	合格	
外观与颜色		涂层干燥后，外观与颜色同样品相比应无明显差别	合格	

（3）当前应用防火涂料要点问答

1）何为防火涂料？

防火涂料根据性能与用途，应理解为阻燃防火材料，其外观与普通涂料是相似的，所不同是发生火灾时，防火涂料受热达200℃以上时就会产生化学反应碳化发泡使用其厚度增至原涂层厚的几十倍甚至上百倍，从而阻止火焰的传播，控制火势的蔓延，赢得宝贵的抢救时间。

2）防火涂料系列产品目前常用的有几种？如何分类？

防火涂料系列产品按用途分有四大类，八个品种。

①钢结构防火涂料：BGW-97（CB）超薄型钢结构防火涂料、BGW-90（B）钢结构防火涂料、BGW-95（H）厚型钢结构防火涂料；

②饰面型防火涂料：G60-3 过氯乙烯膨胀型防火涂料、PC60-1 乳胶膨胀型防火涂料；

③水基型阻燃处理剂：FRY 天然纤维织物阻燃液；

④防火封堵材料：GD-1 有机防火堵料、WJ 防火包。

按分散介质分为二大类，即水溶性和溶剂型：

水溶性：PC60-1、FRY、BGW-95（H）；

溶剂型：BGW-97（CB）、BGW-90（B）、G60-3。

3）防火涂料系列产品的区别在哪里？各自的优点有哪些

BGW-97（CB）、BGW-90（B）、BGW-95（H）属钢结构防火涂料，适用于工业民用建筑钢结构的防火保护，以及体育场馆、石化、冶金、电力等部门的建筑中的裸露钢结构的防火保护，其中 BGW-97（CB）属超薄型，发泡膨胀型防火涂料，涂层超薄，用量少，可调配成各种颜色，有较高的装饰性，充分展现钢结构外形，降低其载重。BGW-90（B）属薄型、发泡膨胀型防火涂料，涂层具有一定的耐候性能，粘结强度高。BGW-90（H）是无机与有机结合的隔热型防火涂料，属厚涂型，具有很强的防火隔热性能和耐候性能，广泛地应用于高层钢结构建筑。

PC60-1、G60-3 是饰面型防火涂料，可调色，有较好的装饰效果。其中 PC60-1 是水溶性型，广泛用于各种室内木材、纤维板、等易燃基材的保护。G60-3 是溶剂型，用于建筑物、船舶地下等工程的可燃基材及电线电缆等的防火保护。

FRY 天然纤维织物阻燃适用于棉织品、针织品及各种木材和植物纤维制品的阻燃处理，施工方便、贮运安全。

GD-1 有机防火堵料、WJ 防火包主要用于电线、电缆孔洞封堵，阻止火灾因电线、电缆而引起的蔓延。GD-1 有机防火堵料具有一定的柔性及拉伸性，可塑性强，施工方便并可拆除。

4）膨胀型防火涂料为什么会防火

膨胀型防火涂料在遇火达到 200℃以上的高温时会发泡膨胀至原涂层厚度的几十甚至上百倍，形成一层隔热良好的碳化层并发生吸热反应以阻挡、抵消外部热源的作用，达到延缓热量传导及防火的功能。

5）防火涂料有多久的耐火时效

依据不同的需要和设计，防火涂料适应防火时间从 30min 到 180min 的要求，防火时效与涂层厚度有关系，施工涂层越厚，防火时效越久，相对工程造价及单位造价也随防火时效增长而增高。

6）防火涂料系列产品的最高耐火温度是多少

防火涂料在防火时效内可以耐温达到 1200℃。

7）钢结构建筑为何需要用防火涂料

钢结构本身虽然不会起火燃烧，但在火灾环境下钢结构温度超过 500℃时，钢材承受力量会急速降低至远低于设计负载强度，结果会由于负荷过重而失去稳定性，以至于使整体结构失去静态平衡，造成建筑物的倒坍。使用防火涂料可以在火灾发生时形成保护层阻止钢结构基材温度的上升，为抢救火灾赢得时间。

8）防火涂料涂层有效时间多长？几年后是否会失效

防火涂料涂层的化学成分稳定，在涂层不受火灾的考验或外界机械力的作用对涂层造成破坏，以及涂层不受强酸、强碱的破坏的情况下，防火功能可以保持不变，没有时间限制。

9）防火涂料要施工几道？应如何施工

钢结构防火涂料的施工道数是根据防火设计要求与所采用的材料型号的技术数据所决定的。BGW-97（CB）可采用刷涂、辊涂和高压无尘喷涂。一般每遍施工厚度应控制0.2～0.3mm（湿膜），每道施工间隔时间为6～8h，直至涂刷到设计要求。BGW-90（B）、BGW-95（H)施工时可采用喷涂施工，也可采用喷涂、抹涂结合施工。BGW-90（B）每次喷涂（抹涂）厚度1～2mm，BGW-95（H）每次可喷涂（抹涂）到3～6mm，直至达到设计要求。

10）防火涂料系列产品在施工中应注意哪些问题

防火涂料系列产品在施工中应注意的事项：

①施工应严格按照国家建筑施工有关安全操作规程进行；

②溶剂型防火涂料在施工过程中应严禁烟火直至涂层实干之前；

③在涂层实干之前严禁雨淋；

④施工环境温度在0℃～45℃、相对湿度≤85％，雨天禁止施工。

11）防火涂料的面层漆可否使用其他面漆

为了不影响防火涂料发泡层的各项性能，面层漆最好采用防火涂料配套面漆（专用）主要作用是保护发泡层，提高其耐候性与多样色彩的装饰效果。

12）钢结构防火涂料对底漆有何要求

钢结构防火涂料与一般的防锈漆均能配套使用，建议用户如果使用环氧富锌粉类底漆相互配套使用效果最佳。

13）防火涂料施工后，如果碰撞剥落，可否修补？如何修补

可以修补。修补时应先清理被碰撞剥落部位的灰尘与杂物。然后即可按该产品的施工工艺修补至原涂层厚度。

14）防火涂料要涂多厚？怎么检验

涂层厚度是根据防火极限设计要求与所选用的产品的技术数据确定的。可见表7-16湿膜厚度可用湿膜卡片测量，干膜厚度则是用涂层测厚仪进行测量的。

表7-16　各类防火涂料的防火极限理论用量数据一览表

类型	防火极限（min）	30	60	90	120	150
超薄型	涂层厚度（mm）	0.4	0.8	1.1	1.5	2.4
	理论用量（kg/m^2）	0.7～0.8	1.2～1.3	1.8～1.9	2.4～2.5	3.7～3.8
薄型	防火极限（min）	60	90	120	150	180
	涂层厚度（mm）	2.0	3.0	3.9	4.9	5.8
	理论用量（kg/m^2）	3.6～3.8	4.9～5.1	6.3～6.5	7.8～8.0	9.8～10
厚型	防火极限（min）	60	90	120	150	180
	涂层厚度（mm）	10	15～16	20～21	25～26	28～30
	理论用量（kg/m^2）	5	7.5～8	9.5～10	12～12.5	14.5～15

注：以上所指单位用量为粉料与粘结剂的重量和，不含水的重量。

15）防火涂料万一遇火灾后，可否刮掉再施工

可以。但是一定要先检定钢结构的强度，满足设计承重要求后才可施工。

16）防火涂料的施工说明有哪些

①施工方法：刷涂、滚涂、高压无尘喷涂。

②工具清洗：工具使用完毕可采用 NO. 200＃溶剂油清。

③涂层厚度：每次施工湿膜厚度以 0.2～0.3mm 为宜，各防火极限有涂层厚度及理论用量数据参见表 8-10。

④重涂间隔：根据气候环境条件每间隔 6～8 小时施工一次。

⑤施工条件：环境温度为 0～45℃，基材温度为 5～45℃，空气相对湿度不大于 85％，空气流通，风速不大于 5m/s，雨天或构件表面结露时，不宜施工，涂层在施工期间应避免雨淋。

施工时构件应已安装完毕，表面应进行除锈处理。该涂料能与各种防锈漆能相配套。防锈漆表面应处理干净。

17）用户在防火涂料施工过程中应注意的基本事项有哪些

①待涂装表面应清理干净；

②使用涂料前应搅拌均匀；

③避免恶劣的环境下施工，并让操作人员严格按操作规程进行；

④每道涂膜厚度不能超过技术规定的数据，间隔时间不能小于技术规定的数据；

⑤禁止不同型号的涂料相互混用；

⑥稀释涂料应该用专用的稀释剂，不可随意任用稀释剂。

18）防火涂料施工有些什么安全事项

该涂料不含苯类、石棉、无毒，生产及施工过程均不产生刺激性气味。可储存于室内干燥、通风的环境中。储运过程应密封、防漏。操作人员应佩戴必要的安全劳保用品。

参考文献

1 行业标准《高层建筑混凝土结构技术规程》（JGJ 3—2002）．中国建筑工业出版社，2002.

2 徐培福、黄小坤．高层建筑混凝土结构技术规程理解与应用．中国建筑工业出版社，2003.

3《第 18 届全国高层建筑结构学术交流会论文集》．中国建筑科学研究院，2004.

4 蔡绍怀．我国钢管高强混凝土结构技术的最新进展．第 18 届全国高层建筑结构学术交流会论文集，2004.

5 崔鸿超，蔡益燕．我国高层建筑钢结构的发展（续）．第 18 届全国高层建筑结构学术交流会论文集，2004.

6 蔡健，黄泰赟．钢管混凝土柱节点的应用现状和存在问题．建筑结构，2001.

7 何广乾，陈祥福，徐至钧．高层建筑设计与施工．北京：科学出版社，1992.

第八章　钢管混凝土结构

钢管混凝土结构具有承载力高、塑性和韧性好、抗疲劳、耐冲击等优越的力学性能以及节省材料等显著特点。随着钢管混凝土柱柱身理论的成熟和完善，钢管混凝土结构在工程建设中的应用越来越多，比较适合我国国情，用于超高层建筑中，发展极快，在我国其他行业也已得到广泛使用，且应用范围正在逐步扩大。如大跨度桥梁的支墩、地铁站台柱、电话微波塔、热电厂锅炉钢架、重型工业厂房等。

本节主要介绍钢管混凝土结构的设计与节点构造等。

第一节　概　述

钢管混凝土就是由混凝土填入薄壁圆形钢管而成的组合结构材料。其基本原理是借助圆形钢管对核芯混凝土的套箍约束作用，使核芯混凝土处于三向受压状态，从而使核芯混凝土具有更高的抗压强度和压缩变形能力。钢管混凝土除具有强度高、重量轻、延性好、耐疲劳、耐冲击等优越的力学性能外，还具有省工省料、架设轻便、施工快速等优越的施工性能。

从 1897 年美国人 John Lally 在圆钢管中填充混凝土作为房屋建筑的承重柱（称为 Lally 柱）并获得专利算起，钢管混凝土结构在土木工程中的应用已有百年历史。钢管混凝土优越的力学性能和施工性能，一开始就受到欧美各国土木工程界的重视，竞相开发利用。其间，开展了大量的试验研究工作，曾在一些厂房建筑、个别的多层建筑和立交桥以及特种结构工程中加以应用。但终因管内混凝土的浇灌工艺未得到很好解决，现场的施工操作显得繁琐，而使钢管混凝土在施工性能方面和潜在优势未能得到应有的发挥。相比之下，人们宁愿采用操作简单、质检直观的普通钢筋混凝土结构或工厂化程度高、现场劳动量少、吊装轻便、施工快速的钢结构。

20 世纪 80 年代后期，现代高强、高性能混凝土技术和泵灌混凝土技术的迅速发展，给钢管混凝土结构技术的发展增添了新的活力，在欧、美、澳的一些桥梁工程和高层建筑工程中，钢管高强混凝土技术悄然兴起。这是因为：1. 圆形钢管的套箍约束作用能最有效地克服核芯高强混凝土的脆性；2. 泵灌混凝土工艺的发展，解决了现场钢管内混凝土的浇灌工艺问题，而圆形钢管本身就是耐侧压的模板，能最有效地适应先进的泵灌混凝土工艺；3. 钢管兼有纵筋和箍筋的功能，其用钢量较普通钢筋骨架为省，而且因有钢管分隔，管内高强混凝土浇灌与管外梁板结构的普通混凝土浇灌互不干扰，无交错浇灌的麻烦；4. 钢管外无混凝土保护层，能充分发挥高强混凝土的承载能力。采用钢管高强混凝土技术是解决钢筋混凝土高层建筑“胖柱”问题和增大桥梁结构跨越能力的经济而有效的措施，是高层建筑和桥梁建筑技术进步的重大突破。

钢管混凝土结构技术在我国开发利用已有近 40 年的历史。1966 年成功地将钢管混凝土柱用于北京地铁车站工程。20 世纪 70 年代又在冶金、造船、电力等行业的单层厂房和重型构架中得到成功的应用。1990年由中国工程建设标准化协会批准颁布的《钢管混凝土结构设计与施工规程》(CECS 28：90)(涵盖至C60)，1994年10月由中国建筑工业出版社出版的《高强混凝土结构设计与施工指南》以及1999年由中国工程建设标准化协会批准颁布的《高强混凝土结构技术规程》(CECS 104：99)，将其涵盖的混凝土强度等级从C60扩展到C80，为钢管高强混凝土的推广应用提供了技术上的后盾。建设部于1995年将钢管混凝土结构技术列入科技成果重点推广项目。

最近10年，国家经济迅猛发展，钢管高强混凝土技术在我国的高层建筑工程的大跨度桥梁工程中得到卓有成效的应用，有力地推动了上述领域营造技术的发展，取得了令人瞩目的成就，而钢管高强混凝土结构技术自身也在上述工程实践中得到了新的发展。

第二节　钢管混凝土在高层建筑工程中的应用

在高层建筑结构中，钢管混凝土柱具有很强的相容性，它既可在混凝土结构体系中因时因地制宜地取代部分钢筋混凝土柱，以解决高层建筑底部的"胖柱"问题和钢筋高强混凝土柱的脆性破坏问题；也可在钢结构体系中取代钢柱，以减少钢材用量和减轻风致振动等。

我国是采用钢筋混凝土结构的大国，绝大部分高层建筑都是钢筋混凝土结构体系。随着高度超过100m的超高层建筑大量兴建，在高强混凝土还不普及的20世纪80年代后期，人们开始应用钢管混凝土柱以解决"胖柱"问题的探索，在北京建造了四川大厦的地下车库，在福建建造了泉州邮电大厦(15层)、厦门金源大厦(28层)和阜康大厦(25层)。进入20世纪90年代以后，C60级高强混凝土柱大量应用，"胖柱"问题有所缓解，但高强混凝土柱的脆性破坏问题复又突出。在此情况下，钢管高强混凝土柱应运而生，它既解决了高强混凝土的脆性破坏问题，又进一步减少了柱的横截面尺寸。广州好世界广场大厦(33层)率先于1993年采用了C60级的钢管高强混凝土柱并获得成功。钢管高强混凝土柱在"减肥"方面的有效性，逐渐得到结构工程界的认同。据不完全统计，短短数年间，在广州、天津、深圳、重庆、北京、昆明、福州和南京等城市采用钢管高强混凝土柱的超高层建筑已有20多座(表8-1)。

表8-1　采用钢管高强混凝土柱的高层建筑一览表

序号	建筑名称	所在地	高度(m)	楼层数		采用钢管混凝土柱的楼层数		钢管规格		混凝土等级
				地上	地下	地上	地下	钢种	$D\times t$ (mm)	
1	好世界广场	广州	116.3	33	3	2	3	Q235	ϕ1200×20	C60
2	今晚报大厦	天津	137	38	2	38	2	Q235	ϕ1020×12	C60
3	赛格广场大厦	深圳	291.6	72	4	72	4	16Mn	ϕ1600×28	C60
4	世界贸易中心	重庆	210	55	5	11	5	16Mn	ϕ1500×25	C60
5	民族广场	重庆	159.5	41	5	6	5	Q235	ϕ1200×16	C60
6	邦克大厦	昆明	126.1	36	3	14	3	Q235	ϕ800×14	C60
7	福州环球广场	福州	121.7	36	4	0	4	Q235	ϕ1000×12	C60
8	新达城广场	广州	99.8	30	3	7	3	Q235	ϕ1000×14	C60
9	文昌花苑	广州	100	28	4	8	4	Q235	ϕ800×16	C60
10	翠湖山庄	广州	98.4	32	2	2	2	Q235	ϕ1600×20	C60
11	江南中心	广州	207.7	55	3	6	3	Q235	ϕ1200×18	C60
12	南航大厦	广州	204.3	61	3	6	3	16Mn	ϕ1200×18	C60
13	京光广场	广州	220	57	3	57	3	Q235	ϕ1600×20	C60
14	广东邮电通讯枢纽综合楼	广州	247.5	68	6	68	6	16Mn	ϕ1400×22	C60

续表

序号	建筑名称	所在地	高度(m)	楼层数		采用钢管混凝土柱的楼层数		钢管规格		混凝土等级
				地上	地下	地上	地下	钢种	$D\times t$ (mm)	
15	亿安广场	广州	136	40	4	8	4	Q235	ϕ1200×18	C60
16	中华广场	广州	236.4	65	4	65	4	16Mn	ϕ1100×20	C70
17	合银广场	广州	213	56	4	56	4	16Mn	ϕ1600×22	C80
18	新中国大厦	广州	201.8	51	5	24	5	16Mn	ϕ1400×25	C80
19	芳草园	广州	99	31	1	3	1	16Mn	ϕ900×15	C60

其中深圳赛格广场大厦（72 层）还是我国自行设计和施工的属于钢结构体系的超高层建筑，它为我国刚刚起步的高层建筑钢结构的发展，提出了一条可供参考和选择的技术路线。

实践表明，在高层建筑中采用钢管混凝土柱以后，除梁/柱节点构造变动较大外，在施工程序上，与原来的结构体系几乎无甚差异。例如，混凝土结构体系仍然是按楼层分段施工，柱子为每 1～3 层楼安装一次，钢管从管的上口浇灌混凝土。只是钢管兼具钢筋和模板的功能，在工厂预制后于现场一次吊装就位，现场工序更为简化。至于钢结构体系，仍然保持着工厂化程度高、施工速度快等特点。尽管增加了在钢管柱内灌筑混凝土的工序，但因钢管柱具有足够的刚度和强度，管内混凝土可选择在任何时候进行浇灌，甚至可 3～4 层楼浇灌一次（泵灌顶升），并不占用整个建筑的主导工期。在采用钢管混凝土柱以后，建筑的地下部分和基础开挖可实行逆作法施工。这样，高层建筑的地下结构可同时并行施工，从而节省大约半年的基础开挖和地下室施工时间，并可相应解决在大城市繁华地段因施工场地狭窄所带来的交通、安全、噪声、环境污染等一系列困扰问题。

实践还表明，钢管高强混凝土柱的造价并不比钢筋混凝土高，而与钢筋混凝土柱的造价持平。

与普通钢筋混凝土柱相比较，钢管混凝土柱具有更为优越的抗震性能。由于钢管既是纵向钢筋，又是横向箍筋，其管径与管壁厚度的比值至少在 90 以上，这相当于配筋率至少都在 4.6%以上，远超过抗震设计规范对钢筋混凝土柱所要求的最小配筋率限值。至于轴压比问题，由于钢管混凝土的抗压强度和变形能力特佳，即使在高轴压条件下，仍可形成在受压区发展塑性变形的“压铰”，不存在受压区先破坏的问题，也不存在像钢柱那样的受压翼缘屈曲失稳的问题。因此，从保证控制截面的转动能力而言，无需限定轴压比值。就这个意义讲，钢管混凝土的抗震性能比钢柱和钢筋混凝土柱都强。

清华大学曾对钢管混凝土柱、钢骨混凝土柱和钢筋混凝土柱抗震延性作过一些比较，在相同的试验条件（试件尺寸、加载装置、加载制度、轴压比）下，得出的三者的极限位移角 R_u 为：1. 当轴压比 $n=0.4$，并且在每级荷载或水平位移下，则含钢量 5.9%～11.8%、混凝土强度 80～97MPa 的钢管混凝土柱试件 $R_u=1/35\sim1/26$，而含钢量较低或大体相当（7.4%～10.3%）、混凝土强度也较低（62～71MPa）的钢骨混凝土柱，其延性（$R_u=1/50\sim1/47$）反而不如钢管柱；至于钢筋混凝土柱（混凝土强度为 60MPa），在进入屈服阶段后，很难在每级水平位移下经受连续 3 次的反复循环而仍能使抗力下降段的幅值维持在最大抗力值的 80%以上，即使在每级水平位移下只反复循环 1 次，其极限位移角仍然较小，其延性根本不能与前 2 种组合柱相比。2. 当轴压比 $n=0.6$，含钢量 11.8%的钢管混凝土柱的 $R_u=1/43$，而含钢量约 10%的钢骨混凝土柱则为 1/66，作为极限位移角的延性性能要比钢管混凝土低 50%。至于钢筋高强混凝土柱，在 0.6 轴压比下的脆性就更加突出。

钢管混凝土柱的连接构造，关系结构安全，至关重要。它包括钢管混凝土柱与楼盖结构的连接、钢管混凝土柱与钢筋混凝土柱的连接、钢管混凝土柱与钢筋混凝土基础的连接、钢管混凝土柱自身的接长、钢管与核芯混凝土界面的抗剪连接等。我国在连接构造的设计方面积累了相当丰富的经验。例如，钢管混凝土柱与钢筋混凝土楼盖体系的连接，其剪力传递的构造，就有穿心的钢牛腿和不穿心的环形钢牛腿及钢筋环两大类；弯矩传递的构造，也有钢筋穿心和钢筋不穿心两大类，后者则有平行双梁、变宽度梁和环梁等形式。为验证这些连接构造的可靠性，有关单位还进行了专门的试验研究。

工程实例一：广州好世界广场大厦（图 8-1）

该大厦位于广州市花园酒店西侧，环市东路与建设六马路交汇处的繁华地段，地上 33 层，地下 3 层，地上总高度为 116.3m。地下－3 层为设备房及人防面积，－1、－2层及地上 1、2 层为商场，3～8 层为停车场，9 层以上为写字楼，占地面积 $3522m^2$，建筑面积 $57000m^2$，是国内第一座采用 C60 级钢管高强混凝土的超高层建筑。按 7 度抗震设计。

图 8-1　广州好世界广场大厦（33 层）

结构体系为现浇钢筋混凝土框架——剪力墙，柱网为 8.2m×（6m～7.9m）（图 8-2）。裙楼柱最大轴力为 13000kN，主楼柱最大轴力为 39000kN。如采用 C40 级钢筋混凝土柱，其截面将为 1.8m×1.8m，这样大的柱截面，严重影响建筑使用。经反复研究，决定在地上 2 层以下，采用 C60 级的钢管高强混凝土柱，以缩小柱的截面积。最后，裙楼柱缩小为直径 700mm，主楼柱缩小为直径 1100～1200mm 的钢管高强混凝土柱，钢管壁厚分别为 10mm

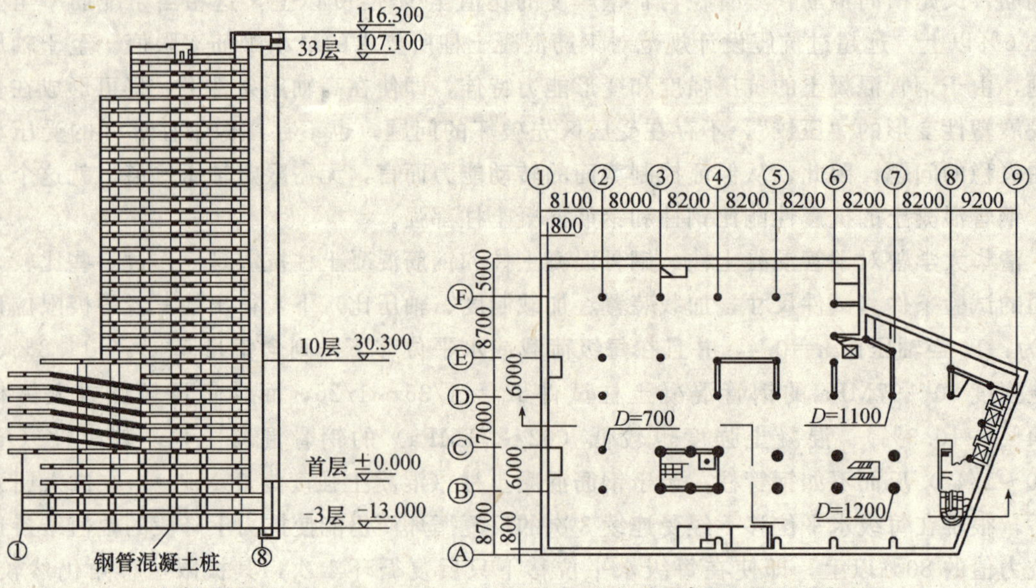

（a）剖面图　（b）地下室（1～3层）平面图

图 8-2　广州好世界广场大厦结构布置图

和 20mm，管材为 Q235 钢，直缝焊接管，从而经济有效地解决了“胖柱”问题。

钢管混凝土柱与钢筋混凝土梁的连接，其剪力传递采用穿心工字形钢牛腿（承重销），梁端弯矩传递则视建筑布置的具体情况，或采用双梁接头，钢筋从钢管两侧通过，或采用单梁接头，钢筋直接与穿心牛腿的上下翼缘板焊牢。

钢管内的混凝土浇灌采用自钢管上口泵送抛落方式，除在柱的顶部稍作振插外，其余部位不作振捣。经模拟试验，证明浇灌质量良好。

钢管高强混凝土柱为本工程地下部分的逆作法施工和并行开展地上部分的施工创造了安装可靠的条件，使工期缩短了 6 个月。

图 8-3　天津今晚报大厦（38 层）

工程实例二：天津今晚报大厦（图 8-3）

该大厦位于天津市南京路与南开三马路交汇处北侧，占地面积 1.6 万 m^2，总建筑面积 8.2 万 m^2。地下两层，地上 38 层，总高度为 137m。集办公、写字楼和公寓于一体，其中地下室为停车场和设备用房，裙房为娱乐中心和商场，标准层共 30 层，12 层以下为办公用房，13～25 层为出租写字间，25 层以上为公寓，在顶部设有直升飞机停机坪。继广州好世界广场大厦之后，今晚报大厦是采用 C60 级钢管高强混凝土柱的第二座超高层建筑。按 7 度抗震设计。

主楼结构体系为内筒稀柱现浇钢筋混凝土结构（图 8-4）。楼盖为井式双向密肋板，其结构厚度 430mm。柱网为 8.4m×8.4m。柱最大轴力为 35000kN，若采用 C60 级钢筋高强

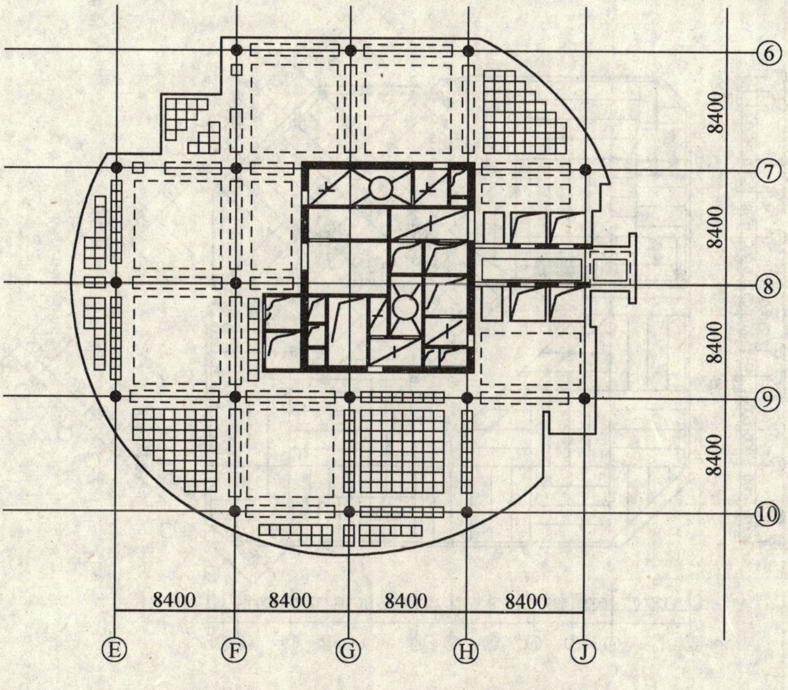

图 8-4　天津今晚报大厦主楼平面图

混凝土柱，截面尺寸需要 1.4m×1.4m，这样一来，8.4m 柱网的柱间净距只有 7m，每柱间停三辆车已不可能。而采用 C60 级钢管高强混凝土柱，柱径仅 1020mm，柱净空为 7.38m，可停三辆车，显著提高了地下停车场的使用效能。根据结构体系的特点，柱子从底至顶，全部采用钢管混凝土柱。钢管为 ϕ235 钢螺旋缝焊接管。柱从底到顶分 5 段逐渐减小，管径从 1020mm 减至 630mm，每段缩小 100mm，管壁厚度从 14mm 逐段减至 8mm，混凝土从 C60 逐段降至 C35。

图 8-5 深圳赛格广场大厦（72 层）

柱与板连接，采用不穿心的环形钢牛腿传递剪力。环形牛腿由 16 条竖向腹板与上下加强环焊接面成。腹板与钢管柱、上下加强环板之间的连接为双面满焊，上下加强环与钢管柱的连接采用间断焊，间断率为 50%。弯矩传递，与双梁类似，钢筋从钢管两侧通过，不穿过钢管。

工程实例三：深圳赛格广场大厦（图 8-5）

该大厦位于深圳市深南中路与华强北路交汇处东北角的商业繁华地段，占地 9655m²，总建筑面积超过 16 万 m²，地上 72 层（含裙房 10 层），地下 4 层，总高度 291.6m，是一座以电子高科技为主，兼会展、办公、商贸、信息、证券、娱乐为一体的多功能综合型楼宇。按 7 度抗震设计。这是我国第一座采用钢管高强混凝土柱的钢结构体系超高层建筑，也是目前世界最高的一座钢管混凝土高层建筑。

裙房为 12m×12m 柱网的框剪力墙结构体系。塔楼为内筒外框稀柱体系（图 8-6）。内

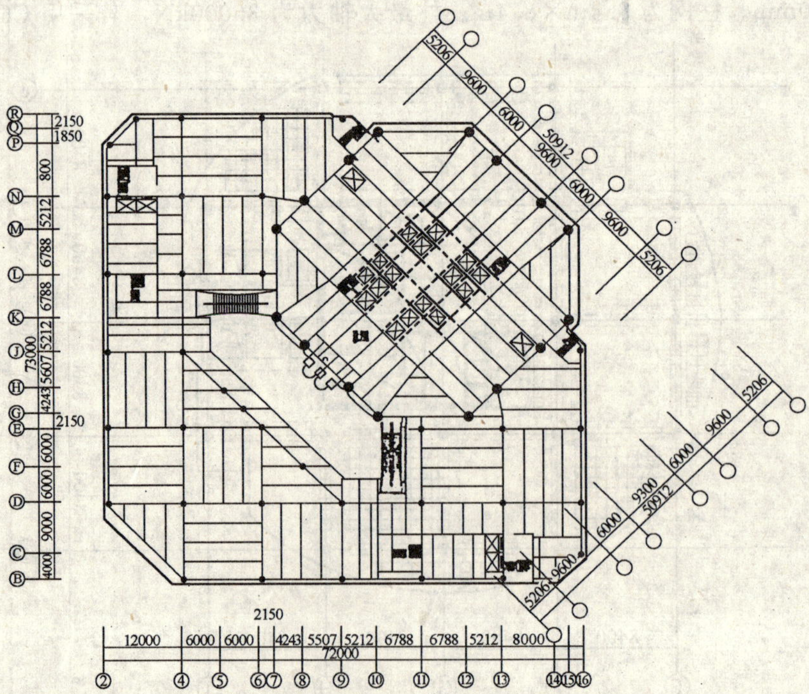

图 8-6 深圳赛格广场五、六层结构布置图

筒由密排的钢管混凝土柱和实腹型钢梁组成的筒体，内设纵横各 4 道钢筋混凝土剪力墙。塔楼周边设 16 根钢管混凝土柱。柱网为 9.6m（6.0～9.3m）。楼盖由压型钢板上现浇混凝土板和钢梁组成。塔楼柱子最大轴力为 90000kN，采用 ϕ1600×28mm 的 16Mn 钢管柱，内填 C60 级高强混凝土。如采用 16Mn 的箱形钢柱，则不仅用钢量将增加一倍，而且还需用 60mm 以上的厚钢板。

柱与梁节点为钢梁与钢管柱直接连接，于钢梁上下翼缘标高处在钢管柱内焊接内加强环，以消除钢梁翼缘对钢管壁的撕裂力。该加强环亦兼具钢管与核心混凝土界面抗剪连接件的功能。在地下室和基土开挖采用逆作法施工的同时，地上结构亦同时开展施工，从而使工期缩短了半年。

该工程于 1997 年 1 月动工，1999 年 4 月封顶。

第三节　钢管混凝土结构的设计与节点构造

一、设计计算

对构架进行内力分析和变形验算时，应使用钢管混凝土柱的折算惯性矩和折算面积：

$$I_o = I_s + nI_c \tag{8-1}$$

$$A_o = A_s + nA_c \tag{8-2}$$

$$N = E_c/E_s \tag{8-3}$$

式中　I_o、A_o——折算惯性矩和折算面积；

I_s、A_s——钢管的惯性矩和截面面积；

I_c、A_c——混凝土的惯性矩和截面面积；

E_s——钢材的弹性模量；

E_c——混凝土的弹性模量。

目前钢管混凝土结构的承载力计算方法正逐步完善，其计算理论是根据钢管混凝土的基本力学性能，混凝土处于三向受压状态下，核心混凝土抗压强度提高的原理上建立的。《钢管混凝土结构设计与施工规程》（CECS 28－90）中轴心受压和偏心受压构件承载力计算公式分别为：

$$N \leqslant \phi(f_sA_s + K_1f_cA_c) \tag{8-4}$$

$$N_e \leqslant r\phi_c(f_sA_s + K_1f_cA_c) \tag{8-5}$$

式中　N、N_e——轴压和偏压承载力设计值；

ϕ——钢管混凝土轴心受压杆件稳定系数；

ϕ_c——钢管混凝土偏心受压杆件承载力折减系数；

r——ϕ_c 的修正值；

f_s、f_c——钢材和混凝土抗压强度设计值；

A_s、A_c——钢管和混凝土的面积；

K_1——混凝土强度提高系数。

在上述两式中，系数 K_1 是混凝土强度的提高系数，与钢管的材质、含钢率、混凝土的强度等级有关。其次还应与受力状态有关，轴心受压和偏心受压构件混凝土强度提高系数是不同的。规程中为了使设计计算表达式统一，减少表格，采用了同一个提高系数 K_1，而在偏心受压状态下使用 ϕ_c 偏心和小偏心受压杆件承载力折减系数，体现混凝土强度提高的变化。从而看出，轴心受压和小偏心受压杆件采用钢管混凝土更为有利。但当偏心较大时，可设计成结构式缀条组合柱，将弯矩转化成轴心力，使之充分发挥特性。

另一种计算方法，用混凝土受力后对钢管产生侧压应力的大小来计算混凝土强度提高的幅度。混凝土在设计轴压力作用下，由于体积变化，会对钢管侧壁产生压力 P，根据内力平衡条件（见图 8-7）。单位长度上的力应为：

$$2\sigma \cdot t = d_c \cdot P \text{ 或 } P = 2\sigma \cdot t / d_c \qquad (8\text{-}6)$$

式中 t——钢管壁厚（mm）

d_c——钢管内径（mm）

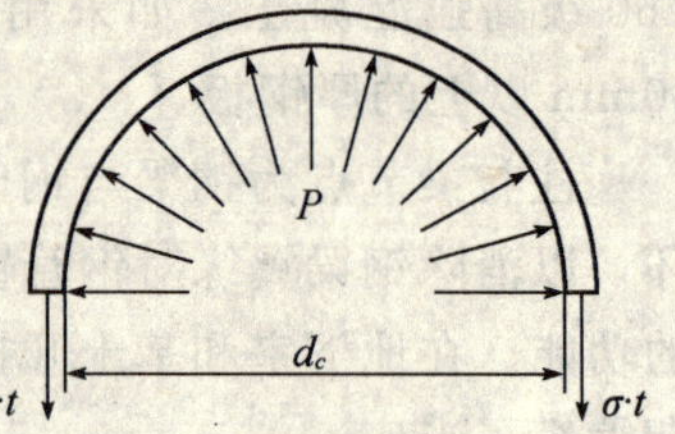

图 8-7

从式中看出，P 值与钢管直径、壁厚和钢管所承受拉应力有关。当 σ 确定后 P 值仅与钢管的直径和壁厚有关。很容易得出表 8-2。

表 8-2　3 号钢钢管的 P 值表　（MPa）

d_c \ t	10	11	12	13	14	15	16	17	18	19	20	22
402	7.46	8.21	8.96	9.70	10.45	11.19	11.94	12.69	13.43	14.18	14.93	16.42
426	7.04	7.75	8.45	9.15	9.86	10.56	11.27	11.97	12.68	13.38	14.08	15.49
450	6.67	7.33	8.00	8.07	9.33	10.00	10.67	11.33	12.00	12.67	13.33	14.67
480	6.25	6.88	7.50	8.13	8.75	9.38	10.00	10.63	11.25	11.88	12.50	13.75
500	6.00	6.60	7.20	7.80	8.40	9.00	9.60	10.20	10.80	11.40	12.00	13.20
530	5.66	6.23	6.79	7.36	7.92	8.49	9.06	9.62	10.19	10.75	11.32	12.45
560	5.36	5.89	6.43	6.96	7.50	8.04	8.57	9.11	9.64	10.18	10.71	11.79
600	5.00	5.50	6.00	6.50	7.00	7.50	8.00	8.50	9.00	9.50	10.00	11.00
630	4.76	5.24	5.71	6.19	6.67	7.14	7.62	8.10	8.57	9.05	9.52	10.48

从表 8-2 中可以看出，同样直径的钢管，壁厚不同时，其破坏时的 P 值是不尽相同的，一般都是与壁厚呈直线关系变化。同样从表 8-2 还可以看出，当钢管壁厚不变时，随着钢管直径的加大，其 P 值随着减小，这说明钢管直径加大后对混凝土的约束力作用随之减弱。

计算方法在轴压力作用下，钢管混凝土构件承载力表达式为：

$$\left.\begin{aligned} N &\leqslant A_s f_s + A_c f_c' \\ f_c' &= f_c + KP \end{aligned}\right\} \qquad (8\text{-}7)$$

式中 K——混凝土强度提高系数，$K=2+1.5/\sqrt{P/f_c}$与《钢管混凝土结构设计与施工规程》（CECS 28－90）中 K_1 值计算方法不同，一般情况 $K=4$。

考虑到混凝土的匀质性较差，施工条件受到限制和施工技术等因素，设计时应考虑 $A_c f_c'$的折减，一般情况下取 0.7～0.8，故公式改写为：

$$N \leqslant \phi[A_s f_s + (0.7 \sim 0.8) A_c f_c'] \qquad (8\text{-}8)$$

若框架底层柱计算长度为 7.0m，每根柱承受轴力设计值为 8237kN，弯矩 309kN·m。为了进行两种计算公式的比较，按轴心受压柱计算（实际计算中按《钢管混凝土结构设计与施工规程》（CECS 28－90）提供的偏心受压杆件计算公式）。

设钢管为 ϕ550×10，混凝土为 C30（$A_s=16960\text{mm}^2$，$A_c=220620\text{mm}^2$）

$$\lambda = \frac{4l_0}{D} = \frac{4 \times 7000}{550} = 50.9 \qquad \text{查表得：} \phi = 0.913$$

$$\rho = \frac{4t}{D} = \frac{4 \times 10}{550} = 0.073 \qquad 查表得：K_1 = 1.714$$

第一种：按式（8-4）$\phi\ (f_s A_s + K_1 f_c A_c) = 0.913 \times (215 \times 16960 + 1.714 \times 15 \times 220620)$

$= 0.913 \times (3646400 + 5672140)$

$= 8507827\text{N} = 8508\text{kN} > 8237\text{kN}$

第二种：按式（8-7）$f_c{}' = f_c + KP = 15 + 4 \times 5.66 = 37.64$

$$K = 2 + 1.5 / \sqrt{\frac{P}{f_c}} = 2 + 1.5 / \sqrt{\frac{5.66}{15}} = 4.44，取 K = 4$$

$$\phi(f_s A_s + 0.7 f_c{}' \times A_c) = 0.913 \times (215 \times 16960 + 0.7 \times 37.64 \times 220620)$$
$$= 0.913 \times (3646400 + 5812896)$$
$$= 8636337\text{N} = 8636\text{kN}$$

从上述计算结果可以看出，两种计算公式比较接近，用《规程》（CECS 28－90）公式计算偏于安全。混凝土所承受的压力比钢管所承受的压力还要大，因而大大地改善了钢管的承载力。另外，如果该构件不灌注混凝土，单由钢管来承受轴压力，则钢管应选用 ϕ950×14。此时 $A_s = 41170\text{mm}^2$，$\lambda = \frac{4 \times 7000}{950} = 29.5$，查表得 $\phi = 0.938$，则 $\phi f_s A_s = 0.938 \times 215 \times 41170 = 8298328\text{N} = 8298\text{kN}$ 略大于 8237kN。

这说明，在没有 ϕ950×14 钢管的情况下，用 ϕ550×10 钢管，且在钢管内灌注 C30 混凝土同样能解决问题，可见节省钢材是可观的。当然，设计中还可以用更细的钢管和强度等级更高的混凝土来解决这一问题。

需要指出的是，抗震设计规范要求强柱弱梁方案，不允许出现塑性铰和发生剪切破坏，要具有较好的延性。对于普通钢筋混凝土柱，是通过限制轴压比、最小配筋率、箍筋形式来处理的。而钢管混凝土的极限压应变比普通钢管混凝土大的多。无需特别通过控制轴压比来控制其延性。

二、钢管混凝土柱的节点构造

在抗震设计中，"强柱弱梁，强节点弱构件"的设计原则。在钢管混凝土柱的设计中亦不例外，节点构造设计十分关键。节点既要能传递梁、柱弯矩和剪力，不影响钢管的完整性，又不致施工时太复杂困难。

框架梁柱的节点设计，是保证整个结构强度和刚度的重要环节，根据钢管混凝土的特点，采取加强环板的形式，设明牛腿，使其传力明确，达到钢管和内部混凝土能共同工作，还要便于制作安装及管内混凝土灌筑。

按梁柱间的弯矩传递情况来分，钢管混凝土柱节点可以分为刚接节点、铰接节点和弹性连接节点，划分的依据是梁柱间的夹角是否出现转动。实际上，绝对的刚接节点是不存在的，而铰接节点的原理和构造均较为简单，只需设置牛腿传递梁端剪力。以下讨论弹性连接节点的形式和力学性能。

第一种　加强环式节点（见图 8-8）

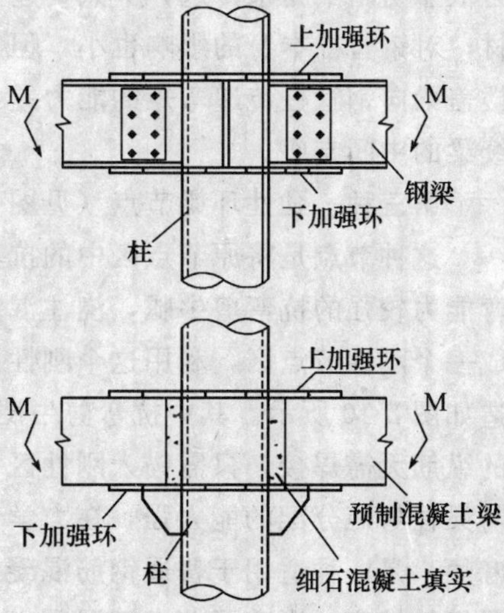

图 8-8　加强环式节点

加强环式节点是《钢管混凝土结构设计与施工规程

（CECS 28—90）》所推荐的节点形式之一，根据剪力传递方式的不同，可分为加强环肋板式节点、加强环承重销式节点、加强环穿心钢板节点和加强环腹板式节点等。它们的基本原理是一致的，即利用上下加强环分别承受拉压力，形成力偶来抵抗梁端弯矩，利用垂直肋板、型钢承重销、穿心钢板、明牛腿等来传递梁端剪力，其基本构造见图 8-8。加强环式节点是迄今为止研究最成熟、应用较多的一种节点，其传力路径简洁明确，节点刚度大、承载力高，在适当的截面设计下能够实现“强柱、弱梁、节点更强”，其力学性能优越，且用于钢梁与钢管柱的连接头中施工方便，是一种综合性能较好的节点。但是，节点的用钢量较大，且用于钢筋混凝土楼盖时施工困难，主要是梁纵筋与加强环的焊接麻烦，影响梁钢筋笼就位，因而节点在实用中的适应性和灵活性较差。

第二种　钢筋环绕式节点（见图 8-9）

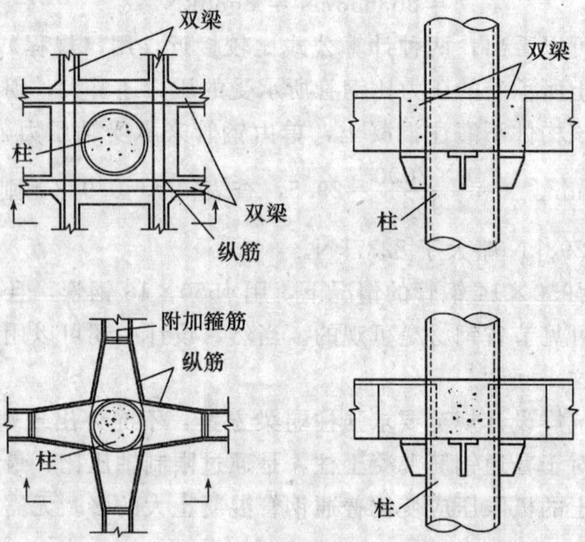

图 8-9　钢筋环绕式节点

这种类型的节点也是《钢管混凝土结构设计与施工规程（CECS 28—90）》所推荐的节点形式之一，包括双梁节点和变宽度单梁节点。其工作机理是利用连续钢筋来传递弯矩，剪力依靠明暗牛腿来传递，节点构造如图 8-9 所示。这种节点的构造简单，施工方便，节省钢材，对钢管柱本身的影响也小，但节点对楼盖梁系布置的影响较大，而且节点的刚度较弱，楼盖梁向钢管柱传递弯矩的能力差，钢管柱参与弯矩分配的程度较小，计算时只能认为是连续梁的中间支座。

第三种　劲性环梁节点（见图 8-10）

这种节点是将原节点区中的抗剪牛腿加高、加长，并将牛腿提高到梁纵筋以下，形成抗弯能力较强的抗弯剪牛腿，浇注混凝土后在节点周边形成一圈刚度较大的劲性混凝土梁，形成一个刚性节点区，利用这个刚性区域的整体工作来承受和传递梁端的弯矩和剪力，节点构造如图 8-10 所示。其中抗弯剪牛腿可以采用半穿心或不穿心的形式，以方便施工，框架梁的纵筋无需焊接，只需锚入刚性区一定长度即可。这种节点的刚度大，承载力高，钢管柱参与梁柱弯矩分配的能力强，在力学性能上比较接近刚性节点，同时可以避免牛腿穿心带来的麻烦，是一种适用于普通钢筋混凝土楼盖的综合性能较好的节点形式。其主要的弱点在于环梁钢筋较密，影响了节点区混凝土的浇筑。

第四种　锚定板式节点（见图 8-11）

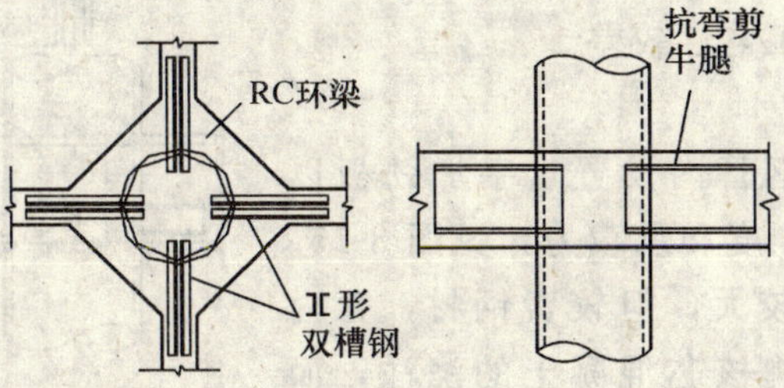

图 8-10　劲性环梁节点

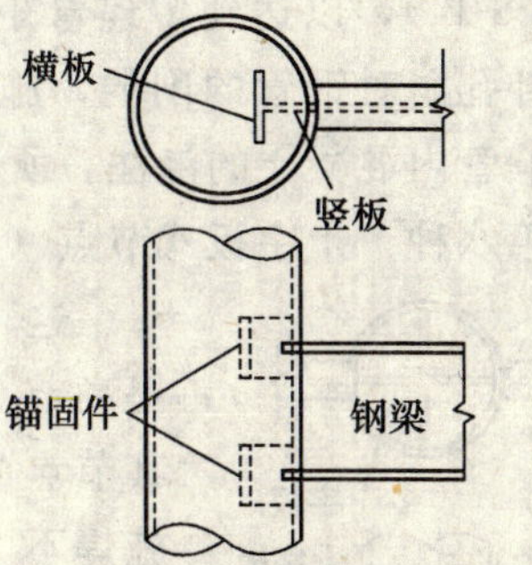

图 8-11　锚定板式节点

这种节点是在钢管内正对钢梁上下翼缘处各焊一个 T 形锚定板，埋于核芯混凝土内，以承受梁翼缘传来的拉力，剪力的传递则依靠梁腹板的竖直焊缝，节点构造（见图 8-11）。这种节点构造简单，省钢材，但节点的整体刚度较小，适用于节点内力不大的情况，目前已在深圳赛格广场工程中应用。

第五种　抗剪环环梁节点（见图 8-12）

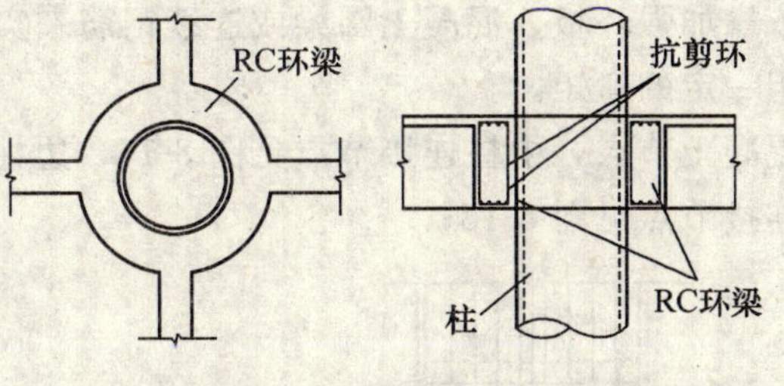

图 8-12　抗剪环环梁节点

这种节点是在圆钢管外浇筑一道环形钢筋混凝土梁以传递弯矩，在环梁与钢管的接触面紧贴钢管外表面贴焊 1～2 根环形钢筋作为抗剪环以传递剪力，节点构造见图 8-12。这种节点钢管内没有任何穿心构件且没有方向性，可与任意方向的楼盖梁相接，制作简单、施工方便，并省去了型钢牛腿，其施工上和经济上的优势明显，但由于仅依靠钢筋混凝土环梁来传递弯矩，钢管柱在正常使用状态下参与弯矩分配的能力不强，节点的刚度也较差，所以不能看作是一个刚性节点。同时，节点在剪力的传递上依靠抗剪环筋以及环梁与钢管壁间的粘结和摩擦，其力学性能还有待进一步的试验验证和实践检验。

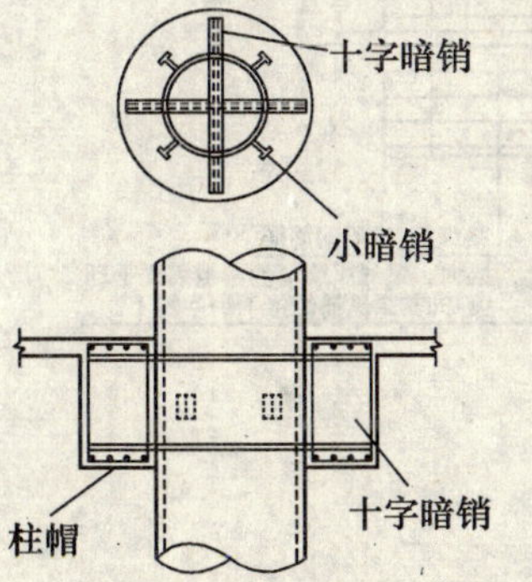

图 8-13　无梁楼盖板柱节点

第六种　无梁楼盖板柱节点（见图 8-13）

这种节点的构造是在暗梁轴线方向上设置十字穿心承重暗销，以钢筋混凝土环梁包住承重暗销形成“柱帽”，同时在钢管柱的 45°方向上设置四个小暗销以抗剪并提高整个节点的刚度（见图 8-13）。这种节点的受力性能较好，但其动力性能有待考证。

第七种　钢筋贯通式节点（见图 8-14）

这种节点是通过在钢管壁上开孔，使楼盖梁纵筋贯穿钢管柱（见图 8-14），以达到传递弯矩的目的，钢管壁开孔处需加设加劲肋以弥补孔洞对钢管的削弱，施工较为复杂，而且钢管内的双层钢筋也影响管内混凝土的浇注，所以其节点的工艺性较差。

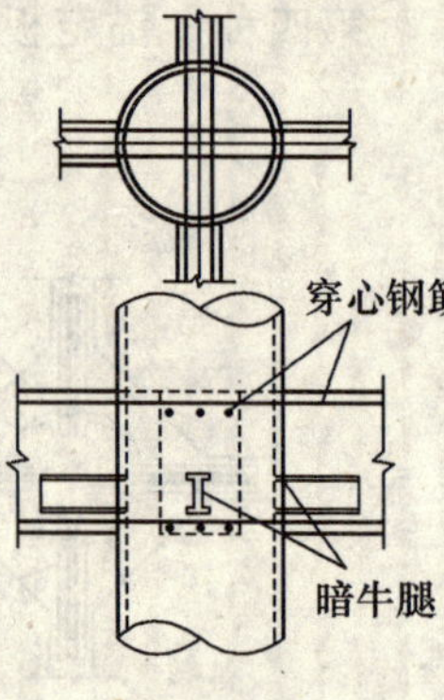

图 8-14 钢筋贯通式节点

第八种 十字板式节点（见图 8-15）

这种节点是在钢管内设置十字加劲板以提高节点区的整体刚度和承载力，见图 8-15。其节点的整体刚度较大，但较费钢材，管内施焊不方便，也影响核芯混凝土的浇注，而且存在因钢管壁局部破坏而降低整体承载力的危险。

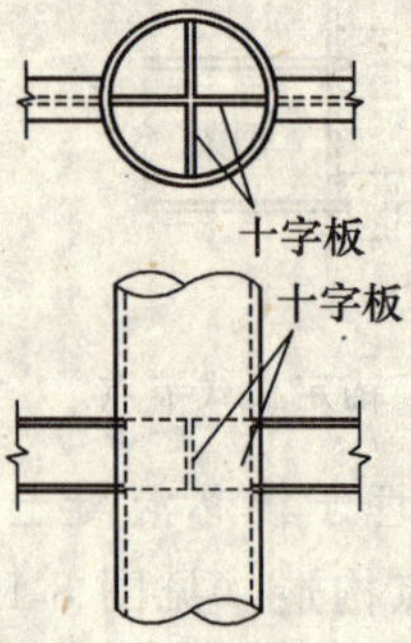

图 8-15 十字板式节点

以上是目前众多节点类型中较有代表性的几种，在实际工程中应用的节点形式还有很多，节点的构造多种多样，其具体的名称也不统一，但其基本传力机理都包含在以上所列举的几种节点类型中，即：

①剪力传递：主要依靠明暗牛腿、抗剪环箍、钢梁腹板、抗剪销等钢构件进行剪力传递，节点区混凝土与钢管壁之间的黏结力和摩擦力也发挥了一定的作用；

②弯矩传递：主要依靠加强环板、混凝土圈梁或连续钢筋来实现弯矩传递，如有型钢牛腿则牛腿自身可帮助承担一定的弯矩。

另外，钢管柱现浇混凝土节点，中柱连接节点见图 8 16，边柱连接节点见图 8-17。

钢管柱上下变截面连接节点见图 8-18；

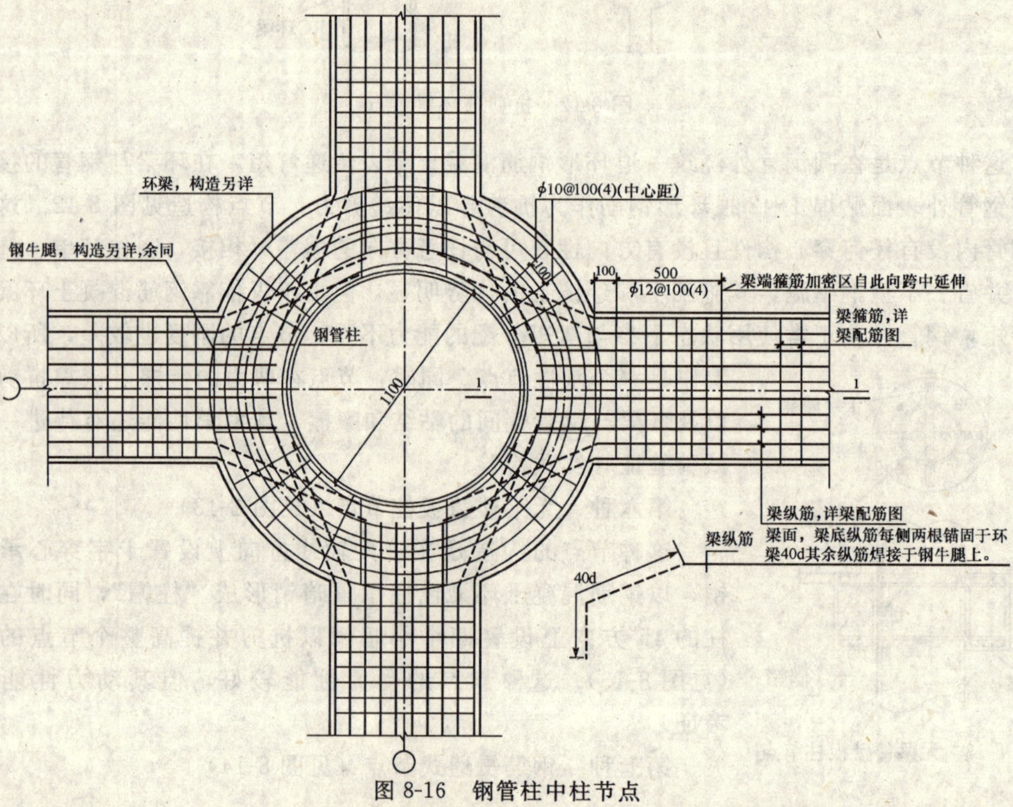

图 8-16 钢管柱中柱节点

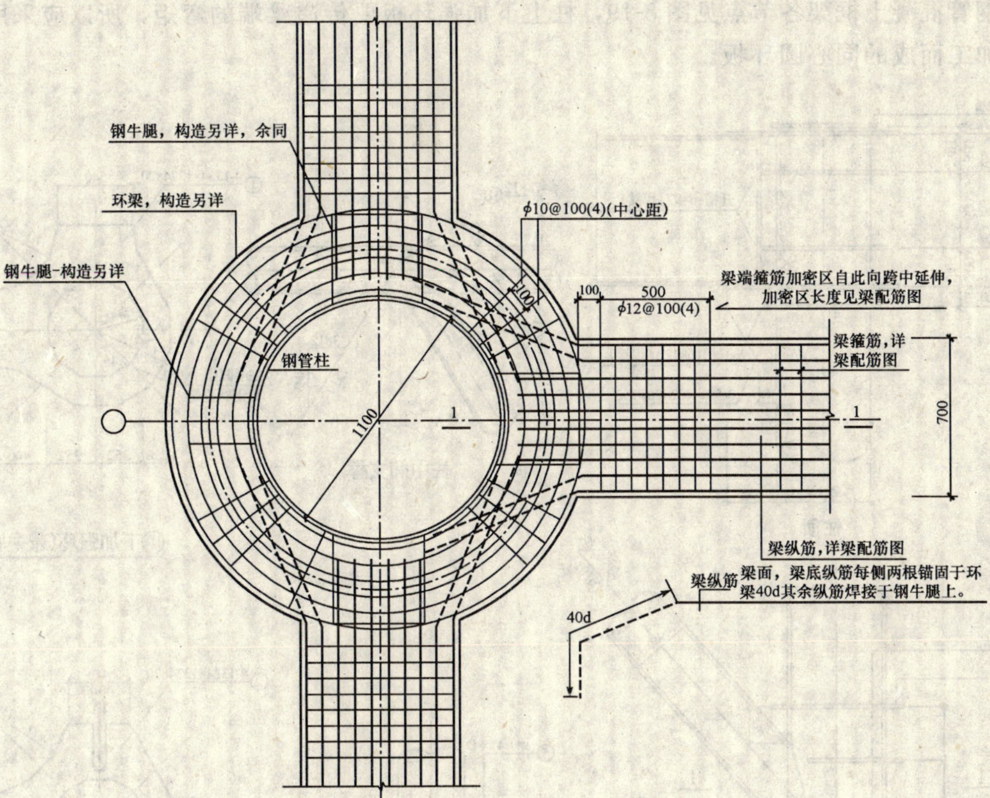

图 8-17　钢管柱边柱节点

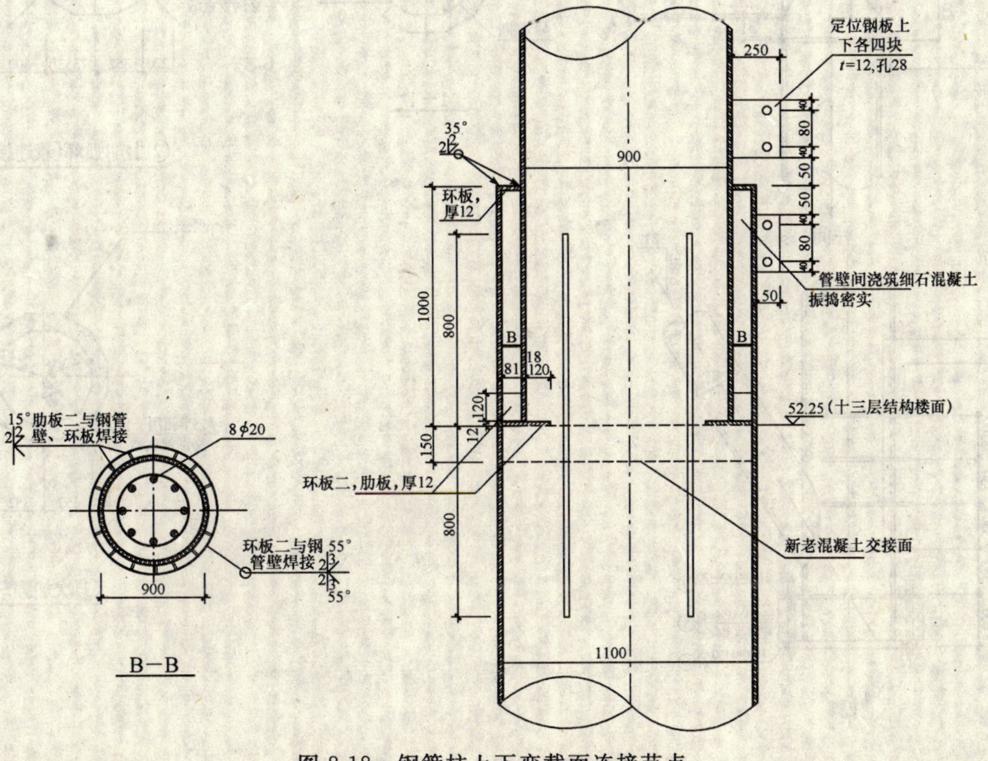

图 8-18　钢管柱上下变截面连接节点

钢管混凝土框架各节点见图 8-19，柱上下加强环板要传递梁端的弯矩，所以应采用整体钢板加工而成的同心圆环板。

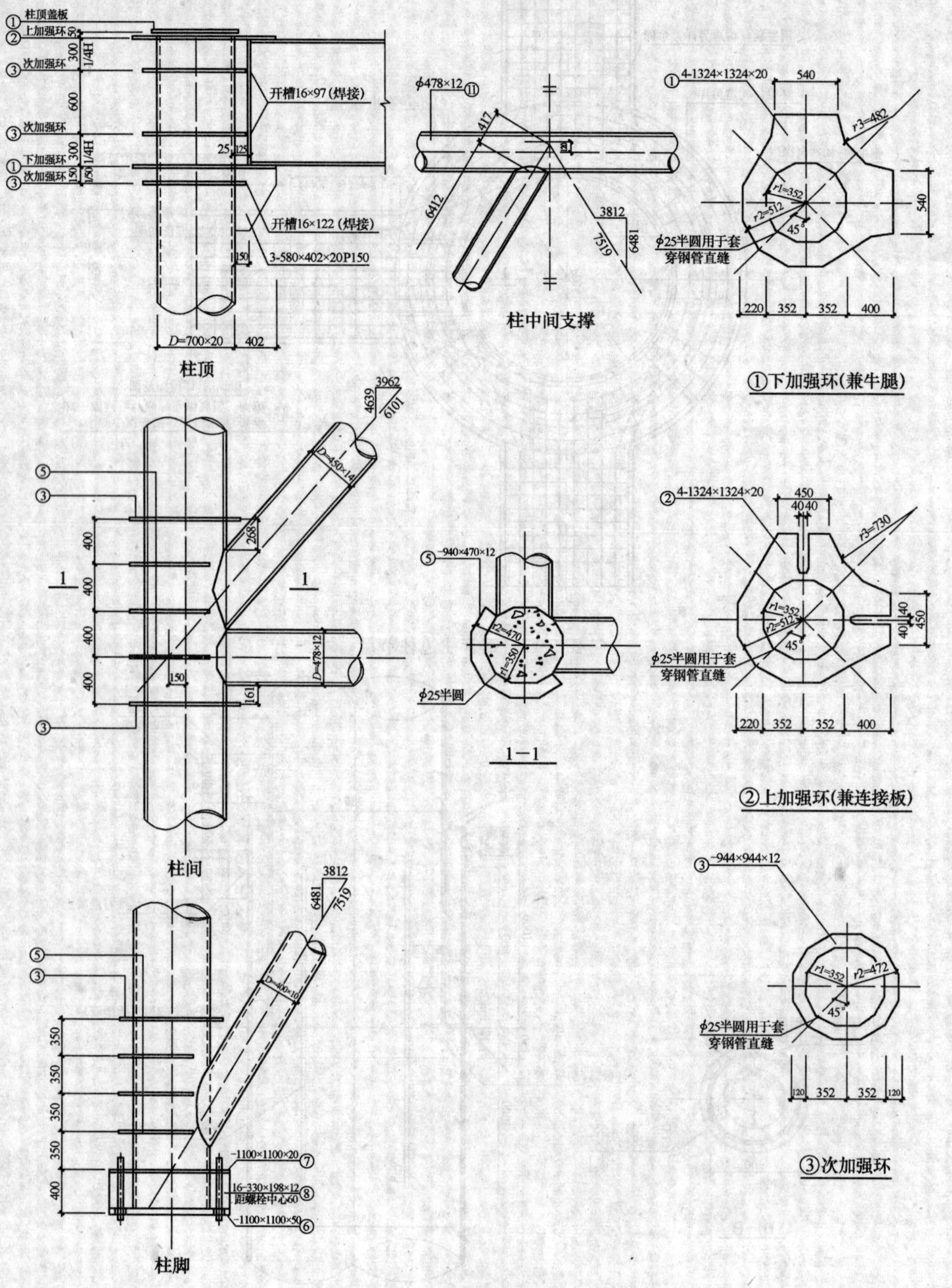

图 8-19　钢管混凝土框架各节点详图

矩形或圆形钢管混凝土框架柱与梁的抗弯连接，不提倡用钢筋混凝土梁连接。当梁采用钢梁时，在梁上下翼缘对应位置，应设置内隔板或外隔板，以便将翼缘的集中力传给柱子（见图 8-20）。隔板厚度不应小于对应梁翼缘的厚度。矩形钢管混凝土柱可采用内隔板或外隔板。但圆形钢管混凝土柱通常仅采用外隔板。详细节点构造可依据《矩形钢管混凝土结构技术规程》（CECS 159－2004）有关作法。

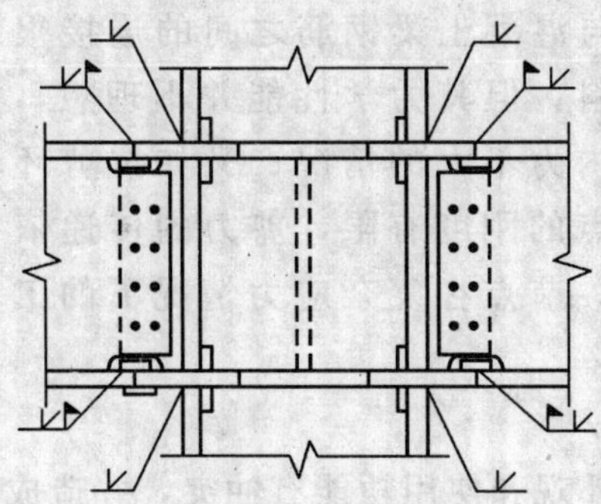
(a) 节点剖面1－1

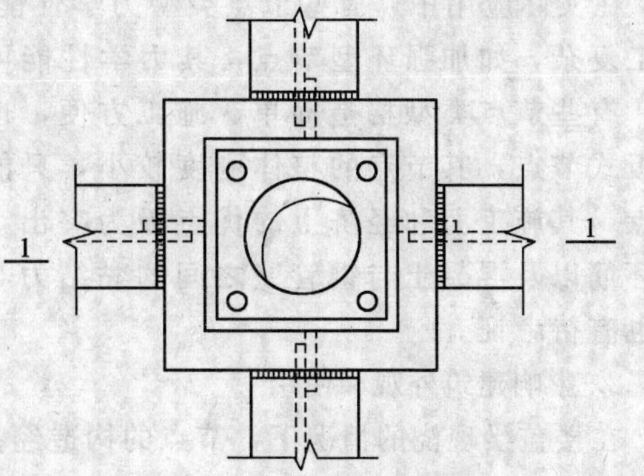

(b) 节点平面

①外伸内隔板式梁柱连接

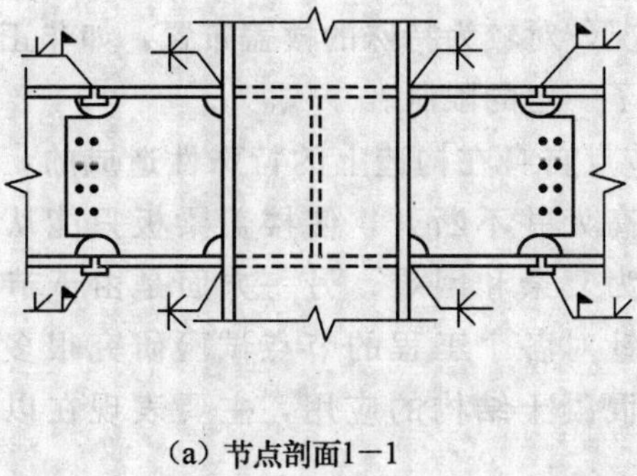
(a) 节点剖面1－1

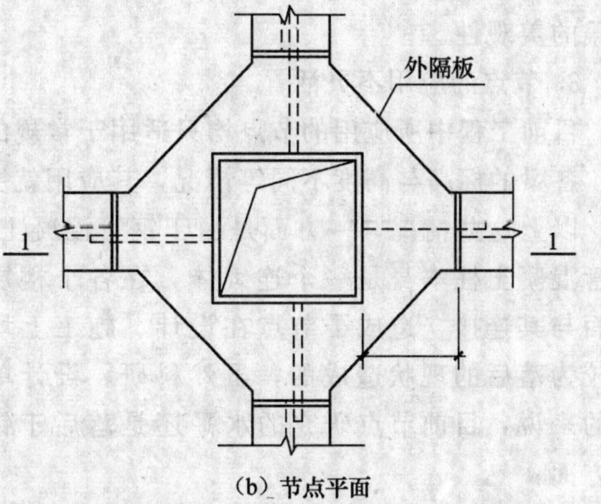

(b) 节点平面

②方钢管外隔板式梁柱连接

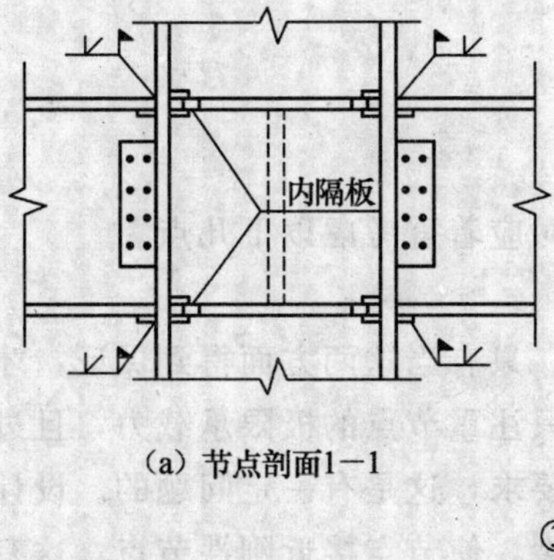

(a) 节点剖面1－1

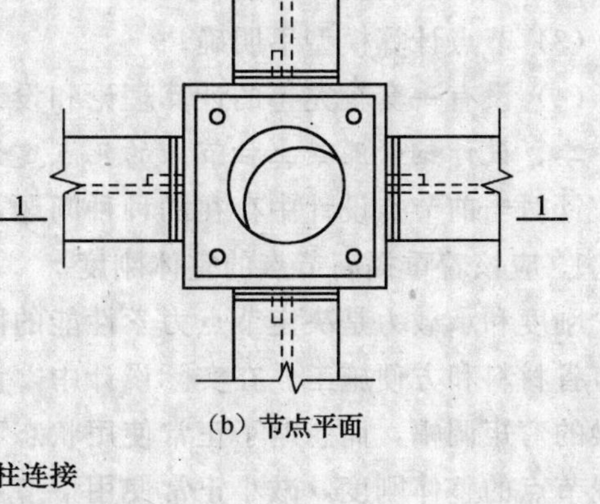

(b) 节点平面

③圆管外隔板式梁柱连接

图 8-20　钢管柱外隔板式梁柱连接

第四节　柱节点的应用和研究

一、钢管混凝土柱节点目前在应用中存在的主要问题

1. 节点的力学性能和施工的简易性、经济性不能两全

在实际应用中，有些节点类型力学性能较好，节点整体刚度也高，但材料用量大、施工复杂，如加强环型节点，其力学性能可靠，但与混凝土梁钢筋之间的连接很难实现；有些节点类型构造简单、施工方便，也较省材料，但其力学性能并不理想，如锚定板式节点，其节点的整体刚度较小，只能适用于内力不大的情况；又如抗剪环环梁节点，其施工上和经济上的优点极为突出，但其节点的刚度有限，剪力的传递依靠抗剪环筋以及混凝土与钢管壁之间的黏结力与摩擦力，节点在复杂应力情况下的工作性能也有待考证。

2. 影响建筑外观和使用

在楼盖梁现浇的情况下，节点的构造经常与建筑外观和使用功能有冲突，并造成楼盖梁板的布置不灵活。如环梁类节点应用于边柱时，将造成环梁突出建筑立面；又如双梁节点，一方面使梁系的布置复杂化，另一方面又造成楼盖的不雅观，要靠装饰吊顶来解决，而单梁节点又使楼盖梁的宽度过大，既增加结构自重又造成材料浪费，而且影响了楼盖的美观性。

3. 节点的应用不灵活

目前工程中所应用的节点均只适用于常规的情况，对较为特殊的楼盖布置，如非正交梁系、各梁的标高与高度不同等情况，其应用就受到了一定的限制。

以上这些情况，一方面是由于钢管混凝土柱节点自身在构造上的特殊性造成的，因为钢管混凝土柱本身是一个连续体，在各个楼层标高处并不断开，使楼盖梁板只能从柱子侧面与其连接，造成了节点在设计、施工上均较为复杂和困难；另一方面是由于节点研究较为落后的现状造成的，虽然科研、设计单位针对各个工程的节点试验研究很多，但总的来说，目前节点研究的水平还是落后于钢管混凝土结构的应用，主要表现在以下几个方面：

（1）试验研究较零散，缺乏系统性；

（2）对节点的抗震性能研究较少，无统一的抗震试验方法和评定标准；

（3）节点计算模型不明确；

（4）没有一套较完整的计算理论和设计方法。

二、设计钢管混凝土柱节点的几点建议

针对当前节点设计中存在的种种问题，建议在设计时应着重考虑以下几点。

1. 应该着重提高节点的整体刚度

刚度和承载力是决定节点力学性能的两个重要指标，只有当这两方面得到保证，才能考虑节省材料和方便施工。在实际设计中，设计人员往往只注重节点的极限承载力，且过分依赖梁的弯矩调幅，而忽略了正常使用状态下节点的刚度要求，这是有一定问题的。设计中应重视节点的整体刚度，减小正常使用下节点的变形和开裂，使节点接近刚性节点，这有利于提高整体结构的刚度和承载力。

2. 应该注意提高节点直接向钢管柱传递弯矩的能力

钢管混凝土柱节点与普通钢筋混凝土框架节点的最大区别在于梁柱间难以直接实现拉力的传递，因而影响钢管柱参与节点弯矩分配的能力。设计中应注意提高节点直接向钢管柱传递弯矩的能力，使钢管柱真正参加节点弯矩分配，这样才能发挥框架在力学上的优势。

3. 不宜过分依赖节点区混凝土与钢管壁间的黏结力和摩擦力

在剪力传递方面，节点区混凝土与钢管壁间的黏结力和摩擦力无疑将发挥一定的作用，但两者难以定量计算，在数值上存在很大的不确定性，而且在复杂受力条件下（如反复受荷）将易遭到破坏，所以在设计中不宜过分考虑；否则，将减小节点的安全储备。

4. 宜尽量减少穿心构件的采用

穿心牛腿或钢筋虽然在传力上比较可靠，但对钢管内核芯混凝土的浇筑造成困难，构件施焊麻烦，且对钢管柱有一定的削弱作用，所以实用中宜尽量减少穿心构件的出现。

第五节　钢管混凝土节点抗震设计

在抗震设计中，“强柱弱梁，强节点弱构件”的设计原则很重要。在钢管混凝土柱的设计中亦不例外，节点构造设计十分关键。节点既要能传递梁、柱弯矩和剪力，不影响钢管的完整性，又不致施工时太复杂困难。

框架梁柱的节点设计，是保证整个结构强度和刚度的重要环节，根据钢管混凝土的特点，采取加强环板的形式，设明牛腿，使其传力明确，达到钢管和内部混凝土能共同工作，还要便于制作安装及管内混凝土灌筑。各节点连接构造见图 8 19 所示。

柱上下加强环板要传递梁端的正负弯矩，所以应采用整体钢板加工而成的同心圆环板。

在分析钢管混凝土结构节点抗震设计中几种承载力计算模式的基础上，采用了按“钢管混凝土框架节点统一理论”为依据的计算模式，并提出了统一的有别于钢管混凝土框架节点的抗震设计方法。

一、问题的提出

随着高层、超高层建筑的大量兴建，市场经济观念的增强，提高功能和效益的要求促进了科技进步，性能优越的钢管混凝土结构日益增多。钢管混凝土结构中的关键部位之一是梁-钢管混凝土柱节点，然而其抗震设计方法至今仍属空白。特别是节点形式不断更新，解决该问题的迫切性更加突出。

若按“钢管混凝土统一理论”，将钢管混凝土视为统一的一种组合材料，用钢管混凝土的组合性能指标来计算节点核芯区的承载力，问题可以迎刃而解。

二、节点承载力计算模式及方法

节点受力的示意如图 8-21 所示。梁可能是钢筋混凝土亦可能是型钢或钢骨混凝土的。梁与钢管混凝土柱连接部位，有的采用钢管壁上钻洞，梁内主筋或部分钢板穿越核芯区，有的用钢牛腿分别与主筋及钢管焊接，亦有设钢筋混凝土环梁并使部分梁内主筋锚入环梁内等，形式多样。虽然受力十分复杂，但核芯区均处在空间受力状态，归纳起来，受到有因梁端弯矩与柱端剪力引起的水平剪力，钢管混凝土柱传入的轴向力和弯矩。

当 $N/A_{sc}<0.2\sqrt{1-(V/V_0)^2 f_{sc}}$ 时

$$\left(\frac{N}{1.4N_0}+\frac{M}{M_0}\right)^{1.4}+\left(\frac{V}{V_0}\right)^2\leqslant 1 \tag{8-9}$$

当 $N/A_{sc}<0.2\sqrt{1-(V/V_0)^2 f_{sc}}$ 时

$$\left(\frac{N}{N_0}+\frac{M}{1.071M_0}\right)^{1.4}+\left(\frac{V}{V_0}\right)^2\leqslant 1 \tag{8-10}$$

式中 N、M、V——同时作用的轴力、弯矩和剪力；

N_0、M_0、V_0——分别为钢管混凝土截面轴心受压、纯弯和纯剪时的承载力；

A_{sc}——截面面积，$A_{sc}=\pi r_0^2$，r_0 为钢管外半径；

f_{sc}——钢管混凝土组合设计抗压强度。

式（8-9）和（8-10）中，N_0、M_0 及 V_0 的表达式均应用文献中相关公式，及

$$N_0=A_{sc}f_{sc} \tag{8-11}$$

$$M_0=\gamma_m W_{sc}f_{sc} \tag{8-12}$$

$$V_0=\gamma_v f_{sc}^v A_{sc} \tag{8-13}$$

式中受弯、受剪时的塑性发展系数 γ_m、γ_v，截面抵抗矩 W_{sc}。组合抗剪强度设计值 f_{sc}^v 以及组合设计抗压强度等 f_{sc}，均可按文献方法计算或在相应表格中查得。

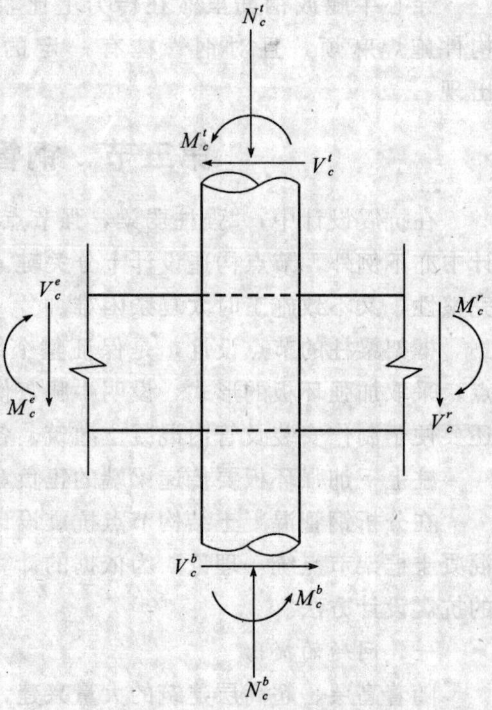

图 8-21 节点受力示意图

采用组合指标设计方法后，使问题得到简化，避免了将钢管与混凝土分开考虑时，两者应力重分布导致应力状态难确定等所出现的问题。从式（8-9）或（8-10）可知仅变化（N/N_0）项时，N 由小到大均会影响节点的承载力，达到某一限值时将出现不满足的情况，这与钢筋混凝土框架节点中可考虑轴向压力利于受剪的观点是不一致的。因此，为防止出现安全隐患，必须对节点核芯区按上述方法进行验算。按本节方法，将不受节点形式及梁类型等的影响，为统一表达式。

三、钢管混凝土结构节点抗震设计方法

钢管混凝土结构节点的抗震设计，关键在于如何确定抗震等级及相应的作用，即设计值 N_j、M_j、V_j。

1. 抗震等级

按框架——剪力墙或框架——筒体结构类型中的框架，确定不同设防烈度和不同房屋高度时的抗震等级，由于钢管混凝土结构总高度均较大，节点抗震设计时要考虑一级和二级抗震等级。

2. 轴力、弯矩和剪力设计值 N_j、M_j、V_j

按“强节点、弱构件”及“强柱弱梁”的原则，节点抗震设计的内力设计值应由梁端出

现塑性铰或梁端首先受弯承载力极限状态控制。

（1）剪力设计值 V_j

梁端弯矩产生的水平向拉压力之和作为梁端作用于节点的剪力，扣除梁端弯矩引起的柱端作用与节点的剪力后，即为节点剪力设计值。但考虑到计算模式的不同，将增大系数 1.05 改为 1.0。

（2）将上柱子端弯矩设计值作为节点的弯矩设计值 M_j

一级抗震等级　$\sum M_c = \sum M_{bu}$　(8-14)

二级抗震等级　$\sum M_c = \sum M_b$　(8-15)

根据上下柱端分配系数确定上柱端弯矩值并取为 M_j（式中符号意义见文献）。

（3）轴向压力设计值 N_j

取地震作用组合下各自的轴向压力设计值。

3. 节点承载力验算

按式（8-9）和（8-10）进行节点抗震时的承载力验算，此时将式中的 N、M、V 用 N_j、M_j、V_j 代替；N_0、M_0、V_0 分别用式（8-11）、(8-12)、(8-13）计算。

4. 关于截面限制条件

由于式（8-9）和（8-10）是承载力验算，可以不另规定截面限制条件。当不符合要求时，可首选增设钢套管进行局部加强的方案。

四、节点抗震设计算例及讨论

1. 算例

已知钢管材料为 Q345，$t=20$mm，外径 $r_0=1100$mm，管内混凝土强度等级为 C50；钢筋混凝土环梁外径 1900mm，与框架梁均采用 C40 等级混凝土；节点左梁 $b\times h=700\times 1200$，$A_s=11781\text{mm}^2$（24ϕ25），$A'_s=7362\text{mm}^2$（15ϕ25）；节点右梁 $b\times h=700\times 650$，$A_s=A'_s 5892\text{mm}^2$（12ϕ25）；层高 $H=4.5$m。试按一级抗震等级进行节点抗震验算。

（1）有关参数

$$A_{sc}=\pi r_0^2=950330\text{mm}^2(A_s=67860\text{mm}^2, A_c=882470\text{mm}^2)$$

$$\text{含钢率}\ \alpha=A_s/A_c=0.077, \text{设计套箍系数}\ \xi_0=\alpha\frac{f_y}{f_c}=1.032;$$

$$f_{sc}=55\text{N/mm}^2, f_{vsc}^{v}=21.5/\text{mm}^2; W_{sc}=130670.6\times 10^3\text{mm}^3$$

（2）计算 N_0、V_0、M_0

$$N_0=A_{sc}f_{sc}=52268\text{kN}$$

$$V_0=\gamma f_{vsc}^{1}A_{sc}=20718.2\text{kN}(\gamma_v=-0.2953\xi_0+1.2981\sqrt{\xi_0}=1.014)$$

$$M_0=\gamma_m W_{sc}f_{sc}=10205\text{kN}\cdot\text{m}(\gamma_m=1.42)$$

（3）确定 N_j、M_j、V_j

$$M_{bua}^{l}=f_{yk}A_s(h_0-a_s-a'_s)/\gamma_{RE}=5367.42\text{kN}\cdot\text{m}$$

$$M_{bua}^{l}=1454\text{kN}\cdot\text{m}$$

$$V_j=\frac{M_{bua}^{l}+M_{bua}^{r}}{h_0-a'_s}\left(1-\frac{h_0-a'_s}{H_c-h_b}\right)=5889.93\text{kN}$$

（左右梁不等高，式中第一项分开计算）

$$M_j=\sum M_{bua}\times 0.5=3410.71\text{kN}\cdot\text{m}$$

N_j 取地震组合下柱中最大轴力值，$N_j\approx 1.0f_cA_{sc}=223332.75\text{kN}$

（4）验算

$$N/A_{sc}=23.5\text{N/mm}^2>0.2\sqrt{1-(V_j/V_0)^2}\cdot f_{sc}=10.55\text{N/mm}^2$$

$$\text{则按}\left(\frac{V_j}{V_0}+\frac{M_j}{1.07M_0}\right)^{1.4}+\left(\frac{N_j}{N_0}\right)^2\leqslant 1\text{ 验算}$$

$$\left(\frac{22332.75}{52268}+\frac{3410.71}{1.071\times 10205}\right)^{1.4}+\left(\frac{5889.93}{20718.2}\right)^2=0.735<1\text{ 满足要求。}$$

2. 讨论首先仅使 N_j 为变量，计算结果（见表 8-3）

表 8-3

N_j/N_0	0.1	0.3	0.5	0.7
验算结果	0.363	0.584	0.828	1.098

计算结果表明，N_j、V_j 当为一定值时，随着 N_j 的增大，存在着验算结果向 1.0 增长的规律，因此，在钢管混凝土材性、梁柱尺寸及配筋等已确定的情况下，总是有一个 N_j 值使验算结果达到 1.0，超过该值 N_j 则均超出强度极限相关曲面，承载力不满足要求。

在实际工程中，每层梁及其荷载基本相同，因而一般情况下 N_j 值是个变量，只要同类节点在 $N_{j\max}$时满足要求，其余节点均可满足。

问题是用于超高层建筑中的钢管混凝土结构，常采用框架核心筒结构体系，钢管混凝土柱主要承受相应范围内的竖向荷载，长细比和偏心影响并不大，如果仅以 $N_0\leqslant\varphi A_{sc}f_{sc}$来确定钢管混凝土柱的尺寸和材性，则 $\varphi\geqslant 0.65$ 时，有可能出现节点承载力不足的问题，对此应予高度重视。

五、小结

在进行相当数量钢管混凝土节点抗震试验的基础上，结合多个 40 层以上的工程实际，首次提出了按钢管混凝土统一理论为依据的节点承载力计算模式和抗震验算方法，这在概念上有别于钢筋混凝土框架节点的计算模式。通过算例及讨论，指出在满足钢管混凝土柱承载力要求的同时，节点承载力有可能出现不满足的情况，进行验算是十分必要的。采用本方法进行工程设计，可确保安全。

参考文献

1 行业标准《高层建筑混凝土结构技术规程》（JGJ 3—2002）. 中国建筑工业出版社，2002 年

2 徐培福、黄小坤“高层建筑混凝土结构技术规程理解与应用”. 中国建筑工业出版社，2003 年 3 月

3 第 18 届全国高层建筑结构学术交流会论文集. 中国建筑科学研究院，2004 年 8 月

4 蔡绍怀“我国钢管高强混凝土结构技术的最新进展”第 18 届全国高层建筑结构学术交流

会论文集，2004 年 8 月
5 崔鸿超、蔡益燕“我国高层建筑钢结构的发展（续）第 18 届全国高层建筑结构学术交流会论文集，2004 年 8 月
6 蔡健、黄泰赟“钢管混凝土柱节点的应用现状和存在问题”. 建筑结构，2001 年第 7 期
7 何广乾、陈祥福、徐至钧“高层建筑设计与施工”. 科学出版社，1992 年 8 月

第九章 带转换层高层建筑结构设计

第一节 结构转换层的概念

一、结构转换层的概念

近年来国内、国外高层建筑发展迅速，现代高层建筑越建越高、越建越大，向着体型复杂、功能多样的综合性方向发展。在同一座建筑中，沿房屋高度方向建筑功能要发生变化，上部楼层布置旅馆、住宅；中部楼层作为办公用房；下部楼层作为商店、餐馆和文化娱乐设施，这种不同用途的楼层需要采用不同的结构形式。

从建筑功能上看，上部需要小开间的轴线布置和需要较多的墙体以满足旅馆和住宅的功能要求；中部则需要小的或中等大小的室内空间，可以在柱网中布置一定数量的墙体以满足办公用房的功能要求；下部需要尽可能大的自由灵活的室内空间，要求柱网大、墙体尽量少，以满足商店、餐馆等公用设施的功能要求。

从结构受力上看，由于高层建筑结构下部楼层受力很大，上部楼层受力较小，正常的结构布置应是下部刚度大、墙体多、柱网密，到上部渐渐减少墙、柱的数量，以扩大柱网。这样，结构的正常布置与建筑功能对空间的要求正好相反（图 9-1）。因此，为满足建筑功能的要求，结构必须进行“反常规设计”，即将上部布置小空间，下部布置大空间；上部布置刚度大的剪力墙，下部布置刚度小的框架柱。为了实现这种结构布置，就必须在结构转换的楼层设置结构转换层（structure transfer storey），在结构转换层布置转换结构构件（transfer member）。

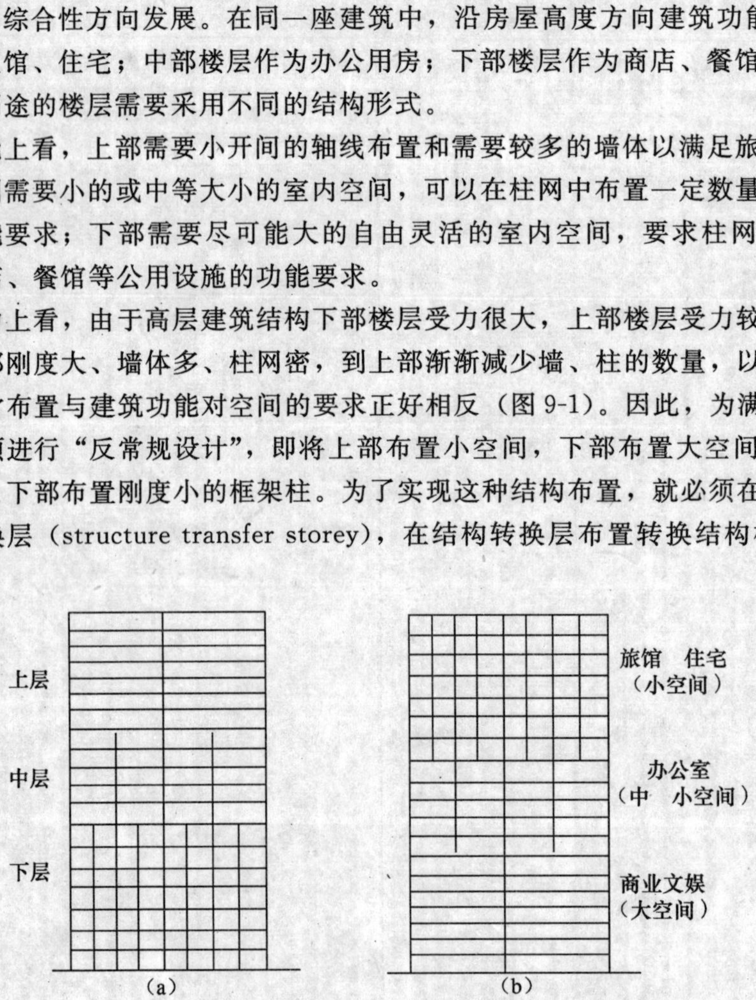

图 9-1 多功能建筑中结构正常布置与建筑功能的矛盾（示意图）
(a) 结构的正常布置；(b) 建筑功能对空间的要求

一般而言，当高层建筑下部楼层竖向结构体系或形式与上部楼层差异较大，或者下部楼层竖向结构轴线距离扩大或上部结构与下部结构轴线错位时，就必须在结构改变的楼层布置结构转换层，在结构转换层布置转换结构构件。鉴于目前高层建筑多功能发展的需要，带转换层的高层建筑结构的工程应用较多（表 9-1），已成为现代高层建筑发展趋势之一。

表 9-1　国内、外一些带转换层高层建筑结构主要特征数据

带梁式转换层高层建筑结构								
序号	工程名称	总层数	结构类型	转换层类型	承托层数	跨度（m）	截面尺寸（m×m）或梁高（m）	材　料
1	深圳云峰花园	39	框架-剪力墙	梁　式	30	7.5	0.8×2.0 1.5×2.0	R.C.
2	深圳海滨花园	29	框支剪力墙	梁式（加腋）	24	11.1	1.0×1.6 1.1×1.8	R.C.
3	深圳彩龙商业城	37	梁式转换层	梁　式	29	14.82	1.2×2.4 2.4×2.4	R.C.
4	深圳荔湖花苑大厦	30	框支剪力墙	梁　式	26	10.2	1.0×1.8 1.3×2.2	R.C.
5	天津华信商厦	51	筒中筒	梁　式	46	8.0	1.3×4.0	P.C.
6	南京新世纪广场	37	框支剪力墙	梁　式	30	9.90	1.2×2.2	R.C.
		57	框架-筒体	桁架式	50	8.125	高 7.0	P.C.
7	深圳园岭中心区园中花园	35	框架-筒体	梁式（加腋）	30	7.6	0.8×1.8	R.C.
8	珠海园明山庄商住楼	31	框支剪力墙	梁式（加腋）	27	6.7	梁高 1.8	R.C.
9	辽宁省艺术中心大厦	20	框架-剪力墙	梁式（托柱）	13	23.4	0.55×3.5	R.C.
10	西安小寨 1 号院高层综合楼	30	框架-剪力墙	梁　式	25	6.3	梁高 1.2	R.C.
11	四川广元星江大厦	25	框支剪力墙	梁　式	21		梁高 1.9	R.C.
12	上海控江大楼 1 号楼	30	筒中筒	梁　式	27		0.3×1.5 0.5×1.8	R.C.
13	广东南海瑞安花园	43	框架-筒体	梁　式 桁架式	35	8.0	1.6×1.9 1.7×1.9	R.C.
14	广东惠州好利商业中心	32	框架-筒体	梁　式	23	9.575	0.8×2.8	R.C.
15	南京状元楼酒楼	13	框　架	梁　式	8	8.6	0.6×2.5	P.C.
16	广东迎宾馆	10	框支剪力墙	梁　式	8	6.8	0.5×2.5	R.C.
17	北京煤炭总公司高层商住楼	20	框支剪力墙	梁式（加腋）	16	6.8	0.6×0.9	R.C.
18	北京军区离休干部活动中心	23	框架-剪力墙	梁　式	17	7.2	0.4×1.2	R.C.
19	北京南洋饭店	26	框架-剪力墙	梁　式	19	8.0	梁高 4.5	R.C.
20	广州嘉应宾馆	32	框支剪力墙	梁　式	25	10.6	0.4×3.8 0.5×3.8	R.C.

续表

带梁式转换层高层建筑结构

序号	工程名称	总层数	结构类型	转换层类型	承托层数	跨度(m)	截面尺寸(m×m)或梁高(m)	材料
21	深圳沙头角大厦	23	框支剪力墙	梁式	29	7.6	0.7×1.8	R.C.
22	深圳华侨大酒店	29	框支剪力墙	梁式	22	12.0	1.7×2.5	R.C.
23	广东肇庆星湖大酒店	35	筒中筒	梁式	28	8.1	0.5×2.5	R.C.
24	西安华辉大酒店	21	框支剪力墙	梁式	15		1.0×1.0	R.C.
25	深圳外贸中心大厦	40	筒中筒	梁式	34	7.4	1.8×4.0	R.C.
26	深圳四川大厦	34	框架-筒体	梁式(托柱)	14	11.25	0.7×2.85	R.C.
27	北京渔阳饭店	30	筒中筒	梁式	25	7.6	1.0×1.85	R.C.
28	深圳航空大厦	38	筒中筒	梁式	32	7.9	1.0×3.9	R.C.
29	深圳亚洲大酒店	34	巨型框架	梁式	每6层设大梁			R.C.
30	深圳中国银行大厦	37	框架-筒体	梁式(空腹)	30	20.0	2.0×5.4	R.C.
31	北京铁路局20号区高层住宅	12	框架-剪力墙	梁式(开洞)	9	7.5	0.4×2.5 0.6×2.5	R.C.
32	苏州八面风商厦	22	巨型框架	梁式	每14层设梁	21.5	1.5×2.5	P.C.
33	北京商务会馆	15	框支剪力墙	梁式	11	9.0	0.6×1.2 0.6×1.5	R.C.
34	深圳福田保税区管理中心	57	框支剪力墙	梁式	50	7.5	梁高1.5	S.R.C.
35	深圳裕龙大厦		框支剪力墙	梁式		6.0	0.6×1.74	R.C.
36	深圳华裕花园	34	框支剪力墙	梁式	37	11.1	1.0×1.8 0.8×2.4	R.C.
37	深圳流花大厦		框支剪力墙	梁式		6.6	0.8×1.4	R.C.
38	北京太平洋饭店	19	框支剪力墙	梁式	11	7.8	梁高2.4	R.C.
39	北京国际贸易中心国际旅馆	26	框架-剪力墙	梁式	20	9.0	梁高1.8	R.C.
40	上海华亭宾馆	30	框架-剪力墙	梁式(托柱)	24	9.07	梁高5.85	R.C.
41	广西柳州工业品贸易中心	32	框支剪力墙	梁式	25		1.0×2.0	R.C.
42	广州金鹰大厦	34	框支剪力墙	梁式	29	6.7	0.7×1.6	R.C.
43	深圳大滩大厦	30	框支剪力墙	梁式	23	6.3	0.7×1.6	R.C.
44	深圳瑞信大厦	28	框架-筒体	梁式	24	6.8	0.7×1.6	R.C.
45	浙江宁波金龙饭店	27	框支剪力墙	梁式	26	8.2	0.8×4.0	R.C.
46	深圳东乐大厦	31	框支剪力墙	梁式	27	5.14	0.6×2.0	R.C.
47	上海天鹅宾馆		框架-筒体	梁式		7.0	梁高2.4	R.C.

续表

带梁式转换层高层建筑结构								
序号	工程名称	总层数	结构类型	转换层类型	承托层数	跨度（m）	截面尺寸（m×m）或梁高（m）	材 料
48	深圳金陵宾馆	26	框支剪力墙	梁　式	20	6.2	1.4×3.3 2.1×3.3	R.C.
49	深圳新洲花园大厦	35	框架-筒体	梁　式	30	14.4	1.3×2.7 1.5×2.8	R.C.
50	深圳福底住宅楼		框支剪力墙	梁　式		7.1	0.8×1.8 0.8×2.3	R.C.
51	深圳怡泰住宅楼	43	框支剪力墙	梁　式	34	8.55	0.8×2.5	R.C.
52	深圳国基大厦	35	框支剪力墙	梁　式	28	11.7	0.6×2.0 0.8×2.5	R.C.
53	深圳北国大酒店	40	框支剪力墙	梁　式	30 20	32.2	梁高 8.2 梁高 7.2	S.R.C.
54	深圳蛇口湾厦海景花园	38	框支剪力墙	梁　式	24		板厚 2.1	R.C.
55	深圳新元大厦	34	框支剪力墙	梁　式	26	10.8	0.6×2.0 0.8×2.5	R.C.
56	深圳绿川宾馆	18	框架-剪力墙	梁　式	12	4.8	0.7×1.0	R.C.
57	深圳海神广场	53	框架-剪力墙	梁式（托柱）	15 14	9.3	0.45×1.9 1.2×2.0	S.R.C.
58	深圳红岭大厦	31	框支剪力墙	梁　式	26	9.3	0.9×1.8	R.C.
59	北京六里屯居住楼	15	框支剪力墙	梁　式	14	7.2	0.6×1.1	S.R.C.
60	苏州华兴信息工程大楼	34	框架-剪力墙	梁　式	27	8.4	0.8×1.8	P.C.
61	苏州国际大厦	25	框架-剪力墙	梁　式	17	7.4	梁高 3.0	P.C.
62	北京市人民检察院	6	框架-剪力墙	梁式（托柱）	4	24.0	0.6×3.2	P.C.
63	香港金钟二期工程	44	框架-筒体	梁　式	38	9.0	2.5×4.0	R.C.
64	香港康乐中心	52	筒中筒	梁　式	51	16.45	2.2×3.56	P.C.
65	厦门国际金融大厦	26	巨型框架-筒体	梁　式	每5层设梁	30.0	0.8×6.0	P.C.
66	南京钟山宾馆3号楼	31	框架-剪力墙	梁　式	16	15.6	0.8×3.5	P.C.
67	香港 Harbor Road Development	49	框架-筒体	梁　式	46	12.0 9.6	1.8×4.25	R.C.
68	墨尔本 Collins Place	47	框架-筒体	梁　式	12	8.2	76×1.52	P.C.
69	深圳聚龙大厦	32	框架-剪力墙	梁式（加腋）	30	19.4	0.6×1.6	R.C.
70	杭州铁路客站及综合楼	17	框　架	梁式（箱形）	3	32.0	梁高 3.5	R.C.
71	上海华美达广场	31		梁　式	28	19.4	1.0×4.8 1.6×4.8	R.C.

续表

序号	工程名称	总层数	结构类型	转换层类型	承托层数	跨度(m)	截面尺寸(m×m)或梁高(m)	材料
带梁式转换层高层建筑结构								
72	上海国际农业展览中心	9	框　架	梁　式	屋面	39.2	0.7～0.45×4.4	P.C.
73	江苏省公安厅交通指挥中心大楼	18	框架-剪力墙	梁式（曲线）	14	16.8	1.0×2.6	P.C.
74	江苏省会议中心	30	框架-剪力墙	梁　式	27	15.6	1.5×3.6	P.C.
75	苏州城建环保学院高层商住楼	18	框架-筒体	梁　式	17		梁高 1.8	R.C.
76	芜湖新百货大厦	31	框架-剪力墙	梁　式	24	8.3	1.0×3.0	R.C.
77	广东惠阳富景大厦	33	框支剪力墙	梁　式	24		1.0×2.8、2.5、2.3	R.C.
78	煤炭部武汉设计研究院科技综合楼		外柱-内筒	梁　式		7.2	0.9×5.1	R.C.
79	山东省世界贸易中心二期工程	8	框　架	梁　式	2			P.C.
80	I.B.M. 大厦	41	巨型框架	梁　式	18		2.4×7.4	P.C.
带桁架转换层高层建筑结构								
81	上海龙门宾馆	25	框架-筒体	桁架式	17	7.4	桁架高 5.0	P.C.
82	上海铁路大厦	25	框架-筒体	桁架式	17	7.4	桁架高 5.0	P.C.
83	温州医学院第一附属医院病房综合楼	18	框支剪力墙	桁架式	14	6.4	桁架高 2.0	R.C.
84	新上海国际大厦	38	框架-筒体	桁架式		18.0	桁架高＝层高	P.C.
85	衡阳市巴可大厦	17	框　架	桁架式	13	16.0	桁架高 3.9	P.C.
86	瑞通广场	29	框架-筒体	桁架式	23	8.0	桁架高 5.0	R.C.
87	上海兴联大厦	25	框架-剪力墙	桁架式	21	8.9	桁架高 2.9	R.C.
88	深圳世贸中心大厦	53	劲性框架-筒体	桁架式	47	17.2	桁架高 10.8	S.
89	东京新桥 NS 大厦	18	钢框架	桁架式	11	25.6	桁架高 11	R.C.
90	The Bank of New Zealand	30	钢框架	桁架式	22	10.744	桁架高 3 层	R.C.
带板式转换层高层建筑结构								
91	深圳福田彩虹城大厦	38	框支剪力墙	板　式	31	10.0	板厚 2.4	R.C.
92	深圳佳丽娜友谊广场	38	框支剪力墙	板　式	29	8.4	板厚 2.8	R.C.
93	福州新同达广场	35	框架-筒体	板　式	27	9.9	板厚 2.2	R.C.
94	珠海香洲港湾花园	28	框支剪力墙	板　式	22	9.0	板厚 2.2	R.C.
95	南京娄子巷小区商住楼	30	框架-剪力墙	板　式	23	7.2	板厚 2.0	P.C.

续表

序号	工程名称	总层数	结构类型	转换层类型	承托层数	跨度（m）	截面尺寸（m×m）或梁高（m）	材料
带板式转换层高层建筑结构								
96	香港绿杨新村	35	框支剪力墙	板　式	30		板厚 2.0	R. C.
97	香港 Provident Center	30	框支剪力墙	板　式	26		板厚 2.0	R. C.
98	捷克 Hotel Kyjev	21	剪力墙	板　式	16		板厚 1.4	R. C.
99	深圳华彩花园住宅	34	框支剪力墙	板　式	29	9.246	板厚 2.2	R. C.
100	福建金桥广场	35 36	框架-筒体 框架-剪力墙	板　式	30 31		板厚 2.2	R. C.
101	深圳皇岗花园		框支板	板　式 梁　式	第 4 层转换层	9.43 10.63	板厚 1.5 1.0×1.5	R. C.
102	河南绿云小区高层住宅	23	框支剪力墙	板　式	21		板厚 1.4	R. C.
带箱形转换层高层建筑结构								
103	北京艺苑假日皇冠饭店	10	框　架	箱　形	7	17.95	梁高 4.05	R. C.
104	深圳荔景大厦	26	框架-筒体	箱　形	13	11.16	1.2×2.7	R. C.
105	四川北海工商银行大厦	40	筒中筒	箱形（托柱）	30	7.1		R. C.

注：R. C.—钢筋混凝土；P. C.—预应力混凝土；S. R. C—钢骨混凝土；S—钢结构。

二、结构转换层的建筑功能及其分类

1. 结构转换层的建筑功能

在高层建筑中设置结构转换层可以实现以下建筑功能：

（1）提供大的室内空间

在传统的剪力墙结构中，剪力墙间距小，适合于布置旅馆和住宅的客房层，当需要在底部布置商店、会议室、餐馆、文化娱乐及其他需要较大空间的公用房间时，可以将部分剪力墙通过转换层变为框支剪力墙，用框架柱代替剪力墙，形成大空间剪力墙结构以满足建筑功能的要求。大空间剪力墙结构可以在建筑物下部一层或数层形成大空间。

图 9-2 为形成室内大空间的几种方法。

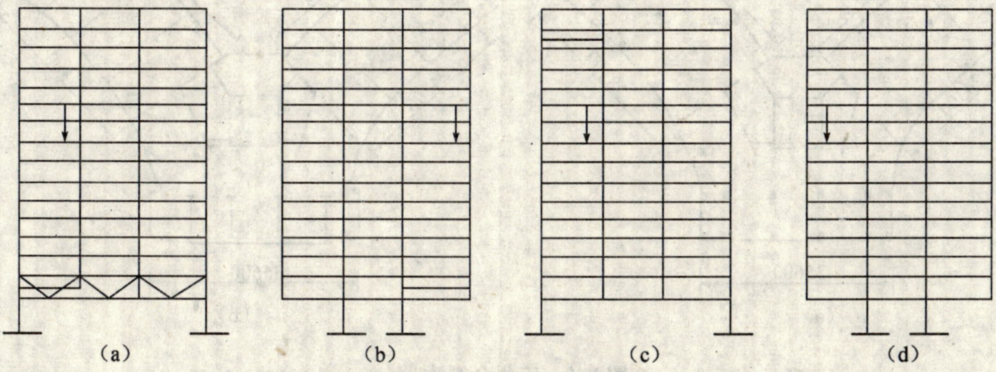

图 9-2　内部大空间的形成

(a) 承托式；(b) 承托式；(c) 吊挂式；(d) 吊挂式

(2) 提供大的出入口

一般而言，框架-核心筒结构和外围为密柱框架的筒中筒结构的内筒从上到下不需作什么变化，需要转换的主要是外筒。由于外框筒常常布置（3～4）m的柱距，无法为建筑物提供较大的入口，为了布置大的入口，要求在底部布置水平转换构件以扩大柱距。此时，转换构件沿建筑平面周边柱列或角筒布置。

2. 结构转换层的分类

从结构角度看，结构转换层主要实现以下结构转换：

(1) 上层和下层结构类型的转换

转换层将上部剪力墙转换为下部框架，以创造一个较大的内部自由空间。这种转换层广泛用于剪力墙结构和框架-剪力墙结构中，这种类型的转换层称为第Ⅰ类转换层（图9-3中的转换层(1)）。

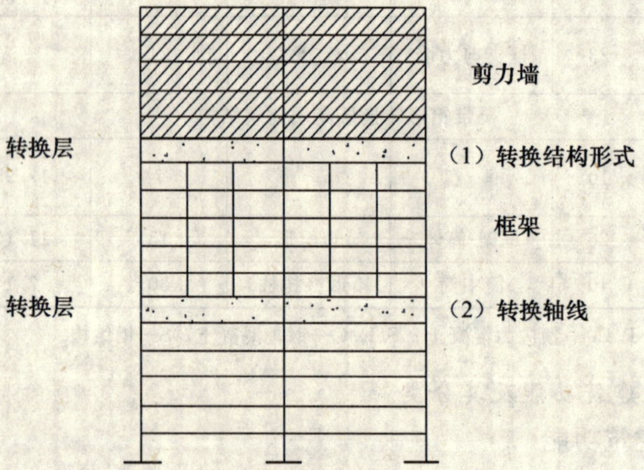

图 9-3 转换层的结构功能

广州金鹰大厦（图9-4），地下1层，地上33层，建筑总高度 H=110.9m。第4层为转换层，4层以上为大开间剪力墙结构，1～4层部分剪力墙转换为框支柱，形成较大室内空间以设置公共部分。框支梁截面尺寸1.4m×2.8m。

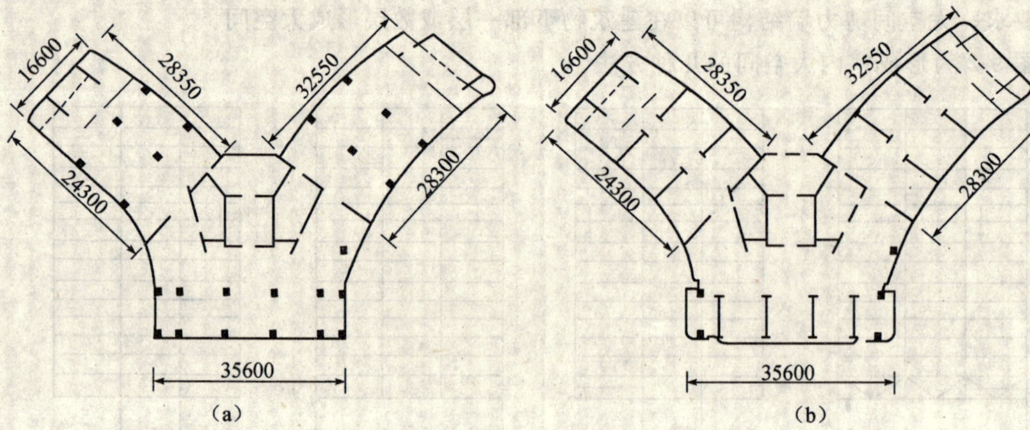

图 9-4 广州金鹰大厦

(a) 1～3层平面；(b) 标准层平面

北京军区离休干部活动中心（图 9-5），地下 2 层，地上 21 层，建筑总高度 $H=76.8\text{m}$。5 层以上为大开间剪力墙结构，1～5 层部分剪力墙转换为框支柱，形成较大室内空间以设置公共部分。转换梁截面尺寸 0.4m×1.2m，框支柱截面尺寸 0.6m×0.8m 及 $D=0.9\text{m}$。转换层楼板厚 180mm，一般层楼板厚 130mm。

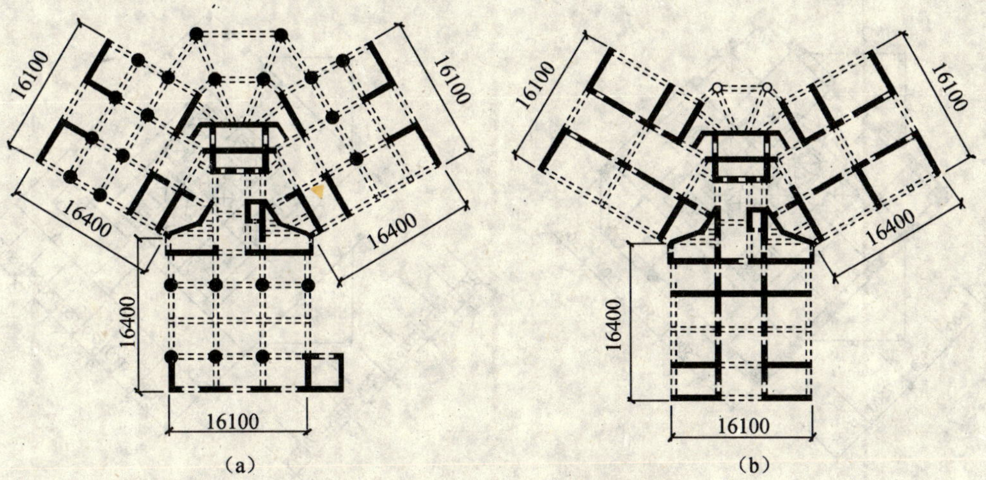

图 9-5　北京军区离休干部活动中心

（a）1～5 层平面；（b）标准层平面

（2）上层和下层柱网、轴线的改变

转换层上、下层的结构形式没有改变，通过转换层使下部柱的柱距扩大，形成大柱网。这种转换层常用于框架-核心筒结构和外围密柱框架的筒中筒结构的底部形成大入口的情况，称这种类型的转换层为第Ⅱ类转换层（图 9-3 中的转换层（2））。

香港新鸿基中心（图 9-6），51 层，建筑物总高 $H=178.6\text{m}$，筒中筒结构，5 层以上办公楼，1～4 层为商业用房。外框筒柱距 2.4m，无法设置底层入口，采用 2.0m×5.5m 的预应力混凝土大梁进行结构轴线转换，将底层框筒柱距扩大为 16.8m 和 12m。

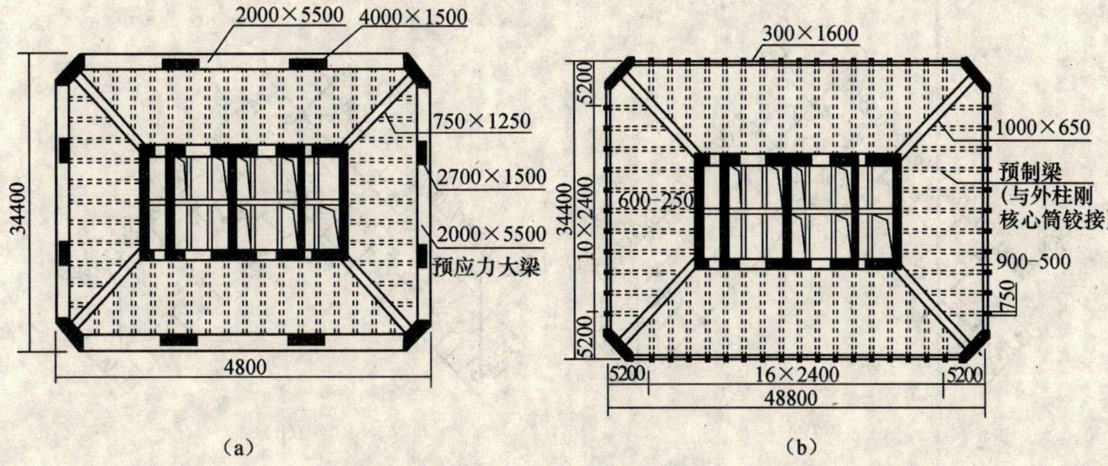

图 9-6　香港新鸿基中心

（a）五层平面；（b）标准层

南京新世纪广场工程（图 9-7），64 层（含 2 层地下室），采用框架外筒和剪力墙内筒组成的筒中筒结构，该建筑第 7 层为转换层，地上 1～6 层和裙房为商业用房，第 7 层以上为写字楼。为了在底部布置大的出入口，采用沿外框筒设置 4 榀 7m 高的巨型桁架进行轴线转换，将底部外框筒的柱距由 3.75m 扩大到 7.50m。

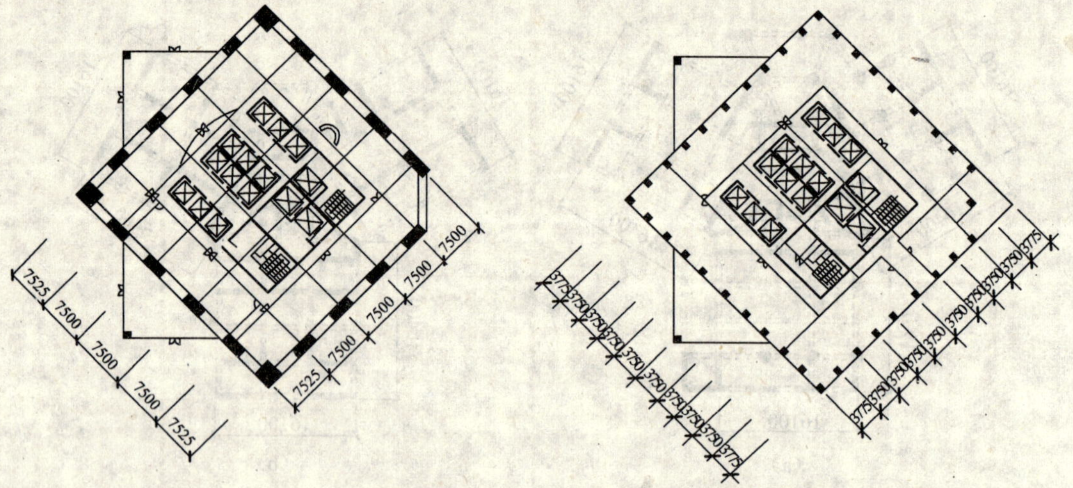

（a）　　　　　　　　　　　　　　　　　　　　（b）

图 9-7　南京新世纪广场

（a）转换层以下平面；（b）转换层以上平面

（3）同时转换结构形式和结构轴线位置

上部楼层剪力墙结构通过转换层改变为框架的同时，柱网轴线与上部楼层的轴线错开，形成上、下结构错位的布置，称这种类型的转换层为第Ⅲ类转换层。

深圳华侨大酒店（图 9-8），地下 1 层，地上 28 层，建筑总高度 H＝103.1m。第 5 层为转换层，6 层以上为客房，大开间剪力墙结构，纵向四轴线内廊式布置，下部 1～5 层则改为单跨框架，即纵向变为双轴线。框支梁截面尺寸 1.7m×2.5m，框支柱截面尺寸 1.4m×

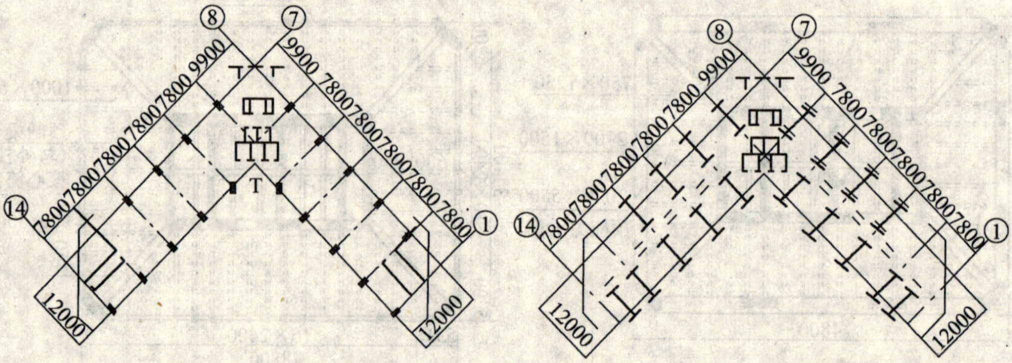

（a）　　　　　　　　　　　　　　　　　　　　（b）

图 9-8　深圳华侨大酒店

（a）1～5 层平面；（b）6～28 层平面

2.3m、1.4m × 2.75m、1.4m × 1.6m。1 ～ 5 层墙厚 500mm，6 层以上墙厚 200mm、300mm、400mm。

三、结构转换层的主要结构形式

从结构转换层的概念来看，建筑物上部结构与地基间的基础，广义上讲也是一种结构转换层。因此，钢筋混凝土梁式、板式基础（包括柱下条形基础、交梁基础、片筏基础以及箱形基础）的结构形式同样可作为建筑物上部结构之间的转换结构形式。

转换结构构件的主要形式有：梁-柱体系（图 9-9a）；桁架体系：空腹桁架（图 9-9b）、斜杆桁架（图 9-9c）、混合桁架（图 9-9d）；墙梁体系（图 9-9e、f）等。它们可以是常规的平面体系，也可以是刚度很大的空间体系：格构式体系（图 9-9g）；筒体体系（图 9-9h、i）；箱梁体系（图 9-9j）等。

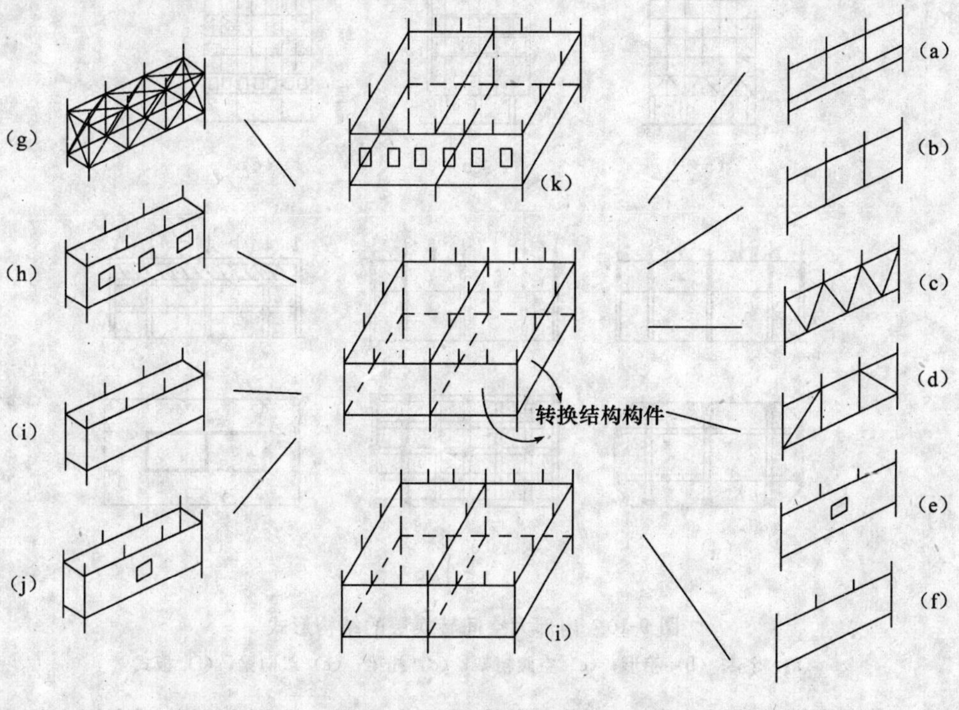

图 9-9　转换结构构件

1. 底部数层形成大空间的转换层

底部数层要求大空间是最常见的情况，这时可以有两种基本做法：

(1) 转换层结构跨越底层建筑平面的两端，把荷载传到几个支撑点上，这一做法称为桥式结构。

(2) 转换层中部支撑在一个强劲的筒体上，而四周向外悬挑，由此创造底部数层的大空间（层），使之成为一个大商场、停车场、展览厅或者城市广场的一部分。

目前在实际工程结构转换层中转换结构构件主要有：梁（墙梁）式、空腹桁架式、斜杆桁架式、箱形和板式等（图 9-10）。

梁式转换层应用最广泛，它设计和施工简单，受力明确，一般广泛应用于底部大空间剪力墙结构体系中。转换梁可沿纵向或横向平行布置；当需要纵、横向同时转换时，可采用双向梁的布置。

单向托梁、双向托梁连同上、下层较厚的楼板共同工作，可以形成刚度很大的箱形转换层（图 9-10b）。箱形转换层在铁路工程中是常见的结构形式，用于房屋结构则很少，北京市艺苑假日皇冠饭店采用了箱形转换层。

当上、下柱网轴线错开较多，难以用梁直接承托时，则需要做成厚板，形成板式承台式转换层（图 9-10f）。板式转换层的下层柱网可以灵活布置，无须与上层结构对齐，但自重很大，材料耗用较多。

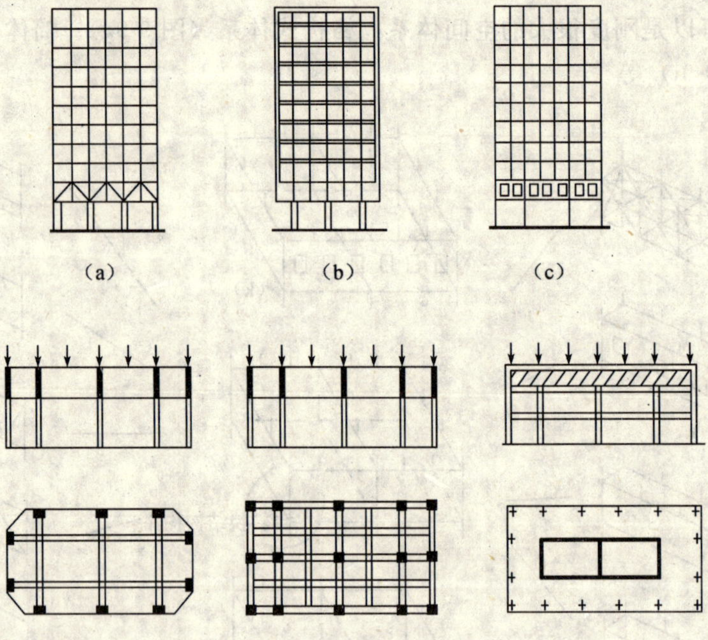

图 9-10　内部大空间转换层的结构形式

(a) 桁架；(b) 箱形；(c) 空腹桁架；(d) 托梁；(e) 双向梁；(f) 板式

采用板式转换层结构的实际工程有：珠海香洲湾花园，深圳皇岗花园大厦，深圳市蛇口工业区华采花园，深圳市佳宁娜友谊广场，深圳市福田彩虹城大厦，香港绿杨新村，南京娄子巷小区商住楼以及国外的斯洛伐克首都布拉格基辅饭店等。

2. 外部形成大柱网的转换层

对于底部带有转换层的框架-核心筒结构和外围为密柱框架的筒中筒结构，为了布置大的入口，要求在底部布置水平转换构件以扩大柱距。此时，转换构件沿平面周边柱列或角筒布置。

外筒的转换主要通过转换梁（或墙梁）(9-11a)、转换桁架（图 9-11b)、转换空腹桁架（图 9-11c)、多梁转换层（图 9-11d)、合柱（图 9-11e）以及转换拱（图 9-11f）等进行。目前国内最常见的做法是转换梁或转换桁架，应用桁架转换层的实际工程有：上海龙门宾馆，铁路大厦，南京新世纪广场工程，温州医学院第一附属医院病房综合楼工程以及北京香格里拉饭店等。

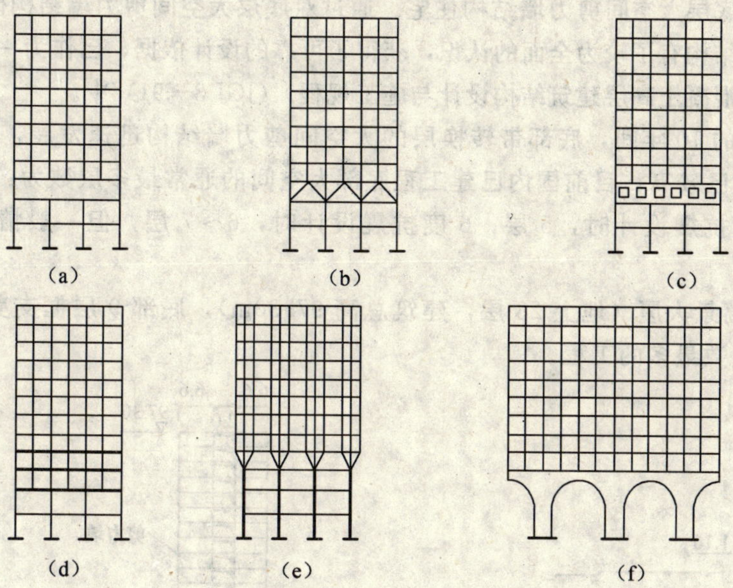

图 9-11 外部形成大入口的转换层

(a) 转换梁（转换墙）；(b) 转换桁架；(c) 转换空腹桁架；(d) 多梁转换；(e) 合柱；(f) 转换拱

第二节 底部大空间剪力墙结构的设计

剪力墙结构具有良好的抗震性能，较好的经济技术指标，因而在住宅、旅馆等的建筑中得到了广泛的应用。但是当住宅建筑的底部需要设置商店等公共用途的大房间；旅馆下部需要安排门厅、餐厅、会议室及其他大空间时，剪力墙结构就很难满足这一建筑功能的要求。

带转换层的底层大空间剪力墙结构的研究和工程应用始于 20 世纪 70 年代中期，1975 年首先在上海天目路建成了 12 层住宅，上层剪力墙，底层部分剪力墙改为框架，并对其进行了现场应力实测、光弹试验、钢筋混凝土模型试验以及框支剪力墙有限元分析等一系列研究。中国建筑科学研究院于 1981～1983 年对 12 层底层大空间剪力墙结构住宅模型（1：6）进行了输入地震波的模拟动力试验，并在大连建成了一栋 15 层的友好广场住宅（图 9-12）。在北京建成了

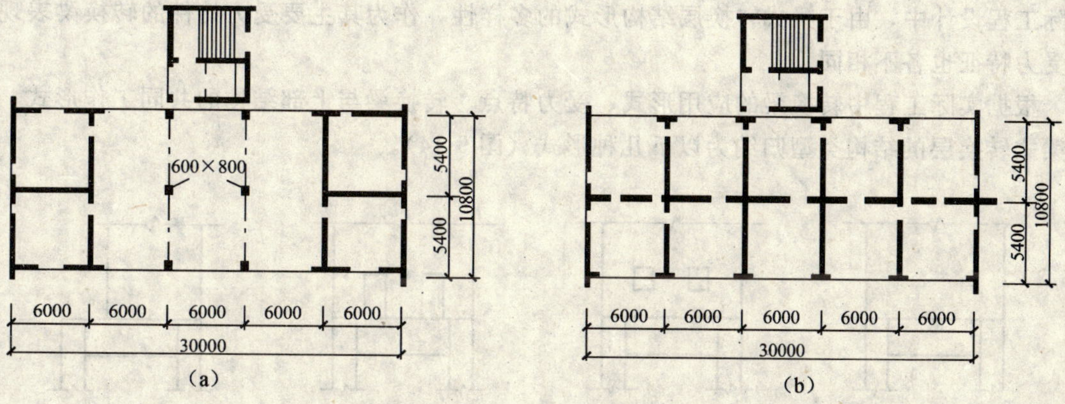

图 9-12 大连友好广场住宅（15 层，底部 1 层框支剪力墙结构）

(a) 底层平面图；(b) 标准层平面图

一批 8 度抗震设防的底层大空间剪力墙结构住宅。通过对底层大空间剪力墙结构研究和总结，对底层大空间剪力墙结构有了较为全面的认识，获得了可靠的设计依据，已作为一种特殊的结构体系反映在《钢筋混凝土高层建筑结构设计与施工规程》(JGJ 3—91）中。

20 世纪 90 年代的 10 年间，底部带转换层的大空间剪力墙结构迅速发展，在地震区许多工程的转换层位置已较高，目前国内已建工程底部大空间的通常最多层数为：8 度抗震设计时，3～4 层；7 度抗震设计时，5 层；6 度抗震设计时，6～7 层，但一般情况下为 1～3 层。

图 9-13 为深圳荔景大厦（地上 23 层，建筑总高 97.30m)，底部 9 层框支剪力墙结构，为我国底部大空间层数最多的工程。

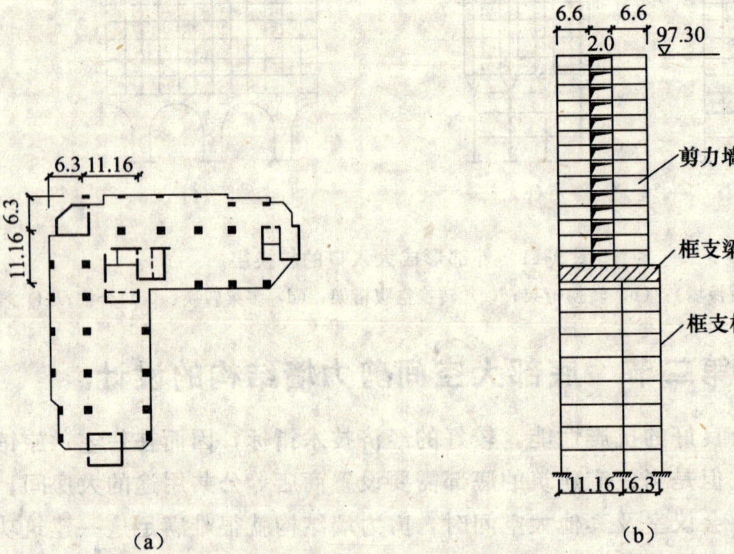

图 9-13　深圳荔景大厦（23 层，底部 9 层框支剪力墙结构）

(a) 底层平面图；(b) 框支剪力墙图

底部带转换层的高层建筑设置的转换结构构件可采用转换梁、转换桁架、空腹桁架、箱形结构、厚板等。梁式转换层结构在实际工程中的应用较广，从表 9-1 国内、外 105 幢带转换层高层建筑的统计结果来看，采用梁式转换层的高层建筑有 81 幢，约占 77%。但是，在实际工程设计中，由于梁式转换层结构形式的多样性，作为其主要受力构件的转换梁表现出的受力特征也各不相同。

根据实际工程中转换梁的应用形式、受力特点、转换梁与上部结构的共同工作形式，可将梁式转换层的结构类型归纳为以下几种形式（图 9-14)。

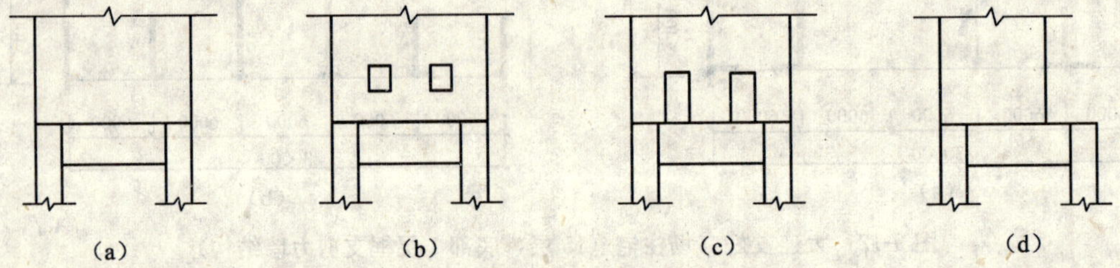

图 9-14　梁式转换层的结构类型

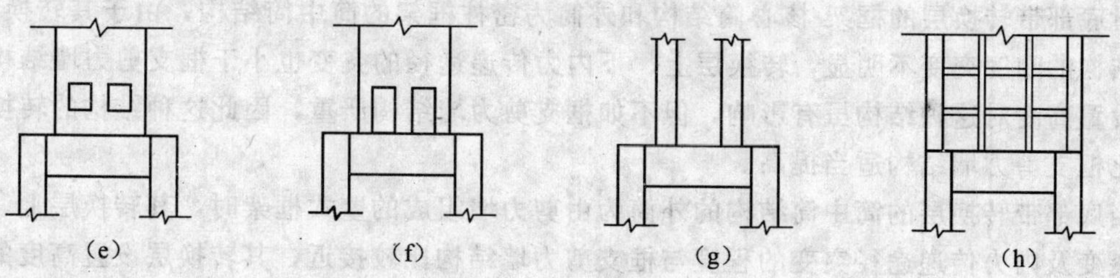

图 9-14　梁式转换层的结构类型（续）

一、底部大空间剪力墙结构布置

由于剪力墙的刚度远比框架柱要大，只要有部分剪力墙落地，就会大大地改变结构的刚度分布，防止底部大空间层变形集中，其工作性质就接近于一般剪力墙结构（图 9-15），因而能有效地防止结构在地震中发生破坏。

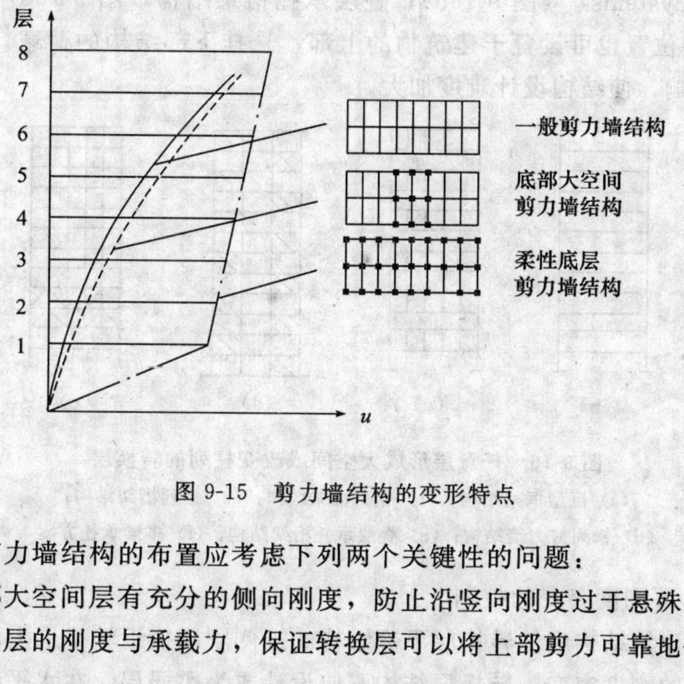

图 9-15　剪力墙结构的变形特点

底部大空间剪力墙结构的布置应考虑下列两个关键性的问题：

(1) 保证底部大空间层有充分的侧向刚度，防止沿竖向刚度过于悬殊；

(2) 加强转换层的刚度与承载力，保证转换层可以将上部剪力可靠地传递到落地剪力墙上去。

1. 底部转换层的设置高度

在高层建筑结构的底部，当上部楼层部分竖向构件（剪力墙、框架柱）不能直接贯通落地时，应设置结构转换层，在结构转换层布置转换结构构件。结构转换层可根据其建筑功能和结构传力的需要，沿高层建筑高度方向一处或多处灵活布置（也可根据建筑功能的要求，在楼层局部布置转换层），且自身的这个空间既可作为正常使用楼层，也可作技术设备层。

转换层位置较高时，易使框支剪力墙结构在转换层附近的刚度、内力发生突变，并易形成薄弱层，其抗震设计概念与底层框支剪力墙结构有一定的差别。转换层位置较高时，转换层下部的落地剪力墙及框支结构易于开裂和屈服，转换层上部几层墙体易于破坏。转换层位置较高的高层建筑不利于抗震。因此，规程 JGJ 3—2002 规定，对部分框支剪力墙结构，转换层设置高度，8 度时不宜超过 3 层，7 度时不宜超过 5 层，6 度时其层数可适当增加。

对底部带转换层的框架-核心筒结构和外筒为密柱框架的筒中筒结构，由于其转换层上、下部结构的刚度突变不明显，转换层上、下内力传递途径的突变也小于框支剪力墙结构，转换层设置高度对这种结构虽有影响，但不如框支剪力墙结构严重，因此这种结构的转换层位置可比框支剪力墙结构适当提高。

当底部带转换层的筒中筒结构的外筒为由剪力墙组成的壁式框架时，其转换层上、下的刚度突变及内力传递途径突变的程度与框支剪力墙结构比较接近，其转换层设置高度的限制宜与框支剪力墙结构相同。

对大底盘多塔楼的商住建筑，塔楼的转换层宜设置在裙房的屋面层，并加大屋面梁、板尺寸和厚度，以避免中间出现刚度特别小的楼层，减小震害。

沿高层建筑高度方向的结构转换层可以是分段布置，形成大框架套小框架的巨型框架结构（Large-Frame Structures）（图 9-16a）；可以间隔布置，形成错列墙梁（或桁架）式框架结构（Staggered Wall-Beam or Truss Structures）（图 9-16b、c）；错列剪力墙结构（Staggered Shear Panel Systems）（图 9-16d）；叠层承托桁架结构（图 9-16e）及多梁承托结构（图 9-16f）；转换层位置也可设置于建筑物的上部，悬挂下部结构的荷载，但由于竖向不规则加之高振型的影响，使结构设计难度加大。

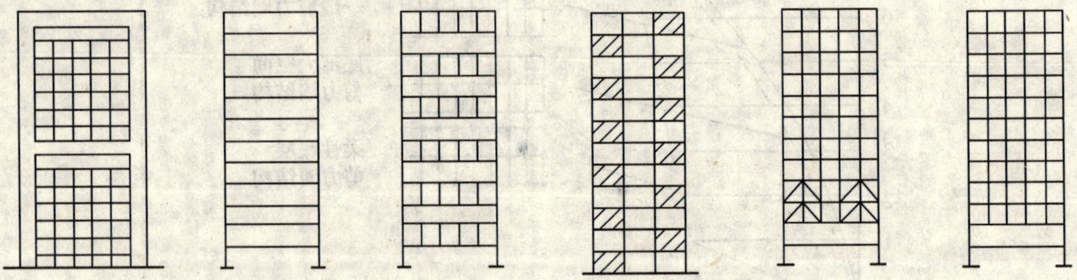

(a)　(b)　(c)　(d)　(e)　(f)

图 9-16　任意层形成大空间或改变柱列的转换层

(a) 巨型框架结构；(b) 错列墙梁结构；(c) 错列桁架结构；
(d) 错列剪力墙结构；(e) 叠层承托桁架结构；(f) 多梁承托方案

2. 转换层上、下刚度突变的控制

带转换层高层建筑结构应使转换层下部结构的抗侧刚度接近转换层上部邻近结构的抗侧刚度，不发生明显的刚度突变，转换层结构不应设计成为柔弱层。在水平荷载作用下，当转换层上、下部结构侧向刚度相差较大时，会导致转换层上、下结构构件内力突变，促使部分构件提前破坏；当转换层位置相对较高时，这种内力突变会进一步加剧。因此，设计时应控制转换层上、下层结构的等效刚度比。

底部大空间为 1 层的部分框支剪力墙结构，转换层上、下结构的变形以剪切变形为主，可近似采用转换层上、下结构等效剪切刚度比（γ）表示转换层上、下结构刚度的变化：

非抗震设计时：　$1 \leqslant \gamma \pi 3$

抗震设计时：　$1 \leqslant \gamma \pi 2$

也就是说，底部大空间层的刚度尽可能与标准层相等（这一般很难实现），最低限度不能小于标准层的 1/3（非抗震设计）和 1/2（抗震设计）。

其中 γ 可按下式计算：

$$\gamma = \frac{G_2 A_2}{G_1 A_1} \times \frac{h_1}{h_2} \tag{9-1}$$

式中　G_1、G_2——底层和转换层上层的混凝土剪切模量；

A_1、A_2——底层和转换层上层的折算抗剪截面面积，可按 $A_i = A_{wi} + C_i A_{ci}$，$(i=1,\ 2)$；

A_{wi}——第 i 层全部剪力墙在计算方向的有效截面面积（不包括翼缘面积）；

A_{ci}——第 i 层全部柱的截面面积；

C_i——系数，$C_i = 2.5\left(\frac{h_{ci}}{h_i}\right)^2$，$(i=1,\ 2)$；

h_i——第 i 层的层高；

h_{ci}——第 i 层柱沿计算方向的截面高度。

当第 i 层各柱沿计算方向的截面高度不相等时，可分别计算各柱的折算抗剪截面面积。

底部为 2～5 层大空间部分剪力墙结构，其转换层下部框架-剪力墙结构的等效刚度与相同或相近高度的上部剪力墙结构的等效侧向刚度比（γ_e）宜接近 1，非抗震设计时不应大于 2，抗震设计时不应大于 1.3。即

$$\left.\begin{array}{ll}\text{非抗震设计时：} & 1 \leqslant \gamma_e \pi 2 \\ \text{抗震设计时：} & 1 \leqslant \gamma_e \pi 1.3\end{array}\right\}$$

等效侧向刚度比 γ_e 可采用图 9-17 所示的计算模型按式（9-2）计算：

$$\gamma_e = \frac{\Delta_1 / H_1}{\Delta_2 / H_2} \tag{9-2}$$

式中　γ_e——转换层上、下结构的等效侧向刚度比；

H_1——转换层及其下部结构（计算模型 1）的高度；

Δ_1——转换层及其下部结构（计算模型 1）在顶部单位水平力作用下的位移；

H_2——转换层上部剪力墙结构（计算模型 2）高度，应与转换层及其下部结构的高度相等或接近；

Δ_2——转换层上部剪力墙结构（计算模型 2）在顶部单位水平力作用下的位移。

当采用式（9-2）计算 γ_e 时，要注意使转换层上部部分结构（计算模型 2）的高度 H_2 接近或等于转换层下部结构（计算模型 1）的高度 H_1，且 H_2 不能大于 H_1，否则等效刚度比 γ_e 的计算结果偏于不安全的。

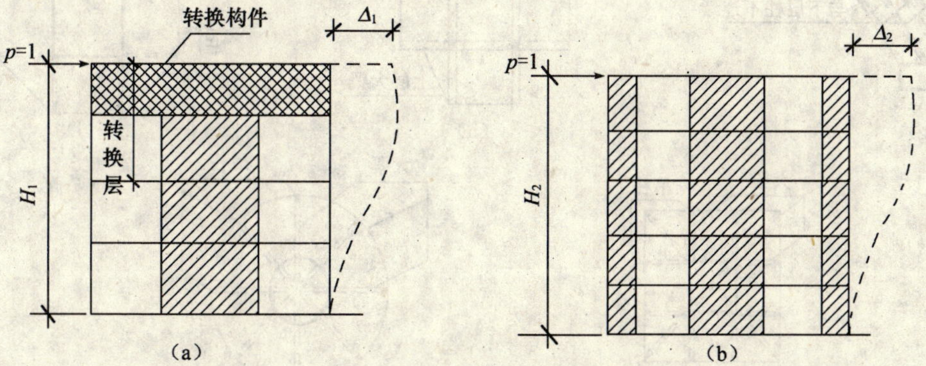

（a）　　　　　　（b）

图 9-17　转换层上、下等效侧向刚度计算模型

（a）计算模型 1—转换层及下部结构；（b）计算模型 2—转换层上部结构

为防止出现转换层下部楼层刚度较大，而转换层本层的侧向刚度较小，此时，等效刚度比虽能满足限值的要求，但转换层本层的侧向刚度过于柔软。规程 JGJ 3—2002 规定，转换层结构除应满足上述等效剪切刚度或等效侧向刚度比要求外，还应满足楼层侧向刚度比的要求：当转换层设置在 3 层及 3 层以上时，其楼层侧向刚度尚不应小于相邻上部楼层侧向刚度的 60%。

3. 转换构件的布置

转换层结构中转换构件的布置必须与相邻层柱网统一考虑。扩大底层入口，过渡上、下层柱列的疏密不一，把转换构件布置在平面周边柱列或角筒上（图 9-18a、b）。内部要求尽量敞开自由空间，转换构件可沿横向平行布置（图 9-18c）；转换构件可沿纵向平行布置（图 9-18d）；当需要纵、横向同时转换时，转换构件可采用双向布置（图 9-18e）；间隔布置，并与相邻层错开布置（图 9-18f）；顺建筑平面柱网变化而合理布置（图 9-18g）；相邻层互相垂直布置（图 9-18h）。围绕巨大芯筒在底层四周自由敞开时，转换构件布置在两个方向的剪力墙上，并向两端悬挑（图 9-18i）；必要时可对角线布置（图 9-18j）；建筑平面及芯筒为圆形时，可放射性布置（图 9-18k）。

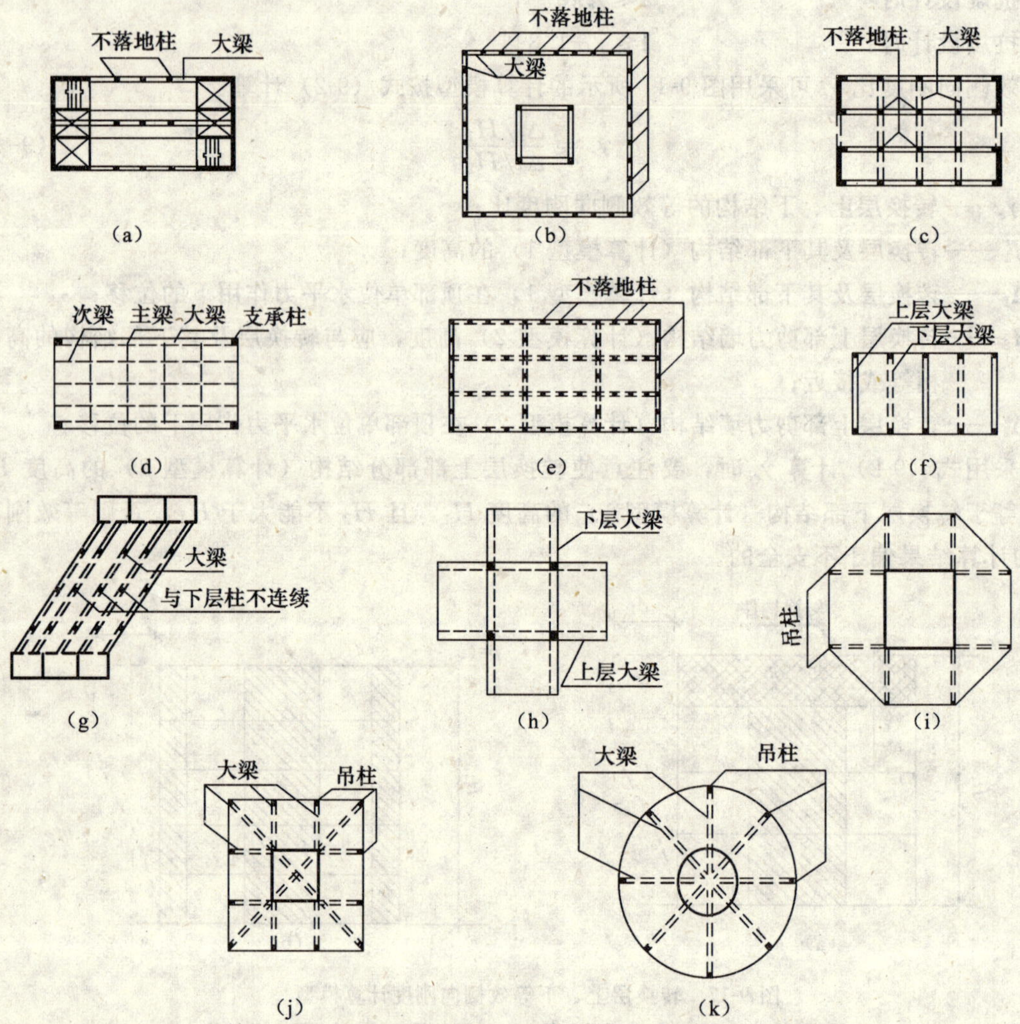

图 9-18 转换结构构件的平面布置

转换层上部的竖向抗侧力构件（墙、柱）宜直接落在转换层的主要结构上，且转换层上部结构应尽可能地落到转换梁的中面上，以避免转换梁受到很大的扭矩。

转换构件布置时，应尽量避免出现框支主梁承托剪力墙并承托转换次梁及次梁上的剪力墙的方案。考虑到框支主梁除承受其上部剪力墙的作用外，还需承受次梁传给的剪力、扭矩和弯矩，框支柱易受剪破坏。因此，B级高度框支剪力墙结构不宜采用框支主、次梁方案；A级高度框支剪力墙结构可以采用，但设计中应对框支剪力墙进行应力分析，按应力校核配筋，并加强配筋构造措施。

4. 剪力墙、筒体和框支柱的布置

落地剪力墙、筒体和框支柱的布置对于防止转换层下部结构在地震中发生严重破坏或倒塌将起着十分重要的作用。必须特别注意落地剪力墙、筒体和框支柱的布置。为此，应采取措施防止转换层下部结构发生破坏。

(1) 带转换层的筒体结构的内筒应全部上、下贯通落地并按刚度要求增加墙厚度；框支剪力墙结构要有足够的剪力墙上、下贯通落地并按刚度要求增加墙厚度。

为与建筑设计协调，争取尽可能多的剪力墙、筒体落地，且落地纵向、横向剪力墙最好成组布置，组合为落地筒体（图 9-19）。加大落地剪力墙、筒体底部墙体的厚度，尽量增大落地剪力墙、筒体的截面面积。

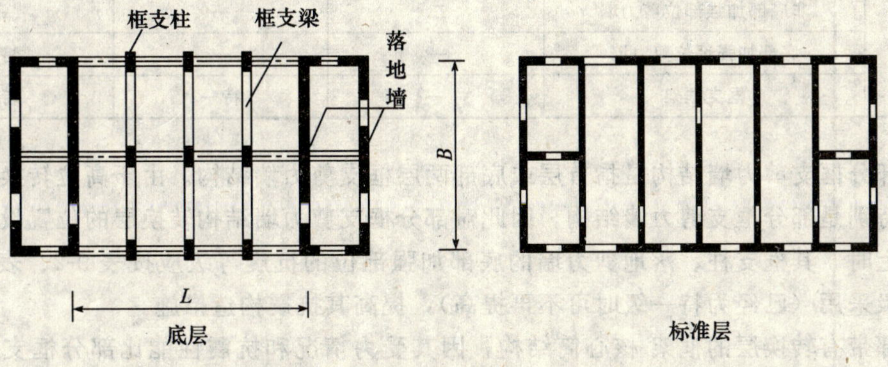

图 9-19　底部大空间剪力墙结构

落地剪力墙、筒体数量本来就不多，所以尽量不开洞，开小洞，以免刚度削弱太大；若需开洞，洞口宜布置在落地剪力墙、筒体墙体的中部。

(2) 长矩形平面建筑中落地剪力墙的间距 L 宜符合以下规定：

非抗震设计时：$L \leqslant 3B$ 且 $L \leqslant 36\text{m}$

抗震设计时：

底部 1～2 层框支层时：$L \leqslant 2B$ 且 $L \leqslant 24\text{m}$

底部为 3 层及 3 层以上框支层时：$L \leqslant 1.5B$ 且 $L \leqslant 20\text{m}$

其中，B——楼盖宽度。

(3) 落地剪力墙与相邻框支柱的距离，1～2 层框支层时不宜大于 12m，3 层及 3 层以上时不宜大于 10m。

(4) 框支层周围楼板不应错层布置，以防止框支柱因楼盖错层发生破坏。

(5) 转换层上部结构与下部结构的等效剪切刚度（等效侧向刚度）比应满足规程

JGJ 3—2002要求，以控制刚度突变，减小内力突变程度，缩短转换层上、下结构内力传递途径。

二、带转换层高层建筑结构抗震等级

带转换层高层建筑结构的抗震设计根据设防烈度、结构类型、构件种类和房屋高度，可按表 9-2、表 9-3 采用相应的抗震等级进行相应的计算和采取相应的构造要求。

表 9-2　A级高度的带转换层高层建筑结构抗震等级

<table>
<tr><td colspan="2" rowspan="2">结构类型</td><td colspan="6">烈度</td></tr>
<tr><td colspan="2">6 度</td><td colspan="2">7 度</td><td colspan="2">8 度</td></tr>
<tr><td rowspan="4">框支剪力墙</td><td>高度（m）</td><td>≤80</td><td>>80</td><td>≤80</td><td>>80</td><td>≤80</td><td>>80</td></tr>
<tr><td>非底部加强部位剪力墙</td><td>四</td><td>三</td><td>三</td><td>二</td><td>二</td><td rowspan="3"></td></tr>
<tr><td>底部加强部位剪力墙</td><td>三</td><td>二</td><td colspan="2">二</td><td>一</td></tr>
<tr><td>框支框架</td><td colspan="2">二</td><td>二</td><td>一</td><td>一</td></tr>
</table>

表 9-3　B级高度的带转换层高层建筑结构抗震等级

<table>
<tr><td colspan="2" rowspan="2">结构类型</td><td colspan="3">烈度</td></tr>
<tr><td>6 度</td><td>7 度</td><td>8 度</td></tr>
<tr><td rowspan="3">框支剪力墙</td><td>非底部加强部位剪力墙</td><td>二</td><td>一</td><td>一</td></tr>
<tr><td>底部加强部位剪力墙</td><td>一</td><td>一</td><td>特一</td></tr>
<tr><td>框支框架</td><td>一</td><td>特一</td><td>特一</td></tr>
</table>

表中部分框支剪力墙结构是指首层或底部两层框支剪力墙结构。由于高位转换对结构抗震不利，特别是部分框支剪力墙结构。因此对部分框支剪力墙结构转换层的位置设置在 3 层及 3 层以上时，其框支柱、落地剪力墙的底部加强部位的抗震等级应按表 9-2、表 9-3 的规定提高一级采用（已经为特一级时可不再提高），提高其抗震构造措施。

对底部带有转换层的框架-核心筒结构，因其受力情况和抗震性能比部分框支剪力墙结构有利，故其抗震等级不必提高，其框支框架和底部加强部位筒体的抗震等级应按表 9-2、表 9-3 中框支剪力墙结构的规定采用。

三、底部大空间剪力墙结构的计算

1. 水平力在各片剪力墙之间的分配

带转换层高层建筑结构，在结构内力与位移整体计算中，可对转换层做适当的和必要的简化处理，但不应改变其整体变形和受力特点。鉴于带转换层的高层建筑结构属于体形复杂的高层建筑结构，其竖向刚度变化大、受力复杂、易形成薄弱部位，因此整体计算分析时应从严要求。整体计算后应采用有限元法对简化处理的转换结构构件进行应力分析，保证转换结构构件计算分析的可靠性。

带转换层高层建筑结构整体计算分析时，应采用至少两种不同力学模型的三维空间分析软件（空间杆系、空间杆—薄壁杆系、空间杆—墙元及其他组合有限元等计算模型）进行整体内力和位移计算。抗震计算时，宜考虑平扭藕连计算结构的扭转效应，振型数不应小于 15，对多塔楼结构的振型数不应小于塔楼数的 9 倍，且计算振型数应使振型参与质量不小于总质量的 90%；应采用弹性时程分析法进行多遇地震下的补充计算。

整体分析结果表明，底部大空间剪力墙结构以转换层为分界，上、下两部分的内力分布规律是不同的，如图 9-20 所示。

转换梁上部楼层，各片剪力墙刚度成比例变化，位移特征相似，外荷载产生的水平力大体上按各片墙的等效刚度（EI_{eq}）比例分配。

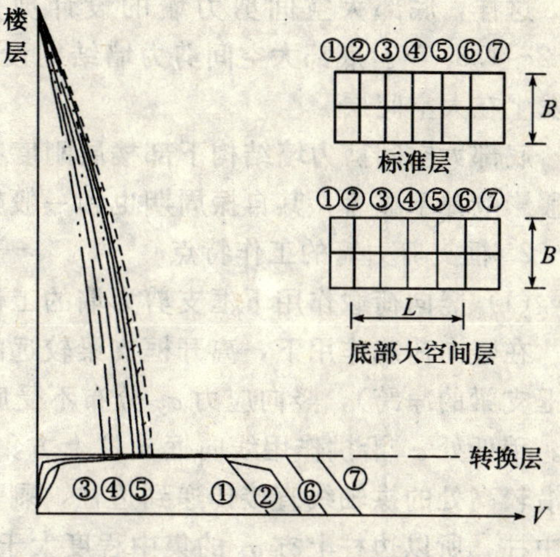

图 9-20　水平力在各片剪力墙之间的分配

在底部大空间层，由于框支柱的刚度很小，往往不足落地剪力墙刚度的 1%，因此水平剪力集中到落地剪力墙上，几乎为百分之百；框支柱的剪力很小，接近于零。由于目前底层大空间剪力墙结构计算机分析采用的三维空间分析程序或协同工作分析程序都采用了转换层楼板平面内刚度为无穷大的假定，因而得到转换层楼层所有框支柱和剪力墙的位移相等、水平力按框支柱和落地剪力墙的刚度比例分配而产生的。实际上，根据底层大空间剪力墙结构试验研究表明：转换层楼板要完成上、下层剪力的重新分配，在自身平面内受力很大，楼板有显著大变形。楼板的变形将使大空间部分框支柱的位移增大，从而使框支柱的剪力比计算值大 3～5 倍，甚至更多。

因此，底部大空间楼层框支柱的内力不能直接采用按楼板平面内刚度为无穷大假定的计算结果。也就是说，采用目前三维空间分析程序或协同工作分析程序的计算机方法和手算方法，都要加以修正。调整原则如下：

采用计算机进行计算时，落地剪力墙的内力直接按计算结果采用，不必调整；但框支柱的剪力 V_{ej} 不应小于表 9-4 中的数值。

表 9-4　框支柱地震剪力标准值 V_{cj}

框支柱数 n_c	框支层数	
	1～2 层	≥3 层
≤10	≥0.02V	≥0.03V
ϕ10	$\frac{0.2}{n_c}V$	$\frac{0.3}{n_c}V$

注：表中 V 为基底剪力；n_c 为框支柱的数目。

框支柱剪力调整后，应相应调整框支柱的弯矩及柱端梁（不包括转换梁）的剪力、弯矩，框支柱轴力可不调整。

当采用简化计算方法时，转换层以上各楼层水平力可按各片剪力墙的等效刚度（EI_{eq}）比分配。在计算等效刚度时，剪力墙的弯曲刚度可考虑翼缘的作用，剪切刚度不考虑翼缘的作用。

底部大空间层的落地剪力墙承受全部楼层剪力，楼层剪力在落地剪力墙之间按其等效刚度比例分配（式（9-3)），但框支柱承受的剪力 V_{cj} 不应小于表 9-4 中的数值。底部大空间剪力墙的设计剪力 V_{wj} 可按下式计算：

$$V_{wj}=\frac{EI_{eqj}}{\sum EI_{eqj}}V \tag{9-3}$$

这样，底部大空间剪力墙的设计剪力将大于外荷载产生的楼层剪力 V，最多可达 (1.2～1.3) V。底部大空间剪力墙结构设计必须保证大空间层有较富余的承载力，避免破坏发生在大空间层。

底部大空间剪力墙结构下部楼层刚度有所降低，但由于层数不多，对整个结构的刚度、位移影响并不显著，其自振周期也和一般剪力墙结构相差不多。

2. 框支剪力墙的工作特点

(1) 竖向荷载作用下框支剪力墙的工作特点

在竖向荷载作用下，离开框支梁较远的上部墙体（大约离墙体和框支梁界面 l_n 以外，l_n 为框支梁的净跨），竖向应力 σ_y 分布不受底部框架的影响，在均布荷载作用下，σ_y 也均匀分布。稍低处 σ_y 沿拱作用线向框支柱上方集中。在双跨框架的情况下，由于有一部分荷载首先沿较高处的拱轴线直接传递到边柱，剩下来的荷载在较低处再沿小拱轴线分别传递到边柱和中柱，所以边柱上方 σ_y 的集中程度大于中柱上方（图 9-21）。

框支梁的刚度越大、框支柱截面高度 h_c 越大，则竖向应力 σ_y 集中程度越小，分布越平缓。在常用尺寸下 ($h_b/L=0.1\sim0.16$、$b_c/L=0.06\sim0.10$)，边柱上方应力 σ_{y1} 约为平均应力 q/b_w 的 4～6 倍，中柱上方 σ_{y2} 约为平均应力 q/b_w 的 2～3 倍。

竖向荷载作用下，框支梁上部实体墙内水平应力 σ_x 分布如图 9-22 所示。

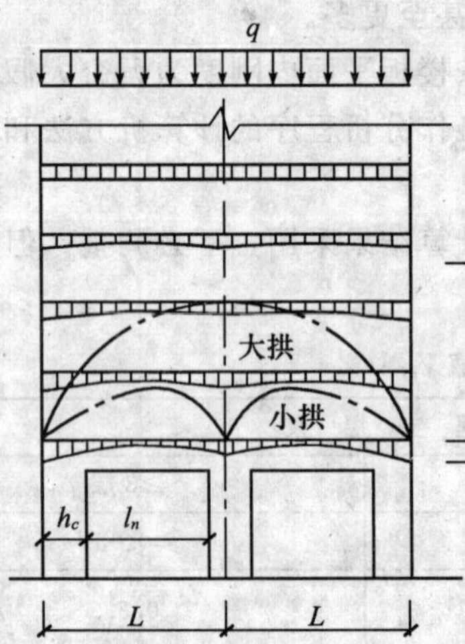

图 9-21　上部剪力墙内垂直应力 σ_y 分布

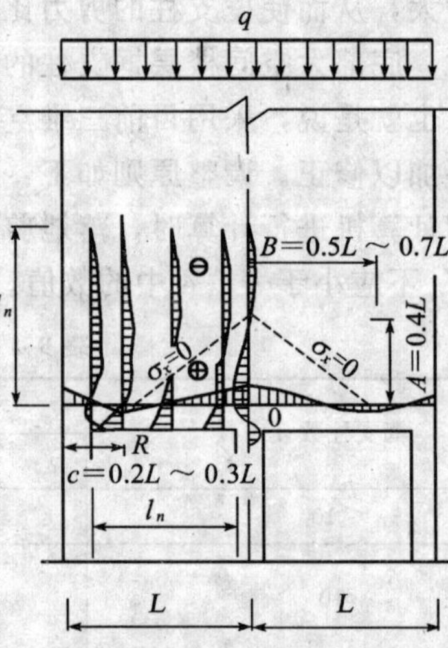

图 9-22　上部剪力墙内水平应力 σ_x 分布

单跨支承框架时，墙板内基本上是压应力。双跨支承框架的中柱上方存在一个三角形的拉应力区，拉应力在中柱正上方、框支梁的上边缘处墙板内为最大。其数值取决于梁、柱刚度的大小，$\sigma_{x0}=(0.7\sim1.0)q/b_w$，$B=(0.5\sim0.75)L$，$A\approx0.4L$。

不论是单跨还是双跨支承框架，水平应力 σ_x 只分布在高度为 l_n 范围内的墙体中，更高部分水平应力 σ_x 接近于零。

墙内剪应力 τ 分布如图 9-23 所示。剪应力只在离框支梁 l_n 的范围内出现，在剪力墙与框支梁的交界处达到最大值，可达 $(1.1\sim1.5)q/b_w$。梁的下边缘与柱的交界处，剪应力可达 $(1.5\sim2.0)q/b_w$。

单跨框架梁在柱上方的弯矩很小，弯矩分布类似于简支梁。由于框支梁与上部墙体共同工作，组成一个倒 T 形的深梁，框支梁是这个深梁的受拉翼缘，因此承受轴向拉力 N_b，此拉力值可达（0.15～0.20）qL。因此，框支梁不同于一般框架梁，普通框架梁为受弯构件，轴力为零，在同一竖向荷载下弯矩很大；而框支梁是拉弯构件，弯矩较小，且有轴向拉力，因此，必须按偏心受拉构件进行截面设计。

双跨框支梁的弯矩及轴向拉力分布如图 9-24 和图 9-25 所示。轴向拉力最大值 N_{max} 约为（0.15～0.20）qL，距外侧（0.35～0.45）L；柱上方拉力近于零。框支梁最大正弯矩发生在距外侧约为 0.2L 处。

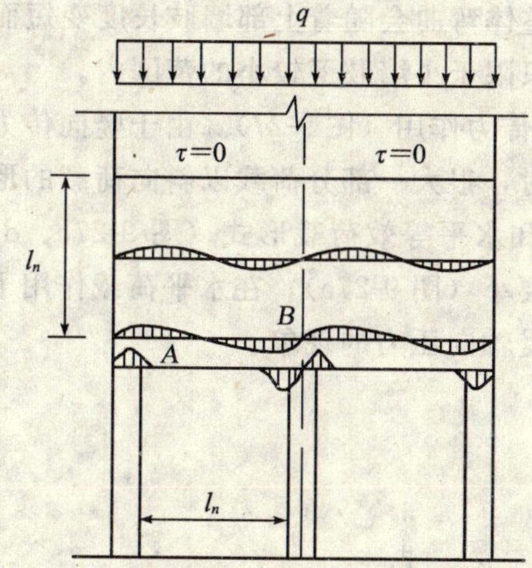

图 9-23　墙板中剪应力 τ 的分布

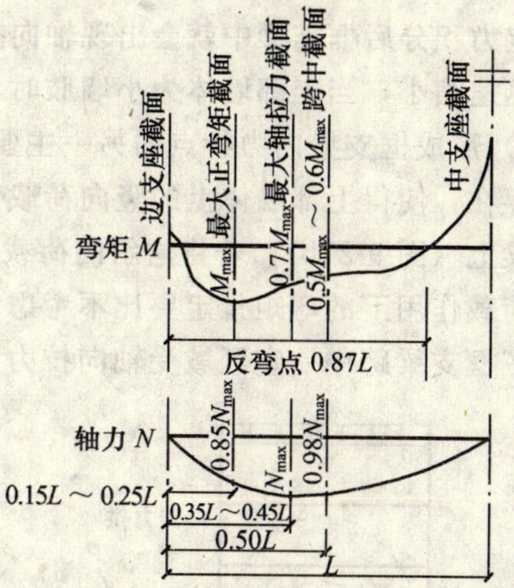

图 9-24　双跨框支梁中内力的分布规律

框支梁最大剪力发生在其端部，单跨框支梁的梁端剪力约为 0.25qL；双跨框支梁的剪力约为（0.15～0.2）qL（边柱梁端），（0.2～0.25）qL（中柱梁端）。

（2）水平荷载作用下框支剪力墙的工作特点

水平荷载作用下，上部墙体（距框支梁 l_n 以上部分）中竖向应力 σ_y 为线性分布；在靠近框支梁的墙体中，σ_y 逐渐向柱上方集中，但仍保持反对称分布的特点（图 9-26）。

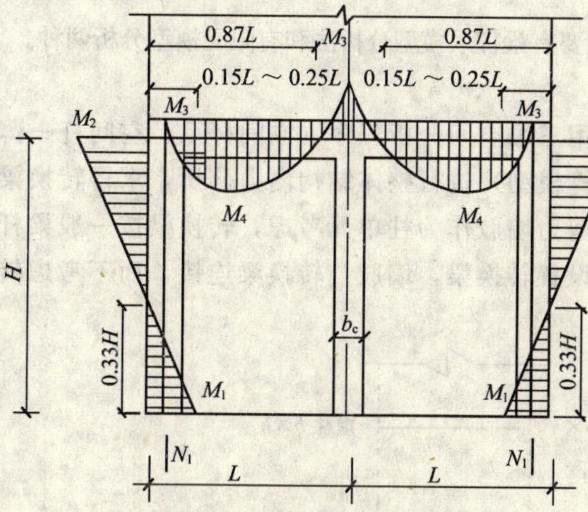

图 9-25　支承框架的弯矩分布

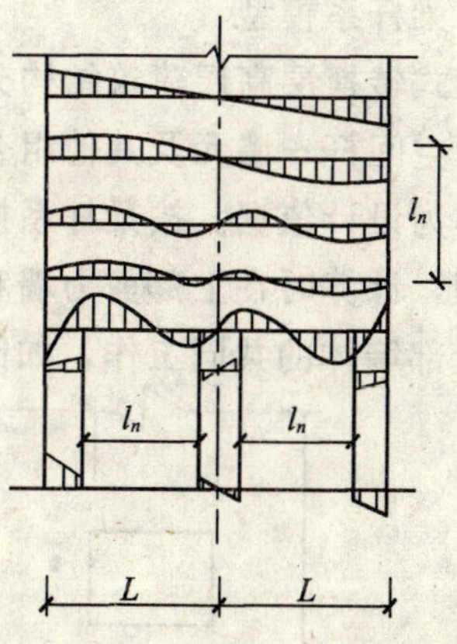

图 9-26　水平荷载下框支剪力墙竖向应力分布

框支梁同样存在较大的轴向拉力和剪力。

(3) 框支梁受力机理

分析表明，无论框支梁上部墙体的形式如何，只要墙体存在一定长度，框支梁中的弯矩就会较不考虑上部墙体作用的要小，相应墙体下的框支梁就有一段范围出现受拉区。出现这一现象的主要原因有：

1) 墙、框支梁作为一个整体共同弯曲变形，框支梁处于这整体弯曲的受拉翼缘，若单独分析框支梁，其所受的弯矩由于剪力墙的共同工作而大大降低，同时，由于处于受拉翼缘，应力积分后框支梁中就会出现轴向拉力。这种整体弯曲会随着上部墙肢长度变短而影响范围迅速缩小，当上部墙体为小墙肢时，这种影响只限于小墙肢下较小的范围内。

2) 形成框支梁内力特点的另一主要原因是拱的传力作用（图 9-27）。由于竖向传力拱作用的存在，使得上部墙体上的竖向荷载传到转换梁时，很大一部分荷载以斜向荷载的形式作用于梁上（图 9-27b），若将这斜向荷载分解为垂直和水平等效荷载形式（图 9-27c、d），则垂直荷载作用下的弯矩肯定要比不考虑墙体作用时要小（图 9-27a），在水平荷载作用下，就形成了框支梁跨中一定区域受轴向拉力而支座区域受轴向压力的现象。

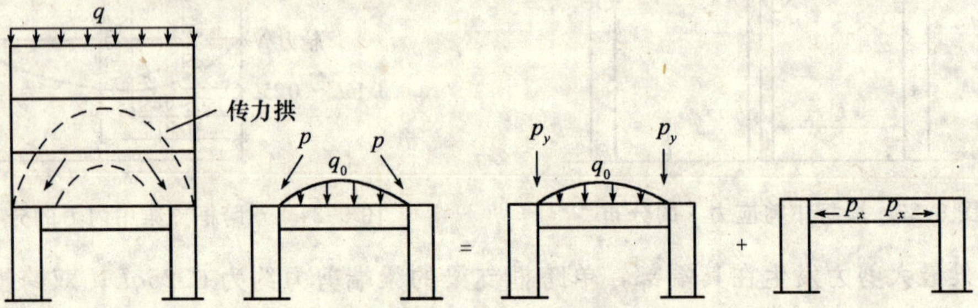

图 9-27　框支梁受力机理示意图

框支梁的最终受力状态是由于上述两个因素综合影响的结果。

3. 梁式转换层结构的内力计算

托墙形式的梁式转换层结构的内力计算方法主要有梁杆系模型分析法和有限元模型分析两种。

(1) 梁杆系模型

带梁式转换层高层建筑结构分析时，直接用三维空间分析程序（空间杆系、空间杆—薄壁杆系、空间杆—墙元及其他组合有限元等计算模型）进行整体结构内力分析，求得转换梁的内力作为设计依据。按梁杆系模型分析时，剪力墙肢作为柱单元考虑，转换梁按一般梁杆模型处理，计算时在上部剪力墙和下部柱之间设置转换梁，墙肢与转换梁连接，而不考虑转换梁与上部墙体的共同工作，如图 9-28 所示。

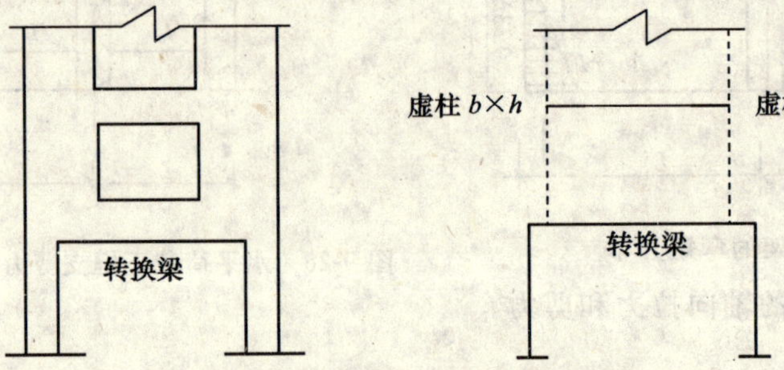

图 9-28　转换梁的杆系模型

分析表明，采用杆系模型分析得到的转换梁的内力与按高精度平面有限元程序计算结果相差很大，往往是异常的。出现异常的原因：

1）杆系模型采用小变形，而转换梁（通常占整个层高）受力后的变形理论不同；

2）杆系模型结构计算简图与实际受力的传力途径不相符。在实际结构中，转换梁上部结构各楼层荷载是通过各层连系梁按墙肢的刚度分配给各墙肢的，即通过墙肢逐层向下部有柱的方向传递。

为此，构建如图 9-29 所示的结构计算简图，以正确地反映结构中转换梁上部墙肢实际的受力途径。图中横梁刚度为无穷大，而虚柱截面宽度 $b=b_w$（b_w 为转换梁上部墙体厚度），截面高度 $h=h_c$（h_c 为转换梁下部支承柱的截面高度）。

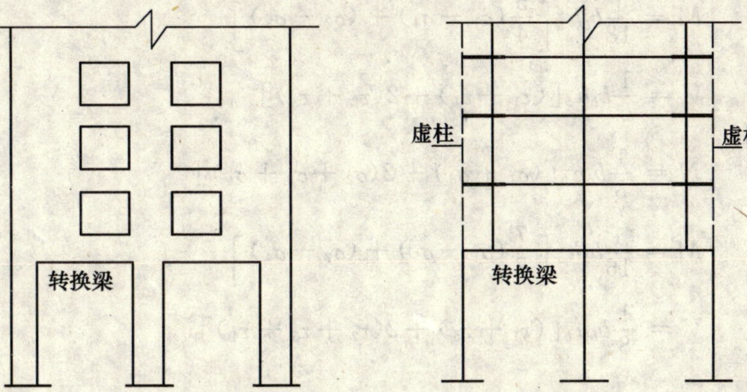

图 9-29　转换梁的修正杆系模型

采用这种计算简图计算高层建筑中转换梁内力的算例表明，能够满足工程设计的要求，但要想取得最接近结果，还必须采用高精度有限元分析程序计算。

（2）梁有限元模型

梁有限元模型是在整体空间分析程序的计算基础上，考虑转换梁与上部墙体共同工作，将转换梁上部部分墙体及下部部分结构取出，合理地确定其荷载和边界条件，采用高精度有限元分析方法进行分析。

1）有限元分析范围

分析表明，计算模型的选取与转换梁的跨度有关。当转换梁的跨度较大时，上部墙体参加工作的层数多些；当转换梁的跨度较小时，上部墙体参加工作的层数就少些。实际工程中转换梁的常用跨度为 6～12m，而高层建筑结构标准层常用层高为 2.8～3.2m，在此跨度和层高范围内，托墙形式的梁式转换层结构内力有限元分析可取其上部墙体 3～4 层，视这部分墙体连同转换梁组成的倒 T 形深梁。转换梁下部结构层数对其控制截面的内力影响不大，在一般情况下，转换梁下部结构可取一层。因此，梁式转换层结构采用有限元分析时，计算简图可取转换梁附近净跨 l_n 范围内的墙体（从实际工程设计的经验来看，约为转换梁附近3～4层墙体）和下部一层结构作分析模型，其计算精度已满足设计要求。

2）单元网格划分

分析表明，远离转换梁的墙体对转换梁的应力分布和内力大小影响很小，可考虑网格划分粗些，以达到减少分析模型单元数，减轻计算工作量的目的；为较精确模拟墙体和转换梁之间较为复杂的相互作用关系，可考虑转换梁附近墙体的网格划分应细些；墙体开洞部位由于产生应力集中，网格也应划分细些；转换梁、柱由于尺寸相对较小，应力变化幅度大，为提高其应力和内力的计算精度，必须对其网格划分得相对细些。

为获得沿转换梁截面高度较为准确的应力分布规律，截面高度方向网格划分宜取6～8个等分。若按式（9-4）～式（9-6）计算转换梁的内力，则沿截面高度方向网格划分只需取3～5个等分即可。

当 $m=3$ 时 $$N=\frac{1}{6}b_bh_b[(\sigma_1+\sigma_4)+2(\sigma_2+\sigma_3)] \tag{9-4a}$$

$$M=\frac{1}{18}b_bh_b^2\left[\frac{5}{4}(\sigma_1-\sigma_4)+(\sigma_2-\sigma_3)\right] \tag{9-4b}$$

$$V=\frac{1}{6}b_bh_b[(\tau_1+\tau_4)+2(\tau_2+\tau_3)] \tag{9-4c}$$

当 $m=4$ 时 $$N=\frac{1}{8}b_bh_b[(\sigma_1+\sigma_5)+2(\sigma_2+\sigma_3+\sigma_4)] \tag{9-5a}$$

$$M=\frac{1}{16}b_bh_b^2\left[\frac{7}{8}(\sigma_1-\sigma_5)+(\sigma_2-\sigma_4)\right] \tag{9-5b}$$

$$V=\frac{1}{8}b_bh_b[(\tau_1+\tau_5)+2(\tau_2+\tau_3+\tau_4)] \tag{9-5c}$$

当 $m=5$ 时 $$N=\frac{1}{10}b_bh_b[(\sigma_1+\sigma_6)+2(\sigma_2+\sigma_3+\sigma_4+\sigma_5)] \tag{9-6a}$$

$$M=\frac{1}{50}b_bh_b^2\left[\frac{9}{4}(\sigma_1-\sigma_6)+3(\sigma_2-\sigma_5)+(\sigma_3-\sigma_4)\right] \tag{9-6b}$$

$$V=\frac{1}{10}b_bh_b[(\tau_1+\tau_6)+2(\tau_2+\tau_3+\tau_4+\tau_5)] \tag{9-6c}$$

式中 σ_i（$i=1\sim m$）——计算条带边缘正应力；

τ_i（$i=1\sim m$）——计算条带边缘剪应力；

b_b——转换梁截面宽度；

h_b——转换梁截面高度。

3）计算荷载

转换梁有限元分析都是在结构整体三维空间分析后进行的，有限元分析的荷载可以直接取用结构整体空间分析的内力计算结果。荷载的取用原则：

竖向荷载：计算简图顶部墙体上的竖向荷载取该层上部垂直荷载的累计值，其余各层的竖向荷载采用各自层的垂直荷载（图9-30a）。

水平荷载：计算简图顶部墙体上的剪力作为该层的水平节点荷载（式9-7），该层墙体的弯矩 M 换算成三角形分布的垂直荷载（式9-8）作用于计算简图顶部墙体上；其余各层则作用相应的水平节点荷载（图9-30b），其数值分别取本层墙体剪力与上层墙体剪力的差值（式9-9）。

$$p=V_i \tag{9-7}$$

$$p'=M/W \tag{9-8}$$

$$p_i = V_{i+1} - V_i,(i = 1 或 2)。 \tag{9-9}$$

竖向荷载主要指重力荷载，8度抗震设计时转换构件应考虑竖向地震作用的影响。水平荷载包括风荷载和水平地震作用。

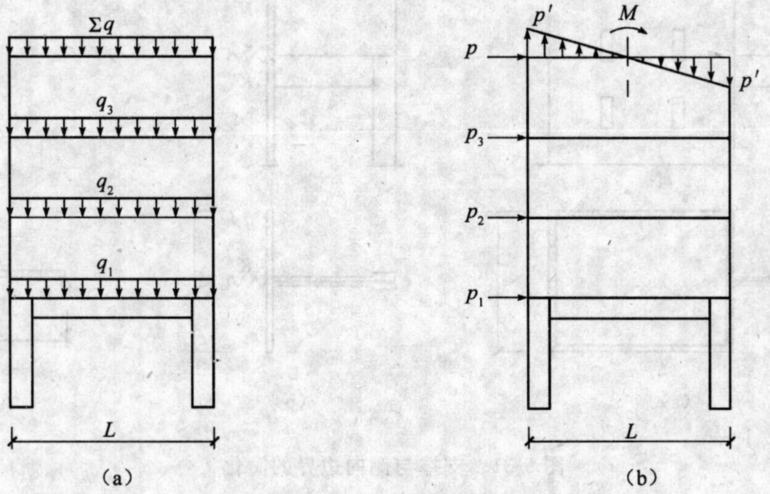

图9-30　计算荷载图

(a) 竖向荷载；(b) 水平荷载

在确定上述计算荷载后，转换梁模型有限元分析时，一般采用以下两种荷载组合：

①将重力荷载、风荷载和地震作用各工作情况分别作用于分析模型上，将有限元分析出的转换梁内力按《高层建筑混凝土结构技术规程》(JGJ 3—2002) 中基本组合的要求，对各种工作情况进行内力组合，求出各组内力最大值并进行相应的截面设计。

②直接取用结构整体分析中的组合内力最大值（包括弯矩最大、轴力最大和剪力最大三组内力）作为有限元分析的计算荷载，分析中水平荷载和竖向荷载一次作用，算出三组转换梁内力分别进行截面设计，转换梁的配筋取用各相应部位的抗剪、抗弯最不利配筋。

③支撑与侧向边界的简化

当转换梁一侧或两端支撑在筒体上时，采用空间三维实体有限元模型分析时能正确模拟侧向边界条件，而采用平面有限元模型分析时就不能体现转换梁在筒体一侧的支撑情况。采用平面有限元模型分析时可将筒体的影响用等效约束来表示，约束的处理方法如下：

a. 当转换梁布置在筒体墙的中间时（图9-31a），则可按图（9-31b）进行计算简化，其中等效约束处理后的侧向弹性支撑的弹簧劲度系数可按公式（9-10）计算。

$$K = \frac{48E_c I_{w1}}{nL_{w1}^3} \tag{9-10}$$

式中　E_c——墙体混凝土弹性模量；

I_{w1}、L_{w1}——墙体 w_1 对其本身中和轴的惯性矩和墙长；

n——计算时每一层墙侧向约束个数。

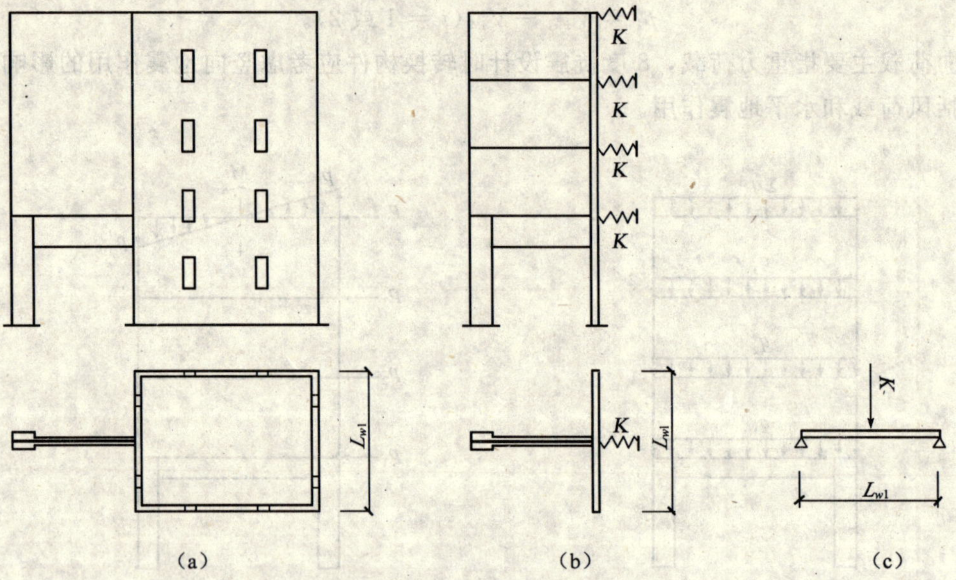

图 9-31　支撑与侧向边界的简化

(a) 计算模型；(b) 简化计算模型；(c) 弹簧劲度系数计算示意

b. 当转换梁布置在筒体端部墙体上时（图 9-32a），则可按图 9-32b 进行简化，其中等效约束处理后的侧向弹性支撑的弹簧劲度系数可按式（9-11）计算。

$$K=\frac{6E_cI_{w2}}{nL_{w2}^3} \tag{9-11}$$

式中　I_{w2}、L_{w2}——墙体 w_2 对其本身中和轴的惯性矩和墙长。

其余符号同前。

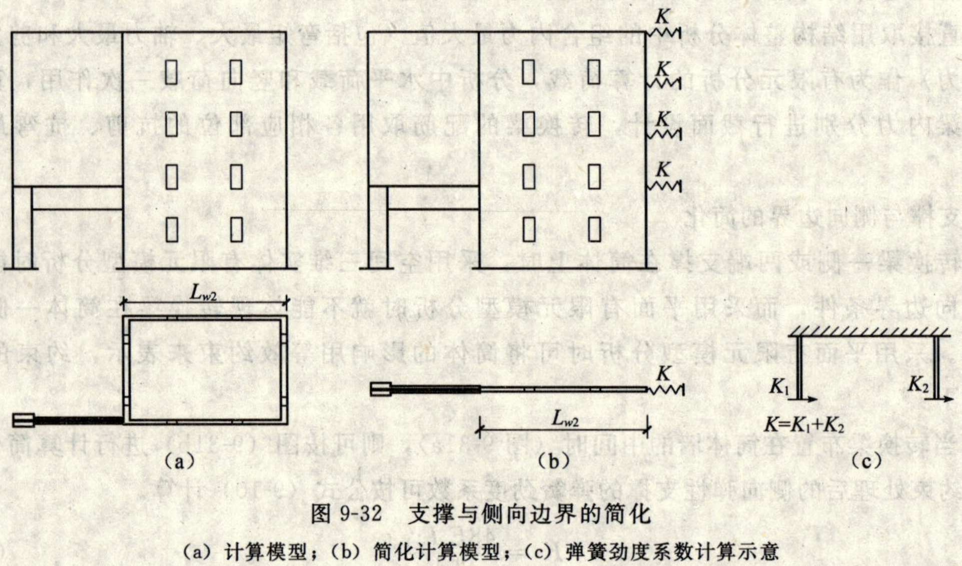

图 9-32　支撑与侧向边界的简化

(a) 计算模型；(b) 简化计算模型；(c) 弹簧劲度系数计算示意

④支撑约束条件的简化

分析表明，梁式转换层结构有限元分析时，下部结构支柱下端的约束条件选取铰接或固接对转换梁应力及内力的计算结果有较大的影响。在梁式转换层结构进行有限元分析时，具体选用何种约束条件为宜，这主要与转换梁下部框支层层数有关。实际结构设计时，当转换梁下部框支层仅有一层时，可考虑支柱下部取为固接；当转换梁下部框支层有二层或二层以上时，可考虑支柱下部取为铰接。

四、转换梁截面设计方法

目前国内结构设计工作者普遍采用的转换梁截面设计方法主要有：

1. 普通梁截面设计方法

直接取用高层建筑结构三维空间分析软件（空间杆系、空间杆—薄壁杆系、空间杆—墙元及其他组合有限元等）计算出的转换梁内力结果，按普通梁进行受弯构件承载力计算。

2. 偏心受拉构件截面设计方法

按偏心受拉构件进行截面设计的关键是如何将有限元分析得到的转换梁截面上的应力换算成截面内力，但这是一种比较麻烦的事情。分析表明，可按式（9-4）～式（9-6）将转换梁的截面应力换算成截面内力。根据转换梁的截面内力（M，N）按偏心受拉构件进行正截面承载力计算，根据剪力 V 进行斜截面受剪承载力计算。

3. 深梁截面设计方法

实际工程中转换梁的高跨比 $h_b/l=1/8\sim1/6$，因此转换梁是一种介于普通梁和深梁之间的梁，尤其是框支转换梁，其受力和破坏特征类似于深梁。

当转换梁承托的上部墙体满跨或基本满跨时，转换梁与上部墙体之间共同工作的能力较强，此时上部墙体和转换梁的受力如同一倒 T 形深梁，转换梁为该组合深梁的受拉翼缘，跨中区存在很大的轴向拉力，此时转换梁就不能按普通梁进行截面设计，但如果将倒 T 形深梁的受拉区部分划出来按偏心受拉构件进行截面设计，计算出的纵向受力钢筋的配筋量偏少，不满足承载力要求。

分析表明：当转换梁承托的上部墙体满跨或基本满跨时，转换梁与上部墙体之间共同工作的能力较强，此时上部墙体和转换梁的受力特征如同一倒 T 形深梁，转换梁为该组合深梁的受拉翼缘，跨中区存在很大的轴向拉力，此时转换梁宜按倒 T 形深梁进行截面设计。

深梁截面设计方法的关键是如何选取倒 T 形深梁的截面高度以及如何确定截面的内力臂。确定深梁截面高度的步骤如下：

（1）转换梁顶以上 l_n 范围内的墙体（从实际工程设计的经验来看，约为转换梁附近 3～4 层墙体）与转换梁一起组成倒 T 形深梁。

（2）根据有限元计算结果，取转换梁与上部墙体所组成的卸载拱的高度为深梁的截面高度，其中卸载拱上部墙体中的应力分布基本上与标准层墙体中的应力分布相同。

（3）取上述（1）、（2）两项的较大值作为深梁的截面高度。

计算出作用于倒 T 形深梁截面上的弯矩、剪力后，按深梁进行正截面及斜截面承载力计算。

正截面受弯承载力按下式计算：

$$M \leqslant f_y A_s Z \tag{9-12}$$

式中　f_y——纵向受拉钢筋的抗拉设计强度；

A_s——纵向受拉钢筋的截面面积；

Z——截面的内力臂。

在确定倒 T 形深梁截面内力臂 Z 时，应考虑截面厚度变化的因素，可按下列公式计算：

$$Z = \alpha_d (h_0 - 0.5x) \tag{9-13}$$

$$\alpha_d = 0.80 + 0.40\frac{l_0}{\alpha h} \tag{9-14}$$

式中 x——截面受压区高度，按《混凝土结构设计规范》（GB 50010）计算，当 $x\pi 0.2h_0$ 时，取 $x=0.2h_0$；

h_0——截面的有效高度，且 $h_0=\alpha h-a_s$；

α——深梁截面高度折减系数，$\alpha=\dfrac{b_b h_b+b_w h_w}{b_b\ (h_b+h_w)}$；

其中 b_b——框支转换梁截面宽度；

h_b——框支转换梁截面高度；

b_w——剪力墙截面宽度；

h_w——剪力墙截面厚度。

4. 应力截面设计方法

对转换梁进行有限元分析得到的结果是应力及其分布规律，为能直接应用转换梁有限元法分析后的应力大小及其分布规律进行截面的配筋计算，假定：

（1）不考虑混凝土的抗拉作用，所有拉力由钢筋承担；

（2）钢筋达到其屈服强度设计值 f_y；

（3）受压区混凝土的强度达轴心抗压强度设计值 f_c。

由前面计算假定及图 9-33 可得，正截面配筋计算公式为：

受拉区条带：
$$f_y A_s = (\sigma_i + \sigma_{i+1}) b_i \frac{\Delta h_i}{2} \tag{9-15}$$

受压区条带：
$$f_y A_s + f_c b_i \Delta h_i = (\sigma_i + \sigma_{i+1}) b_i \frac{\Delta h_i}{2} \tag{9-16}$$

式中 b_i——所计算条带的截面宽度；

Δh_i——所计算条带的高度；

σ_i、σ_{i+1}——所计算条带边缘的正应力。

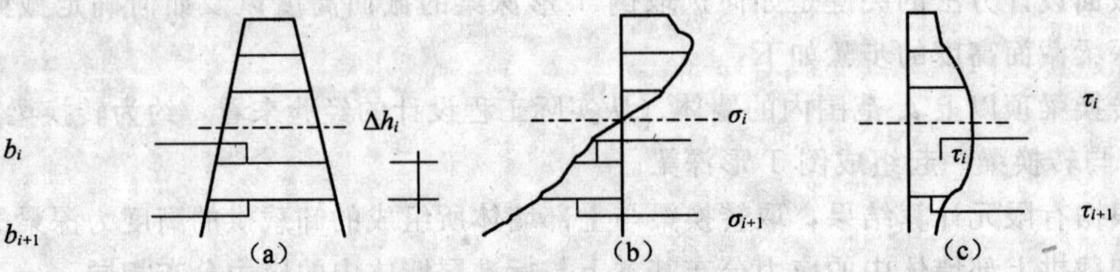

图 9-33 截面和应力分布示意图

(a) 截面；(b) 正应力分布；(c) 剪应力分布

斜截面受剪承载力计算时，截面的设计剪力 V 按下式计算：

$$V = \sum_{1}^{m} (\tau_i + \tau_{i+1}) b_i \frac{\Delta h_i}{2} \tag{9-17}$$

式中 τ_i、τ_{i+1}——计算条带边缘的剪应力；

m——截面划分的条带总数；

其余符号同前。

应力截面设计法的步骤如下：

(1) 采用高精度有限元法计算转换梁截面沿高度方向的应力 (σ_i、τ_i)；

(2) 分别按式 (9-15)、式 (9-16) 及式 (9-17) 计算出各条带中拉力或压力以及剪力；

(3) 对每一个条带进行截面的配筋计算。

5. 转换梁截面设计方法的选择

转换梁截面设计方法的选择与其受力性能及转换层结构形式相关。

(1) 托柱形式转换梁截面设计

当转换梁承托上部普通框架时，在转换梁常用截面尺寸范围内，转换梁的受力基本和普通梁相同，可按普通梁截面设计方法进行配筋计算。但当转换梁承托上部斜杆框架时，转换梁将承受轴向拉力，此时应按偏心受拉构件进行截面设计。

(2) 托墙形式转换梁截面设计

当转换梁承托上部墙体满跨不开洞时，转换梁与上部墙体共同工作，其受力特征与破坏形态表现为深梁，此时转换梁截面设计方法宜采用深梁截面设计方法或应力截面设计方法，且计算出的纵向钢筋应沿全梁高适当分布配置。由于此时转换梁跨中较大范围内的内力比较大，故底部纵向钢筋不宜截断和弯起，应全部伸入支座。

当转换梁承托上部墙体满跨且开较多门窗洞或不满跨但剪力墙的长度较大时，转换梁截面设计也宜采用深梁截面设计方法或应力截面设计方法，纵向钢筋的布置则沿梁下部适当分布配置，且底部纵向钢筋不宜截断和弯起，应全部伸入支座。

当转换梁承托上部墙体为小墙肢时，转换梁基本上可按普通梁的截面设计方法进行配筋计算，纵向钢筋可按普通梁集中布置在转换梁的底部。

五、底部大空间剪力墙结构的设计与构造要求

1. 适用范围

带转换层高层建筑结构属于不规则结构，在竖向荷载、风荷载或水平地震作用下受力复杂，9 度抗震设计时，由于对这种结构目前缺乏研究和工程实践经验，不应采用。

转换结构构件采用梁、桁架、空腹桁架、箱形结构的高层建筑结构适用于非抗震设计和 6 度、7 度及 8 度抗震设防区。转换构件采用厚板的高层建筑结构适用于非抗震设计和 6 度抗震设防地区，但对于大空间地下室，因周围有约束作用，地震反应不明显，故 7 度、8 度抗震设计的地下室的转换构件可采用厚板转换层。

A 级、B 级高度的首层或底部两层框支剪力墙结构的最大适用高度应符合表 9-5 的规定。

表 9-5　首层或底部两层框支剪力墙结构的最大适用高度　(m)

	非抗震设计	抗震设计		
		6 度	7 度	8 度
A 级高度	130	120	100	80
B 级高度	150	140	120	100

研究表明，B 级高度的底部带转换层的筒中筒结构，当外筒由剪力墙构成的壁式框架时，其转换层上下刚度和内力传递途经变化比较明显，因此，其最大适用高度比表 9-5 中的规定的数值适当降低。降低的幅度可根据抗震设防烈度、转换层位置高低等因素，具体研究确定，一般可考虑降低 10%～20%。

2. 转换构件的内力调整

带转换层高层建筑，转换层上部楼层的部分竖向构件不能连续贯通至下部楼层，因此转换层是薄弱楼层，为保证转换构件的设计安全度并具有良好的抗震性能，底部带转换层结构的薄弱层的地震剪力应乘以 1.15 的增大系数，同时符合楼层最小地震剪力系数 λ（剪重比）要求，即

$$V_{Eki} = 1.15\lambda \sum_{j=i}^{n} G_j \tag{9-18}$$

式中 V_{Eki}——薄弱层对应水平地震作用标准值的剪力；

λ——水平地震剪力系数；

G_j——第 j 层的重力荷载代表值；

n——结构计算总层数。

对转换层的转换构件水平地震作用产生的计算内力需要调整增大：特一级、一级、二级转换构件在水平地震作用下的计算内力应分别乘以增大系数 1.8、1.5、1.25。

8 度抗震设计时，转换构件除考虑竖向荷载、风荷载或水平地震作用外，还应考虑竖向地震作用的影响。转换构件的竖向地震作用，可采用反应谱法或动力时程分析方法。作为近似考虑，也可将转换构件在重力荷载标准值作用下的内力乘以增大系数 1.1。

竖向地震作用下转换构件动力时程分析方法时，在计算转换构件弯矩 M_{bE} 时，应考虑两种端部约束条件：

1）两端为铰接，两端有竖向位移和转动；

2）两端只有竖向位移，而没有转动。

按约束条件可以得到转换构件跨中最大弯矩及支座最大弯矩。按上述两种条件计算的弯矩包络图设计较为安全（图 9-34）。

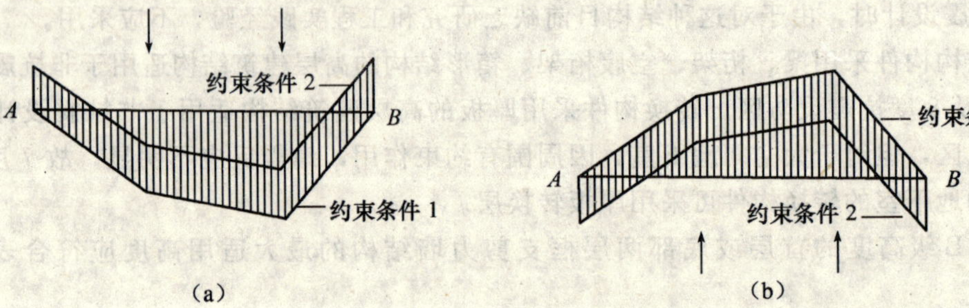

图 9-34 转换梁的设计弯矩

(a) 正向地震；(b) 反向地震

进行转换构件设计时，还应考虑地震方向上、下相反两种情况。

3. 转换层楼板

转换层楼板要将上部剪力墙的水平剪力传递到落地剪力墙上去，其自身平面内受到很大的剪力，楼板变形显著。因此，转换层楼板应采用现浇钢筋混凝土板，其厚度不宜小于 180mm。转换层楼板混凝土强度等级不应低于 C30，并应采用双层双向配筋，每层每方向贯通钢筋的配筋率不宜小于 0.25%，且在楼板边缘结合纵向框架梁或底部外纵墙予以加强，形成加配粗钢筋的边缘拉梁。

抗震设计的矩形平面建筑框支层楼板，当平面较长或不规则及各剪力墙内力相差较大

时，可采用简化方法验算楼板平面内的受弯承载力。

部分框支剪力墙结构的框支层楼板剪力设计值，应符合下列要求：

$$V_f \leqslant \frac{1}{\gamma_{RE}}(0.1\beta_c f_c b_f t_f) \tag{9-19}$$

式中　V_f——框支结构由不落地剪力墙传到落地剪力墙处按刚性楼板计算的框支层楼板组合的剪力设计值，8 度时应乘以增大系数 2.0，7 度时应乘以增大系数 1.5；验算落地剪力墙时不考虑此项增大系数；

β_c——混凝土强度影响系数，当 $f_{cu,k} \leqslant 50\text{N/mm}^2$ 时，取 $\beta_c = 1.0$，当 $f_{cu,k} \leqslant 80\text{N/mm}^2$ 时，取 $\beta_c = 0.8$，其间按直线内插法取用；

b_f、h_f——分别为框支层楼板的验算截面宽度和厚度；

γ_{RE}——承载力抗震调整系数，可采用 0.85。

部分框支剪力墙结构的框支层楼板与落地剪力墙交接截面的受剪承载力，应按下列公式验算：

$$V_f \leqslant \frac{1}{\gamma_{RE}}(f_y A_s) \tag{9-20}$$

式中　A_s——穿过落地剪力墙的框支层楼盖（包括梁和板）的全部钢筋的截面面积。

不要在大空间范围内的楼板上开洞，如果必须在大空间部分设置楼梯间、电梯间时，应采用钢筋混凝土剪力墙围成筒体。

框支层楼板的边缘和较大洞口周边应设置边梁，其宽度不应小于板厚的 2 倍，纵向钢筋的配筋率不应小于 1.0%，钢筋接头宜采用机械连接或焊接，楼板的钢筋应锚固在边梁内。

与转换层相邻楼层的楼板也应适当加强，楼板厚度不宜小于 150mm，并宜双层双向配筋，每层每方向贯通钢筋配筋率不宜小于 0.25%，且需在楼板边缘结合纵向框架梁或底部外纵墙予以加强。

4. 框支梁

框支梁承托上部剪力墙传递下来的竖向荷载，受力很大，又是保障框支剪力墙抗震安全的关键部位。试验结果表明：在竖向荷载作用下，梁端、柱端往往首先破坏，所以必须注意其构造要求。

(1) 框支梁的截面尺寸

框支梁与框支柱截面中线宜重合。

当上部框支剪力墙门窗洞口规则排列且位于框支梁跨中部区域时，框支梁与其上部墙体的共同工作较强，框支梁的截面尺寸可按下列构造要求确定：

框支梁的截面宽度$\geqslant\begin{cases}2b_w\text{（}b_w\text{ 为上部剪力墙厚度）}\\400\text{mm}\end{cases}$，且不宜大于框支柱相应方向的截面宽度。

框支梁的截面高度，抗震设计时不应小于 $1/6L$，非抗震设计时不应小于 $1/8L$（L 为框支梁计算跨度）。

框支梁的截面尺寸是根据其抗剪承载力要求决定的，抗弯对截面的要求并不是控制因素。框支梁截面组合的最大剪力设计值应符合下列要求：

非抗震设计：
$$V_b \leqslant 0.20\beta_c f_c b_b h_{b0} \tag{9-21}$$

抗震设计：
$$V_b \leqslant \frac{1}{\gamma_{RE}}(0.15\beta_c f_c b_b h_{b0}) \tag{9-22}$$

式中 V_b——框支梁端部剪力的设计值；

b_b、h_{b0}——分别为框支梁截面宽度、截面有效高度；

f_c——框支梁混凝土抗压强度设计值；

γ_{RE}——框支梁受剪承载力抗震调整系数，$\gamma_{RE}=0.85$。

在估算框支梁截面时，考虑到框支梁上部受力的不对称性以及其他一些不利因素的影响，梁端部剪力设计值可按下列原则选取：

1）当框支梁上部墙体满跨不开洞或开洞较少时，可取

$$V_b=(0.25\sim0.35)G$$

2）当框支梁上部墙体一侧满跨、另一侧不满跨时，可取

$$V_b=(0.35\sim0.45)G$$

3）当框支梁上部墙体两侧都不满跨时，可取

$$V_b=(0.5\sim0.6)G$$

其中 G——框支梁上所受的全部竖向荷载设计值。

框支梁可采用加腋梁，一方面可保证框支梁的抗剪承载力，另一方面也可有效地降低其截面尺寸，增加建筑物的使用空间。工程结构中框支梁可采用水平加腋（图 9-35a）及垂直加腋（图 9-35b）两种形式。

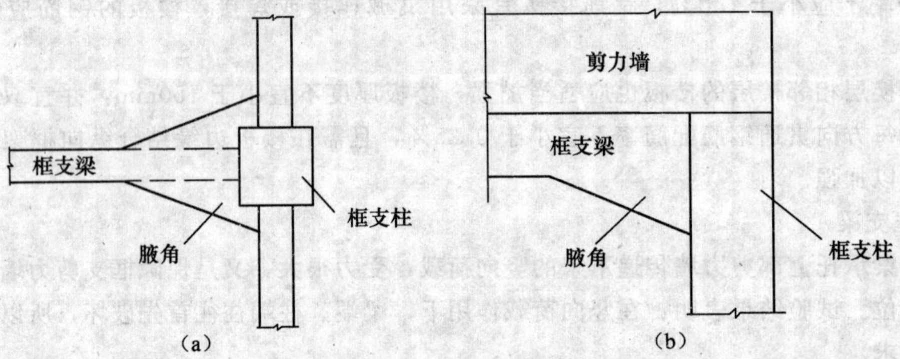

图 9-35 框支梁加腋示意

(a) 水平腋角；(b) 垂直腋角

（2）框支层一般梁的剪力增大系数同一般框架梁，即特一级、一级、二级抗震设计时，梁端部截面组合剪力增大系数 η_{vb} 分别取 1.43、1.3、1.2。

（3）框支梁不宜开洞。若需开洞时，洞口位置宜远离框支柱边，位于梁中和轴附近。

1）当洞口直径（或洞口宽度、高度中的大者）$\leqslant h_b/4$（h_b 为转换梁的高度）时，可采取洞口加筋、洞边加网片予以构造加强。

当洞口直径 $\phi h_b/4$ 时，开洞位置需位于跨中 $l_n/2$ 区段（l_n 为转换梁净跨），且洞口上下部按上下弦杆进行加强配筋。

当洞口直径 $\phi h_b/3$ 时，需进行专门有限元分析，根据计算应力设计值进行配筋。为减少矩形洞口角部应力集中，可将洞口直角改为圆角或洞口角部加腋角。

2）洞口上、下弦杆的内力按下式计算（图 9-36）：

$$剪力 \qquad V_i = \frac{I_i}{I_1 + I_2} V_b \tag{9-23a}$$

$$弯矩 \qquad M_i = V_i \frac{l_0}{2} \tag{9-23b}$$

$$轴力 \qquad N_i = \pm \frac{M_b}{Z} \tag{9-23c}$$

式中　M_i——计算截面的弯矩，$i=1，2$；

V_i——计算截面的剪力，$i=1，2$；

I_i——上弦杆或下弦杆的惯性矩，$i=1，2$；

Z——内力臂。

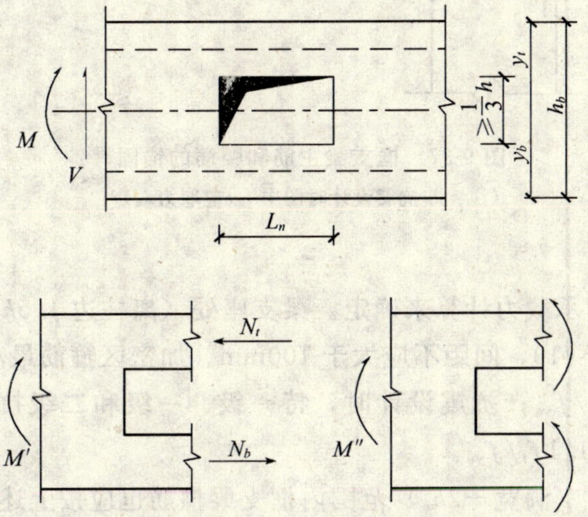

图 9-36　洞口上、下弦杆内力计算

3）洞口上、下弦杆必须采取加强措施，箍筋要加密，以增强其抗剪能力。上、下弦杆箍筋计算时宜将剪力设计值乘放大系数 1.2。当洞口内力较大时，可采用型钢构件来加强。

（4）框支梁的纵向钢筋

框支梁纵向钢筋应按以下要求配置：

1）框支梁上、下主筋（纵向受力钢筋）的最小配筋率非抗震设计时为 0.3%；抗震设计时，特一级、一级、二级抗震等级分别为 0.6%、0.5%、0.4%。

2）框支梁中主筋（纵向受力钢筋）不宜有接头；有接头时，宜采用机械连接，且同一截面内接头钢筋截面面积不应超过全部钢筋截面面积的 50%。接头位置应避开上部剪力墙体开洞部位、梁上托柱部位及受力较大部位。

3）由于框支梁为偏心受拉构件，其纵向钢筋按偏心受拉承载力计算确定。所以其支座上部纵向钢筋至少应有 50%沿梁全长贯通，框支梁不设弯起钢筋，下部主筋应全部贯通伸入柱内。

4）框支梁腰筋应沿梁高均匀配置，且至少≥2Φ16@200，未端进入柱支座按受拉钢筋锚固长度要求执行，且需伸至柱外皮水平弯起≥15d（d 为腰筋直径）。在计算截面偏心受拉承载力时，可以计算腰筋的作用。腰筋应每隔一根用拉筋加以约束、固定。

5）伸入支座的全部钢筋都应在柱内可靠连接，梁上、下主筋和腰筋的锚固见图 9-37。

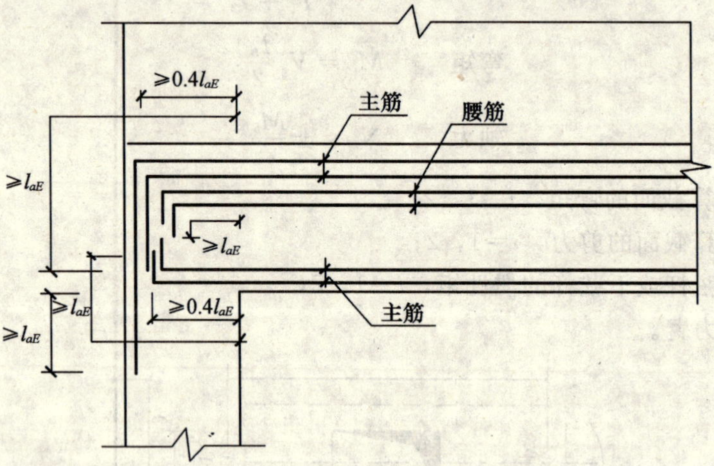

图 9-37　框支梁主筋和腰筋的锚固

（注：非抗震设计时图中 l_{aE} 应取为 l_a）

（5）框支梁的箍筋

框支梁的箍筋由抗剪承载力计算来确定。梁支座处（离柱边 1.5h_b 的范围内）箍筋应加密，加密区直径不应小于 ϕ10，间距不应大于 100mm。加密区箍筋最小面积配箍率为：非抗震设计时不应小于 $0.9f_t/f_{yv}$；抗震设计时，特一级、一级和二级抗震等级分别不应小于 $1.3f_t/f_{yv}$、$1.2f_t/f_{yv}$ 和 $1.1f_t/f_{yv}$。

上部剪力墙门洞下方（洞宽＋2h_b）范围内框支梁箍筋也应按上述要求加密。

框支梁其他部位可将箍筋的间距加大，但不应超过 200mm。

（6）框支梁的混凝土强度等级

框支梁的混凝土强度等级不应低于 C30。

5. 框支柱

（1）地震作用下框支柱内力调整

1）剪力调整

按“强剪弱弯”的设计概念，对框支柱的截面剪力设计值应予以调整增大。规程规定，特一级、一级、二级抗震等级与转换构件相连的柱上端和底层柱下端的剪力组合值分别乘以增大系数（η_{vc}）1.68、1.4、1.2；其他层框支柱剪力组合设计值应分别乘以增大系数（η_{vc}）1.68、1.4、1.2。

框支柱截面剪力增大是在柱端弯矩增大的基础上再增大，实际增大系数可取弯矩增大系数和剪力增大系数的乘积，即

特一级、一级、二级抗震等级与转换构件相连的柱上端和底层柱下端的剪力实际增大系数分别为 1.8×1.68＝3.02、1.5×1.4＝2.1、1.25×1.2＝1.5；其他层框支柱剪力实际增大系数分别为 1.68×1.68＝2.82、1.4×1.4＝1.96、1.2×1.2＝1.44。

2）弯矩调整

按“强柱弱梁”的设计概念，框支柱柱端弯矩设计值应予以调整增大。规程

JGJ 3—2002）规定，特一级、一级、二级抗震等级与转换构件相连的柱上端和底层柱下端截面的弯矩组合值分别乘以增大系数（η_c）1.8、1.5、1.25，其他层框支柱柱端弯矩设计值按下式予以调整：

$$\sum M_c = \eta_c \sum M_b \tag{9-24}$$

式中　$\sum M_c$——节点上下柱端截面顺时针或时针方向组合弯矩设计值之和；

$\sum M_b$——节点左右梁端截面逆时针或顺时针方向组合弯矩设计值之和；

η_c——柱端弯矩增大系数，特一级、一级、二级抗震等级分别取 1.68、1.4、1.2。

3）轴力调整

抗震设计时，框支柱截面主要由轴压比控制并要满足剪压比的要求。为增大框支柱的安全性，有地震作用组合时，特一级、一级、二级框支柱由地震作用产生的轴力设计值应分别乘以增大系数 1.8、1.5、1.2，但计算柱轴压比 μ_N 时不宜考虑该增大系数。

考虑到框支角柱承受双向地震作用，扭转效应对内力影响较大，且受力复杂，在设计中宜另外增大其弯矩和剪力设计值。框支角柱的弯矩设计值和剪力设计值应分别在前述框支柱基础上乘以增大系数 1.1。

（2）框支柱的截面尺寸

框支柱的截面尺寸由以下三方面条件确定：

1）最小构造尺寸

框支柱截面宽度 b_c 不宜小于框支梁的截面宽度 b_b，且非抗震设计时，柱截面宽度 b_c 不宜小于 400mm，柱截面高度 h_c 不宜小于框支梁跨度的 1/15；抗震设计时，柱截面宽度 b_c 不宜小于 450mm，柱截面高度 h_c 不宜小于框支梁跨度的 1/12。

2）框支柱要求比一般框架柱有更大的延性和抗倒塌能力，所以对轴压比 μ_N 有更严格的要求。框支柱的截面尺寸一般系由轴压比（μ_N）计算确定，其限值见表 9-6。

表 9-6　框支柱轴压比 μ_N 限值

轴压比	一级			二级		
	≤C60	C65～C70	C75～C80	≤C60	C65～C70	C75～C80
$\frac{N_{max}}{f_c A_c}$	0.60	0.55	0.50	0.70	0.65	0.60

注：1. 轴压比指考虑地震作用组合的轴压力设计值与全截面面积和混凝土轴心抗压强度设计值乘积的比值。

2. 表内数值适用于剪跨比 λϕ2 的柱。1.5≤λ≤2.0 的柱，其轴压比限值应比表中数值减小 0.05；λπ1.5 的柱，其轴压比限值应专门研究并采取特殊构造措施。

当框支柱沿全高箍筋采用井字复合箍、复合螺旋箍、连续复合螺旋箍形式，或在柱截面中部设置配筋芯柱，且配筋满足一定要求时，柱的延性性能有不同程度的提高，此时柱的轴压比限值可适当放宽。但框支柱经采用上述加强措施后，其最终的轴压比限值不应大于 1.05。

在估算框支柱截面尺寸时，可取 $N_{max} =$（1.05～1.10）N_{CG}。

其中　N_{CG}——重力荷载产生的轴力设计值；

系数（1.05～1.10）——考虑水平地震作用（或风载）产生的轴向力的附加值。

3）抗剪承载力要求

非抗震设计时： $$V_c \leqslant 0.20\beta_c f_c b_c h_{c0} \tag{9-25a}$$

抗震设计时： $$V_c \leqslant \frac{1}{\gamma_{RE}}(0.15\beta_c f_c b_c h_{c0}) \tag{9-25b}$$

式中 V_c——框支柱端部剪力的设计值；

b_c、h_{c0}——分别为框支柱截面宽度、截面有效高度；

其余符号同前。

如果框支柱不满足轴压比限值或抗剪承载力要求，则应加大截面尺寸或提高混凝土强度等级。

框支柱的混凝土强度等级不应低于C30。

(3) 纵向钢筋

特一级框支柱宜采用型钢混凝土柱或钢管混凝土柱，全部纵向钢筋最小配筋率1.6%。

柱内全部纵向钢筋的最小配筋率（当柱混凝土强度等级≤C60时）为：一级抗震等级时 $\rho_{min}=1.2\%$；二级抗震等级时 $\rho_{min}=1.0\%$；非抗震设计时 $\rho_{min}=0.8\%$。当柱混凝土强度等级>C60时，框支柱纵向钢筋最小配筋率应相应提高0.1%。

抗震设计时柱内全部纵向钢筋配筋率不宜大于4.0%。

纵向钢筋的间距，抗震设计时不宜大于200mm；非抗震设计时不大于250mm，且均不宜小于80mm。

框支柱纵筋在框支层内不宜设接头，若需设置，其接头率≤25%，且接头位置离开节点区≥500mm，接头宜采用机械连接。

框支柱在上部墙体范围内的纵向钢筋应伸入上部墙体内不少于一层，其余柱筋应锚入梁内或板内。锚入梁内的钢筋长度，从柱边算起不应小于 l_{aE}（抗震设计）或 l_a（非抗震设计）。

框支柱钢筋在柱顶锚固要求见图9-38，能伸入上部墙体的钢筋尽量伸入墙体，不能伸入墙体的钢筋在梁内锚固。

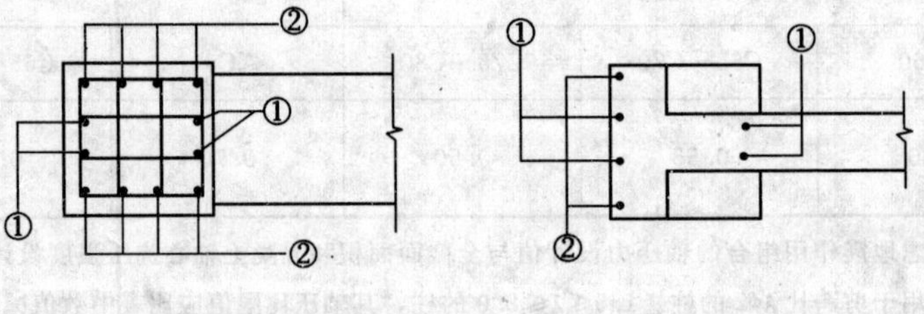

图9-38 框支柱纵向钢筋锚固要求

①号筋应尽量伸入上层墙内作为上一层墙体的端部筋；②号筋锚入底层楼板内长度≥l_{aE}。当上层墙带翼缘时，②号筋也应尽量伸入上层墙体内（图9-38b）

(4) 箍筋

抗震设计时，框支柱箍筋应采用复合螺旋箍筋或井字复合箍筋，箍筋直径不应小于10mm，箍筋间距不应大于100mm和6d（d为纵向钢筋直径）的较小值，并沿全高加密。

非抗震设计时，框支柱箍筋宜采用复合螺旋箍筋或井字复合箍筋，箍筋的体积配筋率不宜小于 0.8%，箍筋直径不宜小于 10mm，箍筋间距不宜大于 150mm。

柱箍筋加密区箍筋的体积配筋率应符合下列要求：

$$\rho_v = \lambda_v \frac{f_c}{f_{yv}} \tag{9-26}$$

式中　λ_v——柱最小配箍特征值；

f_c——混凝土轴心抗压强度设计值，当混凝土强度等级低于 C35 时，应按 C35 计算；

f_{yv}——柱箍筋或拉筋的抗拉强度设计值，超过 $360N/mm^2$ 时，按 $360N/mm^2$ 计算。

抗震设计时，特一级框支柱加密区的配箍特征值 λ_v 应比框架柱加密区的配箍特征值增加 0.03，且柱箍筋体积配箍率 ρ_v 不应小于 1.6%。一级、二级框支柱加密区的配箍特征值 λ_v 应比框架柱加密区的配箍特征值增加 0.02，且柱箍筋体积配箍率 ρ_v 不应小于 1.5%。

(5) 框支柱节点区水平箍筋

框支柱节点核芯区水平箍筋原则上可同框支柱箍筋配置，但当框支梁腰筋配置及拉筋可靠锚固时，可按下列要求设置水平箍筋、拉筋：

抗震等级一级时，不小于Φ12@100，且需将每根柱纵筋勾住；

抗震等级二级时，不小于Φ10@100，且需至少将柱纵筋每隔一根勾住。

6. 框支梁上部剪力墙、筒体

(1) 上部剪力墙、筒体布置时，应注意其整体空间的完整性和延性，注意外墙尽量设置转角翼缘，注意门窗洞尽量居于框支梁跨中，应尽量避免无连梁相连的延性较差的秃墙。满足上述条件的上部剪力墙、筒体轴压比限值见表 9-7。

表 9-7　上部剪力墙、筒体轴压比限值

轴压比	抗震设计			非抗震设计
	一　级	二　级	三　级	
$\frac{N_{max}}{f_c A_c}$	0.55	0.60	0.65	0.70

注：N_{max}为上部剪力墙最大轴力组合设计值；A_c 为上部剪力墙截面面积；f_c 为混凝土轴心抗压强度设计值。

(2) 振动台试验表明，底部带转换层的高层建筑结构中，当转换层位置较高时，落地剪力墙往往从其墙底部到转换层以上 1～2 层范围内出现裂缝，同时转换构件上部的 1～2 层剪力墙也出现裂缝或局部破坏。因此，框支梁上部剪力墙、筒体的底部加强部位范围取转换构件上部二层。

(3) 框支梁上一层剪力墙的配筋应满足式 (9-27) ～式 (9-29) 的要求（图 9-39）：

1) 柱上墙体的端部竖向钢筋 A_s：

$$A_s = h_c b_w (\sigma_{01} - f_c)/f_y \tag{9-27}$$

2) 柱边 $0.2l_n$ 宽度范围内的竖向分布钢筋 A_{sw}：

$$A_{sw} = 0.2 l_n b_w (\sigma_{02} - f_c)/f_{yw} \tag{9-28}$$

3) 框支梁上方 $0.2l_n$ 高度范围内水平钢筋 A_{sh}：

$$A_{sh} \geqslant 0.2 l_n b_w \sigma_{x\max}/f_{yh} \tag{9-29}$$

式中　l_n——框支梁净跨；

h_c——框支柱截面高度；

b_w——墙截面厚度；

σ_{01}——柱上墙体 h_c 范围内考虑风荷载、地震作用组合的平均压应力；

σ_{02}——柱边墙体 $0.2l_n$ 范围内考虑风荷载、地震作用组合的平均压应力；

$\sigma_{x\max}$——框支梁与墙体交接面上考虑风荷载、地震作用组合的拉应力。

有地震作用组合时，式（9-27）～式（9-29）中的 σ_{01}、σ_{02}、$\sigma_{x\max}$ 均应乘以 γ_{RE}，$\gamma_{RE}=0.85$。

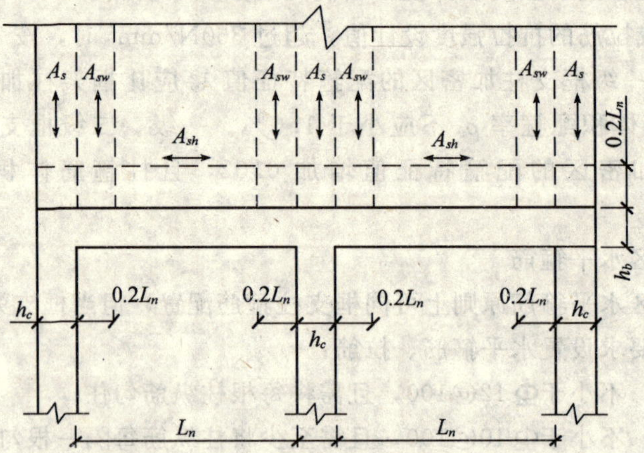

图 9-39　框支梁上部墙体的配筋构造

（4）框支梁上部的墙体开有边门洞时，洞边墙体宜设置翼缘墙、端柱或加厚（图 9-40），并应按规程 JGJ 3—2002 有关约束边缘构件的要求进行配筋设计。

当洞口靠近框支梁端部且梁的受剪承载力不满足要求时，可采取框支梁加腋或增大墙洞口连梁刚度等措施。

（5）框支梁上墙体竖向钢筋在转换梁内的锚固长度，抗震设计时不应小于 l_{aE}，非抗震设计时不应小于 l_a。锚固长度自框支梁顶面起计，且末端另加水平弯脚 $10d$。

（6）转换梁与其上部墙体的水平施工缝处的抗滑移能力宜符合下列要求：

$$V_{wj}\leqslant\frac{1}{\gamma_{RE}}(0.6f_yA_s+0.8N)\qquad(9\text{-}30)$$

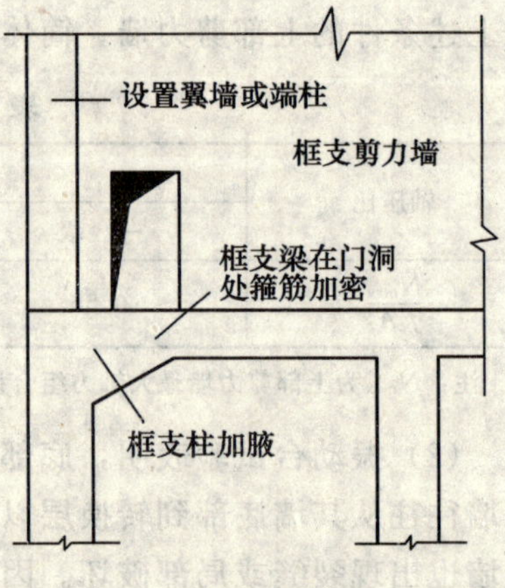

图 9-40　框支梁上墙体有边门洞时洞边墙体的构造

式中　V_{wj}——水平施工缝处考虑地震作用组合的剪力设计值；

A_s——水平施工缝处剪力墙腹板内竖向分布钢筋、竖向插筋和边缘构件（不包括两侧翼墙）纵向钢筋的总截面面积；

f_y——竖向钢筋抗拉强度设计值；

N——水平施工缝处考虑地震作用组合的不利轴向力设计值，压力取正值，拉力取负值。

7. 落地剪力墙、筒体

（1）振动台试验表明，底部带转换层的高层建筑结构，当转换层位置较高时，落地剪力墙往往从其墙底部到转换层以上 1～2 层范围内出现裂缝；同时，转换构件上部的 1～2 层剪力墙也出现裂缝或局部破坏。因此，落地剪力墙、筒体底部加强部位的高度可取框支层加上框支层以上二层及墙肢总高度的 1/8 二者的较大值。

(2) 地震作用下落地剪力墙、筒体内力调整

为保证底层大空间层不首先发生破坏，应保证落地剪力墙、筒体有较高的承载力和延性，使其有较大的安全储备。

1) 落地剪力墙弯矩调整

抗震设计时，落地剪力墙、筒体底部加强部位的弯矩设计值应按下式调整：

$$M = \eta_w M_w \tag{9-31}$$

式中　M——考虑地震作用组合的剪力墙底部加强部位截面的弯矩设计值；

M_w——考虑地震作用组合的剪力墙底部截面弯矩设计值；

η_w——弯矩增大系数，特一级为 1.8、一级为 1.5、二级为 1.25。

落地剪力墙、筒体其他部位的弯矩设计值应按下式调整：

$$M = \eta_w M_w \tag{9-32}$$

式中　M——考虑地震作用组合的剪力墙其他部位截面的弯矩设计值；

M_w——考虑地震作用组合的剪力墙各截面弯矩设计值；

η_w——弯矩增大系数，特一级为 1.3、一级为 1.2、二级为 1.0。

2) 落地剪力墙剪力调整

抗震设计时，落地剪力墙、筒体底部加强部位的剪力设计值应按下式调整：

$$V = \eta_{vw} V_w \tag{9-33}$$

式中　V——考虑地震作用组合的剪力墙底部加强部位截面的剪力设计值；

V_w——考虑地震作用组合的剪力墙底部截面剪力设计值；

η_{vw}——剪力增大系数，特一级为 1.9、一级为 1.6、二级为 1.4。

落地剪力墙其他部位的剪力设计值按下式调整：

$$V = \eta_{vw} V_w \tag{9-34}$$

式中　V——考虑地震作用组合的剪力墙其他部位截面的剪力设计值；

V_w——考虑地震作用组合的剪力墙各截面剪力设计值；

η_{vw}——剪力增大系数，特一级为 1.2、一级为 1.0、二级为 1.0。

(3) 部分框支剪力墙结构，剪力墙底部加强部位墙体的水平和竖向分布钢筋最小配筋率，抗震设计时不应小于 0.3%，非抗震设计时不应小于 0.25%；抗震设计时钢筋间距不应大于 200mm，钢筋直径不应小于 8mm。

(4) 落地剪力墙、筒体截面限制条件

落地剪力墙的墙肢不宜出现偏心受拉。

落地剪力墙、筒体截面一般系由其轴压比确定，其限值见表 9-8。落地剪力墙、筒体截面尚需满足适宜剪压比限值要求，以避免脆性破坏，其限值见表 9-9。

表 9-8　落地剪力墙、筒体轴压比限值

轴压比	抗震设计			非抗震设计
	一　级	二　级	三　级	
$\frac{N_{max}}{f_c A_c}$	0.45	0.50	0.55	0.60

注：N_{max}—落地剪力墙、筒体整体截面最大轴力组合设计值；A_c—落地剪力墙、筒体整体截面总净面积。

表 9-9　落地剪力墙、筒体适宜剪压比限值

混凝土强度等级	抗震设计			非抗震设计
	一　级	二　级	三　级	
C30	0.10	0.11	0.12	0.15
C40	0.09	0.10	0.11	0.12
C50	0.08	0.09	0.10	0.11

落地剪力墙、筒体剪压比：

$$\mu_v=\frac{V_{max}}{f_c b_w h_{w0}} \tag{9-35}$$

式中　V_{max}——落地剪力墙、筒体最大水平剪力调整组合设计值；

b_w——水平剪力方向落地剪力墙、筒体墙肢厚度；

h_{w0}——水平剪力方向落地剪力墙、筒体墙肢有效高度。

(5) 落地剪力墙、筒体宜均匀设置。长矩形平面建筑中落地剪力墙的间距 L 宜符合以下规定：

$L\leqslant 3B$ 且 $L\leqslant 36$m（非抗震设计）

$L\leqslant 2B$ 且 $L\leqslant 24$m（抗震设计、底部为 1～2 层框支层）

$L\leqslant 1.5B$ 且 $L\leqslant 20$m（抗震设计、底部为 3 层及 3 层以上框支层）

其中　B——楼盖宽度。

(6) 落地剪力墙、筒体的构造要求

框支剪力墙结构剪力墙底部加强部位，墙体两端宜设置翼墙或端柱（图 9-41），抗震设计时应按下列规定设置约束边缘构件。

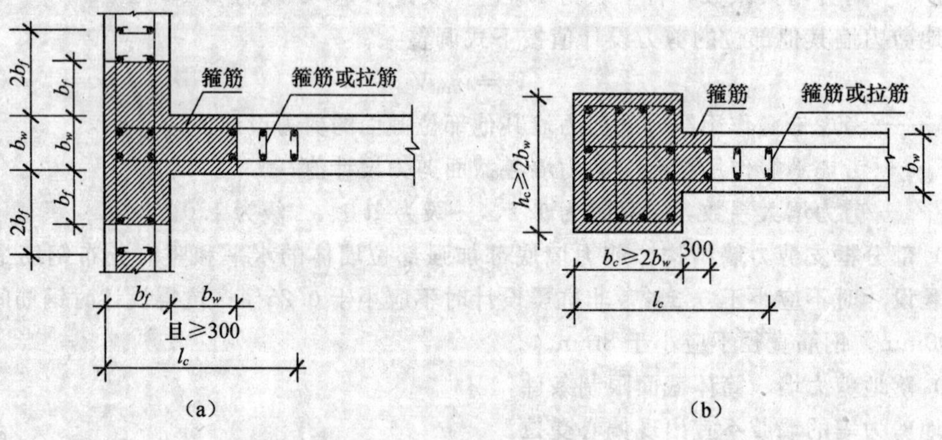

图 9-41　剪力墙的约束边缘构件

(a) 有翼墙；(b) 有端柱

一级、二级抗震设计时，约束边缘构件沿墙肢方向的长度 $l_c=0.15h_w$（h_w 为剪力墙墙肢长度）。箍筋的配筋范围图中的阴影面积所示，其体积配箍率 $\rho_v=0.2f_c/f_{yv}$，且一级、二级抗震设计时箍筋直径均不应小于 8mm、箍筋间距分别不应小于 100mm 和 150mm。

约束边缘构件纵向钢筋的配置范围不应小于图中阴影面积，其纵向钢筋最小截面面积，一级、二级抗震设计时分别不应小于图中阴影面积的 1.2%和 1.0%，并分别不应小于 6ϕ16 和 6ϕ14。约束边缘构件中的纵向钢筋宜采用 HRB335 或 HRB400 钢筋。

(7) 当地基土较弱或基础刚度和整体性较差，在地震作用下剪力墙基础可能产生较大的转动，对框支剪力墙结构的内力和位移均会产生不利的影响。因此落地剪力墙基础应具有良好的整体性和抗转动的能力。

8. 上部框架

(1) 上部框架与转换梁共同工作，可视作一个层层受楼板约束、受相连梁空间约束的巨型平面空腹桁架。设计时可加大转换梁上面几层框架梁的刚度，以达到共同承受上部荷载和起到二道设防的作用，同时由一层梁承托变成层层梁承托上部框架柱的工作机制。

(2) 转换结构上部框架须按“强柱弱梁”、“强剪弱弯”的原则进行设计，确保塑性铰在梁端出现，使柱比梁有更大的安全储备。

(3) 转换层结构的试验研究表明，与转换梁相连的柱子往往是薄弱环节，转换梁上层框架梁柱受力复杂、应力集中，设计时应根据实际受力情况进行较准确施工模拟计算分析。抗震设计时，转换梁上层框架柱底端弯矩设计值应乘以放大系数 η_c（抗震等级一级时，η_c = 1.5、二级时，η_c = 1.25)，并且根据放大后的弯矩设计值进行配筋。

(4) 转换梁上部框架柱轴压比限值（μ_N）同普通钢筋混凝土框架柱。为提高转换梁上层框架柱的延性性能，上部框架结构底部柱沿全高应箍筋应加密，箍筋可采用井字复合箍、复合螺旋箍、连续复合螺旋箍的形式，或在柱截面中部设置配筋芯柱。

(5) 上部框架构造要求

转换梁上部框架结构中，框架梁、框架柱纵向钢筋、箍筋构造要求、上部框架柱节点及节点上、下箍筋加密等的构造要求均同一般框架结构。但应注意：上部框架梁纵向钢筋构造应注意整体结构空腹桁架工作特性，下部纵向钢筋在柱支座内的锚固、搭接、按受拉钢筋要求执行。

六、桁架转换层结构的设计

1. 转换桁架结构形式

抗震设计时应避免高位转换，当建筑功能需要不得不进行已高位转换时，转换结构还宜优先选择不致引起框支柱（边柱）柱顶弯矩过大、柱剪力过大的结构形式，采用桁架转换层结构是一种有效的方法。

转换桁架可采用等节间空腹桁架、不等节间空腹桁架、混合空腹桁架、斜杆桁架、叠层桁架等型式（图 9-42)。当采用空腹桁架、斜杆桁架或迭层桁架作转换构件时，桁架下弦宜施加预应力，形成预应力混凝土桁架转换构件，以减小因桁架下弦轴向变形过大而引起桁架

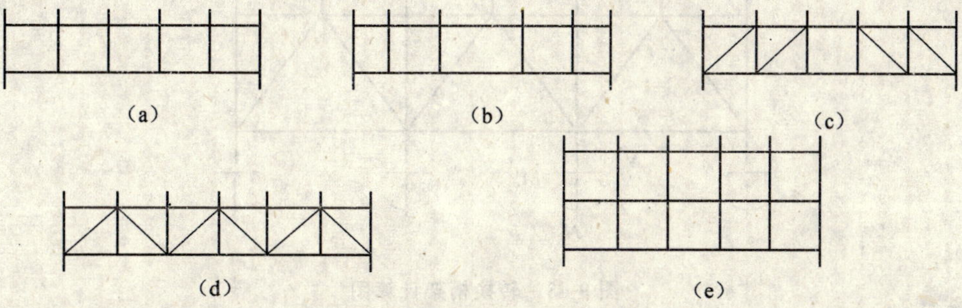

图 9-42 转换桁架的结构形式

(a) 等节间空腹桁架；(b) 不等节间空腹桁架；(c) 混合空腹桁架；(d) 斜杆桁架；(e) 迭层桁架

及带桁架转换层高层建筑结构在竖向荷载下次内力的影响和提高转换桁架的抗裂度和刚度。必要时，桁架上、下弦杆可同时采用预应力混凝土，以改善上弦节点的受力状态，提高节点的抗剪承载力。

采用转换桁架将框架-核心筒结构、筒中筒结构的上部密柱转换为下部稀柱时，转换桁架宜满层设置，其斜杆的交点宜为上部密柱的支点。

采用空腹桁架转换层时，空腹桁架宜满层设置，应有足够的刚度保证其整体受力作用。

当桁架高度超过层高时，转换构件宜采用叠层桁架。

2. 结构计算的一般原则

目前，实际工程设计中采用的高层建筑结构计算分析程序均采用了楼板在自身平面内刚度为无穷大的假定，即楼板在自身平面内只作刚体运动，没有相对变形，楼板内任一点的位移都可用平移 u、v 和转角 ϑ_z 来线性表示。这一假定使位于楼板平面内的杆件（梁单元）均无法直接计算其轴向变形和杆件的轴向内力。

在斜杆桁架转换层的空间结构中，不仅斜腹杆内有较大的轴向变形和轴向力，而且与之相连的上、下弦杆（位于楼板平面内的梁单元）也存在较大的轴向力。在桁架转换层结构中，不计算位于楼板平面内的上、下弦杆的轴力的影响，仅考虑弯矩、剪力和扭矩的作用，采用电算的梁单元配筋结果是不安全的。在实际工程中，带桁架转换层高层建筑结构的计算可采用下列简化计算方法：

(1) 将转换桁架置于整体空间结构中进行整体分析。此时（斜）腹杆作为柱单元，上、下弦杆作为梁单元，按空间协同工作或三维空间分析程序计算整体的内力和位移。计算时，转换桁架按实际杆件布置参与整体分析，但上、下弦杆轴向刚度、弯曲刚度中应计入楼板的作用，楼板的有效翼缘宽 b'_f (b_f) 取：

$$b'_f(b_f)=\begin{cases}12h_i(\text{中桁架})\\6h_i(\text{边桁架})\end{cases}\tag{9-36}$$

式中 h_i——与上弦杆或下弦杆相连楼板的厚度。

(2) 利用整体分析所得到的转换桁架相邻上部柱下端截面内力（M_c^b、V_c^b、N_c^b）和转换桁架相邻下部柱上端截面内力（M_c^t、V_c^t、N_c^t）作为转换桁架的外荷载（图 9-43），采用考虑杆件轴向变形的杆系有限元程序分析各种工况下转换桁架上、下弦杆的最大轴向力。

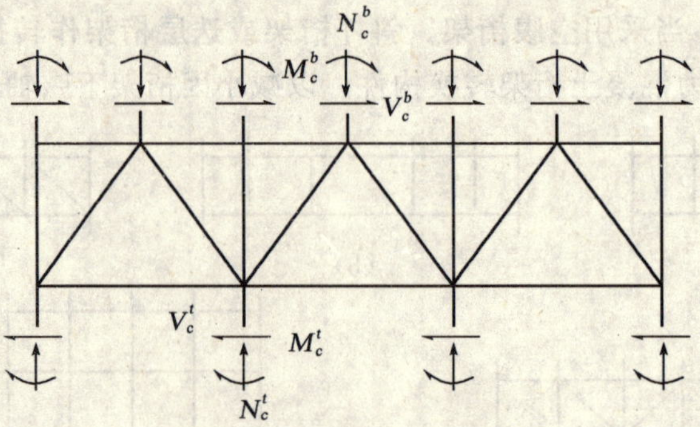

图 9-43 转换桁架计算图

(3) 按《高层建筑混凝土结构技术规程》(JGJ 3—2002) 中基本组合的要求，对各种工况进行组合，得到上、下弦杆轴向力设计值。

(4) 利用整体空间分析计算的梁单元的弯矩、剪力和扭矩，按偏心受力构件计算上、下弦杆的配筋，其中轴力可按上、下弦及相连楼板有效翼缘的轴向刚度比例分配，以考虑翼缘范围内楼板的影响。

精确的计算方法应是取消楼板平面内刚度为无限大的假定，考虑楼板、梁的实际刚度，计算梁、板的变形和内力，得到组合设计值，进而配筋。

3. 结构设计与构造要求

(1) 带桁架转换层高层建筑结构设计原则

托柱形式带桁架转换层高层建筑结构按“强化转换层及其下部、弱化转换层上部”的原则；桁架转换按“强斜腹杆、强节点”的原则；桁架转换上部框架结构按“强柱弱梁、强边柱弱中柱”的原则。

试验结果表明，满足上述原则设计的带桁架转换层高层建筑结构具有较好的延性，能够满足工程抗震的要求。

(2) 转换桁架上部框架结构按“强柱弱梁、强边柱弱中柱”的原则进行设计，确保塑性铰在梁端出现，使柱比梁有更大的安全储备。上部结构的柱按普通钢筋混凝土框架结构的设计方法确定截面尺寸，满足轴压比要求、抗剪要求及构造要求。为满足“强边柱弱中柱”的原则，中柱截面尺寸一般较小。如果由于构造要求而不能加大中柱刚度时，可以采用内埋型钢的方法。上部结构梁的截面设计同普通钢筋混凝土框架结构，应尽量使其先屈服，满足“强柱弱梁”的要求。

(3) 满足转换层上、下层等效剪切刚度（等效侧向刚度）比要求的带桁架转换层的结构，转换桁架上层是结构的薄弱层，破坏比较严重。设计时应保证转换桁架上层柱的柱底尽可能避免边柱出现塑性铰，同时加强上层柱与转换桁架的连接构造，以保证桁架转换层框架结构有更好的延性。

一级、二级与转换桁架相连的下部柱上端截面及上部柱下截面的弯矩组合值分别乘以增大系数 1.5、1.25，并且根据放大后的弯矩设计值进行配筋。

对于薄弱层柱的混凝土也应进行特别约束，箍筋间距不得大于 100mm，箍筋直径不得小于 10mm，并且箍筋接头应焊接或作 135°弯钩，必要时可采用内埋型钢的方法来提高柱截面的抗弯承载力。

(4) 转换桁架下层柱的轴压比必须严格控制，宜符合表 9-10 的要求。当很难满足轴压比的要求时，转换桁架以下柱可采用高强混凝土柱、钢骨混凝土柱等有效方法来调整截面尺寸、刚度及其延性。

表 9-10　转换桁架下层柱的轴压比 μ_N

轴压比	抗震设计			非抗震设计
	一　级	二　级	三　级	
$\frac{N_{max}}{f_c b h_0}$	0.70	0.75	0.80	0.85

注：N_{max}——转换桁架下层柱的最大组合轴力设计值（包括地震作用下轴力调整）；f_c——转换桁架下层柱混凝土抗压强度设计值；b、h_0——转换桁架下层柱截面的宽度、截面的有效高度。

(5) 斜杆桁架设计

1) 对桁架转换层而言，应保证强受压斜腹杆和强节点。受压斜腹杆的截面尺寸一般应

由其轴压比 μ_N 控制计算确定，以确保其延性，其限值见表 9-11。如果不满足要求，可配置螺旋箍筋或采用内埋型钢或内埋空腹钢桁架的钢骨混凝土。

表 9-11　桁架受压斜腹杆的轴压比限值 μ_N

抗震等级	一级	二级	三级
轴压比限值	0.7	0.8	0.9

受压斜腹杆轴压比

$$\mu_N = \frac{N_{max}}{f_c A_c} \tag{9-37}$$

式中　N_{max}——受压斜腹杆最大组合轴力设计值；

f_c——受压斜腹杆混凝土抗压强度设计值；

A_c——受压斜腹杆截面的有效面积。

初步确定受压斜腹杆截面尺寸时，可取 N_{max} 为

$$N_{max} = 0.8G \tag{9-38}$$

式中　G——转换桁架上按简支状态计算分配传来的所有重力荷载作用下受压斜腹杆轴向压力设计值。

2）斜腹杆桁架上、下弦节点（如图 9-44、图 9-45 所示）的截面应满足抗剪的要求，以保证整体桁架结构具有一定延性不发生脆性破坏。

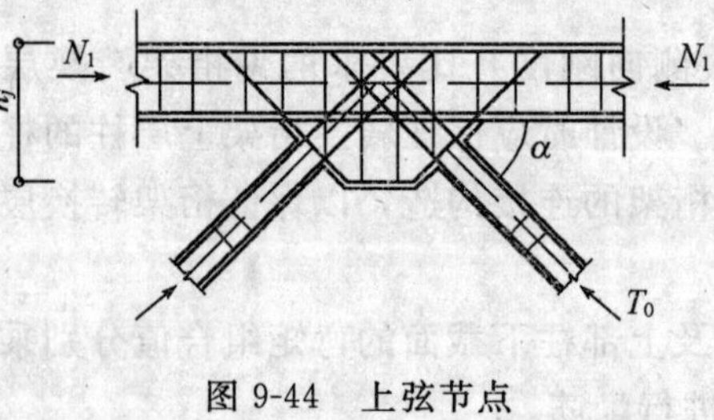

图 9-44　上弦节点

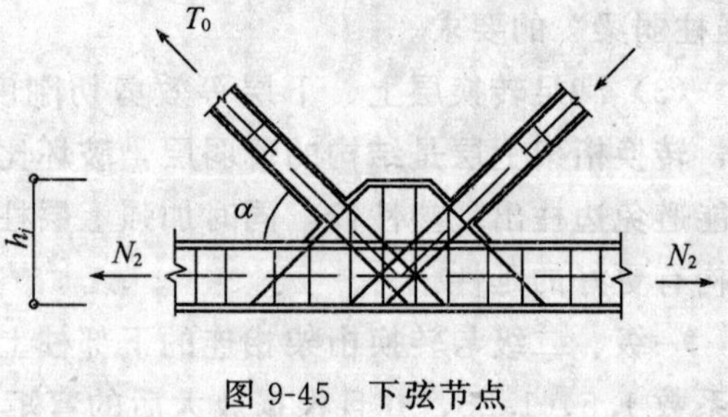

图 9-45　下弦节点

上弦节点截面抗剪要求：

$$\begin{cases} V_j \leqslant \dfrac{1}{\gamma_{RE}}\left[0.1\left(1+\dfrac{N_1}{f_c b_j h_j}\right) f_c b_j h_{j0} + \dfrac{f_{yv} A_{sv}}{S} h_{j0}\right] \\ \text{且满足 } V_j \leqslant \dfrac{1}{\gamma_{RE}}(0.2 f_c b_j h_j) \end{cases} \tag{9-39}$$

下弦节点截面抗剪要求：

$$\begin{cases} V_j \leqslant \dfrac{1}{\gamma_{RE}}\left(0.05 f_c b_j h_{j0} + \dfrac{f_{yv} A_{sv}}{S} h_{j0} - 0.16 N_2\right) \\ \text{且满足 } V_j \leqslant \dfrac{1}{\gamma_{RE}}(0.15 f_c b_j h_j) \end{cases} \tag{9-40}$$

式中　α——受力斜腹杆与上、下弦杆的夹角；

V_j——斜腹杆桁架节点剪力设计值，其中 V_j 按式（9-41）计算；

$$V_j = \begin{cases} 1.25 A_s f_{yk} \sin\alpha & \text{一级抗震等级} \\ 1.05 T_0 \sin\alpha & \text{二级抗震等级} \\ T_0 \sin\alpha & \text{三级抗震等级、非抗震设计} \end{cases} \tag{9-41}$$

式中　T_0——受拉腹杆组合轴力设计值；

A_s——受拉腹杆实配受拉纵向钢筋总面积；

f_{yk}——受拉腹杆实配受拉纵向钢筋抗拉强度标准值；

γ_{RE}——考虑地震作用组合时截面抗震承载力调整系数，$\gamma_{RE}=0.85$；

N_1——计算节点处上弦杆所受到的组合轴向压力设计值（取大者）；当 $N_1>0.5f_cb_ch_c$ 时，$N_1=0.5f_cb_ch_c$；

f_c——混凝土抗压强度设计值；

b_c、h_c——上弦杆截面宽度和高度；

b_j、h_j——节点截面宽度和高度；

f_{yk}——节点区抗剪箍筋抗拉设计强度；

A_{sv}——节点区同一截面内箍筋各肢截面面积之和；

S——节点区箍筋水平间距；

h_{j0}——节点截面有效高度；

N_2——计算节点处下弦杆所受到的组合轴向拉力设计值（取小者）。

(6) 斜杆桁架构造要求

1) 受压弦杆非预应力纵向钢筋宜对称沿周边均匀布置，其含钢率要求见表9-12，且宜全部贯通桁架，非预应力纵向钢筋进入边节点区起计锚固长度，且需伸至节点边大于等于10d（d为非预应力纵向钢筋直径）。

受压弦杆箍筋全杆段加密，其体积配箍率的要求见表9-12。

表9-12　弦杆非预应力纵向钢筋和箍筋构造要求

抗震等级		一级	二级	三级	非抗震设计
受压弦杆	纵筋含钢率	1.2%	1.0%	0.8%	0.8%
	体积配箍率	1.0%	0.8%	0.6%	0.6%
受压弦杆	面积配箍率	0.5%	0.4%	0.3%	0.3%

2) 受拉弦杆非预应力纵向钢筋宜对称沿周边均匀布置，且应按正常使用状态下裂缝宽度0.2mm控制。非预应力纵向钢筋至少有50%全部贯通桁架，其余跨中非预应力纵向钢筋均应伸过节点区在不需要该钢筋处受拉锚固长度后方可切断，非预应力纵向钢筋进入边节点区锚固，以过边节点中心起计锚固长度，且末端伸至节点边向上弯≥15d（d为非预应力纵向钢筋直径）。

受拉弦杆箍筋最小面积配箍率的要求见表9-12。

桁架受拉、受压弦杆的非预应力受力钢筋的接头宜采用焊接接头，并优先采用闪光接触对焊，焊接接头的质量应符合国家现行标准《混凝土结构工程施工质量验收规范》（GB 50204）的要求。同时，桁架弦杆的非预应力钢筋宜与支承锚具的钢垫板焊接。

3) 受压腹杆非预应力纵向钢筋配置构造要求同受压弦杆，其纵向钢筋进入边节点区起计锚固长度，且需末端伸至节点边≥10d（d为非预应力纵向钢筋直径）。

4) 受拉腹杆非预应力纵向钢筋、箍筋配置构造要求同受弦杆，其纵向钢筋全部贯通，进入边节点区锚固，以过边节点中心起计锚固长度，且末端伸至节点边向上弯≥15d（d为非预应力纵向钢筋直径）。

5) 所有杆件的纵向非预应力钢筋支座锚固长度均为 l_{aE}（抗震设计）、l_a（非抗震设计）。

6）桁架上、下弦节点配筋构造原则上参考屋架图配置节点钢筋。桁架节点采用封闭式箍筋，箍筋要加密，且垂直于弦杆的轴线位置，并增加拉筋，以确保节点约束混凝土的性能。桁架节点区截面尺寸及其箍筋数量应满足截面抗剪承载力的要求（式（9-39）、式（9-40）），且构造上要求满足节点斜面长度≥腹杆截面高度+50mm。节点区内侧附加元宝钢筋直径不宜小于ϕ16，间距不宜大于150mm。节点区内箍筋的体积配箍率要求同受压弦杆（表9-12）。

当桁架节点尺寸很大时，桁架节点可按剪力墙配筋方式配置水平箍筋（ρ_{sh}）和垂直箍筋（ρ_{sv}），箍筋直径不小于10mm，间距不大于100mm，同时在箍筋交点处隔点设置拉筋。桁架节点要配边筋，边筋要垂直于腹杆轴线且边筋直径不应小于同一截面处弦杆内的最大纵筋直径，根数可取同一截面内其纵筋总根数的一半。

（7）空腹桁架设计要求

1）空腹桁架腹杆的截面尺寸一般应由其剪压比控制计算来确定，以避免脆性破坏，其限值见表9-13。

表9-13　腹杆剪压比μ_v限值

混凝土强度等级	抗震等级			非抗震设计
	一级	二级	三级	
C30	0.10	0.13	0.15	0.15
C40	0.09	0.11	0.13	0.13
C50	0.08	0.10	0.11	0.12

腹杆剪压比

$$\mu_v = V_{max}/f_c b h_0 \tag{9-42}$$

式中　V_{max}——空腹桁架腹杆最大组合剪力设计值；

f_c——空腹桁架腹杆混凝土抗压强度设计值；

b、h_0——空腹桁架腹杆截面宽度和截面有效高度。

空腹桁架竖腹杆应按强剪弱弯进行配筋设计，加强箍筋配置，并加强与上、下弦杆的连接构造。

2）空腹桁架的上、下弦杆宜考虑相连楼板有效翼缘作用按偏心受压或偏心受拉构件设计，其中轴力可按上、下弦杆及相连楼板有限翼缘的轴向刚度比例分配。

3）空腹桁架上、下弦节点（图9-46、图9-47）的截面应满足抗剪的要求，以保证空腹桁架结构具有一定延性，不发生脆性破坏。

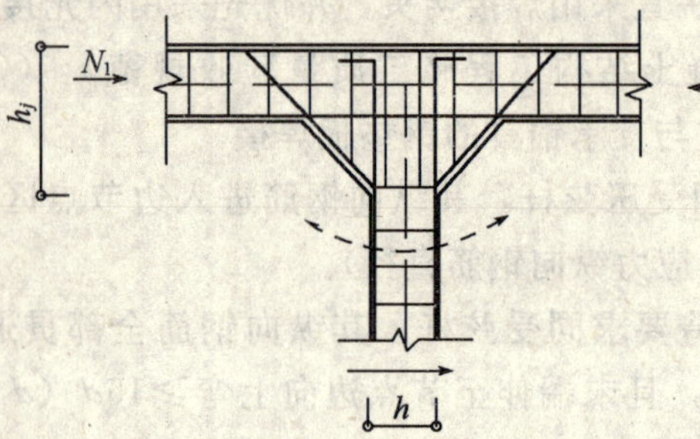

图9-46　上弦节点

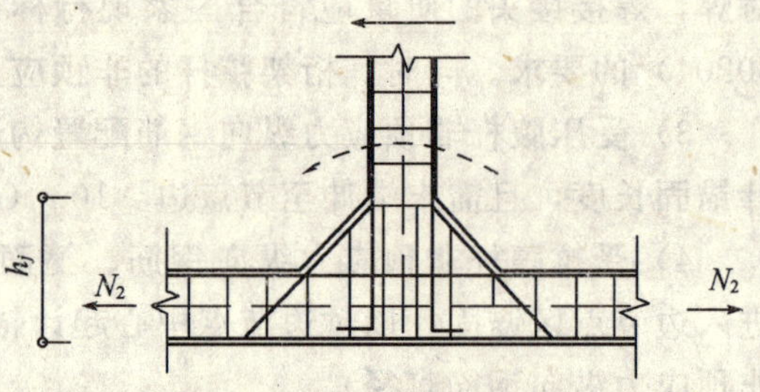

图9-47　下弦节点

上弦节点截面抗剪要求：

$$\begin{cases} V_j \leqslant \dfrac{1}{\gamma_{RE}}\left[0.1\left(1+\dfrac{N_1}{f_c b_j h_j}\right)f_c b_j h_{j0}+\dfrac{f_{yv}A_{sv}}{S}(h_{j0}-a_s')\right] \\ \text{且满足 } V_j \leqslant \dfrac{1}{\gamma_{RE}}(0.2f_c b_j h_j) \end{cases} \tag{9-43}$$

下弦节点截面抗剪要求：

$$\begin{cases} V_j \leqslant \dfrac{1}{\gamma_{RE}}\left[0.05f_c b_j h_{j0}+\dfrac{f_{yv}A_{sv}}{S}(h_{j0}-a_s')-0.16N_2\right] \\ \text{且满足 } V_j \leqslant \dfrac{1}{\gamma_{RE}}(0.15f_c b_j h_j) \end{cases} \tag{9-44}$$

式中　V_j——空腹桁架节点剪力设计值，其中 V_j 按式（9-45）计算。

$$V_j=\begin{cases} 1.05M_{0u}/(h_0-a_s') & \text{一级抗震等级} \\ 1.05M_0/(h_0-a_s') & \text{二级抗震等级} \\ M_0/(h_0-a_s') & \text{三级抗震等级、非抗震设计} \end{cases} \tag{9-45}$$

M_{0u}——空腹桁架腹杆考虑承载力调整系数的正截面受弯承载力；

M_0——空腹桁架腹杆节点边截面处组合弯矩设计值；

h、h_0——空腹桁架腹杆截面高度、截面有效高度；

a_s'——空腹桁架腹杆受压区纵向钢筋合力中心至受压区边缘的距离；

N_1——计算节点处上弦杆所受到的组合轴向压力设计值（取最小值），当 $N_1>0.5f_c b_c h_c$ 时，取 $N_1=0.5f_c b_c h_c$；

N_2——计算节点处下弦杆所受到的组合轴向拉力设计值（取最大值）；

符号 f_c、b_c、h_c、b_j、h_j、h_{j0}、f_{yv}、A_{sv}、S、γ_{RE} 的意义同斜杆桁架。

（8）空腹桁架构造要求

1）受压、受拉弦杆的纵向非预应力钢筋、箍筋的构造要求均同斜腹杆桁架受压受拉弦杆的构造要求。

2）竖腹杆的纵向钢筋、箍筋的构造要求均同斜腹杆桁架受拉腹杆的构造要求。拉弦杆的构造要求。

3）所有杆件的纵向非预应力钢筋支座锚固长度均为 l_{aE}（抗震设计）、l_a（非抗震设计）。

4）桁架节点区截面尺寸及其箍筋数量应满足截面抗剪承载力的要求（式（9-43）、式（9-44）），且构造上要求满足断面尺寸≥腹杆断面宽度、高度+50mm。节点区内侧附加元宝钢筋直径不宜小于 $\phi 20$，间距不宜大于100mm。节点区内箍筋的体积配箍率要求同受压弦杆（表9-12）。

5）空腹桁架应加强上、下弦杆与框架柱的锚固连接构造。

七、厚板转换层结构的设计

1．厚板转换层结构的整体计算方法

带厚板转换层的高层建筑结构可采用三维空间分析程序进行整体结构的内力分析。由于在杆件分析图形中，厚板不能直接考虑，宜将实体厚板转化为等效交叉梁系。梁高可取转换板厚度，梁宽可取为支承柱的柱网间距（图 9-48），即每一侧的宽度取其间距的一半，但不超过转换板厚度的 6 倍。

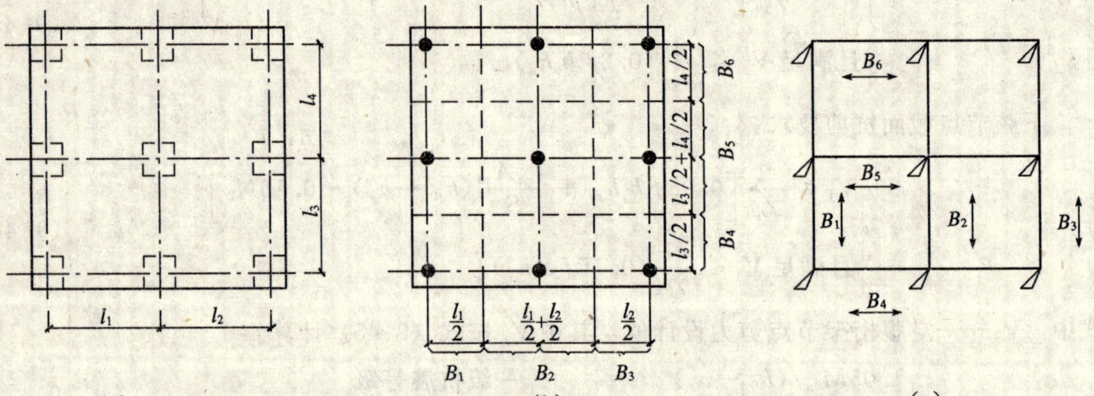

图 9-48 转换厚板的计算图形

(a) 实际结构；(b) 等效板宽；(c) 计算图形

2. 厚板转换层结构的局部计算方法

当带厚板转换层结构采用三维空间分析程序进行整体结构内力分析时，实体厚板转化为等效交叉梁系，在杆件分析图形中，厚板不直接考虑。此时应采用实体三维单元对厚板进行局部应力分析。

经典的板弯曲理论主要是求解基于忽略剪切变形的薄板理论问题，对厚板来说，剪切变形很重要，因此必须采用厚板理论进行分析。由 Hinton，Razzaque 等人提出的方法，不仅使所有类型的板都能适应，而且也避免了连续性的要求。

采用 *Mindlin* 假定（小挠度、直法线、忽略垂直于中面的应力）的板单元列式中，总位能 Π 可以表示为：

$$\Pi = \frac{1}{2}\int_A (\{M\}^T\{\chi\} + \{Q\}^T\{\phi\})\mathrm{d}A - \int_A qw\,\mathrm{d}A \tag{9-46}$$

式中 $\{M\}$—— 弯矩向量，且 $\{M\} = \begin{Bmatrix} M_x \\ M_y \\ M_{xy} \end{Bmatrix} = \begin{Bmatrix} \int \sigma_x z\,\mathrm{d}z \\ \int \sigma_y z\,\mathrm{d}z \\ \int \tau_{xy} z\,\mathrm{d}z \end{Bmatrix}$；

$\{Q\}$—— 剪力向量，且 $\{Q\} = \begin{Bmatrix} Q_x \\ Q_y \end{Bmatrix} = \begin{Bmatrix} \int \tau_{xz}\,\mathrm{d}z \\ \int \tau_{yz}\,\mathrm{d}z \end{Bmatrix}$；

$\{\chi\}$—— 挠度曲率向量，且 $\{\chi\} = \begin{Bmatrix} \chi_x \\ \chi_y \\ \chi_{xy} \end{Bmatrix} = \begin{Bmatrix} -\dfrac{\partial\theta_z}{\partial x} \\ -\dfrac{\partial\theta_y}{\partial y} \\ -\left(\dfrac{\partial\theta_x}{\partial y} + \dfrac{\partial\theta_y}{\partial x}\right) \end{Bmatrix}$。

应力与应变关系（图 9-49）可表达为：

$$\{M\}=[D_f]\{\chi\} \tag{9-47}$$

$$\{Q\}=[D_s]\{\phi\}$$

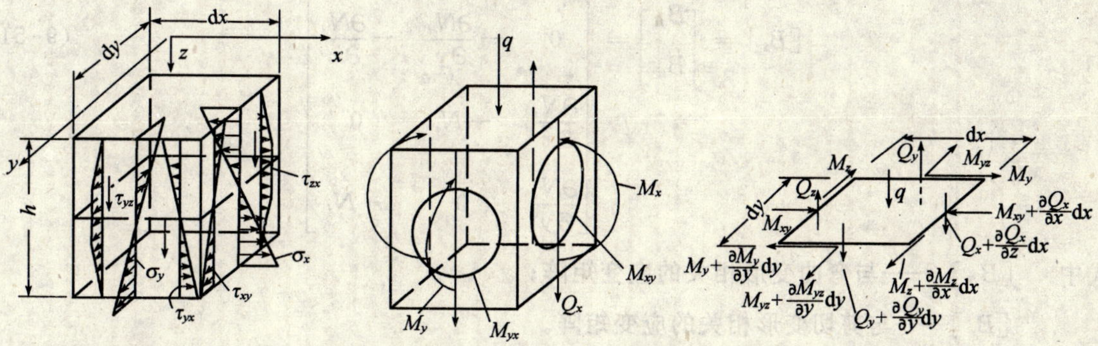

图 9-49　厚板微元上的内力

对于各向同性均质材料，式（9-47）中 $[D_f]$、$[D_s]$ 为：

$$[D_f]=\frac{Et^3}{12(1-\nu^2)}\begin{bmatrix}1 & \nu & 0\\ \nu & 1 & 0\\ 0 & 0 & \frac{1-\nu}{2}\end{bmatrix}$$

$$[D_s]=\frac{Et}{2(1+\nu)\alpha}\begin{bmatrix}1 & 0\\ 0 & 1\end{bmatrix}$$

式中　$\alpha=\frac{6}{5}$，允许横截面的扭矩；

E——弹性模量；

ν——泊松比。

则总位能 Π 可以写成：

$$\Pi=\frac{1}{2}\int_A(\{\chi\}^T[D_f]\{\chi\}+\{\phi\}^T[D_s]\{\phi\})dA-\int_A qw\,dA \tag{9-48}$$

在 8 节点等参单元中，单元上的几何及位移变量用同样的插值函数来描述：

$$\begin{Bmatrix}x\\ y\end{Bmatrix}=\sum_{i=1}^{8}N_i\begin{Bmatrix}x_i\\ y_i\end{Bmatrix} \tag{9-49}$$

板弯曲单元的广义应力与位移的关系可以写成：

$$\{\varepsilon\}=\sum_{i=1}^{8}[B_i]\{\delta_i\} \tag{9-50}$$

式中　$\{\varepsilon\}^T=[\ \{\chi\}^T,\ \{\phi\}^T]$。

$[B_i]$ 为应变矩阵，按式（9-51）确定。

$$[B_i]=\begin{bmatrix}B_{fi}\\B_{si}\end{bmatrix}=\begin{bmatrix}0 & -\frac{\partial N_i}{\partial x} & 0\\ 0 & 0 & -\frac{\partial N_i}{\partial y}\\ 0 & -\frac{\partial N_i}{\partial y} & -\frac{\partial N_i}{\partial x}\\ \frac{\partial N_i}{\partial x} & -N_i & 0\\ \frac{\partial N_i}{\partial y} & 0 & -N_i\end{bmatrix} \tag{9-51}$$

式中　$[B_{fi}]$——与弯曲变形相关的应变矩阵；

$[B_{si}]$——与剪切变形相关的应变矩阵。

这样，联系节点 p 和 q 的单元刚度矩阵的一个典型子矩阵可以写成：

$$[K_{pq}]=\iint[B_p]^T[D][B_q]\mathrm{d}x\mathrm{d}y \tag{9-52}$$

式中　$[D]=\begin{bmatrix}[D_f] & 0\\ 0 & [D_s]\end{bmatrix}$

这里，包括弯曲基值$\lfloor K_{pqf}\rfloor$和剪切基值$\lfloor B_{pqs}\rfloor$，即

$$[K_{pqf}]=\iint[B_{pf}]^T[D_f][B_{qf}]\mathrm{d}x\mathrm{d}y \tag{9-53}$$

$$[K_{pqs}]=\iint[B_{ps}]^T[D_s][B_{qs}]\mathrm{d}x\mathrm{d}y \tag{9-54}$$

而
$$\lfloor K_{pq}\rfloor=\lfloor K_{pqf}\rfloor+\lfloor K_{pqs}\rfloor$$

刚度系数的积分是由 2×2 高斯积分求解。许多文献的经验表明，这是一个消除虚假剪切应变能效应的最佳积分法则。

3. 厚板转换层结构的设计

（1）体型较复杂的商住楼，当上部住宅剪力墙结构布置很不规则，而下部商场等要求布置大柱网时，采用厚板转换是一种好的结构形式。

转换构件采用厚板的高层建筑结构不宜用于 7 度及 7 度以上的高层建筑，但对于大空间地下室，因周围有约束作用，地震反应不明显，故 7 度、8 度抗震设计的地下室的转换构件可采用厚板转换层。

（2）实际工程中转换板的厚度可达 2.0～2.8m，约为柱距的 1/3～1/5。转换板的厚度可由抗弯、抗剪、抗冲切计算确定。

在局部荷载或集中反力作用下，不配置箍筋或弯起钢筋的混凝土厚板，其抗冲切承载力可按下式计算（图 9-50）：

$$F_l\leqslant(0.7\beta_h f_t+0.15\sigma_{pc,m})u_m h_0 \tag{9-55}$$

式中　F_l——厚板冲切力，为上部或下部柱、墙最不利组合轴力设计值；

f_t——厚板混凝土抗拉强度设计值；

$\sigma_{pc,m}$——截面上混凝土有效的平均预压应力，对非预应力混凝土板，取 $\sigma_{pc,m}=0$；

u_m——距冲切力作用范围外周 $h_0/2$ 处有效冲切锥周长；当板中开孔位于距集中荷载或反力作用面积边缘的距离不大于6倍板的有效高度时，从集中荷载或反力作用面积中心至开孔外边画出上下二条切线之间所包含的临界周长应予以扣除；当单个孔洞中心靠近柱边且孔洞最大宽度小于1/4柱宽或1/2板厚中的较小者时，该孔洞对周长 u_m 的影响可略去不计（图9-51）；

h_0——厚板有效厚度；

β_h——混凝土板截面高度折减系数，当 $h \leqslant 800$mm时，取 $\beta_h = 1.0$；当 $h > 800$mm时，取 $\beta_h = 0.85$，其间按直线内插法取用。

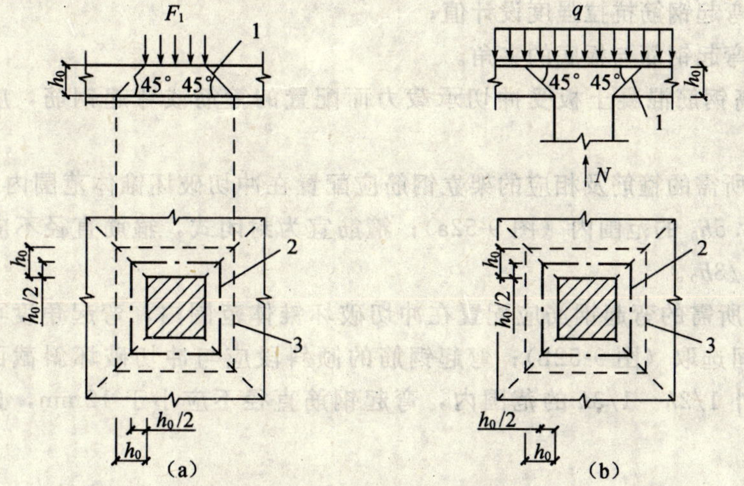

图9-50　板受冲切承载力计算

(a) 局部荷载作用下；(b) 集中反力作用下

1—冲切破坏锥体的斜截面；2—距荷载面积周边 $h_0/2$ 处的周长；3—冲切破坏锥体的底面线

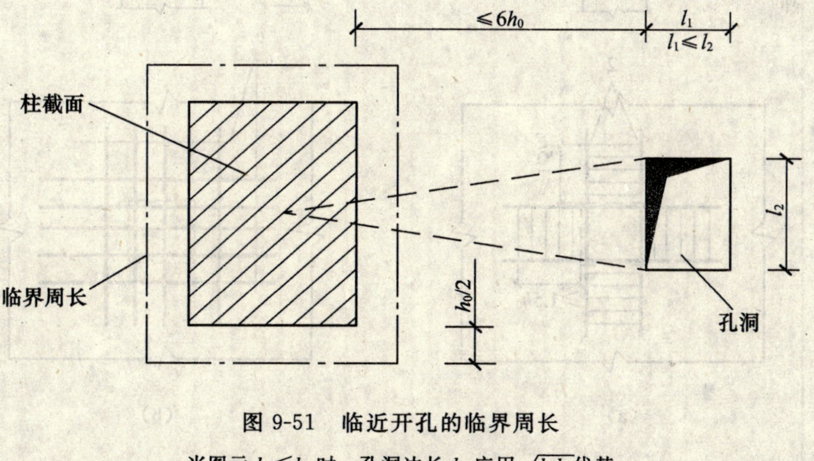

图9-51　临近开孔的临界周长

当图示 $l_1 \leqslant l_2$ 时，孔洞边长 l_2 应用 $\sqrt{l_1 l_2}$ 代替

(3) 厚板应沿其主应力方向设置暗梁，一般可在下部柱墙连线处设置暗梁。此时受冲切截面应符合下列条件：

$$F_l \leqslant 1.05\beta_h f_t u_m h_0 \tag{9-56}$$

设置暗梁的转换厚板的抗冲切承载力可按下式计算：

1）当配置箍筋时

$$F_l \leqslant (0.35\beta_h f_t + \sigma_{pc,m}) u_m h_0 + 0.8 f_{yv} A_{svu} \tag{9-57}$$

2）当配置弯起钢筋时

$$F_l \leqslant (0.35\beta_h f_t + \sigma_{pc,m}) u_m h_0 + 0.8 f_y A_{sbu} \sin\alpha \tag{9-58}$$

式中 A_{svu}——与呈45°冲切破坏锥体斜截面相交的全部箍筋截面面积；

A_{sbu}——与呈45°冲切破坏锥体斜截面相交的全部弯起钢筋截面面积；

f_{yv}——箍筋的抗拉强度设计值，按规范GB 50010采用，但取值不应大于360N/mm²；

f_y——弯起钢筋抗拉强度设计值；

α——弯起钢筋与板底的夹角。

（4）为提高钢筋混凝土板受冲切承载力而配置的箍筋或弯起钢筋，应符合下列构造要求

1）按计算所需的箍筋及相应的架立钢筋应配置在冲切破坏锥体范围内，并布置在从柱边向外不小于1.5h_0的范围内（图9-52a）；箍筋宜为封闭式，箍筋直径不应小于6mm，其间距不应大于1/3h_0。

2）按计算所需的弯起钢筋应配置在冲切破坏锥体范围内，弯起角度可根据板的厚度在30°～45°之间选取（图9-52b）；弯起钢筋的倾斜段应与冲切破坏斜截面相交，其交点应在离柱边以外1/2h～1/3h的范围内，弯起钢筋直径不应小于12mm，且每一方向不应少于3根。

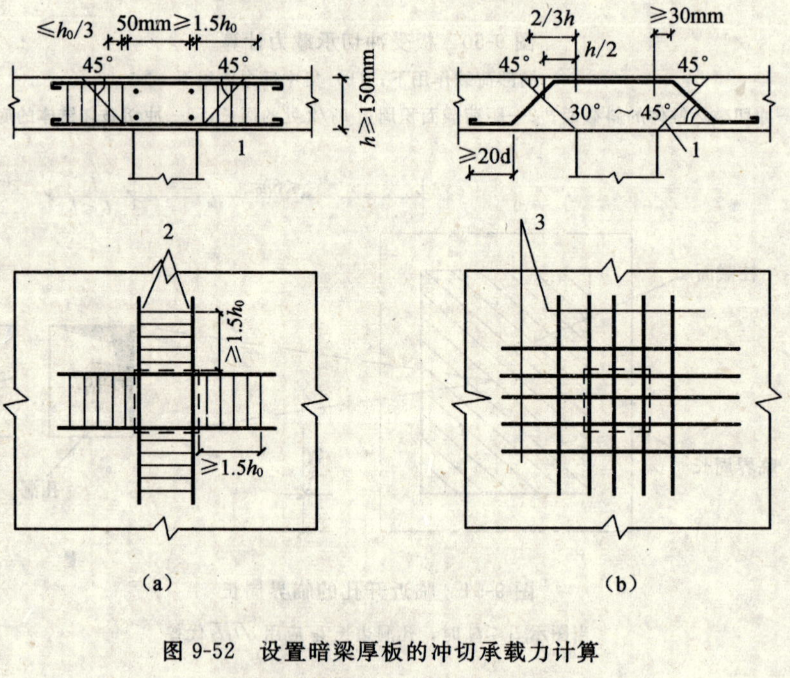

图9-52 设置暗梁厚板的冲切承载力计算

（a）箍筋；（b）弯起钢筋

1—冲切破坏锥体斜截面；2—架立钢筋；3—弯起钢筋不少于3根

3）为提高钢筋混凝土板的受冲切承载力，当有可靠依据时，也可配置工字钢、槽钢、抗剪锚栓、扁钢U形箍等有效形式的配筋方法。

（5）厚板采用实体有限元计算时宜采用计入剪切变形的厚板单元或 8 节点板弯曲单元。

（6）从实际工程厚板位移、内力等直线图上可以看出，位移和内力在板上的分布是极不均匀的，在有较大荷载作用的板区域内力很大，但在另一些荷载作用较小的区域中内力则相应较小。在这些内力较小的区域，转换厚板可局部做成薄板，薄板与厚板交界处可加腋；也可局部做成夹心板，以节省材料，同时也可以减小自重荷载。

4. 厚板转换层结构的构造要求

（1）厚板混凝土强度等级不应低于 C30。

（2）受弯纵向钢筋可沿转换板上、下部双层双向配置，每一方向总配筋率不宜小于 0.6%。

（3）转换板内暗梁抗剪箍筋的面积配筋率不宜小于 0.45%。

（4）为防止转换厚板的板端沿厚度方向产生层状水平裂缝，宜在厚板外围周边配置钢筋骨架网进行加强，且≥ϕ16@200 双向。

（5）厚板在上部集中力和支座反力作用下应按《混凝土结构设计规范》（GB 50010）进行抗冲切验算并配置必须的抗冲切钢筋。抗冲切钢筋的形式可以如图 9-53 所示，做成直钩形式，兼作架立筋。

（6）厚板中部不需要抗冲切钢筋区域，应配置≥ϕ16@400 直钩形式的双向抗剪兼架立筋。

（7）转换厚板上、下一层的楼板应适当加强，楼板厚度不宜小于 150mm。

（8）转换厚板上、下部的剪力墙、柱的纵向钢筋均应在转换厚板内可靠锚固。

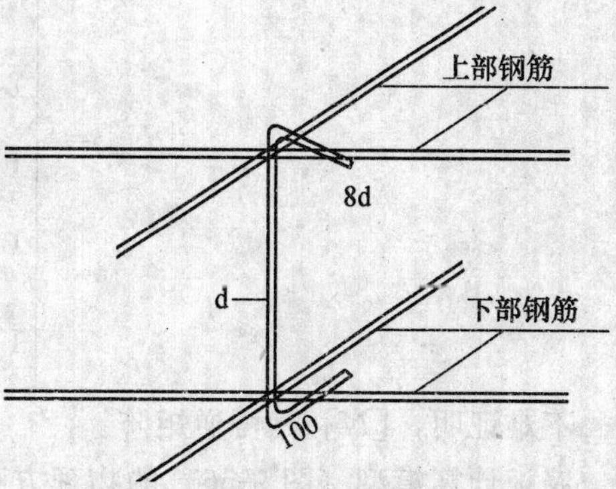

图 9-53　直钩形式的抗冲切钢筋

八、箱形转换层结构的设计

单向托梁或双向托梁连同其上、下层较厚的楼板共同工作，可以形成刚度很大的箱形转换层。箱形转换层是利用原有的上、下楼层和剪力墙经过加强后组成的，它的平面内刚度较单层的梁板结构要大得多，但较厚板转换层平面内的刚度要小，这将改善带转换层高层建筑结构的受力性能。

1. 箱形转换层结构的整体计算方法

带箱形转换层的高层建筑结构可采用三维空间分析程序进行整体结构内力分析，宜将箱形梁离散后参与整体分析。箱形梁离散的方法主要有墙板模型和梁模型两种。

（1）墙板模型

基本假定：

1）把箱形梁整体结构离散为墙板构件，箱形梁上、下板视为普通楼板不进入构件受力计算中。如图 9-54所示，离散后的墙板高度应包括上、下板厚在内。

2）墙板构件只计平面内刚度，不考虑其出平面刚度。

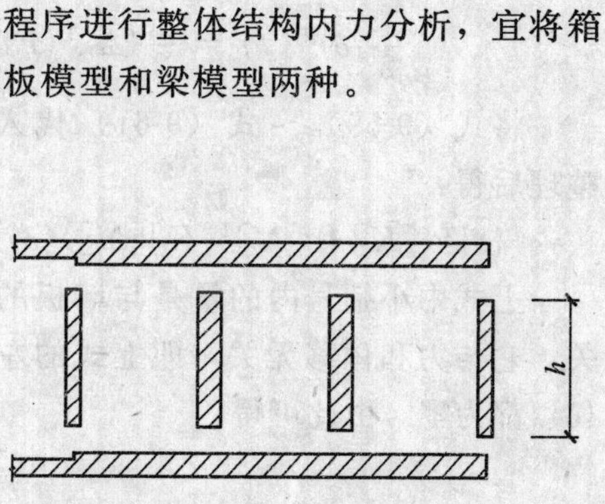

图 9-54　离散后的箱形梁剖面

墙板模型（图 9-55）的物理方程为：

$$\{F\}=[K]\{\Delta\} \tag{9-59}$$

式中 $\{F\}$——墙板力向量，且 $\{F\}=\{N_i, V_i, M_i, N_j, V_j, M_j\}^T$；

$\{\Delta\}$——墙板位移向量，且 $\{\Delta\}=\{u_i, v_i, \theta_i, u_j, v_j, \theta_j\}^T$；

$[K]$——墙板单元刚度矩阵，它是 EA、EI 和 GA 的函数。

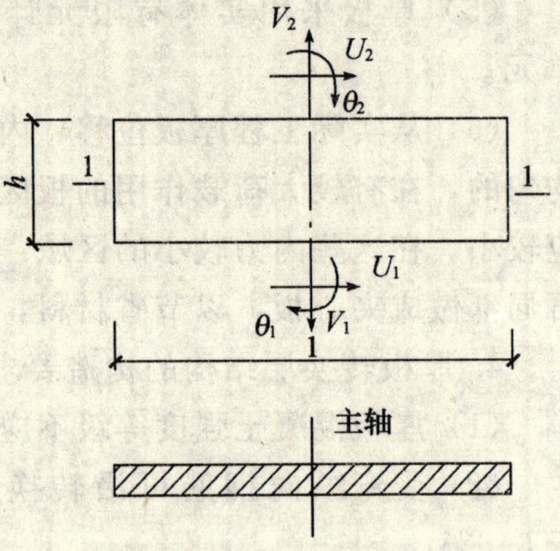

1—1 剖面

图 9-55　墙板模型

假定具有 6 个自由度的墙板计算模型还满足墙板竖向受力时的平截面假定，于是有：

$$\{\Delta\}=[N]\{\delta\} \tag{9-60}$$

式中 $\{\delta\}$——墙板计算模型位移向量，$\{\delta\}=\{u_1, u_2, u_3, u_4, u_5, u_6\}^T$；

$[N]$——广义位移转换矩阵，且

$$[N]=\begin{bmatrix} 1 & 0 & 0 & 0 & 0 & 0 \\ 1 & 0 & 0 & 0 & \frac{1}{2} & \frac{1}{2} \\ 1 & 0 & 0 & 0 & \frac{1}{l} & \frac{1}{l} \\ 1 & 1 & 0 & 0 & 0 & 0 \\ 1 & 0 & \frac{1}{2} & \frac{1}{2} & 0 & 0 \\ 1 & 0 & \frac{1}{l} & \frac{1}{l} & 0 & 0 \end{bmatrix}$$

不难证明，$[N]$ 是可逆矩阵。

墙板计算模型（图 9-56）的物理方程为：

$$\{f\}=[\overline{K}]\{\delta\} \tag{9-61}$$

式中 $\{f\}$——墙板计算模型的力向量，$\{f\}=\{f_1, f_2, f_3, f_4, f_5, f_6\}^T$；

$[\overline{K}]$——墙板计算模型的刚度矩阵。

根据能量守恒定律，可得：

$$\frac{1}{2}\{\delta\}^T\{f\}=\frac{1}{2}\{\Delta\}^T\{F\} \tag{9-62}$$

将式（9-59）～式（9-61）代入式（9-62），整理后得：

$$\{\delta\}^T([\overline{K}]-[N]^T[K][N])\{\delta\}=\{0\}$$

上式中小括号内的量是与墙板的固有属性有关，它与力和位移无关，即上式的左端对任意的 $\{\delta\}$ 都为零。由此可得：

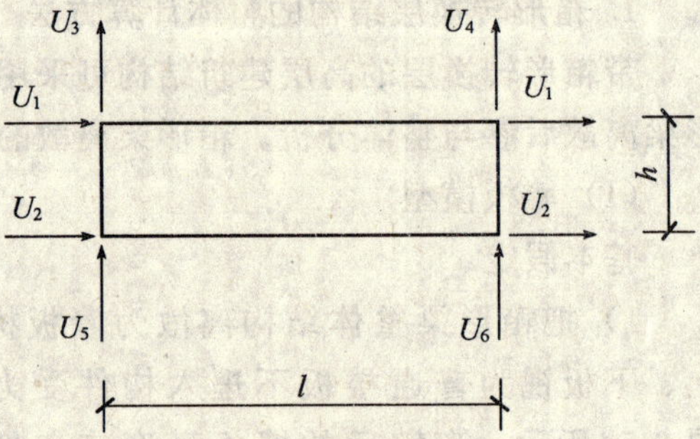

图 9-56　墙板计算模型

$$[\overline{K}]=[N]^T[K][N] \tag{9-63}$$

由式（9-63）可以看出，墙板计算模型的刚度矩阵 $[\overline{K}]$ 也是对称矩阵。

将式（9-60）代入式（9-59）得：

$$\{F\} = [K]\{\Delta\} = [K][N]\{\delta\}$$

上式两端同时乘以 $[N]^T$ 可得：

$$\{N\}^T\{F\} = [N]^T[K][N]\{\delta\} = [\overline{K}]\{\delta\} = \{f\} \tag{9-64}$$

综上所述，两种模型的转换关系如下：

$$\begin{aligned}\{\delta\} &= [N]^{-1}\{\Delta\} \\ \{f\} &= \{N\}^T\{F\} \\ [\overline{K}] &= [N]^T[K][N]\end{aligned} \tag{9-65}$$

当墙板与其他构件相连时，应考虑墙板和构件之间在平面转动的连续性，必须在连接楼面标高处设置一根单参数刚梁，其参数为：

截面尺寸 $b \times h = 0 \times 0$；轴向刚度 $EA = 0$；竖向抗剪刚度 $GA_1 = 0$；向抗剪刚度 $GA_2 = 0$；竖向抗弯刚度 $EI_1 = \infty$；横向抗弯刚度 $EI_2 = 0$；抗扭刚度 $EJ = 0$。

图 9-57 所示情况，刚梁 1 在左端为连续端，右端为铰接端；刚梁 2 在两端为连续端。墙板承受的竖向荷载也是通过刚梁施加到结构计算中去的。

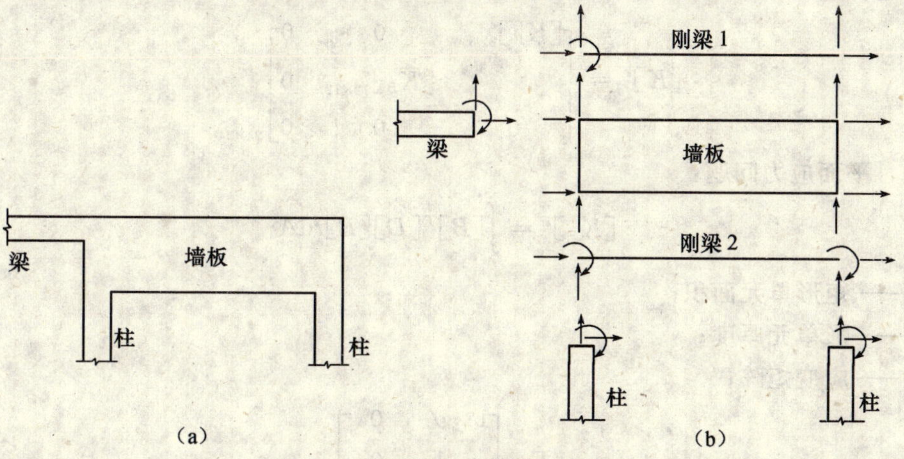

图 9-57　墙板边界条件的确定

(a) 实际结构；(b) 刚梁设置

（2）梁模型

基本假定：

1）把箱形转换结构根据其主梁的布置方式按《公路桥涵设计规范》离散成位于结构楼层内的工形和 Γ 形截面梁系（如图 9-58 所示）。箱形梁的抗弯刚度应计入相连层楼板的作用，楼板的有效翼缘宽度为：$12h_i$（中梁），$6h_i$（边梁），但不应大于梁间距的一半，h_i 为箱形梁上、下翼相连楼板厚度，不宜小于 180mm。

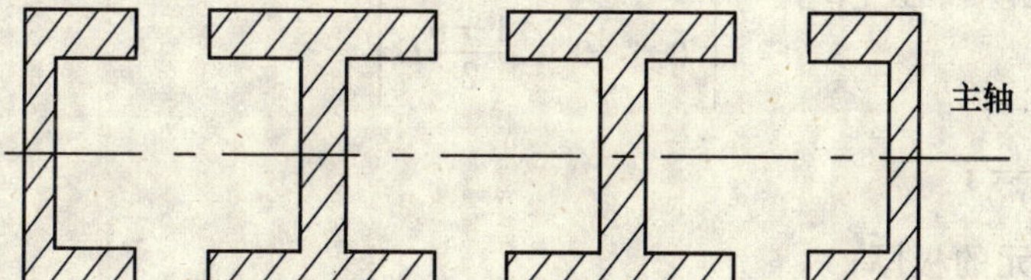

图 9-58　箱形转换层离散

2）离散后的梁为空间受力构件，其参数为：

EA——轴向刚度，按实际计算；

GA_1——竖向抗剪刚度，按实际计算；

GA_2——横向抗剪刚度，按实际计算；

EI_1——竖向抗弯刚度，按实际计算；

EI_2——横向抗弯刚度，按实际计算；

EJ——抗扭刚度，令 $EJ=0$。

箱形转换层在整体计算时划分成等效交叉梁系，箱形结构的上、下楼板连同腹板组成工形或Γ形截面梁，再折算成等效刚度矩形截面参与计算。

2. 箱形转换层结构的局部计算方法

在整体计算后，应对箱形转换构件进行应力分析。采用有限元法分析时，单元的每一个节点具有六个自由度（三个位移、三个转角），单元刚度矩阵分别由平面应力问题和薄板弯曲问题来考虑。由于平面应力状态下的节点与弯曲应力状态下的节点位移互不耦合，反之亦然。所以组合应力状态下的单元刚度矩阵写成下列分块形式。

$$[K]^e=\begin{bmatrix}[K_P]^e_{8\times8} & 0 & 0\\ & [K_B]^e_{12\times12} & 0\\ 0 & 0 & 0\end{bmatrix}_{24\times24}$$

其中，平面应力问题：

$$[K_P]^e=\int_A [B]^T[D][B]t\mathrm{d}A \qquad (9\text{-}66)$$

式中 A——矩形单元面积；

t——形单元厚度；

$[B]$——应变矩阵；

$[D]$——弹性矩阵，且 $[D]=\dfrac{E}{1-\upsilon^2}\begin{bmatrix}1 & \upsilon & 0\\ \upsilon & 1 & 0\\ 0 & 0 & \dfrac{1-\upsilon}{2}\end{bmatrix}$

薄板弯曲问题：

$$[K_B]^e=\int_A [B]^T[D][B]\mathrm{d}A \qquad (9\text{-}67)$$

式中 A——矩形单元面积；

$[B]$——应变矩阵；

$[D]$——弹性矩阵，且 $[D]=\begin{bmatrix}D & \upsilon D & 0\\ \upsilon D & D & 0\\ 0 & 0 & \dfrac{1-\upsilon}{2}D\end{bmatrix}$；

其中 $D=\dfrac{E_c t^3}{12\ (1-\upsilon^2)}$；

t——矩形单元的板厚；

E_c——混凝土弹性模量；

γ——混凝土泊松比。

3. 箱形转换层结构的设计

（1）箱形梁作转换结构时，一般宜沿建筑周边环通构成“箱子”，满足箱形梁刚度和构造要求。

（2）箱形转换结构可根据转换层上、下部竖向结构布置情况沿单向或双向布置主梁（主肋）。主梁腹板截面宽度一般由剪压比控制计算确定，其限值同框支梁的剪压比限值，且不宜小于 400mm；截面高度可取跨度的 1/5～1/8。

（3）带箱形转换层高层建筑结构宜根据其主梁的布置方式采用墙板模型或梁模型将箱形梁离散后参与三维整体分析。

（4）箱形转换层宜采用板单元或组合有限元方法进行局部应力分析。

4. 箱形转换层结构的构造要求

（1）箱形梁混凝土强度等级、开洞构造要求、纵向钢筋、箍筋构造同框支梁。

（2）箱形梁腰筋构造同转换梁。

（3）箱形转换构件设计时要具有足够的平面刚度，保证其整体受力作用，箱形转换结构上、下楼板厚度不宜小于 180mm，并且在板配筋时除应考虑弯矩计算外，尚应考虑其自身平面内的拉力和压力及局部弯矩的影响。箱形梁上、下翼缘楼板内横向钢筋不宜小于 $\phi12@200$ 双层。

（4）箱形梁纵向钢筋边支座构造、锚固要求同框支梁，所有纵向钢筋（包括梁翼缘柱外部分）均以柱内边起计锚固长度。

（5）箱形梁纵向钢筋配置如图 9-59 所示。

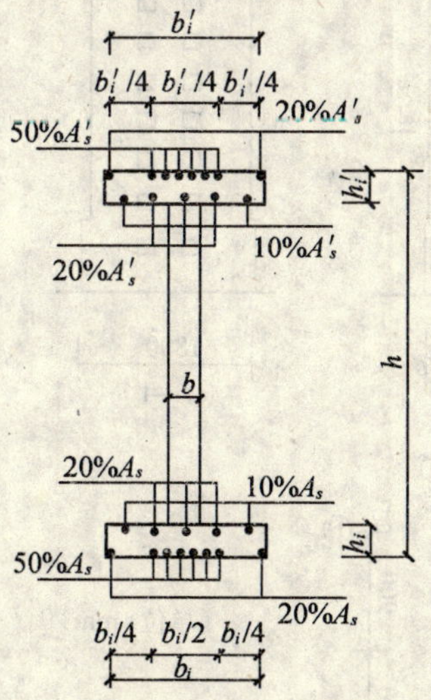

A_s——箱形梁底部总配筋；A_s'——箱形梁顶部总配筋；
b_f——箱形梁底部总宽度；h_f——箱形梁底板厚度；
b_f'——箱形梁顶部总宽度；h_f'——箱形梁顶板厚度；
b——箱形梁腹板厚度；h——箱形梁高度

图 9-59　箱形梁纵向钢筋配筋形式

第三节　底部大空间上层鱼骨式剪力墙结构设计

底部大空间上层鱼骨式剪力墙结构下部保持大空间，上部只保留内纵墙，取消外纵墙。由于外纵墙不起结构作用，所以建筑材料可以多样化。同时，可以方便地采用隧道模、桌模等进行施工，缩短施工周期

从结构上来看，底部大空间上层鱼骨式剪力墙结构与一般底部大空间剪力墙结构相比具

有下列特点：

(1) 由于纵向只有一道纵墙，在纵向荷载作用下，如果内纵墙发生破坏，将会影响到整个建筑物的安全性，缺乏多道设防的功能。

(2) 结构抵抗扭转的能力较差。

(3) 横向剪力墙端部没有纵墙作为平面外的支承，特别是有小墙肢的情况下，更容易产生早期破坏。

一、底部大空间上层鱼骨式剪力墙结构的试验研究

1. 试验概况

中国建筑科学研究院结构研究所及设计单位于1983年完成了一榀1∶6比例的12层底层大空间上层鱼骨式剪力墙结构住宅模型的拟动力试验研究，以便研究底部大空间上层鱼骨式剪力墙结构的抗震性能及抗震设计方法，了解结构在地震作用下的反应（即弹塑性阶段的受力性能及破坏特征）以及对这种结构的抗震性能和安全度进行评价。试验模型长6.0m，宽1.8m，高6.165m，如图9-60所示。底层框架、剪力墙及楼板采用C30细石混凝土，标准层剪力墙为C20细石混凝土，楼板采用预制板加板缝和圈梁。采用Ⅰ级钢筋和强度相当于Ⅰ级钢的退火钢丝及镀锌钢丝。

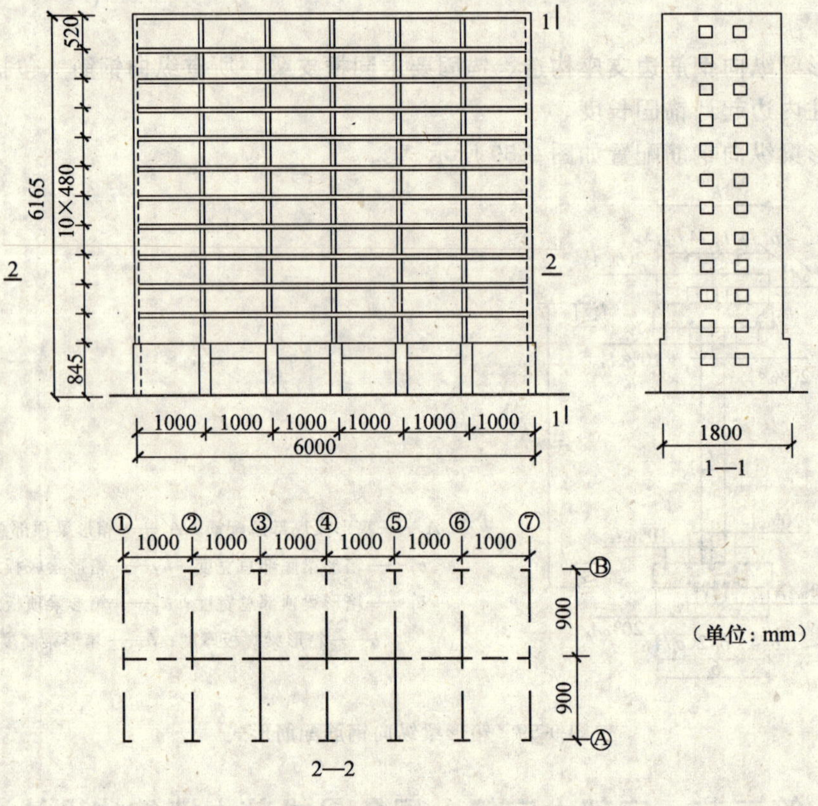

图9-60 结构模型的平、立面图

按拟动力试验原理将模型这一多自由度体系置换成等效单自由度体系进行试验。进行拟动力试验时，在模型的1、3、6、8、10和12层各安装了一台电液伺服加载器，由计算机控制加载器工作。以顶层（12层）的位移反应为控制值施加顶层的荷载，其他各层（即10、8、6、3、1层）与顶层荷载按1∶1∶0.825∶0.769∶0.462∶0.204的比例关系进行加载。

2. 试验工况

在进行拟动力试验前实测模型的动力特性。测得模型的第一自振频率为 $f_1=3.5\text{Hz}$，即第一自振周期 $T_1=0.286\text{s}$，阻尼系数为 3%～4%。

进行拟动力试验时采用了三个地震记录或人工地震波：

（1）El-Centro 地震记录（1940 年 N-S，$\ddot{x}_{g\max}=341.7\text{Gal}$）；

（2）唐山迁安地震记录（1976 年 11 月 25 日，$\ddot{x}_{g\max}=169.833\text{Gal}$）；

（3）人工模拟波 MMW（按《工业与民用建筑抗震设计规范》的平均加速度反应谱拟合，$\ddot{x}_{g\max}=200\text{Gal}$）。

将各地震记录或地震波按最大加速度值的大小逐级输入，以求得模型在弹性、弹塑性阶段的反应情况。

每个地震记录或地震波分为 400 个时段进行输入，按模型相似条件，时间间隔 Δt 为原记录时间间隔的 1/6，这样对于 El-Centro 地震记录和人工模拟波 MMWI 试验时 $\Delta t=0.008\text{s}$，作用时间为 3.2s；对于迁安地震记录试验时 $\Delta t=0.004\text{s}$，作用时间为 1.6s。

拟动力试验过程及简要结果见表 9-15。

表 9-15　拟动力试验过程及简要结果

试验工况	输入地震记录最大加速度（Gal）	顶层最大反应位移（mm）	基底剪力（kN）	模型状态
1	ELC-20	1.045 −1.094	39.08 −41.76	弹性反应
2	MMWI-20	0.566 −0.508	22.63 −20.01	
3	MMWI-50	1.445 −1.309	53.50 −48.91	
4	MMWI-100	3.184 −3.842	105.66 −95.95	③轴底层框架托梁出现垂直裂缝，外墙个别窗口出现角部裂缝
5	ELC-60	3.330 −3.262	107.30 −109.55	③④轴底层框架托梁出现斜裂缝
6	QIN-180	3.369 −2.734	107.71 −92.09	③轴 2 层小墙肢出现竖向裂缝
7	MMWI-200	4.932 −4.229	149.02 −130.99	③轴 2 层连梁出现斜裂缝
8	ELC-100	5.820 −5.225	167.50 −155.37	④轴底层托梁出现斜裂缝
9	QIN-300	6.143 −4.492	169.90 −136.33	
10	MMWI-200	5.391 −5.361	152.91 −151.82	

续表

试验工况	输入地震记录最大加速度（Gal）	顶层最大反应位移（mm）	基底剪力（kN）	模型状态
11	ELC-200	11.768 −12.793	257.40 −253.13	①⑦轴中间墙有斜裂缝，2层连梁出现斜裂缝，①③轴墙底钢筋屈服
12	ELC-250	17.627 −17.344	294.76 −284.80	底层框架柱底柱出现受弯裂缝，②～⑤轴2～6层墙出现斜裂缝，③⑤轴小墙肢受压弯破坏托梁斜裂缝增多
13	ELC-300	18.350 −21.777	301.57 −304.11	
14	ELC-400	23.154 −24.775	341.69 −295.39	④⑤轴外纵墙条板压坏
15	ELC-500	27.734 −31.641	379.21 −314.70	②轴2层墙破坏
16	ELC-600	29.687 −40.918	355.33 −165.52	⑦轴2层墙破坏

注：ELC为埃尔森特罗地震记录；MMWI为人工地震波；QIN为迁安地震记录。

在进行①～⑥的拟动力试验后，模型各部位出现了微裂缝，这时进行了模型开裂后自振频率的测试，$f_1=3.35$Hz，相应自振周期 $T_1=0.299$s，说明结构开裂后刚度降低不多。在（16）拟动力试验试验后，模型已处于破坏状态，这时实测频率 $f_1=1.4$Hz，即 $T_1=0.714$s，阻尼比 $\zeta=16.8\%$。

3. 试验结果与分析

（1）模型的自振周期与阻尼比

模型在拟动力试验前后，自振周期与阻尼比的变化如图9-61（a）和（b）所示。由图可见底层大空间上层鱼骨式剪力墙结构有较好的吸收地震能量的能力。

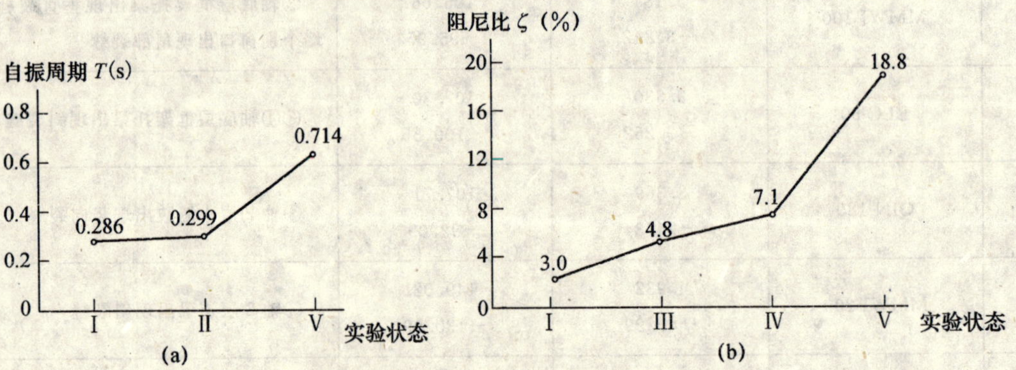

图9-61 模型自振周期与阻尼比的变化

模型试验状态Ⅰ为静力试验前；Ⅱ为（6）号拟动力试验后；Ⅲ为（11）号拟动力试验后；Ⅳ为（15）号拟动力试验后；Ⅴ为（16）号拟动力试验后

（2）弹性阶段的动力反应

输入ELC-20（$\ddot{x}_{g\max}=20$Gal）地震记录时，模型处于弹性动力反应状态。顶层最大位移反应值正向为1.045mm，反向为−1.094mm，相应最大反应时刻分别为1.056s

和 0.912s。

（3）弹塑性阶段的动力反应

输入 ELC-60（$\ddot{x}_{g\max}$=60Gal）地震记录时，③轴、④轴底层框架托梁出现斜裂缝，顶层最大位移反应值正向为 3.33mm，反向为－3.262mm。

输入 ELC-200（$\ddot{x}_{g\max}$=200Gal）地震记录时，在 t=0.912s 时基底剪力达 217.65kN（反向），①③轴墙底钢筋屈服；在 t=1.664s 时基底剪力达 233.55kN（反向），②轴 2 层墙体底部钢筋开始屈服。

输入 ELC-250（$\ddot{x}_{g\max}$=250Gal）地震记录时，在 t=1.704s 时基底剪力达 280.75kN（反向），④轴 2 层墙体底部钢筋开始屈服。

随着加速度 $\ddot{x}_{g\max}$增加为 300Gal、400Gal 和 500Gal，模型位移反应逐渐加大，①、②轴墙体 2 层破坏。当 $\ddot{x}_{g\max}$=600Gal 时模型失去承载能力。

试验结束后，人为地水平加上位移达 200mm，模型二层全部横墙形成塑性铰，出现机构型，但底层完好，建筑物也未倒塌。这由于楼板成为纵向框架扁梁，横墙形成纵向框架扁柱，这种扁梁扁柱的纵向框架在纵墙失效后成为第二道防线，维持结构不倒塌。所以，这种结构体系设计得当时，由于内纵墙与横墙、楼板共同工作，能产生显著内力重分布，有较高的承载力与抗震性能。但内纵墙受力过大，开裂较早，产生了剪切破坏。

图 9-62 为输入不同加速度（El-Centro 地震记录，1940 年 N-S）时模型顶点位移，可见随着地震烈度增大，结构局部开裂、破坏、周期延长，刚度降低。

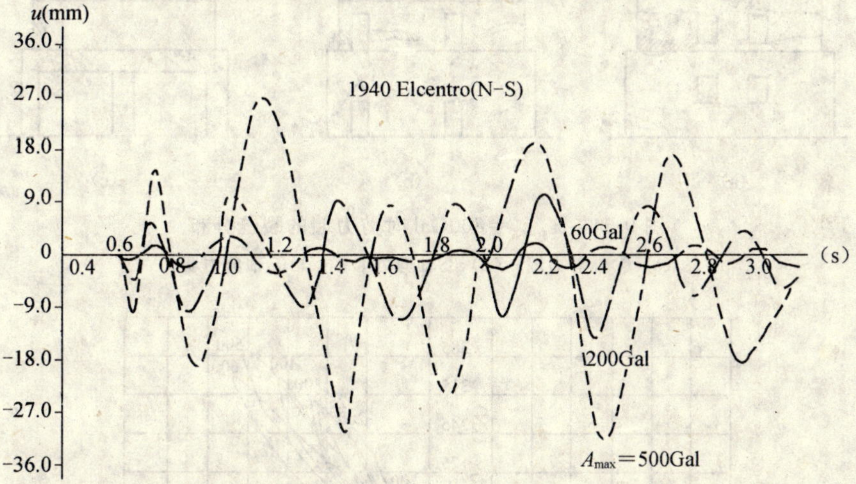

图 9-62　输入不同加速度（El-Centro 地震记录，1940 年 N-S）时模型顶点位移

图 9-63 为输入 1940 年（N-S）El-Centro 峰值加速度（$\ddot{x}_{g\max}$）为 60Gal、100Gal、200Gal、300Gal、400Gal 时转换层楼板变形情况。由图可见，楼板受力很大，变形显著，破坏时板面出现裂缝。

图 9-64 为 $\ddot{x}_{g\max}$=800Gal 时各种形式剪力墙裂缝分别情况。

图 9-65 为试验模型在 El-Centro 地震记录拟动力试验过程中基底剪力 V（kN）与顶层位移 Δ（mm）的滞回曲线。从模型产生破坏的一侧图形（反向）可以确定模型的屈服剪力为 217.65kN，屈服位移为 8.898mm，最大基底剪力为 314.7kN，极限基底剪力为 284.8kN（最大基底剪力的 90%），极限位移为 31.614mm，延性系数为 3.55。

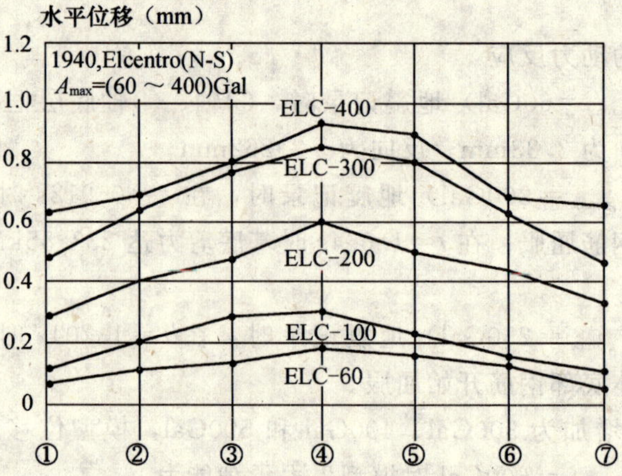

图 9-63　不同加速度时转换层楼板的变形（El-Centro 波）

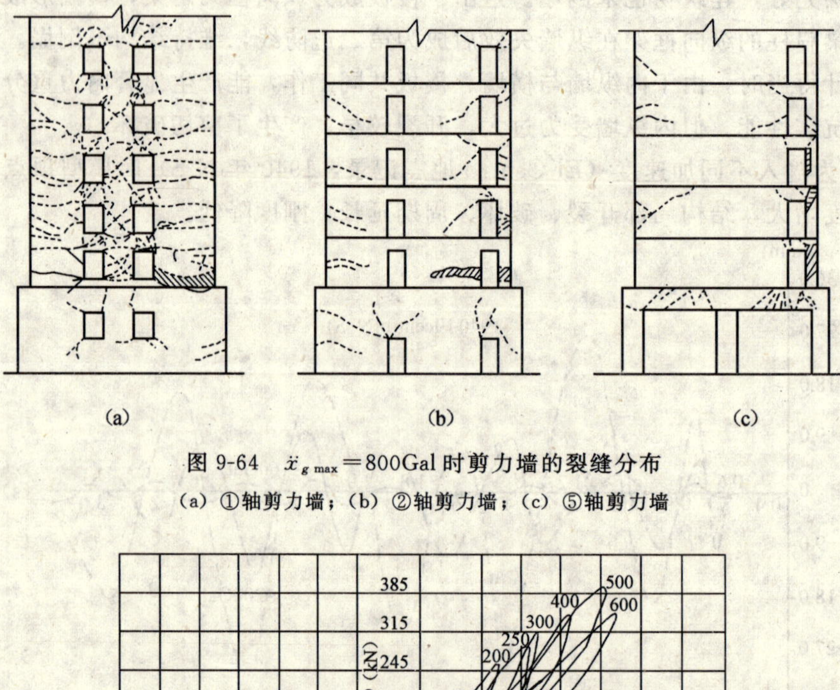

图 9-64　$\ddot{x}_{g\,max}$ ＝800Gal 时剪力墙的裂缝分布

(a) ①轴剪力墙；(b) ②轴剪力墙；(c) ⑤轴剪力墙

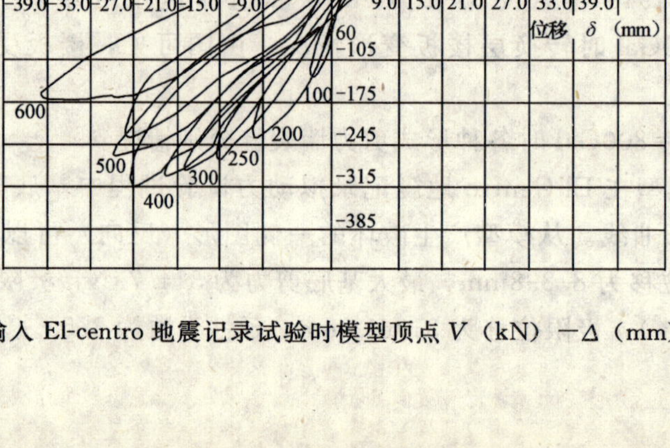

图 9-65　输入 El-centro 地震记录试验时模型顶点 V（kN）$-\Delta$（mm）滞回曲线

4. 主要结论

由底层大空间上部鱼骨式剪力墙结构的拟动力试验结果可得到以下主要结论：

（1）只要按规定的方法进行设计，采取必要的构造措施，底层大空间上部鱼骨式剪力墙结构可以在非抗震设防和 6～8 度设防地区应用。

（2）只要保证底层楼层刚度不太小，符合规定要求，并加大底部楼层承载力，最终破坏不会在底部楼层发生，结构有足够的延性。

（3）转换层楼面受力与变形显著，必须加强其构造措施。由试验表明，楼板面内刚度无限大的假定不能用于大空间楼层分析。

（4）小墙肢开裂和破坏很早，在设计中应避免使用。

二、底部大空间上层鱼骨式剪力墙结构设计和构造要求

1. 结构布置

（1）结构纵向、横向等效剪切刚度比的要求

为防止结构刚度减少太多，变形过于集中在下部大空间层，应控制转换层上、下层总等效剪切刚度（等效侧向刚度）比。底部大空间上层鱼骨式剪力墙结构转换层上、下结构侧向刚度规定同一般底部大空间剪力墙结构。

（2）合理布置底部落地剪力墙、筒体

结构平面布置宜简单规则、均衡对称，使水平荷载的合力中心与结构刚度中心重合或接近，以避免和减小扭矩的不利影响。

纵、横方向的落地剪力墙应布置在一个结构单元或一个大空间的两端，并宜集中布置，使纵、横方向的墙体构成组合截面，在底部的一层或数层内宜布置成封闭筒体（如图 9-66a 所示）。将落地剪力墙组成筒体，这样不仅能调整纵、横向底层的刚度变化率，提高底层的抗弯、抗剪承载力，使结构在强震作用下，纵、横向均在二层以上进入塑性状态，底层保持弹性，而且对结构的抗扭有更大的作用。

当建筑物的一个结构单元长度较大时，除在两端布置落地剪力墙外，可以在平面中部布置封闭筒体或单独落地剪力墙，如图 9-66（b）、（c）所示。

长矩形平面建筑中落地剪力墙的间距 L 宜符合以下规定：

非抗震设计时：$L \leqslant 3B$ 且 $L \leqslant 36\text{m}$

抗震设计时：

底部 1～2 层框支层时：$L \leqslant 2B$ 且 $L \leqslant 24\text{m}$

底部为 3 层及 3 层以上框支层时：$L \leqslant 1.5B$ 且 $L \leqslant 20\text{m}$

其中，B——楼盖宽度。

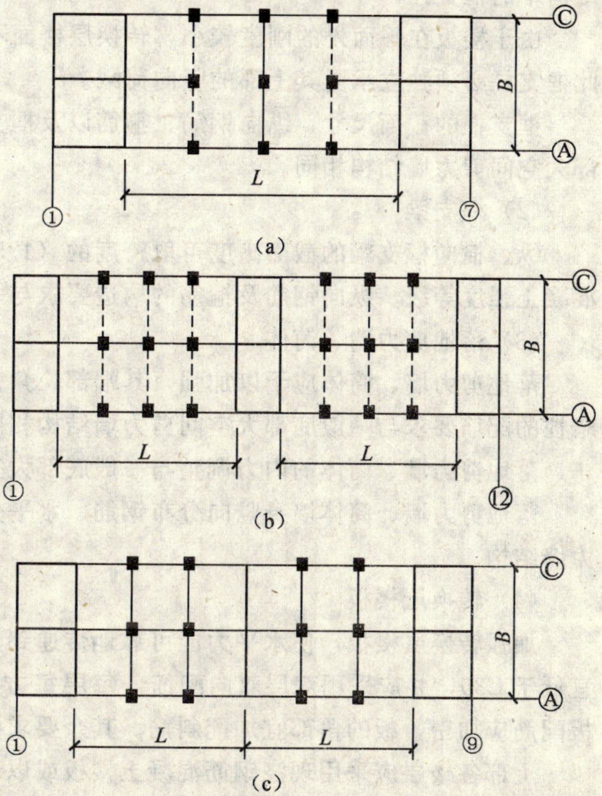

图 9-66　底层大空间上层鱼骨式剪力墙结构的平面布置

（3）落地剪力墙与相邻框支柱的距离，1～2层框支层时不宜大于12m，3层及3层以上时不宜大于10m。

（4）为确保底部大空间层的承载力，横向剪力70%～80%由落地剪力墙、筒体承受；纵向剪力90%由落地筒承受。

2. 内力计算

底部大空间上层鱼骨式剪力墙结构内力和位移计算与一般底部大空间剪力墙结构类似，首先用三维空间分析程序或协同工作分析程序作整体内力计算，然而用平面有限元程序对框支梁及其上约三层剪力墙作局部详细应力分析，并按应力进行框支梁及其上部墙体的配筋设计校核。

横向结构的内力和位移计算应考虑各片剪力墙的空间协同工作，并应考虑楼板变形对内力、位移的影响，特别是对底部框支柱剪力的影响。

纵向的全部地震作用应由内纵墙承受。

3. 底部大空间上部剪力墙结构设计

（1）框支柱

底部大空间楼层框支柱的内力不能直接采用按楼板平面内刚度为无穷大假定的计算结果。也就是说，采用目前三维空间分析程序或协同工作分析程序的计算机方法和手算方法，都要加以修正。一般可以考虑落地筒承受纵、横向的全部水平力，框支柱承受的地震剪力标准值取值同一般底部大空间剪力墙框支柱。

地震作用下框支柱内力（包括弯矩、剪力、轴力）的调整原则同一般底部大空间剪力墙结构中的框支柱。

由于楼板在平面外的刚度较小，转换层楼面不可能将柱子的竖向荷载传到落地筒体，因此框支柱必须独立承受其上部的竖向荷载。

框支柱的截面尺寸、纵向钢筋、箍筋以及框支柱节点区水平箍筋的构造要求均与一般底部大空间剪力墙结构相同。

（2）框支梁

纵、横向框支梁的截面高度可取跨度的（1/5～1/7），必要时可采用加腋梁。框支梁的混凝土强度等级、纵向钢筋及箍筋的构造要求与一般底部大空间剪力墙结构相同。

（3）落地剪力墙、筒体

落地剪力墙、筒体应予以加强，其端部、角部及门窗洞口边应力集中处均宜加设暗柱，暗柱的配筋要求与一般底部大空间剪力墙结构相同。

落地剪力墙、筒体的内力调整与一般底部大空间剪力墙结构相同。

落地剪力墙、筒体墙身竖向分布钢筋、水平分布钢筋的构造要求也同一般底部大空间剪力墙结构。

（4）转换层楼板

加强转换层楼板，使水平力能可靠地传递到落地筒上去。转换层楼板混凝土强度等级不宜低于C30，并应采用双层双向配筋，每层每方向贯通钢筋的配筋率不宜小于0.25%，角板配筋应加密，板的角部宜加配斜筋。其余要求同一般底部大空间剪力墙结构。

上部各楼层应采用现浇钢筋混凝土楼板或以现浇为主的叠合楼板，以保证纵、横墙和楼板的空间共同工作。

4. 上部结构设计

（1）横向剪力墙的端部宜设置小翼缘，底部筒体中第二道横墙的翼缘要贯通到顶层。横墙端部应通过增加竖向钢筋及箍筋形成暗柱，必要时可设置型钢形成加强暗柱。暗柱的配筋要求与一般底层大空间剪力墙结构相同。

上部剪力墙、筒体墙身竖向分布钢筋、水平分布钢筋的构造要求也同一般底层大空间剪力墙结构。

（2）上部结构内横墙厚度与一般剪力墙结构相同，上部楼层山墙应加厚，且应在两端设置宽度不小于1.0m的纵向翼缘。建筑物的内纵墙厚度不宜小于200mm，采用大开间时横墙厚度不宜小于180mm。一般而言，难以利用连梁作为耗能机制，因而墙肢的受弯、受剪承载力必须加强。

（3）内纵墙门洞距山墙不小于2.0m。横向剪力墙尽量不开边门洞，门洞外侧的小墙肢最小宽度应≥500mm。在框支梁上方开门洞时，应加强框支梁在洞口区段的箍筋。

（4）内纵墙的连梁当$L/h_b \leqslant 1$时，不可能发生受弯破坏，而产生剪切破坏，所以必须加强其箍筋构造，必要时可用交叉斜筋。

应与建筑设计相协调，尽量将门洞加宽，使连梁跨度增加。

第四节　大底盘大空间剪力墙结构设计

高层住宅往往在下部楼层设置商业用房等大空间的公共场所，这些商业用房往往扩大其面积，形成大面积的裙房。裙房大多采用框架结构或框架-剪力墙结构。这种具有大空间裙房作为底盘，上层为一个或多个剪力墙塔楼的建筑，称为大底盘大空间剪力墙结构，它在高层商住楼中的应用较为广泛。采用大底盘大空间剪力墙结构的实际工程有：深圳红岭大厦一期及二期工程、深圳敦信大厦、北京太平洋饭店、南京新世纪广场工程、丹东大酒楼等。

一、大底盘大空间剪力墙结构的试验研究

中国建筑科学研究院进行了1∶50比例的32层有机玻璃模型（图9-67）的静力试验和振动台试验。为增大底盘的抗扭刚度，设置了相互垂直的附加剪力墙，转换层上、下层结构总刚度比为：$\gamma_x=1.00$；$\gamma_y=0.88$，即底盘的刚度等于或大于主体结构的刚度。

1. 静力试验的主要结论

（1）分析表明，采用三维空间杆件分析程序（SATS程序）计算试验模型的内力、位移计算值与实测值符合良好。这说明杆系-薄壁杆系三维分析方法可用于大底盘大空间剪力墙结构的内力和位移计算。

（2）主体结构的竖向荷载基本上由主体结构本身承受，向裙房扩散范围不超过一跨。所以在进行竖向荷载内力计算时，可以不考虑裙房的作用。

（3）由表9-16～表9-20可见，水平荷载在主体结构与裙房间的分配规律如下：

主体结构承受总弯矩的90%以上，承受总剪力的80%以上；

裙房承受总弯矩的10%以下，承受总剪力的20%以下。

（4）裙房框架柱的刚度很小，裙房所承受的弯矩和剪力主要是裙房剪力墙所承受，框架柱的剪力可以忽略不计，抵抗的弯矩约为2%～5%。所以裙房如果没有附加的剪力墙，则裙房所承受的内力可以不考虑，全部外荷载产生的弯矩和剪力都由主楼承受。

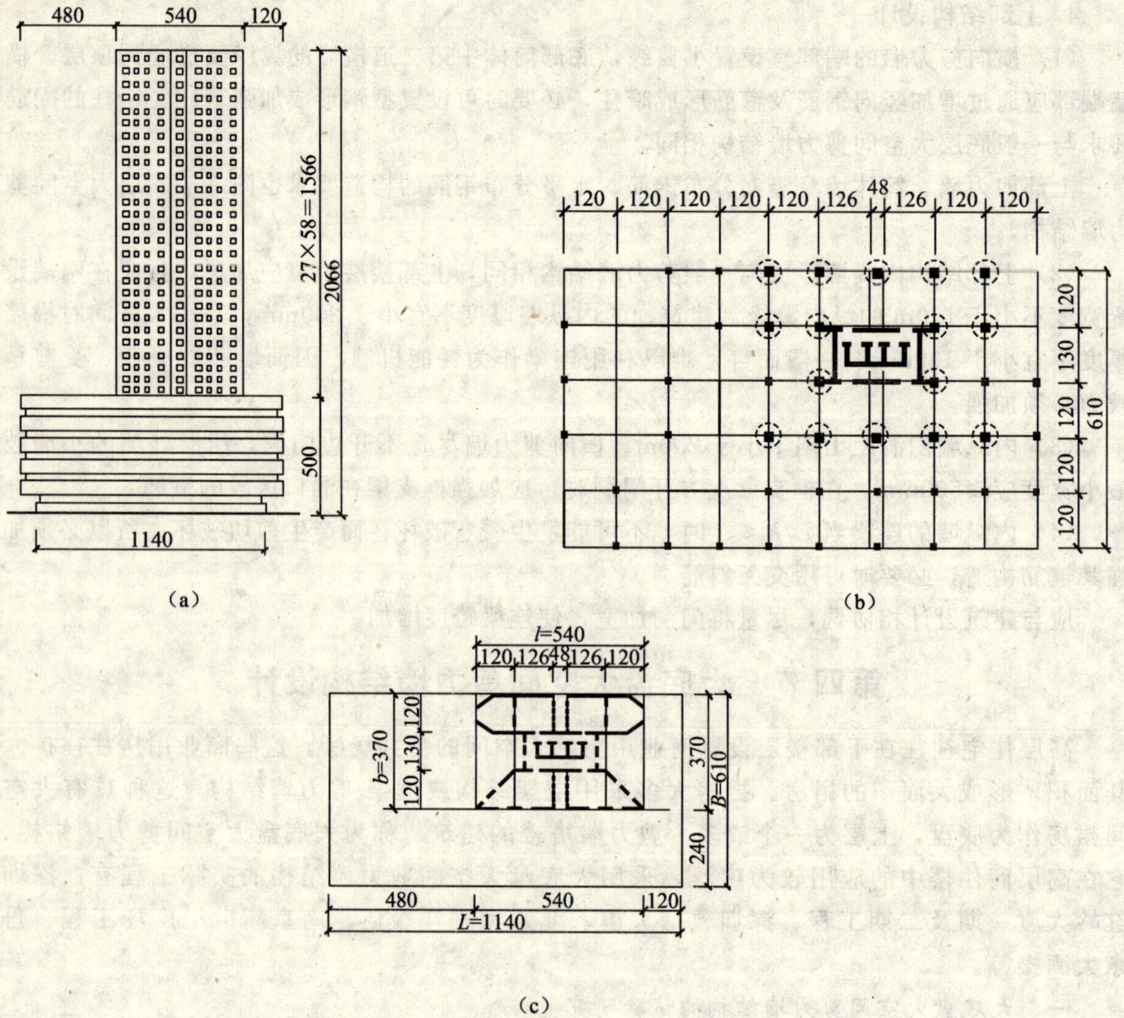

图 9-67　有机玻璃试验模型

(a) 立面图；(b) 裙房平面；(c) 塔楼平面（6～23 层）

表 9-16　X 方向加载时一层各结构构件底部截面抵抗弯矩的比例

结构构件	主体结构		裙房结构	
	落地剪力墙	框支柱	X 方向四道剪力墙	Y 方向四道剪力墙及框架柱
实测值	约 55.0%	30.2%	10.5%	—
计算值	42.6%	47.2%	6.1%	4.1%

表 9-17　X 方向加载时一层 X 方向四道剪力墙底部截面的剪力 V (N)

剪力墙编号	W_1	W_4	W_5	W_8	总　和	占总剪力的百分数
实测值	27.9	13.7	13.1	50.4	105.1	20.4%
计算值	30.81	29.13	24.39	8.87	93.2	18.1%

表 9-18　*Y* 方向加载时一层各结构构件底部截面抵抗弯矩的比例

结构构件	主体结构		裙房结构	
	落地剪力墙	框支柱	*X* 方向四道剪力墙	*Y* 方向四道剪力墙及框架柱
实测值	约 58.0%	32.0%	7.4%	—
计算值	47.0%	46.3%	4.1%	2.6%

表 9-19　*Y* 方向加载时一层 *Y* 方向四道剪力墙底部截面的剪力 V (N)

剪力墙编号	W_2	W_3	W_6	W_7	总　和	占总剪力的百分数
实测值	18.00	8.90	4.8	29.10	60.8	11.8%
计算值	20.55	19.04	13.13	10.95	63.67	12.0%

表 9-20　大底盘大空间高层建筑剪力墙结构模型的内力分析结果汇总表

结构构件及部位 / 加载方向		一层底部截面					五层顶部截面	
		主体结构			裙房剪力墙		裙房剪力墙	
		各抵抗弯矩占总抵抗弯矩百分数			各抵抗弯矩占总抵抗弯矩的百分数	剪力占总剪力的百分数	各抵抗弯矩占总抵抗弯矩的百分数	剪力占总剪力的百分数
		落地剪力墙	框支柱	总　和				
		①	②	③=①+②	④	⑤	⑥	⑦
X 向	实测值	55.0%	30.2%	85.2%	10.5%	20.4%	0.8%	29.0%
	计算值	42.6%	47.2%	89.8%	6.1%	18.15%	-0.3%	24.0%
Y 向	实测值	58.0%	32.0%	90.0%	7.4%	11.85%	2.36%	15.0%
	计算值	47.0%	46.3%	93.3%	4.1%	12.0%	0.2%	21.7%

2. 振动台试验的主要结论

采用逐次切除部分裙房的方法，在振动台上进行了下列四种情况下的振动台试验研究，从振动台输入正弦波和 El-Centro 波（0.15g）。

（1）大底盘$\left(\frac{L}{l}=2.11,\ \frac{B}{b}=1.64\right)$；

（2）中底盘$\left(\frac{L}{l}=1.66,\ \frac{B}{b}=1.64\right)$；

（3）小底盘$\left(\frac{L}{l}=1.44,\ \frac{B}{b}=1.32\right)$；

（4）无底盘$\left(\frac{L}{l}=1.0,\ \frac{B}{b}=1.0\right)$。

当底盘逐渐加大时，上部结构与底盘的偏心距逐渐增加，由于扭转和刚度的变化，地震反应也逐渐加大（表 9-21）。

表 9-21　随底盘增大地震效应相对变化

方　案	无底盘	小底盘	中底盘	大底盘
地震反应	1.00	1.15	1.20	1.70

由于结构的复杂性，在水平输入地震波时，记录到有顶部楼层的竖向振动；大底盘两端加速度记录有差别，表明存在楼板变形和扭转的影响。

二、大底盘大空间剪力墙结构的设计与构造要求

1. 大底盘大空间剪力墙结构的设计

(1) 适用范围

非抗震设计：$H\leqslant 130$m；

抗震设计：$H\leqslant 120$m（6 度）；$H\leqslant 100$m（7 度）；$H\leqslant 80$m（8 度）。

当大底盘大空间剪力墙结构的高度（H）超出上述限值时应采取有效的措施予以加强。

(2) 结构布置要求

1) 大底盘大空间剪力墙结构的平面布置应力求简单规则，主体结构的质心宜与底盘结构质心重合，避免由于二者之间的大偏心而产生结构扭转的不利影响。

主体结构与底盘质心的距离不宜大于底盘相应边长的 20%（图 9-68），即

$$\frac{e_L}{L}\leqslant 0.2;\frac{e_B}{B}\leqslant 0.2$$

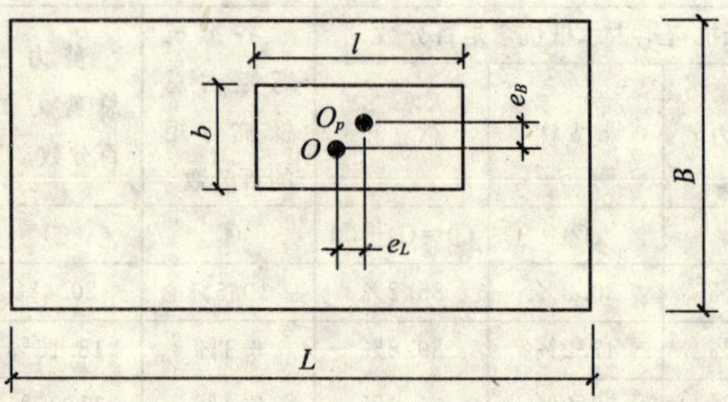

图 9-68 平面布置图

大底盘的长度（或宽度）与主体结构的长度（或宽度）之比不宜大于 2.5，即

$$\frac{L}{l}\leqslant 2.5;\frac{B}{b}\leqslant 2.5$$

2) 抗震设计时，转换层宜设置在底盘楼层范围内，不宜设置在底盘以上的塔楼内（图 9-69）。若转换层设置在底盘屋面的上层塔楼内时，易形成薄弱部位，不利于结构抗震，设计中应尽量避免；否则，应采取增大构件内力、提高抗震等级等有效的抗震措施。

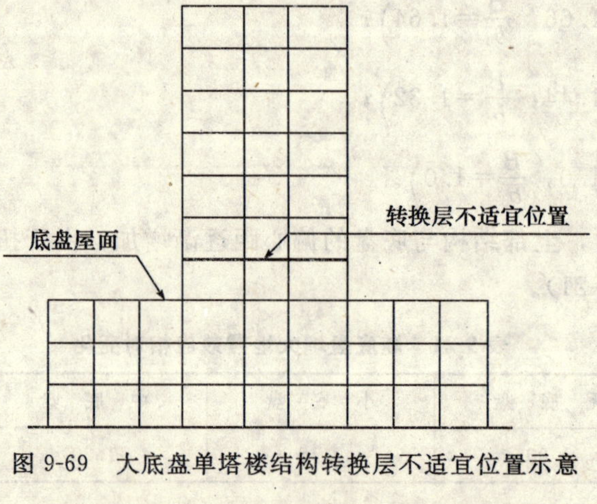

图 9-69 大底盘单塔楼结构转换层不适宜位置示意

3）主体结构中底部几层的等效剪切刚度应接近，转换层下一层等效剪切刚度与其上一层等效剪切刚度宜接近 1，且不应大于 2（图 9-70a），即

$$1.0 \leqslant \gamma_i = \frac{(GA)_{i+1}}{(GA)_i}\frac{h_i}{h_{i+1}} \leqslant 2 \tag{9-68}$$

大底盘建筑上、下层等效剪切刚度应接近，转换层下一层大底盘（包括主体结构）结构等效剪切刚度应大于或接近转换层上一层主体结构的等效剪切刚度（图 9-70b），即

$$\gamma_i' = \frac{(GA)_{i+1}}{(GA')_i}\frac{h_i}{h_{i+1}} \leqslant 1.0 \tag{9-69}$$

式中　G_i、G_{i+1}——转换层下层与上层的混凝土剪切模量；

A_i、A_{i+1}——主体结构在转换层下一层与上一层的折算抗剪面积，$A_i = A_{wi} + 2.5\left(\frac{h_{ci}}{h_i}\right)^2 A_{ci}$；

A_i'——大底盘在转换层下一层的全部折算抗剪面积；

A_{wi}——第 i 层全部剪力墙在计算方向的有效截面面积（不包括翼缘面积）；

A_{ci}——第 i 层全部框架柱的截面面积；

h_i——第 i 层的层高；

h_{ci}——第 i 层柱沿计算方向的截面高度。

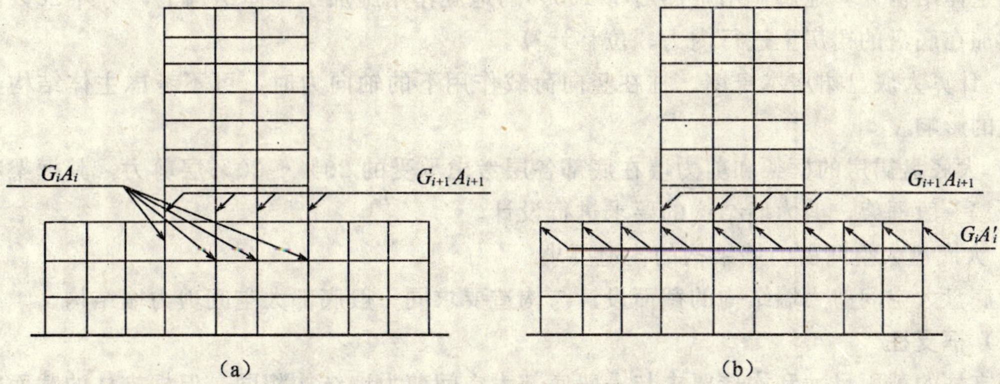

图 9-70　转换层上、下的刚度

4）大底盘内剪力墙应均匀、分散、对称、周边布置。宜在竖向荷载集中处、楼梯、电梯间以及角部布置剪力墙。

5）底盘屋面构造要求

为保证结构底盘与塔楼的整体作用，底盘屋面板应加厚，并应加强配筋构造，板面负弯矩配筋宜贯通。底盘屋面楼板厚度不宜小于 150mm，底盘屋面上、下结构的楼板也应加强构造措施。

6）采取措施减少主体结构与裙房之间基础的沉降差。

（3）设计原则

1）基本要求

当主体结构布置简单规则时，可采用空间协同工作程序进行内力、位移分析；

当主体结构平面布置复杂时，应采用三维空间分析程序进行内力、位移分析。

当大底盘及主体结构布置不对称时，计算中均应考虑主体结构及底盘的质量中心及刚度中心不一致而产生的扭转影响。

2）简化计算方法

①小底盘

当$L/l \leqslant 1.25$，$B/b \leqslant 1.25$时，底盘对主体结构受力性能大影响较小，计算时可不考虑裙房质量与刚度的影响，对主体结构进行内力、位移计算。

②大底盘

当$L/l=1.25 \sim 2.5$，$B/b=1.25 \sim 2.5$，且底盘高度与主体结构高度之比大于0.65时，底盘对整个结构的受力性能起控制作用，计算时可将上部主体结构视为底盘上突出的建筑物。按简化方法计算地震作用时，可将转换层楼面上主体结构底部的剪力放大3～4倍，作用于底盘的顶部，然后对底盘结构进行内力、位移计算。

3）当$L/l=1.25 \sim 2.5$，$B/b=1.25 \sim 2.5$，且底盘高度与主体结构高度之比大于0.25时，可根据具体工程的特点按下列规定进行内力、位移计算：

①考虑裙房的质量与刚度加入到主体结构中，以主体结构计算地震作用，然后将80%的地震作用加在主体结构上并进行内力计算。另将20%的地震作用加于裙房上，单独进行裙房的内力、位移计算。

②当裙房刚度小于等于主体结构刚度的0.3时，可仅考虑将裙房的质量加入主体结构中，以主体结构计算地震作用，然后将100%的地震作用施加于主体结构上，另外20%的地震作用加在底盘的裙房上进行内力、位移计算。

4）计算大底盘裙房本身墙、柱在竖向荷载作用下的轴向力时，可不考虑主体结构上竖向荷载的影响。

5）大底盘裙房的框架和剪力墙在底部各层考虑承受的20%～30%层剪力，其框架和剪力墙可按一般框架—剪力墙结构的要求进行设计。

2. 大底盘大空间剪力墙结构的构造要求

大底盘大空间剪力墙结构的截面设计与构造要求同一般底部大空间剪力墙结构。

（1）框支柱

框支柱的截面尺寸和构造要求与一般底部大空间剪力墙结构相同，但框支柱的截面宽度b_c不宜小于500mm。

（2）框支梁

框支梁的截面尺寸和构造要求与一般底部大空间剪力墙结构相同。框支梁底下各层框架梁的截面尺寸宜比其他部位的框架梁截面尺寸适当加大。

（3）主体结构中落地剪力墙

主体结构的纵、横向落地剪力墙宜集中布置，结合布置楼梯间、电梯间，使纵、横落地剪力墙组成落地开洞筒体。

主体结构中与裙房连接体相连的剪力墙，从固定端至裙房房屋上一层的高度范围内，剪力墙宜设置约束边缘构件（图9-71）。

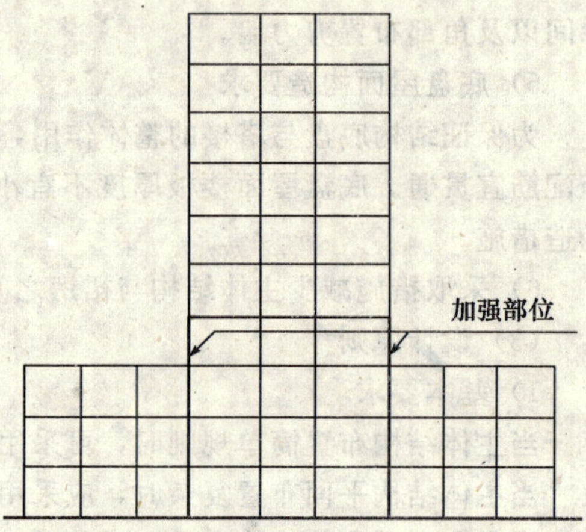

图9-71　大底盘单塔楼结构加强部位示意

（4）主体结构中外围柱

主体结构中与裙房连接体相连的外围柱，从

固定端至裙房房屋上一层的高度范围内，柱纵向钢筋的最小配筋率宜适当提高，柱箍筋宜在裙房楼屋面上下层的范围内全高加密（图 9-71）。

（5）转换层楼板

抗震设计时，转换层宜设置在底盘楼层范围内，当底盘屋面为结构转换层时，应符合转换层楼板的构造要求。

（6）大底盘裙房中框架、剪力墙

大底盘裙房中框架梁与主体结构宜采用刚接，当裙房中离主体结构远端设有剪力墙时，设计中应考虑结构扭转的影响，对剪力墙应予以加强，其配筋构造要求与落地剪力墙相同。

第五节　巨型框架结构设计

一、巨型框架结构的特征

近几年，随着高层建筑的不断发展，传统的抗侧力结构形式（如框架结构、框架-剪力墙结构等）不能满足现代高层建筑多功能、综合用途的建筑空间要求，寻求新的抗侧力结构形式便成为工程设计人员所关注的问题。

在传统框架结构中，框架的各层柱需要承担其上所有楼层的竖向荷载，而且从上到下柱的截面尺寸一般不变，柱子截面尺寸通常也比较大。因此，框架结构体系仅适用于顶层到底层使用性质大体相同的楼层，若楼房各楼层的使用功能有较大变化，某些楼层要求有较大的无柱空间时，就需要采用新的结构体系。大尺度的框架结构（或称巨型框架结构）体系是一种与传统框架不同的结构体系。

巨型框架结构体系是把结构体系中的框架部分设计成主框架和次框架。主框架是一种大型的跨层框架，每隔 6～10 层设置一根大截面框架梁，每隔 3～4 个开间设置一根大截面框架柱（图 9-72）。主框架大梁之间的几个楼层，则另设置柱网尺寸较小的次框架。次框架仅负担这几个楼层的竖向荷载，并将它传给主框架大梁，而这些楼层的水平荷载则通过各层楼盖直接传到框架上。因为次框架的柱距小、荷载小，又不承担水平荷载，因而梁、柱截面可以做得很小，有利于楼面的合理使用。主框架各大梁之间的各个次框架是相互独立的，因而

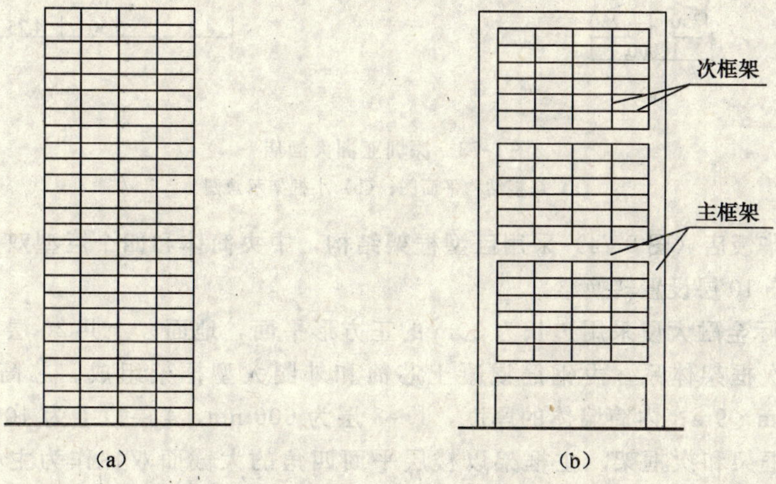

图 9-72　巨型框架结构体系比较

（a）传统框架结构体系；（b）巨型框架结构体系

柱网的形式和尺寸均可互不相同，某些楼层也可以按照使用空间的需要抽去一些柱子，扩大柱网。小框架的柱子甚至可以全部在其顶层楼盖处中止，从而形成一个扩大到整个楼面的无柱大空间，用作大会议室或展览厅。巨型框架梁本身就构成了结构转换层，因此，巨型框架结构是一种复杂的转换层结构。

采用巨型框架结构体系的实际工程有：深圳亚洲大酒店、深圳新华饭店、厦门国际金融大厦、苏州八面风商厦、南京多媒体通讯大楼等。

在巨型框架结构中，主框架的柱、梁通常采用实心截面。从经济、合理的角度考虑，梁、柱的截面尺寸又不可能做得很大。因此，这种框架抵抗水平荷载的能力有限，用于强台风或较高烈度地震区的高层建筑时，必须与剪力墙或筒体相配合，组成类似于框架-剪力墙体系或内筒-外框架体系的巨型框架结构体系，采用这种结构体系的实际工程有厦门常青大厦等。

二、工程实例

1. 深圳亚洲大酒店（图 9-73）由中央核心筒和三个端筒组成巨型框架的四根大柱，沿竖向每 6 层设置 12 根转换梁，每一翼的四根梁截面分别为 0.8m×2.0m、1.0m×2.0m、0.8m×2.0m，组成巨型框架梁。其余楼层框架作为荷载作用在大梁上。

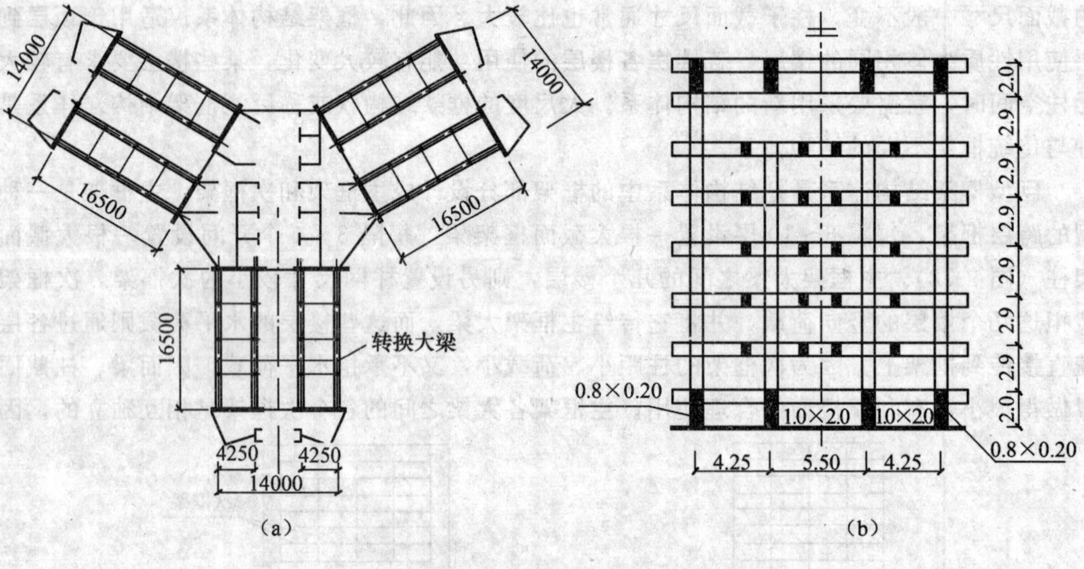

图 9-73　深圳亚洲大酒店

(a) 塔楼结构平面图；(b) 小框架示意图

2. 深圳新华饭店（图 9-74）采用巨型框架结构，中央筒体和四个巨型双肢角柱组成巨型框架柱，每隔 10 层设置转换梁。

3. 厦门国际金融大厦采用边长为 30m 的正方形平面，地面以上共 26 层，高 90.75m。主体结构属主次框架体系，由钢筋混凝土芯筒和外圈大型框架组成。芯筒为矩形平面，外包尺寸为 12m×9m；内筒墙体的厚度，1～3 层为 600mm，4 层以上为 400mm。外圈框架可划分为主框架和次框架。主框架以楼层平面四角的大截面双柱作为主柱，在各根主柱之间，每隔 5 层设置一道预应力大梁。图 9-75 (a)、(b) 分别为该大厦的结构平面图和结构剖面图。

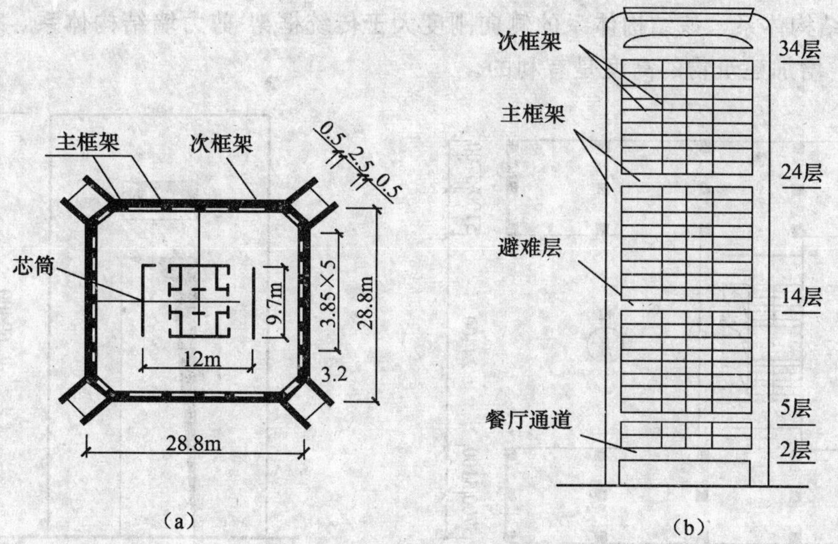

图 9-74　深圳新华饭店

(a) 结构平面图；(b) 立面图

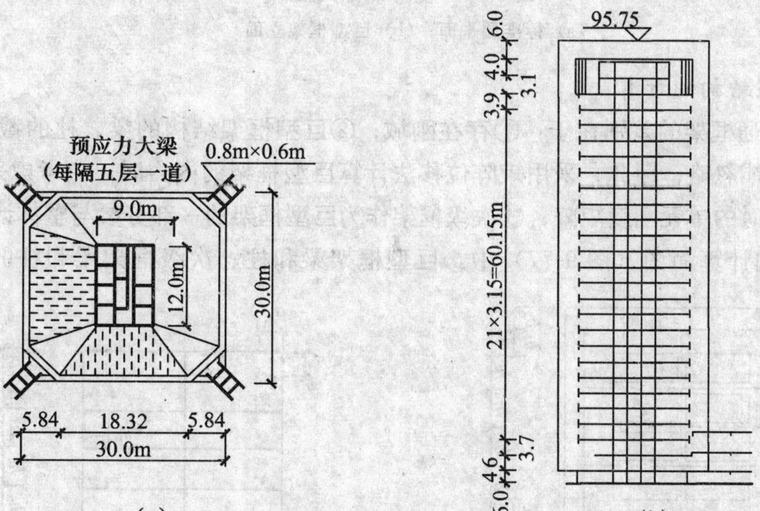

图 9-75　厦门国际金融大厦

(a) 结构平面图；(b) 剖面图

预应力混凝土大梁与四角的巨型柱一道形成较大刚度的抗侧力结构。巨型框架梁之间的楼盖由于不承受水平地震作用，故采用支撑由角柱伸出牛腿上的八角形预应力环梁及内筒共同支撑的楼盖结构。楼面结构采用先张法的叠合梁板及现浇混凝土梯形板，以减小内筒角区应力集中现象。

4. 厦门常青大厦地上 18 层，地下 1 层，建筑总高 $H=69.4$m，位于厦门市湖滨北路与长青路交叉口的西北角，东邻进出厦门的咽喉要道福厦公路，在城市景观上占有重要的地位。标准层呈工字形平面（图 9-76 (a)），结合平面的自然状态，东、西立面处理成一巨大的门形（图 9-76（b）），采用现浇钢筋混凝土横向框架结构方案。整个建筑采用框架-剪力墙-巨型框架结构体系，该结构体系的侧向刚度大于传统框架-剪力墙结构体系，对减少结构的水平位移，增加建筑物的高度是有利的。

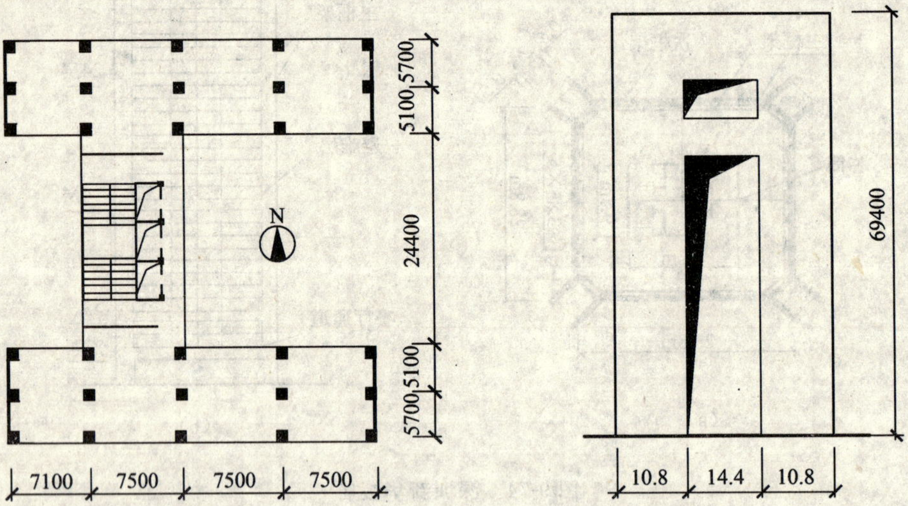

（a）　　　　（b）

图 9-76　厦门常青大厦

（a）标准层平面；（b）巨型框架立面

三、巨型框架结构的计算

巨型框架与普通框架的差别在于：①存在刚域；②巨型框架结构的梁、柱的截面尺寸较大，剪切变形的影响不能忽略；因此，采用矩阵位移法计算巨型框架的内力时，应考虑采用带刚域的杆件考虑剪切变形时的单元刚度矩阵；③次级框架作为巨型框架的一部分参与整体计算。

巨型框架结构计算简图（图 9-77）中，巨型框架梁和柱、次级框架梁和柱的轴线均取其

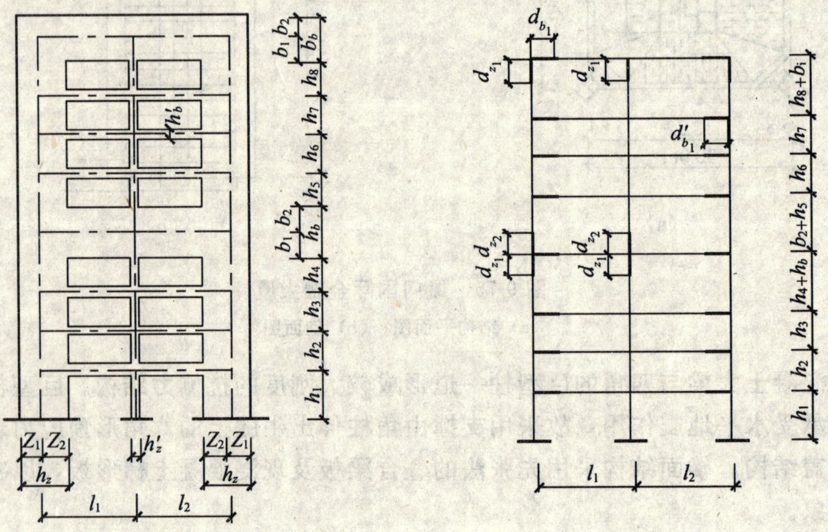

（a）　　　　（b）

图 9-77　巨型框架结构计算简图

（a）实际结构；（b）计算简图

截面形心线，刚域长度按式（9-70）～式（9-71）取值，当计算得到的刚域长度为负值，则取等于零。

巨型框架梁：　　$d_{b_1}=Z_2-h_b/4$　　(9-70a)

柱：　　$d_{z_1}=b_1-h_z/4;dz_2=b_2-h_z/4$　　(9-70b)

次级框架梁：　　$d_{b_1'}=Z_2-h_b'/4$　　(9-71a)

柱：　　$d_{z_1'}=b_1-h_z'/4;dz_2'=b_2-h_z'/4$　　(9-71b)

式中　h_b、h_z——分别为巨型框架梁、柱的截面高度；

h_b'、h_z'——分别为次级框架梁、柱的截面高度。

四、巨型框架结构的设计和构造要求

1. 巨型框架结构的设计

（1）巨型框架结构用于强台风或较高烈度地震区高层建筑时，必须与抗震墙或筒体相配合，组成类似于框架-剪力墙体系或内筒-外框架体系的巨型框架体系。

（2）巨型框架结构的内力可采用杆系有限元法分析，巨型框架梁、柱应采用带刚域杆件考虑剪切变形时的单元刚度矩阵。而次级框架宜作为巨型框架的一部分参与到整体中计算。

（3）由于巨型框架结构同时存在强柱弱柱、强梁弱梁，因此，其结构内力分析除进行使用阶段计算外，尚应进行施工模拟过程的计算以及施工实际支撑情况的计算，以体现结构内力和变形的真实情况。

（4）由于巨型框架本身既承受很大的重力荷载，又承受较大的水平荷载，在大梁中施加预应力增加结构横梁刚度和巨型框架节点的抗剪能力。试验研究表明，巨型框架中采用预应力混凝土大梁，在水平及竖向荷载作用下的结构性能都有所改善，在极限承载力阶段，位移延性也较好。

2. 巨型框架结构的构造要求

（1）次级框架梁、柱的构造要求同普通框架。

（2）巨型框架梁的混凝土强度等级，开洞构造要求，纵向钢筋、箍筋构造要求均与框支梁相同。

（3）实心截面的巨型框架柱的纵向钢筋、箍筋构造要求均与框支柱相同。

第六节　错列结构设计

错列结构体系是由一系列与楼层等高的墙梁（或桁架）组成，墙梁（或桁架）横跨在两排外柱之间（图 9-78）。采用这种结构体系能为建筑平面布置提供宽大的无柱面积，使楼层的使用更加灵活。在建筑平面上只有横向上的外柱而没有内柱；具有与楼层等高的墙梁（或桁架）的跨度按合理的跨高比确定可达 20m 以上（楼层高一般约为 3m），参考钢结构工程实例，纵向开间可做到 6～9m。在同一楼层上墙梁（或桁架）可以间隔一个空间布置，其纵剖面（图 9-79）看来似砖的顺砌筑形式，所以无分隔空间的面积可达(12～18) m×20m 之大。错列结构体系是一种新型的框架结构体系，也是一种

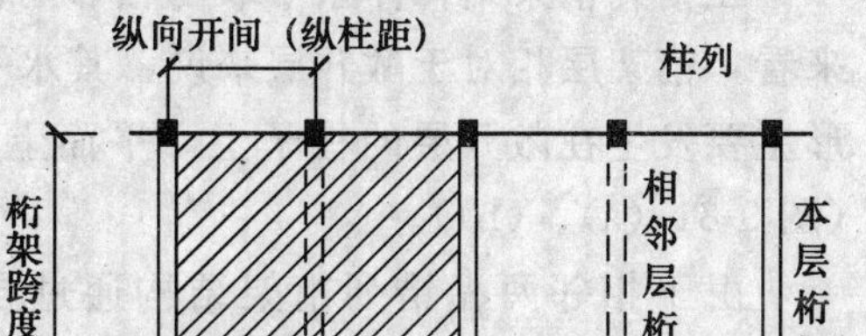

图 9-78　任意楼层平面上的桁架与柱网布置
（阴影为在该层上的无分隔空间的面积）

复杂的转换层结构。采用这种结构体系能为建筑平面布置提供宽大的无柱面积，使楼层的使用更加灵活，适用于高层住宅和办公楼等要求大空间的建筑物。

这种结构体系的主要承重构件为楼板、墙梁（或桁架）和柱。楼板系统在每一开间上一边支承在一个墙梁（或桁架）的上端，另一边则悬吊在其相邻墙梁（或桁架）的下端（图 9-79），这样便自然地出现了两个柱距的无间隔空间而楼板的跨度仅为一个柱距，从而使楼板厚度减至最小。每片墙梁（或桁架）的上端和下端同时承受楼板的竖向荷载，其承受竖向荷载的有效性如同大跨度屋架一样。

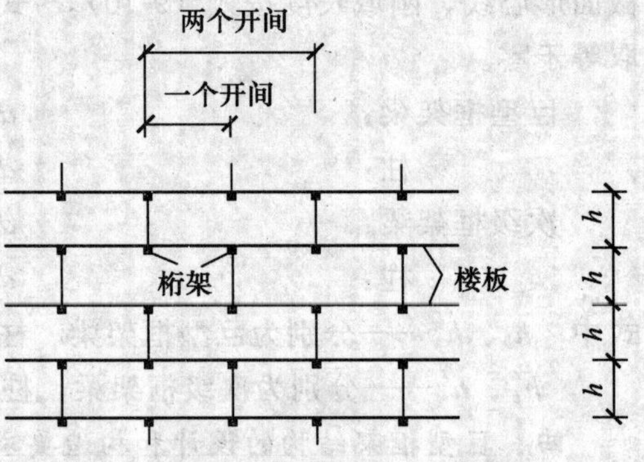

图 9-79 纵剖立面（h 为层高）

一、错列桁架结构体系

错列桁架结构体系（Staggered Truss Structures System）（图 9-80）是由一系列与楼层等高的桁架组成，桁架横跨在两排外柱之间。若采用空腹桁架，内部门窗等的设置更加灵活，桁架节间若不设填充墙时，内部空间会进一步增大。

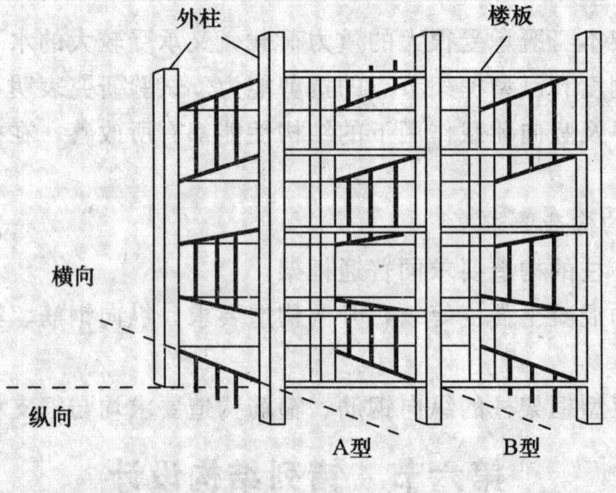

图 9-80 错列桁架结构体系（Staggered Truss Structures System）

1. 错列桁架结构体系空间工作基本原理

在错列桁架结构体系中取出相邻两榀错列桁架结构（图 9-80 中 A 型、B 型）。从平面上来看，桁架层相对于敞开层来说，其水平内的刚度很大，类似于排架结构中的屋架，侧向变形主要发生在敞开层的柱子上，平面上的总体变形属于剪切变形，其层间位移为下大上小（图 9-81（a）、（b））。

由于相邻两榀错列桁架结构通过自身平面内刚度为无穷大的楼板系统相互连接，则在水平荷载作用下任何一层楼面上所有的点将有相等的水平位移，即敞开层的柱子与桁架层的腹杆（包括斜腹杆、竖腹杆）一起共同抵抗侧向变形。在水平荷载作用下带有斜腹杆的混合空腹桁架其水平剪切刚度非常大，其空间工作的结果使其整体变形为弯曲形。在水平荷载作用下空腹桁架层的腹杆可以看成各层柱，这样考虑空间工作后的总变形为剪切形，但此时的顶点水平位移和层间位移比单独错列桁架结构要小得多（图 9-81（c））。

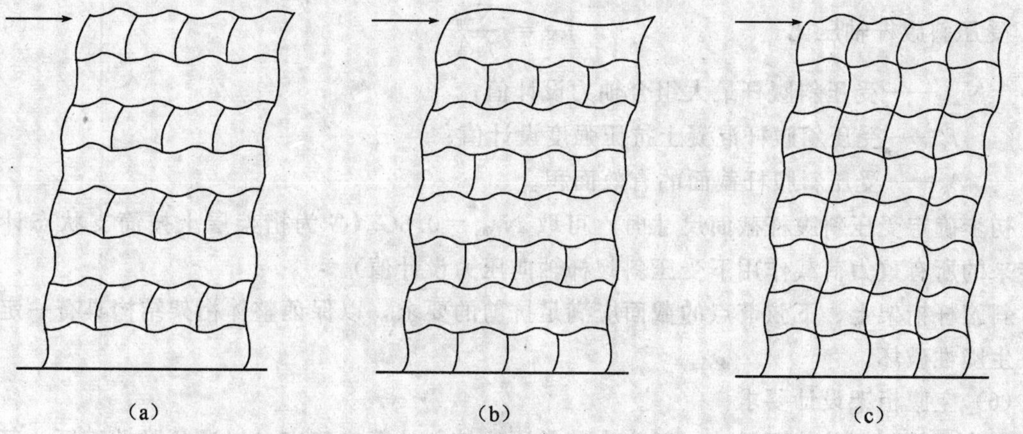

图 9-81　水平荷载下错列桁架的变形示意

(a) A 型；(b) B 型；(c) A 型与 B 型共同工作

因此，错列桁架结构体系的空间工作可简化为平面问题来分析，但采用计算机方法分析结构内力时，桁架各杆件应考虑轴向变形的影响。

2. 错列桁架结构体系的设计

(1) 在错列等节间空腹桁架结构中，弯矩、剪力和轴力对各构件承载力的影响，主要是各桁架层的端部节间的各杆件，它们都是偏心受力构件，且主要由弯矩及剪力起控制作用（除边柱以外），若按照内力的大小来选定各杆的截面，将会是靠两端节间截面最大，中间节间小（图 9-82）。随着桁架层跨度和荷载的增大，这个问题就很突出，甚至造成构造和施工上的问题。而解决这一问题可以采用调整节间长度或在节间设置斜腹杆的方法来减小桁架层的内力，使杆件的内力分布比较均匀，减少构件的类型，达到经济的目的。

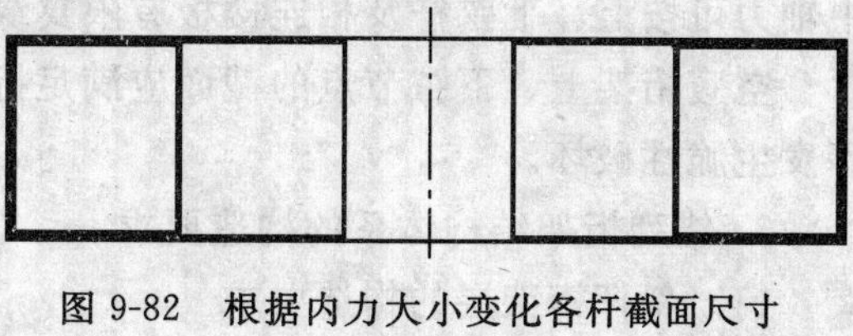

图 9-82　根据内力大小变化各杆截面尺寸

(2) 当结构的侧移不是主要控制指标时，可采用错列不等节间空腹桁架结构体系。由于没有斜腹杆，施工方便，且其受力性能也较错列等节间空腹桁架结构要好。但当房屋超过某一高度（可参考框架结构体系）后，采用错列空腹桁架结构已难以满足侧移的控制要求或造成材料大量浪费时，可考虑采用错列混合空腹桁架结构，这种结构形式具有较好的受力性能，且更适合于较大跨度的情况，但结构中斜杆和上、下弦杆的轴力较大，这也将给设计和构造处理带来一定的困难。

(3) 错列桁架结构的内力计算可采用考虑轴向变形的杆系有限元分析程序。上、下弦杆的轴向刚度、弯曲刚度中应计入楼板的作用，即楼板作为弦杆的翼缘参加工作。楼板的有效翼缘宽取：$12h_i$（中桁架）、$6h_i$（边桁架），h_i 为与上、下弦杆相连楼板的厚度。

(4) 错列空腹桁架结构内力的实用计算方法：采用迭代法计算兼有水平和垂直位移的错列空腹桁架的内力；采用 D 值法计算水平荷载作用下错列空腹桁架结构的内力。

(5) 斜杆桁架层的设计

受压斜腹杆的截面尺寸一般应由其轴压比 μ_N 控制计算确定，以确保其延性，其限值见表 9-12。

受压斜腹杆轴压比

$$\mu_N=\frac{N_{max}}{f_cA_c} \tag{9-72}$$

式中 N_{max}——受压斜腹杆最大组合轴力设计值；

f_c——受压斜腹杆混凝土抗压强度设计值；

A_c——受压斜腹杆截面的有效面积。

初步确定受压斜腹杆截面尺寸时，可取 $N_{max}=0.8G$（G 为桁架层上按简支状态计算分配传来的所有重力荷载作用下受压斜腹杆轴向压力设计值）。

斜腹杆桁架上、下弦节点的截面应满足抗剪的要求，以保证整体桁架结构具有一定延性不发生脆性破坏。

（6）空腹桁架设计要求

空腹桁架腹杆的截面尺寸一般应由其剪压比控制计算来确定，以避免脆性破坏，其限值见表 9-14。

腹杆剪压比

$$\mu_v=\frac{V_{max}}{f_cbh_0} \tag{9-73}$$

式中 V_{max}——空腹桁架腹杆最大组合剪力设计值；

f_c——空腹桁架腹杆混凝土抗压强度设计值；

b、h_0——空腹桁架腹杆截面宽度和有效高度。

空腹桁架腹杆应满足强剪弱弯的要求，可按纯弯构件设计。

空腹桁架上、下弦杆应计入相连楼板有限翼缘作用按偏心受压或偏心受拉构件设计，其中轴力可按上、下弦杆及相连楼板有限翼缘的轴向刚度比例分配。

空腹桁架上、下弦节点的截面应满足抗剪的要求，以保证空腹桁架结构具有一定延性，不发生脆性破坏。

3. 错列桁架结构体系的构造要求

（1）斜杆桁架层的构造要求

斜腹杆桁架层的受压、受拉弦杆的纵向钢筋、箍筋的构造要求同斜腹杆桁架转换层。桁架受拉、受压弦杆的受力钢筋的接头宜采用焊接接头，并优先采用闪光接触对焊，焊接接头的质量应符合国家现行标准《混凝土结构工程施工质量验收规范》的要求。

受压腹杆的纵向钢筋配置构造要求同受压弦杆；受拉腹杆的纵向钢筋、箍筋配置构造要求同受弦杆。

所有杆件的纵向钢筋支座锚固长度均为 l_{aE}（抗震设计）、l_a（非抗震设计）。

桁架上、下弦节点配筋构造原则上参考屋架图配置节点钢筋。桁架节点采用封闭式箍筋，箍筋要加密，且垂直于弦杆的轴线位置，并增加拉筋，以确保节点约束混凝土的性能。桁架节点区截面尺寸及其箍筋数量应满足截面抗剪承载力的要求（式（9-39）、式（9-40）），且构造上要求满足节点斜面长度≥腹杆截面高度＋50mm。节点区内侧附加元宝钢筋直径不宜小于 $\phi16$，间距不宜大于 150mm。节点区内箍筋的体积配箍率要求同受压弦杆（见表 9-13）。

（2）空腹桁架层的构造要求

受压、受拉弦杆的纵向钢筋、箍筋构造要求均同斜腹杆桁架受压、受拉弦杆的构造要求。

直腹杆的纵向钢筋、箍筋的构造要求均同斜腹杆桁架受拉腹杆的构造要求。

桁架节点区截面尺寸及其箍筋数量应满足截面抗剪承载力的要求（式（9-43）、式（9-44）），且构造上要求满足短面尺寸≥腹杆断面宽度、高度+50mm。节点区内侧附加元宝钢筋直径不宜小于$\phi 20$，间距不宜大于100mm。节点区内箍筋的体积配箍率要求同受压弦杆（见表9-13）。

（3）水平荷载作用下错列桁架结构中，桁架层边柱的剪力和弯矩较敞开层边柱相应的内力减小很多，且边柱的受力与一般框架结构不同（图9-83）。结构的这一特性对桁架层弦杆与边柱节点是有利的。因此，桁架层弦杆与边柱节点的抗震构造要求可按框架结构中梁与柱边节点来处理。

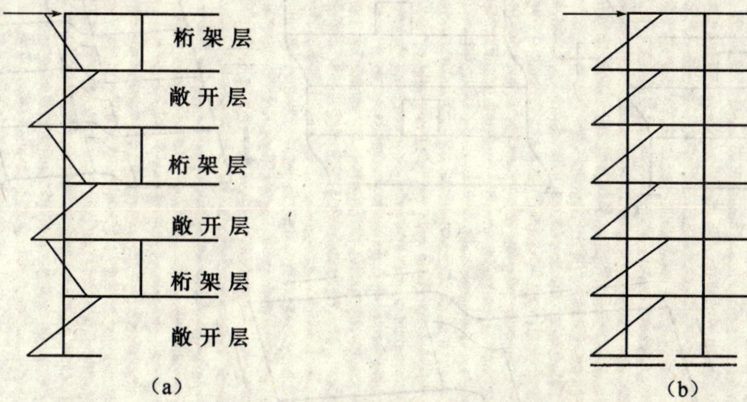

图9-83　侧向荷载下边柱弯矩比较

（a）错列桁架结构；（b）一般框架结构

二、错列墙梁结构设计

错列墙梁结构体系（Staggered Wall-Beam Structures System）（图9-84）是由一系列与楼层等高的大梁（墙梁）隔层交错布置组成的结构体系。墙梁的排列可以有规则地布置，例如图9-84中A型—B型—A型—B型，或A型—B型—B型—A型等，以获得某一方面所需要的更大空间。这里，A型相应墙梁在框架的顶层，B型相应墙梁不在框架顶部，即相邻墙梁框架。在同一楼层上墙梁可以间隔一个空间布置，其纵剖面类似砖的顺砌筑形式（图9-79）。墙梁可根据其建筑功能的要求开设门洞。

1. 错列墙梁结构体系空间工作基本原理

在错列墙梁结构体系中取出相邻两榀错列墙梁框架，即图9-84中的A型和B型。从平面上来看，墙梁层相对于敞开层来说，其平面内的刚度很大，类似于排架结构上的屋面梁，侧向变形主要发生在敞开层的柱子上，其单榀错列墙梁框架的变形如图9-85（a）和图9-85（b）所示。此时侧向荷载由柱的弯曲来承受。

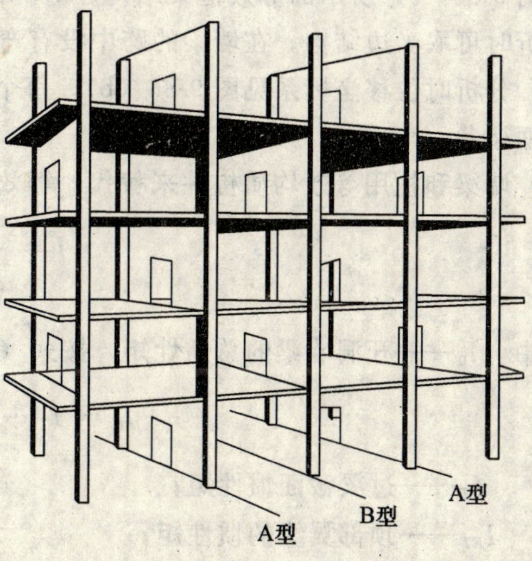

图9-84　错列墙梁结构体系

由于相邻两榀错列墙梁框架通过自身平面内刚度为无穷大的楼板系统相互连接，则在侧向荷载作用下任何一层楼面上所有的点将有相等的水平侧移，即敞开层的柱子与墙梁一起共同抵抗侧向变形。在侧向荷载作用下考虑空间工作后的错列墙梁结构的变形如图 9-79（c）所示，此时侧向荷载主要是由墙梁来承担。

墙梁的变形如图 9-85（d）所示。作用于墙梁上的荷载有：从一个墙梁的顶部楼板传到相邻墙梁底部楼板的水平剪力及墙梁端部的竖向剪力。墙梁端部的竖向剪力引起边柱的轴向力。洞口截面的竖向净剪力分别由过梁及楼板的弯曲来承担，而不是由整个洞口截面承担，其引起的变形是墙梁挠曲变形的主要因素。

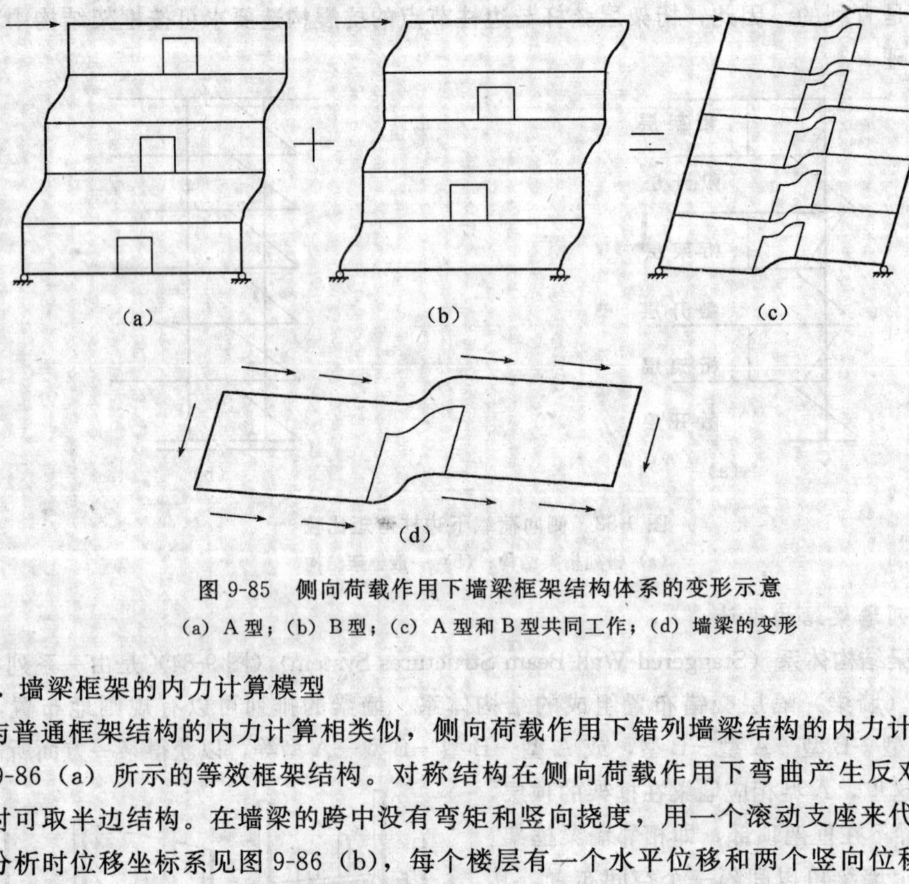

图 9-85　侧向荷载作用下墙梁框架结构体系的变形示意

(a) A 型；(b) B 型；(c) A 型和 B 型共同工作；(d) 墙梁的变形

2. 墙梁框架的内力计算模型

与普通框架结构的内力计算相类似，侧向荷载作用下错列墙梁结构的内力计算可简化为如图 9-86（a）所示的等效框架结构。对称结构在侧向荷载作用下弯曲产生反对称的侧移，分析时可取半边结构。在墙梁的跨中没有弯矩和竖向挠度，用一个滚动支座来代替。

分析时位移坐标系见图 9-86（b），每个楼层有一个水平位移和两个竖向位移（A 型、B 型框架各一个）。

墙梁和柱用等效均质构件来替代，等效墙梁的惯性矩 I：

$$I = \frac{I_0}{\left(\frac{L_e}{L}\right)^3 + \frac{I_0}{I_I}} \tag{9-74}$$

式中　I_0——开洞墙梁的总惯性矩，按式（9-75）计算。

$$I_0 = I_T + I_{FT} + I_{FB}\left(\frac{L_e}{L_T}\right)^3 \tag{9-75}$$

I_T——过梁截面惯性矩；

I_{FT}——顶部翼缘的惯性矩；

I_{FB}——采用过梁的跨度 L_T 计算底部翼缘的惯性矩；

I_I——墙梁截面的惯性矩；

L——墙梁跨度；

L_T——过梁跨度；

L_e——过梁有效长度，$L_e = L_T + 2e\bar{h}$；

$\bar{h}$——腹板宽度（到翼缘中心）；

$$e\bar{h} = \left(\frac{\delta_c - \delta_w}{\delta_f}\right)^{1/3} L_T$$

其中　δ_c——梁顶的挠度；

δ_w——由于墙腹变形引起的顶点挠度；

δ_f——过梁挠度；

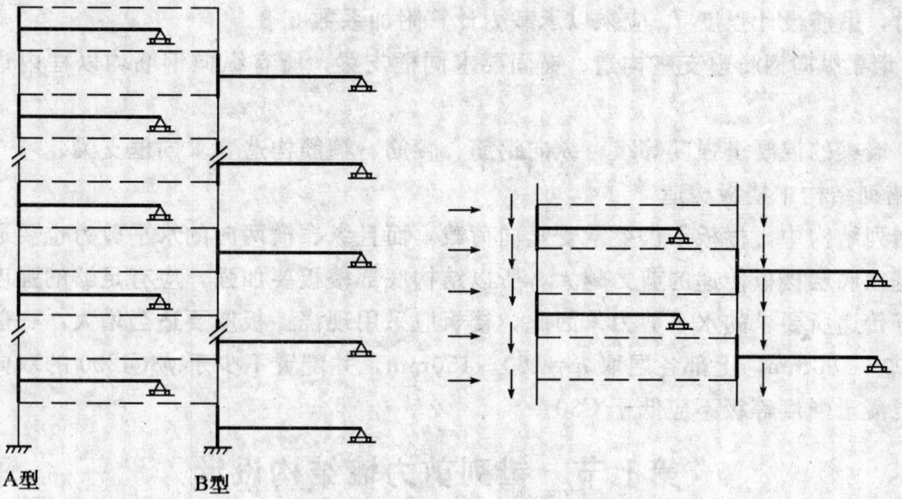

(a)　　(b)

图 9-86　墙梁框架计算简图

(a) 墙梁框架简图；(b) 位移坐标系

柱的轴向刚度应考虑柱—墙组合截面（图 9-87），其等效柱截面积 A_c 为

$$\frac{A_c}{A_n} = \frac{1}{1 - \sum_{n=1}^{\infty} \frac{8}{(a_n h)^2 \left[\frac{a_n A_n (3-\upsilon)(1+\upsilon)}{2b_w}\right] + 1}} \tag{9-76}$$

式中　$a_n = \frac{(2n-1)\ \pi}{h}$；

A_n——柱净面积。

3. 错列墙梁结构体系的构造要求

(1) 为保证结构在纵向具有足够的刚度，可采取下列两措施：

1) 在楼板边缘应设置具有一定高度的纵向边梁，其可与错列墙梁框架的外柱形成两道纵向抗侧力框架，最好在顶层楼板边缘设置刚度较大的边梁，使其具有类似顶层加强层的作用，可有效提高结构纵向整体抗侧刚度。

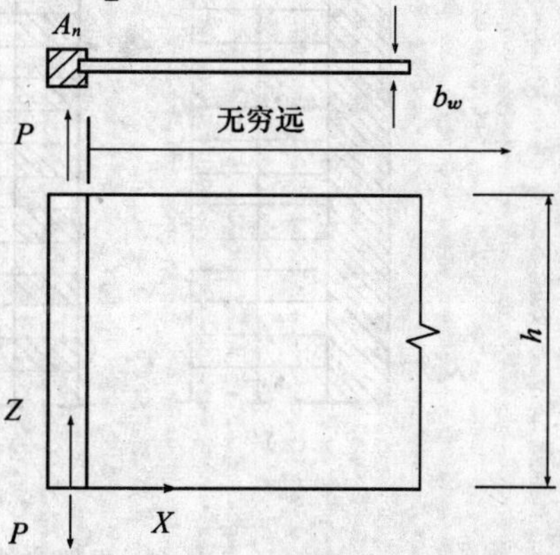

图 9-87　柱—墙轴向刚度分析

2）在结构的两端设置剪力墙，剪力墙的刚度沿高度向上均匀变化，并保证剪力墙的基础有足够的抵抗转动刚度。这样纵向由端部剪力墙、横向框架外柱与楼板边梁组成的外纵向框架构成了抗侧力结构，在纵向作用下，其受力性能类似于一般框架剪力墙结构。

(2) 在结构允许的限度内，墙梁可根据建筑功能的要求开设门洞。洞口过梁必须采取加强措施，箍筋要加密，以增强其抗剪能力。过梁箍筋计算时宜将剪力设计值乘以放大系数1.2。当洞口内力较大时，可采用型钢构件来加强。

(3) 由于墙梁顶部、底部同时承受楼板传来的荷载，因此，沿墙梁全跨应均匀设置竖向附加吊筋。吊筋应伸到梁顶，并宜做成封闭形式，其间距不宜大于200mm。

为控制悬吊作用引起的裂缝宽度，吊筋的受拉能力不宜充分利用，在计算附加吊筋总截面面积时，吊筋设计强度 f_{yv} 应乘以承载力计算附加系数0.8。

(4) 墙梁纵向钢筋边支座构造、锚固要求同框支梁，所有纵向钢筋均以柱内边起计锚固长度。

(5) 墙梁的混凝土强度等级，纵向钢筋、腰筋、箍筋构造要求同框支梁。

4. 错列结构中楼板构造

在错列结构中，楼板不仅要承受竖向荷载，而且纵、横两向的水平剪力也要通过楼板传递，且越往底层楼板传递的剪力越大，所以结构底部楼板要加强，应有足够的强度和刚度保证其能够传递所要求的水平剪力。因此，楼板应采用现浇，板厚要适当增大，一般底部各层取 h=200～180mm，上部各层取 h=180～150mm，并配置不少于 ϕ8@200 的双向双面分布钢筋，混凝土强度等级不应低于C30。

第七节　错列剪力墙结构设计

在传统的框架-剪力墙结构中，沿建筑物高度方向剪力墙是连续布置的，这种剪力墙的布置方式，即使在中等高度（20层）的结构中，结构的侧向变形和剪力墙底部的弯矩都很大。与传统框架-剪力墙结构体系不同，错列剪力墙结构体系（Staggered Shear Panels Structures System）是将一系列与楼层等高和开间等宽的墙板沿框架高度隔层错跨布置（图9-88），这种布置方式可使整个结构体系几乎对称、均质，具有优异的抵抗水平荷载的

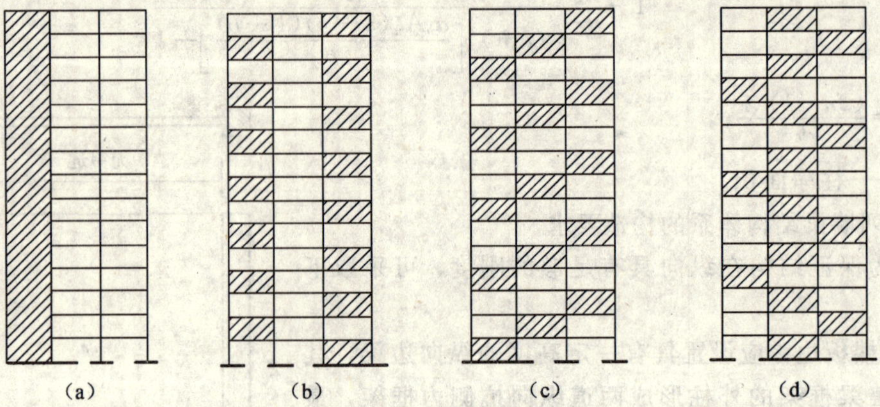

图9-88　错列剪力墙结构

(a) 框架-剪力墙结构；(b) 类型1；(c) 类型2；(d) 类型3

能力。只要墙板合理布置，错列剪力墙结构可提高结构的横向抗侧刚度，同时可大大地降低剪力墙的底部弯矩，这对剪力墙的基础设计是有益的。

错列剪力墙结构也是一种复杂的转换层结构，能为建筑设计提供大的空间，在提高结构横向抗侧刚度及抵抗水平地震作用方面要比传统框架-剪力墙结构有独特的优势，不过它在纵向结构布置及刚度上显得相对薄弱，应采取相应的措施。

一、错列剪力墙结构空间工作的基本原理

若图 9-88（b）所示的错列剪力墙结构（类型 1）中两子结构间没有梁联系，则刚性墙板使单跨框架的侧向变形呈弯曲型，如图 9-89（a）和 9-89（b）所示。当两子结构在楼层处用梁连接起来后，错列剪力墙结构将共同工作，其侧向变形如图 9-89（c）所示。在侧向荷载的作用下，由于两个子结构的相互作用，使梁中交替产生拉力、压力。A 点和 A' 点向内相对移动，梁 AA' 受压力；B 点和 B' 点向外相对移动，梁 BB' 受拉力。

图 9-88（c）、（d）所示的错列剪力墙结构（类型 2 和类型 3），在侧向荷载作用下，同一跨内的梁将承受相同向的拉力或压力，如图 9-89（d）所示。

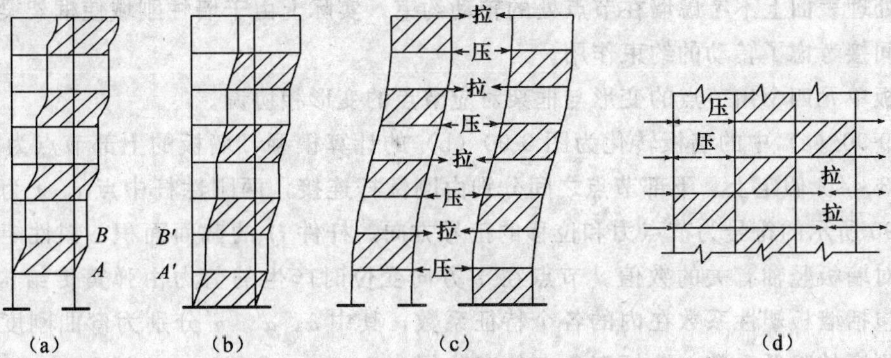

图 9-89　侧向荷载下错列剪力墙结构的共同工作

（a、b、c）为类型 1；（d）为类型 2、类型 3

从上述分析可以看出，错列剪力墙结构中的梁承受拉力或压力，在结构设计时必须考虑梁的这一受力特性。

二、错列剪力墙结构的设计和构造要求

1. 错列剪力墙结构的设计

（1）适用范围

错列剪力墙结构（类型 1）适用于 4～13 层中等高度建筑，而错列剪力墙结构（类型 2、3）可适用于不超过 30 层高度的建筑。在这一范围内错列剪力墙结构比采用传统框架-剪力墙结构要经济。

（2）结构布置

错列剪力墙结构体系在提高结构横向抗侧刚度及抵抗水平荷载方面要比传统框架-剪力墙结构有独特的优势，但其在纵向结构布置及刚度上显得较为薄弱，为此可在结构两端设置端筒，以保证结构在纵向具有足够的刚度。

端筒的刚度不能过大，否则会增加地震层剪力，使筒体墙肢及连梁内力增加，除配筋困难外，延性也难予以保证。应使筒体刚度沿高度向上均匀变化，并保证筒体基础有足够的抵抗转动刚度。

在结构底部，应加强端筒塑性铰区墙肢和横墙边框柱的抗剪配筋及构造，使各构件呈强剪弱弯型。此外，一个搭接面切断的钢筋不宜超过 1/2，墙中明、暗柱纵筋应焊接，以使端筒底部出现弯曲屈服，并具有延性，使各构件为压弯延性破坏。

（3）计算方法

错列剪力墙结构内力简化计算方法可采用杆件有限元模型、高精度有限元方法。

1）杆件有限元模型

类似于框架-剪力墙结构内力和位移的计算机分析方法，采用图 9-84 所示的一种墙板单元的计算模型来模拟错列剪力墙结构中的墙板。这种计算模式将墙板置换成杆系构件，将墙板和框架的力学性能分开，可方便地将墙板单元组合到框架中去。

分析模型的基本假定：

①受力前后墙板保持平面；

②刚域端部与框架梁柱铰接；

这样处理表面上不考虑墙在节点处的转动约束，实际上由于墙柱刚域使框架梁的刚度提高，也就间接考虑了转动的约束作用。

③墙板单元四个角节点的变形与框架对应节点的变形相协调。

将图 9-90（a）中的墙板转化为图 9-90（b）的计算模型，墙板的上部节点为 1、2，下部节点为 3、4。假定上、下部节点之间分别由刚性杆连接，两刚性杆中点 i、j 为完全刚节点。图 9-90 所示的符号为节点力和位移的正号方向。杆件 ij 的截面面积、惯性矩和构件常数，采用对墙板竖轴有关的数值。节点在 x 方向变位时产生的剪力由弹簧传给构件 ij。ij 杆件具有包括墙板塑性系数在内的各个特征系数，其中 α、α''、α'分别为弯曲刚度、剪切刚度和轴向刚度的降低系数。墙板四角点的变位用（u_1，v_1）、（u_2，v_2）、（u_3，v_3）及（u_4，v_4）表示。墙板的弯曲、剪切和轴向的变形效应，按图中的弹簧模型考虑，节点 i 和 j 变形后的角度，应与上、下杆的轴线保持垂直相交。

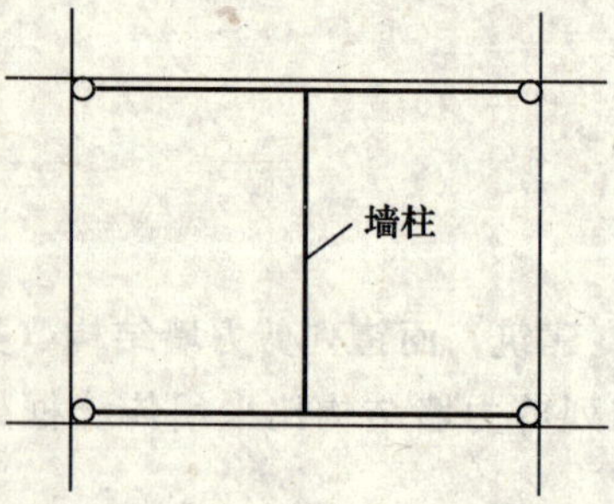

（a）

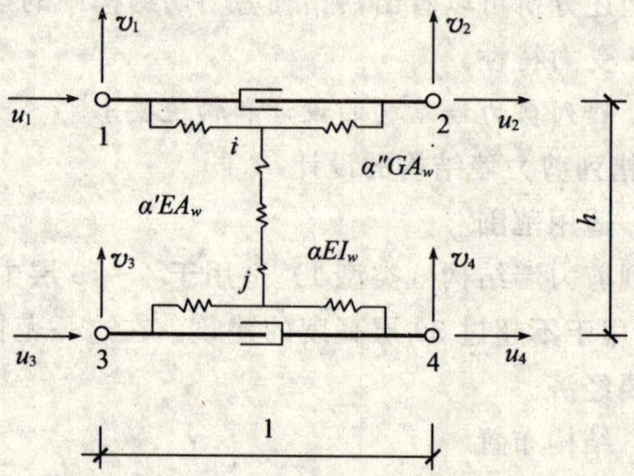

（b）

图 9-90　墙板计算模型

（a）墙板单元；（b）墙板单元计算模型

2）高精度有限元分析

错列剪力墙结构中梁、柱线单元在墙板的角部相遇，至少在那些点应考虑平面外扭转。错列剪力墙结构中墙板宜采用高精度平面有限元分析，可采用下列有限单元：

①矩形单元（8个自由度的矩形单元）与线单元的组合

梁、柱线单元并不直接与墙板联系，而允许延伸支承在矩形单元结点处的滚轴上，如图 9-91（a)所示。因此，与矩形单元连接的线单元具有2个自由度，这避免了线单元端部扭转的不连续性问题。在线单元边界和矩形单元间的一般结点处的位移分量是相同的。只有线单元考虑扭转自由度，骨架构件扭转的连续性是通过线单元支承在几个结点处的滚轴上来考虑。

②两种矩性单元的组合（即角区采用15个自由度的矩形单元，其余采用16个自由度的矩形单元）

角区单元采用9结点的矩形单元，其余采用8结点的矩形单元，如图 9-91（b)。9结点的矩形单元在线单元相遇的结点具有三个自由度，即两个位移自由度（u，v）和一个转角自由度$\left(\frac{1}{2}\left(\frac{\partial v}{\partial x}-\frac{\partial u}{\partial y}\right)\right)$，其余结点仅有两个位移自由度（$u$，$v$）。在划分为4个或4个以上单元的墙板中，将有一个四角具有转角自由度的单元。板中其他单元为8结点的矩形单元，每个结点具有两个位移自由度。尽管这种单元布置提供了与线单元受弯相匹配的平面内扭转，但为获得满意的结果需要很细的单元划分。为此，可采用16自由度的矩形单元替代8自由度的矩形单元，15自由度的矩形单元替代9自由度的矩形单元。前者单元的每个结点具有4个自由度，即两个位移自由度（u，v）和两个转角自由度$\left(\frac{\partial v}{\partial x},-\frac{\partial u}{\partial y}\right)$。后者单元在与骨架构件相遇的结点具有3个自由度，即2个位移自由度（u，v）和1个转角自由度$\left(\frac{1}{2}\left(\frac{\partial v}{\partial x}-\frac{\partial u}{\partial y}\right)\right)$，其余结点均有4个自由度。

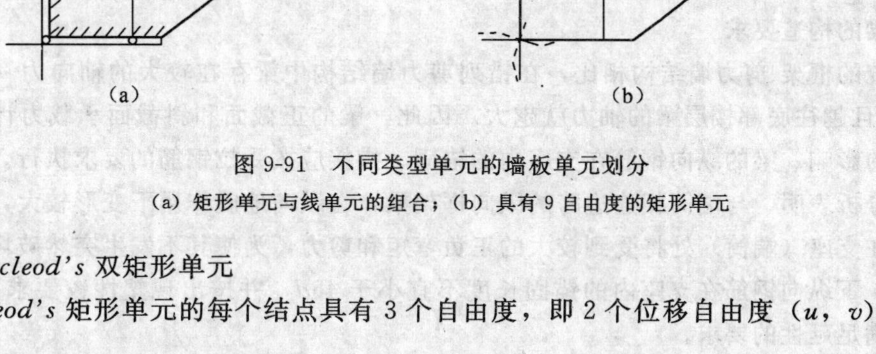

图 9-91　不同类型单元的墙板单元划分

（a）矩形单元与线单元的组合；（b）具有9自由度的矩形单元

③*Macleod's* 双矩形单元

Macleod's 矩形单元的每个结点具有3个自由度，即2个位移自由度（u，v）和1个转

角自由度$\left(\frac{\partial v}{\partial x}\right)$或$\left(-\frac{\partial u}{\partial y}\right)$。在结点交替转角自由度$\left(\frac{\partial v}{\partial x}\right)$和（$-\frac{\partial u}{\partial y}$），两种类型单元要求具有连续性，所以相邻单元属于不同的类型，见图 9-92。

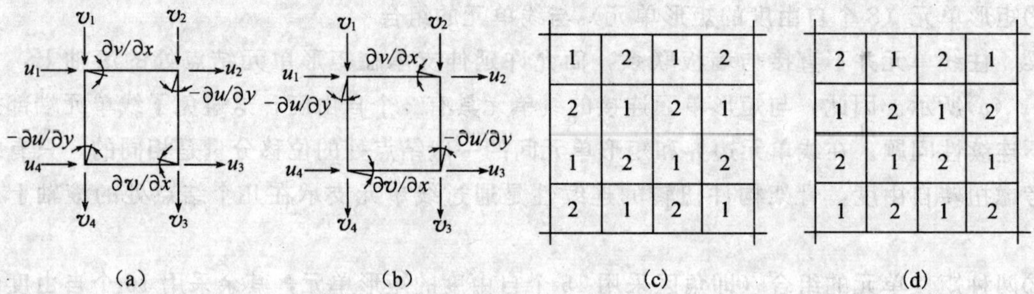

图 9-92　*Macleod's* 矩形单元和布置

(a) 类型 1；(b) 类型 2；(c) 布置 1；(d) 布置 2

矩形单元的位移函数满足完全的边界协调，取为

$$u = a_1 + a_2x + a_3y + a_4xy + a_5y^2 + a_6xy^2$$

$$v = a_7 + a_8x + a_9y + a_{10}xy + a_{11}x^2 + a_{12}x^2y$$

这种双矩形单元具有收敛速度快，且不需要更多的计算机内存。

④墙元

墙元是在四节点等参平面薄壳单元的基础上凝聚而成的，这种薄壳为平面应力膜与板的叠加，平面应力膜单元采用的是“用广义协调条件构造的具有旋转自由度的四边形膜元”；板单元采用“基于 Kirchhoff 理论的四节点等参单元”。壳元的每个节点有六个自由度，其中三个为膜自由度（u，v，θ），三个为板弯曲自由度（w，θ_x，θ_y）。

2. 错列剪力墙结构的构造要求

(1) 截面尺寸要求

1) 墙板

墙板的厚度（b_w）不应小于 160m，且不应小于墙板净高的 1/20。墙板的中心线应与柱的中心线重合，防止偏心。

2) 梁

梁的截面宽度不应小于 $2b_w$，梁的截面高度不应小于 $3b_w$。

3) 柱

柱的截面宽度不应小于 $2.5b_w$，柱的截面高度不应小于柱的宽度。

(2) 梁的构造要求

与传统的框架-剪力墙结构相比，在错列剪力墙结构中梁存在较大的轴向力（轴向拉力或压力），且越往底部楼层梁的轴力就越大。因此，梁的正截面和斜截面承载力计算时应考虑轴向力的影响。梁的纵向钢筋在支座内的锚固、搭接应按受拉钢筋的要求执行。

抗震分析表明，与端筒相连边跨的纵向框架梁，在纵向地震作用下变形较大，易进入屈服，它们在支座（端筒）处将受到较大的正负弯矩和剪力，为使其不发生突然破坏或坏而不垮，梁上、下纵向钢筋在支座内的锚固长度不宜小于 $45d$，并按出现塑性铰要求配置钢筋，以确保其满足延性的要求。

(3) 柱的构造要求

在一定层高范围内，错列剪力墙结构外柱的固端弯矩比传统的框架-剪力墙结构中相应柱的固端弯矩要大得多。一般来说，错列剪力墙结构内柱的固端弯矩比传统框架-剪力墙结构中相应柱的内力要大。

柱的抗震构造要求同框架柱。强震设计时，应将弹性计算的柱平面外地震剪力乘以增大系数 η_c 后作为其设计剪力，并以此求出其平面外的设计弯矩。

(4) 墙板的构造要求

分析表明，错列剪力墙结构中墙板的固端弯矩（M_{sb}）要比传统框架-剪力墙结构中剪力墙的固端弯矩（M_{cb}）小得多，即 $M_{sb}/M_{cb}\pi 1$，这将对其基础设计是有利的。但上、下墙板连接节点处存在应力集中，易发生剪坏或斜向裂缝破坏，因此节点除设置柱、梁外，尚应配置补强斜筋以保证节点的强度和延性，且在上、下墙板相交处采用圆角过度外形。为保证墙板组成的 x 斜撑充分发挥作用，并有足够的强度和延性，在墙板中配置不小于 4ϕ18 的双向 x 斜向钢筋，并加配箍筋（图 9-93）。

墙板的水平、竖向分布钢筋的最小配筋率不低于 0.25%。水平及竖向分布钢筋应分别贯穿柱、梁或可靠地锚固在柱、梁内。

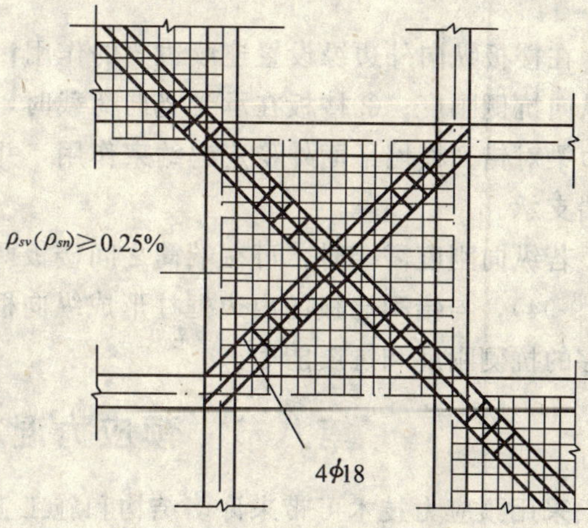

图 9-93　墙板钢筋构造

在墙板和楼板连接处要特别加强抗剪构造，应将墙中钢筋分别伸入上、下楼板中并按有关规范保证有一定的锚固长度，使两者有效地连接在一起保证其抗剪承载力，有效地传递水平剪力。

由于楼板与横向墙体在纵向形成板墙框架，在抗震设计时，应考虑横墙墙体在平面外的受力性能，并考虑在平面外的抗震设计和构造措施。强震设计时，应将弹性计算的横墙平面外地震剪力乘以增大系数 η 后作为其设计剪力，并以此求出其平面外的设计弯矩。

墙板的其他抗震构造要求应满足框架-剪力墙结构中剪力墙的规定要求。

(5) 楼板的构造

在错列剪力墙结构体系中，由于墙板层层断开，水平剪力不能直接传到底，而是要通过楼板传递，越往底层楼板传递的剪力就越大，所以结构底部楼层的楼板要加强，应有足够的强度和刚度保证其能够传递所要求的水平剪力。楼板应采用现浇，其混凝土强度等级不应低于 C30，板厚在满足强度和变形的同时，一般底部各层楼板厚度 $h=180\sim150$mm，上部各层楼板厚度 $h=150\sim130$mm，并应配置不少于 ϕ8@200 双向双层分布钢筋。

筒体之间的楼板除承受竖向荷载产生的内力外，还要承受纵向水平荷载产生的弯矩和剪力，并在传递水平力方面起重要作用。抗震分析表明，与端筒相连的楼板，在纵向地震作用下变形较大，易进入屈服，它们在支座（端筒）处将受到较大的正、负弯矩和剪力，为使其不发生突然破坏或坏而不垮，楼板上、下钢筋在支座内的锚固长度不宜小于 $30d$，并按出现塑性铰要求配筋，以确保楼板在开裂后仍能传递水平剪力并具有设计所要求的延性。

在楼板边缘应设置具有一定高度的纵向边梁（图 9-94），与错列剪力墙的外边框柱形成两道外纵向抗侧力框架，最好在顶层楼板边缘设置刚度较大的边梁，使其具有类似于顶层加强层的作用，可有效地提高结构纵向整体抗侧刚度。

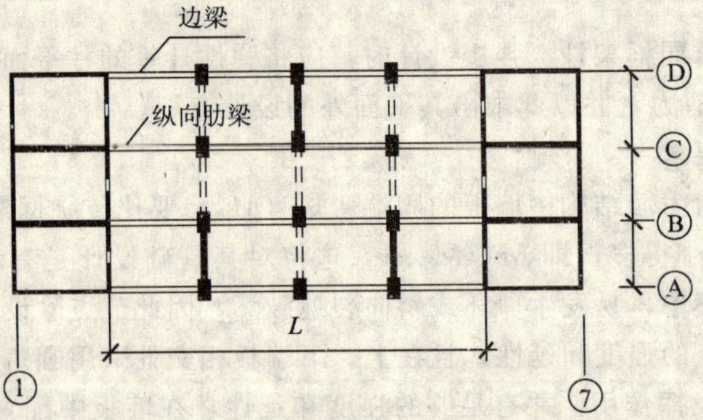

图 9-94 错列剪力墙结构布置示意

在楼板纵向外边缘设置连续边梁的作用：①与错列横墙边框柱形成纵向框架，以增大结构纵向抗侧刚度；②楼板在承受竖向荷载时，可使其为四边支承的双向板，降低楼板厚度；③边梁对错列横墙平面外稳定起约束作用，并提高横墙抗扭能力，边梁还可作为外挑阳台板的端支承。

若纵向刚度需要时，可在端筒之间楼板两内纵轴线处加设 250mm×450mm 的纵向肋梁（图 9-94），与错列墙板的内边框柱形成纵向框架，以保证纵向框架以至整个结构在纵向具有足够的抗侧刚度和抗震能力。

第八节　预应力混凝土转换层结构设计

采用预应力技术可带来许多结构和施工上的优点，如减小截面尺寸、控制裂缝和挠度，控制施工阶段的裂缝及减轻支撑负担等。因此，预应力混凝土结构非常适合于建造承受大荷载、大跨度的转换层，且有自重轻，节省钢材和混凝土的优点。随着我国预应力技术的发展，预应力材料及施工费用的不断下降，即使用材料等强代换的概念从经济上来比较预应力混凝土结构和钢筋混凝土结构，许多情况下后者并不比前者经济。因此近几年来，我国高层建筑结构中转换构件采用预应力技术的情况越来越多，大多数转换构件有成功地采用预应力技术的例子（表 9-1）。

一、预应力混凝土梁式转换层

1. 预应力混凝土转换梁

预应力混凝土转换梁可分为托墙和托柱两种形式。托柱形式的转换梁内力计算可采用杆系有限元法，截面设计与一般框架梁相同。托墙形式的转换梁需要进行局部应力分析，并按应力进行设计校核。

转换梁的截面尺寸常常由抗剪承载力控制，施加预应力能够提高其受剪承载力，但截面尺寸减小的幅度要比普通框架梁要小。预应力混凝土转换梁的设计步骤可归纳为：

（1）选择截面形式和截面尺寸；

（2）采用现有结构分析软件计算各截面在各种工作情况下的内力；

（3）预应力钢筋数量的估算及其形状的确定；

预应力钢筋数量的估算可利用荷载平衡法来设计，即选择需要被预应力钢筋产生的等效荷载“平衡”掉的荷载。一般来说，当活荷载较小时，平衡荷载宜选“全部或部分恒载”；当活荷载较大时，宜选“全部恒载＋部分活载”。

（4）计算预应力损失，校正初始假定值，得到预应力钢筋的有效预应力；

（5）计算等效荷载，利用计算机程序计算各截面次内力；

（6）验算各控制截面的极限承载力，确定非预应力钢筋的数量；

（7）使用阶段抗裂、变形验算；

（8）局部受压承载力验算。

2. 预应力钢骨混凝土转换梁

钢骨混凝土转换梁是在钢筋混凝土梁中埋置型钢或焊接工字钢，形成一体，共同发挥作用的组合梁。对用于结构转换层的梁，因其承受荷载大、受力复杂，一般的型钢截面不能满足设计的要求（复合型施工困难）。尤其是这种梁承受的剪力很大，需要较强的腹板提供抗力。因此，截面以焊接工字钢为好，板材可按设计和焊接技术要求，合理选择板厚。

对钢骨混凝土转换梁施加预应力具有下列优点：

（1）避免非结构裂缝的出现

与钢筋混凝土转换梁相比，由于钢板表面光滑，与混凝土之间的粘结力不足，发生在钢骨拉压部分的混凝土横向裂缝宽度一般比钢筋混凝土梁表面裂缝大，施加预应力可有效地控制横向裂缝。

（2）增加长期使用的耐久性

钢骨混凝土梁中的混凝土外包钢骨使其免受环境的侵蚀，施加预应力可有效地限制裂缝的出现或控制裂缝的开展，对钢骨混凝土梁的耐久性是有益的。

（3）改善转换梁的受力性能

施加预应力产生的轴向压力可提高转换梁的受剪承载力。预应力钢筋取代相当数量的非预应力筋，避免非预应力钢筋过多造成的混凝土与钢骨之间粘结力的下降。预应力筋的不同束形布置可达到不同的效果（图 9-95）：直线束可防止和抑制混凝土开裂，增加钢骨和混凝土的连接效果（部分抵消接触面上的剪切力）；曲线束可平衡部分上部荷载。施工阶段采用分阶段张拉技术可减少梁在施工阶段与使用阶段之间受力状态的差异。

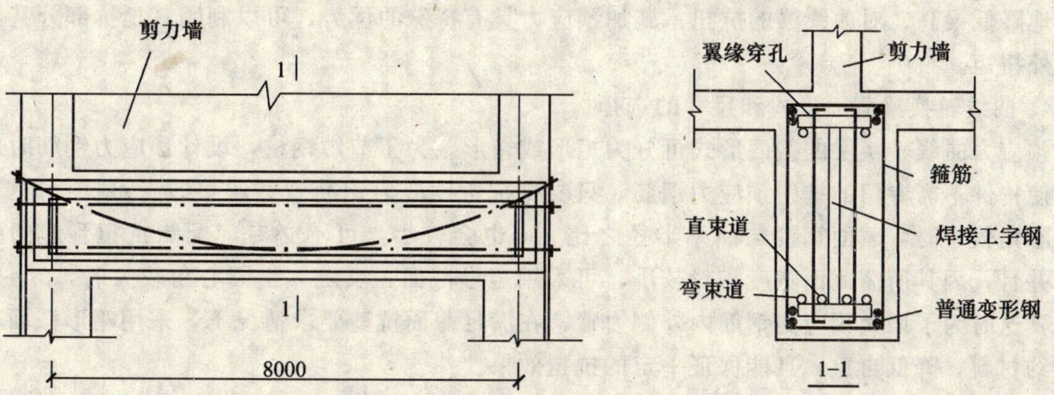

图 9-95　预应力钢骨混凝土转换梁

（4）钢骨混凝土梁有利于结构抗震

用钢骨混凝土梁替代一般钢筋混凝土梁，可减小截面高度，改善造成短柱的情况，使柱子的延性有所提高。钢骨混凝土梁的钢骨部分，在承载力极限状态下，由于钢有较强的塑性性能（不包括型材薄壁情况），进入塑性阶段仍具有较高的承载能力，因此具有一定的延性，起到耗能效果，提高抗震性能，避免脆性破坏，这是一般钢筋混凝土梁难以比拟的。钢骨部分腹板能吸收较大的剪力，从而减轻混凝土部分的负担，提高钢骨混凝土梁的抗剪承载力。梁混凝土的完整性，在支座处也增加了对柱子节点区域的约束作用，提高了节点延性。因此，钢骨混凝土梁有利于结构的抗震。

3. 预应力混凝土曲线转换梁

众所周知，曲线梁与直线梁是不同的，简支直梁在非偏心的竖向荷载作用下，扭矩引起的变形和内力均为零；同样，在扭矩荷载的作用下，涉及弯矩因素的变形和内力均为零，即弯矩和扭矩是各自独立反应的。而曲线梁存在弯扭耦合现象，外载在梁截面内产生“弯矩”的同时必然地伴随着产生“耦合扭矩”；同理，在产生“扭矩”的同时也伴随着产生相应的“耦合弯矩”。即它的各个截面内均有弯矩和扭矩存在，所以在竖向荷载作用下，曲线梁中的扭矩是不可以忽略的。

转换曲梁与曲线梁桥也有很大的不同。曲线梁桥按结构体系分类一般有静定悬臂梁、简支超静定曲线梁、连续曲线梁桥等，其超静定结构中的支承一般采用抗扭简支支座（图 9-96a），而转换梁一般采用普通的梁柱连接方式（图 9-96b）。曲线梁桥很宽，而转换梁的宽度一般要受到柱宽度的限制。另外，曲线梁桥的荷载形式与转换梁也不相同，对托柱形式的转换曲梁上作用相当大的集中荷载。

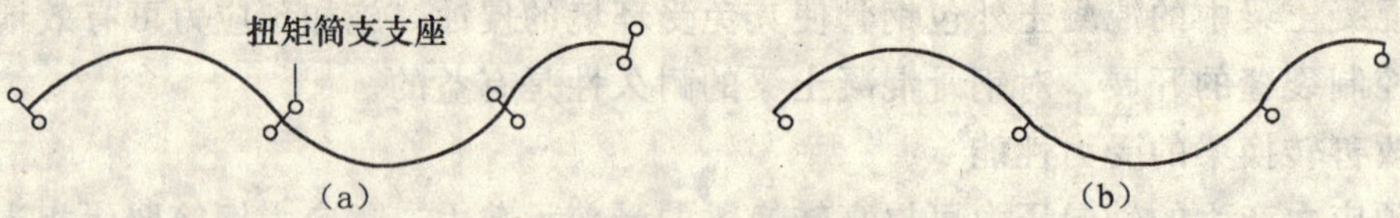

图 9-96　曲线梁与曲线梁桥支座比较

(a) 曲线梁桥抗扭支座；(b) 曲线梁抗扭支座

综上所述，曲线转换梁与直线转换梁受力特征是不同的。在曲线转换梁中施加预应力对抗弯和抗剪、抗扭都有利。对受弯构件，施加预应力可在裂缝及挠度得到有效控制的前提下显著地降低梁高。对曲线梁的抗扭，施加预应力具有特殊的优势，可以利用其抵抗部分甚至全部外扭矩。

4. 曲线转换梁截面形式和尺寸的选择

预应力曲线转换梁的截面形式可分为矩形或箱形。为了节约钢材，设计预应力钢筋时应尽量使构件不需专门的抗扭预应力钢筋，只要将抗弯预应力钢筋做些调整即满足抗扭需要。当圆心角较小时，截面宽度与曲率半径之比 b/r 也会较小，可不必专门配制抗扭预应力钢筋；并且，因其所需截面宽度相对较小，可采用矩形截面；反之，当圆心角较大时，b/r 也增大，这时为了增大预应力钢筋内外侧力臂，在满足截面抗剪要求情况下，采用箱形截面可以节约材料，降低自重，且能保证一定的抗扭效果。

一般情况下，转换梁截面尺寸是根据其抗剪承载力要求决定的，抗弯要求不是控制因素，而对曲线转换梁来说，由于存在扭矩，截面尺寸需满足下式要求：

$$\frac{V}{bh_0}+\frac{T}{0.8W_t}\leqslant 0.25\beta_c f_c \tag{9-77}$$

式中　V——剪力设计值；

T——扭矩设计值；

β_c——混凝土强度影响系数，当时 $f_{cu,k}\leqslant 50\text{N/mm}^2$，取 $\beta_c=1.0$；当 $f_{cu,k}\leqslant 80\text{N/mm}^2$ 时，取 $\beta_c=0.8$，其间按直线内插法取用。

转换梁截面高度 h，抗震设计时不应小于跨度的 1/6，非抗震设计时不应小于跨度的 1/8。实际应用中，直线转换梁高为跨度的 1/4～1/6，施加预应力后梁高约可降低 20%，故当曲线梁的圆心角不太大时，预应力曲线转换梁的梁高可取为跨度的 1/5～1/7。转换梁截面宽度 b 不应小于 400mm。

5. 曲线预应力钢筋的配置

曲线梁的预应力钢筋形式须综合考虑弯矩、剪力、扭矩和轴力的共同作用，还要考虑构造及施工上的方便和可能性。从抗弯角度考虑，预应力筋应折线布置（内、外侧相同），如图 9-97（a）所示。从抗扭角度考虑，预应力钢筋在内、外侧布置应不相同，如图 9-97（b）所示，内、外侧预应力等效荷载形成的力矩可以抵抗部分外扭矩。从理论上说在曲梁上顶面和下底面布置一对如图所示的预应力筋，也可以抵抗扭矩。综合考虑各种因素，主要是抗弯和抗扭，最后确定采用如图 9-97（c）所示的预应力钢筋布置形式。

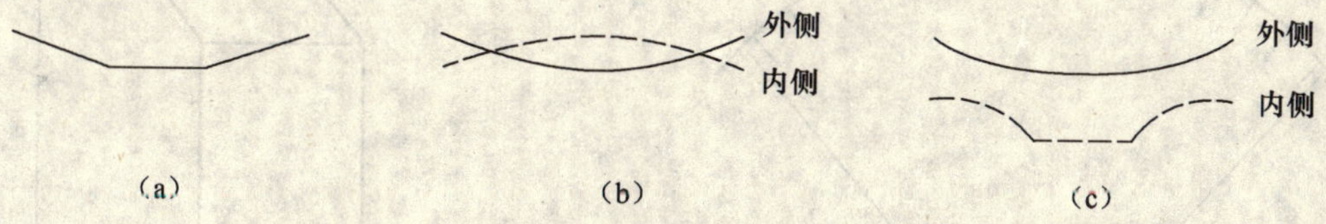

图 9-97　预应力钢筋示意

（1）抗弯预应力筋的选配

抗弯预应力筋可利用荷载平衡法来设计，即选择需要被预应力钢筋产生的等效荷载“平衡”掉的荷载。一般来说，当活荷载较小时，平衡荷载宜选“全部或部分恒载”；当活荷载较大时，宜选“全部恒载＋部分活载”。

（2）抗扭预应力筋的选配

当预应力曲线转换梁的圆心角不大时，扭矩值相对于弯矩值来说较小，可不配置专门的抗扭预应力筋，只需把已配好的内侧和外侧的抗弯预应力筋的竖向位置往相反方向调即可。为了增大内、外侧预应力钢筋之间的力臂，应尽量使预应力筋靠近截面边缘，或采用箱形截面。当预应力曲线转换梁的圆心角较大时，扭弯比也增大，仅靠增大内、外侧预应力钢筋之间的力臂，不足以抵抗外扭矩，这时就需要配制专门的抗扭预应力筋。

6. 侧向防崩钢筋

当预应力曲线转换梁为箱形梁时，布置了预应力筋的腹板可看成是支承在箱形截面顶板和底板的局部梁板。曲线预应力筋张拉后产生的径向力将在此梁板内产生弯矩和剪力，当曲率半径较小时，径向力会很大，以致使腹板内混凝土应力分布不利，可能导致腹板崩裂，预应力筋从曲梁内侧崩出，或沿着预应力钢筋孔道的轴心被撕裂。在实际工程中，可采用以下两种方法来防止预应力筋从腹板中崩出：

（1）增大腹板厚度和增大腹板配箍量

为了克服预应力钢筋侧向力产生的弯矩，箱形梁的腹板必需有一定的厚度和足够的箍筋。若预应力筋的张拉力为 F，曲线预应力筋的曲率半径为 r，腹板净高为 h_{c0}，厚度为 b_c，则箍筋间距 s 应为：

$$s=\frac{A_{sv}f_{yv}}{2\alpha_1 f_c\left(b_c-\dfrac{2h_{c0}F}{A_{sv}f_{yv}r}\right)} \tag{9-78}$$

从上式可知，预应力钢筋中的拉力 F 越大，曲率半径 r 越小，所需箍筋面积越大、间距越密；或者也可增大腹板厚度 b_c 来防止腹板崩裂。若选定箍筋面积和种类，已知腹板尺寸和预应力钢筋张拉力 F，按式（9-78）得到的箍筋间距 s 可以保证腹板的抗弯能力。

（2）设置专门的防崩钢筋

曲线梁中预应力筋产生的混凝土预压力呈拱的效应，它可以抵消预应力产生的径向集中力的作用，但当曲率半径较小时，预应力钢筋产生的径向应力（图 9-98）常常大于混凝土的拱压力，局部压力不平衡，尤其是当混凝土的保护层厚度较小时，会造成局部混凝土崩裂。因而在构造上设计专门的防崩钢筋（图 9-99）是很必要的。

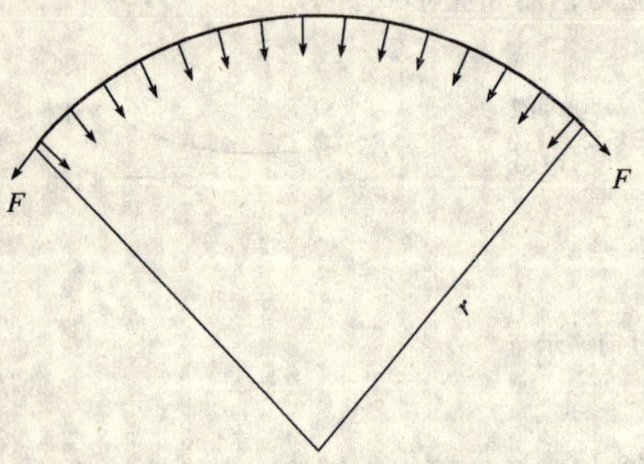

图 9-98　曲梁径向力作用

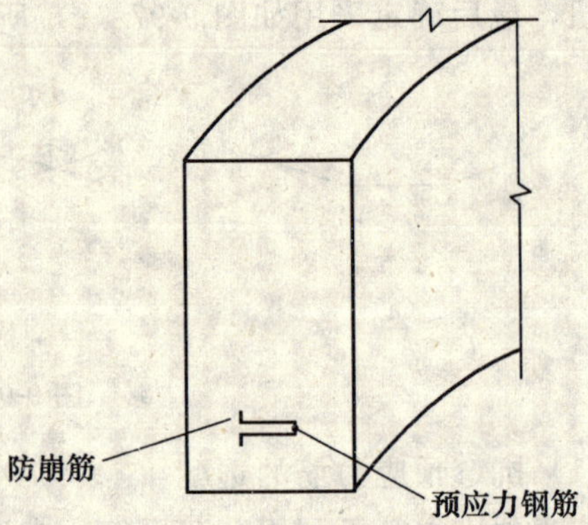

图 9-99　防崩钢筋构造

防崩钢筋的锚固长度 l_a 应满足下列要求：

$$l_a\geqslant\frac{(2F-b_cD\sigma_{pe})s}{2\pi r\tau d} \tag{9-79}$$

若防崩钢筋的锚固长度满足规范中的有关规定，防崩钢筋的设计间距 s 为：

$$s=\frac{\pi d^2 rf_y}{2(2F-b_cD\sigma_{pe})} \tag{9-80}$$

式中　D——预应力筋的直径；

τ——混凝土与防崩钢筋之间的平均握裹力；

d——防崩钢筋的直径；

s——防崩钢筋的间距；

其余符号同前。

为了增强防崩效果，防崩钢筋的锚固端最好与梁的纵向钢筋绑在一起或锚固端做成弯钩。若锚固长度 l_a 不能满足规范要求，则需减小防崩钢筋间距。

7. 转换曲梁配筋构造要求

预应力曲线梁为弯、剪、扭构件，按现行《混凝土结构设计规范》(GB 50010) 计算预应力混凝土弯、剪、扭构件的承载力。

(1) 纵向钢筋

在扭矩作用下，纵筋主要承受拉力和销栓力，角部纵筋除了承受这两种力外还承受混凝土斜压杆的外推力，因此纵筋（尤其是角部纵筋）直径不宜小于 10mm 或 $s/6$，纵筋间距不宜大于 300mm 和梁的宽度。在构件端部，纵筋应有弯钩，钩住端部加密的箍筋，否则角部混凝土易被斜压杆的外推力推出而发生端部锚固破坏。纵筋的最小配筋率应不小于受弯构件纵筋最小配筋率与受扭构件纵筋最小配筋率之和。

(2) 箍筋

箍筋端部弯钩角度宜取用 135°，且应将箍筋的接头设在截面受压区，此处锚固条件比其他部位好。箍筋间距宜取为 $s \leqslant (h_0+b)/4 \leqslant 300\text{mm}$，构件的最小配箍率可取同钢筋混凝土构件。研究表明，对预应力混凝土构件，当配筋强度比 $\zeta=3$ 时，纵筋、箍筋均可屈服。

二、预应力混凝土转换桁架设计

采用桁架替代转换梁来承托上部结构传来的巨大竖向荷载不仅使充分利用该转换层的建筑空间成为可能，同时也使结构设计更为合理。它可以避免将较大的内力集中于一根大梁上，也可避免大梁造成的"强柱弱梁"的后果，对提高结构的抗震性能有利。但当转换桁架的跨度或承担的竖向荷载较大时，势必会造成下弦杆的轴向拉力进一步增大。采用普通钢筋混凝土不能满足转换结构抗裂要求时，一般可以考虑在桁架下弦杆施加预应力，形成预应力混凝土桁架。

在转换桁架中采用预应力技术概念类似于屋架受拉的下弦杆中施加预应力（图 9-100）。由于转换桁架的上、下弦杆与刚度极大的楼面整体浇筑，使桁架斜腹杆传递下来的水平推力由楼面分配到建筑物的各抗侧力构件上，这些"附加力"的影响范围主要是集中在角区。如果能随着建筑物不断增加的施工荷载，在力 N 的形成、增大过程中，同步张拉配置于桁架下弦的预应力筋，在该处提供一对与推力 N 大小相等方向相反的力，就可以在角区就地完成力的平衡，中断或减小通过楼面向外传递的荷载。

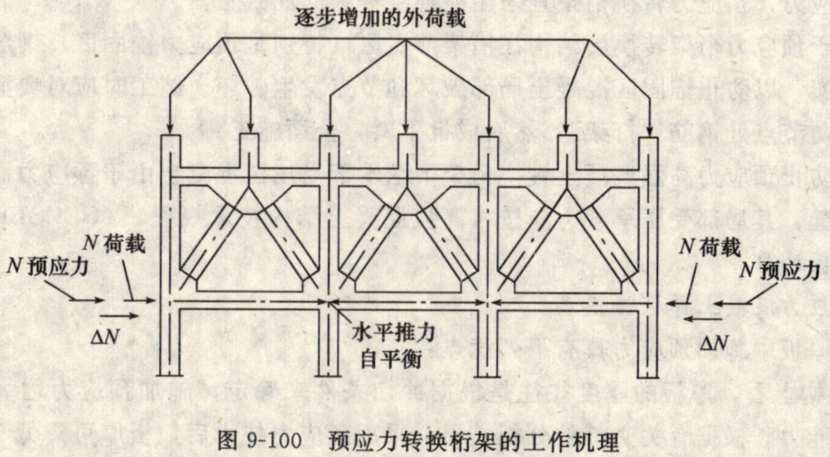

图 9-100　预应力转换桁架的工作机理

在受拉的腹杆中也可施加预应力，若能在受拉腹杆中形成折线形预应力钢筋布置则更为合理。

为减小桁架在施工张拉阶段与使用阶段之间受力状态的差异，解决超静定结构受力状态变化且内力变幅过大时，构件间变形难以协调以致开裂的问题，预应力桁架转换层结构宜采用分阶段张拉工艺施工。分阶段张拉技术是指分期分批施加预应力或选取经计算合适的施工楼层进行张拉，在此之前转换桁架下的支撑必须加强。

采用分阶段张拉技术施工时，为避免因转换桁架下弦长度大，预应力筋长时波纹管破损而导致漏浆和孔道堵塞的现象，预应力钢筋可在下弦混凝土浇筑前就穿入金属波纹管中，但此时必须采取有效的措施保护孔道内预应力钢筋在施工期间不生锈。

1. 转换桁架下弦预应力钢筋的估选

转换桁架下弦杆的预应力度的取值不宜过高，以避免因张拉预应力给桁架及上、下层框架带来较大的次内力。考虑到桁架转换层是整个结构受力的关键部位，对裂缝的控制要求较高，而且转换桁架恒载的比重较大。因此，建议转换桁架按式（9-81）和式（9-82）确定桁架下弦的预应力钢筋。

即

$$\sigma_{sc}-\sigma_{pc}\leqslant\bar{\alpha}_{ct}f_{tk} \tag{9-81}$$

$$\sigma_{lc}-\sigma_{pc}\leqslant 0.0 \tag{9-82}$$

式中 $\bar{\alpha}_{ct}$——广义拉应力限制系数，当结构属中等侵蚀环境时，$\bar{\alpha}_{ct}=2.0$，此时相应裂缝宽度限值为 0.2mm；

σ_{sc}、σ_{lc}——荷载标准效应组合和荷载准永久效应组合在混凝土中产生的拉应力，且 $\sigma_{sc}=\frac{M_s}{W}+\frac{N_s}{A}$，$\sigma_{1c}=\frac{M_1}{W}+\frac{N_1}{A}$；

σ_{pc}——有效预应力在混凝土中产生的压应力，且 $\sigma_{pe}=N_{pe}/A$；

N_{pe}——有效预应力，且 $N_{pe}=\sigma_{pe}A_p$；

σ_{pe}——预应力筋的有效预应力值，且 $\sigma_{pe}=\sigma_{con}-\sigma_l$；

σ_l——总预应力损失值。

2. 预应力转换桁架的构造要求

（1）混凝土强度等级对预应力桁架转换层来说是至关重要的，因为斜腹杆是受压构件和下弦施加预应力，预应力转换桁架宜采用高强度等级的混凝土。

（2）由于预应力桁架转换层结构在桁架节点区（特别是预应力锚固区）钢筋稠密，混凝土应充分捣实，以防止锚固区混凝土局部破坏和节点发生破坏。施工时应对典型节点钢筋按图试绑，以防节点处钢筋“打架”，然后成批下料，全面施工。

（3）为防止预应力高强混凝土转换桁架下弦端部受压区混凝土由于预应力而出现沿构件长度方向裂缝，其局部受压承载力应按《高强混凝土结构技术规程》（CECS104：99）中的有关规定进行计算。

三、预应力混凝土厚板转换层

在转换厚板中施加预应力具有下列优点：

1. 从结构上看，厚板的厚度往往是根据冲切条件来确定，施加预应力增大了板的抗裂性、抗冲切能力。根据有关文献的分析结果，采用预应力技术后，板厚可降低 10%～15%。

2. 从施工角度看，施加预应力可减少暗梁的钢筋密度，方便施工，能保证混凝土的密实性；同时施加预应力可抵抗大体积混凝土收缩产生的拉应力和浇捣混凝土时由于水化热大引起的裂缝。

3. 在局部高应力区域（如转换板中开洞的凹角、柱端和剪力墙过渡区域等），使用预应力可以较好地解决应力集中引起的开裂问题。

预应力筋的数量的确定，以在转换板中产生的有效预压力为 0.7～1.0MPa 宜，它对抗裂或控制裂缝而言已足够，如从替换钢筋角度而言预应力钢筋数量可适当增加。

南京市娄子巷小区四期（高层住宅 D_7-07、D_7-08）工程，地下 1 层，地上 28 层，有 5 层裙楼，裙楼为现浇混凝土芯筒框架结构，6 层以上的 2 幢塔楼为小开间的现浇剪力墙结构。6 层楼板为厚 2m 的预应力混凝土转换板，每块板为 22.4m×27.4m，混凝土强度等级 C40，沿板顶和板底配置双向双层有粘结预应力钢绞线，其中短边方向 40 束，每束为 4ϕ15，全部为直线束，采用一端张拉，张拉端交错布置（图 9-101）。对板施加的预应力度为 1.0MPa。

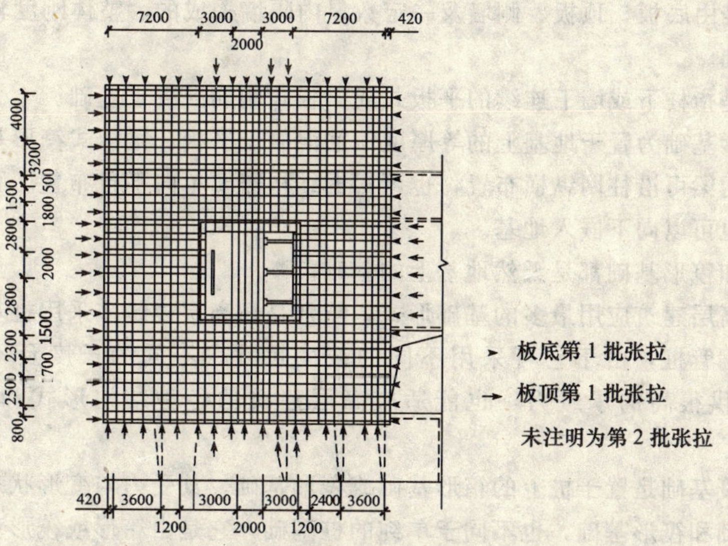

图 9-101　南京市娄子巷小区四期（高层住宅 D_7-07、D_7-08）工程

(a) 转换厚板中钢绞线布置示意；(b) 预应力张拉示意

第十章 地基与基础设计

第一节 高层建筑的基础形式

桩基础、箱形基础（本书有时简称为箱基）、筏形基础（本书有时简称为筏基）以及桩箱、桩筏基础是我国高层建筑最常用的几种基础形式。在高层建筑发展的早期，由于建筑层数较低，十字交叉梁基础也经常使用。但是，十字交叉梁基础目前已经不作为高层建筑常用的基础形式了。

箱形基础是由底板、顶板、侧墙及一定数量内隔墙构成的、整体刚度较好的单层或多层钢筋混凝土基础。

筏形基础是指柱下或墙下连续的平板式或梁板式钢筋混凝土基础。

平板式筏形基础为置于地基上的等厚度钢筋混凝土平板，梁板式筏形基础是带肋梁的钢筋混凝土板。肋梁可沿柱网纵横布置，也可根据结构需要单向平行布置。肋梁可以向上布置在板面以上，也可以向下嵌入地基。

箱形基础和筏形基础都是天然地基上的基础。

桩基础是高层建筑应用最多的基础形式，特别是超高层建筑多采用桩基础。桩主要是钢筋混凝土桩和钢管桩，由于它可采用不同的截面尺寸、不同的长度及不同的施工方法，使其既能够提供很高的承载力，也能适应高层建筑的各种结构形式和各种复杂的地质状况。

桩箱与桩筏基础是置于桩上的箱形基础或筏形基础。其受力与变形状态既不同于天然地基上的箱形基础和筏形基础，也不同于单纯的桩基础，它是由箱形或筏形基础与桩以及地基土三者组成的、相互作用的一个受力共同体，共同承受上部结构传来的各种荷载。因此，其具备箱形、筏形基础和桩基础的一些优点，受力状态更为合理，设计计算方法也更为复杂。

高层建筑与一般建筑一样，可以采用多种基础方案。但是从诸多方案中选择技术上先进、可靠，经济上合理的最优方案，却要考虑许多因素，应当进行多种基础方案比较。影响方案选择的因素主要有：

（1）地基土质条件：当土质较好、地基承载力较高时，首先应考虑天然地基方案，例如北京的高层建筑，天然地基上的箱形基础和筏形基础应用较多。上海的地质特点是软土层厚度大，承载力低，对于高度在40m以下的建筑，采用埋深不大于6m的箱基是可行的。对于更高的建筑，天然地基承载力就难以满足，如加大基础埋深，一级轻型井点降水设备就不能适用，深基坑开挖会带来降水和边坡支护等一系列难题，此时就应选择桩基础。广州的特点是地质条件复杂，软土层厚薄不一，基础埋深变化很大，所以高层建筑大多采用桩基础。

（2）上部结构特性：上部结构形式不同，对基础的要求也不同。对地基不均匀沉降非常敏感的结构，须选择整体刚度大、调整不均匀沉降能力强的基础。例如箱形和筏形基础，或桩箱、桩筏基础。

(3) 建筑功能要求：有些建筑有人防、地下车库和设备层的要求，如地质条件许可，采用箱形基础或筏形基础则一举两得，既满足了使用要求，又满足了基础的技术要求。

(4) 抗震要求：在抗震设防区，抗震要求是选择基础方案的必须考虑的因素。箱形基础、筏形基础和桩箱、桩筏基础的抗震性能比较好，可供高层建筑物选用。

(5) 材料及施工条件：从钢材、水泥、木材三大材料来看，箱形基础、筏形基础的用量较大。预制桩次之。灌注桩不用木材，钢筋用量也较少，但水泥用量大。基础方案必须考虑材料的供应情况。施工条件主要是指施工机具设备、施工技术和经验等。

(6) 工程环境：工程所在地区的环境可能影响基础方案。在城市中心或某些特殊地区，不允许发生噪声和振动，就不能考虑预制桩方案。有些地区泥浆无法排放，就不能采用灌注桩基础。工程环境还包括相邻建筑物的影响。如打桩造成附近建筑物的隆起、降水引起邻近建筑物的下沉等，在确定基础方案时均应考虑。

(7) 基础造价：不同形式的基础造价固然不同，相同形式的基础造价也不一定相同。如前所述，同样是箱形或筏形基础，土方运距不同，造价相差很大。

(8) 工期：对于某些工程，工期可能成为决定性的因素，因为缩短工期带来的经济效益和社会效益可能是最大的。

另外，地区性的习惯做法，也会影响基础形式的选择。例如深圳市 1996 年 6 月 30 日前竣工和在建的 18 层以上的高层建筑工程总计 430 项，753 幢，其中采用各种形式的桩基础为 403 项，筏形基础为 15 项，箱形基础为 2 项，桩箱或桩筏基础为 8 项。出现这样的比例，就不仅仅是以技术经济条件衡量的结果了。

第二节　箱形基础

20 世纪 70 年代，我国高层建筑逐渐增多，因为当时比较强调平战结合，对地下空间的利用要求还不高，箱形基础便成为首选的基础方案。为了解决箱形基础设计施工中存在的问题，从 1974 年开始，北京、上海、西安等地的科研、设计单位和高等院校通力合作，通过工程实测，对箱形基础的地基反力、钢筋应力、沉降变形、上部结构和地基基础共同作用乃至构造及施工等问题进行研究，取得了不少成果，积累了很多宝贵的经验。这些成果集中反映在《高层建筑箱形基础设计与施工规程》(JGJ 6—80) 上。该规程施行近 20 年，对我国高层建筑箱形基础设计与施工起到了指导和规范作用。1999 年开始施行的《高层建筑箱形与筏形基础技术规范》(JGJ 6—99) 替代了规程 JGJ 6—80，内容更为丰富和全面，还包括了筏形基础和桩箱、桩筏基础。

一、箱形基础几何尺寸

箱形基础的几何尺寸主要根据地基承载力、上部结构的布局及荷载大小与分布等条件确定。

1. 平面尺寸

首先根据上部结构底层平面或地下室的平面布置，按荷载分布情况和大小，初步选定箱形基础的平面尺寸。经地基承载力、基础沉降和倾斜验算符合要求后确定。若不满足要求，则需调整基础底面积，将基础底板一侧或全部适当挑出，或将箱形基础整体扩大，或增加埋深，以满足地基承载力和变形允许值的要求。当需要扩大基底面积时，宜优先扩大基础的宽度，以避免由于加大基础的纵向长度而引起箱形基础纵向整体挠曲的增加。当采用整体扩大箱形基础方案时，扩大部分的墙体应与箱形基础的内墙或外墙拉通连成整体，见图 10-1。

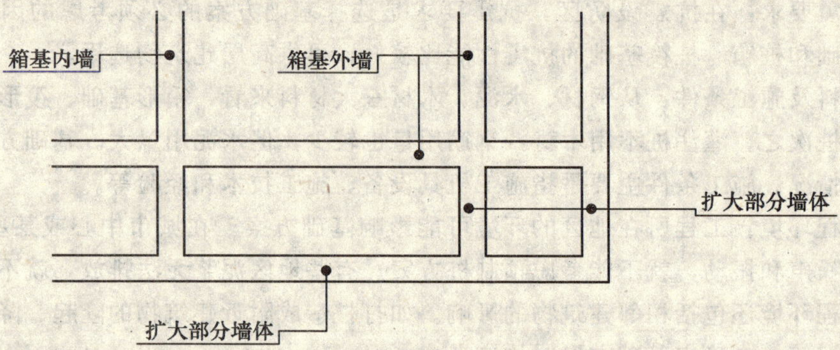

图 10-1 整体扩大箱形基础平面示意

高层建筑的箱形基础其基底平面形心宜与结构竖向永久荷载重心重合。当偏心不可避免时，在荷载效应准永久组合下，偏心距 e 宜符合式（10-1）要求：

$$e \leqslant 0.1\frac{W}{A} \tag{10-1}$$

式中 W——与偏心距方向一致的基础底面边缘抵抗矩；

A——基础底面积。

如偏心距不符合式（10-1）要求，可用底板或箱基整体不等宽挑出的方法进行调整。

2. 箱形基础的高度应能满足承载力和刚度的要求，其值不宜小于箱形基础长度的 1/20，也不应小于 3m。《高层建筑箱形与筏形基础技术规范》提出的上述要求，旨在保证箱形基础具有一定的刚度，能适应地基的不均匀沉降，减少不均匀沉降引起的上部结构附加应力。

3. 箱形基础的墙体是连接箱基顶、底板，使箱形基础具有足够的整体刚度和承载力，并把上部结构的竖向荷载安全传到地基上的重要构件。箱形基础的外墙沿建筑物四周布置，内墙沿上部结构柱网和剪力墙的位置均匀布置。墙体水平截面总面积不宜小于箱形基础外墙外包尺寸的水平投影面积的 1/10。墙体面积率的指标主要来源于国内已建工程的统计资料，其中有些工程经过了 6 度地震的考验。《高层建筑箱形与筏形基础技术规范》提出的箱形基础墙体面积率，旨在保证箱形基础的整体刚度，这样的指标在一般的工程中基本上都能达到。在软土地区，满足该指标，即便纵向相对挠曲较大的箱形基础，其抗裂度一般都能符合规范的要求。在硬土地区，由于箱形基础的纵向相对挠曲较小，在满足抗裂要求的条件下可根据实际情况适当放宽。对平面尺寸长宽比大于 4 的箱形基础，纵向是考虑的主要方向，因为实测沉降表明，箱形基础的相对挠曲主要表现在纵向，而横向主要是倾斜问题。因此，要求纵向墙体水平截面面积不得小于箱基外墙外包尺寸的水平投影面积的 1/18。箱基的外墙厚度不应小于 250mm，内墙厚度不应小于 200mm；当箱基兼作人防地下室时其外墙厚度尚应根据人防等级，按实际情况计算后确定。

4. 箱形基础底、顶板的厚度应根据荷载大小、跨度、整体刚度、防水要求确定。底板厚度不应小于 300mm，且板厚与最大双向板区格的短边尺寸之比不小于$\frac{1}{14}$顶板厚度，一般不应小于 100mm，且应能承受由整体弯曲产生的压力，当考虑上部结构嵌固在箱形基础顶板上时，顶板的厚度不宜小于 200mm。对兼作人防地下室的箱形基础其底、顶板的厚度，尚应根据人防等级，按实际情况计算后确定。

5. 箱形基础墙体设置门洞是不可避免的，但门洞必然削弱箱形基础的刚度。因此门洞应设在柱间居中墙体剪力较小的部位，洞边至上层柱中心的水平距离不宜小于 1.2m，以避免洞口上的过梁由于过大的剪力造成截面承载力不足。

二、基础的结构计算

1. 箱形基础的变形和受力特性

箱形基础的受力机理是非常复杂的，它不仅与地基刚度、基础刚度、上部结构刚度有关，而且与施工速度、施工顺序以及施工期间的温度高低有关。简而言之，箱形基础作为一个整体是置于地基上的梁或板，它承受不均匀的地基反力和上部结构荷载的作用，这种不均匀的反力和荷载，使整个箱形基础产生挠曲。这种挠曲称为箱形基础的整体弯曲，由此引起的弯矩称为整体弯矩。

另外，箱形基础的内墙和外墙将箱形基础的底板划分成许多区格，每个区格是一块单向板或双向板。内墙和外墙是板的支承边，这种单向板或双向板在地基反力的作用下亦将产生向上的弯曲。这种弯曲称为局部弯曲，由此引起的应力称为局部弯曲应力。显而易见，局部弯曲应力仅仅是由底板承担的。而整体弯曲应力则不仅仅是由箱形基础承担的，而是由整个建筑物承担的。因为上部结构也参与了工作。上部结构刚度大的建筑物，箱形基础承担的整体弯曲应力小一些；上部结构刚度小的建筑物，箱形基础承担的整体弯曲应力大一些。上部结构刚度很大的建筑物，如现浇墙板结构，箱形基础的整体弯曲应力就很小了。这些变形和受力特点影响到箱形基础设计和计算方法的选用。

2. 顶板和底板的计算

《高层建筑箱形与筏形基础技术规范》规定，当地基压缩层深度范围内的土层在竖向和水平方向较均匀，且上部结构为平立面布置较规则的剪力墙、框架、框架-剪力墙体系时，箱形基础的顶、底板可仅按局部弯曲计算，计算时底板反力应扣除板的自重。顶、底板钢筋配置量除满足局部弯曲的计算要求外，纵横方向的支座钢筋尚应有 1/3～1/2 贯通全跨，且贯通钢筋的配筋率分别不应小于 0.10%、0.15%；跨中钢筋应按实际配筋全部连通。钢筋连通的措施实际上是考虑了整体弯曲的影响。

顶板的局部弯曲计算就是实际楼面荷载作用下的楼盖计算。底板的局部弯曲计算则是在地基反力作用下的倒楼盖的计算。

对不符合上述情况的箱形基础，即地基土层和上部结构的均匀对称性较差或上部结构的刚度较差时，应同时考虑局部弯曲及整体弯曲的作用。地基反力可按地基反力系数表确定；底板局部弯曲产生的弯矩应乘以 0.8 折减系数；计算整体弯曲时应考虑上部结构与箱形基础的共同作用；对框架结构，箱形基础的自重应按均布荷载处理。箱形基础承受的整体弯矩可按下列公式计算（图 10-2）：

$$M_F = M\frac{E_F L_F}{E_F L_F + E_B L_B} \tag{10-2}$$

$$E_B l_B = \sum_{i=1}^{n}\left[E_b l_{bi}\left(1+\frac{K_{ui}+K_{li}}{2K_{bi}+K_{ui}+K_{li}}m^2\right)\right]+E_w l_w \tag{10-3}$$

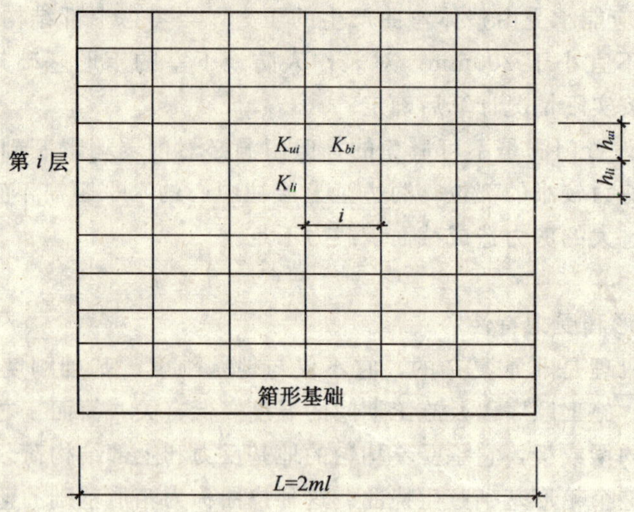

图 10-2　公式（10-3）中符号的示意

式中　M_F——箱形基础承受的整体弯矩；

M——建筑物整体弯曲产生的弯矩，可按静定梁分析或采用其他有效方法计算；

$E_F I_F$——箱形基础的刚度，其中 E_F 为箱形基础的混凝土弹性模量，I_F 为按工字形截面计算的箱形基础截面惯性矩，工字形截面的上、下翼缘宽度分别为箱形基础顶、底板的全宽，腹板厚度为在弯曲方向的墙体厚度的总和；

$E_B I_B$——上部结构的总折算刚度；

E_b——梁、柱的混凝土弹性模量；

K_{ui}、K_{li}、K_{bi}——第 i 层上柱、下柱和梁的线刚度，其值分别为$\frac{l_{ui}}{h_{ui}}$、$\frac{l_{li}}{h_{li}}$和$\frac{l_{bi}}{l}$；

l_{ui}、l_{li}、l_{bi}——第 i 层上柱、下柱和梁的截面惯性矩；

h_{ui}、h_{li}——第 i 层上柱及下柱的高度；

L——上部结构弯曲方向的总长度；

l——上部结构弯曲方向的柱距；

E_w——在弯曲方向与箱形基础相连的连续钢筋混凝土墙的弹性模量；

l_w——在弯曲方向与箱形基础相连的连续钢筋混凝土墙的截面惯矩性，其值为$\frac{th^3}{12}$；

t——在弯曲方向与箱形基础相连的连续钢筋混凝土墙体厚度的总和；

h——在弯曲方向与箱形基础相连的连续钢筋混凝土墙体的高度；

m——在弯曲方向的节间数；

n——建筑物层数。不大于 8 层时，n 取实际楼层数；大于 8 层时，n 取 8。

公式（10-3）用于等柱距的框架结构。对柱距相差不超过 20%的框架结构也可适用。此时，l 取柱距的平均值。

在箱形基础顶、底板配筋时，应综合考虑承受整体弯曲的钢筋与局部弯曲的钢筋的配置部位，以充分发挥各截面钢筋的作用。

确定整个建筑物的整体弯矩 m，按静定梁的计算方法是简便而常用的。对比较复杂的工程，高层建筑箱形和筏形基础技术规范并不排斥其他计算方法，如弹性地基梁板的计算方法是可以采用的。

关于共同作用的问题，除了前面所述的上部结构参与工作以外，根据计算分析的成果可知，箱形基础纵（横）墙也参与了工作。框架结构中的实心砖填充墙对结构的刚度影响很大。但是目前国内实际工程填充墙的情况比较复杂，有的采用了轻质材料，而且填充墙的刚度与材性、墙和主体结构的联结构造以及施工条件等有着密切关系，目前这方面可资利用的试验数据还不充分，因此公式（10-3）中没有考虑填充墙的影响。地基与基础的共同作用问题更加复杂。所以在规范 JGJ 6—99 中仅仅是从宏观上考虑了共同作用问题，把箱形基础的设计计算大致分为两种类型。一类是按局部弯曲计算，通过一些构造措施，来承受整体弯曲引起的应力。这种方法实际上是承认了上部结构刚度起了主导作用，认为箱形基础本身承受的整体弯曲应力是比较小的。第二类就是公式（10-2）、公式（10-3）所表达的方法。它的真正含义是在这种情况下，箱形基础本身承受的整体弯曲应力是比较大的，它的数值是要通过计算来确定的。但是计算方法也仍然是简化的。

箱形基础内力分析时荷载的取值与其各部位的刚度形成过程有关。如底板局部弯曲计算时，荷载取值应扣除底板自重，这是因为浇筑底板时，由于混凝土处于软塑状态，底板自重引起的地基变形发生在底板刚度形成之前，此时底板上既无局部弯曲应力又无整体弯曲应力。对于单层箱形基础，墙体施工时，底板的刚度虽已形成，但是由于墙体的混凝土尚处于软塑状态，因此墙体只是作为荷载的形式施加在底板上使底板产生纵向挠曲，此时底板上只有整体弯曲应力而无局部弯曲应力。根据上述刚度形成的过程，计算底板局部弯曲应力时，荷载应取总压力扣除底板自重和墙体自重，而分析整体弯曲应力时，荷载则取总压力扣除底板自重。但是，考虑到计算简便，统一只扣除底板自重，这样做的结果对单层箱形基础底板的局部弯曲分析是偏于安全的。

此外，由于基础墙体的刚度远大于底板的刚度，墙下基底反力会出现集中现象。为了弄清箱形基础墙下和双向底板跨中土反力的分布规律，经过对北京、上海、保定、浏河四个地区 5 个工程的 14 块双向底板的实测反力资料的分析，得知已影响墙下和跨中土反力分布不均匀的主要原因是双向底板的跨厚比。只有当板厚大于$\frac{1}{5.5}$双向板的短跨尺寸时，跨中土反力才有可能接近墙下平均土反力。在一般情况下，箱形基础双向底板的跨中土反力约为墙下平均土反力的 84.5%，这也是测得的双向底板跨中钢筋应力偏小的原因之一。考虑到双向底板与四周基础墙连成整体，《高层建筑箱形与筏形基础技术规范》（JGJ 6—99）提出：当同时考虑局部弯曲和整体弯曲作用时，局部弯曲所产生的弯矩数值宜乘以折减系数 0.8。

还应该指出的是，由于规范提供的地基反力系数是根据实测总压力资料统计分析得到的，因而利用反力系数计算箱形基础整体弯曲应力时，荷载应取总压力。

地基反力的确定是高层建筑箱形基础设计计算中的又一重要问题。实验表明，影响地基反力分布形式的因素较多，如基础和上部结构的刚度，建筑物的荷载分布及其大小，基础的埋置深度，基础平面的形状和尺寸，有无相邻建筑物的影响，地基土的性质（如土的类别、非线性、蠕变性等）、施工条件（如施工引起的基底土的扰动）等。对于柔性基础，由于其刚度很小，在竖向荷载作用下没有抵抗弯曲变形的能力，能随着地基一起变形。因此，地基反力的分布与作用于基础上的荷载分布是一致的。刚性基础受荷后基础不发生挠曲，且地基与基础的变形协调一致。因此，在中心荷载作用下地基表面各点的竖向变形值相同。理论计算与试验均表明，轴心受荷时刚性基础典型的地基反力分布曲线形式有：凹抛物线形；马鞍形；凸抛物线形；钟形。如图 10-3 所示。当荷载较小时，地基土分布曲线呈凹抛物线或马鞍形；随着荷载的增大，位于基础边缘部分的地基土产生塑性变形区，边缘地基土不再增大，而荷载增加部分则由中间部分的土体承担，中间部分的地基反力继续增大，地基土分布曲线逐渐由马鞍形转变为抛物线形；当荷载接近地基土的破坏荷载时，地基反力分布曲线又由抛物线形变成钟形。

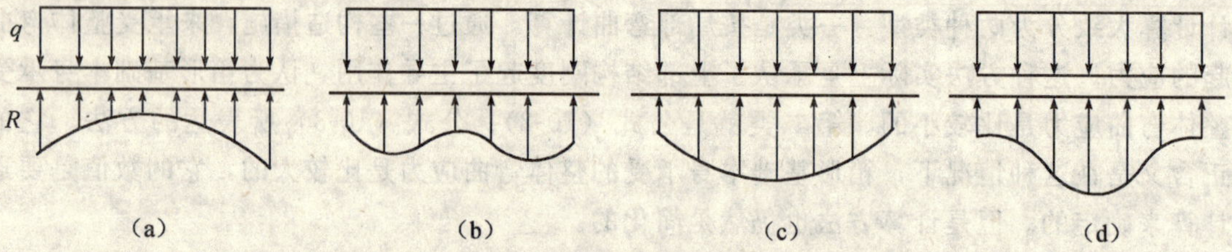

图 10-3　轴心荷载下刚性基础地基反力分布形式

(a) 凹抛物线形；(b) 马鞍形；(c) 凸抛物线形；(d) 钟形

在实际工程箱形基础地基反力测试中，常见的地基反力分布曲线是凹抛物线形和马鞍形，一般难以见到凸抛物形和钟形。主要原因是测试时地基承受的实际荷载很难达到考虑各种因素的设计荷载值，同时，设计采用的地基承载力也有一定的安全系数，因此，地基难以达到临塑状态。测试还表明：地基反力分布一般是边端大、中间小，反力峰值位于边端附近；并且，基础的刚度越大，反力越向边端集中。

因为地基反力的大小及分布形状是决定箱形基础内力的最主要因素之一，它不仅决定内力的大小，在某些情况下甚至可以改变内力（主要是整体弯矩）的正负号。正是由于地基反力计算的重要性及复杂性，国内外许多学者对此做了大量研究工作，提出了多种计算方法。每种计算方法采用的基本假定或地基计算模型不尽相同，因而计算结果也不尽相同。传统的和比较常见的地基反力计算方法有：地基反力按直线分布的计算方法；基于文克尔（Winkler）假定的基床系数法；弹性半空间地基模型上的计算方法，典型的是日莫其金的链杆法和葛尔布诺夫-伯沙道夫的级数法；基于有限压缩层地基模型的计算方法；有限单元法等。

我国现行《高层建筑箱形与筏形基础技术规范》所采用的确定地基反力的方法，是实测地基反力系数法。这是由中国建筑科学研究院地基基础研究所与北京、上海等地的许多科研、设计单位经过试验研究后提出的。其基本原理是将实际工程地基反力的测试数据，经过选择和处理，根据基础底面纵横向反力分布曲线以两个平面曲线方程来接近空间曲线的母线，用最小二乘法建立地基反力的曲线方程式。再据此制成反力系数表。

与其他地基反力计算方法相比，由于该方法是以工程实测资料为依据，并编制成表格供设计人员使用，无疑是目前确定地基反力最简便实用且较符合实际情况的方法。但是，由于各种条件和因素的限制，目前规范提供的地基反力系数表格还是有限的，有待于今后的科研和测试工作中加以补充。高层建筑箱形与筏形基础技术规范提供了黏性土和软土地基矩形基础、黏性土地基部分异形基础、砂土地基矩形基础共 13 个地基反力系数表，详见表10-1～表 10-4。

表 10-1 黏性土地基反力系数

L/B=1

1.381	1.179	1.128	1.108	1.108	1.128	1.179	1.381
1.179	0.952	0.898	0.879	0.879	0.898	0.952	1.179
1.128	0.898	0.841	0.821	0.821	0.841	0.898	1.128
1.108	0.879	0.821	0.800	0.800	0.821	0.879	1.108
1.108	0.879	0.821	0.800	0.800	0.821	0.879	1.108
1.128	0.898	0.841	0.821	0.821	0.841	0.898	1.128
1.179	0.952	0.898	0.879	0.879	0.898	0.952	1.179
1.381	1.179	1.128	1.108	1.108	1.128	1.179	1.381

L/B=2～3

1.265	1.115	1.075	1.061	1.061	1.075	1.115	1.265
1.073	0.904	0.865	0.853	0.853	0.865	0.904	1.073
1.046	0.875	0.835	0.822	0.822	0.835	0.875	1.046
1.073	0.904	0.865	0.853	0.853	0.865	0.904	1.073
1.265	1.115	1.075	1.061	1.061	1.075	1.115	1.265

L/B=4～5

1.229	1.042	1.014	1.003	1.003	1.014	1.042	1.229
1.096	0.929	0.904	0.895	0.895	0.904	0.929	1.096
1.081	0.918	0.893	0.884	0.884	0.893	0.918	1.081
1.096	0.929	0.904	0.895	0.895	0.904	0.929	1.096
1.229	1.042	1.014	1.003	1.003	1.014	1.042	1.229

L/B=6～8

1.214	1.053	1.013	1.008	1.008	1.013	1.053	1.214
1.083	0.939	0.903	0.899	0.899	0.903	0.939	1.083
1.069	0.927	0.892	0.888	0.888	0.892	0.927	1.069
1.083	0.939	0.903	0.899	0.899	0.903	0.939	1.083
1.214	1.053	1.013	1.008	1.008	1.013	1.053	1.214

表 10-2　软土地基反力系数

0.906	0.966	0.814	0.738	0.738	0.814	0.966	0.906
1.124	1.197	1.009	0.914	0.914	1.009	1.197	1.124
1.235	1.314	1.109	1.006	1.006	1.109	1.314	1.235
1.124	1.197	1.009	0.914	0.914	1.009	1.197	1.124
0.906	0.966	0.811	0.738	0.738	0.811	0.966	0.906

表 10-3　黏性土地基异形基础地基反力系数

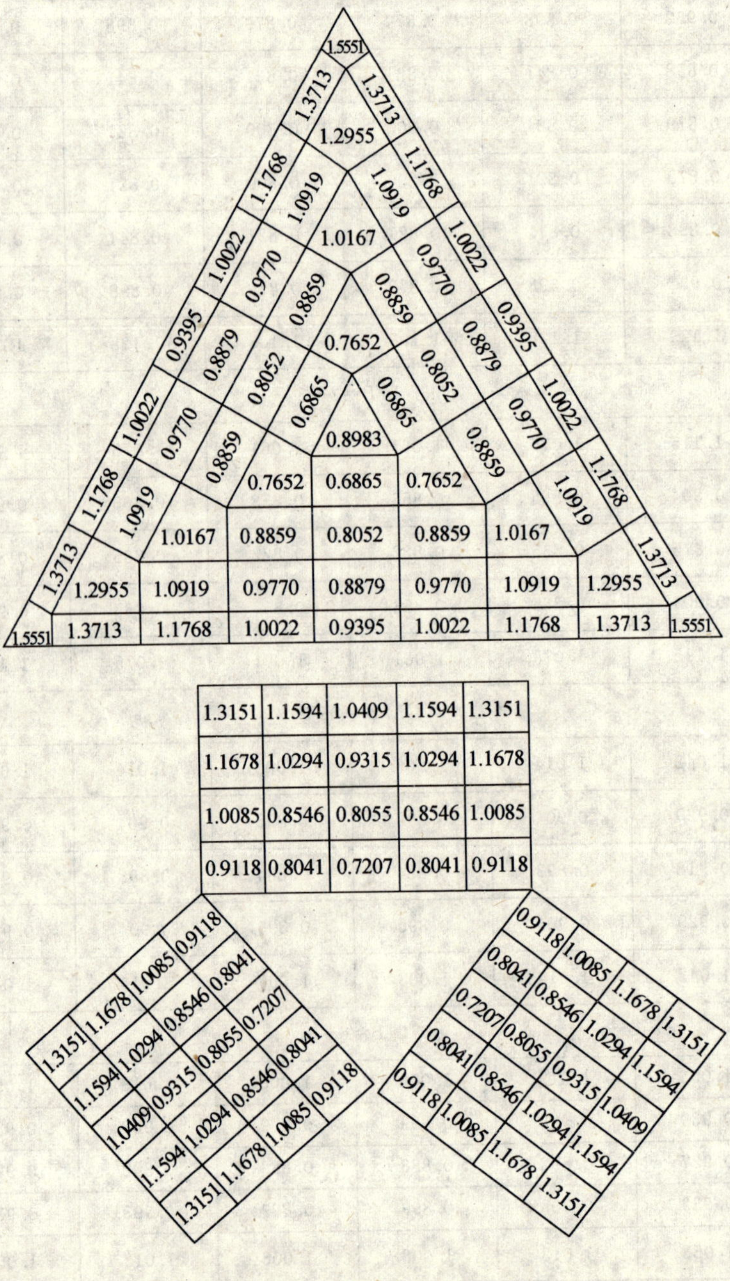

续表

			1.4799	1.3443	1.2086	1.3443	1.4799			
			1.2336	1.1199	1.0312	1.1199	1.2336			
			0.9623	0.8726	0.8127	0.8726	0.9623			
1.4799	1.2336	0.9623	0.7850	0.7009	0.6673	0.7009	0.7850	0.9623	1.2336	1.4799
1.3443	1.1199	0.8726	0.7009	0.6240	0.5693	0.6240	0.7009	0.8726	1.1199	1.3443
1.2086	1.0312	0.8127	0.6673	0.5693	0.4996	0.5693	0.6673	0.8127	1.0312	1.2086
1.3443	1.1199	0.8726	0.7009	0.6240	0.5693	0.6240	0.7009	0.8726	1.1199	1.3443
1.4799	1.2336	0.9923	0.7850	0.7009	0.6673	0.7009	0.7850	0.9623	1.2336	1.4799
			0.9623	0.8726	0.8127	0.8726	0.9623			
			1.2336	1.1199	1.0312	1.1199	1.2336			
			1.4799	1.3443	1.2086	1.3443	1.4799			

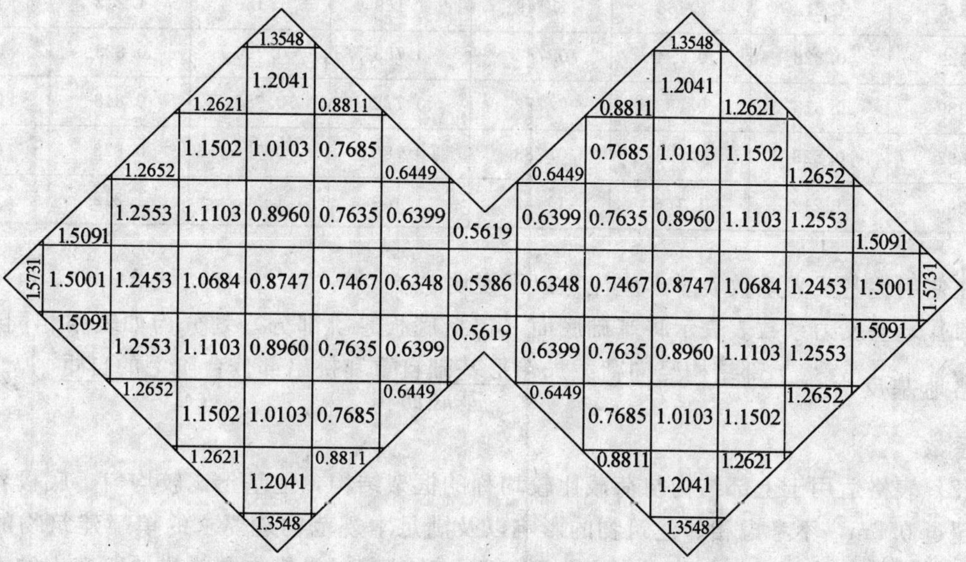

1.314	1.137	0.855	0.973	1.074				
1.173	1.012	0.780	0.873	0.975				
1.027	0.903	0.697	0.756	0.880				
1.003	0.869	0.667	0.686	0.783				
1.135	1.029	0.749	0.731	0.694	0.783	0.880	0.975	1.074
1.303	1.183	0.885	0.829	0.731	0.686	0.756	0.873	0.973
1.454	1.246	1.069	0.885	0.749	0.667	0.697	0.780	0.855
1.566	1.313	1.246	1.183	1.029	0.869	0.903	1.012	1.137
1.659	1.566	1.454	1.303	1.135	1.003	1.027	1.173	1.314

表 10-4　砂土地基反力系数

$L/B=1$

1.5875	1.2582	1.1875	1.1611	1.1611	1.1875	1.2582	1.5875
1.2582	0.9096	0.8410	0.8168	0.8168	0.8410	0.9096	1.2582
1.1875	0.8410	0.7690	0.7436	0.7436	0.7690	0.8410	1.1875
1.1611	0.8168	0.7436	0.7175	0.7175	0.7436	0.8168	1.1611
1.1611	0.8168	0.7436	0.7175	0.7175	0.7436	0.8168	1.1611
1.1875	0.8410	0.7690	0.7436	0.7436	0.7690	0.8410	1.1875
1.2582	0.9096	0.8410	0.8168	0.8168	0.8410	0.9096	1.2582
1.5875	1.2582	1.1875	1.1611	1.1611	1.1875	1.2582	1.5875

续表

$L/B=2\sim3$

1.409	1.166	1.109	1.088	1.088	1.109	1.166	1.409
1.108	0.847	0.798	0.781	0.781	0.798	0.847	1.108
1.069	0.812	0.762	0.745	0.745	0.762	0.812	1.069
1.108	0.847	0.798	0.781	0.781	0.798	0.847	1.108
1.409	1.166	1.109	1.088	1.088	1.109	1.166	1.409

$L/B=4\sim5$

1.395	1.212	1.166	1.149	1.149	1.166	1.212	1.395
0.922	0.828	0.794	0.783	0.783	0.794	0.828	0.992
0.989	0.818	0.783	0.772	0.772	0.783	0.818	0.989
0.992	0.828	0.794	0.783	0.783	0.794	0.828	0.992
1.395	1.212	1.166	1.149	1.149	1.166	1.212	1.395

在使用地基反力系数表时，应注意以下说明：

(1) 地基反力系数表表示将基础底面（包括底板悬挑部分）划分为如表格相同的区格，每区格地基反力$=\dfrac{\text{上部结构竖向荷载加箱形基础自重和挑出部分台阶上的自重}}{\text{基底面积}}\times$该区格的反力系数。

(2) 表格适用于上部结构与荷载比较均称的框架结构，地基土比较均匀、底板悬挑部分不宜超过0.8m，不考虑相邻建筑物的影响以及满足本规范构造要求的单幢建筑物的箱形基础。当纵横方向荷载不很匀称时，应分别将不匀称荷载对纵横方向对称轴所产生的力矩值所引起的地基不均匀反力和由该表计算的反力进行叠加。力矩引起的地基不均匀反力按直线变化计算。

(3) 表中的Y形基础，三个翼和核心三角形区域的反力与荷载应各自平衡，核心三角形区域内的反力可按均布考虑。

地基反力系数表是在一定条件下将原体工程实测和模型试验数据经整理、统计、分析后获得的，在使用时应注意其适用范围。因为基础的刚度是影响地基反力分布的重要因素之一。地基反力系数表适用于整体刚度较好的箱形基础和其他类型的刚性基础。所谓整体刚度较好的箱形基础，一般是指能满足高层建筑箱形与筏形基础技术规范规定的构造要求的基础。

某些刚度较大的基础，虽非真正的刚性基础，但若其上部结构刚度也较大，在上部结构和基础共同作用下，能够保证建筑物沉降的均匀性，保证基础底面接近于平面，在这样的条件下，也可参照使用地基反力系数表。

另外，从工程实测和模型试验资料来看，某些有一定刚度的柔性基础，从定量上虽然其地基反力分布规律与该地基反力系数表不完全相吻合，但从定性上其地基反力的分布规律也是基础边端反力大，中间反力小。

地基反力系数表对地基主要受力层范围内地层比较均匀、上部结构及其荷载分布比较均匀对称、基础底板悬挑不宜大于 0.8m 的单幢建筑物的适用性比较好。如果建筑物纵横向的荷载不是很均匀对称，但偏心矩在规范规定的范围内，则应分别将荷载对纵横向的对称轴所产生的力矩值引起的地基反力和由地基反力系数表计算的地基反力进行叠加。力矩引起的地基反力按直线变化计算。

有时，为满足地基承载力和变形要求，或者为调整箱基底板的形心尽量使之与结构荷载的重心相重合，减小或消除偏心，以减少建筑物的倾斜以及其他功能的要求，基础底板需向外悬挑一定长度。在此情况下，要特别注意基础底板悬挑长度的长短会对地基反力分布规律产生较大的影响。如果基础底板悬挑长度适中，可直接采用地基反力系数表；如果基础底板悬挑长度较长，则由于悬挑部位刚度明显减弱，该部位的地基反力也会显著降低，而地基反力的峰值出现在主楼边缘相对应的基础底板处，这与规范中地基反力系数表中的数值有较大区别。从一些箱形基础悬挑较大的建筑的地基反力实测资料来分析，虽然由于地质条件、基础悬挑大小、上部结构荷重等因素的影响，基础悬挑部分的地基反力系数与最大反力系数的比值有所变化，但基础悬挑部分地基反力系数变小的趋势是一致的，最大反力系数一般都出现在主楼边缘相对应的基础底板处。所以，在使用规范的地基反力系数表时，如遇到基础悬挑较大的情况时，应根据具体情况适当调整地基反力系数；否则，计算出的基础底板跨中正弯矩会比实际值大许多。但修正地基反力系数的原则是，计算箱形基础的弯矩时，无论是正弯矩值还是负弯矩，都不能使其值偏小，都应保证箱形基础有足够的安全度。

另外基础埋深、相邻建筑物、地基局部不均和上部结构荷载及刚度分布不均匀、基坑支护形式等对地基反力分布都有一定影响。若基础埋置较深，即相当于建筑物四周增加了许多附加荷载，地基反力趋向平缓，即基础两端与中间部位地基反力的差值变小，而且越深越平缓。当建筑物的周边有相邻建筑物存在时，由于相邻建筑物相当于产生加载作用，地基反力分布也会趋向均匀平缓。场地地基、上部结构刚度和荷载分布不均匀、基坑支护引起基底土扰动等因素影响地基反力分布则是显而易见的。

箱形基础的底板除计算正截面受弯承载力外，其厚度尚应满足受剪切和受冲切承载力的要求。底板的厚度不应小于 300mm；对 12 层以上建筑的箱形基础，其底板厚度不应小于 400mm，且板厚与最大双向板格的短边净跨之比不应小于 1/14。

我国现行钢筋混凝土板均布荷载斜截面受剪承载力计算公式沿用简支梁均布荷载斜截面受剪切承载力公式。实际上板的受剪承载能力是不同于梁的受剪承载能力的。据试验得知，当对边为简支受均布荷载作用的矩形板其受剪承载力要高于梁，当板的宽厚比等于或大于 5.5 时约比梁高出 25%，宽厚比大于 5.5 后其增大值基本不变。对箱形基础底板来讲这一条件一般都能满足。此外，箱形基础底板下土反力还存在向墙下集中现象；基底与土之间的摩擦力使底板实际上处在压弯受力状态。因此，不能将箱形基础的底板等同于一般承受均布荷载的楼板。1980 年颁布的我国《高层建筑箱形基础设计与施工规程》（JGJ 6—80）中，规定了以距墙边缘 h_0（底板的有效高度）处作为验算箱形基础受剪的部位。《建筑地基基础设计规范》GB 50007—2002 在编制时，对已建工程的箱形基础进行调查，结果表明按此规定计算的底板并没有发现异常现象。因此以距墙边缘 h_0 作为验算底板受剪承载力的部位是可行的，并规定底板斜截面受剪承载力应符合式（10-4）要求：

$$V_s = 0.7\beta_{hs} f_t (l_{n2} - 2h_0) h_0 \tag{10-4}$$

$$\beta_{hs}=(800/h_0)^{1/4} \tag{10-5}$$

式中 V_s——距墙边缘 h_0 处，作用在图 10-4 中阴影部分面积上的地基土平均净反力设计值；

β_{hs}——受剪切时截面高度影响系数，当按式（10-5）计算时，板的有效高度 h_0 小于 800mm 时，h_0 取 800mm；h_0 大于 2000mm 时，h_0 取 2000mm。

底板受冲切承载力按式（10-6）计算：

$$F_l \leqslant 0.7\beta_{hp} f_t u_m h_0 \tag{10-6}$$

式中 F_l——作用在图 10-5 中阴影部分面积上的地基土平均净反力设计值；

u_m——距基础墙边 $h_0/2$ 处冲切临界截面的周长，见图 10-5。

β_{hp}——受冲切时截面高度影响系数，当 h_0 不大于 800mm 时，β_{hp} 取 1.0；当 h_0 大于 2000mm 时，β_{hp} 取 0.9，其间按线性内检法取用。

当底板区格为矩形双向板时，底板受冲切所需的厚度 h_0 按式（10-7）计算：

$$h_0=\frac{(l_{n1}+l_{n2})-\sqrt{(l_{n1}+l_{n2})^2-\dfrac{4pl_{n1}l_{n2}}{p+0.7\beta_{hp}f_t}}}{4} \tag{10-7}$$

式中 l_{n1}、l_{n2}——计算板格的短边和长边的净长度；

p——相应与荷载效应基本组合的地基土平均净反力设计值。

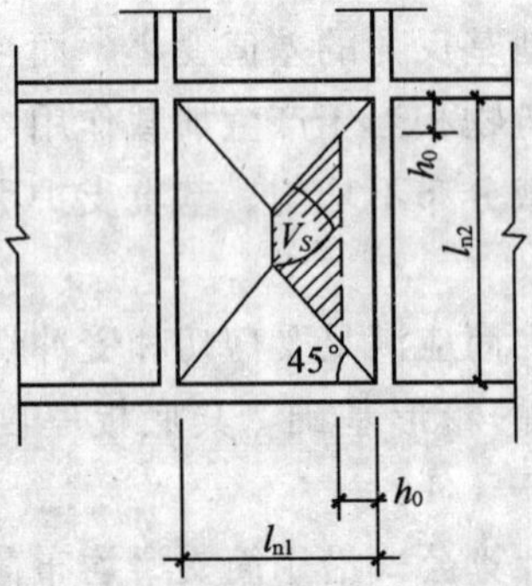

图 10-4 V_S 计算方法的示意图

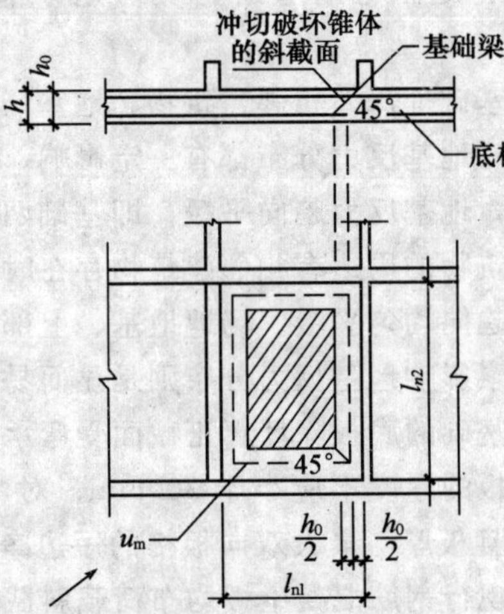

图 10-5 底板的冲切

3. 墙身截面计算和设计

（1）墙身斜截面受剪承载力计算

箱形基础的内、外墙，除与剪力墙连接者外，由柱根轴力传给各片墙的竖向剪力设计值，理论上应根据地基刚度、墙的刚度以及上部结构刚度，按变形协调原则进行分配。这些原则虽然可以通过计算机来完成，但目前的计算程序还不能完善地考虑上部结构空间刚度及刚度形成时间的影响，因而所得的结果是近似的。基底反力是土的性质、基础刚度以及上部结构刚度在基底接触面的反映，实测的地基反力系数在一般情况下已反映了地基、基础和上部结构共同作用以及地基的非线性变形的影响。因此可直接将按地基反力系数确定的地基反力按 45°线划分到纵、横基础墙上，并假设柱子为不动支点，近似按连续梁计算基础墙上各点的剪力设计值。

在地基反力作用下，以柱为支点的箱形基础犹如卧置的受弯构件。由于箱形基础的高度都在 3m 以上，除大柱距外，它的跨高比一般都不大，因此对上部无剪力墙的箱形基础墙，其墙身的受剪截面应符合下列条件：

跨高比$\frac{l_0}{h}>2.5$ 时：

$$V_w \leqslant 0.25 f_c A_w \tag{10-8}$$

跨高比$\frac{l_0}{h}\leqslant 2.5$ 时：

$$V_w \leqslant 0.2 f_c A_w \tag{10-9}$$

式中 l_0——为箱形基础墙的计算跨度，取柱中心线之间的距离和 1.15 倍柱与柱之间的净距离两者中的较小值；

h——箱基高度；

V_w——墙身验算截面处的剪力设计值，对带八字角的基础墙体，验算截面取八字角边缘；对无八字角的基础墙体，验算截面取柱边缘或墙边缘；

f_c——混凝土轴心受压强度设计值；

A_w——墙身竖向有效截面积。

根据《混凝土结构设计规范》GB 50010 规定，当混凝土强度等级超过 C50 时式(10-8)、式（10-9）中右侧应乘以混凝土强度影响系数 β_c。由于基础结构中一般都不采用高于 C40 的混凝土，因此式中没有包含 β_c 值。

墙身斜截面受剪承载力应按下列公式计算：

1）跨高比$\frac{l_0}{h}>2.5$ 时

$$V_w \leqslant 0.7 f_t b h_0 + 1.25 f_{yv} \frac{A_{sv}}{S_h} h_0 \tag{10-10}$$

集中荷载对墙边缘产生的剪力占总剪力值 75%以上时：

$$V_w \leqslant \frac{1.75}{\lambda + 1.0} f_t b h_0 + f_{yv} \frac{A_{sv}}{S_h} h_0 \tag{10-11}$$

式中 f_t——混凝土轴心抗拉强度设计值；

b、h_0——分别为墙身的厚度和竖向截面有效高度；

f_{yv}——竖向分布筋的抗拉强度设计值；

A_{sv}——墙身同一竖向截面内竖向分布筋的全部截面面积；

S_h——竖向分布筋的沿长度方向的间距；

λ——计算截面的剪跨比，可取 $\lambda = a/h_0$，a 为集中荷载至墙边缘的距离，当 $\lambda<1.5$ 时，取 $\lambda=1.5$；$\lambda=3$ 时，取 $\lambda=3$。

2）跨高比$\frac{l_0}{h}\leqslant 2.5$ 时

$$V_w \leqslant 0.7 \frac{\left(8-\frac{l_0}{h}\right)}{3} f_t b h_0 + 1.25 \frac{\left(\frac{l_0}{h}-2\right)}{3} f_{yv} \frac{A_{sv}}{S_h} + \frac{\left(5-\frac{l_0}{h}\right)}{6} f_{yh} \frac{A_{sh}}{S_v} h_0 \tag{10-12}$$

集中荷载对墙边缘产生的剪力占总剪力值 75%以上时：

$$V_w \leqslant \frac{1.75}{\lambda+1} f_t b h_0 + \frac{\left(\frac{l_0}{h}-2\right)}{3} f_{yv} \frac{A_{sv}}{S_h} + \frac{\left(5-\frac{l_0}{h}\right)}{6} f_{yh} \frac{A_{sh}}{S_v} h_0 \tag{10-13}$$

式中 f_{yh}——水平分布筋的抗拉强度设计值；

S_v——水平分布筋沿墙身高度方向的间距；

A_{sh}——墙身同一水平截面内水平分布筋的全部截面面积；

λ——计算剪跨比，当$\frac{l_0}{h}\leqslant 2.0$时，取$\lambda=0.25$；当$2.0<\frac{l_0}{h}<50$时，取$\lambda=\frac{a}{h_0}$，其中$a$为集中荷载作用点至墙边缘的水平距离；$\lambda$的上限值为$\left(0.92\frac{l_0}{h}-1.58\right)$，$\lambda$的下限值为$\left(0.42\frac{l_0}{\text{h}}-0.58\right)$。

当$\frac{l_0}{h}\leqslant 2.0$时，取$\frac{l_0}{h}=2.0$。

箱形基础墙身内应设置双面钢筋，竖向和水平分布筋的直径不应小于10mm，间距不宜大于200mm。除上部结构为剪力墙外，内、外墙的墙顶处宜配置两根直径不小于20mm的通长钢筋，以作为考虑箱形基础整体挠曲影响的构造措施。

（2）受水平荷载的墙身受弯计算

墙身承受的水平荷载是指作用在外墙墙面上的土压力、水压力以及由室外地面均布荷载转换的当量侧压力。对兼作人防地下室的箱形基础，还应根据人防规范的要求，考虑作用在外墙和楼梯间临空内墙墙面上的冲击波荷载。外墙的受弯计算简图应根据工程的具体情况，按多跨连续板进行计算，当墙板的长短边的比值不大于2时，外墙可按连续双向板计算。计算时墙身与顶、底板的连接可分别假定为铰接和固接。

在实际工程中土层都是呈成层状的，为便于叙述，兹以图10-6所示的二层土为例来说明土压力的取值。由于箱形基础在土压力和水压力作用下是不可能出现变位的，因此计算土压力时一般按静止土压力。图10-6中，地下水位处于第二层土的表面；第一层土的重度为γ_1；第二层土因位于地下水位以下，计算时取浮重度γ_2；K_1、K_2分别为第一层土和第二层土的静止土压力系数，由试验或按地区经验取值。表10-5提供了不同种类土的静止土压力系数，可供设计参考；γ_w表示水的重度；q表示室外地面均布荷载，一般情况下取4～10kPa。

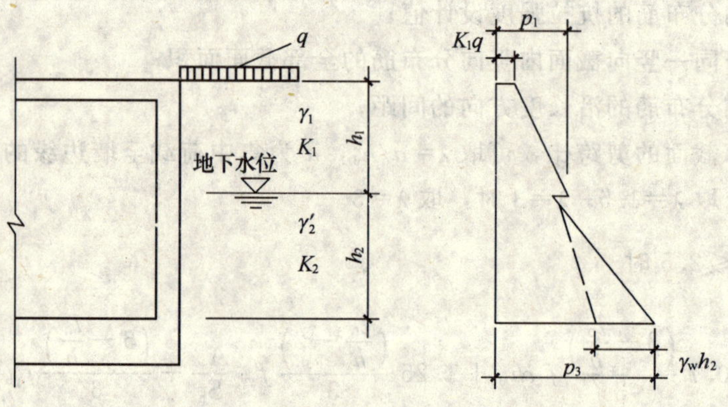

图10-6 箱形基础外墙侧压力示意图

表 10-5　静止土压力系数 K

土的种类	K	备注
碎石	0.18～0.28	
砂土	0.33～0.43	密实取小值，松散取大值
粉土	0.33	
粉质黏土	0.33～0.53	
黏土	0.33～0.72	坚硬状态取大值，流动状态取小值

外墙上单位面积的压力可按下式计算：

地下水位表面上处

$$p_1 = K_1(\gamma_1 h_1 + q) \tag{10-14}$$

地下水位表面下处

$$p_2 = K_2(\gamma_1 h_1 + q) \tag{10-15}$$

箱形基础底板上处

$$p_3 = K_2(\gamma_1 h_1 + \gamma_2 h_2 + q) + \gamma_w h_2 \tag{10-16}$$

从图 10-6 中可以看到外墙侧压力分布图形比较复杂，因此设计中常将此图形按悬臂梁根部弯矩相等原则简化为三角形分布。此外，一些设计单位也有采用：$K=0.5$ 或 $K=\mathrm{tg}^2\left(45°-\dfrac{\phi}{2}\right)$，其中 ϕ 为土的内摩擦角。

4. 箱形基础墙身洞口过梁截面计算和设计

(1) 洞口上、下过梁斜截面受剪承载力计算

单层箱基墙身洞口上、下过梁的受剪截面应分别符合下列公式的要求：

$$V_1 \leqslant 0.25 f_c A_1 \tag{10-17}$$

$$V_2 \leqslant 0.25 f_c A_2 \tag{10-18}$$

$$V_1 = \mu V + \frac{q_1 l}{2} \tag{10-19}$$

$$V_2 = (1-\mu) + \frac{q_2 l}{2} \tag{10-20}$$

$$\mu = \frac{1}{2}\left(\frac{b_1 h_1}{b_1 h_1 + b_2 h_2} + \frac{b_1 h_1^3}{b_1 h_1^3 + b_2 h_2^3}\right) \tag{10-21}$$

式中　V_1、V_2——上、下过梁的剪力设计值；

V——洞口中点处的剪力设计值，按洞口所处的位置以及洞口两侧基础墙所承担的剪力来决定；

q_1、q_2——作用在上、下过梁的均布荷载，对下过梁应扣除底板自重；

l——洞口的净宽；

A_1、A_2——上、下过梁的有效截面积，上、下过梁可取图 10-7 (a) 及图 10-7 (b) 的阴影部分计算，并取其中较大值；

μ——剪力分配系数。

多层箱基墙身洞口过梁的剪力设计值可参照上述公式计算。

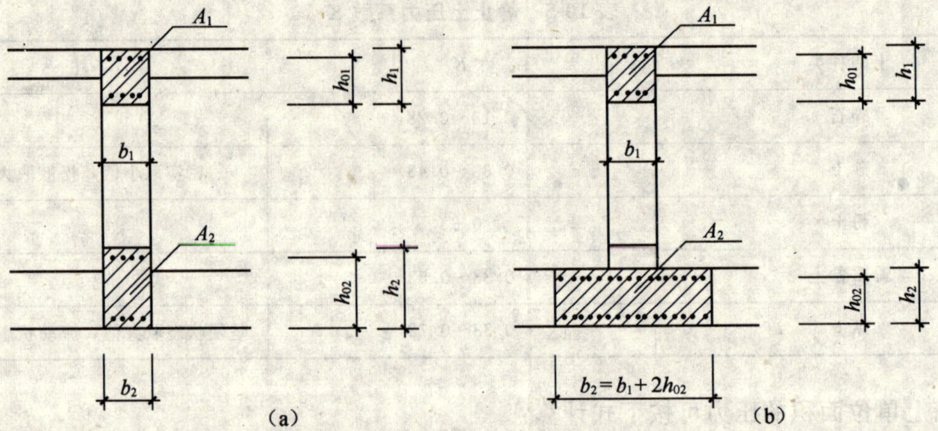

图 10-7　洞口上下过梁的有效截面积

洞口上、下过梁斜截面受剪承载力分别按式（10-22）、式（10-23）计算：

$$V_1 \leqslant 0.6 f_t b_1 h_{01} + f_{yv} \frac{A_{sv1}}{S_1} h_{01} \tag{10-22}$$

$$V_2 \leqslant 0.6 f_t b_2 h_{02} + f_{yv} \frac{A_{sv2}}{S_2} h_{02} \tag{10-23}$$

式中　A_{sv1}、A_{sv2}——配置在上、下过梁同一截面内箍筋各肢的全部截面面积；

S_1、S_2——上、下过梁的箍筋间距。

墙体洞口周围应设置加强钢筋，洞口四周附加钢筋面积不应小于洞口内切断钢筋面积的一半，且不少于两根直径为 16mm 的钢筋，此钢筋应从洞口边缘处延长 40 倍钢筋直径。

（2）洞口上、下过梁的受弯计算

单层箱形基础墙身洞口过梁受弯计算时基于以下假设：①在整体弯曲状态下过梁的变形以剪切变形为主，并假定梁的反弯点在跨中；②在局部荷载作用下，按两端固定梁计算。洞口上、下过梁截面的顶部和底部纵向钢筋分别按式（10-24）、式（10-25）求得的弯矩设计值配置：

$$M_1 = \mu V \frac{l}{2} + \frac{q_1 l^2}{12} \tag{10-24}$$

$$M_2 = (1-\mu) V \frac{l}{2} + \frac{q_2 l^2}{12} \tag{10-25}$$

式中　M_1、M_2——上、下过梁的弯矩设计值。

5. 箱形基础墙体的局部受压承载力计算

由于箱形基础的混凝土体积较大，为防止混凝土硬化过程中产生的水化热以及混凝土收缩引起的裂缝，箱形基础一般采用强度等级高的混凝土。当箱形基础的混凝土强度等级低于底层柱子的混凝土强度等级时，应对柱下墙体的局部受压承载力进行验算。验算时局部受压的计算底面积，可根据局部受压面积与计算底面积同心、对称的原则确定；当不能满足时，应适当扩大墙体的承压面积，如扩大柱角和墙体八字角之间的净距，或在柱下墙体内配置钢筋网，或采取提高墙体混凝土强度等级等有效措施。

三、箱形基础一般构造要求

1. 箱形基础的混凝土强度等级不应低于 C20。当采用防水混凝土时，防水混凝土的抗渗等级应根据地下水的最大水头与防渗混凝土构件厚度的比值，按现行《地下工程防水技术规范》选用，其抗渗等级不应小于 0.6MPa。对重要建筑物宜设置空排水层。

2. 底层柱纵向钢筋伸入箱形基础的长度为：柱下三面或四面有箱形基础墙的内柱，除四角钢筋直通基底外，其余钢筋可终止在顶板底面下 50 倍钢筋直筋处；外柱、与剪力墙相连的边框柱及其他内柱的纵向钢筋应直通至基底。对多层箱形基础，柱子的纵向钢筋除四角钢筋直通基底外，其余纵向钢筋可伸至箱形基础最上一层的墙底。对有抗震设防要求的建筑物，地下室的柱配筋及伸入箱形基础的长度尚应符合我国现行《建筑抗震设计规范》及第五节中有关规定的要求。

3. 与高层建筑相连的裙房基础，可采用从箱形基础挑出的基础梁方案，详见图 10-8。挑出的长度不宜大于 0.15 倍箱基的宽度，并应考虑挑梁对箱形基础产生的偏心荷载的影响。挑出部分下面应填充一定厚度的松散材料，或采取其他能保证挑梁自由下沉的措施。

4. 当高层建筑箱形基础与相连的裙房之间允许设置沉降缝时，高层建筑箱形基础埋深应大于裙房基础埋深至少 2m，以保证箱形基础具有可靠的侧向约束和地基的稳定性，沉降缝地面以下应用粗砂填实，详见图 10-9；当不满足要求时，应采取有效措施。

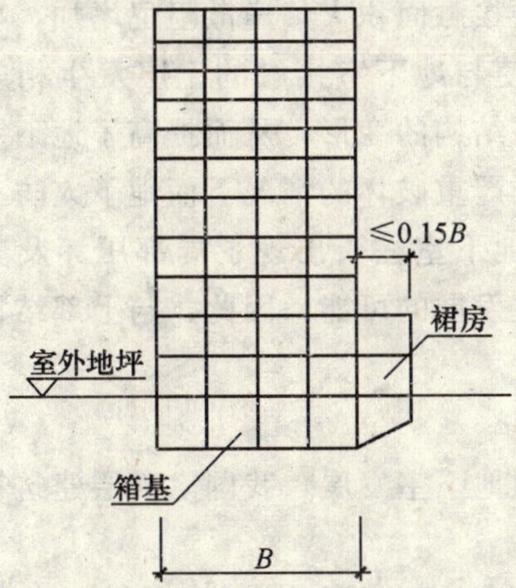

图 10-8　箱形基础挑出部位示意图

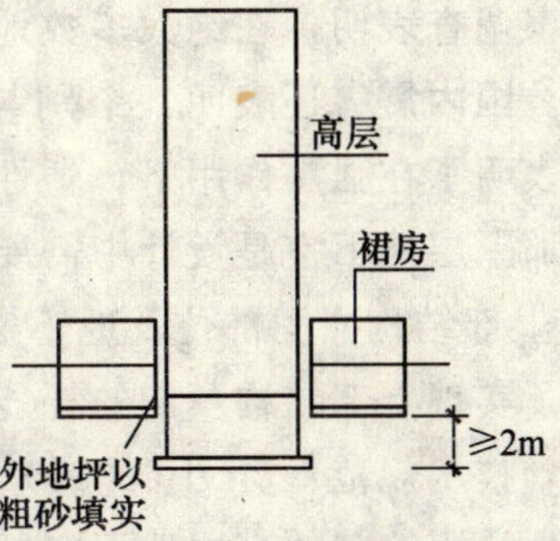

图 10-9　高层建筑与裙房间的沉降缝处理

当高建筑箱形基础与相连的裙房之间不允许设置沉降缝时，应进行地基变形验算。当差异沉降不能满足要求，应采取相应的有效措施，如在箱形基础下设桩等。此外，为了减小沉降差对相连裙房的影响，与高层建筑相连的基础梁和上部结构的框架梁，其节点应设计成具有较好变形能力的半刚接或铰接节点，如图 10-10。

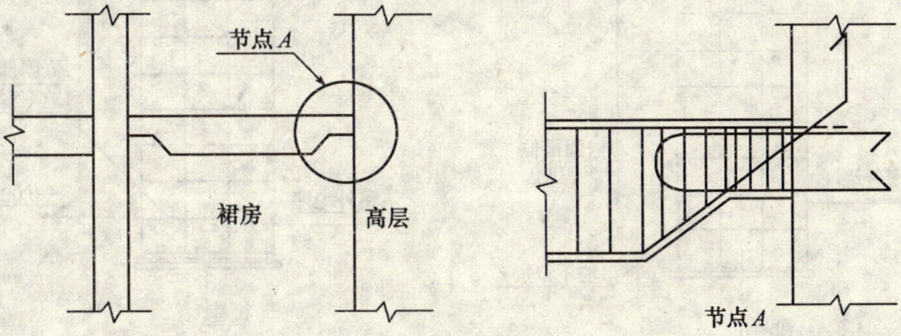

图 10-10　高层建筑与裙房框架梁连接示意图

5. 当箱形基础的外墙设有窗井时，窗井的分隔墙应与内墙连成整体。窗井分隔墙可视作由箱形基础内墙伸出的挑梁。窗井底板应按支承在箱基外墙、窗井外墙和分隔墙上的单向板或双向板进行计算。

四、高层建筑箱、筏基础结构抗震设计中的几个问题

1. 基本要求

在抗震设防区，除岩石地基外，位于天然土质上的高层建筑箱形或筏形基础应具有适当的埋置深度，以保证地震作用下地基抗滑动的稳定性。对位于岩石地基上的高层建筑箱形和筏形基础应满足抗滑移的要求。

在基础结构设计中，为了保证上部结构在强震作用下能实现预期的耗能机制，要求结构的刚度大于上部结构刚度，逼使上部结构先于基础结构屈服，同时要求基础结构应具有足够的承载力，保证上部结构进入非弹性阶段时，基础结构始终能承受上部结构竖向荷载并将荷载安全传递到地基上。

2. 地下结构本身抗震作用较好

采用箱形和筏形基础的地下室，由于地下室的外墙参与工作，地下室的侧向刚度一般都大于上部结构相邻层的侧向刚度。同时，地下室与土层接触面积大，逸散阻尼增加，导致振动衰减，降低了结构的动力效应。此外，地震作用逼使与地下室接触的土层发生相应的变形，导致土对地下室外墙及底板产生抗力，约束了地下结构的变形，从而提高了地下室的刚度。震害调查表明，在绝大多数地面以上的工程均遭受严重破坏的情况下而地下人防工程基本完好。国内震害还表明，个别与上部结构交接处的地下室柱头出现了局部压坏及剪坏现象。这表明了在强震作用下，塑性铰的范围有向地下室发展的可能。因此，与上部结构底层相邻的那一层地下室是设计中需要加强的部位。

3. 上部结构嵌固部位及地下室加强范围

为了实现上部结构预期的耗能机制，避免塑性铰向地下室发展，我国《高层建筑箱形与筏形基础技术规范》(JGJ 6—99) 作了如下规定：

(1) 采用箱基的多层地下室及采用筏基的地下室，当地下一层的侧向刚度大于或等于上部结构相邻层侧向刚度 1.5 倍时，地下一层结构顶部可作为上部结构的嵌固部位，其目的旨在逼使塑性铰出现在上部结构刚度较弱的部位，详见图 10-11。

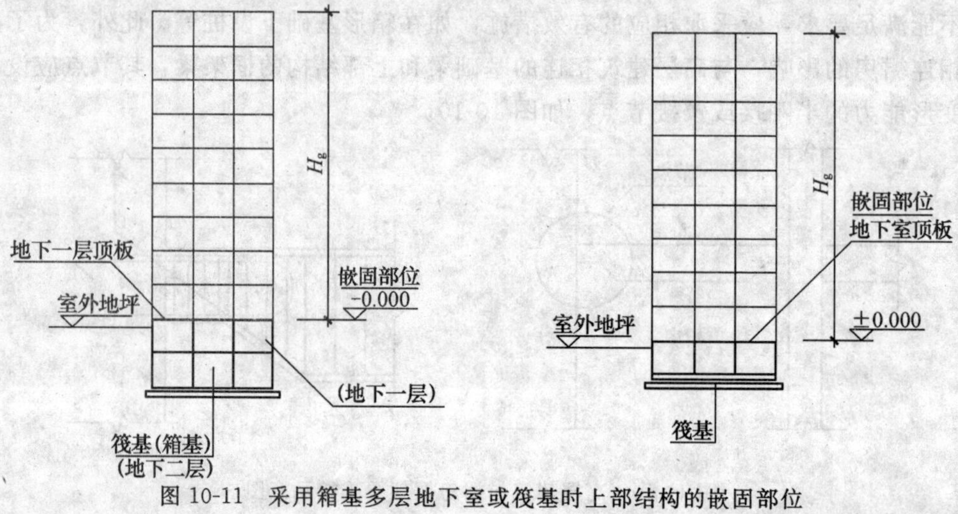

图 10-11 采用箱基多层地下室或筏基时上部结构的嵌固部位

上、下结构的侧向刚度比 γ 可近似按下式估算：

$$\gamma=\frac{G_0A_0h_1}{G_1A_1h_0} \tag{10-26}$$

$$[A_0,A_1]=A_w+0.12A_c \tag{10-27}$$

式中　G_0，G_1——分别为地下一层和地上一层的混凝土剪变模量；

A_0，A_1——分别为地下一层和地上一层的折算受剪面积；

A_w——在计算方向上剪力墙全部有效面积；

A_c——全部柱截面面积；

h_0，h_1——分别为地下一层和地上一层的层高。

（2）当考虑上部结构嵌固在地下一层结构顶部时，地下一层结构顶板除满足正截面受弯承载力和斜截面受剪承载力要求外，其厚度不宜小于200mm；地下一层顶板应采用双层双向配筋且每层每个方向配筋率不宜小于0.25%；对框筒或筒中筒结构，地下一层结构顶板沿筒体四周及外墙不得有大洞口，详见图10-12，且地下室的外墙应能承受上部结构通过地下一层顶板传来的水平力，地下一层结构顶板与外墙连接处的截面，尚应符合下列条件：

非抗震设计　$$V_f\leqslant 0.125f_cb_ft_f \tag{10-28}$$

抗震设计　$$V_{E\cdot f}\leqslant 0.1f_cb_ft_f \tag{10-29}$$

式中　f_c——混凝土轴心受压强度设计值；

b_f——沿水平力或地震力方向与外墙连接的地下一层结构顶板的宽度；

t_f——地下一层结构顶板的厚度；

V_f——上部结构传来的计算截面处的水平剪力设计值；

$V_{E\cdot f}$——地震作用组合时，上部结构传来的计算截面处的水平地震剪力设计值；

γ_E——承载力抗震调整系数，取0.85。

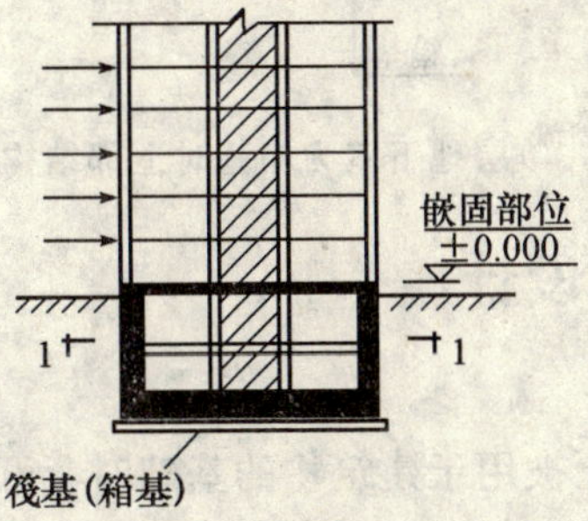

(a)

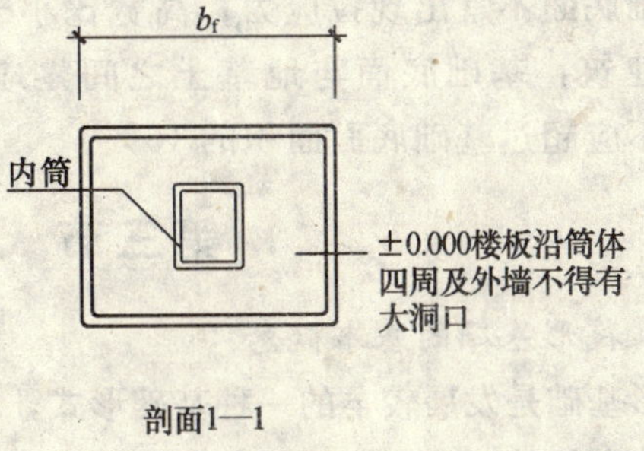

(b)

图10-12　框筒结构箱形或筏形基础剖面示意

(a) 框筒结构箱形或筏形基础剖面图；(b) 剖面1—1框筒结构地下一层平面图

（3）当上部结构嵌固在地下一层结构顶部时，地上一层的框架柱和剪力墙墙底截面的弯矩设计值应根据抗震设防烈度、建筑物的抗震等级按现行《建筑抗震设计规范》GB 50011中的有关底部加强区的规定进行计算，且加强部位应从地下一层结构顶板处往下延伸一层。为了能承受上部结构超强屈服传来的弯矩和剪力，地下一层柱截面每侧的纵向钢筋，除满足计算要求外，尚不应少于地上一层对应柱每侧纵筋面积的1.1倍。位于地下室顶板的框架梁其左、右端的截面实际受弯承载力之和不宜小于上、下柱端实际受弯承载力之和。

(4) 单层地下室为箱形基础，上部结构为框架或框剪结构时，由于箱形基础有较多纵横墙，刚度较大，能承受上部结构超强屈服所产生的内力，箱形基础的顶板可作为上部结构的嵌固部位。当上部为剪力墙结构，箱形基础的净高较大时，在忽略箱形基础周边土的有利条件下，箱形基础墙的侧向刚度与上部结构相邻层的剪力墙侧向刚度比会达不到 1.5 倍的要求。如何处理此类结构计算简图的嵌固部位，目前有两种不同的看法：其一是将上部结构的计算高度定在箱形基础底板的上皮；其二是将箱形基础视作为箱式筏基，上部结构的计算高度定在箱形基础的顶部。大量分析表明，无论采用哪一种计算简图，地震作用下的基底剪力都极为接近。因此《高层建筑箱形与筏形基础技术规范》(JGJ 6—99) 推荐单层地下室为箱形基础，上部为剪力墙结构时，其嵌固部位可取箱基的顶部，详见图 10-13。单层地下室为箱形基础，在任何情况下，基础墙的竖向和横向配筋都不应小于上部剪力墙底部加强部位配置的钢筋。

4. 试验资料和理论分析都表明，回填土的质量影响着基础的埋置作用，如果不能保证填土和地下室外墙之间的有效接触，将降低基础的侧向刚度和转动刚度以及土对基础的约束作用。因此，地下室四周回填土应均匀分层夯实；当地下室外墙与基坑支护结构之间的净距太小而无法对填土进行夯实时，宜采用素混凝土填充地下室外墙与基坑之间的缝隙。

5. 高宽比大于 4 的高层建筑，在地震作用下基础底面不宜出现拉应力；高宽比小于 4 的高层建筑，基础底面与地基土之间零应力区面积不应超过基础底面面积的 15%。

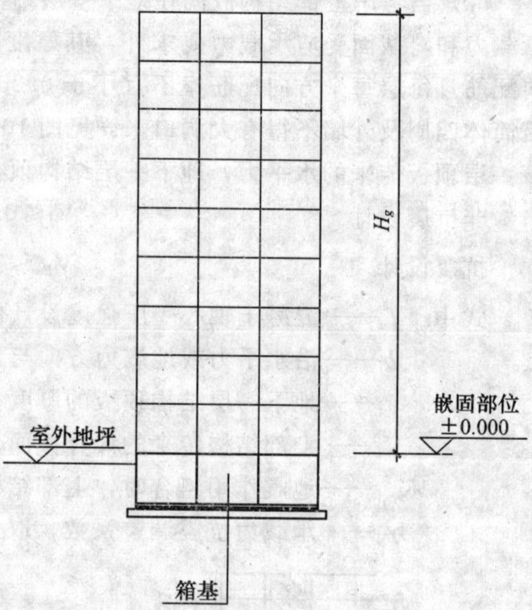

图 10-13　单层地下室为箱基时上部结构嵌固部位

第三节　筏形基础设计

一、筏形基础的基本概念

筏形基础是发展较早的一种基础形式，当钢筋混凝土被用于建筑物的基础时，开始较多使用的是条形基础、独立柱基和交叉梁基础，由于建筑物荷重越来越大或地基承载力较低，基座所占基础平面的面积越来越大，当达到 3/4 以上时，人们发现采用整板式基础更经济，于是就产生了筏形基础。在许多国外的文献里 Raft Foundation 或 Mat Foundation 都指筏形基础，而且把与建筑物平面投影尺度相近的整体基础都包括在这个范畴，其中也包括一般的箱形基础。因此在使用规范 JGJ 6—99 时应当注意，因为规范 JGJ 6—99 对箱形基础有严格的定义。

从规范 JGJ 6—99 对筏形基础下的定义“柱下或墙下连续的平板式或梁板式钢筋混凝土基础”来看，筏形基础的范围比箱形基础大得多，使用上也灵活得多。有时箱形基础难以满足建筑结构或使用要求，往往是采用筏形基础可以适应。

从力学的角度来看，筏形基础是用作支承和扩散荷载的基础结构，要求具有一定的刚度和强度。其刚度一般介于刚性板和柔性板之间，为有限刚度板。

筏形基础较常用的类型如图 10-14 所示。

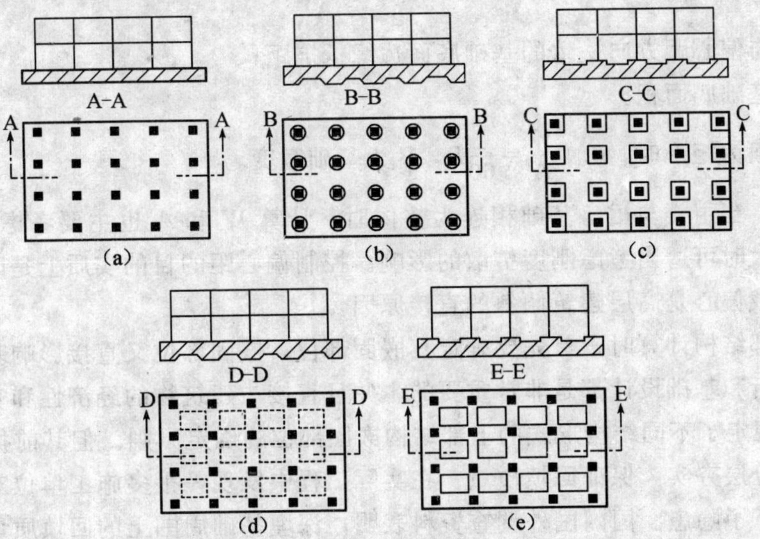

图 10-14 筏形基础常用类型

(a) 平板型；(b) 柱下板底加墩型；(c) 柱下板面加墩型

(d) 梁板型（板底设梁）；(e) 梁板型（板顶设梁）

平板型筏形基础使用较普遍，其优点是施工简便，且有利于地下室空间的利用。其缺点是当柱荷载很大、地基不均匀，即差异沉降较大时，板的厚度较大。

柱下板底加墩型和柱上板面加墩型主要是为了增强板的局部抗剪切能力。板底加墩型有利于地下室的利用，板面加墩型则施工较方便。板底加墩型，基槽挖成如图 10-15 所示的平滑圆弧型较好，可以避免钢筋或钢筋网弯曲。

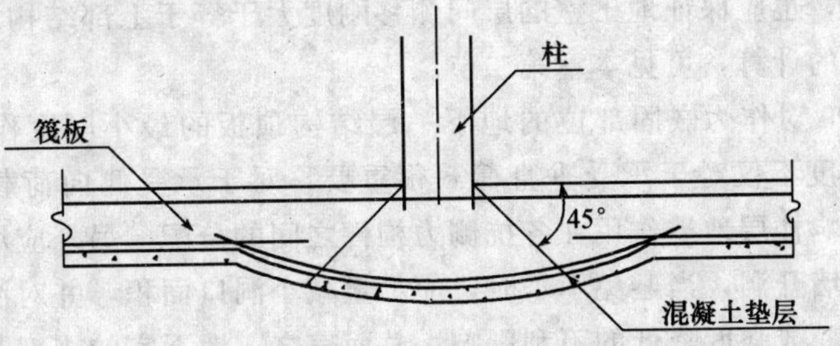

图 10-15 板底局部加厚

梁板型筏形基础由梁和板组成，与平板型相比具有材耗低、刚度大的特点，其应用十分广泛。板底设梁有利于地下室空间的利用，但地基开槽施工麻烦。板顶设梁便于施工，缺点是不利于地下室空间的利用。因此，选择方案时应考虑综合因素。

二、《高层建筑箱形与筏形基础技术规范》JGJ 6—99 关于筏形基础的一般规定

确定筏形基础的平面尺寸，主要考虑的因素是地基承载力、上部结构的布置及荷载分布。为满足地基承载力的要求而须扩大底板面积时，应优先考虑沿底板短边方向的扩展，这样更有利于基础的稳定性。同时，基底平面形心应尽量与结构竖向荷载的重心重合。当不能重合时，在永久荷载与楼（屋）面活荷载长期效应组合下，偏心距宜符合下式要求：

$$e \leqslant 0.1\frac{W}{A} \tag{10-30}$$

式中 W——与偏心距方向一致的基础底面边缘抵抗距；

A——基础底面积。

当基础底面为矩形时，$0.1\frac{W}{A}=\frac{1}{60}B$，$B$ 为基础宽度。

需要指出，当主楼与裙房基础相连为整体时，计算 W 和 A 也主要考虑主楼基础平面，当基础刚度较大时可适当考虑刚度扩散的影响。控制偏心距的目的实质上是防止高层建筑的倾斜，因为荷载偏心是高层建筑倾斜的直接原因。

在进行上部结构计算时，首先要确定其嵌固部位，嵌固部位又直接影响基础弯矩，所以它对于结构分析和基础设计都是非常重要的，并且直接与建筑物的经济性和安全性有关。规范 JGJ 6—99 规定了不同结构形式的上部结构嵌固部位的确定原则。但其前提是地下室四周的回填土必须分层夯实，保证回填质量。在实际工程中发现，很多施工单位对夯实质量没有认真控制而留下了隐患。国内国外调查资料表明，深埋基础周围土的回填质量较好时，有利于吸收地震能量，减轻上部结构的地震反应，增强建筑物整体稳定性，其地震反应减小的程度达 20%～30%。因此，基础施工图应对回填质量提出严格的要求。

由于筏形基础的刚度一般比箱形基础要小得多，因此，在确定上部结构的嵌固部位时应更加慎重。对于上部结构为框架、剪力墙或框剪结构的单层或多层地下室只有当地下室的层间侧移刚度大于等于上部结构层间侧移刚度的 1.5 倍时，地下一层结构顶部才可作为上部结构的嵌固部位，否则认为上部结构嵌固在筏形基础的顶部。对于上部结构为框筒或筒中筒结构的地下室，当地下一层结构顶板整体性较好，平面刚度较大且无大洞口，地下室的外墙能承受上部结构通过地下一层传来的水平力或地震作用时，地下一层结构顶部可作为上部结构的嵌固部位。此时，也应保证地下室的层间侧移刚度大于等于上部结构层间侧移刚度的 1.5 倍。关于侧移刚度的计算，可见本章第二节。

规范 JGJ 6—99 对作为嵌固部位的地下一层结构顶板的最小厚度作了限制即不应小于 200mm。顶板的厚度不仅对于承受垂直荷载很重要，对于承受侧向荷载亦非常重要。其在平面内的变形将影响楼层地震作用在各抗侧力构件之间的分配。另外应尽量避免或减少在顶板及与其连接的外墙开洞，当避免不了时，应尽量减小洞口面积，并对洞口周边从构造上加强，以防止刚度突变或强度降低的不利影响。总而言之，地下室的刚度乃至上部结构底层的刚度对基础刚度的影响都是十分显著的，与基础和上部结构的共同作用有着直接的和重要的关系，应注意加强。

当地下一层作为上部结构的嵌固部位时，其框架及剪力墙应加强，加强范围应是该层的顶面至该层的底面。加强部位的框架柱、剪力墙的弯矩设计值应根据抗震设防烈度、建筑物的抗震等级按现行国家标准《混凝土结构设计规范》（GB 50010）和《建筑抗震设计规范》（GB 50011）中的有关底部加强区的规定进行计算，其构造措施也应符合相应规定。国内震害调查表明，较大的破坏都发生在基础与上部结构交接处，地下室虽未遭到严重破坏，但个别地下室柱头出现局部压坏，柱子有剪坏现象。

三、内力计算

筏形基础的计算属于高度超静定问题，各种计算方法都是近似的，在采用时应对其适用范围、误差大小等问题具有正确的认识，下面是几种常见的方法。

1. 简化计算方法

(1) 倒楼盖法是目前国内应用的最多的简化方法。规范 JGJ 6—99 规定：当地基比较均匀、上部结构刚度较好，且柱荷载及柱间距的变化不超过 20%时，筏形基础可仅考虑局部弯曲作用，按倒楼盖法进行计算。

(2) 美国 ACI (American Concrete Institute) 建议在柱荷载比较均匀（相邻柱荷载变化不超过 20%）及柱距比较一致的情况下，当柱距小于 1.75/λ 或筏形基础支承着刚性的上部结构时，筏形基础可采用刚性方法计算，λ 由下式确定：

$$\lambda = \sqrt[4]{\frac{K_s b}{4E_c I}}$$

式中　K_s——地基基床系数；

b——相邻两行柱间的中心距；

E_c——混凝土的弹性模量；

I——宽度为 b 的条带的惯性距。

假定刚性筏形基础地基反力呈线性分布，按下式计算：

$$q = R\left(\frac{1}{A} \pm \frac{e_x x}{I_y} \pm \frac{e_y y}{I_x}\right)$$

式中　$R=\sum P_i$——筏形基础上垂直荷载的总和；

A——筏形基础的平面面积；

I_x，I_y——筏形基础平面对于 X 及 Y 轴的惯性距；

e_x，e_y——R 对于 X 及 Y 轴的偏心距；

x，y——地基反力计算点的坐标。

求出了地基反力后，即可将筏形基础取如图 10-16 所示的截条进行计算。

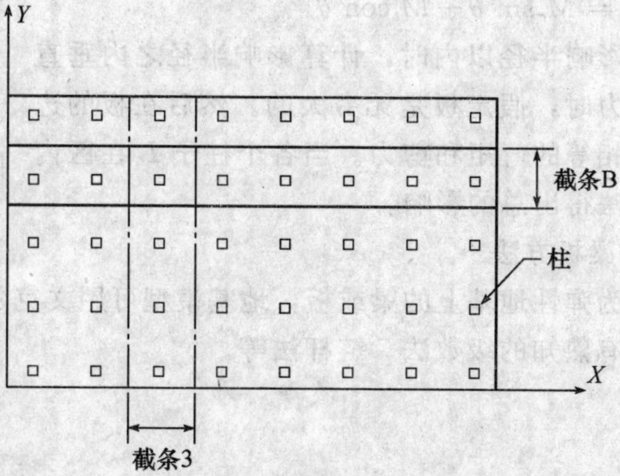

图 10-16　刚性筏形基础截条

(3) 似弹性板分析法

该法也是美国 ACI 推荐的方法，计算步骤如下：

1) 按冲切或常规刚性法确定板厚；

2) 计算筏板的抗弯刚度 D：

$$D = \frac{Et^3}{12(1-\mu^2)}$$

式中　E——混凝土的弹性模量；

μ——混凝土的泊松比；

t——板厚。

3）计算有效刚度半径 L（柱的影响范围≈4L）：

$$L=\sqrt{\frac{D}{k_s}}$$

式中　k_s——地基基床系数。

4）计算任意点的径向和切向弯矩、剪力和挠度：

$$M_r=-\frac{P}{4}\left[Z_4-\left(\frac{1-\mu}{x}\right)Z_3\right]$$

$$M_t=-\frac{P}{4}\left(\mu Z_4+\left(\frac{1-\mu}{x}\right)Z_3\right)$$

$$Q=-\frac{P}{4L}Z_4$$

$$w=\frac{PL^2}{4D}Z_3$$

式中　P——柱荷载；

x——间距比 r/L，见图 10-17；

Z_i——图 10-17 中的系数；

M_r，M_t——板单位宽度上的径向和切向弯矩；

Q——板单位宽度上的剪力；

w——挠度。

弯矩可由下式转换成直角坐标系的形式：

$$M_x=M_r\cos^2\theta+M_t\sin^2\theta$$

$$M_y=M_r\sin^2\theta+M_t\mathrm{con}^2\theta$$

当筏板的边缘位于影响半径以内时，计算影响半径之内垂直于板的边缘的弯矩和剪力时，假定板是无穷大的。然后在板的边缘施加方向相反、大小相等的弯矩和剪力。当各个柱子 L 在区内相搭接时，可采用叠加法得出总的影响。

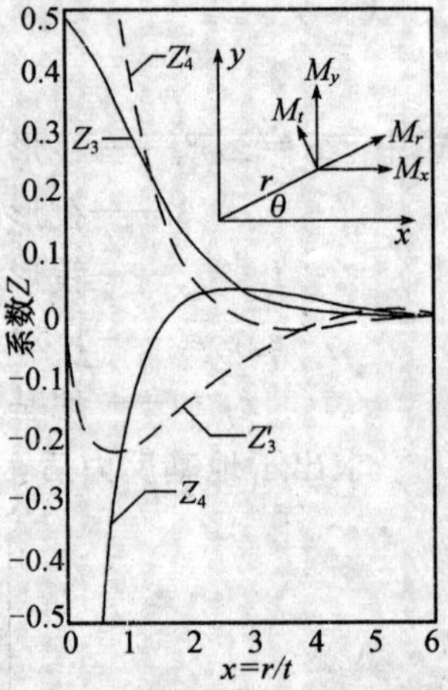

图 10-17　弯矩和挠度的 Z_i

2. 传统的弹性地基梁板方法

这是将筏形基础作为弹性地基上的梁或板，地基模型可用文克尔、弹性半无限体、有限压缩层等，解算方法则有熟知的级数法、链杆法等。

3. 数值计算方法

（1）有限差分法

采用有限差分法分析筏形基础的基本理论是弹性地基上的薄板理论，计算时用一组有限差分方程代替弹性地基上薄板的偏微分方程，作数学上的近似分析。对于等厚度矩形板，当计算网格划分较细时，求得的结果从理论上讲是较精确的。

将筏形基础假设为计算网格的各结点由独立弹簧支撑的弹性薄板，由静力平衡条件可求得其基本微分方程式如下：

$$\frac{\partial^4 w}{\partial x^4}+2\frac{\partial^4 w}{\partial x^2\partial y^2}+\frac{\partial^4 w}{\partial y^4}=\frac{q-kw}{D} \tag{10-31}$$

式中 $w(x, y)$——板的挠度；

$q(x, y)$——作用在板上的面荷载；

k——基床系数；

D——板的抗弯刚度，$D=E_c h^3/12(1-\mu_c^2)$；

h——板的厚度；

E_c——板材料的弹性模量；

μ_c——板材料的泊松比。

板单位宽度上的弯矩 M_x、M_y 和扭矩 M_{xy}、M_{yx} 为：

$$M_x = -D\left(\frac{\partial^2 w}{\partial x^2} + \mu_c \frac{\partial^2 w}{\partial y^2}\right) \tag{10-32}$$

$$M_y = -D\left(\mu_c \frac{\partial^2 w}{\partial y^2} + \frac{\partial^2 w}{\partial x^2}\right) \tag{10-33}$$

$$M_{yx} = -M_{xy} = -D(1-\mu_c)\frac{\partial^2 w}{\partial x \partial y} \tag{10-34}$$

板单位宽度上包括剪力 Q_x，Q_y 和扭矩在内的等效总剪力为：

$$V_x = Q_x - \frac{\partial M_{xy}}{\partial y} = -D\left[\frac{\partial^3 w}{\partial x^3} + (2-\mu_c)\frac{\partial^3 w}{\partial x \partial y^2}\right] \tag{10-35}$$

$$V_y = Q_y - \frac{\partial M_{yx}}{\partial x} = -D\left[\frac{\partial^3 w}{\partial y^3} + (2-\mu_c)\frac{\partial^3 w}{\partial x^2 \partial y}\right] \tag{10-36}$$

对式(10-31)～式(10-36) 进行各阶差分则可求得最终解答，差分过程可参看有关书籍。当采用变基床系数法后，式（10-31）中的基床系数 k 就不仅是文克尔基床系数，而成为广义的基床系数。

工程应用时可采用多种地基模型的有限差分法计算程序。

（2）有限单元法

有限差分法不适于计算变厚度板、带肋筏板和形状不规则的板，而这些采用有限单元法则很容易解决。有限单元法的内容很丰富，这里只介绍网格结构的直接单元法，该法由 Chu－Kia Wang 1970 年提出。该法的适应性很强，各种不同类型的筏形基础都能计算，尤其是分析梁板式筏形基础最为理想，还可用于分析十字交叉梁基础。采用该法是将筏形基础化成梁单元进行求解。

典型单元的方向矩阵为：

$$[A] = \begin{bmatrix} \sin\alpha & 0 & -\cos\alpha & 0 & 0 \\ \cos\alpha & 0 & -\sin\alpha & 0 & 0 \\ \dfrac{1}{L} & \dfrac{1}{L} & 0 & -1.0 & 0 \\ 0 & -\sin\alpha & \cos\alpha & 0 & 0 \\ 0 & \cos\alpha & \sin\alpha & 0 & 0 \\ -\dfrac{1}{L} & -\dfrac{1}{L} & 0 & 0 & -1.0 \end{bmatrix} \tag{10-37}$$

式中 α——杆件水平倾角；

L——杆件长度。

杆件刚度为：

$$[S]=\begin{bmatrix}\frac{4EI}{L} & \frac{2EI}{L} & 0 & 0 & 0\\ \frac{2EI}{L} & \frac{4EI}{L} & 0 & 0 & 0\\ 0 & 0 & \frac{GJ}{L} & 0 & 0\\ 0 & 0 & 0 & K & 0\\ 0 & 0 & 0 & 0 & K\end{bmatrix} \tag{10-38}$$

式中 E——杆件材料弹性模量；

I——杆件惯性矩；

G——杆件材料剪切模量；

J——杆件极惯性矩；

K——地基集中基床系数，$K=K_sLB/4$；

K_s——地基单位面积上的基床系数；

L——杆件长度；

B——杆件宽度。

根据式（10-37）和式（10-38）容易求得板的单元刚度矩 $[A][S][A]^T$，根据单元刚度矩阵按“对号入座”办法进行叠加而建立体系的总刚度矩阵 $[GK]$，具体方法在此不详述，最后建立多元线性方程组：

$$[GK]\{X\}=\{P\} \tag{10-39}$$

式中 $\{X\}$——位移矩阵；

$\{P\}$——外荷载矩阵。

求得位移 $\{X\}$ 后，由下式计算杆件内力：

$$\{F\}=[S][A]^T\{X\} \tag{10-40}$$

式中 $\{F\}$——内力矩阵，每个杆件包括两个杆端弯矩，一个扭矩和两个支座反力。

直接单元法也有多种地基模型的计算程序，基本上能解决实际工程所遇到的各种不同类型的筏形基础的计算问题。

四、构造要求

筏形基础的构造要求与箱形基础有许多相同之处，设计时可以参考第二节箱形基础的有关内容。

1. 阀形基础的防渗措施

采用筏形基础方案的一个重要目的就是扩大地下室的使用面积，提高地下室的使用功能。因此，对基础的防渗要求越来越高。防渗是一项技术性很强的工作，国内、国外都在不断地进行研究，至今仍未很好地解决。随之，相应的堵漏技术又发展了起来。防堵结合一般能满足使用要求，但技术要求很高，并且造价也较高。有许多工程采用排水方法解决地下室渗水问题。规范 JGJ 6—99 也建议“对重要建筑宜采用自防水并设架空排水层方案”。表 10-6列出了工程上常用基础的防水方案及其特点、应用状况供参考。

还需要强调，当采用刚性防水方案时，应验算底板的抗裂度，这对于有限刚度板更是必要。

表 10-6　常用基础防水方案及其特点、应用状况

基础防水方案			主要特征	应用状况
柔性防水方案			施工复杂、造价高、易老化、检修难、补漏难	应用范围较小
刚性防水方案	添加剂防水混凝土		混凝土配制麻烦，施工质量控制难，防水效果好	特殊要求或小规模施工时采用
	膨胀水泥防水混凝土		要求用膨胀水泥，混凝土配制麻烦，防水效果好	应用范围目前仍有限
	普通防水混凝土	普通密实防水混凝土	混凝土配制较简单，材料易满足，施工质量易控制，经济	应用范围最广
		集料级配防水混凝土	密实性好，防水效果好，施工繁琐，混凝土配制麻烦，质量不易控制	适用于防水要求高、规模小的工程

2. 筏形基础几何尺寸的确定

严格地说，筏形基础的几何尺寸应根据地基条件、上部结构体系、墙和柱的布置、荷载大小等条件通过计算分析来确定。但由于筏形基础的力学性状极其复杂，目前国内外都有许多工程师对于筏形基础的设计采取较保守的简化方法，理由是：

计算分析费工费时，且结果的可靠性仍难以确定；

筏形基础采取保守的设计方案所增加的额外花费，相对于整个工程的造价而言是很小的和可以接受的；

额外的花费增加了附加的安全系数，因而是可取的。

当然，随着设计经验和研究水平的提高，筏形基础的设计会越来越合理。规范 JGJ 6—99 是我国基础工程规范首次较全面和详细地涉及筏形基础的设计计算。其后颁布的国家标准《建筑地基基础设计规范》GB 5007—2002 又在此基础上作了一些新的规定。

(1) 梁板式筏形基础

尽管梁板式筏基施工比较复杂，其应用仍然十分普遍，原因是：1) 强度要求，为了减小板厚；2) 防水要求，为了做架空底板。梁板式筏形基础的主梁与次梁的布置应与上部结构的墙、柱相对应，即沿墙、柱的轴线成交叉网状布置，以有利于应力的扩散，增强板的承载能力。规范规定梁板式筏形基础的板厚不应小于 300mm，且板厚与板格的最小跨度之比不宜小于 1/20。对 12 层以上的建筑，梁板式筏形基础的板厚不应小于 400mm，且板厚与最大双向板格的短边净跨之比不得小于 1/14。梁板式筏形基础底板的板格应满足受冲切承载力的要求，验算时以板格为单元，用地基反力扣除底板自重作为冲切荷载，地基反力应取反力大的区域，如边角区域的反力。梁板式筏形基础底板受冲切承载力和斜面受剪切承载力的计算方法可参考本章箱形基础底板的冲切和剪切计算。

当需要扩大筏形基础底板面积时，应优先考虑沿建筑物的宽度方向扩展。对基础梁外伸的梁板式筏形基础，筏形基础底板挑出的长度，从基础梁外皮起算横向不宜大于 1200mm，纵向不宜大于 600mm。

梁板式筏形基础梁的截面由正截面受弯及斜截面受剪承载力控制。据有关资料介绍，剪切应力比弯曲应力的影响更大，因此应注意抗剪切钢筋的配置。此外，尚应验算底层柱下基础梁顶面的局部受压承载力。

由于筏形基础的实际力学状态较难分析，而且其刚度相对箱形基础要小得多，因此必须重视构造要求。对于地下室底层柱、剪力墙与梁板式筏形基础的基础梁的连接构造一定要符合下列规定：

当交叉基础梁的宽度小于柱截面的边长时，交叉基础梁连接处应设置八字角，柱角和八字角之间的净距不宜小于 50mm（图 10-18（a））；

当单向基础梁与柱连接时，柱截面的边长大于 400mm，可按图 10-18（b）、（c）采用；柱截面的边长小于等于 400mm，可按图 10-18（d）采用；

当基础梁与剪力墙连接时，基础梁边至剪力墙边的距离不宜小于 50mm（图 10-18（e））。

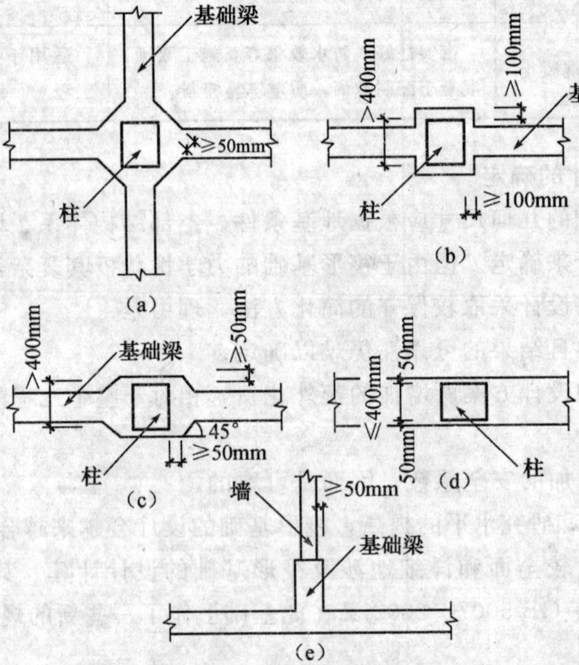

图 10-18　基础梁与地下室底层柱或剪力墙连接的构造

（2）平板式筏形基础

平板式筏形基础的厚度应能满足受冲切承载力的要求，尤其要注意边柱和角柱下板的抗冲切验算，板的最小厚度不宜小于 400mm。对平板式筏形基础，扩大基础面积的原则同梁板式筏形基础，其挑出长度从柱外皮起算，横向不宜大于 1000mm，纵向不宜大于 600mm。

冲切问题比弯曲和剪切问题更为复杂，对其破坏机理的试验研究和理论分析至今还未得到令人满意的结果。影响筏形基础抗冲切强度的主要因素有：

基础材料的特性与质量，包括混凝土强度和配筋率等；

冲切荷载的加荷面积、形状与筏板厚度；

地基土的性状与边界约束条件。

研究结果还表明，板的极限抗冲切强度在很大程度上与板的抗弯强度有关，就像柱的轴压与弯曲密切相关一样。目前，规范仅以混凝土抗拉强度作为影响冲切强度的主要因素，即仅用了混凝土的弱点，而一点也不考虑钢筋的抗力，因此计算结果是偏于保守和安全的。

计算距柱边 $h_0/2$ 处冲切临界截面的最大剪应力公式如下：

$$\tau_{\max}=\frac{V_s}{\mu_m h_0}+\alpha_s\frac{MC_{AB}}{I_s} \tag{10-41}$$

$$\tau_{\max}=\leqslant 0.7\left(0.4+\frac{1.2}{\beta_s}\right)\beta_{hp}f_t \tag{10-42}$$

$$\alpha_s=1-\frac{1}{1+\frac{2}{3}\sqrt{\frac{c_1}{c_2}}} \tag{10-43}$$

式中　V_s——相应于荷载效应基本组合时的集中力设计值，对内柱取轴力设计值减去筏板冲切破坏椎体内的地基反力设计值；

对边柱和角柱，取轴力设计值减去筏板冲切临界截面范围内的地基反力设计值，地基反力值应扣除底板自重；

u_m——距柱边 $h_0/2$ 处冲切临界截面的周长；

h_0——筏板的有效高度；

M——作用在冲切临界截面重心上的不平衡弯矩；

C_{AB}——沿弯矩作用方向，冲切临界截面重心至冲切临界截面最大剪应力点的距离；

I_s——冲切临界截面对其重心的极惯性矩；

β_s——柱截面长边与短边的比值，当 $\beta_s<2$ 时，β_s 取 2；当 $\beta_s>4$ 时，β_s 取 4；

β_{hp}——受冲切承载力截面高度影响系数，当 h 不大于 800mm 时，取 1.0；当 h 大于 2000mm 时，取 0.9，期间数值按线性内插法取用；

f_t——混凝土轴心抗拉强度设计值；

c_1——与弯矩作用方向一致的冲切临界截面的边长；

c_2——垂直于 c_1 的冲切临界截面的边长；

α_s——不平衡弯矩通过冲切临界截面上的偏心剪力来传递分配系数。

冲切临界截面的周长 u_m 以及冲切临界截面对其重心的极惯性矩 I_s，应根据柱所处的部位分别按以下公式进行计算：

1）内柱

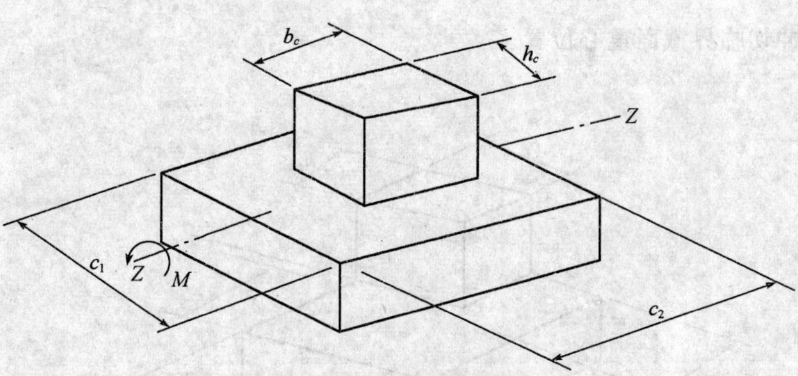

图 10-19　内柱冲切临界截面示意图

$$u_m=2c_1+2c_2$$

$$I_s=\frac{c_1h_0^3}{6}+\frac{c_1^3h_0}{6}+\frac{c_2h_0c_1^2}{2}$$

$$c_1 = h_c + h_0$$

$$c_2 = b_c + h_0$$

$$C_{AB} = \frac{c_1}{2}$$

式中 h_c——与弯矩作用方向一致的柱截面的边长；

b_c——垂直于 h_c 的柱截面边长。

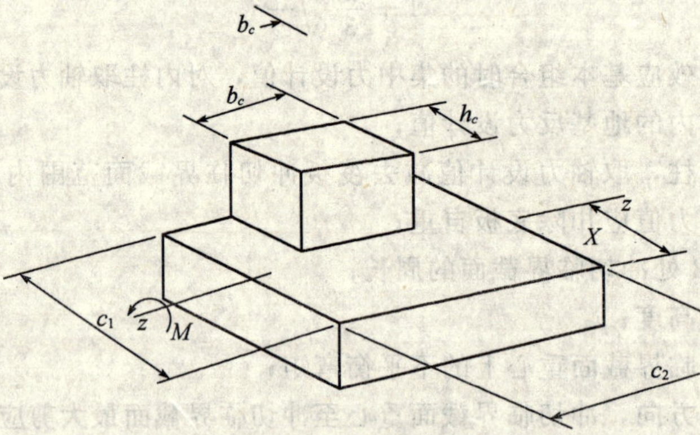

图 10-20 边柱冲切临界截面示意图

2）边柱

$$u_m = 2c_1 + 2c_2$$

$$I_s = \frac{c_1 h_0^3}{6} + \frac{c_1^3 h_0}{6} + 2h_0 c_1 \left(\frac{c_1}{2} - \overline{X}\right)^2 + c_2 h_0 \overline{X^2}$$

$$c_1 = h_c + \frac{h_0}{2}$$

$$c_2 = b_c + h_0$$

$$C_{AB} = c_1 - \overline{X}$$

$$\overline{X} = \frac{c_1^2}{2c_1 + c_2}$$

式中 $\overline{X}$——冲切临界截面重心位置。

3）角柱

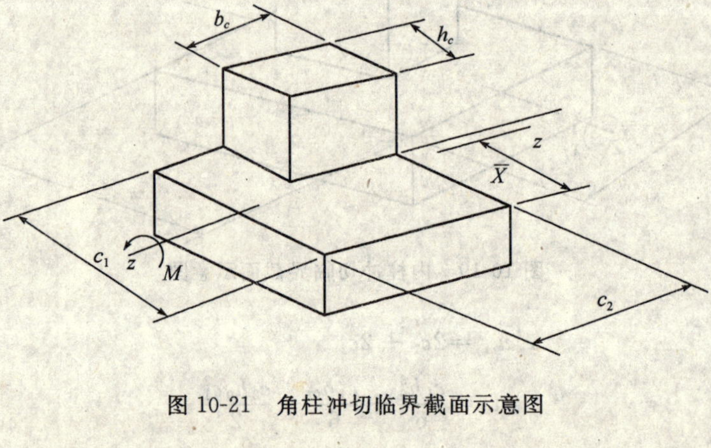

图 10-21 角柱冲切临界截面示意图

$$u_m = c_1 + c_2$$

$$I_s = \frac{c_1 h_0^3}{12} + \frac{c_1^3 h_0}{12} + c_1 h_0 \left(\frac{c_1}{2} - \overline{X}\right)^2 + c_2 h_0 \overline{X}^2$$

$$c_1 = h_c + \frac{h_0}{2}$$

$$c_2 = b_c + \frac{h_0}{2}$$

$$C_{AB} = c_1 - \overline{X}$$

$$\overline{X} = \frac{c_1^2}{2c_1 + c_2}$$

式中　$\overline{X}$——冲切临界截面重心位置。

式（10-41）的右边第一项来自《混凝土结构设计规范》第 4.4.1 条（公式 4.4.1）。第二项的依据是美国 ACI－318 规范，不平衡弯矩产生的附加剪应力。该式考虑的因素比较全面，计算结果偏于安全。

当柱荷载较大，等厚度筏板的受冲切承载力不能满足要求时，可在筏板上面增设柱墩或在筏板下局部增加板厚或采用抗冲切箍筋来提高受冲切承载能力。

平板式筏基上内筒下的板厚应符合受冲切承载力的要求（图 10-22），其冲切承载力可按下式计算：

$$\frac{F_1}{u_m h_0} \leqslant 0.7\beta_{hp} f_t \eta \tag{10-44}$$

式中　F_1——相应于荷载效应基本组合时的内筒所承受的轴力设计值减去筏板冲切破坏锥体内的地基反力设计值。其中地基反力值应扣除板的自重；

u_m——距内筒外表面 $h_0/2$ 处冲切临界截面的周长；

h_0——距内筒外表面 $h_0/2$ 处筏板的有效高度；

η——内筒冲件临界截面周长影响系数，取 1.25。

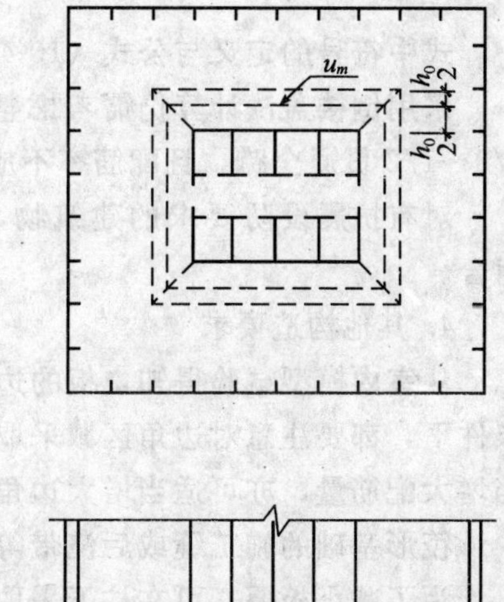

图 10-22　筏板受内筒冲切的临界截面位置

当需要考虑内筒根部弯矩的影响时，距内筒外表面 $h_0/2$ 处冲切临界截面的最大剪应力可按式（10-41）计算并应符合 $\tau_{\max} \leqslant 0.7\beta_{hp} f_t/\eta$。

平板式筏板除满足受冲切承载力外，尚应按式（10-45）验算距内筒边缘或距柱缘 h_0 处筏板的受剪承载力：

$$V_s \leqslant 0.07 f_c b_w h_0 \tag{10-45}$$

式中　V_s——扣除底板自重后地基土净反力平均值产生的距内筒边缘或距柱边缘 h_0 处筏板单位宽度的剪力设计值；

b_w——筏板计算截面单位宽度；

h_0——计算截面处筏板的有效高度。

地下室内外墙的布置和厚度以及首层楼板的刚度对筏形基础的刚度有显著的影响，设计时应注意加强。筏形基础地下室的外墙厚度不应小于250mm，内墙厚度不应小于200mm。墙体内应设置双面钢筋，钢筋配置量除满足承载力要求外，竖向和水平钢筋的直径不应小于10mm，间距不应大于200mm。内外墙的墙顶处也应按箱形基础那样配置两根直径不小于20mm的通长构造钢筋。

3. 筏形基础的抗弯要求

抗弯计算是筏形基础弯曲内力计算的主要内容，前面已有详细的叙述。需要指出，较合理的筏形基础设计方案，取决于所采用的计算方法是否能较准确地反映实际状态。因此，设计筏形基础时应认真地选择计算方法。

筏形基础的强度除了混凝土外，主要取决于抗弯钢筋的配置。最常见的是，筏板的顶面和底面采取连续的双向配筋。当筏板的厚度较大时，根据需要还可放置多层钢筋网。采用倒楼盖法计算，由于未考虑整体弯曲的影响，往往配筋率偏低，实际布筋时一定要按照规范要求配置足够量的贯通钢筋。对于平板式筏基，柱下板带中在柱宽及其两侧各0.5倍板厚的有效宽度范围内的钢筋配置量不应小于柱下板带钢筋的一半，且应能承受作用在冲切临界截面重心上的部分不平衡弯矩 M_p 的作用。M_p 应按下列公式计算：

$$M_p = \alpha_m M \tag{10-46}$$

$$\alpha_m = 1 - \alpha_s \tag{10-47}$$

式中符号的定义与公式（10-41）相同。

采用倒楼盖法计算仍需考虑整体弯曲的影响，柱下筏板带和跨中板带的底部钢筋应有1/3～1/2贯通全跨，且配筋率不应小于0.15%，顶部钢筋应按实际配筋全部拉通。

对有抗震设防要求的建筑物，计算筏形基础的内力时，荷载要考虑地震效应的不利组合。

4. 其他构造要求

从室内模型试验得知，板的边角区域是刚度和强度的薄弱环节。因此，建议无论在任何条件下，都要注意对边角区域采取加强措施。可在四角增加适当的辐射状配筋，在板边缘适当增大配筋量，亦可适当增大边角区域的厚度。

筏形基础的施工缝或后浇带等垂直接缝，应布置在剪力较小的部位。

为了减小板厚，可在柱下采取增加弯起钢筋的措施来抵抗冲切。

第四节　桩与桩箱、桩筏基础

一、关于桩和桩基的一般规定

桩的作用是把建筑物的荷载传递给地基，不同桩径、不同桩长、不同形状、不同材质、不同施工方法和不同地质状况中的桩，可以提供不同的单桩承载力，也具有不同的变形特征。按桩的荷载传递特征可分为摩擦型桩和端承型桩。摩擦型桩的桩顶竖向荷载主要由桩侧阻力承受；端承型桩的桩顶竖向荷载主要由桩端阻力承受。

1. 桩和桩基的构造，一般应符合下列要求：

（1）摩擦型桩的中心距不宜小于桩身直径的3倍；扩底灌注桩的中心距不宜小于扩底直径的1.5倍，当扩底直径大于2m时，桩端净距不宜小于1m。在确定桩距时尚应考虑施工工艺中挤土等效应对邻近桩的影响。

（2）扩底灌注桩的扩底直径，不应大于桩身直径的3倍。

（3）桩底进入持力层的深度，根据地质条件、荷载及施工工艺确定，宜为桩身直径的1～3倍。在确定桩底进入持力层深度时，尚应考虑特殊土、岩溶以及震陷液化等影响。嵌岩灌注桩周边嵌入完整和较完整的未风化、微风化、中风化硬质岩体的最小深度，不宜小于0.5m。

（4）布置桩位时宜使桩基承载力合力点与竖向永久荷载合力作用点重合。

（5）预制桩的混凝土强度等级不应低于C30；灌注桩不应低于C20；预应力桩不应低于C40。

（6）桩的主筋应经计算确定。预制桩的最小配筋率不宜小于0.8%；静压预制桩的最小配筋率不宜小于0.6%；灌注桩最小配筋率不宜小于0.2%～0.65%（小直径桩取大值）。

（7）配筋长度：

1）受水平荷载和弯矩较大的桩，配筋长度应通过计算确定。

2）桩基承台下存在淤泥、淤泥质土或液化土层时，配筋长度应穿过淤泥、淤泥质土层或液化土层。

3）坡地岸边的桩、8度及8度以上地震区的桩、抗拔桩、嵌岩端承桩应通长配筋。

4）桩径大于600mm的钻孔灌注桩，构造钢筋的长度不宜小于桩长的2/3。

（8）桩顶嵌入承台内的长度不宜小于50mm。主筋伸入承台内的锚固长度不宜小于钢筋直径（Ⅰ级钢）的30倍和钢筋直径（Ⅱ级钢和Ⅲ级钢）的35倍。对于大直径灌注桩，当采用一柱一桩时，可设置承台或将桩和柱直接连接。桩和柱的连接可按《建筑地基基础设计规范》（GB 50007—2002）关于高杯口基础的要求选择截面尺寸和配筋，柱纵筋插入桩身的长度应满足锚固长度的要求。

（9）在承台及地下室周围的回填中，应满足填土密实性的要求。

2. 群桩中单桩桩顶竖向力应按下列公式计算：

（1）轴心竖向力作用下

$$Q_k = \frac{F_k + G_k}{n} \tag{10-48}$$

偏心竖向力作用下

$$Q_{ik} = \frac{F_k + G_k}{n} \pm \frac{M_{xk} y_i}{\sum y_i^2} \pm \frac{M_{yk} x_i}{\sum x_i^2} \tag{10-49}$$

（2）水平力作用下

$$H_{ik} = \frac{H_k}{n} \tag{10-50}$$

式中　F_k——相应于荷载效应标准组合时，作用于桩基承台顶面的竖向力；

G_k——桩基承台自重及承台上土自重标准值；

Q_k——相应于荷载效应标准组合轴心竖向力作用下任一单桩的竖向力；

n——桩基中的桩数；

Q_{ik}——相应于荷载效应标准组合偏心竖向力作用下第 i 根桩的竖向力；

M_{xk}、M_{yk}——相应于荷载效应标准组合作用于承台底面通过桩群形心的 x、y 轴的力矩；

x_i、y_i——桩 i 至桩群形心的 y、x 轴线的距离；

H_k——相应于荷载效应标准组合时，作用于承台底面的水平力；

H_{ik}——相应于荷载效应标准组合时，作用于任一单桩的水平力。

3. 单桩承载力计算应符合下列公式：

（1）轴心竖向力作用下

$$Q_k \leqslant R_a \tag{10-51}$$

偏心竖向力作用下，除满足上式外，尚应满足下式要求：

$$Q_{ik\max} \leqslant 1.2R_a \tag{10-52}$$

式中 R_a——单桩竖向承载力特征值。

（2）水平荷载作用下

$$H_{ik} \leqslant R_{Ha} \tag{10-53}$$

式中 R_{Ha}——单桩水平承载力特征值。

4. 单桩竖向承载力特征值的确定应符合下列规定：

（1）单桩竖向承载力特征值应通过单桩竖向静载荷试验确定。在同一条件下的试桩数量，不宜少于总桩数的1%，且不应少于3根。单桩的静载荷试验，应按《建筑地基基础设计规范》附录Q进行。

当桩端持力层为密实砂卵石或其他承载力类似的土层时，对单桩承载力很高的大直径端承型桩可采用深层平板载荷试验确定桩端土的承载力特征值，试验方法应遵照建筑地基基础设计规范附录D的规定。

（2）地基基础设计等级为丙级的建筑物，可采用静力触探及标贯试验参数确定 R_a 值。

（3）初步设计时单桩竖向承载力特征值可按下式估算：

$$R_a = q_{pa}A_p + u_p\sum q_{sia}L_i \tag{10-54}$$

式中 R_a——单桩竖向承载力特征值；

q_{pa}，q_{sia}——桩端端阻力、桩侧阻力特征值，由当地静载荷试验结果统计分析算得；

A_p——桩底端横截面面积；

u_p——桩身周边长度；

L_i——第 i 层岩土的厚度。

当桩端嵌入完整及较完整的硬质岩中时，可按下式估算单桩竖向承载力特征值：

$$R_a = q_{pa}A_p \tag{10-55}$$

式中 q_{pa}——桩端岩石承载力特征值。

（4）嵌岩灌注桩桩端以下三倍桩径范围内应无软弱夹层、断裂破碎带和洞穴分布；并在桩底应力扩散范围内应无岩体临空面。当桩端无沉渣时，桩端岩石承载力特征值，应按下式计算或按《建筑地基基础设计规范》附录H用岩基载荷试验确定：

$$f_a = \Psi_r \cdot f_{rk} \tag{10-56}$$

式中 f_a——岩石地基承载力特征值（kPa）；

f_{rk}——岩石饱和单轴抗压强度标准值（kPa），可按建筑地基基础设计规范附录J确定；

Ψ_r——折减系数。

根据岩体完整程度以及结构面的间距、宽度、产状和组合，由地方经验确定。无经验时，对完整岩体可取0.5；对较完整岩体可取0.2～0.5；对较破碎岩体可取0.1～0.2。折减系数值未考虑施工因素及建筑物使用后风化作用的继续；对于黏土质岩，在确保施工期及使用期不致遭水浸泡时，也可采用天然湿度的试样，不进行饱和处理。

5. 单桩水平承载力特征值取决于桩的材料强度、截面刚度、入土深度、土质条件、桩顶水平位移允许值和桩顶嵌固情况等因素，应通过现场水平载荷试验确定。必要时可进行带承台桩的载荷试验，试验宜采用慢速维持荷载法。

6. 当作用于桩基上的外力主要为水平力时，应根据使用要求对桩顶变位的限制对桩基的水平承载力进行验算。当外力作用面的桩距较大时，桩基的水平承载力可视为各单桩的水平承载力的总和。当承台侧面的土未经扰动或回填密实时，应计算土抗力的作用。当水平推力较大时，宜设置斜桩。

7. 当桩基承受拔力时，应对桩基进行抗拔验算及桩身抗裂验算。

8. 桩身混凝土强度应满足桩的承载力设计要求。计算中应按桩的类型和成桩工艺的不同将混凝土的轴心抗压强度设计值乘以工作条件系数 Ψ_c，桩身强度应符合下式要求：

桩轴心受压时 $$Q \leqslant A_p f_c \Psi_c \tag{10-57}$$

式中 f_c——混凝土轴心抗压强度设计值；按现行《混凝土结构设计规范》取值；

Q——相应于荷载效应基本组合时的单桩竖向力设计值；

A_p——桩身横截面积；

Ψ_c——工作条件系数，预制桩取 0.75，灌注桩取 0.6～0.7（水下灌注桩或长桩时用低值）。

9. 对以下建筑物的桩基应进行沉降验算：

（1）地基基础设计等级为甲级的建筑物桩基；

（2）体型复杂、荷载不均匀或桩端以下存在软弱土层的设计等级为乙级的建筑物桩基；

（3）摩擦型桩基。

10. 嵌岩桩、设计等级为丙级的建筑物桩基、对沉降无特殊要求的条形基础下不超过两排桩的桩基、吊车工作级别 A5 及 A5 以下的单层工业厂房桩基（桩端下为密实土层），可不进行沉降验算。

当有可靠地区经验时，对地质条件不复杂、荷载均匀、对沉降无特殊要求的端承型桩基也可不进行沉降验算。

11. 桩基础的沉降不得超过建筑物的允许沉降值，并应符合《建筑地基基础设计规范》表 5.3.4 的要求。

12. 计算桩基础沉降时，最终沉降量宜按单向压缩分层总和法计算。地基内的应力分布宜采用各向同性均质线性变形体理论，计算采用实体深基础假定（桩距不大于 $6d$）或其他方法，也包括明德林方法。详见《建筑地基基础设计规范》附录 R。

13. 应按有关规范的规定考虑特殊土对桩基的影响。应考虑岩溶等场地的特殊性，并在桩基设计中采取有效措施。抗震设防区的桩基按现行《建筑抗震设计规范》GB 50011 有关规定执行。

14. 软土地区的桩基应考虑桩周土自重固结、蠕变、大面积堆载及施工中挤土对桩基的影响；在深厚软土中不宜采用大片密集有挤土效应的桩基。

15. 位于坡地岸边的桩基应进行桩基稳定性验算。

16. 对于预制桩，尚应进行运输、吊装和锤击等过程中的强度和抗裂验算。

17. 以控制沉降为目的的设置桩基时，应结合地区经验，并满足下列要求：

（1）桩身强度应按桩顶荷载设计值验算；

（2）桩、土荷载分配应按上部结构与地基共同作用分析确定；

（3）桩端进入较好的土层，桩端平面处土层应满足下卧层承载力设计要求；

（4）桩距可采用（4～6d）（d 为桩身直径）。

18. 桩基设计时桩、土、承台的共同工作问题，应结合地区经验考虑。

19. 桩基承台的构造，除满足抗冲切、抗剪切、抗弯承载力和上部结构的要求外，尚应符合下列要求：

（1）承台的宽度不应小于 500mm。边桩中心至承台边缘的距离不宜小于桩的直径或边长，且桩的外边缘至承台边缘的距离不小于 150mm。对于条形承台梁，桩的外边缘至承台梁边缘的距离不小于 75mm；

（2）承台的最小厚度不应小于 300mm；

（3）承台的配筋，对于矩形承台其钢筋应按双向均匀通长布置（图 10-23a），钢筋直径不宜小于 10mm，间距不宜大于 200mm；对于三桩承台，钢筋应按三向板带均匀布置，且最里面的三根钢筋围成的三角形应在柱截面范围内（图 10-23b）。承台梁的主筋除满足计算要求外尚应符合现行《混凝土结构设计规范》GB 50010 关于最小配筋率的规定，主筋直径不宜小于 12mm，架立筋不宜小于 10mm，箍筋直径不宜小于 6mm（图 10-23c）；

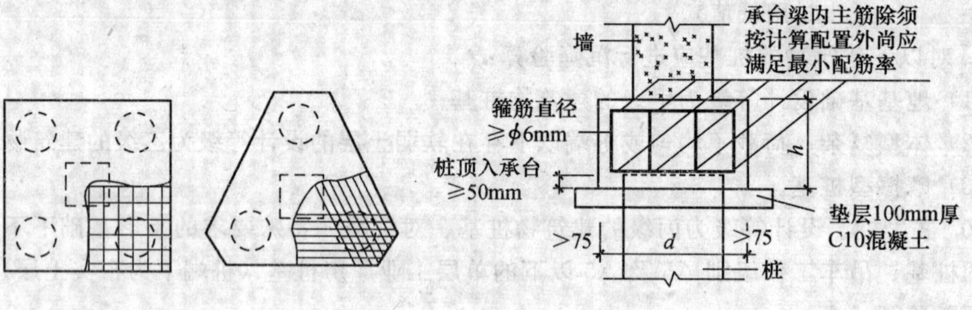

图 10-23 承台配筋

（4）承台混凝土强度等级不应低于 C20，纵向钢筋的混凝土保护层厚度不应小于 70mm，当有混凝土垫层时，不应小于 40mm。

20. 柱下桩基承台的弯矩可按以下简化计算方法确定：

（1）多桩矩形承台计算截面取在柱边和承台高度变化处（杯口外侧或台阶边缘，图 10-24a）：

$$M_x = \sum N_i y_i \tag{10-58}$$

$$M_y = \sum N_i x_i \tag{10-59}$$

式中 M_x、M_y——分别为垂直 y 轴和 x 轴方向计算截面处的弯矩设计值；

x_i、y_i——垂直 y 轴和 x 轴方向自桩轴线到相应计算截面的距离；

N_i——扣除承台和其上填土自重后相应于荷载效应基本组合时的第 i 桩竖向力设计值。

（2）三桩承台

1）等边三桩承台（图 10-24b）。

$$M=\frac{N_{\max}}{3}\left(s-\frac{\sqrt{3}}{4}c\right) \tag{10-60}$$

式中 M——由承台形心至承台边缘距离范围内板带的弯矩设计值；

$N_{\max}$——扣除承台和其上填土自重后的三桩中相应于荷载效应基本组合时的最大单桩竖向力设计值；

s——桩距；

c——方柱边长，圆柱时 $c=0.866d$（d 为圆柱直径）。

2）等腰三桩承台（图 10-24c）。

$$M_1=\frac{N_{\max}}{3}\left(s-\frac{0.75}{\sqrt{4-\alpha^2}}c_1\right) \tag{10-61}$$

$$M_2=\frac{N_{\max}}{3}\left(\alpha s-\frac{0.75}{\sqrt{4-\alpha^2}}c_2\right) \tag{10-62}$$

式中 M_1、M_2——分别为由承台形心到承台两腰和底边的距离范围内板带的弯矩设计值；

s——长向桩距；

α——短向桩距与长向桩距之比，当 α 小于 0.5 时，应按变截面的二桩承台设计；

c_1、c_2——分别为垂直于、平行于承台底边的柱截面边长。

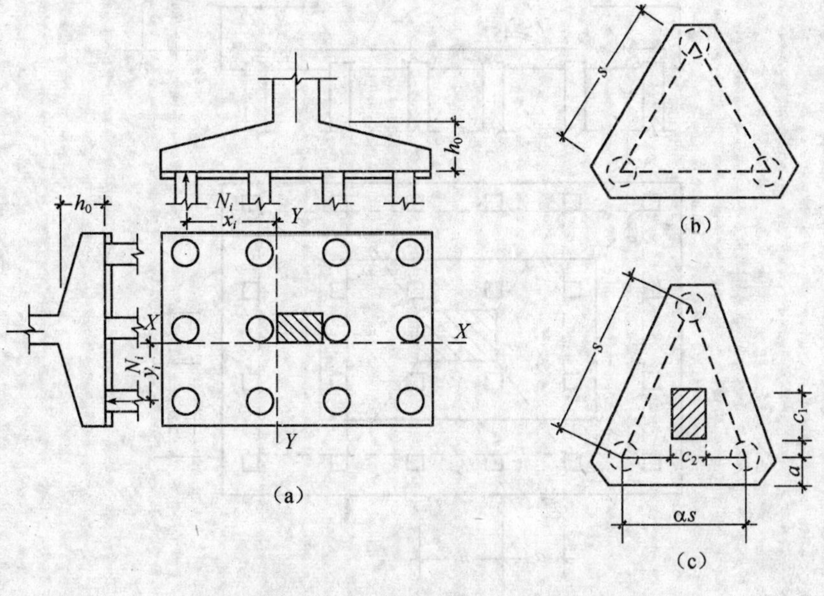

图 10-24 承台弯矩计算示意图

21. 柱下桩基础独立承台受冲切承载力的计算，应符合下列规定：

（1）柱对承台的冲切，可按下列公式计算（图 10-25）：

$$F_l\leqslant 2\left[\alpha_{ox}(b_c+a_{oy})+\alpha_{oy}(h_c+a_{ox})\right]\beta_{hp}f_t h_0 \tag{10-63}$$

$$F_l=F-\sum N_i \tag{10-64}$$

$$\alpha_{ox}=0.84/(\lambda_{ox}+0.2) \tag{10-65}$$

$$\alpha_{oy}=0.84/(\lambda_{oy}+0.2) \tag{10-66}$$

式中 F_l——扣除承台及其上填土自重，作用在冲切破坏锥体上相应于荷载效应基本组合的冲切力设计值，冲切破坏锥体应采用自柱边或承台变阶处至相应桩顶边缘连线构成的锥体，锥体与承台底面的夹角不小于45°（图10-25）；

h_0——冲切破坏锥体的有效高度；

β_{hp}——受冲切承载力截面高度影响系数，其值按规范GB 50007—2002第8.2.7条的规定取用。

α_{ox}、α_{oy}——冲切系数；

λ_{ox}、λ_{oy}——冲跨比，$\lambda_{ox}=a_{ox}/h_0$、$\lambda_{oy}=a_{oy}/h_0$，a_{ox}、a_{oy}为柱边或变阶处至桩边的水平距离；当a_{ox}（a_{oy}）$<0.2h_0$时，a_{ox}（a_{oy}）$=0.2h_0$；当a_{ox}（a_{oy}）$>h_0$时，a_{ox}（a_{oy}）$=h_0$；

F——柱根部轴力设计值；

$\sum N_i$——冲切破坏锥体范围内各桩的净反力设计值之和。

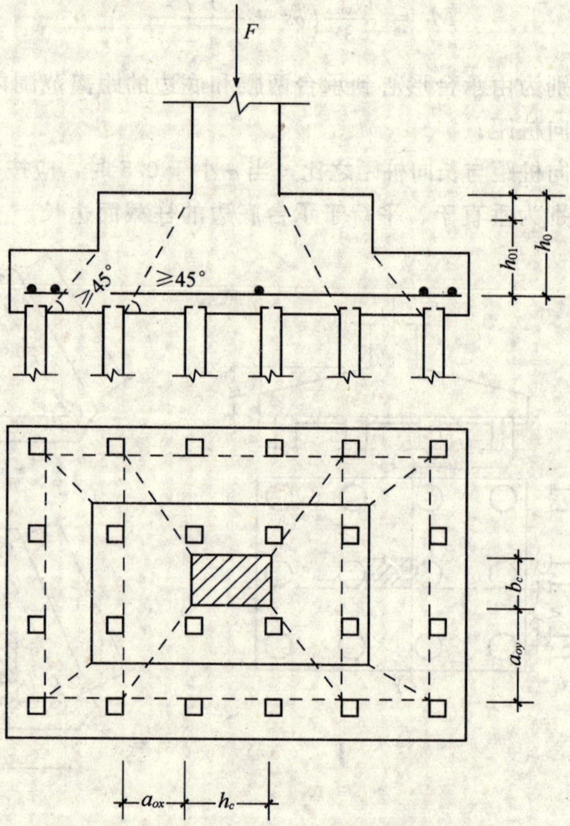

图10-25 柱对承台冲切计算示意图

对中低压缩性土上的承台，当承台与地基土之间没有脱空现象时，可根据地区经验适当减小柱下桩基础独立承台受冲切计算的承台厚度。

(2) 角桩对承台的冲切，可按下列公式计算：

1) 多桩矩形承台受角桩冲切的承载力应按下式计算（图10-26）：

$$N_l\leqslant\left[\alpha_{1x}\left(c_2+\frac{a_{1y}}{2}\right)+\alpha_{1y}\left(c_1+\frac{a_{1x}}{2}\right)\right]\beta_{hp}f_th_0 \tag{10-67}$$

$$\alpha_{1x}=\left(\frac{0.56}{\lambda_{1x}+0.2}\right) \tag{10-68}$$

$$\alpha_{1y}=\left(\frac{0.56}{\lambda_{1y}+0.2}\right) \tag{10-69}$$

式中　N_1——扣除承台和其上填土自重后的角桩桩顶相应于荷载效应基本组合时的竖向力设计值；

α_{1x}、α_{1y}——角桩冲切系数；

λ_{1x}、λ_{1y}——角桩冲跨比，其值满足 0.2～1.0，$\lambda_{1x}=a_{1x}/h_0$；$\lambda_{1y}=a_{1y}/h_0$；

c_1、c_2——从角桩内边缘至承台外边缘的距离；

a_{1x}、a_{1y}——从承台底角桩内边缘引 45°冲切线与承台顶面或承台变阶处相交点至角桩内边缘的水平距离；

h_0——承台外边缘的有效高度。

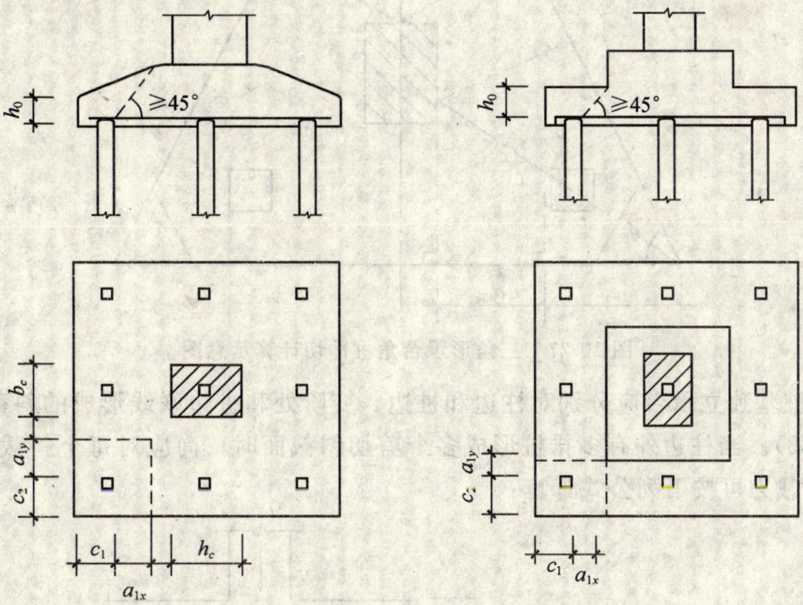

图 10-26　矩形承台角桩冲切计算示意图

2）三桩三角形承台受角桩冲切的承载力可按下列公式计算（图 10-27）：

底部角桩

$$N_1 \leqslant \alpha_{11}(2c_1+a_{11})\tan\frac{\theta_1}{2}\beta_{hp}f_t h_0 \tag{10-70}$$

$$\alpha_{11}=\left(\frac{0.56}{\lambda_{11}+0.2}\right) \tag{10-71}$$

顶部角桩

$$N_l \leqslant \alpha_{12}(2c_2+a_{12})\tan\frac{\theta_2}{2}\beta_{hp}f_t h_0 \tag{10-72}$$

$$\alpha_{12}=\left(\frac{0.56}{\lambda_{12}+0.2}\right) \tag{10-73}$$

式中　λ_{11}、λ_{12}——角桩冲跨比，$\lambda_{11}=\frac{a_{11}}{h_0}$，$\lambda_{12}=\frac{a_{12}}{h_0}$；

a_{11}、a_{12}——从承台底角桩内边缘向相邻承台边引 45°冲切线与承台顶面相交点至角桩内边缘的水平距离；当柱位于该 45°线以内时则取柱边与桩内边缘连线为冲切锥体的锥线；

对圆柱及圆桩，计算时可将圆形截面换算成正方形截面。

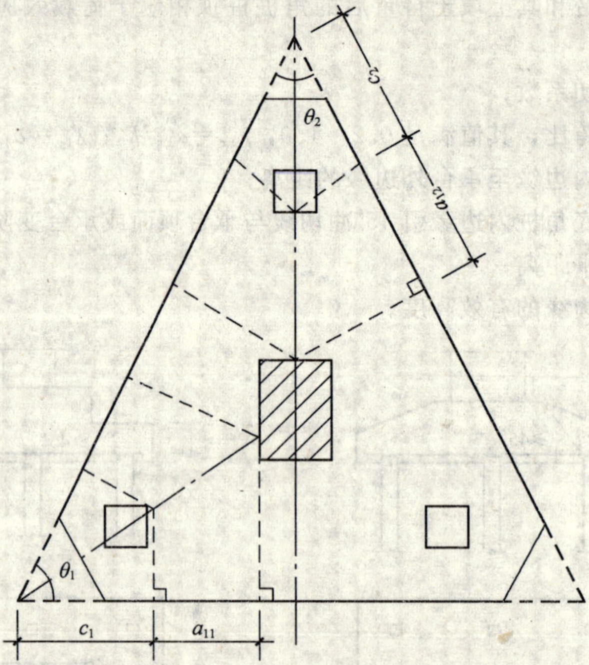

图 10-27　三角形承台角桩冲切计算示意图

22. 柱下桩基独立承台应分别对柱边和桩边、变阶处和桩边联线形成的斜截面进行受剪计算（图 10-28）。当柱边外有多排桩形成多个剪切斜截面时，尚应对每个斜截面进行验算。斜截面受剪承载力可按下列公式计算：

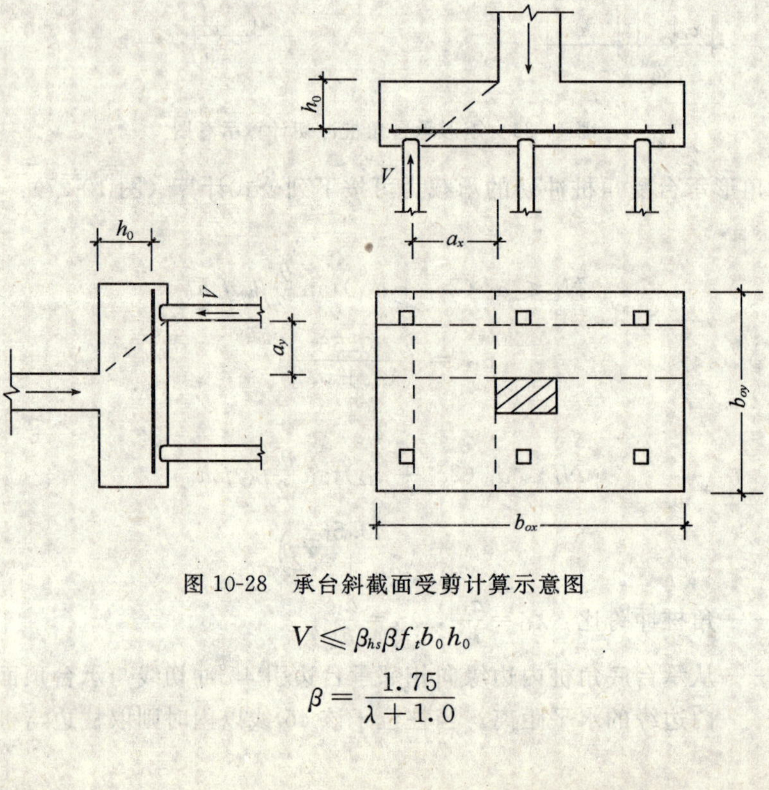

图 10-28　承台斜截面受剪计算示意图

$$V \leqslant \beta_{hs}\beta f_t b_0 h_0 \tag{10-74}$$

$$\beta = \frac{1.75}{\lambda + 1.0} \tag{10-75}$$

式中 V——扣除承台及其上填土自重后相应于荷载效应基本组合时斜截面的最大剪力设计值；

b_0——承台计算截面处的计算宽度。阶梯形承台变阶处的计算宽度、锥形承台的计算宽度应按规范 GB 50007—2002 附录 5 确定；

h_0——计算宽度处的承台有效高度；

β——剪切系数；

β_{hs}——受剪切承载力截面高度影响系数，按规范 GB 50007—2002 公式（8.4.5-4）计算；

λ——计算截面的剪跨比，$\lambda_x=\frac{a_x}{h_0}$，$\lambda_y=\frac{a_y}{h_0}$。$a_x$、$a_y$ 为柱边或承台变阶处至 x、y 方向计算一排桩的桩边的水平距离，当 $\lambda<0.3$ 时，取 $\lambda=0.3$；当 $\lambda>3$ 时，取 $\lambda=3$。

23. 当承台的混凝土强度等级低于柱或桩的混凝土强度等级时，尚应验算柱下或桩上承台的局部受压承载力。

24. 承台之间的连接应符合下列要求：

（1）单桩承台，宜在两个互相垂直的方向上设置连系梁；

（2）两桩承台，宜在其短向设置连系梁；

（3）有抗震要求的柱下独立承台，宜在两个主轴方向设置连系梁；

（4）连系梁顶面宜与承台位于同一标高。连系梁的宽度不应小于 250mm，梁的高度可取承台中心距的 1/15～1/10。

（5）连系梁的主筋应按计算要求确定。连系梁内上下纵向钢筋直径不应小于 12mm 且不应少于 2 根，并应按受拉要求锚入承台。

二、桩箱与桩筏基础

1. 关于计算分析方法的说明

桩箱与桩筏基础是由桩与箱基或筏基共同承受上部结构荷载的基础形式，上部结构荷载的一部分通过桩传递到更深处的土体，另一部分由箱基或筏基底板下的土体承受。桩箱与桩筏基础是高层建筑的主要基础形式。设计计算需要解决的是以下四个问题：

（1）箱形基础或筏形基础下土可以承担上部结构荷载的条件；

（2）箱形基础或筏形基础下土分担上部结构荷载的比例及其规律；

（3）箱形基础或筏形基础下桩分担上部结构荷载的比例及其规律；

（4）箱形基础或筏形基础的内力分析方法。

研究这四个问题而最合理的方法是“上部结构—承台（箱形基础或筏形基础）—桩”三者共同作用的分析方法。但由于这种分析方法尚无较好的符合实际的计算模型，因此，应用于实际工程仍较困难。目前，设计人员还需根据自己的设计经验和计算能力，按照规范所提的基本设计计算原则进行设计。

2. 总桩数确定和桩的参数选择

（1）桩顶作用效应和桩数的计算公式可参见本节（一）关于群桩的一般公式。

（2）桩基承载力除受单桩承载力控制外，还与桩径、桩距、桩基持力层等因素有关。在按承载力布桩时，应综合考虑这些因素，以取得最佳效果。

在选择桩径和桩长时，力求做到既满足使用要求又能最有效地利用和发挥地基土和桩身材料的承载性能，也能符合成桩技术的现实水平。首先要考虑各类桩型的最小直径要求（不包括微型桩），如：打入式预制桩不小于 25×25cm，干作业钻孔桩不小于 30cm，泥浆护壁钻孔桩和冲孔桩不小于 50cm，人工挖孔桩不小于 80cm 等。对于摩擦桩，宜选择具有较大比表面的尺寸（表面积与体积之比），即宜采用细长桩。这是由于桩侧表面积为桩径的一次函数，而桩体积（材料消耗）为桩径的二次函数。因此，摩擦桩不宜采用短粗的大直径桩。对于端承桩，持力层强度低于桩身材料强度的情况下，一般应优先考虑采用扩底灌注桩。在基岩、砂卵石等坚硬持力层埋藏不太深的情况下，对于排架柱和框架柱基，可考虑采用单柱单桩，即一柱由一根大直径桩作为基础，以节约承台材料。在一般情况下，同一建筑物的桩基应采用相同的桩径，但是当建筑物平面范围内荷载分布很不均匀时，也可根据荷载和地层土质条件，采用不同直径的桩。

（3）桩的持力层选择，一般应选择较硬土层。桩端全断面进入持力层的深度，对于黏性土、粉土不宜小于 $2d$，砂土不宜小于 $1.5d$，碎石类土，不宜小于 $1d$。当存在软弱下卧层时，桩基以下硬持力层厚度不宜小于 $4d$。对于薄持力层，且桩端持力层下卧软弱土层时，若桩端进入持力层过深，反而会降低桩的承载力。当硬持力层较厚且施工条件许可时，桩端进入持力层的深度宜尽可能达到该土层桩端阻力的临界深度。桩端阻力的临界深度是指桩端阻力随桩端进入持力层的深度增加而增大的一个界限深度值。当桩端进入持力层的深度超过该土层的临界深度后，桩端阻力则不再有显著增加或不再增加了。因此，将桩端设置在土层的临界深度处，有利于充分发挥桩的承载力。砂与碎石类土的临界深度为（3～10）d，随密度提高而增大；粉土、黏性土的临界深度为（2～6）d，随土的孔隙比和液性指数的减小而增大。

（4）按刚塑性理论求得的桩端阻力公式，端阻力是随深度线性增加的。按有效应力原理，桩侧阻力也随桩的入土深度 h 增加而线性增大。但是，室内模型试验和原型试验研究表明，端阻力、侧阻力并不符合一直随深度线性增大的规律，而是随有关因素呈特定规律变化，称此为“深度效应”。

1）桩侧阻力的深度效应

当桩入土超过一定深度后，侧阻不再随深度增加而增大。这一深度即为侧阻的临界深度。而这恒定的侧阻称为侧阻稳值。根据砂土中模型桩试验所得的侧阻临界深度 h_{cs} 不尽相同，Vesic（1967）得到侧阻临界深度 h_{cs} 与端阻临界深度 h_{cp} 的关系为 $h_{cs}=$（0.5～0.7）h_{cp}；Meyerhof（1978）得到：$h_{cs}=$（0.3～0.5）h_{cp}；现场试验得到：$h_{cs}=h_{cp}$（Tavenas，1971；Meyerhof，1976）。h_{cs} 也随上覆压力 p_0 的增大而减小。波兰 PN—83/B—02482 规范一《建筑物基础、桩和桩基础的承载力》中，假设 $h_{cs}=5\text{m}$，当 $h<5\text{m}$ 时，q_s 按原地面处 $q_s=0$。直线内插法确定。

侧阻稳值 q_{sl} 砂土密度提高而增大；上覆压力 p_0 使 q_{sl} 有所提高。

黏性土中侧阻深度效应的试验研究尚少，其机理和变化规律有待进一步探讨。

2）端阻力的深度效应

当桩端进入均匀持力层的深度 h 小于某一深度时，其极限端阻力一直随深度线性增大；当进入深度大于该深度后，极限端阻力基本保持不变。该深度称为端阻力的临界深度 h_{cp}，该恒定极限端阻力为端阻稳值 q_{pl}，如图 10-29。

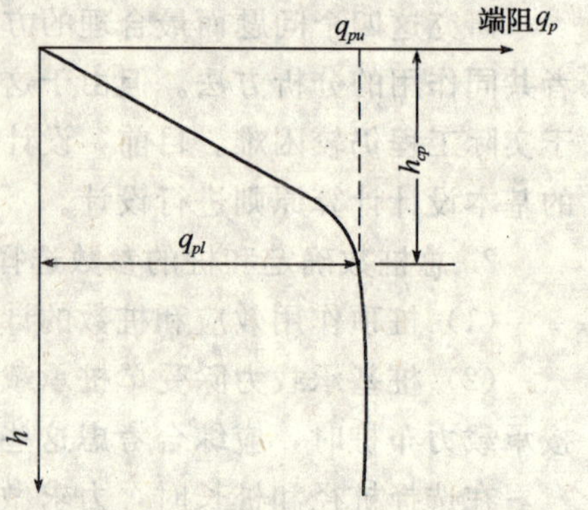

图 10-29　端阻临界深度示意图

根据模型和原型试验结果，端阻临界深度和端阻稳值具有如下特性（Foray，et Puyh，1976）：

端阻临界深度 h_{cp} 和端阻稳值 q_{pl} 均随砂持力层相对密度 D_r 增大而增大。因此，端阻临界深度随端阻稳值增大而增大；

端阻临界深度受覆盖压力 p_0（包括持力层上覆土层自重和地面荷载）影响而随端阻稳值呈不同关系变化。当 $p_0=0$ 时，h_{cp} 随 q_{pl} 增大而线性增大；当 $p_0>0$ 时，h_{cp} 与 q_{pl} 呈非线性关系，p_0 愈大，其增大率愈小；在 q_{pl} 一定的条件下，其 h_{cp} 随 p_0 增大而减小，即随上覆土层厚度增加而减小，见图 10-30；

端阻临界深度随桩径增大而增大，见图 10-31；

端阻稳值 q_{pl} 的大小仅与持力层砂的相对密度 D_r 有关，而与桩的尺寸无关。由图 10-31 可以看出，同一相对密度 D_r 砂土中不同截面尺寸的桩，其端阻稳值 q_{pl} 基本相等。

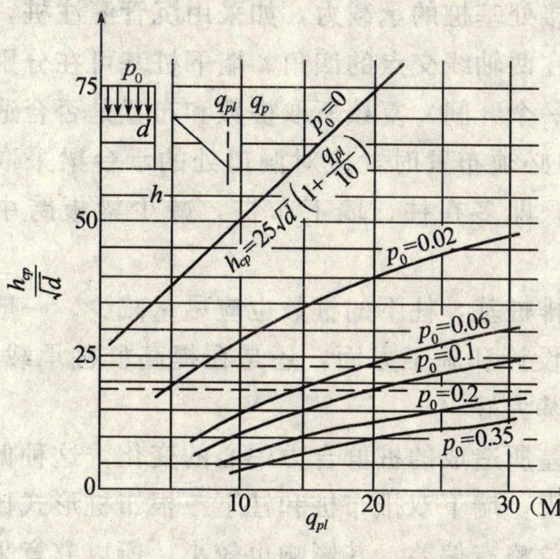

图 10-30　临界深度、端阻稳值及覆盖压力的关系（h_{cp}，d 的单位为 cm 引自 Foray，1976）

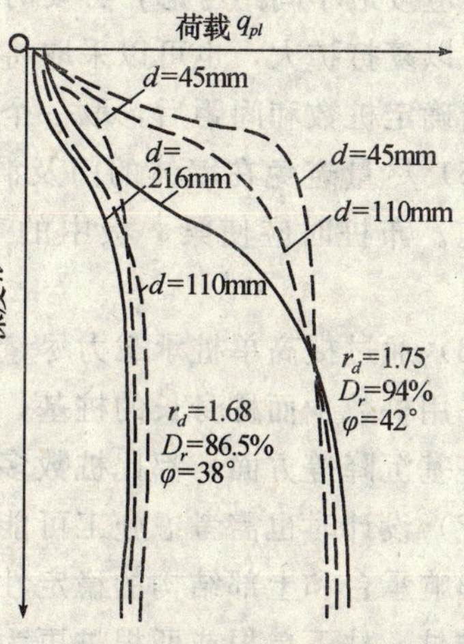

图 10-31　端阻值与砂的相对密度和桩径的关系（引自 Kerisel，1958）

3）端阻的临界厚度

当桩端持力层下存在软下卧层，且桩端与软下卧层的距离小于某一厚度时，端阻力将受软下卧层的影响而降低。该厚度称为端阻的临界厚度 t_c。

软下卧层对端阻产生影响的机理，是由于桩端应力沿一扩散角 α（α 角是砂土相对密度 D_r 的函数并受软下卧层强度和压缩性的影响，其值为 10°～20°。对于砂层下有很软土层时，可取 $\alpha=10°$）向下扩散至软下卧层顶面，引起软下卧层出现较大压缩变形，桩端连同扩散锥体一起向下位移，从而降低了端阻力。若桩端荷载超过该端阻极限值，软下卧层将出现更大的压缩和挤出，导致冲剪破坏。

临界厚度 t_c 主要随砂的相对密度 D_r 和桩径 d 的增大而加大。对于松砂，$t_c\approx1.5d$；密砂，$t_c=(5\sim10)\ d$，砾砂，$t_c\approx12d$。根据淮河边夹于软黏性土层之间的硬黏性土中的原型预制桩载荷试验（陈强华等，1981），硬黏性土中的临界深度与临界厚度接近相等，$h_{cp}\approx t_c\approx7d$。

根据以上端阻的深度效应分析可见。对于以夹在软层中的硬层作桩端持力层时，要根据夹层厚度，综合考虑桩端进入持力层的深度和桩端下硬层的厚度，不可只顾一个方面。降低端阻力。

3. 桩的平面布置

(1) 桩在平面内可以布置成等边三角形、方形或梅花形等，也可采用不等距排列。实践表明，桩的合理布置对保证结构的稳定性，充分发挥桩基的承载能力，减少沉降量，特别是不均匀沉降具有相当重要的作用。

(2) 为了使桩基中各桩受力比较均匀，应尽量使桩群承载力合力点与长期荷载重心重合，且在最不利荷载组合时满足要求。在排列基桩时，应考虑使桩基受水平力和力矩较大方向有较大的截面模量。

(3) 为了增强建筑物短边方向的整体稳定性，可考虑将横墙下的承台梁在外纵墙以外挑出，布置一、二根“探头”桩。

(4) 位于纵横墙交接处的桩同时承受二个方向传来的荷载，受力较为集中，与其相邻桩的距离应按最小间距考虑，必要时可适当提高交接处基桩的承载力，如采用沉管灌注桩，该处桩可以复打扩大，也可以采取将桩对称地布置在两轴线交点的四角。墙下桩基可在分别对纵横墙确定桩数和间距后，取一个结构单元（如一个开间）复核所取桩数和布置是否合适。

(5) 尽量避免在墙体的门及洞口下布桩，如必须布置时，应对洞口处的承台梁采取加强措施。布桩时应使梁、板中的弯矩尽量减小，即多在柱、墙下布桩，减少梁板跨中的桩数。

(6) 通过提高单桩承载力尽量在墙下采用单排桩基，柱下的桩数也应尽量减少。一般说来，采用桩数少而桩身长的桩基，无论在承台的设计和施工方面，还是在提高群桩承载力、减小桩基沉降等方面，都比桩数多而桩身短的桩基为好。

(7) 设计时也需考虑施工可能形成的桩位偏差所造成的桩群合力中心的变化，这种偏差可能影响承台和上部结构的稳定性。从这方面考虑，墙下双排布桩和柱下三根布桩形式比墙下单排桩、柱下单根或两根桩更为合理，即使桩位略有偏差，其影响也较小。所以究竟采用何种方案，是要综合考虑许多因素的。

4. 变形控制设计的基本概念

地基基础最根本、最值得关注、也是最困难的问题是地基变形问题。所以桩基设计从根本上来说也应该是桩基的变形设计，而不是目前一般设计人员普遍关心的承载力设计。

上部结构对地基基础的唯一要求是保证其安全使用的变形限定。在变形限定之内，其对上部结构引起的附加应力，将不危及上部结构本身的安全，也不影响其正常使用。如果桩基础本身不出现强度破坏，只要控制其整体及相对变形，设计即是合理的。但限于桩基变形性状的研究水平及计算中应考虑的众多复杂因素，目前还没有较为接近实际、可以真正按变形控制设计的一种计算方法。

根据编制《建筑桩基技术规范》JGJ 94—94 时对 30 余项工程应用指定的沉降计算方法与实测结果比较，其沉降计算精度远小于承载力计算精度。这就给变形控制设计带来了困难。因为上部结构对桩基整体变形的要求有一定标准，有些建筑物整体沉降达到相当大的数值，结构并不会破坏，有些建筑物对差异沉降特别敏感，很容易产生破坏。连变形计算本身精度都不够，如何符合变形控制标准就更勉为其难了。

实际上对于桩基工程，目前一般以荷载——沉降曲线陡降段的起始点为极限承载力，对于摩擦桩存在此陡降起始点，其变形均在 40mm 以内；而对于长桩或端承桩，当无此陡降点时又以变形在40～60mm范围内确定极限承载力，这种确定极限承载力的方法使得单桩在设计荷载作用下的变形一般在20mm范围以内，同时对桩的间距又作了规定，以减少群桩的沉降量，从而保证了桩基沉降满足设计要求。对于地基处理，其承载力对应的变形取值一般以压板宽度的百分比确定，也是以变形控制承载力的取值。

综上所述，在大部分情形下，满足承载力要求即满足了变形要求，因此承载力控制设计方法中实际上已经包含了变形控制设计。在软土中，由于变形幅度较大，在承载力设计时还应辅以变形验算。

目前提出的“减沉桩”设计方法，实际上就是针对在天然地基承载力满足设计要求的前提下，当其天然地基“沉降验算”给出的变形难以满足现行规范的要求时，采用“加桩”以减小总沉降量及差异沉降的设计。严格地说，减沉桩不属于桩基设计范畴，而应属于天然地基设计范畴。其真正含义是以增加桩为代价来减小天然地基沉降。

现有的群桩基础沉降计算方法的共同特点是在相同承台面积下，桩距小于6倍桩径时，不同的布桩密度对桩基沉降计算结果影响不大。即在通常布桩间距（3～6倍桩径）条件下，如欲增加桩数来有效减少计算沉降是难以达到理想效果的。以承载力控制设计而言，在3～6倍桩径的间距下，桩数与承载力呈线性比例增加，但桩数与变形则呈很平缓的双曲线形减少。因此，在同样承台面积下单纯变形控制设计与现行的承载力控制设计其布桩数量有很大差别。

变形控制设计在目前条件下还是以天然地基承载力满足设计荷载要求为前提的，增加桩是为了减少计算沉降量，使之满足规范规定的要求。因此，从有效减少计算变形量而言，桩应尽量布置在集中荷载作用点以下位置，布桩间距应大于6倍桩径才能取得较为理想的效果。

三、桩土分担荷载的特点

1. 桩土分担荷载特征

桩土共同作用的性状分为几个阶段来描述：基底与地基保持接触——桩筏（箱）共同承担荷载的阶段、基底与地基土脱离——桩承担荷载的阶段、基底与地基再度接触——桩筏（箱）再度共同承担荷载的阶段、以及基底与地基土再度脱离——桩承担荷载的阶段，此过程可能循环发生，直到建筑物沉降稳定为止。对于软土地基的短摩擦桩，最终可能出现基底与地基土保持接触，桩土共同承担建筑物荷载。

筏（箱）基底部的土反力即为板分担的荷载，其产生主要是由于桩端产生刺入变形，桩间土出现相对位移等原因，桩身弹性压缩对此也有一定的贡献。

基础底土反力分布有下述特征：

（1）在竖向荷载作用下，软土中不同断面基底土反力总呈外部大内部小的马鞍形分布。

（2）随荷载加大基底上反力内外差别也略有增大，但无应力重分布现象，即土反力分布图式不随荷载增加而发生明显变化。

（3）具有群桩效应的基底土反力分布的内外不均匀性比距径比较大的筏板更为明显。主要是因桩间距较小而桩与桩之间相互作用较强，桩间土受到桩体的夹带作用，使得内部桩间土对基底的反力较难发挥到浅基或单桩基底反力那样的水平。

（4）基底中部与边缘的土反力的差异随桩距增大而明显减小。

2. 影响基础下土分担荷载的主要因素

（1）桩端持力层性质。若桩端持力层较硬，桩的刺入变形小，基底上反力则较小。

（2）基底以下土层的性质。桩间土越软，筏板对荷载的分担比越小，若筏底存在适当厚度的硬土层，即使下面的桩间土很软，筏板亦可具有一定的分担作用。实践已证明在筏板下铺一定厚度的碎石层并经碾压，可大大提高筏板的分担作用。

(3) 桩距大小。试验和理论分析表明，桩距是影响桩间土发挥作用的重要因素，筏板分担比随着桩距增大而上升。一般到桩距大于 5 倍桩径时，筏板对荷载便有明显的分担，已有桩距为 6 倍桩径时，筏板分担 65％荷载的实例。因此，过密的布桩不利于充分发挥桩间土的承载作用。

(4) 沉桩挤土效应。对饱和黏性土中的打入式群桩，若桩距小，桩数多，超孔隙水压力和土体上涌量随之增大，筏板浇筑后，处于欠固结状态的重塑土体逐渐再固结，致使基土与筏板脱离，并将原来分担的荷载转移到桩上，甚至可能出现负摩擦力。

(5) 荷载水平。筏板对荷载的分担比随着荷载水平的提高而上升，但存在极限值。

(6) 桩土应力比。桩土应力比是影响承台土分担荷载比例的重要因素之一，当桩间距、桩径确定时，随着上部结构层数（荷载）的增加，桩长也随之增大，单桩承载力提高，相应的桩土应力比也随之提高，承台土分担上部结构荷载比例也减小。

四、《建筑桩基技术规范》JGJ 94—94 承台地基土分担荷载计算

1. 复合桩基承载力计算公式

《建筑桩基技术规范》JGJ 94—94 中明确规定了复合桩基的竖向承载力设计值计算方法，为方便计算，将复合桩基的承载力计算表示为复合基桩的承载力计算，桩基规范式(5.2.2-4) 所示复合基桩的竖向承载力设计值为

$$R = \eta_{sp} Q_{uk} / \gamma_{sp} + \eta_c Q_{ck} / \gamma_c$$
$$Q_{ck} = q_{ck} \cdot A_c / n \tag{10-76}$$

式中 Q_{uk}——单桩竖向极限承载力标准值；

Q_{ck}——相应于任一复合基桩的承台底地基土总极限阻力标准值；

q_{ck}——承台底面以下相当于 1/2 承台宽度的深度范围内（≤5m）地基土极限阻力标准值；

A_c——承台底地基土净面积；

η_{sp}、η_c——分别为桩侧阻端阻综合群桩效应系数、承台底土阻力群桩效应系数，按桩基规范第 5.2.3 条确定。

γ_{sp}、γ_c——分别为桩侧阻端阻综合抗力分项系数、承台底土阻抗力分项系数可近似取为 1.65～1.70。

当承台底面以下存在可液化土、湿陷性黄土、高灵敏度软土、欠固结土、新填土，或可能出现震陷、降水、沉桩过程产生高孔隙水压和土体隆起时，不考虑承台效应。

2. 综合（总）效率系数表达式

式 (6-7) 的表达方式在实用上较为困难，设计人员习惯于用群桩总效率系数 η_e 表示群桩一承台共同作用后的承载力与单桩承载力之比的简单概念，亦即：

$$\eta_e = \frac{Q_{ug}}{nQ_{uk}} \tag{10-77}$$

式中 Q_{ug}——群桩基础极限承载力；

Q_{uk}——单桩基础极限承载力标准值；

n——总桩数。

当 $\gamma_{sp}=\gamma_c$ 时，式（10-77）的群桩极限承载力可表示为：

$$Q_{ug}=\eta_{sp}nQ_{uk}+\eta_c q_{ck}A_c \tag{10-78}$$

式中　Q_{uk}——单桩极限承载力标准值；

q_{ck}——承台地基土的极限承载力标准值，一般取地基土承载力标准值乘以 2；

A_c——扣除桩面积后的承台接触土的有效面积。

将式（10-78）代入式（10-77）得：

$$\eta_e=\frac{n\cdot\eta_{sp}\cdot Q_{uk}+\eta_c q_{ck}A_c}{nQ_{uk}} \tag{10-79}$$

设桩间距 S_a 为：

$$S_a=kd$$

式中　d——桩的直径；

k——表示桩间距与桩径关系的无因次系数。

则
$$A_c/n=S_a^2-\frac{\pi d^2}{4}=(kd)^2-\frac{\pi d^2}{4}$$

$$Q_{uk}=\sigma_{puk}\cdot\frac{\pi d^2}{4}$$

式中　σ_{puk}——桩顶平均极限压应力标准值。

故
$$\eta_e=\eta_{sp}+\eta_c\cdot\left(\frac{4k^4}{\pi}-1\right)\cdot q_{ck}/\sigma_{puk}$$

令
$$\lambda_{pc}=\sigma_{puk}/q_{ck}$$（桩土极限应力比）

则
$$\eta_e=\eta_{sp}+\eta_c(1.273k^2-1)/\lambda_{pc} \tag{10-80}$$

或
$$\eta_e=\eta_{sp}+\eta_{cd}/\lambda_{pc} \tag{10-81}$$

$$\eta_{sp}=a_s(\eta_s-\eta_p)+\eta_p$$

$$\eta_{cd}=\eta_c(1.273k^2-1)$$

式中　a_s——桩的总侧阻力与总承载力之比值。

根据建筑桩基技术规范，为方便也偏于安全角度考虑，将 η_{cd} 表达中的 η_c 以承台内区系数表示，则 η_{cd} 如表 10-7 所示。

表 10-7　系数 η_{cd} 表

B_c/l \ k	3	4	5	6
≤0.2	1.15	2.71	5.55	9.41
0.4	1.57	3.87	7.71	13.45
0.6	1.99	4.84	9.56	16.59
0.8	2.20	5.62	11.10	19.28
≥1.0	2.51	6.20	12.33	21.51

根据规范规定，并令桩总侧阻与总承载力之比 $a_s=100\%\sim60\%$，得出 η_{sp} 如表 10-8 所示。

表 10-8　桩侧桩端土综合效率系数 η_{sp} 表

桩侧土		黏性土				粉土、砂土				黏性土			
桩端土		黏性土				粉土、砂土				粉土、砂土			
α_s	S_a/d \ B_c/l	3	4	5	6	3	4	5	6	3	4	5	6
1.00	≤0.2	0.80	0.90	0.96	1.00	1.20	1.10	1.05	1.00	0.80	0.90	0.96	1.00
	0.4	0.80	0.90	0.96	1.00	1.20	1.10	1.05	1.00	0.80	0.90	0.96	1.00
	0.6	0.79	0.90	0.96	1.00	1.09	1.10	1.05	1.00	0.79	0.90	0.96	1.00
	0.8	0.73	0.85	0.94	1.00	0.93	0.97	1.03	1.00	0.73	0.85	0.94	1.00
	≥1.0	0.67	0.78	0.86	0.93	0.78	0.82	0.89	0.95	0.67	0.78	0.86	0.93
0.95	≤0.2	0.84	0.92	0.97	1.00	1.20	1.10	1.05	1.00	0.82	0.91	0.97	1.00
	0.4	0.84	0.92	0.97	1.01	1.21	1.11	1.06	1.01	0.83	0.92	0.97	1.01
	0.6	0.84	0.93	0.98	1.01	1.10	1.11	1.06	1.01	0.72	0.92	0.97	1.01
	0.8	0.78	0.88	0.96	1.01	0.95	0.99	1.04	1.01	0.76	0.88	0.96	1.01
	≥1.0	0.73	0.82	0.88	0.95	0.81	0.85	1.01	0.97	0.71	0.81	0.88	0.95
0.90	≤0.2	0.88	0.94	0.98	1.01	1.21	1.11	1.06	1.01	0.85	0.93	0.97	1.01
	0.4	0.89	0.95	0.99	1.01	1.21	1.12	1.06	1.01	0.85	0.94	0.98	1.01
	0.6	0.88	0.95	0.99	1.02	1.12	1.12	1.07	1.02	0.85	0.94	0.99	1.02
	0.8	0.83	0.91	0.98	1.02	0.98	1.01	1.06	1.03	0.80	0.90	0.98	1.03
	≥1.0	0.78	0.85	0.91	0.96	0.85	0.88	0.94	0.99	0.75	0.84	0.91	0.97
0.85	≤0.2	0.93	0.97	0.99	1.01	1.21	1.11	1.06	1.01	0.87	0.94	0.98	1.01
	0.4	0.93	0.97	1.00	1.02	1.22	1.12	1.07	1.02	0.88	0.95	1.00	1.02
	0.6	0.93	0.98	1.01	1.03	1.13	1.13	1.08	1.03	0.88	0.96	1.00	1.03
	0.8	0.88	0.94	1.00	1.03	1.00	1.03	1.07	1.04	0.83	0.93	1.00	1.04
	≥1.0	0.84	0.89	0.93	0.98	0.88	0.91	0.96	1.01	0.79	0.87	0.94	0.99
0.80	≤0.2	0.97	0.99	1.00	1.01	1.21	1.12	1.06	1.01	0.89	0.96	0.99	1.01
	0.4	0.98	1.00	1.01	1.02	1.22	1.13	1.08	1.03	0.90	0.97	1.01	1.03
	0.6	0.98	1.01	1.02	1.03	1.15	1.14	1.09	1.04	0.91	0.98	1.02	1.04
	0.8	0.93	0.98	1.01	1.04	1.03	1.05	1.09	1.06	0.87	0.95	1.02	1.06
	≥1.0	0.89	0.93	0.96	0.99	0.91	0.94	0.98	1.03	0.82	0.90	0.96	1.01
0.75	≤0.2	1.01	1.01	1.01	1.01	1.22	1.12	1.06	1.01	0.92	0.97	1.00	1.01
	0.4	1.02	1.02	1.03	1.03	1.23	1.14	1.09	1.04	0.93	0.99	1.02	1.04
	0.6	1.02	1.03	1.04	1.04	1.16	1.15	1.10	1.05	0.94	1.00	1.03	1.06
	0.8	0.99	1.01	1.03	1.05	1.05	1.07	1.10	1.07	0.90	0.98	1.03	1.07
	≥1.0	0.95	0.96	0.98	1.01	0.94	0.96	1.01	1.04	0.86	0.93	0.99	1.03
0.70	≤0.2	1.05	1.03	1.03	1.02	1.22	1.12	1.07	1.02	0.94	0.98	1.00	1.02
	0.4	1.06	1.05	1.04	1.03	1.24	1.14	1.10	1.04	0.96	1.00	1.03	1.04
	0.6	1.07	1.06	1.05	1.05	1.17	1.16	1.11	1.07	0.96	1.02	1.05	1.07
	0.8	1.04	1.04	1.05	1.06	1.07	1.09	1.12	1.08	0.93	1.00	1.05	1.08
	≥1.0	1.01	1.00	1.01	1.02	0.99	0.99	1.03	1.06	0.90	0.98	1.01	1.05
0.65	≤0.2	1.09	1.06	1.05	1.02	1.22	1.13	1.07	1.02	0.96	1.01	1.01	1.02
	0.4	1.11	1.08	1.07	1.04	1.24	1.15	1.10	1.05	0.98	1.02	1.04	1.05
	0.6	1.12	1.09	1.08	1.06	1.19	1.17	1.12	1.08	0.99	1.04	1.06	1.08
	0.8	1.09	1.07	1.09	1.07	1.10	1.11	1.13	1.10	0.97	1.03	1.07	1.10
	≥1.0	1.06	1.04	1.06	0.94	1.01	1.02	1.05	1.08	0.94	1.00	1.04	1.07
0.60	≤0.2	1.14	1.08	1.05	1.02	1.22	1.13	1.07	1.02	0.96	1.01	1.02	1.02
	0.4	1.15	1.10	1.07	1.04	1.25	1.16	1.11	1.06	1.01	1.04	1.06	1.06
	0.6	1.16	1.12	1.08	1.06	1.20	1.18	1.13	1.09	1.02	1.06	1.08	1.09
	0.8	1.14	1.10	1.09	1.08	1.12	1.13	1.15	1.11	1.00	1.05	1.09	1.11
	≥1.0	1.12	1.08	1.06	1.05	1.04	1.05	1.08	1.10	0.98	1.03	1.06	1.09

注：B_c——承台宽度；l——桩长

从式（10-81）可见，在地基土极限抗力一定的条件下，等式右边第 2 项土分担荷载的比值，随单桩极限承载力 Q_u 的提高而降低，即对于一般多层住宅设计中考虑土分担荷载显示了较高的经济效益。而对于高层住宅或高、重建筑，由于其单桩承载力 Q_{uk} 值较大，等式右边第二项土分担荷载比例也较小。因此，考虑承台下土分担荷载的群桩基础设计方法与传统桩基设计方法相比，得到的经济效益比较小。

复合基桩承载力设计值可简单表达为：

$$R = \eta_e \cdot Q_{uk}/\gamma_{sp}$$

式中　γ_{sp}——可取 1.65～1.70。

例：某群桩基础桩径为 600mm，桩长 25m，桩侧主要土层为黏性土，桩端土为砂土，测得单桩竖向极限承载力标准值为 $Q_{uk}=1200\text{kN}$，承台下土 $q_{ck}=250\text{kPa}$，6 桩承台，承台尺寸为 $4.8\times7.2\text{m}^2$，均匀布桩，桩侧摩阻力与桩承载力之比 $\alpha_s=0.8$，试计算群桩总效率系数 η_e。

解：

$$k = x_a/d = \sqrt{A_c/n}/d = \sqrt{4.8\times7.2/7}/0.6 = 4$$

$$\sigma_{puk} = Q_{uk}/\left(\frac{\pi d^2}{4}\right) = 1200/\left(\frac{3.14\times0.62}{4}\right) = 4246\text{kPa}$$

$$\lambda_{pc} = \sigma_{puk}/q_{ck} = 4246/250 = 17$$

$$B_c/l = 4.8/25 = 0.192 \leqslant 0.2$$

查表得　$\eta_{sp}=0.96$　　$\eta_{cd}=2.71$

$$\eta_e=\eta_{ap}+\eta_{cd}/\lambda_{pc}=0.96+2.71/17=1.12$$

3. 承台下土分担荷载的比例

设计人员在承台分担上部结构荷载问题上往往以分担荷载比例来判别承台地基土的作用效果。为了简单地说明土分担荷载的比例，可令式（6-12）中的 $\eta_{sp}=1$，而得到土分担比 k_s 的公式：

$$k_s = \frac{\eta_{cd}/\lambda_{pc}}{\eta_e} \tag{10-82}$$

根据上式可计算得土分担荷载比例如表 10-9 所示。

表 10-9　承台下土分担荷载比例表　　（%）

λ_{pc}	$S_{a/d}$ \ Bc/l	3	4	5	6
5	≤0.2	18.70	35.15	52.61	65.30
	0.4	23.90	43.63	60.66	72.90
	0.6	28.47	49.19	65.66	76.84
	0.8	30.56	52.92	68.94	79.41
	≥1.0	33.42	55.36	71.16	81.15
25	≤0.2	4.40	9.78	18.17	27.35
	0.4	5.91	13.40	23.57	34.98
	0.6	7.37	16.22	27.66	39.89
	0.8	8.09	18.35	30.75	43.54
	≥1.0	9.12	19.87	33.03	46.26

续表

λ_{pc}	Sa/d \ Bc/l	3	4	5	6
45	≤0.2	2.49	5.68	10.98	17.29
	0.4	3.37	7.92	14.63	23.01
	0.6	4.23	9.71	17.52	26.94
	0.8	4.66	11.10	19.79	29.99
	≥1.0	3.28	12.11	21.51	32.35
65	≤0.2	1.74	4.00	7.87	12.65
	0.4	2.36	5.62	10.60	17.14
	0.6	2.97	6.93	12.82	20.33
	0.8	3.27	7.96	14.59	22.88
	≥1.0	3.72	8.71	15.94	24.87
85	≤0.2	1.33	3.09	6.13	9.97
	0.4	1.81	4.35	8.32	13.66
	0.6	2.29	5.39	10.11	16.33
	0.8	2.52	6.20	11.55	18.49
	≥1.0	2.87	6.80	12.67	20.20

从表 10-9 可见，土分担荷载具有如下特性：

(1) 随桩距比 S_a/d 增加而增大，桩距越大，土分担荷载比例越大；

(2) 随承台宽与桩长比 B_c/l 增加而增大，桩越长、基础越窄，土分担比例越小；

(3) 随桩土极限承载应力之比 λ_{pc} 增加而减小，单桩承载力越高，土分担比例越小。

如果忽视上述因素，笼统地确定土分担荷载比例的作法是不全面的。

4. 疏桩基础设计

试验结果表明，软土中群桩基础效率系数随桩距增加而提高，桩、土承载力得到较好的发挥。因此，在容许变形范围内如何充分利用桩及桩间土的承载力是近年来的研究热点。疏桩基础设计的根本出发点就在于桩间距足够大，致使式（10-81）中的系数 $\eta_{sp}=1$，能够更好地发挥地基土承载力。

疏桩基础群桩基础极限承载力表达式为：

$$Q_{ug} = nQ_{uk} + q_{cu} \cdot A_c \tag{10-83}$$

相应的总效率系数 η_e 为：

$$\eta_e = Q_{ug}/Q_{uk} = 1 + (q_{cu}/Q_{uk}) \cdot (A_c/n) \tag{10-84}$$

从式（10-83）可见，疏桩基础设计在验算群桩基础承载力时，将群桩基础总承载力视为各单桩承载力与承台下地基土承载力之和。显然，式（10-83）的群桩承载力是设计的最大值。从式（10-84）可见，群桩基础效率系数总是大于 1，且随单桩极限承载力 Q_{uk} 的减小而提高。这种情况只有在大间距群桩条件下才适用。当桩间距较小时则应按式（10-81）计算。

5. 单桩实际极限承载力与设定极限承载力

复合桩基设计理论是在给定的上部结构荷载条件下由桩——地基土共同分担荷载，群桩基础的极限承载力计算是以单桩极限承载力及地基土极限承载力为设计依据的，因此，必须以单桩实际极限承载力值作为设计依据，在试桩前单桩实际极限承载力值的确定因工程设计人员经验不同而有差别，在实际工程中往往是采用了“设定极限承载力”，即由设计人员预定的极限承载力进行设计，1999 年建设部工程质量大检查对上海地区抽查收集到的 11 个工程桩基的 59 根静力试桩资料，其设定极限荷载对应的变形量等数据汇总如表 10-10。

表 10-10　设定极限承载力试桩结果汇总表

工程名称	试桩号	桩长（m）	桩尺寸	设定极限承载力（kN）	沉降（mm）	平均侧阻力（kPa）
浦东新区花木一街坊	共 27 根试桩	18	250×250	400	平均 7.15 最大 12.68（一根）其余<10	19.8
华高新苑18#厂房	15	25	ϕ377	720	13.46	21.9
	29	25	ϕ377	720	3.27	21.9
	41	25	ϕ377	720	3.71	21.9
沪西商住办 A 房	S1	42	ϕ650	3000	4.57	31.5
	S2	42	ϕ650	3000	4.61	31.5
华阳公寓	252#	27.5	ϕ700	3000	8.45	44.7
	138#	27.5	ϕ700	2750	3.00	40.9
新泾五村 2#	1#	20.0	250×250	400	9.62	18.0
	2#	20.0	250×250	450	9.52	22.5
	3#	20.0	250×250	450	7.86	22.5
	4#	20.0	250×250	450	7.20	22.5
金帆大厦	C1	70.7	ϕ800	7700	16.14	38.3
	B1	63.8	ϕ800	7700	16.91	43.2
	A1	64.25	ϕ800	7700	19.79	43.0
（嘉惠园）梧桐花园	未作试桩	28.6	ϕ600	1200		20.0
	S1	30.0	ϕ600	3080	6.39	40.8
	S2	36.0	ϕ600	3080	6.41	40.8
宏祥花苑	S1	30.25	ϕ600	2500	7.09	39.5
	S2	30.25	ϕ600	2500	7.34	39.5
	S3	30.25	ϕ600	2500	9.31	39.5
住友名人花园	S—1	22.5	ϕ377	540	14.16	18.2
	5—87	22.5	ϕ377	540	13.70	18.2
	6—146	22.5	ϕ377	432	5.58	—
	6—157	22.5	ϕ377	540	11.61	18.2
	7—53	22.5	ϕ377	540	8.00	18.2
	7—86	22.5	ϕ377	540	8.65	18.2
	7—48	22.5	ϕ377	540	18.97	18.2
丁香公寓三期	165#	40	ϕ600	2700	5.93	32.24
	235	47	ϕ700	4100	7.82	35.7
	367	47	ϕ700	4100	7.18	35.7
	414	47	ϕ700	4100	7.07	35.7
科学会堂新楼	S60	43	ϕ700	4600	7.34	43.8
	S99	43	ϕ700	4600	9.45	43.8

从上表可见，全部设定极限承载力所对应的变形量最大值为 19.79mm，最小值仅为 3mm，59 根桩设定极限承载力对应的平均沉降值为 8.2mm。

根据《建筑桩基技术规范》JGJ 94—94 关于单桩极限承载力值的确定方法中规定，当未出现明显拐点时以沉降为 40mm 甚至更大确定为极限承载力，即实际极限承载力。从表 10-10 可见，实际极限承载力与设定极限承载力的变形之间存在一定差距，因此，首先要使基桩设定极限承载力按实际极限承载力取值才有真正的复合桩基按疏桩和地基土分担荷载设计的意义。

五、桩箱桩筏基础结构计算

1. 不考虑共同作用的计算方法

以桩筏基础上的高层框架结构为例，这一计算方法是沿框架底层柱脚切断，将上部结构视为柱底固端约束的独立结构，用结构力学方法求出外荷载作用下的结构内力和柱底反力；然后将求出的柱底固端力作用于基础，假定外荷载全部由桩承担，由外荷载和单桩承载力确定桩数，再按材料力学要求或构造要求确定承台基础尺寸和配筋。

这种计算方法仅满足了总荷载与总反力的静力平衡条件，未能考虑上部结构与基础的连接点、基底及桩身以上介质的接触点的位移连续条件，因而各支座反力、桩顶反力的分配和地基反力的分布均与实际不符，从而导致结构内力与变形和基础内力与变形的计算值与实际发生偏离。

刚性板法属不考虑共同作用的计算方法。该方法不考虑板底地基土对荷载的分担作用，也不考虑各接触点的变形协调，认为上部结构荷载全部由桩承担且分配给各桩的荷载相等。筏板内力按截条多跨连续梁法计算，即从纵横两个方向分别截取跨中到跨中或跨中到板边的板带，将板带简化为以板下的桩作为支座的多跨连续梁，以板带上的墙、柱脚荷载作为梁上的荷载，按结构力学方法近似计算各板带的内力。该方法存在的问题是：①忽视桩顶反力角桩、边桩大，内部桩小的差异，而这种差异将导致筏板内力，特别是板的弯矩增加，使计算结果偏于不安全；②忽略了（也无法考虑）各板带之间的变形协调和内力，计算结果粗糙；③纵横板带交点处的墙、柱脚荷载由该处纵横板带共同承担并在该处产生相同的竖向变位，因而，各纵横板带上的计算荷载应按竖向变位协调条件由交点处荷载在纵横两个方向上的分配得到。但实际上由于桩反力分布和桩筏基础竖向刚度无法获得，因而目前桩筏基础计算时还无法对板带进行纵横向荷载分配，设计中大部分计算还是直接将纵横板带交点处的墙、柱荷载分别作用在纵横板带上。这种荷载的不合理应用势必造成筏板内力（特别是板中部的内力）的人为夸大，这就是以前桩筏（箱）基础设计中底板厚度和配筋量居高不下的重要原因之一；④算得的是各板带的平均内力，不能反映内力沿板带宽度上的分布；⑤计算的内力没有计及筏板整体弯曲的影响。

2. 桩箱桩筏基础与地基共同作用的计算方法

该方法是考虑上部结构刚度对基础的影响（仅在绝对柔性与绝对刚性之间作定性估计），将按方法 1 求出的柱底固端力作为作用于基础上的外荷载，在基础底面与地基土之间位移连续与协调的原则下，进行基础与地基两者的共同作用分析。

(1) 桩与土和承台结构共同作用的基本方程

基底的分割方式和桩土体系的支承刚度矩阵：

将承台结构进行有限元分割，桩基所在位置应作为节点的一部分。承台结构底面上与结构分割节点相对应的点作为桩土支承体系的节点，见图 10-32，其中 m 个桩顶节点，n 个基底土节点（简称为土节点），共 $N=m+n$ 个节点。基底面积按 N 个节点的具体位置进行分割。分割方式之一是柱顶周围的局部基底面积忽略不计，即该区城只考虑板的支承作用，因为在该区域的总支承作用中，桩的支承占了绝大部分。显然，当基底分割较细时，这个假定是可以接受的，但当分割较粗时，可能带来一定的误差，见图 10-32 (a)。考虑到这种误差，将该区域的面积减去桩的截面积后，分配到周围土节点上去，这就是分割方式之二，见图 10-32（b）。由于部分土节点分配到的面积形状已不是矩形，可能给进一步的计算带来困难，可用等面积矩形（如图 10-32 中虚线所示）来代替。

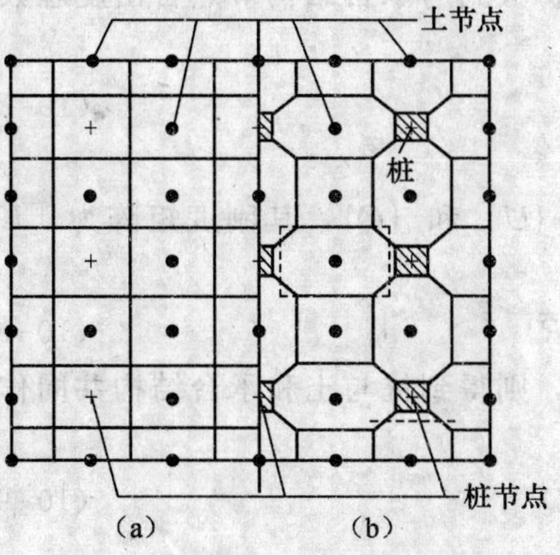

图 10-32　承台结构基底分割方式

(a) 方式之一；桩周基底面积忽略不计；
(b) 方式之二；桩周基底面积分配至土节点

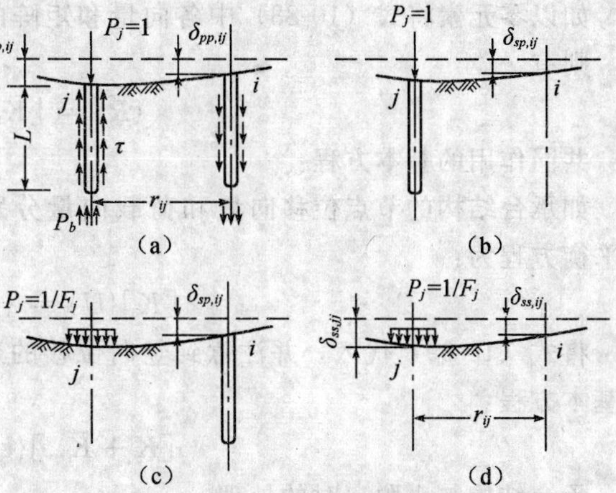

图 10-33　桩—土相互作用示意

(a) 桩与桩；(b) 桩与土；
(c) 土与桩；(d) 土与土

桩与桩、桩与土、土与桩和土与土之间相互作用如图 10-33 所示。第 j 桩的桩顶作用单位力 $P_j=1$ 时，桩顶产生位移 $\delta_{pp,jj}$，但桩周摩阻力（剪应力）τ 和桩端反力 P_b 的大小和分布是未知的，见图 10-33（a）。与此同时第 i 桩桩顶产生由 P_j 引起的位移 $\delta_{pp,ij}$，第 i 土节点则产生由 P_j 引起的位移 $\delta_{pp,ij}$，见图 10-33（b）。如图 10-33（d），第 j 土节点所分配到的基底面积 F_j 上作用均布荷载 $P_j=1/F_j$ 时，土节点 j 产生位移 $\delta_{pp,jj}$，而土节点 i 则产生位移 $\delta_{pp,ij}$；$\delta_{pp,jj}$ 和 $\delta_{pp,ij}$ 即为地基柔度矩阵诸系数。与此同时，在 P_j 作用下，第 I 桩桩顶节点亦产生位移 $\delta_{pp,ij}$；由位移互等定理，$\delta_{pp,ij}=\delta_{pp,jj}$。

如记 N 阶向量 $\{W\}=[W_1\cdots W_m W_{m+1}\cdots W_{m+n}]^T$ 为桩土支承体系的节点竖向位移向量，N 阶向量 $\{R\}=[R_1\cdots R_m R_{m+1}\cdots R_{m+n}]^T$ 为相应的节点反力向量（对土节点为分布反力的合力），可写出桩土支承体系的离散化特征函数：

$$\begin{Bmatrix} W_1 \\ M \\ W_m \\ W_{m+1} \\ M \\ W_{m+n} \end{Bmatrix} = \begin{bmatrix} \delta_{pp,11} & \Lambda\,\delta_{pp,1m} & \delta_{ps,1m+1} & \Lambda\,\delta_{ps,1m+n} \\ M & M & M & M \\ \delta_{pp,m1} & \Lambda\delta_{pp,mm} & \delta_{ps,mm+1} & \Lambda\delta_{ps,mm+n} \\ \delta_{sp,m+11} & \Lambda\delta_{sp,m+1\,m} & \delta_{ss,m+1,m+1} & \Lambda\delta_{ss,m+1,m+n} \\ M & M & M & M \\ \delta_{sp,m+n1} & \Lambda\delta_{sp,m+nm} & \delta_{ss,m+n,m+n} & \Lambda\delta_{ss,m+n\,m+n} \end{bmatrix} \begin{Bmatrix} R \\ M \\ R_m \\ R_{m+1} \\ M \\ R_{m+n} \end{Bmatrix} \tag{10-85}$$

或简写为：

$$\{W\}=[\delta]\{R\} \tag{10-86}$$

式中 $[\delta]$ 为桩土支承体系的柔度矩阵，亦可以分块矩阵形式写出：

$$[\delta]=\left[\begin{array}{c|c} \begin{matrix}\delta_{pp,ij} \\ (i,j=1,2\Lambda m)\end{matrix} & \begin{matrix}\delta_{ps,ij} \\ (i=1,2,\Lambda m;j=m+1,\Lambda m+n\end{matrix} \\ \hline \begin{matrix}\delta_{sp,ij} \\ (i=m+1,\Lambda m+n;j=1,2,\Lambda m)\end{matrix} & \begin{matrix}\delta_{ss,ij} \\ (i,j=m+1,\Lambda m+n)\end{matrix} \end{array}\right] =\left[\begin{array}{c|c}\delta_{pp} & \delta_{ps} \\ \hline \delta_{sp} & \delta_{ss}\end{array}\right] \tag{10-87}$$

对柔度矩阵 $[\delta]$ 求逆即得到桩土体系的支承刚度矩阵 $[K_{sp}] = [\delta]^{-1}$，于是式（10-86）亦可写为：

$$\{R\} = [K_{sp}]\{W\} \tag{10-88}$$

如以零元素将式（10-88）中各向量和矩阵的阶数扩大到与承台结构节点自由度总数相同，则有：

$$\{\overline{R}\} = [\overline{K}_{sp}]\{\overline{W}\} \tag{10-89}$$

共同作用的基本方程：

如承台结构的节点位移向量和荷载向量分别记为 $\{U\}$ 和 $\{Q\}$，其刚度矩阵为 $[K]$，则平衡方程为：

$$[K]\{U\} = \{Q\} - \{\overline{R}\} \tag{10-90}$$

将式（10-89）代入，并注意到竖向位移的连续性，则得到桩与土和承台结构共同作用的基本方程：

$$[K + \overline{K}_{sp}]\{U\} = \{Q\} \tag{10-91}$$

承台结构与土脱离时的处理

由于孔隙水压力的消散，基底土发生固结，承台结构底部与土可能完全脱离接触，形成高承台桩基。这时柔度矩阵 $[\delta]$ 退化为 $[\delta_{pp}]$，相应地刚度矩阵 $[K_{sp}]$ 也退化为 $[K_{pp}] = [\delta_{pp}]^{-1}$，式（10-91）亦相应变为：

$$[K + \overline{K}_{pp}]\{U\} = \{Q\} \tag{10-92}$$

（2）桩土支承体系柔度矩阵的建立

由式（10-87）、分块矩阵 $[\delta_{ps}] = [\delta_{sp}]^T$，而 $[\delta_{ss}]$ 的计算方法可按布氏解确定，故只须解决 $[\delta_{pp}]$ 和 $[\delta_{sp}]$ 两分块矩阵各元素的计算问题，即应用弹性理论法对桩与桩和桩与土的相互作用进行分析。

弹性理论法的基本假定认为桩插入均匀、各向同性的弹性半空间内，其连续性和物理参数不因桩的存在而改变；桩的周边粗糙，桩底平直、光滑；桩土之间保持连续性接触，即桩身位移与毗邻土的位移保持相等；桩身横截面的径向变形不计，只考虑桩身在荷载下的竖向变形，对刚性桩该变形也不考虑。

明德林给出了均质弹性半空间作用单位竖向荷载时的位移与应力解答，分别以位移基本解或应力基本解为出发点，就形成不同的分析方法。

以位移解为基础的计算方法（位移法）：

泡勒斯和戴维斯（Poulos and Davis）由明德林的位移基本解推导出积分形式的竖向位移影响系数，引入桩身的微分方程，在桩与土位移连续的条件下，求解差分方程，或用矩阵位移法求解，从而得到未知的桩周剪应力 τ 和桩端阻力 P_b 的大小与分布。由此，在假定群桩中各桩桩周、桩端的摩阻力、桩端阻力分布相同的条件下，给出了 $[\delta_{pp}]$ 和 $[\delta_{sp}]$ 各元素的计算公式，由于位移影响系数需进行数值积分，并需求解差分方程，故该方法使用起来比较复杂，不能给出计算公式的显式。

3. 上部结构、桩箱桩筏基础、地基共同作用的计算方法

这是从 20 世纪 80 年代开始，伴随着结构分析的有限元法（特别是子结构分析技术）的发展和计算手段的极大改善，在力求从理论上解答工程实践中提出的各种问题的研究过程中逐步发展起来的。其主要特点是考虑建筑物上部结构、基础和地基三者的共同作用，能够比

较真实地反映建筑物的实际工作状态。

上部结构—桩箱桩筏基础—地基共同作用的计算，可在上述方法 2 的共同作用方程左右两边分别叠加上部结构的边界刚度矩阵及边界荷载矩阵后，应用数值方法求解。用各种数值方法求得的共同工作性状具有如下特点：

(1) 桩顶反力的分布

桩顶反力的分布形式与上部结构的刚度密切相关。角桩、边桩和内部桩的桩顶反力 P_c、P_e 和 P_i 之间的差别随上部结构刚度的增加（亦即层数的增加）而加大，不仅保持 $P_c>P_e>P_i$，而且 P_c 越来越大，而 P_i 越来越小，其分布形式类似于弹性地基上的刚性基础的反力分布形式。对桩距为 3～4 倍桩径的满堂均匀布置的桩箱和桩筏基础，一些实测资料给出了如下关系：

$$
\begin{aligned}
P_c/\overline{P} &= 1.32 \sim 1.50 \\
P_e/\overline{P} &= 1.05 \sim 1.42 \qquad (10\text{-}93) \\
P_i/\overline{P} &= 0.40 \sim 0.86
\end{aligned}
$$

式中 $\overline{P}$——桩顶平均反力。

表 10-11 理论计算与实测结果的对比

对比内容	筏基沉降（cm）	筏基分担荷载比例（%）	$P_c:P_e:P_i$
理论计算	4.53	24.9	3.10 : 1.95 : 1.0
实测结果	4.50	25.0	3.08 : 2.25 : 1.0

表 10-12 上部结构层数和刚度对基础变形和桩顶反力分布的影响

上部结构层数	2	10	30
平均沉降（cm）	0.73	1.80	4.47
差异沉降（cm）	0.03	0.05	0.09
单位荷载差异沉降（cm/MN）	1.05×10^{-6}	0.67×10^{-6}	0.51×10^{-6}
$P_c:P_e:P_i$	3.11 : 1.96 : 1	3.28 : 2.09 : 1	3.35 : 2.12 : 1

某 30 层的高层建筑采用桩筏基础，平面尺寸为 22.0m×17.5m，筏厚 2.5m；筏下 42 根桩，桩径 d 为 0.9m，桩长 20.0m，桩间距为（3.0～3.5）d。用前述半解析半数值方法进行了共同作用分析，并与实测结果作了对比，有较好的一致性，见表 10-11。此外，表 10-12 还给出了上部结构刚度对桩顶反力的影响。当结构仅两层时，桩顶反力分布的形式即已确定，且随层数增加，角桩、边桩的荷载上升得更快。

如将筏板和上部结构的刚度综合地由一厚筏来反映，并定义它与地基土之间的相对刚度参数 K_R 为：

$$K_R=\frac{4E_R t_R^3 B_R(1-\mu_0^2)}{3\pi E_0 L_R^4} \qquad (10\text{-}94)$$

式中 E_R——筏的弹性模量；

L_R、B_R、t_R——分别为筏的长、宽和厚度；

E_0、μ_0——则为地基土的变形模量和泊比。

此外，分析表明，当桩间距为 $4d$ 左右时，间距的变化对桩顶反力分布影响较大；当桩间距大于 10d 后，各桩反力已均匀。桩的长细比对桩顶反力分布的影响尚不显著。

根据以上分析可知，满堂均布的群桩中，各桩顶反力并不如常规分析中所假定的那样彼此相等，而是显示了明显的不均匀性。为安全起见，按 1.5 倍桩的平均反力作为单桩的冲切荷载，以确定底板的厚度是合理的。因角桩和边桩的桩顶反力较大，布桩中适当提出边、角区域中的布桩密度亦有其合理性。但由此导致桩顶反力更向边、角区域集中，对承台受力则是不利的，设计中应注意这个问题。

(2) 桩与承台（筏基或箱基）的荷载分担

国内外大量实测结果表明，桩基与筏基或箱基共同分担建筑物总荷载是一个客观事实，表 6-7 列出的若干实测结果说明了一些重要的规律。当采用灌注桩时，桩底承担的荷载比例要比采用预制钢筋混凝土桩时大，特别是伊丽莎白二世会议中心，采用大直径、大间距的灌注桩，使筏基承担了 70%的荷载，充分利用了天然地基的承载力，是一个非常典型和成功的例子。其次，对于软土中常规桩距的预制混凝土桩，桩与筏基或箱基的分担作用往往是暂时的，打桩引起的超孔隙降水压力消散使桩间土发生固结，最终基底可能与土脱离，荷载全部由桩承担。例如表 10-13 中序号 4 所示某谷仓，打桩中心区的孔隙水压力的最大值为相应覆盖压力的 1.4 倍，施工结束时固结度达 70%～80%。施工后 3 年筏底接触压力 P 下降到零，实际开挖检查证明筏底与土确已脱离。但是，如桩长较短，桩距较大，合理安排打桩顺序以尽量减少孔隙水压力，仍可使板底与土保持接触，从而分担一部分荷载。另外，软土中的开口钢管桩因管内有近 2/3 桩长的土塞，显著地降低了打桩隆起和孔隙水压力，结果承台仍分担了 25%的荷载。

表 10-13 国内外几幢高层建筑桩筏和桩箱基础实测结果

	序号	上部结构 层数	基础形式 总压力 (kPa)	基础尺寸 (m) 基础埋深 (m)	桩长 (m) 桩径、宽 (m)	桩数 桩距 (m)	实测沉降 (cm) 计算沉降 (cm)	荷载分担比（%） 筏或箱	 桩	桩的种类 建筑物名称
国内	1	框剪 22	桩箱 310	42.7×24.7 5.0	28.0 ϕ55.0	344 1.7～2.0	2.5 <7.0	20	80	预制 RC 河北外贸
	2	框剪 16	桩箱 240	44.2×12.37 4.5	2.70 45×45	203 1.65～3.30	2.0 5.6	17	83	预制 RC 黄物大楼
	3	剪力墙 32	桩箱 500	27.5×24.5 4.5	54.0 50×50	108 1.60～2.25	2.4 3.5	10	90	预制 RC 某公寓
	4	筒仓	桩筏 288	69.4×35.2 1.0	30.7 45×45	604 1.9	5.2 14.5	10→0	90→100	预制 RC 某谷仓
	5	框筒 26	桩筏 320	38.7×36.4 7.6	53.0 ϕ60.9×1.2	200 1.90～1.95	3.6 5.3	25	75	钢管桩 贸海宾馆
国外	6	剪力墙 22	桩筏 270	47.0×25.0 2.0	17.0 45×45	222 1.6	1.6	15→19	85→90	预制 RC 罗特顿公寓
	7	剪力墙 16	桩筏 190	43.3×19.2 2.5	13.0 ϕ45	351 1.6	1.6	45→25	55→75	灌注 RC 石桥大楼
	8	框筒 31	桩筏 368	25×25 9.0	25.0 ϕ9.0	51 1.9	2.2	40	60	灌注 RC 海德公园
	9	框架 11	桩筏 235	56×31 13.65	16.75 ϕ180	29 6.9～10.0	2.0	70	30	灌注 RC 伊丽莎白

注：1. RC 表示钢筋混凝土桩。

2. 序号 2～5 建在上海。

(3) 基底土反力分布

理论分析和试验、实测都表明筏或箱基底部土反力呈抛物线形式分布。

(4) 回弹与沉降

由于桩群的存在，桩筏或桩箱基础的基坑开挖引起的回弹，比之纯箱基的开挖回弹量要小，但仍很可观。影响的因素有：基坑的平面尺度与深度、基坑底的地质条件、打桩引起的土体扰动程度、降水时间的长短、挖土的方法与开挖顺序、基坑暴露时间的长短等。

贸海宾馆工程曾就回弹与沉降作了较详细的观测，开挖过程中降水引起的沉降20.4mm，开挖回弹40.6mm，相对于天然标高零点，有效回弹量20.22mm。开挖结束后暴露62天，又回弹12.5mm，故总回弹量53.1mm，有效回弹量32.7mm。总沉降36.0mm，略大于有效回弹量，相对于原天然标高零点仅沉降3.3mm。可见回弹量的大小对再压缩的沉降量影响很大，应尽量减少回弹，并尽早浇筑底板混凝土。

总的说来，桩筏和桩箱基础的沉降量很小，相应地整体倾斜亦很小。

(5) 承台（筏或箱基）的挠曲和底板钢筋应力

桩筏或桩箱基础的挠曲一般较小，而且由于上部结构的参与工作，往往至第4～6层后，整体挠曲或弯矩几乎不再增加。实测结果也表明，底板钢筋整体挠曲应力在第4～6层达到最大值，但一般只在15～25MPa；层数进一步增加时，几乎保持不变或略有增减。

六、底板局部受力计算

1. 抗剪切计算

现行规范对一般承台结构的构造要求、抗冲切、剪切和正截面强度计算等都作了规定。对于桩箱桩筏基础，当桩顶弯矩 M 很大，底板不很厚时，由弯矩引起的底板剪应力可能很大。此项剪应力与桩顶竖向力 N 引起的剪应力叠加后，受剪截面的强度校核应予以特别注意。

如图10-34所示，底板在桩顶竖向力 N 作用下（N 为扣除底板自重后的桩顶净荷载）可能的斜向破裂面为一环绕柱的棱柱体面。这种破坏一般作为冲切剪力来考虑，而破坏面亦可假定为垂直于板面，其周长为 u_m，每边距桩边线距离为 $h_0/2$，h_0 为底板的有效厚度。剪应力 τ_1 沿图10-34（a）中截面Ⅰ和Ⅱ均布，见图10-34（b）：

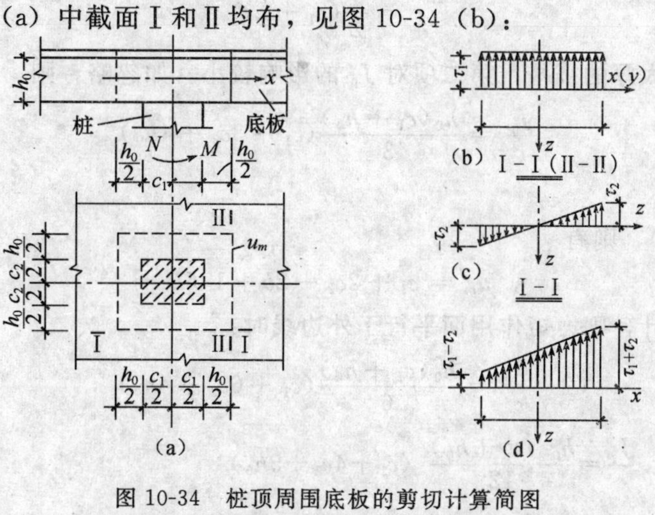

图10-34　桩顶周围底板的剪切计算简图

(a) 桩顶周围最危险剪切面示意；(b) 竖向力引起的剪应力分布；
(c) 部分弯矩引起的剪应力；(d) 剪应力叠加后的结果

$$\tau_1=\frac{N}{u_m b_0} \tag{10-95}$$

桩顶弯矩 M 的一部分由图 10-34（a）中截面Ⅱ以弯距的形式作用于底板，另一部分 $\alpha_v M$ 则由截面Ⅰ以剪应力的形式传给底板，剪应力在截面Ⅰ中心线上的分布见图 10-34（c），其大小为：

$$\tau_2(x)=\frac{\alpha_v M_x}{0.85 J_p} \tag{10-96}$$

式中 α_v——通过剪力传递的弯矩比例系数：

$$\alpha_v=1-\frac{1}{1+\frac{2}{3}\sqrt{\frac{c_1+h_0}{c_2+h_0}}} \tag{10-97}$$

式中 c_1、c_2——顺弯矩方向和垂直于弯矩方向的短边长度，见图（10-34）；

x——剪切面（截面Ⅰ）上计算点距剪切面中心的距离，其最大值记为 c；

J_p——剪切面对其形心的极惯性矩。

τ_1（x）的最大值为：

$$\tau_2=\frac{\alpha_v Mc}{0.85 J_p} \tag{10-98}$$

于是，截面Ⅰ上中心轴处剪应力为（见图 10-34）：

$$\tau(x)=\tau_1+\tau_2(x)$$

其最大值为：

$$\tau_{\max}=\tau_1+\tau_2 \tag{10-99}$$

极惯性矩 J_p 和周长 u_m 的计算，对于中间桩、边桩和角桩，分别按以下公式进行：

（1）中间桩

$$u_m=2c_1+2c_2+4h_0 \tag{10-100}$$

$$J_p=J_x+J_y=2\left\{\frac{h_0(c_1+h_0)^3}{12}+\frac{(c_1+h_0)h_0^3}{12}+h_0(c_2+h_0)\left(\frac{c_1+h_0}{2}\right)^2\right\} \tag{10-101}$$

$$c=\frac{1}{2}(c_1+h_0) \tag{10-102}$$

对于大多数不太厚的筏基，第二项对 J_p 的影响较小。如忽略，则

$$\frac{J_p}{c}=\frac{h_0(c_1+h_0)}{3}(c_1+3c_2+4h_0) \tag{10-103}$$

（2）边桩

见图 10-35（b），则有

$$u_m=c_1+2c_2+2b+1.5h_0 \tag{10-104}$$

如略去 b 值不计，则力矩作用面平行于外边线时：

$$\frac{J_p}{c}=\frac{h_0(c_1+h_0)}{6}(c_1+6c_2+4h_0) \tag{10-105}$$

垂直于边线时：$\frac{J_p}{c}=\frac{h_0\ (c_1+h_0)}{12}\ (c_1+4c_2+5h_0)$ （10-106）

（3）角桩

$$u_m=c_1+c_2+2b+h_0+b+b_1 \tag{10-107}$$

见图 10-35（c），则如略去 b、b_1 不计：

$$\frac{J_p}{c}=\frac{h_0}{6}(c_1+h_0)(c_1+c_2+2h_0) \tag{10-108}$$

直接验算混凝土构件中某点的抗剪强度是否满足是很困难的，为简化并偏于安全，假定沿 $A=u_m h_0$ 面积上的剪应力都为 $\tau_{max}=\tau_1+\tau_2$，则总剪力 $V=\tau_{max}A$。据此总剪力即可验算截面的受剪承载力。

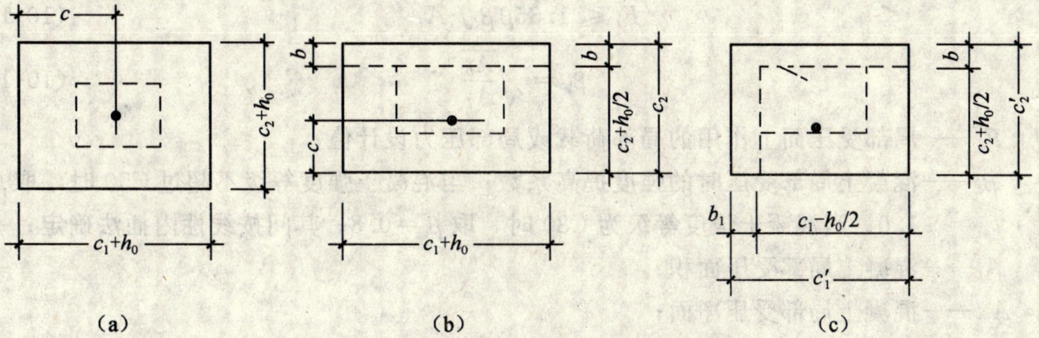

图 10-35　中间桩、边桩和角桩的计算简图

（a）中间桩；（b）边桩；（c）角桩

2. 抗冲切计算

平板式桩筏基础的底板抗冲切计算主要是板上结构柱和板下桩对底板的冲切计算。

墙和板下桩对底板的冲切计算应符合下列要求：冲切破坏锥体应采用自墙边至相应桩顶边缘连线所构成的截锥体，锥体斜面与底板底面的夹角不小于 45°（图 10-36）。

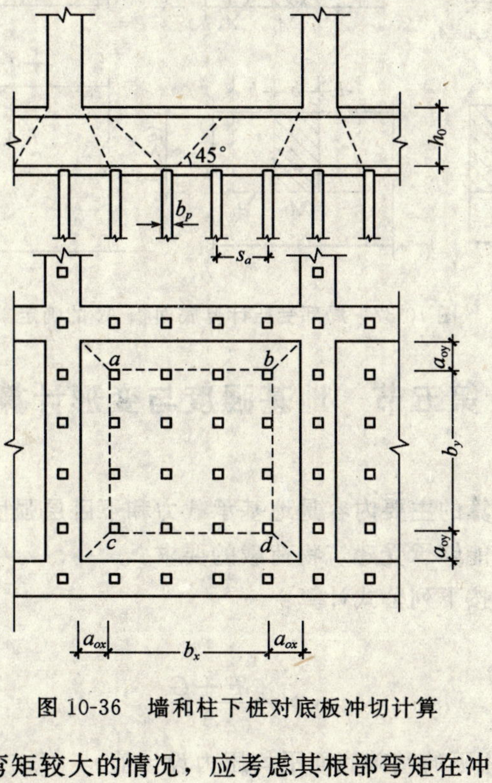

图 10-36　墙和柱下桩对底板冲切计算

对于柱（墙）根部受弯矩较大的情况，应考虑其根部弯矩在冲切锥面上产生的附加剪力验算底板受柱（墙）的冲切承载力。

冲切计算方法可参看本章第二节的有关部分。

当柱荷载较大，等厚度底板的受冲切承载力不能满足要求时，可在底板上面增设柱墩或底板下局部增加厚度来提高底板的受冲切承载力。

3. 局部受压验算

对于柱（墙）下桩基，当板的混凝土强度等级低于柱（墙）的强度等级时，应按下式验算板的局部受压承载力：

$$F_l \leqslant 1.35\beta_c\beta_l f_c A_{ln} \tag{10-109}$$

$$\beta_l = \sqrt{\frac{A_b}{A_l}} \tag{10-110}$$

式中 F_l——局部受压面上作用的局部荷载或局部压力设计值；

β_c——混凝土局部受压时的强度提高系数；当混凝土强度等级不超过 C50 时，取 $\beta_c=1.0$；当混凝土强度等级为 C80 时，取 $\beta_c=0.8$；其间按线性内插法确定；

A_l——混凝土局部受压面积；

A_{ln}——混凝土局部受压净面；

A_b——局部受压时的计算底面积，可根据局部受压面积与计算底面积同心、对称的原则确定，一般的情况可按图 10-37 取用。

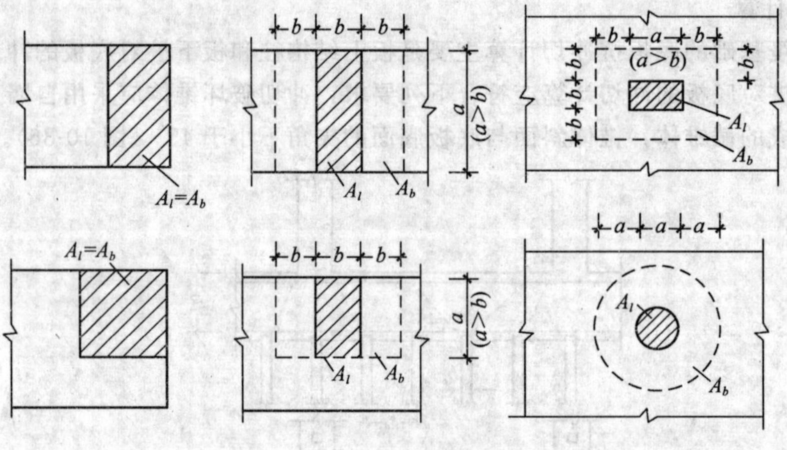

图 10-37 局部受压计算底面积 A_b 的确定

第五节 地基强度与变形计算

一、地基强度计算

高层建筑地基强度计算的主要内容是地基承载力和下卧层强度验算，也即地基承载能力和下卧层的强度必须符合能够承受建筑物荷载的要求。

基础底面压力设计值按下列公式计算：

当受轴心荷载作用时

$$p = \frac{F+G}{A} \tag{10-111}$$

式中 p——轴心荷载作用下的基础底面平均压力设计值；

F——上部结构传至基础顶面的竖向力设计值；

G——基础自重设计值和基础上的土重设计值之和，在计算地下水位以下部分时，应取土的有效重度；

A——基础底面面积。

当受偏心荷载作用时

$$p_{max}=\frac{F+G}{A}+\frac{M}{W} \tag{10-112}$$

$$p_{min}=\frac{F+G}{A}-\frac{M}{W} \tag{10-113}$$

式中　M——作用于矩形基础底面的力矩设计值；

W——基础底面抵抗矩；

p_{max}——基础底面边缘的最大压力设计值；

p_{min}——基础底面边缘的最小压力设计值。

箱形或筏形基础的地基承载力验算和天然地基上的浅基大体相同。对于埋深较大的大基础，当基底在地下水位以下时，应考虑地下水浮力的作用，即在总竖向力 $F+G$ 中减去浮力，也即在计算地下水位以下部分的基础自重和基础上的土重时，均应取钢筋混凝土和土的有效重度。但其前提是需要对地下水变化趋势有正确的评估，必须按长年稳定的地下水位计算，以避免因地下水下降带来不利影响。

箱形或筏形基础对受偏心荷载作用时作了更严格的限制，对基底平均压力 p、边缘最大压力 p_{max} 和最小压力 p_{min} 应满足下列要求：

非抗震设防时

$$\left.\begin{array}{l}p\leqslant f\\ p_{max}\leqslant 1.2f\\ p_{min}>0\end{array}\right\} \tag{10-114}$$

式中　f——地基承载力设计值。

对软土地区尚应按下列荷载组合进行验算：

1）恒载与活荷载组合而无风荷载：

$$\left.\begin{array}{l}p\leqslant 1.1f\\ p_{max}/p_{min}\leqslant 1.22\end{array}\right\} \tag{10-115}$$

2）风荷载与恒载及其他活荷载组合：

$$\left.\begin{array}{l}p\leqslant 1.2f\\ p_{max}/p_{min}\leqslant 1.5\end{array}\right\} \tag{10-116}$$

以上两种荷载组合下的要求相应于限制偏心距 e 分别小于 $b/60$ 和 $b/80$，b 为基础宽度。

地基抗震承载力除应按非地震区的公式验算外，尚应按《建筑抗震设计规范》(GBJ 50011)所定的荷载组合求出基底相应的 p 和 p_{max}，并应符合下列要求：

$$\left.\begin{array}{l}p_E\leqslant f_{SE}\\ p_{E\max}\leqslant 1.2f_{SE}\end{array}\right\} \tag{10-117}$$

$$f_{SE}=\zeta_s f \tag{10-118}$$

式中　p_E——基础底面地震效应组合的平均压力设计值；

$p_{E,max}$——基础底面地震效应组合的边缘最大压力设计值；

f_{SE}——调整后的地基土抗震承载力设计值；

ζ_s——地基土抗震承载力调整系数，按表 10-14 确定。

同时要求边缘最小压力出现零时，零压力区面积不应超过基础底面面积的 25%。

表 10-14　地基土抗震承载力调整系数 ζ_s

岩土名称和性状	ζ_s
岩石，密实的碎石土，密实的砾、粗、中砂，$f_k \geqslant 300$kPa 的黏性土和粉土	1.5
中密、稍密的碎石土，中密和稍密的砾、粗、中砂，密实和中密的细、粉砂，150kPa$\leqslant f_k <$300kPa 的黏性土和粉土	1.3
稍密的细、粉砂，100kPa$\leqslant f_k <$150kPa 的黏性土和粉土，新近沉积的黏性土和粉土	1.1
淤泥，淤泥质土，松散的砂，填土	1.0

注：f_k 为地基土承载力的标准值。

公式（10-118）是调整抗震设防的高层建筑箱、筏基础的地基承载力的计算公式。公式中的地基承载力设计值 f，经过深度和宽度修正的值。

此外，当地基受力层范围内有软弱下卧层时，还应按下式验算是否满足软弱下卧层的承载力要求：

$$p_z + p_{cz} < f_z \tag{10-119}$$

式中　p_z——软弱下卧层顶面处的附加应力设计值，(kPa)；

p_{cz}——软弱下卧层顶面处土的自重应力设计值，(kPa)；

f_z——软弱下卧层顶面处经深度修正后的地基承载力设计值，(kPa)。

二、地基承载力确定、验算中几项说明与分析

1. 近来一些建筑结构规范陆续完成重新修订工作，新修订的《建筑地基基础设计规范》(GB 50007—2002) 考虑地基基础的特点，提出设计时采用“地基承载力特征值”的概念，“地基承载力特征值”按正常使用极限状态的原则确定，其含义是在保证地基稳定的条件下使建筑物和构筑物的沉降量不超过允许值的承载力即允许承载力。

新规范（GB 50007—2002）将原用“地基承载力设计值”表达方式已改用“地基承载力特征值”表达术语虽有变化，但两者在量值上并无改变（新规范 GB 50007—2002 按载荷试验或按公式计算法所确定的地基承载力特征值，与原规范 GBJ 7—89 确定地基承载力设计值的方法仍相同）。

设计基础底面积及确定埋深时，传至基础底面上的荷载效应，新规范（GB 50007—2002）明确提出应按正常使用极限状态下荷载效应的标准组合设计值采用，相应的抗力应采用地基承载力特征值。此前，基础底面上荷载效应的设计值，由于涉及到“承载力”，设计人员常常按承载能力极限状态下荷载效应的基本组合考虑。标准组合与基本组合的差别主要在于分项系数上，前者计算时不考虑分项系数（即分项系数视为 1），后者对永久荷载及可变荷载皆有大于是 1 的分项系数参与计算，考虑分项系数的荷载效应基本组合显然要大于标准组合，新规范（GB 50007—2002）既然将地基基础设计定位按正常使用极限状态考虑，又以地基变形计算控制允许变形为保证，因此即便荷载效应按标准组合设计值所确定的基础尺寸比以前小也应认为可行。按这样考虑有些书中有关地基计算曾述及上部结构传至基础顶

面的竖向力设计值 F 即应由荷载效应的标准组合取值，地基承载力设计值 f 即应理解按地基承载力特征值考虑。

2. 工程勘察阶段，基础尺寸和埋深尚待确定，此时若无现场原位测试资料，通常只宜根据土性指标按查表法结合地区经验提出按土性分层的承载力基本值 f_0 或标准值 f_k，经过深度、宽度修正后取得承载力设计值 f，作为初始验算依据。因此查表法有其一定的作用。基础设计往往是先按建筑底层的布局、荷载分布条件初定基础尺寸；此时在均质地基条件下还要尽量使建筑物的重心和基础平面的形心保持一致。如果出现荷载偏心常需采取调整基础底板尺寸的措施。基础尺寸基本拟定后才有可能使用理论公式计算地基承载力，因此建筑物的荷载与地基的承载是在相互协调的过程中完成的，开始时不宜将承载力看作定值，而应在调整中确定地基承载力，最终使基底压力～地基承载力验算满足设计要求。

3. 在地基承载力各理论公式计算中皆有三项承载力系数与内摩擦角构成函数关系，其中一项反映黏聚力 c 的作用，一项反映基础宽度 b 的作用，一项反映基础埋深 d 的作用。对深度和宽度较大的箱基或筏基而言，计算时由于宽度和深度的因素使承载力增值多，其中以宽度影响尤为明显。

4. 理论公式计算确定地基承载力时，对于土的抗剪强度 c、ϕ 值的代表性和可靠性要求比较高，测求 c、φ 的试验方法宜与地基土的工作状态相适应。抗剪强度试验宜以三轴试验进行。工程勘察阶段，试验条件完全模拟拟建工程的地基受力状态，是难于实现的。为此，北京地区在勘察规范（DBJ 01－501－92）中提出了等效抗剪强度的概念，扩大 c、φ 试验结果的通用性，以等效抗剪强度指标用于理论公式，计算效果较好，可资借鉴。

5. 高层建筑在考虑上部结构荷载、地层土质、基础埋深要求等因素的前提下，总要选择较好的持力层作为天然地基。由于箱基或筏基的基础面积和深度比较大，基底压力因基底面积的扩展而变小。而基础宽度和深度效应的发挥又使地基承载力有所提高。因此在非软土地区，地基承载力易于满足基底压力要求，甚至有较多储备。而应强调，高层建筑与一般中、低层建筑不同，在地基承载力满足设计要求后，尚应十分重视地基变形的验算。而中、低层建筑确定地基承载力时包含已考虑地基容许变形的因素。

三、地基稳定性验算

《高层建筑箱形与筏形基础技术规范》（JGJ 6—99）对箱基或筏基的基础埋置深度和荷载偏心率都有相应要求。规范 JGJ 6—99 规定，在确定高层建筑的基础埋置深度时应考虑建筑物的高度、体型、地基土质、抗震设防烈度等因素，并满足抗倾覆和抗滑移的要求。天然地基上的箱基或筏基埋深不宜小于建筑物高度的 1/15，桩箱或桩筏基础的埋深（不计桩长）不宜小于建筑物高度的 1/18。建筑物的重心和基础平面的形心应尽量重合，当不能重合时偏心距 e 已不宜大于 0.1ρ（$\rho=\dfrac{W}{A}$，W——与偏心距方向一致的基础底面抵抗矩 m^3，A——基底面积 m^2）。在满足上述要求情况下，一般能保证建筑物的稳定性。但上述规定的前提是必须满足抗滑移和抗倾覆的要求。特别是强震区、强台风区建筑物承受较大水平荷载的作用；或者受条件所限基础埋深或荷载偏心距不能满足上述要求时，就必须进行稳定性验算。

1. 水平荷载作用下防止滑移

设作用于箱形或筏形基础顶部的水平荷载（风载、地震荷载或其他荷载）为 Q，箱形或筏形基础侧壁填土能可靠传递被动土压力和摩擦力的高度 $h_e \leqslant D$，计算简图如图 10-38。水平剪力 Q 由垂直于剪力方向侧壁的被动土压力合力 p、基底摩擦力合力 F_1，侧壁（平行于剪力方向）摩擦力合力 F_2 之和来平衡，于是应满足：

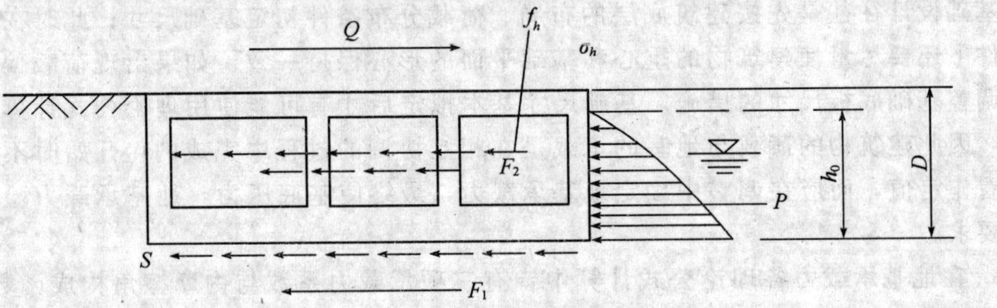

图 10-38　抗水平滑动验算简图

$$KQ \leqslant F_1 + F_2 + P \tag{10-120}$$

式中　K 为安全系数，取 1.2～1.5。F_1、F_2 按下列公式计算：

$$F_1 = A_1, S$$

$$F_2 = f_h \cdot \sigma_h \cdot A_2$$

式中　A_1——基底面积；

A_2——平行于剪力方向的两侧壁有效面积（$A_2 = 2bh_e$）；

S——地基土抗剪强度；对于饱和软土 $S=\frac{1}{2}q_u$（q_u 为土的无侧限抗压强度，对于一般土 $S=C_{cu}+p\text{tg}\varphi_{cu}$（$C_{cu}$、$\varphi_{cu}$ 为固结不排水抗剪强度试验指标，p 为基底平均压力）；

f_h——土与混凝土之间摩擦系数，据试验或经验取值；也可参照现行建筑地基基础设计规范中关于挡土墙设计时按墙面平滑与填土摩擦的情况选值；

σ_h——静止土压力，$\sigma_h = k_0\sigma_v$，其中 σ_v 为有效上覆土压力，k_0 为静止土压力系数，可按理论值 $k_0=\frac{\gamma}{1-\gamma}$ 或经验值取用。

2. 偏心、水平荷载作用下防止建筑物倾覆

高层建筑的重心应尽量与其基础平面的形心重合，不能重合时设计应尽量使偏心距 $e \leqslant 0.1\frac{W}{A}$（$W$、$A$ 意义同前），这样有利于稳定。但是当承受有较大水平荷载时，为防止整体倾覆，需按以下不同情况进行稳定性验算。在强震区、强风区，水平荷载多来自地震力或风力，其施力方向并不能预定，当竖向总荷载存在偏心情况应以不利的荷载组合情况验算：

(1) 水平荷载作用下（竖向荷载偏心距 $e=0$）

$$\left.\begin{aligned} M_r &= p \cdot \frac{b}{2} \\ M_c &= Q \cdot h \end{aligned}\right\} \tag{10-121}$$

(2) 偏心和水平荷载作用下（竖向荷载偏心距 $e>0$，即便 $e\leqslant 0.1\rho$ 时亦与水平力矩叠加）

$$\left.\begin{aligned} M_r &= p\cdot\frac{b}{2} \\ M_c &= Qh + pe \end{aligned}\right\} \tag{10-122}$$

以上各式中　M_r——抗倾覆力矩标准值；

M_c——倾覆力矩标准值；

p——竖向总荷载标准值（$p=F+G$）；

Q——水平总荷载标准值。

抗倾覆稳定性安全系数 k 不宜小于 1.5，即

$$k=\frac{M_r}{M_c}\geqslant 1.5 \tag{10-123}$$

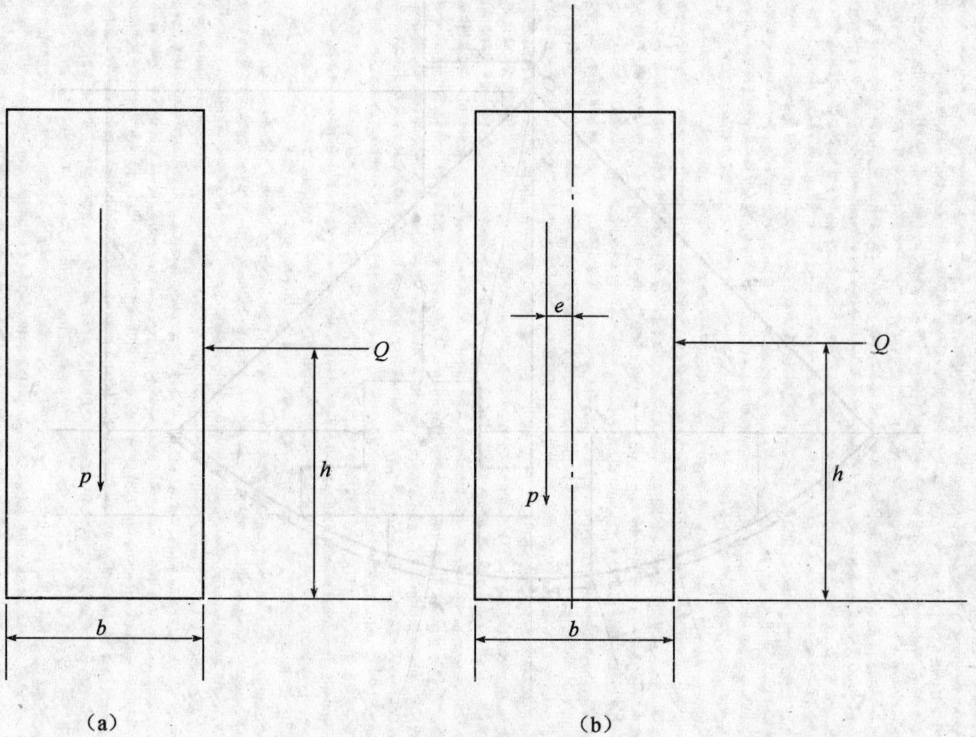

图 10-39　防止建筑物倾覆简图

(a) 水平荷载；(b) 偏心水平荷载

3. 防止地基整体滑动，建筑物倾覆

在竖向和水平荷载共同作用下，而地基内又存在软土或软土夹层时，需进行地基整体滑动稳定性验算。

地基整体滑动形成的滑裂面在空间通常形成一个弧形面，对于均质土可简化为平面问题的圆弧面。地基整体滑动稳定性取决于最危险滑动面上诸力对滑动中心所产生的抗滑力矩 M_r 与滑动力矩 M_0 的比值。

丧失稳定状态　　　$M_0>M_r$；

极限平衡状态　　　$M_0=M_r$；

稳定状态　　　　$M_0<M_r$。

因此，地基达到整体稳定性的安全系数 k 为：

$$k=\frac{M_r}{M_0} \tag{10-124}$$

k 一般取 1.2～1.3。

地基整体滑动稳定性验算方法，一般采用极限平衡理论的圆弧滑动条分法。如图 10-40 所示，基础受到的竖向荷载为 P，水平荷载为 Q，埋深为 d。其稳定性分析步骤如下：

(1) 地面是水平的，假定最危险滑动圆弧通过基础外侧底边，滑动的圆心位于将滑动土体平分的垂直线上。

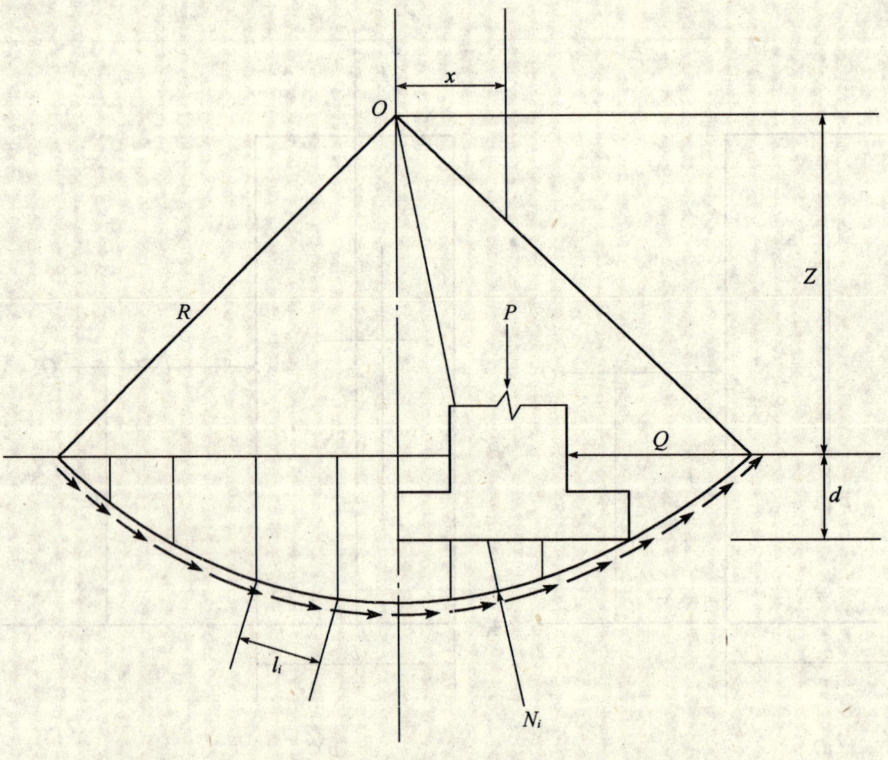

图 10-40　地基整体滑动稳定性验算简图（圆弧滑动条分法）

(2) 将滑动土体划分为等分的土条，土条宽度为 b_i，并忽略土条自重产生的滑动力和抗滑力对整体稳定的影响。

(3) 滑动力矩计算

$$M_0=(P-\gamma d\cdot b)x+Q\cdot z \tag{10-125}$$

式中　γ——土的重度；

b——基础宽度；

x——荷载 P 距圆心的水平距离；

z——水平荷载 Q 距圆心的垂直距离；

d——基础埋深。

$(P-\gamma d\cdot b)$ 表示仅考虑在滑动土体的附加荷载。

(4) 抗滑力矩计算

抗滑力矩包括滑动面上摩阻力和黏聚力合力产生的力矩。

基底压力在相应土条宽度 b_i 范围内滑动面上产生的法向力合力：

$$N_i = p_i b_i \cos\alpha_i \tag{10-126}$$

此时摩阻力 $\tau_i = N_i \tan\phi_i = p_i b_i \cos\alpha_i \tan\phi_i$　　(10-127)

式中　p_i——i 土条处压力的平均值；

α_i——通过 i 土条 N_i 作用线与滑弧交点的半径 R 与垂直线的交角；

ϕ_i——地基土的内摩擦角。

沿滑动面土的黏聚力发生的抗滑力为

$$C = \sum C_i \cdot l_i \tag{10-128}$$

式中　C_i——i 土条内土黏聚力；

l_i——i 土条内滑弧长度。

$$M_r = \mathrm{R}\ (\sum p_i b_i \cos\alpha_i \tan\phi_i + \sum C_i l_i) \tag{10-129}$$

地基整体滑动安全系数为：

$$k = \frac{R\ (\sum p_i b_i \cos\alpha_i \tan\phi_i + \sum C_i l_i)}{(P - \gamma db)\ x + Qz} \geqslant 1.2 \sim 1.3 \tag{10-130}$$

四、地基变形计算

1. 地基变形性质的分析

建筑物地基沉降变形由地基受力分析不仅与基底总压力 p 有关，还与基底处的自重压力 p_c 有关。基坑开挖的深度决定了 p_c 值的大小，因此基坑深度是影响地基变形的重要因素之一。当总压力 p 小于或等于自重压力 p_c 时，地基变形具有回弹再压缩的性质；当总压力 p 大于自重压力 p_c 时，地基变形进入正常固结压密阶段。浅基础 p_c 值小，基底回弹量小。高层建筑基础的埋深较大，基础宽度也较大，基坑回弹所导致的回弹再压缩变形不容忽视。

分析表明，高层建筑箱基与筏基的地基变形计算应当考虑回弹再压缩问题，并应以基底的自重 p_c 为界限；或者考虑地基土的应力历史，以前期固结压力 p_c' 为界限，分别计算回弹再压缩与正常固结压密不同的地基变形。

2. 地基变形的计算深度

地基变形的计算深度（或称压缩层深度），对箱基或筏基的变形计算具有重要意义。早期曾用应力比法确定计算深度，即以某一深度处的附加压力与自重压力的比值，作为应力比，当应力比小于或等于某一限值时，该深度定为计算深度。对一般第四纪土该比值取为 0.2，对软土取为 0.1。应力比法的缺点是没有考虑到土层的构造与性质，过于强调荷载对受压层深度的影响，应力比法对于宽度较小的一般浅基础尚能适用，对宽大较深的基础，以应力比法确定的计算深度往往偏大。大型深基础实测资料表明过于强调荷载的影响是不适宜的。

基础宽度对压缩层深度的影响不应忽视，但其影响受到一定条件的制约，从基础宽度与沉降观测结果的关系曲线中可以看出，当基宽 b 在 0.5～3.0m 时，大体上符合线性关系，当 b＞10m 时几乎无关。

现行地基基础规范提出的应变比法确定压缩层深度，该法既考虑荷载、基宽的影响，同

时又考虑了土层构成与土的性质，采用公式为

$$\Delta S_n' \leqslant 0.05\sum_{i=1}^{n}\Delta S_i \tag{10-131}$$

式中 $\Delta S_n'$——在深度 Z_n 处向上取计算层厚度 ΔZ 的计算变形值；

ΔS_i——第 i 层土的计算变形值。

上式中 $\Delta S_n'$ 确定时起初是在深度 Z_n 处向上计算厚度为 1m，规范修订后改为 ΔZ 更趋合理，统计分析取 $\Delta Z=0.3\ (1+1nb)$，式中 b 为基础宽度。为便于使用，将该式的计算结果归纳，如表 10-15 所示。

表 10-15　ΔZ 取值表

b (m)	≤2	2<b≤4	4<b≤8	8<b≤15	15<b≤30	>30
ΔZ (m)	0.3	0.6	0.8	1.0	1.2	1.5

应当指出对于箱形或筏基深基础，应变比法仍是合理可行的方法。

关于地基压缩层深度的确定，尚有以下几种实用的简化计算的方法：

经验方法 1——现行建筑地基基础设计规范的方法：当无相邻荷载影响，基础宽度在 1～50m范围内时，基础中心点的沉降计算深度按公式（10-132）确定：

$$Z_n = b(2.5 - 0.4leb) \tag{10-132}$$

式中 b——基础宽度。

经验方法 2——对于宽度为 10～30m 的方形或矩形基础，沉降计算深度 Z_n 按公式(10-133)确定：

$$Z_n = (Z_m + \xi B)\beta \tag{10-133}$$

式中 Z_m、ξ——据基础长宽比 L/B 确定的参数，按表 10-16 取值；

β——土类系数，淤泥取 1.0，黏性土取 0.75，砂类土取 0.5。

表 10-16　Z_m 与 ξ 取表值

L/B	1	2	3	4	5
Z_m (m)	11.6	12.4	12.5	12.7	13.2
ξ	0.42	0.49	0.53	0.60	0.62

不论采用上述何种方法，如在计算深度范围内存在基岩时，计算深度可取至基岩表面；除基岩埋深很浅外，地基变形计算深度不应小于基础宽度。

3. 地基变形计算分层总和法

分层总和法是利用回弹再压缩模量 E_s'、压缩模量 E_s 计算地基变形的方法，这是广大设计人员熟知的。深基础最终沉降 S 一般由回弹再压缩变形 S_a 和正常固结压密变形 S_b 组成，《高层建筑箱形与筏形基础技术规范》(JGJ 6—99）分层总和法的计算公式如下：

$$S = S_a + S_b = \sum_{i=1}^{n}\left(\Psi'\frac{p_c}{E_{si}'} + \Psi_s\frac{p_0}{E_{si}}\right)(z_i\bar{\alpha}_i - z_{i-1}\bar{\alpha}_{i-1}) \tag{10-134}$$

式中 S——最终沉降量；

S_a——回弹再压缩变形；

S_b——正常固结压密变形；

Ψ'——考虑回弹影响的沉降计算经验系数，无经验时取 $\Psi'=1$；

Ψ_s——沉降计算经验系数，按地区经验采用，也可按现行《建筑地基基础设计规范》的有关规定采用；

p_c——基础底面处地基土的自重压力标准值；

p_0——长期效应组合下的基础底面处的附加压力标准值；

E'_{si}、E_{si}——基础底面下第 i 层土的回弹再压缩模量和压缩模量；

n——沉降计算深度范围内所划分的地基土层数；

Z_i、Z_{i-1}——基础底面至第 i 层、第 $i-1$ 层底面的距离；

$\bar{\alpha}_i$、$\bar{\alpha}_{i-1}$——基础底面计算点至第 i 层、第 $i-1$ 层底面范围内平均附加应力系数，按规范 JGJ 6—99 附表采用。

高层建筑由于上部结构荷载不同，基础深浅的差异致使基坑挖除土方后，基底失去土自重压力 p_e，从而对建筑物荷载抵消或补偿的作用程度亦不相同。因此具体工程在利用公式（10-134）计算时将出现以下不同情况：

（1）情况之一：$p>p_c$（部分补偿）

按公式（10-134）计算时，如图 10-41 所示。

图中 p 为基底总压力，p_c 为土自重压力，$p_0=p-p_c$ 为基底附加压力；最终沉降 $S=S_a+S_b$，S_a、S_b 分别按 p_c、p_0 各自的应力分布与相应的 E'_s、E_s 以分层总各法计算得出。

（2）情况之二：$p\leqslant p_c$（全补偿或超补偿）

按公式（10-134）计算时，如图 10-42 所示。

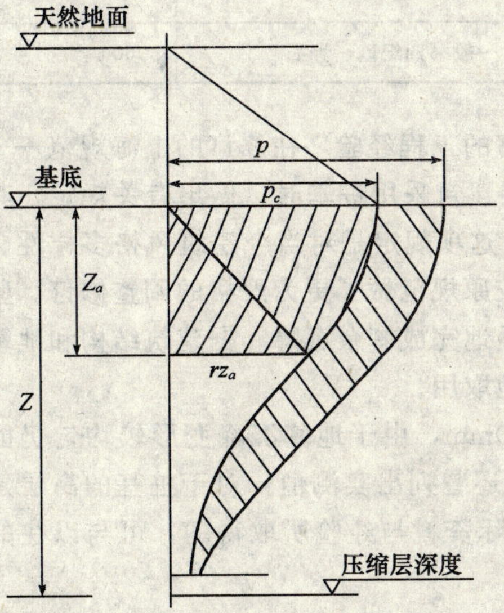

图 10-41　地基沉降变形计算（$p>p_c$）

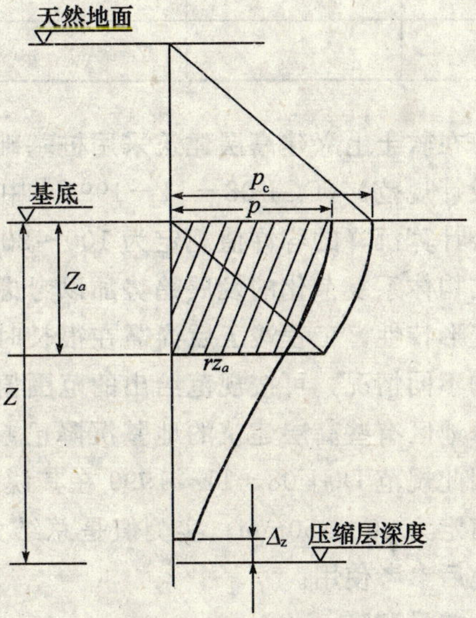

图 10-42　地基沉降变形计算（$p<p_c$）

图中 p、p_c 的符号意义同前。此时公式（10-134）中的 p_c 以 p 代替，附加压力 p_0 视为零。因此最终沉降量 $S=S_a$，即最终沉降量（回弹再压缩变形）按 p 的应力分布与相应的 E'_s 以分层总和法计算得出。

公式（10-134）的计算深度可按本节中论述“地基变形计算深度”有关方法确定，宜采用应变比法，也可用经验法，但所定计算深度一般不宜小于基础宽度。为了简化计算，也出于偏安全地考虑，对于回弹再压缩与正常固结压密变形，暂取同一的计算深度。

4. 高层建筑箱形与筏形基础的容许变形

在地基承载力满足设计要求之后，更为重要的是基础沉降需要满足建筑物容许变形值的要求。制定建筑物地基基础容许变形值的标准应从这样的原则出发：1）保证建筑物的稳定安全；2）保证建筑物的正常使用；3）建筑物变形出现后，其规模或程度不应使人有恐慌的感觉。建筑物的容许变形所规定的内容应结合建筑物性质、类型、地基土类别，分别按上述原则，有针对性的提出。高层建筑箱基与筏基容许变形值，在一些有关规范或规程中有所规定。

（1）最大沉降值

高层建筑箱基、筏基最大沉降容许值（S_{max}），以往各地建设主管部门或设计单位根据当地经验作出规定，随着高层建筑建设增多，积累了丰富的工程经验和资料，有些地区已将沉降容许值纳入规范，例如：

北京地区曾根据地 23 栋有代表性的高层建筑实测并预估 50 年后沉降情况，在规范中提出有关规定如下：

表 10-17　高层建筑地基变形容许值

结构类型	基础类型	变形特征	地基土类别	变形容许值
框架	箱形基础	长期最大沉降量 S_{max}（mm）	一般第四纪黏性土与粉土	100
框剪	筏形基础		一般第四纪黏土、粉土与砂、卵石互层	100
框筒				
剪力墙			一般第四纪砂、卵石	60

上海在软土上兴建高层建筑采用桩基础有丰富的工程经验，在修订的上海规范——《地基基础设计规范》（DGJ 08－11－1999）中对高层建筑采用桩基时，做出有关规定，其中对基础中心计算沉降的容许值规定为 100～200mm，这项规定是对当今建筑风格多样性、建筑体型、结构体系复杂化的发展趋势加以考虑后，较原规范做了更为严格的调整修订。鉴于软土地基变形特性，工程竣工后尚需在很长时间缓慢地完成剩余沉降。据建筑结构和地基沉降均匀性的不同情况，可按规范给出的范围值适当地取用。

上海地区有些高层建筑的地基沉降已超过 300mm，由于地基沉降变形较均匀仍能正常使用。因此规范 DGJ 08－11－1999 在其说明书中还曾列出实测值，对于桩基的高层建筑沉降实测值定为 50～350mm；实测值是总结大量实际资料与经验所取得的，可与以往的实测工程对比后参考使用。

（2）差异沉降

不言而喻，由于地基的不均匀性会造成建筑物的差异沉降。对于均匀地基上的建筑物由于其建筑规模、建筑体型、结构形式的差别，差异沉降也很难避免。比如不同时期建造的相邻建筑物，后建的高层建筑影响可能会使先建的高层建筑产生差异沉降。同一建筑物由于立面的变化。使用功能的要求，往往造成荷载的不均匀性，由此产生差异沉降更是常见。又如近年经常采用的高层建筑与低层裙房建在同一基础上的所谓大底盘情况，其上部结构荷载相差悬殊，也极易导致差异沉降。

差异沉降值（ΔS）的大小与最大沉降值（S_{max}）大体呈线性关系，图 10-43 显示沿海软土与中密以上第四纪土中统计分析的结果，图中还表明即便在地质状态迥异的地区相似的统计规律依然存在。

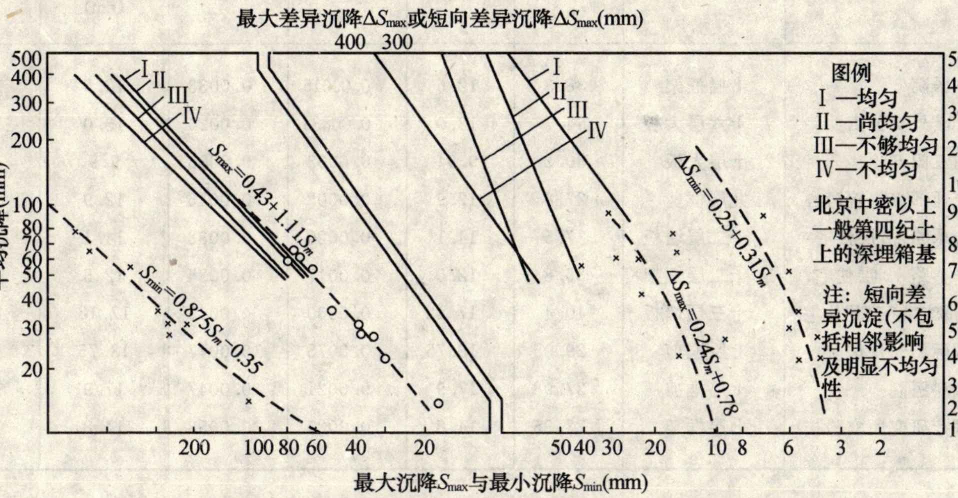

图 10-43　平均沉降与最大最小沉降、差异沉降关系图

（图中实线部分取自陈皓彬“沿海地区工程的综合分析”，虚线部分为北京资料）。

对差异沉降必须有所限制，限制的原则首先是差异沉降引起的结构内力不得超过容许范围；其次是差异沉降引起的建筑物整体倾斜值不得超过容许范围；第三是差异沉降引起的楼地面倾斜不得影响正常使用或造成人的不适；第四是差异沉降引起沉降缝两侧的楼、地面无明显的落差等。

5. 整体倾斜

具有箱形或筏形基础的高层建筑，因其整体刚度较大。地基的不均匀沉降主要表现为建筑物的整体倾斜。

高层建筑由于高度大，整体倾斜引起的危害明显严重。当整体倾斜超过一定数值时，不但使建筑功能受到影响，也影响到其正常使用，如电梯和各种设备因倾斜而不能正常运行等；上部结构因倾斜产生次应力而影响安全。因为建筑高度大，对倾斜非常敏感，极易使人产生恐慌的感觉。严重倾斜甚至有使高层建筑倾覆的危险。因此对整体倾斜必须引起重视，必须将其容许值加以限制。

1977 年国际土力学基础工程会议有关《基础与结构的性状》的报告中指出，倾斜达到 1/250 时可被肉眼觉察，1956 年斯开普顿（Skempoton）认为倾斜达到 1/150 时结构开始损坏。

我国在编制《高层建筑箱形基础设计与施工规程》（JGJ 6—80）期间曾调查总结一些建筑的实测倾斜资料，如表 10-18 所示，并规定在非抗震设防区的整体倾斜计算值 α 宜小于或等于$\frac{b}{100H}$，其中 b 为箱基的宽度，H 为建筑物高度，对于抗震设防区，整体倾斜的控制应更加严格，在设计中可以按地区经验和参考一些工程的实测值来确定。建议可将 α 值控制在$\frac{b}{150H}$～$\frac{b}{200H}$以内。

表 10-18 横向整体倾斜容许值 $b/100H$ 与实测值的比较

工程名称	上部结构	建筑物高度 H (m)	基础宽度 b (m)	实测整体倾斜 α	$\frac{b}{100H}$	屋顶位移 $f=H\frac{b}{100H}$ (cm)	$\frac{f}{H}$
北京中医院	十层框架	38.3	12.6	0.00015	0.0033	12.6	1/303
北京 16# 外交公寓	十六层大板	54.7	13.0	0.00083	0.0024	13.0	1/417
北京前三门 604	十层大板	30.2	9.9	0.0003	0.0033	9.9	1/303
北京交通部水规院宿舍	九层框剪	27.8	12.9	0.0002	0.0046	12.9	1/217
上海康乐路 12 层住宅	十二层墙板	37.5	14.1	0.0020	0.0038	14.1	1/262
上海华盛路 12 层住宅	十二层框架	36.8	12.5	0.0017	0.0034	12.5	1/294
上海陆家宅 5# 高层住宅	十三层墙板	40.4	17.18	0.0000	0.0043	17.18	1/234
上海国际妇幼保健院	七层框剪	29.05	13.75	0.0075	0.0047	13.75	1/212
上海胸科医院	十层框剪	37.98	17.9	0.0021	0.0047	17.9	1/212
上海医疗研究所实验楼	七层框架	27.95	14.8	0.0027	0.0053	14.8	1/189

1989 年在修订《建筑地基基础设计规范》时增补了高层建筑倾斜容许值的内容。基础倾斜后将产生附加弯矩，附加弯矩引起的基础边缘最大压力按下式计算：

$$p_{\max}=\frac{N}{bl}\left(1+\frac{6e_0}{b}\right)$$

式中 N——总竖向荷载；

l——基础长度；

b——基础宽度；

e_0——基础倾斜后产生的偏心距。

将 $p_{\max}$ 控制在 $1.025\frac{N}{bl}$ 以内，即 $p_{\max}\leqslant1.025\frac{N}{bl}$，上部结构重心一般可取 $\frac{H}{2}$ 处，于是 $e_0=\alpha_T\cdot\frac{H}{2}$，则有 $\frac{6}{b}\alpha_T\cdot\frac{H}{2}=0.025$，于是 $\alpha_T=\frac{b}{120H}$。

《建筑地基基础设计规范》(GBJ 7—89)，将 $\frac{b}{120H}$ 作为整体倾斜的控制值，然后按建筑物高度分别定出容许值，如表 10-19 所示。

表 10-19 高层建筑基础容许倾斜值 α

b/H \ 有关规定	1/2 ($H\leqslant24$m)	1/3 ($H\leqslant60$m)	1/4 ($H\leqslant100$m)	1/5 ($H>100$m)
$\frac{b}{100H}$	0.005	0.0033	0.0025	0.002
$\frac{b}{120H}$	0.004	0.0028	0.0021	0.0017
地基规范	0.004	0.003	0.002	0.0015

在《北京地区建筑地基基础勘察设计规范》（DBJ 01－501－92）中，倾斜容许值是根据高宽比 H/b 确定的。其值见表 10-20。这些数值是经过北京地区 23 栋有代表性且沉降达到初步稳定的高层建筑实测资料，经过统计分析取得的。这些建筑物都处于良好状态。

表 10-20　高层建筑地基变形容许值

结构类型	基础类型	变形特征	建筑物高宽比 $\frac{H}{b}$	变形容许值
框架、 框剪、 框筒、 剪力墙	箱形基础、 筏形基础	倾　斜	$\frac{H}{b}\leqslant 3$	0.0020
			$3<\frac{H}{b}\leqslant 5$	0.0015

《高层建筑箱形与筏形基础技术规范》（JGJ 6—99）仍沿用《高层建筑箱形基础设计与施工规程》（JGJ 6—80）的规定，应该说对大量的一般高层建筑是合适的。对于较高的高层建筑，$\alpha_T\leqslant\frac{b}{100H}$的限制值有些偏松。由于近年来 20 层以上的高层建筑为数不少，超高层建筑也不鲜见，对高层建筑整体倾斜的限制还是从严为妥。另外，高大建筑物倾斜所造成的楼顶位移也不宜过大，需要进行控制。

造成高层建筑倾斜的各种因素，主要有地基土质的不均匀性，建筑物荷载的偏心，飓风或地震作用，相邻建筑物荷载以及施工条件的影响等。这些因素不会同时存在，但是其中有些因素欲有交叉影响，有时能有抵消作用，有时又需要考虑影响的叠加作用。设计者在预估倾斜时，应结合工程结构、基础、地基的情况因地制宜细致地分析。对可能产生倾斜的原因先作定性的分析，再着手倾斜计算。

第十一章　高层建筑与地基基础的共同作用

第一节　概　述

通常，所谓共同作用，系包括三种既有不同又有联系的概念：地基与基础的共同作用，基础与上部结构的共同作用，以及地基、基础与上部结构的共同作用。本章所说的共同作用系指后者，即高层建筑与地基、基础（包括桩）三者形成一个整体的共同作用。

在第一章绪论的第三节“高层建筑与地基基础的共同作用研究发展简况与趋势”中，已经阐述国内外共同作用研究发展简况与趋势，明确指出，在最近十年中，理论上已获得相当满意的成果，能够采用共同作用的程序定量分析即将建造101层的上海环球金融中心的超长桩的桩筏基础。共同作用的理论已扩展到基坑工程等，例如，地下连续墙参与共同作用，共同作用理论用于逆作法的设计与施工，以及码头的双排桩结构与地基共同作用设计等。而且，现场研究也获得许多宝贵的数据。总之，无论在国外，还是在国内，已经显示着高层建筑与地基基础共同作用有着广阔的应用前景。

应予指出，“共同作用”课题研究，涉及三者本身特性的结合，由于各自特性实际上均为非线性，互相结合成一个整体进行研究，影响因素很多，确实是一个非常复杂的问题。它表现在建筑物的施工和使用期间，地基变形的变化，建筑物刚度的变化，它们之间的相互影响，地基的差异变形引起建筑物内部的荷载和应力的重分布，以及在施工期间的施工条件对地基变形和建筑物刚度的影响等。“共同作用”问题的范围广泛，内容非常丰富。因此，在本章里只能阐述三个最重要的问题：地基模型；共同作用的分析方法和实测与分析结果。还有两个附录，可供设计和研究人员应用和参考。

第二节　地基模型

地基模型（即土的本构定律）是研究土体在受力状态下的应力、应变、应变率、应力水平、应力历史、加载率、加载途径以及时间与温度之间的函数关系。

合理选择地基模型是“共同作用”分析中的一个最重要问题。它不仅直接影响基底反力（接触应力）的分布，而且影响着基础和上部结构内力的分布。因此，在选择地基模型时，首先必须了解每种地基模型的适用条件，考察所选择模型是否符合或比较接近当地的具体地基特性，也要注意施工条件对地基特性的影响。

以下阐述“共同作用”分析中的三类地基模型：线性弹性模型、非线性弹性模型、弹塑性模型和上海软土各向异性弹塑性模型。

一、线性弹性模型

最简单的模型就是假定地基为线性弹性模型。文克勒（Winkler）模型和弹性半无限体模型正好代表该类模型的两个极端情况，而常用的分层地基模型也属于线性弹性模型。

（1）文克勒模型

假定地基是由许多独立的且互不影响的弹簧所组成，即假定地基任一点所受的压 p 与该点的地基变形 s 成正比，而 p 不影响该点以外的变形，其表达式为：

$$p = ks \tag{11-1}$$

式中　k——地基机床系数。

这个假定系文克勒于 1876 年提出，故该模型称为文克勒模型。

由于该模型计算简便，只要选择恰当的 k 值，可获得较为满意的结果，故国外在地基梁和板以及桩的分析中仍被广泛地采用。但是，该模型在理论上不够严格，使用不当，会造成不良后果。当遇到抗剪强度很低以及压缩层较薄的地基时，选用文克勒模型是比较适宜。

（2）弹性半无限体模型

该模型把地基视为均质的、各向同性的、弹性的半无限体。当集中荷载 P 作用在弹性半无限体表面上（图 11-1）时，根据布西奈斯克（Boussinesq）公式可求得位于距荷载作用点为 r 的点 i 的竖向变形为

$$S = \frac{P(1-\nu^2)}{\pi E r} \tag{11-2}$$

对于在均布荷载下矩形面积的中点竖向变形，如图 11-2 所示，可对式（11-2）积分求得

$$S_0 = 2\int_0^{a/2} 2\int_0^{b/2} \frac{P(1-\nu^2)}{ab\pi E} \frac{\mathrm{d}\xi \mathrm{d}\eta}{\sqrt{\xi^2+\eta^2}} = \frac{P(1-\nu^2)}{\pi E a} F_{ii} \tag{11-3}$$

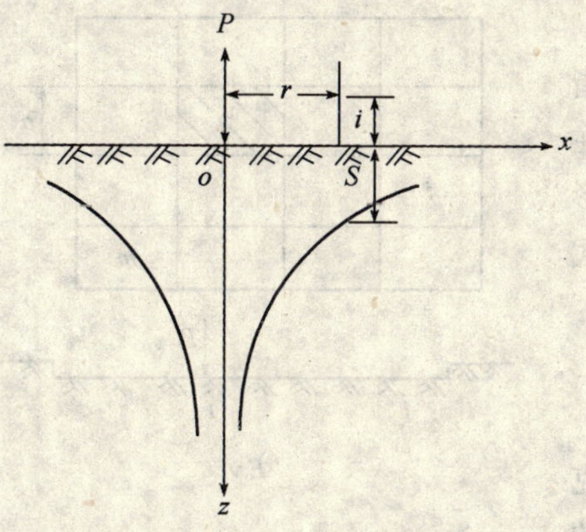

图 11-1　集中荷载 P 作用在弹性半无限体表面上距离中点的竖向变形

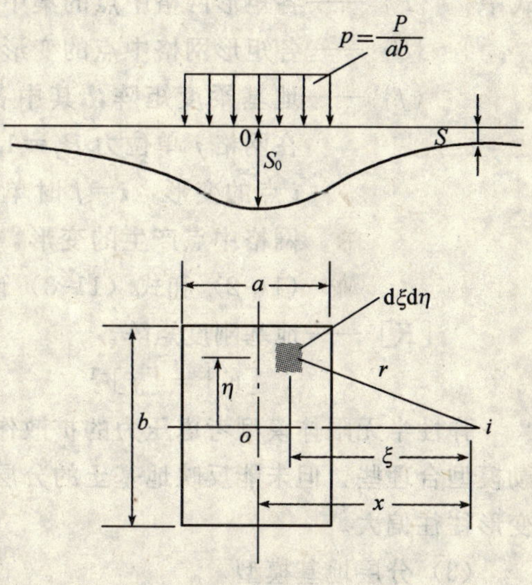

图 11-2　均布荷载 P 作用在矩形面积的中点竖向变形

式中

$$F_{ii} = 2\frac{a}{b}\left\{l_n\left(\frac{a}{b}\right) + \frac{b}{a}l_n\left[\frac{a}{b} + \sqrt{\left(\frac{a}{b}\right)^2+1}\right] + l_n\left[1+\sqrt{\left(\frac{a}{b}\right)^2+1}\right]\right\}$$

E，ν——分别为土变形模量和泊松比。

表 11-1　F_{ii} 的数值

b/a	2/3	1	2	3	4	5
F_{ii}	4.265	3.525	2.406	1.876	1.534	1.322

对于荷载面积以外的任意点变形，同样可用积分求得，不过计算繁琐。此时可按式（11-2）以集中荷载计算。这样，既达到精度要求，又计算简便。

若把整个地基上荷载面积划分为 m 个矩形网格（图 11-3），在任意网格上作用着荷载 P_j，根据式（11-2），即可建立整个地基上荷载面积各点的荷载（整个基底反力）与变形的表达式

$$\begin{Bmatrix} S_1 \\ S_2 \\ M \\ \\ M \\ \\ S_m \end{Bmatrix} = \begin{bmatrix} f_{11} & f_{12} & \Lambda & \Lambda & f_{1m} \\ f_{21} & f_{22} & \Lambda & \Lambda & f_{2m} \\ M & M & 0 & & M \\ & & & 0 & \\ M & M & & f_{ii} & M \\ & & & & 0 \\ f_{m1} & f_{m2} & \Lambda & \Lambda & f_{mm} \end{bmatrix} \begin{Bmatrix} P_1 \\ P_2 \\ M \\ \\ M \\ \\ P_m \end{Bmatrix} \tag{11-4}$$

或简写成

$$\{S\} = [f]\{P\}$$

或写成

$$\{P\} = [K]\{S\}$$

式中 $\{P\}$ ——各矩形网格中点的集中荷载；

$\{S\}$ ——各矩形网格中点的变形；

$\{f\}$ ——地基柔度矩阵，其中各系数 f_{ii} 系指在网格 j 单位力 $P_j=1$ 作用下引起在 i 点的变形，$i=j$ 时单位力在本矩形网格中点产生的变形，两者分别按式（11-2）和式（11-3）计算；

$[K]$ ——地基刚度矩阵。

$$[K] = [f]^{-1}$$

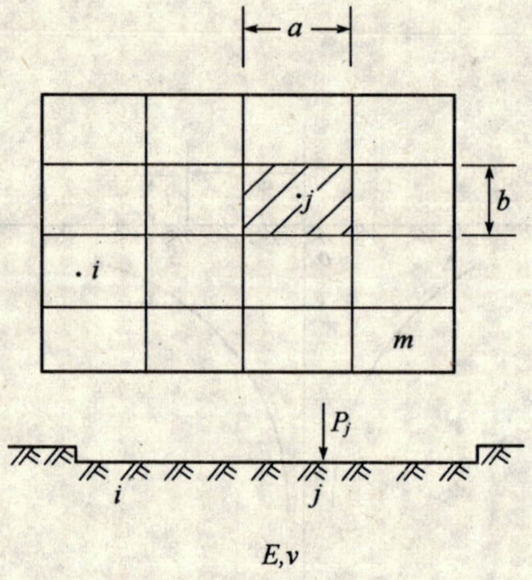

图 11-3 弹性无限体中地基柔性系数的计算

弹性半无限体模型考虑压力的扩散作用，比之文克勒模型合理些，但未能反映地基土的分层特性，算得的变形往往偏大。

（3）分层地基模型

分层地基模型就是我国地基规范中用以计算地基变形的分层总和法。整个基底反力与变形的表达式也可写成

$$\{S\} = [F]\{P_O\} \tag{11-5}$$

式中 $\{P_O\}$ ——基底集中附加压力；

$[f]$ ——地基柔度矩阵，形式与式（11-4）相同，但系数按下式计算（图 11-4）：

$$f_{ij} = \sum_{i=1}^{n} \frac{\sigma_{iji}}{E_{ji}} \Delta h_i$$

式中 n——土层的分层数；

Δh_i——i 网格中点下第 t 土层的厚度；

E_{ji}——i 网格中点下第 t 土层的压缩模量；

σ_{iji}——j 网格中点处单位集中附加压力对 i 网格中点下第 t 层中点所产生的附加应力。

这种模型能反映基底下各土层特性变化，且在实践中已积累不少经验，能得到较满意的结果。

对于深埋基础，在采用式（11-4）和式（11-5）时，宜考虑基坑开挖引起回弹和再压缩的影响。在条件允许时，可根据地基受力的三个阶段：自重应力阶段，附加应力阶段和恒应力阶段，在室内进行压缩一回弹一再压缩试验（见图 11-17），求得相应的参数，分别计算各阶段的地基变形。

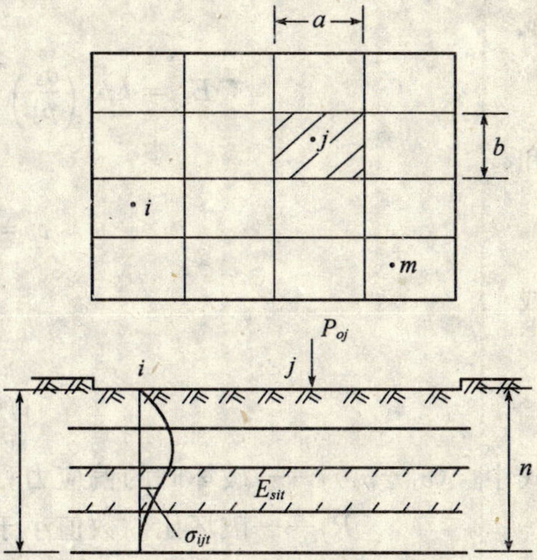

图 11-4　分层地基中地基柔性系数的计算

二、非线性弹性模型

非线性弹性模型是线性弹性模型的必然推广。该类模型中，早在 1963 年 Konder 提出土的应力应变关系为曲线型，后为邓肯和张（Duncan and Chang）根据这种关系和摩尔-库仑强度理论导出非线性弹性模型中切线模量的公式，这样，该模型也就称为邓肯-张模型。

在室内常规三轴试验条件下可建立应力与应变（图 11-5）及轴向与侧向应变（图 11-6）两个关系式

$$\sigma_1 - \sigma_3 = \frac{\varepsilon_1}{a + b_{\varepsilon_1}} \tag{11-6}$$

$$\varepsilon_1 = \frac{\varepsilon_3}{f + d\varepsilon_3} \tag{11-7}$$

式中　$\sigma_1-\sigma_3$——偏应力（σ_1 和 σ_3 分别为土中最大与最小主应力）；

ε_1，ε_3——分别为轴向与侧向应变；

a，b，f，d——均为试验确定的常数。

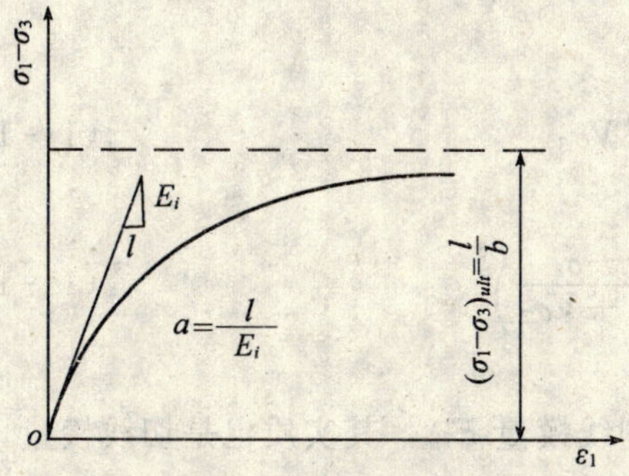

图 11-5　土的应力与应变关系（邓肯-张模型）

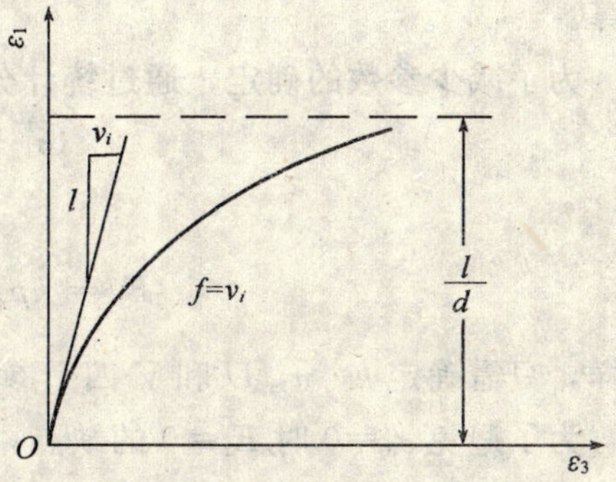

图 11-6　轴向应变与侧向应变关系（邓肯-张模型）

用以计算地基中任一点的切线模量 E_t 和切线泊松比 ν_i 的表达式分别为

$$E_t = \frac{\partial(\partial_1 - \partial_3)}{\partial\varepsilon_1}$$

$$= E_i\left[1 - \frac{R_f(\sigma_1 - \sigma_3)}{(\sigma_1 - \sigma_3)_f}\right]^2 \tag{11-8a}$$

或

$$E_t = kp_a\left(\frac{\sigma_3}{p_a}\right)^n\left[1-\frac{R_f(1-\sin\phi)(\sigma_1-\sigma_3)}{2c\cos\phi+2\sigma_3\sin\phi}\right]^2 \quad (11\text{-}8b)$$

和

$$\nu_t = \frac{\partial\varepsilon_3}{\partial\varepsilon_1} = \frac{\nu_i}{(1-\varepsilon_1 d)^2} \quad (11\text{-}9a)$$

或

$$\nu_t = \frac{G-F\log\left(\frac{\sigma_3}{p_a}\right)}{(1-a)^2} \quad (11\text{-}9b)$$

式中 $(\sigma_1-\sigma_3)_f$——破坏时的偏应力；

R_f——破坏比，数值小于1，其定义为

$$R_f = \frac{(\sigma_1-\sigma_3)_f}{(\sigma_1-\sigma_3)_{ult}}$$

$(\sigma_1-\sigma_3)_{ult}$——偏应力的极限值；

E_i 和 ν_i——分别为初始切线模量和初始切线泊松比；

k——试验模数；

n——试验指数；

c，ϕ——土的内聚力和内摩擦角；

G，F——试验确定的常数；

$$A = \frac{(\sigma_1-\sigma_3)d}{kp_a\left(\frac{\sigma_3}{p_a}\right)\left(1-\frac{R_f(1-\sin\phi)(\sigma_1-\sigma_3)}{2c\cos\phi+2\sigma_3\sin\phi}\right)}$$

就是说，土的非线性弹性归纳起来集中反映在式（11-8）和式（11-9）中。

在计算时，对于切线模量 E，采用常规三轴试验来确定 R_f、k、n、c 和 ϕ 五个参数。由于式（11-8a）E_t 中的 R_f、$(\sigma_1-\sigma_3)$ 和 E_i 等均与 σ_3 有关，建立它们与 σ_3 的关系，以便计算。

为了减少参数的确定，通过统计分析，可得

$$(\sigma_1-\sigma_3)_{ult} = Up_a + V\sigma_3 \quad (11\text{-}10)$$

则

$$E_t = kp_a\left(\frac{\sigma_3}{p_a}\right)^n\left(1-\frac{\sigma_1-\sigma_3}{Up_a+V\sigma_3}\right)^3 \quad (11\text{-}11)$$

这样，只需确定 k，n，U 和 V 四个参数。

为了避免 $\sigma_3=0$ 时 $E_t=0$ 的缺点，可考虑修正的割线模量 E_{ms}，其实质也是切线模量，即

$$E_{ms} = \frac{\sigma_1-\sigma_3}{\varepsilon_1}\left(1-\frac{R_f(1-\sin\phi)(\sigma_1-\sigma_3)}{2c\cos\phi+2\sigma_3\sin\phi}\right) \quad (11\text{-}12)$$

实践证明，该模型在荷载不太大的条件（即不太接近破坏条件）下可以有效地模拟土的非线性应力应变关系。采用增量法，对建筑物与地基基础共同作用研究提供相当有用的结果。该模型的主要缺点是未能考虑应力途径和剪胀性的影响。

三、弹塑性模型

弹塑性模型的种类较多，但用于上部结构与地基基础共同作用的模型，目前仍以拉特和邓

肯（Lade and Duncan）于 1975 年根据真三轴的砂土试验结果，应用弹塑性增量理论提出的砂土模型较为合理。

土不是弹性体而是有如图 11-7 所示的非线性应力-应变关系。从图 11-7 可知

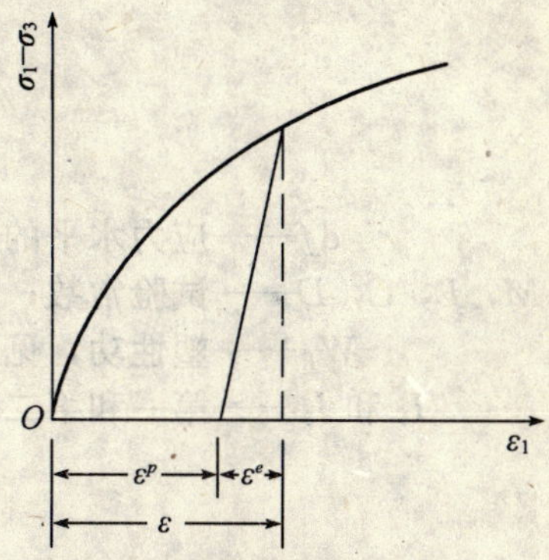

图 11-7　土的应力和应变关系（拉特-邓肯模型）

$$\{\varepsilon\}=\{\varepsilon^e\}+\{\varepsilon^p\} \tag{11-13}$$

式中　$\{\varepsilon\}$ ——土的总应变量；

$\{\varepsilon^e\}$ ——土的弹性应变量；

$\{\varepsilon^p\}$ ——土的塑性应变量，以增量形式表示，则

$$\{\delta\varepsilon\}=\{\delta\varepsilon^e\}+(\delta\varepsilon^p) \tag{11-14}$$

弹性应变增量可用广义虎克定律求得，即

$$\begin{Bmatrix}\delta\varepsilon_x^e\\ \delta\varepsilon_{yx}^e\\ \delta\varepsilon_z^e\\ \delta\varepsilon_{xy}^e\\ \delta\varepsilon_{yz}^e\\ \delta\varepsilon_{xz}^e\end{Bmatrix}=\frac{1}{E}\begin{Bmatrix}\delta\sigma_x-\nu(\delta\sigma_y+\delta\sigma_z)\\ \delta\sigma_y-\nu(\delta\sigma_x+\delta\sigma_z)\\ \delta\sigma_z-\nu(\delta\sigma_x+\delta\sigma_y)\\ 2(1+\nu)\delta\tau_{xy}\\ 2(1+\nu)\delta\tau_{yz}\\ 2(1+\nu)\delta\tau_{xz}\end{Bmatrix} \tag{11-15}$$

式中 E 和 ν 采用卸载再加载的模量

$$E_{ur}=k_{ur}p_a\left(\frac{\sigma_3}{p_a}\right)^{n_{ur}} \tag{11-16}$$

式中，k_{ur} 和 n_{ur} 为试验常数。

塑性应变量用下式计算

$$\begin{Bmatrix}\delta\varepsilon_x^p\\ \delta\varepsilon_y^p\\ \delta\varepsilon_z^p\\ \delta\varepsilon_{xy}^p\\ \delta\varepsilon_{yz}^p\\ \delta\varepsilon_{xz}^p\end{Bmatrix}=\mathrm{d}\lambda K_2\begin{Bmatrix}\dfrac{3I_1^2}{K_2}-\sigma_y\sigma_z+\tau_{yz}^2\\ \dfrac{3I_1^2}{K_2}-\sigma_z\sigma_x+\tau_{zx}^2\\ \dfrac{3I_1^2}{K_2}-\sigma_x\sigma_y+\tau_{xy}^2\\ 2\sigma_z\tau_{xy}-2\tau_{zx}\tau_{yz}\\ 2\sigma_y\tau_{yz}-2\tau_{xy}\tau_{zx}\\ 2\sigma_v\tau_{zx}-2\tau_{yz}\tau_{xy}\end{Bmatrix} \tag{11-17}$$

式中，$\mathrm{d}\lambda$、K_2 为与土性质有关的试验参数，其值分别表示塑性应变增量的绝对大小与相对大小。试验表明，K_2 是和应力水平 $f=I_1^3/I_3$ 成正比，而与 σ_3 的变化关系无关，可用下式表示：

$$K_2=Af+27(1-A) \tag{11-18}$$

式中　A——试验常数。

经过数学推导得

$$\mathrm{d}\lambda=\frac{a\mathrm{d}f}{3(I_1^3-K_2I_3)[1-\beta(f-f_r)]^2} \tag{11-19}$$

式中

$$a=Mp_a\left(\frac{\sigma_3}{p_a}\right)^L \tag{11-20}$$

$$\beta=\frac{\sigma_3}{Cp_a+D\sigma_3} \tag{11-21}$$

$$f-f_r=\frac{W_P}{a+\beta W_P} \tag{11-22}$$

df——应力水平的增量；

M，L，C，D——试验常数；

W_P——塑性功，见下式（11-23）；

I_1 和 I_3——第一和第二应力（不变量）

$$I_1=\sigma_1+\sigma_2+\sigma_3=\sigma_x+\sigma_y+\sigma_z$$

$$I_3=\begin{vmatrix}\sigma_1 & 0 & 0\\ 0 & \sigma_2 & 0\\ 0 & 0 & \sigma_3\end{vmatrix}=\begin{vmatrix}\sigma_x & \tau_{xy} & \tau_{xz}\\ \sigma_{yx} & \tau_y & \tau_{yz}\\ \sigma_{zx} & \tau_{zy} & \tau_z\end{vmatrix}$$

σ_x，σ_y，σ_z，τ_{xy}，τ_{yz}和τ_{zx}为应力分量，根据要求采用布西奈斯克或明德林（Mindlin）公式求得。

在确定塑性功 W_P 时，考虑土处于正常压密状态，可忽略等向固结所产生的塑性功，则 W_P 按下式计算：

$$W_P=\int(\sigma_1-\sigma_3)\delta\varepsilon_1-\frac{(\sigma_1-\sigma_3)^2}{2E}+\sigma_3\int\delta\varepsilon_V-\frac{\sigma_3(1-2\nu)(\sigma_1-\sigma_3)}{E} \tag{11-23}$$

式（11-23）中各项都可以从（$\sigma_1-\sigma_3$）～（$\sigma_1-\sigma_v$）的对应关系直接获得，E 和 ν 为卸载再加载的模量和泊松比。

从上海粉砂土和亚砂土试验求得的有关数据列于表 11-2 中。

表 11-2 上海粉砂土和亚砂土的试验参数

土类别	e	ϕ	C (kN/m²)	k_{ur}	n_{ur}	V	f_t	A	M	L	C	D
粉砂土	0.844	25°45′	11	650	0.533	0.35	27	0.315	8.80×10^{-4}	1.534	20.68	56.76
亚砂土	0.900	25°15′	11	817	0.466	0.35	27	0.300	5.15×10^{-4}	1.678	34.76	42.89

这样，当有关土的参数确定后，可按式（11-15）和（11-17）求得弹塑性应变增量。

必须指出，拉特一邓肯模型的参数，均可采用一般三轴仪确定，确定的方法与前述邓肯一张模型类似。该模型不但适用于砂土，已推广到适用上海的粉砂土和亚砂土。

四、上海软土各向异性弹塑性模型

该模型简称为上海软土模型，应用范围很广，可包括太田模型和剑桥模型，见本章末的附录。

第三节 高层建筑与地基基础共同作用的分析方法

在基础设计计算中，把上部结构、基础和地基三者结合一体进行整体分析的思想，已日益受到工程技术人员的重视和采纳。这种分析方法较之常规的基础设计方法（忽略上部结构作用）有着明显的优点，它能考虑上部结构与地基基础之间的相互影响，比较真实地反映建筑物与基础的实际受力状态。然而，整体分析对计算机容量提出更高的要求。为了减少计算机的存贮量问题，目前多数采用子结构法及波前法等。对于高层建筑与地基基础共同作用的整体分析，以子结构法（包括双重与多重子结构法）较为有效。因为它不仅可以解决大型结构与计算机存贮量小的矛盾，而且，可以在反映施工期间结构逐层增加，即结构刚度的变化对“共同作用”机理的影响，以及耦合各个不同结构单元体系等方面，均有独特的长处。同

时，对于目前广泛采用的微型计算机来说，更有现实意义。显然，“共同作用”的分析方法不限于子结构法，还有有限元法、有限层元法和半解析半数数法等。

一、子结构分析方法的原理

为便于阐明子结构法的原理，以一个平面框架结构为例来说明，如图 11-8 所示。这里把结构内的结点自由度区分为内结点自由度（以 i 表示）和边界结点自由度（以 b 表示），则结构内的总自由度为 n，即 $n=i+b$。整个结构的结点位移 $\{U\}$ 和荷载 $\{P\}$ 的关系可写出平衡方程为

$$\{P\}=[K]\{U\} \tag{11-24}$$

式中　$[K]$ ——整个结构的刚度矩阵（$n\times n$）。

把式（11-24）用分块矩阵形式表示，则

$$\begin{Bmatrix} P_i \\ P_b \end{Bmatrix}=\begin{bmatrix} K_{ii}K_{ib} \\ K_{bi}K_{bb} \end{bmatrix}\begin{Bmatrix} U_i \\ U_b \end{Bmatrix} \tag{11-25}$$

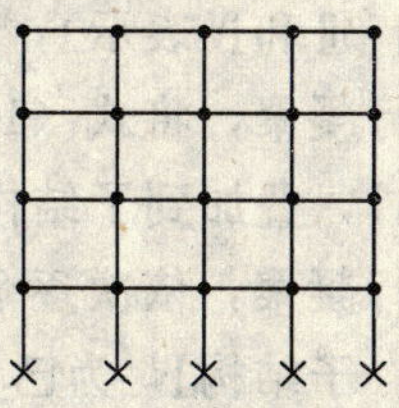

图 11-8　框架结构的内结点与边界结点

（·为内部结点，×为边界结点）

式中　$\{U_i\}$，$\{U_b\}$ ——内结点和边界结点的位移量；

$\{P_i\}$，$\{P_b\}$ ——相应于内结点和边界结点位移的荷载。

展开式（11-25）得

$$\{P_i\}=[K_{ii}]\{U_i\}+[K_{ib}]\{U_b\} \tag{11-26}$$

$$\{P_b\}=[K_{bi}]\{U_i\}+[K_{bb}]\{U_b\} \tag{11-27}$$

式（11-26）移项后为

$$\{U_i\}=[K_{ii}]^{-1}(\{P_i\}-[K_{ib}]\{U_b\}) \tag{11-28}$$

把式（11-28）代人式（11-27），得

$$\{P_b\}-[K_{bi}][K_{ii}]^{-1}\{P_i\}=([K_{bb}]-[K_{bi}][K_{ii}]^{-1}[K_{ib}])\{U_b\} \tag{11-29}$$

令

$$\{S_b\}=\{P_b\}-[K_{bi}][K_{ii}]^{-1}\{P_i\} \tag{11-30}$$

$$\{K_b\}=\{K_{bb}\}-[K_{bi}][K_{ii}]^{-1}\{K_{ib}\} \tag{11-31}$$

则

$$\{S_b\}=[K_b]\{U_b\} \tag{11-32}$$

式中　$\{S_b\}$ ——凝聚后的等效边界荷载；

$[K_b]$ ——凝聚后的等效边界刚度矩阵。

式（11-30）的物理意义是内结点自由度消去后，在边界结点上的等效荷载 $\{S_b\}$ 系由原先作用在边界结点处的荷载 $\{P_b\}$ 和内结点上的荷载向边界结点移置时的贡献（$-[K_{bi}][K_{ii}]^{-1}\{P_i\}$）两部分荷载所组成。式（11-31）的物理意义是凝聚后的等效边界刚度矩阵系由所有内结点固定时，边界结点处的刚度矩阵 $[K_{bb}]$ 和考虑到内结点实际并非固定而必须作出修正（$-[K_{bi}][K_{ii}]^{-1}[K_{ib}]$）的两部分刚度矩阵所组成。

由上述公式可见，结构的求解问题可按下述步骤进行。

1）刚度矩阵的凝聚，按式（11-30）和式（11-31）计算等效边界荷载列向量 $\{S_b\}$ 和等效边界刚度矩阵 $[K_b]$。

2）按式（11-32）求解边界结点位移 $\{U_b\}$，此时，求解所需的方程阶数要比原结构的少得多。

3）按式（11-28）回代求解内结点位移 $\{U_i\}$。

综上所述，刚度矩阵凝聚的过程，实质上是消去内结点自由度的过程。通过凝聚，整个结构的位移分解为先求边界结点位移 $\{U_b\}$ 和后求内结点位移 $\{U_i\}$ 两个过程。

考虑高层建筑的层数较多，应用上述公式时，先要根据结构特点（例如框架结构，剪力墙结构和筒体结构等）及计算机的存贮量，将整个结构分割成若干个子结构，按照规定的顺序进行各个子结构刚度和荷载的凝聚，最后实现整个结构刚度和荷载的凝聚。

现以图 11-9 所示的结构、基础和地基为例加以说明。整个结构分成四个子结构（以Ⅰ，Ⅱ，Ⅲ和Ⅳ表示），子结构的边界有四个，以①，②，③和④表示。先把子结构Ⅰ向边界①进行凝聚，将式（11-31）和式（11-30）计算子结构Ⅰ的边界刚度矩阵 $[K_b]$ 与边界荷载 $\{S_b\}$，叠加到子结构Ⅱ上，形成子结构Ⅱ′［图 11-9（b）］。然后，再把子结构Ⅱ′向边界②进行凝聚，依次逐个进行直至上部结构刚度和荷载全部凝聚到基础上：［图 11-9（d）］。此时，子结构Ⅳ′为已考虑上部结构效应的基础。根据图 11-9（d），可写出子结构Ⅳ′的平衡方程：

$$([K_F]+[K_b]_{\mathrm{IV}'})\{U\}_{\mathrm{IV}'}=\{S_b\}_{\mathrm{IV}'}-\{R\} \tag{11-33}$$

式中 $\{U\}_{\mathrm{IV}'}$——子结构Ⅳ下的广义位移；

$[K_F]$——子结构Ⅳ（即原基础）的刚度矩阵；

$[K_b]_{\mathrm{IV}'}$——上部结构的等效边界刚度矩阵；

$\{S_b\}$——上部结构的等效边界荷载；

$\{R\}$——基础接触压力（反力）。

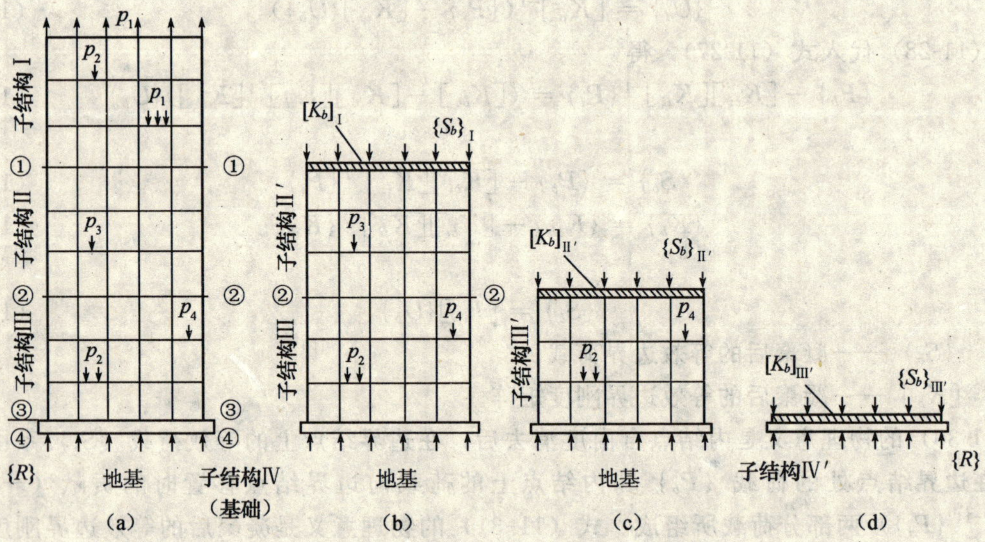

图 11-9　结构和基础的凝集与共同作用分析示意图

到此为止，可以把 m 个子结构组成的结构体系在共 i 个子结构时的平衡方程表示为：

$$\begin{bmatrix} K_{ii}^{(i)}+K_b^{(i-1)} & K_{ib}^{(i)} \\ K_{bi}^{(i)} & K_{bb}^{(i)} \end{bmatrix}\begin{Bmatrix} U_i^{(i)} \\ K_b^{(i)} \end{Bmatrix}=\begin{Bmatrix} P_i^{(i)}+S_b^{(i-1)} \\ P_i^{(i)}-R_b^{(i)} \end{Bmatrix} \tag{11-34}$$

式中 $K_b^{(i-1)}$——在 $i-1$ 个子结构底部边界结点上的凝聚等效边界刚度矩阵；

$S_b^{(i-1)}$——相应的等效边界荷载；

$\{R_b^{(i)}\}$——在 i 个子结构时边界结点所受的反力，当 $i=m$ 时的 $\{R_b^{(m)}\}$ 即为基底反力，整个 m 个子结构的平衡方程为

$$[K_b^{(m)}]\{U_b^{(m)}\} = \{S_b^{(m)}\} - \{R_b^{(m)}\} \tag{11-35}$$

可简写为

$$[K_b]\{U_b\} = \{S_b\} - \{R\} \tag{11-36}$$

其中　$[K_b]$，$\{S_b\}$ ——整个结构（包括基础）对基底接触面边界结点的等效刚度矩阵和等效荷载；

$\{U_b\}$ ——相应的边界结点位移，

$\{R\}$ ——基底反力。

应当指出，这里阐述的子结构法不仅用于整个结构体系（包括基础），而且可用于地基。

下面将分别叙述应用基底反力（包括桩的反力）公式来研究高层建筑与地基基础的共同作用。

二、"共同作用"分析方法（一）——线性弹性地基模型

这里考虑的上部结构与地基基础的应力应变关系均作为线性弹性处理。地基采用文克勒模型、半无限弹性体模型和分层地基模型。其统一的表达式为

$$\{S\} = [f]\{R\}$$

或

$$\{R\} = [f]^{-1}\{S\} = [K_S]\{S\} \tag{11-37}$$

式中　$[K_S]$ ——地基刚度矩阵，$[K_S] = [f]^{-1}$。

根据地基与基础接触面上的变形协调条件，$\{S\} = \{U_b\}$，则式（11-37）可写成

$$([K_b] + [K_S])\{U_b\} = \{S_b\} \tag{11-38}$$

当考虑相邻建筑影响引起的基础接触面结点的附加沉降 S' 时，则上式可写成

$$([K_b] + [K_S]\{U_b\}) = \{S_b\} + [K_S]\{S'\} \tag{11-39}$$

求解此方程组，可得到考虑上部结构刚度后的基础位移 $\{U_b\}$，然后，对各个子结构进行回代，即可求得基础和上部结构各结点的位移和内力。

由上可见，每次计算仅涉及一个子结构，方程组的阶数远比原来整个结构为少，相应的计算机容量要求大大地减小。通过刚度矩阵的凝聚，最后，归结为地基上的基梁或板（已考虑上部结构的效应）的计算问题。因此，上部结构与地基基础的共同作用使得计算相应地简化。

三、"共同作用"分析方法（二）——非线性弹性地基模型（邓肯—张模型）

在非线性弹性地基中，常常采用邓肯—张模型，该模型适用于增量法分析。为了表达方便，把式（11-36）改写成

$$[K]\{U\} = \{P\} - \{R\} \tag{11-40}$$

根据基础与地基接触面处的变形协调条件，第 i 级增量时的平衡方程为

$$[K]\{\Delta U_i\} = \{\Delta P_i\} - \{\Delta R_i\} = \{\Delta P_i\} - [f]^{-1}\{\Delta U_i\}$$

则

$$([K] + [f_i]^{-1})\{\Delta U_i\} = \{\Delta P_i\} \tag{11-41}$$

式中　$[f_i]$ ——第 i 级荷载增量时的柔度矩阵。在非线性弹性地基中，$[f]$ 是一个非对称的矩阵，在增量法的整个计算中，它是一个变值，其值与地基中各点应力水平有关。$[f_i]$ 中的系数 f_{ij} 可写成

$$f_{ij} = \sum_{i=1}^{n} \frac{\Delta h_t}{E_{tt(i-1)}}[\sigma_{zijt} - \nu_{tt(i-1)}(\sigma_{xijt} + \sigma_{yijt})]$$

式中 σ_{xijt}，σ_{yijt}，σ_{zijt}——j 网格中点处的单位力对 i 网格中点下 t 层中点所产生的三个方向的应力；

$E_{tt(i-1)}$，$\nu_{tt(i-1)}$——第 $i-1$ 级荷载增量末时算得在 i 网格中点下 t 层中点相应力的切线模量和切线泊松比，分别按式（11-8）和式（11-9）计算；

Δh_t——第 t 层土层的厚度；

n——压缩层厚度内土的分层数。

求解式（11-41）方程组，得到 $\{\Delta U_i\}$。那么，基础的 $\{U\}$ 就是各级倚载增量下求得的位移增量的总和，即

$$\{U\}=\{\Delta U_1\}+\{\Delta U_2\}+\Lambda\Lambda+\{\Delta U_i\}+\Lambda\Lambda\{\Delta U_n\}=\sum_{i=1}^{n}\{\Delta U_i\}$$

从上述可见，切线模量 E_t 与该点的应力水平有关，而应力水平又取决于基底接触压力，反过来接触压力的分布形式又直接受到前一级 E_t 值而变化。因此，最后的计算结果也反映地基的非线性。再按式（11-28）进行回代，可求得上部结构的位移和内力。

要指出的是，σ_x，σ_y 和 σ_z 的计算，应按基础埋深与基础宽度比的大小，然后，确定采用布西奈斯克或明德林公式计算应力。

四、"共同作用"分析方法（三）——弹塑性地基模型（拉特—邓肯模型）

从我国 9 幢高层建筑箱形基础的实测结果（表 11-3）表明，其纵向弯曲值甚小，约在 0.07‰～0.33‰范围。而事实上，大部分的纵向弯曲已在早期施工阶段形成，故可近似视作刚性基础。高层建筑箱形基础与地基共同作用分析可简化为在弹塑性地基上的刚性板来处理。这里的弹塑性地基系采用拉特—邓肯模型。

为了分析"共同作用"问题，首先要建立弹塑性地基的柔度矩阵，并以增量法进行分析。为了加以区别，采用的符号与前述的稍异。

（1）弹塑性地基柔度矩阵的建立

设 K 网格作用着某一应力水平的单位荷载增量，求对 D 网格下第 T 层（即 TD 单元）上的弹塑性变形，见图 11-10。

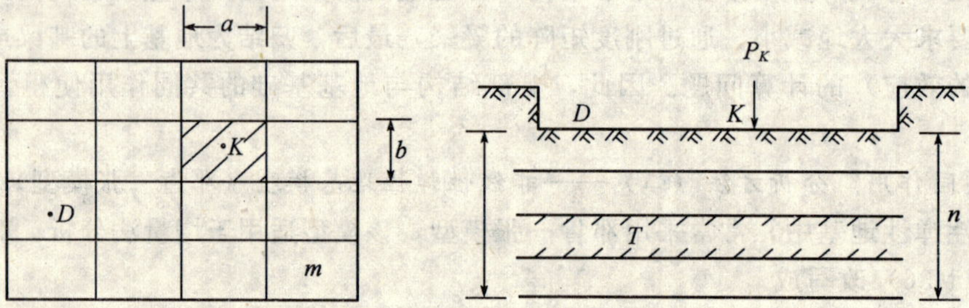

图 11-10 弹塑性地基柔度系数的计算

1）利用布西奈斯克或明德林公式求得单元 TD 的应力分量增量 $\{\Delta\sigma_{ij}\}_{DKT}$（$i=x$，$y$，$z$；$j=x$，$y$，$z$）及某一应力水平的应力分量 $\{\sigma_{ij}\}_{DKT}$。当 $i\neq j$ 时，$\Delta\sigma_{ij}$ 即为 $\Delta\tau_{ij}$；当 $i=j$ 时，$\Delta\sigma_{ij}$ 即为 $\Delta\sigma_i$。

2）竖向弹性应变增量 $(\Delta\varepsilon_z^e)_{DKT}$，按式（11-13）得

$$(\Delta\varepsilon_z^e)_{DKT}=\frac{(\Delta\sigma_z)_{DKT}-\nu[(\Delta\sigma_x)_{DKT}+(\Delta\sigma_y)_{DKT}]}{E}$$

式中 E 和 ν——地基的卸载再加载的模量与泊松比。

3）竖向塑性应变增量 $(\Delta\varepsilon_z^p)_{DKT}$，按式（11-17）得

$$(\Delta\varepsilon_z^p)_{DKT}=\frac{\alpha \mathrm{d}fK_2}{3(I_1^3-K_2I_3)[1-\beta(f-f_t)^2]}\left[\frac{3I_1^2}{K_2}-(\sigma_x)'_{DKT}(\sigma_y)'_{DKT}+(\tau'_{xy})_{DKT}\right]$$

式中　α，β，K_2，f_t——分别为弹塑性模型参数，意义同前；

$\{\sigma'_{ij}\}_{DKT}$——在 K 网格某一应力水平作用时，TD 单元的 $\{\sigma_{ij}\}_{DKT}$ 和该单元自重应力的代数和；

I_1，I_3——TD 单元在 $\{\sigma'_{ij}\}_{DKT}$ 应力状态下的第一和第三应力为变量；

$\mathrm{d}f$——应力水平 f 的增量，即该级应力水平与前级应力水平之差。

4）当 K 网格的荷载小于或等于基坑挖土重，则应变增量为

$$(\Delta\varepsilon_z)_{DKT}=(\Delta\varepsilon_z^{\varepsilon})_{DKT}$$

当荷载大于基坑挖土重，则

$$(\Delta\varepsilon_z)_{DKT}=(\Delta\varepsilon_z^{\varepsilon})_{DKT}+(\Delta\varepsilon_z^{p})_{DKT}$$

因此，在某一应力水平下，K 网格单位荷载增量作用下引起 D 网格土的弹塑性变形

$$f_{DK}=\sum_{T=1}^{n}(\Delta\varepsilon_z)_{DKT}\times h_t$$

这样，弹塑性地基的柔度矩阵 $\{f\}$ 即可建立

$$[f]=\begin{bmatrix} f_{11} & f_{12} & \Lambda & \Lambda & \Lambda & f_{1m} \\ f_{21} & f_{22} & \Lambda & \Lambda & \Lambda & f_{2m} \\ \mathrm{M} & \mathrm{M} & 0 & & & \mathrm{M} \\ \mathrm{M} & \mathrm{M} & & f_{DK} & & \mathrm{M} \\ \mathrm{M} & \mathrm{M} & & & 0 & \mathrm{M} \\ f_{m1} & f_{m2} & \Lambda & \Lambda & \Lambda & f_{mm} \end{bmatrix} \tag{11-42}$$

（2）基底反力和整体倾斜计算公式

前已提及，高层建筑箱形基础可近似视作刚性板处理，当地基变形时，基底与地基仍紧密接触，由此建立变形协调方程，再加上三个静力平衡方程，可写出计算基底反力增量 ΔR 和整体倾斜增量 ΔA 和 ΔB 以及平均沉降增量 $-\Delta C$ 的公式

$$\begin{bmatrix} f_{11} & f_{12} & \Lambda & \Lambda & f_{1m} & -x_1 & -y_1 & -1 \\ f_{21} & f_{22} & \Lambda & \Lambda & f_{2m} & -x_2 & -y_2 & -1 \\ & & & \Lambda & \Lambda & & & \\ f_{m1} & f_{m2} & \Lambda & \Lambda & f_{mm} & -x_m & -y_m & -1 \\ x_1F_1 & x_2F_2 & \Lambda & \Lambda & x_mF_m & 0 & 0 & 0 \\ y_1F_1 & y_2F_2 & \Lambda & \Lambda & y_mF_m & 0 & 0 & 0 \\ F_1 & F_2 & \Lambda & F_D\Lambda & F_m & 0 & 0 & 0 \end{bmatrix} \begin{Bmatrix} \Delta R_1 \\ \Delta R_2 \\ \mathrm{M} \\ \mathrm{M} \\ \Delta R_m \\ \Delta A \\ \Delta B \\ \Delta C \end{Bmatrix} = \begin{Bmatrix} 0 \\ 0 \\ \mathrm{M} \\ \mathrm{M} \\ 0 \\ \Delta M_y \\ \Delta M_x \\ \Delta P \end{Bmatrix} + \begin{Bmatrix} -\Delta_1 \\ -\Delta_2 \\ \mathrm{M} \\ \mathrm{M} \\ -\Delta_m \\ 0 \\ 0 \\ 0 \end{Bmatrix} \tag{11-43}$$

式中　F_D——第 D 块网格的面积；

ΔM_x，ΔM_y——某一应力水平下，板上某一级荷载增量分别对 x 轴和 y 轴的力矩；

ΔP——某一应力水平下，板上某一级荷载增量的合力。

右端项的第二项 Δ 为邻近建筑物的荷载增量对各网格中点产生的沉降增量。

因此，在计算时，可把整个荷载 $\{P\}$ 划分成若干级荷载增量 $\{\Delta P_i\}$，在每级荷载增量

作用下，按式（11-42）求得地基的柔度矩阵，并计算 ΔM_x，ΔM_y 和 ΔP，以及 $\Delta_1 \Delta\Delta_m$，利用式（11-43）求得相应的基底反力增量 $\{\Delta R\}$，ΔA，ΔB，ΔC，最后进行叠加，则得在弹塑性地基上刚性板的基底反力，沉降和整体烦斜量。

顺便指出，弹塑性地基模型可以用理想的弹塑性模型来考虑，如图 11-11 所示，当实测资料积累较多时，可望获得一个实用简化方法。

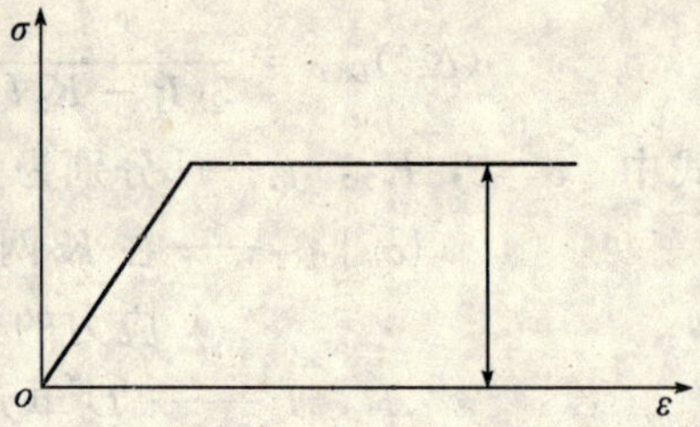

图 11-11　理想的弹塑性涂的应力与应变关系

五、"共同作用"分析方法（四）——现行规范方法

如前所述，上部结构与地基基础共同作用的分析方法均需采用计算机方能实现，而现行的《高层建筑箱形基础设计与施工规程（JGJ 6—80)》规定的方法可用手算。当上部结构为纯剪力墙体系时，箱形基础内力仅考虑按承受局部弯曲作用分析。当上部结构为框架体系时，箱形基础内力应按同时考虑整体弯曲及局部弯曲作用分析。基底反力可按给出的反力系数表或其他有效方法确定。计算整体弯曲时应考虑上部结构的共同作用。计算箱形基础整体弯矩的公式可参见规范。

显然，现行规范规定的方法很简便实用，但有它的局限性。因它是根据纯框架的各柱距相等，梁、柱的轴向变形忽略不计，各楼层的弹性曲线均相等的条件下推导出来的。因而，它只能把上部结构荷载作简单的叠加，不能反映上部结构参与共同作用后的柱荷载的重分布和底部柱子对基础的约束作用，也未能反映上部结构刚度的有限性等。同时，给出的基底反力系数仅适用于单独的矩形建筑物。至于有相邻建筑物的影响，悬臂式的箱基以及不规则的建筑物时，其反力系数可参考表 11-5，结合设计经验加以修正。

六、"共同作用"分析方法（五）——桩-土为线性弹性或理想弹塑性模型

随着高层建筑层数的增加，为了减少建筑物的沉降以及增强地基的承载力，常常采用桩—筏或桩—箱基础。上述的子结构法仍然适用于上部结构，筏基或箱基、桩和地基的共同作用。与前述所不同之处就是把桩和地基作为桩-土体系的整体来分析。因此，当桩-土的刚度矩阵求得后，可按同样方法来分析上部结构、筏基或箱基、桩和地基的共同作用。

下面阐述桩-土刚度矩阵的求解。

如图 11-12 所示，在平面上把地基划分成 Q 个单元，各个单元中心为结点。设 $\{R_p\}$，$\{R_s\}$ 和 $\{F_o\}$ 分别为桩结点、基础内和基础外土结点的反力，相应结点的位移分别为 $\{U_p\}$，$\{U_s\}$ 和 $\{U_o\}$。那么，基础内的桩结点和基础内外的土结点的反力与相应位移的方程式为

$$\begin{bmatrix} \delta_{pp} & \delta_{ps} & \delta_{po} \\ \delta_{sp} & \delta_{ss} & \delta_{so} \\ \delta_{op} & \delta_{os} & \delta_{oo} \end{bmatrix} \begin{Bmatrix} R_p \\ R_s \\ F_o \end{Bmatrix} = \begin{Bmatrix} U_p \\ U_s \\ U_o \end{Bmatrix} \tag{11-44}$$

式中　δ_{pp}——桩对桩（包括桩本身）的位移影响系数矩阵，见图 11-13（a)，根据明德林（Mindlin）公式积分求得；

δ_{sp}——桩对土的位移影响系数矩阵，见图 11-13（b)，根据明德林公式求得；

δ_{ps} 和 δ_{po}——土对桩的位移影响系数矩阵［见图 11-13（c]，根据位移互等定理，与桩对土的位移影响系数相等；

δ_{ss}和δ_{so}——土对土的位移影响系数矩阵［见图 11-13（d）］，一般根据布西奈斯克公式求得，当埋深与宽度比超过一定值时，可考虑用明德林公式，在计算这些位移影响系数时，假定桩-土体系为理想的连续弹性体，不考虑桩土间的局部相对滑动的影响。因此，可从弹性理论的明德林和布西奈斯克公式导得。

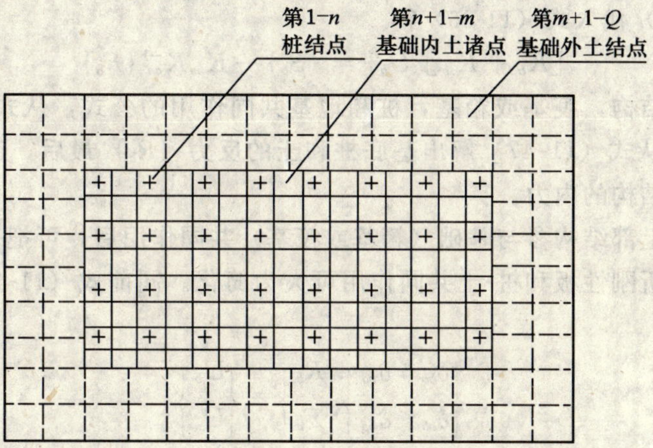

图 11-12　桩-土体系的基底界面内外的单元划分

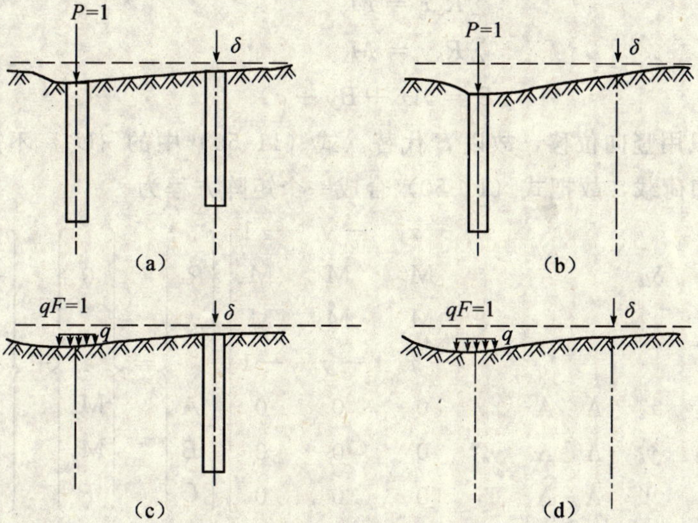

图 11-13　桩-土体系的相互影响

以桩-土体系的刚度矩阵表示，则式（11-44）写成

$$\begin{bmatrix} K_{pp} & K_{ps} & K_{po} \\ K_{sp} & K_{ss} & K_{so} \\ K_{op} & K_{os} & K_{oo} \end{bmatrix} \begin{Bmatrix} U_p \\ U_s \\ U_o \end{Bmatrix} = \begin{Bmatrix} R_p \\ R_s \\ F_o \end{Bmatrix} \tag{11-45}$$

把矩阵分块，式（11-45）可写成

$$\begin{bmatrix} K_{bb} & K_{bo} \\ K_{ob} & K_{oo} \end{bmatrix} \begin{Bmatrix} U_b \\ U_o \end{Bmatrix} = \begin{Bmatrix} R_b \\ F_o \end{Bmatrix} \tag{11-46}$$

将式（11-46）展开，解得基础内桩和土的结点反力列向量

$$\{R_b\} = [K_{bb} - K_{bo}K_{oo}^{-1}K_{ob}]\{U_b\} + K_{bo}K_{oo}^{-1}\{F_o\} \tag{11-47}$$

令

$[K_{sb}]=[K_{bb}-K_{bo}K_{oo}^{-1}K_{ob}]$，即为桩-土体系与整个结构（包括基础）接触面上的边界刚度矩阵。

$$\{R_b\}=[K_{sb}]\{U_b\}+K_{bo}K_{ob}^{-1}\{F_o\} \tag{11-48}$$

这样，把式（11-48）代入式（11-36）得

$$[K_b+K_{sb}]\{U_b\}=\{S_b\}-K_{bo}K_{oo}^{-1}\{F_o\} \tag{11-49}$$

该式即为求解上部结构，筏基或箱基，桩和地基共同作用的公式，从式（11-49）求得基底位移 $\{U_b\}$ 后，再从式（11-47）解出基底桩和土的反力 $\{R_b\}$ 最后，逐个子结构回代，即可求得基础和上部结构的内力。

正如上述，当上部结构参与基础（箱基或筏基）共同作用后，可把基础近似视作刚性板来处理，那么，分析刚性板和桩-土共同作用可大为简化。同前式（11-43）类似，可得如下的方程组：

$$\begin{aligned}&\begin{Bmatrix}\delta_{bb} & \delta_{bo}\\ \delta_{ob} & \delta_{oo}\end{Bmatrix}\begin{Bmatrix}R_b\\ F_o\end{Bmatrix}=\begin{Bmatrix}U_b\\ U_o\end{Bmatrix}\\ &\sum R_b=P\\ &\sum R_b x=M_y\\ &\sum R_b y=M_x\\ &S=Ax+By+c\end{aligned} \tag{11-50}$$

因 $\{U_b\}$ 中只用竖向位移，故以 S 代替。式（11-50）中的 $\{U_o\}$ 不需计算。$\{F_o\}$ 为基础界面外的已知荷载，故把式（11-50）合成一个矩阵方程为

$$\begin{bmatrix} & & & & & & -x_1 & -y_1 & -1\\ & \delta_{bb} & & & & & \mathrm{M} & \mathrm{M} & \mathrm{M}\\ & & & & & & \mathrm{M} & \mathrm{M} & \mathrm{M}\\ & & & & & & -x_n & -y_n & -1\\ x_1 & x_2 & x_3 & \Lambda & \Lambda & x_n & 0 & 0 & 0\\ y_1 & y_2 & y_3 & \Lambda & \Lambda & y_n & 0 & 0 & 0\\ 1 & 1 & 1 & \Lambda & \Lambda & 1 & 0 & 0 & 0\end{bmatrix}\begin{Bmatrix}R_b\\ \\ \\ \\ A\\ B\\ C\end{Bmatrix}=\begin{Bmatrix}0\\ \\ \\ \\ \mathrm{M}_y\\ \mathrm{M}_x\\ P\end{Bmatrix}+\begin{Bmatrix}-\delta_{bo}F_o\\ \\ \\ \\ 0\\ 0\\ 0\end{Bmatrix} \tag{11-51}$$

求解式（11-51）可得基底各桩和土的反力 $\{R_b\}$，以及相应各点的沉降及基底的倾斜。

但是，由于式（11-51）的分析系假定桩-土为线性弹性体，而且，假定基础为刚性板，故基础的端部处角点的桩和土的反力会超过桩土结点所能允许承受的承载力。此时，可将桩-土体系视为理想的弹塑性体，即桩和土各有一个弹性极限值，如算得桩和土结点的反力超过弹性极限值时，则结点处于塑性状态，令这些结点的反力各等于桩和土的弹性极限值，均为已知反力值，而相应结点的位移由基底的变形所决定。这样，在计算时，可把进入塑性状态的桩土结点由边界结点转为基础外的结点。计算步骤大致如下：

第一次把桩和土均视为弹性状态，按式（11-51）求 $\{R_b\}$，将反力大于桩和土的弹性极限值的结点转移到基础外的结点，其结点反力以 $\{F_{o,p}\}$ 表示。

第二次的计算方程式简写为

$$\left[\begin{array}{c|ccc}\delta_{bb} & -x & -y & -1 \\ \hline x^T & & & \\ y^T & & 0 & \\ 1^T & & & \end{array}\right]\left\{\begin{array}{c}R_b \\ \hline A \\ B \\ C\end{array}\right\}=\left[\begin{array}{c|cc}-\delta_{bo}F_o & \delta_{bo,p} & F_{o,p} \\ \hline M_x & x_o^T & F_{o,p} \\ M_y & y_o^T & F_{o,p} \\ P & l_o^T & F_{o,p}\end{array}\right] \tag{11-52}$$

式（11-52）的左端项与式（11-51）形式相同，但已把塑性状态的桩土结点转移至右端项的第二项。如在第二次计算中仍有超过桩和土的弹性极限值的结点，再按上式进行第三次计算，直至所有桩和土的结点力均不超过弹性极限值为止。

其他方法见本章附录二。

第四节　实测结果与分析

为了证实高层建筑与地基基础共同作用理论的正确性，进行现场量测比室内模型试验更具有真正的价值。但是，现场实测工作非常艰巨，时间长，费用高，同时，量测工作不一定完全成功，所以，现场实测所获得的可靠数据显得特别宝贵。

下面将分别叙述我国 9 幢高层建筑深埋箱形基础和美国休斯敦独特壳体大厦（One Shell Plaza）深埋筏型基础的实测结果；英国伦敦海德公园骑兵大楼（Hyde Park Cavalry Barracks）和上海筒仓以及上海贸海大楼的桩筏基础的实测结果以及国内外 17 幢桩筏和桩箱基础的荷载分担的实测结果，同时进行分析。

一、高层建筑的箱形基础

从 1974 年至 1986 年间，我国先后在上海、北京、西安和郑州等地 9 幢大楼的深埋箱基中埋设沉降测点和回弹标、土压力盒及钢筋应力计，对地基基础进行比较全面的测试，比较完整地研究和总结一些有价值的成果，为进一步论证和丰富我国高层建筑箱基设计理论作出贡献。同时，还提出一些值得重视注意的问题，以利今后的设计和科研工作。

9 幢大楼深埋箱形基础的概况见表 11-3。

表 11-3　我国 9 幢大楼深埋箱形基础的概况

工程名称	上部结构	建筑高度 H（m） 基底平面 $L\times B$（m²）	基础高度 h（m） 基础埋深 D（m）	$\frac{D}{H}$	$\frac{L}{H}$	$\frac{B}{100H}$（%）	基底总压力 p（kN/m²） 基底附加压力 P_0（kN/m²）	地基承载力 R 或 R_s（kN/m²） 基底有效压力 R_s（kN/m²）	持力层压缩模量 E（kN/m²） 压缩层平均模量 E_p(kN/m²)	推算沉降 S(cm) 计算沉降 S(cm)	实测横向整体倾斜（‰）	实测纵向弯曲（‰）
上　海 康乐大楼	剪力墙 12 层	38.8 69.64×14.10	5.80 5.50	$\frac{1}{7.1}$	1.8	3.6	185.0 85.0	300.0 140.0	745 610	16.0 21.0	2.2	−0.33
上　海 四平大楼	剪力墙 12 层	35.8 50.10×9.80	3.68 5.20	$\frac{1}{6.9}$	1.4	2.7	188.0 94.0	267.0 146.0	700 530	14.0 21.0	0.5	+0.14
上　海 华盛大楼	框架 12 层	37.8 57.60×14.30	3.65 5.65	$\frac{1}{6.7}$	1.5	3.8	156.0 50.0	300.0 110.0	717 367	24.0 19.2	1.7	−0.18
上　海 胸科大楼	框架 10 层	38.98 45.99×18.44	5.00 5.50	$\frac{1}{6.6}$	1.2	4.6	155.0 57.0	101.5 107.0	230 280	>35.0 35.0	2.1	+0.10

续表

工程名称	上部结构	建筑高度 H（m） 基底平面 $L\times B$（m^2）	基础高度 h（m） 基础埋深 D（m）	$\frac{D}{H}$	$\frac{L}{H}$	$\frac{B}{100H}$（%）	基底总压力 p（kN/m^2） 基底附加压力 P_o（kN/m^2）	地基承载力 R 或 R_s（kN/m^2） 基底有效压力 R_s（kN/m^2）	持力层压缩模量 E（kN/m^2） 压缩层平均模量 E_p（kN/m^2）	推算沉降 S(cm) 计算沉降 S(cm)	实测横向整体倾斜（‰）	实测纵向弯曲（‰）
北　京 北京医院 病房大楼	框架 10层	38.30 87.36×13.16	5.35 5.70	$\frac{1}{6.7}$	2.3	3.4	177.0 68.7	200.0 177.0	2640 1573	2.08 7.76	0.15	−0.07
北　京 604大楼	剪力墙 12层	30.20 45.60×11.56	3.3 4.41	$\frac{1}{6.8}$	1.5	3.8	150.0 66.2	220.0 150.0	1500	1.14 4.41	0.30	−0.04
北　京 16号公寓	剪力墙 17层	54.70 36.46×13.75	9.06 8.25	$\frac{1}{6.6}$	0.7	2.5	352.0 222.5	495.0 352.0	740	5.39 11.13	0.83	+0.11
西　安 小雁塔宾馆	剪力墙 15层	51.80 62.00×20.32	3.90 7.00	$\frac{1}{7.4}$	1.2	3.9	219.0 102.0	219.0	静弹模量 E0：10220 11520	3.14 3.62	0.09	+0.08
郑州 旅游宾馆	框剪 16层	54.47 68.10×25.00	5.58 5.58	$\frac{1}{9.8}$	1.3	4.7	173.1 94.3	207.5 157.5		>30.00 26.42	1.58	+0.28

1. 地基变形

根据实测结果，对于深埋箱基的地基变形基本上可以分为三个应力阶段：自重应力→附加应力→恒应力，见图11-14。自重应力（或称覆盖压力）阶段包括回弹和再压缩变形阶段。通过实测（见图11-15）可知，在该阶段的应力应变关系属于线性弹性状态，在正常情况下，再压缩变形比回弹变形略为大些，其变形量约占地基总变形量的20%～30%（见表11-4），而深埋箱基的地基变形主要发生在大楼的施工阶段。从图11-14中的 a 与 b 两个转折点能够形象地反映地基的受力特性。根据三个受力阶段，可在室内进行模拟试验，见图11-16。通过试验求得相应模量，然后，按分层总和法计算地基变形量：

$$S = S_{自} + S_{附} + S_{恒} \qquad (11\text{-}53)$$

式中　$S_{自}$，$S_{附}$ 和 $S_{恒}$——分别为自重应力、附加应力和恒应力三阶段的地基变形。

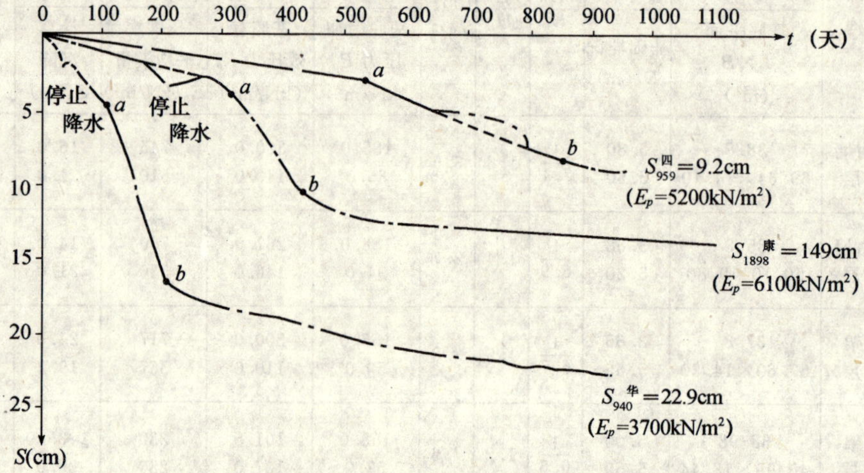

图11-14　深埋箱基的沉降与时间关系

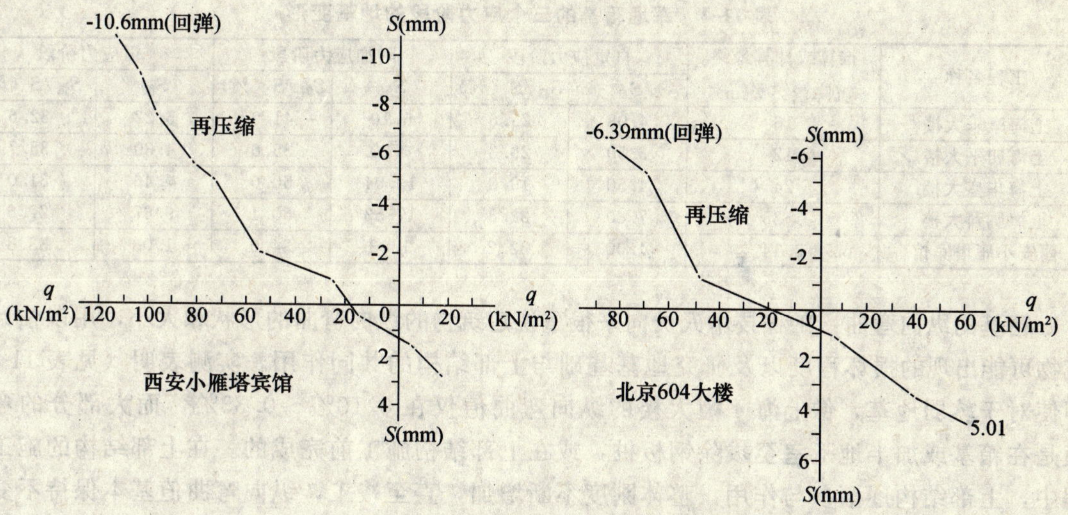

图 11-15　卸载（深基坑开挖）和加载与变形关系

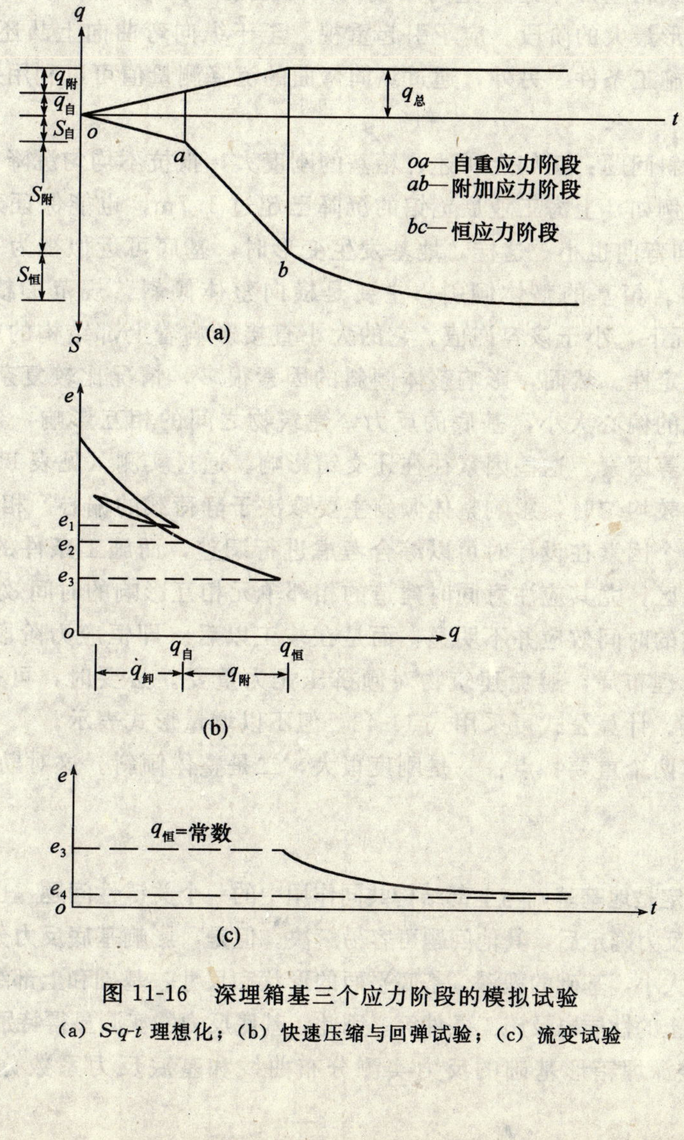

图 11-16　深埋箱基三个应力阶段的模拟试验

(a) S-q-t 理想化；(b) 快速压缩与回弹试验；(c) 流变试验

表 11-4　深埋箱基的三个应力阶段的地基变形

工程名称	推算或计算最终沉降量 S (cm)	自重应力阶段		附加应力阶段		恒应力阶段	
		$S_{自}$	$S_{自}/S$ (%)	$S_{附}$	$S_{附}/S$ (%)	$S_{恒}$	$S_{恒}/S$ (%)
上海康乐大楼	16	4.08	25.6	6.70	41.9	5.22	32.6
上海四平大楼	12	3.50	29.3	4.20	35.0	4.30	35.7
上海华盛大楼	24	4.50	19.0	12.04	50.0	7.46	31.0
上海胸科大楼	＞35	7.80	22.3	17.53	50.1	9.67	27.6
西安小雁塔宾馆	3.14	1.00	32.2	1.03	34.0	1.08	33.8

箱基的纵向弯曲：工程技术人员向来很重视建筑物的纵向弯曲的形状和大小，用以估计建筑物可能出现的损坏程度以及研究地基基础与上部结构的共同作用。实测表明（见表 11-3），即使对于软弱地基，像上海 4 幢大楼的纵向弯曲值仅在 0.10‰～0.33‰，而大部分的弯曲值是在箱基或加半地下室至拔除钢板桩，或在上部结构施工前完成的。在上部结构的施工过程中，上部结构逐渐参与作用，整体刚度不断增加，直至竣工，纵向弯曲值基本保持不变或变化不大。可以表明，箱基或箱基加半地下室的实际（不是计算的）刚度还是相当大的，同时也表明，在箱基或箱基加半地下室的刚度尚未形成前，如果上部结构施工速度较快的阶段，那将是弯曲变形最大的阶段。应予引起重视。至于纵向弯曲向上凸还是向下凹的问题，实测也表明取决于施工条件。另外，通过纵向弯曲的沉降测量值可以利用差分法等计算箱基的弯曲应力。

箱基的整体倾斜问题：正如上所述，箱基的刚度大，抵抗不均匀沉降的能力也强，允许产生较大的沉降（例如，上海工业展览馆的沉降已超过 1.7m，也能保证建筑物本身的正常使用），纵向和横向弯曲也小。这样，地基发生变形时，基底可近似视为一个平面，发生均匀下沉或整体倾斜。箱基的整体倾斜，主要是横向整体倾斜，规范的横向倾斜容许值为 2.5‰，在一般情况下，小于该容许值。它的大小直接影响着上部结构的应力分布，还影响着整个建筑物的稳定性。然而，影响整体倾斜的因素很多，情况比较复杂，如地基的条件，地震的烈度，荷载的偏心大小，基底的反力，建筑物之间的相互影响，建筑物的高度和宽度，以及施工条件等因素。这些因素往往还交错影响。通过实测（见表 11-3）表明，在一般情况下，当地基比较均匀时，影响整体倾斜主要取决于静荷载的偏心，相邻建筑物的影响和施工因素等。前两个因素在设计时可以综合考虑进行调整，而施工条件的影响却很难估计。其次，对于软土地区，尤其应注意同时建造的相邻单元相互影响的时间效应问题。在整个施工期间，相互影响的时间效应并不明显，而是在竣工以后（即恒应力阶段）逐步显示出来。因此，建筑物的合理布局，避免建筑物对倾挤压尤为重要。必要时，可采取合理的施工措施，以调整倾斜值。计算公式可采用式 11-43，但不以增量形式表示。

总之，箱基有两个重要特点：一是刚度很大，二是整体倾斜。这对勘测、设计和施工均有重要指导意义。

2. 基底反力

基底反力的确定是地基基础与上部结构共同作用中的一个关键性问题，也是设计人员最关心的问题。一旦基底反力确定后，其他问题可容易解决。但是，影响基底反力分布的因素很多，如建筑物荷载分布及大小，基础的埋深，基底平面的形状和尺寸，基础和上部结构的刚度，相邻建筑物的影响，地基土的性质以及施工条件等。因此，基底反力的实测显得特别重要。

我国 9 幢大楼深埋箱形基础的反力实测分布曲线和基底反力系数分别见图 11-17 和表

11-5。而北京国际饭店的条件与这 9 幢大楼不同，主要是平面形状不规则，故在下面单独阐述它的实测基底反力结果。

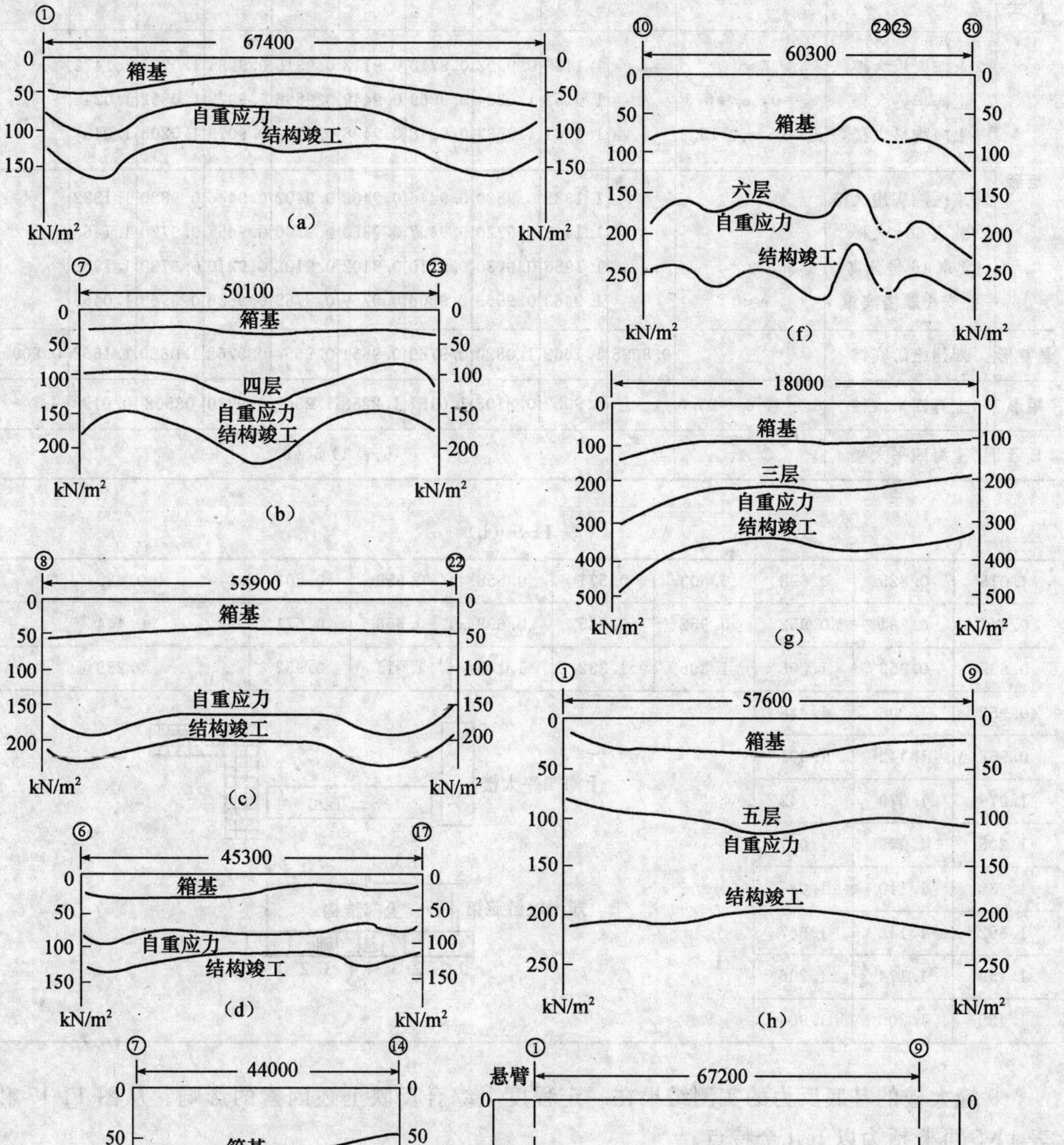

图 11-17　9 幢大楼的箱基反力分布

(a) 上海康乐大楼；(b) 上海四平大楼；(c) 上海华盛大楼；(d) 上海胸科大楼；
(e) 北京医院病房大楼；(f) 北京 604 大楼；(g) 北京 16 号公寓；(h) 西安小雁塔宾馆；(i) 郑州旅游宾馆

表 11-5（a） **我国 9 幢大楼箱基实测的反力系数**

基础形式	工程名称	静载引起的偏心	0	1	2	3	4	4′	3′	2′	1′	0′
矩形	上海康乐大楼	e≈0		1.1455	0.9902	0.8710	0.9113	0.9315	0.9234	1.0799	1.1472	
	上海华盛大楼	$e_x=0$，$e_y=0.3$		1.0462	1.0284	0.9669	0.9449	0.9568	0.9972	1.0352	1.0245	
	上海胸科大楼	$e_x=0$，$e_y=16.3$		1.1141	1.0537	0.9848	0.9498	0.9238	0.9079	1.0203	1.0457	
	北京医院病房大楼			1.1332	0.9820	0.9446	0.9402	0.9402	0.9446	0.9820	1.1332	
	北京 604 大楼			1.1463	0.9720	0.9457	0.9360	0.9360	0.9457	0.9720	1.1463	
	北京 16 号公寓			1.1958	0.9730	0.9210	0.9102	0.9102	0.9210	0.9730	1.1958	
	西安小雁塔宾馆	e≈0		1.0463	0.9963	0.9806	0.9769	0.9769	0.9806	0.9963	1.0463	
悬臂形	郑州旅游宾馆		0.8095	1.1662	1.0820	0.9769	0.9654	0.9654	0.9762	1.0820	1.1662	0.8095
矩形	上海四平大楼	$e_x=0$，$e_y=23.0$		0.9057	0.8703	1.0151	1.2258	1.2362	0.9770	08508	0.9198	
L 形	上海四平大楼		见表 11-5（b）									

表 11-5（b）

1.015	0.825	0.698	0.603	0.571	0.558	0.558	0.603	0.635
0.444	0.761	0.952	0.952	0.825	0.698	0.666	0.571	0.444
0.635	0.952	1.206	1.396	1.332	1.142	1.015	0.952	0.238
0.952	1.206	1.428						
0.952	1.142	1.301						
1.079	1.079	1.142						
1.206	1.079	1.047						
1.332	1.110	1.047						
1.392	1.142	1.047						
1.459	1.174	1.206						
1.428	1.206	1.904						

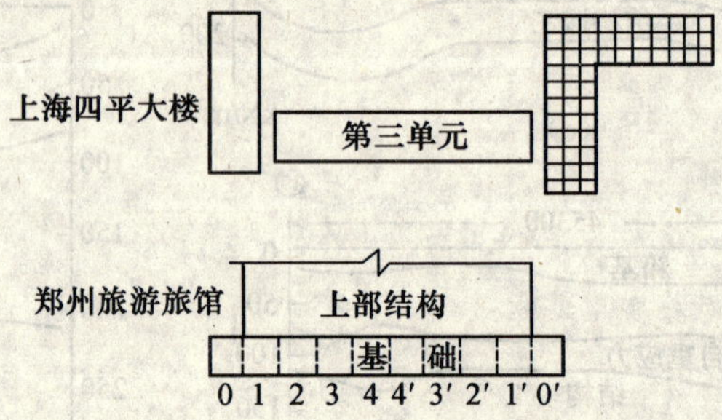

9 幢大楼的基底反力的实测结果在一定程度上综合反映上述因素的影响。从图 11-17 和表 11-5 可概括为以下几个特点。

在北京和上海 7 幢大楼实测基底反力图中，反映了一个较为明显的特征，即纵向反力分布图在自重应力阶段已经基本上形成，以后，随着荷载的增加，反力曲线几乎与自重应力阶段的反力曲线平行。也就是说，自重应力以后的各阶段的基底反力增量基本上是均匀的。一般来说，自重应力以后各阶段的受力状态更接近于弹性地基上的刚性板的受力状态，荷载增量引起的反力增量不应是均匀的，而应是两端大，中部小。对这种矛盾现象，可作这样的解释：从实测地基变形（见图 11-15）可知，回弹变形量基本上接近再压缩变形量，说明自重应力阶段的应力应变关系处于线性弹性状态，形成基底不均匀的反力分布，以后，随着荷载的增加，部分土体的应力进入塑性状态，应力重分布的性质使得反力趋于缓和，导致以后的反力增量趋于均匀，基于这种分析，竣工后的基底反力可视为自重压力引起的不均匀基底反力和附加应力引起的均匀基底反力之和。在上海软土地区，拔除钢板桩带走土体造成地基土中的孔隙，随着以后孔隙中土体挤实以及软土具有应力容易重新分布的性质，使得基底反力分布比北京地区更为平坦些。

对于长方矩形而无紧密相毗邻建筑的单独建筑物，纵向的基底反力分布均略呈马鞍形。

对于长方矩形有相邻建筑物影响时，基底反力分布发生明显的变化。例如，上海四平大楼的第三单元的两端各有紧靠的同时建造的相邻单元［见图 11-17（b）和表 11-5］，其纵向基底反力分布呈中间大两端小的向下凸的双拱形，而显著地有别于无相邻建筑物影响的长方矩形建筑。其原因是：大楼分四个单元，整体工程采用流水作业，施工缓慢，使基础和每层结构的刚度能够充分发挥，而相邻单元荷载引起第三单元两端的沉降增加量比中间的大，以致基础两端与地基土的接触逐渐发生松驰，形成反力卸载，其卸载量向纵向中部转移，这种现象从箱基刚度形成一直延续到建筑物的使用期间。因此，像这样相邻建筑的影响，既可改变基底反力分布，又可改善纵向弯曲的情况。

对于 L 形建筑物，其基底反力分布亦有别于以上两种情况，这里列举的是一边有相邻建筑影响的 L 形建筑，见表 9-5 附图所示的第一、二单元组成的 L 形建筑。从表 11-5（b）的基底反力系数可见，在靠近相邻建筑边角点的反力大；而相邻部位的沉降受到相邻建筑的影响，因而卸载时，反力相应减小；在远离的边角点受到相邻建筑影响的沉降较小。刚度大的 L 形建筑产生倾斜，使这些边角点的反力显著降低，其他部位的反力进行重新分布。经计算分析比较，像上海四平大楼 L 形单元的反力分布接近于弹性地基上刚性板的反力分布。

对于悬臂形箱基的建筑物，例如，郑州旅游宾馆，箱基挑出悬臂达 4m，从实测反力图［见图 11-17（i）］可知，反力高峰出现在大楼边缘相应的箱基底板处，由于箱基悬臂部位的刚度明显减弱，使得该部位的反力降低。美国休斯敦独特壳体广场大楼筏型基础的悬臂为 6.1m，其实测反力同样反映这种分布特性，详见下述的高层建筑筏型基础。

北京国际饭店采用不规则形状的箱基，是一幢 29 层，高度为 104.4m 的高层建筑。主楼由中部和东西两翼组成，中部为刚性核的剪力墙结构，东西两翼均为框—剪结构，平面形状见图 9-18。主楼的纵向刚度较差，必须采用箱形基础。基础三层共高 14.5m，深埋在 $N_{63.5}\approx60$ 的密实砂砾层上。为了获得可靠的基底反力数据，埋设 75 个土压力盒，布置见图 11-19。当荷载达 230kN/m^2，即接近自重应力 240kN/m^2 时，测得的基底反力分布如图 11-20 所示，当浇注 26 层，荷载为 350kN/m^2 时，测得基底反力分布（见图 11-20）。从图 11-20 可见，在自重应力阶段，基底反力随荷载增量成线性增加，在附加应力阶段，基底边缘反力增量速率增加较大，而中心部位的反力则增长缓慢，虽与上述的在附加应力阶段其反力增量基本上是均匀的有所不同，但其分布形状仍与在自重应力阶段类似。因此，对于深埋在密实砂砾层上而形状不规则的箱形基础可视为刚性基础。但具体计算基底反力的要求与上述略有不同，即先把箱形基础由自重引起的基底反力作为均匀分布，然后，按上部结构荷载作用在刚性板上，根据静力平衡和变形协调条件求基底反力，最后把两者叠加即为整个基底反力。

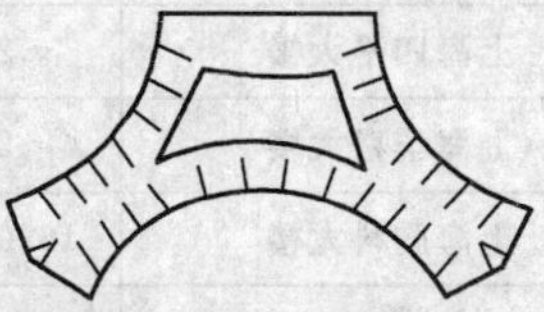

图 11-18　北京国际饭店的结构平面示意图

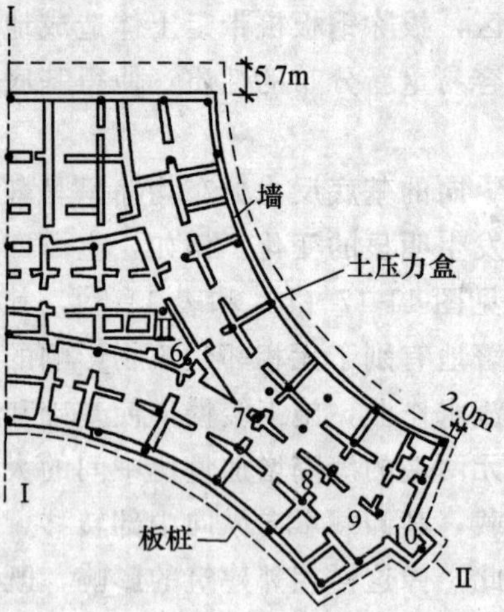

图 11-19　箱基平面和土压力盒温度计布置

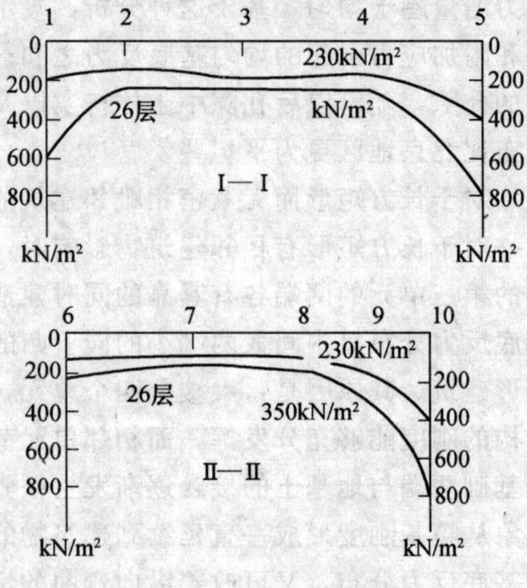

图 11-20　箱基反力分布

3. 基础应力

为了研究基础应力的变化规律，在我国 9 幢大楼箱基的顶、底板中埋设钢弦式应力计，有的在侧墙及底板悬挑部位也埋设应力计。经过多年的反复实测和研究表明：温度作用是影响应力的一个重要因素，必须对温度影响进行修正。我国 9 幢大楼箱基温度影响的应力值和实际的钢筋应力值见表 11-6。

表 11-6　我国 9 幢大楼箱基温度影响的应力和实际钢筋应力

工程名称	温度影响的应力（MN/m²）		实际整体弯曲应力 R_g（MN/m²）		实际整体加局部弯曲应力 R_g（MN/m²）	
	顶板	底板	顶板	底板	顶板	底板
上海康乐大楼			很　小	很　小	很　小	3.0～9.0[2]
上海四平大楼	20.0	6.0～7.0	<10.7			<10.0[1]
上海华盛大楼	25.8	6.1～7.2	>2.8	$4.7<R_g<10.8$	很　小	$1.5<R_g<10.8$
上海胸科大楼	16.0～22.0	5.0～6.0	很　小	很　小	很　小	2.0～9.0[1]
北京医院病房大楼					16.5～27.4	18.8～26.3[2]
北京 604 大楼			6.0～8.0[2]	9.7～20.8[2]	1	14.5～20.8[2]
北京 16 号公寓			<17.50[2]	<17.50[2]	<17.50[2]	<17.50[2]
西安小雁塔宾馆	7.5～36.5	4.0～10.5	2.0～8.0	<6.0	3.8～32.5	22.4～32.7[3]
郑州旅游旅馆	很　小	很　小	很　小	很　小	很　小	很　小

1）——主要为局部弯曲应力，整体弯曲应力占很少比例。

2）——未作温度修正的钢筋应力。

3）——底板悬臂部分局部弯曲应力。

（对北京 3 幢大楼的实测应力作了修正）

从表 11-6 可知，温度影响的应力不能忽视（美国休斯敦独特壳体大厦筏基的温度影响引起的收缩应力为 53800kN/m²，见本章第四节）。若温差为 10℃，则在箱基顶板的应力约为 2000kN/（m^2·℃），底板约为 1000kN/（m^2·℃）。另外，实测的箱基整体弯曲应力或整体加上局部弯曲应力均很小，并远远小于钢筋的设计应力值。这也说明我国《高层建筑箱形基础设计与施工规程（JGJ 6—80）》所规定的现浇剪力墙结构体系，其箱基顶、底板均可按局部弯曲计算是可靠的。对于上部结构为框剪结构体系时亦可按局部弯曲计算进行配筋，足以承受整体弯曲引起的应力，但应验算剪切应力。

二、高层建筑的筏型基础

国外对筏型基础的实测研究并不多。苏联对两幢建筑物的筏型基础进行了量测；第一个筏基的平面为 106×13m，厚为 1m，埋深 5m，建造在主要由砂和亚黏土组成的填土上。在筏基自重作用下，基础边缘的反力较高，中心部位较低；随着施工的进展，中心部位的柱荷载使得中心部位的反力增大，边缘处仍保持应力集中现象。第二个是加肋筏基，平面为 38×1.5m，厚为 0.8m，肋长为 1.5m，埋深 1m，建造在深厚的泥灰质亚黏土上。在施工早期阶段，基底反力大致均匀，以后中心部位的荷载引起该处反力增加，而边缘处的反力减少，大部分荷载由中心部位承担。澳大利亚一幢大楼的筏基，平面为 61×26.3m，厚 1.7m，埋深 9.2m，地基土为中密粉质砂土，约 15m 处有局部松散土和砂质黏土层，再下为坚实黏土。实测的筏基沉降相当均匀，表明剪力墙—地下室—筏基组成的体系刚度大，而基底反力不均匀，沿横向和纵向的边缘处的应力很高，随着施工进展，应力也在增高。加拿大一幢 15 层刚性建筑物的筏基，埋在 20m 厚的黏土层上，测得的基底边缘处的反力为中心处的 3 倍，这种现象持续两年之久。以上这些实测反力结果很不完整，而比较完整的当推美国休斯敦市独特壳体大厦筏基的实测结果。该大厦高为 217.6m，52 层，筒体剪力墙结构，筏基平面尺寸为 52.46×70.76m，厚为 2.52m，埋深 18.3m，见图 11-21 和图 11-22。地基土主要是夹有砂层的坚硬超固结黏土。为了提供地基基础与上部结构共同作用的真实资料，在筏基埋设 27 个土压力盒和 20 个钢筋应力计，还对基坑回弹与筏基沉降进行测量。实测结果分别见图 11-23，图 11-24 和图 11-25，其理论计算值与实测值的比较总图见图 11-26。

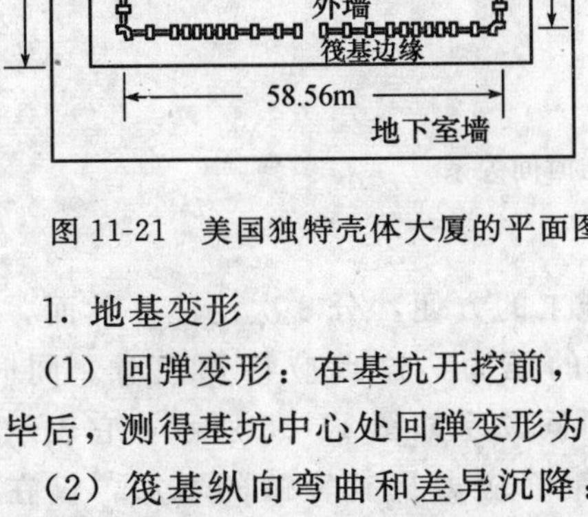

图 11-21　美国独特壳体大厦的平面图

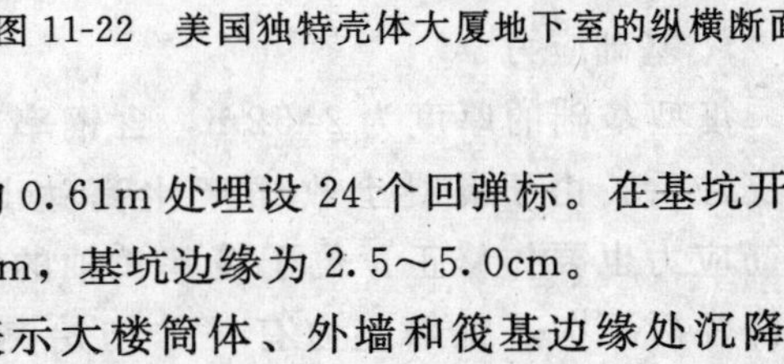

图 11-22　美国独特壳体大厦地下室的纵横断面

1. 地基变形

（1）回弹变形：在基坑开挖前，在基坑底下约 0.61m 处埋设 24 个回弹标。在基坑开挖完毕后，测得基坑中心处回弹变形为 10.2～15.2cm，基坑边缘为 2.5～5.0cm。

（2）筏基纵向弯曲和差异沉降：图 11-23 表示大楼筒体、外墙和筏基边缘处沉降与时间关系的曲线，也反映该三部分本身以及三者之间的差异沉降。从图 11-26 可见，上部结构的刚度对筏基纵向弯曲和差异沉降影响很大，减少差异沉降。在超压密黏土上巨型筏基的差异沉降主要是在结构加载期间有所发展，而几年以后，仍以衰减速度继续发生差异沉降。

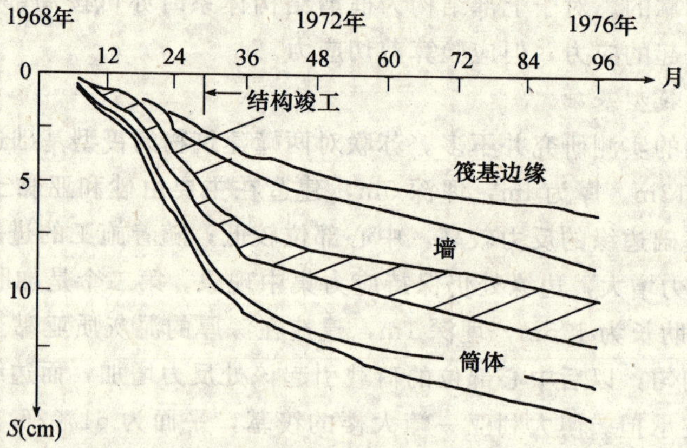

图 11-23　美国独特壳体大厦各部位的沉降与时间关系

2. 基础反力

图 11-24 表示大楼的筏基的各个部位的反力与时间关系曲线，由此可见，在土建结构施工期间，筏基各个部位的反力随荷载的增加而增大。而结构施工竣工后，各个部位的反力变化并不显著，尤其是大厦筒体的筏基反力几乎不变。从图 11-26 可见，在主体和外墙之间的反力明显地减少。筏基反力形成一个锅底形分布。

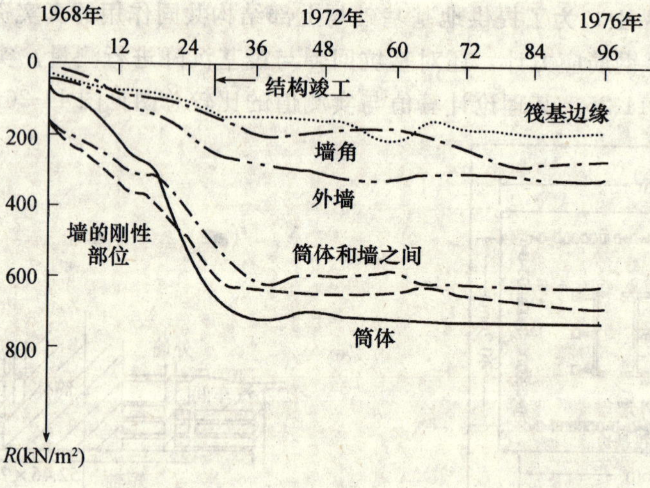

图 11-24　筏基各部位的反力与时间关系

3. 基础应力

筏型基础的厚度为 2.52m，含钢率较高，考虑施工的方便，分 8 次浇注。然而，筏基浇注后，由于混凝土收缩产生高达 53800kN/m^2 的压力，这点应特别注意。同时，钢筋应力也要作修正。位于筏基长轴的钢筋应力与时间关系如图 11-25 所示，它表示筏基浇注后不久，钢筋应力有一个初始突变，以后，钢筋应力只有轻微的增加，仅在筒体边缘处，钢筋应力有最明显的增加。在施工完毕后，当筏基继续变形时，钢筋应力继续缓慢地增加。

最高应力出现在刚性筒体边缘处，而另一应力峰值出现在筏基边缘处。钢筋应力的最大值达 110MN/m²，接近一般的允许应力。实测钢筋应力结果表明，该筏基的大多数断面，其受力状态仍属于不开裂情况。

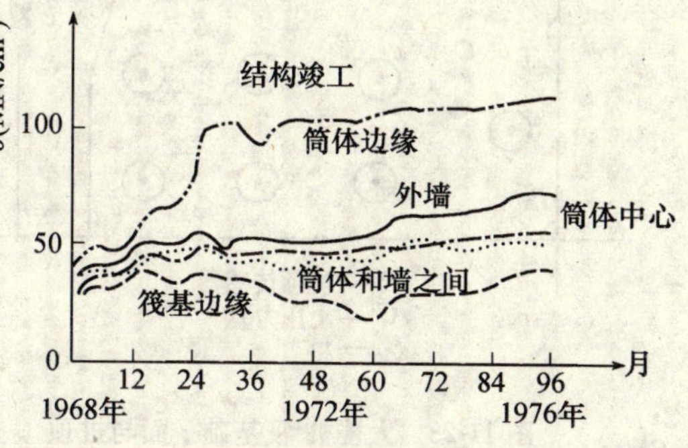

图 11-25　筏基长轴上的钢筋应力与时间关系

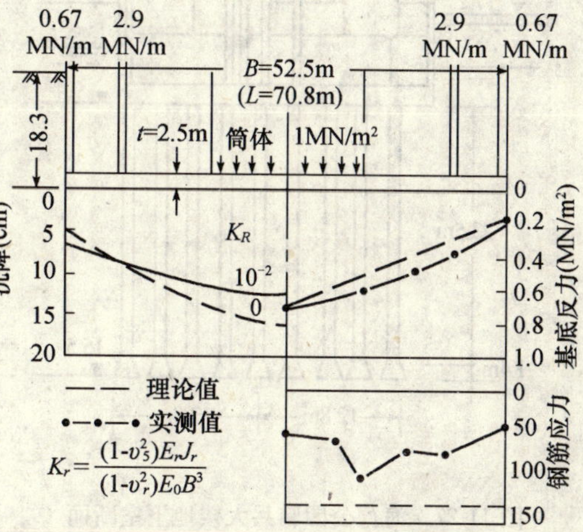

图 11-26　筏基的沉降、反力和应力分布总图

总之，该巨型深埋筏基的实测资料给予我们最大的启示是，由于筏基在大楼外墙的四周均伸出各 6.1m，使得沿长短轴的基底反力分布形成中部大两端小的锅底形，降低了筏基的弯矩。因此，筏基采用悬挑方案是可取的。该筏基的实测资料对我国筏基设计有指导作用，在具体工程设计中也收到较大的经济效益，前面所述的我国郑州旅游宾馆的箱基设计，曾参考美国独特壳体大厦的筏基经验。

三、高层建筑的桩—筏基础

从上世纪七八十年代始，国内外已经很重视对桩筏基础的现场实测，最早当推英国和德国，已约有 20 幢高层建筑进行实测；例如，英国的伦敦海德公园骑兵大厦，高度为 90m，31 层高层建筑，桩筏基础；德国的 Messe-Torhaus 大楼，高度为 130m，22～30 层，桩筏基础；欧洲最高的 Commerzbank Tower，高 300m，桩筏基础，专门研究上部结构与地基基础共同作用；还有一幢就是 Main Tower，高 198m，57 层，埋深 21m，桩筏基础。在我国 80 年代也很重视桩筏（箱）的现场实测，在上海已有 7 幢，武汉 2 幢和西安 2 幢，共 11 幢。因此，在国内外已经积累很多宝贵资料，为高层建筑的桩筏（箱）基础设计奠定非常有利的基础，加上我国在桩筏（箱）基础设计的丰富经验，为把高层建筑与地基基础共同作用的具体条文真正列入规范提供充分的依据。

下面分别叙述三个有代表性的桩—筏基础的实测结果与分析。

1. 英国海德公园骑兵大楼

海德公园骑兵大楼是一幢位于伦敦海德公园，高度为 90m，31 层的高层建筑。该大楼地面以下有 8.8m 深的地下室和厚度为 1.52m 的筏基，筏底与黏土接触的面积为 618m²。筏基底下为约 50m 厚的伦敦黏土，灌注桩共 51 根，大致为同心圆的环形布置，桩长 24.9m，桩身直径为 0.91m，桩底扩大直径为 2.44m（见图 11-27 和图 11-28）。建筑物总重为 228MN。在桩—筏中有三根桩埋设桩顶传感器以量测桩的荷载，三个压力盒测量筏基底的接触压力，并设置 16 个沉降观测点。现场实测研究工作持续 6 年之久。实测桩荷载和筏基接触压力的结果见图 11-29 和图 11-30。

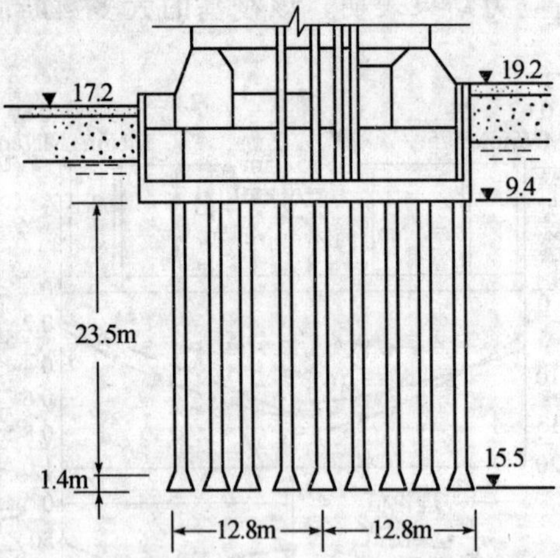

图 11-27 海德公园骑兵大楼地下室断面

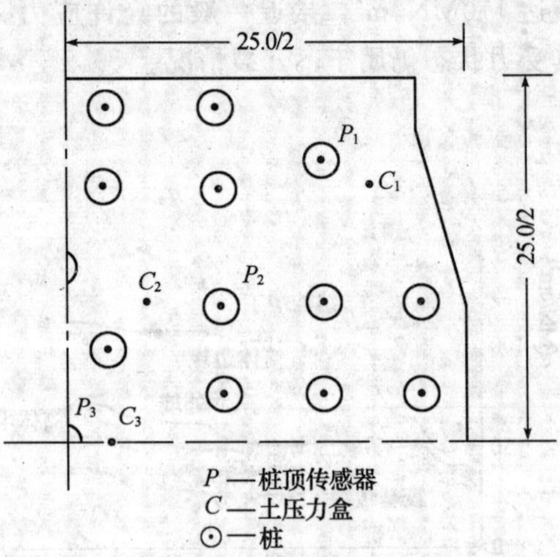

图 11-28 大楼桩-筏基础平面与桩顶传感器和土压力盒布置

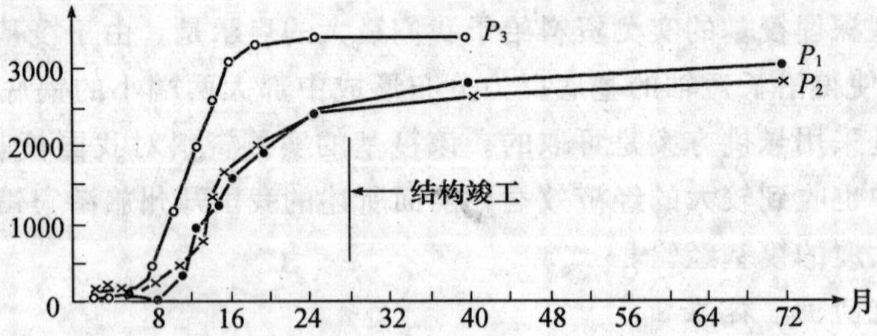

图 11-29 大楼桩顶荷载与时间的关系

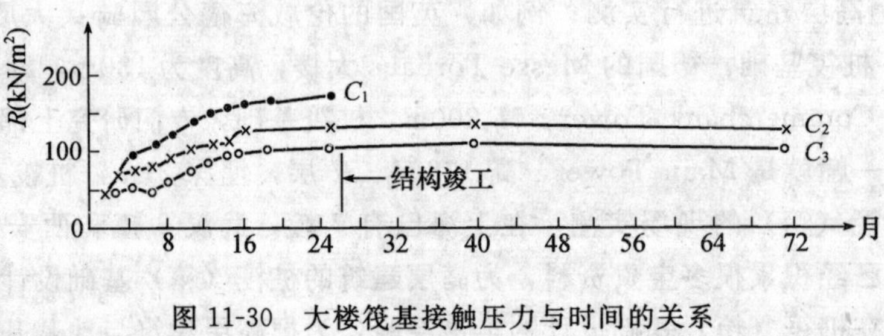

图 11-30 大楼筏基接触压力与时间的关系

该大楼施工程序为先做灌注桩，后挖基坑，再灌注筏基以及地下室等。这样，由于基坑开挖卸载引起的隆起受到桩—筏的约束，隆起力作用于筏底，桩产生上拔力。随着筏基浇注后竖向荷载增加，筏基的接触压力缓缓地增大，而作用于桩上的力变化较快，并由拉力变为压力。实测表明，施工期间桩—筏间的荷载分配取决于隆起力与竖向荷载之比。而隆起力的大小又取决于打桩方案，挖土方法，基坑暴露时间的长短以及地下室的施工方法等因素。考虑到该工程基坑黏土的暴露时间较短，估计产生较大的隆起力，其大小取基坑挖土重减去筏重之差的 70%。实测结果与两者的比值为 0.3，在竣工时和使用期间内，桩和筏承担竖向荷载仍分别为 60%和 40%左右，这可能是由于其是灌注桩而不是预制桩之故。另外，实测和有限元的分析结果均表明群桩内桩的受力相当均匀。筏基的实测接触压力，在筏基边缘处大于中心处。计算也说明，黏土的固结作用对桩一筏的荷载分布有一定影响，即桩承受的荷载趋于增加，筏基的接触压力趋于减少。不过，该工程荷载的转移比例较小，因此，仍然认为对于灌注桩的筏基将承受较大比例的竖向荷载。

应予指出，当确定基础的整体刚度时，考虑筏以上的结构刚度贡献是必要的。该大楼的基础刚度要比筏本身的刚度大 10 倍。在计算分析中是采用 3.30m 的“等效厚度”。

2. 上海筒仓

上海筒仓的桩—筏基础的实测资料比较完整，它有助于高层建筑的桩—筏基础的分析。筒仓的筏基平面为 69.4×35.2m，厚为 1.0m，钢筋混凝土桩的断面为 $45\times45\text{cm}^2$，长为 30.7m，桩距为 1.9m，桩数共 604 根，打入深厚的软黏土层中（见图 11-31，图 11-32）。从 1974 年 5 月打桩开始就进行一系列量测，直至 1978 年初，筏板与地基土脱离，获得大量的宝贵数据。

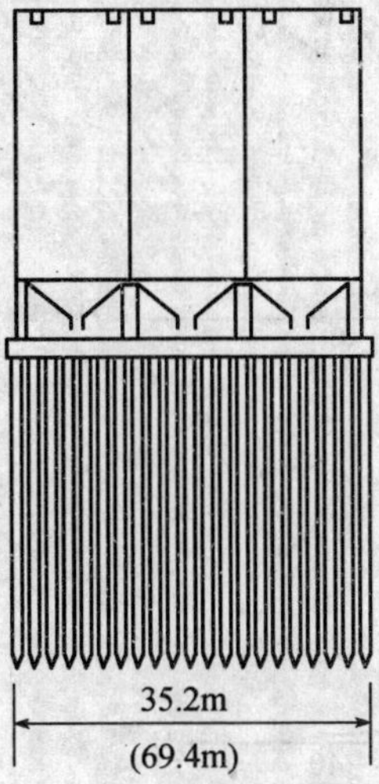

图 11-31　上海筒仓断面

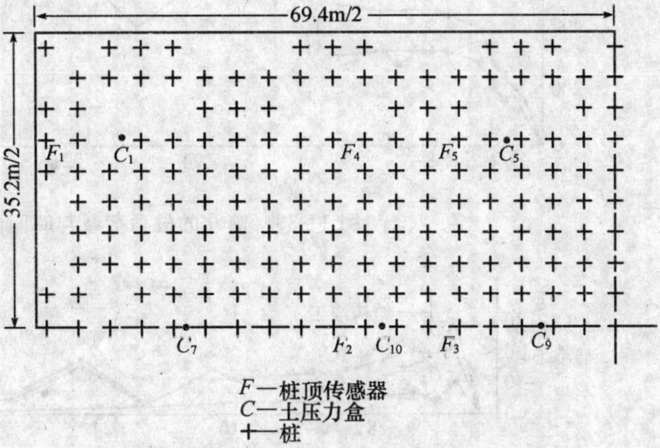

图 11-32　筒仓的平面与桩顶传感器和土压力盒布置

（1）孔隙水压力：在打桩区中心处的最大孔隙水压力为相应覆盖土压力的 1.4 倍，但孔隙水压力的消散相当快，接近施工结束时，固结度约为 70%～80%。

（2）地基变形：在密集大桩群中把桩打入软黏土，打桩速度较快（一个半月完成 604 根桩），地面和土中发生严重变形。地面的最大隆起值为 30～50cm，水平位移的最大值为 20cm，土体中的水平位移最大值为 20cm。

（3）桩的位移：桩打入时引起已打好桩的隆起和水平位移的最大值分别为 12cm 和 5cm。

（4）桩的荷载和筏基接触压力的分布：从图 11-33 和图 11-34 可见，施工完成以后 3 年以内筏基接触压力从 30kN/m^2 逐渐降低为零。后来，在筏基边缘处挖土时发现，筏基底已凌空，说明筏基与土脱离。此时，结构物的荷载已转移，全部由桩承担。同时也说明，在施工期间到使用早期阶段，该工程筏基和桩承担结构物的荷载分别约为 10%和 90%。

从以上两个桩—筏基础实测结果的对比（一个是在伦敦黏土的灌注桩，另一个是在上海软土的预制桩）中得出两种不同的效果，这说明施工方法和地质条件对桩与筏基的共同作用有很大的影响。

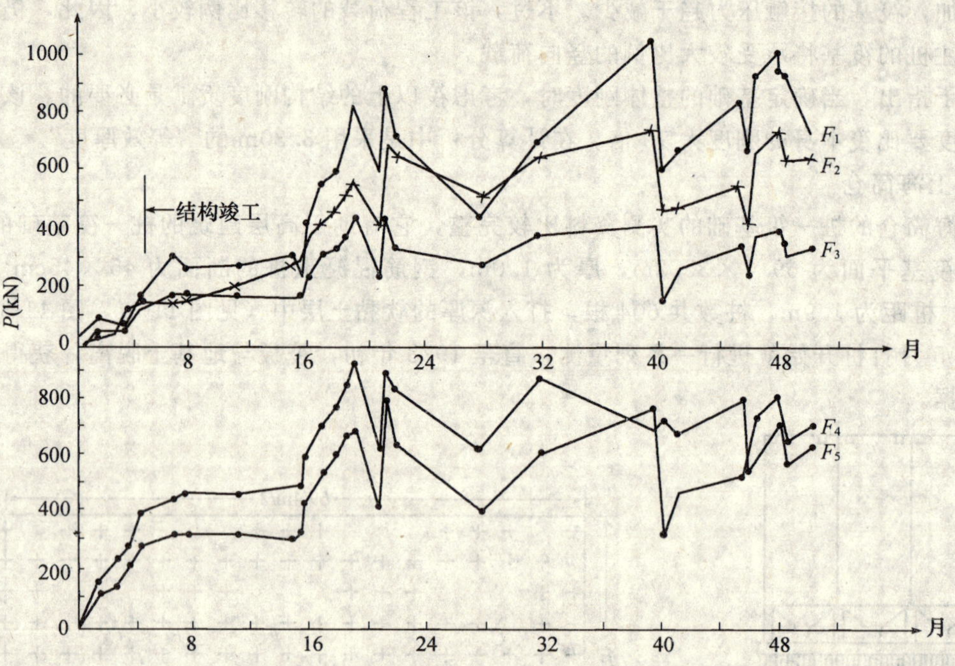

图 11-33　筒仓的桩顶荷载与时间的关系

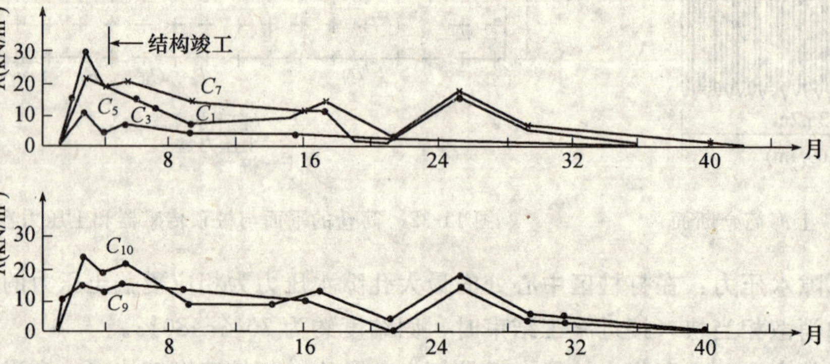

图 11-34　筒仓筏基接触压力与时间的关系

3. 上海贸海大楼

1986 年 12 月堪称国内外首次对框筒结构与超长桩厚筏基础的现场实测。该建筑为 26 层，高 94.5m，钢管为 ϕ60.9cm，入土深度达 60cm，结构于 1988 年 1 月下旬竣工。现场实测结果表明：整个建筑基本上呈平均沉降，可近似地视作刚体，结构竣工时平均降为 3.6cm，与预估结果较为符合；尽管钢管的桩尖落在亚砂层中，桩与筏仍然有共同分担建筑物荷载的作用，筏可分担建筑物荷载的 26%，亦与预估结果比较接近；筏基由于浇注混凝土的收缩引起的压应力达 32200kN/m²（322kgf/cm²），不可忽视；钢筋的最大拉应力约为 21500kN/m²（215kgf/cm²），再度证实筏基应力与整个建筑刚度形成密切关系的观点，为改进桩筏基础设计提供依据；虽然基础埋深为 7.6m，筏基的钢筋应力仍受外界和筏基温差的影响。总之，该工程的现场实测资料对上海超长桩厚筏基础理论的建造和设计有指导作用。

（1）前言

早在30年代，上海建筑物桩筏（或箱）基础设计已采用简易的共同作用理论：筏基底板可承担老八吨（80kN/m²）的压力，余下的建筑物荷载再由桩承担。采用这种方法设计的建筑物，已经历50多年的考验，证明可行。时至今日，由于发现某些工程基底与土脱离的现象，因此，高层建筑桩筏（箱）基础设计考虑建筑物荷载均由群桩承担，这样的设计是否合理呢？本工程中，如果考建筑物荷载的5%由筏承担，那么，可以节省5%的桩数，即可节约一百吨的钢材。这是本工程现场实测的第一个目的——可否考虑桩与筏共同分担建筑物荷载？

当时，外资设计的桩筏基础，筏的厚度往往超过2.5m，有的达4.0m。例如，本工程原设计筏厚为3.0m，后来对比国外有关资料，美国得克萨斯州的独特贝壳大楼，52层，筏基尺寸为70.6×52.6m²，筏厚只有2.52m；英国伦敦海德骑兵大楼，31层，桩筏基础，每根桩要承担260吨，筏厚只有1.52m。故本工程的筏厚由3.0m，改为2.3m。

最后的一个试验目的就是对基础沉降的探索。本工程设计的计算沉降要超过几十厘米，但据我们预估，建筑物竣工的沉降只有几厘米。如果真的不出所料，那么，可放宽对桩筏基础沉降的要求，节省更多的基础工程造价。

如今，本工程的结构已于1988年1月竣工，将以实测结回答上述几个试验目的。

（2）建筑概况、地基条件和测试仪器布置

1）建筑概况

本工程系一幢现代化的高层建筑，位于上海东北地区。大楼由一座26层高94.5m的钢筋混凝土框筒结构的主楼和一座5层裙房所组成（图11-35），总面积达40000m²。主楼建造在超长钢管桩（厚）筏基础上，基础埋深为7.6m。筏基面积为2000m²。钢管桩ϕ609.6×12mm，桩距1.91～1.95m，桩长53m，入土深度为60.6m，桩尖落在亚砂中，共230根。建筑平面和地下室断面见图11-36和图11-37。

图11-35　建筑透视图

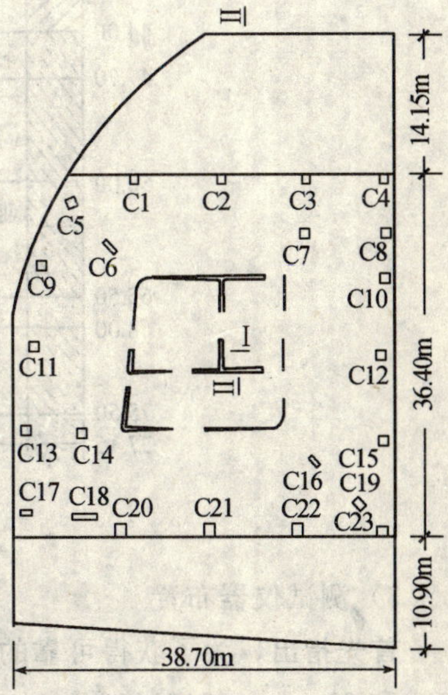

图11-36　建筑平面

在 2.3m 筏厚的顶面和底面的双向各布置含筋率为 0.15%和 1.00%的钢筋，在筒体周边附加含筋率为 1.50%的钢筋。顶面和底面的钢筋直径分别为 ϕ25mm 和 ϕ40mm，其设计容许应力为 433MN/m²，筏基的混凝土标号为 300 号。

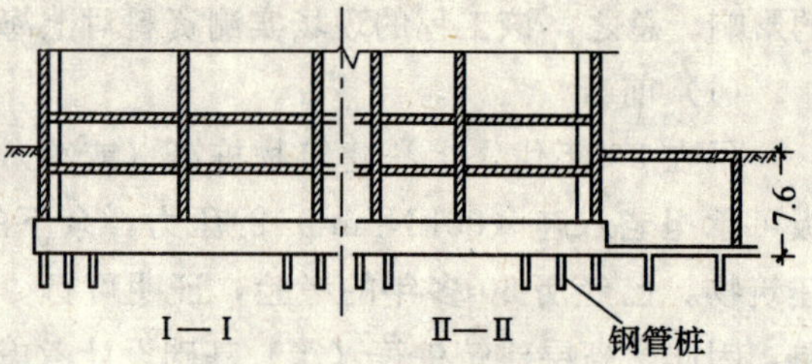

图 11-37 地下室断面

2）地基条件

为弄清建筑场的地基情况，曾进行过三次勘探。锥体贯入试验和标准贯入试验互相配合。地基情况已查明；从大楼底到 56m 标高处主要由软黏土和砂质黏土地组成，地基土承载力很低。从 56m 到 90m 处地基土依次为亚砂土、粉砂土、中砂和粗砂，为桩基的很好持力层。建筑场地范围内土层均匀。地下水位离地面约 0.8m。

有关地基剖面和试验数据示于图 11-38 中。

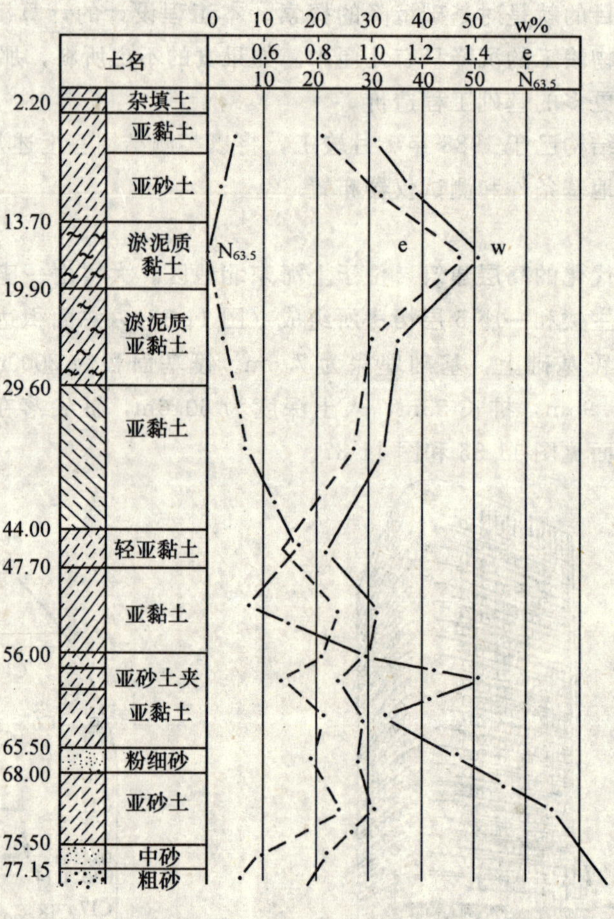

图 11-38 地基剖面

3）测试仪器布置

首先指出，为了获得可靠的钢管桩承载力的数据，在大楼施工前，现场进行了两根长各 60m 和 61m，ϕ609.6×12mm 的钢管桩载荷试验。试桩的 *P-S*，log *t-S*，log *P*-log*S* 曲线示于图 11-39 中。根据综合分析，取单桩的容许承载力为 2.6MN（260t）。

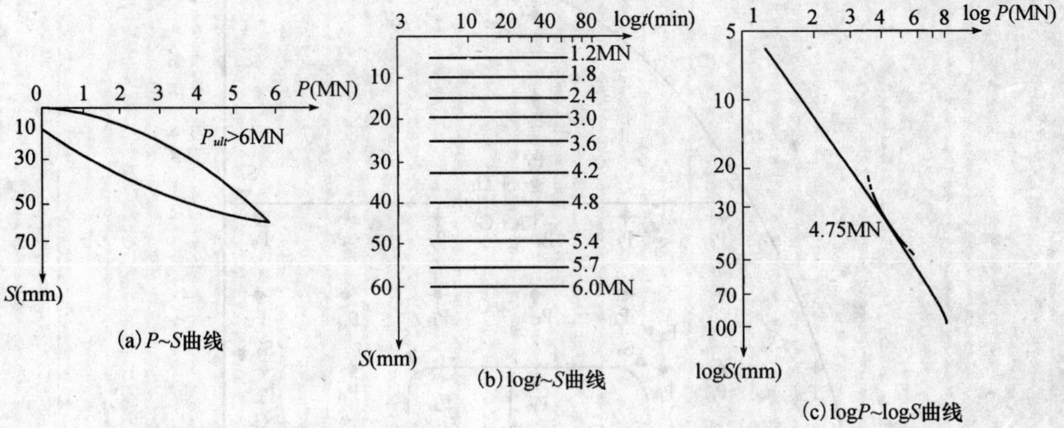

图 11-39　桩的荷载试验

为了研究桩筏基础在开挖基坑时引起的回弹、基础沉降与时间的关系、桩与筏共同分担建筑物荷载的作用、筏基内的应力随施工进展的关系等，基坑开挖前，在坑底下0.4～0.5m处埋设9个回弹标。基坑开挖后，在桩顶埋设4个钢弦式桩顶传感器和在筏底埋设50个钢弦式压力盒。同时，在筏中6个部位各埋设4个钢弦式钢筋应力计。浇注筏的混凝土后埋设5个临时沉降标，随后，在首层的墙与柱上埋设33个永久沉降标。

这些测试仪器的布置于图 11-40 中。

(3) 回弹与沉降

1) 回弹

降水前在基坑底0.4～0.5m处，埋设9个回弹标，其中两个特制有套管的专门为量测由于降水引起沉降的回弹标。测得由于降水面下沉的两个数据分别为1.45cm和2.59cm，平均值为2.04cm。基坑开挖以后，其余的回弹标测得的回弹应加上降水而下沉的数据。很可惜，在开挖基坑时有两个回弹标被抓土斗破坏了。5个回弹标测得的回弹为1.41～2.87cm，平均值为2.02cm，再加上降水引起下沉值，回弹量为4.06cm。

根据 Boussinesq 公式计算得的回弹值为3.3cm。

很明显，设有桩的深基坑（本工程基坑深为7.6m）开挖、引起的回弹要比无桩的深基坑的小些。影响回弹量大小的因素有：基坑平面与深度、基坑底的地基条件、打桩引起土体的扰动程度、降水的时间、挖土的方法与顺序、开挖基坑后的暴露时间等。本工程由于某种原因，暴露时间连续达62日，又回弹1.25cm，共5.31cm，然后浇注筏的混凝土。开挖基坑后的回弹与暴露时间的关系见图 11-41。根据我们的经验，回弹量的大小影响着今后基础的沉降，因此，基坑开挖后应尽早浇注底板的混凝土。

2) 沉降

为了记录桩筏基础的沉降与时间的关系，获得较完整的沉降数据，以研究桩筏基础的沉降问题，在主楼浇注筏的混凝土时埋设5个临时标点，随后在底层的墙与柱上埋设33个永久标点，其位为图 11-40 所示。沉降与时间关系曲线见图 11-42。

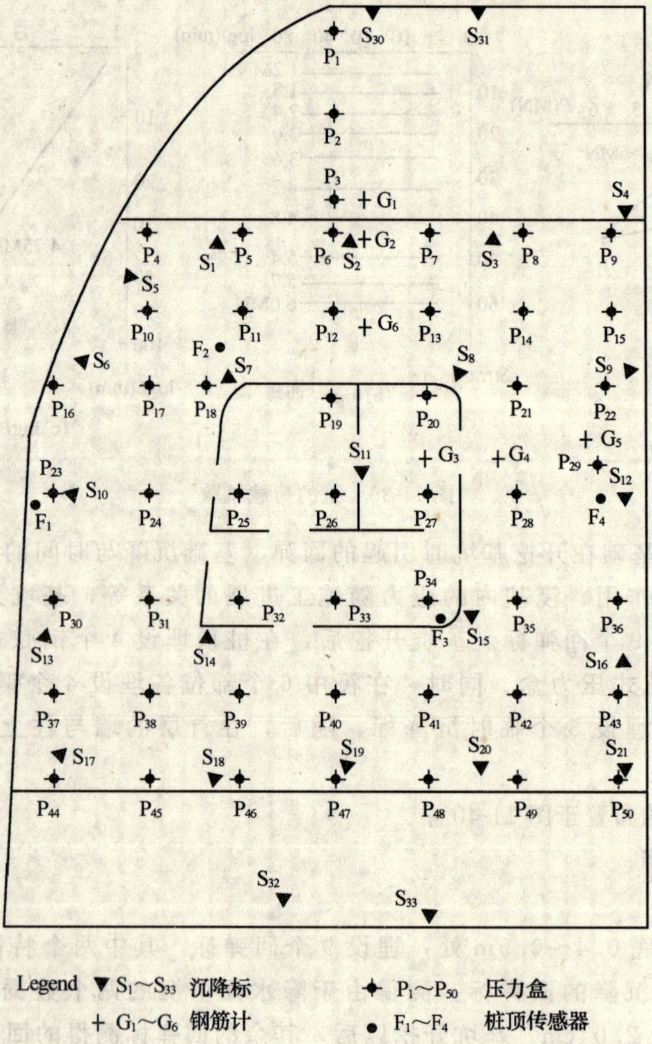

图 11-40　测试仪器布置示意图

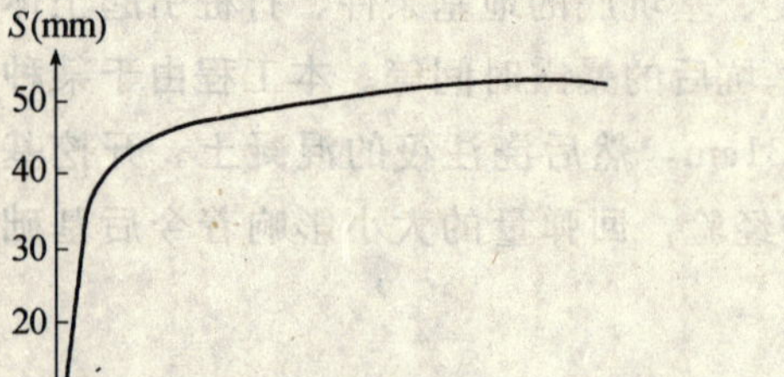

图 11-41　回弹-时间曲线

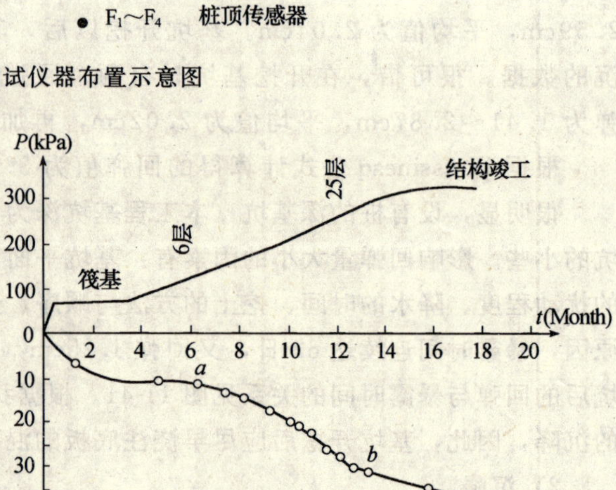

图 11-42　荷载-沉降-时间的关系曲线

从图可见，“*a*”点可反映桩筏基础荷载相当于覆盖土的自重应力引起的变形特点，“*b*”点反映附加应力引起的变形特点。它类似于深埋箱形基础的所谓三阶段的特点，结构竣工时平均沉降为3.60cm。

筒体内的核心部位的沉降特点非常明显：从6层开始（5层的沉降未测），S_7，S_8（筒北），S_{11}（筒中），S_{14}和S_{15}（筒南）的沉降分别为1.26cm，1.26cm，1.39cm，1.40cm和1.44cm；结构竣工时的沉降分别为3.64cm，3.65cm，3.83cm，3.94cm和3.85cm。这反映两个特点：一筒体核心部位相当刚性，二是本建筑稍有由北向南倾斜的趋势。

本工程的整体倾斜。结构竣工时建筑物由北向南倾斜为0.08‰，东向西倾斜为0.03‰，故基本上不发生倾斜，建筑物可视作为均匀下沉。

根据简易理论法，求得的桩筏基础最终沉降量为7.65cm，根据半理论-半经验法和经验法分别求得的桩筏基础在建筑物竣工时的沉降分别为4.5cm和4.32cm。可说明这三种方法互相结合使用，可以获得比较满意的预估桩筏基础沉降的结果。

（4）桩与筏的荷载分担

桩与筏的荷载分担是一个复杂的问题，它涉及许多影响因素，例如：地基条件、孔隙水压力消散、施工方法、桩的数量、桩的间距、桩长与压缩性以及上部结构的刚度等。为了量测筏底和桩顶荷载分布，在筏底和桩顶分别埋设50个钢弦式压力盒和4个（原计划8个，后因工程要求，仅埋4个）桩顶钢弦式传感器，其位置如图11-40所示。可惜得很，该4个至今仍未得到可靠的数据，桩顶荷载仅达约500kN（50t）。因此，研究桩与筏的荷载分担问题，仅依靠筏底50个压力盒的量测数据来分析（见图11-44和表11-7）。

筏底土的压力分布如图11-43所示。根据图11-43和图11-44可以得到筏底压力分布的特点：

1）筏底压力是随着施工荷载的增加而缓慢地增长。应予指出，当施工达到5层后，筏底压力增长迅速，这是由于建筑物的西部开始停止抽水，明显地反映筏底地下水位升高的影响。当地下水位趋于稳定时，筏底压力保持缓慢增加。

2）筏基压力分布略呈马鞍形。也就是说，筏的四周压力一般要比筏的中间部位的压力大。应予指出，当施工达到5层时，空间结构已经形成整体刚度，此时，筏底压力分布形状已经形成，以后随着施工进展，该压力分布形状基本不变。至于筏的西边压力分布有异，可能由于靠近该部位的钢板桩始终未拔而保留原位之故。

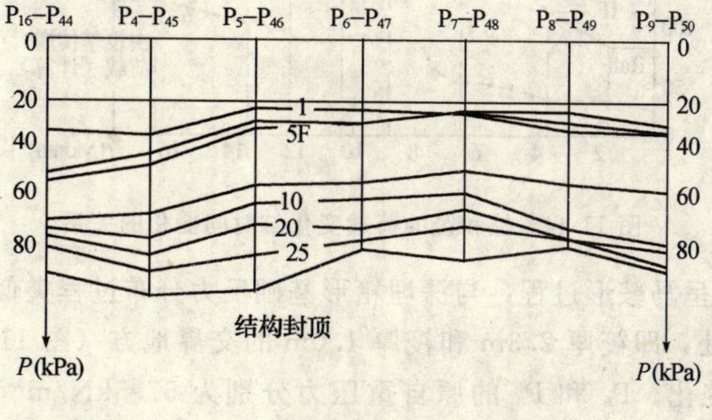

(a)

图11-43a　沿*E-W*方向筏板反力随层数变化的关系

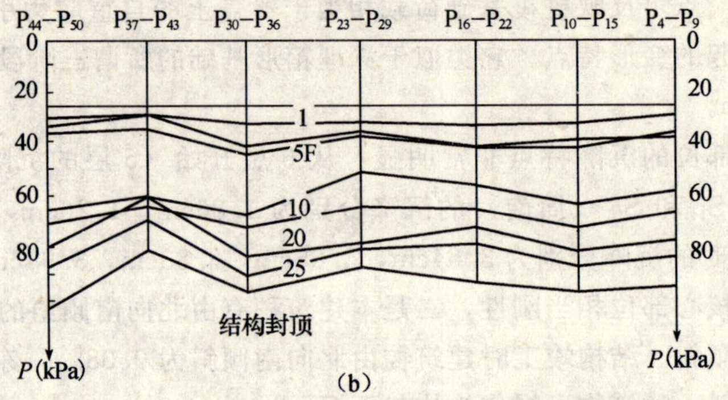

图 11-43b 沿 S-N 方向筏板反力随层数变化的关系

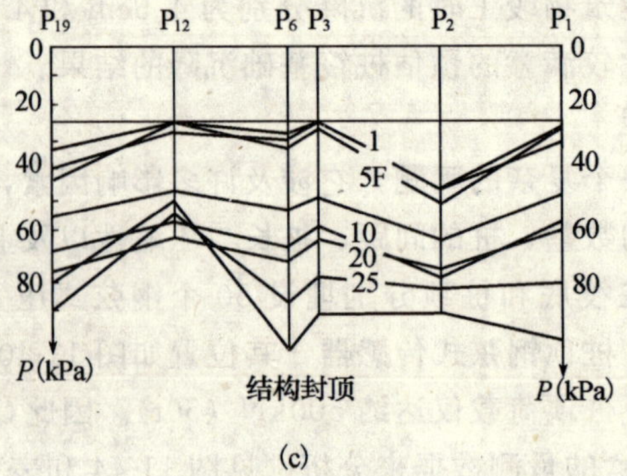

图 11-43c 筏厚变化处反力随层数变化的关系

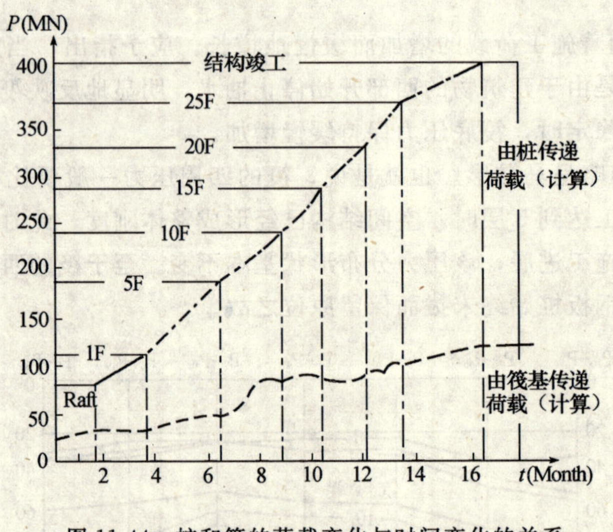

图 11-44 桩和筏的荷载变化与时间变化的关系

筏基压力分布略呈马鞍形过程，与深埋箱形基础反力分布过程类似。

3）筏厚的变化处，即筏厚 2.3m 和筏厚 1.0m 的交界地方（图 11-40 中，P_3 和 P_6）的压力差异并无明显变化。P_6 和 P_3 的原自重压力分别为 57.5kN/m² 和 25.6kN/m²，相差 32.5kN/m²；当施工大 5 层时，实测相差 10kN/m²，一直持续到 25 层，而结构竣工时为 15kN/m²，而 P_6 处的总压力为 104kN/m²，故差异是不大的，说明连接处理效果很好。

桩与筏的荷载分担分析如下：

要根据文献，筏基底面的有效接触面积为 A_r

$$A_r = A - nA_p = A - \frac{n\pi(1.5d)^2}{4} \tag{11-54}$$

式中　A——筏底面积；

A_p——桩的有效影响面积。

利用筏底 50 个压力盒的量测结果，整理成桩与筏的荷载分担比例，见表 11-7。从表可见，桩与筏的荷载分担比例随着施工过程有所变化，但施工达 5 层以后，地下水位逐渐趋于稳定，一般约为 25%。

根据文献计算，求得筏的荷载分担比例为 33%，又根据文献估计则为 15%～26%。前一文献系根据弹性理论，后一文献系根据实测资料修正后的弹性理论，筏分担约 25%是合理的。

表 11-7　桩与筏的荷载分担

施工阶段	荷载	筏分担的荷载		桩分担的荷载	
	(kN/m²)	(kN/m²)	(%)	(MN)	(%)
厚筏基础	62.0	25.9	38	51.3	62
1 层	97.4	28.5	30	81.6	70
3 层	119.8	33.3	28	104.3	72
5 层	140.5	35.6	25	129.9	75
7 层	156.5	57.5	35	130.3	65
9 层	172.0	65.3	34	150.4	66
11 层	187.3	67.9	33	167.6	67
13 层	201.1	63.3	31	185.5	69
15 层	214.9	62.7	26	210.5	74
18 层	235.6	62.8	24	238.0	76
20 层	248.8	69.6	25	247.6	75
22 层	262.0	71.0	24	263.3	76
23 层	268.6	68.6	23	274.8	77
24 层	275.2	76.8	25	273.8	75
25 层	282.5	75.8	24	284.8	76
结构竣工	311.4	89.4	26	306.9	74

当假定扣除 60kN/m² 浮力，同时考虑筏底的有效面积，则求得筏真正分担的荷载比例为 8.5%，这个比例与上海的一些实测工程所获得的数据是相当的。

(5) 筏内应力

在厚筏设计中人们很关心的问题是筏内究竟将产生多大的应力。为了量测筏中沿纵横双向的应力，选择 6 个典型位置在筏的顶层和底层钢筋中沿纵横双向的应力，选择 6 个典型位置在筏中顶层和底层钢筋各埋设 2 个（共 24 个，只有一个效）钢筋应力计，见图 11-40。即在每个选定位置上，顶层钢筋互相垂直各一个应力计，底层钢筋互相垂直各一个。例如，部位 G_1，应力计 G_{1-1} 和 G_{1-2} 表示顶层钢筋的 S-N 与 E-W 方向，G_{1-3} 和 G_{1-4} 表示底层的 E-W 和 S-N 方向。

在 1986 年 12 月 5 日浇注筏的混凝土，当时适值冬天，室外温度在 0～11℃，而在筏中部和接近筏面的温度计测得的温度分别为 53～30℃。当筏浇注混凝土后 12 日，从钢筋应力计 G_{3-3} 测得的由于混凝土收缩引起的最大压应力为 32.2MPa。因此，为了有一个统一的标准，对钢筋应力必须进行修正。约经 60 天，筏内温度接近大气温度，同时，在筏上并无加载，故选定该时间的钢筋应力为零，作为起始点分析筏内的钢筋应力。图 11-45 和图 11-46 为筏内沿纵向（S-N）和横向（E-W）的钢筋应力随时间变化的曲线。从图 11-45、图 11-46、表 11-8 和表 11-9 可以看到筏内钢筋应力一些特点：

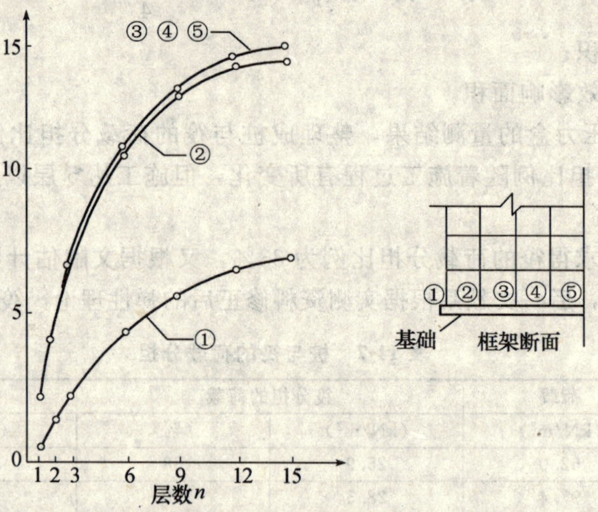

图 11-45 平面框架竖向刚度与层数的关系

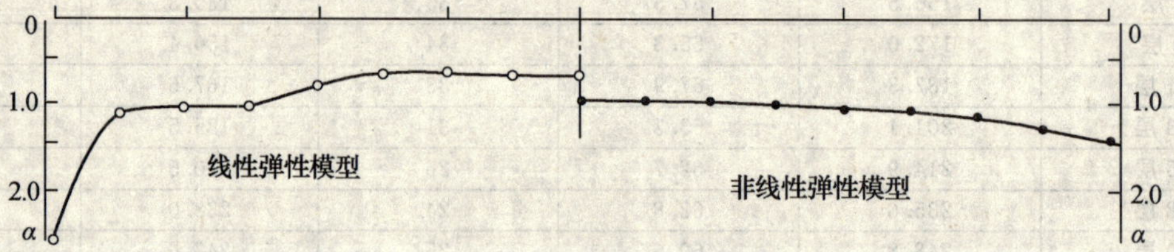

图 11-46 线性弹性模型与非线性弹性模型的反力分析比较

表 11-8 E-W 方向 G_6-G_3-G_4-G_5 部位筏内钢筋应力 (kN/m²)

部位 / 日期	G_6		G_3		G_4		G_5	
	6-2	6-3	3-2	3-3	4-2	4-3	5-2	5-3
1988 年 6 月中旬	－10400	＋21500	－21500	＋21500	－10000	＋4600	－4600	＋800
1987 年 6 月中旬	－12400	＋16200	－21700	＋19100	－15300	＋5000	－9400	＋1000

注：1987 年 6 月中旬 5 层竣工

1988 年 6 月中旬结构竣工

表 11-9 S-N 方向 G_3-G_6-G_2-G_1 部位筏内钢筋应力 (kN/m²)

部位 / 日期	G_3		G_6		G_2		G_1	
	3-1	3-4	6-1	6-4	2-1	2-4	1-1	1-4
1988 年 6 月中旬	－15800	失效	－4300	＋7200	－12200	＋9400	－5200	－13600
1987 年 6 月中旬	－13200	失效	－7700	－3000	－2800	－2800	－5200	－3000

1）开始，筏基钢筋应力随着施工荷载增加而增大；但施工达到 5 层（1987 年 6 月中旬）后，筏基钢筋应力却随着施工荷载增加而有所降低；结构竣工后（1988 年 6 月中旬），筏基钢筋应力多数比之在 5 层时的应力小些。

2）结构竣工时筏基顶面部位承受压应力，而底面部位承受拉应力，最大拉应力为

21500kN/m² （215kgf/cm²），最大压应力为 21700kN/m² （217kgf/cm²），几乎相等。应当指出的是，应力变化很有规律，从基础端部到中部逐渐增大，说明筏基中部的弯矩最大。

3）筏基钢筋应力随着时间（确切地说随着温度）变化，呈正弦曲线形。

上述实测数据和特点给我们（又一次）进一步证实一个重要观点：早在上世纪 70 年代，根据我国深埋箱基的实测结果以及上部结构、箱基与地基共同作用理论分析已经说明，箱基的应力很小，经过温度修正，应力约为 10000kN/m² （100kgf/cm²）；当施工荷载接近土的自重应力时，即建筑层数为 4～5 层时，箱基钢筋应力为最大，以后随着荷载增加，层数也增加，而箱基钢筋应力稍为增加或减小，说明建筑刚度对箱基钢筋应力影响甚大。现在对武汉湖北省外贸中心大楼的桩箱基础的实测又说明，当建筑到 5 层（1984 年 6～7 月）至 18 层时，箱基钢筋应力逐渐下降，至结构接近竣工（1985 年 5～6 月），又接近 5 层时的箱基钢筋应力。本工程的结果与该实例相仿。因此，从深埋箱基到桩筏或桩箱基础的实测结果得到启示，今后满堂式的桩筏或桩箱基础设计中能否按土自重应力阶段进行应力计算呢？

原设计筏厚 3.0m，后改为 2.3m，实践证明是可行的。从实测的筏内钢筋应力以及按文献［6］的计算结果，说明筏厚仍有潜力可挖。

还要说明：在筏厚变化的地方（2.3m 和 1.0m 交接地方附近）的钢筋应力也不大，应力相差较小（见表 11-9 的 G_1 和 G_2），说明所采用的结构措施是合理的。

（6）结论与建议

1）桩筏基础的沉降

沉降观测结果表明：桩筏基础的沉降特性与深埋箱基类似，沉降与时间关系的曲线大致上可分为三个阶段，*oa* 为土的重应力阶段，*ab* 为附加应力价段和 *bc* 恒应力阶段。

筒体核心部位刚度很大，就整个桩筏基础而言，可近似作为深埋刚性基础，呈整体下沉和倾斜，而本工程基础基本上呈均匀下沉。整体倾斜甚微。

结构竣工时平均沉降仅为 3.6cm，与采用半理论-半经验公式和经验公式的预估沉降数值较为接近。这可表明原设计预估沉降过大，有潜力可挖。

2）桩筏基础的荷载分布

在桩筏基础四周的土反力一般比之内部的土反力大些，筏底的土反力分布略呈马鞍形，从而可以推断，桩的受力分布也相似。

结构竣工时的筏底平均的土反力（包括筏底的水浮力）为 89.4kN/m² （相当 9t/m²），算得筏基能分担建筑物荷载的 26％，当扣除筏底的水浮力，取 60kN/m² 计，则筏底可净分担 8.5％的建筑物荷载，充分说明对桩尖落在亚砂土层中的超长桩的桩筏基础，仍有共同承担建筑物荷载的作用。就本工程而言，如果放宽基础沉降要求时，桩距加大，则筏基的分担荷载作用增大。因此，建议在桩筏基础设计中，即使仍保持一般的桩距，除考虑底的水浮力外，筏基至少可承担 5％的建筑物荷载，也就是说，每项工程可节省 5％的桩数，将不会引起异议。桩距适当加大，将是合理的。

3）筏内的应力

对于厚筏，由于混凝土的收缩引起的压应力相当大，筏基施工时应予注意。

筏内的钢筋应力是不大的，最大的钢筋应力发生在筏基中间部位（见 G_3 和 G_6），应力为 21700kN/m² （217kfg/cm²）。

筏内的钢筋应力和整个结构刚度形成具有密切关系，约在建造 5 层时（相当土自重应力阶段）是应力峰值的转折点。为今后可能按新方法计算筏内钢筋应力创造了条件。

深埋筏钢筋应力仍然受到温度变化的影响。

总之，本工程的现场实测基本上是成功的，满意的，遗憾的是桩顶传感器还未能提供可靠数据。但是，本工程获得的宝贵资料能对改进今后高层建筑桩筏基础设计提供有利依据，在节省桩筏基础的投资上将显示出它的作用。

四、桩筏（箱）的荷载分担

1. 现场实测

关于桩筏（箱）的荷载分担在设计中能否考虑的问题，又是一个争论已久的课题。早在上世纪 30 年代，上海高层建筑根据简单的共同作用原理，已采用地基土能分担老八吨（即 $80kN/m^2$）进行桩基设计。那时，按照这种设计方法设计的大楼，例如，曾有大上海美称的国际饭店，还有，屹立在黄浦江畔的上海大厦，安全无恙，此外，有的建筑还适当增加层数。

根据国内外对 20 余幢高层建筑的桩筏（箱）荷载分担的现场测试结果，选择 17 幢实测资料载于表 11-10 中。

表 11-10　17 幢国内外桩箱和桩筏基础实测概况表

序号	上部结构	基础形式	基础尺寸（m）	桩长（m）	桩　数	实测沉降（cm）	荷载分担比例％	
	层　数	总压力（kN/m^2）	基础埋深（m）	桩径，宽（mm）	桩距（m）	计算沉降（cm）	筏或箱	桩
1	剪力墙 18-20	桩　箱 250	29.7×16.7 2.0	7.5 400×400	183 1.20～1.35	39.0 ≈30.0	15	85
2	剪力墙 12	桩　箱 228	25.2×12.9 4.5	25.5 450×450	82 1.80～2.10	7.1 7.9	28	72
3	框　剪 16	桩　箱 240	44.2×12.3 4.5	27.0 450×450	203 1.65～3.30	2.0 5.6	17	83
4	剪力墙 32	桩　箱 500	27.5×24.5 4.5	54.0 500×500	108 1.60～2.25	2.4 3.5	10	90
5	框　筒 26	桩　筏 320	38.7×36.4 7.6	53.0 ϕ600×1.2	200 1.90～1.95	3.6 5.3	25	75
6	筒　仓	桩　筏 288	69.4×35.2 1.0	30.7 450×450	604 1.9	5.2 14.5	10→0	90→100
7	剪力墙 35	桩　筏	5.0	28.0 450×450	1.5～1.7	10.0	15	85
8	框墙 22	桩箱 310	42.7×24.7 5.0	28.0 ϕ550	344 1.7～2.0	2.5	20	80
9	框　筒 39	桩　筏	13.0	60.0 ϕ800	271	1.7	14	86
10	剪力墙 22	桩　筏 270	47.5×25.0 2.0	17.0 ϕ450×450	222 1.6	3.2	15→10	85→90
11	剪力墙 16	桩　筏 190	43.3×19.2 2.5	13.0 ϕ450	351 1.6	1.6	45→25	55→75
12	框　筒 31	桩　筏 368	25×25 9.0	25.0 ϕ900	51 1.9	2.2	40	60
13	框　筒 30	桩　筏 625	2（22×15） 2.5	20.0 ϕ900	2×42 2.70～3.15	＞4.5	25	75
14	框　架 11	桩　筏 235	56×31 13.65	16.75 ϕ1800	29 6.90～10.0	2.0	70	30
15	框筒 57	桩　筏 526	3800 21.00	20，30 ϕ1500	112 3.0～6D	2.5	15	85
16	框筒 64	桩　筏 543	3457 14.00	20～35 ϕ1300	64 3.5～6D	14.4	45	55
17	框筒 53	桩　筏 483	2940 13.00	30.00 ϕ1300	40 3.8～6D	11.0	50	50

注：序号 1～7 在上海，8 在武汉，9 在西安；序号 10～17 在英国和德国。

2. 计算桩筏（箱）分担荷载公式

早在1989年文献已提出简易计算公式，半经验一半理论反算公式和理论分析方法，第2年Zhuang G. M（庄冠民），I. K. Lee and X. H. Zhao（赵锡宏）（1991）提出一个利用有限元结合统计的实用计算桩筏或桩箱分担荷载的公式，计算与实测结果比较相符，见表11-11。六年后，阳吉宝和赵锡宏提出另一个计算桩筏的荷载分担公式，现汇总其中四个根据共同作用原理提出的计算桩筏或桩箱荷载分担的公式进行分析。

（1）方法1——简易计算公式

$$P_p = P_t - (P_w + (5\% \sim 10\%)p)A \tag{11-55}$$

式中 P_p 和 P_t——分别为建筑物荷载和桩分担的荷载；

P_w——基底的水浮力；

p——基底的总压力；

A——基底的面积。

这里，有必要对地下水的浮力问题进行阐述。水的浮力问题是客观存在的事实。只是取决于基础的埋深、土的渗透性和地下水位的高低。从上世纪50年代起，曾争论过是否考虑水的浮力。直至国家74规范才正式把浮力列入规范，国家94桩基规范明确考虑浮力，上海规范（DGJ 08—11—1999）也明确扣除浮力。这样，地下水有浮力的利害关系，已为人所共识。但是，应予指出，即使有规范可循，仍然有海口市某大楼的箱基，由于对浮力不重视，产生上浮4.5m的“奇观”出现。另一方面，还应注意，浮力是否应全部考虑呢？例如，将要建造101层的上海环球金融中心，埋设约18.45m，地下水位在1m左右，总重440000吨，在初步设计时，仅仅考虑98.1kPa的浮力（相当约10m的浮力），占总重的13.8%，比之不考虑浮力时，按每一根桩承受430吨计算，可节省140根长60m的钢桩，经济效益可想而知。如果再能提高的话，该大楼的经济效果更为可观。由此可见，对于深大埋深的桩筏（箱）基础的设计，必须慎重考虑地下水的浮力问题。根据外地大量浮力测试资料表明，浮力系数小于1，大于0.9，也有小于0.85的。在上海曾对小于6m基坑的浮力试验，浮力系数接近1。建议：对于深大桩筏（箱）基础设计，一般可取0.8～0.9，为安全起见，应该进行预测浮力，然后，慎重确定。但是，对于倾覆或抗浮时，应取1为宜。

（2）方法2——半理论-半经验反算公式

$$P_p = \frac{SndE_0}{C} \tag{11-56}$$

式中 P_p——桩分担的荷载；

S——桩基沉降，按照半理论-半经验公式求得；

n——桩数；

d——桩径；

E_0——桩土弹性模量；

C——根据 L/d，S_p/d 和 n 查表和计算求得。

（3）方法3——有限元结合统计的实用计算公式，计算桩分担荷载的百分比。

$$P_p(\%) = 95\alpha\beta\gamma \tag{11-57}$$

$$\alpha = \frac{\eta}{2.5 + 0.99\eta} \tag{11-58}$$

$$\beta=\left(1.023-\frac{5.9}{4^{\log K_p}}\right)^{0.25\zeta} \tag{11-59}$$

$$\gamma=\begin{cases}0.996^{(\zeta-3)}, & \text{当 } K_r<0.1;\\ (0.98-0.016\log K_r)^{(\zeta-3)}, & \text{当 } K_r\geqslant 0.1\end{cases} \tag{11-60}$$

式中 $\eta=L_p/D$，$\zeta=S_p/D$。

其中：L_p 为桩长度，D 为等代正方桩的边长，S_p/D 为桩距对桩的边长比，$K_p=E_p/E_s$ 为桩、地基土材料的弹性（杨氏）模量比，K_r 为筏对地基土的相对刚度。

$$K_r=\frac{4E_rT_r^3B_r(1-\nu_s^2)}{3\pi E_rL_r^4} \tag{11-61}$$

其中：E_r，T_r，L_r，B_r 和 ν_s 分别为筏板的杨氏模量、厚度、长度、宽度和地基土的泊桑比。

（4）方法 4——桩筏或桩箱荷载分担计算公式，计算桩分担荷载的百分比。

$$\eta_p(\%)=\frac{1-K_r(1-d_{rp})}{E_p+K_r(1-2d_{rp})} \tag{11-62}$$

式中的符号意义见文献[5]

表 11-11 桩筏或桩箱荷载分担实测和计算值的对比（按式（11-57）计算）

序号	1	2	3	4	5	6	7	8
上部结构	框筒	框筒	剪力墙	框剪	剪力墙	框剪	剪力墙	筒中筒
层数	31	30	16	16	32	32	35	39
基础形式	桩筏	桩筏	桩筏	桩箱	桩箱	桩箱	桩筏	桩筏
基础尺寸（m）	25×25	2(22×17.5)	43.3×19.2	45.9×14.2	28×21.5	42.7×24.7	2074m²	43×38.8
桩数	51	2×42	351	203	108	344	662	271
桩长（m）	24.8	20.0	13.0	22.0	54.6	28.0	28.0	60.0
桩径、宽（m）	0.91	0.90	0.45	0.45×0.45	0.5×0.5	0.55	0.45×0.45	0.80
桩距（m）	1.9	2.70～3.15	1.6	1.65～3.30	1.63～2.23	1.70～2.00	1.50～1.70	2.40
总压力 kN/m²	368	468.75	190	240	500	310	626	650
实测 P_p（%）	60.0	75.0	77.0	83.0	89.0	80.0	84.0	86.0
计算（%）（1）P_p （2）P_p	68.9 63.1	76.9 73.0	79.4 77.1	84.9	88.1	75.4	85.5	83.3
文献/测试地	Hooper (1973) 英国	Sommer (1985) 德国	Cooke (1981) 英国	赵锡宏 (1989) 上海	赵锡宏 (1989) 上海	何颐华 (1990) 武汉	陈志明 (2003) 上海	齐良锋 (2002) 西安

注：（1）不排水条件；（2）排水条件

本章只是把按照式（11-57）计算桩筏（箱）荷载分担结果列于表 11-11，从表可表明实测与计算结果有较好的符合。

其他三种方法计得的结果也与实测结果进行比较，相当满意。这里不再列举。

最后，根据具体情况，结合经验，综合分析四种方法的结果，可合理确定桩承担的荷载，以减少桩数。作者建议：尽管现未列入规范，作为有创造性的工程师，可以根据自己的经验确定减少的桩数。

第五节 高层建筑与地基基础共同作用的机理

以往，把上部结构和基础作为两个独立系统分别考虑，一般把基础作为上部结构的固定支座，在荷载作用下求解上部结构的内力和基础固定端的反力，然后，把该反力作用在弹性地基的基础上计算基础的内力。这种常规的设计方法只考虑了地基与基础的共同作用，而忽略上部结构对基础的约束（即上部结构刚度的贡献）作用，由此导致两种结果：计算出的基础弯矩和纵向弯曲过大，使基础设计偏于保守，产生浪费；没有考虑基础的差异沉降在上部结构中产生的次应力，在某些部位就可能低估了上部结构的内力，偏于不安全，甚至出现工程事故。

目前，要定量阐明高层建筑与地基基础共同作用的机理还是有一定困难的。但是，无论上部结构为剪力墙，还是框架结构（包括平面和空间结构），与地基基础共同作用的机理，均具有一些共同的特性。当采用桩基时，其共同作用的机理，还有其本身的特性。

一、高层建筑、基础与天然地基的共同作用

（1）上部结构刚度贡献的有限性

上部结构的刚度是由水平刚度、竖向刚度和抗弯刚度组成。一般说来，水平刚度和抗弯刚度只是在最初几层随着层数的增加较快，继而迅速减缓，趋于某一稳定值。而竖向刚度则随层数的增加而有一定规律的增加，同样达到某一层时，亦趋稳定，所不同的是稳定值比前两者多几层而已。图 11-45 所示平面框架结构的刚度随层数增加的关系。有填充墙的框架和剪力墙结构的刚度随层数增加也有类似的关系。这就说明，上部结构刚度对基础的贡献有一定限度，而不是通常所说的刚度随层数的增加而不断增加。

结构刚度与施工条件（包括施工速度和施工方式）有密切关系，即是说，在分析结构刚度时要考虑刚度的形成方式。一般刚度形成有以下三种：整个结构的刚度和荷载是一次同时形成的，称为“一次形成”，本层结构刚度与本层的荷载同时形成的，称为“逐层形成”，本层结构的刚度对承受本层或后几层荷载无贡献的称为“迟后形成”。这三种刚度的形成方式，其结构刚度贡献是不同的。

（2）结构刚度对共同作用的影响

结构刚度对基础的贡献，必然大大改善基础的纵向弯曲程度。根据两个剪力墙实例计算表明，当结构刚度一次形成时，其纵向弯曲约为绝对柔性基础的十分之一。对于线弹性地基模型，随着结构刚度的增加，基底反力不断向两端集中，同时，荷载并不是竖向楼层荷载的简单叠加，而是逐步向两端集中。但其效应不如基底反力那样显著。由于结构刚度贡献的有限性，这种集中效应也表现为最初几层变化剧烈，以后逐趋平缓。

结构刚度对基础的贡献，引起基础内力分布有较大的变化。若上部结构为框架体系，按现行规范的公式算得的基础中点弯矩，与不考虑共同作用时比较，要降低 15%以上。对于剪力墙结构，箱基顶板的应力，随着刚度的变化而不同，甚至改变应力符号。

在上部结构中，应力分布同样受到影响。对于框架结构，底层梁柱的最大弯矩，除边柱外，一般从外到内逐步衰减，到顶层中跨弯矩趋于零。对于剪力墙结构，在底层两端的墙板应力，无论竖向压应力和剪应力均出现应力集中现象，甚至超过混凝土的强度。

(3) 地基模型和土性变化对共同作用的影响

当地基采用线性弹性模型时，随着结构刚度的增加，基底反力不断向边、端部集中，基底边缘发生过大的反力是不可避免的。按此地基反力算得基础中点弯矩将比实测基底反力计算的中点弯矩大几倍。当地基采用非线性弹性模型（例如邓肯—张模型）时，基底反力的集中现象就有所改善，如图 11-46 所示。当地基采用弹塑性模型（例如拉特—邓肯模型）时，即使对于刚性基础，其基底边缘反力也比较缓和，如图 11-47 所示，与实测结果比较接近。这就说明在共同作用分析中地基模型选择是重要的。

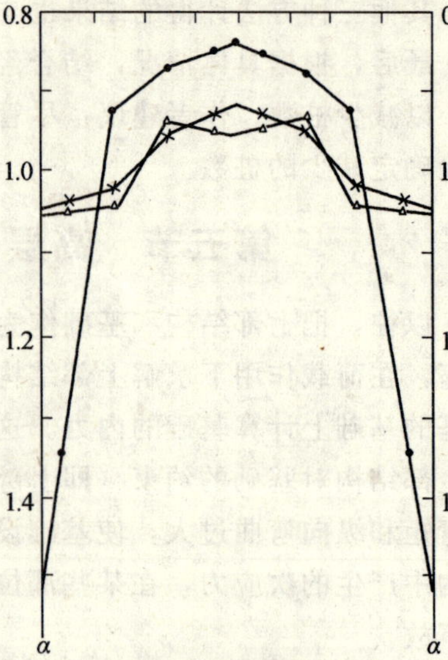

图 11-47　线性弹性模型与弹塑性模型的反力分布比较

当地基为层状土时，水平方向的弹性模量往往要比竖向的弹性模量大。在共同作用计算中，若把地基作为横向各向同性体来分析，并与各向同性地基相比，其纵向弯曲差别不大，但前者对基底边缘的反力有所缓和（见图 11-48）。

当在上部结构、基础和荷载相同的条件下，随着地基土变软，基础内力和纵向弯曲相应增大，上部结构中内力发生变化；反之，地基土变硬，上部结构刚度对基础内力的影响不甚明显。这说明在软弱地基条件下研究共同作用比坚硬地基有更大的意义。

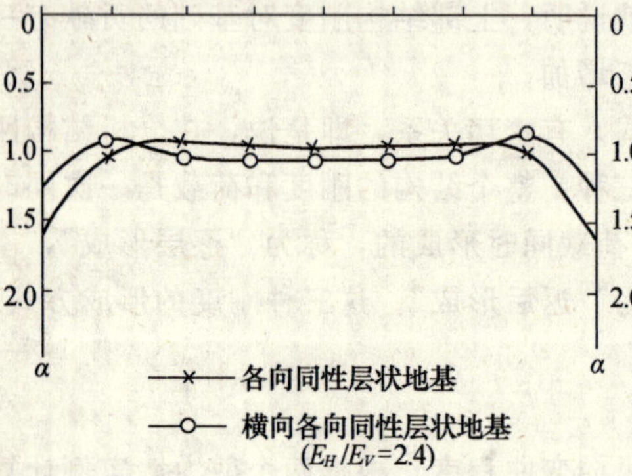

图 11-48　各向同性地基与横向同性层状的地基的反力分布比较

(4) 相邻建筑物对共同作用的影响

相邻建筑物系通过对主体建筑产生附加沉降参与共同作用，见式 (11-39)，对桩—箱或桩—筏基础亦相同。它视距离远近，建筑物的不同布局，对主体建筑物发生不同的影响。例如，相邻建筑物与主体建筑垂直对称布置的四平大楼（见表 11-5），可使原来计算的抛物线反力分布改变成马鞍形，甚至成倒钟形，显著地减少主体建筑的纵向弯曲，底板应力相应降低，上部结构的应力也随之改变。至于相邻建筑与主体建筑相平行布置时，影响共同作用的效果将有所不同。

当考虑上部结构和地基的非线性，将使上部结构和基底反力的集中现象得到缓和，使结构受力状态向有利方面发展。

二、高层建筑，基础与桩-土的共同作用

高层建筑，基础与桩-土共同作用的机理主要表现在下列两个方面。

(1) 桩与筏（或箱）共同作用（或分担荷载的比例）。

上海软土地区的工程实例说明以下几个规律：

1）通常，打钢筋混凝土桩时，它将对孔隙水压力，地面和土体内的变形，桩的位移以及邻近建筑物产生不同程度的影响，见图 11-49。

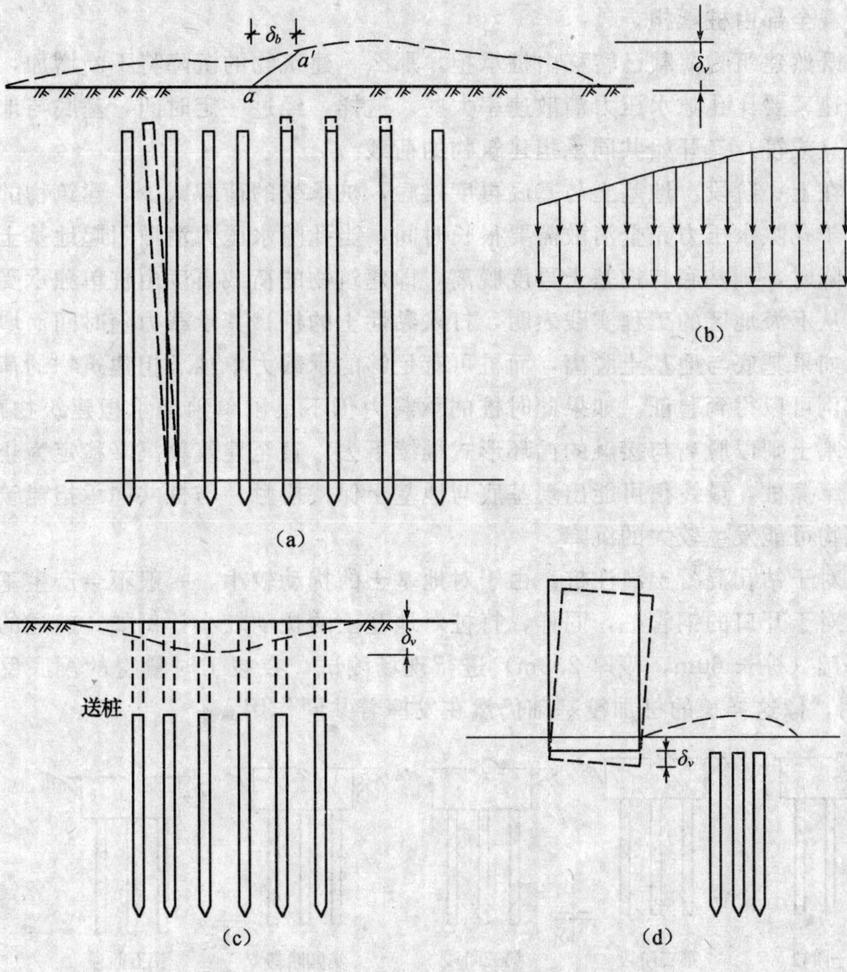

图 11-49　打桩引起的不同影响

（a）地面隆起，水平位移和打桩对已打好桩的影响；（b）产生超孔隙水压 Δu；

（c）地面下沉；（d）对相邻建筑的影响

2）在上海曾对一些 30 年代建造的桩-箱或桩-筏基础在其底板进行钻孔或在其周边挖土观察，发现有部分建筑物基底与地基土脱离，由桩单独承受建筑物的荷载，使用正常；也有部分建筑物可以加层。

3）在桩-箱或桩-筏基础设计中，当考虑建筑物的荷载由桩单独承担时，由于某种原因，使得桩承受的竖向荷载超过容许荷载，这时，建筑物将发生较大的沉降，但建筑物仍然处于正常状态。例如，建造于 20 世纪 30 年代的上海新锦江饭店，设计时采用 30m 的长桩加筏基，由于当时偷工减料，其沉降达 1.5m，建筑物还是处于良好状态。

基于以上事实和土方学的基本原理，可以分为下列几个受力阶段来阐述上海软土地区的一般预制钢筋混凝土桩-箱或桩-筏共同作用的机理，见图 11-50。

第一阶段：在建筑物施工期间和使用早期，基底与地基土保持接触，桩与箱（或筏）共同承担建筑物的荷载。

第二阶段：随着时间的发展，打桩时引起的孔隙水压逐渐消散底与地基土脱离。例如前述的上海筒仓，从筏基竣工起历时3年，实测的基底土压力趋于零，即基底与地基土脱离，此时，筒仓的荷载全部由桩承担。

第三阶段：既然建筑物荷载已转移由桩承担，那么，建筑物的沉降将不断增加，一般来说，此时的沉降速率要比孔隙水压力消散速率大些。这样，经过一定时间，基底与地基土再度接触，桩与箱（或筏）又开始共同承担建筑物的荷载。

第四阶段：在上一阶段，地基土与基底再度接触，桩承受的荷载减少，建筑物的沉降速率相应递减。由于孔隙水压力完全消散需要很长时间，当孔隙水压力消散引起地基土的沉降大于建筑物的沉降时，则基底与地基土再度脱离，即建筑物的荷载再度由桩单独承受。

第五阶段：从上海地区的工程实践表明，打入黏性土的桩，其承载力随时间而增长，因此，在本阶段，如果基底与地基土脱离，而桩可有足够的承载力单独承担建筑物的荷载，上海的一些工程实例可以得到验证。如果此时桩的承载力仍不足以单独地承担建筑物荷载时，那么，基底与地基土则以脱离与接触的循环形式继续下去，直至建筑物沉降稳定为止。对于在软土地基的短摩擦桩，最终很可能出现基底与地基土保持接触，与桩共同承担建筑物的荷载，此时，建筑物可能发生较大的沉降。

应予指出：对于钻孔混凝土灌注桩，由于对地基土的扰动较小，一般不会产生基底土与桩脱离的现象；对于开口的钢管桩，同样，打桩对地基土的扰动较小，例如，前述的上海贸海大楼的桩筏基础（桩长60m，筏厚2.3m）进行现场测试，在竣工时量得的筏底反力约为89kN/m² 这表明，像这样长的桩加筏基础仍然在发挥着共同作用。

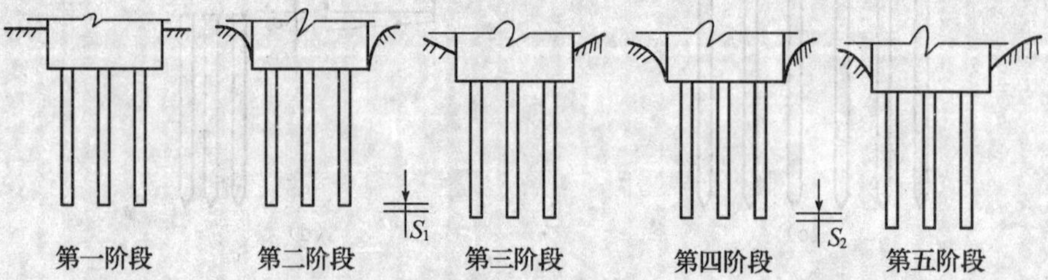

图11-50　桩一箱（或筏）共同作用机理

根据以上分析，不难看出，按共同作用原理设计桩基是能够充分发挥地基土和桩的承载力，它比通常单独由桩基承担建筑物荷载的设计方法要合理和经济（即减少桩数）。当然，建筑物的沉降要稍大些。

其次，从理论分析和实测如结果已经表明，地基条件、施工方法、桩的长径比，桩的刚度和桩的间距对桩与筏的共同承担建筑物荷载均有很大的影响。这里要强调的是，采用合理的施工方法和措施，尽量减少地基土的扰动，可以发挥筏基或箱基分担建筑物荷载的作用。

（2）桩-筏（或箱）基础的桩荷载的分布

在理论和实践上，桩的存在无疑加强桩土的刚度，桩土的弹性模量可取相应土的压缩模量的3倍。当把桩土体系作为线性弹性体来分析，算得的结果总是角桩 P_c 大，边桩 P_e 次之，内部桩 P_i 小。例如，把筏视作刚性板，桩长径比为25，桩距与桩径比为3～4时，算得的 P_c/P_i 为1.5～2.5，P_e/P_i 为1.5～1.7，与现场实测结果大致接近。当把桩土体系作为理想的弹塑性体来分析时，角桩，边桩和内部桩的荷载差别自然要小些。根据多年的实测资料统计，有下列的实用定量数据：

$$P_c/P_{av}=1.32\sim1.50$$

$$P_e/P_{av}=1.05\sim1.42$$

$$P_i/P_{av}=0.40\sim0.86$$

但必须明确，桩-筏（或箱）基础中桩荷载的分布，与桩与筏（或箱）共同作用的影响因素相似。它取决于地基条件、基础的形状、桩的长径比、桩的刚度和桩距。显然，当桩距与桩径比大于 5 时，各桩的荷载分布比较均匀。

应该注意：对于超高层的超长桩的桩筏基础，即使像上海的 88 层的金茂大厦，钢管桩长 80m，基础面积 3519m^2，≈59.32m×59.32m 正方形，筏厚 4m，从 1995 年 10 月到 2003 年 4 月的 7 年半期间，进行 149 次的沉降测量，最大沉降为 82mm，最小 44mm，形状像一个倒锅形，基础却不是绝对刚性。对于超高层建筑，从安全角度出发，仍然基于弹性理论进行设计。

在本章结束时，应予强调：国内外学者经过半个世纪的漫长岁月对高层建筑与地基基础共同作用的研究，在理论上已经达到相当完整和成熟地步，可以定量计算和分析即将建造 101 层的上海环球金融中心的超长桩的桩筏基础。同时，共同作用理论或原理已扩展到其他领域，例如。在基坑工程和码头工程等的共同作用设计和分析；在现场实测也积累许多宝贵和难得的数据，也可以定量预估桩筏基础的荷载分担。可以预计，共同作用的理论将在高层建筑工程实践中越来越发挥更大的作用。

附录一

上海软土各向异性弹塑性模型

这里只是论述上海软土各向异性弹塑性模型（简称上海软土模型）的基本情况。

1. 上海软土的形状函数

试验土样为上海有代表性的淤泥质粉质黏土和淤泥质黏土，土样主要取自土层顶埋深 2.6m～3.2m，10.3m～11.5m 的淤泥质粉质黏土和淤泥质黏土，基本的物理力学指标见表附 1-1。

表附 1-1　试样的物理力学指标

土样名称	含水量 w（%）	重度 γ（kN/m³）	孔隙比 e	饱和度 S_r（%）	比重 G	塑性指数 PI	液性指数 LI
淤泥质粉质黏土	42.8	17.9	1.178	99.2	2.73	15.0	1.44
淤泥质黏土	49.4	17.3	1.375	98.8	2.75	21.9	1.27

试样为 70×70×70mm 的立方体，装入真三轴压力室内，使试样在 K_0 条件下固结 24 小时或等压固结 24 小时。对上述两种土进行中主应力比 $b=\dfrac{\sigma_2-\sigma_3}{\sigma_1-\sigma_3}=0$，0.25，0.5，0.75，1，相应 σ_3 为 50kPa 的十种试验，得到两种土的应力应变关系曲线。见图附 1-1～图附 1-4。

从图附 1-1～附图 1-4 可见，破坏时主应力差随中主应力比 b 的增加而增加。

把轴向应变 $\varepsilon_1=15\%$ 的强度投影在 $P'=150$kPa 的 π 平面上，可得 π 平面上的屈服轨迹，见图附 1-5，从图可见，上海软土在 π 平面上的屈服轨迹不是 Mises 准则所描述的圆，而是形状近似于 Lade（1977）破坏准则、外接摩尔一库仑准则的光滑曲线。

从旧金山湾淤泥不排水真三轴试验，可得 π 平面上的屈服轨迹，见图附 1-6，与图附 1-5 类似。由此可见，两种软土真三轴试验的结果相类似。

根据上述试验结果描绘在 π 平面上的形状曲线，提出软土 π 平面上的形状函数为：

$$g(\theta_\sigma)=\frac{m'}{(2m'-1)+2(1-m')\cos\left(\frac{\pi}{6}-(-1)^{i-1}\left(\theta_\sigma-\frac{i-1}{3}\pi\right)\right)} \qquad \text{(附 1-1)}$$

式中 θ_σ 为应力劳台角，可表示为偏应力第二、三不变量的函数。

其中　$i=1,2,3,4,5,6$；

$m'=\dfrac{3-\sin\phi'}{3+\sin\phi'}$，$\phi'$为有效内摩擦角；

在 $-30°<\theta_\sigma<30°$ 时，$$g(\theta_\sigma)=\frac{m'}{(2m'-1)+2(1-m')\left(\cos\left(\frac{\pi}{6}-\theta\right)\right)} \qquad \text{(附 1-1A)}$$

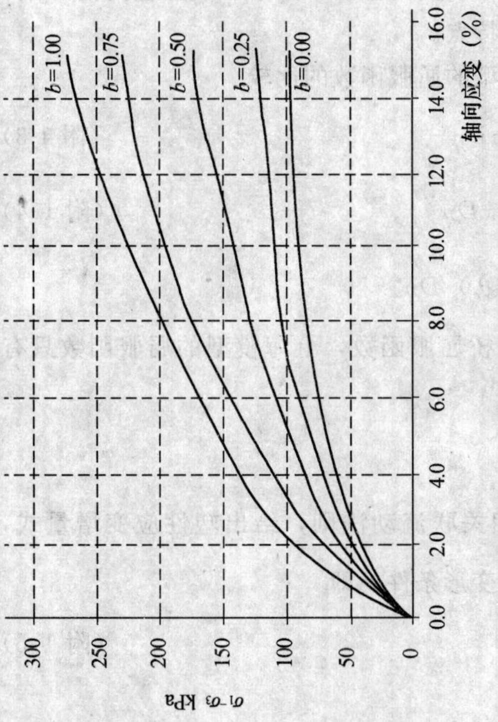

图附1-1　淤泥质粉质黏土等向固结排水试验

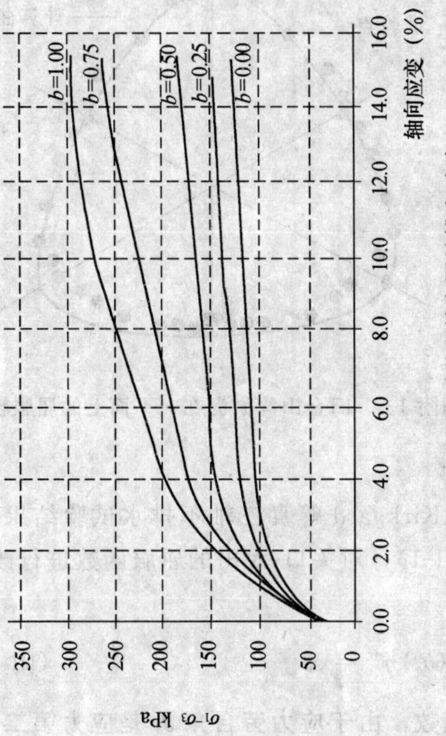

图附1-2　淤泥质黏土等向固结排水试验

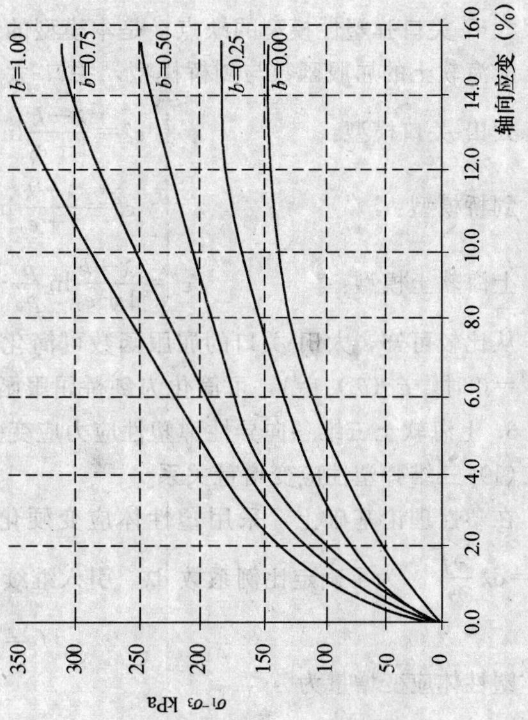

图附1-3　淤泥质粉质黏土K_0固结排水试验

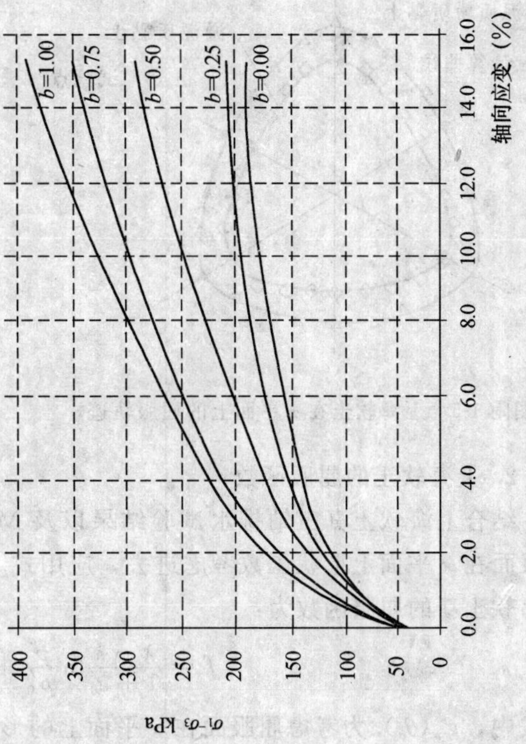

图附1-4　淤泥质黏土K_0固结排水试验

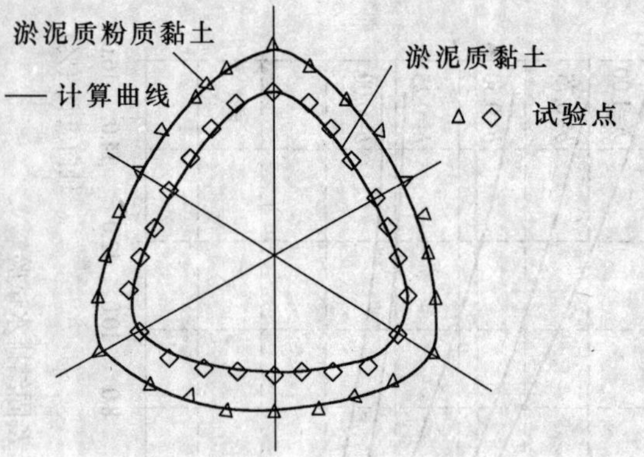

图附 1-5　上海软土在 π 平面上的屈服轨迹

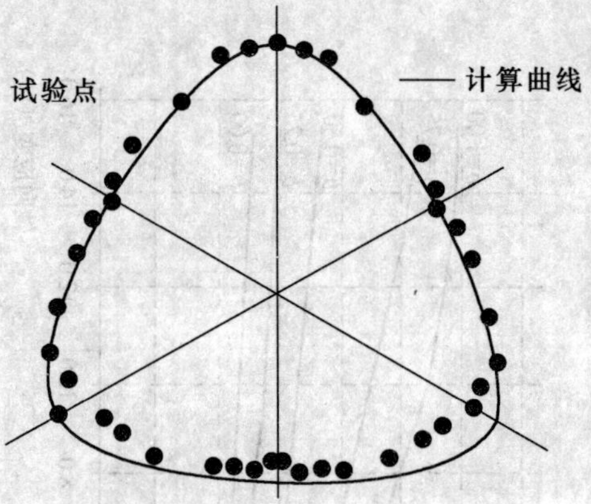

图附 1-6　旧金山湾淤泥在 π 平面上的屈服轨迹

2. 上海软土的屈服函数

结合上海软土真三轴排水试验结果以及 M. M. Kirkgard 等真三轴不排水试验结果，将屈服面在 π 平面上形状函数考虑进去，应用式（附 1-1），对关口-太田的屈服函数进行改进，提出软土新的屈服函数为：

$$f=\frac{\lambda-k}{1+e_0}\ln\frac{p'}{p'_0}+Dg(\theta_\sigma)\eta^*=\varepsilon_v^p \quad \text{（附 1-2）}$$

上式中，$g(\theta_\sigma)$ 为考虑屈服面在 π 平面上的形状函数，由于应力劳台角 θ_σ 是应力第二、三不变量的函数，即式（附 1-2）为三维应力空间屈服函数，完全可以考虑中主应力的影响，克服太田-关口弹塑性模型的缺点，是本模型的最大特点。

上海软土的屈服函数与剑桥模型，关口-太田模型的屈服函数的比较

太田-关口模型：
$$\varepsilon_v^p=\frac{\lambda-k}{1+e_0}\ln\frac{p'}{p'_0}+D\eta^* \quad \text{（附 1-3）}$$

剑桥模型：
$$\varepsilon_v^p=\frac{\lambda-k}{1+e_0}\ln\frac{p'}{p'_0}+D\eta \quad \text{（附 1-4）}$$

上海软土模型：
$$\varepsilon_v^p=\frac{\lambda-k}{1+e_0}\ln\frac{p'}{p'_0}+g(\theta_\sigma)D\eta^*$$

从比较可知，太田-关口的屈服函数可简化为剑桥屈服函数，上海模型的屈服函数只有在 $\phi'=0$ 时，$g(\theta_\sigma)=1$，可简化为剑桥屈服函数。

3. 上海软土三维各向异性弹塑性应力应变关系

(1) 三维弹塑性应变增量关系

在塑性理论基础上，采用塑性体应变硬化和相关联流动法则，给出塑性应变增量式，$d\varepsilon_{ij}^p=d\lambda\frac{\partial f}{\partial\sigma'_{ij}}$。为了确定比例系数 $d\lambda$，引入继续塑性变形条件，即

$$df=d\varepsilon_v^p \quad \text{（附 1-5）}$$

塑性体应变增量为

$$d\varepsilon_v^p=d\varepsilon_{kl}^p\delta_{kl}=d\lambda\frac{\partial f}{\partial\sigma'_{kl}}\delta_{kl} \quad \text{（附 1-6）}$$

由此得到：

$$d\lambda = \frac{d\varepsilon_v^p}{\dfrac{\partial f}{\partial \sigma_{kl}}\delta_{kl}} \tag{附 1-7}$$

代入塑性应变增量式，$d\varepsilon_{ij}^p = d\lambda \dfrac{\partial f}{\partial \sigma'_{ij}}$可得

$$d\varepsilon_{ij}^p = \frac{d\varepsilon_v^p}{\dfrac{\partial f}{\partial \sigma_{kl}}\cdot\delta_{kl}}\cdot\frac{\partial f}{\partial \sigma_{ij}} \tag{附 1-8}$$

以下求$\dfrac{\partial f}{\partial \sigma_{ij}}$，对 f 全微分得到：

$$\frac{\partial f}{\partial \sigma_{ij}} = \frac{\lambda - k}{1+e_0}\frac{1}{p'}\frac{\partial p'}{\partial \sigma'_{ij}} + D\eta^*\frac{\partial g(\theta_\sigma)}{\partial \sigma'_{ij}} + Dg(\theta_\sigma)\frac{\partial \eta^*}{\partial \sigma'_{ij}} \tag{附 1-9}$$

进一步可得：

$$\frac{\partial f}{\partial \sigma'_{ij}} = \frac{\lambda - k}{(1+e_0)p'}\cdot\frac{1}{3}\delta_{ij} + \frac{\sqrt{3}AD\eta^*}{\sqrt{4J_2^3 - 27J_3^2}}\left(\frac{2}{3}J_2\delta_{ij} + \frac{3J_3}{2J_2}S_{ij} - S_{ik}S_{kj}\right)$$

$$+\frac{Dg(\theta_\sigma)}{2\eta^* p'}[3(\eta_{ij} - \eta_{ij0}) - \eta_{kl}(\eta_{kl} - \eta_{kl0})\delta_{ij}] \tag{附 1-10}$$

$$\frac{\partial f}{\partial \sigma'_{kl}}\delta_{kl} = \frac{\lambda - k}{(1+e_0)p'} - \frac{3Dg(\theta_\sigma)}{2\eta^* p'}\cdot\eta_{kl}(\eta_{kl} - \eta_{kl0}) \tag{附 1-11}$$

因此，塑性应变增量的表达式为

$$d\varepsilon_{ij}^p = d\varepsilon_v^p\left[\frac{1}{3}\delta_{ij} + \frac{\dfrac{3}{2\eta^*}(\eta_{ij} - \eta_{ij0}) + B\eta^* p'\left(\dfrac{3J_3}{2J_2}S_{ij} + \dfrac{2}{3}J_2\delta_{ij} - S_{ik}S_{kj}\right)}{M^* - \dfrac{3}{2\eta^*}\eta_{kl}(\eta_{kl} - \eta_{kl0})}\right] \tag{附 1-12}$$

式中　$M^* = \dfrac{\lambda - k}{Dg\ (\theta_\sigma)\ (1+e_0)}$

$$B = \frac{2\sqrt{3}g\ (\theta_\sigma)\ \sin\left(\dfrac{\pi}{6} - \theta_\sigma\right)}{\sqrt{4J_2^3 - 27J_3^2}}\left(\frac{1}{k} - 1\right)$$

$$d\varepsilon_v^p = \frac{\lambda - k}{1+e_0}\frac{dp'}{p'} + \frac{3Dg\ (\theta_\sigma)}{2\eta^* p'}[(\eta_{ij} - \eta_{ij0})dS_{ij} - \eta_{kl}(\eta_{kl} - \eta_{kl0})dp']$$

$$+\frac{\sqrt{3}D\eta^* A}{\sqrt{4J_2^3 - 27J_3^2}}\left(\frac{3J_3}{2J_2}S_{ij} - S_{ik}S_{kj}\right)dS_{ij}$$

对弹性体应变 $\varepsilon_v^e = \dfrac{k}{1+e_0}\ln\dfrac{p'}{p_0'}$微分，可得弹性应变增量：

$$d\varepsilon_{ij}^e = \frac{k}{3(1+e_0)}\frac{dp'}{p'}\delta_{ij} \tag{附 1-13}$$

因此，式（附 1-12）和式（附 1-13）相加，可得总应变张量的增量表达式：

$$d\varepsilon_{ij} = d\varepsilon_{ij}^e + d\varepsilon_{ij}^p \tag{附 1-14}$$

（2）上海弹塑性模型的应力-应变关系

当加载时产生的总应变增量可以分解为弹性分量和塑性分量两部分，其中弹性应变增量由广义虎克定律确定，而塑性应变增量由塑性位势理论确定，可得：

$$d\sigma'_{ij} = D_{ijkl}^e(d\varepsilon_{kl} - d\varepsilon_{kl}^p) \tag{附 1-15}$$

对屈服函数微分，可得：

$$df = \frac{\partial f}{\partial \sigma'_{ij}} d\sigma'_{ij} + \frac{\partial f}{\partial L} \frac{\partial L}{\partial \varepsilon^p_{ij}} d\varepsilon^p_{ij} = 0 \quad \text{（附 1-16）}$$

式中　L 为硬化参数，将式（附 1-15）代入式（附 1-16），可得：

$$\frac{\partial f}{\partial \sigma'_{ij}} D^e_{ijkl} (d\varepsilon_{kl} - d\varepsilon^p_{kl}) + \frac{\partial f}{\partial L} \frac{\partial L}{\partial \varepsilon^p_{kl}} d\varepsilon^p_{kl} = 0 \quad \text{（附 1-17）}$$

将塑性应变增量式，$d\varepsilon^p_{ij} = d\lambda \dfrac{\partial f}{\partial \sigma'_{ij}}$ 代入整理，可得：

$$\frac{\partial f}{\partial \sigma'_{ij}} D^e_{ijkl} d\varepsilon_{kl} = \left(\frac{\partial f}{\partial \sigma'_{ij}} D^e_{ijkl} - \frac{\partial f}{\partial L} \frac{\partial L}{\partial \varepsilon^p_{kl}}\right) d\lambda \frac{\partial f}{\partial \sigma'_{kl}}$$

于是得到：

$$d\lambda = \frac{\dfrac{\partial f}{\partial \sigma'_{ij}} D^e_{ijkl} d\varepsilon_{kl}}{\left(\dfrac{\partial f}{\partial \sigma'_{ij}} D^e_{ijkl} - \dfrac{\partial f}{\partial L} \dfrac{\partial L}{\partial \varepsilon^p_{kl}}\right) \dfrac{\partial f}{\partial \sigma'_{kl}}} \quad \text{（附 1-18）}$$

又将塑性应变增量式代入式（附 1-15）得：

$$d\sigma'_{ij} = D^e_{ijkl} \left(d\varepsilon_{kl} - d\lambda \frac{\partial f}{\partial \sigma'_{kl}}\right) \quad \text{（附 1-19）}$$

最后，可得上海弹塑性模型增量型有效应力与应变关系的一般表达式。

$$d\sigma'_{ij} = \left[D^e_{ijop} - D^e_{ijkl} \frac{f_{mn} D^e_{mnop} f_{kl}}{\left(f_{mn} D^e_{mnqr} - \dfrac{\partial f}{\partial L} \dfrac{\partial L}{\partial \varepsilon^p_{qr}}\right) f_{qr}}\right] d\varepsilon_{op} \quad \text{（附 1-20）}$$

式中　$f_{mn} = \dfrac{\partial f}{\partial \sigma'_{mn}}$

附录二

有限元的子结构法以及子结构法与解析解结合的混合法

在第三节“高层建筑与地基基础共同作用的分析方法”中已经阐述子结构方法的原理和应用。在本附录二，为了进一步引伸带裙房的高层建筑与地基基础共同作用，不妨略作复述，称为有限元的子结构法；然后，阐述运用子结构和解析解相结合的方法，称为子结构法与解析解结合的混合法。后者能够发挥两者所长，减少计算内存量，既达到提高精度，又节省计算时间的目的，有效地解决超高层建筑超长桩的桩筏基础的计算分析。最后，简单模拟上海金茂大厦和上海环球金融中心两幢超高层建筑的桩筏基础进行初步计算分析。

一、有限元的子结构法

1. 子结构法

子结构法将大型空间结构划分为逐个层次的子结构，形成双重、三重乃至更多重的子结构体系，对某一层次的子结构而言，其结点可分内节点（以 i 表示）和边界节点（以 b 表示）两种，如图附 2-1 所示。设该子结构全部节点的自由度总数为 n，则其平衡方程可用分块矩阵表示如下

$$\begin{bmatrix} K_{ii} & K_{ib} \\ K_{bi} & K_{bb} \end{bmatrix} \begin{Bmatrix} U_i \\ U_b \end{Bmatrix} = \begin{Bmatrix} Q_i \\ Q_b \end{Bmatrix} \tag{附 2-1}$$

展开上式有

$$[K_{ii}]\{U_i\} + [K_{ib}]\{U_b\} = \{Q_i\} \tag{附 2-2}$$

$$[K_{bi}]\{U_i\} + [K_{bb}]\{U_b\} = \{Q_b\} \tag{附 2-3}$$

由式（附 2-2）

$$\{U_i\} = [K_{ii}]^{-1}(\{Q_i\} - [K_{ib}]\{U_b\}) \tag{附 2-4}$$

将式（附 2-4）代入式（附 2-3）中，消去内部节点位移 $\{U_i\}$，可得仅边界节点位移 $\{U_b\}$ 的方程式

$$([K_{bb}] - [K_{bi}][K_{ii}]^{-1}[K_{ib}])\{U_b\} = \{Q_b\} - [K_{bi}][K_{ii}]^{-1}\{Q_i\} \tag{附 2-5}$$

令

$$[K_b] = [K_{bb}] - [K_{bi}][K_{ii}]^{-1}[K_{ib}] \tag{附 2-6}$$

$$\{S_b\} = \{Q_b\} - [K_{bi}][K_{ii}]^{-1}\{Q_i\} \tag{附 2-7}$$

则得子结构向边界节点凝聚后的等效边界刚度矩阵 $[K_b]$、等效边界荷载向量 $\{S_b\}$ 和边界节点位移向量 $\{U_b\}$ 的方程

$$[K_b]\{U_b\} = \{S_b\} \tag{附 2-8}$$

式（附 2-8）的物理意义是：子结构的原始状态方程（附 2-1）可等价地由低阶的边界状态方程（附 2-8）代替，即该子结构对以边界节点为连结点的相邻结构在刚度和荷载上的贡献，可由 $[K_b]$ 和 $\{S_b\}$ 来等效地表达，求解式（附 2-8）得到 $\{U_b\}$，经式（附 2-4）回代可求出 $\{U_i\}$。从而解决全部问题。

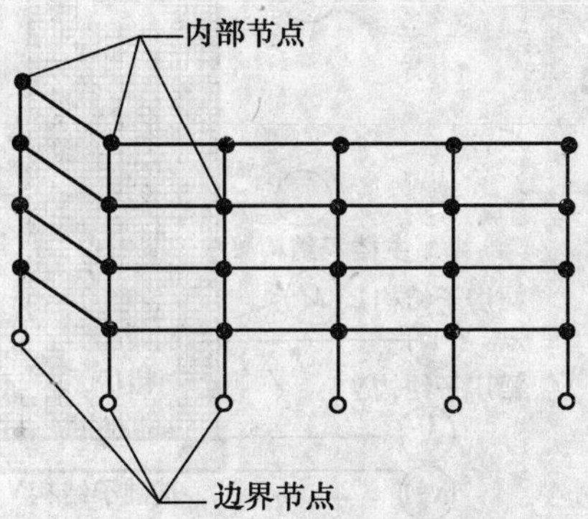

图附 2-1　子结构节点分类

从以上公式的推导中可见，求 $[K_b]$ 和 $\{S_b\}$ 时需对 $[K_{ii}]$ 求逆，编制求逆程序时，为方便起见，往往将 $[K]$ 视为满阵，而实际上 $[K]$ 中有很多零元素。这样，既增加贮存量，又浪费机时，可采用高斯消去法解决。

令 $[I]$ 和 $[0]$ 分别表示单位矩阵和零矩阵，对式（附 2-1）作如下同解变换：

即
$$\begin{bmatrix} K_{ii}^{-1} & 0 \\ -K_{bi}K_{ii}^{-1} & I \end{bmatrix} \begin{bmatrix} K_{ii} & K_{ib} \\ K_{bi} & K_{bb} \end{bmatrix} \begin{Bmatrix} U_i \\ U_b \end{Bmatrix} = \begin{bmatrix} K_{ii}^{-1} & 0 \\ -K_{bi}K_{ii}^{-1} & I \end{bmatrix} \begin{Bmatrix} Q_i \\ Q_b \end{Bmatrix} \tag{附 2-9a}$$

完成乘法运算有

$$\begin{bmatrix} I & K_{ii}^{-1}K_{ib} \\ 0 & K_{bb} - K_{bi}K_{ii}^{-1}K_{ib} \end{bmatrix} \begin{Bmatrix} U_i \\ U_b \end{Bmatrix} = \begin{Bmatrix} K_{ii}^{-1}Q_i \\ Q_b - K_{bi}K_{ii}^{-1}Q_i \end{Bmatrix} \tag{附 2-9b}$$

亦即

$$\begin{bmatrix} I & K_{ii}^{-1}K_{ib} \\ 0 & K_b \end{bmatrix} \begin{Bmatrix} U_i \\ U_b \end{Bmatrix} = \begin{Bmatrix} K_{ii}^{-1}Q_i \\ S_b \end{Bmatrix} \tag{附 2-9c}$$

式（附 2-9c）为由式（附 2-4）和（附 2-8）组成的方程组，而式（附 2-9c）左端的系数矩阵为对式（附 2-1）中的子结构刚度矩阵 $[K]$ 作高斯消元变换消去 $\{U_i\}$ 后的结果，右端是原子结构荷载向量 $\{Q\}$ 经消去法的同解变换后的结果。因此，实际计算中求 $[K_b]$ 和 $[S_b]$ 时，不必如式（附 2-6）和（附 2-7）那样进行若干矩阵分乘积运算，只需对式（附

2-1）进行高斯消元至消去 $\{U_i\}$ 为止，此时，在左端系数矩阵右下角相应于原分块矩阵 $[K_{bb}]$ 的位置上可得边界刚度矩阵 $[K_b]$，而在右端向量相应于原分块向量 $\{Q_b\}$ 的位置上可得边界荷载向量 $\{S_b\}$。

这样，程序的编制显得相当方便，而且，子结构刚度矩阵可采取一维存放，剔除零元素，大大节省计算机内存和计算时间。

2. 高层建筑的主楼和裙房刚度的凝聚

高层建筑一般带有裙房，考虑如图附 2-2 所示的带裙房高层建筑，这里，将结构平面扩大前的上部结构称为主楼，扩大后的上部结构称为裙房。将建筑物从上到下分割成 $M+N+1$ 个子结构，其中，主楼分割成 M 个子结构，裙房分割成 N 个子结构，$N+1$ 为基础子结构，通过界面 $(N+1)-(N+1)$ 与地基接触，$(M)-(M)$ 为主楼与裙房的交接边界面。其中，上部结构刚度及荷载向基础的凝聚分成两个阶段。

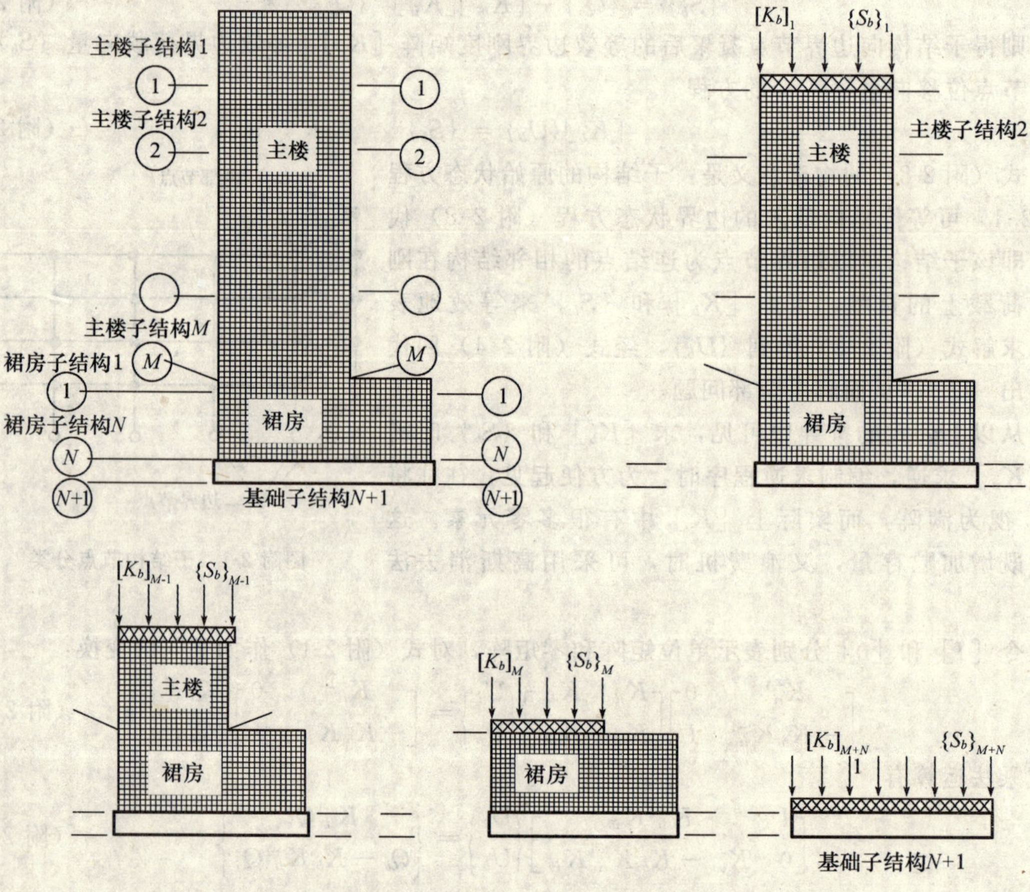

图附 2-2　子结构法实现上部结构刚度与荷载凝聚过程示意

（1）第一阶段为主楼刚度、荷载向裙房顶面的凝聚

高层建筑的上部结构平面差别不大，可视作若干标准层的叠加，因此，将该建筑物按串联顺序分割为子结构 1、子结构 2、…、子结构 M，其中 (1)－(1)，(2)－(2)，…，$(M)-(M)$ 为相邻子结构的边界，通过界面 $(M)-(M)$ 与裙房相接触。从子结构 1 开始，首先，形成关于子结构 1 的刚度及荷载，即得到子结构 1 的式（附 2-1），然后，通过高斯消元如

式（附 2-9c）那样，消去内部节点位移 $\{U_i\}$，得到子结构 1 关于边界（1）－（1）上的边界刚度矩阵 $[K_b]_1$ 和边界荷载向量 $\{S_b\}_1$，这样，完成子结构 1 向边界（1）－（1）的凝聚。随后，考虑子结构 2，同样先形成子结构 2 的刚度及荷载，得到子结构 2 的式（附 2-1），再按节点对应，把子结构 1 凝聚得到的 $[K_b]_1$ 和 $\{S_b\}_1$ 各元素迭加到子结构 2 的式（附 2-1）两端与（1）－（1）边界节点相对应的位置上，得到子结构 2’的式（附 2-1），然后，消去 $\{U_i\}$，则得到子结构 2’关于边界（2）－（2）的边界刚度矩阵 $[K_b]_2$ 和边界荷载向量 $\{S_b\}_2$。继续上述过程，可得到全部上部结构关于边界 $(M)-(M)$ 的等效边界刚度矩阵 $[K_b]_M$ 和等效边界荷载向量 $\{S_b\}_M$。根据子结构法理论，$[K_b]_M$ 和 $\{S_b\}_M$ 对 $(M)-(M)$ 边界以下的结构的作用，与上部主楼结构对该边界作用的效果完全等价。

（2）第二阶段为裙房结构刚度的凝聚

由于主楼结构平面已扩大，故裙房子结构也相应扩大，其大小仍以不超过计算机容量为限。对裙房子结构 1 先形成其结构刚度矩阵、荷载向量，同时考虑主楼刚度、荷载的影响。具体作法是：使主楼结构平面的全部节点与裙房结构平面的部分节点重合，这样，通过节点对应关系，可将主楼子结构凝聚得到的 $[K_b]_M$、$\{S_b\}_M$ 叠加到裙房子结构刚度矩阵、荷载向量相对应的节点位置上，从迭加主楼刚度、荷载的裙房子结构 1 开始，重复前面所述的子结构凝聚过程，可得到全部上部结构对于边界（N）－（N）的等效边界刚度矩阵 $[K_b]_N$ 和等效边界荷载向量 $\{S_b\}_N$。至此，完成全部上部结构向基础顶面的凝聚。将 $[K_b]_N$ 和 $\{S_b\}_N$ 简记为 $[K_B]$ 和 $\{S_B\}$，通过与基础子结构和地基的耦合，可建立带裙房高层建筑与地基基础共同作用分析的基本方程。

（3）地基与基础的耦合

基础刚度矩阵、荷载向量的形成较简单，根据基础的类型而定。记基础刚度矩阵为 $[K]$，荷载向量为 $\{Q\}$。

考虑地基与基础的相互作用时作如下简化：忽略基底界面上的摩擦，假定地基只对基础节点提供竖向支承，支承反力以集中力形式作用于基础节点，而基础对地基的作用也只表现在大小与上述集中力相等的竖向力作用在地基上。这样，基础简化为支承在各节点处的竖向弹簧系统上，弹簧系统的支承刚度就是地基刚度矩阵 $[K_s]$。对不同的地基模型，这些弹簧以不同的方式相互耦联，故 $[K_s]$ 的求法视不同的地基模型而定。

（4）带裙房高层建筑与地基基础共同作用分析基本方程

至此，已经论述高层建筑上部结构、基础与地基的刚度矩阵、荷载向量，根据静力平衡条件、竖向位移连续条件和节点对应关系，将三者统一起来，建立如下带裙房高层建筑与地基基础共同作用分析基本方程：

$$[K_B + K + K_s]\{U\} = \{Q\} + \{S_b\} \tag{附 2-10}$$

式中 $\{U\}$ 为基础位移向量。

式（附 2-10）即为高层建筑共同作用分析的基本方程。通过解此方程和回代，可得到基础沉降、基础内力、地基反力、上部结构内力等数据，从而进行共同作用分析。

综上所述，采用子结构法，无论是凝聚过程还是最后求解，每次运算只涉及一个子结构，大大减小对机器容量的要求。上部结构尽管不同，但因分析的有限元的子结构法已经成熟，由此很容易按式（附 2-9c）建立实现刚度与荷载凝聚的通用程序，而把注意力集中到基础结构和地基分析上来。基础结构分析或是简化为梁、板、筏，或是对箱形基础采用全有限元分析。

二、子结构法与解析解结合的混合法

1. 基本概念

正如上一节所述，上部结构与地基基础共同作用的分析方法，一般是以有限元方法为基础，分别求出上部结构刚度矩阵、基础刚度和桩土刚度矩阵，三者依次进行叠加，并通过力的平衡和变形协调条件建立共同作用分析的基本方程。本节是将筏基作为一块整体板，从筏基的变形形态及边界条件出发，设计一种位移模型，然后，上部结构的结点，桩土结点施加在筏基的作用力，应用势能原理建立共同作用分析的基本方程，求得上部结构和桩土结点的反力，筏基中任意点的弯矩、扭矩、正应力和剪应力，这样，可以有效地分析共同作用的有关问题。

本节与上节还有一点不同之处就是不包括桩箱基础。

2. 筏基的位移函数

当采用势能原理求解某一问题时，寻找一个适当合理的位移函数非常重要。位移函数的表达式为

$$w=a_0+a_1\frac{x}{a}+a_2\frac{y}{b}+\sum_m a_{m0}\sin\frac{m\pi x}{a}+\sum_n a_{0n}\sin\frac{n\pi y}{b}+\sum_m\sum_n a_{mn}\sin\frac{m\pi x}{a}\sin\frac{n\pi y}{b}\quad(m,\ n=1,\ 2,\ 3)\qquad(附\ 2\text{-}11)$$

式中 a 和 b 分别为筏板的长度和宽度，a_0，a_1，a_2，a_{m0}，a_{0n} 和 a_{mn} 均为未知待定函数参数。筏基的边界条件为

$$\begin{aligned}
&|M_x|_{x=0,a}=-D_r\left[\frac{\partial^2 w}{\partial x^2}+\mu_r\frac{\partial^2 w}{\partial y^2}\right]\Big|_{x=0,a}=0\\
&|V_x|_{x=0,a}=-D_r\left[\frac{\partial^3 w}{\partial x^3}+(2-\mu_r)\frac{\partial^3 w}{\partial x\partial y^2}\right]\Big|_{x=0,a}=0\\
&|M_y|_{y=0,b}=-D_r\left[\frac{\partial^2 w}{\partial y^2}+\mu_r\frac{\partial^2 w}{\partial x^2}\right]\Big|_{y=0,b}=0\\
&|V_y|_{y=0,b}=-D_r\left[\frac{\partial^3 w}{\partial y^3}+(2-\mu_r)\frac{\partial^3 w}{\partial y\partial x^2}\right]\Big|_{y=0,b}=0
\end{aligned}\qquad(附\ 2\text{-}12)$$

式中 $D_r=\dfrac{E_r t^3}{12\ (1-\mu_r^2)}$ 和 μ_r 分别为筏板的弯曲刚度和泊桑比，其中 E_r 和 t 分别为筏板的弹性模量和厚度。筏板通常为钢筋混凝土，其泊桑比为1/6。式（附 2-11）采用级数项研究，能够精确地满足自由边界条件，级数能够很快地收敛。

3. 筏基分析

筏板的变形能为

$$U_r=\frac{D_r}{2}\iint\left\{\left(\frac{\partial^2 w}{\partial x^2}+\frac{\partial^2 w}{\partial y^2}\right)^2-(1-\mu_r)\left[\frac{\partial^2 w}{\partial x^2}\frac{\partial^2 w}{\partial y^2}-\left(\frac{\partial^2 w}{\partial x\partial y}\right)\right]\right\}\mathrm{d}x\mathrm{d}y\qquad(附\ 2\text{-}13)$$

将式（附 2-11）代入式（附 2-13）可得

$$\begin{aligned}
U_r=\frac{\pi^4 D_r}{2a^4}ab\Big\{&\frac{1}{2}\sum_m m^4 a_{m0}^2+\frac{1}{2}\sum_n\lambda^4 n^4 a_{0n}^2+\frac{1}{4}\sum_m\sum_n(m^2+\lambda^2 n^2)^2 a_{mn}^2+\\
&\sum_m\sum_n\frac{m^4}{n\pi}(1-\cos n\pi)a_{m0}a_{mn}+\sum_m\sum_n\frac{\lambda^4 n^4}{m\pi}(1-\cos m\pi)a_{0n}a_{mn}+\\
&\mu_r\Big[\frac{2}{\pi^2}\sum_m\sum_n\lambda^2 mn(1-\cos m\pi)(1-\cos n\pi)a_{m0}a_{0n}+
\end{aligned}$$

$$\frac{1}{\pi}\sum_m\sum_n\lambda^2 m^2 n(1-\cos n\pi)a_{m0}a_{mn}+\frac{1}{\pi}\sum_m\sum_n\lambda^2 n^2 m(1-\cos m\pi)a_{0n}a_{mn}\Big]\Big\} \tag{附 2-14}$$

式中　$\lambda=a/b$

4．上部结构分析

按照子结构方法，如前节所述，上部结构的最后子结构的平衡方程为

$$\begin{Bmatrix}P_i\\P_b\end{Bmatrix}=\begin{bmatrix}K_{ii} & K_{ib}\\K_{bi} & K_{bb}\end{bmatrix}\begin{Bmatrix}U_i\\U_b\end{Bmatrix} \tag{附 2-15}$$

式中　下标 i 和 b 表示内部和边界结点，因为式（附 2-15）为上部结构的最后子结构，$\{P_b\}$ 和 $\{U_b\}$ 为作用在筏板上的荷载和位移。

从式（附 2-15）可得

$$\{P_b\}=\{\overline{P}_i\}+[K_b]\{U_b\} \tag{附 2-16}$$

式中　$\{\overline{P}_i\}=[K_{bi}][K_{ii}]^{-1}\{P_i\}=\{\overline{P},\overline{M}_x,\overline{M}_y\}^T$

$[K_b]=[K_{bb}]-[K_{bi}][K_{ii}]^{-1}[K_{ib}]$

$\{P_i\}$ 为作用在上部结构的外部荷载而与位移无关，$\{P_i\}$ 也与位移无关一 $\{U_b\}$ 为上部结构的边界位移，与筏板的位移相等。上部结构的位移能为

$$U_u=\{\overline{P}_i\}^T\{U_b\}+\frac{1}{2}\{U_b\}^T[K_b]\{U_b\} \tag{附 2-17}$$

式中　$\{U_b\}=\{W_b\quad\theta_{xb}\quad\theta_{yb}\}^T=\begin{Bmatrix}W_b & \dfrac{\partial w}{\partial x} & \dfrac{\partial x}{\partial y}\end{Bmatrix}^T$

5．桩土体系分析

桩土体系的弯曲矩阵 $[K_s]$ 按照 Poulos 提出的方法计算。$[K_S]$ 的阶扩大与 $[K_b]$ 的阶一样大，桩土体系的位移能为

$$U_S=\frac{1}{2}\{w_S\}^T[K_S]\{w_S\} \tag{附 2-18}$$

式中　$\{w_S\}=\{w\quad 0\quad 0\}^T$，因为桩土体系不考虑传递弯矩，故最后两项均为零。所以，筏板与桩土体系间的位移与筏板位移相等。

6．外力作用在筏板的功

筏板的自重，分布荷载和点荷载作用在筏板上所作的总功为

$$W_r=\frac{1}{ab}G_r\iint w\mathrm{d}x\mathrm{d}y+\sum_k P_{OK}\iint w\mathrm{d}x\mathrm{d}y+\sum_1 P_1 w(x_1,y_1) \tag{附 2-19}$$

将式（附 2-11）代入式（附 2-19）可得

$$W_r=G_r\Big(a_o+\frac{1}{2}aa_1+\frac{1}{2}ba_2+\sum_m\frac{1-\cos m\pi}{m\pi}a_{mo}+$$

$$\sum_n\frac{1-\cos n\pi}{n\pi}a_{0n}+\sum_m\sum_n\frac{(1-\cos m\pi)(1-\cos n\pi)}{mn\pi^2}a_{mn}+$$

$$\sum_k\Big\{P_{0k}\Big[a_0(x_{2k}-x_{1k})(y_{2k}-y_{1k})+\frac{1}{2a}a_1(x_{2k}^2-x_{1k}^2)(y_{2k}-y_{1k})+$$

$$\frac{1}{2b}a_2(x_{2k}-x_{1k})(y_{2k}^2-y_{1k}^2)+\sum_m\frac{a(y_{2k}-y_{1k})}{m\pi}\Big(\cos\frac{m\pi x_{1k}}{a}-\cos\frac{m\pi x_{2k}}{a}\Big)a_{mo}+$$

$$\sum_n\frac{b(x_{2k}-x_{1k})}{n\pi}\Big(\cos\frac{n\pi y_{1k}}{b}-\cos\frac{n\pi y_{2k}}{b}\Big)a_{on}+$$

$$\sum_m \sum_n \frac{ab}{mn\pi^2}\left(\cos\frac{m\pi x_{1k}}{a}-\cos\frac{m\pi x_{2k}}{a}\right)\left(\cos\frac{n\pi y_{1k}}{b}-\cos\frac{n\pi y_{2k}}{b}\right)a_{mn}\Big]\Big\}+$$

$$\sum_1 P_1\left(a_0+a_1\frac{x_1}{a}+a_2\frac{y_1}{b}+\sum_m a_{m0}\sin\frac{m\pi x_1}{a}+\sum_n a_{0n}\sin\frac{n\pi y_1}{b}+\right.$$

$$\left.\sum_m\sum_n a_{mn}\sin\frac{m\pi x_1}{a}\sin\frac{n\pi y_1}{b}\right) \quad (附\ 2\text{-}20)$$

7. 上部结构与桩筏基础共同作用分析的基本方程

上部结构-筏-桩-土体系的总位移能为

$$U_T=U_r+U_s-U_u-W_r$$

$$=U_r-\{\overline{P}_i\}^T\{u_b\}-\frac{1}{2}\{u_b\}^T\{k_b\}\{u_b\}+\frac{1}{2}\{w_s\}^T\{k_s\}\{w_s\}-W_r$$

$$=U_r-W_r-\{\overline{P}_i\}^T\{u_b\}+\frac{1}{2}\{u_b\}^T\{k_b\}\{u_b\} \quad (附\ 2\text{-}21)$$

式中　$[k]=[k_s]-[k_b]$

按照势能原理可知，当一个体系处于平衡状态时其势能为最小值，对筏基有

$$\frac{\partial U_T}{\partial_{a0}}=0 \quad (附\ 2\text{-}22a)$$

$$\frac{\partial U_T}{\partial_{a1}}=0 \quad (附\ 2\text{-}22b)$$

$$\frac{\partial U_T}{\partial_{a2}}=0 \quad (附\ 2\text{-}22c)$$

$$\frac{\partial U_T}{\partial a_{m0}}=0 \quad (附\ 2\text{-}22d)$$

$$\frac{\partial U_T}{\partial a_{0n}}=0 \quad (附\ 2\text{-}22e)$$

$$\frac{\partial U_T}{\partial a_{mn}}=0 \quad (附\ 2\text{-}22f)$$

将式（附 2-21）代入式（附 2-22）可得上部结构-筏-桩-土共同作用的基本方程为

$$\sum_i\sum_j[k(3i-2,3j-2)w_j+k(3i-2,3j)\theta_{yj}+k(3i-2,3j)\theta_{xj}]$$

$$=G_r+\sum_k P_{ok}(x_{2k}-x_{1k})(y_{2k}-y_{1k})+\sum_l P_l+\sum_i\overline{P}_i \quad (附\ 2\text{-}23a)$$

$$\sum_i\sum_j\{[k(3i-2,3j-2)x_i+k(3i,3j-2)]w_j+$$

$$[k(3i-2,3j-1)x_i+k(3i,3j-1)]\theta_{yj}+[k(3i-2,3j)x_i+k(3i,3j)]\theta_{xj}\}$$

$$=\frac{1}{2}aG_r+\frac{1}{2}a\sum_k P_{0k}(x_{2k}^2-x_{1k}^2)(y_{2k}-y_{1k})+\sum_1\frac{1}{a}x_1+\sum_i\left[\overline{P}_i\frac{x_i}{a}+\frac{\overline{M}_{xi}}{a}\right] \quad (附\ 2\text{-}23b)$$

$$\sum_i\sum_j\{[k(3i-2,3j-2)y_i+k(3i-1,3j-2)]w_j+[k(3i-2,3j-1)y_i+$$

$$k(3i-1,3j-1)]\theta_{yj}+[k(3i-2,3j)x_i+k(3i-1,3j)]\theta_{xj}\}$$

$$=\frac{1}{2}bG_r+\frac{1}{2}b\sum_k P_{0k}(y_{2k}^2-y_{1k}^2)(x_{2k}-x_{1k})+\sum_1\frac{1}{b}y_1+\sum_1\left[\overline{P}_i\frac{y_i}{b}+\frac{\overline{M}_{yi}}{b}\right] \quad (附\ 2\text{-}23c)$$

$$
\begin{aligned}
&\sum_i \sum_j \left\{ \left[k(3i-2,3j-2)\sin\frac{m\pi x_i}{a} + k(3i,3j-2)\frac{m\pi}{a}\cos\frac{m\pi x_i}{a} \right] w_j + \right. \\
&\left[k(3i-2,3j-1)\sin\frac{m\pi x_i}{a} + k(3i,3j-1)\frac{m\pi}{a}\cos\frac{m\pi x_i}{a} \right] \theta_{yj} + \\
&\left. \left[k(3i-2,3j)\sin\frac{m\pi x_i}{a} + k(3i,3j)\frac{m\pi}{a}\cos\frac{m\pi x_i}{a} \right] \theta_{xj} \right\} + \\
&\frac{1}{2}\frac{D_r \pi^4}{a^4} ab \left[m^4 a_{m0} + \frac{2}{\pi^2} u_r \sum_n \lambda^2 mn(1-\cos m\pi)(1-\cos n\pi) a_{0n} + \right. \\
&\left. \frac{1}{\pi}\sum_n m^2 \left(\frac{m^2}{n} + u_r \lambda^2 n \right)(1-\cos m\pi) a_{mn} \right] \\
&= G_r \frac{1-\cos m\pi}{m\pi} + \sum_k \left\{ P_{0k} \left[\frac{a(y_{2k}-y_{1k})}{m\pi} \left(\cos\frac{m\pi x_{1k}}{a} - \cos\frac{m\pi x_{2k}}{a} \right) \right] \right\} + \\
&\sum_1 P_1 \sin\frac{m\pi x_1}{a} + \sum_i \left[\overline{P}_i \sin\frac{m\pi x_i}{a} + \overline{M}_{yi}\frac{m\pi}{a}\cos\frac{m\pi x_i}{a} \right] \qquad \text{(附 2-23d)}
\end{aligned}
$$

$$
\begin{aligned}
&\sum_i \sum_j \left\{ \left[k(3i-2,3j-2)\sin\frac{n\pi y_i}{b} + k(3i-1,3j-2)\frac{\lambda n\pi}{a}\cos\frac{n\pi y_i}{b} \right] w_j + \right. \\
&\left[k(3i-2,3j-1)\sin\frac{n\pi y_i}{b} + k(3i-1,3j-1)\frac{\lambda n\pi}{a}\cos\frac{n\pi y_i}{b} \right] \theta_{yj} + \\
&\left. \left[k(3i-2,3j)\sin\frac{n\pi y_i}{b} + k(3i-1,3j)\frac{\lambda n\pi}{a}\cos\frac{n\pi y_i}{b} \right] \theta_{xj} \right\} + \\
&\frac{1}{2}\frac{D_r \pi^4}{a^4} ab \left[\frac{2}{\pi^2} u_r \sum_m \lambda^2 mn(1-\cos m\pi)(1-\cos n\pi) a_{m0} + \lambda^4 n^4 a_{0n} + \right. \\
&\left. \frac{1}{\pi}\sum_m \lambda^2 n^2 \left(\frac{\lambda^2 n^2}{m} + u_r m \right)(1-\cos m\pi) a_{mn} \right\} \\
&= G_r \frac{1-\cos n\pi}{n\pi} + \sum_k \left\{ P_{0k} \left[\frac{b(x_{2k}-x_{1k})}{n\pi} \left(\cos\frac{n\pi y_{1k}}{b} - \cos\frac{n\pi y_{2k}}{b} \right) \right] \right\} + \\
&\sum_1 P_1 \sin\frac{n\pi y_1}{b} + \sum_1 \left[\overline{P}_i \sin\frac{n\pi y_i}{b} + \overline{M}_{xi}\frac{\lambda n\pi}{b}\sin\frac{n\pi y_i}{b} \right] \qquad \text{(附 2-23e)}
\end{aligned}
$$

$$
\begin{aligned}
&\sum_i \sum_j \left\{ \left[k(3i-2,3j-2)\sin\frac{m\pi x_i}{a}\sin\frac{n\pi y_i}{b} + k(3i-1,3j-2)\frac{m\pi}{a}\cos\frac{m\pi x_i}{a}\sin\frac{n\pi y_i}{b} + \right. \right. \\
&\left. k(3i-1,3j-2)\frac{\lambda n\pi}{a}\sin\frac{m\pi x_i}{a}\cos\frac{n\pi y_i}{b} \right] w_j + \left[k(3i-2,3j-1)\sin\frac{m\pi x_i}{a}\sin\frac{n\pi y_i}{b} + \right. \\
&\left. k(3i,3j-1)\frac{m\pi}{a}\cos\frac{m\pi x_i}{a}\sin\frac{n\pi y_i}{b} + k(3i-2,3j-1)\frac{\lambda n\pi}{a}\sin\frac{m\pi x_i}{a}\cos\frac{n\pi y_i}{b} \right] \theta_{yj} + \\
&\left[k(3i-2,3j)\sin\frac{m\pi x_i}{a}\sin\frac{n\pi y_i}{b} + k(3i,3j)\frac{m\pi}{a}\cos\frac{m\pi x_i}{a}\sin\frac{n\pi y_i}{b} + \right. \\
&\left. \left. k(3i-1,3j)\frac{\lambda n\pi}{a}\sin\frac{m\pi x_i}{a}\cos\frac{n\pi y_i}{b} \right] \theta_{xj} \right\} + \frac{1}{2}\frac{D_r \pi^4}{a^4} ab \left[\frac{m^2}{\pi}\left(\frac{m^2}{n} + u_r \lambda^2 n \right)(1-\cos n\pi) a_{m0} + \right. \\
&\left. \frac{\lambda^2 n^2}{\pi}\left(\frac{\lambda^2 n^2}{\pi} + u_r m \right)(1-\cos m\pi) a_{0n} + \frac{1}{2}(m^2+\lambda^2 n^2) a_{mn} \right] \\
&= G_r \frac{(1-\cos m\pi)(1-\cos n\pi)}{mn\pi^2} + \sum_k \left\{ P_{ok} \left[\frac{ab}{mn\pi^2} \left(\cos\frac{m\pi x_{1k}}{a} - \cos\frac{m\pi x_{2k}}{a} \right) \cdot \right. \right. \\
&\left. \left. \left(\cos\frac{m\pi y_{1k}}{b} - \cos\frac{m\pi y_{2k}}{b} \right) \right] \right\} + \sum_1 P_1 \sin\frac{m\pi x_i}{a}\sin\frac{n\pi y_1}{b} + \sum_i \left[\overline{P}_i \sin\frac{m\pi x_i}{a}\sin\frac{n\pi y_i}{b} + \right. \\
&\left. \overline{M}_{xi}\frac{\lambda n\pi}{b}\sin\frac{n\pi x_i}{a}\cos\frac{n\pi y_i}{b} + \overline{M}_{yi}\frac{m\pi}{a}\cos\frac{m\pi x_i}{a}\sin\frac{n\pi y_i}{b} \right] \qquad \text{(附 2-23f)}
\end{aligned}
$$

求解这些线性方程组，可得位移参数 a_0，a_1，a_2，a_{m0}，a_{0n}和 a_{mn}，然后，将这些位移参数和上部结构与桩土体系的结点坐标代入式（附 2-11），可求得位移矢量。当位移矢量得到后，筏板的结点力也可求得。

三、高层建筑与地基基础共同作用分析的程序

前面对高层建筑与基础及地基共同作用的基本方程（附 2-10）和（附 2-23），可分别编制两个或一个高层建筑与地基基础共同作用分析程序。

两个程序均用 FORTRAN 语言编制，程序的基本流程图如下：

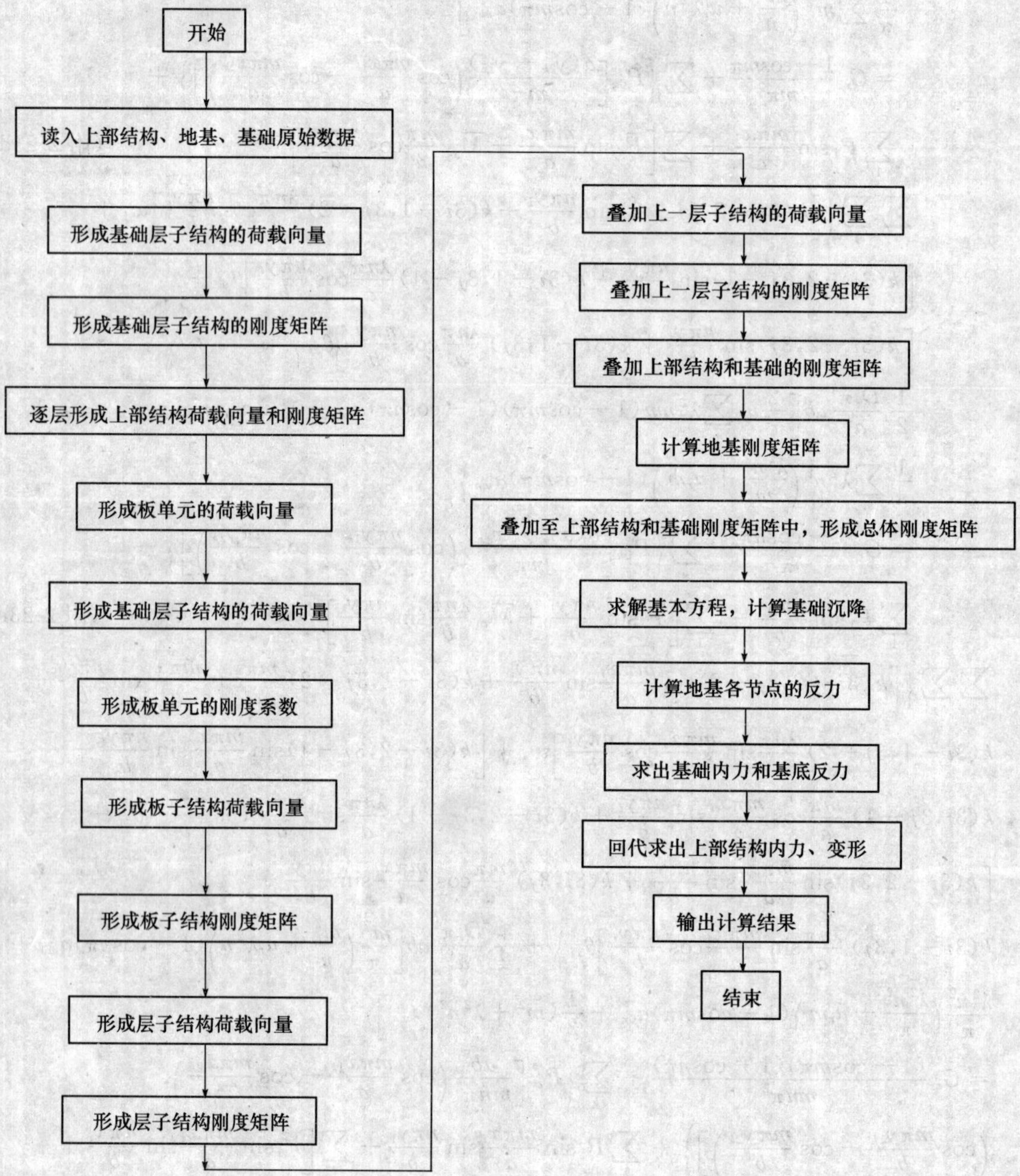

图附 2-3　有限元子结构法程序的基本流程

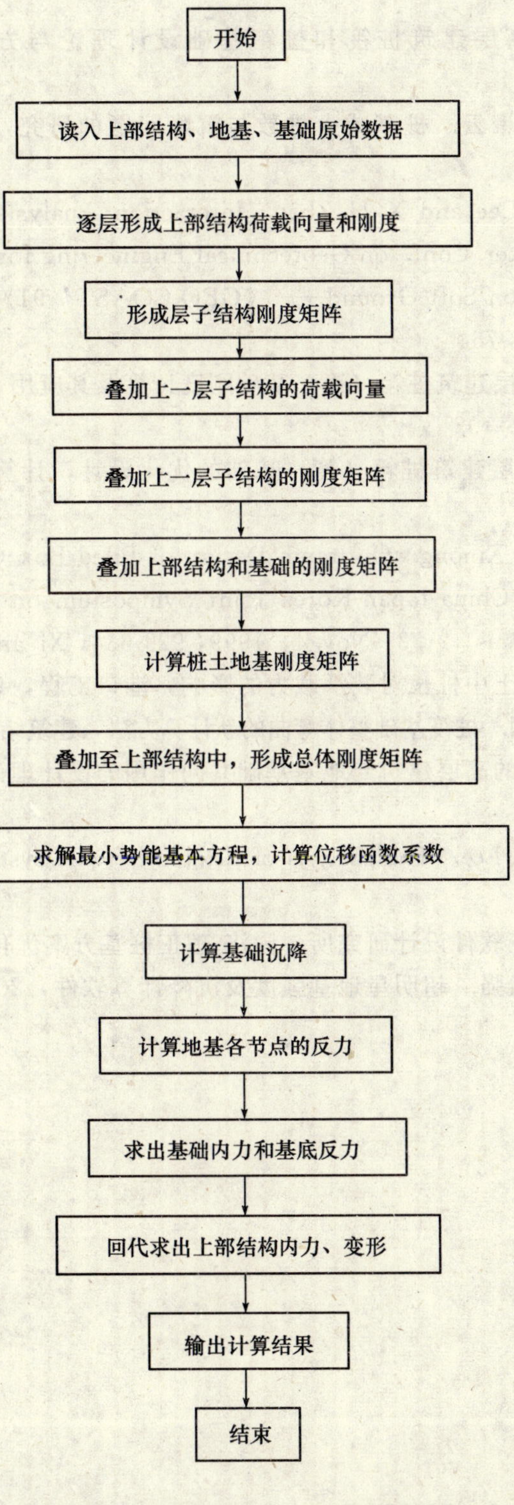

图附 2-4　子结构法与解析解结合的混合法程序的基本流程

参考文献

1 赵锡宏等著. 上海高层建筑桩筏和桩箱基础设计理论与方法 [M], 同济大学出版社, 1989

2 赵锡宏、董建国、袁聚云. 桩基减少桩数与沉降问题的研究, 土木工程学报, 2000, 33 (3) 71-74

3 Zhuang G. M, I. K. Lee and X. H. Zhao. Interaction Analysis of Behaviour of Rafi-Pile Foundation, Proc. Inter. Conf. on Geotechnical Engineering for Coastal Development —— Theory and Practice on Soft Ground——《GEO-COAST' 91》, Sept. 3-6, 1991, Yaako-haamaa, Japan, 759~764

4 阳吉宝、赵锡宏. 高层建筑桩箱 (筏) 基础刚度计算及其应用, 同济大学学报, 1996, 第24期增刊, 12月, 98-102

5 阳吉宝、赵锡宏. 高层建筑桩箱 (筏) 基础的优化设计, 计算力学学报, 1997, 14 (2) 241-244

6 Yang Jibao and Zhao Xihong. Optimum Design of Piled Box (Raft) Foundation for Tall Buildings, Proc. 1st China-Japan-Korea Joint Symposium on Optimization of Structural and Mechanical Sydtems, ct. 31-Nov. 4, 1999, 929-634, Xi'an, China

7 阳吉宝、赵锡宏. 软土中桩长对装承载力的影响, 港口工程, 1995, 第6期

8 杨敏, 赵锡宏, 董建国. 桩筏基础整体弯曲的新计算方法, 建筑结构, 1991, 第5期, 2~5

9 赵锡宏等著. 带裙房的高层建筑与地基基础共同作用的设计理论与实践 [M] 同济大学出版社, 2000

10 Hain, S. J. & I. K. Lee。The analysis of flexible raft-pile system, Geotechnique. 28 (1): 65~83, 1978

11 赵锡宏等, 北京理正软件设计研究所. 同济-理正桩基方案优化设计软件, 1999

12 赵锡宏, 曾朝杰, 孟强. 超明星地基强度及沉降计算软件, 2001

第十二章　高层建筑结构施工

高层建筑的施工技术、施工方法和施工设备，不仅是高层建筑本身发展的根本因素，而且也是衡量一个国家建筑科学水平的重要因素。高层建筑的层数愈多，施工难度愈大。也可以说，施工技术是限制高层建筑高度的最根本因素之一。所以，高层建筑结构施工技术和设备在高层建筑规划、设计和建设中，都应作为重要因素来考虑。

随着高层建筑的迅速发展，高层建筑结构施工涉及的内容较多，新技术、新工艺、新产品不断推出；同时，一些过去曾经采用的技术也有所改变或扬弃。高层规程 JGJ 3—2002 在编写上作了许多改进，对高层建筑结构施工的主要工序和环节作了原则性规定，非常详细的内容不再列入，而是要参考国家现行相关的标准或施工工法、施工手册等。

高层建筑主体结构施工在原规程 JGJ 3—91 中，按不同的结构施工体系分 5 节设置；由于近年施工体系发展很快，不断出现新的施工方法，并相互渗透；如仍按原分节原则，就要增加新节，多有重复，又不能满足今后发展要求。因此新规程改按模板、钢筋、混凝土和预制构件安装 4 个分项工程分成 4 节设置，与现行国家标准《建筑工程施工质量验收统一标准》(GB 50300) 的分节原则一致。

本章对国内高层建筑结构施工程序进行分节叙述，其中包括一般规定、施工测量、深基坑施工、模板工程、钢筋工程、混凝土工程、高层钢结构施工、施工安全要求等作简要介绍，重点总结我国高层建筑结构的施工经验，以此推动我国高层建筑的发展。

第一节　一般规定

1. 承担高层建筑的施工单位要与设计单位密切结合；认真熟悉图纸，进行设计交底，及时研究，提出意见。设计交底既包括设计单位向施工单位的交底，又包括施工单位在消化设计图纸和设计交底后，结合实际，向工长和班组交底。并增加了在条件许可时，宜与设计单位密切结合，参加结构方案、构造处理等研究，使设计更臻完善。

2. 强调确定施工方案、编制施工组织设计的必要性。重点为：深基础施工、高空作业、施工测量、机具选用、钢筋连接、混凝土作业、构件安装及季节施工。在规程中强调要进行方案比较、择优选定；季节施工，指在不同的地区、时间，要做好冬期、暑期和雨期施工的准备和实施。

3. 高层建筑施工机具选用的重点为：塔式起重机、施工电梯、泵送设备；要调查研究，认真选型，确定数量和配套机具。对支撑机具的结构物或地基进行结构验算和必要的加固处理，杜绝结构安全和机械倒塌事故。

4. 高层建筑层数多、空间大、施工工期长，投入人力、物力多，工序、工种复杂应实行科学施工，采用平行流水、立体交叉作业。平行流水是指每个施工层应分段、主要分项工程应流水均衡作业。立体交叉是指竖向各层结构、装修、设备各分部工程应统筹安排，相互配合，充分利用空间，交叉施工；在结构层施工的同时，即应插入设备管线；

在拆模清理后，即可插入围护结构、隔断等分项工程。可做到由下而上，逐层验收交付使用。

此外，较高的高层建筑（如高度超过 150m）施工，在某些方面可参照协会标准《混凝土电视塔施工技术规程》（CECS 58）的有关规定，采取必要的技术措施和安全措施。规程 CECS 58 适用于 450m 以下高度的电视塔。

第二节　施工测量

在高层建筑施工中，必须不断地进行垂直度测定，以保证结构的轮廓尺寸必须与设计相符。当前，高层建筑施工任务日趋增多，在建筑高度上，一般总高度已达 100m，有的已达 300m 以上；在建筑体型上，已从矩形发展到 Y 形、多边形，乃至出现半圆形、船形及 S 形，而建筑施工场地一般都很小，很多建筑物与邻近房屋毗邻，这给高层建筑的现场施工测量带来很大困难，如何高精度进行高层建筑轴线测量和垂直度控制是建筑施工人员必须解决的课题。

一、施工测量的主要任务

规程中明确施工测量的以下几条任务。

1. 明确施工测量应符合现行国家标准《工程测量规范》（GB 50026）的有关规定。施工测量方案应根据实际情况确定，一般应包括以下内容：

（1）工程概况：场地位置、面积与地形情况、工程总体布局、建筑面积、层数与高度、结构类型、施工工期、本工程的特点与对施工的特殊要求。

（2）施工测量基本要求：场地、建筑物与建筑红线的关系，定位条件及工程设计、施工对测量精度与进度的要求。

（3）场地准备测量：根据设计总平面图与施工现场总平面布置图，确定拆迁次序与范围，测定需要保留的原有地下管线、地下建（构）筑物与名贵树木的树冠范围，场地平整与暂设工程定位放线工作内容。

（4）起始依据校测：对起始依据点（包括建筑红线桩点、水准点）或原有地上、地下建（构）筑物，均应进行校测。

（5）场区控制网测设：根据场区情况、设计与施工的要求，按照便于施工、按照全面又能长期保留的原则，测设场区平面控制网与高程控制网。

（6）建筑物定位与基础施工测量：建筑物定位与主要轴线控制桩、扩坡桩、基桩的定位与监测，基础开挖与±0.000 以下各层施工测量。

（7）±0.000 以上施工测量：首层、非标准层与标准层的结构测量放线、竖向控制与标高传递。

（8）室内、外装饰与安装测量：会议室、大厅、外饰面、玻璃幕墙等室内外装饰测量。各种管线、电梯、旋转餐厅等的安装测量。

（9）竣工测量与沉降和变形观测：竣工现状总图的编绘与各单项工程竣工测量，根据设计与施工要求的变形观测的内容、方案及要求。

（10）验线工作：明确各分项工程测量放线后，应由哪一级验线与验线的内容。

（11）施工测量工作的组织与管理：根据施工安排制定施工测量工作进度计划、使用仪器型号、数量，附属工具、记录表格等用量计划，测量人员与组织等。

2. 原规程 JGJ 3—91 规定，平面控制网桩位间距宜为 30～50m，本次修订考虑到各地所用钢尺长度不一，关键是要用经过校验的钢尺一次测量桩位间距。因此明确桩位间距不应大于所用钢尺长度，并应组成闭合图形。场地平面控制网的允许偏差分为一般高层建筑（二级）和重要高层建筑（一级），分级标准参照现行国家标准《高层民用建筑设计的防火规范》（GB 50045）的有关规定。

平面控制应包括定位依据点、依据方位和建筑物的主轴线。建筑物主轴线，一般指建筑物定位的十字线。建筑物的定位依据有以下几种：

（1）城市规划部门给定的城市测量平面控制点或建筑红线；

（2）场区控制网或建筑物控制网；

（3）原有建（构）筑物或道路中心线。

建筑物定位的条件，应当是能惟一确定建筑物位置的几何条件。最常用的定位条件是能唯一确定建筑物的一个点位与一个边的方向。

1）当以城市测量控制点或场区控制网定位时，应选择精度较高的点位和方向为依据；

2）当以建筑红线定位时，应选择沿主要街道的建筑红线为依据，并以较长的已知边测设较短的边；

3）当以原有建（构）筑物或道路中心线定位时，应选择外轮廓（或中心线）规整的永久性建（构）筑物为依据。

3. 新增加根据建筑物不同长度和宽度规定放线尺寸允许偏差为±5mm、±10mm、±15mm、±20mm；并相应规定对角线的允许偏差。

4. 轴线竖向投测允许偏差（建筑全高垂直度测量偏差），原规程规定总高从 30m 至 90m 以上按不同高度分别为 10mm、15mm、20mm；新规程扩大为从 30m 以下至 150m 以上，按不同高度分别为 5mm、10mm、15mm、20mm、25mm、30mm。

高层建筑结构施工，要逐层向上投测轴线，尤其是对结构四周轮廓轴线的投测直接影响结构的竖向偏差。测量偏差根据目前国内高层建筑施工已达到的水平，规程中的规定可以达到。竖向投测前，应对建筑物轴线控制桩事先进行校测，确保其位置准确。

竖向投测的方法，当建筑高度在 50m 以下时，宜使用在建筑物外部施测的外控法；当建筑高度高于 50m 时，宜使用在建筑物内部施测的内控法，内控法宜使用激光经纬仪或激光铅直仪。

5. 控制轴线投测至施工层的要求和施工层各部位放线允许偏差要求。

6. 场地标高控制网的内容与原规程基本相同，闭合差由$\pm5\sqrt{n}$mm 调整为$\pm6\sqrt{n}$mm（n为测站数）。附合测法是根据一个已知标高点引测到场地后，再与另一个已知标高点附合校核，以保证引测标高的准确性。

7. 强调标高竖向传递，应从首层起始标高竖直量取，避免积累误差。标高竖向传递（建筑总高测量偏差），原规定总高从 30m 至 90m 以上按不同高度分别为从±10mm、±15mm、±20mm；新规定扩大为从 30m 以下至 150m 以上，按不同高度分别为从±5mm 至±30mm。

标高竖向传递可采用钢尺直接量取，或采用测距仪量测。施工层抄平之前，应先校测由首层传递上来的三个标高点，当其标高差值小于 3mm 时，以其平均点作为标高引测水平线；抄平时，宜将水准仪安置在测点范围的中心位置。

建筑物下沉与地层土质、基础构造、建筑高度等有关，下沉量一般基础设计中有预估值，若能在基础施工中预留下沉量（即提高基础标高），有利于工程竣工后建筑与市政工程标高的衔接。

8. 室内装饰、设备安装放线，应在围护结构封闭前将控制轴线引测至结构内部。建筑幕墙安装放线应按不同构造做法和相关技术标准处理。

9. 20 层以上或造型复杂的 14 层以上建筑物应进行沉降观测。

对于深基础施工的护坡桩倾斜，以及因降水而引起附近建（构）筑物的下沉与倾斜等的变形观测，均应在施工组织设计中和现场的安全监测中按现行行业标准《建筑变形测量规程》等有关规程的技术要求进行。

10. 在场地平面控制测量、场地标高测量和轴线竖向投测中宜分别使用：全站仪或测距仪、自动安平水准仪、激光经纬仪激光自动铅直仪；并提出各测量仪器的精度。

高层建筑垂直度控制，过去采用的传统方法是吊锤法，这种方法在建筑物总高度不大的情况下还是可行的。但是，随着高层建筑总高度的不断升高，吊锤用的钢丝越来越长，锤球越来越重，在风力、振动力干扰下，越来越难使吊锤静止，从而使测量时间延长，精度差，费工时而效率低。在高层建筑施工中已不能采用吊锤法进行竖向传递测量和垂直度控制。例如用滑模工艺施工于高层建筑，每次提升 30cm 就要找直一次，测量频繁，影响精度，有的累计误差就很大。

另一种方法是使用两台经纬仪交汇测量，这种传统的测量方法，要求施工现场视野宽阔，但往往因受邻近建筑物的限制，使经纬仪不能架设在较远的地方，因而经纬仪向上仰角无法投点，从而要配备良好的通讯、联络工具。此外，还要配备熟练的测量员，安排 2～3 班连续观测，夜间观测还必须配置特殊照明。所以，这种经纬仪交会测量也已很少采用。

通过现场对高层建筑的测量实践，目前用的较精确而又方便的；另外，在没有激光经纬仪测量法进行竖向传递来测量高层建筑的轴线是比较精确而又方便的；另外，在没有激光经纬仪时，可在一般经纬仪上配置直角读数目镜（或称弯管目镜）采用天顶法垂准测量，有的单位用这种方法已有 10 多年的实践经验，现将这两种测量方法分别介绍如下。

二、激光竖向传递测量法

1. 激光经纬仪的使用

铅直激光束作为铅直测量的基准，不仅为目视观测提供了高质量、高效率的测量手段，而且，铅直激光束传输的基准信息，为实现施工测量的自动化与施工机具的自动化奠定了基础。它的特点在于利用光学经纬仪望远镜内的十字分划板投影成像或衍射成像，来提高激光准直精度，抑制激光束漂移影响。激光铅直仪的光路图见图12-1，目前国内生产的激光经纬仪有苏州第一光学仪器厂制造的二秒级 J_2—JD 激光经纬仪，在望远镜上装置 He—Ne（氦-氖）气体激光器，激光器接上电源（配有电源箱）发出红色激光束，此光束与望远镜照准轴保持

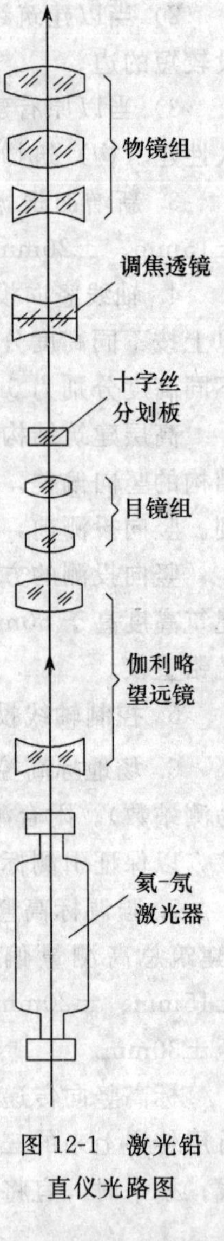

图 12-1 激光铅直仪光路图

同轴、同焦，在望远镜所观察到目标处形成肉眼可见的清晰的红色光斑。

为了测量时使望远镜观察目标方便，激光束进入发射系统前设有遮光转换开关，遮去发射的激光束便可在目镜处观察目标，而不必关闭电源。该经纬仪目镜可绕过支架，因而可向天顶垂直方向发射激光束，这就可以进行竖向传递测量。

望远镜照准轴精细地调成水平后可代替激光水平仪。该经纬仪配有直角读数目镜（或称弯管目镜），可对天顶方向任意角进行测量。激光是一种方向性极强，能量十分集中的光辐射，因而利用激光的方向指示，结合光学经纬仪的角度坐标，便能进行随意角度的较高精度的测量。

仪器激光部分的参数如下：

出射光束发散度：5×10^{-5}。

光斑直径：

100m 处：5mm；

300m 处：13mm；

500m 处：22mm；

3000m 处 130mm。

激光照准有效射程：

白天：大于 500m；

晚上：大于 3000m。

激光照准轴（相对几何光轴）：

漂移（预热 30min）大于 $10^{-5}/2h$；

激光照准中误差＞±0.3″。

电源箱的电源可用 220V 交流电，也可用蓄电池组。该电源箱配 GNY—3 圆柱密封型镍镉碱性蓄电池 12 节。蓄电池充电用的是配套的“专用自动充电器”。但激光器是有一定寿命的，使用寿命大于 3000h，激光器会失效，失效后可以自行调换。

2. 竖向传递测量法

（1）使用工。

竖向传递测量用的工具有 J_2—JD 激光经纬仪一台，直角读数目镜一只，测力计一只，温度计一只，经检验过的 30m 钢尺一把，钢尺夹紧器一只，有机玻璃十字对板一块。

（2）竖向传递点的确定

根据现场场地情况和高层建筑标准层、非标准层的梁板布置确定竖向传递点。竖向传递点一般是选在距轴线等距离的混凝土楼板上，这样便于留孔和进行激光传递。下面通过实例，来说明高层建筑竖向传递测量和垂直度控制方法。

某大厦总高度 105m，共 28 层，结构采用 27m×32m 矩形框筒体系。该工程的竖向传递点如图12-2所示。图中 1—1、4—4 和 *C*—*C*、*G*—*G* 的交点得 *A*、*B*、*C*、*D* 四点，首先在基础的箱基顶面混凝土上预埋 4 块 150×150 钢埋件，当预埋钢板牢固后，用经纬仪根据测量控制桩位精确地定出 *A*、*B*、*C*、*D* 点，经校验后在预埋钢板上打上钢印、涂上红色标志，并在每块预埋钢板边缘的混凝土上做好十字标志，这些标志一定要保护好，不要被垃圾、水泥浆、油漆等污染。以后，每层混凝土楼板的 *A*、*B*、*C*、*D* 处预留 150×150 孔，以使激光能通过孔洞传递。具体激光测量操作步骤如下：

1）将仪器置中、整平，先接输出线，将插头插入仪器电源插座，导线的另一端插入电源高压输出极，但应注意正负极不得接反。

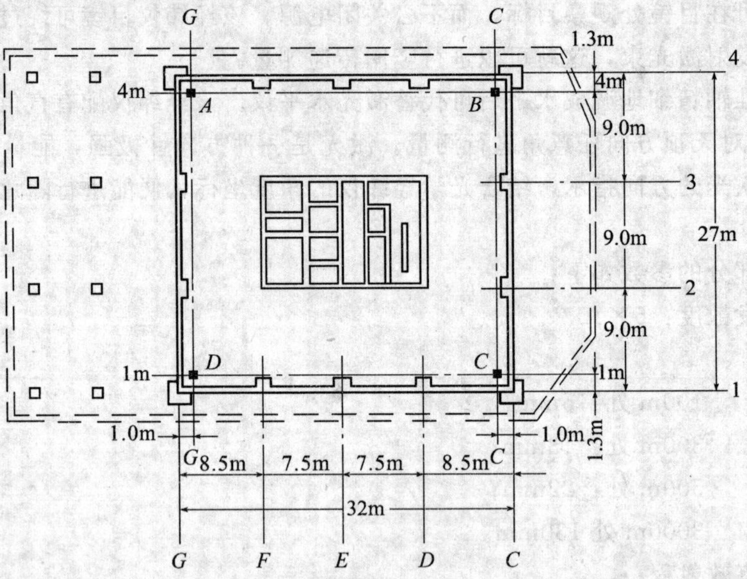

图 12-2　某大厦竖向传递平面布点图

2）开启激光电源，待激光器正常起辉后，工作电流稳定，调整电流到 5mA。

3）将垂直度盘调到 90°即调至天顶方向进行激光投点。

4）预先揭开各层传递孔的保护装置，将有机玻璃板放在要投点的混凝土楼面上，使有机玻璃上某一同心圆基本对准激光光斑，然后将仪器作水平向 360°旋转，在有机玻璃上出现光斑呈圆形的轨迹，再移动有机玻璃板使同心圆对准圆形轨迹。

5）按有机玻璃板上的十字线在混凝土面上作好十字线标志。

6）移去有机玻璃板另覆盖一块薄钢板（或纤维板），根据混凝土表面上的十字线标志，在薄钢板弹出中点，此中点即竖向传递点。

7）重复上述各步骤得 A、B、C、D 四个传递点。

8）每次激光仪器使用结束，应先关闭激光电源，为使安全避免电击，关闭电源后，可先拔下仪器处插头，将正负极两端在仪器金属部件短路一下，使剩电放完。放电时人体不要接触插头和仪器金属零件。

9）校验，激光投点所得 A、B、C、D 四个点必须经过平面的长度校验和平面的角度校验。平面的长度校验用 30m 钢尺，经当日的温度误差修正，以 100N 的拉力测量 AB、BC、CD 和 DA 4 条边的尺寸，要求达到 1/15000 量距的精度，即误差小于 2mm，平面的角度校验用 2s 级的光学经纬仪，测 A、B、C、D 四角（一个测回）精度要求小于 14s。

允许角度误差值的推导：

如图12-3所示，取高度 $L=30\text{m}$，设 AB 为有误差的角度投点线，取边长的允许误差为 2mm。则允许角度误差为

$$\Delta=\frac{dp}{L}=\frac{2\times 206264}{3\times 10^{3}}=13.75''\approx 14''$$

式中

$$p=\frac{180}{\pi}\times 60\times 60=206264$$

如果量距误差大于 2mm 或者角度误差大于 14s 时，要根据误差情况和部位，进行综合性判断误差发生在哪一条边或哪一只角，然后对该传递点进行重新投点，校验合格后用墨线弹出 C—C、G—G、1—1 和 4—4 四条线。以上这些工作必须每班一次完成。

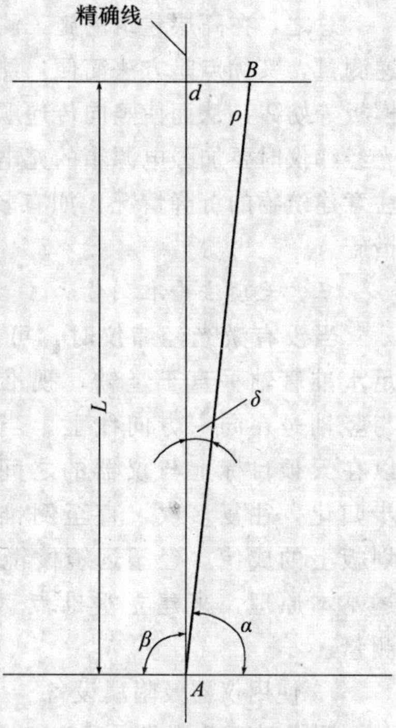

图 12-3　测量精度计算示意图

10）接下来应立即进行分间线的丈量，如用未经检验的钢尺时要注意误差值的调整，用该钢尺量一下长边，得该尺的误差值，然后把误差值按比例分配给各分间。

11）当高层建筑层高不断上升，为了使下面各层进行楼面装饰施工，一般高层建筑可分 2～3 阶段进行传递（如 1～10 层、11～20 层，21～30 层或 1～15 层、16～30 层），所以在 10，20 层（或 15 层）的楼板上埋好钢板，按上述方法精确地进行竖向传递后，将薄钢板固定在预埋件上，薄钢板上打好十字标志的钢印，然后加盖保护。

（3）激光投点

激光束与望远镜照准轴是同焦、同轴、同心，在仪器厂出厂时已经作了校正，由于激光器是玻璃易碎品，不宜固定太紧，因而激光器可能会发生走动。如仪器使用日期久了，仪器各部件略有磨损，会使激光束与望远镜照准轴发生误差。为了消除这个误差可采用在机玻璃同心圆对中的方法，即先将仪器置中调平，然后将光束调向天顶（即垂直坐标 90°），调整焦距使有机玻璃板上的激光光斑最小；投点后再将仪器水平向 360°回转，在有机玻璃出现光斑移动的轨迹后，将板上某一个同心圆对准激光光斑的轨迹，这时有机玻璃板上十字线的交点即竖向传递点。

3. 柱、墙板的垂直度控制

建筑物的垂直度偏差主要反映在柱头与墙板上，如果柱头、墙板垂直偏差过大，不仅结构上会发生质量问题，而且还会影响到装修工程、装修效果及电梯的安装和使用，高层建筑由于建筑的总高度很高，因而对垂直度控制就比较麻烦，一般垂直度偏差控制分为总高度的偏差和每层的层间偏差。

采用激光竖向传递结合平面的长度与角度校验，主要是解决高层建筑总高度的垂直度偏差，而每层垂直偏差主要决定于模板工程的安装质量。如果支模不牢固，混凝土浇捣后，模板会发生过多的变形，就会造成垂直偏差过大。为了使柱头和墙板的垂直偏差达到规范规定的要求，一般可以采取以下的措施：

先将柱头、墙板支模时按平面弹线尺寸收进 3mm；

在混凝土梁或板上预埋 $\phi48$ 的短钢管，每根柱边埋一根，距柱边 3mm 左右，每块墙边预留 2～3 根，可用钢管扣件扣柱或墙侧模的围檩；

柱模用线锤对中，墙模用线锤挂直，模板立好后再用经纬仪加直角读数目镜进行校验；

经纬仪校验时，要求在模板的下部略为收进，上部与弹线相平，呈稍有倾斜状，待混凝土浇捣好后，由于混凝土的侧压力作用，会使模板趋向垂直；如果校验后，发现柱或墙板朝内或朝外倾斜度较大，可利用预埋的短钢管，用手拉葫芦模板校正过来。

总之，在高层建筑的施工测量中，采用激光投点与平面边长和角度校验相结合的竖向传递测量，其优点是方法简便，测量速度快，精度高，不受风、日照的影响，也不受脚手架、模板等妨碍，从而使竖向传递顺利，同时测量工作可以在夜间进行，免受干扰。但在使用激光经纬仪时要加强电源箱的充电工作，避免发生由于电力不足而使光斑亮度不足。另外，应注意建筑物的沉降情况，如有较大的不均匀沉降和倾斜，作竖向传递测量时就采取相应的措施。

三、天顶法垂准测量

当没有激光经纬仪时，可采用普通经纬仪望远镜进行天顶观测。经纬仪轴系间如满足水准管轴垂直于竖轴、视准轴垂直于竖轴、横轴垂直于竖轴这 3 个条件，则视准轴与竖轴是在同一方向线上。当经纬仪的望远镜指向天顶时旋转仪器，利用视准线，可以在天顶目标上与仪器的之间，划出一个倒锥形轨迹；然后调动望远镜微动手轮，逐步归化，往复多次，直至倒锥形轨迹的半径，达到最小就近似于铅垂。在天顶目标分划板上的成像，经望远镜棱镜，通过 90°折射，进行观测。天顶法垂准测量就是根据上述基本原理，来建立垂准点（线），并对被测垂准点（线）之间的偏离量，进行垂直测量。

1. 使用仪器及附属设备

测量时可采用普通国产经纬仪，如上海第三光学仪器厂生产的 DJK—6 普通经纬仪和该厂生产的新产品 DJK—C6 垂准经纬仪及其他国产 J6、J2 经纬仪。望远镜要短，能置于天顶。

附属设备与经纬仪望远镜相配的弯管棱镜组，或直角棱镜，可根据实际需要设计制作目标划分板等。

2. 施测程序及操作方法

首先确定下标志，中心坐标点位，在地面设置测站，将仪器置中、整平，装上弯管棱镜。在测站，天顶上方设置目标分划板，位置大致与仪器铅垂或设置在已标的位置上，将望远镜指向天顶，并固定之，然后调焦，使目标分划板呈现清晰。置望远镜十字丝与目标分划板上的参考坐标 x，y 轴相互平行，分别置横丝和纵丝读取 x 和 y 轴相互平行，分别置横丝读取 x 和 y 的格值 aJ 和 cJ，或置横丝与目标分划板 y 轴重合。读取 x 格值 aJ，转动仪器照准架 180°，重复前面的程序，分别读取 x 格取 $a'J$ 和 y 格 $c'J$。然后调动望远镜微动手轮，将横丝与$\frac{aJ+a'J}{2}$格值重合，将仪器准架旋转 90°，置横丝与目标分划板 x 镜平行，读取 y 格 $c'J$，略调微动手轮，使横丝与$\frac{cJ+c'J}{2}$格值相重合。将上述程序测得的 $x=J-\frac{aJ+a'J}{2}$和 $y=J-\frac{cJ+c'J}{2}$的读数为一个测回，记入手簿作为原始依据。

3. 数据处理及精度评定

测量一个测回垂准测量中误差的精度评定，目前是参照国际标准进行计算，对采用

DJ6—C6 仪器测试，可按下式计算：

$$mx \text{ 或 } my = \pm\sqrt{\frac{\sum x \sum y}{N\ (n-1)}}$$

$$m = \pm\sqrt{mx^2 + my^2}$$

$$r = \frac{m}{h}, r'' = \frac{m}{h}p''$$

式中　m——垂准点位中误差；

y——垂准测量相对精度；

r——垂准精度夹角，(度)；

r''——垂准精度夹角，(分)；

p''——夹角的弦长；

n——测回数；

N——测站数。

对采用 DJK—6 普通国产经纬仪测试精度的评定方法与国际标准 ISO 的方法基本相同，并将 ISO 标准的计算公式简化为下式计算：

$$mx \text{ 或 } my = \pm\sqrt{\frac{[V_0 V]}{N(n-1)}}$$

式中　V——改正数值。

据此分别求出 mx、my、m 及 r、r''值。

对垂准经纬仪 DJ6—C6 的设计精度指标，一个测回的垂准测量精度

$$r < \pm\frac{1}{10000} \text{ 或 } r'' < \pm 6''$$

而 DJK—6 普通经纬仪设计的准垂测量精度，可能还要大于上述指标。这说明使用普通经纬仪和特制的垂准经纬仪，在进行天顶法垂准测量时，按 ISO 标准的方法来计算，其测量精度都能满足要求。其主要优点是在建筑密集地区，可以由外墙或外柱进行观测，不必在建筑物楼板上留观测孔，不必另备特制仪器，可在普通经纬仪上加装弯管棱镜，即可进行测量，其优点是提高工效，操作简便，精度可靠，但其测回数可根据垂准测量的高度确定。

四、复杂体型的测量定位

高层建筑由于建筑体型日趋复杂，而测量精度要求和施测数据的精度要求均很高，任何定位轴线偏差和丈量施测数据的误差，都会影响建筑平面尺寸的准确性，为此，实际工程的测量定位及轴线标高控制采取了一些有效措施，现举例如下。

1. 南京某酒店的施工测量

酒店位于南京新街口广场西北角，平面尺寸关系见图12-4所示，坐标轴 yy'平行于汉中路中心线，主要建筑塔楼和裙楼对称于 xx'轴，而将中心 o'，o'位于 yy'轴上，而坐标轴 ox，oy 已由城市勘测单位在现场标定给出。为测设施工坐标格网，先将经纬仪架于 o 点，后视 x 轴，顺时针方向拨角 45°测设⑥轴线，后视 oy 轴，顺时针拨角 45°测出Ⓕ轴，即定出施工坐标轴。进而在实地精确测出平行于⑥、Ⓕ轴，间距均为 7.875m×7.875m 的格网轴线，并将轴线引测到设计建筑物以外的安全地点，用固定桩标定并加以保护，作为以后施工放线的控制桩。

南京某酒店的塔楼是主要建筑，其基础轴线要求格外精确测设，以 o 为起点沿 oy' 方向以 1/1000 精度量取 33.411m 距离定出 o'，架经纬仪于 o'，后视 $o'o$ 方向，顺时针拨角 45°定桩 CC' 轴，再顺时针拨角 90°，定桩 33′轴，在距 o' 尽可能远的位置（本工程约为 70m）定桩并保护好，作为中心轴线 33′，CC' 的轴线控制桩，塔楼基础轴线的位置即可根据 o' 和 33′轴、CC' 轴全部放样出位置。

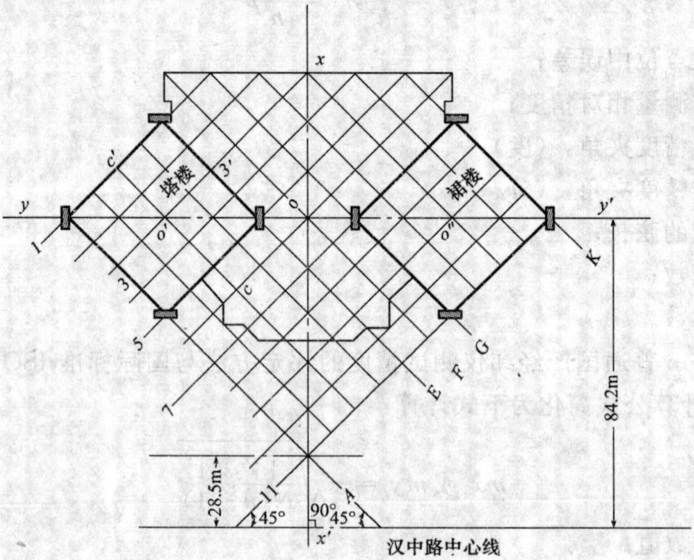

图 12-4　南京某酒店平面位置示意图

2. 上海某宾馆 S 形体型测量定位

以城市规划红线为依据，沿漕溪北路和中山西路外侧，做好丈量控制点和基准线，在上海体育馆大门边围墙处设后视点，作为测量定位的依据。与此同时，在场内设有控制点，主要是圆心 O_1，O_2 点（见图12-5）因建筑物圆弧的半径较大，故采用偏角法与转角度和拉半径方法进行施测。

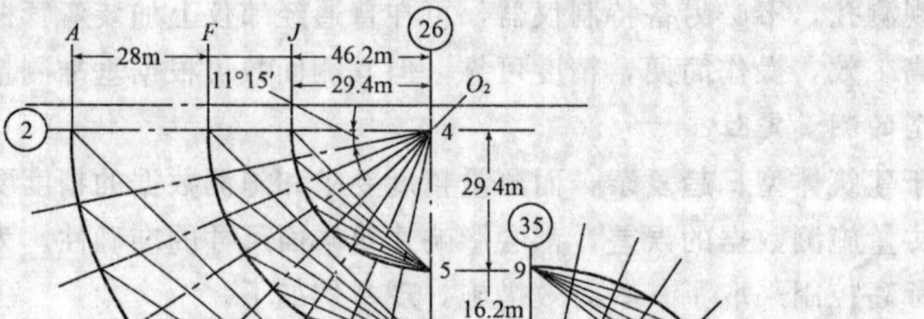

图 12-5　上海某宾馆测量定位平面示意图

用偏角法定位时，按设计图中每一辐射线为11°15′，根据同弧上的弦切角等于圆周角且等于1/2圆心角，即偏角法的每一角度为5°37′30″，弦长由正弦定理可求得

$$\frac{\text{弦长}}{11°15'}=\frac{\text{半径}}{80°22'30''}$$

在测量时，先由控制点分别定出5、6、8、9，将经纬仪设于该点，以每一角度为5°37′30″并拉弦长5764mm和9058.4mm分别定出辐射和纵向的轴线交点，然后用预先加工的弧度套校，划出弧度方向的轴线，作为放样桩及建筑物位置的依据。在施测中，由于经纬仪精度较高，且累计误差较小，所以在角度方向上基本没有误差。但在丈量过程中，由于每一段弧长不是整数，加上连续几次丈量，这样累计误差就达20mm。为了解决问题，需反复测定直至与圆心方向轴线相吻合为止。

地面以上轴线控制及定位采用两种措施来加以保证如下：

本工程主楼为地面以上90m高，共28层，为保证大楼垂直度和平面尺寸正确，首先在底层位于每一轴线处，在混凝土柱头的外侧设置轴线基准点，基准点采用ϕ25圆钢，L=300mm（见图12-6)，其中嵌进混凝土200mm，留出柱面100mm，自2层起，每层位于轴线处，在楼面结构施工时，预留200mm×200mm孔洞，便于用线锤吊垂直度；在楼层不太高时，可用经纬仪架设在O_1，O_2点，可对辐射方向的轴线及垂直度进行校核；对观光电梯井中央轴线及垂直度控制，除在每层设预留孔控制外，还将经纬仪架设在场外基准点处进行校核。施工中每层楼面轴线均由底部控制点用线锤引出，在两轴线之间用套板划弧度。由于层数多，高度大，为避免因风干扰影响线锤的正确性，除了采用大线锤铅丝拉吊外，还在其中几层的楼面设控制轴线点。施工中可不必每次都由底层开始吊线，这样既方便施工，又加快了弹线速度。由于采用多种措施，使工程平面尺寸和垂直度都符合设计要求，垂直度误差仅25mm，取得了较好的效果。

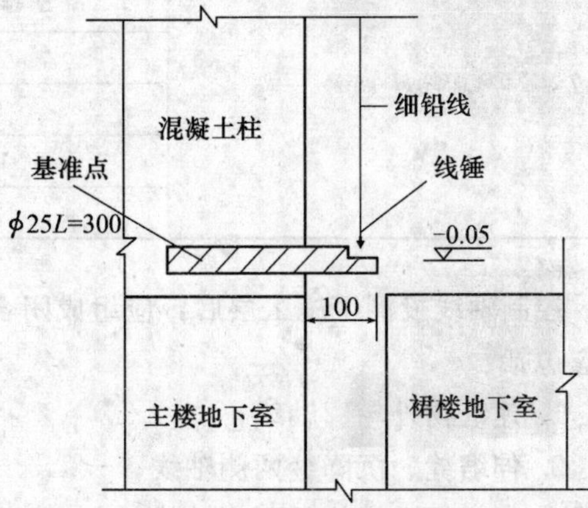

图12-6　轴线基准点详图

五、施工测量的允许偏差

场地平面控制网和建筑物主轴线，应根据复核后的建筑红线桩或城市测量控制点准确定位测量，并应做好桩位保护。平面控制网桩位间距不应大于所用钢尺长度，并应组成闭合图形，其测量允许偏差应符合表12-1的规定。

表12-1　场地平面控制网允许偏差

等级	适用范围	边长（m）	测角允许偏差（″）	边长相对允许偏差
一级	重要高层建筑	100～300	±15	1/15000
二级	一般高层建筑	50～200	±20	1/10000

应根据场地平面控制网向混凝土底板垫层上投测建筑物外廓轴线，经闭合校测合格后，再放出细部轴线及有关边界线。基础放线尺寸允许偏差应符合表12-2的规定。

表 12-2 基础放线尺寸允许偏差

长度 L、宽度 B（m）	允许偏差（mm）
L（B）≤30	±5
30＜L（B）≤60	±10
60＜L（B）≤90	±15
L（B）＞90	±20

注：轴线的对角线尺寸的允许偏差应为边长偏差的$\sqrt{2}$倍；外廓轴线夹角的允许偏差应为±1′。

首层放线验收后，应将控制轴线引测至结构外表面上，并作为各施工层主轴线竖向投测的允许偏差应符合表12-3的规定。

表 12-3 轴线竖向投测允许偏差

项目		允许偏差（mm）
每层		3
总高 H（m）	H≤30	5
	30＜H≤60	10
	60＜H≤90	15
	90＜H≤120	20
	120＜H≤150	25
	H＞150	30

控制轴线投测至施工层后，应组成闭合图形，且其间距不应大于所用钢尺长度。控制轴线应包括：

1. 建筑物外轮廓轴线；
2. 伸缩缝、沉降缝两侧轴线；
3. 电梯间、楼梯间两侧轴线；
4. 单元、施工流水段分界轴线。

施工层放线时，应先在结构平面上校核投测轴线，再测设细部轴线和墙、柱、梁、门窗洞口等边线，放线的允许偏差应符合表12-4的规定。

表 12-4 施工层放线允许偏差

项目		允许偏差（mm）
外廓主轴线长度 L（m）	L≤30	±5
	30＜L≤60	±10
	60＜L≤90	±15
	L＞90	±20
细部轴线		±2
承重墙、梁、柱边线		±3
非承重墙边线		±3
门窗洞口线		±3

场地标高控制网应根据复核后的水准点或已知标高点引测，引测标高宜采用附合测法，其闭合差不应超过$\pm 6\sqrt{n}$mm（n为测站数）或$\pm 20\sqrt{L}$mm（L为测线长度，以km为单位）。

标高的竖向传递，应从首层起始标高线竖直量取，且每栋建筑应由三处分别向上传递。当三个点的标高差值小于3mm时，应取其平均值；否则应重新引测。标高的允许偏差应符合表12-5的规定。

表12-5　标高竖向传递允许偏差

项　目		允许偏差（mm）
每　层		±3
总高H（m）	$H\leqslant 30$	±5
	$30<H\leqslant 60$	±10
	$60<H\leqslant 90$	±15
	$90<H\leqslant 120$	±20
	$120<H\leqslant 150$	±25
	$H>150$	±30

建筑物围护结构封闭前，应将控制轴线引测至结构内部，作为室内装饰与设备安装放线的依据。

对于20层以上或造型复杂的14层以上的建筑物，应进行沉降观测，并应符合现行行业标准《建筑变形测量规程》的有关规定。

在场地平面控制测量中，宜使用测距精度不低于$\pm$（$3\text{mm}+2\times 10^{-6}\times D$）测角精度不低于$\pm 5''$级的全站仪或测距仪（$D$为测距，以mm为单位）。

在场地标高测量中，宜使用精度不低于S_3的自动安平水准仪。

在轴线竖向投测中，宜使用$\pm 2''$级激光经纬仪或激光自动铅直仪。

第三节　深基坑施工

深坑基坑工程的设计与施工技术人员需要充分认识下面几个基本问题：

1. 深基坑工程的设计与施工基本要求；
2. 基坑支护工程的特点；
3. 深基坑工程的设计与施工方案的选择；
4. 深基坑支护设计理论与技术新进展。

一、深基坑工程的设计与施工的基本要求

目前高层建筑基础埋置很深，一般是2～3层地下室，有的地下室达4～6层，基础很深，必然导致基坑支护工程庞大，因此，基坑支护工程是一门系统工程，又是一门风险工程。技术人员应充分认识基坑支护工程的特点，在设计和施工时，既要保证整个支护结构在施工过程中的安全，又要控制结构的变形及其周围土体的变形，以保证周围建筑和地下管线的安全。在安全前提下，设计要合理，又能节省造价、方便施工、缩短工期。因此，基坑设计和施工技术人员要不断地努力提高设计和施工水平，包括吸收失败教训。

1. 深基坑支护的传统方法面临严酷现实

支护深基坑的传统方法很多。目前国内常用的有墙（地下连续墙）、（人工挖孔桩、机械钻孔桩等）、板（钢板桩）、撑（钢支撑等）四种主要类型。其中桩、板、墙法居多；在北京、上海、广州、深圳也能见到基坑支撑法的应用。

传统方法曾经对我国城市建设和人类文明做出过重要贡献，且至今仍在发挥重要作用。但是，随着国家经济建设的发展，城市高楼拔地而起，地皮金贵，空间狭窄，基坑愈来愈复杂，它与工程的不相适应性随之愈来愈突出。

例如，基坑沿建筑红线垂直下挖时，则地面无打板桩的空间；基坑位于住宅区近旁，则钢板桩或机械钻孔桩的有害噪声对居民滋扰严重，往往引起强烈反响；基坑过深，土层自稳时间过短，则地下连续墙或难以施作，或肥厚不经济；钢支撑则更是施作困难，开挖不便，拆除费事。

特别是由于传统方法受力性能欠佳，开挖过程中易产生较大变形，甚至失稳破坏，危及邻近建筑物稳定和施工人员安全。有一年，深圳降了两次灾难性暴雨，不少采用人工挖孔桩和地下连续墙围护的基坑边壁均出现了程度不同的破坏和险情。如新世界大厦、上埗大厦、中山花园大厦、日本熊谷组的地王大厦、梅沙宾馆大厦等。又如广州市 065 工程大厦、妇女儿童活动中心大厦、烟台市海关大楼等，莫不如此。一时间搞得投资业主、勘察、设计、施工单位人心惶惶，谈桩色变。纵观我国各大、中城市尤其是沿海城市，近年发生深基坑护壁工程事故以至殃及灾害的例子，更是不在少数。

这就是传统方法面临的严酷现实。

人们在分析上述工程事故的原因时，无一不是从勘察、设计、施工、监理、质检、方案选择这几方面进行的，这自然有一定道理。但忽视了这种方法本身存在着的悬臂式被动受力支挡结构的不合理性，及其与深基坑特别是不良地质条件下深基坑边壁显著的不相适应性这一重要因素。

2. 改良方法难以两全其美

改良方法是改良传统方法的简称。它系指在传统方法墙、桩、板、支撑中引入锚固技术后而形成的一类方法，如墙锚、桩锚、板锚、撑锚等。

改良方法是现今国内外流行安全度较高的基坑围护方法，在当代基坑围护工程中占有主导的地位。其设计方法已基本形成，施工工艺亦趋完善，故近年来发展较快。即以全国大城市为例，目前较重要一点的深基坑工程，大都是采用墙锚或桩锚法施工的。为了减少工程事故，有的城建管理部门还明确规定，如采用人工挖孔桩护壁，则须加设锚杆，即采用桩锚法。

由上可见，改良方法是对传统方法部分否定的结果。人们把先进的锚固技术引入到传统方法中，使其受力性能大为改善，安全可靠性显著提高，以至形成为一种在全国广泛应用的所谓改良方法。这无疑是一种社会进步。

然而，令人遗憾的是，采用改良方法的工程造价比较高，工期仍较长，噪声仍较大，综合经济效益欠佳。例如，深圳某广场大厦基坑，采用支撑法报价约 1000 万元人民币，采用桩锚法报价为 1300 万元，而采用喷锚网支护法报价只有 790 万元。这是因为，采用传统方法的护壁费用本来就不低，加设锚杆后，安全度提高了，可同时又增加了锚固工程费。由此可见，改良方法难以做到既安全又经济，两全其美。

综上所述，改良方法历史的和现实的作用与地位不可低估。它在人类的生产活动中，已经和正在并将继续在主导地位上发挥巨大作用。但无须讳言，除了较好的安全性之外，它几乎保留了传统方法的全部特点，因而其局限性显然。

3. 喷锚网支护法异军突起

锚杆网支护是喷射混凝土、各类锚杆（索、栓、管）和钢筋网联合支护的简称。它在国内外岩土高边坡、地下厂房、机库和油库、铁路和公路隧道、人防与国防工程坑道工事中已获得广泛而成功的应用，但作为一种高层建筑深基坑边壁支护方法，它不要一根桩、一块板、一堵墙、一根撑，完全摒弃传统方法及其被动支挡概念，确具有其新颖性。

深圳市首例喷锚网支护文锦广场大厦深基坑边壁，是在别无选择的特殊条件下建成的。它一经应用，就显示出了强大的市场竞争能力，无可比拟的技术先进性，显著的综合性社会、经济效益和广阔的应用前景。

深基坑喷锚网支护法，以尽可能保持、显著提高并最大限度地利用边壁土体固有力学强度、变土体荷载为支护结构体系的一部分为基本出发点。喷射混凝土在高压空气作用下高速喷向土层表面，先期骨料嵌入表土层内，并为后继料流所充填包裹，在喷层与土层间产生“嵌固层效应”，同时随开挖逐步形成全封闭支护体系；喷层与嵌固层同具有加固和保护表土层使之避免风化、雨水冲刷、浅层塌方、剥落以及防渗诸作用，锚杆内锚固段深固于滑移面之外的土体深部，外锚固段同喷网联为一体，可把边壁不稳定体“危机”转移到内锚段及其附近并消除于无形；钢筋网可使喷层具有更好的整体性和柔性，能有效地调整喷层与锚杆内应力分布。喷锚网主动支护土体，并与土体共同工作，具有施工简便、快速、及时、机动、灵活、适用性强、随挖随支、挖完支完、安全经济等特点。其工期一般比传统方法短30%，工程造价降低50%，甚至更多（如支撑法）。支护最大坑深目前已达18m。如北京在1995年第一例庄胜广场，基坑支护深14.5m～16m，而至今全国已达1500多例。

喷锚网支护法不仅能有效地用于一般岩土深基坑支护（如深圳市书城大厦基坑、银都大厦基坑、特力大厦基坑等），而且能同样有效地用于流沙、淤泥、厚层杂填土、富水地层等不良工程地质条件下的深基坑：如文锦广场大厦基坑——杂填土、淤泥、流沙等；银水大厦基坑——杂填土和淤泥；南头发展大厦基坑——杂填土和淤泥；蔡屋围发展银行大厦基坑——废弃下水管道长期自由下渗，造成大范围、大深度的过饱和土层条件等，还能快速、可靠、经济地对采用传统方法施作的将要和已经失稳的工程进行抢险加固或滑塌处理，体现了优质、高效、安全和经济。

目前，该方法正在国内各大城市尤其是沿海城市大力组织推广应用。

4. 深基坑支护的发展与逆作法的应用

喷锚网支护，一般适用于基坑深10～18m左右，土质较好可用于基坑深13～20m。更深的基坑，如采用喷锚网支护就有一定风险，而实际情况高层建筑地下室有的达到4～6层基坑深度超过15m，最深达到26m左右，所以必须应用逆作法施工。

建筑深基坑支护采用逆作法，是以地面±0.0标高为分界线，地面以下结构自身的能力对基坑产生支护作用，来保证基坑土方的开挖并利用地下各层楼板的水平刚度成为基坑的水平支撑，逐层逆作向下施工，还可同时在±0.0层以上向上施工高层建筑。这种逆作法施工种类发展较多，有全逆作法、半逆作法整作逆作法、分层逆作法、局部逆作法、盆状挖土逆作法、抽条挖土逆作法等，国内各大城市已有100多例工程实例。这种逆作法的优点可以缩短工程施工的总工期，基坑变形小对相邻建筑物的影响少，可大大节省支护结构支撑等的费用，简化基坑的施工工序所以经济效益明显，施工环境优良，在高层建筑地下室深基坑中应用已有较多工程实践和经验，所以国家标准《建筑地基基础设计规范》（GB 50007—2001）专门列入逆作法的章节。预计今后逆作法处理深基坑施工很有发展前途。

5. 不以人们意志为转移的趋势

尽管传统方法特别是改良方法在国内外深基坑的应用中仍占有主导地位，尽管人们对深基坑喷锚网支护法、逆作法等深基坑新支护法尚因不甚了解而持有疑义，还在等待和观望，尽管新方法本身从设计计算理论到施工工艺及机具尚有若干需探讨、改进和完善之处，理论落后于实践的情况十分突出，没有相应的可以遵循的设计规范或规定，致使其推广应用受到影响，但随着采用该方法所建造的工程越来越多，随着各级政府机关如建设局、建委的许多建筑工程界有识之士如土木建筑学会等的大力支持和倡导，在经受市场经济优胜劣汰的选择和考验中，深基坑新支护法和逆作法将以更快速度在更大范围内逐步取代传统方法和改良传统方法。这也许是一种必然的趋势，将不以人们的主观意志为转移。

二、基坑支护工程的特点

1. 临时性：在一般情况下，基坑支护结构是临时性，与永久性结构对比，安全储备要求小些，但必须保证安全。业主往往有一个思想，尽量压低基坑工程的投资，以致容易造成有多少投资，就有多少安全储备。这样，可能发生事故，最终损失更大。对设计和施工人员，必须有应急的措施。

2. 区域性：岩土工程的区域性差异很大，而基坑工程的区域性更强。我国土地辽阔，各地地质条件不同，必须因地制宜，贯彻具体情况，具体解决原则。外地经验，只作参考，甚至当地经验，也不能简单照搬。

3. 复杂性：基坑支护工程的影响因素很多。土与水是基坑工程设计和施工的两个关键问题。一般而言，墙后的土压力介于主动土压力和静止土压力之间，墙前的土压力则处于静止土压力和被动土压力之间；土压力还有时空效应。因此，目前的设计采用朗肯土压力理论，可能导致偏于保守或危险。

4. 风险性：既然基坑支护工程的影响因素很多和复杂，多年以来，基坑事故不断发生，技术人员要增强对基坑工程风险性的意识，不可有麻痹大意和侥幸心理。

5. 多学科性：基坑工程涉及土力学、基础工程、结构力学和原位测试技术等多学科的知识，它是一门系统工程，对技术人员的要求很高，要不断提高技术水平。

6. 环境效应：基坑开挖对地下水的变化和整个基坑的应力场的改变，导致支护结构的变形，基坑和墙后的土体的变形，对相邻建筑和地下管线也产生影响；同样，基坑周围的荷载和建筑物荷载或者地下水流也对整个基坑工程也产生反作用的影响。

三、深基坑支护结构类型的选择

支护结构类型方案的选择必须遵循支护结构设计原则，更重要的是根据具体情况和具体解决原则，要求设计人员依靠丰富的经验，高水平的设计能力以及创新精神，充分表现在选择方案的创造性与灵活性。

方案的选择应从支护工程的总体考虑，如果可能，还应从高层建筑的总体考虑。现代大城市的高层建筑基坑具有深、大的特点，挖深一般在15～20m之间，宽度或长度达100m以上。基坑邻近多有建筑物、道路和管线，施工场地拥挤，在环境安全上又有很高要求，所以过去对基坑支护结构的选型比较单一，基本上均采用柱列式灌注桩挡墙或连续墙作为围护结构，当用明挖法施工时照例采用多道支承（多道内支撑或多道背拉锚杆）。其他的支护形式如国内外广为应用的钢板桩挡墙或桩板（分离式工字钢加衬板）挡墙由于刚度较弱、易透水以及打桩振动和挤土效应对城市环境的危害，已很少用于建筑深基坑这类很深的基坑中。但是近年来兴起的土钉支护尤其是复合土钉支护，在合适的地质条件下有望成为建筑深基坑的选型，而逆作法施工国内也已趋成熟，所以本书将在以后的章节中重点介绍这种方法的设计与施工方面的经验。

1. 钢板桩支护

钢板桩应用于建筑深基坑的支护。全国各式各地区虽然应用并不普遍，但它不失为一种施工简单、投资经济的支护方法，在上海软土地区过去应用较多，但由于钢板桩本身柔性较大，如支撑或锚拉系统设置不当，其变形会很大，因此对基坑支护深度达 7m 以上软土地层，基坑支护不宜采用钢板桩支护，除非设置多层支撑或锚拉杆。但应考虑到地下室施工结束后钢板桩拔除时对周围地基土和地表变形的影响。

2. 地下连续墙

地下连续墙在欧美国家称为“混凝土地下墙”或“泥浆墙”，在日本称之为“地下连续壁”或“连续地中壁”，它是在泥浆护壁的条件下分槽段构筑的钢筋混凝土墙体，地下连续墙最早于 1950 年开始应用于巴黎和米兰市的地下建筑工程，我国在 20 世纪 60 年代初开始应用于水坝的防渗墙。后来国内将地下连续墙用于城市深基坑的围护结构最早是广州（1980 年白天鹅宾馆，1982 年花园酒家），现在各地已用得比较普遍，较著名的工程实例有：北京王府井宾馆和京广中心，坑深均为 16m，墙厚 0.6m，墙深分别为 20m 和 23.5m；上海电信大楼，坑深 12.6m，墙厚 0.6m，墙深 17.5m；新上海国际大厦，坑深 13.4～15m，墙厚 0.8m，墙深 26m；浦东金茂大厦，坑深 17m，墙厚 1m，墙深 36m；天津鸿吉商贸中心大厦，坑深 15.5m，墙厚 0.8m，墙深 30m。地下连续墙的施工深度国内已有超过 80m、厚度达 1.4m 的。

由于地下连续墙具有整体刚度大和防渗性能好，适用于地下水位以下的软黏土和砂土多种地层条件和复杂的施工环境，尤其是基坑底面以下有深层软土需将墙体插入很深的情况。因此，在国内外地下工程中得到了广泛应用。并且随着技术的发展和施工方法及机械的改进，地下连续墙发展到既是基坑施工时的挡土围护结构，又可作为拟建主体结构的侧墙（此时在墙体内侧宜加筑钢筋混凝土衬套）。如支撑得当，且配合正确的施工方法和措施，地下连续墙可较好地控制软土地层的变形。

上海地区的高层建筑与地铁车站等大型基坑的挡土结构基本上都用地下连续墙。比如上海最大的地铁车站徐家汇站，坑深 17～19m，宽 22m，全长超过 600m，采用厚 0.8m 连续墙，插入坑底以下 $0.9h$（h 为基坑深度），设 5 道钢管支撑，基坑内设深井真空降水，墙体最大水平位移 δ_h 为 15cm 左右，相当于 $0.8\%h$；国内最大的高层建筑上海浦东金茂大厦，实际监测位移速率 0.95mm/d，其支撑轴力最大值为 10379kN。

连续墙在坚硬土体中开挖成槽会有较大困难，尤其是遇到岩层需要特殊的成槽机具。广州有些地区的下卧风化岩层甚浅，这时采用连续墙既难实施也无必要。连续墙施工需有大型专用机械，施工费用的成本较高且造成泥浆污染施工现场。地下连续墙作为主体结构侧墙时在与顶板底板和衬套之间的连接与防水等问题上也比较复杂。但在深厚软土等不良地层中施工，一般都是选择地下连续墙这种方案进行基坑支护。

3. 柱列式灌注桩排桩支护

柱列式间隔布置包括：桩与桩之间有一定的净距的疏排布置形式和桩与桩相切的密排布置形式。为降低工程造价和施工方便，柱列式灌注桩作为挡土围护结构也有很好的刚度，但各桩之间的连系差，必须在桩顶浇筑较大截面的钢筋混凝土帽梁加以可靠连结。为了防止地下水并夹带土体颗粒从桩间隙流入（渗入）坑内，应同时在桩间或桩背采用高压注浆，设置深层搅拌桩、旋喷桩等措施，或在桩后专门构筑防水帷幕（图12-7）。灌注桩施工较连续墙简便，可用机械钻孔或人工挖孔，成本低于连续墙，可以不用大型机械，又无打入桩的噪声、振动和挤压周围土体带来的危害。人工挖孔桩的施工费用低，可以多组并行作业，成孔精度（垂直中心偏差）也高，但桩径截面较大，灌注桩围护结构的建筑主体结构外墙设计时也可视为外墙中的一部分参与受力（承受侧压），这时在桩与主体侧墙之间通常不设拉结筋并用防水层隔开。当坑底下卧有坚硬岩层时，采用挖孔桩还可在底部设置竖向锚杆将桩体与岩层连成整体而减少嵌入深度。排桩支护形式分为悬臂式排桩支护和支锚式排桩支护，而支锚式又分单点支锚和多点支锚（见图12-8）。在大多数情况下悬臂式柱列桩适用于安全等级为三级的基坑支护工程，支锚式柱列桩适合于一、二级安全等级的基坑支护工程。但如在地下水位以下的砂层或软土中施工且出水量丰富时，人工挖孔就比较困难而且很容易引起土体流失造成地层沉陷，这时应采用套管钻孔、泥浆护壁和水下浇筑混凝土。在做好隔水防渗的前提下，钻孔灌注桩围护结构也可用于深层软土中的支护，如上海港汇广场基坑工程采用ϕ1000mm 钻孔灌注桩，用两排深层搅拌桩止水，开挖深度 15m。上海国际航运大厦基坑深 11.5～13.5m，用ϕ1000mm 和ϕ1100mm 钻孔灌注桩，以水泥搅拌桩和间隙高压注浆作为防水帷幕，造价比连续墙节约 1000 万元。灌注桩在北京、广东等地的深基坑工程中用得最为普遍，尤其是人工挖孔桩，经常成为首先考虑的方案。例如，北京东方广场基坑深度为－16m，采用人工挖孔桩作挡土结构，桩长 18.5m，桩径分别为 1m、1.2m、1.5m，桩间距为 1m、1.8m、1.5m，设置了 3 道锚杆，锚杆钻孔孔径为 200mm，采用ϕ40＋1 ϕ32 粗钢筋制作，最大设计轴力为 1656kN。广东地区还用人工挖孔桩的施工方式构筑地下连续墙体，如深圳地王大厦基坑（深 15.75m）的围护墙。柱列式灌注桩的工作比较可靠，但要重视帽梁的整体拉结作用，在基坑边角处，帽梁应连续交圈子。当灌注桩围护结构要求起到抗水防渗作用时，必须做好桩间和桩背的深层防水搅拌桩或旋喷桩；用一般的钻孔压密注浆方法不易保证止水，并曾引发过多起重大事故。柱列式灌注桩支护结构的监测项目见表12-6。

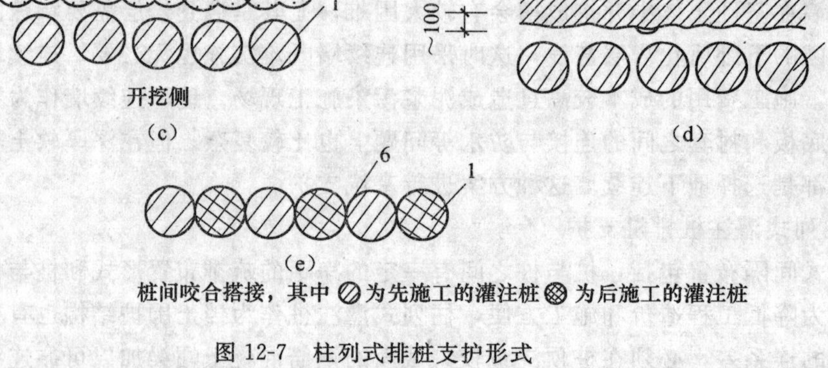

桩间咬合搭接，其中 ◎ 为先施工的灌注桩 ◎ 为后施工的灌注桩

图 12-7　柱列式排桩支护形式

1—灌注桩；2—桩高压密注浆；3—桩高高压旋喷；4—水泥搅拌桩；5—注浆帷幕；6—桩间搭接部分

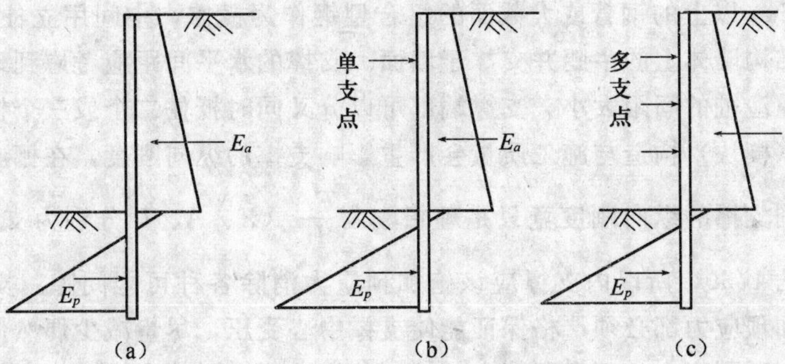

图 12-8　排桩支护

(a) 悬臂式；(b) 单点支锚式；(c) 多点支锚式

表 12-6　不同安全等级支护结构的监测项目

序　号	监测项目	柱列式灌注桩支护等级		
		一级	二级	三级
1	支点力	应测	宜测	不规定
2	排桩倾斜	应测	宜测	不规定
3	排桩钢筋应力	应测	宜测	不规定
4	排桩桩顶水平位移	应测	必测	应测
5	邻近建筑物沉降观测	应测	必测	应测

4. 内支撑和锚杆

作为基坑围护结构墙体的支承，内支撑（水平横撑、角撑、斜撑等）和锚杆（斜锚杆、锚碇板拉杆等）的作用对于保证基坑稳定和控制周围地层变形极为重要（图12-9）。大量的

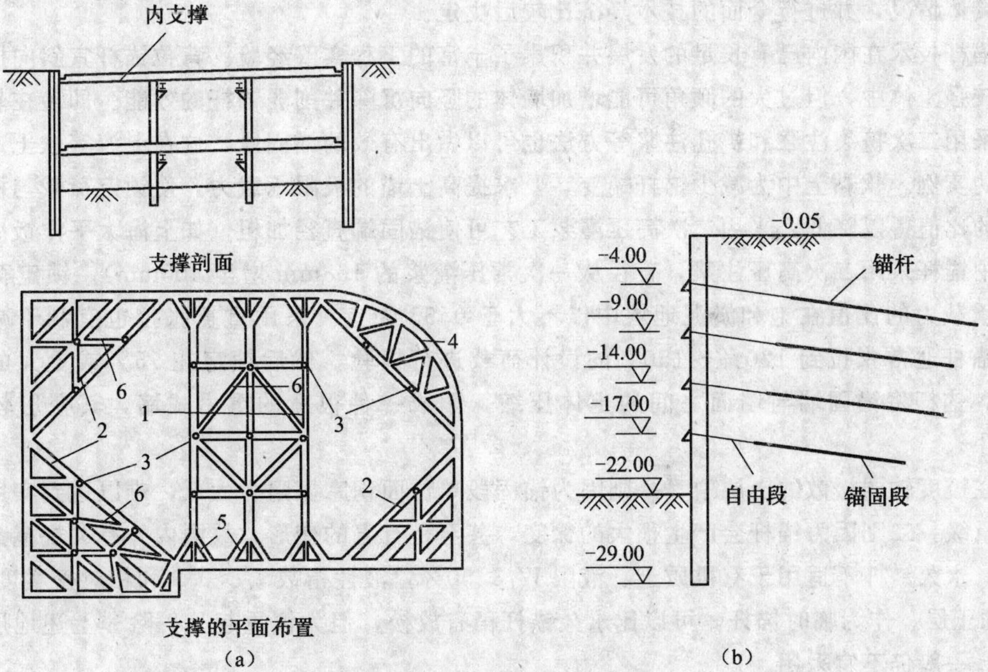

图 12-9　内支撑和锚杆支护

1—对撑；2—角撑；3—立柱；4—拱形支撑；5—八字撑；6—连系杆

内支撑多用 ϕ600mm 以上的钢管或大截面的组合型钢作为横撑，中间用立柱（型钢）支承，两端搁置在围护结构墙体上的牛腿并支撑于墙面。支撑的水平间距应考虑到地下连续墙的槽段宽度或柱列式灌注桩的间距大小，支撑端部可以分叉同时抵住二个或三个桩体。支撑与墙体相抵处的垫板（楔块）构造与施工质量会严重影响支撑的纵向刚度，在挪威奥斯陆地铁施工中，曾实测得到支撑的纵向刚度竟只是理想刚度 $\frac{EA}{L}$（E、A、L 分别为支撑的弹性模量、截面积和长度）的 1/50，所以内支撑应该施加预应力消除各种可能间隙。支撑的端部连接以及用千斤顶施加预应力都必须严格保证能使支撑中心受压，尽量减少偶然偏心。内支撑必须经过仔细考虑，要刚度大，可靠程度高，控制软土地层变形较有效。但钢筋混凝土支撑的施工和拆除均很复杂，不能重复使用，而且强度发展有一个过程，不能立即起到支撑作用。钢筋混凝土支撑适合于各侧边长较为接近的基坑，对于高层建筑这样的条形平面基坑不能充分发挥其长处。

锚杆支护是一种岩土主动加固和稳定技术，作为其技术主体的锚杆，一端锚入稳定的土（岩）体中，另一端与各种形式的支护结构物连接，通过杆体的受拉作用，调用深部地层的潜能，达到基坑的建筑物稳定的目的。鉴于深基坑支护的特点和目前的工程实践经验，本节主要是针对黏结型预应力土层锚杆提出的。这种锚杆的基本特点是：长度一般大于 15m，设计轴向拉力一般大于 200kN，借助黏结材料实现锚固作用，通常对其施加预应力，应用对象主要是各类土层；岩石中的锚杆，适应性强，基本不受基坑深度的限制；机动灵活，可与多种其他支护形式配套使用，这是锚固支护的两大特点。因此，锚固技术在深基坑中的应用具有显著的技术经济效益。根据目前国内外深基坑锚固支护工程应用的实践经验，锚杆可与各种支挡桩（钢板桩、人工挖孔灌注桩、钻孔灌注桩等）组成桩锚体系，选择何种形式，则应根据具体情况，并进行全面的技术经济比较后决定。

锚杆技术在国内已有长足的发展并积累了丰富的工程实践经验。背拉锚杆宜斜向插入深部的较强土体中，但过大的倾角可能增加墙体的竖向沉降并削弱锚杆的效能。即使在软黏土中，采用二次挤裂注浆和扩孔注浆等方法也可以做出有效的锚固段，这在上海等软土地区都有成功实例。软黏土中为减少锚杆蠕变，要求提高土锚的极限承载力，使锁定荷载与极限承载力的比值得以降低。采用二次高压灌浆工艺可使锚固端直径加粗（如上海太平洋饭店饱和淤泥中锚杆采用二次高压注浆，直径从一次常压灌浆的 168mm 增至 400mm）。锁定荷载对极限承载力的比值在饱和淤泥地层中以不大于 0.55 为宜。采用重复张拉也有利于减少变形。锚杆通常张拉到 120%～150%的设计荷载进行检验，然后锁定在 75%或更大的设计荷载。锚杆将锚固端与墙面之间的土体压缩，形成一种很宽的重力式墙，其变形较内支撑墙小。

在极度软弱松散的土层中，一则因为锚固段单位面积摩擦阻力太低，难以达到实用的锚固力量级，二则因为锚杆会产生很大的徐变，甚至是有害的变形，故国内外有关规范都明确规定，永久锚杆不适用于有机质土、液限 $W_L>50\%$，液性指数 $I_L>0.9$ 和相对密实度 $D_r<0.3$ 的土层。作为临时锚杆，可以比永久锚杆稍有放松，但为慎重起见，除非上述地层经过处理，一般仍不宜采用。

国外有研究资料认为，锚杆预应力的最大设计值，等于或稍大于 Peck 的经验土压力值，这时墙体位移能得到最有效控制，超过这一压力水平对减少位移的作用就不大。天津华信大厦基坑锚杆支护在开挖初期曾进行试验，在粉黏土中如用常压注浆，锚杆极限抗拔力在200～300kN之间，锚头位移有高达80mm的；若用二次高压注浆（压力3MPa），抗拔力大都在460kN以上，位移量减少到15mm左右。所以只要基坑周围有合适的地下空间和适宜的土体，就应首先考虑背拉锚杆而不是内支撑方案。

工程实践证明，背拉锚杆限制支护变形的效果要优于内支撑。虽然锚杆的本身刚度不能与支撑相比，但可以施加更高的预应力，而且施工安装时为设置锚杆所需的挖土深度（指低于支承点位置以下的超挖）要比内支撑小，在与墙体连接处的接触变形也小。内支撑的最大缺陷还在于占据基坑内的空间，给挖土和主体结构施工造成许多困难，干扰并影响施工进度；随着主体结构施工进展，在自下至上逐步卸去支撑时还有可能进一步增加周围地层的位移。此外，环境温度变化可对支撑的内力发生很大影响，比如20m宽的基坑，若环境温度降低10℃，支撑就会缩短25mm使基坑变形增加，而在温度升高后，这一变形并不能完全恢复，相反会使支撑内力增加过多，所以国外报导有对支撑在高温气候下采取冷却等措施的。

国内有许多著名深基坑工程的围护墙采用锚杆支承，如北京京城大厦，坑深23m，灌注桩挡墙三层锚杆；京广中心和王府井宾馆，坑深16m，连续墙四层锚杆；上海太平洋饭店，坑深11.6m，四层锚索；天津华信大厦，坑深13.4m，地下连续墙一道锚杆；深圳彭年广场，坑深16m，2～3层锚杆。

5. 土钉墙支护

土钉墙是一种新型的基坑支护形式，国内外已在许多基坑支护工程中得到了成功的应用，并取得了明显的技术经济效果。土钉墙主要指由钻孔注浆式土钉、原位土体和喷射混凝土面层组成，对于打入式土钉或打入注浆式土钉和不同的面层同样可以使用。土钉墙施工工艺要求土体具有临时自稳能力，以便挤出一定的时间施作土钉墙，因此对土钉墙适用的地质条件是有一定限制的。

从目前应用情况来看，土钉墙单独作为支护结构，深度一般在10m以内，所以对基坑深度加以限制；当土钉墙与其他支护结构形式联合使用时，可根据具体情况选用。对于无胶结砂层、砂砾卵石层和淤泥质土，土钉成孔困难，不宜采用土钉墙；对于不能临时自稳的软弱土层，土钉墙施工无法实现，所以不能采用土钉墙支护。从许多工程经验来看，土钉墙的破坏几乎均是由于水的作用，水使土钉墙产生软化，引起整体或局部破坏，因此规定采用土钉墙工程必须做好降水，且不宜作为挡水结构。

与地下连续墙和柱列式灌桩挡墙不同，土钉墙支护的喷混凝土面层并不是支护结构的主体，而且整个支护是与基坑挖土过程同时完成的（图12-10）。

常用的土钉是钻孔注浆钉，以变形钢筋为中心钉体。在成孔困难的松散砂土、软黏土中也可击入钢管作为钉体然后注浆（管壁有出浆孔）。不注浆的击入钉可用角钢作钉体，它能立即起到稳定土体的作用。

土钉支护的施工速度快、用料省、造价低；与桩墙支护相比，工期常可缩短一半以上，成本大概只有1/3。土钉支护可以紧贴已在建筑物施工，可以省出桩体或墙体所占有的地面。密集的土钉群与周围土体组成一整体，土钉在其中兼具加筋（如同混凝土中的钢筋）和锚拉的作用，因此，土钉支护类似重力式挡土墙而又不完全相同。土钉也只有土体发生变形的条件下，通过与土体之间的界面黏着力使其受拉并起作用，因而又不同于主动压紧土体的预应力锚杆。

图 12-10 边挖土边筑土钉墙支护

尽管土钉是被动受力部件，但土钉支护的变形却并不大，与一般的内支撑桩墙支护相当。国内一些工程实践表明，土钉支护的最大水平位移还往往小于同样土体条件下的桩支护，这显然与土钉支护的特殊施工方法有关。土钉支护施工对土体的搅动小，分层（通常1～1.5m）、分段（通常不超出5m）小步开挖并紧接着迅速支护（喷射混凝土和设置土钉），这种步步为营的施工工序对控制变形起到了极为关键的作用。由于土体状况多变并难以准确预测，土钉支护的这一优势使其具有较高的安全可靠性。国内在建筑物密集的城市地区用于直立基坑的土钉支护深度已有一些达到16～18m，其中包括复合土钉支护（见图12-11e）。比较典型的工程如北京庄胜广场基坑（135m×270m），最大挖深16.2m，

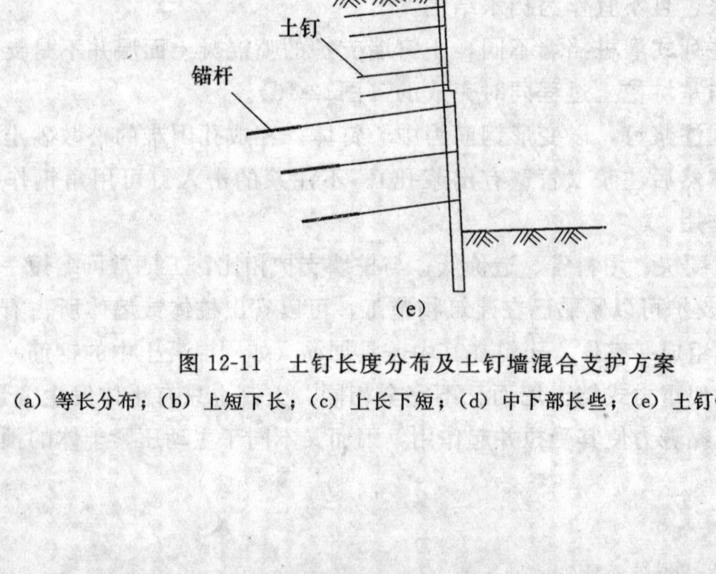

图 12-11 土钉长度分布及土钉墙混合支护方案

(a) 等长分布；(b) 上短下长；(c) 上长下短；(d) 中下部长些；(e) 土钉锚杆联合支护

砂黏土和细砂地层，用 14 排土钉；北京万富大厦基坑，深 16.8m，细粉砂和砂黏质粉土地层，用 11 排土钉，支护面层兼作为主体结构外墙的外模；北京通港大厦基坑（50m×70m），深 17m；广州东风路安信工程基坑，深 16～18m，局部软塑粉质黏土，复合土钉支护；这些基坑均紧邻建筑物、道路或管线，支护最大水平位移都控制在基坑深度的 0.1%～0.3%以内。目前，土钉支护在北京地区的发展十分迅速，从 1995 年开始已在 400 多个基坑支护中采用土钉墙或加复合锚杆，在许多场合大有取代桩支护的趋势。

为了严格控制支护变形和在不良地层（如夹有局部软黏土层）中施工，土钉支护可以和预应力锚杆联合使用，这种复合土钉支护对于高层建筑这样深大基坑且使用期又较长的基坑更为适合。与土钉支护施工方法十分相似的还有一种称为锚杆幕墙的支护，也是从上到下分层开挖，设置较密间距的预应力锚杆并分层现浇混凝土墙面（厚 20～30cm）。而土钉支护在我国则是 20 世纪 70 年代才开始发展的。锚杆幕墙支护后来又发展到用预制混凝土板作为墙面。上述钉、锚支护的共同特点是边开挖、边支护，但锚杆从安装到施加预应力尚需有一个过程，而土钉可以较为迅速的发挥支护作用。联合使用土钉和锚杆则可以优势互补。当联合使用锚杆和土钉时，预应力锚杆的长度应该至少超过土钉长度的 1/3。锚杆、土钉施工机具和微型桩的施工机具基本相同，三者联合成复合土钉支护可以解决多数地质条件下的大型基坑支护的需要。但土钉和锚杆必须占据周边地下空间，使其应用受到限制；基坑暴露时间也不宜太长，土体变形会很大，造成不安全感；当有丰富地下水时，土钉墙支护的施工不宜采用。

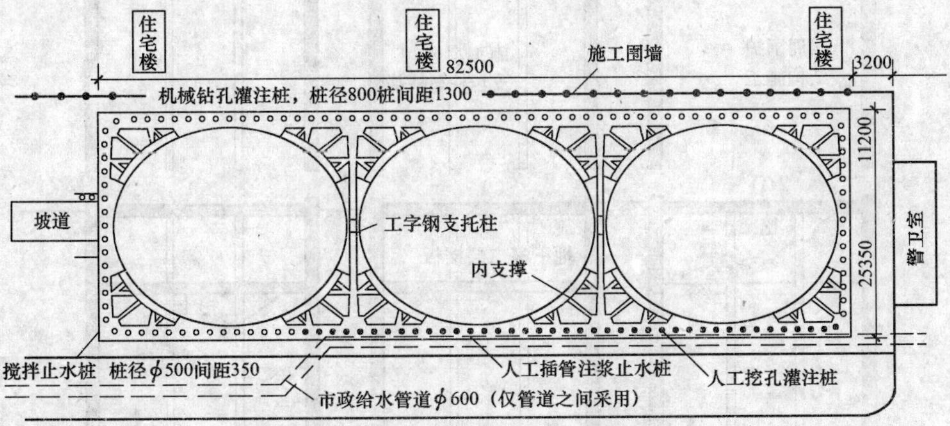

图 12-12　拱圈支撑基坑环梁支护平面布置图

6. 深基坑工程的逆作法施工

深基坑的逆作法是指在地下基础施工的同时，还可以进行地上建筑物的施工，待上部建筑施工到若干层后，地下各层基础工程也全部竣工。

逆作法一般在城市内建筑高层时，周围施工环境比较恶劣，场地四周邻近建筑物、道路及地下管线，不能因任何施工原因而遭破坏，为此在开挖基坑施工时，通过发挥地下结构本身对坑壁产生支护作用的能力，即利用地下、结构自身的桩、柱、梁、板作为支撑，既稳妥又经济。在国外早已使用逆作法施工，国内也已有 100 多例，目前已趋向成熟。例如，北京王府井大厦地上 14 层、地下 3 层，地处繁华地区，与原王府井百货大楼仅距离 8cm。在地下部分施工中仅用半年时间就完成了地下 3.8 万 m^2 的施工面积，创出国内单层面积最大的逆作法施工的新纪录。

深基坑逆作法由于地下各层楼盖的强大水平刚度，其对四周围护墙或桩的作用可以视作水平方向为不动铰支点，因此在所有的支护方法中其效果是最好的一种。尤其适用于基坑周围环境特别困难的情况下，如相邻建筑物极为靠近，坑周土质非常软弱，地下水较高且水压力较大，对周围道路、管线的变形有严格限制等情况。深基坑逆作法的适用深度不限，目前我国已在地下六层的深基坑中采用逆作法。在国外，凡是超深基坑，层数很多的大型地下工程，均采用逆作法施工。

当用逆作法施工时，主体结构的顶板和楼板兼作施工阶段的围护结构支承，基坑开挖引起的地层位移可明显降低，逆作法施工的一般顺序是先构筑主体结构中间钢管混凝土柱和基坑二侧的柱列式灌注桩可地下连续墙围护结构，也可以分段施工土钉墙，然后作好顶板，往下开挖地下一层并构筑地下一层楼板，浇筑该层侧墙（或侧墙衬套）继续往下开挖成地下各层结构直至底板（见图12-13)。这种施工方案是整体逆作，而局部逆作到每一楼层也可顺作，即先浇楼板后浇侧墙，顶、楼板均用土模可节省大量支模费用。不过逆作法施工的挖土、出土有些困难，施工工期较长，结构的中间柱如需用钢管柱造价较高，在保证墙、柱与楼、底板之间的连接构造及侧墙上下施工缝的质量上比较严格，需采用专门的措施，尤其是

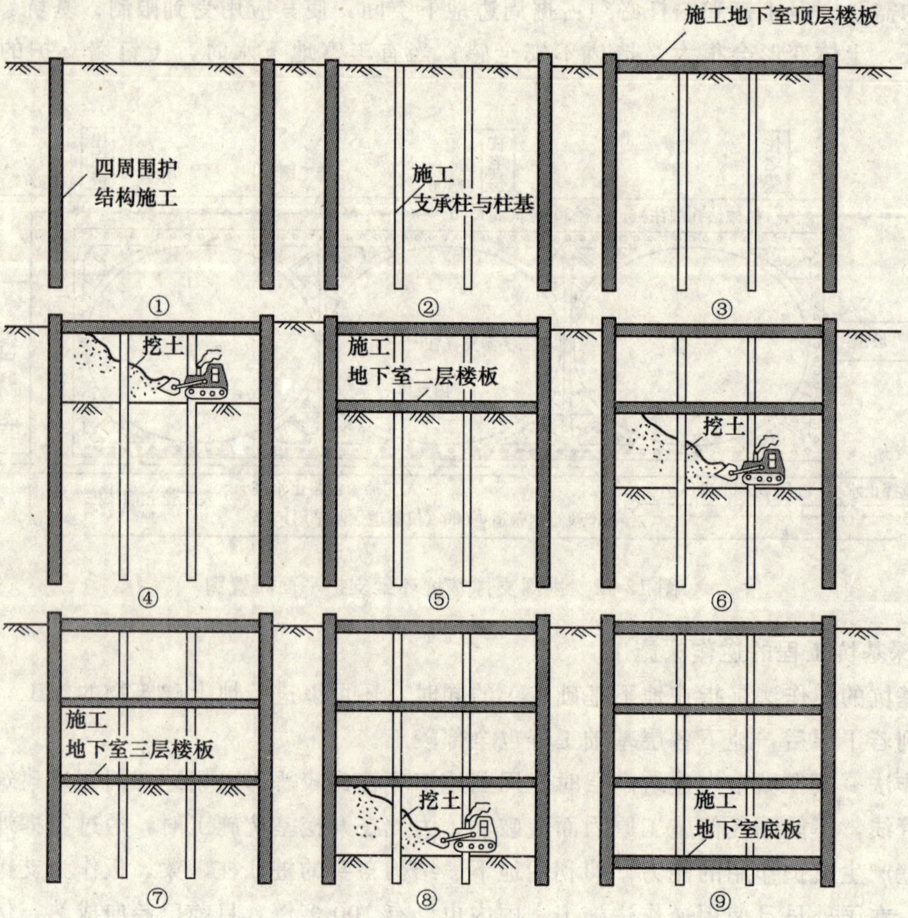

图 12-13　逆作法施工顺序图

钢管柱与底板的连接，当底板受有向上浮力作用时，这一节点将受到很大的剪力作用。在本节中对逆作法施工时的结构方法有详细的介绍。

综上所述，深基坑支护的方法很多，其支护方法的原理的作用，以及适用范围可参见表12-7。

表 12-7　深基坑支护方法一览表

序号	支护方法	原理和作用	适用范围	当前应用情况
1	钢板桩支护	是一种施工简单、投资经济的支护方法。它由钢板桩、锚拉杆（或内支撑、锚碇结构、腰梁等）组成。由于钢板桩本身柔性较大，如支撑或锚拉系统设置不当，其变形会很大	基坑深度达 7m 以上的软土地层，基坑不宜采用钢板桩支护，除非设置多层支撑或锚拉杆	因支护深度有限仅适用各种管线沟、电缆沟的支护
2	地下连续墙支护	用特制的挖槽机械，在泥浆护壁的情况下开挖一定深度的沟槽，然后吊放钢筋笼，浇筑混凝土。地下连续墙的形状多种多样，一般集挡土、承重、截水和防渗于一体，并兼作地下室外墙。其不足之处是要用专用设备施工，单体施工造价高	对各种地质条件及复杂的施工环境适应能力较强。施工不必放坡，不用支模，国内地下连续墙的深度已达 36m，壁厚 1m	因工程量大造价高，施工环境差。在软土地区的高层建筑地下室中，有少量应用
3	排桩支护	是指队列式间隔布置钢筋混凝土挖孔钻（冲）孔灌注桩，作为主要的挡土结构，其结构形式可分为悬臂支护或单锚杆、多锚杆结构，布桩形式可分为单排或双排布置	悬臂式支护适用于开挖深度不超过 10m 的黏土层，或不超过 8m 的砂性土层，以及不超过 5m 的淤泥质土层	排桩支护，实际上是从地下连续墙支护演变而来，但因是悬臂结构，桩顶需加锚杆 1～2 道，工程量大工程造价也很高，所以应用已处于减少趋势
4	深层搅拌支护	利用水泥作为固化剂，采用机械搅拌，将固化剂和软土强制拌合，使固化剂和软土之间产生一系列物理化学反应而逐步硬化，形成具有整体性、水稳定性和一定强度的水泥土桩、墙，作为支护结构	适用于淤泥、淤泥质土、黏土、粉质黏土、粉土、素填土等土层，基坑开挖深度不宜大于 6m。对有机质土、泥炭质土，宜通过试验确定	仅适用于淤泥质类土，施工工程量也很大，施工环境较差，深度不宜很深，应用受到一定限制，目前仅小量应用
5	土钉墙支护	土钉是用来加固现场原位土体的细长杆件。通常采用钻孔，放入变形钢筋并沿孔全长注浆的方法做成。它依靠与土体之间的黏结力或摩擦力，在土体发生变形时被动承受拉力作用。它由密集的土钉群、被加固的土体、喷射混凝土面层形成支护体系。由于随挖随支，能有效地保持土体强度，减少土体的扰动	适用于地下水位以上或经人工降水后的人工填土、黏性土和弱胶结砂土，开挖深度为 5～10m 的基坑支护。土钉墙不适用于含水丰富的粉细砂层、砂砾卵石层、饱和软弱土层。不适用于对变形有严格要求的基坑支护	开挖深度 10m 以内，应用较普遍，主要优点是施工速度快，支护工程造价低，目前基坑工程 40%应用土钉墙支护

续表

序号	支护方法	原理和作用	适用范围	当前应用情况
6	锚杆或喷锚支护	锚杆与土钉墙支护相似，将锚杆锚入稳定土体中，外端与支护结构连结用以维护基坑稳定的受拉杆件，并施加预应力，支护体喷射混凝土称喷锚支护	锚杆可与排桩、地下连续墙、土钉墙或其他支护结构联合使用 不宜用于有机质土，液限大于50%的黏土层及相对密度小于0.3的砂土	开挖深度可达15m，个别地区已达18m，应用也较普遍，边挖边支护，保护土方施工速度快，工程造价低
7	拱圈支护结构	拱圈分闭合拱和非闭合拱，拱圈形式包括圆拱、椭圆拱和二次曲线拱。这种拱圈挡土能承受水平方向的土压力，因拱的内力以受压力为主，弯矩很小，能充分发挥混凝土抗压强度高的特性，施工方便，节省工期（见图12-12）	施工场地要适合拱圈布置，构造应符合圆环受力的特点，拱脚的稳定性应予以足够重视，并有可靠的保证措施	适用于基坑面积不大用后必须拆除，所以工程造价高，目前仅在个别工程中应用
8	逆作法	按施工不同程序可分逆作法、半逆作法或部分逆作法，以地下各层的梁板作支撑，自上而下施工，使挡土结构变形较小，节省临时支护结构费用（见图12-13）	适用于较深基坑，对周边变形有严格要求的基坑。要预先做好施工组织方案，及各结构节点的处理	当高层建筑地下室超过2层以上，而施工环境很差，土质软弱，应用逆作法支护，施工速度快，工程造价低，目前全国已应用有100多例

四、土压力的计算与分析

基坑在开挖过程中，开挖面上的卸载引起挡土墙的内侧和墙后的侧压力差，使墙向坑内产生水平位移，墙后产生主动土压力，并引起墙后的地面沉降；而墙前的开挖面下土体作用于墙身产生被动土压力，开挖面上的卸载又引起基坑底面土的回弹（或隆起），同时，开挖面下的墙身受到墙后土体的挤压也会产生坑底的隆起。

基坑在开挖过程中，一般会遇到地下水，甚至承压水，往往进行降水，基坑土受到压密，墙后的地面产生沉降。

因此，基坑开挖产生的主要问题就是：两种土压力——主动和被动土压力，三种变形——坑底隆起、墙向坑内的水平位移和墙后的地面沉降；伴随土压力，包含着水压引起的影响。

自从库仑（1773）、朗肯（1857）年提出土压力理论以来，尽管求得的土压力与实际情况不同，为方便起见，至今仍在实践中应用。太沙基在19世纪的20年代提出的土压力与位移的非线性关系的理论，各国学者始终不断地从室内试验、现场实测和理论研究三个方面进行探讨，已经有很大进展。可是，土压力的计算是一个复杂的问题，影响的因素太多。例如，墙后超载，土体性质，开挖深度，墙的刚度，支撑结构（或有预加轴力），施工顺序，土体中水的渗流，时间因素等。这些因素各自影响的程度不同，组合又不同步，故构成的综合土压力分布有所不同。如果要进一步分析对土水压力的影响因素，还要考虑土的微观结构、土体的应力状态和应力途径、孔隙水压力和边界条件等因素的影响。真正解决土压力问题，有待研究工作者的长期艰苦努力与探讨。

为了便于认识土压力问题，试从一些现场实测资料出发，然后，对一些事故以及对土的

黏聚力 c 和内摩擦角 φ 的选择进行讨论，最后，对目前土压力的计算方法进行简单分析。这样，可为工程技术人员提供对土压力有一个比较全面的概略性认识，以期比较理性和主动地分析工程实践问题。

1. 土压力的现场实测

(1) 基坑开挖深度 $H\leqslant 6$m，无支撑的情况

图12-14为上海某基坑深为 5.0m，围护结构为板桩，墙侧土压力的实测结果。图12-15为上海某坑深 4.5m，采用单排钻孔灌注桩的土压力实测结果。从计算土压力和实测结果对比可见：

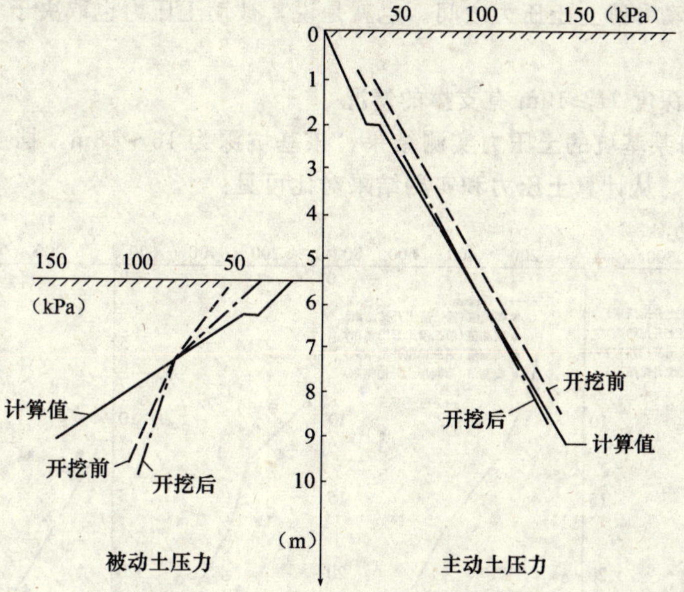

图 12-14　基坑深为 5.0m，围护结构为板桩，土压力的实测结果

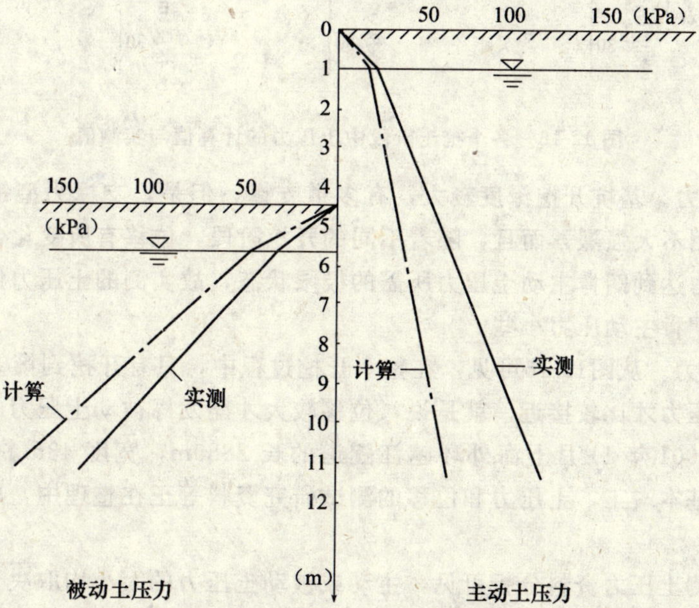

图 12-15　基坑深为 4.5m，围护结构为灌注桩，土压力的实测结果

1）主动土压力。基坑开挖深度 $H\leqslant 6$m 且无支撑，墙的水平位移较大，墙的拱作用不大强烈，墙后的土压力容易达到采用朗肯土压力理论计算的主动土压，两者比较接近（见图12-14）；如果墙的水平位移较小，尚未达到朗肯主动土压力极限状态，此时，土压力介乎朗肯主动土压力和静止土压力之间（图12-15）。也就是说，主动土压力取决于墙向坑内发生位移大小。

2）被动土压力。基坑底部的位移较大，容易达到朗肯被动土压极限状态，实测结果与计算结果比较接近；离坑底较深的部位所产生的位移小，尚未达到朗肯被动土压极限状态，故实测结果介于被动和静止土压力之间。也就是说，被动土压力也取决于坑底墙向坑外发生的位移的大小。

（2）基坑开挖深度 $H\geqslant 10$m 有支撑的情况

图12-16为上海某基坑的土压力实测结果，该基坑深为 16～18m，挡土结构为地下连续墙，三道型钢支撑。从计算土压力和实测结果对比可见：

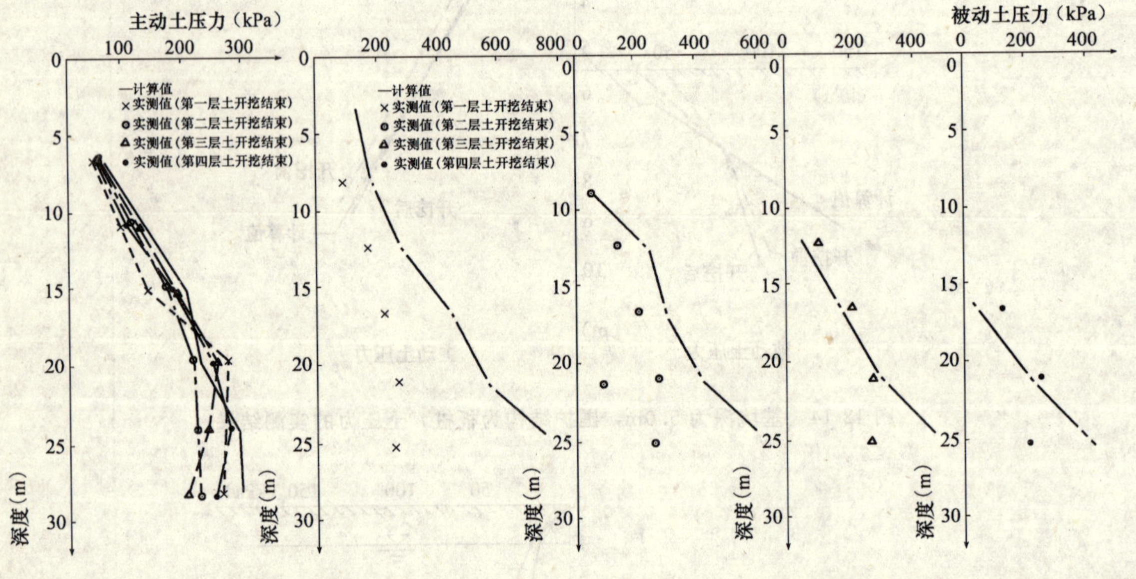

图 12-16　各个挖土阶段中土压力的计算值与实测值

1）主动土压力。基坑开挖深度较大，有多道支撑，但是，支撑为型钢，墙的水平位移较大，墙的拱作用不大强烈，而且，随着不同的开挖阶段，位移有所变化，墙后的土压力发生重分布。土压力达到朗肯主动土压力所需的极限状态，故实测的土压力比较接近朗肯主动土压力，甚至比朗肯主动压力小些。

2）被动土压力。从图12-16可见，在整个开挖过程中，只有开挖到第 3 层土结束时计算的和实测被动土压力才比较接近。就是说，位移较大才能发挥被动土压力的作用。

特别指出，2001 年 11 月上海外环越江隧道的长 2880m，宽度 43m 的浦西段深达 30m 的基坑工程已经基本竣工，土压力和位移的测试研究资料等正在整理中，期望能够获得比较满意的成果。

从上海的实测土压力资料分析可见，主动或被动土压力的大小均取决于位移的方向和大小，实测结果与太沙基的土压力理论相符，而按朗肯土压力理论计算的土压力，可供判断实测数据的可靠性。

需要指出：上述的实测工程为上海软土地区的土压力分析，根据北京好土地区 20 多个工程的土压力的实测结果表明：实测主动土压力为朗肯主动土压力的 1/3，而实测被动土压力仅为朗肯被动土压力的 1/2。

2. 土压力的室内试验

土压力的室内试验研究是检验土压力理论的正确性和发展土压力理论的一个重要手段。各国学者从来十分重视室内试验的研究。

近年来，中国建筑科学院针对深基坑工程事故主要发生在沿海饱和淤泥土地区，发现问题是对淤泥土压力认识不足，采用大量系统的室内模拟试验，对被动土压力进行试验研究，模型槽内尺寸为 200cm×30cm×100cm，得出一些有益的结论。例如，在围绕上端转动的被动位移条件下，淤泥土、成层土和砂土的反力分布具有共性，即在被动状态发展过程中，下层与上层土的荷载分担比随着转动位移的增长而增大，下层土承担大部分荷载。因此，下层土的土质对土体提供的被动抗力值的大小起到关键性的作用。利用软土下层较好的土作为嵌固层，具有明显的效果。同样，该层土的指标选择甚为重要。

台湾 Chiao Tung 大学（1993）采用 200cm×100cm×50cm 模型，对砂土的被动土压力的几种位移形式进行比较系统研究，结果表明：被动土压力分布随着位移形式不同而有所不同。对于平移墙体位移形式下的被动土压力大小，分布和最终破坏形式接近 Terzaghi 的复合滑动面的理论结果。

3. 基坑支护事故实例及分析

深基坑支护当前在缺乏规程和经验的情况下，各大城市相继都发生过支护工程事故。据了解上海从 1993 年至今，施工的基坑支护工程约有 400 多处，而事故失误达 1/4，现将全国各城市主要深基坑支护工程事故实例列表12-8。从表中可见，30 例工程事故实例，分布于全国主要城市，但每一项工程事故造成的原因往往是复杂的、多因素的。

事故实例（一）

表12-8中（序号 14）济南世界贸易大厦（原商业大厦）工程，地上 23 层、地下 3 层，建筑面积 20185m^2，基坑开挖深 12m，由于工程位于繁华市区，场地狭窄，东、南、北三面距相邻建筑物较近。见图12-9所示。该场地勘察土层自地面以下为：杂填土、素填土、I 级非自重湿陷黄土、粉质黏土、卵石、黏土等，地下静水位－7.0m。

表 12-8　深基坑支护工程事故实例

序号	工程名称	地点	支护结构	基坑深度（m）	事故原因
1	粮油大厦	鞍山	钢管、工字钢护坡桩加锚杆	10	锚杆拉拔螺栓焊接质量问题
2	新世界广场	长春	D=1m 挖孔桩加锚杆	16	支护结构设计不当 防冻措施没起作用
3	新峰商业广场	沈阳	护坡桩连续开孔、加锚杆	10	施工不当、锚杆预紧力不足
4	天元大厦	大连	锚拉挡板支护、挡板采用组合整片木板、竖向槽钢为垫梁	10	设计不当、锚头锁定力不足
5	某建行大厦	沈阳	旧钢轨支护、地面钢筋锚拉	10	设计不当、多数钢轨打入深度不足

续表

序号	工程名称	地点	支护结构	基坑深度（m）	事故原因
6	某高层公司	鞍山	D=0.7m 钻孔灌注悬臂桩	12.5	设计方案欠缺、设计参数 ϕ 值取值有问题混凝土强度不够
7	国贸大厦	鞍山	D=0.8m 灌注桩加锚杆	14.3	下水管渗漏、锚杆受力不均、降水井没有起到作用
8	某大酒店	鞍山	预制桩支护、没设锚杆	10	设计缺陷
9	万科东源大厦	鞍山	放坡 1：0.8 坡面 10cm 加筋混凝土	10.2	下水井渗水、水压力和冻胀造成
10	某租赁大厦	沈阳	钢轨支护钢筋张拉	11	设计问题、护坡桩抗弯刚度不足、钢轨焊口在同一个标高
11	某商业广场	沈阳	锚拉挖孔桩	12.5	勘察不准、对上层滞水缺乏充分认识
12	某高层建筑	石家庄	D=0.6m 灌注桩、设三道锚杆	20.5	支护结构锚杆计算错误及原埋管漏水
13	邮电通讯物资大厦	济南	土钉 7 层竖向 @1.5、水平 @2m、喷射混凝土厚 5～10cm	11.42	设计安全系数偏低、施工中无监测措施、基坑内明沟排水、坡内降水不好
14	世界贸易大厦（原商业大厦）	济南	D=0.8m 悬臂灌注桩	12	嵌固在土内的桩长度不足、设计不合理、未设圈梁、其次是漏水
15	农贸市场大楼	南京	D=0.7m 灌注桩加锚杆二道	7	设计方案、施工已改变、地面荷载增加，管道局部漏水
16	泰合大厦	武汉	D=1m 钻孔灌注桩悬臂	13	基坑涌水涌砂、未形成止水帷幕
17	交通银行大厦	南京	D=0.8m 灌注桩臂	6.7	未按设计方案施工、且止水帷幕未形成
18	人民商场改建	南京	D=0.5m 水泥搅拌桩止水帷幕 D=0.8m 灌注桩悬臂	5.35～6.5	因止水帷幕有两个缺口、未连续封闭失效
19	某工程	上海	D=0.6m 钻孔灌注桩悬臂采用压密注浆	4.5～5.0	压密注浆压力不足、造成地下水、泥土涌入
20	新世界大厦	深圳	D=1.2m 钢筋混凝土挡土桩	8～14	设计参数取值不当及地下管道渗漏
21	065 工程	广州	D=1.2m 挖孔桩加锚杆	18	设计不当、稳定系数较低、施工不适当清挖坡脚
22	海关大楼	烟台	D=0.8m 钻孔灌注桩高喷灌浆封闭成墙	10.8～11.8	设计缺陷、施工桩混凝土强度不足、地下管线渗漏
23	东方龙邸	上海	深 20m 的地下连续墙	10	33 幅地下连续墙有 28 幅倒塌 11 幅深度不到位、最浅的仅 11m
24	多伦商厦	上海	深 21m 地下连续墙	11.5	在 9m 深墙体有 25×40cm 空洞、另有墙体严重突出、最大达 2m

续表

序号	工程名称	地点	支护结构	基坑深度(m)	事故原因
25	半球太新广场	湛江	D=1.2m 灌注桩@1.5m、桩长 32m，桩顶设压顶梁用锚杆加固	9.0	坑外流入泥水通过支护桩间不断向坑内渗入、3 根支护桩折断、配电房滑入基坑、相邻的楼房下沉、倾斜
26	宇海宾馆	海口	喷锚支护采用 ϕ25 非预应锚杆长 6m、表面为 ϕ6@200 网片	8	支护方式选择失误、边缘只有 4m 有一栋三层旅行社相当于边缘堆载、非预应力锚杆长度也不足
27	金环大厦	汕头	其上喷混凝土采用 D=0.8m 灌注桩@1m 桩长 15m、外侧为搅拌桩止水帷幕	9	桩施工质量差、水平支撑梁抗力不足、止水帷幕效果差、多处漏水
28	某中心大厦	北京	采用 D=0.8m 钻孔灌注桩@1.2m 桩长 15.4m、桩顶设压梁、梁上砌 1.5m 高护墙	11	随意修改设计、取消桩顶锚杆、使支护桩成为悬臂桩、嵌固深度严重不足仅 4m
29	某广场	北京	基坑−5m 以上采用土钉、钢丝网水泥护面；−5m 以下采用 D=0.8m@1.6m 灌注桩支护、桩长 22m、用降水井降水	14.7	排水井忽略了抽水、排水井数量又少、使地基土含水量增大、土的黏聚力和内摩擦角减小
30	某银行营业大厦	太原	A 区采用双排灌注桩支护、B 区采用单排桩支护、桩直径 D=0.8m@1.2m 双排桩@1.8m 长度为 17m 和 21m、支护桩外作旋喷桩止水帷幕	10.3	大型排洪管道在拐角处有巨大的水锤作用以及管道漏水

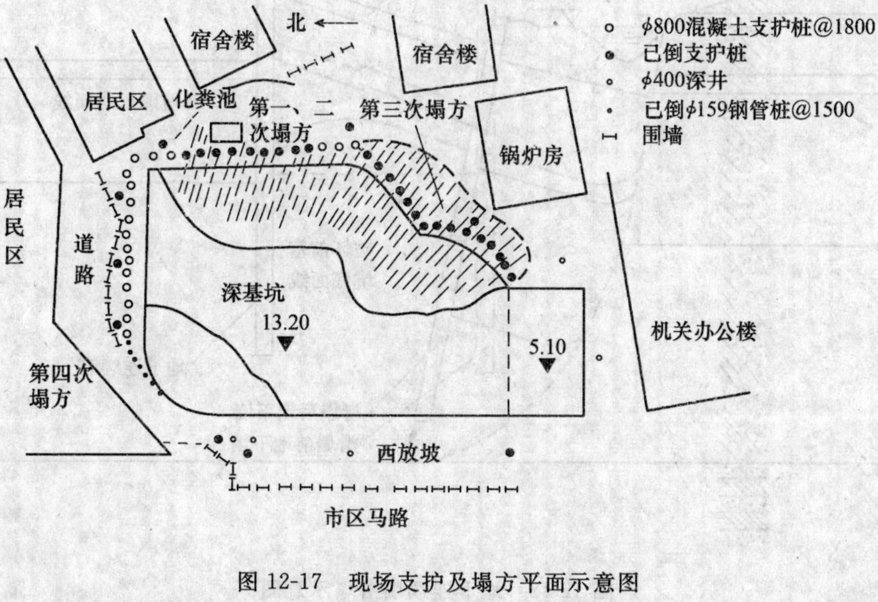

图 12-17　现场支护及塌方平面示意图

支护方案，为了片面节约造价，建设方提出采用 $D=0.8\text{m}$ 悬臂灌注桩，部分采用 D_g150 钢管桩，间距 1.8m，悬臂 12m，入坑 6m 未经认真计算乱定方案，结果出现四次倒塌，桩顶必须设压梁，次要原因是漏水，使安全度降低。

表 12-9　世界贸易大厦深基坑支护塌方事故描述

倒塌顺序	日　期	事　故　描　述
第一次	1992 年 11 月 22 日	东侧③～④轴间一根桩发生 35°内倾，土体发生局部塌方。紧临该桩东南部 6 根桩后土体 0.5～1cm 裂缝，北部未打桩范围 3.2m 宽道路下沉，地面裂缝 1～2cm，房屋出现 3 道 0.1～0.5cm 竖向裂缝，各种迹象预示为大塌方的前兆
第二次	1992 年 11 月 22 日	东侧②～⑤轴约 20m 范围，8 根桩突然倒塌，在距坑底 1m 左右桩被折断，桩后土体大面积涌入坑内，地面上一座化粪池整座倾入坑内。又紧急采取顶撑加固，未能奏效
第三次	1992 年 11 月 22 日	基坑南侧又有 15 根桩倒塌
第四次	1992 年 11 月 22 日	北侧西部又发生局部塌方，道路被中断，塌方到房屋边缘

事故实例（二）

在宁波某坑工程，基坑宽约 10m，长超过 200m，开挖深度为 9.5m～10.5m。采用 80cm 厚、深度为 10.39m～20m 的地下连续墙，两道钢筋混凝土支撑，见示意图12-18。该工程的地质属江海积平原，地面下 20m 范围内为饱和、流塑状灰色淤泥，内摩擦角为 11.5°，黏聚力为 12kPa，往下为中细砂层，而地下墙的深度未达该土层，整个地下连续墙区段内的土质较差。1992 年 1 月 28 日挖土已接近设计标高。翌日，12 幅地下连续墙发生整体滑移，基坑底面土体隆起，第二道支撑大部分剪断，第一道支撑拉脱跌落，坑外滑塌区长 64m，宽 11m～13m，地面下沉最大达 4.0m，形成积水，附近民房不同程度受到损害，滑动土体内外地层界线错开，形成一个较为典型的基坑滑动破坏，见示意图12-18。

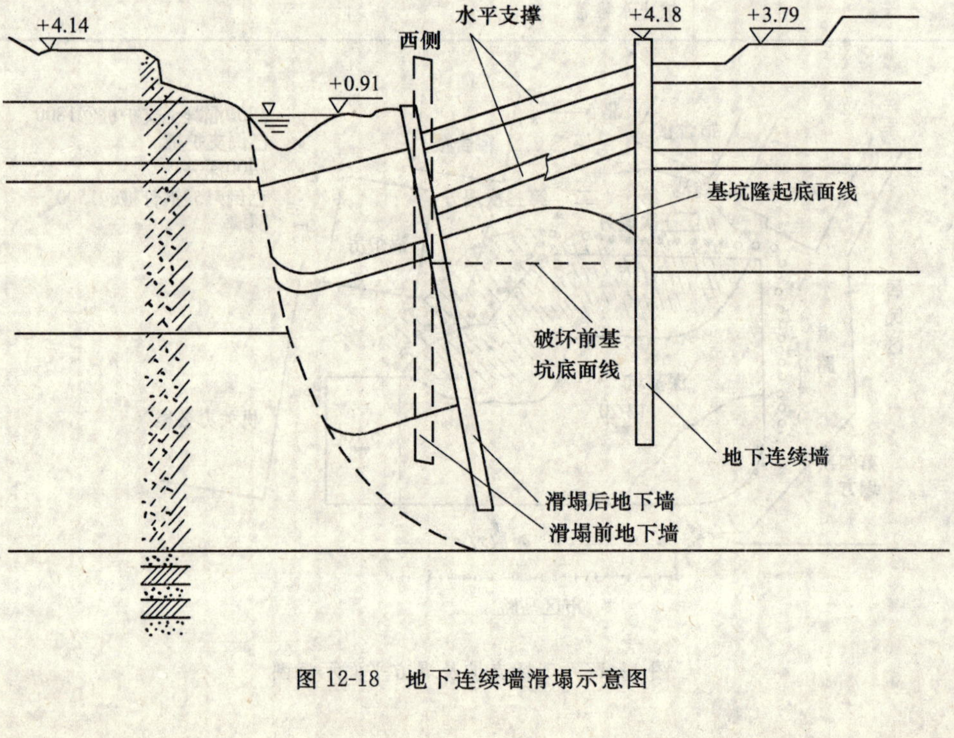

图 12-18　地下连续墙滑塌示意图

事后重新勘测，勘察单位原建议用于稳定分析的黏聚力 c 值为 13kPa，内摩擦角 ϕ 值为 6.5°。经过认真分析，认为造成事故的主要原因是土体失稳，被动区提供的被动抗力不足的问题，见表12-10。从该事故分析可见，原勘察报告给出的内摩擦角值偏高，以致失稳。

表 12-10　事故实例（二）的稳定系数

事故分析	事故前	事故后	假　定
土的力学指标	$c=12$kPa $\varphi=15.4°$	$c=13$kPa $\varphi=6.5°$	$c=13$kPa $\varphi=0$
被动土压力 Pa，(kN/m)	1780	1320	980
稳定系数 K	$1.38>K_s=1.3$	$0.74<K_s$	$0.47<K_s$

事故实例（三）

在上海浦东某 14 层大楼，基坑约为 65m×40m，基坑深度约为 10m，采用直径为 ϕ800mm@1000mm，长度为 16m 的灌注桩，桩的背后采用深层搅拌止水，采用两道 ϕ914×11 钢管支撑。在灌注桩长度范围内多为灰色淤泥黏土和淤泥质黏土，内摩擦 φ 为 6°45′，黏聚力 c 为 7kPa，灌注桩端进入较差的灰色黏土，内摩擦角 5°45′，黏聚力 c 为 11kPa。1993 年 11 月 15 日凌晨，基坑在宽度方向发生整体滑动，地面严重沉陷倾斜，路面严重裂缝，坑底大量土体隆起，钢支撑多处发生纵向弯曲，甚至破坏，连系杆失稳或折断，有的灌注桩也发生折断，基坑整体滑动见图12-19。

图 12-19　灌注桩挡墙滑塌示意图

事故后进行分析，钢管支撑体系失稳破坏是一个重要原因，因为围护结构、支撑体系和土体三者相互作用组成的基坑工程的整体，支撑体系的失稳，势必导致整体破坏；另一个原因就是灌注桩的入土深度偏小，只有 6.9m，即入土深度与开挖深度之比为的 0.69，使得坑底被动区部位土体的被动抗力不足，容易发生剪切破坏，造成坑底隆起。这样，两个原因汇在一起，造成基坑整体滑动。

事故实例（四）

湛江半球太新广场（见表12-8序号 25），位于霞山区十字路口一侧，平面位置见

图 12-20。地上 29 层、地下 2 层，基坑深 9m，地表向下第一层为填土厚约 2m，其下为淤泥质土，地下水位在表下 2m 处。支护桩采用 $D=1.2$m@1.5m 灌注桩，桩长 32m，支护桩共 168 根，桩顶设压顶梁，锚杆加固，基坑内处同时用降水井降水。由于基坑边贴近配电间，直接妨碍了支护桩的施工，因此支护桩仅施工到配电间的右侧，而配电间左侧及基坑的拐角，仅用工程桩代替支护桩，配电间前没有作支护桩，由于没有止水措施，基坑开挖后泥水大量流入基坑，结果配电间滑入基坑，右侧 3 根支护桩折断，北侧六层宿舍楼向南倾斜 2.5m，三层宿舍楼向南倾斜 7cm。事故原因是对配电间的超载、在基坑不作支护处理是错误的，地下水位高，地基土为淤泥质土，缺乏止水帷幕，支护桩配筋与原设计不符等。

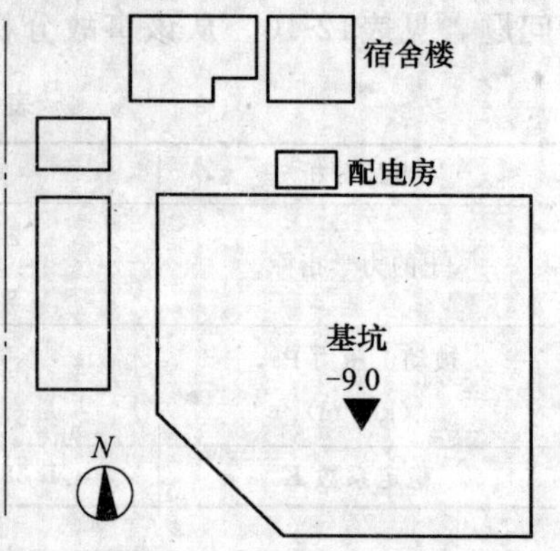

图12-20 基坑平面示意图

根据表12-8调查统计分析，按事故原因分类统计见表12-11。

表 12-11 基坑事故原因统计分类表

事故调查	设计缺陷		勘察不详		水的作用		施工质量		土冻胀	
沈阳地区	8	57.1	1	7.2	3	21.4	2	14.3		
鞍山地区	3	18.8	1	6.2	4	25	6	37.3	2	12.5
东北地区	13	35	3	8	8	22	10	27	3	8
唐业清 103 项事故分析	46	45			23	22	34	33		
余志成、施文华调查	4	36.4			4	36.4	3	27.2		
本书 30 项事故分析	15	50	1	3.3	7	23.4	6	20	1	3.3

从表12-11可见，设计缺陷、施工质量和水的作用是发生事故的主要原因。

以上四个基坑事故有各自特点，但有共同点，事故二的地下连续墙底部处在饱和、流塑状灰色淤泥（内摩擦角 φ 为 6.5°，黏聚力 c 为 12kPa）中，事故三的挡土灌注桩底部处于较差的灰色黏土（内摩擦角 φ 为 5°45′，黏聚力 c 为 11kPa）中，显而易见，坑底被动区的土体抗力不足造成整体滑动，表明中国建筑科学研究院的室内试验结果指出的嵌固土层的作用的重要性。

五、深基坑喷锚网施工

1. 概述

深基坑喷锚网主要是用土钉或锚杆作拉筋插入土体内部，常用钢筋做拉筋，尺寸小，全长度与土黏结，并在坡面上喷射混凝土，从而形成土体加固区带，其结构类似于护面式挡墙，用以提高整个边坡的稳定性，适用于开挖支护和天然边坡加固，是一项实用的原位岩土加筋技术。

1972 年，法国 Bouoygues 在法国凡尔塞（Versailles）附近铁道拓宽线路的边坡中首次应用了土钉。其后，土钉法作为稳定边坡与深基坑开挖应用此项技术。我国从 20 世纪 80 年代开始进行土钉的试验研究和工程实践，于 1980 年在山西柳湾煤矿边坡稳定中首次在工程中应用土钉技术。目前，土钉这一加筋新技术在全国已应用了几百项基坑支护工程，正在各地迅速推广。

2. 土钉的类型、特点及适用性

按施工方法，土钉可分钻孔注浆型土钉、打入型土钉和射入型土钉三类。其施工方法及原理、特点和应用状况见表12-12。

表 12-12 土钉的施工方法及特点表

土钉类别（按施工方法）	施工方法及原理	特点及应用状况
钻孔注浆型土钉	先在土坡上钻直径为 100～200mm 的一定深度的横孔，然后插入钢筋、钢杆或钢铰索等小直径杆件，再用压力注浆充实孔穴，形成与周围土体密实黏合的土钉，最后在土坡坡面设置与土钉端部连结的联系构件，并用喷射混凝土组成土钉面层结构，从而构成一个具有自撑能力且能够支撑其后来加固体的加筋域	土钉中应用最多的形式，可用于永久性或临时性的支挡工程
打入型土钉	将钢杆直接打入土中。欧洲多用等翼角钢（50×50×5～60×60×5）作为钉杆，采用专门施工机械，如气动土钉机，能够快速、准确地将钉打入土中。长度一般不超过 6m，用气动土钉机每小时可施工 15 根。其提供的摩阻力较低，因而要求的钉杆表面积和设置密度均大于钻孔注浆型土钉	长期的防腐工作难以保证，目前多用于临时性支挡工程
射入型土钉	由采用压缩空气的射钉机依任意选定的角度将直径为 25～38mm、3～6m 的光直钢杆（或空心钢管）射入土中。土钉可采用镀锌或环氧防腐套。土钉头通常配有螺纹，以附设面板。射钉机可置于一标准轮式或履带式车辆上，带有一专门的伸臂	施工快速，经济适用于多种土层，但目前应用尚不广，有很大发展潜力

土钉适用于地下水位低于土坡开挖段或经过降水使地下水位低于开挖层的情况。为了保证土钉的施工，土层在分阶段开挖时，应能保持自立稳定。为此，土钉适用于有一定黏结性的杂填土、黏性土、粉性土、黄土类土及弱胶结的砂土边坡。此外，当采用喷射混凝土面层或坡面浅层注浆等稳定坡面措施能够保证每一个坡台价的自立稳定时，也采用了土钉支挡体系作为稳定边坡的方法。

对标准贯入击数低于 10 击或相对密实度低于 0.3 的砂土边坡，采用土钉法一般是不经济的；对不均匀系数小于 2 的级配不良的砂土，土钉法不可采用；对塑性指数 I_p 大于 20 的黏性土，必须仔细评价其蠕变特性后，方可将土钉用作永久性支挡结构；土钉法不适用于软土边坡，这是由于软土只能提供很低的界面摩阻力，假如采用土钉稳定软土边坡，其长度与密度均需提得很高，且成孔时保护孔壁的稳定也较困难，技术经济综合效益均不理想；同样，土钉法不适用于侵蚀性土（如煤渣、矿渣、炉渣、酸性矿物废料等）中作为永久性支挡结构。

土钉作为一种施工技术，具有以下特点：

(1) 对场地邻近建筑物影响小

由于土钉施工采用小台阶逐段开挖，且在开挖成型后及时设置土钉与面层结构，使面层与挖方坡面紧密结合，土钉与周围土体牢固黏合，对土坡的土体扰动较少。土钉一般都是快速施工，可适用开挖过程中土质条件的局部变化，易于使土坡得到稳定。实测资料表明：采用土钉稳定的土坡只要产生微小变形，就可使土钉的加筋力得到发挥，因而实测的坡面位移与坡顶变形很小（图12-21），对相邻建筑物的影响小。

（2）施工机具简单、施工灵活

设置土钉采用的钻孔机具及喷射混凝土设备都属可移动的小型机械，移动灵活，所需场地也小。此类机械的振动小、噪声低，在城市地区施工具有明显的优越性。土钉施工速度快，施工开挖容易成型，在开挖过程中较易适用不同的土层条件和施工程序。

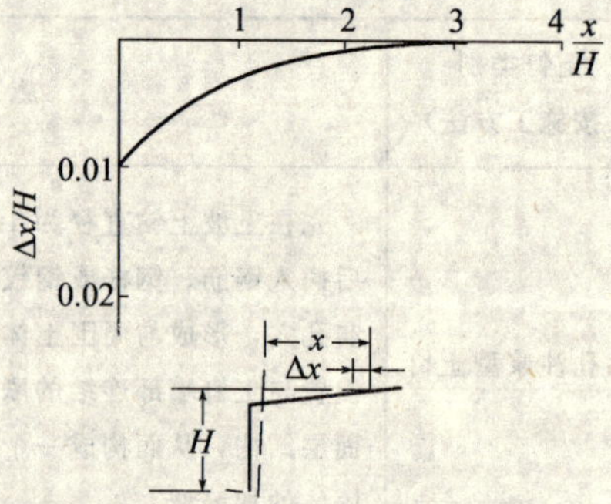

图 12-21　土钉加筋后坡面的位移

（3）经济效益好

据西欧统计资料，开挖深度在 10m 以内的基坑，土钉比锚杆墙方案可节约投资 10%～30%。在美国，按土钉开挖专利报告（ENNR，1976）所指出的，可节省投资 30%左右。国内土钉工程的经济分析也表明，可比传统支护方式节约投资40%～50%。

诚然，土钉技术在其应用上也有一定的局限性，主要是：

1）土钉施工时一般要先开挖土层 1～2m 深，在喷射混凝土和安装土钉前需要在无支护情况下稳定至少几个小时，因此土层必须有一定的天然“凝聚力”。否则，需先行处理（如进行灌浆等）来维持坡面稳定，但这样会使施工复杂和造价加大。

2）土钉施工时要求坡面无水渗出。若地下水从坡面渗出，则开挖后坡面会出现局部坍滑，这样就不可能形成一层喷射混凝土面。

3）软土开挖支护不宜采用土钉。因软土内摩擦力小，为获得一定的稳定性，势必要求土筋长、密度高。这时应采用其他基坑支护方法较为适宜。但国内已有在软土（淤泥）地层成功运用土钉支护的工程，技术方面尚应总结提高。

3. 土钉与加筋土挡墙、土层锚杆的比较

（1）土钉与加筋土挡墙比较

尽管土钉技术与前述的加筋土挡墙技术有一定的类同之处，但仍有一些根本的差别需要重视。

1）主要相同之处为：

①加筋体（拉筋或土钉）均处于无预应力状态，只有在土体产生位移后，才能发挥其作用。

②加筋体抗力都是加筋体与土之间产生的界面摩阻力提供的，加筋土体内部本身处于稳定状态，它们承受着其后外部土体的推力，类似于重力式挡墙的作用。

③面层（加筋土挡墙面板为预制构件，土钉面层是现场喷射混凝土）都较薄，在支挡结构的整体稳定中不起主要作用。

2）主要不同之处为：

①虽然竣工后两种结构外观相似，但施工程度却截然不同。土钉施工是“自上而下”，

分步施工，而加筋土挡墙的施工则是“自下而上”（图12-22）。这对筋体应力分布有重大影响，施工期间尤甚。

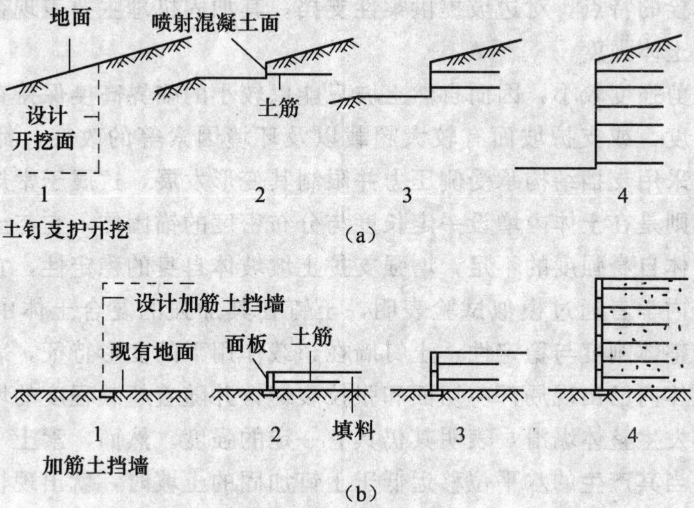

图 12-22　土钉与加筋土挡墙施工程序比较

(a)“自上而下”土钉结构；(b)“自下而上”加筋土挡墙

②土钉是一种原位加筋技术，是用来改良天然土层的，不像加筋土挡墙那样，能够预定和控制加筋土的性质。

③土钉技术通常包含使用灌注技术，使筋体和其周围土层黏结起来，荷载通过浆体传递给土层。在加筋土挡墙中，摩阻力直接产生于筋条和土层间。

④土钉既可水平布置，也可倾斜布置。当其垂直于潜在滑裂面设置时，将会充分地发挥其抗力。而加筋土挡墙内的拉筋一般为水平设置（或很小角度的倾斜布置）。

(2) 土钉与土层锚杆比较

表面上，当用于基坑边坡加固和开挖支护时，土钉和预应力土锚杆间有一些相似之处。的确，人们很想将土钉仅仅当做一种“被动式”的小尺寸土层锚杆。尽管如此，两者仍有较多的功能差别，如：

1) 土层锚杆在安装后便于张拉，因此在运行时能理想地防止结构发生各种位移。相比之下，土钉则不预张拉，在发生少量（虽然非常小）位移后才可发挥作用。

2) 土钉长度（一般为 3～10m）的绝大部分和土层相接触，而土层锚杆则是通过末端固定的长度传递荷载。其直接后果是在支挡土体内产生的应力分布不同。

3) 由于土钉安装密度很高（一般每 0.5～4.0m² 一根），因此单筋破坏的后果未必严重。另外，土钉的施工精度要求不高，它们是以相互作用的方式形成一个整体。

4) 因锚杆承受荷载很大，在锚杆的顶部需安装适当的承载装置，以减小出现穿过挡土结构面发生“刺入”破坏的可能性。而土钉则不需要安装坚固的承载装置，其顶部承担的荷载小，可由安装在喷射混凝土表面的钢垫来承担。

5) 锚杆往往较长（一般为 15～45m），因此需要用大型设备来安装，锚杆体系常用于大型支护结构，如地下连续墙和钻孔灌注桩支护，这些结构全身也需要大型施工设备。

4. 加固机理

土钉是由较小间距的加筋来加强土体，形成一个原位复合的重力式结构，用以提高整个原位土体的强度并限制其位移，这种技术实质是“新奥隧道法”的延伸，它结合了钢丝网喷射混凝土和岩石锚栓的特点，对边坡提供柔性支挡。其加固机理主要表现在以下几个方面：

（1）提高原位土体强度

由于土体的抗剪强度较小，因而自然土坡只能以较小的临界高度保持直立。而当土坡直立高度超过临界高度，或支护坡面有较大超载以及环境因素等的改变，都会引起土坡的失稳。为此，过去常采用支挡结构承受侧压力并限制其变形发展，这属于常规的被动制约机制的支挡结构。土钉则是在土体内增设一定长度与分布密度的锚固体，它与土体牢固结合而共同工作，以弥补土体自身强度的不足，增强支护土坡坡体自身的稳定性，它属于主动制约机制的支挡体系。国内学者通过模似试验表明，土钉在其加强的复合土体中起着箍束骨架作用，提高了土体的整体刚度与稳定性；土钉墙在超载作用下的变形特征，表现为持续的渐进性破坏。即使在土体内已出现局部剪切面和张拉裂缝，并随着超载程度的增加而扩展，但仍可持续很长时间不发生整体塌滑，表明其仍具有一定的强度。然而，素土（未加筋）边坡在坡顶超载作用下，当其产生的水平位移远低于土钉加固的土坡时，就出现快速的整体滑裂和塌落。

此外，在地层中常有裂隙发育，当向土钉孔中进行压力注浆时，会使浆液顺着裂隙扩渗，形成网状胶结。当采用一次压力注浆工艺时；对宽度为 1～2mm 的裂隙，注浆可扩成 5mm 的浆脉，它必然增强土钉与周围土体的黏结和整体作用。

（2）土与土钉间相互作用

类似于加筋土挡墙内拉筋与土的相互作用，土钉与土间的摩阻力的发挥，主要是由于土钉与土间相对位移而产生的。在土钉加筋的支护工程内，同样存在着主动区和被动区。主动区和被动区内土体与土钉间摩阻力发挥方向相反，而被动区内土钉可起到锚固作用。

土钉与周围土体间的极限界面摩阻力取决于土的类型、上覆压力和土钉的设置技术。加筋土基坑支护则不能完全用来设计土钉结构。应对土钉做抗拔试验为最后设计提供可靠数据。目前土钉的极限界面摩阻力问题尚有待进行深入的理论和试验研究。

（3）面层土压力分布

面层不是土钉结构的主要受力构件，而是面层土压力传力体系的构件，同时起保证各土钉不被侵蚀风化的作用。由于它采用的是与常规支护体系不同的施工顺序，因而面层上土压力分布与一般重力式挡土墙不同。某单位曾对山西某黄土边坡土钉工程进行原位观测（图12-23）。试验指出，实测面层土压力随着土钉及面层的分阶段设置，而不断产生变化，其分布形式不同于主动土压力，试验认为可将其简化为图12-23中曲线 3 所示的形式。

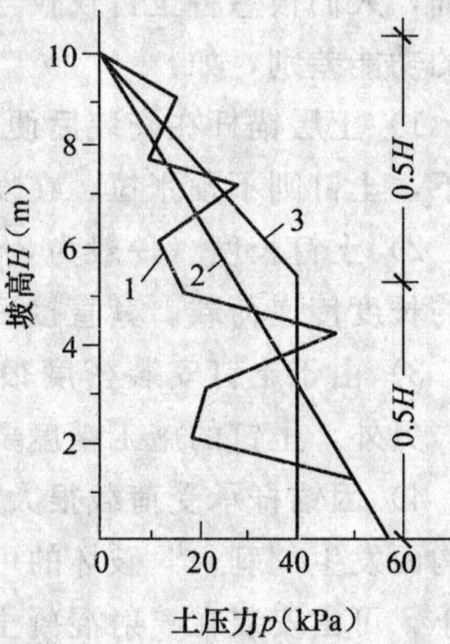

图 12-23　土钉面层土压力分布
1—实测土压力；2—主动土压力；3—简化土压力

（4）破裂面形式

对均质土陡坡，在无支挡条件下的破坏是沿着库仑破裂面发展的，这已为许多试验和实际工程所证实。对原位加筋土钉复合陡坡的破坏形式，某单位对此进行了原位试验及理论分析，并获得了如图12-24所示的结果，试验土坡的土质为黄土类粉土与粉质黏土。实测土钉复保陡坡的破裂面不同于库伦破裂面，因而建议采用如图12-24（b）中的的简化破裂面形式。

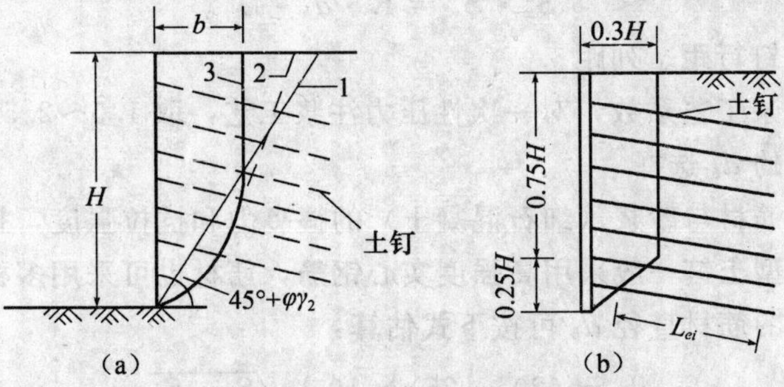

图 12-24　土钉复合陡坡破裂面形式

1—库仑破裂面；2—有限元解；3—实测值

5. 设计计算

如同重力式挡土墙的设计一样，土钉结构的稳定必须经受外力和内力的作用。

（1）关于外部稳定方面的要求：

1）加筋区必须能抵抗其后面的非加筋区的外推力而不能滑动；

2）在加筋区自重及其所承受侧向土压力共同作用下，不能引起地基失稳；

3）挡土结构的稳定，必须考虑防止深层整体破坏。

（2）关于内部稳定，土钉必须安装紧固，以保证加筋区内土钉与土有效的相互作用。土钉应具有足够的长度和能力以保证加筋区的稳定。因此设计时必须考虑：

1）单根土钉必须能维持其周围土体的平衡，这一局部稳定条件控制着土钉的间距；

2）为防止土钉与土间结合力的不够，或土钉断裂而引起加筋区整体滑动破坏，因此要求控制土钉的所需长度。

（3）为此，土钉支护体系的设计一般应包括以下几个步骤：

1）根据支护土坡的几何尺寸（深度、切坡倾角）、土性和超载情况，估算潜在破裂面的位置；

2）选择土钉的形式、截面积、长度、设置倾角和间距；

3）验算土钉结构的内外部稳定性。

（4）具体设计计算如下：

1）土钉几何尺寸设计

在初步设计阶段，首先应根据土坡的设计几何尺寸及可能潜在破裂面的位置等做初步选择，包括选择孔径、长度与间距等基本参数。

①土钉长度

已有工程的土钉实际长度 L 均不超过支护土坡的垂直高度。抗拔试验表明，对高度小于 12m 的支护土坡采用相同的施工工艺，在同类土质条件下，当土钉长度达到一倍支护坡垂直高度时，再增加长度对承载力提高不明显。

②土钉孔径及间距布置

土钉孔径 d_h 可根据成孔机械选定。国外对钻孔注浆型土钉钻孔直径一般为 76～150mm；国内采用的土钉钻孔直径一般为 100～200mm。

土钉间距包括水平间距（行距）和垂直间距（列距）。对钻孔注浆型土钉，应按6～8倍土钉钻孔直径 d_h 选定土钉行距和列距，且应满足：

$$S_x \cdot S_y = K \cdot d_h \cdot L$$

式中 S_x、S_y——土钉行距、列距；

K——注浆工艺系数，对一次性压力注浆工艺，取1.5～2.5。

③土钉主筋直径的 d_b 选择

为了增强土钉中筋材与砂浆（细石混凝土）的握裹力和抗拉强度，打入型土钉一般采用低碳角钢；钻孔注浆型土钉一般采用高强度实心钢筋，筋材也可采用多根钢绞线组成的钢绞索。试验建议，土钉的筋材直径 d_b 可按下式估算：

$$d_b = (20 \sim 25) \times 10^{-3} \sqrt{S_x \cdot S_y}$$

2）内部稳定性分析

土钉结构内部稳定性分析，国内外有几种不同的设计计算方法，国外主要有：美国的Davis法、英国的Bridle法和德国法及法国法，国内提出的方法。这些方法的设计计算原理都是考虑土钉被拔出或被拔断。以下只介绍两种设计方法。

①国内方法

a. 抗拉断裂极限状态

在面层土压力作用下，土钉将承受抗拉应力，为保证土钉结构内部的稳定性，应使土钉主筋具有一定安全系数的抗拉强度。为此，土钉主筋的直筋 d_b 应满足公式：

$$\frac{\pi \cdot d_b^2 \cdot f_y}{4E_i} \geqslant 1.5$$

式中 f_y——主筋抗拉强度设计值；

E_i——第 i 列单根土钉支承范围内面层上的土压力，可按下式计算：

$$E_i = S_x \cdot S_y$$

q_i——第 i 列土钉处的面层土压力，可按下式计算：

$$q_i = m_e \cdot K \cdot \gamma \cdot h_i$$

其中，h_i——土压力作用点至坡顶距离，当 $h_i > H/2$ 时，h_i 取 $0.5H$；

H——土坡垂直高度；

γ——土的重度；

m_e——工作条件系数。对使用期不超过二年的临时性工程，$m_e = 1.0$；对使用期超过二年的永久性工程，$m_e = 1.2$；

K——土压力系数，取 $1/2\ (K_0 + K_a)$，其中 K_0、K_a 分别为静止、主动土压力系数。

b. 锚固极限状态：

在面层土压力作用下，土钉内部潜在滑裂面的有效锚固段应具有足够的界面摩阻力而不被拔出。为此，应满足下式：

$$\frac{F_i}{E_i} \geqslant K$$

式中 F_i——第 i 列单根土钉的有效锚固力，$F_i = \pi \cdot \tau \cdot d_h \cdot L_{ei}$；

L_{ei}——土钉有效锚固段长度，计算断面如图12-24（b）所示；

τ——土钉有与土间的极界面摩阻力，应通过抗拔试验确定。在无实测资料时，可参考表12-13取值；

K——安全系数，取1.3～2.0，对临时性土钉工程取小值，永久性土钉工程取大值。

表 12-13　不同土质中土钉的极限界面摩阻力 τ 值

土　类	τ（kPa）
黏土	130～180
弱胶结砂土	90～150
粉质黏土	65～100
黄土类粉土	52～55
杂填土	35～40

②Schlosser 方法

a. 土钉与土间的界面摩阻力：

对没有超载或均匀超载情况，土钉结构可能产生破裂面与垂线的倾角为 $\delta=90°-1/2\ (\beta+\varphi)$（$\varphi$ 为土的摩擦角），如图12-25所示，考虑作用于土钉侧面的水平应力，土钉与土间的界面摩阻力为：

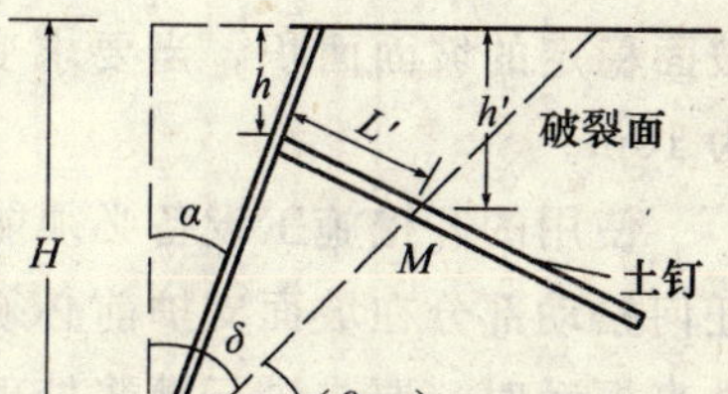

图 12-25　土钉结构破裂面与垂线倾角

$$F_{Ni}=L_{ei}\cdot\tan\varphi\cdot h'_i\cdot[2+(\pi-2)K_0]$$

式中　F_{Ni}——土钉与土间的界面摩阻力；

L_{ei}——土钉有效锚固长度；

φ——土与土钉间摩擦角；

K_0——静止土压力系数，$K_0\approx 1-\sin\varphi$，其中 φ 为土的摩擦角；

h'_i——土钉有效锚固长度以上的土层厚度。

计算单位宽度内若干土钉的总摩阻力 $\sum F_{Ni}$ 及侧向总压力 E：

$$E=\frac{1}{2}K_a\cdot\gamma\cdot H^2$$

式中　K_a——主动土压力系数，可按下式计算：

$$K_a=\left[\frac{\sin(\beta-\varphi)}{(\sin\beta)^{1.5}+\sin\varphi(\sin\beta)^{0.5}}\right]^2$$

γ——土的重度；

H——土坡垂直高度。

土钉结构的安全系数为 $K=\sum F_{Ni}/E$，考虑到目前为止已建土钉工程的数量有限，建议 K 取1.5～2.5。

b. 土钉承受的拉力：

每根土钉中产生的拉力可假定为作用于土钉所控制坡面面层上的侧向土压力。由于面层上的侧向土压力是随着土钉设置深度的增大而增大。为此，最低层的土钉上的拉力将是最大，其值可按下式计算：

$$T=K_a\cdot\gamma\cdot h_m\cdot S_x\cdot S_y$$

式中　T——土钉的拉力；

h_m——最低层土钉的深度；

S_x，S_y——土钉间的水平间距和垂直间距。

当土钉主筋具有极限强度 f_U 时，材料抗拉安全系数为：

$$K'=\frac{f_U\cdot\pi\cdot d_b^2}{4\cdot T}$$

3）外部稳定性分析

土钉加筋土体形成的结构可看作为一个整体。为此，其外部稳定性分析可按重力式挡墙考虑，包括土钉结构的抗倾覆稳定、抗滑移稳定以及地基强度等验算。

6. 施工技术

（1）开挖和护面

基坑开挖应分步进行，分步开挖深度主要取决于暴露支护坡面的“直立”能力。另外，当要求变形必须很小时，可视工地情况和经济效益将分步开挖深度降至最低。在粒状土中开挖深度一般为 0.5～2.0m，而对超固结黏性土则开挖深度可较大。

考虑到土钉施工设备，分步开挖至少要 6m 宽。开挖长度则取决于交叉施工期间能保持坡面稳定的坡面面积。当要求变形必须很小时，开挖可按两段长度分先后施工，长度一般为 10m。

使用的开挖施工设备必须能挖出光滑规则的斜坡面，最大限度地减小支护土层的扰动。任何松动部分在坡面支护前必须予以清除。对松散的或干燥的无黏性土，尤其是当坡面受到外来振动时，要先进行灌浆处理，在附近爆破可能产生的影响也必须予以考虑。

一般坡面支护必须尽早进行，以免土层出现松弛或剥落。在钻孔前一般须进行安装钢筋网和喷射混凝土工作。对打入型土钉，通常使用角钢做土钉，在安装钢筋网和喷射混凝土前先将角钢打入土层中。

对临时工程，最终坡面面层厚度为 50～150mm；而对永久工程，则面层厚为 150～250mm。根据土钉类型、施工条件和受力过程的不同，表层可做一层、两层或多层。在喷射混凝土前可将一根短棒打入土层中，以作为混凝土喷射厚度的量尺。最后一道建筑装饰工序是在最后一层大约 50mm 厚的混凝土上调色，或者制成大块的调色板。

根据工程规模、材料和设备的性能，可进行“湿式”或“干式”喷射混凝土。通常规定最大粒径 10～15mm，并掺入适量外加剂以利加速固结。少数情况下还可降低固态混凝土的塑性。

一般水泥最小含量控制为 300kg/m³，并建议每 100m² 设置一个控制“格”或“盒”，以控制现场质量，速凝喷射混凝土 8h 无侧限抗压强度应达 5MPa，最好在养护 24h 后再投入工作，当不允许产生裂缝时进行适当养护尤为重要。

喷射混凝土通常在每步开挖的底部预留 300mm，这样会有利于下步开挖后安装钢筋网，和下步 45°倒角的喷射混凝土层施工浇接。

（2）排水

应提前沿坡顶挖设排水沟排除地表水，并在第一步开挖喷射混凝土期间可用混凝土做排水沟覆面。一般对支护土体有以下三种主要排水方式：

1）浅部排水

使用 300～400mm 长的管子可将坡后水迅速排除。这些管子直径通常为 100mm，其间距依地下水条件和冻胀破坏的可能性而定。

2）深部排水

用开缝管做排水管，长度通常比土钉长，管径 500mm，上斜 5°或 10°。其间距决定于土体和地下水条件，一般坡面每大于 $3m^2$ 布置一个。

3）坡面排水

在喷射混凝土坡面前，贴着坡面按一定的水平间距布置竖向排水设施，其间距决定于地下水条件和冻胀力的作用，一般为 1～5m。这些排水管在每步开挖的底部有一个接口，贯穿于整个开挖面。在最底部由泄水孔排入集水系统。排水道可用土工聚合物预制，并要保护以防止喷射混凝土时渗入混凝土。

(3）土钉设置

在多数情况下，土钉施工可按土层锚杆技术规范进行，钻孔工艺和方法与土层条件、装备和施工单位的手段与经验有关。

1）成孔

①当前国内采用多节螺纹钻头干法成孔。钻机采用 YTN-87 型土锚钻机。这种钻机成孔直径为 100～150mm，钻孔深度最大可达 60m，可在水平与垂直方向间任意角度钻进，在黏土、粉质黏土夹粉质层条件下平均钻进速度为 0.5m/min。

②国外最常见的钻孔方法有：

A. 复合钻进：这种回转或冲击顺转方法就是在钻进的同时，使用管和内钻杆（Bruce，1984），并通常使用气或水冲洗液，在城市使用气体吹洗要小心。在修复工程中当遇到岩石或用混凝土做护面的结构时开始用金钢石钻头钻进。

B. 螺旋钻进：这种回转方法通常使用于不含块石的黏土或胶结砂层。在土层不稳定情况下，可在提钻时将土钉和浆液通过“空心钻具”导入。

依据土层锚杆的经验，孔壁“抹光”会降低浆土的黏结作用，建议不要采用膨润土或其他悬浮泥浆做钻进护壁。

显然，在用打入法土钉设置时，不需进行预先钻孔。在条件适宜时，安装速度是很快的，直接打入土钉的办法对含块石黏土或很密的胶结的土不适宜。在松散的弱胶结粒状土中应用时要小心，以免引起土钉周围土体局部结构破坏而降低土钉与土间的黏结应力。

2）清孔

采用 0.5～0.6MPa 压缩空气将孔内残留及松动的废土清除干净。当孔内土层的湿度较低时，需采用润孔花管由孔底向孔口方向逐步湿润孔壁，润孔花管内喷出的水压不宜超过 0.15MPa。

3）置筋

放置钢杆件，一般多用Ⅱ级螺纹钢筋或Ⅳ级精轧螺纹钢筋，尾部设置弯钩。为确保钢筋放置居中，在钢筋上每隔 3m 焊置一个对中托架。

4）注浆

注浆是保证土钉与周围土体紧密黏合的关键步骤。在孔口处调谐止浆塞（图12-26）并旋紧，使其与孔壁紧密贴合。在止浆塞上将注浆管插入注浆口，深入至孔底 0.5～1.0m 处。注浆管连结注浆泵，边注浆边向孔口方向拔管，直到注满为止。保证水泥

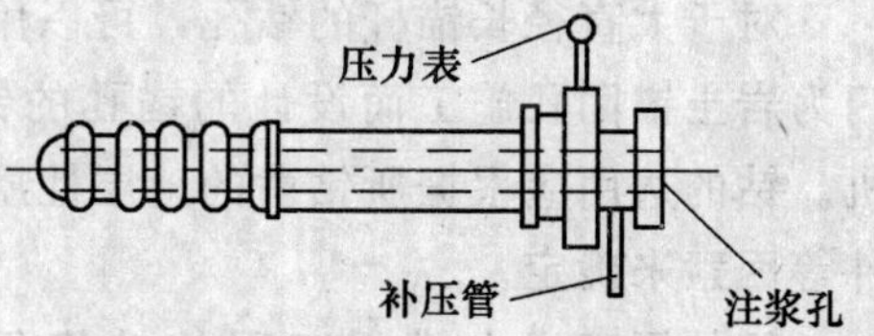

图 12-26　压力注浆示意图

砂浆的水灰比在0.4～0.5范围内，注浆压力保持在0.4～0.6kPa，当压力不足时，从补压管口补充压力。

放松止浆塞，将注浆管与止浆塞拔出，用黏性土和水泥砂浆（细石混凝土）充填孔口。

为防止水泥砂浆（细石混凝土）在硬化过程中产生干缩裂缝，提高其防腐性能，保证浆体与周围土壁的紧密黏合，可掺入一定量的膨胀剂。具体掺入量由试验确定，以满足补偿收缩为准。

另外，为提高水泥砂浆（细石混凝土）的早期强度，加速硬化，可掺速凝剂，常用的有红星一号速凝剂（711型速凝剂），掺入量为2.5%左右。

(4) 土钉防腐

在标准环境里，对临时支护工程，一般仅由灌浆做锈蚀防护层，有时在钢筋表面加一环氧涂层。对永久性工程要在筋外加一层至少有5mm厚的环状塑料护层，以提高锈蚀防护的能力。

(5) 检验和监测

与土层锚杆不同，对土钉不必逐一检查。这表明土钉的整体效能是主要的。在每步开挖阶段，必须挑选土钉进行拉拔试验，以检验设计假定的土钉与土的黏结力。建议在工程施工前对工程中的每一类别土必须安装4～5个短的土钉进行拉拔试验。

用应力计可以量测单钉应力分布及其变化规律，这对设计者是一个必不可少的信息反馈。土钉顶部埋设压力盒可获得有益的数据。

对支护系统整体效能最为主要的观测是对墙体或斜坡在施工期间和竣工后的变形观测。对土体内部变形的监测，可在坡面后不同距离的位置布置测斜管进行观测。而坡面位移可直接测出。

7. 锚杆工程施工

锚杆工程施工主要内容有：施工准备、钻孔、锚杆的制作和安放、注浆、锚杆张拉和锁定以及竣工验收等。

(1) 锚杆钻孔

钻孔是锚固工程施工中至关重要的环，如果钻孔速度慢，会直接影响到工程成本和经济效益；如果钻孔质量差，则会影响到锚杆的安装、水泥砂浆的灌注质量，进而影响到锚杆与砂浆以及砂浆与孔壁的黏结力，致使锚杆达不到设计要求。因此，在锚固孔的钻凿过程中，必须严格按设计要求施工，以确保锚固孔成孔质量。

1) 钻孔机具必须根据锚固工程钻孔要求和施工单位现有设备的实际情况进行选择。锚杆孔一般可分两类：一类是荷载较小的短锚杆的钻孔（孔径小于45mm，长度小于4.0m）；一类是传递较大拉力的长锚杆钻孔（直径在60～168mm同，长度在5～50m间）。

对于大直径长锚杆的钻孔，可以用回转钻、冲击钻或冲击回转钻钻进。可用的钻机有专门为岩土锚固孔施工而设计的锚孔的钻机，也可借用工程地质和地质勘探中常用的轻型钻机。钻的选用应根据所钻凿的地层性质、钻孔直径和深度、冲洗钻孔方式和钻机安放空间条件等因素来确定。

国外用于岩土锚固工程的钻机很多，我国引进的国外钻机主要有以下几种（见表12-14）。

表 12-14　几种国外钻机性能参数

性能参数	钻机类型				
	日本 RPD—65LC	日本 RPD—65HC	德国 HB101	德国 HB105	意大利 WD101
钻孔直径（mm）	101～137	60～80	64～127	由锚固要求定	168
钻孔深（m）	10～60	0～150	950	6000	最大 9300
扭矩（N·m）	4000	1000	1800	1800	0～212
冲击次数（次/min）	1350	2000	0～140	0～55	
进给力（kN）	40	40	最大 25	最大 25	60
钻臂长（mm）	2600	2600	6250	6250	最大 9550
发动机功率（kW）	50	50	74	74	74
重量（t）	6.8	6.6	8.3	8.3	12.95
外型尺寸（长×宽×高）（mm）	5700×2100×2250	5700×2100×2330	6610×2300×2200	6610×2300×2200	6300×2050×2750

国内专门为土锚研制的钻机主要有冶金部建筑研究总院研制的 YTM87 型土锚钻机和地质矿产部机械电子研究所研制的土星-881L 型钻机。YTM-87 型土锚钻机是轮胎式底盘、电力驱动的全液压钻机。它既可使用螺旋钻杆的干式钻孔，也可使用带护壁套管的湿式钻孔，并可钻任意倾角的钻孔。此机结构形状如图12-27。地质矿产部机械电子研究所土星-88LL型钻机是卧式底盘，在轨道上行驶，电动机功率为 50kW，钻孔直径为 150mm，成孔采用干护壁套管与内螺旋钻杆同时钻进，钻孔深度可达 30m 以上。

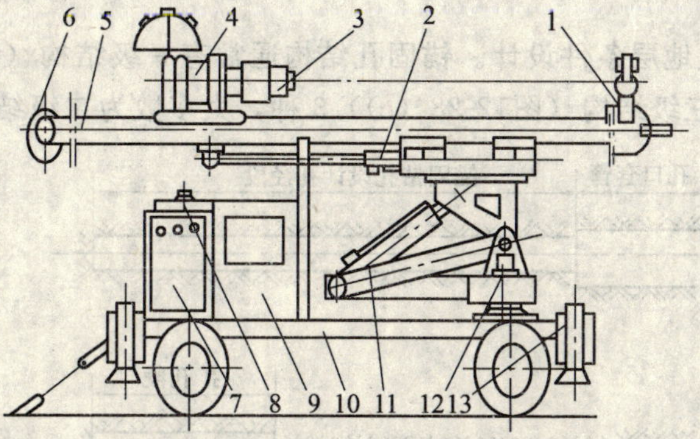

图 12-27　YTM-87 型土锚钻机

1—卡头；2—主梁伸缩油缸；3—进排水接头；4—动力头；5—主梁；6—进给液压马达；7—配电箱；8—液压油箱；9—泵；10—底盘；11—主梁俯仰油缸；12—立轴；12—液压支腿

2）另外，对硬质岩层特别有效的有 YQ-100 型潜孔钻机。该机需配大于 $10m^3/min$ 的空气压缩机。钻机可安装在能够行走的拖拉机上，或可移动的框架上，以便于对孔就位。潜孔钻功率大，用气动冲击将岩块打碎，并利用高压风将岩屑吹出孔外，效率也较高，每小时能钻 6m 以上。钻头直径为 $\phi100～180mm$，如遇有局部的风化软弱层，则可利用钻机上旋转取芯的环形钻头和岩芯管，并用其电机部分进行回转钻进。

国内用于锚固工程施工的一些钻机的性能特点，如表12-15所示。

表 12-15　国内常用锚固孔钻机性能特点

钻机型号	技术性能	适用土层	研制单位
YTM-87	钻孔角度：0°～90° 钻孔直径：100～200mm 钻孔深度：30～60m，可带套管	各种土层	冶金部建筑研究总院
土星-88LL	钻孔角度：0°～90° 钻孔直径：100～150mm 钻孔深度：50m，可带套管	各种土层	地质矿产部机械电子研究所
SGZ-Ⅲ	钻孔角度：0°～90° 钻孔直径：100～200mm 钻孔深度：40m	不塌孔土层	杭州钻探设备厂
岩芯钻机（XY-3、XY-4、XU-600、XJ-100 等）	钻孔角度：0°～90° 钻孔直径：100～150mm 钻孔深度：30～50m	不塌孔土层	
DYY-50	钻孔角度：0°～90° 钻孔直径：100～150mm 钻孔深度：50m	各种土层 基岩土层	长春地质学院钻探机具试验工厂

锚固孔钻探设备的配置随钻进方法不同虽有差异，但大部分设备基本上是相同的。此处不再作详细介绍。

（2）锚固孔施工技术及工艺

1）钻孔结构

钻孔结构应按岩土地层条件设计。锚固孔结构通常有一级结构（图12-28（a））、二级结构（图12-28（b））和三级结构（图12-28（c））3 种，大多数为二级结构。

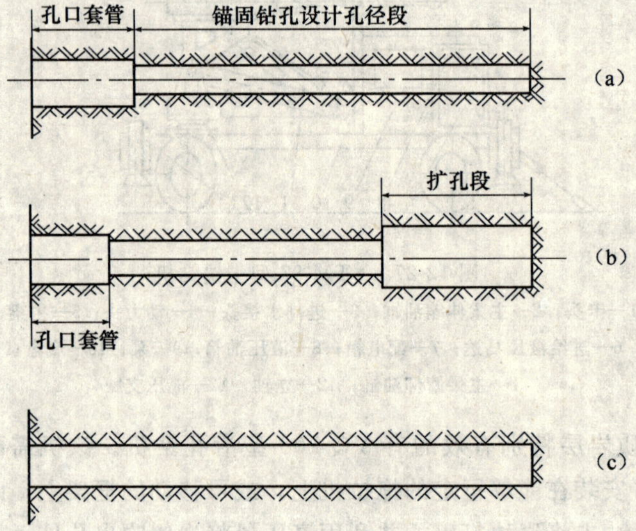

图 12-28　常见锚固钻孔结构示意图

（a）一级结构；（b）二级结构；（c）三级结构

一级口径结构多用在完整岩层、胀壳式内锚头的锚固工程和小型预应力锚杆施工中。二级口径结构多用在完整岩层的黏结型的内锚固体的锚固工程和土层锚杆工程中；三级口径多用在表层风化较严重。需要下表层套管，且地层较软，为增强锚固力需要在锚固段扩孔的情况。

2）钻机就位和安装调试

根据设计，测量人员在施工前将锚固钻孔的孔位、钻孔方位给定，打入标桩，注明钻孔编号。开钻前还需对钻机安装进行复测检查。

由于钻机安装质量不仅影响钻孔质量，同时还会影响施工速度和人员安全。因此，钻机安装应做到“正、平、稳、固”要求，确保钻机受力后不摇摆、不移位。钻机安装好后，应进行全面质量检查，并用测量方法检查钻机方位、倾角、水平度和开孔钻头落点差。检查合格后再进行试车检查。

钻孔开孔角度误差不超过 2°。钻机定点就位后应使锚杆水平方向孔距误差不大于 50mm，垂直方向孔距误差不大于 100mm。

3）钻进方法

钻进方法主要根据地层岩土性质兼顾钻机性能择定。目前在岩土锚固孔施工中的钻进方法有长螺旋干钻、冲击回转挤密钻进、常规的冲洗液全面钻进和风动潜孔锤冲击回转钻进等几种。

在深基坑中施工锚固孔不宜采用冲洗液钻进，应采用长螺旋干孔钻进和冲击回转挤密法钻进。在松软可塑黏性土中以挤密法成孔最佳。在风化岩层和硬质岩层和硬质岩中钻进，一般采用风动冲击回转钻进方法较经济，也可以采用冲洗液牙轮钻进。

各种钻进方法的适用地层条件可参考表12-16。

表 12-16　常见锚固孔钻进方法适用地层的情况

钻进方法	适用地层条件
长螺旋干孔钻进	黏性土、砂质土层、粉土层、砾径小于 5mm 的砂层、淤泥质土层
冲击回转挤密钻进	黏性土中的可塑、软塑、硬塑、淤泥质土层、粉土、砂质土、砾径小于 50mm 的砂层
冲洗液全面回转钻进	黏性土、砂质土、粉土、砂层、风化岩层及各类基岩地层
风动潜孔锤冲击回转钻进	风化岩层、基岩地层、砾径大于 50mm 以上的砂砾石层

钻进中所用钻头应根据岩石可钻性等级、钻进方式和钻孔倾角决定。一般原则是：可钻性 6 级以下的岩石宜用合金钻头或牙轮钻头；可钻 6 级以上的岩石可用钢粒和金钢石钻头钻进。钢粒钻进宜用于倾角大于 60°的钻孔，金钢石钻进不仅可适用于各种角度、各种硬度的岩层钻进，而且钻孔质量也好。

4）钻进参数

锚固孔钻进参数基本上与地质常规岩芯钻探相同，只在冲洗液、冲洗液流量方面略有区别。在完整岩层，常用清水大泵量钻进，如系金刚石钻进，必要时可加适量润滑剂减摩减阻；在易水化剥落的水敏岩层中钻进，应使用小失水量的优质泥浆钻进；在有滑动面的地层钻进，应严禁带水钻进；破碎带应采用钻一段、固结灌浆一段、再透孔钻进一段的方法钻进；在土层应该使用无泵干式作业法钻孔。

必须注意：在锚固孔钻进中使用冲洗液的原则是，能不用冲洗液，应尽量不用；能用清水冲洗钻进，应尽量用清水。因为，采用泥浆或润滑剂作冲洗液，留在孔壁上的泥皮和润滑剂残留液会减弱锚杆的锚固力。如使用了泥浆或润滑剂，完孔后必须进行清洗工作，可用清水（或高压空气）洗孔，直到孔口流出的水是清水为止。

5）扩大头施工方法

一般大型、巨型预应力锚杆和在土层中施工的土层锚杆，为增大锚固力，其锚固段要施工成扩大头型。扩大头直径一般比非锚固段钻孔直径大 30～50mm，也有更大的。扩大头端长度一般为 2～6m 不等。扩体施工方法比较多，如使用钢粒钻进时，可以多投钢粒磨扩锚固孔；在土层中可采用水射法、爆破法、伞形钻头扩孔法和离心扩头法。这里介绍中国有色金属工业总公司西北勘测工程勘测工程公司设计的一种液压伸缩式扩孔钻具。

该钻具结构如图12-29所示。主要由 4 活塞、3 推盘、2 扩孔刀、1 刀头、复位弹簧等组成。其工作原理是，水泵将冲洗液泵入钻具上腔，活塞受液体压力压缩弹簧下行，连接在活塞杆上的推盘亦随之下行。推盘推动扩孔力杆转动一个角度，使刀头伸出接触孔壁岩石开始扩孔。随着钻孔直径逐步扩大。刀杆逐步伸至水平位置达到最大扩孔尺寸而继续下行扩孔。此时活塞下行到设计的下死点位置，露出泄水孔，于是活塞所受压力不再增加，刀杆在自锁状态下保持恒压工作，直到扩体长度达到设计要求为止。

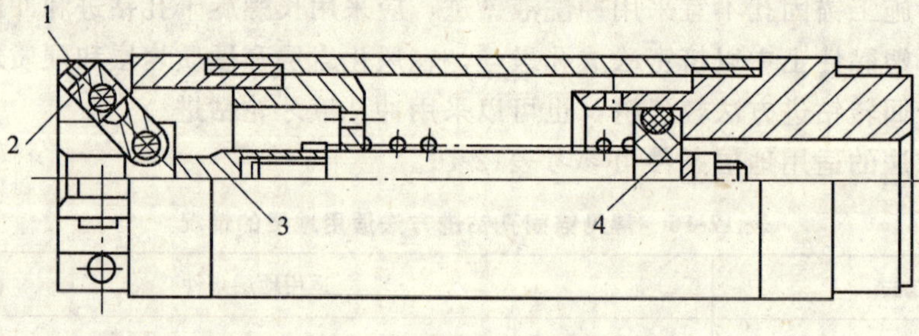

图 12-29　液压伸缩式扩孔钻具构造示意图

①—刀头；②—扩孔刀；③—推盘；④—活塞

6）钻孔质量控制

锚固孔钻质量指标主要是钻孔弯曲率，对于岩石钻杆还包括岩芯采取率。

孔斜控制

锚固孔要求圆直，不得弯曲。为此，首先要保证钻机安装质量，把孔开正，然后使用圆直、刚性好的粗径钻具、锋利的钻头，配以合理参数钻进。在易斜地层在采取特殊的防斜保直措施，如方位控制器、保直器等方法实现稳斜钻进。

钻孔施工中，要及时测斜。在易斜岩层中钻进要加密测点，必要时每 5m 测一次，如发现孔斜应立即纠治，由于锚固孔一般比较浅，采用套管楔纠治效果颇为满意。

锚固孔的质量必须符合规范要求。我国工程建筑标准化协会编制的《锚杆喷射混凝土支护技术规范》（GB 50086—2001）规定：

①锚杆水平方向孔距误差不应大于 50mm，垂直方向孔距误差不应大于 100mm；

②钻孔底部的偏斜尺寸不应大于锚杆长度的 3%；

③锚固孔深不应小于设计长度，也不宜大于设计长度的 1%。

作为钻孔质量监控的一项措施，施工人员必须认真填写钻孔钻进中原始记录表，详细记录每个孔的进尺情况、地层变化、施工时间及其他特殊情况。

(3) 锚杆杆体的制作与安装

锚杆杆体或预应力锚索的制作与安放是土层锚杆施工中的第二道工序。杆体制作的质量直接影响到锚杆的可靠性，采用不同材料作杆体，其制作方法也有不同。

1) 高强精轧螺纹钢筋锚杆体的制作

高强精轧螺纹钢具有较高的抗拉强度，设计锚固力在 600kN 以下的锚杆中经常使用。其制作方法较简单，如图12-30所示。

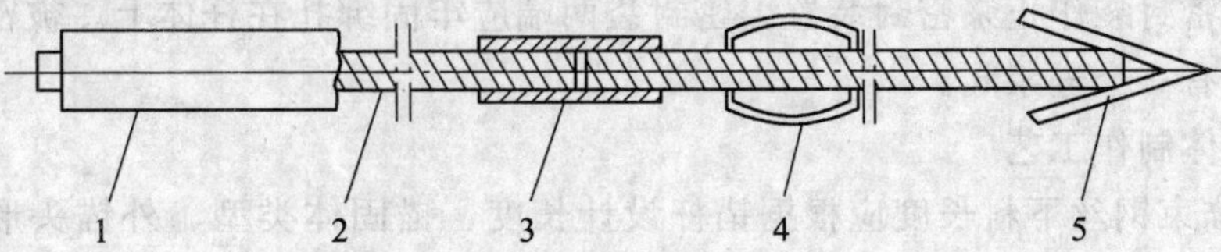

图 12-30　螺纹钢筋杆体锚杆示意图

1—塑料套管；2—杆体；3—连接器（可以是螺纹连接或焊接）；
4—对中导向器（每隔 1.0～2.0m 一个）；5—锚尖

2) 普通Ⅱ、Ⅲ级螺纹钢锚杆体的制作

采用Ⅱ、Ⅲ级钢筋作锚杆杆体时，杆体的组装应遵守《锚杆喷射混凝土支护技术规范》(GB 50086—2001) 的规定：

①组装前钢筋应平直、除油和除锈；

②Ⅱ、Ⅲ级钢筋接头应采用焊接的搭接接头，焊接长度为钢筋直径的 30 倍，但不少于 500mm，并排钢筋的连接也应采用焊接；

③沿杆体轴线方向每隔 1.0～2.0m 应设置一个对中支架，排气管应与锚杆杆体绑扎牢固；

④杆体自由段应用塑料布或塑料管包裹，与锚固体连接处用铅丝绑牢；

⑤杆体应按防腐要求进行防腐处理；

⑥组装扩大头型锚杆体时，处于扩大头处的杆体应局部加强。

3) 钢丝及钢绞线杆体的制作

由钢丝或钢绞线编制成锚束拉杆多用在中型以上的预应力锚固工程中。它往往是由数十根、甚至数百根高强钢丝编成集束作为拉杆，也有由数股钢绞线集束编制而成的。下面将介绍锚束式杆体制作技术要求及工艺过程。

①锚束制作技术要求

制作钢丝锚束杆体的，应满足以下要求：

A. 钢丝必须经过严格质量检验、校直、除油和除锈。如果钢丝盘直径较大，散盘后又没有留有残余变形，一般可不进行校直。因为钢丝经过一次校直，其抗拉强度要损失 2%～5%。如果钢丝无出厂质量检验证书，应该采取 3 种试样进行材料力学试验；

B. 锚束中各钢丝必须平顺，不能相互交叠，防止因张拉时受力不均匀，应力过分集中而将钢丝拉断；

C. 锚束沿轴线方向每隔 1.0～1.5m 设置一隔离架，并使钢丝间有一定间隙，以保证灌浆时，浆液能将锚束内空隙充填密实，钢丝得到充分握裹和保护，锚束杆体的保护层不小于 20mm；

D. 锚束（包括排气管）必须捆扎牢固，且捆扎材料不宜用镀锌材料，防止在运输、吊装和安装过程中散束；

E. 锚束应按防腐设计要求进行防腐处理，杆体自由段应用塑料管包裹，与锚固段相交处的塑料管口应密封并用铅丝绑紧；

F. 采用二次高压注浆形成连续球体型锚杆，在编排钢绞线和高强钢丝时，应同时安放注浆套管和止浆密封装置。止浆密封装置应设置在自由段与锚固段的分界处，并具有良好的密封性能。宜用密封袋作止浆密封装置，密封袋两端应牢固绑扎在杆体上。被密封袋包裹的注浆管上至少应有一个进浆阀。

②锚束式杆体制作工艺

A. 下料：锚束钢丝下料长度应根据锚杆设计长度、锚固体类型、外锚头形式和内外层钢筋网的位置不同而有关。下料可留有一定余地，一般实际长度应大于计算长度 0.3～0.5m，但不可下得过短，以至无法张拉锁定或者给施工带来不便。

B. 编帘：将下好的钢丝料用尼龙绳或 20 号不镀锌铁线像编竹帘一样分层编织，以便编束和保证钢丝顺直、不交叉、不扭曲、不散不乱，由于使用了尼龙绳和铁线交叉编扎，钢丝之间可预留一定间隙，便于注浆时浆液渗入。尼龙绳或铁线捆扎间隔为 3～4m。整个编排操作宜在平台上进行。

C. 编束：钢丝帘编扎成束大多采用如图12-31所示的（a）（b）两种形式的同心圆排列。锚束中心有衬管；衬管既是钢丝束的绑扎支架，又是灌浆管的插入通道。锚束杆体每隔 0.1～2.0m布设，见图12-32，其作用是理顺钢丝，不散不乱和分隔钢丝便于渗进浆液的作用。钢丝编扎成束操作方法是，先将最内一层钢丝帘子平铺于工作台上，按设计间隔放好中心导正衬管隔离架，使帘子上钢丝等分，并顺直地分布在隔离架滑板之间。然后将帘子卷起，用尼龙绳或不镀锌铁线绑扎结实。依上述方法逐层捆扎直至将锚束编成，最后用不镀锌铁线将锚束捆牢。

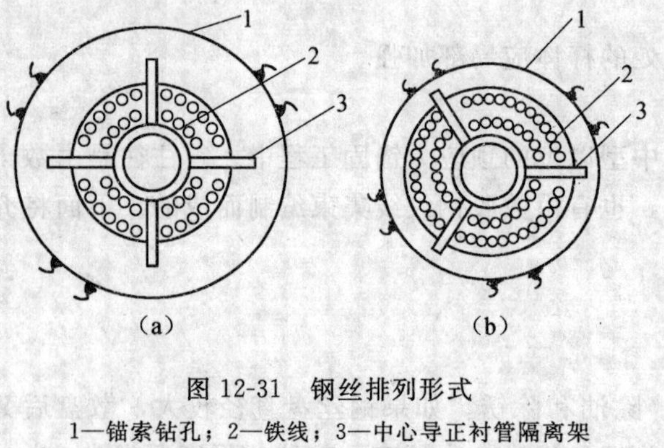

图 12-31　钢丝排列形式

1—锚索钻孔；2—铁线；3—中心导正衬管隔离架

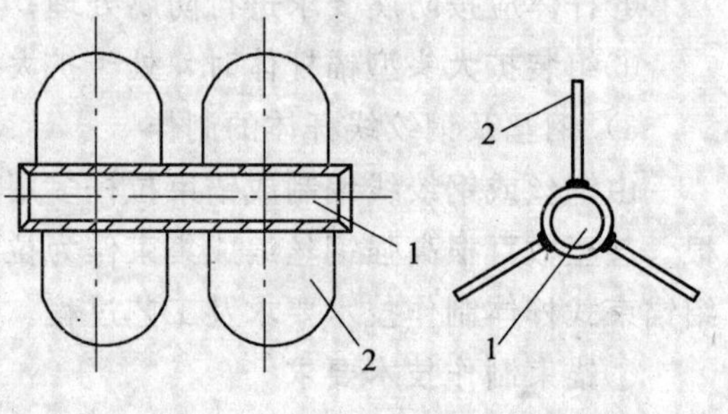

图 12-32　中心衬管隔离架构造示意图

1—衬管；2—隔离架

D. 黏结式锚固段制作　黏结式锚固段不仅用于岩层加固工程，更广泛用于土层锚杆。这种类型的锚固段形式很多，常用的有：

a. 弯钩型黏结式锚固段。这是中型以上岩层预应力锚杆使用最多的一种形式，其结构如图12-33。为提高锚固段钢丝与砂浆的握裹力，将锚固段锚束上的钢丝末端按不同层次和高度逐层逐根弯成 180 度弯钩。弯曲半径上小下大，每层钢丝弯完钩后，用铁丝绑扎好。

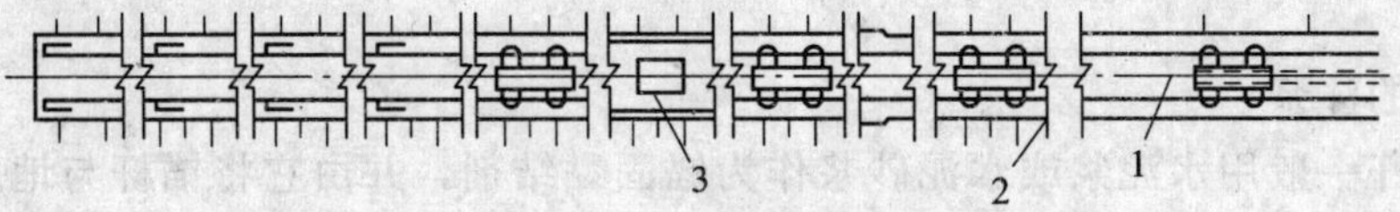

图 12-33　弯钩型黏着式锚固段结构示意图

1—封孔灌浆进浆管底口；2—锚固段顶面；3—锚固部分扩散段

b. 扩散段型锚固段制作。扩散段型锚固段特别适合钢绞线锚拉杆。该种形式锚固段制作工艺简单，加工方便，由不同直径的隔离架放在锚束中心绑扎而成。如图12-34，扩散段型锚固段的衬管隔离架直径一般为 30～50mm，长约 150mm。制作锚固段的方法是，将编扎成的锚束放在平台上，从锚固段上部开始，先装入一个细衬管隔离架（也可以是钢环），用铁线绑扎牢固，作为扩散段的起点。然后向下 0.5m 安装一个粗径衬管隔离架并绑扎牢固，作为扩散段的膨胀点。如此往复直到最后，则锚束锚固段便制成了。

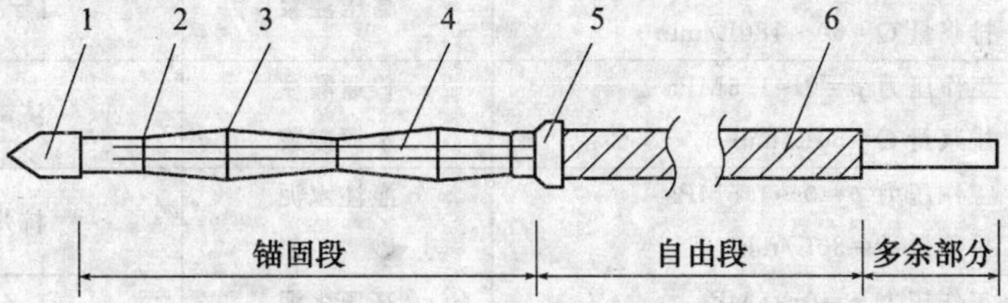

图 12-34　锚杆制作概图

1—锚尖；2—钢环（防隔离架脱落）；3—隔离架；4—注浆管；5—止浆塞；6—套管

c. 镦头型锚固段制作。为提高锚拉杆在锚固体中与砂浆的握裹力，采用镦头型内锚头补强。镦头型锚固段与墩头型外锚头制作方法相同，但其锚具外径应比钻孔直径小，以便锚束顺利入孔。

d. 锥型锚盘锚固段制作。这种锚固段的形式和规格应根据锚束材料和锚杆安装预应力大小决定。如小型预应力钢丝锚束，选用一副锥型锚具即可固定；对钢绞线为锚束的中型预应力锚杆，可用一块锚板将钢绞线分散锚固在几个锥型孔中制成锥型锚盘锚固段。

e. 浇铸型锚杯锚固段制作。它是将锚束末端整齐装入一只锚杯中，然后向锚杯中注入熔化的铅锡合金等低熔点金属，或环氧树脂、水泥砂浆等黏结材料，将锚束与锚杯铸成一个整体。浇铸成的锚固段要对其黏结力进行逐个检查，并进行少量破坏性试验，试验其破坏荷载能否达到最大荷载的 1.5 倍。锚杯加工、选材用料和热处理均按 JM 型锚具技术要求进行。

4）锚杆（索）的安放

锚杆杆体的安放应遵守下列规定《锚杆喷射混凝土支护技术规范》（GB 50086—2001）：

①杆体放入钻孔之前，应检查杆体的质量，确保杆体组装满足设计要求。

②安放杆体时，应防止杆体扭压、弯曲，注浆管宜随锚杆一同放入钻孔，注浆管头部距孔底宜为 50～100mm，杆体放入角度应与钻孔角度保持一致。在安放锚束式杆体时尤其要小心。对大、巨型锚固工程的锚固工程的锚拉体一般采用偏心夹管器、推送器与人工相结合的方式，平顺缓缓推送。推送时，严禁上下左右抖动、来回扭转和串动，防止中途散束和卡

阻，造成安装失败。

③杆体插入孔内深度不应小于锚杆长度的95%，杆体安放后不得随意敲击，不得悬挂重物。

(4) 锚杆的注浆

黏结式锚杆一般用水泥浆或水泥砂浆作为锚固黏结剂，并由它将锚杆与地层固定并对锚杆拉杆进行保护。因此，注浆材料的性能、拌制质量以及施工工艺会直接影响到锚杆的黏结强度和防腐效果。

1) 注浆设备的选择

注浆设备包括注入水泥净浆和砂浆的灌注泵、搅拌设备、高压输送浆液管路。注浆要根据所注浆材性质和注浆量选择，可选的泵型较多，现列出几种，如表12-17所示，供配备注浆泵时参考。

表 12-17　几种常见的锚固孔注浆泵

设备形式	技术性能	适用条件	生产厂家
ZTGZ-60h10	工作压力 $p=6\sim21$MPa 排浆量 $Q=60\sim180$L/min	高压注浆	辽宁锦西注浆泵厂
HB6-3	工作压力 $p=0\sim1.5$MPa 排浆量 $Q=50$L/min	普通灌注水泥砂浆	济南山泉机械厂
UBJ2 挤压式灰浆泵	工作压力 $p=0\sim1.5$MPa 排浆量 $Q=30$L/min	灌注水泥砂浆	杭州建筑机械厂
BW200/50	工作压力 $p=0\sim5$MPa 排浆量 $Q=10\sim200$L/min	高压水泥净浆	无锡探矿机械厂

浆液搅拌应使用普通搅拌机，不可用人工搅拌。搅拌机的一次搅拌水泥浆量不得小于0.3m^3/次，搅拌时间不应小于2min。输送管路宜使用耐压不小于50MPa的高压胶管，管口连接采用快速接头以保证注浆速度。

2) 注浆材料的选配

用于锚杆的注浆材料通常有水泥砂浆和化学浆材，但在岩土锚固工程中，最常用、用得最多的是水泥砂浆，所以，以下仅介绍水泥砂浆选配方法。

①注浆原材料选择

A. 水泥

应采用强度等级不低于32.5MPa的新鲜普通硅酸盐水泥。水泥必须具有抵制水和土侵蚀的化学稳定性。为防止钢质杆体的腐蚀，氯盐的总含量不应超过0.1%（永久锚杆）和0.15%（临时锚杆）。必要时可采用抗硫酸盐水泥，不宜采用干缩性大的火山灰水泥和泌水性高的矿渣水泥。

B. 水

一般情况下，凡适合于饮用的水均可作为拌合水。对于硫酸盐含量超过0.1%，氯盐含量超过0.5%，并且含有糖分或有悬浮有机质的水不能作为拌合水。

C. 砂

锚固工程水泥砂浆中用砂以中砂（平均粒径0.3～0.5mm）较好，并要求含泥量不应大于3%（以质量计），砂中有害物质（如云母、轻物质、有机质、硫化物等）含量应低于1%～2%。

D. 外加剂

用于锚固灌浆用的外加剂有早强剂、缓凝剂、减水剂、膨胀剂和抗泌剂等，可根据工程需要合理选用。

②注浆浆液的配制

水灰比对水泥浆的质量有重要影响，过量的水会使拌合料发生泌水并降低其强度，同时也会产生较大的收缩，结果降低锚固体的耐久性。《锚杆喷射混凝土支护技术规范》(GB 50086—2001)规定：注浆材料水灰比宜为 0.40～0.45，必要时可加入一定量的外加剂或掺和料。水泥浆常用外加剂及掺量如表12-18 所示。

表 12-18　水泥浆常用外加剂

外加剂类型	名　　称	掺量（占重量百分比）	说　　明
早强剂	三乙醇胺	0.02%～0.05%	加速水泥硬化，提高早期强度
减水剂	木质素磺酸钙	0.2%～0.3%	降低拌合用水量，增大流动度
膨胀剂	铝粉	0.005%～0.02%	膨胀量可达 15%
抗泌剂	纤维素醚	0.2%～0.3%	相当于拌合水的 0.5%，起防泌作用

当浆材为水泥砂浆时，一般宜选用灰砂比 1∶1～1∶2，水泥比 0.38～0.48，且砂子粒径不得大于 2mm。

二次高压注浆形成的连续球体型锚杆的浆材宜选用水灰比 0.45～0.50 的纯水泥浆。

③注浆

锚固孔注浆操作程度大致如下：

A. 对锚孔用风、水冲洗，排尽残渣和污水；

B. 将组装好的杆体（包括注浆管）平顺，缓缓推送至孔底；

C. 从注浆管注入拌合好的水泥浆或水泥砂浆。对于锚索杆体，采用高压注浆时，先在锚固段上界面处设置一个隔离塞，在孔中插入一根排气管，然后进行有压注浆。注浆完后静置待凝。

④浆液在灌注过程中应遵守《锚杆喷射混凝土支护技术规范》(GB 50086—2001)。

A. 注浆浆液应搅拌均匀，随搅随用，浆液应在初凝前用完，并严防石块、杂物混入浆液；

B. 注浆作业开始和中途停止较长时间，再作业时宜用水或稀水泥浆润滑注浆泵及注浆管线；

C. 注浆管的插入深度要求见“锚杆（索）的安放”；

D. 孔口溢出浆液或排气管停止排气时，可停止注浆；

E. 浆体硬化后不能充满锚固体时，应进行补浆；

F. 二次高压注浆形成的连续球体型锚杆的注浆还应注意：

a. 一次常压注浆作业应从孔底开始，直至孔口溢出浆液；

b. 止浆密封装置的注浆应待孔口溢浆液后进行，注浆压力不宜低于 2.5MPa；

c. 一次常压注浆结束后，应将注浆管、注浆枪和注浆套管清洗干净；

d. 对锚固体的二次高压注浆应在一次注浆形成的水泥结石体强度达到 5.0MPa 时进行，

注浆压力和注浆时间可根据锚固体的体积确定，并分段依次由下至上进行。

(5) 锚杆的张拉与锁定

1) 外锚头施工方法

外锚头是锚杆张拉时的直接受力构件，所以，应保证台座的承压面平整，并与锚杆的轴线方向垂直。外锚头的类型很多，目前常用的有混凝土柱状锚头，有镦型、锥型、螺杆式和夹片式钢锚头等。

①混凝土柱状外锚头

混凝土柱状外锚头广泛用在锚固工程中，其构造如图12-35所示。其制作方法是：

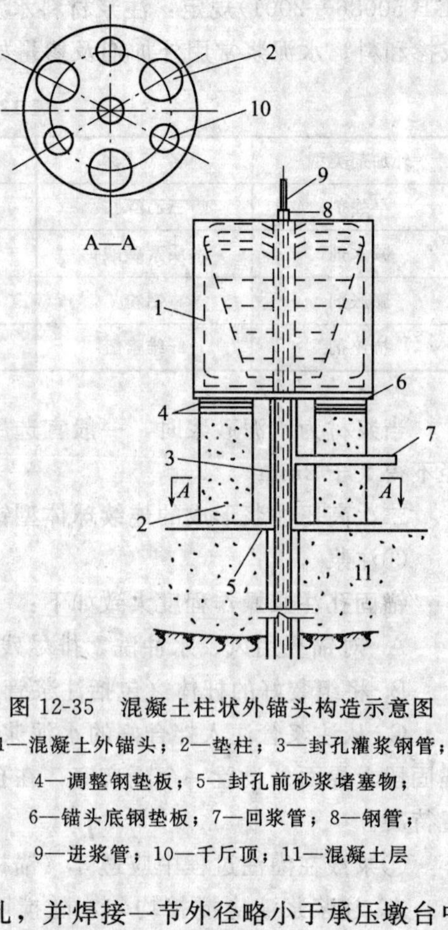

图 12-35 混凝土柱状外锚头构造示意图

1—混凝土外锚头；2—垫柱；3—封孔灌浆钢管；4—调整钢垫板；5—封孔前砂浆堵塞物；6—锚头底钢垫板；7—回浆管；8—钢管；9—进浆管；10—千斤顶；11—混凝土层

A. 安装支柱座垫　支柱座垫的作用有：a. 由于混凝土柱状外锚头尺寸大、重量也大，张拉时采用顶升式千斤顶，因此，在施工外锚头时，从孔口承压墩上台面到外锚头下端面之间必须预留有安装千斤顶的净空高度，而这个高度是靠支柱预留的；b. 在浇筑外锚头时，支柱起支撑模子的作用；c. 张拉时，升垫高度，回缩千斤顶时，支柱起临时顶支作用。支柱安装位置，应保证支柱在孔口承压墩台上必须等分，均匀分布安装，各支柱轴线要垂直承压墩台面且要与锚孔轴线平行。支柱尺寸应根据超张拉应力大小和支柱选用材料计算确定，必须保证支柱具有足够的抗压强度。在超张拉时不变形，不破裂损坏。在工程中，支柱大多用钢材制作或混凝土浇制。

B. 安放外锚头底钢板

为保证外锚头底端面平整光滑，在千斤顶顶升时，不至产生应力集中损坏锚头，因此应在模子底部也放置一圆形、厚约 10～15mm 的钢板。钢板外径与模子外径相同，板中心留一与钻孔直径相等的圆孔，并焊接一节外径略小于承压墩台中预埋的导向管内径的钢管，该钢管的长度要大于支柱高度与锚拉杆张拉总引伸长度之和。设置这一节钢管的目的是便于进行有压灌浆时，在孔口进行密封。钢板加工图见图12-36。

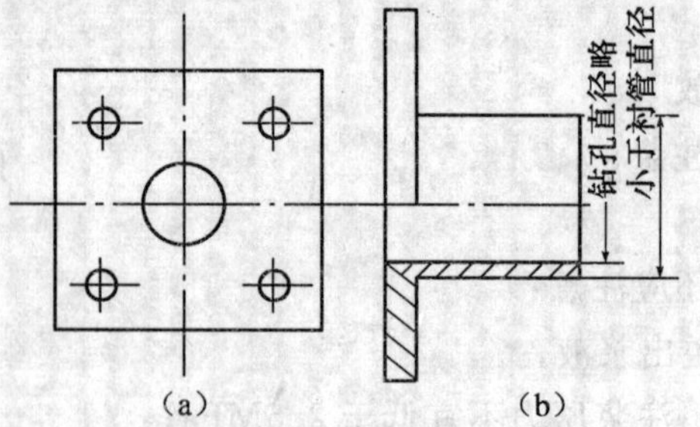

图 12-36 钢板加工示意图

(a) 钢质外锚头用；(b) 混凝土外锚头用

C. 钢丝弯钩　根据外锚头设计高度，将锚束中的钢丝分层逐根弯钩，扎成如图12-35所示的蘑菇状大弯钩，使弯钩后的钢丝末端应力接近于零。每弯好一层，用一环形箍将其固定好。

D. 安放钢筋　模子底部要安放放射状的主钢筋。为了防止中心部位钢筋密度过大，可将钢筋焊在一个钻有很多孔的厚圆环上。在钢筋中适当增加弯起的主钢筋和环形箍筋，以保证外锚头的强度。

E. 安装模板　钢模子由4～6块弧面钢板块组成，拼装缝应严密，立放端正，支撑要牢固。

F. 注浆导管和锥形套管安装　在浇铸外锚头前，从锚束中心插入一节长度大于锚头高度的ϕ38水管作为注浆管插入时的导管。导管安装要与钻孔轴线基本一致。

锚束在外锚头中的弯钩过程是一个从集束到分散的突变过程。所以在锚束进入外锚头部位套进一个刚性较好的短锥形套管或钢筋箍以平衡侧向分力，使钢丝成渐变过渡关系。

G. 外锚头浇筑所用水泥为32.5MPa以上的高强度等级水泥，水泥储存期不超过3个月，而且没有受潮结块。混凝土骨架材料选用二级级配。为了防止钢丝腐蚀和发生氢脆，拌合混凝土时，不得掺入氯化物、硫酸盐类物质成分。拆模和养护技术参照混凝土施工规范。

②镦头型钢质外锚头制作

镦头型钢质外锚头是中、小型预应力锚固工程中应用较多的一种外锚头。该锚头体积小，承载能力大，制造精度要求高，材料要求严。

A. 镦头型钢质外锚头外形与特性。镦头型钢质外锚头由锚杯、锚环、锚帽构成。锚杯为穿放镦头钢丝的钢件，其结构尺寸随钢丝根数多少而定。常用的几种镦头型锚具尺寸见表12-19，其结构如图12-37所示。

表12-19　镦头锚具的外形尺寸

钢丝根数×直径 (mm)	张拉应力 (kN)	锚具尺寸（mm）				灌浆孔直径 (mm)	热处理硬度 (HRC)
		锚杯直径	锚环直径	锚具高度	孔距		
168×ϕ5	3260	140	200	95	9	16	22～24
84×ϕ7	3360	140	200	95		16	38±3
66×ϕ7	2440	140	200	90		30.4	38±3
24×ϕ5	600	60	120	40		14	55～60

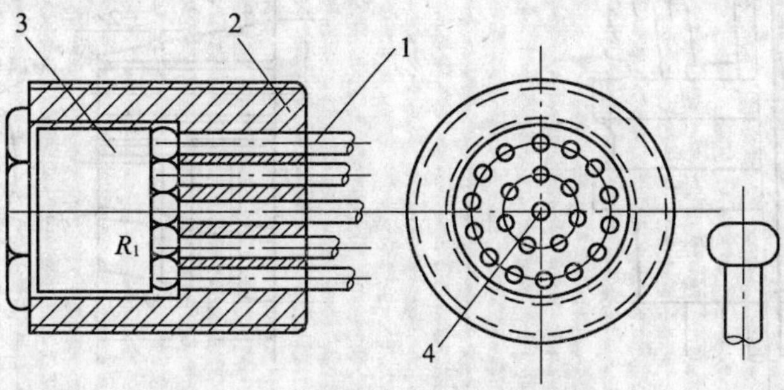

图12-37　镦头型钢质外锚头构造示意图

1—钢丝；2—锚杯；3—锚帽；4—排气孔

B. 钢丝镦头：钢丝下料时切口要平直，然后用冷镦机将钢丝头镦成如图12-37（b）所示的形状。镦头时，钢丝预留长度以其直径的2倍最佳。镦头的机具很多，如DLD-9型、TLD-7型、LD-10型和YLD-45型等，均可供参考选择。

C. 锚具装配：活动锚具由锚杯、锚环组成一体，锚头外壁有梯形公螺纹可与张拉机连接。墩过头的钢丝从锚杯中穿过，用锚帽压紧在锚杯上，参见图12-37。锚杯、锚环、锚帽三者组成一个完整的镦头型钢质锚具。

③锥型钢质外锚头

多用在钢绞线或钢筋为拉杆的中、小型预应力锚固工程中，该锚具主要由锥形的内锚塞和外锚圈组成。锚塞外锥面上开有卡夹拉杆的槽，锚塞的锥度和外锚圈的内孔度一致。零件加工精度较高，且经过热处理。属于这类锚具的有如图12-38所示的 GZ 型外锚具和图12-39所示的 KT-Z 型锚具。KT-Z 型锚具由可锻铸铁制造。

④夹片式钢质外锚头

夹片式钢质外锚头是中、小型预应力锚杆中以钢绞线或钢筋为拉杆时常用的定型锚具。该锚具卡夹拉杆的是具有较高硬度的分片带齿的锥形夹片。其结构如图12-40所示。

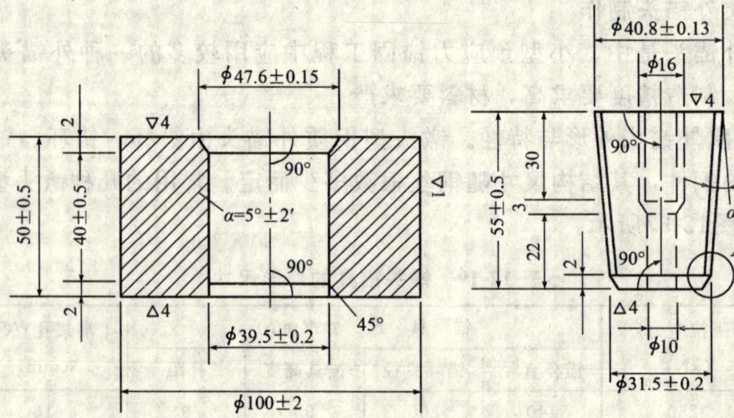

图 12-38　GZ 型外锚具构造示意图

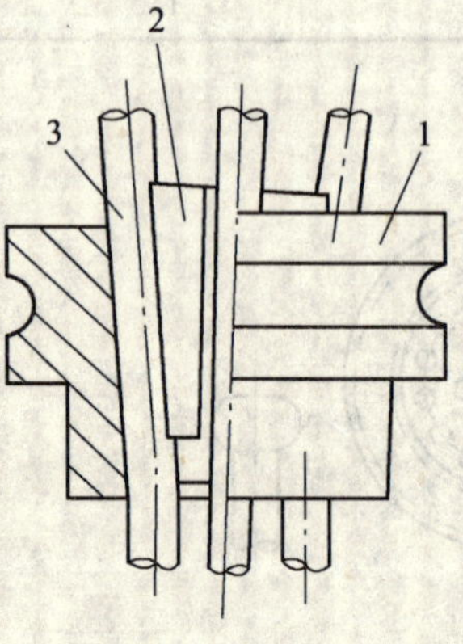

图 12-39　KT-Z 型锚具构造示意图

1—锚杯；2—锚塞；3—钢绞线

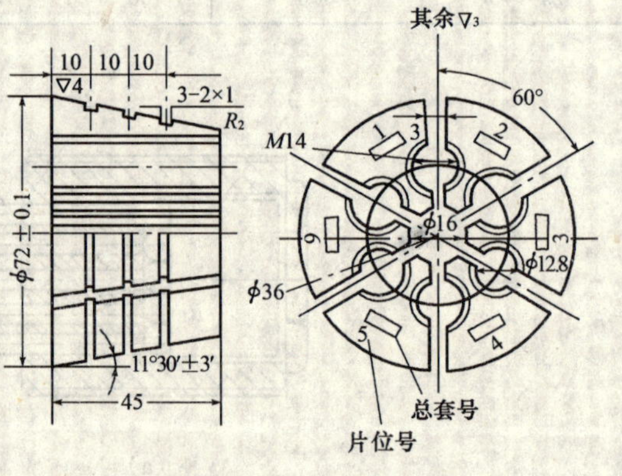

图 12-40　JM_{12} 型锚具图

除了上面介绍的几种外锚头外，还有 QM 系列外锚头、锥型螺杆连接外锚头等。

2）张拉锁定设备选择

张拉锁定设备要根据杆体的材料和锁定力的大小选择。主要的张拉锁定设备是油泵和千斤顶。油泵有电动油泵和手摇油泵；千斤顶有顶升式和穿心式。顶升式千斤顶适用于大型钢丝束混凝土柱状锚头的锚索张拉；穿心式千斤顶主要适用于钢绞线，钢筋为拉杆的中、小型预应力锚杆张拉。表12-20和表12-21给出一些主要的千斤顶和电动油泵的型号和性能参数，供选用时参考。

表 12-20 千斤顶主要型号和性能

千斤顶	型号	张拉力（kN）	张拉行程（mm）	工作油压力（MPa）
普通千斤顶	YC-15	150	250	50
	YC-60	600	150	40
	YC-60A	600	200	40
	YL-60	600	150	40
	YCL-120	1200	300	50
	YD-200	2000	400、500	66.5
	YDG-400	4000	300、400	50
	YC·YCT-300	3000	400、500	50
	YZ-85	850	250、300、400 500、600	46
液压水平千斤顶	YPD-60	600	500	36
	YPD-60S	600	1500	36
群锚千斤顶	YCQ-100	1380	150	63
	YCQ-200	2080	150	63
	YCQ-350	3460	150	63
	YCQ-500	4960	200	63

表 12-21 电动油泵型号和主要技术性能

型号	额定压力（MPa）	额定流量（mL/min）
ZB_4-500	50	4（2×2）
ZB_4-500s	50	4
ZB10/320-4/800	一级 32、二级 80	一级 10、二级 4

3）张拉与锁定施工方法

原则上，张拉与锁定工作应在注浆后，孔内水泥浆液完全固结并达到最大强度值时进行。而常温常压下水泥需养护 28d 才能达到最大强度值，长时间待凝必将延长工期。因此，实际施工时，水泥浆中都加有早强剂，以促使水泥提前凝结牢固。实践表明，水泥浆中按规范要求加入早强剂，对于 32.5MPa 水泥净浆可在 10d 时间内达到最大强度的 80%，在 15～20d 达到 100%。由于张拉锁定力只是设计的轴拉力 N_t，而不是极限锚固力 P（通常 $P=1.5\sim2.5N_t$），所以实际施工多在注浆后 8～10d（即水泥强度达到 80%）开始张拉锁定。

A. 锚杆在张拉前必须把承压支撑构件的面整平，将台座、锚具安装好，并和锚杆轴线方向垂直，安装千斤顶时注意千斤顶轴线应与锚杆轴线尽量在一条直线上，而且不可压弯锚头部分。

B. 安装前应对千斤顶和电动油泵进行标定，按标定的数据进行张拉。张拉时，事前检查油泵各阀门的工作情况、油管的畅通情况，以免在张拉时油泵工作不正常而造成张拉失败。

C. 锚杆张拉应按一定程序进行，锚杆张拉顺序，应考虑邻近锚杆的相互影响。

D. 正式张拉前必须对锚杆进行预张拉二次，张拉力为 $0.1\sim0.2N_t$，使锚杆和部位接触紧密、杆体完全平直，以消除杆体的隐蔽变形量。拉直后再进行张拉时，其变形量起点以此状态为零记起。

E. 锚杆张拉控制应力，对于永久性锚杆 $\sigma_{con}\leqslant0.60f_{ptk}$；对于临时性锚杆 $\sigma_{con}\leqslant0.65f_{ptk}$。$f_{ptk}$为锚拉杆强度标准值，参见《混凝土结构设计规范》(GB 50010—2002)。

F. 锚杆张拉荷载要分级逐步施加，不能一下加至锁定荷载，分级施加荷载和观测变形的时间按表12-22执行。当荷载加到（1.1～1.2）N_t 时，对砂质土应观测 10min，对黏性土应观测 15min，如果变形无变化、锚杆保持原状、油泵上压力表指针无返回现象，方可卸荷到 N_t 值进行锁定作业。

表 12-22 锚杆张拉荷载分级及观测时间

张拉荷载分级	观测时间（min）	
	砂质土	黏性土
$0.10N_t$	5	5
$0.25N_t$	5	5
$0.50N_t$	5	5
$0.75N_t$	5	5
$1.00N_t$	5	10
（1.10～1.20）N_t	10	15
锁定荷载	10	10

注：为锚杆设计轴拉力，即最终锁定荷载

G. 锁定作业必须严格执行规范，使用标准锚具。如使用螺母，必须使用专用工具将螺母拧紧，至压力表指针向上稍有摆动为止。不得用手拧或随意拧上。锚杆锁定后，若发现有明显预应力损失时，应进行补偿张拉。

H. 锚杆张拉和锁定要作施工记录。

（6）锚固工程验收

锚杆张拉锁定完毕后，必须进行验收试验。通过验收试验后，方可提交工程验收报告，工程验收必须以设计要求和质量合格条件为依据进行。

1）对于土层锚杆和一般岩石锚杆的锚固工作验收时，应提供下列资料：

①提交锚杆设计任务书、施工设计方案等资料和原材料出厂合格证、工地材料试验单、代用材料试验报告及监理公司批复文件；

②提交锚固工程施工记录，包括钻孔施工记录、锚杆拉体制作及安装记录、注浆记录、张拉锁定记录；

③提交验收试验和蠕变试验报告；

④锚固工程范围内的地质报告，包括锚杆实际位置分布图及文字说明；

⑤隐蔽工程检查验收报告；

⑥施工中设计变更报告或通知单，工程重大问题处理文件；

⑦竣工图；

⑧对设计要求进行锚杆预应力长期监测的工程，验收时应提交相应的报告。

2）对于地下结构锚杆支护工程，按照《锚杆喷射混凝土支护技术规范》(GB 50086—2001)，锚杆支护质量的检查应遵守下列规定：

①检查锚杆质量必须做抗拔力试验。试验数量，每 300 根锚杆必须抽样一组，设计变更或材料变更时，应另做一组，每组锚杆不得少于 3 根。

②锚杆质量的合格条件为：

$\overline{P}_{An} \geqslant P_A$；

$P_{Amin} \geqslant 0.9P_A$。

式中　n——每批锚杆抽样试验的试件组数；

$\overline{P}_{An}$——同批 n 组试抗拔力的平均值；

P_A——锚杆设计锚固力；

P_{Amin}——同批 n 组试件抗拔力的最低值。

③锚杆抗拔力不符合要求时，可用加密锚杆予以补强。

④当设计对锚杆有特殊要求时，可增做相应的试验。

⑤检查锚杆抗拔力（即锚固力）时应注意：A. 所有检测设备（千斤顶、油泵、测力计和位移计）均应定期标定；B. 安装千斤顶时，其拉力线应与锚杆轴线同心；C. 加载速度 5kN/min，加载至设计吨位为止；D. 待拉力和位移稳定后，读取读数，最后绘制锚杆抗拔力-位移曲线（例如图12-41）；E. 锚杆质量检查除了上述的抗拔力外，还包括长度、间距和方向等，均应达到设计要求。

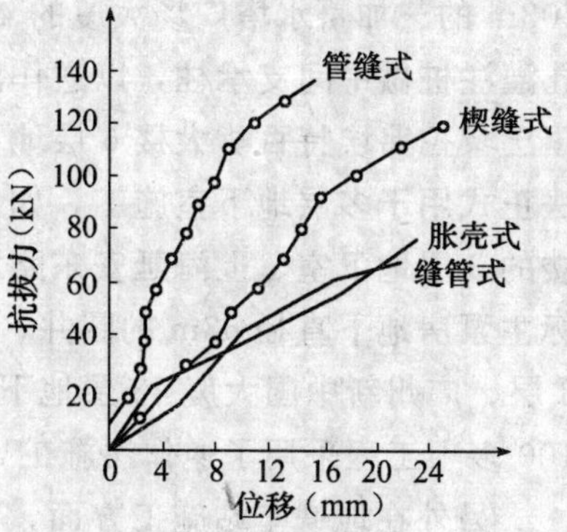

图 12-41　几种锚杆拉力-位移曲线

六、深基坑支护逆作法的应用

1. 概述

本节根据近年在国内一些城市所参与的工程实践，就国内高层建筑深基础与基坑工程技术发展中的一些情况和特点作一概括回顾。然后联系我国实际，介绍国外已行之有效的逆作法适合于我国开发应用的一些技术与经验，以供国内同行研究与应用。

2. 历史回顾

众所周知，解放前我国最高建筑物为 20 世纪 30 年代外商所建 80m 高、24 层的上海国际饭店。解放后高层建筑有所发展，但至改革开放前，百米高楼在国内尚不多见。如今，国内已建成的 100～200m 的高楼已有 40 余座，300m 以上的高楼将近 10 余座。

随着国民经济的发展，我国一些城市高层建筑越来越多，建筑物基础也越建越深，对深基坑的开挖支护技术也提出新的要求。1990 年以前高层建筑较少，基础开挖深度较浅，所以基坑支护多以放坡开挖或悬臂式支护为主。1990 年以后高层建筑逐年增多，基坑开挖也逐渐加深，一般为 2～3 层地下室，这时基坑的支护再以放坡开挖或悬臂式支护已不经济并难以满足要求，所以多以地下连续墙桩锚支护或墙锚排桩支护为主，桩锚支护或墙锚排桩支护在技术上虽然安全可靠，但工程造价较高。到了 1994 年以后，随着高层建筑的日益增多，对深基坑支护技术的要求也越来越高。在技术上不仅安全可靠，而且要求经济节约，从而出现了土钉墙加预应力锚索综合技术。土钉墙加锚索综合技术的出现为深基坑的开挖带来巨大的经济效益和社会效益。因为它不需要单独的施工工期，可以与挖土同步施工，所以施工速度快，而且经济。一般其单位工程造价仅为桩锚支护工程单位造价的 1/3～1/2，而且在技术上安全可靠。所以 1994 年以后在基坑支护工程中土钉支护已占主流，约占总基坑支护工程的 70%以上，尽管土钉支护技术有很多优点，但是该项技术也有一定的局限性和适应范围，例如在淤泥、砂层及地下水位较高的土层就不宜应用；否则，就会失去该项技术的优越性。所以，在不同的工程地质及水文地质条件和不同周围环境条件下，选择不同的支护方案是很重要的。不管是桩支护，还是桩锚支护，或是土钉墙支护都有它的优点和局限性，只有对这些技术的深刻理解及合理运用才会收到好的效果。近年来随着深基坑开挖工程的逐渐增多，深基坑支护技术有了很大的发展，例如，逆作法就是一项近几年发展起来新兴的基坑支护技术。

逆作法是施工高层建筑多层地下室和其他多层地下结构的有效方法。国外如美、日、德、法等国家，在多层地下结构施工中已广泛应用，收到较好的效果。如美国 75 层、高 203m 的芝加哥水塔广场大厦的 4 层地下室，就是用 18m 深的地下连续墙的 144 根大直径钻孔灌注桩做中间支承柱，以逆作法进行施工的。此外，日本读卖新闻社大楼 6 层地下室、法国巴黎拉弗埃特百货大楼 6 层地下室等亦是用逆作法施工的。我国在试验的基础上亦将逆作法正式用于多层地下室施工，如上海基础工程科研楼的两层地下室、高 116m 的上海电信大楼的 3 层地下室、上海延安东路黄浦江越江隧道 1 号风塔的地下室、上海河流污水治理 4.1 标主泵房地下直径 63m 的圆井、海口国际金融大厦的两层地下室、上海明天广场 58 层地下 3 层、广州新中国大厦 43 层地下 5 层等，都成功地应用了逆作法。据不完全统计全国约有 100 多项工程采用了逆作法施工，并取得了明显的经济效益。

另外在地铁车站施工方面，自 20 世纪 50 年代末意大利米兰地铁站首次采用逆作法以来，欧洲、日本等许多地铁车站采用这种方法建造，1965 年到 1989 年德国慕尼黑地铁共建车站 57 座，其中采用逆作法施工的就有 20 座。

我国上海地铁陕西南路站、常熟路站、黄陂路站、三山街站，北京地铁复八线永安里站、天安门东站、大北窑站以及广州、天津、深圳等地铁站等不少都采用逆作法施工。

高层建筑多采用补偿性基础，有较深的多层地下室，它一方面利用补偿原理能有效地利用地基承载力，另一方面亦可充分利用地下空间作为地下停车场、设备层用房等，增加使用面积。这也为利用逆作法提供了条件。

传统的施工多层地下室的方法是开敞式施工，即大开口放坡开挖，或用支护结构围护后垂直开挖，挖至设计标高后浇筑钢筋混凝土底板，再由下而上逐层施工地下室结构，在地下结构施工同时不能进行地上结构施工。

对于深度大的多层地下室，用传统方法施工存在一些问题。首先支护结构的设置存在一定困难，由于基坑很深，支护结构的挡墙高度很大，费用大大增加，尤其是基坑内部支护结构的支撑用量大，一方面需用大量大规格的钢材；另一方面也增加了地下结构施工的难度；其次如用井点设备降低地下水时，水位的降低会引起土体固结，使周围地面产生沉降，如不采取特殊措施，亦会危及基坑附近的建筑物、地下管线和道路。深基坑的开挖，基坑的变形和周围地面的沉降是施工中亟待解决的问题之一。

3. 逆作法施工原理与施工程序

建筑深基坑支护采用逆作法，是地面以下各层地下室是自上而下施工，并借助于地下结构自身的能力对基坑产生支护作用，来保证基坑土方开挖，并利用地下各层的钢筋混凝土楼板水平刚度和抗压强度，使各层楼板成为基坑围护桩（墙）的水平支撑点，并利用基坑外不同方向的土压力（包括被动土压力）的自相平衡来抵消对坑壁围护桩（墙）的不利影响。因此在施工时一般先施工楼板，再挖楼板下面的土方，目前在基坑工程基本逆作法的基础上进一步发展实现各种形式的逆作法施工。

（1）逆作法的工艺原理是：先沿建筑物地下室轴线或周围施工地下连续墙或其他支护结构，同时在建筑物内部的有关位置（柱子或隔墙相交处等，根据需要计算确定）浇筑或打下中间支承桩和柱，作为施工期间于底板封底之前承受上部结构自重和施工荷载的支撑。然后施工地面±0.0层的梁板楼面结构，作为地下刚度很大的支撑，随后逐层向下开挖土方和浇筑各层地下结构，直至底板封底。与此同时，由于地面一层的楼面结构已完成，为上部结构施工创造了条件，所以可以同时向上逐层进行地上结构的施工。如此地面上、下同时进行施工（见图12-42），直至工程结束。但是在地下室浇筑钢筋混凝土底板之前，地面上的上部结构允许施工的层数要经过计算确定。

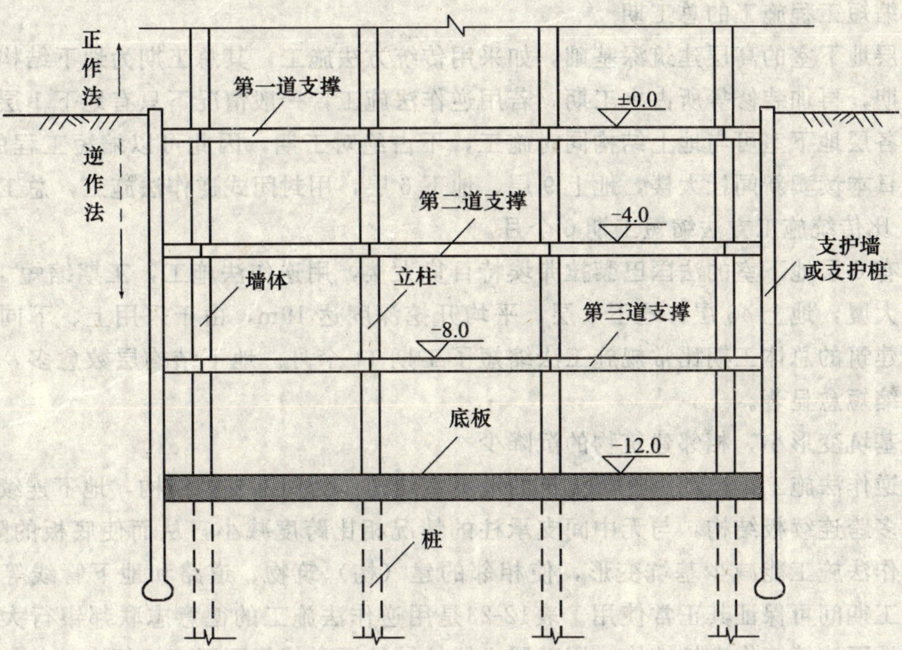

图 12-42　上下同时施工的逆作法示意图

（2）逆作法施工，以地面一层楼面结构是封闭还是敞开，分为“封闭式逆作法”和“开敞式逆作法”。前者可以地面上、下同时进行施工；后者上部结构不能与地下结构同时进行施工，只是地下结构自上而下逐层施工。逆作法施工程序见图12-13。

根据图12-13所示，逆作法施工程序如下。

1）按基础外围面积，先施工四周的支护结构，支护体系采用地下连续墙或排桩支护，排桩采用冲孔桩、钻孔桩或挖孔桩等。

2）按设计图施工中间支承柱和基础，若有地下水可作降水处理后再施工挖孔桩，基础若是桩基采用上述排桩施工桩的方法，基础若是天然地基可采用挖孔墩。中间支承柱目前在逆作法施工时大部分是临时采用钢管柱或型钢柱（宽翼面工字钢）支承，挖土完成后再作外包混凝土，当采用挖孔桩时可支模采用钢筋混凝土柱。

3）利用地下室一层的土方夯实修正后作地模，浇灌地下室±0.0层的顶层钢筋混凝土的梁和板，并在此层预留出挖土方的出土洞若干个（一般以电梯井作出土洞）。

4）进行地下室一层土方的推土、挖土，运到室外卸土区。

5）重复程序2）进行地下室二层梁板混凝土的浇筑，同样要在楼板中预留出土洞。

6）重复程序4）进行地下室二层地土方外运。

7）重复程序2）、6）进行地下三层的梁板混凝土的浇筑。同样要在楼板预留出土洞。

8）重复程序 4)、6）进行地下室三层的土方外运。

9）重复程序 2)、5)、7）进行地下室底板混凝土的浇筑。

在上述各程序施工中一定要预埋或留出逆作法施工的特殊预埋件和预留孔。

4. 技术特点

与传统施工方法比较，用逆作法施工高层建筑深基础地下室或地下结构有下述技术特点：

（1）缩短工程施工的总工期

带多层地下室的高层建筑深基础，如采用传统方法施工，其总工期为地下结构工期加地上结构工期，再加装修等所占之工期。若用逆作法施工，一般情况下只有地下 1 层占绝对工期，其他各层地下室可与地上结构同时施工，不占绝对工期，因此可以缩短工程的总工期。如上述的日本读卖新闻社大楼，地上 9 层、地下 6 层，用封闭式逆作法施工，总工期只用了 22 个月，比传统施工方法缩短工期 6 个月。

又如有 6 层地下室的法国巴黎拉弗埃特百货大楼，用逆作法施工，工期缩短 1/3。如广州新中国大厦，地上 43 层，地下 5 层，平均开挖深度达 19m，由于采用上、下同时施工的逆作法，建筑的总体工期比常规施工法缩短了工期 11 个月。地下结构层数愈多，用逆作法施工工期缩短愈显著。

（2）基坑变形小，相邻建筑物的沉降少

采用逆作法施工，是利用逐层浇筑的地下室结构作为周围支护结构，地下连续浇筑后的底板成为多跨连续板结构，与无中间支承柱的情况相比跨度减小，从而使底板的隆起减少。因此，逆作法施工能减少基坑变形，使相邻的建（构）筑物、道路和地下管线等的沉降减少，在施工期间可保证其正常使用。表12-23是用逆作法施工的德意志联邦银行大楼与相同深度、用地下连续墙作支护结构、用五层土锚拉结的原联邦德国国家银行大楼的施工变形的比较，由此可以清楚地看出，用逆作法施工的结构的变形小得多。

表 12-23　逆作法施工与传统方法施工的变形比较表

施工方法	变形量（mm）		
	地下连续墙的水平变形	底板隆起	邻近建筑物的沉降
逆作法	26～35	≤18	4～12
传统施工方法	20～60	60	25～50

（3）可节省地下室外墙及外墙下工程桩费用

多层地下室采用常规的临时支护结构施工，地下室需设置外墙及外墙下工程桩，花费工程费用亦相当可观。若采用逆作法施工，地下连续墙既作基坑开挖挡土阻水的支护结构，又与内衬墙组成复合结构作为地下室永久性地下室承重外墙合为一体，材料得到充分利用，同时还可以利用地下连续墙承受地下室一步各楼层、地下室底板和地下室外墙的上部结构的垂直荷载。所以，采用逆作法施工可省掉地下室外墙及外墙下工程桩的工程费用。根据分析可节省地下室总造价的 1/3 左右。

（4）使底板设计趋向合理

钢筋混凝土底板要满足抗浮要求。用传统方法施工时，底板浇筑后支点少，跨度大，上浮力产生的弯距值大，有时为了满足施工时抗浮要求而需加大底板的厚度，或增强底板的配筋。而当地下和地上结构施工结束，上部荷载作用于底板上，因而使底板设计不尽合理。用逆作法施工，在施工时底板的支点增多，跨度减小，较易满足抗浮要求，甚至可减少底板配筋，使底板的结构设计趋向合理。

(5) 可节省支护结构的支撑

深度较大的多层地下室，如用传统方法施工，为减少支护结构的变形，需设置强大的内部支撑或外部拉锚，不但需要消耗大量钢材，施工费用亦相当可观。如上海电信大楼的深11m，地下3层的地下室，用传统方法施工，为保证支护结构的稳定，约需临时钢围檩和钢支撑1350t。而用逆作法施工，土方开挖后是利用地下室结构本身来支撑作为支护结构的地下连续墙，可省去支护结构的临时支撑，不需要拆除内支撑的爆破及其废渣的外运，避免了环境污染。

(6) 可节省土方挖填方费用

施工提供操作面，一般情况下基坑临时支护结构与地下室外墙之间要留1m净距的施工操作空间，所以基坑土方势必要多增加开挖土方量，待地下室施工好后，又要增加地下室外墙四周超挖的回填土方量。而采用逆作法施工，就可在地下室外墙处构筑地下连续墙，因此就可节省此部分土方挖填方工程量及其费用，据统计可节省土方1/4左右。

(7) 简化基坑的施工工序，有明显的经济效益

采用逆筑施工，一般地下室外墙与基坑围护墙采用两墙合一形式，一方面省去了单独设立的围护墙，另一方面可在工程用地范围内最大限度扩大地下室面积，增加有效使用面积。此外，围护墙的支撑体系由地下室楼盖结构代替，省去大量支撑费用，而且楼盖结构即支撑体系，还可以解决特殊平面形状建筑或局部楼盖缺失所带来的布置支撑的困难，并使受力更加合理。由于上述原因，再加上总工期的缩短，因而在软土地面对于具有多层地下室的高层建筑采用逆作法施工具有明显的经济效益。一般可节省地下结构总造价的25%--35%。

(8) 可节省地下室外墙建筑防水层费用

多层地下室采用常规的临时支护结构施工，一般情况下，建筑设计往往要做地下室外墙防水层。而采用逆作法施工，是以地下连续墙与内墙组成复合式结构做成结构自防水的地下室外墙，从而也节省地下室外墙建筑防水层费用。

(9) 可最大限度地利用城市规划红线内地下空间，扩大地下室建筑面积。多层地下室采用常规的临时支护结构施工，地下室外墙势必要退至城市规划红线内，留有临时支护结构截面尺寸和上面所述的施工操作面空隙距离，而缩小地下室建筑面积。采用逆作法施工，在满足室外管线或构筑物布置的条件下，作为地下室外墙的地下连续墙可紧靠规划红线，甚至踩规划红线构筑地下连续墙作地下室永久性外墙。从而达到最大限度利用地下空间，扩大地下室建筑面积的目的。

(10) 有利于结构抗水平风力和地震作用

多层地下室采用常规的临时支护结构施工，一般情况下临时支护结构与地下室外墙之间预留空间小，进行基坑四周回填土不容易夯填密实，甚至有的施工单位没有意识到高层建筑地下室外墙四周基坑回填土重要性，往往利用建筑垃圾随意回填了事，从而削弱了地下室结构对高层、超高层建筑嵌固约束的作用。采用逆作法施工，地下连续墙与地下原状土体黏结在一起，地下连续墙与土体之间黏结力和摩擦力不仅可利用它来承受垂直荷载，而且还可充分利用它承受水平风力和地震作用所产生的建筑物底部巨大水平剪力和倾覆力矩，主要由地

下室外墙的地下连续墙通过侧壁和底部的摩擦力承受，抗倾覆力矩由墩基、挖孔桩及其锚杆共同承受。大大提高了抗震效应。

(11) 施工方案与工程设计密切配合，使逆作施工方案更趋合理

按逆作法进行施工，中间支承柱位置及数量的确定、施工过程中结构受力状态、地下连续墙和中间支承柱的承载力以及结构节点构造、软土地区上部结构施工层数控制等，都必须与工程设计密切配合有关，需要施工单位与设计单位密切结合研究解决，才能实施逆作法施工。

5. 逆作法的新发展

逆作法施工种类繁多，有全逆作法、整体逆作法、分层逆作法、局部逆作法、盆状挖土逆作法、抽条挖土逆作法等，如果按支护结构划分又可分为地下连续墙支护逆作法、土钉墙支护逆作法等，逆作法施工是一项新兴的基坑支护技术，并已取得了丰硕成果。高层建筑深基坑支护，过去需设置施工庞大的支护结构，工程费用高、工期长，拆除支撑结构费工、费时，而逆作法施工技术，可以解决施工环境比较困难，场地四周有密集的建筑群，对开挖基坑变形有严格要求的情况。应用施工逆作法可以大大节约工程造价，缩短施工工期，是一种很有发展前途和推广应用的深基坑支护技术，在沈阳、上海、广州这类老城市应用逆作法施工高层建筑深基坑较多。例如沈阳新闻中心大厦基坑与七层砖混住宅的山墙基础相距仅0.5m，基坑内有二层地下室，采用半逆作法取得很好的效果。又如沈阳信宏大厦也是两层地下室，地下水位很高，坑周土为饱和状粉质黏土，基坑的南侧与五层框架建筑（柱子为浅基础）相靠，用冲孔灌注桩作围护时，不得不先在柱下的扩展基础上凿孔，然后穿过已凿出的孔洞（$D=800$mm）再作灌注桩，基坑的东侧相距2.5m为7层砖混住宅，在这种困难条件下采用半逆作法施工取得成功。

部分逆作法一般用于面积较大的地下室，如地下车库、地下商场等。在基坑的四周保留部分土方作为对围护桩的临时反支档，中央部分为正作法，待楼盖与支护桩相连接并形成水平支撑后再挖除基坑四周部分的保留土方。沈阳农贸大厦地下室尺寸100m×100m，作农产品交易市场用，采取部分逆作法比采限锚杆支护节省造价二百多万元。辽阳商业大厦基坑深两层本来采取大直径挖孔桩作悬臂支护，由于桩入土深度不够，造成悬臂桩向坑内倾斜，基坑有失稳危险，这时改为向坑内四周回填土，使悬臂桩长由9m变成4m，首先控制住支护排桩的侧向变形，然后改用部分逆作法，先用正作法做好主楼中央核心筒部分的挖孔桩基础，最后浇筑整体底板和侧墙。这是一个用部分逆作法处理基坑事故的成功实例。

又如北京王府井大厦施工场地狭小，东侧紧靠王府井百货大楼，这是一座20世纪50年代旧建筑物，抗震等级低，地下连续墙外皮距百货大楼独立柱基础最近处仅85cm，两者基底高差是21m，在地下连续墙施工时，成槽作业产生的侧压力和负压，会对百货大楼柱基下的砂层产生扰动，有可能破坏地基的稳定，影响百货大楼的结构安全，为此对百货大楼基础进行保护，采用逆作法施工，保证了邻近建筑物的安全。

在20世纪90年代中期，上海市建公司在总结淮海路地铁车站施工经验的基础上，研究开发了逆作法信息化施工技术、柱墙沉降控制技术、在有顶盖的地下挖运土方的技术、后施工柱梁板与柱墙连接技术等，为保证逆作法的顺利进行准备了必要的技术手段，终于在1994～1997年胜利完成了上海恒积大厦工程的逆作法施工，这是上海比较完整意义上的高层建筑多层地下室逆作法施工。该工程地上22层，建筑高度95m，地下4层、基坑深度

17m，总建筑面积 28000m²。由于这个工程采用逆作法施工后所体现的“好”、“快”、“省”效果，在上海地区掀起了一股逆作法施工好的观点，其后，相继有明天广场、京沙住业大厦、上海市规划展示厅等 10 多项工程采用逆作法施工。还有一些大工程正在采用逆作法施工。另外，由于媒介的传播，此法的优点也为外省市同行所接受，在浙江杭州与云南昆明已有几个工程将传统的地下室基坑支护施工改为逆作法施工。因此，作为高层建筑多层地下室施工的一种新方法，逆作法将会得到工程界越来越多的重视与广泛应用。在香港，运用逆作法施工已经相当普遍。如香港九龙站上盖工程位于九龙西部的填海区，是从属于新机场干线的私人发展项目，该工程与地铁相连接，占地 16 万 m²，建筑面积 24.5 万 m²，地下结构三层，地面五层裙楼及 6 栋 36 层塔楼，建筑高度为 150m，地下室作为停车场，上部结构为商住两用的综合性大楼，工程造价为 26 亿港元，工程总承包商为香港一家建筑公司和日本的建筑公司所组成的联营公司，工程建造工期只有 28 个月（不包括桩基及地下连续墙施工），现场根据建筑师的设计，运用逆作法进行基础结构的施工。

另外逆作法已列入 2001 年颁布的中华人民共和国国家标准《建筑地基基础设计规范》(GB 50007—2001) 第七章基坑工程；在原冶金工业部发布的行业标准“建筑基坑工程技术规范”(YB 9258—97) 第十六章中也列出了基坑工程逆作法，各地方如上海、广州等地也陆续公布了地下室逆作法施工工法 YJGF02－96 和 YJGF07－98，说明逆作法施工已日趋成熟，列入规范编制施工工法，目前正在全国各地顺利的推广和应用。

6. 应用逆作法需解决的几个问题

随着高层和超高层建筑的发展和人们对地下空间的开发和利用日益增多，基坑工程不仅数量增多，而且深度增加。目前国内用逆作法施工的深基坑已到 6 层，26.4m 深，而且向更大更深方向发展，而且大量深基础工程集中在市区，施工场地狭小、施工条件复杂，如何减小基坑开挖对四周建（构）筑物、道路和地下管线及市政设施的影响，发展基坑开挖不扰动环境土的稳定，控制理论和方法将越来越引起人们进一步的关心和重视。

逆作法施工虽然在全国不同地区、不同的土质条件下取得了不少成功的经验，但要完善这项工艺的配套技术还有许多课题尚待解决，要大力推广和发展，还应当在以下方面作进一步的研究和突破。

(1) 提高认识，加强设计施工一体化

逆作法施工的地下结构设计与逆作支护设计是统一的，而地下连续墙的受力主要是在施工阶段进行控制，原来设计部门是不参与施工组织设计的，这样，由于设计与施工协调上的麻烦，往往使一些可以搞逆作法的工程无法进行。在还没条件实现由施工总承包来设计施工图的情况下，逆作法工程应加强与设计的合作，在保证结构原设计功能受力状况下，允许施工单位按逆作法工艺重新对地下室结构支护设计进行优化。

(2) 研究开发地下挖运土设备

现在逆作法施工还是以人工挖土为主，效率不高，今后必须大力研究开发小型灵活、地下挖土专用设备，以提高挖土效率。

(3) 结构受力机理与沉降分析的进一步研究

首先，逆作法施工时有一圈插入地下一定深度的地下连续墙或排桩，这部分地下连续墙与基底桩土承受垂直力的比例如何计算，如能较精确的分析确定，就可以比一般设计减少工程桩。第二，以逆作法各工况条件下，结构已逐步形成刚性箱体，如何计算受力与变形？另外，挖土过程可以减少桩与墙的摩阻力，增加沉降，而挖土又使地基减荷，造成反弹上升，这些复杂因素在理论分析上还不能定量，如果能快速正确估算，可以更准确地实现施工动态信息化控制。

(4) 逆作法施工中的墙、柱、梁、板节点优化

如前所述，逆作法使节点二次形成钢筋通过支座及交叉点时施工很不方便，往往要放大断面，这在设计与施工上都有不尽合适的地方，所以节点要从整体设计、施工体系上加以研究解决，使设计计算符合实际而施工又比较方便。

(5) 加强监测力度，重视实测工作

从目前全国推广应用100多项逆作法施工项目中，真正进行实测或详细的观测项目，为数较少，这是推广逆作法中的一个缺陷。施工单位往往认为基坑支护是一项临时工程，只要完成基坑工程任务就行，不重视实测监护工作，开发商往往着重考虑经费，认为工程中尽量少花工程费用，所以不重视施工过程中的监测，不少基坑事故就是在不重视监测情况下发生的，今后一定要重视现场监测，积累逆作法施工的经验，并从理论上不断加以提高。

(6) 开展巨型桩研制，加大桩的承载力

逆作法施工受桩承载力的限制很大，如有的高层建筑因为结构跨度大，工程桩承载力小，采用逆作法时不能采用一柱一桩，而是采用一柱多桩（即一个工程柱在逆作法加做三根、四根工程桩上的临时钢柱），这样增加了成本与施工难度。如果桩采用挤扩支盘桩承载力大大提高，沉降又小，就可以一桩一柱，而且上部结构施工速度可以放开限制，更能加快施工速度，缩短总工期。

7. 逆作法的分类

根据对支护结构的支撑方式，基坑工程逆作法，可分为以下几类作法：

(1) 全逆作法：利用地下各层钢筋混凝土肋形楼板对四周围护结构形成水平支撑。

(2) 半逆作法：利用地下各层钢筋混凝土肋形楼板中先期浇筑的交叉格形肋梁，对围护结构形成框格式水平支撑，待土方开挖完成后再二次浇筑肋形楼板（见图12-43)。

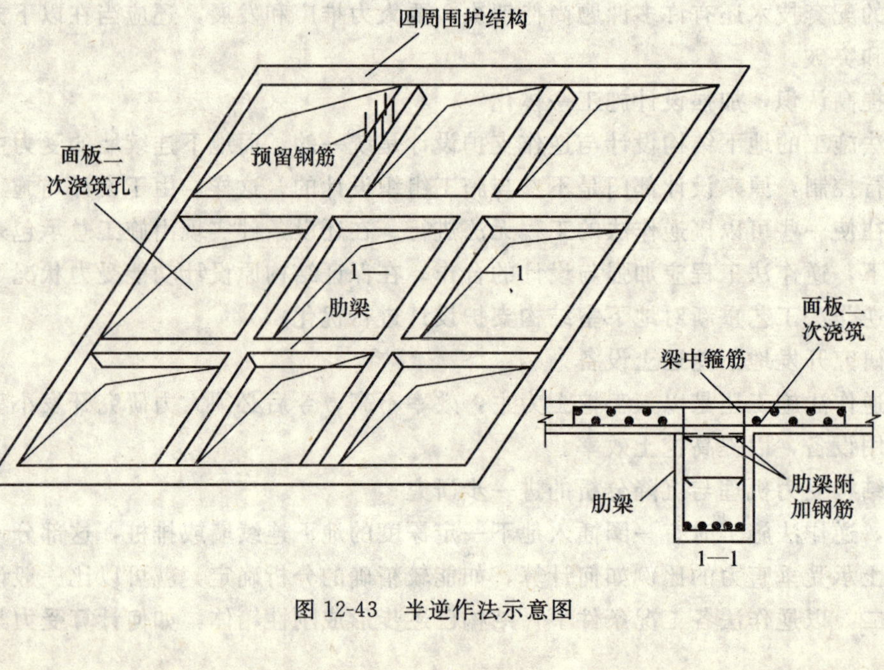

图 12-43　半逆作法示意图

(3) 部分逆作法：利用基坑内四周暂时保留的局部土方对四周围护结构形成水平抵挡，抵消侧向压力所产生的一部分位移。在基坑中部按正作法施工，基坑边四周用逆作法（见图12-44）。这种方法也叫盆状开挖逆作法。

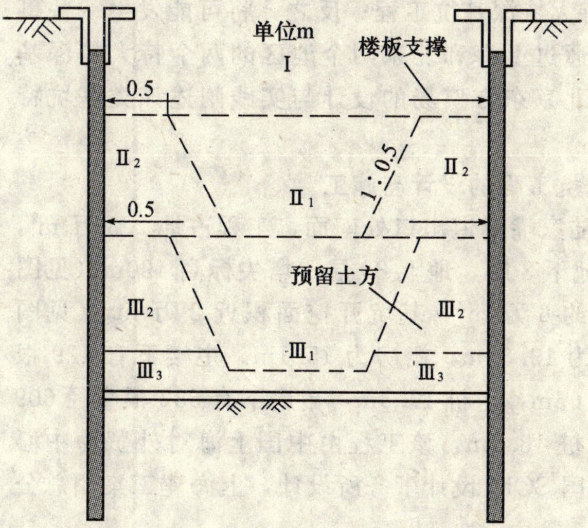

图 12-44　部分逆作法示意图

(4) 分层逆作法：此方法与上述各种所述的逆作法不同，主要是针对四周围护结构，是采用分层逆作，不是先一次整体施工完成。分层逆作法四周的围护结构是采用土钉墙（见图12-45），采用这种分层逆作法造价较低，施工进度又快，但一般在土质较好的地区施工采用分层逆作法，效果较好。

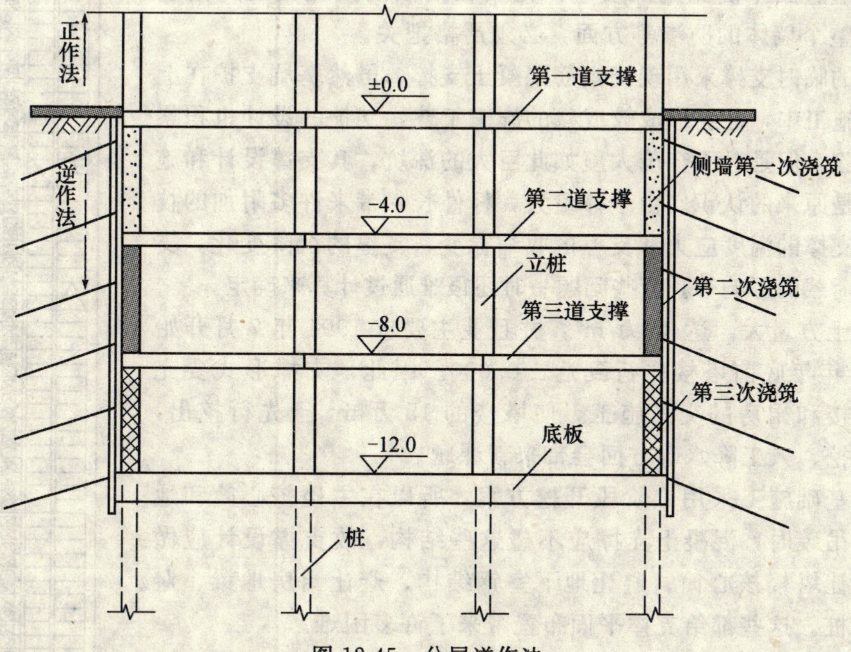

图 12-45　分层逆作法

除了上述几种逆作法施工地下结构外，还有部分正作法、部分逆作法；土方盆状开挖逆作法；土方抽条开挖逆作法；考虑时空效应的逆作法等。

七、特深特大基坑工程实践

本节所指的特大特深基坑工程，就是基坑平面面积大于 15000m^2 基坑深度超过 18m 的基坑工程。这类基坑工程的成功与否关系重大，必须精心设计，还要精心施工（包括信息化施工），才能顺利完成特大特深基坑工程；反之，将可能发生一些事故或者不必要的损失。通过上海和北京两个地区的两个特大特深基坑工程上海金茂大厦和北京东方广场的设计与实践阐述该类基坑特点及其设计理论。

1. 上海金茂大厦基坑工程的设计与施工

金茂大厦位于浦东陆家嘴隧道出口处南面，工程占地 2.3 万 m^2，建筑总面积 29 万 m^2，地下 3 层，地上 88 层，塔尖标高 420m（见图 12-46）。地下 3 层面积约 6 万 m^2，基坑开挖面积近 2 万 m^2（见图 12-47），开挖深度主楼为 19.65m，裙房为 15.1m。主楼下有 429 根直径 914 钢管桩，桩长 65m，送桩 17.5m，裙房下有 632 根直径 609 钢管桩，桩长 33m，送桩 13.5m，该工程由中国上海对外贸易中心股份有限公司投资，美国 SOM 设计事务所设计，上海建工集团总公司承包。

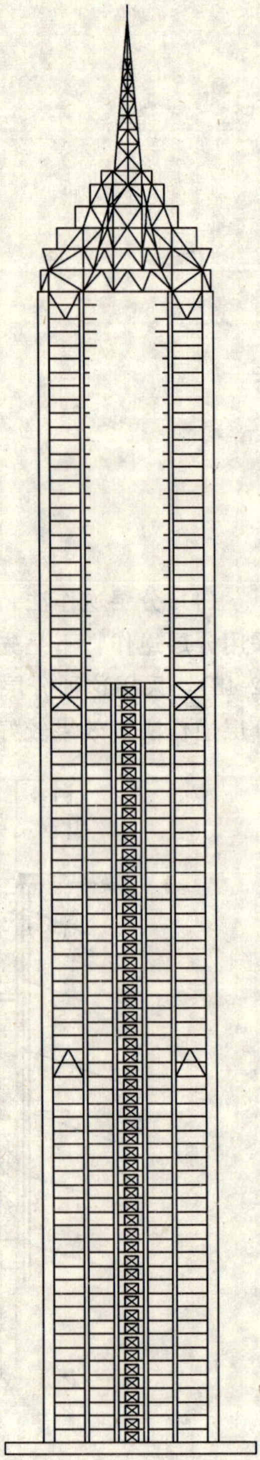
图 12-46　立面图

（1）基坑工程特点

该工程是目前上海地区基础工程施工中最大最深的工程项目，而整个工期十分紧，技术含量高，给承包商带来了不少困难。

①作为基础外墙围护工程的地下连续墙兼有承重墙的职能，地下墙壁厚 1m，深 36m。由于地下墙内壁不再设内衬，这就要求施工单位在地下墙施工中确保施工质量，尤其在槽段的接缝处理，槽底沉渣清理，整个墙体的防渗等方面，必须严格把关。

②基坑的临时支撑采用现浇钢筋混凝土支撑，虽然基坑支护在上海软土地基施工中，已经形成较成熟的施工工艺，支护的设计也积累了一定的经验，但是对于金茂大厦如此巨大的深坑，其支撑设计和施工工艺绝不是原来的认识。由于体量大，杆件长，带来许多附加的技术难点，如支撑的温度应力和支撑的收缩徐变，支撑的沉降变化，支撑上的附加荷载的影响等。有些问题一时还很难通过计算来确定。

③基础土方量大，达 30 万 m^3，并且业主要求 1994 年 7 月开始打桩，1995 年年底前塔楼先行到达±0.000。因此，支撑形式要充分考虑到塔楼和裙房的交叉施工，使塔楼的 15 万 m^3 土先行挖出，这在土方开挖、人工降水等方面会带来新课题。

④由于基础施工采用二阶段开挖方案，所以在主楼核心筒和地下室钢结构吊装时，混凝土支撑应不碰这些结构，故支撑设计应做到避让：避让塔楼核心筒、避让地下室钢结构、避让裙房地梁、避让基础钢管桩。这些都给支撑平面布置带来了许多困难。

（2）总体支护方案选择

金茂大厦建于上海特定的地基土上，地质软（见表12-24），面积大（约 20000m^2），体型不规则（见图12-47），基坑深（－19.65m），要求高（地下管线复杂，北临主干道陆家嘴路），为了满足金茂大厦的基础施工，必须拟定多种方案，进行技术和经济比较，然后确定支护工程的设计方案。

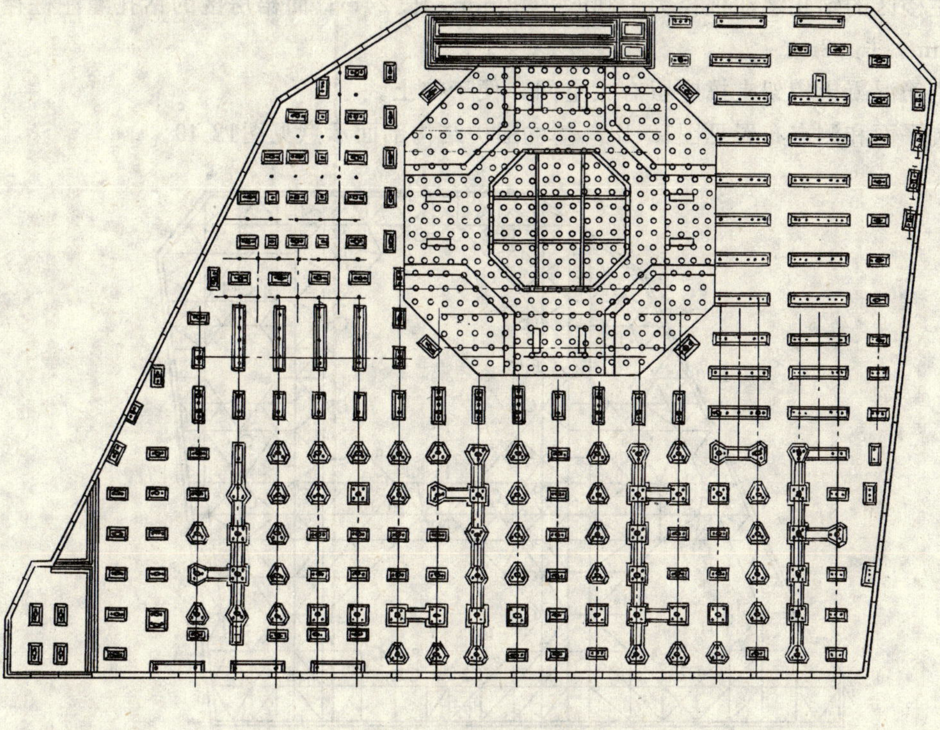

图 12-47　基础平面图

表 12-24　各层土的物理-力学指标

土层编号	土层名称	厚度（m）	层顶绝对标高（m）	含水量 W（%）	重度 γ（kN/m^3）	孔隙比 e	渗透系数（cm/s）		固结快剪	
							K_h	K_v	C（kPa）	ϕ（°）
1	填土	0.9	+3.800						11	17
2	粉质黏土	2.175	+2.900	35.3	18.5	1.00	5.11×10^{-5}		17.0	20.8
3	淤泥质粉质黏土	4.200	+0.725	39.6	18.1	1.11	1.77×10^{-4}	2.81×10^{-6}	11.5	22.0
4	淤泥质黏土	9.720	−3.475	49.0	17.3	1.37	1.64×10^{-6}	2.47×10^{-7}	14.0	13.50
5	粉质黏土	8.590	−13.195	34.4	18.5	0.98	1.33×10^{-7}	2.49×10^{-5}	13.0	20.0
6	粉质黏土	3.215	−21.785	23.0	20.1	0.67			51.0	21.0
7-1	砂质黏土	6.94	−25.00	31.2	18.6	0.91			4.29	32.7
7-2	粉细砂	28.32	−31.94	26.9	18.9	0.8			0	33.57

根据美国 SOM 设计事务所的设计要求，支护结构采用支护和承重合二为一的地下连续墙，所以，方案选择的关键是：采用何种最合理和最经济的基坑支撑形式。

金茂大厦对三种基坑支撑：斜拉锚，钢支撑和钢筋混凝土桁架支撑进行详细的技术和经济比较，认为钢筋混凝土桁架支撑适应性强，施工可靠。从投资费用分析，大体上与斜拉锚方案相当。在上海当时的实际条件下，钢筋混凝土桁架支撑系统是最合适的基坑支撑方案。因此，决定采纳钢筋混凝土桁架支撑方案。

（3）基坑支护设计总的考虑

①基坑支护采用地下连续墙作为基坑外围的挡土墙（兼地下室外墙），总长约 560m，墙厚 1m，墙深 36m。

②基坑内设计三道钻孔灌注桩挡土墙，将主楼和裙房分区，为主楼首先施工和裙房划区施工创造条件。

③主楼区的钻孔灌注桩径为1200@1400mm，长24m；而裙房区的钻孔灌注桩径为1000@1200mm，长18m。

④钢筋混凝土桁架支撑应留有大空间，便于挖土。

基坑平面和测点布置见图12-48，基坑围护结构剖面示意见图12-49。

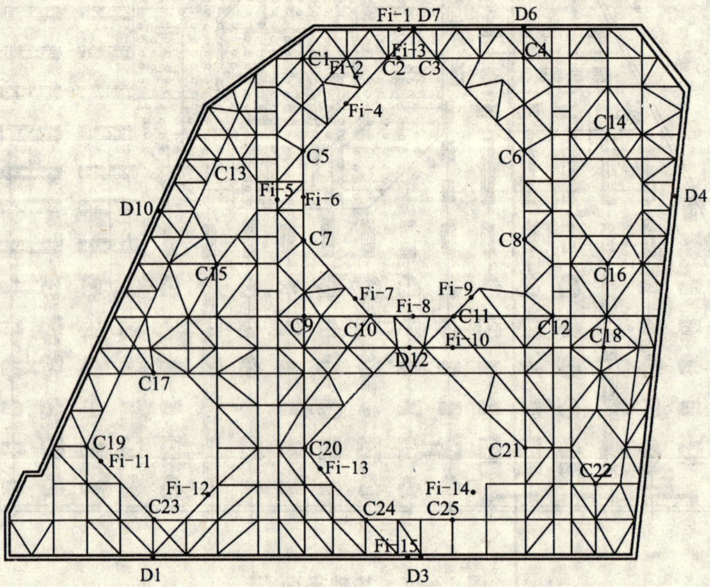

图 12-48 基坑平面和测点布置图

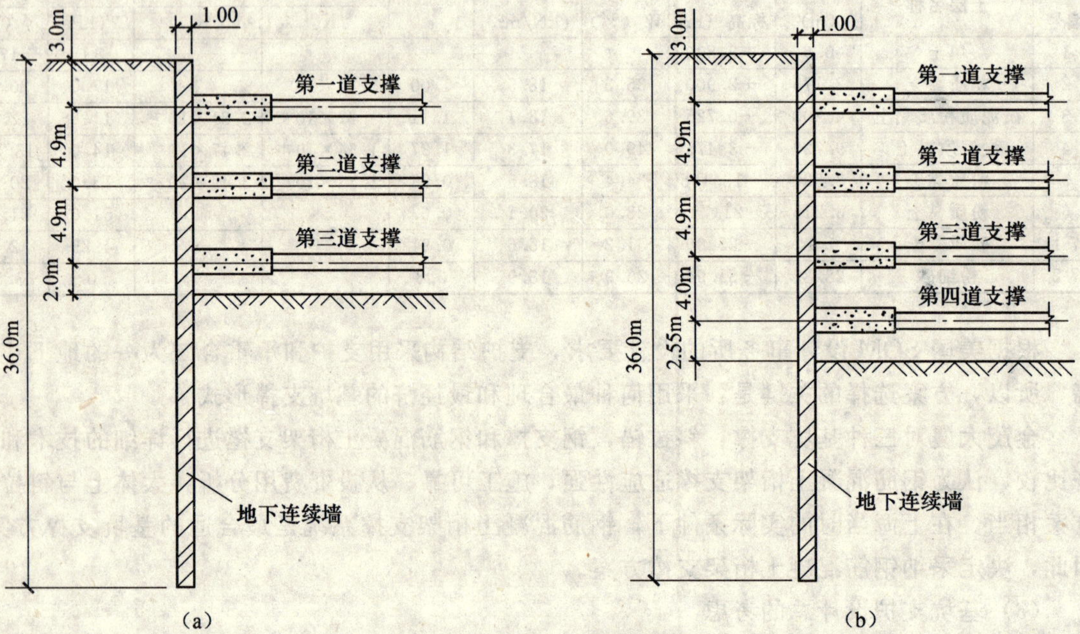

图 12-49 基坑围护结构剖面示意图

(a) 裙房；(b) 主楼

(4) 基坑内围的地下连续墙和灌注桩计算

基坑外围的地下连续墙既是围护墙体，又是地下室的外墙，根据主楼开挖深度−19.65m，裙房开挖深度−15.1m，考虑主楼和裙房采用同一深度的地下连续墙，取墙厚为1m，深为36m，地下连续墙落在表12-24中7-2土层粉细砂上。

坑内围的钻孔灌注桩是为主楼先期开挖而设置的，在主楼区域，东面是地下连续墙，另外三面是钻孔灌注排桩，按开挖深度为−19.65m，直径1200，间距为1400设计。桩顶标高−8.7m，桩底标高为−32.7m，钻孔排桩落在7-1土层上。

连续墙和灌注桩墙的位移和内力均用SAP90程序进行计算。计算结果见表12-25。

表12-25 地下连续墙和灌注桩的位移和内力计算结果

项目	最大位移值 (mm)	最大剪力 (kN)	最大正弯矩 (kN·m)	最大负弯矩 (kN·m)
坑外主楼地墙	50	977	2377 (1800/1500)	−1577
坑外群房地墙	41	620	1692 (1400/1100)	−1112
坑内灌注桩墙	55	943	1800	−1200

注：(/) 表示坑内/坑外的弯矩设计取值。

(5) 钢筋混凝土桁架支撑计算

根据SAP90程序进行计算，各道支撑的最大变位值，最大轴力，竖向最大弯矩，以及水平最大弯矩列在表12-26中。表中最大轴力是指支撑的最大轴力，不包括围檩最大轴力。

表12-26 钢筋混凝土桁架支撑位移和内力计算结果

项目	最大位移值 (mm)	最大轴力 (kN)	最大弯矩(竖向) (kN·m)	最大弯矩(水平) (kN·m)
第一道支撑	2.34	7435	350	−1691 (2737)
第二道支撑	3.36	14711	440	−3354 (5881)
第三道支撑	3.85	13856	440	−4072 (6739)
第四道支撑	3.60	16315	350	−3050 (5529)

至于钢筋混凝土桁架支撑立柱设计，根据SAP90程序对各道支撑的支座反力进行叠加，可得主楼区域支座反力最大值为2701kN。裙房区域支柱反力最大值为2059kN。在立柱设计中综合考虑在施工中的附加垂直荷载，对立柱用偏心受压构件计算进行设计。立柱由两部分构成，埋入挖土坑底以下的为钻孔灌注桩，坑底以上部分为格构式钢结构柱，该柱插入钻孔灌注桩内5m。塔楼区域的钻孔桩直径为ϕ850、桩长22.5m、格构柱截面尺寸为480×480、肢件为L140×14角钢，格构柱的钢材为Q235钢，主楼和裙房支撑立柱均落在7-2土层上减少沉降变形。

(6) 现场监测结果分析

施工时对各受力构件的主要部位进行信息化跟踪监测，图12-48为地下连续墙，钻孔灌注桩以及桁架支撑的监测点布置图。图中D1、D3、D4、D6、D7、D10为地下连续墙垂直(测斜)变形监测点；$F_{i\sim j}$为桁架支撑轴力监测点的编号，i为各道支撑编号，j为测点编号。

下面仅就主楼和裙房的地下连续墙的实测变形进行分析。

①主楼地下连续墙变形结果分析

今选主楼地下连续墙变形测点 D7 的典型实测结果（见图12-50）进行分析，从图中的曲线可见，主楼的地下连续墙变形如下特点。

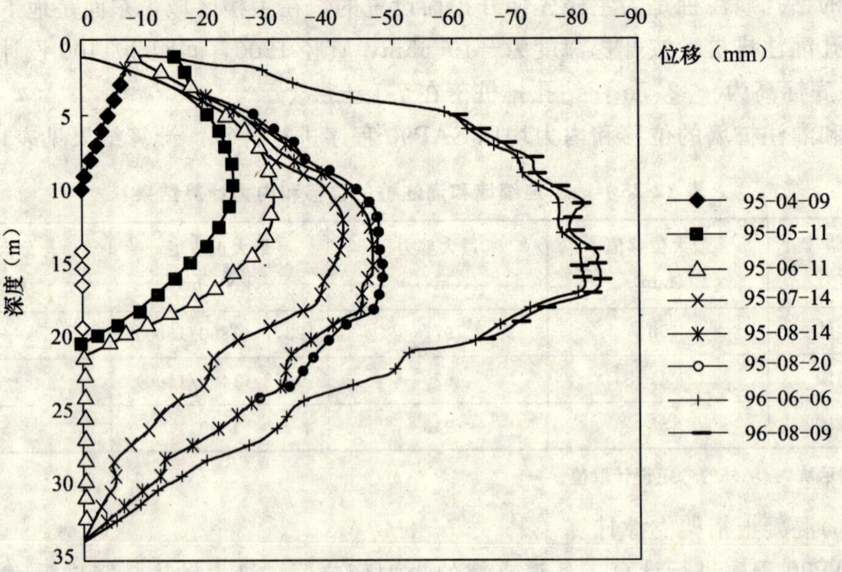

图 12-50　主楼 D7 测斜曲线

a. 在主楼基础底板施工完毕以前（图中的 1995.8.20），连续墙实测变形与计算变形值非常接近：D7 最大变形为 49mm，而计算变形为 45mm。最大变形发生的部位较之计算最大变形的位置低：D7 最大变形的位置在地下 15m，而计算最大变形的位置在地下 12m。

b. 在第三道支撑拆除时（图中的 1996.6.6），连续墙的实测变形发展较快：D7 最大变形为 81mm，而计算变形为 50mm。D7 最大变形的位置在地下 16m 处。究其原因是：主楼基础（厚为 4m）底板浇捣后，在养护降温的过程中，底板有一定的收缩，此时，基础底板对地下连续墙的约束很小。在第三道支撑拆除后，地下连续墙的变形对基础底板产生一个压力，该压力使基础底板产生变形，并导致地下连续墙的进一步变形，这种情况在一般基坑围护工程中尚未遇到。

c. 在第三道支撑拆除以后（图中的 1996.8.9），连续墙的实测变形发展较小，并趋于稳定。D7 的全过程最大变形值为 84mm。且均较计算最大变形值 50mm 大。究其原因是：此时，基础底板对地下连续墙产生很大的约束，而地下连续墙刚度又很大，所以，地下连续墙产生的变形增量很小。

②裙房地下连续墙变形结果分析

裙房地下连续墙变形特点与主楼的有相似之处。不过，在第四次挖土以后到第三道支撑拆除过程中（1996.6.6）变形较大。D1 最大变形为 81mm，D3 最大变形为 99mm。D1 最大变形发生在地下 17m 处，D3 最大变形发生在地下 15m 处，位置均比计算最大变形的位置低，计算最大变形的位置在地下 12m 处。究其原因：裙房基础底板只有 50cm 厚，对地下连续墙的约束相对主楼小之故。在第三道支撑拆除以后（1996.8.9）的变形趋以稳定，D1 全过程最大变形 97mm，D3 全过程最大变形为 102mm，均比计算值大。

特别指出：裙房最后一次挖土产生的地下连续墙变形比之主楼最后一次挖土产生的地下连续墙变形大，主要原因是：裙房最后一次挖土时间较长，地下连续墙挖土根部暴露过久所致。

应予以注意：裙房挖土深度比之主楼挖土浅，但从裙房连续墙的最终变形较大的原因可见，相同的地下连续墙和支撑系统，并不是挖土较深变形一定较大，而主要与地下连续墙挖土根部暴露时间以及底板对地下连续墙的约束有直接关系。

2. 北京东方广场基坑工程施工实践

(1) 工程概况

北京东方广场位于东长安街路北，王府井大街与东单北大街之间，占地面积约 11 万 m^2，是集商业、办公、文化、娱乐为一体的综合性建筑楼群。建筑面积约 87 万 m^2。基坑开挖范围东西长约 480m，南北宽约 190m，开挖深度在 15～23m，土方量 176 万 m^3。基坑平面如图12-51所示。

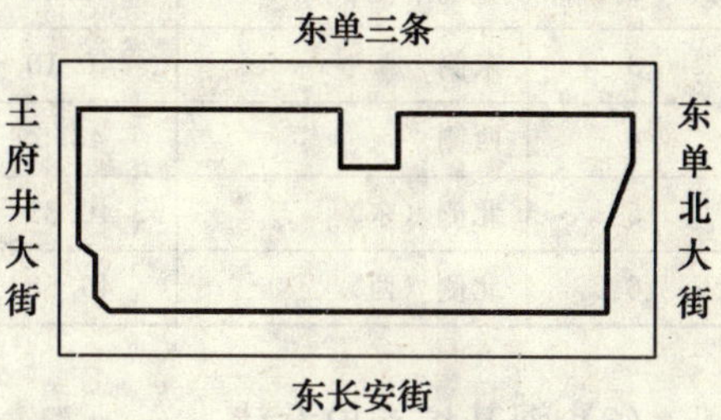

图 12-51　东方广场基坑平面示意图

本工程业主是北京东方广场有限公司，设计单位为香港巴马丹拿国际公司与北京市建筑设计研究院，基坑开挖及护坡工程由北京建工集团总公司设计并施工。

(2) 地质情况

根据业主提供的“北京东方广场大厦岩土工程勘察中期报告”，土层分布及水文地质情况如下：

①土层分布

A. 杂填土：层底标高在 40.00～41.00，层厚约 5～6m；以建筑垃圾为主，可塑、松散；

B. 粉质黏土：层底标高在 33.00～36.00，层厚约 6～7m；黄褐色，土质不均，局部夹粉土，饱和，可塑；

C. 细砂：层底标高在 29.00～31.00，层厚约 5～6m；黄褐色，含卵砾石，局部夹中粗砂，密实；

D. 卵石层：层底标高在 25.00～27.00，层厚约 4～5m；杂色，直径一般为 3～5cm，最大 8cm，局部夹粉黏土和砂砾石层，饱和，密实；

E. 粉质黏土：层底标高在 19.00～21.00，层厚约 5～7m；黄褐色，土质不均，局部夹粉土和砂砾石薄层，饱和，可塑；

F. 卵石层：层底标高在 8.00～15.20，层厚约 6～9m；杂色，以火成岩和坚硬的沉积岩为主，饱和，密实。

②地下水位情况

地下水分为三层：

A. 上层滞水，水位标高 36.00～43.00，主要是上、下管道漏水、雨水等；水位水量因部位、季节不同，变化不大；

B. 潜水，存在于 d 层卵石层中，水位标高 27.00～29.50，是较稳定的地下水；

C. 承压水，存在于 f 层卵石层中，静止水位标高 20.00～23.00 左右，水头高度的约 2.1m。

③各土层标高

由于工程范围大，基坑设计各部位标高不同，各土层高低起伏，设计时将基坑分成六个部位分别按勘察报告中各勘察点的工程地质柱状图将土层分为以下深度：

表 12-27 各土层标高

序号	位置	自然地面	杂填土	黏土	细砂	卵石	黏土
1	协和医院	47.3	40.5	33.3	30.3	26.30	20.3
2	基坑南侧	46.27	40.97	33.75	30.66	26.09	20.69
3	东侧	46.10	40.27	34.46	29.80	27.26	20.15
4	西侧	43.5	40.00	34.08	29.46	25.41	19.77
5	北侧（东）	46.31	40.65	35.50	29.94	27.19	20.89
6	北侧（西）	46.58	40.65	35.50	29.94	27.19	20.89

（3）深基坑支护设计

①挡土支护方案

根据基坑深度、支护要求的不同，在基坑四周划分六个部位九个类型，按照“安全、合理、经济”的原则，分别采用钢筋混凝土灌注桩、H488 工字钢桩加锚杆的支护方式，锚杆分别有一层、二层和三层，局部位置加打土钉。

本工程施工情况：混凝土灌注桩共 927 根，H488 工字钢 28 根，预应力锚杆 1428 根，护坡桩剖面图以协和医院南侧类型一为例（如图12-52），地面标高 47.30，基坑底标高 25.435，桩顶标高 46.00，支护方案为二层锚杆加二层土钉。因为协和医院是重点文物保护建筑，为防止建筑物的不均匀沉降，在协和医院建筑的三侧各加二层土钉，土钉做在锚杆的上方，水平钻孔并灌浆，土钉加固了土体，提高土体的整体性。

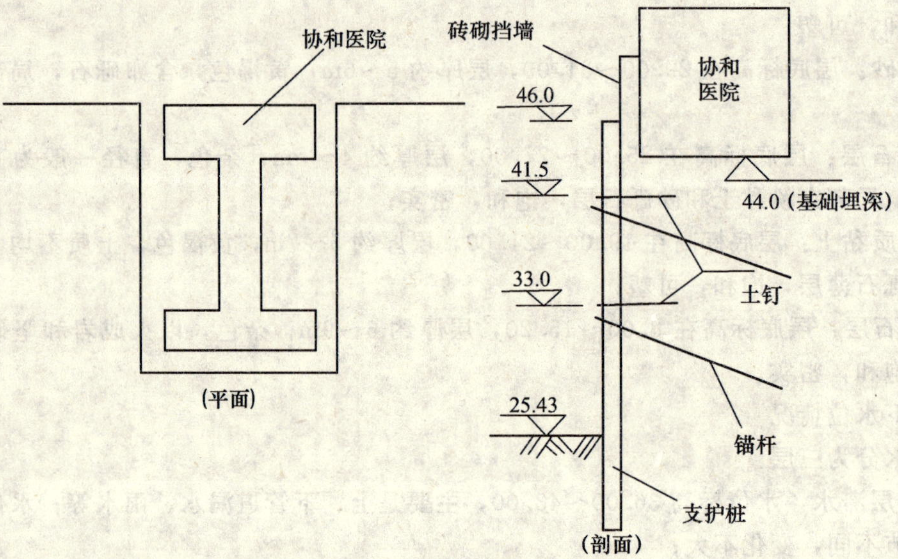

图 12-52 协和医院平面、剖面图

②挖土方案

东方广场工程特点是工程量大，工期要求紧，基坑开挖深度大，土方受护坡桩、锚杆施工的制约，施工现场处于闹市繁华地区，交通拥挤，土方挖运按“先中间、后四周”及“分层开挖”的原则进行，全部采用内坡道，挖土机、翻斗车进入基坑，根据现场道路的出入口位置，设置若干临时坡道，并随着工程进度用接力挖土法，布置 8～10 台挖土机分 4 层挖土，以后留 2 台在坑内进行土方倒运，基坑上用 2 台拉铲挖土机挖土。土方完成后，用 50t 汽车吊，将挖土机吊运出基坑。

③降水工程

采用管井点围幕法降低水位，在基坑周边按井距 6m 布井；在基坑内中间按井距 30m 布井，同时设置水位观测井若干。

(4) 挡土支护设计

①基本资料

混凝土灌注桩间距 1.5m，桩径局部为 1m，其他地方为 0.8m，H488 工字钢桩，桩间距为 1m。

使用材料：护坡桩、桩顶连梁混凝土为 C30 强度等级；锚杆钢绞线采用低松弛 1860 级：锚杆灌浆水泥采用普通 42.5 级（素水泥浆），腰梁采用 I25b、I32b、I36b、I40b 普通工字钢，其他钢板采用 Q235 号钢。锚杆剖面见图12-53。

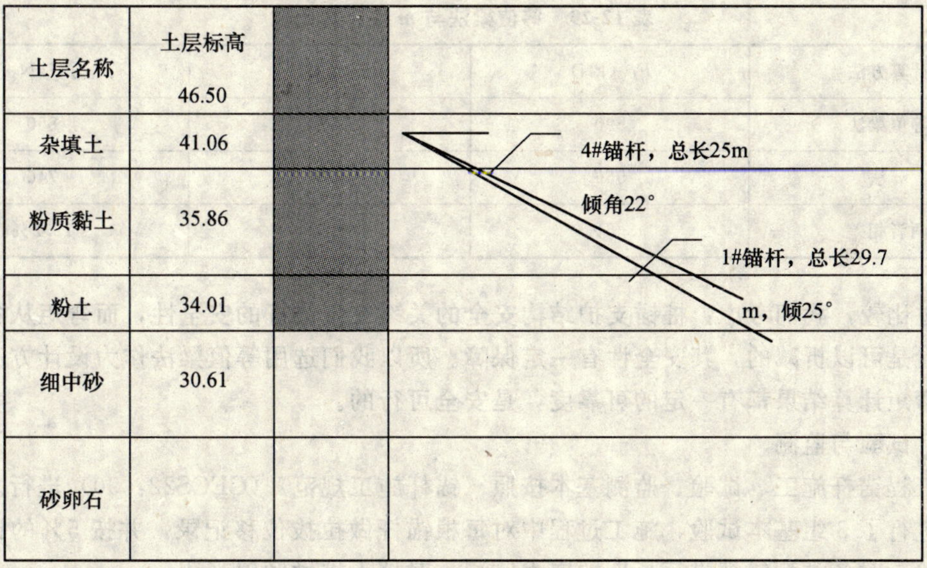

图 12-53　锚杆剖面图

表 12-28　计算采用的各项土压力参数

序　号	土压力参数	杂　填	粉质黏土	细　砂	卵　石	粉质黏土
1	土的内摩擦角（°）	15	25	32	42	20
2	黏聚力（kPa）	20	20	0	0	40
3	表观密度（kN/m³）	20	20.5	20	20	20.5

其他要求：附加荷载：协和医院活荷载 $10kN/m^2$，恒载 $45kN/m^2$，西侧锚杆水平长度不大于 18m，北侧（西）首层锚杆标高在 −7m 以下，北侧（东）首层锚杆高在 −8m 以下：

②计算

支护结构按等值梁法计算，土压力分层按三角形分布计算，内摩擦角 ϕ、黏聚力 c 单独考虑：场地全面降水，水压力不单独计算，总压力以饱和土计算，护坡桩配筋按弯矩图不对称配筋：锚杆长度分段计算，在黏土层中的长度由剖面图获得，通过计算黏土的抗剪强度 τ 值可计算锚杆在黏土中的锚固力 F_1，设计轴力减去 F_1 得剩余力由砂卵石层承担，计算得锚杆在砂石层中的长度，锚杆总长度由自由段、黏土锚固段、砂卵石锚固段组成，砂卵石层抗剪强度 τ 值采用经验值 15～20kPa。

另外，用 m 法对所有类型进行复核，并计算出各个类型的桩顶位移。计算结果同等值梁法比较，可以发现：

A. 当采用多层锚杆时，第一层锚杆轴力设计值两者较接近，m 法设计值一般小 3%～5%；

B. 对于单层锚杆及多层锚杆中最下面的锚杆，两者相差较大，m 法设计值小 20%～40%；

C. 弯矩计算结果两者有大有小，在上下层锚杆间矩较小时，m 法计算弯矩较等值梁大，反之则小。以类型四为例（嵌固段相等）：见表12-29。

表 12-29　等值梁法与 m 法计算比较

计算方法	F_1（kN）	F_2（kN）	M_{max}（kN·m）
等值梁法	590	1073	850
m 法	569	638	746
两者相差	3.5%	40.5%	12.2%

通过比较，我们考虑：桩锚支护结构安全的关键在于锚杆的安全性，而弯矩从各种试验及经验看是可以折减的，其安全性有一定保障。所以我们选用等值梁法作为设计方法，其锚固力、弯矩计算结果都有一定的可靠度，是安全可行的。

（5）试验与监测

本工程锚杆施工、试验、监测基本按照《锚杆施工规范》（CECS22：90）进行。在锚杆施工前进行了 3 组基本试验，施工过程中对每根锚杆做拉拔位移记录，并按 5% 的比例进行验收试验，对各类型锚杆进行长期的应力监测，对挡土桩做倾斜观测。

①基本试验

基本试验共做了 15 根，根据试验结果确定锚固体与土体间粘结强度，分析粉质黏土与砂卵石的剪切强度，验证锚杆设计参数与施工工艺的合理性，下面以 1 号、4 号锚杆为例说明。

钻孔时出土情况：1 号锚杆见砂卵石 3～4m；4 号锚杆未见砂卵石。

锚杆试验结果：1 号锚杆拉到 1440 没有破坏，4 号锚杆拉到 1080 时位移不收敛，认为破坏。位移-拉力曲线及弹性、塑性位移曲线图。见图12-54。

通过基本试验，分析认为粉质黏土与砂卵石相比，其锚固力差矩很大，4 号锚杆抗拔力仅为 900kN，全长 25m，则锚杆与土体间锚固力可达 36kN/m，粘结强度达 70kPa，与规范推荐值相符（规范推荐值：坚硬黏土 60～70kPa）；1 号锚杆抗拔力超过 1440kN，全长 29.7m，进砂卵石 4m，可以推出锚杆与砂卵石间粘结强度可达 280kPa 以上，与规范推荐值相符（规范推荐值：密实砂石 270～400kPa）。实际设计采用黏土、砂石分段计算，比较合理，并提出要求锚杆进入砂卵石层不少于 4m 或 6m。

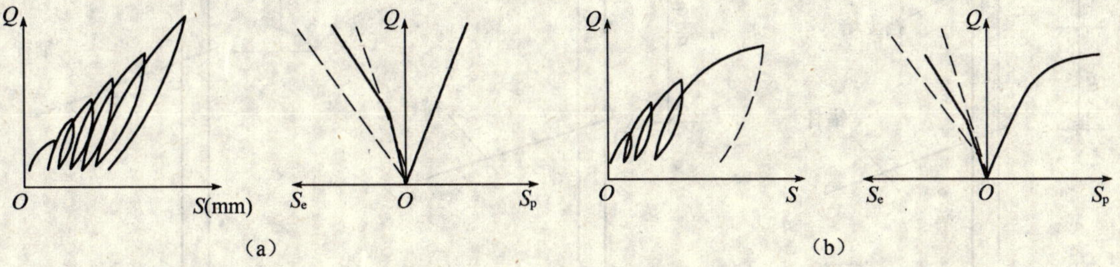

图 12-54　锚杆轴力-位移图

(a) 1 号锚杆轴力-位移图；(b) 4 号锚杆轴力-位移图

②锚杆张拉

本工程每一根锚杆都做了拉拔位移记录，三分之二锚杆最大张拉力达到 1.1 倍设计轴力，三分之一锚杆最大张拉力后，卸载至零，重新张拉至 0.75 倍设计轴力，然后锁定。

凡是未达到最大张拉轴力而破坏的锚杆，均视为不合格，在原锚杆位置标高下 1m 补打同样锚杆 1 根，以保证锚杆的安全系数不降低。

③验收试验

按锚杆总数 5%的比例做锚杆验收试验，锚杆张拉力应达到 1.2 倍设计轴力。凡是在张拉过程中位移不收敛均视为不合格，按锚杆张拉力方法做加强处理，以类型六 A 为例，在已施工的 1--17 号锚杆挑选最不利的 2 号锚杆（进砂卵石层长度最短）做验收试验，结果 2 号锚杆拉到 350kN 时位移增量很大，拉到 410kN 时位移不收敛。原锚杆设计轴力 350kN，角度 25°，试验结果证明设计轴力达不到，决定未施工的 18～40 号锚杆倾角改为 30°，长度由 20m 加长到 22m，调整二层锚杆的位置标高并重新计算锚杆轴力。调整后的锚杆按新的设计要求进行张拉，最后所有锚杆都达到了设计要求。

④位移监测

在挡土桩锚杆高处、桩顶连梁上、锚杆标高腰梁位置设置护坡桩的位移测点，由专门的位移测量小组负责每天监测，基坑四周按间距 30m 一个布置有 70 个桩 205 个点。经过近 8 个月的监测，在悬臂 7m 的类型四 A，桩顶位移最大，达到 36mm；悬臂 3m 护坡桩，如类型八，最大桩顶位移在 15mm 左右。

从位移看，在基坑未挖到底之前，位移不大，第三层锚杆张拉后，基坑挖至设计标高，位移增量较大，从 12mm 增至 28mm，这是因为锚杆受到土压力荷载作用，锚杆轴力不断增大，应变及位移也不断增加。此时对第一层锚杆进行了再张拉，根据再张拉结果可判锚杆实际轴力平均值为 392kN，是设计轴力的 67%，考虑原锁定荷载为 55%，则增大了 12%，锚杆再张拉后，位移又经过一段时间的继续增长，当锚杆轴力通过护坡、桩自身的调整，逐渐稳定下来，位移最终也趋于稳定，随着基础工程的施工，锚杆力逐渐减少，护坡桩位移也逐渐减少。

从本工程的监测测量见图（12-55）结果看，可知以下几点：

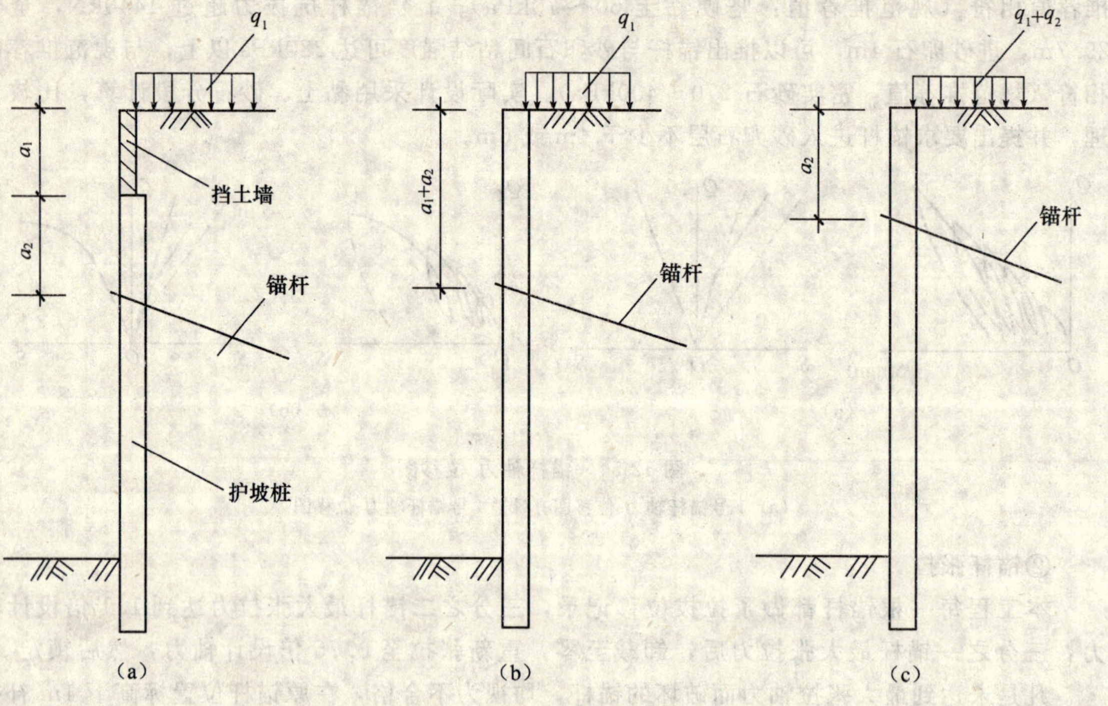

图 12-55

(a) 类型四；(b) 类型四 A；(c) 计算简图

A. 由于混凝土灌注桩刚度大，除悬臂端位移较大，其他部位因锚杆的预应力作用，位移较小，锚杆的预应力大大减少了桩的位移，只要保证锚杆的预应力，也就控制了桩的位移。

B. 桩顶位移决定于桩的悬臂长度，可以看出，悬臂长度小于 3m，桩顶位移在 10mm 左右，悬臂长度在 5m 以上，桩顶位移将增大很多。

C. 由于理论计算未考虑锚杆的预应力作用，所以锚杆理论计算位移比实际位移要大，如类型四 A 桩顶理论最大位移为 66mm，实际为 36mm。

⑤锚杆应力的监测

锚杆轴力的监测采用钢弦式锚索计进行长期监测，锚杆锁定后 10d 内每 1d 一次，10d 后每 10d 一次，1 个月后每月一次，共测试 17 根锚杆。类型一，一层、二层锚杆轴力-时间变化如图12-55（c）、（d）所示，从轴力监测图可以看出以下几点：

A. 本工程所用国产千斤顶采用退油自顶锚施工工艺，锚杆实际锁定值与设计锁定值相差 20％左右，按照设计锁定值大小可以划分为表12-30：

表 12-30　锁定损失值

设计锁定值（kN）	锁定损失值	锁定损失百分比
＜300	33.5	14.3
300～400	101.6	28.3
400～500	92.3	21.1
500～600	97.3	18.1
＞600	121	16.9

B. 对于多层锚杆，下一层锚杆的张拉施工对上层锚杆轴力没有影响。

C. 锚杆达到最大值时，一般在设计轴力的60%～70%，因为设计安全系数为1.5，实际安全系数将达到1.8以上。

⑥锚杆再张拉监测

锚杆应力监测除了用锚索计外，还对4%的锚杆采取再张拉方式监测锚杆轴力的变化，再张拉的方法为：在锚盘上加反向肋承压板，加千斤顶后施加荷载，肉眼观察锚盘的移动，以锚盘脱离承压板时的荷载作为锚杆的实际轴力，再张拉的次数为：2～3次（下道锚杆张拉之前、基坑挖到设计标高、底板浇筑后）。在68根再张拉锚杆中，测得的最大锚杆力与设计轴力相比，小于50%的有5根，50%～60%的有14根，60%～70%的有27根，70%～80%有14根，80%以上有8根，平均在70%左右，比锁定时增大15%～20%，同锚索计监测结果相符合。

（6）设计、设计问题

①桩顶连梁上挡土墙的考虑

桩锚支护结构的设计，其桩顶标高往往比自然地面标高下降2～4m，然后要桩顶上做混凝土连梁，在连梁上砌筑挡土墙。这种作法主要是考虑护坡桩施工因素，如在杂填土中钻孔困难、容易塌孔以及经济上的考虑。但挡土墙的设置对支护结构的计算有无影响呢？有多大影响呢？在东方广场基坑工程中，类型四与类型四A按下面图12-56施工：

类型四做2m高挡土墙后再回填土，计算时将回填土折算成附加荷载 q_2，计算简图如图(c)按等值梁法分计算，结果见表12-31。

表12-31　两种模型计算结果

计算内容	(a)	(b)	比较 a/b
锚杆力（kN）	527	548	0.961
正弯矩（kN·m）	445	385	1.16
负弯矩（kN·m）	351	493	0.71
桩顶位移（mm）	53	66	—
实际测试结果			
锚杆力（kN）	366	389	0.941
桩顶位移（mm）	34.4	36	—

比较结果：挡土墙高等于2m时，两种方法理论计算与实际测试相符合，但由于土体的复杂性及其他因素造成实际锚杆力的不均匀，因此在有挡土墙的情况下，采取图12-56(b)的计算简图来设计锚杆轴力，更能保证支护结构的安全：但挡土墙超过2m，两者的差值将增大，采用哪种计算简图既安全又经济还有待于进一步分析。

②桩嵌固段不足的问题

由于基坑设计深度的变化，使得原来已施工的护坡桩埋深减少，本工程中多个地方出现这种情况，尤其在基坑南侧，1994年开工时基坑设计标高为28.375，桩埋深3.8m，1997年复工后基坑设计标高改为23.875与25.935m，分别加深4.5m与2.44m，使得一部分桩已悬在空中，另一部分桩埋深只剩下1.36m。对此，咨询公司提出多个方案，如接桩法、混

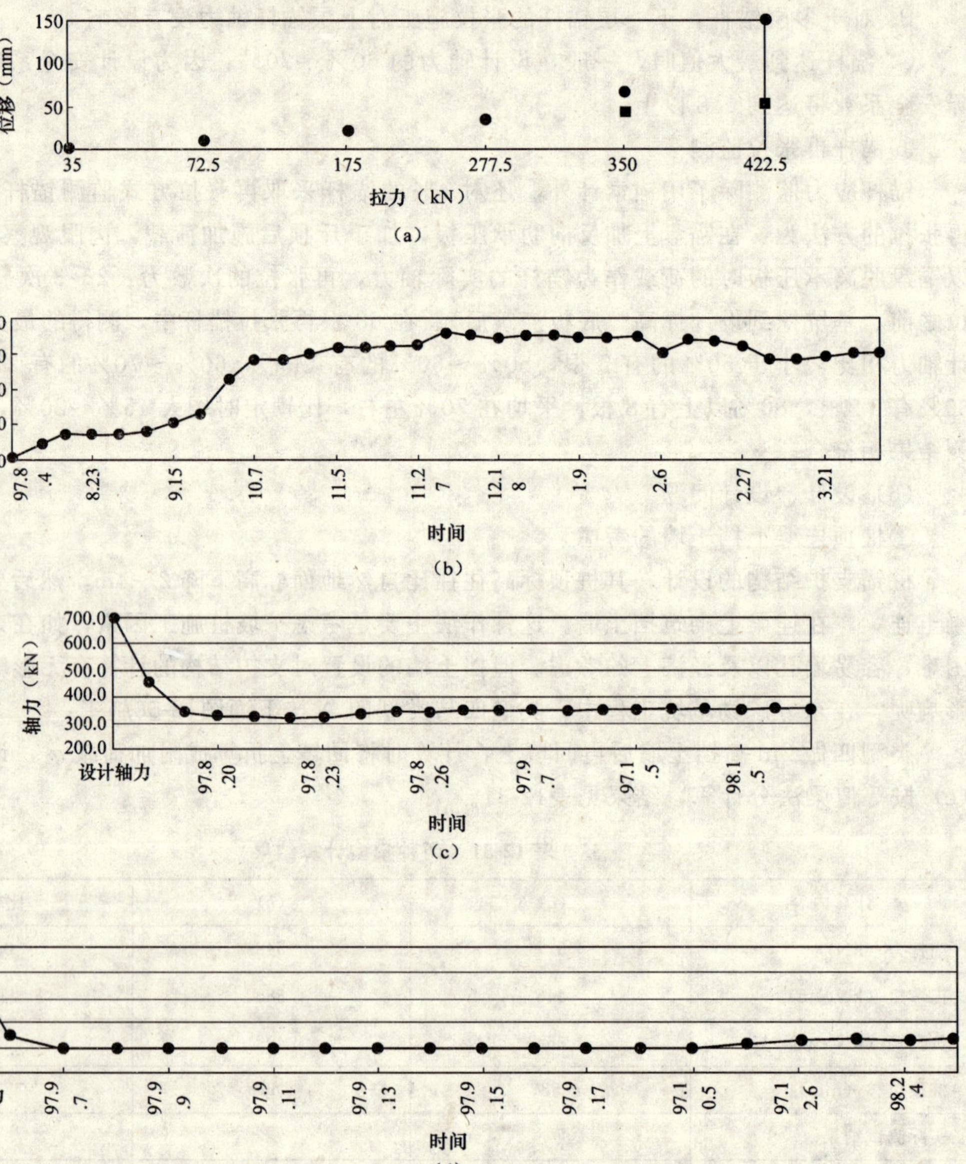

图 12-56

(a) 2 号、18 号锚杆验收试验；(b) 类型四 A 桩顶连梁位移-时间变化；
(c) 轴力监测（类型一、二层锚杆）；(d) 轴力监测（类型一、二锚杆）

凝土加锚杆法、土钉支护等，经过与甲方、设计公司多次协商，最后采取了以下方案：

在基坑护坡桩边留一个土台，并向坑内放坡，土台高 3～4m，宽 1～4m，这样外观上保留了桩的埋深：在土台上 50cm 加打一层锚杆，锚杆总层数由二层变为三层，设计时按二层锚杆、按现有土台顶面标高进行设计，此时桩的嵌固段受到的被动土压力为 N，不考虑土台的作用，也就是说实际上不存在被动土压力，将此力 N 用第三层锚杆力来代替。

上述方案通过三层锚杆的作用平衡了主动土压力，保证了桩的稳定，实施后经过轴力监测和位移监测，都没有不利情况发生。

（7）小结

①北京东方广场特大深基坑工程的设计、施工、监测是成功的。基坑的安全得到充分的保证：设计合理、精心施工、严密监测、及时调整；经济上比原设计方案节约投资2000万元。

②桩锚支护体系按分层挖土用等值梁法计算是可行的。通过锚杆基本试验、验收试验来调整锚杆设计长度和倾角是合宜的方法。

③从表12-31两种计算位移与实测位移差20～30mm，说明计算并未考虑预应力张拉的后果。对桩顶位移的控制应从锚杆的预应力与桩的悬臂长度两方面着手，混凝土灌注桩的悬臂段长度不宜超过5m。

④每根锚杆张拉，必须拉到设计轴力的1.1～1.2倍，十分钟后（实际检测）回到锁定值，施工时考虑千斤顶锁定过程的预应力损失，锁定值宜定为0.5～0.7倍设计轴力。

⑤土钉与锚杆结合支护，土钉起强化加固土体作用，提高土体的整体性，对锚杆起增长抗拔作用；土钉的补强作用也是基坑支护的一个灵活措施。

⑥先中间后四周分层挖土，采用内坡道，挖土机进入深基坑挖土运土方案，显示了优越性。

3. 特大特深基坑工程的设计与施工小结

在总结上海金茂大厦和北京东方广场两个深大基坑工程的设计，施工和现场监测的实践以及科学技术发展的基础上，提出了关于特大特深基坑工程的设计思想。

（1）总体设计方案

总体设计方案是一个战略的布局。挡土墙，支撑体系，施工应总体考虑。例如，上海金茂大厦，在安全前提下要考虑缩短工期，采用灌注桩把主楼和裙房分开，让主楼首先施工，这是一个很好的布局。而在北京东方广场，条件容许采用全面施工的方案。实践证明，两个实施方案均有效而成功。

（2）挡土结构

地下连续墙经常用作挡土结构，它不但用作挡土结构和地下室的外墙，可能时，还应用作承重结构，考虑和上部结构共同作用，将能产生很大经济效果。

（3）支撑体系

钢筋混凝土桁架体系，可以按照需要设计任意形状，构成大空间，便于施工，而且刚度大，可减少墙体的位移，上海金茂大厦和北京东方广场就是例证。但是，需要爆破拆除。因此，如果条件许可。应采用全逆作施工或半逆作施工方法可能工程造价还能降低很多，同时，应用共同作用理论指导控制软土地区的差异沉降问题。

（4）计算方法

当具体方案确定后，考虑现有各种方法和程序，即计算工具基本解决的条件下，开始设计时，可采用几种方法进行计算比较，例如：SAP、Crisp、北京理正软件和非线性空间基坑围护工程超明星（SUPER-STAR）计算软件，超明星软件能考虑土压力随位移的变化的空间共同作用计算方法，经过几个计算结果的比较，加上设计与施工经验的综合判断，即运用综合分析方法，可以预估在施工过程中可能发生的多种情况。在设计和施工应采用的预防措施，这样，可达到既优化又安全的目的。

（5）施工方法与措施

最主要的两个问题就是降水和挖土。在特大特深的基坑中，往往要求采用大空间，便于挖土。上海金茂大厦的基坑留有60m直径的空间，又如上海的万都广场的基坑，采用92m直径空间。在坑内降水是一个突出的问题，使基坑底的土能保持干燥，强度得以提高，有利于降低坑底隆起，中岛法的留土和施工，给深大基坑抗隆起和抗滑发挥重要作用。此处，应有防患未然的措施。

（6）现场监测

要有一个水平高的监测单位，及时提供可靠的分析数据，既给反分析检查现状和预测下阶段的可能发生的问题，也给设计和施工单位考虑应采取的措施，以利于顺利完成施工任务。总结设计方案的合理性，给工程总结和优化的设计方案，有着重要的作用，这一点目前还不够引起有关方面的重视。上述介绍两个特大特深基坑支护的方案还不是理想的方案，虽然工程安全了，但支护造价还是很高的。

八、信息化施工

当前，信息技术（Information Technology，IT）是一门新兴而发展极快的科学技术，已经深入到各个科技领域，岩土工程毫不例外。要检验基坑设计理论和方法的正确性和有效指导现场的作用，除了避免事故外，社会效益和经济效益十分显著。例如，广州的广东工商银行业务大楼，在施工过程中根据监测分析，调整钢支撑距离，把三道钢支撑改为两道，节省大量投资。又如上海浦东的46层森茂国际大厦，四层地下室，基坑深度为18～20m，原设计四道钢筋混凝土支撑，后来，根据监测数据进行反演分析，取消第四道临时性钢筋混凝土支撑，既缩短工期，又节省投资。

1. 根据基坑工程的需要，信息化施工要求下面的监测内容：

（1）墙顶和墙后位移的量测，所用的仪器为水准仪和经纬仪；

（2）墙体位移的量测，所用的仪器为测斜管等；

（3）墙后土压力和孔隙水压力的量测，所用的仪器为土压力盒和孔隙水压计等；

（4）墙体应力的量测，所用的仪器为钢筋应力计等；

（5）支撑或锚杆轴力的量测，所用的仪器为钢筋应力计等；

（6）周围建筑、道路和各种管线位移的量测，所用的仪器为水准仪和经纬仪；

（7）地下水的量测，所用的仪器为水位计。

但是，这些监测内容的选择取决于每个具体工程的要求，一般来说，最基本的和方便的方法，就是采用常规的水准仪、经纬仪和测斜管，对位移进行监测和控制。

2. 在本节中主要阐述墙体和墙后位移的预测的基本方法，进行预测时，必须和现场监测工作密切配合，才能提供合理有效的数据和预测结果。

（1）支护墙体和墙后位移和预测

位移预测的方法很多：有时效曲线法、统计时效曲线法、动态施工的黏弹性反演法、智能预测控制法、定点跟踪法和回归分析等，每种方法有其独特的功能。现介绍几种常用方法：

1）第一种，时效曲线法

事物的发展总是经历发生、发展和成熟的过程。基坑开挖引起的变形与该过程十分相似。要基坑开挖的初始价段，土体尚处于弹性阶段，变形近乎成直线变化；随着开挖过程的开展，土中某些部位出现塑性区，塑性区的不断扩展，导致变形速率也在不断的增大；当开挖到基坑底面，开挖卸荷完成，由于固结以及土体的流变特性，产生的位移又将随时间而继续增大，但速率降低；最后，位移达到稳定极限状态。基坑开挖引起的位移的产生和发展过程可以用逻辑斯蒂曲线或推理曲线，以下式进行描述。

$$y_t = \frac{K}{1 + \alpha e^{-bt}}$$

式中　y_t——t 时刻对应的位移预测值，单位为长度单位；

t——时间；

α，b 和 K——分别为待定的正参数，α 无量纲；b 的量纲为时间的倒数；K 的单位为与 y_t 对应的长度单位。

利用时间序列求出上述三个待定参数，可对今后的 y_t 进行预测。该模型的特点很明显，即：

不过原点——可选择非初始时间进行预测；

单调递增性——符合基坑开挖变形的发展趋势；

有界性——基坑变形也有最终的极限稳定状态，只是墙体变形比墙后土体变形稳定的快；

良好的适应性——可模拟多种形态的时效曲线。

针对模型的特点，只需采用 3 段计算法求解模型参数，将时间序列划分为三段，每段 $n/3=r$ 项；自变量 t 的时间间隔相等或时间长短相等，前后连续，由 1 开始编号，即

第 1 段为 $t=1, 2, 3, \cdots, r$；

第 2 段为 $t=r+1, r+2, r+3, \cdots, 2r$；

第 3 段为 $t=2r+1, 2r+2, 2r+3, \cdots, 3r$；

设 S_1、S_2、S_3 分别为 3 个段内各项数值的倒数和，有

$$S_1 = \sum_{t=1}^{r} \frac{1}{y_t}; S_2 = \sum_{t=t+1}^{2r} \frac{1}{y_t}; S_3 = \sum_{t=2t+1}^{3r} \frac{1}{y_t}$$

将第 1 式的推理曲线方程写为倒数形式：

$$\frac{1}{y_t} = \frac{1}{K} + \frac{a e^{-bt}}{K}$$

经过简单推导，可将各系数曲线方程写为倒数形式：

$$b = \frac{\mathrm{Ln}\dfrac{(S_1 - S_2)}{(S_2 - S_3)}}{r}$$

$$K = \frac{r}{S_1 - \dfrac{(S_1 - S_2)}{(S_1 - S_2) - (S_2 - S_3)}}$$

$$a = \frac{(S_1 - S_2)^2 (1 - e^{-b}) K}{((S_1 - S_2) - (S_2 - S_3)) e^{-b} (1 - e^{-rb})}$$

这样，$y_t = \dfrac{K}{1+\alpha e^{-bt}}$ 的三个参数，α，b，K，可以根据观测过程的数据点不断地进行预测和调整预测，直到全过程。

这个方法已用于在上海外环越江隧道工程的深基坑工程，根据实测资料，能够预测各个施工工况的位移和发展，有利于指导施工，收到很好的效果。

2）第二种，统计时效曲线法

对于底板浇筑后墙体的沉降的时效性预测，根据上海一些工程实例统计和分析，得到的

预测曲线为

$$y_t = \alpha + b\sqrt{t}$$

在式中，根据两个测点的实测数据，确定参数 α 和 b，可以预测底板浇筑后，墙后土体的沉降与时间关系。对已有基坑工程的预测表明：在 $t \leqslant 90$d 有较好的精度，并且，底板浇筑后，墙后土体沉降仍可达总沉降的20%，沉降量相当可观，这个预测数据对分析基坑开挖引起墙后变形的最终影响很有价值，例如，它对基坑的邻近建筑物影响的估计，不失为一种指导防患于未然的措施。

3）第三种，动态施工的黏弹性反演法

所谓动态施工的黏弹性反演法是：综合考虑基坑开挖的动态施工过程，采用黏弹性有限元优化反演计算方法，将反演过程与施工模拟过程相结合，建立一整套动态施工反演分析方法。在每个反演过程中，均包含目前量测阶段的整个施工过程变化的模拟。

考虑土体的流变特性，第 i 步施工总变形由变形和流变变形两部分组成。

①弹性变形增量

待求未知量 $\underline{X}$ 的最小二乘目标函数可定义为：

$$J(\underline{X}) = \sum_{i=3}^{3} W_i J_i / J_{10}$$

式中 $J_1 = \sum_{i=1}^{k_1} (\Delta u_i - \Delta u_i^1)^2$；$J_{10} = \sum_{i=1}^{k_1} (\Delta u_i)^2$；

$\underline{X}$——未知量列阵，如弹性模量 E，初始侧压力系数及接触面刚度系数等；

Δu_i，Δu_i^1——分别为任意两施工阶段间相对于墙体最下端支点的水平变形的计算值和实测值增量；

k_1——变形测点数；

W_i——为加权常数，可取为1。

待求未知量 $\underline{X}$ 逼近于 $\underline{X}^*$ 时，上式达到最小值，即（$\underline{X}$ 满足非负条件）

$$\lim_{X \to \underline{X}^*} J(\underline{X})$$

根据墙体在前一施工步和本施工步的总的弹性变形，得到弹性变形增量 Δu_{k1}，以 Δu_{k1} 作为初始值，进行上述的弹性反演，得到各土层的等效弹性模量，进而算得相继第 i 施工步的弹性变形增量 Δu_{i1}，则第 i 施工步总的弹性变形为

$$u_{i1} = u_{k1} = \sum_{j=k=1}^{i} \Delta u_{j1}$$

式中 u_{i1}，u_{k1}——第 k，i 施工步总的弹性变形。

②黏性增量反演

根据现场实测变形数据的分析表明，软土基坑在开挖的过程中，在施工间隙周围土层会产生显著的流变。对于上海黏土，近似假设符合线形流变，采用 Maxwell 模型模拟土层流变形态。在任意时刻有

$$E_m \Delta u_{i1} = \eta_m \frac{\Delta u_{i2}}{t}$$

式中 Δu_{i1}，Δu_{i2}——弹性变形增量和流变变形增量。

对于每一施工步，在土压力不变的情况下，流变变形与弹性变形的增量比值为定值，当

第 K 施工步的流变变形增量 Δu_{i2} 和弹性变形增量 Δu_{i1} 已知时，可求出 η_m（E_m 为反演的土层等效弹性模量）。由弹性反演的第 i 施工步的流变变形增量 Δu_{i2}，可得第 i 施工步的总的流量变形为

$$u_{i2} = u_{k2} + \sum_{j=k+1}^{i} \Delta u_{j2}$$

第 i 施工步的总的变形为弹性变形增量和黏性变形增量之和：

$$u_i = u_{i1} + u_{i2} = u_{k1} + u_{k2} + \sum_{j=k+1}^{i} \Delta u_{j1} + \sum_{j=k+1}^{i} \Delta u_{j2}$$

4）第四种，智能预测控制法

所谓智能预测控制是一种基于模型的智能化控制技术。由于实际系统存在非线性、时变、模型失配和干扰等不确定因素，使模型的预测不可能准确地沿某个参考轨迹达到预期的设定值。然而，在预测控制中，通过系统的预先设定值与模型预测值相比较，可得出模型的预测误差，再通过极小化某个目标函数导出未来的控制序列，该控制序列使未来的预测序列沿某个参考轨迹逐步达到设定值，从而使该系统演化朝着预期的方向发展。

基于神经网络和模糊控制的预测，基坑施工变形的算法的步骤为：

①设定期望的未来输出序列

$$y_t(t+j), j = 1,2,3,\cdots,N$$

设定值序列可以是一个已知的时间序列，也可能是一个相当长的时间测度内始终等于某个常数值 y_{ro}。例如：

$$y_{ro} = y_t(t+1) = y_t(t+2) = \cdots = y_t(t+N)$$

②基于神经网络预测模型求得预测值

$$y(t+j/t), j = 1,2,3,\cdots,N$$

③计算预测误差

$$e(t+j) = y_t(t+j) - y(t+j/t)$$

④求性能判别 j 的最小值

由模糊控制器求得最优控制序列

$$u(t+j), j = 1,2,3,\cdots,N$$

在当前时刻 t，仅对过程施加当前控制，当前控制增量为

$$\Delta u(t) = u(t) - u(t-1)$$

⑤采用 Δu（t）作为第一个控制信号。

⑥实现滚动优化

将所有的信号平移，准备下次采样，在下次采样后，重复上述步骤，根据最新实测数据更新未来的控制序列，实现滚动优化。

该方法可对基坑施工变形进行预测控制，采用神经网络预测器对墙体位移和周围关键部位地面沉降进行多步预测；再根据预测结果与变形警戒值；并根据预测结果与变形警戒值之间的差值和当前的变形速率，由模糊控制器决策，调整适当的施工参数，以减少后续施工过程中的变形，达到控制变形的目的。

5）第五种，定点跟踪位移法

选定某一测点 N 的某一深度 Z_1 的可能最大位移作为位移跟踪点，可得位移随时间变化的速率曲线，根据速率变化以推测可能性发生的问题；如果在实测过程中，发现同一测点

N 的另一深度 Z_2 的位移比 Z_1 的大，改为 Z_2 作为位移跟踪点。该方法已先后于上海三角地广场和上海外环越江隧道工程的深基坑的测试研究，见图12-57。

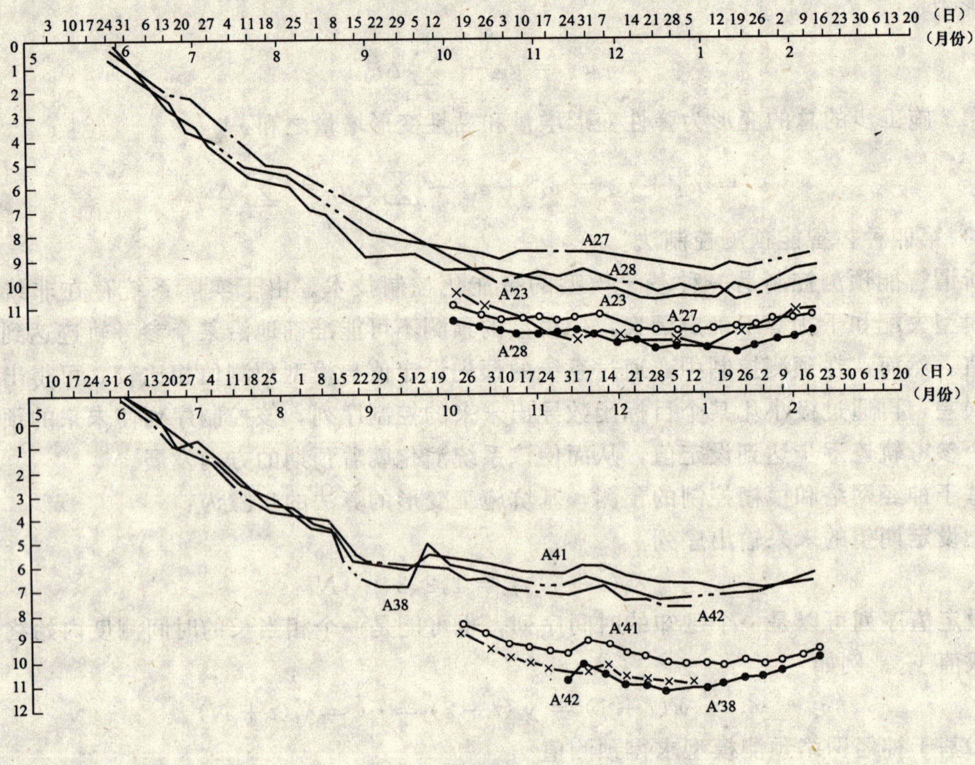

图 12-57　墙体水平位移在跟踪点随时间的变化

从图可见，跟踪两个不同深度，以位移的大小和位移速度为控制标准，指导施工，保证两个工地的基坑施工的安全。

另一个用于事故发生后的分析。从图12-58表明，如果发现位移转折点后，马上停止打桩，相邻基坑的事故可以避免。

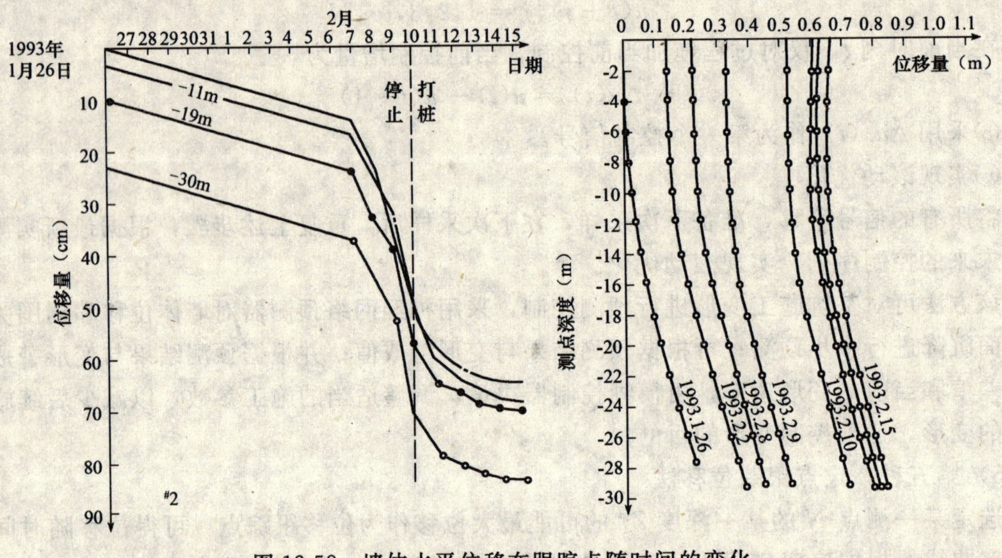

图 12-58　墙体水平位移在跟踪点随时间的变化

因此，可认为定点跟踪位移法是一种有效而简便的方法。

值得提出，对于墙后埋设一定深度的构造物沉降的观测，除了设置有关测点外，可以利用软件，例如，非线性窨的超明星（SUPER-STAR）软件，可以根据能量相等的原理，推求墙后埋设一定深度构造物的沉降，具有一定深度构造物的沉降，具有一定的指导作用。

此外，还有时空效应变形控制法等。根据我们的实践经验，以时效曲线法、统计时效曲线法和定点跟踪位移法最为简便的方法。

(2) 支撑轴力的修正和预测

影响钢筋混凝土支撑轴力的因素很多：有侧向荷载（水、土压力，地面荷载），竖向荷载的偏心，混凝土的收缩、温度的蠕变，立柱的隆起与沉降等，的确是一个相当复杂的研究课题。可以这样说，至今仍未能很好解决，例如，实测表明，温度的变化，支撑往往产生的一定的附加轴力。一般来说，温度的影响引起的轴力占总轴力 15%～20%。混凝土的收缩应力可达 $8000kN/m^2$，因此，实测的轴力与计算轴力相差很大，有的实测比计算值大 20%～100%，甚至超过一倍以上；也有实测值仅为计算值的 60%～75%。这样，使得钢筋混凝土支撑的实测值令人难以置信。

①温度应力和收缩应力的修正

这里对钢筋混凝土支撑采用考虑温度和收缩的修理，以便较为准确地评价支撑的受力。

根据一般工程常用的钢弦应力计的工作原理，采用的修理频率为：

$$f = f_0 + \Delta f + K(T - T_0)$$

式中　f——修正后频率；

f_0——现场实测频率；

Δf——收缩应力修正频率；

K——温度应力修正系数；

T——支撑温度计实测温度；

T_0——室内标定温度。

采用该法对上海浦东某实际工程的现场温度和收缩应力的实测结果表明：最大收缩引起的支撑轴力相当于整个支撑轴力的 1/3，数量相当可观的；而温度变化引起的最大内力也相当于支撑轴力的 1/5。总而言之，基于现场的温度和收缩修正是必要的。

另外，钢筋混凝土在恒应力作用下，也会产生徐变，在支撑轴力的量测过程中应加以考虑。

②软件的预测

尽管现场实测的结果存在不少的不确定性，仍需软件按照不同工况进行计算，或者利用反演软件进行校核，在各个不同工况中，两者互相配合和校核，能够收到比较满意的效果。因此，轴力设计留有足够的安全储备是非常必要的。

(3) 墙前和墙后土压力的预测

关于土压力的量测，在前已作阐述。在这里只是强调：土压力的大小是与位移成非线性关系变化。一般而言，在墙后的土压力总是介于主动土压力和静止土压力之间，而墙前的土压力总是介于被动土压力和静止土压力。有这样一个判断土压力实测数据的准则，将有利于墙前和墙后土压力的分析。

(4) 监测、预测、计算和判断的综合

①关于监测：目前，基坑工程的信息化施工已越来越得到工程界的重视，对重要工程均进行现场监测，已积累许多宝贵资料，对保证施工安全起到重要作用。但应看到，测试队伍的水平有待提高，测试元件的质量需要改善，要求监测人员能及时提供准确的数据和必要的分析。

②关于计算软件：已有不少有效的计算软件，各有各的功能。软件可以根据工况计算和演示各种内力的位移等有关数据。配合实测，能够全天候提供有关数据。可是，能够提供预测的结果的软件尚不多见。应该认识到，软件只是一种有力的工具，要依靠人的驾驭或者干预，才能充分发挥软件的应有效果。

③关于经验与判断：技术人员拥有多年积累的经验与教训，非常宝贵。然而，经验往往有一定的局限性。

由此可见，在信息化施工过程中，应以实测资料为依据，以理论分析为指导，加上技术人员的经验，发挥各方面的优势，综合推测和判断，用以处理复杂多变的风险性的基坑支护工程，才能发挥信息化施工应有的作用。

第四节　模板工程

众所周知，高层建筑现浇结构的造价，主要由材料费用、模板造价和施工费用3部分构成，而其中，模板造价是主要的、最易变化的部分，它要占到结构造价的33%～55%。在高层建筑现浇方法中，模板工程是个重要环节，它不仅影响主体结构的造价，而且与施工速度和劳动消耗密切关系。

模板工程的特点是轻量化、大型化和通用化。而木胶合板、铝合金、玻璃纤维增强塑料、薄壁型钢等材料的应用，为模板轻量化提供了条件。塑料模壳已应用于梁、柱和楼板模板。例如北京图书馆，馆中主书库建筑面积49500m^2，主要阅览厅及门厅、目录厅、展览厅等51000m^2，其柱网间距为6m×6m，6m×7.2m，6m×9m，均为现浇钢筋混凝土双向和单向密肋楼板，肋距分1.2m×1.2m，1.2m×0.9m，0.9m×0.9m三种，均采用改性共聚丙烯塑料模壳，从而使重量减轻，制作简单，支拆方便，模壳周转快，利用率高。又如北京丽都饭店3幢高层公寓工程，现浇楼板部分使用奥地利杜卡公司生产的杜卡（DOKA）模板，这种钢木结合的模板已经规格化、系列化，可使用标准件，能适应不同结构工程的变化。此外，铝合金飞模板在国内也已得到推广应用。

模板的大型化主要是墙体模板、楼板模板、集群柱等，如美国铝制台模，台面尺寸达3.5m×16.7m，重25kN左右，由8人小组操作，从拆模到就位一个循环只需10多分钟。

近几年国外兴建的几幢全现浇高层建筑（见表12-32），由于采用合理的模板系统、高效率的机械配套和科学的施工管理，施工速度已达到4～6d建一层的水平。

施工费用的下降，还取决于合理的进度计划、劳动组织和施工顺序、有效的工作空间和适宜的材料输送系统等。而这些又同模板系统有极为密切的关系。由此可见，选择最经济的模板的系统是有效降低结构造价的一个关键。国内外的工程建设单位，在模板工程的规划中遵循的原则是：采用标准尺寸的模板和材料，最大限度地重复利用这些模板。

表 12-32　国外几幢现浇高层建筑和模板工程一览表

序号	建筑物名称	层数	高度（m）	平面尺寸（m）	结构体系	模板工程	
						梁	柱
1	香港合和中心	65	216	圆形，直径为 45.8	筒中筒	滑模	滑模
2	悉尼 M.L.C 中心	70	240	不等边八角形 40.3×40.3	筒中筒	预制混凝土永久模板加预应力支撑钢桁架	预制混凝土永久模板加内固定框
3	开罗莱姆希斯-希尔顿饭店	36	120	三角形，边长 56.6	筒中筒		工具式模板
4	芝加哥湖滨公寓大楼	54	169.5	近似三角形，边长 56.7	框剪	—	圆柱形整体塑料模壳
5	亚特兰大桃树中心广场饭店	71	220	圆形，直径为 35.4	剪力墙	—	—
6	日本太阳城住宅	25	78.56	风车形，41.3×28	纯框架	整片胶合板	整片胶合板加工具式柱箍
7	列宁格勒波罗的海饭店	16	55	近似 H 形	剪力墙	—	—
8	莫斯科宇宙饭店	27	89	弧形平面	剪力墙	—	—

序号	模板工程			主要机械装备	混凝土输送与浇灌	工期
	电梯井	剪力墙	楼板			
1	滑模	—	木制梁主底模、加钢管支撑加塑料模盒	爬塔 2 台	高塔架式提升机加轨道斗车	4d/层结构工期 30 个月
2	超级井筒模板	—	钢筋桁架加木底模加塑料模盒	爬塔 2 台，电梯井内人荷电梯 4 台	2 台内升或混凝土提升机加皮带运输机	5～6d/层
3	井筒模板	大模板	台模	附着塔吊 2 台	塔吊加吊斗	10d/层
4	井筒模板	—	台模	爬塔 2 台	塔吊加吊斗	3d/层
5	井筒模板	大模板	楔形平面台模	臂长 45m 和 24m 爬塔各 1 台，乘人电梯 1 台	内升式混凝土提升机加塔吊和吊斗	4～5d/层
6	—	—	桁架式台模	臂长 35m，附着塔吊 1 台外用电梯 2 台	塔吊加吊斗	10d/层
7	滑模	胶合板大模板	台模加 C 形吊具	不详	塔吊加吊斗	总工期 30 个月
8	不详	金属大模板	胶合板面台模	臂长 43.6m 附着塔吊 5 台，施工电梯 2 台	塔吊加吊斗	36 个月

本节主要介绍模板工程在高层建筑中的应用情况及施工中的若干基本问题。

高层建筑现浇结构应根据不同的条件选择适用的工具式模板，并应根据工程需要满足清水混凝土不抹灰的装饰效果要求。达到保证质量、节约投资、缩短工期、减少用工的综合技术经济效果。

模板的设计、制作和安装应符合国家现行标准：《混凝土结构工程施工质量验收规范》（GB 50204）、《组合钢模板技术规范》（GB 502014）、《钢框胶合板模板技术规程》（JGJ 96）和《液压滑动模板施工技术规范》（GBJ 113）等的有关规定。模板及其支架应进行强度、刚度和稳定性计算，并达到板面平整、接缝严密、装拆方便、易于施工的基本要求。

现浇框架的梁、板、柱模板可根据不同条件选用钢框胶合板、组合钢模板或不带框胶合板拼制。圆柱模可选用玻璃钢或薄钢板成型，平整度好，表面光洁。对柱和梁、板不同的拆模强度提出要求。常温施工时，柱混凝土拆模强度不得低于 1.5MPa，安装梁模时，柱的强度应不小于 10.0MPa；否则，应加可靠支撑。两端有支承的梁，板底模的拆模强度，在 8m 跨度以内时为设计强度的 75%，大于 8m 跨度时为设计强度。

现浇墙体可选用四种符合工业化要求工具式模板：大模板、滑动模板、爬升模板、隧道模等。

一、大模板

大模板系在 20 世纪 70 年代中期开始试用，构件整体性好，板面平整，可以达到基本不抹灰要求，施工工艺较简单；在我国大中城市用现浇剪力墙结构施工的高层住宅和旅馆中大量推广，并从小开间、小进深向大开间、少内纵墙发展。大模板工艺标准可参照 1991 年度国家级工法。

大模板宜用于标准层现浇墙体，采用逐层分段流水施工，减少模板一次投入量。大模板可分为平模和筒子模，并可组成隧道模。大模板通常由板面、骨架、支撑系统和附件组成，宜采用螺栓或铰接连接。可按照工程需要组合成各种尺寸的模板，模板的组装校正应严格按施工程序进行，确保大模板的稳定。

当墙体与楼板同时浇筑时，可采用隧道模。

大模板板面可采用整块薄钢板，也可选用钢框胶合板或加边框的钢板、胶合板拼装。挂装三角架支承上层外模荷载时，现浇外墙混凝土强度应达到 7.5MPa。电梯井筒的内模宜选用由钢框胶合板或钢板等拼成的铰接式筒形大模板。模板拆除和吊运时，严禁挤撞墙体。常温施工时墙体拆模强度不应低于 1.0MPa；承受楼板荷载时，墙体强度不应低于 4.0MPa。模板拆除后，应及时清除黏结在其表面的水泥浆，重复使用前应喷涂隔离剂，并不应污染钢筋及混凝土施工缝。

大模板的安装应符合表12-33的规定。

表 12-33　大模板安装

项　目	允许偏差（mm）	检测方法
位　置	3	钢尺检测
标　高	±5	水准仪或拉线、尺量
上口宽度	±2	钢尺检测
垂直度	3	2m 托线板检测

二、滑动模板

滑模工艺从 20 世纪 50 年代末即开始用于贮仓、水塔、烟囱和厂房框架中，由手动千斤顶发展为液压提升装置；取得模板整体性好，施工速度快等效益。20 世纪 70 年代开始用于高层建筑物，在住宅、旅馆和一些公共建筑中取得经验。由于一次支模，整体竖向滑模，混凝土在运动中成型；在技术和施工组织上要求严，表面需要及时处理平整。

液压滑动模板宜用高耸的构筑物、建筑物、对圆形、弧形的平面尤为适用。液压滑升设备必须工作可靠，运转良好，能保证结构的施工质量和安全。液压机具和配件等应有足够的储备。施工中，门窗洞口、预埋件等位置应符合设计要求。

三、爬升模板

爬升模板综合了大模板混凝土非运动成型、板面平整和滑动模板整体性好、施工速度快，及两种施工方法各自的优点，从 20 世纪 70 年代开始使用，形成多种具有各自特色的爬模施工方法，在超高层筒体结构施工中发挥突出作用，我国近年建成高度超过 300m 的金茂大厦、地王大厦、中信广场均采用爬模施工。爬模工艺标准可参照 1991 年度土木建筑国家级工法。

爬升模板宜用于筒体结构、现浇外墙外模和电梯井筒内模等。模板高度采用标准层层高加 100～300mm，用于与下层已浇筑墙体的搭接，并固定模板；模板下端增加橡胶衬垫，以防止漏浆。爬升前，应试爬，验收合格后方可使用；爬升时，不应被其他构件卡住，并应避免大幅度摆动和碰撞。拆除爬升模板应有拆除方案，经技术负责人审查通过，并向有关人员交底后方可实施。

推荐采用早拆模板、后拆支撑体系，提高模板的周转率。模板可选用飞模（台模、桌模）、密肋楼板模壳，也可选用一般平模板和永久性模板。平模面板宜选用钢框胶合板、木（竹）胶合板等具有平整板面的模板，支撑体系可选用多功能门式脚手架等；永久性模板除可选用压型钢板模板外，还可选用混凝土的薄板，兼有结构层（薄板内含楼板需要钢筋）和装饰层（底面平整可不抹灰）的功能，类型有预应力混凝土薄板、双钢筋混凝土薄板、冷扎扭钢筋混凝土薄板。爬升模板组装允许偏差及检测方法见表12-34。

表 12-34　爬升模板组装

项　　目	允许偏差	检测方法
1. 墙面留穿墙螺栓孔位置 穿墙螺栓孔直径	±5mm ±2mm	
2. 大模板	见表12-33	
3. 爬升支架 标高 垂直度	 ±5mm 5mm 或 1‰	水平线钢尺检测 挂线坠

现浇楼板宜采用早拆模板体系。模板可选用飞模（台模、桌模）、密肋楼板模壳、永久性模板等。飞模支撑体系可选用立柱式、门架式、桁架式、悬架式等，面板宜选用钢框胶合板、木（竹）胶合板、钢板等。模壳材料可选用玻璃纤维增强塑料、聚丙烯塑料，采用气动拆模。永久性模板可选用压型钢板、混凝土薄板。

液压滑动模板及其操作平台应进行整体的承载力、刚度和稳定性设计，并应满足建筑造型要求。滑升模板施工前应按连续施工要求，统筹安排液压机具和配件等。滑升速度可控制在 200～300mm/h，劳动力配备、工序协调、垂直运输和水平运输能力均应与滑升速度相适应。模板应有上口小、下口大的倾斜度，其单面倾斜度宜取为模板高度的 1/1000～2/1000。混凝土出模强度应达到出模后混凝土不塌、不裂，宜为 0.15～0.25MPa。支承杆的选用应与千斤顶的构造相适应，长度宜为 4～6m，相邻支承杆的接头位置应至少错开 500mm，同一截面高度内接头不宜超过总数的 25%。宜选用额定起重量为 60kN 以上的大吨位千斤顶及配套的钢管支承杆。

液压滑动模板的组装应符合表12-35的规定。

表 12-35　液压滑动模板组装

项目		允许偏差（mm）	检测方法
模板中心线与相应结构的轴线位置		3	钢尺检测
围圈位置	水平方向	3	钢尺检测
	垂直方向	3	
提升架立柱垂直度	平面内	3	2m 托线板检测
	平面外	2	
提升架横梁相对标高		5	水准仪或拉线、尺量
模板尺寸	上口	−1	钢尺检测
	下口	+2	
千斤顶安装位置	平面内	5	钢尺检测
	平面外	5	
圆模直径、方模边长尺寸		5	钢尺检测
相邻模板板面平整		2	钢尺检测

爬升模板宜采用由钢框胶合板等组合而成的大模板，其高度应为标准层层高加 100～300mm。模板及爬架背面应附有爬升装置。爬架可由型钢组成，高度应为 3.0～3.5 个标准层高度，其立柱宜采取标准节分段组合，并用法兰盘连接；其底座固定于下层墙体时，穿墙螺栓不应少于 4 个，底部应设有操作平台和防护设施。爬升装置可选用液压穿心千斤顶、电动设备、倒链等。爬升工艺可选用模板与爬架互爬、模板与模板互爬、爬架与爬架互爬及整体爬升等。各部件安装后，应对所有连接螺栓和穿墙螺栓进行紧固检查，并应试爬升和验收。爬升时，穿墙螺栓受力处的混凝土强度不应小于 10.0MPa；应稳起、稳落和平稳就位，不应被其他构件卡住；每个单元的爬升，应在一个工作台班内完成，爬升完毕应及时固定。

爬升模板组装应符合表12-34的规定。穿墙螺栓的紧固扭矩为 40～50N·m 时，可采用扭力把手检测。

第五节　混凝土工程

混凝土的浇灌和输送方法，对高层建筑主体结构的经济性和质量有重要影响。众所周知，建筑物的高度越大，混凝土输送的距离随高度而增加，如何合理地选用混凝土，对提高施工效率，保证混凝土工程的质量及加快整个工程的进度有着重要作用。在选用混凝土时，应对许多因素加以综合地考虑。这些因素有：现场平面位置和条件、施工设备、气候条件、模板系统、混凝土配合比、附加剂、劳动组织以及其他材料的运输手段和高层建筑施工通常采用的混凝土垂直和水平输送设备等。本节主要介绍高性能混凝土、纤维混凝土、大体积混凝土、无黏结预应力混凝土等。

一、一般规定

（1）预拌混凝土近年在全国大中城市发展很快，可以集中供应多种性能的优质混凝土。许多城市从环境保护出发，限制在市区设置现场混凝土搅拌站。高层建筑多在市区施工，混凝土用量大，深基础和高空作业，优先采用预拌混凝土和泵送混凝土，同时应符合现行国家标准《预拌混凝土》（GB 14902）和行业标准《混凝土泵送施工技术规程》（JGJ/T 10）的有关规定。建设部已下发通知，要求 2006 年前全国大中小城市考虑城市环境的污染，一律采用商品泵送混凝土。

（2）高强和高性能混凝土是建设部从 1994 年起要求建筑业积极推广 10 项新技术之一。高强混凝土一般是指强度等级在 C50 及其以上的混凝土，有减小结构截面、提高耐久性、变形小等优点，适用于高层建筑底层柱等部位，强度过高也带来混凝土收缩大的问题。高性能混凝土一般是指在特定使用条件下具备某些优良性能的混凝土，例如：较高的早期强度、耐久性，自流密实、可泵性好，易修整性等。规程中列举了在使用高强、高性能混凝土中应注意的环节。

（3）混凝土工程应符合现行国家标准《混凝土质量控制标准》（GB 50164）、《混凝土外加剂应用技术规范》（GBJ 119），《粉煤灰混凝土应用技术规范》（GBJ 146）和《混凝土强度检验评定标准》（GBJ 107）的有关规定。

（4）混凝土浇筑后的及时养护对保证工程质量特别是解决裂缝问题非常重要。但是在施工中往往不被重视，特别是墙、柱等竖向部位常被忽视。规程中列举根据不同条件可采用养护方法，根据不同的地区、季节和工程特点可分别选用浇水、综合蓄热、电热、远红外线、蒸汽等养护方法，并以塑料布、保温材料、或涂刷薄膜等覆盖。

（5）预应力混凝土结构施工应符合国家现行标准《预应力筋用锚具、夹具和连接器》（GB/T 14370）、《无黏结预应力混凝土结构技术规程》（JGJ/T 92）的有关规定。

（6）规程中规定了冬期混凝土受冻前不同水泥品种的临界强度要求和高空作业应采取挡风保温措施。受冻前的抗压强度不应低于设计强度标准值的 30%（硅酸盐水泥或普通硅酸盐水泥）或 40%（矿渣硅酸盐水泥）。冬期施工应符合《建筑工程冬期施工规程》（JGJ 104）的有关规定。

（7）高层建筑混凝土结构标准层的楼板、梁通常采用统一的强度等级；柱的强度等级一般高于板、梁的强度等级，并由下而上逐渐降低；在节点处产生了设计强度差，施工操作困难；需要采取有效措施，保证质量，并可操作（见本书第五章三部分截面设计与构造要求）。如梁、板的柱的设计强度差在 C10 以内，由于节点的钢筋密集，可以在节点处采用梁、板的设计强度；也可在梁柱节点处加插短筋。如强度差超过 C10，节点应采用柱的设计强度，在浇筑前可在节点的周边用两层绑扎的细孔钢丝网竖向插入梁端，节点混凝土的坍落度不宜大，防止流淌，浇筑后及时浇筑梁、板混凝土。

（8）同一施工段的混凝土宜连续进行浇筑，并应在底层混凝土初凝前将上一层混凝土浇筑完毕。混凝土运输、浇筑及间歇的全部时间不宜超过下列时间：混凝土强度等级不高于 C30、气温不高于 25℃时。为 210min；高于 25℃时，为 180mm；高于 C30 时，分别缩短

30min。当超过时应留置施工缝，施工缝宜留在结构受力较小且便于施工的位置。

(9) 后浇带的位置与浇筑时间应由设计单位提出，并征求施工单位意见。浇筑混凝土前，应将后浇带表面清理干净，并将钢筋整理或施焊。后浇带宜选用早期、补偿收缩混凝土浇筑，表面应覆盖养护。

(10) 规程中列出了现浇混凝土结构允许偏差，截面尺寸和表面平整两项分为抹灰和不抹灰两类，分别适用于滑动模板、木模板和大模板、爬模两类模板；现浇混凝土结构允许偏差应符合表12-36的规定。

表 12-36　现浇混凝土结构允许偏差

项　目			允许偏差（mm）
轴线位置			5
垂直度	每层	≤5m	8
		>5m	10
	全　高		$H/1000$ 且≤30
标　高	每　层		±10
	全　高		±30
截面尺寸			+8，−5（抹灰）
			+5，−2（不抹灰）
表面平整（2m 长度）			8（抹灰），4（不抹灰）
预埋设施中心线位置	预埋件		10
	预埋螺栓		5
	预埋管		5
预留洞中心线位置			15
电梯井	井筒长、宽对定位中心线		+25，−0
	井筒全高垂直度		$H/1000$ 且≤30

二、高性能混凝土

(1) 高性能混凝土是个具有不确定性的概念

高性能混凝土与传统的普通混凝土相比，具有较高的技术含量。在材料性能及施工方面，高性能混凝土都应满足比普通混凝土更高的要求，因此其无法再沿袭传统的普通混凝土的质量控制体系。然而迄今为止还未建立起一套较系统的、适用于高性能混凝土质量控制的理论体系，为此，从高性能混凝土的性能特点入手，结合适用于的数学理论及其他科学的方法论，尽快建立一套高性能混凝土质量控制体系是非常紧要的。

高性能本身就是一个具有模糊性不确定性的术语。由于这种不确定性，使用前人们对高性能混凝土概念的理解不完全一致。造成这种现状的原因，主要是由于高性能这个术语是个难以定性的术语。它在质上没有确切的定义，同时在量上没有明确的界限。什么叫高性能、怎样的性能才算高，比高性能还高的性能是否存在，若存在怎样度量等问题，基本都出自于高性能所产生的模糊含义。在工程实践中，什么样的性质是高性能混凝土应该具备的性质，什么样的程度是混凝土达到高性能的程度，往往可在人们头脑中形成经验，这种经验来自于对高性能混凝土性能的客观认识。若能将这种客观认识反映于高性能混凝土的生产中，则有利于产生符合客观规律的结果。然而，经验性的问题往往难以用精确数学思想在量上进行较高精度的把握。若生硬地将这种靠经验把握的，在量上又没有明确界限的问题用精确的数量来定义，则结果有可能与客观实际相悖。俄罗斯通过试验分析，提出了高性能混凝土与普通混凝土基本指标的比较见表12-37。

表 12-37 俄罗斯提出高性能混凝土与普通混凝土基本指标比较

序号	性能指标	单位	普通混凝土	高强高性能混凝土
1	抗压强度	MPa	40～50	100～120
2	抗渗性	MPa	0.6～0.8	>1.6
3	渗透系数	10^{-10}cm/s	30～40	0.5～2
4	透气性	10^{-4}cm^3/s	300～400	30～70
5	CO_2 气扩散系数	10^{-4}cm^2/s	3.5～4.5	2～2.5
6	水压 0.6MPa 经 24h 透水高度	cm	8～10	1～3
7	−20℃条件抗冻性	循环次数	300～400	700～1000

传统混凝土质量判定通常采用的是事后检验的方法和根据混凝土三个阶段分别采取相应的判定、调整的方法。对高性能混凝土而言，由于它大多使用于重要的工程项目和严酷的环境中，那么混凝土中存在的质量隐患，就更不能等到混凝土失效后才究其原因。若事前仔细地评估所制备的混凝土在不同条件下应用的前提和后果，许多失效是可以避免的。因此在实际工程中，更有意义的是希望根据高性能混凝土的材料特性、使用配合比以及生产环境等信息预先对所生产的混凝土的质量有一个基本的了解，然后再针对其具体的性能要求进行调整，即对已生产的混凝土进行质量的综合评定，对将要生产的混凝土质量根据其材料特性、配合比情况及其他环境条件做一预估，以便对混凝土质量中已存在的问题或可能存在的问题进行改进或考虑。

传统混凝土质量评定中存在着判据的精确性与工程实际不相适应的矛盾。在工程实践中，试验或验收标准往往存在精确的、定量化的限定，这种限定通常具有一些人为的、主观的成分。将这种界定反映在指标值上，通常是一个明确的数字，即以数字的精确度来限定概念的不同性质的分界。在这种数值的精确限定下，在概念性质的差异中，只存在两种截然对立的情况，即“是、不是”，“对、不对”，“行、不行”等性质区别。这种数值上的限定，与其叫做精确，不如叫“明确”。在某种程度上，它有可能忽视了此事物的概念、性质，有可能在质上没有确切的含义，同时在量上也没有真正明确界限的客观事实。例如泵送高度为30～60m的工程，规定泵送混凝土拌合物的坍落度在满足在140～160mm之间。若实测坍落度值在140～160mm间，则判定其为合格，如在此区间外，则不合格。这样就会存在一个问题，当拌合物坍落度为135mm或165mm时，可以作为合格品使用吗？若严格按上述数值限制（140～160mm）来判定，应属不合格品，不可用。但在实际工程应用中，一般是不会在乎这种微小的差异的。若严格按上述数值进行判定，反而会造成无谓的浪费。产生这种现象的原因，就是在判定混凝土拌合物质量的过程中，未考虑到拌合物质量变化过程中的质变而只体现了量变，从而在验收标准上，拟定的界限以数值的精确掩盖了新拌混凝土工作性方面质量的连续、渐变、存在过渡状态这样的事实。这种现象在混凝土其他性能的判定中也普遍存在。由此看来，在进行高性能混凝土质量评定时，更具有现实意义的是在从合格而完全接受，到不合格而全盘拒绝的判据间引申出具有过渡性内涵的评价术语，并表达出这样的含意：即如果某种品质是合格的，那么它在多大程度上是合格的；如果是不合格的，是在多大程度上不合格；在较大程度的合格与较大程度的不合格之间存在着什么样的渐变性。由此建立起一个符合客观实际的中介过渡过程。仍依上例：若测得混凝土的坍落度值为120mm（<125mm），我们考察此值逼近合格的程度有多大，可以通过考虑其隶属于各渐变性术语的程度，从客观上对其使用性能有一个定量的了解，从而避免单一地在合格和不合格两项互斥指标间选择而造成遵守数字上的精确但事实上不客观的评定分析结果。

混凝土是一门实践性和经验性很强的科学。我们关于混凝土的性质和影响这些性质的因素等方面的大多数知识，以及由这些知识建立起来的规则，不是来自于理论研究，而是来自于试验室的试验以及生产实践的经验。因此，我们在评估高性能混凝土的质量时，就应考虑采用一种方法，它既能从理论和模型结构上最大程度地将人们对事物客观结果经验性的描述总结出来，又能采用定量化的手段将这种结果客观合理地表达出来。

综上所述，我们在进行高性能混凝土质量的评估及控制时，所采用的方法希望能处理如下基本问题：

1）它能够综合考虑耐久性、力学性能、工作性等性能指标对高性能混凝土质量的影响；

2）能够通过材料性质、配合比等情况及其他技术参数，利用凭理论知识及实践经验建立起来的数据库，来评估混凝土的质量状态，为进一步采取控制措施提供信息；

3）它能够充分考虑到在混凝土质量状态变化过程中，由完全合格到完全不合格的过渡状态；

4）它能够结合人们对事物经验性的认识解决通常用精确的数学思想所不能客观解决的问题。

（2）高性能混凝土各组成材料的选择

在分析高性能混凝土对各组成材料的特殊要求的基础上，以强度等级42.5的硅酸盐水泥、粒径5～20mm石灰石碎石、NNO型萘系减水剂及矿物掺合料（Ⅱ级粉煤灰和磨细矿渣）为原材料，可配制出具有良好坍落度的C70、C80高性能混凝土，而水泥用量仅450kg/m³。高强高性能混凝土的强度可通过变化水胶比及选取不同品种与用量的矿物掺合料来调节。

1）高性能混凝土的组成材料选择

高性能混凝土使用和普通混凝土基本相同的原材料（如水泥、砂石），同时必须使用外加剂和矿物掺合料。但是由于高性能混凝土的要求和配制的特点，高性能混凝土对原材料提出一些特殊要求。

①水泥

高性能混凝土所用水泥最好是强度高且同时具有良好的流变性能，并与目前大宗使用的高效减水剂有很好的相容性。目前在我国，用强度等级42.5的硅酸盐水泥或普通水泥可以配制实际强度超过100MPa的泵送混凝土。因此，配制高性能混凝土甚至高强度的高性能混凝土，不必强调水泥的高强度等级（通常中指强度等级为52.5以上的水泥）。由于高性能混凝土的特点之一是低水灰比，为确保其流动性，所用水泥的流变性能比强度更重要。

为获得高流动性混凝土，日本发明了球状水泥所谓球状水泥是水泥熟料通过高速气流粉碎及特殊处理而得到的。

如果水泥的粗细颗粒级配恰当，也可得到良好的流变性能。水泥中3～30μm的颗粒主要起强度增长的作用，而大于60μm的颗粒则对强度不起作用，因此3～30μm的颗粒应当占90%以上；小于10μm的颗粒主要起早强的作用，而其中小于3μm的颗粒只起早强作用。但颗粒小于10μm时需水量大，因此流变性能好的水泥10μm以下的颗粒应当少于10%。我国多数水泥生产时基本上只考虑细度，甚至用增加比表面积来提高水泥的强度。水泥颗粒越细，需水量也越大。需水量增大，必将加剧混凝土的坍落度的损失。

②粗骨料

混凝土强度为60～100MPa时，可以选用石子的最大粒径不大于25mm，随着混凝土强度增加，石子最大粒径还要减小。这里有两个原因：

第一：最大粒径较小，则骨料-水泥浆界面应力差也较小，应力差可能会引起微裂缝；

第二：较小骨料颗粒强度比大颗粒强度高，因为岩石破碎时消除了控制强度的最大裂隙。

③细骨料

高性能混凝土对砂的质量要求应符合普通混凝土用砂石标准中的规定，尤其要避免含有云母和泥土。一般情况下，砂子偏粗对强度有利。

④水

高性能混凝土对水的质量要求与普通混凝土一样，用自来水即可。

⑤高效减水剂

高性能混凝土的特点之一是低水灰比，为确保其流动性，须掺入高效减水剂。高效减水剂使混凝土具有高工作性的作用机理：高效减水剂为长链分子，将自身缠绕在水泥颗粒上，并使其带上较高的负电荷，因此水泥颗粒相互排斥，其结果是水泥团粒良好地分散，而拌合物则达到较高的工作性。水化水泥浆的基本结构未受影响，但高效减水剂与硅酸盐水泥中铝酸三钙（C_3A）相互作用。C_3A是水泥最早水化的组分，其反应受硅酸盐水泥再生产中加入的石膏控制。国家标准《硅酸盐水泥、普通硅酸盐水泥》（GB 175—1999）规定：硅酸盐水泥中SO_3含量不得超过3.5%。水泥中SO_3主要来源于熟料磨细过程中所加入的石膏。石膏有二水、半水和无水硫酸钙等不同形态，溶解速度也不同，且无水石膏的溶解性与其结构和来源有关，实际情况还要复杂得多。此外，SO_3还来源于其他地方，用于水泥煅烧的碳酸钙原料和燃料煤或油中往往含有硫酸盐、硫化物和硫元素等杂质，煅烧过程中会固熔在熟料中，若同时存在碱和SO_3，就会形成碱的硫酸盐，这种硫酸盐是非常易溶解的。

如上所述，两种硅酸盐水泥的总硫酸盐含量相同时，硫酸盐随其来源不同，可早期与C_3A反应者会有多有少。若能反应的可溶解硫酸盐太少，则会以高效减C_3A水剂被束缚的形式进行，高效减水剂也就无法改善拌合物的工作性。若硫酸根离子被释放的速度太慢，就称该硅盐水泥与高效减水剂不相容。所以配制高性能混凝土时，须对所用硅酸盐水泥与高效减水剂的相容性进行检验。

⑥矿物掺合料

在配制高性能混凝土时，常用的矿物掺合料是粉煤灰、磨细矿渣和硅粉。

粉煤灰是火电厂燃煤锅炉排出的烟道灰，通常呈球状颗粒，具有与天然火山灰相似的火山灰性质。配制高强高性能混凝土的粉煤灰宜用含碳量低，其掺量一般不超过水泥用的30％。配制早期强度要求不是很高的高性能混凝土时，所用粉煤灰的品质及掺量不受上述条件限制。1985年以来，加拿大矿产能源部技术中心在Malhotra主持下，系统地进行了大掺量粉煤灰混凝土研究，选取加拿大和美国共20个产地的粉煤灰，其性能大体相当于我国的Ⅱ、Ⅲ级粉煤灰。混凝土的典型配合比为每立方米水泥用量155kg、粉煤灰215kg（粉煤灰占胶凝材料总量的58％）、水120kg，通过高效减水剂将水胶比控制在0.32～0.33，通过掺加引气剂控制含气量在5％～6％，混凝土的工作度满足泵送施工要求。这种混凝土的水化热低，弹性模量高，长期强度增长幅度大，渗透系数低，碳化深度在4年后与普通混凝土无明显差异，抗氯离子扩散能力则远比普通混凝土优异，抗氯离子扩散能力则远比普通混凝土优异，强度相当于我国的C35～C40级，1d、7d、90d和1年半龄期强度分别为28d的23％、58％、123％和157％。

大掺量粉煤灰混凝土还对环境保护和节约资源有重要意义。

矿渣是高炉炼铁排出的熔融矿渣在高温状态下迅速水淬冷却而成的。用于高强高性能混凝土磨细矿渣的细度要大于水泥，比表面积在4000cm^2/g以上，在高强混凝土中的掺量可占总胶凝材料的70％。掺磨细矿渣对提高混凝土早期强度的效果优于粉煤灰，细度越高，效果越佳，但成本也越高。比表面积很大的磨细矿渣不但不起降低混凝土水化温升的作用，还会使混凝土拌合物的需水量增加。

硅粉是电炉法生产硅铁合金所排放的烟道灰，SiO_2含量大于90％，平均粒径仅0.1～0.2μm，比表面积高达$2\times10^5 cm^2/g$，借助大剂量高效减水剂和强力搅拌作用，可以填充到水泥或其他掺合料的间隙中去，并且具有很高的活性，在各种掺合料中对混凝土的增强作用最为显著，是国际上制备超高强混凝土最通用的掺合料。但是，硅粉的水化作用快，不能降低混凝土水化热，需水量也稍大，且极易飞扬，给运输、拌合等操作带来许多不便，价格又较高。出于经济方面的考虑，一般混凝土强度等级低于C80时，都不考虑掺用硅粉。

2）试验结果及分析

试验目的是通过合理选择原材料，配制较经济的C70、C80混凝土。

①试验用原材料

试验用原材料为强度等级42.5硅酸盐水泥，粒径5～20mm石灰石碎石，级配合理，压碎指标为12.5％，细骨料为河砂，细度模数2.85，减水剂为NNO型萘系高效减水剂（与所用水泥有良好的相容性），矿物掺合料为Ⅱ级粉煤灰和比表面积为4000cm^2/g的磨细矿渣。

②配合比确定原则

试验配合比按下述原则确定：为增强混凝土体积的稳定性，胶凝材料总量不超过600kg/m^3，其中固定水泥用量是450kg/m^3；预选砂率为35％及假设混凝土拌合物的干密度为2500kg/m^3；通过调节水胶比和减水剂用量来控制拌合物的坍落度为180～200mm。

③试验结果

试验结果如表12-38所示。从试验结果可看出，采用水泥、粉煤灰和矿渣三元胶凝材料体系（表12-38中3号）及水泥和矿渣二元胶凝材料体系（表12-38中4号），可以配制高性能混凝土。

表 12-38 高性能混凝土配合比及强度

试验编号	配合比（kg/m³）					水胶比	坍落度（mm）	28d 抗压强度（MPa）
	水泥①	粉煤灰	矿渣	减水剂	砂率（%）			
1	450	—	—	6.7	35	0.36	180	60.1
2	450	135	—	6.7	35	0.27	205	72.7
3	450	45	90	6.7	35	0.27	195	85.5
4	450	—	135	6.7	35	0.27	190	91.5

注：①为湖南湘乡水泥厂生产，依据 GB 175—99 标准，强度符合 P42.5 水泥要求。

在低水胶比的条件下，水泥和矿物掺合料都不可能充分水化。当掺入矿物掺合料时，胶凝材料总量增加；在保持坍落度不变时，水胶比下降，但是水灰比（水/水泥）基本不变。原先被水泥水化产物填充的空间，掺入矿物掺合料后，由矿物掺合料填充。所以，在低水胶比情况下掺入水化缓慢的Ⅱ级粉煤灰也能较大幅度地提高混凝土的强度（表12-38中 2 号）。矿物掺合料活性增加，除填充作用外，还会产生较强的火山灰反应，会进一步提高混凝土强度（表12-38中 3 号和 4 号）。值得注意的是：矿物掺合料的活性越大（如超细矿渣粉、硅粉等），需水量也越大，价格也大幅度上升。但是，要制备超高强高性能混凝土（大于 C80 混凝土），一般要掺入超细矿渣粉、硅粉或它们的复合物，同时调整减水剂的种类及掺量，以降低水胶比。

3）小结

目前国内外配制高性能混凝土的支柱途径很多。但是，高性能混凝土还是一种地方性材料，使用单位都希望高性能混凝土原材料应该丰富、易得、成本低。本节在分析高性能混凝土对各组成材料的特殊要求的基础上，采用强度等级 42.5 硅酸盐水泥、石灰石碎石和河砂为粗细骨料，NNO 型萘系减水剂，资源丰富的Ⅱ级粉煤灰和比表面积为 4000cm²/g 的磨细矿渣配制出 C70、C80 高性能混凝土。

高性混凝土的强度主要通过变化水胶比及选取不同品种的矿物掺合料与用量进行调节。从经济的角度考虑，C80 以上的混凝土以掺超细矿渣粉、硅粉及其复合物为主；C70～C80 混凝土以掺粉煤灰和磨细矿渣复合掺合料或单独掺磨细矿渣为主；C50～C70 混凝土以掺粉煤灰为主。高性能混凝土拌合物的工作性，可通过调节高效减水剂的品质种及用量来控制。

（3）C80 粉煤灰高性能混凝土泵送施工技术在工程中应用

湖南图书城工程第 20 层框架柱采用 C80 粉煤灰高性能混凝土，它以粉煤灰复合超细粉（简写 PFAC）等量取代 30％水泥，并掺入适量高效复合减水剂配制而成，泵送高度 80m，效果良好。

1）原材料选择与性能

①水泥

一般情况下，保水性好、泌水性小的水泥均适用于泵送混凝土。经试验，采用湘乡产韶峰牌强度等级 42.5 普通硅酸盐水泥，其质量稳定，强度富余较大。

②骨料

为充分利用地方材料，采用铁道部株洲桥梁工厂产碎卵石，粒径 5～20mm 连续级配，含泥量不大于 0.5％，满足《混凝土泵送施工技术规程》（JGJ/T 10—95）推荐的最佳级配曲线。细骨料采用湘江河砂，Ⅱ区级配合格中砂，细度模数 2.88，含泥量不大于 1％。

③水

采用洁净的自来水作为拌合水，水胶比 0.26。

④化学外加剂

为了获得高强度，高性能混凝土的胶凝材料用量大，水灰比低，这样势必使混凝土拌合物的黏性增大。要获得高工作性，将 C80 混凝土泵送到 80m 高程，须采用高性能的减水剂——即同时具有高的减水率（20%～30%），又能控制坍落度损失，不降低混凝土强度，从而能按指定性能进行设计和控制混凝土。目前我国生产的普通高效减水剂都很难同时具备上述性能，因此通常采用将普通高效减水剂与缓凝剂复合使用。本工程采用谭建牌缓凝剂复合减水剂，并通过与水泥的相容性试验，掺量为胶结材料总量的 1.4%。此外，为防止混凝土干缩和冷缩裂缝，在混凝土中掺入胶结材料总量 5%的 UEA 混凝土膨胀剂。

⑤粉煤灰复合超细粉（PFAC）

粉煤灰的形态效应、活性效应和微集料效应能有效提高混凝土耐久性，抑制碱骨料反应，显著改善混凝土拌合物工作度并具有减水作用。用粉煤灰限代部分水泥后，混凝土早期强度受到削弱，故掺量一般不超过胶结料总量的 80%。而磨细粉煤灰经试验后，掺量不受此限制。粉煤灰的火山灰反应后产生的活性，使混凝土后期强度增长显著提高。本工程采用湘潭电厂Ⅰ级粉煤灰，系超细粉磨工艺磨细，掺入少量无机矿粉改性而成的超细粉磨材料，其细度（比表面积）达到 $9000cm^2/g$，需水量比为 94%～97%，掺量为 $163kg/m^3$，等量取代 30%水泥。

根据上述原理，经优化设计，确定 C80 泵送混凝土配合比见表12-39，与有关规范、规程对比见表12-40。

表 12-39　C80 泵送混凝土

韶峰牌强度等级 42.5 普通水泥	磨细粉煤灰 $9000cm^2/g$	UEA 膨胀剂	湘江河砂 $M_X=2.88$	碎卵石 5～20mm	饮用水	谭建牌高效复合减水剂，粉剂，后掺
350	163	27	600	1100	140	7.56
实测结果：坍落度 200～240mm，$R_3=47.8MPa$，$R_{28}=87.5MPa$						

表 12-40　C80 泵送混凝土配合比与有关规范、规程对比

项　目	水胶比	粉煤灰占胶结料总量	砂　率	水泥用量（kg）	胶结料总量（kg）	细骨料细度模数	外加剂占胶结料总量
本工程 C80	0.26	30%	35.3%	350	540	2.88	1.4%
HSCC 93-2	0.24～0.38	不超过 30%	泵送工艺 32%～40%	不宜超过 450～500	不宜超过 550～500	不宜小于 2.6	0.5%～1.8%
CECS 104：99	0.25～0.42	不宜大于 30%	泵送工艺 34%～44%	不宜大于 500	不宜大于 600	不宜小于 2.6	0.4%～1.5%

2）工程应用

湖南图书城工程由 23 层主楼和 5 层裙楼组成，建筑面积 $34118m^2$，其中主楼为钢筋混凝土框剪结构，地上 21 层，高 91.3m，设计混凝土强度等级 C25～C40。第 20 层框架柱（标高 73.000～77.800，柱高 4.8m）断面 800mm×800mm，混凝土强度等级实际为 C80，泵送高度 80m，1998 年 5 月 5 日进行泵送施工。

①混凝土搅拌采用 JZ-500 型强制式搅拌机 2 台，德国 Swing 混凝土输送泵组，管径 125mm。用精密容器控制减水剂用量，用流量计控制用水量。原材料计量误差控制范围为：

水泥和掺合料±1%，粗、细骨料±2%，水和化学外加剂±1%。搅拌顺序按 HSCC93-2 第4.5 条执行。

②C80 高性能混凝土黏聚性大，拌合用水少，水化热大，表面易失水。采用直径 50mm 高频振动棒，分层连续振捣，每次振捣时间控制在 10～15s。

③成立专门养护班组按每 12h 一班轮流养护。待混凝土初凝后即洒水养护，拆模时立即满挂麻袋洒水养护，时间不少于 14d，在此期间，使混凝土表面始终处于不脱水状态。

④因施工时间为 1998 年 5 月，日最高气温低于 30℃，所以在水泥、砂石堆放处设置遮阳篷，混凝土输送管道暴露在大气中的区段，均用麻袋包裹并专人淋水湿透，以降低混凝土入模温度。

⑤混凝土拌制、输送、浇筑、养护、质量检查及验收，搅拌站运行技术制度等均遵循 HSCC 93－2 和 JCJ/T 10—95 的有关规定。经实测，泵送过中正常泵压 12～18MPa，最高泵压 19MPa。

3）应用效果分析

施工中，按规范规定留设混凝土试件，28d 强度和有关技术指标见表12-41，试验结果分析如下。

表 12-41 C80 泵送混凝土试验结果

序号	编号	坍落度（mm）	性能类型	度件尺寸（mm）	数值（MPa）	备注
1	55A			150×150×150	84.7	R_3=47.3MPa
2	55A			100×100×100	90.8	
3	552	210		100×100×100	90.2	平均值
4	553	215		100×100×100	91.7	x=88.3MPa
5	554	225	抗压强度	100×100×100	82.5	标准差
6	555	205		100×100×100	86.8	σ=3.5MPa
7	556	235		100×100×100	89.5	变异系数
8	557	220		100×100×100	91.2	C_v=4%
9	558	195		100×100×100	84.0	
10	55A		轴心抗压强度	100×100×100	80.7	
11	55A		抗折强度	150×150×150	10.1	
12	55A		劈拉强度		8.2	
13	55A		抗压强度		93.5	不同压力机
14	55A		弹性模量		4.24×10^4	

①表12-41第 2～9 项共 8 组试件，按《混凝土强度检验评定标准》（GBJ 107—87）中非统计方法评定时，$f_{cu,min}\geqslant0.95f_{cu,k}$，满足要求，而 m_{fcu} 比 $1.15f_{cu,k}$ 小 4%。经对第 15 组试件（试件尺寸 100mm×100mm）于同年 12 月 25 日测定 234d 抗压强度，压力实测值分别为 1112kN、1128kN、1224kN，应力最小值 105.6MPa，平均值 109.7MPa（已考虑尺寸效应），与 28d 强度对比，平均增长 24%。因此，认为混凝土强度满足设计和规范要求。

②混凝土强度平均值 $\bar{x}$=88.3MPa，标准差 σ=3.5MPa，变异系数 C_v=4%，根据《混凝土质量控制标准》（GB 50164—92），现场混凝土生产管理水平达到优良等级。

③用 PFAC 配制的水泥净浆（掺入高效复合减水剂后）标准稠度用水量为 18.5%，初凝时间为 10.38～13.87h，终凝时间为 12.22～15.45h，特别适用于泵送混凝土，预拌混凝土和钢管混凝土。

④拌合物坍落度 200mm，扩展度 500mm，坍落时间为 33s。混凝土坍落度损失值：1h

小于5%，2h小于10%，3h小于20%。

⑤混凝土干缩率90d小于4×10^{-4}，抗冻性不小于F100，抗渗性不小于P25，渗水高度仅为15.1mm，4年零7个月自然碳化深度为零。

⑥该混凝土轴压比平均值0.897，拉压比平均值0.070，折压比平均值0.118。

4）小结

C80高性能混凝土泵送高度80m，各项技术性能满足设计和规范要求，至今未发现裂缝和其他异常现象。尤其是大量掺入细度为9000cm^2/g的粉煤灰复合超细粉（PFAS），提高了混凝土的绿色度，具有良好的经济效益、社会效益和环保效益，符合可持续发展战略。

三、纤维混凝土

混凝土是土木建筑工程最重要的材料，自1824年水泥问世及随之诞生的混凝土与钢筋混凝土以来，至今已近200年的历史。混凝土工程技术总是伴随着工程建设的需要和科学技术的发展而进步。在开始阶段，人们使用高流动性混凝土，而获得的强度却很低。后来，配制成塑性和流动性混凝土，强度和使用都有所改善。到20世纪中叶，水泥混凝土技术的进步和设备的进一步改进，使混凝土又向干硬性或半干硬性方向转变，配制的强度更高，施工难度也随之增加。由于外加剂技术的进步，混凝土拌合物向塑性和流动性方向发展。混凝土强度和流动度得以兼顾，工程质量和速度同时得到提高。近10多年来，人们又把耐久性作为混凝土追求的主要目标，并引入超细活性掺合料，作为混凝土的重要组分，从而发展了具有高耐久性、高流动性和体积稳定性，并且有一定强度的混凝土，即高性能混凝土。高性能混凝土是21世纪混凝土技术发展的重点和方向。

但混凝土的固有弱点是因脆性而容易产生裂缝。高强混凝土的抗拉强度与抗压强度之比仅为6%（当混凝土的强度等级超过C45时），脆性显著，塑性明显下降，因为脆性破坏会随时产生，高强混凝土结构跨度不能增幅太大，当结构受弯时，荷载等于破坏荷载的15%～20%时就开始产生裂缝（这时钢筋的应力远小于屈服极限），随着裂缝扩展会造成结构物抗渗性能等的降低，以致使用寿命缩短；在结构设计时因裂缝宽度的限制，高强建筑材料的优越性得不到充分应用。因此，混凝土性能的提高显得十分重要。

其实，现代混凝土除了要达到高抗压、高抗拉等要求外，还要容易施工，并能长期保持高强、高韧性、高抗渗性等性能，这就导致了高性能混凝土的出现。纤维混凝土是在对混凝土改性过程中应运而生的，目前常用的几种纤维混凝土有：钢纤维混凝土（SHRC）、玻璃纤维混凝土（GFRC）、碳纤维混凝土（CFRC）以及合成纤维混凝土（SNFRC）。

事实上，利用纤维增强混凝土并非当代的新设想，早是民间便有了将稻草或毛发混合拌入泥浆中制造土坯或土墙的经验，至于利用人造纤维来改善混凝土的性能，则还是最近十几年才逐渐出现的思路和做法。

总之，纤维混凝土是以水泥净浆、砂浆或混凝土作基材，以非连续的短纤维或连续的长纤维作增强材所组成的水泥基复合材料的总称，通常简称为“纤维混凝土”。

目前在实际工程中已使用的纤维混凝土的主要品种为钢纤维混凝土、碳纤维混凝土与聚丙烯纤维混凝土。但都处于研究与发展阶段的则有钢纤维混凝土、碳纤维混凝土与一些高弹模合成纤维混凝土。

1. 对纤维产品的要求

通常人们在讨论对纤维的要求时，比较多的是要研究纤维本身的性能特点。但是，在实验室里制备纤维混凝土与真正的工程实践中使用的纤维混凝土可能具有完全不同的特点条件。现在我们讨论的范围已经从实验室拓展到工地。因此，不仅要研究纤维的自身特点，还要考虑对商品化的纤维产品的要求。

（1）高耐碱性

纤维混凝土中所用的纤维必须具有足够的耐碱性，不受混凝土中碱性集料和水泥碱性水化产物的侵蚀。某些纤维（如玻璃纤维、矿棉与大多数植物纤维）没有足够的耐碱能力，于是转而要求所用水泥基体具有低碱度，以防止或减少基体对纤维的化学侵蚀，这是纤维混凝土早期发展过程中由于纤维材料的限制所出现的不得已的局面。随着合成纤维技术的飞速发展，各种化学性能极为稳定，同时又能满足纤维混凝土要求的纤维材料相继问世，那些化学性能有欠稳定的纤维材料就会退出历史舞台。以玻璃纤维为例，早在几年以前就已经被明令禁止在建筑构造物或预制件中使用。对于化学性能稳定的纤维，如杜拉纤维而言，既耐酸又耐碱，因此，所谓高耐碱性其实只是化学稳定性的一个侧支。要求纤维具有高度的化学稳定性的另一个理由，是要保证纤维以纯粹物理的方式在混凝土中发挥作用，避免因为物料之间交叉的化学反应使得纤维混凝土体内发生不良改变。

（2）安全无害

纤维混凝土中掺加物必须对人体无害。这就是说纤维的安全性能也是必须要考虑的。美国生产的杜拉纤维在产品出口的证明材料中，有足足两页是证明该产品“安全、无毒、无害”和各种数据。以往我们使用的一些纤维，例如玻璃纤维和某些矿棉、石棉产品，在储运和施工过程中可能会伤及操作工人，对其制成品再做加工，例如切割装配时又会产生粉尘，一旦吸入就可能导致矽肺发生，造成职业性疾病，危害工人健康。所以现阶段已停止使用。

（3）自分散性

纤维混凝土中所用的纤维，在水泥基体中必须具有良好的自分散性，不结团，不成束。只有这样的纤维才能在实际的混凝土工程中推广应用。有些纤维在某些方面可能具有相当令人振奋的特点，但是如果这种纤维在水泥基体中难以分散，那么它的推广就只能停留在实验室的水平上。纤维混凝土发展到今天，已经不再只是象牙塔里的研究项目，它需要实实在在的工程检验。没有良好分散性的纤维必定缺乏在实际工程中应用的可能性。

有一种观点认为，只要纤维性能好，分散性差一点没有关系，只要在施工的时候加入一定量的分散剂就可以了。这种说法是不可取的，因为纤维的分散性实在是最关键的指标，目前国内也有许多单位开始研究生产适用于纤维混凝土需要的纤维产品，但是大多数产品的内在质量，尤其是在纤维的自分散性方面还是有些欠缺，这也正是国内厂家需要努力突破的关键问题。在科学和技术的问题上来不得半点含糊，能够看到自己在技术方面与科技发达国家的差距和不足，才能找到追赶的目标。在网络信息化和科技全球化的时代前景之下，不加分析地片面强调某一产品的国产化并不是进步和爱国的表现。

（4）规模生产

能够使用于实际建筑工程的纤维混凝土，所掺加的纤维必须是高度商品化的产品。也就是说，这种纤维的产量一定要足够大，要有足够大的生产规模，并且能够通过严格的商品流通渠道进入具体工程。这个问题常常得不到人们的重视，以为只要是纤维，掺到混凝土中就可以，哪怕是实验室规模生产能力造出来的产品就可以“使用”。要求纤维规模生产，并非是纯粹的材料技术问题。更多的其实是要强调纤维产品的批次稳定性，即不同时间得到的纤维产品性能必须完全相同。从生产组织的角度说，还要强调纤维产品供应渠道的稳定性，保证所用纤维能够及时到达工地施工现场。

（5）要有较高的抗拉强度

纤维混凝土中要发挥作用，必须具有比较高的抗拉强度。与水泥基体的抗拉强度相比，至少要高出两个数量级，好在水泥基体的抗拉强度实在是非常之低，找到能满足这种抗拉强度要求的纤维并不是很困难的事情。

（6）变形能力大

与水泥基体的极限延伸率相比，至少要高出一个数量级。

（7）粘结强度高

纤维与水泥基体的界面粘结强度一般不应低于1MPa。宏观地说，纤维与水泥基体之间的粘结强度取决于纤维本身材质的特点，还受到纤维表面形状和粗糙程度的影响。但值得注意的是，纤维的外观形状以及表面光洁的程度可能影响纤维在混凝土当中的分散性。由于纤维混凝土中所采用的大多数合成纤维都比较细，相对来说过分刻意地强调所谓纤维的截面形状并无大益。另外由于表面张力的存在，过分复杂的截面形状可能还会产生某些无法预见和控制的负面作用。

（8）粗细适度

掺入混凝土当中的纤维，其长度与直径的比值（简称为长径比）大于临界值时才能对水泥基体产生明显的增强效应。这就是说，纤维要有一定的长度，而且不能太粗。在均匀分散的前提下，纤细而挺实的纤维具有更好的抗裂增强性能，当然，纤维也不是越细越好，因为过细的纤维可能缺乏足够的强度，在混凝土中容易打弯成球，起不到纤维的作用。

（9）弹性模量

纤维与水泥基体的弹性模量相比，其比值越高，则受荷时纤维所分担的应力也就越大，纤维的作用也就越加明显。

（10）价格合理

与任何建筑材料一样，对纤维混凝土当中掺加的纤维也需要进行性能与价格分析。这种分析并非是简单的价格比较，因为不同的纤维可能具有不同的密度、不同的粗细程度、不同的作用、不同的掺量，在混凝土中解决不同的问题。与此同时，不同的纤维在水泥基体当中还可能表现出不同的掺合效率。因此，必须采用技术经济的分析方法和手段，以不同纤维产品之间的性能价格比进行比较，仅仅盯住以重量为单位的单价，譬如说每千克多少多少钱是不够的。

上述这些要求大多反映的是纤维混凝土中对纤维要求的共性。在早期的纤维混凝土所使用的某些纤维是不能满足这些条件的，实为历史条件所限，是不得已的事情。毫无疑问，那些“不称职”的纤维很快就会被市场淘汰出去。

2. 纤维混凝土在高层建筑中应用

工程实例　杜拉纤维在高层建筑转换层结构C50高强混凝土中的应用

重庆金厦苑大厦工程建筑面积为38126m^2，±0.00以下5层，±0.00以上35层，总建筑层数为40层，框支-剪力墙结构，转换层建筑面积为990m^2，层高为4.6m；转换大梁截面为1.2m×2.0m、1.0m×2.0m等，大梁跨度从3.9～8.4m不等，跨度变化较大，转换层楼板厚200mm，转换层为C50高强混凝土，混凝土总量为850m^3。高强混凝土存在受压时高度脆性及大体积高强混凝土的大面积开裂等缺陷，使得高强混凝土的优越性得不到充分发挥，为此进行了抗裂方案的优化选择，最终决定在C50高强混凝土中掺加美国希尔兄弟化工公司生产的杜拉纤维，以提高高强混凝土的抗裂性能。

(1) 杜拉纤维的作用原理

杜拉纤维是一种以聚丙烯为原料，它以独特工艺制造的高强聚丙烯单丝纤维，长度为19mm，化学性质较为稳定，是依靠改变混凝土的物理结构而改善混凝土的性能，其本身不会吸收其他物质，与混凝土中的骨料、外加剂、掺合料和水泥不会有任何冲突，同混凝土有良好的亲和性。

杜拉纤维的作用主要是增强混凝土本身的抗拉能力，其作用原理为：杜拉纤维经过特殊的生产工艺进行表面处理，它与水泥基料有极强的粘结力，因此可以在混凝土中发挥有效的抗裂作用。掺入杜拉纤维的高强混凝土，由于杜拉纤维可以迅速而轻易地与混凝土结合，在单位体积内以较大数量（20条/cm^3）均匀分布在不同的方位及平面，在混凝土内部构成乱向支撑体系，故微裂缝在发展过程中必然遭遇到纤维的阻挡，消耗了能量，难以进一步发展，从而阻断裂缝达到抗裂的作用。纤维的加入犹如在混凝土内掺加了巨大数量的微纤维，这些纤维抑制了混凝土的开裂进程，提高了混凝土的抗裂性能，而这些是单靠加强钢筋不能实现的。

(2) C50杜拉纤维高强混凝土的配合比设计根据有关参数，当杜拉纤维的掺量为0.5kg/m^3，混凝土的抗裂能力提高近70%，本次施工按设计要求所采用的掺量为1kg/m^3，但为了提高混凝土抗裂性及改善其脆性，施工中采取了“四掺”技术，充分发挥各种材料的特性，优势互补，对早期、中长期混凝土的微裂缝加以控制，除掺加的1kg/m^3的杜拉纤维以在混凝土内形成乱向支撑系统，防止混凝土干缩、塑性裂缝，改善混凝土抗裂性能外，还采取了以下措施：掺加FJW—6型缓凝减水剂，减少水泥用量；掺加粉煤灰，减少水泥用量，改善泵送性能；掺加UEA—H型混凝土微膨胀剂，取代等量水泥，使混凝土适度膨胀。

①原材料

水泥：重庆水泥厂生产的重矿新标准42.5级矿渣硅酸盐水泥。

细骨料：混合砂，细度模数为1.95。其中，渠河砂（特细砂）细度模数为1.03，含泥量为1.8%，占60%；双盈机制砂，细度模数为3.3，含泥量为1.2%，占40%（重庆地区无中粗砂，采用混合砂可达到中粗砂的要求）。

粗骨料：重庆小泉产机制碎石，粒径5～20mm。

减水剂：重庆丰京建材有限公司生产的FJW—6型缓凝减水剂。

粉煤灰：重庆珞璜电厂生产的Ⅱ级粉煤灰。

微膨胀剂：重庆江北特种建材厂生产的三圣牌UEA—H型混凝土微膨胀剂。

杜拉纤维：由美国希尔兄弟化工公司生产。

②配合比（见表12-42）

表12-42　纤维混凝土配合比

项目 \ 材料名称	水泥	砂	石	水	FJW—6减水剂	粉煤灰	UEA—H膨胀剂	杜拉纤维
每立方米用量（kg/m^3）	460	429	1230	190	11.73	80	50	1

混凝土坍落度为180～200mm，初凝时间为15～20h，终凝时间为22～24h，商品混凝土由搅拌站集中供应。

(3) 杜拉纤维在施工中的具体运用及效果

杜拉纤维在使用过程中应根据配合比要求准确计量，对混凝土搅拌及施工工艺无特殊要求，只要适当保证搅拌时间即可，施工时应注意混凝土要搅拌均匀，避免成团，使杜拉纤维均匀分布。

转换层结构混凝土于2000年5月28日浇筑完毕，在混凝土内部实测量温度达80℃，因梁柱同宽经设计同意大梁侧面保护层达55mm，在保护层厚度较厚的不利条件下，在混凝土表面覆盖内装5cm厚细砂的编织袋，有专人浇水，进行保温蓄热养护。拆模后整个转换层大梁至今未出现裂缝，由此表明杜拉纤维在C50高性能混凝土施工中取得了良好的效果。

(4) 杜拉纤维在高强混凝土中应用的技术经济分析

本工程通过在C50高性能混凝土中掺加杜拉纤维提高混凝土的抗裂性，取得了良好的效果，从施工实践以及以前在转换梁施工中所采取的加设钢丝网、掺加微膨胀剂等方法进行比较（见表12-43），从中得出以下评价：

表 12-43　技术经济对比表

项目	钢丝网	微膨胀剂（UEA）	杜拉纤维
作用原理	依靠钢丝同水泥基体的粘结，当混凝土龟裂已产生时可将龟裂体拉紧，防止其进一步解体，本身对水泥基体的收缩作用较小	依靠化学反应生成的钙矾石的膨胀作用，补偿水泥基体的收缩，达到抗裂作用； 在一定程度上提高密实度，从而对抗渗及抗压有好处	依靠大量（20多条/cm^3）高抗拉强度、高长径比、高粘结强度的纤维丝均匀的乱向分布，抵抗水泥基体的收缩，达到抗裂目的
功效	减少及防止非结构性裂缝有一定的增强作用	减少混凝土非结构性裂缝，如塑性收缩裂缝及干缩裂缝； 有利于提高抗渗性，特别适用于填充后浇带、灌浆等，抗压强度有一定的提高	减少混凝土非结构性裂缝，如塑性裂缝及干缩裂缝； 明显改善混凝土抗渗性能； 可提高混凝土抗冲击能力； 可有效提高混凝土的韧性，改善高强混凝土脆性大的缺陷； 可降低混凝土浇筑后离析，减少泌水，提高均匀度
施工	布于结构底部或侧面，需绑扎锚固，施工复杂，布置不当，不为水泥基体完全包裹，则易锈蚀； 需较多工时； 混凝土开裂后才起作用，不能防止裂缝	对施工环境要求高，潮湿环境有利； 水泥碱性、水质、膨胀剂碱性及含硫量都会影响使用效果； 掺量不易掌握，少则膨胀不足，多则过度膨胀反而促发裂缝； 对混凝土早期膨胀明显，后期收缩达不到长期补偿的目的； 坍落度损失大，对施工影响较大	对施工环境宽容，高温（$70℃<T<120℃$）可正常工作； 直接加入混凝土内搅拌即可，对搅拌设备、配比及施工工艺没有特别要求； 完全物理作用，易于掌握； 无毒无刺激，耐酸碱腐蚀； 掺量容度大，适用范围广； 坍落度损失小，对施工无明显影响
造价	约25元/m^3，成本低	约50元/m^3，成本较低	65元/m^3，成本略高
评价	效果一般	早期效果良好，后期一般	效果良好

从以上技术角度的比较可以看出，采用杜拉纤维高性能混凝土无论从施工角度，还是从改善混凝土性能的功效上来看，其优越性都明显优于其他两种方法。

四、大体积混凝土

高层建筑的箱形基础、筏式基础或桩基承台及转换层大体积混凝土的施工。其特点是量大、块体厚、钢筋密。这些都是体积较大的钢筋混凝土工程。迄今为止，对于大体积混凝土的温度场变化和温度裂缝产生的规律性，还缺乏系统的研究，对于混凝土温度及温度应力还不能精确计算，防止大体积混凝土温度裂缝的问题较复杂，因此在施工时应十分慎重，否则易出现质量事故，造成不必要的损失。

组织大体积混凝土结构施工，在钢筋和混凝土工程方面有许多技术问题要逐个解决。本节在介绍混凝土温度与温度应力的基础上，着重围绕施工中的温度控制和防止混凝土裂缝的技术措施，作些阐述。

1. 大体积混凝土结构裂缝的主要成因

混凝土与其他建筑材料一样，有各种物理力学性能。由于它是多种材料组成的复合材料，因此又与其组成材料的各自性能有关。大体积混凝土结构，在浇筑后水泥的水化热很大，由于混凝土的导热能力很低，水泥发生的热量聚集在结构物内部长期不易散失，形成较大的温差和温度应力，容易引起温度应力和裂缝，给工程带来不同程度的危害。大体积混凝土的体积变形，主要包括它的干缩变形、自生体积变形和温度变形三个部分。混凝土的干缩率大体在（200～1000）$\times10^{-6}$范围内。引起混凝土干缩的重要原因是水分的蒸发，这种蒸发、干燥过程，总是由表及里，逐步发展的，因而湿度总是不均匀的，干缩变形也是不均匀的。混凝土自生体积变形主要取决于胶凝材料的性质，这种性质是在保证充分水化条件下产生的，它不同于干缩变形，与混凝土的单位用水量无关。普通水泥混凝土的自生体积变形大多为收缩，一般在（－50～＋50）$\times10^{-6}$范围内，相当于温度变化10℃引起的变形，说明混凝土自生体积变形对于抗裂问题有着不容忽视的影响。另外，混凝土随着温度的变化而发生膨胀或收缩变形，这种变形称之为温度变形。对于大体积混凝土，裂缝产生主要是由温差变形引起的，因此如何减少温差变形是一个重要问题。在施工阶段所产生的温度裂缝，是其内部矛盾发展的结果，这种裂缝可称为“初始裂缝”或“早期裂缝”，现将裂缝主要成因分析如下：

（1）内部温度是大体积混凝土产生裂缝的主要因素

水泥水化热引起的绝热温升后，浇筑 T_1 即为在绝热状态下的混凝土内部温度可用下式表达：

$$T = T_1 + T_2 = T_1 + \frac{WQ}{c\rho}(1 - e^{-m\tau})$$

式中　T——在绝热状态下，不同龄期的混凝土内部温度（℃）；

T_2——在 τ 龄期时混凝土的绝热温度（℃）；

W——每立方米混凝土中水泥用量（kg/m^3）；

Q——每 kg 水泥水化热量（kJ/kg），可查表12-44；

T_1——混凝土的浇筑温度（℃）；

C——混凝土的比热，在计算时可取 0.97［kJ/（kg·K）］；

ρ——混凝土的重度，取 2400kg/m^3；

e——常数，为 2.718，式中（$1-e^{-m\tau}$）可查表12-45；

m——系数，随水泥品种、比表面及浇筑温度而异；

τ——龄期（d）。

表 12-44　每 kg 水泥发热量

品种	发热量 Q（kJ/kg）				
	225 号	275 号	325 号	425 号	525 号
普通水泥	201	243	289	377	461
矿渣水泥	188	205	247	335	—

注：表中以外的水泥，如火山灰水泥，粉煤灰水泥的发热量，可参照矿渣水泥的数值。

表 12-45　$1-e^{-m\tau}$ 值表

浇筑温度（℃）	m（1/d）	龄期 τ（d）								
		1	2	3	4	5	6	7	8	9
5	0.295	0.256	0.446	0.587	0.693	0.771	0.830	0.873	0.906	0.930
10	0.318	0.272	0.471	0.615	0.720	0.796	0.852	0.892	0.921	0.943
15	0.340	0.288	0.493	0.639	0.743	0.817	0.870	0.907	0.934	0.953
20	0.362	0.304	0.515	0.662	0.765	0.836	0.886	0.921	0.945	0.962
25	0.384	0.319	0.536	0.684	0.785	0.853	0.900	0.932	0.954	0.968
30	0.406	0.334	0.556	0.704	0.803	0.869	0.913	0.942	0.961	0.974
浇筑温度（℃）	m（1/d）	龄期 τ（d）								
		10	11	12	13	14	15	16	17	18
5	0.295	0.948	0.961	0.971	0.978	0.984	0.988	0.991	0.993	0.995
10	0.318	0.958	0.970	0.978	0.984	0.988	0.992	0.994	0.996	0.997
15	0.340	0.967	0.976	0.983	0.988	0.991	0.994	0.996	0.997	0.998
20	0.362	0.973	0.981	0.987	0.991	0.994	0.996	0.997	0.998	0.999
25	0.384	0.979	0.985	0.990	0.993	0.995	0.997	0.998	0.999	0.999
30	0.406	0.983	0.989	0.992	0.995	0.997	0.998	0.999	0.999	0.999

为了方便计算，现将 m 及（$1-e^{-m\tau}$）值列于表 12-45。

大体积混凝土内的实际温度是一个“由低到高，又由高变低”的变化曲线（见图 12-59），即混凝土从浇筑完毕后，就有一个初始温度——浇筑温度。以后由于水泥水化热当采用人工冷却后，温度又逐渐下降。待水泥水化热大致散发完毕后，混凝土的温度才与大气温度相接近，此时称为稳定温度。

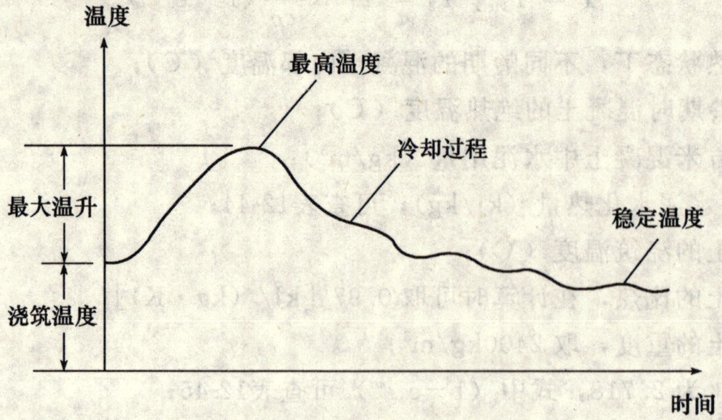

图 12-59　混凝土温度变化曲线

另外，大体积混凝土在进行温度控制和温度应力计算时，必须要了解混凝土中心温度与表面温度之间的温差、混凝土表面温度与外界气温之间的温差。而影响混凝土表面温度的因素又很多，除了混凝土本身的一些性质和结构形状以外，还有养护方法、气温波动、太阳辐射等许多因素。混凝土在浇筑初期，升温速度快，混凝土内部温升的高峰值，一般在3～5d内产生，3d之内温升可达到或接近最大温升，此后趋于稳定，并开始降温。由此可以看出，大体积混凝土的温度场在初期是变化的，而这些温度分布形态将直接影响混凝土的表面温度。

(2) 外界气温变化的影响

大体积钢筋混凝土在施工阶段，外界气温的变化影响是显而易见的。因为外界气温愈高，混凝土的浇筑温度也愈高，如果外界温度下降，又增加了混凝土的降温幅度，特别是气温骤降，会大大增加外层混凝土与内部混凝土的温度梯度，这对于大体积混凝土是极为不利的。

混凝土内部的温度是水化热的绝热温度、浇筑温度和结构物的散热温降等各种温度的叠加，表12-46是上海某大厦箱型基础底板的最高温度实测记录。从表中可见，温度应力是由温差所引起的温度变形造成的，温差愈大，温度应力也愈大。同时，在高温条件下，大体积混凝土不易散热，混凝土内部的最高温度一般可达55～58℃，并且有较大的延续时间（与结构尺寸和浇筑的块体厚度有关）。在这种情况下，在混凝土浇筑过程中，研究合理的温度控制措施，防止混凝土内外温差引起的过大温度应力，就显得更为重要。某些规范规定在不同条件下，混凝土的中心温度与表面温度之间差值（即 $T_{max}-T_b$），以及混凝土表面温度与室外空气中最低温度之间的差值（T_b-T_q），均应小于20℃；经过计算确认结构物混凝土具有足够的抗裂能力时，允许不大于25～30℃，另外，我国部颁标准《混凝土重力坝设计规范》中曾规定，基础允许温差按表12-47采用。

表12-46　上海某大厦箱基底板最高温度实测

编号	测温时间		混凝土浇筑完与测温时的时间(h)	自然气温(℃)	混凝土表面温度(℃)	混凝土中心温度(℃)	混凝土表面温度与自然温差(℃)	混凝土中心温度与表面温差(℃)
1	4月30日	4h	54	14	38	56	24	18
2	4月30日	14h	60	23	44	58	21	14
3	4月30日	7h	72	16	42	56	26	14
4	4月30日	17h	54	20	41	56	21	15
5	4月30日	12h30min	45	24.5	45	57	20.5	12
6	4月30日	21h	54	16	50	58	34	8
7	4月30日	17h	36	19	37	58.8	18	21.5
8	4月30日	17h	36	19	34.5	55	15.5	20.5

注：表中混凝土浇筑方向自北向南（即自点1向点5）。

表 12-47　基础允许温差 ΔT（℃）

离基础面高度 h \ 浇筑块长边 L	16m 以下	17～20m	21～30m	31～40m	通仓长块
0～0.2	26～25	24～22	22～19	19～16	16～14
0.2～0.4	28～27	26～25	25～22	22～19	19～17

（3）约束条件与温度裂缝的关系

各种结构物在变形变化中，必然会受到一定的"抑制"而阻碍变形，也就是当变形受到约束时，引起应力，当这个应力超过混凝土抗拉强度时才引起裂缝。

约束种类一般可概括为外约束与内约束两类。外约束指结构物的边界条件，即当一个物体的变形受到其他物体的阻碍；内约束指结构截面较厚时，其内部温度和湿度分布不均匀，故引起各质点变形的相互约束。大体积混凝土由于温度变化会产生变形，而这种变形又受到约束，便产生了应力，这就是温度变化引起的应力状态。而当这种应力超过某一数值时，便引起裂缝。如在完全约束条件下混凝土结构物的温度变形，是温差与温度膨胀系数的乘积，即 $\varepsilon=\Delta T\alpha$，当 ε 超过混凝土的极限拉伸值，$\varepsilon>\varepsilon_p$ 时，便出现裂缝。

混凝土的温度膨胀系数 α 一般在 10×10^{-6}/℃左右，变化范围大约是（6～13）$\times10^{-6}$/℃，极限拉伸值 ε_p 一般在（50～100）$\times10^{-6}$之间，此时允许混凝土的内外温差值应为 5～10℃。而实践证明，多数工程混凝土的温差一般在 20～25℃之间尚未开裂。这主要因为结构物不可能受到绝对约束，混凝土也不可能完全没有徐变和塑性变形的缘故。

这里有必要说明，有许多工程实践证明，某些结构物的长度，已经超过了设计规范的伸缩缝间距而没有发生裂缝。但也有不少工程的长度小于设计规定，却发生了温度裂缝。出现这些现象，主要涉及约束条件，材料自身强度等多种因素。如果结构因变形产生的最大应力小于材料的抗拉或抗压强度时，结构的伸缩缝间距为无穷大，不设伸缩缝也不会开裂；相反，当其最大应力超过材料的抗拉强度时，无论结构尺寸多短，混凝土也会产生裂缝。这不仅说明约束的重要性，也说明伸缩缝间距不是控制裂缝的唯一条件。

（4）混凝土的干缩变形

混凝土的干缩率大体在（200～1000）$\times10^{-6}$范围内。引起混凝土干缩的重要原因之一是水分的蒸发，因为混凝土中 80％的水分要蒸发，约 20％的水分是水泥硬化所必须的，混凝土在水化作用时产生的体积变形，称为"自生体积变形"。混凝土的这种蒸发、干燥过程，总是由表及里，逐步发展的，因而温度总是不均匀的，干缩变形也是不均匀的。对于大体积混凝土内部当然不存在干缩问题，对干缩传播深度达到 6cm 时，大约需一个月时间，干缩深度达到 70cm 时，则需 10 年左右，显然干缩仅发生在表层很浅的地方，但也可能发展成为更严重的裂缝，因此并不能忽视它的干缩问题。

影响混凝土干缩的因素很多，主要是水泥品种和混合材料，混凝土配合比，化学外加剂和养护条件等，现分述如下。

1）水泥品种和用量的影响：水泥品种与用多少混合材料对于混凝土的干缩率影响甚大，在重要的大体积混凝土中，应选用低热或中热水泥，并优先使用 22.5MPa 或 32.5MPa 级矿渣水泥、火山灰水泥及粉煤灰水泥。7 种水泥混凝土的干缩率见表12-48。

表 12-48　7种水泥混凝土的比较

水泥品种	干缩率（×10⁻⁶）					
	7d	14d	28d	56d	90d	120d
纯大坝水泥	44	144	302	417	471	487
矿渣（40%）大坝水泥	17	135	323	423	533	600
矿渣（60%）大坝水泥	65	210	400	506	582	648
纯大坝水泥	50	167	331	442	502	510
普通水泥	46	125	258	375	448	456
矿渣水泥	17	106	256	369	488	571
赤泥硫酸盐水泥	132	320	569	834	1023	1162

水泥品种	干缩率（$\times10^{-6}$）		m	n	满足坍落度 10cm
	150d	200d	（$\times10^{-6}$）	（d）	混凝土用水量（kg/m²）
纯大坝水泥	510	514	576	15.3	151
矿渣（40%）大坝水泥	578	540	662	19.4	152
矿渣（60%）大坝水泥	631	654	727	16.8	153
纯大坝水泥	515	519	578	13.1	151
普通水泥	468	477	564	23.0	151
矿渣水泥	540	546	702	36.8	155
赤泥硫酸盐水泥	1189	1237	1502	38.2	198

注：混凝土水灰比均为 0.65，用水量除赤泥水泥为 185kg/m³ 外，均为 160kg/m³，含砂率均为 0.40，卵石最大粒径均为 2cm，混凝土坍落度均在 5cm 左右。

2）混凝土配合比的影响：在原材料一定的条件下，混凝土配合比对于干缩率有很大的影响，主要是单位用水量、水泥用量和砂率，见图12-60。

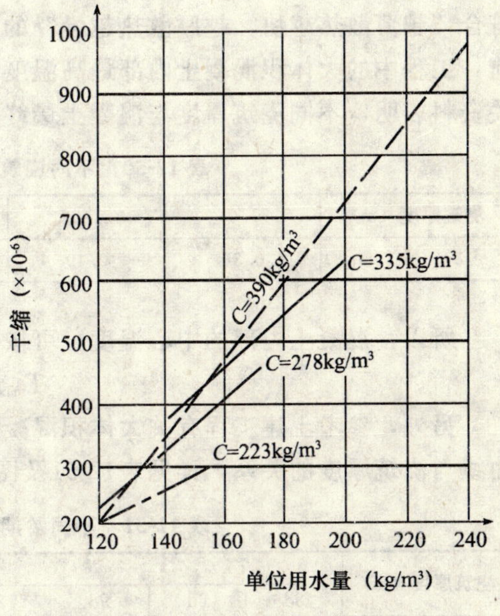

图 12-60　混凝土用水量与干缩关系图

试验结果表明，混凝土的干缩率主要取决于单位用水量和水泥用量，用水量的影响比水泥用量更大。在用水量一定的条件下，干缩随着水泥用量的增多而加大，但加大的范围比较小，另外，在混凝土配合比完全相同的条件下，干缩率随着砂率的增多而加大，但加大的范围也比较小。

3）外加剂的影响：在混凝土中掺入少量的外加剂，可以改善其性能，节约水泥用量，降低工程造价，缩短施工周期，是一种使用方便，效果显著的新材料。由于外加剂在混凝土中能显著地改善混凝土的物理、力学性能，以致在重要工程中已将外加剂作为配制混凝土必不可少的组成材料。但不同外加剂对于混凝土的干缩率有一定的影响（影响较小）。国外规定表明，掺外加剂的混凝土与同龄期空白混凝土相比，干缩率之差不得超过100×10^{-6}。

4）养护条件：大体积混凝土在养护阶段，不仅要有温度控制的要求，而且也要保持周围环境的潮湿，以保证新浇筑的混凝土有适宜的硬化条件。但已经查明，长期潮湿养护不能有效减少混凝土的干缩，见表12-49。混凝土养护时的温度控制是主要环节，洒水降温是借以减少混凝土内外的温差，这一工作在拆模后的养护工作中仍不可忽视。

表 12-49 养护时间对干缩的影响

养护后的干燥时间 (d)	干 缩（$\times10^{-6}$）		
	湿养护 7d	湿养护 14d	湿养护 28d
7	144	140	153
14	226	210	218
28	337	314	328
56	447	423	412
112	498	506	492

注：42.5 级普通水泥，坍落度 6.5cm，水灰比 0.52，试件尺寸 7.5cm×7.5cm×25cm。干燥条件：23±1.5℃，50±4%相对湿度。

2. 控制温度裂缝的理论计算

对大体积混凝土基础能否一次浇灌混凝土而不留施工缝，首先要根据实际施工条件和施工方法进行理论计算。对混凝土各降温阶段产生总拉应力值进行验算，如该值小于混凝土抗拉强度，说明降温和收缩不会引起结构混凝土的裂缝，反之，超过此时的混凝土极限抗拉强度，就会在混凝土表面产生裂缝，虽然这类裂缝不属于结构性裂缝，但是，在混凝土收缩时，由于表面裂缝处断面削弱而且易产生应力集中，促使混凝土收缩裂缝的开展。

(1) 防止大体积钢筋混凝土的表面裂缝计算

混凝土由水泥水化热引起的实际温升，远比在绝热条件下最终水化热的温升要小。工程实践证明，在散热条件大致相似的情况下，浇筑块的厚度不同，散热的温度也不同，并大致符合“越薄散热越快，越厚散热越慢”的规律，实际上，由于结构一般都小于绝热温升，目前，工程中的大体积混凝土内部最高温度的计算方法尚无完整的计算方法可供借鉴。根据有关资料表明，不同浇筑厚度与混凝土最终绝热温升的关系 ξ 值，如表12-50所示。

表 12-50 不同浇筑厚度与混凝土绝热温升的关系

浇筑厚度 (m)	1.0	1.5	2.0	3.0	5.0	6.0
ξ	0.36	0.49	0.57	0.68	0.79	0.82

所以，混凝土内部的中心温度，可按下式计算：

$$T_{\max} = T_1 + T_2\xi$$

另外，参考土建工程有关大体积混凝土的测温资料，整理出不同龄期混凝土水化热温升曲线与浇筑厚度的关系，详见表12-51及图12-61。

表 12-51 不同龄期水化热温升与浇筑厚度的关系

浇筑厚度 (m)	不同龄期的 ξ 值									
	3d	6d	9d	12d	15d	18d	21d	24d	27d	30d
1.0	0.36	0.29	0.17	0.09	0.05	0.03	0.01			
1.25	0.42	0.31	0.19	0.11	0.07	0.04	0.03			
1.50	0.49	0.46	0.38	0.29	0.21	0.15	0.12	0.08	0.05	0.04
2.50	0.65	0.62	0.59	0.48	0.38	0.29	0.23	0.19	0.16	0.15
3.00	0.68	0.67	0.63	0.57	0.45	0.36	0.30	0.25	0.21	0.19
4.00	0.74	0.73	0.72	0.65	0.55	0.46	0.37	0.30	0.25	0.24

注：表中适用于混凝土温度为 20～30℃的工程。

根据施工的大体混凝土结构施工经验来看，凡结构厚度在 1.80m 以上，在最高温升值计算时，可忽略一些次要因素的影响，而只考虑单位水泥用量及混凝土浇灌温度这两个主要因素的简便经验公式进行计算，其精确度也足以指导施工。

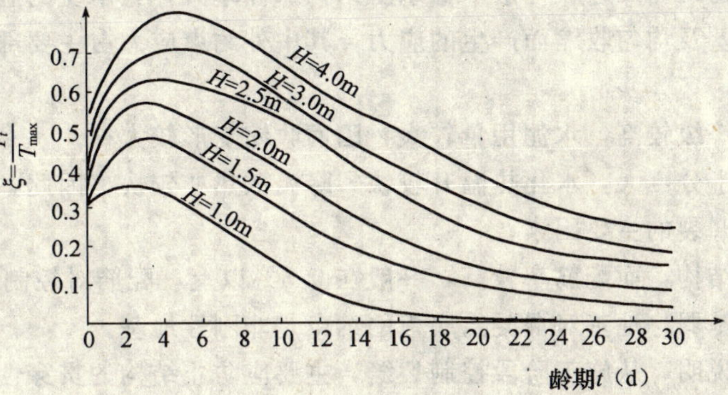

图 12-61　不同浇筑厚度与混凝土绝热温升的关系（ξ值）

不掺粉煤灰时：

$$T = T_1 + \frac{m}{10}$$

掺粉煤灰时：

$$T = T_1 + \frac{m}{10} + \frac{n}{50}$$

式中　m——每 $1m^3$ 混凝土中水泥实际用量（kg/m^3）；

n——每 $1m^3$ 混凝土中粉煤灰实际用量（kg/m^3）。

根据 10 个工程大体积混凝土基础的实测对比结果来看，其计算值与实测值相比误差很小，见表12-52。

表 12-52　10 个工程绝热温升实测与计算对比

掺合料	建筑物基础编号	水泥用量（kg/m^3）	入模温度（℃）	计算值（℃）	实测值（℃）	绝对误差（℃）	相对误差（%）
不掺粉煤灰	建—1	270	19	46	42.1	+3.9	9.2
	建—2	275	27	54.5	52	+2.5	4.8
	建—3	275	25	52.5	52	+0.5	1
	建—4	275	32	59.5	57.9	+1.6	2.8
	建—5	280	33	61	61.5	−0.5	0.8
	建—6	280	32	60	60	0	0
	建—7	280	35	63	62.2	+0.8	1.3
掺粉煤灰	建—8	278/50	13.50	42.3	47	+0.3	0.7
	建—9	350/50	11.0	47	47	0	0
	建—10	390/40	24.0	63.8	62.3	+1.5	2.4

注：建—8、建—9、建—10 中水泥用量中分母数值是粉煤灰的掺入量。

从表12-54中的10个大体积混凝土基础对比结果来看，其中9个基础计算值与实测值的相对误差仅在5%以内，说明其精确度可以指导施工。

(2) 防止大体积混凝土底板的收缩裂缝

高层建筑基础的结构尺寸，一般不像水工结构那样厚大，它承受的温差与收缩的主要部分，可看作均匀温差及均匀收缩而产生的应力，其中外约束应力占主要部分。而且具有下述特点：

混凝土的强度等级较高，水泥用量较大，因而收缩变形较大；

由于基础尺寸十分巨大，水化热温升较快，降温散热亦较快。因此，降温与收缩的共同作用是引起混凝土开裂的主要因素；

基础均为配筋结构，而配筋率较高，一般在0.5%以上，配筋对控制裂缝有利；

地基一般比坝基弱，地基对混凝土底板的约束是非刚性地基。

以上几个特点说明，从施工阶段控制裂缝，主要应防止结构的贯穿性断裂缝。而外约束应力不仅是导致断裂不可忽视的主要因素，同时也是决定伸缩缝间距的主要条件，这就需要研究和分析外约束的各种情况。

外约束为双向时，温度（包括收缩）应力计算公式：

大体积混凝土基础，一般由于结构的平面尺寸较大，需考虑两个方向所受的外约束，当考虑双向时的应力，可按以下简化公式计算：

$$\sigma = -\frac{E_t \alpha \Delta T}{1-\mu} S_{h(t)} R_k$$

式中 σ——混凝土的温度（包括收缩）应力（MPa）；

E_t——混凝土龄期 t 时的弹性模量（MPa）；

α——混凝土的线膨胀系数，取 $10\times10^{-6}/℃$；

T_1——实测混凝土的表面温度（℃）；

T_2——实测混凝土中心的最高温度（℃）；

ΔT——混凝土的最大综合温度差，按下式计算（降温时为负值）；

$$\Delta T = T_1 + \frac{2}{3} T_2 + T_y - T_q$$

式中 T_y——混凝土收缩当量温差（℃）；

T_q——混凝土浇筑后达到稳定时的温度（℃）；

R_k——混凝土的外约束系数，对于岩石地基。$R_k=1$；对可滑动的垫层，$R_k=0$；对一般地基，$R_k=0.25\sim0.50$；

μ——混凝土的泊松比，取0.15；

$S_{h(t)}$——考虑徐变影响的松弛系数，按表12-53取用。

表12-53 混凝土的松弛系数 $S_{h(r)}$

T (d)	0	0.5	1	2	3	7	10
$S_{h(t)}$	1	0.626	0.617	0.59	0.57	0.502	0.462
T (d)	15	20	28	40	60	90	∞
$S_{h(t)}$	0.411	0.374	0.336	0.306	0.288	0.284	0.283

当大体积混凝土结构长期裸露在室外时，ΔT 可按混凝土水化热最高温升值（包括混凝土的浇筑温度）与当地月平均最低温度之差计算。

当计算出的温度收缩应力，超过混凝土的抗拉强度时，可采取调整混凝土的入模温度减少水化热温升值，降低结构物的内外温度差，以及改进施工操作工艺和混凝土性能，提高抗拉强度，改善约束条件等措施，使应力保持在允许范围以内。

为了控制裂缝的开展，应该从控制温升、延缓降温速率、减小混凝土收缩、提高混凝土极限拉伸、改善约束程度的设计构造等几个方面采取一系列技术措施。

大体积混凝土浇捣后，在中部的水化热不易散发，引起混凝土温度升高，然后再逐渐降温。在升温阶段可能产生表面裂缝，在降温阶段可能产生收缩裂缝，应采取各种措施控制各种裂缝的产生，控制裂缝产生的主要技术措施有以下几条：

1）在设计构造上，重点应放在改善构筑物的构造和配筋，减少高层建筑大体积基础与转换层结构的大体积混凝土的内外约束两个方面。

钢筋与混凝土共同工作的基础是两者之间的粘结力，由于钢筋与混凝土弹性模量差7～15倍，所以当混凝土应力达到抗拉强度而开始裂缝时，此时钢筋的应力很小，将不超过10～20MPa左右。因此想利用钢筋来防止混凝土裂缝的出现，就不可能达到目的。但是合理布置分布钢筋，可以起到减轻混凝土的收缩程度，限制裂缝展开的作用。经研究分析认为，合理配筋可以提高混凝土的极限拉伸值，而且当钢筋的直径较细、间距较密时，对提高混凝土的抗裂效果较好。一般认为采用 ϕ8～10@100 左右，可限制混凝土的裂缝宽度在 0.05mm 以下。

在基础底板，地坑等现浇钢筋混凝土构筑物施工时，为了防止底板和墙板、墙板和墙板每个施工流水段之间约束应力的作用而引起裂缝，以及防止墙板施工区段出现边缘效应引起的上宽下窄的裂缝，可在这些薄弱部位增大含筋率，如增设附加钢筋、暗梁（见图12-62）等，以提高混凝土极限拉伸值，控制裂缝的展开。

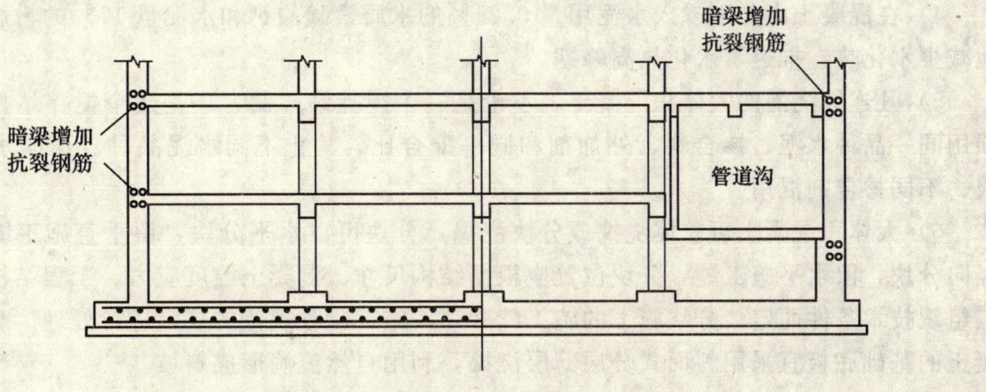

图 12-62　基础底板的构造配筋

当基础混凝土浇筑在基岩上时，会引起很大的外约束力，如处理不好也常常发生开裂。试验研究和工程实践证明，地基与基础的约束程度，与它们之间的接触状态有关。例如在基础底部全部设置滑动层，则地基产生的外约束力接近于零，如只在部分范围内设置滑动层，则可大大削减水平剪应力。滑动层的材料，目前大多数是采用沥青类材料。一般可在地基或垫层与基础的接触面上做 2cm 沥青砂或二毡三油，以减小地基水平阻力系数 C_x。但有些设计单位选用单独涂刷热沥青的做法是不适宜的。

在基础底板地梁、坑内水沟等键槽部位，应设置缓冲层（见图12-63），可用 3～5cm 厚的聚苯乙烯泡沫塑料作垂直隔离，以缓和地基对基础收缩时的侧向压力。

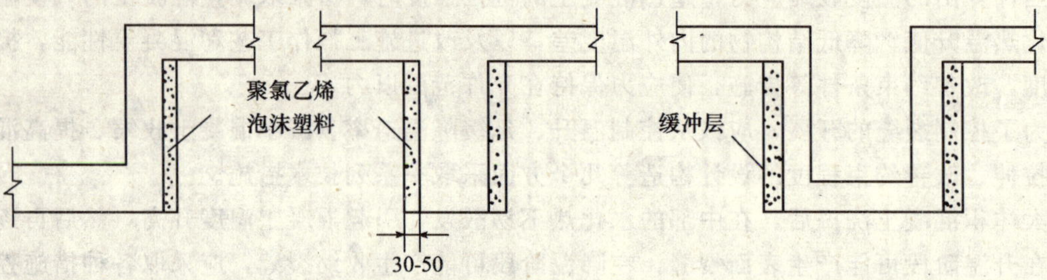

图 12-63　基础键槽部位设置缓冲层

在基础底板、墙板、顶板以及其他构筑物，都可能遇到各种孔洞或遇到断面（包括在断面的转角部位）有突然变化的情况，这些部位往往由于温度、收缩作用，会产生应力集中而导致裂缝。对此可采取将断面做成加腋形式，同时增配抗裂钢筋（见图12-64）。

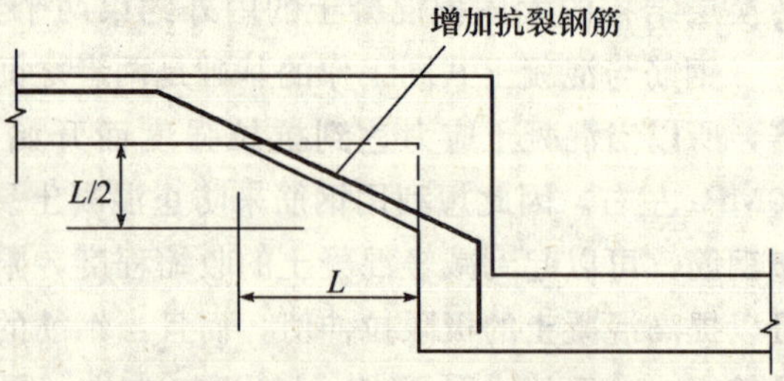

图 12-64　基础变截面处改善应力集中

2）选择水泥品种，应优先使用水化热低的矿渣硅酸盐水泥、粉煤灰硅酸盐水泥，不得使用硅酸盐水泥。

3）合理地设计混凝土配合比，减少水泥用量，控制水泥用量在 300kg/m^3 以内，利用混凝土 60d 的强度，不用 28d 龄期的混凝土强度，使单位混凝土水化热量明显减少。

4）在混凝土内分别掺入水泥用量 0.25％的木质素磺酸钙和水泥量 17％的粉煤灰，有效地减少水化热，推迟了水化热高峰期。

5）凡连续浇灌的大体积混凝土，不论是一个搅拌站拌制，还是几个搅拌站拌制，但必须用同一品种水泥、掺合料、外加剂和同一配合比，禁止不同水泥品种、不同水泥强度等级、不同掺合剂混用。

6）大体积混凝土可整体浇捣或分块浇捣，分块可以水平分块，留垂直施工缝，也可以竖向分块，留水平施工缝，分块位置应根据结构尺寸、混凝土温度应力、工程结构情况和施工组织技术条件而定。分块施工的施工缝必须按施工验收规范的规定进行处理。对大体积混凝土的基础底板宜采用斜面式分层薄层浇捣，利用自然流淌形成斜坡。

7）大体积混凝土应作好测温工作。在混凝土表面、1/4 厚度及中心处各设测温点。测温孔采用预留管子的方法，在混凝土初凝前埋管并多次转动，待初凝后再拔出管子，测温计采用 YI8S-8 温度计，用麻线与温度计顶端园环扎牢，吊入孔内测温。测温孔平时用布堵塞，测温时间以 3min 为准。混凝土浇捣后第 1 天到第 5 天，每二小时测一次，第 6 天到第 15 天，每四小时测一次，第 16 天到第 30 天，每十二小时测一次，并做好测温记录。

8）大体积混凝土浇捣后需采用保温保湿措施，以达到减少温降速度、控制混凝土里表温度差、确保水泥充分水化，使混凝土强度正常增长的目的。采用保温措施，是在已浇筑好的混凝土表面，先覆盖一层塑料薄膜，防止水分蒸发。保温可在塑料薄膜上再满遮两层以上的草包。

9）保温保湿养护措施时间视测温结果而定，一般由两个指标控制：

①混凝土厚度中点与混凝土表面的温度差控制在25℃以内；

②测温结果绘制的温升温降曲线梯度，应控制在计算温差应力选用温降曲线的温降梯度之内。

同时，严禁任意拆除掀掉保温保湿材料。

10）混凝土抗拉强度远较抗压强度小，所以这是混凝土容易开裂的内在因素。但根据有关资料介绍，混凝土的极限拉伸的离散性很大，它与施工质量以及养护条件等因素密切有关，极限拉伸值的变化在（3～15）$\times 10^{-5}$之间，因此在施工的全过程，必须确保混凝土均匀密度，提高混凝土的抗拉的强度。一般大体积混凝土浇捣后必须进行二次抹面工作，可减少混凝土表面的收缩裂缝。

11）在设计构造上应加强构造措施，重点应放在加强结构和配筋、减少结构物的内外约束等二个方面。如，设置滑动层、缓冲层、改善应力集中、增设边缘构件的暗梁等措施。

上述这些主要技术措施不是孤立的，而是相互联系、相互制约的，必须结合工程实际全面考虑、合理采用，才能收到效果。

（3）控制混凝土的出机温度及浇灌温度

温度控制是大体积混凝土施工中的一个重要环节，是防止温度裂缝的关键。为了降低混凝土的总温升，减少结构的内外温差，控制出机及浇灌温度是一个重要方面。

控制出机温度：在混凝土和各种原料中间，石子的比热较小，但每立方米混凝土中石子所占的重量最大，而水的比热最大，但它的重量在每立方米混凝土中只占一个小部分。因此，对混凝土出机温度影响最大的是石子及水的温度。为了降低出机温度，其最有效的办法是降低石子的温度。在气温较高的季节施工时，为防止太阳直接照射，可在砂、石堆场上搭设遮阳料篷，必要时也可在使用前冲洗骨料。

控制浇灌温度：为了降低混凝土从搅拌机出料到卸料泵送和浇灌振捣后的温度，减少结构的内外温差，一般按季节采取措施。如夏季施工时，则应从减少冷量损失着手。在整个长度的水平输送管道上覆盖草包并经常喷洒冷水，在浇灌混凝土时，采用一个坡度、薄层浇灌、循序推进、一次到顶等措施缩小混凝土暴露面积以及加快浇灌速度，缩短浇灌时间。在冬季施工时，对结构厚度在1.0m以上的大体积混凝土可继续施工。但应保证保温浇灌，保温养护，一般可利用混凝土本身散发的水化热养护自己，并要求在混凝土没有达到允许临界强度以前防止冻害。根据试验资料证明，混凝土的早期强度达到“临界”强度后，在零下温度作用下不会遭到冻害，小于该“临界”强度时则会遭到冻害。一般对于C20～C30强度等级的混凝土，其允许临界值为设计强度等级的40%，C40～C50强度等级的混凝土，其允许临界值为设计强度等级的30%。

3．混凝土的施工

混凝土抗拉强度小，这是混凝土容易开裂的内在因素。因此在施工的全过程，必须创造条件，确保混凝土均匀密实，提高混凝土的抗拉强度，在施工中应将热强比作为控制大体积混凝土施工全过程的一项指标，即热强比

$$H=\frac{WQ}{F}$$

式中　H——热强比，即混凝土强度与总水化热之比；

F——截面积；

W——水泥最终水化热（kJ/kg）；

Q——每 $1m^3$ 混凝土的水泥用量（kg）。

在式中，当 H 值越小，就越反映出获得同样混凝土强度时的总发热量减小。因此，必须进一步严格控制水泥用量和用水量，掺加合适的外掺料和减水剂，优化混凝土级配，改进混凝土搅拌、运输、浇灌、振捣等工艺，以提高混凝土施工工艺水平来促进抗裂度的提高。

为改进搅拌工艺，就要在搅拌混凝土时，改变以往的投料程序，采取先把水、水泥和砂拌合后，再投放石子进行搅拌的新方法。这种搅拌工艺被称为"裹砂法"，也可称为二次投料法。这种搅拌工艺的主要优点是无泌水现象，混凝土上下层强度差减少，可有效地防止水分向石子与水泥砂浆界面的集中，从而使硬化后的界面过渡层的结构致密、粘结加强，与传统方法比较，二次投料可提高强度 30%左右，当混凝土强度基本相同时，可节约水泥用量 15%～20%左右。

改进振捣工艺，即是对浇灌后的混凝土，在振动界限以前，给予二次振捣，能排除混凝土因泌水在粗骨料、水平钢筋下部生成的水分和孔隙，提高混凝土与钢筋的握裹力，防止因混凝土沉落而出现的裂缝，以减小内部微裂，增加混凝土密实度，从而可使混凝土抗压强度提高 10%～20%左右。结合结构物的大小、钢筋疏密、混凝土供应条件等具体情况，混凝土浇筑可采用全面分层浇筑和分段分层浇筑及斜面分层浇筑三种（见图12-65）情况。全面

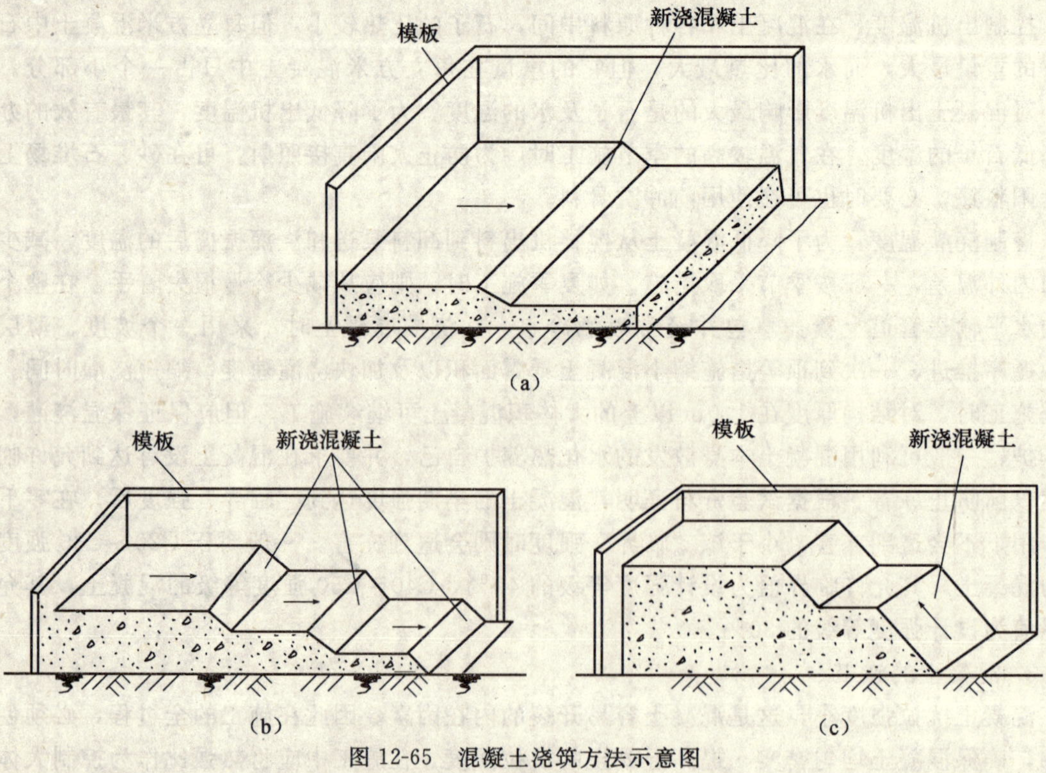

图 12-65　混凝土浇筑方法示意图

(a) 全面分层；(b) 分段分层；(c) 斜面分层

分层浇筑混凝土是在第一层全面浇筑完毕后，开始浇筑第二层时，已施工的第一层混凝土还未初凝，如此逐层进行，直至浇筑完成；分段分层浇筑，适用于厚度不大而面积或长度较大的工程，施工时混凝土先从底层开始浇筑，进行至一定距离后再浇筑第二层，如此，依次向前浇筑其他各层，斜面分层适用于结构的长度超过厚度三倍的浇筑层，振捣工作从浇筑层的下端开始，逐渐上移，此时向前推进的浇筑混凝土摊铺坡度应小于 1：3，以保证分层混凝土之间的施工质量。

关于混凝土浇筑的分层厚度应不超过振动棒长度的 1.25 倍，在振捣上一层时，应插入下层混凝土内约 5cm，以消除两层之间的接缝，一般在大体积混凝土工程中，分层厚度可定为 40～60cm，数量较少的混凝土工程中分层厚度的可取 25～35cm。

4. 加强混凝土的温度监测工作

温度控制是大体积混凝土施工中的一个重要环节，是防止温度裂缝的关键。而在引起裂缝产生的诸因素中，混凝土水化热和外界气温造成的构件内部的温度应力是一个很主要的因素。为了控制裂缝的产生，必须加强温度监测工作，这不仅要在混凝土成型之后，对混凝土的内部温度进行监测，而且应在一开始，就对原材料、混凝土的拌和、入模后浇筑温度进行系统的实测，才能针对存在问题，及时进行改进。

混凝土温度实测装置，可采用上海大华仪表厂生产的 XQC—300 自动平衡记录仪和上海自动化仪表三厂生产的 WZG—010 铜热电阻温度传感器配套，作为测温的基本单元，再加装定时自动扩展装置后组合而成。该套测温仪器的特点是全部自动，可无人值守，另外，其测点多，可将 XQC—300 的原 12 点测温能力，提高到 100 个点，使其测温范围大，造价低廉，操作方便。

5. 做好混凝土的养护工作

在尽量减少混凝土内部温升的前提下，大体积混凝土的养护是一项十分关键的工作，必须切实做好，养护工作的主要内容是保持适宜的温度和湿度条件，保证新浇筑的混凝土有适宜的硬化条件，防止在早期由于干缩而产生裂缝。为防止裂缝产生，应在混凝土浇筑完毕后，及早洒水养护，以保持混凝土表面经常湿润。为保持表面湿润，一般应在浇筑完混凝土后的 12～18h 内洒水，如在炎热与干燥气候的情况下应提前养护，并且应该延长养护时间，至少养护 28d，混凝土的养护时间，主要根据水泥品种而定，一般规定养护时间为 14～21d。

五、无粘结预应力混凝土的应用

无粘结预应力混凝土从 20 世纪 20 年代开始试用，20 世纪 50 年代欧美开始应用于大板现浇结构中。20 世纪 70 年代以来，由于塑管无粘结的生产线出现，得到大量推广。我国 20 世纪 80 年代中期在设计理论和塑管无粘结工程实践上都有突破性进展。现已进入大幅度应用推广阶段。在现代预应力结构中，无粘束施工方便、工序少、摩擦损失小，用于现浇大板上，更显出其综合经济效益。但框架采用无粘结时，宜慎重。

在预应力无粘结结构设计方法，国内外尚未有统一模式，因为有粘束和无粘束的结构力学机理不一致。我国和部分国家采用统一的处理方法，是难以符合实际情况的。1993 年我国建设部颁布《无粘结预应力混凝土结构技术规程》（JGJ/T 92—93），对我国推广无粘结预应力技术起到良好的作用。但“规程”中的 7ϕ^{s}5 平行钢丝束，张拉端使用夹片锚具，实践中，经常出现芯丝滑动，质量无法保证。钢绞线的固定端，采用挤压锚，经常发生拉脱事故。焊板夹片锚的预拉紧不能保证布束或混凝土振捣不密实，易留下隐患。压花锚在有粘结束中是可靠的，但无粘束带油或清除不净，施工过程中，时有滑移失效，以上四种锚固方案要慎重使用。为了及时发现问题，建议锚固端必须端头外露，以便张拉时看得见，及时发现问题妥善处理。

无粘束混凝土构件的受力机理与有粘束混凝土构件的受力机理不一致。无粘束不宜视为梁截面的一部分，截面应力是不符“平面假定的”，“规程”中的承载能力极限状态下无粘结预应力筋的应力设计值的计算公式，是基于简支跨试件结果“统计关系公式”计算极限应力增量，有其局限性，不加限制地用于多跨连续配筋的结构中，在变载不利组合中，无粘束应力增量，远比单跨两端锚固时增量小，应引起人们的关注。

在结构分析上，把无粘束等同有粘结束一样看待，也是不妥当的，大家都知道，连续结构内力（弯矩）传递与分配，是按刚度变形递减而进行的，其影响较近；束的摩擦力较小时，其内力（拉力）传递减很慢，至较远的锚固点而变化不大，两者差异很大。在局部不利变载作用下，多跨连续配筋的束的内力增加较少，甚至不增加。因此，梁的安全度降低。当引入索梁分载设计概念之后，可得到较好解决。

在地震区无粘束适用于分散配束的板类结构及次梁，不宜在主梁中使用。因无粘束的应力沿束全长几乎保持等同，预应力钢材非弹性性能难以得到充足发挥，从而削弱了构件的延性性能。由于预应力索的锚具质量要求高，夹片锚带油锚固，易滑丝，应力损失大，P锚（挤压固定锚）易拉脱，镦头锚易断头，应引起重视。在多层高层的内柱双向主梁预应力筋束，筋束集中通过，形成洞孔群大大削弱柱截面积，降低柱的承载能力，特别是边端锚固区长期处于应力高度集中，对抗震极为不利。因此，无粘结束的广泛应用，应采取慎重态度。

1. 提高有效预应力值的措施

无粘束的有效预应力值是结构安全的基础。这与有粘束不同。因为有粘结束的承载力与有效预应力值不直接反映，它只影响构件的裂缝开展和结构的变形。提高无粘束的有效预应力值，是人们普遍关心的问题。一般可采取提高预应力张拉控制应力的措施。根据我国预应力钢材的质量实际情况，GBJ 10—89 规定，张拉控制应力提高 $0.70f_{ptk}$，超张后不大于 $0.75f_{ptk}$，这对提高预应力束的有效应力有好处，是适宜的。有的工程将张拉控制应力定为 $0.80f_{ptk}$，超张拉达 $0.85f_{ptk}$，则容易发生拉断事故，预应力束的松弛损失也大，利小而弊大。单纯追求高张拉应力是不可取的。在这里补充说明一下，预应力控制有如下三阶段：

（1）张拉操作控制应力，张拉时千斤顶夹持时预应力束的应力，不得超过钢材的最小屈服应力和锚具组装效率。预应力钢材屈服强度为（0.85～0.9）f_{ptk}，锚具效率 0.9～0.95。还有，一束中各根预应力筋张拉不均因素。因此，我国规范张拉控制应力不超过 $0.75f_{ptk}$。国际上（FIP）最大张拉应力不大于 $0.80f_{ptk}$。

（2）锚固应力控制。预应力束张拉后放松，作用在构件时的瞬时应力。我国规定不大于 $0.7f_{ptk}$，实际工作中，常保持在（0.65～0.7）f_{ptk} 之间。国际上锚固瞬时应力控制在 $0.75f_{ptk}$。

（3）预应力束长期有效应力。我国没有规定，有些国家规定（0.55～0.6）f_{ptk}。日本规定不大于 $0.6f_{ptk}$，因为有效预应力值长期处于高应力状态，对钢材应力疲劳是不利的。这对无粘束的结构来说是有现实意义的。

（4）采用低松弛预应力钢材，减少松弛损失，分段张拉多次重复张拉，补偿时间损失和管道摩阻损失，是提高有效预应力值的好办法，对结构有利而无害。

（5）减少曲线束的总弯曲角和预应力张拉长度。

（6）减少混凝土收缩影响，分段施工留后浇带加强养护，配制无收缩混凝土。

（7）选用锚具变形小、内缩量小而又能分批重复张拉的锚具体系，如铸锚束。

2. 测力与监控

现代结构进入调控设计阶段，预应力技术的广泛应用，测力与调控技术是当前迫切需要的。就以预应力混凝土工程的张拉控制来说，一般只是用油压表读数换算千斤顶的拉力。张拉锚固后作用在构件上的力不得而知，也不去复查。如果无粘束锚固力差得很多，会直接影响结构的安全，因此，《混凝土结构工程施工质量验收规范》（GB 50204）及《无粘结预应力混凝土结构技术规程》（JGJ/T 92—93）都规定预应力工程除张拉、控制应力和预应力束伸长值外，提出预应力束张拉锚固后实际预应力值与工程设计规定的检验值的允许差为±5%。这对预应力施工提出较高要求，也是有效保证工程质量有力的措施。从1991年就开始这方面工作，现在已经施工工艺化了，普遍开展测力监控工作，测力传感器和相应数字仪表配套亦已完备。

一般要求预应力工程均进行试张拉，安装测力传感器，核定张拉工艺，张拉力、锚拉力、摩擦损失、束拉长值等数据，以及锚固后应力损失和结构反拱，观察时间变化，认可后，方可全面进行张拉施工。这样有利于张拉控制和调整，正确指导施工，从而提高预应力技术施工水平，确保工程质量，并为设计提供过去难以获得的大量工程实测数据，对发展现代结构产生积极的影响。由于测力传感器的广泛应用，与铸锚束（ZM）体系配套的测力器也已系列化，测力范围0～250kN～5000kN。

3. 预应力束材料及锚固体系

预应力束的材料与张拉锚固体系匹配，直接影响预应力的效果、结构的使用性能与安全。先张法优先选用热处理钢筋和钢绞线。后张法主要选用高强钢丝绞线。

（1）预应力钢材性质

预应力钢材除极限强度、屈服强度符合标准外，如延伸率低，张拉时易断。现代预应力结构需严格制约预应力损失，还要求钢材具有低松弛特性。不同锚具对钢材提出了不同的附加要求，如：镦头锚和铸锚，钢材应作可镦性检验；对夹片锚和塞锚，钢材直径超大而硬度小，则刻痕深，直径超小而硬度大则易滑丝；折线束的钢材应冷弯合格。

（2）锚固体系

锚具国内外种类很多，常用十余种，一般为两大类：一为支承式锚具，如铸锚、镦头锚和螺丝杆锚等。这类锚具在锚固过程中内缩量小，可重复张拉，另一为楔紧式锚具，用于钢绞线的两片或三片的夹片锚和钢质锥塞锚，锚固过程滑移量大，应力损失大。由于钢材直径和硬度变化，锚具加工公差，张拉顶紧力大小，直接影响锚固效率。无粘束带油操作，夹片锚固效率分散性大，特别是U7ϕ5钢丝束，采用夹片锚，芯丝滑移不可避免，严重影响工程安全，应引起预应力工程人员的重视。

（3）铸锚束（ZM）体系

铸锚束体系是常用优良锚具体系之一（见图12-66），它将钢丝束镦头用合金铸为整体，束受力均匀，对钢丝不刻痕，张拉不滑丝，试件破坏在钢丝本身上，工厂集中制束，质量易于控制。按设计要求供应各种类型、规格的成品束（有粘束、无粘束、防火束、耐腐束等）。

如果需要，铸锚束成品可在车间内逐根预拉到设计内力 1.2～1.5 倍，或张拉力为（0.7～0.75）f_{ptk}A。合格后出厂，其他锚具体系难以办到。

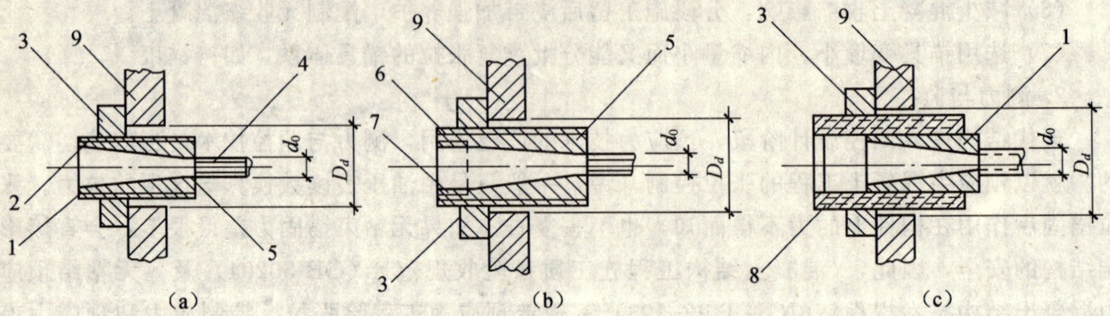

图 12-66　铸锚束体系具体构造

(a) ZM—A 固定端；(b) ZM—B 张拉端；(c) ZM—C 套环张拉端

1—锚环；2—内锥孔；3—固定螺母子；4—钢丝束；5—合金铸头；

6—张拉锚环；7—张拉内丝；8—张拉套环；9—构件承压板

铸锚束成卷运送工地，简化现场工作，加速工程进度。铸锚束能满足现代结构预应力技术各项要求，现已广泛用于大型厂房、高层建筑、体育建筑、斜拉结构、悬索结构以及桥梁、码头、圆形结构等，取得了良好效果。

铸锚束（ZM）体系构造见图12-66，参数见表12-54。

表 12-54　铸锚束（ZM）体系主要参数

序号	型号（ZM）束径（mm）	根数 n	束极限能力 P_u（kN）	束最大张拉力 P_y（kN）	穿束孔径		单排端孔最小间距（mm）
					直线孔 D_2（mm）	端扩孔 D_3（mm）	
1	15	7	220	165	38	45	70
2	20	12	376	282	48	58	80
3	25	19	596	447	54	70	100
4	30	27	847	635	63	82	120
5	35	37	1160	870	70	94	140
6	40	48	1505	1129	78	108	160
7	45	62	1994	1467	87	120	180
8	50	76	2333	1786	95	132	200
9	55	93	2916	2188	102	142	220
10	60	110	3450	2586	110	150	240
11	65	130	4076	3058	120	170	240
12	70	150	4704	3528	130	182	280
13	75	173	5425	4069	140	195	300
14	80	197	6178	4638	150	210	320
15	85	223	6993	5245	160	222	340
16	90	250	7842	5880	170	235	360
17	95	280	8780	6586	180	250	380
18	100	310	9721	7291	190	260	400

注：1. 束极限能力相当于钢丝标准强度为 1.60kN/mm²。

2. 最大张拉力相当于束极限能力的 0.75 倍。

3. 采用拉力千斤顶张拉。

4. 预应力结构的技术经济性

根据实践经验，采用预应力技术设计的结构具有以下效果：

(1) 预应力混凝土比普通混凝土省钢材 20%～30%，增加结构强度，减少结构挠度，延期截面裂缝的展开，工程质量提高，费用亦有所降低，节约工程费用 5%～10%。

(2) 预应力混凝土桩较普通混凝土桩省钢材 25%～40%，省费用 10%～20%。

(3) 预应力单向梁比双向井字梁省混凝土 30%～45%，省费用 10%～20%。

(4) 高层标准层预应力平板较一般梁板，降低层高 8%～10%，省混凝土 50%～10%，综合费用省 5%～10%，施工速度加快。

(5) 预应力塑模密肋板较普通混凝土梁板，省混凝土 10%～20%，综合费用省 30%～15%。

(6) 桩土共同工作，预分荷载，人为地将荷载分别加在桩上和土上，基础承载力为桩的承载力加土的承载力。充分发挥土的承载力和桩的承载力，可降低桩工程费 30%～60%。

(7) 地下开挖围护结构采用预应力技术并与地下室结构结合设计，可提高施工安全度，加快施工速度，节约支护费用 30%～70%。

(8) 预应力钢结构（网架、壳、轻钢）较普通钢结构节约钢材 15%～25%，费用可省 10%～20%；

预应力钢管混凝土结构，较普通钢结构节约钢材 25%～45%，费用可省 20%～35%；

预应力混凝土结构较钢结构可省钢 30%～70%，费用可省 20%～50%。

5. 混凝土结构选型

混凝土结构是当前应用最广泛的结构，实践经验丰富，需要好好总结提高。

(1) 结构构件布置

1) 现代建筑大空间的形成

当前建筑要求大空间，柱网跨度愈来愈大，结构本身占用空间尽量减少，不设或少设内柱、内墙。不设承受间隔墙的梁，为建筑师提供灵活自由分隔的广阔空间。

结构师充分利用管道井、电梯井、楼梯间和外柱、外墙作为垂直承重结构构件，承担垂直和水平荷载。广泛使用预应力技术，把荷载有效地传到管井、墙、柱上。最大限度地减少结构占用空间，实现室内无内柱、少内墙的目的。少用剪力墙体系，不用转换层结构。

2) 高层塔楼群之间的裙房，按连接体设计

一般采用下部大底盘（裙房）上建高层，建筑上部为小柱网。裙房大空间的要求难以满足，高层本身结构构造也难以合理协调。因此，宜把高层独立设计，可以独立施工。高层之间或旁边的裙房设计为连接体，按大跨度设计及施工，连接处可不设柱子，不另做基础，而是支承在高层有关构件上，这样设计、施工方便、建设速度快、费用省。现已建成高层之间的连接体跨度 15～32m 的多项，取得良好的综合效果。

3) 三缝的处理

温度缝、沉降缝和防震缝的目的是将过长或特别复杂的建筑划分为独立的相对简单规则的结构单元。这种处理方法，给人使用不便，建筑结构的问题较多，需要结构工程师认真研究妥善处理，原则上少设缝、不设永久缝。

首先，应与建筑设计师调整建筑平面立面空间、形状和尺寸。其次，一般采取适当的结构构造和施工措施，如优化低收缩混凝土的配比，添加微膨胀剂，加强混凝土养护，同时在设计上适当提高构造配筋率 0.25%～0.5%。采用预制构件组合结构。现浇混凝土留后浇

带，可减轻混凝土早期收缩影响，不能抵抗温度变化引起胀缩。采用预应力技术，可有效地控制混凝土早期收缩和温度产生的应力、变形、建成超长无缝建筑，现已达到长500m的无缝建筑群。

预应力技术处理无缝建筑有关问题，国内有人研究，但实际尚处于宏观控制混凝土的预压应力的基础上。一般室内构件预压应力不低于1MPa。对温度变化较小的环境预压应力不低于0.7MPa。对于外露构件预压应力不低于1.5MPa，严酷环境预压应力不低于2MPa控制。温度应力的预应力索，也可以与构件承载力预应力索兼用，但以直线或微曲的预应力束为宜。

预应力束可分批张拉，在混凝土龄期7d左右，施工加早期预压应力，可以控制混凝土的收缩开裂，从而少留或不留后浇带。

沉降缝的处理：主要在地基基础设计时，采取减少沉降差的有效措施。或预留沉降差，或利用结构自重在施工时先后沉降，基本接近，并在沉降基本稳定后，把它们连成整体。设计时采用动态设计原则，调控设计手段妥善解决。

防震缝的处理：防震缝的设置，仅为最大地震力作用下，结构部分之间振型，振幅不一致而使连接点产生超应力区，使结构发生局部破坏。如留有防震缝，结构整体性差，特别是在抗风要求刚度大，设缝后高层建筑周期长，振幅大，对长期使用不利。而地震时，要求结构刚度小，地震力也小。林同炎设计的美洲银行，采用抗震结构，在大地震力作用下，结构刚度软化而减少。因此，在连梁中设置薄弱点，地震时先期破坏，使整个建筑完好无损，这是“舍卒保车”的手法。我们对高层低层或异形处的应力集中区，也可采用在地震力大时，设计局部破坏，不影响整个建筑安全或大修，这样不设防震缝是可取的。

4）扁梁的设置

为了减少结构占用室内空间高度，采用预应力实心板。由于跨度扩大9m以上，板厚度相应增加。当板厚大于250mm时，自重大，不经济，柱上板带配筋多，有效厚度小，需要局部加厚加宽，形成扁梁。它具有多种功能：承受双向板的内力峰值，调整楼层盖的荷载传递路线，加强内筒外框的连接，满足配筋构造，提高支座负弯矩承压面积，抗剪能力以及减小板净跨和厚度。简化设计计算和预应力束的布置。扁梁的跨高比为20～30，宽高比为2～8。

5）结构跨度的适应性

目前，高层建筑的使用要求跨度愈来愈大，以增大内部空间的阔感和使用的灵活性。由于跨度增大，结构的耗材有所增加，我们应力图制定一个兼顾尽量扩大使用空间和工程较佳效果的总体设计方案。

从结构而论，房屋的跨度超过250m，更大跨度也不困难。过去，结构提供的柱网为6～8m，给使用者“穿小鞋”，“削足入履”的感受。现在，我们运用预应力技术，可以提供合宜的大跨结构，使室内不设或少设内柱、内墙。楼层上的隔墙可任意布置，无须有墙就设梁。

预应力实心板（含夹心板）适宜跨度6～10m，预应力小梁、空心板、密肋板跨度9～18m，预应力多层、高层框架梁跨度12～36m，预应力层的结构跨度24～60m或更大。从结构观点看，层间结构（墙梁、墙架）上弦和下弦均为楼层，其间距为6～15m，这种结构充分利用建筑层高空间，结构的技术经济指标很低，获得明显的综合效益。这方面，现有丰富的实践经验。

6）预应力构件跨高比的确定

构件的跨高比是结构设计人员特别关心的问题。预应力构件的跨高比无严格的限制。从实用经济美观出发，梁板跨高比宜大些，显得轻巧。跨高比过大，对荷载变化，预应力束位置、温度、徐变变化较为敏感，对振动影响更为显著。跨高比的选择，需考虑荷载性质、大小、预应力的作用及大小以及结构边界情况、构件截面形式、跨度大小、材料弹性模量与阻尼特性等因素。简单地规定合理的跨高比是困难的。一般来说，预应力梁板的高度为普通梁板高度的50%～70%，当荷载以恒载为主，并为预应力束所承担时，跨高比可以不受限制，而是由结构的极限承载能力确定。下列“预应力板、梁的跨高比表”可供参考。

表 12-55　预应力板、梁跨高比及预应力比 λ_p

荷载性质	预应力比 λ_p				跨高比（L/h）		
恒载∶变载	0*	1	2	3	板	小梁	大梁
1∶0.25	0.90	0.85	0.80	0.75	50～55	35～40	25～3
1∶0.50	0.85	0.80	0.75	0.70	45～50	30～35	20～25
1∶1.00	0.80	0.75	0.70	0.65	40～45	25～30	16～22
1∶1.50	0.75	0.70	0.65	0.60	35～40	22～27	14～18
1∶2.00	0.70	0.65	0.60	0.55	30～35	20～25	12～15

*注：约相当于预应力索分担全部恒载和一半变载时的值 λ_p。

采用表12-55数据时，预应力索张拉时控制锚固应力不低于 $0.60f_{ptk}$，长期有效预应力不低于 $0.55f_{ptk}$，一般框架可不进行抗裂计算。

表中：

$$\lambda_p=\frac{\text{预应力索结构承担的荷载值}}{\text{结构总荷载值}}$$

7）混凝土楼盖选型

楼盖是建筑的重要构件之一。它占建筑结构全重量40%左右。它主要是将竖向荷载传递至垂直构件。另一方面，将水平荷载（风、地震力）传到抗侧力构件并与竖向构件形成空间结构，对于结构稳定、安全起着十分重要的作用。因此，楼盖在平面内、平面外均应有足够的刚度、强度和耐久性。

混凝土楼盖，按结构形式分为梁板式、实心板、密肋板、有普通混凝土和预应力混凝土，按施工方法分有现浇的、预制的、装配整体的等，现简述如下：

①梁板式楼盖结构

优先采用单向板、次梁和主梁布置方案。这种结构简单，施工方便，当跨度（柱网）不大于8m时，是经济的。

②现浇预应力实心板

平板施工简单，结构厚度最小，一般跨度不大于12m，采用无粘结预应力束分散配置，有粘结束相对集中成束布置。宜单向布置，避免双向曲线编网构造。

③密肋板

由薄板50～70mm与小肋（间距600～1500mm）组成的单向和双向的密肋板。普通混凝土跨高比20～30，跨度不大于12m，预应力混凝土跨高比25～36，跨度不大于18m。

常用塑壳尺寸，可供设计选用的有200（肋净高）×900×900（肋中心距），200×900×

1200，200×1200×1200，300×1200×1200，300×1200×1500，400×1200×1500，400×1500×1500多种。如选用单向密肋板，其肋间距为1200、1500，模壳长度为1200、1500组合而成。柱网、跨度尺寸以肋距的倍数再加200～300mm确定。

密肋板的优点是节约材料，省混凝土10%～20%，基本不用木模，降低造价5%～15%，降低楼层结构高度，结构刚度大，受力性能好，变形小。其施工简便，拆模快，工期短，建筑效果好，美观，适用于大跨度、大空间、多层、高层以及地下室工程等。近20年来，得到很大的推广，取得显著效果，值得推广。

④叠合混凝土结构

在预制构件上加浇一层现浇混凝土而形成的装配整体式结构，具有整体刚度好，抗震性能优越，节省材料，降低费用，施工方便，缩短工期，有显著的综合效益，具有以下特点：

A. 预制构件集中制造，构件质量高，采用先张法施工，节约钢材水泥模板，一般可省15%～25%；

B. 预制构件体积小，重量轻，运输和安装方便；

C. 现场施工简化，模板及支架和钢筋绑扎工作量大大减少，混凝土现浇量较全现浇方案省40%～60%；

D. 加快施工速度，工期可缩短。

设计叠合结构，必须掌握构件两次施工，两次受力的性能和破坏机理，预应力设计方法，新结构知识，同时在掌握预应力施工工艺，指导监督施工，充分利用专业技术队伍的经验，才能保证工程质量。根据我国50年来的大量工程实践经验，有许多有效的结构构件形式可供实际工程中选用，如预制预应力实心平板、空心板、T形板、槽板等。预制构件长度、重量，视运输、安装设备条件而定，一般长度不超过12m，重不超过10t。就地预制长度不超过30m，重量不超过20t。

叠合结构的计算简图，预制构件安装阶段，在自重恒载作用下结构是静定的，梁与柱为铰接。在浇筑为整体后，使用阶段，在变载和水平力作用下，节点整体连接，梁柱刚性结合，进行整体结构分析。

预应力叠合板先在工厂预制实心板厚度50～80mm，板中有临时支撑，跨高比不大于100；如无支撑时，跨高比不大于40，现浇混凝土厚度为60～120mm。预制带肋板，空心板等跨高比不大于50，现浇混凝土厚度40～100mm。

预应力叠合梁，预制部分梁的高度一般不小于叠合梁总高40%。

⑤整体预应力装配式板柱结构（IMS）体系

本体系只有两种基本构件：柱和楼板，通过后张预应力束将楼板和柱子连接起来，在板柱之间形成预应力摩擦节点。垂直荷载板由四角摩擦力传给柱子，水平力则主要靠抗侧力结构传到基础，设计、施工较为简单，适用中等跨度的柱网（4～12m）。建筑高度，国外达到22层，我国达到18层，一般总高不超过50m。可建成无缝建筑，国内已达92m×80m（首都速滑馆地下室）。在地震区，基本烈度8度以下。

本体系是一种无柱帽的板柱结构，建筑布置灵活，隔墙可以自由变动，特别适于大跨度等。

本体系施工快，用料省，每平方米用钢材15kg（含预应力筋2kg），混凝土0.14m^3。现场用工少，有条件的地方可以推广。

板柱体系的技术要求较高，必须精心设计、细心施工，特别是预应力的施工。它的生命在于工程质量，首先保证混凝土强度、构件的尺寸、预应力钢材、锚具符合设计要求；预应力的施加，张拉力、锚固力的测定和调整等；其次，严格控制预应力束的张拉作用在构件上的锚固力，对于摩擦接头是非常重要的。一般张拉控制千斤顶油压表读数和束拉长值是不够的。因此，我们必须采用测力仪表监控手段，指导、检查预应力的施工。

6. 工程实例

实例（1）：上海某大厦无粘结预应力楼盖施工

上海某大厦多功能综合楼是上海地区率先采用无粘结预应力成套设计和施工技术的高层建筑，位于上海延安路繁华闹市区的南侧。该工程由主楼及裙房两部分组成，主楼地面以下2层，地面以上28层，上部结构总高为98.75m，总建筑面积约为3.6万m^2。主楼设计采用内筒外框结构，形状近似八角形；内筒由电梯井和楼梯采用后张无粘结预应力混凝土现浇平板。预应力平板自地面以上第1层地板至第4层顶板为非标准层，第5层顶板至第27层楼板为标准层，第27层顶板为非标准层。裙房设计为框架结构，裙房的一部分采用无粘结预应力框架，裙房平板采用无粘结预应力平板。

①楼盖结构概况

该工程主楼及裙房楼盖结构为单向无粘结预应力平板，距度8.3m，非标准层楼板厚度分为22cm和25cm两种，标准层楼板厚度为20cm，混凝土强度等级为C40，楼板结构平面见图12-67。楼板中无粘结预应力筋采用单束曲线布置，每束平均间距24cm；框架梁中的无粘结预应力筋采用集中曲线配束。对于板中一端张拉的预方应力束，固定端放置于内筒剪力墙或板中，张拉端设置在外框圈梁上，构造见图12-68。本工程预应力筋设计采用直径为ϕ12.7mm、强度级别1860MPa的低松弛钢绞线，锚固系统为QM型无粘结预应力张拉锚固体系。

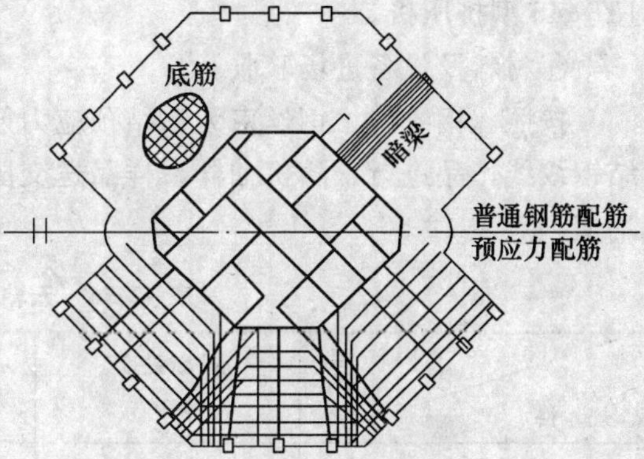

图12-67　楼板结构平面配筋示意图

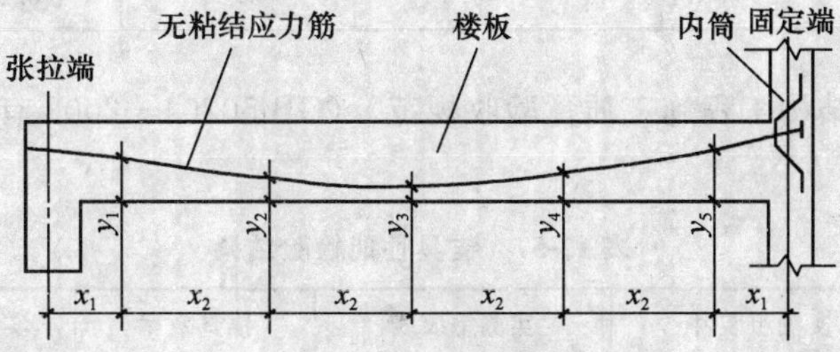

图12-68　板中无粘结筋构造

②预应力原材料的选用

无粘结预应力筋：按照设计选定的参数，依据《钢绞线、钢丝束无粘结预应力筋》(JG 3006—93)技术标准的规定要求，本工程选择了鞍山钢丝厂无粘结预应力绞线分厂生产的ϕ12.7mm钢绞线无粘结预应力筋产品。

锚具：由于无粘结预应力结构中的预应力筋与混凝土间没有粘结，张拉力全靠锚具传到构件混凝土上去，而且锚具在整个结构的使用过程中一直处于高应力状态下，因此对于锚具的锚固性能和防腐要求甚是严格。本工程使用的锚具选用建研院结构所研制的 QM 无粘结张拉锚固体系，张拉端为 QM12—1 型，埋入端为 QMJ12—1 型，其性能属于Ⅰ类锚具，构造见图12-69。

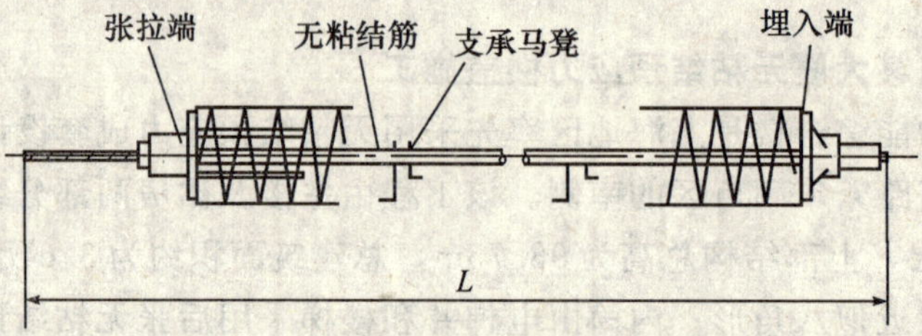

图 12-69　张拉端及埋入端锚具示意图

③设备选用

张拉设备采用 YCQ—20 型前卡千斤顶，并配电动高压油泵，埋入端锚具的制作设备为 JY—45 型挤压机。

④材料及设备进场验收

按照《钢绞线、钢丝束无粘结预应力筋》(JG 3006—93) 标准规定要求，施工前对无粘结钢绞线产品进行了随机抽样，样品送交国家建筑工程质量检测中心检验，其各项性能的平均值列于表 12-56。

表 12-56　无粘结钢绞线性能检验结果

规格 \ 项目	破断强度 (MPa)	弹性模量 (MPa)	伸长率 (%)	实测直径 (mm)
ϕ12.7mm1860 级钢绞线	1910	2.02×10^5	3.8	12.9

规格 \ 项目	截面积 (m^2)	油脂重量 (g/m)	护套厚度 (mm)	μ	K
ϕ12.7mm1860 级钢绞线	98.71	46.6	1.0	0.072	0.0035

锚具按《混凝土结构工程施工质量验收规范》(GB 50204—2002 有关规定验收，检验结果见表12-57。

表 12-57　锚具性能检验结果

规格 \ 项目	实测组装件极限拉力 F_{apu} (kN)	实测钢绞线极限拉力 F_{apu}^{c} (kN)	锚具效率系数 η_a	实测极限总应变 ε_{apu} (%)	外观
张拉端 QM12—1	188.5	185.5	0.98	3.0	合格
埋入端 QMJ12—1	188.5	185.5	0.98	3.0	合格

张拉设备在使用前进行标定，并在施工中不超过半年校正一次。

⑤预应力施工工艺

进场→放线→下料→编号→制束→修补→成盘→分类→运输→起吊→铺筋→修补→验收→浇混凝土→拆模→张拉→记录→切筋→封端

现场无粘结束的制作

现代建筑越来越注重美观和多样化，因此对于结构设计配束也趋于复杂，一座建筑中无粘结筋的编号亦不下几十种之多，做好现场下料、编号和分类工作相当重要，它直接影响到今后配料布束的顺利进行。大厦工程位于上海市的黄金地带，施工现场狭小，给现场制束工作带来了困难，为了便于应力筋的堆放保管以及放线下料，本工程采取工厂预制，然后根据工程进度定期定时送料的方案，从而使下料制束工作工厂化，有效地保证了下料的准确，严格控制了埋入端锚具的制作质量。

a. 下料长度计算（无粘结应力筋下料）

下料长度既要考虑节约，又要预防因施工尺寸不准而招致长度不够的情况。

对于一端张拉：$L=L_1+L_2+L_3+L_4$

对于两端张拉：$L=L_1+2L_2+2L_4$

式中　L——应力筋下料长度；

L_1——板或梁中无粘结筋长度；

L_2——张拉端锚具厚度；

L_3——固定端锚具厚度；

L_4——千斤顶夹具需要长度。

b. 放线、下料

因成盘供应和无粘结束重量在1t左右，故在有条件的情况下，应采用放线架放线，这样可节省人力，提高工效，减少破损。为了便于固定端锚具的制作以及前卡千斤顶安装张拉，无粘结应力筋采用砂轮切割机进行切断。

编号：下料后的单根无粘结束应立即贴上相应的不干胶编码条。

埋入端锚具制作：该工程固定端锚具采用 QMJ12—1 埋入式锚具，其性能可靠，制作方便。

修补：如发现无粘结预应力束保护层在运输、制作、搬运过程中发生破损，应及时进行局部填油包塑修补。

成盘、分类：将制作好的单根无粘结束卷成盘，然后分类堆放，以便供货。

c. 无粘结筋的铺放及浇筑混凝土（无粘结筋的铺放）

工艺流程：安装模板→放线→绑扎下部非预应力钢筋→铺放暗管→安装侧模→绑扎或焊接预埋垫板→绑扎马凳→铺放无粘结筋并定位→安装螺旋筋→绑扎上部非预应力钢筋→修补→隐蔽工程检查验收

布束要点：

- 预应力筋绑扎要求位置准确；
- 应尽量使各种管线为预应力筋让路；
- 在铺放预应力筋过程中应尽量减少电气焊使用次数，以免损伤应力筋；
- 支承马凳应具有足够刚度，一般 1～2m 放置一个，确保应力筋矢高位置；
- 为保证张拉顺利，无粘结束在靠近锚板处要有 35cm 平直段，即无粘结束应与锚垫板垂直，并用铁丝绑牢；

·张拉端锚垫板要与侧模贴紧，防止浇筑混凝土时发生垫板歪扭变位。

在浇筑混凝土之前，需再对无粘结筋束形、矢高及埋入端锚具进行认真检查，发现问题及时纠正；并应进行隐蔽工程检查验收；

浇筑混凝土时，严禁踏压无粘结筋及触碰锚具，确保无粘结筋的束形和矢高准确；混凝土应振捣密实，尤其预埋垫板处不允许出现孔洞。

d. 张拉

张拉应力控制：按设计要求，混凝土强度达到设计标准值的75%以上方可进行张拉，短束采用一端张拉工艺，长束采用两端张拉工艺。

应力筋张拉控制应力　　$\sigma_{con}=0.75f_{ptk}$

应力筋张拉控制力　　$N=\sigma_{con}\cdot A_p$

应力筋张拉伸长值　　$\Delta L=N_p\cdot L/(A_p\cdot E_s)$

式中　f_{ptk}——钢绞线强度标准值；

A_p——预应力筋截面面积；

N_p——计算张拉力；

E_s——预应力筋弹性模量；

L——预应力筋长度。

张拉步骤：

·剥掉外露塑料涂包层，清理预埋垫板端部，安装锚具；

·张拉时采用应力为主、伸长为辅的原则。具体步骤为：穿入前卡千斤顶，初应力（$0.1\sigma_{con}$）时记录伸长值，一次张拉至$1.03\sigma_{con}$，记录伸长值，卸荷锚固，取下千斤顶，一束张拉完毕。

当无粘结束较长，张拉伸长值大于千斤顶行程时，可采用分级张拉，即锚固一次后千斤顶回程进行第二次循环，直至达到控制值。对两端张拉的无粘结束，每端均应拉到控制值，伸长值合并计算。

实际伸长值与计算伸长值偏差应在−5%～+10%范围内，超出时，应停止张拉。

e. 封端保护

张拉后的无粘结筋应立即进行封端保护，本工程采用的QM锚具为密封型防腐锚具，具体方法是：

·用手提砂轮切割机切除张拉后的多余应力筋（外留3cm）；

·将锚具处涂专用防腐润滑脂后罩上封端盖；

·对留有后浇带的锚固区采取二次浇筑混凝土的方法封端，对留有靴模的锚固区，用后浇膨胀混凝土或低收缩防水砂浆或环氧砂浆密封。

⑥施工总结

采用无粘结预应力楼盖设计可降低结构层高，减轻自重，增大使用面积，改善使用功能。

预应力施工技术先进，具有施工方便，速度快，安全可靠的特点，大厦工程平均每7d即可完成一层楼板的施工。

本工程采用的QM无粘结预应力张拉锚固体系设计合理，技术参数齐全，锚固性能可靠，在施工中使用效果良好，同时配套使用的YCQ-20型前卡千斤顶，具有重量轻、体积小、操作简单的特点，非常适用于高层无粘结工程的张拉施工。

实例（2）：无粘结预应力混凝土箱形基础施工

①预应力混凝土箱形基础简介

在建筑结构上施加预应力不仅能有效地节约材料，并能大大提高构件及结构的质量功能，随着这项技术及工艺的不断完善，其应用已不仅仅局限在建筑物传统的梁、板构件范围内，而且已经逐渐拓展到其他领域，预应力混凝土基础工程便是这新领域中的新结构体系。

箱形基础是高层建筑常用的一种基础类型，但其造价较高，耗钢量大，其基础造价约占总造介的25%～30%；另外，其底板厚度较大，在浇筑混凝土时，由于内部与表面的温度差，混凝土表面易产生裂缝。

箱形基础底板施加预应力，可减少钢筋用量，降低板厚，消除混凝土底板因收缩徐变和温度产生的裂缝，加强地下结构的防水、防潮作用，具有很高的社会经济效益。

国家教委某工程预应力混凝土箱形基础的研究应用在当时，在我国还是首例，基础设计及特殊环境下的施工工艺无先例可循。箱基在高层结构作用下，受力复杂，包括上部结构荷载、地基土反力、地下水压力、测向土压力。采用预应力技术，施加预应力于基础底板，并对整体箱基产生一个附加弯矩，因此其是否对地基土反力产生附加影响，直接关系到是否影响箱基内力而改变箱基的设计参数。另外，预应力混凝土箱形基础体系的防腐、防锈等耐久性能直接关系到预应力箱形基础的可靠性，预应力施工时，铺筋、张拉等预应力施工工艺均在基坑内实现，给施工带来了困难。故特殊环境下简易可行的预应力施工工艺、预应力技术体系防护措施的确定便成了又一技术难题。现结合国家教委这项工程无粘结预应力箱形基础工程介绍其施工技术。

②工程概况

工程规模，地上22层，框筒结构，地下3层，箱形基础，底板施加预应力，总建筑面积约2.3万m^2。箱形基础直接作用在天然地基上，为亚黏土，箱形基础底板尺寸为40.1m×25.7m（图12-70），基础埋深为7.2m。天然地基上浇筑素混凝土垫层，底板厚60cm，配置无粘结预应力筋及普通钢筋，预应力筋为U15钢绞线。

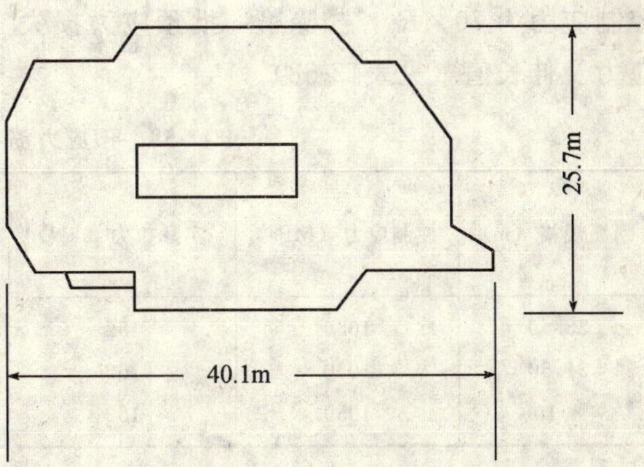

图12-70　箱基平面

③无粘结预应力箱基底板施工

a. 施工工艺

基坑开挖→地基处理→浇筑素混凝土垫层→布置钢筋及无粘结筋→浇筑混凝土→预应力张拉→预应力体系防护→其他部位施工

b. 基坑施工

一般地，如底板施加预应力，需预留1.5m左右的张拉面，这样，势必加大基坑挖土量及回填土量。但是，本工程北临地铁，西靠二环路，不允许加大基坑面积，因此经多种情况的施工方案：板内分级留洞或出板面张拉；板外阶梯状分级张拉。不特意设张拉操作面，扶壁为直立截面。基坑采用灌注桩加强基坑扶壁稳定。

c. 预应力施工工艺制定

张拉端和锚固端交错布置，保证混凝土内部应力的建立。

张拉端如能置于板内，则留洞；否则，利用变角张拉器出板面张拉。

预应力筋双向时，一方留洞不得影响另一方，并尽量使张拉端置于同一预留洞内。

张拉后，后浇混凝土需刚性防水处理。

d. 预应力筋铺放及节点安置

无粘结筋为双层、双向布置。按底层钢筋→无粘结筋→节点安置的顺序铺放钢筋。

节点安置位置在预应力筋的张拉端，浇混凝土底板时预留张拉位置的方法有底板留槽、底板板面留槽、底板板端挖掉挡土露骨出板端等三种（图12-71）。

无粘结筋铺放及节点安装后，要注意无粘结筋不能有破皮，以免影响应力建立；无粘结筋保持纵向平直；张位端及锚固端不得出现重叠。

端部模板以钢丝网配以油毡代替，使断面出现麻面，利于二次浇筑。并保证张拉承压板与无粘结筋纵向垂直及端部混凝土浇捣密实。

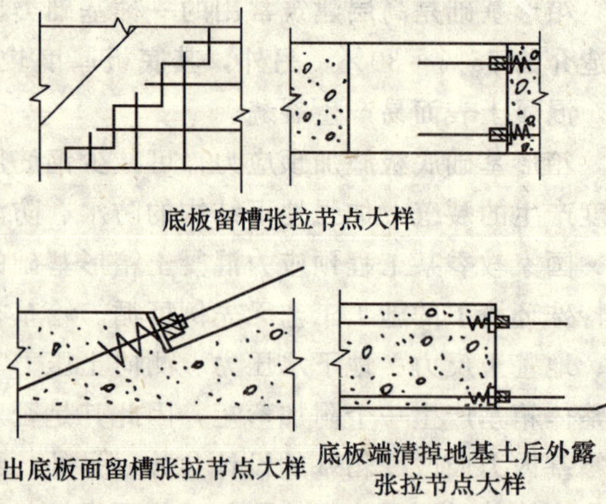

图 12-71 预应力筋张拉位置平面及节点大样

e. 预应力筋张拉

无粘结筋为钢绞线，锚具为BUPC体系，张拉设备为BUPU体系的前卡式千斤顶，按实际拉力预先标定张拉设备，并取三束不同长度筋，双端安置应力传感器实测应力值。张拉控制应力为70%R_y，扣除第一批预应力损失（包括锚固损失及孔道摩擦损失）后得到有效应力及伸长值（见表12-58）。

表 12-58 预应力筋有效应力及伸长值表

钢筋规格（m）	控制应力（MPa）	实际拉力（kN）	有效应力（MPa）	伸长值（mm）	
				计算	实际
33.40	1050	152	910.00	153	161
21.50	1050	152	920.00	99	103
8.10	1050	152	910.00	35	38

预应力控制采用双控，应力控制及伸长率控制：

·应力控制（现场测试见图12-72、12-73）；

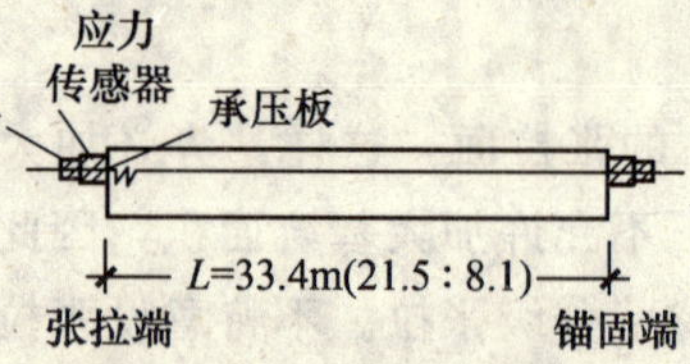

图 12-72 应力控制测试简图

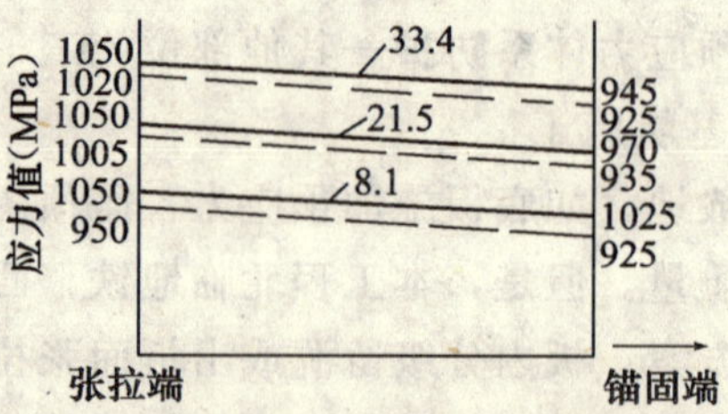

图 12-73 测试应力值

·伸长率校验：平均伸长值均大于理论计算值。

f. 无粘结预应力体系防护

高层建筑由于抗震的要求，基础必须有足够的埋深，故此基础底势必离地下水层较近，这样底板一旦开裂必然导致钢筋的锈蚀，基础底板施加预应力，可预加轴向压力于底板，从而产生预压应力，提高底板的抗裂度（约2倍）。

但预应力体系置于基坑内的特殊环境下体系自身的防护措施也就决定了结构内力的建立及基础结构的耐久性，故制定预应力体系的防护措施是至关重要的。

无粘结预应力体系无须预留孔洞、灌浆等工艺，不但节省工序，也避免了留孔洞、灌浆等工艺所带来的空气间隙；否则，一旦有细微裂缝，便可使水汽渗入，导致高强钢筋锈蚀。

BUPC体系的无粘结预应力筋应用高品质的专用油脂的高密塑皮，可有效地阻止不利环境对高强钢筋的腐蚀。

混凝土浇筑前的检查：无粘结预应力筋安放就位后，仔细检查塑皮，修补处应具有防水性，破损处再涂防腐油脂，然后使用胶带螺旋状缠绕在无粘结筋上。

锚具的防护：为了防止在混凝土浇筑过程中混凝土浆或水泥浆渗入锚具的夹片孔内或无粘结筋内，采取以下防护措施：

·固定端锚具。混凝土浇筑前，在锚固端组装体的夹片涂抹防腐油脂，并将整个锚具注入油脂，外包塑料纸，无粘结筋塑皮端部也注以油脂，形成整体防护系统。

·张拉端锚具。张拉完成后，将整个外露锚具注入油脂，形成封闭体系，与外界隔绝。

④技术经济分析

一般分析，箱形基础的造价约占整个结构造价的30%，因此，节约基础造价具有较高的经济意义。本工程基础底板由于施加预应力，厚度由80～100cm减至60cm，因而可以节省混凝土用量33.2%，钢筋用量25.9%。

无粘结预应力基础底板与普通基础底板施工比较，未增加土方开挖量及回填土量；在施工过程中，除端部须进行防腐处理外，无粘结预应力施工，无须增加繁复工序，施工工艺简易可行。

第六节　高层建筑转换层结构的施工

由于转换层结构的跨度和承受的竖向荷载均很大，致使转换层结构的截面尺寸不可避免地高而大。一般转换梁的截面高度为跨度1/6～1/4，目前实际工程中转换梁常用截面高度为1.6～4.0m，只有在跨度较小或承托的层数较少时才采用截面高度0.9～1.4m，而跨度较大且承托的层数较多或构造条件特殊时才采用较大的截面高度4.0～8.2m。转换厚板的厚度约为柱距的1/5～1/3，一般转换厚板的厚度可达2.0～2.8m。另外，转换层的连续施工强度大，有的施工过程复杂，有一定的难度等。由于转换层结构的上述特点，在确定转换层结构施工方案上应考虑下列几个方面的问题：

1. 转换层的自重和荷载往往非常大，应选择合理的模板支撑方案，并进行模板支撑裂缝的措施。

2. 对大体积转换层，混凝土施工时应考虑采取减小混凝土水化热，防止新浇混凝土温度裂缝的措施。

3. 转换构件的跨度和承受的荷载都很大，其配筋较多，而且钢筋骨架的高度较高，施工时应采取措施保证钢筋骨架的稳定和便于钢筋的布置。

4. 对预应力混凝土转换构件，由于其跨度和承受的荷载都很大，预应力钢筋数量大，因此要合理选择预应力的张拉技术以防止张拉阶段预拉区开裂或反拱过大。

5. 设置模板支撑系统后，转换结构构件施工阶段的受力状态与使用阶段是不同的，应对转换梁（或转换厚板）及其下部楼层的楼板进行施工阶段的承载力验算。

可以说，高层建筑转换层结构施工的关键是确定转换层的施工方案，它直接影响到施工阶段结构的安全、工程质量和施工成本。

一、钢筋混凝土转换层结构的施工

1. 转换构件底模板的支撑系统

转换构件的混凝土自重以及施工荷载是非常大的，因此确定转换构件底模板的支撑系统是转换层施工的关键之一。目前，实际工程中转换构件底模板的支撑系统采用下列方法：

（1）常规浇筑法

转换梁或转换厚板施工时，考虑一次支模浇筑混凝土成型。由于转换构件底模的施工荷载很大，其支撑往往需要从转换构件底一直撑到底层地面或地下室的底板。该方案需准备大量的模板支撑材料，材料的租借费或一次购置费太大。因此这种施工技术适用于施工现场可用的支撑材料较多，且转换构件在高层建筑中位置较低的情况。

（2）叠合浇筑法

应用叠合梁原理将转换梁或转换厚板分两次或三次浇筑叠合成型。该方案利用第一次浇筑混凝土形成的梁或板支承第二次浇筑混凝土的自重及施工荷载，利用第二次浇筑混凝土与第一次浇筑混凝土形成的叠合梁支承第三次浇筑混凝土的自重及施工荷载。采用这种施工技术时，转换梁或转换厚板下的钢管支撑系统只需考虑承受第一次的混凝土自重和施工荷载，因而可大为减小其下部钢管支撑的负荷，减少大量模板材料，同时因混凝土分层浇筑可缓解大体积混凝土水化热高、温度应力过大对控制裂缝的不利影响。

施工时应注意叠合面的处理，必要时在叠合面处采取特殊的构造处理，以保证转换构件的整体承载力不因混凝土的分层浇筑而降低。同时，应对叠层浇筑的转换结构进行施工阶段的承载力验算。

（3）荷载传递法

将转换梁或转换厚板的混凝土自重和施工荷载通过支撑系统由若干层楼板共同承担。支承楼板的数量应通过计算来确定。必要时可同设计单位商量对楼板设计进行更改，增加转换层下面若干层楼板的厚度，提高楼板的承载力。

也可考虑充分利用转换层支承柱的传力作用。转换层的自重及施工荷载通过两种途径进行传递，一部分通过梁两端柱面挑出的钢牛腿或柱面插出的多排斜撑杆构成的梁下斜撑支架体系将转换层底的绝大部分荷载传递给混凝土柱；另一部分通过楼面设置的竖向支撑构成的梁下排架体系将其余的荷载传递给下面若干个楼层，即由若干个楼层共同承担这部分荷载。

（4）埋设型钢法

在转换梁中埋设型钢或钢桁架，将型钢或钢桁架与模板连为一体，以承受全部大梁自重及施工荷载，大梁一次浇捣成型。该方案可节省模板支撑材料，适用于转换梁跨度大且转换层下部大空间层高大的情况。当采用这种施工技术时，转换梁设计成型钢混凝土组合结构为宜。

2. 混凝土工程

在大跨度超高度转换梁及转换厚板的混凝土施工时，应采取措施防止新浇混凝土产生温度裂缝。目前实际工程中采取的措施有：

(1) 根据混凝土的配合比和预计的施工气候及现场条件，采用大体积混凝土结构三维有限元温度分析程序（3D-TFEP)，对大跨度超高度转换梁及转换厚板整个过程中的温度状况进行模拟计算，掌握混凝土在浇筑后 1 个月内的各部位温度的变化规律，为大跨度超高度转换梁及转换厚板的施工提供科学的预测分析和依据。

(2) 大体积混凝土转换结构施工时，应采取措施控制混凝土内部与混凝土表面温度差小于 25℃，实际工程中可采用下列方法：

1) 蓄热保温法，即常规保温方法。混凝土的养护要把握两个关键，即在升温阶段以保湿为主，在降温阶段以保温为主。

2) 内降外保法，即在大体积混凝土内部循环埋管通水冷却降温，使大体积混凝土水化热温升降低，减少混凝土内部与混凝土表面的温差，然后，在大体积混凝土转换结构构件的上表面及其底面采取保湿措施。

3) 蓄水养护法，即在混凝土初凝后先洒水养护 2h，随后进行蓄水养护，蓄水高度一般为 100mm。

(3) 浇筑厚大的转换结构构件混凝土时，为防止混凝土内外温差过大和提高混凝土抗拉强度，在选用水泥方面可采取下列措施：

1) 优先选用水化热低的矿渣硅酸盐水泥或火山灰硅酸盐水泥。

2) 掺用沸石粉代替部分水泥，降低水泥用量，使水化热相应降低。

3) 掺入减水剂，减少水泥用量，使混凝土缓凝，推迟水化热峰值的出现，使升温延长，降低水化热峰值，使混凝土的表面温度梯度减少。

(4) 浇筑厚大的转换结构构件混凝土时，为防止混凝土内外温差过大和提高混凝土抗拉强度，在施工方法上可采取下列措施：

1) 采取先施工转换结构构件周围的结构或墙体，防止混凝土表面散热过快，内外温差过大。

2) 变冬季施工的不利因素为有利因素，减低混凝土的入模温度。在夏季高温气候施工时，采用冰水搅拌，以减低混凝土的入模温度。

3) 采用分层次施工，每层厚 300～500mm，连续浇筑，并在前一层混凝土初凝之前，将后一层混凝土浇筑完毕。

4) 采用叠合梁原理，将转换结构构件按叠合梁施工，可缓解大体积混凝土水化热高、温度应力过大对控制裂缝的不利影响。

3. 钢筋工程

转换梁的含钢量大，主筋长，布置密，在梁柱节点区钢筋“相聚”。因此，正确地翻样和下料，合理安排好钢筋就位次序是钢筋施工的关键。

(1) 钢筋翻样和下料

钢筋翻样前必须弄清设计意图，审核、熟悉设计文件及有关说明，掌握现行规范的有关规定。翻样时考虑好钢筋之间的穿插避让关系，确定制作尺寸和绑扎次序。

（2）一般转换结构构件的主筋接头全部采用闪光对焊或锥螺纹接头连接、冷挤压套筒连接；对于两端做弯头的钢筋，采用可调伸螺纹接头解决钢筋旋转的困难。

（3）当转换梁高度或转换板厚度较大时，应采取措施保证钢筋骨架的稳定和便于操作。

4. 工程实例

（1）煤炭部武汉设计研究院科技综合楼，外柱内筒结构，四角为剪力墙组成的 L 形角柱。主楼为 32.4m×43.2m 的矩形平面，首层短边外柱距 2.7m、长边外柱距 7.2m，第 2 层为结构转换层，长边设转换梁，将第 3 层及其以上的长边外柱距转换为 3.6m，成为外密柱式筒中筒结构。转换梁截面尺寸为 0.90m×5.10m，与第 2、3 层楼面结构连为一体，梁跨中还留有放置采光窗的直径为 1.20m 的圆孔。转换梁配筋如图12-74所示。

1）施工缝位置

考虑到转换梁与上、下楼层连为一体，必须有一道水平施工缝，按叠合梁原理施工。在第 2 层楼面（+5.37m）留置水平施工缝，并在叠合面适当增加构造配筋（图12-74）。

2）施工方案

采用叠合梁原理，将施工缝以下的梁自重和施工荷载（$q_1=44.85\text{kN/m}$）用 $\phi48\times3.5$ 的钢管架料作模板支撑。待梁混凝土达一定强度后，承担叠合部分施工的全部荷载（$q_2=152.96\text{kN/m}$）。

3）钢筋工程

转换梁的柱、梁钢筋需在第一次浇筑前一次帮扎到位，高度为 5.05m 的箍筋、多层水平钢筋及圆孔加强暗环梁钢筋的穿插、定位、固定采取以下措施：

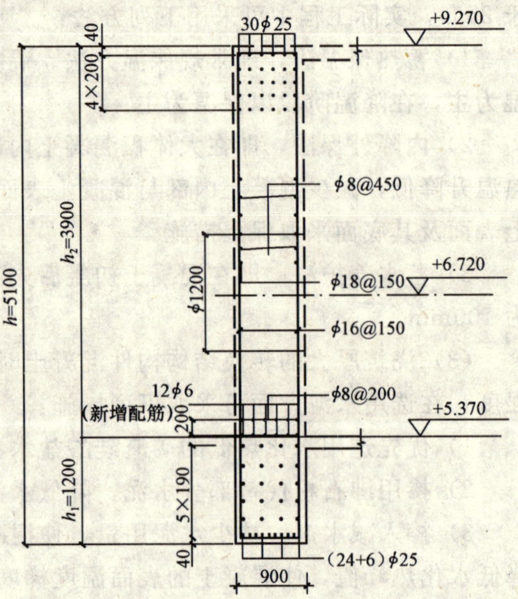

图 12-74　转换梁配筋示意图

在转换梁两侧搭设双排脚手架，保证钢筋骨架的稳定和便于操作（如图12-75）。

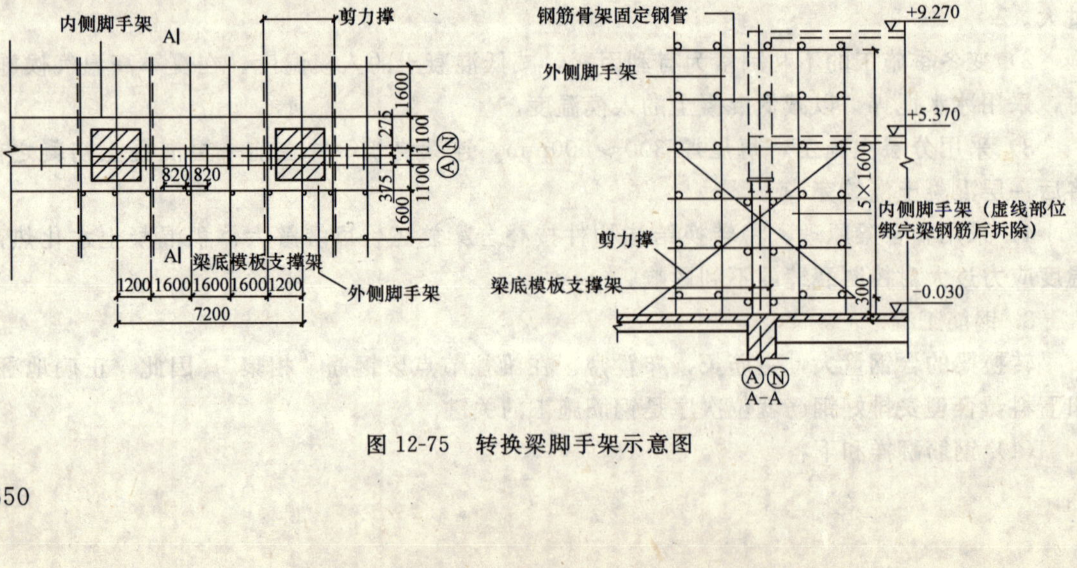

图 12-75　转换梁脚手架示意图

铺设第1层（底层）钢筋后，从第2层钢筋开始，在每跨梁内用2根短钢管找好标高，扣接在两侧脚手架上，作为钢筋的临时支托，校正钢筋位置焊好支架后，撤去短钢管。按此次序自下而上逐层放好水平钢筋及圆洞暗环梁钢筋，绑好箍筋及“S”钩。

（2）富景大厦位于广东省惠阳市南门西街（大亚湾工业开发区旁），是一座多功能的综合大厦，平面呈L形，长边138m，宽18m；短边70m，宽20m，高层塔楼位于L形建筑的转角处（图12-76）。大厦地上33层，地下1层，裙楼为9层和7层，总高度109m。裙楼采用钢筋混凝土框架结构，塔楼采用剪力墙结构，第九层为框架—剪力墙结构体系的转换层。转换梁截面尺寸：1.0m×2.8m、1.0m×2.5m、1.0m×2.3m、1.0m×2.0m。

1）转换层的施工方案

考虑到第八层楼板无法承受上部转换梁自重和施工荷载，需设置多层满堂钢管支撑体系。为减轻支撑的负荷，利用叠合梁原理，将转换梁分三次浇捣（图12-77），利用第一次形成的钢筋混凝土梁、柱作为传力系统与钢管支撑体系共同分担上部混凝土及施工荷载，以减少楼板的压力，减低工程成本。

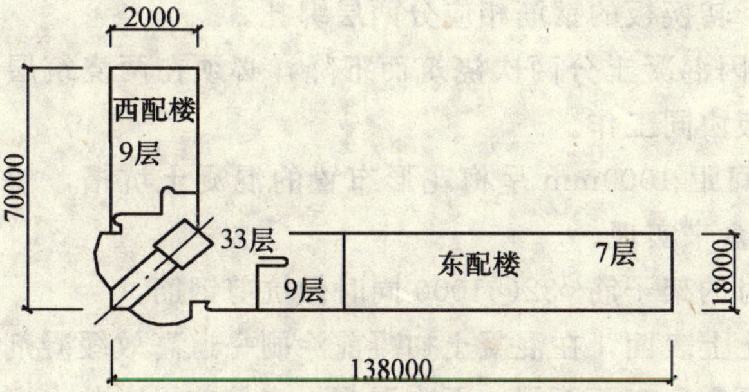

图 12-76 富景大厦平面示意图

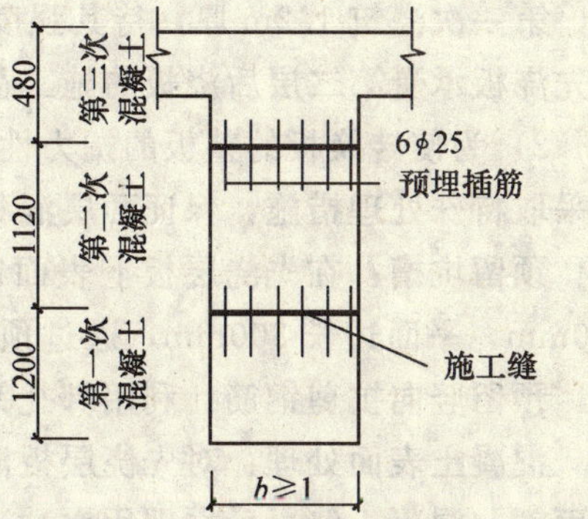

图 12-77 转换梁分段浇筑高度

2）第一次或第二次混凝土浇筑高度应比要求稍高50mm。在第一次或第二次混凝土浇筑后用高压水冲刷施工缝，将积淀物冲刷掉。施工缝应严格按施工质量验收规范施工，且施工缝处事先必须设附加插筋，以增强抵抗剪切力的能力，预留6根ϕ25的钢筋，纵向间距500mm，钢筋长度600mm，施工缝上下各半（如图12-77）。

3）转换梁模板支撑系统（图12-78）：采用ϕ48×3.5标准钢管搭设模板支撑系统，钢管支撑只考虑承受第一次浇筑的混凝土自重及施工荷载。根据计算必须用第八层以下两层的支撑传递至下面两层的楼盖系统承担。要求第七、八层顶板混凝土浇筑后，梁板支撑模板均不能拆除。

支撑体系立杆间距为500mm，大横杆步距不大于1000mm，梁下小立杆间距250mm，在靠近杆顶和杆脚处，各用水平连杆双向拉固，剪刀撑设置在梁两侧的立杆垂直面上。立杆下采用通长铺设200mm×50mm木枋配钢垫板，整个支撑架

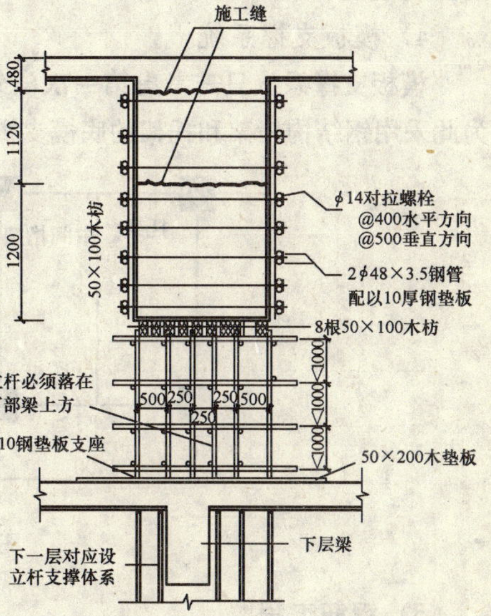

图 12-78 转换梁模板支撑体系

按满堂脚手架的要求搭设。

梁模板采用 18mm 厚胶合板作模板，梁背枋采用 50mm×100mm 木枋配对拉螺栓用标准钢管固定。背枋间距 500mm，螺栓间距：水平 500mm，竖向 400mm。梁模板安装时，要求按 0.25%L 起拱（L 为梁的最大跨度）。

（3）深圳佳丽娜友谊广场是集商业、办公、住宅于一体的综合性高层建筑。地下 3 层，地上 33 层，建筑总高度 106.2m，总建筑面积 132593m²。第六层为 2.8m 的厚板转换层，将其上部 7～33 层的剪力墙结构体系转换成框架结构体系，框架柱网尺寸为 8.4m×8.4m。转换厚板钢筋 2600t，混凝土总量 9145m³，混凝土强度等级 C30。

1）施工方案

厚板转换层自重及施工荷载 79.9kN/m²，采用常规的支模体系，靠下层楼板承受如此大的荷载势必破坏下层结构；而采用分层卸载的方法则必须从地下室底板起搭设 9 层支撑架，靠各层楼面的变形协调来传递扩散荷载，这样既不经济也不能保证结构楼板不产生开裂现象。经过分析比较和计算，确定转换厚板采用叠合梁的原理，将转换板混凝土分两次浇筑，第一次浇筑 1.2m 厚，待其强度增长达到 90%后浇筑第二层 1.6m 厚混凝土，利用第一层先浇板承受第二层后浇板的施工荷载，转换板的钢筋相应分两层绑扎。

2）为使转换板的整板的抗力性能不因混凝土分两次浇筑而下降，必须在两浇筑层结合面采取特殊处理措施，保证两层混凝土板协同工作。

预留坑槽：在先浇层板上表面留设间距 1000mm 呈梅花形布置的混凝土坑槽，槽深为 100mm，平面边长 300mm，通过预埋木盒来实现。

预留竖向抗剪钢筋：利用绑扎钢筋时的架子筋 ϕ32@1000 同时做抗剪钢筋。

混凝土表面处理：对先浇层板混凝土上表面，在混凝土初凝前涂刷一道高效缓凝剂——界面剂，混凝土终凝后立即用水冲洗即可露出表面石子，下次混凝土浇筑前再充分水润。

3）在第二层 1.6m 厚混凝土下部适当增设一层的钢筋网以提高结构的抗裂性，避免第二层混凝土因受先浇的第一层混凝土的表面约束而产生裂缝，同时有助于减少因水化热引起的温度裂缝。

4）模板支撑系统

模板支撑系统只需考虑第一次浇筑 1.2m 厚混凝土板时施工荷载，底模荷载为 34.3kN/m²，为此采用钢结构桁架和托架的底模支撑体系。钢结构平面布置见图12-79（取一个标准柱网）。

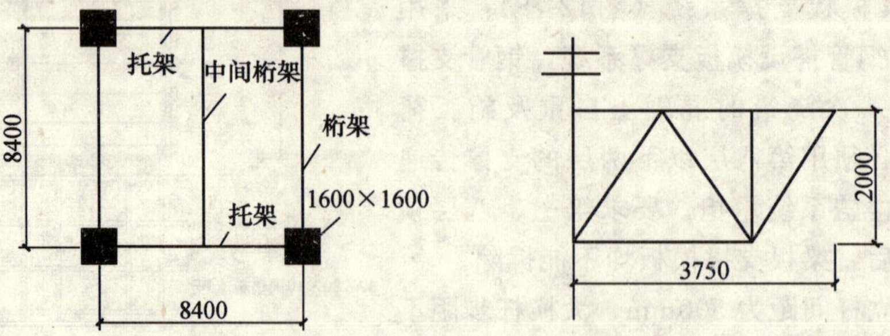

图 12-79　钢结构平面布置

5）钢筋工程

转换板配筋如图12-80，钢筋绑扎分两次完成，先绑扎下层 1.2m 范围内 ϕ32@110 和

$\phi20@200$ 两层钢筋，待混凝土浇筑完并处理好上表面后再绑扎上部 1.6m 范围内钢筋。

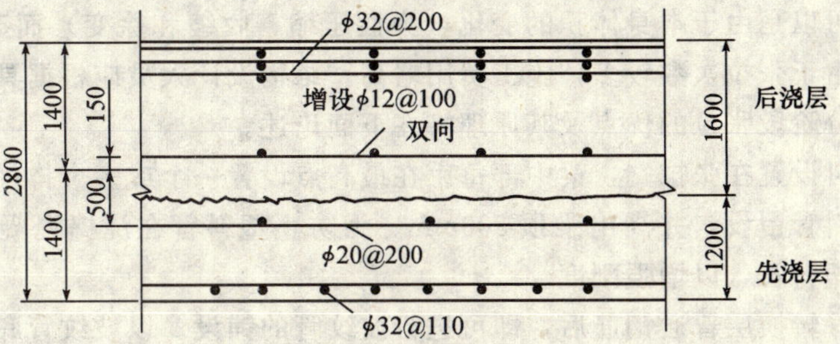

图 12-80　转换厚板配筋

转换厚板 2.8m 高整板各层钢筋网片的固定，使用钢筋作立杆焊接形成间距 1m 的架立网，作为各层钢筋的支撑体系。在 1.35m 高位置增设 $\phi12@100$ 双向钢筋网，以提高混凝土抗裂性，避免温度应力和收缩应力引起混凝土开裂。

6）混凝土工程

转换厚板混凝土养护采用蓄水法，在混凝土初凝后先洒水养护 2h，随后进行蓄水养护，蓄水高度 100mm。

在转换厚板不同深度各相关部位埋设测温点，及时观测记录混凝土内部温度变化情况，及时采取措施，调整混凝土的养护水温。

二、预应力混凝土转换层结构的施工

1. 转换层预应力工程施工

(1) 必须严格检查钢绞线、锚具、夹片、波纹管等材料的质量。

钢绞线经材性和无粘结包裹层检查合格后下料。

锚具、夹具按《混凝土结构工程施工质量验收规范》(GB 50204—2002) 和《预应力筋用锚具、夹具和联结器》(GB/T 14370—93) 的要求进行检查。

波纹管应抽样进行盛水试验，检查是否漏水。

(2) 后张法预应力转换梁或厚板的预应力筋有先穿和后穿两种方法，但考虑到其截面尺寸大，预应力筋长且配筋较多，工程中大多采用先穿预应力筋的方法。此时应注意：

在混凝土初凝以前需经常抽动预应力筋以防止其被漏浆粘住。

从混凝土浇筑到预应力钢筋张拉、灌浆，中间有相当长的时间间隔，采用分阶段张拉技术则时间更长。应采取措施防止预应力钢筋生锈。

(3) 预应力转换层结构施工中最具有特色的是分阶段张拉，且分阶段张拉不仅仅是预应力施工的方法，还是结构设计人员充分发挥主观能动性，优化转换结构设计的重要手段。转换梁或厚板上承受数层甚至数十层结构的荷载，预应力钢筋用量较多，要防止张拉阶段预拉区开裂或反拱过大有下列几种方法：

1）采用择期张拉技术，即待转换结构上部施工数层之后再张拉预应力，在此之前转换梁下的支撑必须加强。

2）在预拉区配置一定数量的预应力钢筋用以控制张拉阶段的裂缝及过大的反拱，该部分的预应力筋是使用阶段所不需要的。

3）采用分阶段张拉技术。

分阶段张拉可定义为预应力是逐渐施加以平衡各阶段荷载的预应力技术。施加的荷载可以是外荷载，也可以是由于本身体积的变化（弹性压缩、收缩和徐变）而产生的内部应力。分阶段张拉技术由于张拉次数较多，施工费用略高，结构设计人员应根据具体情况决定采取何种方法。有关分阶段张拉的优点及其原理将在下面论述。

（4）灌浆孔可设置在张拉端，梁中部每束在最高点设置一个或多个排气孔（兼泌水孔），排水孔用增强塑料管留设，并高出梁顶 300mm。为防止塑料管在浇捣混凝土时压扁，管内再穿入小一号的塑料管，以增强刚度。

（5）在绑扎好转换层普通钢筋后，即可进行波纹管的铺设。以波纹管底为准，在箍筋上画出孔道曲线标高；然后将 $\phi16$ 的定位短钢筋点焊在箍筋孔道曲线标高处，其间距边段@500mm，跨中段@1000mm；再铺设和固定波纹管，并用 U 形钢筋（$\phi6$）扣上波纹管后点焊在定位短钢筋上。

（6）作隐蔽工程检查，检查重点是波纹管和有无破损；套管接头有无包裹；预应力束的最高点、最低点、反弯点是否与设计一致；张拉端和固定端的安装是否妥当；张拉端外露长度是否足够等；预应力曲线筋远看是否流畅；预应力钢筋是否基本平行等。检查后作记录备档，立侧模前纠正。

（7）孔道灌浆及端部封裹：从灌浆孔均匀地一次灌满孔道，待另一端泌水孔和锚具出气孔冒出浓浆后封闭泌水孔（出气孔）并继续加压到 0.6MPa，持荷 2min 后封闭灌浆孔。灌浆后及时检查泌水情况并进行人工补浆。张拉和灌浆结束后用小型砂轮切割机从锚具外 30mm 切断多余预应力筋，防腐处理后用微膨胀细石混凝土封闭。

2. 工程实例

（1）江苏省委会议中心，地下 1 层，地上 30 层，总建筑面积 32064m²。该工程 1～3 层为会议室及公共部分，跨度为 15.6m，4 层以上为 3.90m 小开间的客房部分。第 4 层设转换层，该层 J 轴处设一根 15.6m×3 跨的预应力转换连续梁（图 12-81）。转换梁截面尺寸为 1500mm×3600mm，预应力钢筋布置采用有粘结和无粘结预应力混合配筋，梁顶部和底部均配 8 束 $9\phi^{s}15$ 直线束有粘结预应力筋，用 $\phi80$ 波纹管留孔；中间曲线束配 104 根 $U\phi^{s}15$ 无粘结预应力钢绞线（图12-82）。钢绞线抗拉强度标准值 $f_{ptk} \geqslant 1860\text{N/mm}^2$，控制应力 $\sigma_{con}=0.75f_{ptk}$。

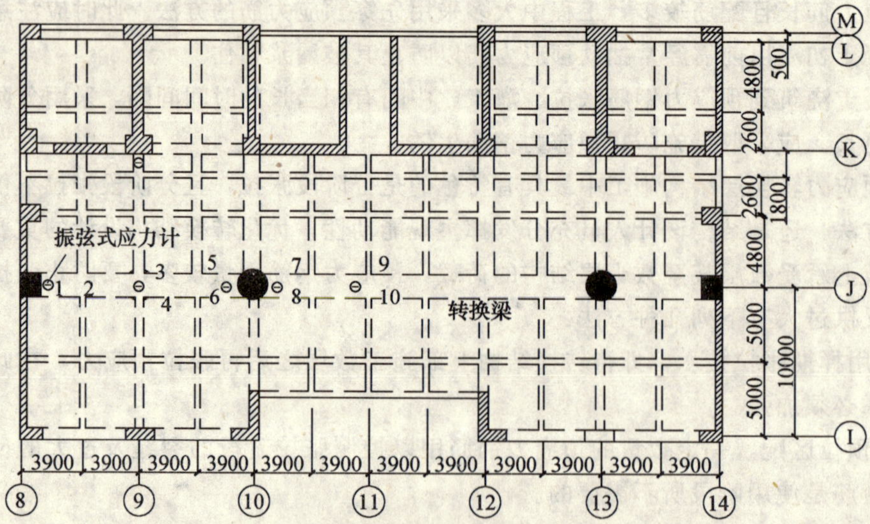

图 12-81　江苏省委会议中心 4 层（转换层）平面

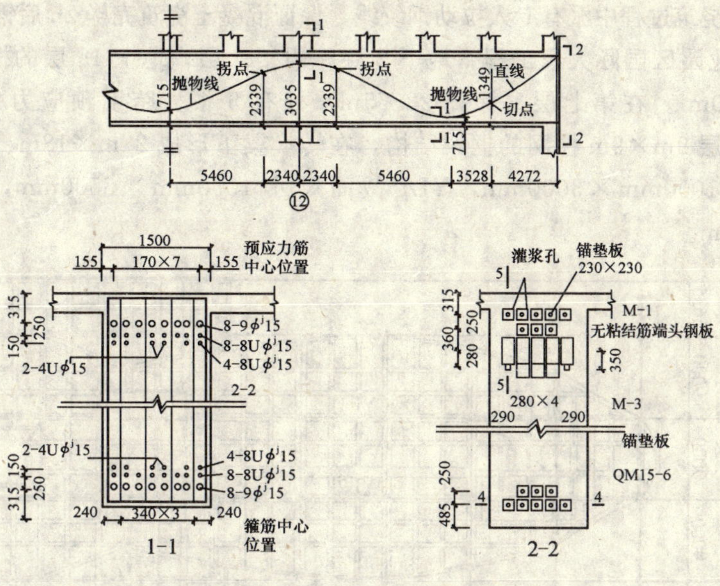

图 12-82 转换梁结构简图

1）预应力筋经材性和无粘结包裹层检查合格后下料。

锚具使用前经静载试验，按《混凝土结构工程施工质量验收规范》（GB 50204—2002）和《预应力筋用锚具、夹具和联结器》（GB/T 14370—93）的要求检查其锚具效率系数及试件断裂时的极限总应变。

在无粘结钢筋张拉前，任意选取三束用机测法测定无粘结筋的摩擦损失。

2）预应力施工工艺流程

预应力筋下料→搭设梁、板钢管支撑→铺梁底模板、起拱和校正梁底标高→梁钢筋骨架→确定预应力筋曲线坐标位置，焊定位钢筋→穿入直线波纹管→穿入有粘结预应力钢绞线→固定波纹管及端部锚垫板→穿入曲线无粘结预应力筋→固定无粘结筋→安装、固定端部锚垫板→安装梁侧模和楼板底模→绑扎楼板钢筋→作隐蔽工程检查→浇筑混凝土并养护→拆梁侧模和板底模→张拉有粘结预应力筋、灌浆→张拉第一批无粘结预应力筋→拆梁底模板及支架→张拉第二批无粘结预应力筋→切割端部预应力筋和端部封裹。

3）预应力筋采用分阶段、对称张拉方法，当转换梁混凝土达 100%后张拉全部直线束预应力筋和 40 根无粘结筋，其余 64 根无粘结筋待主体混凝土结构施工到 18 层再行张拉。全部预应力筋均采用两端张拉。

4）波纹管的坐标位置必须正确，在最高点、最低点和反弯点处的坐标误差及水平位置和两波纹管中心距的误差应小于±10mm。孔道波纹管安装后，整体目测达到无明显折点。波纹管和锚垫板安装注意牢固、平整，端部的铁锚垫板与孔道垂直。

5）灌浆孔设置在张拉端，梁中部每束在最高点设置一个排气孔（兼泌水孔），排水孔用增强塑料管留设，并高出梁顶 300mm。为防止塑料管在浇捣混凝土时压扁，管内再穿入小一号的塑料管，以增强刚度。

6）以波纹管底为准，在箍筋上画出孔道曲线标高；然后将 $\phi 16$ 的定位短钢筋点焊在箍筋孔道曲线标高处，其间距边段@500mm，跨中段@1000mm；再铺设和固定波纹管，并用 U 形钢筋（$\phi 6$）扣上波纹管后点焊在定位短钢筋上。

7）在混凝土浇筑过程中派有专人拉动钢绞线，保证混凝土浇筑完毕 2h 后钢绞线仍能拉动。

（2）苏州工业园区国际大厦工程，地下 2 层，裙楼 4 层，地上 19 层的框架剪力墙结构，总建筑面积 56000m²。在第七层（标高 28.75m）处有 5 根大跨度预应力井式转换梁（图 12-83），上抬 12 层 9m×9m 柱网的框架结构，在转换梁下形成 27m×18m、高 25m 的空间。YKL1 截面尺寸 1000mm×3000mm，YL1 截面尺寸 1000mm×3500mm，YL2 截面尺寸 1000mm×3500mm。

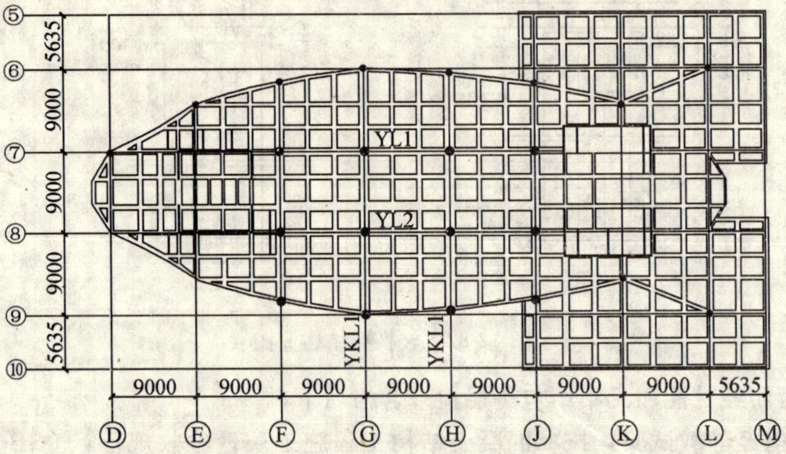

图 12-83　井式转换梁布置示意

1）波纹管的铺设及张拉端部安装

波纹管安装过程：绑扎转换梁普通钢筋→处理梁底保护层→在梁箍筋上画出孔道曲线标高（以管底为准）→按孔道标高焊固定托架（@800）→铺设和固定波纹管→留设灌浆（泌水）孔→安装和固定锚垫板→穿钢绞线→检查验收。

灌浆（泌水）孔留设在折线最高处，每处留一个。灌浆孔按常规做法，塑料管留出梁面约 500mm。波纹管接头处、灌浆（泌水）孔处封裹应严密、牢固、不得漏浆，灌浆（泌水）孔必须通顺。

2）预应力筋下料与穿筋

钢绞线下料后及时穿入孔道，以免生锈后增加穿束阻力。下料长度＝孔道的实际长度＋张拉工作长度。张拉工作长度考虑工作锚、千斤定、工具锚所需长度并留出适当余量，整束张拉时，张拉端的工作长度取 900～1000mm。

预应力筋采用先穿法，待波纹管固定完毕在混凝土浇筑前穿入。

3）预应力张拉

在浇筑混凝土 2 天后，混凝土达到能拆端模的强度，即可拆除端头模板，清理端部混凝土，除去锚垫板外的波纹管。

在转换梁混凝土强度达 100％进行第 1 批张拉，待第 16 层楼面浇筑完毕后进行第 2 批张拉。张拉顺序为：$0 \rightarrow 0.2\sigma_{con} \rightarrow 0.6\sigma_{con} \rightarrow 1.05\sigma_{con}$（锚固）。张拉严格按对称原则进行。转换梁上部直线钢筋采用一端张拉，张拉端交错。转换梁下部折线钢筋采用两端张拉。

4）孔道灌浆及端部封裹

待一批预应力钢筋全部张拉完毕后尽早进行灌浆。在端部灌浆孔均匀地一次灌满孔道，待另一端泌水孔和锚具出气孔冒出浓浆后封闭泌水孔（出气孔）并继续加压到 0.6MPa，持荷 2min 后封闭灌浆孔。灌浆后及时检查泌水情况并进行人工补浆。端部用 C30 微膨胀细石混凝土封闭。

(3) 江苏省公安交通指挥中心大楼位于南京市扬州路，共 18 层，平面为等腰三角形，其锐角为 39°。第四层为一扇形大会议厅，跨度较大，该层上、下皆为小跨度的办公用房，因此在第四层设置了两根预应力混凝土转换曲梁，直线长度分别为 17m、13m，上部结构（14 层）的荷载通过两根柱子传到转换曲梁上（图 12-84）。转换曲梁 KL11 截面尺寸 1000mm×2600mm，配 10 束 6ϕ^j15 钢绞线（图12-85）；转换曲梁 KL12 截面尺寸 1000mm×2000mm，配 8 束 6ϕ^j15 钢绞线。钢绞线抗拉强度标准值 $f_{ptk}=1860N/mm^2$，张拉控制应力 $\sigma_{con}=0.70f_{ptk}=1302N/mm^2$，预留孔道采用 ϕ70 波纹管，锚具采用 QM15-6 的Ⅰ类锚具。混凝土强度等级 C45。

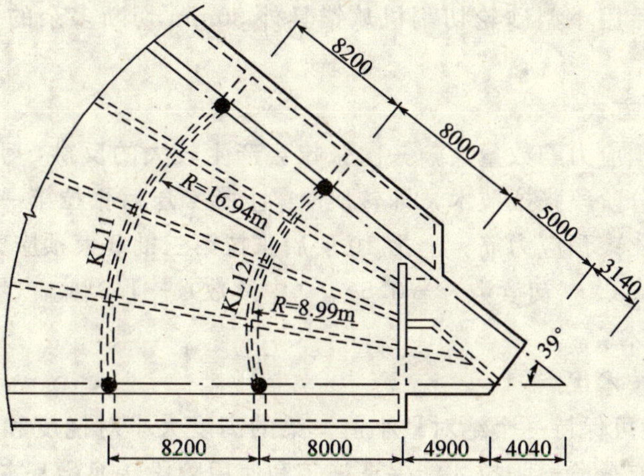

图 12-84　结构平面布置（局部）

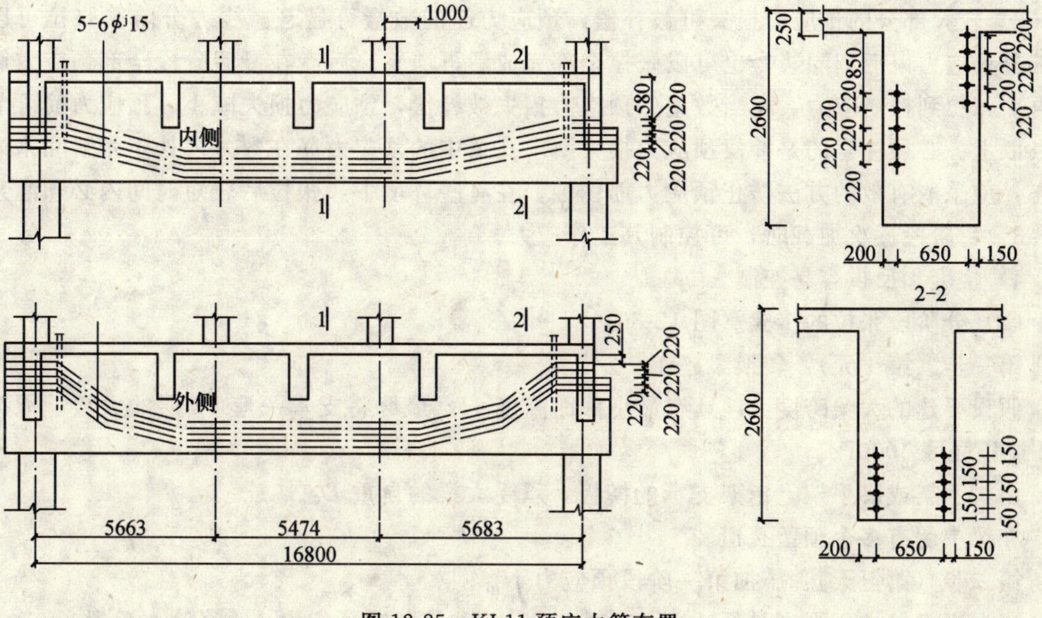

图 12-85　KL11 预应力筋布置

1）孔道留设及穿筋

转换曲梁侧边有很密的抗扭纵筋，箍筋为四肢也很密。为保证曲梁竖向和水平的位置，在确定箍筋宽度时应考虑预应力筋水平方向的位置，保证箍筋不与波纹管冲突。同时将箍筋的弯勾部分弯曲半径做得大些，使通过角部的纵筋尽量靠近边缘。

为保证竖向和水平向预应力筋位置的准确，先用粉笔在箍筋上标出坐标位置，边段间距500mm，中段间距1000mm，用$\phi16$的定位钢筋点焊于箍筋上，再用$\phi6$钢筋加工成U形，波纹管穿过之后扣上U形钢筋并将其点焊于$\phi16$的定位刚劲上。

在预应力混凝土转换曲梁的内侧须设置专门的侧向防崩钢筋，该工程采用$\phi12$的钢筋加工防崩钢筋，按设计要求的间距布置。

该工程采用预应力筋采用先穿方法，这时应注意预应力筋的防锈，并在混凝土初凝以前经常抽动预应力筋以防其被漏浆粘住。

张拉与灌浆结束后用小型砂轮切割机从锚具外30mm切断多余的钢绞线，防腐处理后用细石混凝土封裹。

2）预应力筋张拉方式

考虑到转换曲梁预应力筋数量大，一次张拉会产生较大的反拱，引起转换梁上部开裂。该工程预应力筋采用分阶段张拉技术，即转换曲梁上抬2层后张拉第一批4束预应力筋；上抬6层后张拉第二批4束预应力筋；上抬10层后张拉第三批2束预应力筋。

张拉程序：$0 \rightarrow 0.2\sigma_{con}$（初读数）$\rightarrow 0.6\sigma_{con}$（中读数）$\rightarrow 1.02\sigma_{con}$（终读数）。

3. 分阶段张拉技术

（1）分阶段张拉技术优点

1）转换梁的高度可保持一个绝对最小值。梁的高度大小对挠度和反拱较敏感，在采用较小截面高度时，只有分阶段张拉才能保证施工和使用阶段转换梁基本处于平直状态，既无过大反拱又无过大挠度。在满足承载力和刚度要求的前提下，转换梁的截面高度较小时对抗震是有利的。

2）较大部分的预应力损失可被补偿，预应力筋的数量可显著减少。分阶段张拉可以张拉部分预应力束后即灌浆，也可以张拉全部完成后再灌浆。后者在最后阶段全部预应力筋可以再次张拉到控制应力，相当数量的预应力损失被补偿，预应力损失减小，预应力筋可节约10%以上。必须注意的是补偿预应力损失要求孔道中的预应力筋在数月内处于张紧和未灌浆状态，应采取有效的方法防止预应力筋锈蚀。在有些环境下，张拉后较短时间内必须灌浆。

3）每阶段逐次加载时，可控制其工作应力。

4）挠度和反拱容易控制。

（2）分阶段张拉的步骤（图12-86）

第一步（第1天）：转换梁施工。

假设要建的大梁跨度L，具有最小截面高度H，最终将支承一座12层的大楼。混凝土28d抗压强度5000Pa。

由脚手架或脚手架上桁架支承的模板，承受大梁的自重D_0。

在梁中留有多个预留孔道。

第二步（第五天）：施加第一阶段预应力N_{p1}。

当混凝土的抗压强度最低达到3000Pa时，施加第一次预应力N_{p1}（第一阶段）。这一部分预应力产生的等效荷载 W_{B1} 平衡大梁自重 D_0 加上第一阶段施加的荷载 W_1（在此处是头三层楼板的静荷载）。

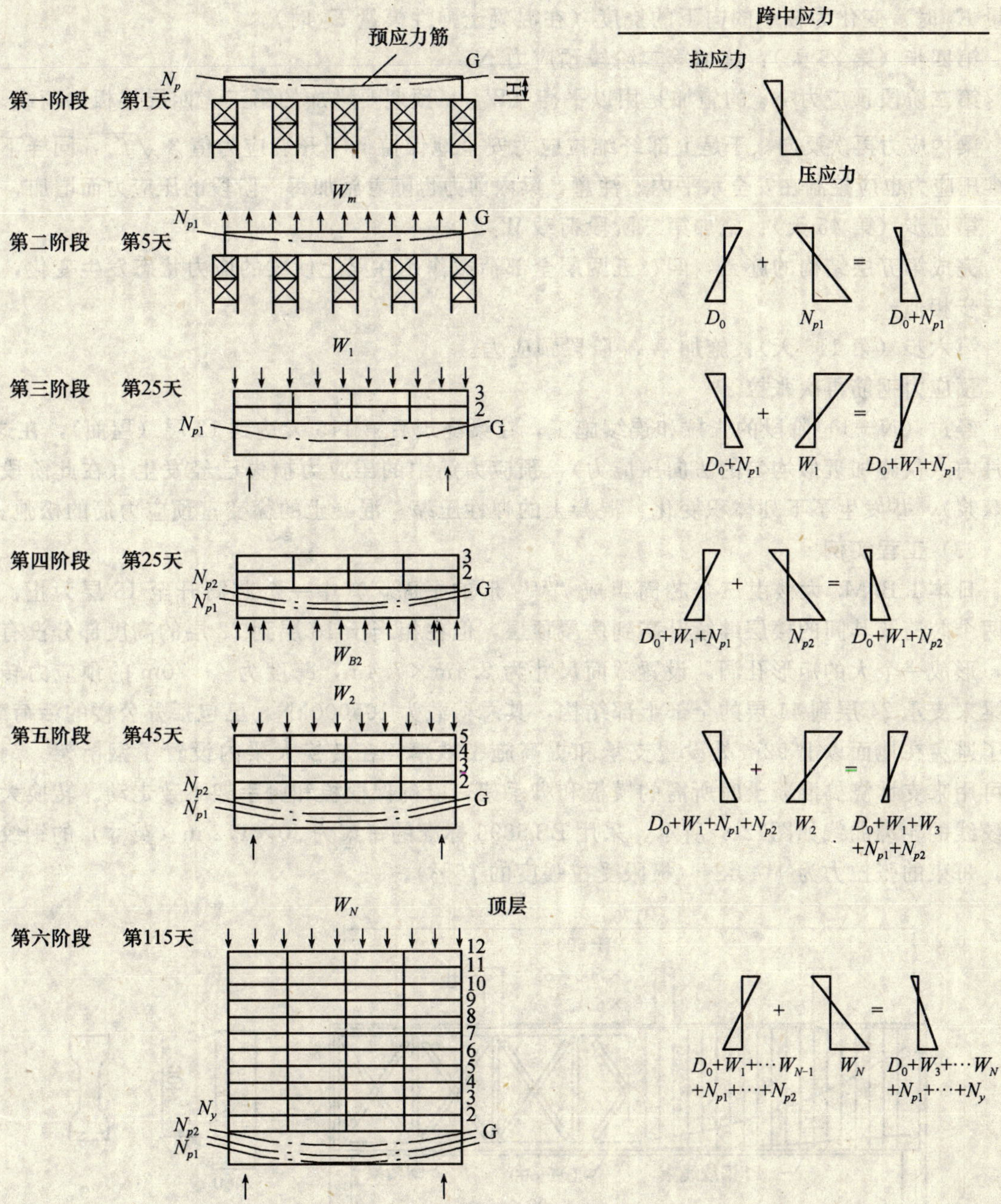

图 12-86　分阶段后张法原理和力学特性（各施工阶段应力状态）

注意，在第一步完成时，梁跨中下部纤维产生的最大压应力为 $0.45f'_c$，同时梁上部纤维最大拉应力为 $3\sqrt{f'_c}$。

第三步（第 25 天）：施加第一阶段荷载 W_1。

假定三层楼板已从第五天进行到第 25 天，作用在梁上的全载为 W_1。

这时，混凝土的抗压强度几乎达到规定的数值 5000Pa。在跨中，上部纤维压应力为

$0.45f'_c$，下部纤维拉应力为 $3\sqrt{3f'_c}$。

这些应力几乎与第二部的应力相反。同时，垂直挠度从向上起拱（在较低的混凝土弹性模量 E_2 时）变化为较小的向下的挠度（在混凝土弹性模量 E_3 时）。

第四步（第 25 天）：施加第二阶段预应力 N_{p2}。

第二阶段预应力 N_{p2} 的施加是用以平衡（W_{B2}）预期要增加的第三、四层楼板的荷载。

梁内应力再次反向，于是上部纤维拉应力安全地保持低于开裂应力值 $3\sqrt{f'_c}$，同样下部纤维压应力也应控制在安全水平内。注意，梁内剪力也随着施加每一阶段的压应力而增加。

第五步（第 45 天）：施加第二阶段荷载 W_2。

完成第五层结构的施工，四、五两层全部荷载作用在梁上使梁的应力状态发生变化，与第三步相似。

第六步（第 115 天）：施加第 N 阶段预应力。

预应力钢筋再次张拉

经过（$N-1$）阶段的张拉和连续施工，在梁浇筑后第 115 天达到 12 层（屋面），在这 4 个月内（仅施加近似均匀的法向压应力），预应力筋中的压应力损失已经发生（在此阶段尚未灌浆），并发生了下列体积变化：混凝土的弹性压缩；混凝土的徐变；预应力筋的松弛。

（3）工程实例

日本 I. B. M. 大楼由三个芯筒组成“V”形的平面，其中一个芯筒升至 18 层为止，其余两个芯筒及其间的楼层继续升高到房屋顶层，但在相当于 18 层到 22 层的高度部分没有楼层，形成一个大的矩形孔洞。设置截面尺寸为 2.4m×7.4m，跨度为 41.70m 的预应力转换大梁来支承 24 层到 41 层的全部上部结构，其总荷载为 105000kN，已包括办公楼的活荷载。为了避免在地面以上 92m 处设置支承和提高施工效率，在转换大梁内设置了钢桁架。钢桁架可用来支承浇捣混凝土时所需的模板和脚手架，以确保模板和脚手架不致走动。转换大梁钢绞线的轮廓曲线如图12-87所示，采用 BS 5896 标准的每束为 30×1/2 in（英寸）的钢绞线束，每束的张拉力为 4140kN（极限受拉强度的 75%）。

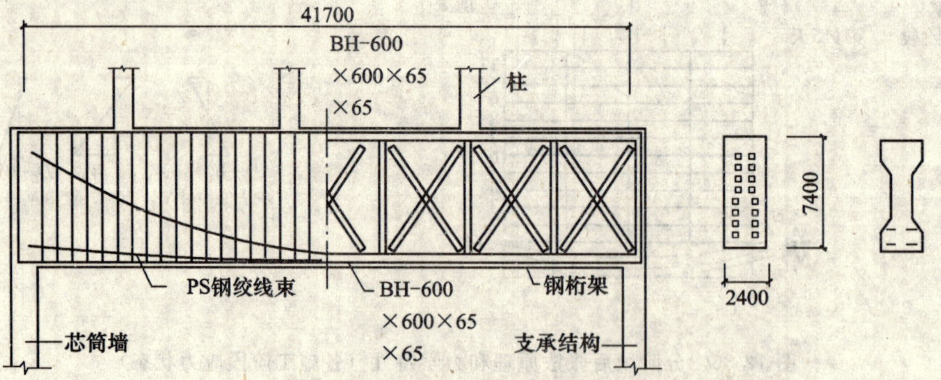

图 12-87　预应力钢绞线束的布置和埋入钢桁架的立面图

转换梁的施工顺序如图 12-88 所示。

预应力筋的张拉次序如图12-89所示，在转换梁混凝土浇捣之后，张拉钢绞线束①与②。以后，每浇捣四层楼的混凝土，随着在上面各层逐步施加荷载，接着张拉钢绞线束③与④。

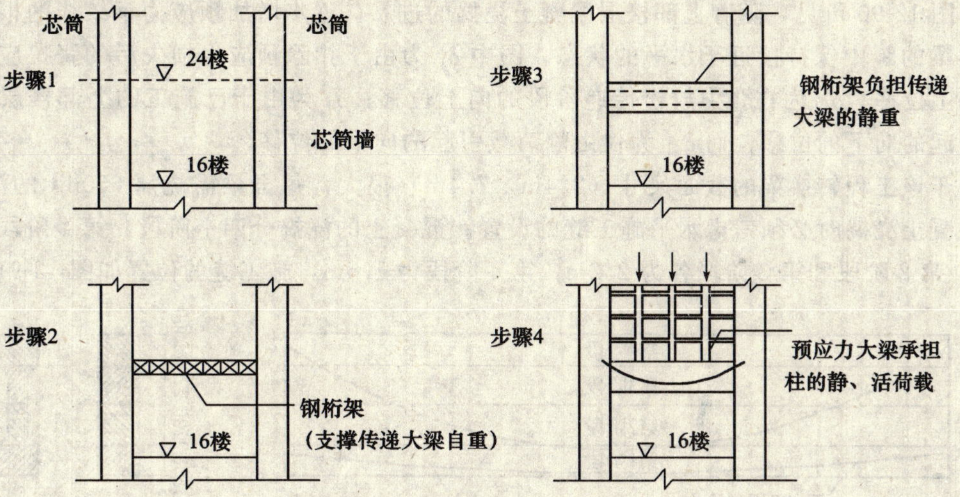

图 12-88　转换梁的施工顺序

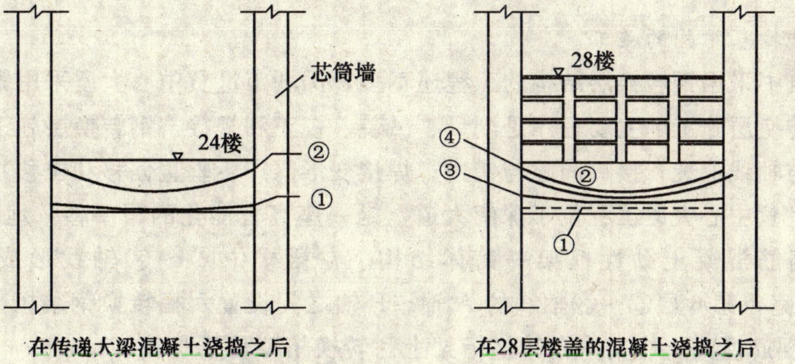

图 12-89　预应力钢绞线束张拉次序

图 12-90 转换梁跨中的位移（δ）与浇捣了混凝土的上部层数的关系。

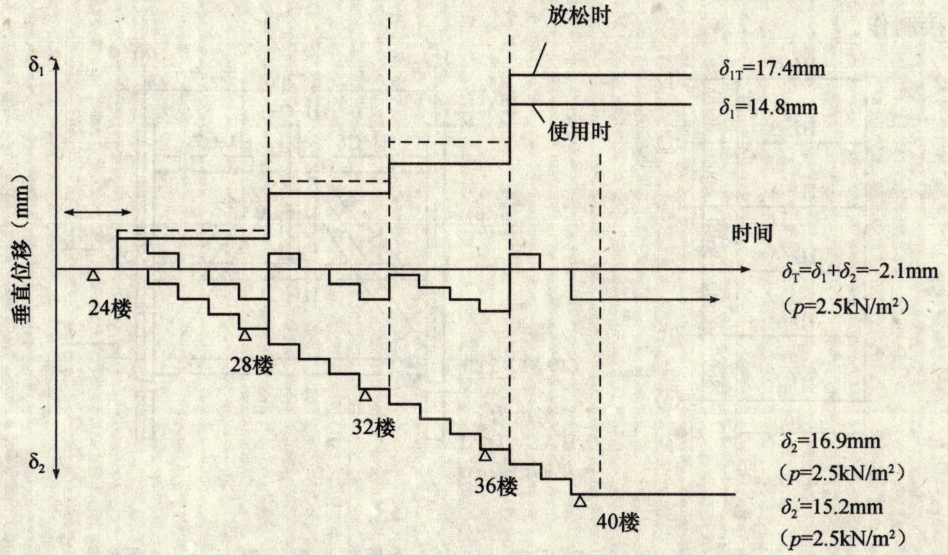

图 12-90　转换梁跨中的位移（δ）与浇捣了混凝土的上部层数的关系

由图 12-90 可见，随着上部楼层混凝土浇捣的进展，逐步增加预应力钢绞线的根数，使得转换梁的跨中保持接近于水平的状态。图中 δ_1 为由于扣除预应力损失后的张拉应力而引起的向上位移；δ_{1T} 为在张力放松传递阶段的向上位移；δ_2 为由于已施工的上部楼层的静荷载所引起的向下的位移；而 δ'_2 为仅由静荷载引起的向下的位移。

由于该工程转换梁的截面尺寸（2.4m×7.4m）很大，每根梁需浇灌 650m^3 的混凝土，因此混凝土浇捣时必须考虑水平施工缝的设置。混凝土的浇捣分四个阶段，第 1 阶段高度为 1.5m，第 2 阶段和第 3 阶段各为 2.2m，第 4 阶段为 1.5m，施工缝的位置如图 12-91 所示。

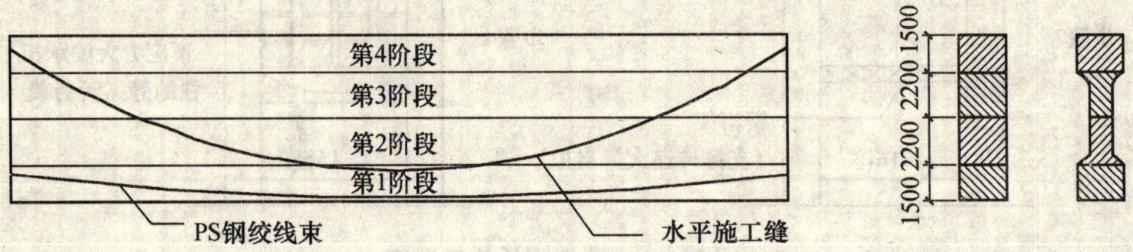

图 12-91　转换梁混凝土浇捣的次序

三、钢转换层结构的施工

高层建筑中采用钢转换层结构的工程还不多，深圳市世贸中心大厦采用钢桁架转换层结构。钢结构转换层施工的主要程序是测量、吊装、校正和焊接。钢转换层施工的主要控制指标为垂直度与轴线位置；接口间隙与错边；焊接变形（产生垂直偏移和位移）。

深圳市世贸中心大厦工程位于深南大道，是一座高智能化的写字楼，地上 53 层，地下 3 层，采用钢筋混凝土劲性框架—筒体结构。在裙楼中⑥～⑧轴线形成宽 17.2m、高 19.81m 的中庭，第 6 层⑥～⑧轴线的 A 轴～F 轴之间设置六榀转换钢结桁架，⑦轴上 7～53 层的劲性钢筋混凝土柱支撑在转换桁架上。转换桁架位于标高 19.81m～34.85m 的空间内，桁架间设有水平十字撑（图12-92）。转换桁架共有 64 段钢柱，96 节桁架构件，总重约 1544 吨，构件全部采用箱型截面，主要尺寸为：1200mm × 1200mm × 50mm × 50mm，1200mm×1000mm×50mm×50mm，800mm×800mm×36mm×36mm，全部采用 Q345B 钢材焊接制作。

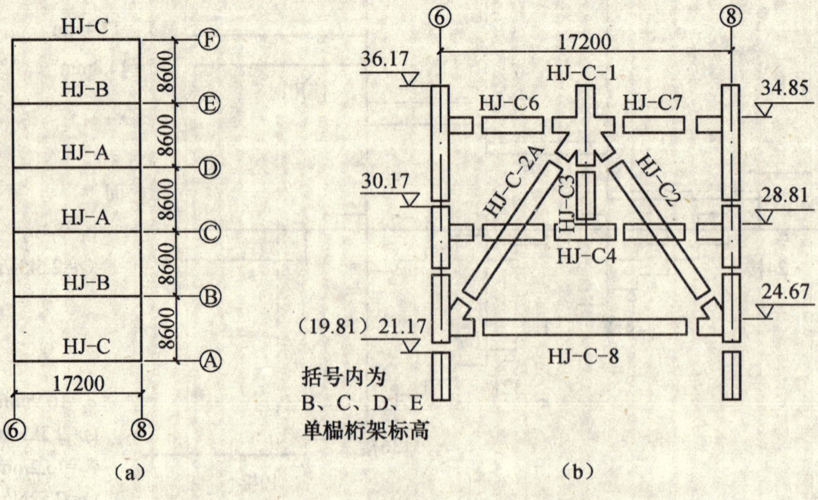

图 12-92　深圳市世贸中心大厦转换钢桁架

(a) 转换桁架平面布置示意；(b) 转换桁架立面

1. 测量放线

采用激光天顶仪将地面上的控制网点投递到第六层楼面。以六层楼面上的控制网点为准，用经纬仪、标准钢尺和弹簧秤配合将轴线放到钢柱柱顶，得到各轴的轴线，并在钢柱上的四个侧面上标识四个轴线控制点。

同理，在水平横梁（标高）的牛腿上做出距标准轴线 800mm 的辅助轴线，用于测量桁架的平面度和构件的吊装校正。

2. 吊装

每榀桁架吊装时，先吊大横梁、两人字架、再吊中间的水平和立桁架，最后吊装大节点，同时连接斜桁架和大节点的耳板，并在斜桁架的焊缝间隙处加塞钢板，使大节点的重量由两斜桁架承担。以 F 轴线为例，吊装程序为：立柱→HJ－C－8→HJ－C－2（HJ－C－2A）→HJ－C4→HJ－C－1→HJ－6（HJ－7）。

根据桁架的特点，采取“单件就位、单件初校、整体校正”的方式。转换桁架安装过程中，钢柱的校正和桁架安装均按照轴线进行控制，钢柱和桁架中心线的偏差均应小于 100mm。在保证桁架垂直度的前提下进行焊缝接口处的间隙与错边调整。

（1）对焊缝间隙过大但小于 18mm 的焊口，采用多层多道焊接工艺；

对大于 18mm 的焊口加设宽垫板后，在靠近母材一侧的坡口内进行焊接补肉，达到图纸要求的 6～9mm 后，将缝打磨平整，并进行 UT 探伤，合格后再焊接；

对间隙过小，3mm 以下的焊口，采用氧-乙炔火焰切割或气刨的方式，修整出标准坡口，保证间隙在 6～9mm 范围内，然后加设工艺垫板；

对喇叭口接头，进行不均匀的补肉，使间隙达到均匀状态。

（2）对焊口错边采取以下处理方法（δ 指最终实际错边，规范允许值 $\delta \leqslant 3$mm）：

1）平行错边或扭转错边 $\delta \leqslant 5$mm，采用焊缝补强处理；

2）5mm$\pi\delta \leqslant$18mm 采用贴板补强处理；

3）18mm$\pi\delta \leqslant$22mm 采用加传力板方法处理；

4）22mm$\pi\delta \leqslant$25mm 采用加传力板、加贴板处理。

3. 焊接

焊接是保证校正结果和桁架质量的重要手段，其中的关键是控制焊接变形和焊接应力。

（1）焊接程序的选择

1）按大节点为中心可对称扩散的顺序，对称焊接，尽量采用相同的焊接电流和速度，使焊缝能够均匀收缩。具体：

2）对同一构件应先焊接一端，冷却后焊接另一端，即让变形处于自由状态下，减少焊接应力的累加。

3）对交叉点，交叉两侧焊缝可同时对称焊接。

4）一条焊缝应先立焊后仰平焊，立焊同时对称焊接，并在平仰焊缝两侧实施刚性固定，待焊缝冷却到常温后，再进行仰焊和平焊。

5）活口收缝时，如在牛腿上则可以适当采取反变形措施，即预先将钢柱向变形相反的方向倾斜，同时焊接过程中采取“加圆钢固定”、“退焊”、“焊后加热焊缝”等工艺措施，减少焊接温度应力和应变。

（2）减少焊接变形和焊接应力的措施

1）严格按照规定的焊接顺序施焊。

2）尽可能对称施焊，使产生的变形均匀、直线分布、不产生弯转。

3）对缝隙较大及预留的活口进行焊接时，可以在焊接间隙中加入 20～30mm 长的 $\phi32$ 圆钢，沿焊缝等距两点分布，采用焊缝点焊固定，待焊缝完成钢板厚度的一半以上后，将圆钢去除，并将余下的焊缝完成。这种方法起到了刚性固定作用，使坡口内的焊缝收缩受到限制，减少焊接收缩变形。

4）为防止焊缝焊接过程中起弧和收弧点因温度差而产生的焊接应力以及变形的不均匀，在焊接过程中应采取逐步退焊工艺进行操作，同时对接头进行清理。

5）在焊接过程中，应合理应用多层多道焊工艺，尽量减少与母材的接触面积，在焊缝与母材之间创造一个能够自由收缩的间隙。必须注意安装构件完成后加设的垫板，在直坡口侧必须先焊接牢固，防止垫板上翘造成未熔合。

6）为了有效地释放焊接过程中产生的焊接应力，对于填充层可以采用气动圆头风镐或手锤对焊缝进行均匀的敲打，打底焊缝和盖焊缝除外。

7）对个别缝隙或应力较大的焊口在实施以上措施的同时，也可以在焊缝两侧加焊刚性固定板限制收缩。

4. 焊接工艺

（1）焊前预热

对大于 36mm 的厚钢板，在焊接前采用烤枪对焊缝坡口及两端 100mm 范围内进行预热处理，预热温度 100℃～120℃，采用电子测温仪监控，达到温度后进行焊接。

（2）焊条烘干处理

在焊条使用前，将焊条在 350℃～400℃烘干箱内烘干 1 小时，采用保温筒盛装，随取随用，焊条在空气中外露 4 小时以后必须重新烘干，重新烘干次数不得多于 2 次。

（3）仰焊质量保证措施：

1）严格按焊接顺序和方法进行；

2）焊前进行清理坡口间隙，进行确认、修整，加设工艺垫板并确保垫板焊接牢固且不产生弯曲或上翘影响焊缝的熔深，确保打底层焊透；

3）焊层间应用风铲清理焊渣，对于两边沟槽及深度夹渣采用碳弧气刨清除干净，并用磨光机打磨后重新焊接；

4）在交接班时，应用氧-乙炔火焰对焊缝进行烘烤，去除湿气，使之具有一定的温度，减少温度应力。

5. 焊缝质量检测

采用超声波探伤仪检验焊缝质量，对有缺陷的焊缝，应清除缺陷两端 50mm 部分，并按正式焊缝相同的焊接工艺进行补焊，直至焊缝达到质量要求。

第七节　高层钢结构制作与安装

一、钢结构材料

建筑钢材主要品种是轧制 H 型钢和不同厚度钢板制造的各种焊接截面，传统的工字钢、槽钢，角钢已基本上不在高层建筑上采用。世界上 H 型钢主要有 3 种标准，即美国标准（AICS）、德国标准（DIN）和日本标准（JIS）。到 1995 年我国已生产轧制的 H 型钢。为满足我国目前对 H 型钢的需要，冶金部已组织焊接 H 型钢的批量生产，规格为 H（高度）＝100～2000mm，并颁布了两个相应的标准：《焊接 H 型钢（YB 3301—81）》和《轻型焊接 H 型钢（YB 3302—81）》。

钢结构用钢大致可归纳为普通碳素钢、普通低合金钢和热处理低合金钢 3 大类，国外钢结构所用钢材的牌号和型号虽然不同，但冶炼方法、化学成分、机械性能和加工制作条件差别不大。钢材的强度基本接近一致，相当于我国普通碳素钢和普通低合金钢（见表12-59），而大量使用的仍以普通碳素钢（相当于我国的 A3F 钢）为主。我国的《钢结构设计规范》（GB 50017—2003）中，除了 Q235 钢和 16Mn 钢外，还增加了 Q390 和 Q420。这两种钢号可用于受拉和受弯构件，综合性能较好，其强度比 16Mn 高 11%，比 A3 高 63%。

表 12-59　各国常用钢材型号的力学性能表

国名	标准	分类	钢号	机械强度			
				屈服强度（MPa）	抗拉强度（MPa）	伸长率（%）	冷弯试验
中国	GB700—81	低碳钢	Q235	240	380～470	26	0.5a
	GB1591—79	低碳钢	Q235	240	380～470	26	0.5a
		低合金钢	16Mn	350	＞590	21	2.0a
美国	ASTM	低碳钢	A36	250	410～560	23	1～1.5a
		低合金钢	A242	350	＞500	21	1～1.5a
			A440	330	＞480	21	1.5a
			A441	350	＞500	21	1～1.5a
		热处理淬火合金钢	A514	700	800～930	14	1.5a
		高强低合金钢	A572				
			A588	450	420～560		
日本	JIS3106	低碳钢	SM41	250	410～520	24	1a
		低合金钢	SM50	330	500～620	22	1.5a
		低合金钢	SM53	370	530～650	19	1.5a
		低合金钢	SM58	470	580～730	20	1.5a
英国	BS4360	低碳钢	Gr40	230	400～480	25	1.25a
			Gr43	250	430～510	22	1.5a
		低碳钢	Gr50	355	490～620	20	1.5a
			Gr55	450	550～700	19	1.5a
法国	NFA35—501	低碳钢	E24（A37）	235	360～410	24	1.5a
			E26（A42）	255	410～490	23	1.5a
		低碳钢	E36（A52）	355	510～610	20	2.5a
			A70	370	690～830	10	—
德国	DIN17100	低碳钢	St37	240	370～450	25	1a
		低碳钢	St42	260	420～500	22	2a
		低合金钢	St52	360	520～620	22	2a
		低合金钢	St70	370	700～850	10	—
俄罗斯	ГОСТ380	低碳钢	CT3KN	240	370470	27	0.5a
			CT3nc	250	390490	26	0.5a
			CT3rnc	250	390500	26	0.5a
		低合金钢	14Г2	340	＞470	21	2.0a
			15ХСНд	350	＞500	21	2.0a
			10ХСНд	400	＞540	10	2.0a
			16Г3АФ	450	＞600	20	2.0a
		高强度钢	12ГН2МФАЮ	700	＞850	12	2.0a

二、施工顺序

高层建筑钢结构由于其自身结构的特点，其施工流水线的划分同单层建筑的钢结构截然不同。一般是从高度方向按钢立柱分节的情况来确定安装施工流水顺序，一个节柱框架作为一个流水段，然后确定每个安装流水段的安装程序。每一节间施工流水段如图12-93所示。

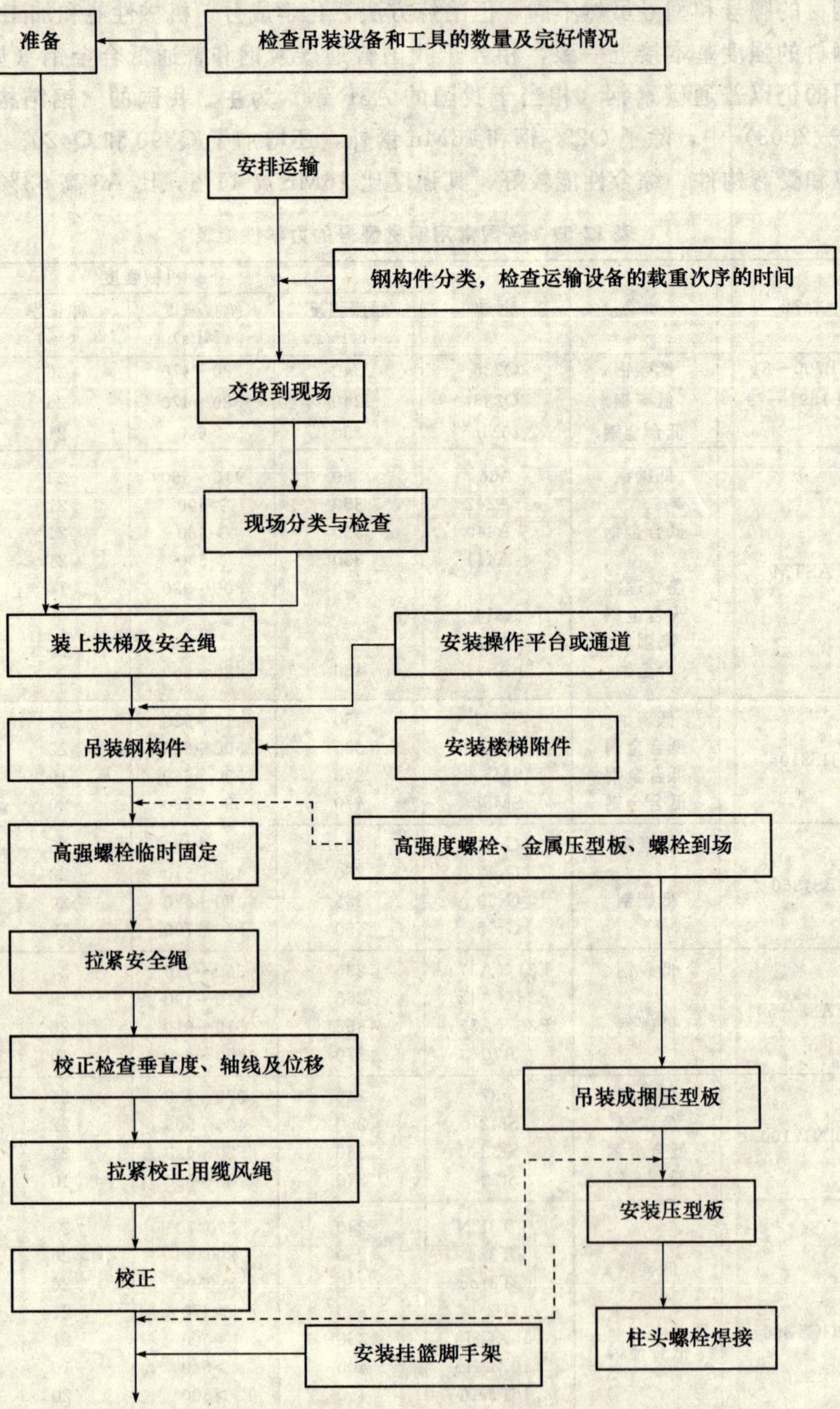

图 12-93 高层钢结构每一节间施工顺序图

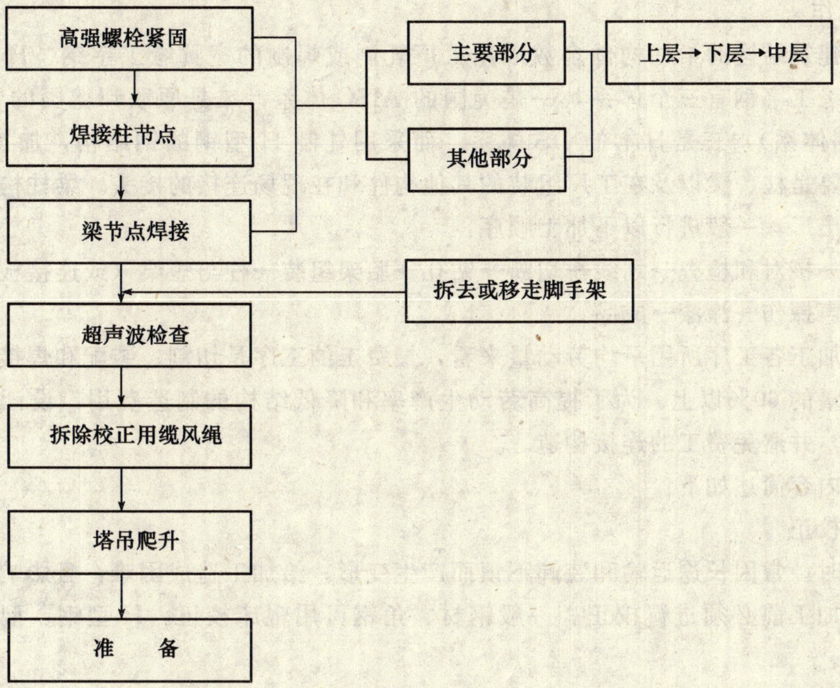

图 12-93　高层钢结构每一节间施工顺序图（续）

三、加工制造

高层建筑钢结构的加工、制造，比一般钢结构的精度更高，因此应采用较先进的技术装备并在严格的质量管理下进行，钢结构的构件有钢柱、主次梁、支撑、剪力板、金属压型板等，主要构件的长度和重量是钢结构加工制造、运输、吊装的关键，除个别特殊构件外，一般钢构件的单件长度控制在小于 15m，单件重量控制在小于 12t。一般可将 H 型钢、钢板等加工成能够运输和吊装的梁、柱构件。在高层建筑钢结构中，不论其体系如何，都采用单元钢框架进行安装，也称为扩大柱段或叫树形柱段（见图12-94）。柱段的划分为主要依柱子的截面大小，柱段长度一般相当于 2～4 个楼层高度，为了安装方便，一般柱子的工地拼接点位置在横梁以上约 1.2m 处，对于外框筒结构，因周边梁的跨度很小（不大于 3m），通常将其切成两段，预先焊接在柱子的相应位置上，在现场只作跨中的螺栓连接。对于焊接的钢框架，在柱段的两个轴线上，则焊有用以固定柱与柱和柱与梁相对位置的螺栓连接板。

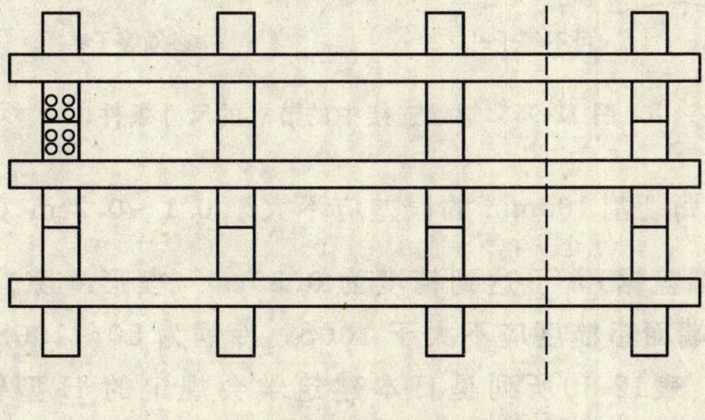

图 12-94　螺栓连接的单元钢框架

1. 梁柱制作

国外高层建筑结构的梁柱构件多数采用工厂轧制或焊制的宽翼缘工字钢、H 型钢。目前世界上宽翼缘工字钢有三个体系，一是美国的 AISC 体系，二是原联邦德国的 DIN 体系（也可称为欧洲体系），三是日本的 JIS 体系。而采用轧制 H 型钢的钢结构，加工量最小。其加工对象主要是柱、梁以及在工厂组装的其他构件和在现场连接的接头。梁柱构件，从钢材进厂到构件出厂，一般进行以下加工顺序：

钢材进厂→核对和检查→划线→切断→钻孔→胎架组装→柱与短梁（或连接板）焊接→矫正→焊口超声探伤→涂漆→成品。

从钢构件加工各工序所用平均劳动量来看，最费工的工序是切割、装配和焊接，它们几乎占全部工作量的 60%以上。为了提高劳动生产率和降低结构的制造费用，设计时应尽量减少焊缝总量，并避免费工的连接构造。

各工序的内容简述如下：

（1）钢材校正

钢材进厂时，常因长途运输和装卸不慎而产生变形，给加工造成困难，且影响制造的精确度，因此在加工前必须进行校正。一般钢材、角钢可用辊床校正。H 型钢、型钢可用水平直弯机校正。

（2）放样

（3）切割

切割工序又称下料，钢材的切割有剪切、锯切和气割等方法，以用剪切机切割最方便，H 型钢柱要求相对接的两个端面完全接触，以利垂直力的传递。因此，切割方法应能保证切割端面的直角度和光洁度（见图12-95）。

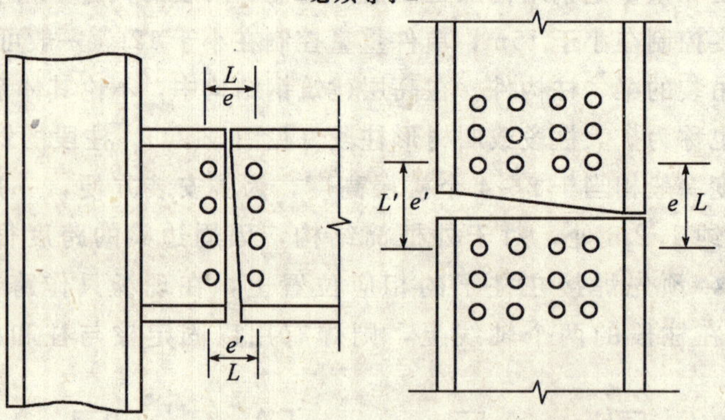

图 12-95　螺栓连接中的节点的尺寸条件

据日本资料介绍，每切割 100mm 的误差应不大于 0.1～0.2cm（即$\frac{1}{1000}$～$\frac{1}{500}$）。为保证切割精度冷锯（即圆盘锯），可达到精度为 0.35cm（楔形缝隙）。按日本钢结构施工规范（JASS6），切断端面粗糙度应不大于 100S，冷锯为 50～100S，锯割为 80～100S，铣削加工为 20～40S。表12-60所列是日本建筑学会规定的 H 型钢形状和尺寸的允许偏差。

表 12-60　H 型钢形状和尺寸允许偏差

项目	简图	规格（mm）	允许偏差（mm）
宽度（B）	(a) 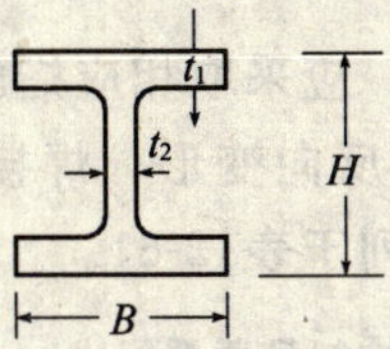	—	±3.0
高度（H）		<400 400～600 >600	±3.0 ±4.0 ±5.0
厚度 t_2		<16 16～25 25～40 >40	±1.5 ±2.0 ±2.5 ±3.0
厚度 t_1		<16 16～25 25～40 >40	±1.0 ±1.5 ±2.0 ±2.5
长度 L	(b) 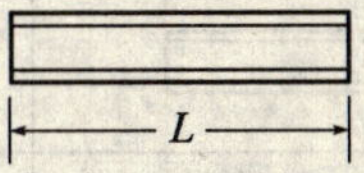	≤7m	+40 −0
		>7m	长度每大 1m，允许偏差正值增加 5
直角度 T	(c) 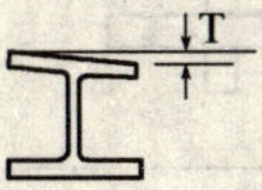	H≤300	T=1.2%×B 但不大于 2mm
		H>300	T=1.5%×B 但不大于 2mm
弯曲 h	(d) 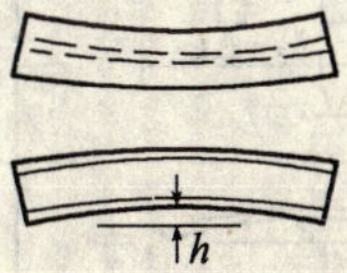	H≤300	h≤0.2%×L
		H>300	h≤0.1%×L
中心偏移 s	(e) 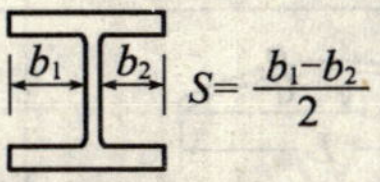	H≤300	±3.0
		H>300	±4.5
切割面直角度 e	(f) 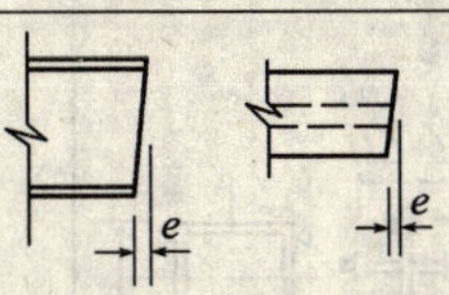	—	<B 或 H 的 1.6%，但不得大于 3mm

（4）钻孔

制孔方法有冲孔和钻孔两种，冲孔在冲孔机上进行，一般只能较薄的钢板。钻孔加工采用高精度多轴钻床，亦称三向群钻。先进的群钻为数控，按指令纸带工作，有钻头 24 根，每一方向 8 根，加工孔径为 20.5～26.5mm，钻进速度为 10～50mm/min，孔位精度为 ±1mm/m。为了避免拼装时孔眼对不齐，有时先在零件上冲成或钻成较小的孔，待结构预装配时，再将孔扩钻到设计直径，这样制成的栓孔质量较高。

(5) 组装

组装是把加工好的构件按设计要求拼装成一个节间的柱框架，并加以点焊固定。构件在装配时，为了固定零件的相对位置常需采用模架，并用螺丝夹和卡子等夹具夹紧。柱单元组装是耗用劳动量最多的工序，对于批量的构件，应采用组装胎具，以提高效率和精度，胎具是一种组装用水平台座，其上配备液压缸或汽缸，并借助于挡铁控制装配尺寸。对于小型组装构件，不采用旋转胎具，施焊时更为灵活。

(6) 成品校正

当焊接后构件的残余变形超过规定的限值时，应采取相应措施予以校正，最合理的方法是采取合适的施焊次序，或在施焊前对构件给予反向变形，焊接后正好消除残余变形的目的，日本建筑学会规定的柱、梁制品的质量标准列于表12-61。

表 12-61 钢结构梁、柱制品质量标准

序号	项目	简图	标准允许偏差 (mm)
1	梁的长度 ΔL	(a) 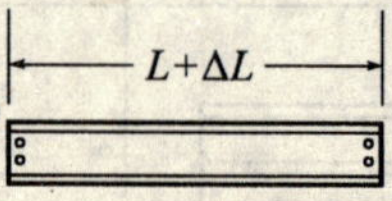	$\Delta L\leqslant\pm3$
2	柱的长度 ΔL	(b) 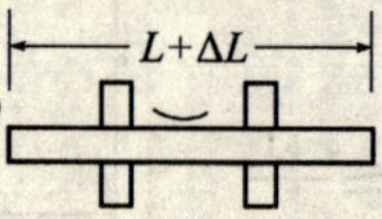	$L<10$m 时 $\Delta L\leqslant\pm3$； $L>10$m 时 $\Delta L\leqslant\pm4$
3	层高 ΔL	(c) 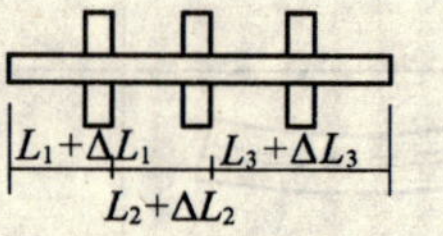	$\Delta L_1\leqslant\pm3$； $\Delta L_2\leqslant\pm3$； $\Delta L_3\leqslant\pm3$
4	梁的挠曲 e	(d) 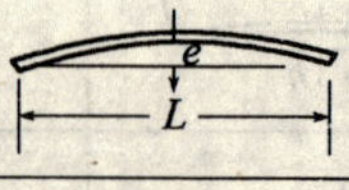	$e\leqslant L/1000$； 同时 $e\leqslant10$
5	柱的挠曲 e	(e) 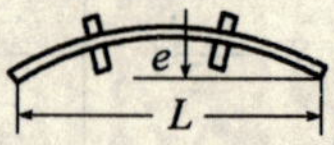	$e\leqslant L/1000$； 同时 $e\leqslant10$
6	构件截面高度 ΔH	(f) 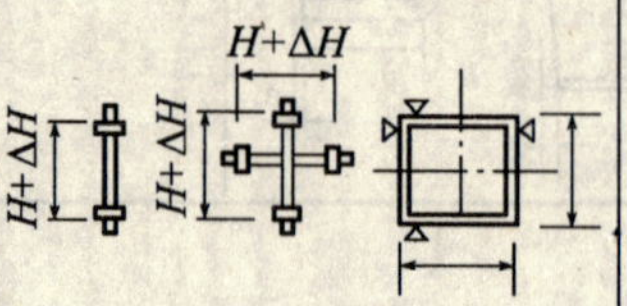	$H\leqslant400$ 时 $\Delta H\leqslant\pm2$； $H>400$ 和 <800 时 $\Delta H\leqslant\pm H/200$； $H\geqslant800$ 时 $\Delta H\leqslant\pm4$
7	构件截面宽度 ΔB	(g) 	$\Delta B\leqslant\pm3$

续表

序号	项　目	简　图	标准允许偏差（mm）
8	翼缘倾斜 e	(h) 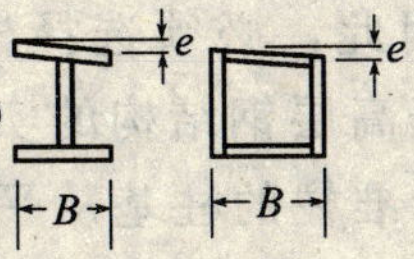	$e \leqslant B/100$ 同时 $e \leqslant 3$
9	翼缘弯折 e	(i) 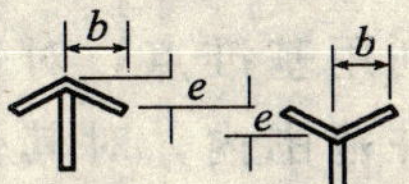	$e \leqslant b/100$ 同时 $e \leqslant 1.5$
10	腹板中线偏移 e	(j) 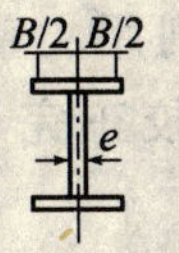	$e \leqslant 2$
11	腹板挠曲 e	(k) 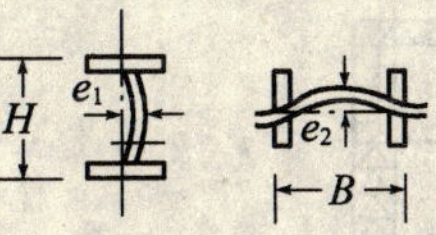	$e_1 \leqslant H/150$ $e_2 \leqslant B/150$，但不适用于 $t \leqslant 6$mm 的情况
12	接头部分偏斜 e	(l) 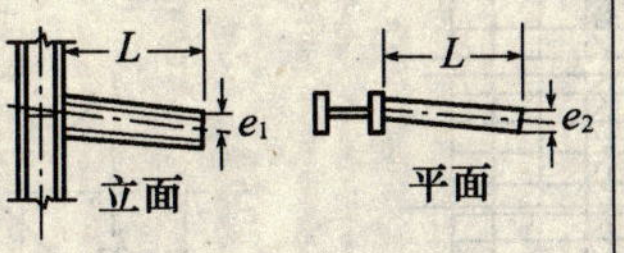	e_1 和 $e_2 \leqslant L/300$ 同时 e_1 和 $e_2 \leqslant 3$
13	接头部分长度 ΔL	(m) 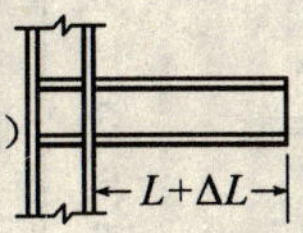	$\Delta L \leqslant \pm 3$
14	柱子扭曲 δ	(n) 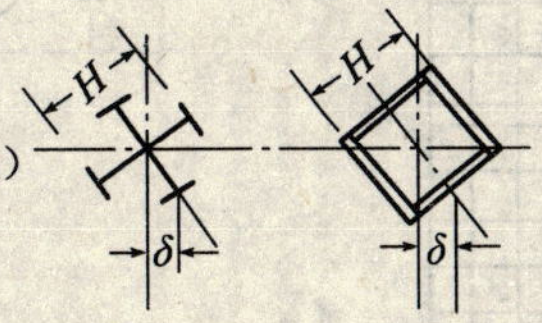	$\delta \leqslant 6H/1000$
15	端面接触（直角度）e	(o) 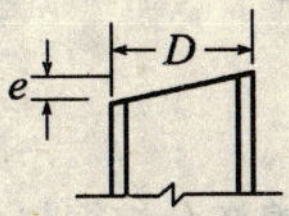	$e \leqslant 1.5D/1000$

（7）油漆和编号

经过规定的验收手续后，将构件送到油漆装运车间进行油漆编号，然后运往安装工地，但应注意在安装焊缝处应预留出 30～50mm 宽的范围，待工地施焊后再补刷油漆，以免影响焊接质量。

2. 框架校正

框架校正的控制标准，按美国 AISC 的 1978 年规范，对钢结构安装阶段提出具体的控制允许偏差，要求柱的垂直度偏差 $L/1000$，且总高度不得大于 12mm，标高偏差应小于 6mm，柱轴线位移 $L/1000$ 且≤6mm。框架校正前先吊装就位形成框架，然后对框架进行整体校正。从校正顺序可知，安装偏差首先是在焊接前检查并校正的，但校正后进行焊接后又会引起偏差，因此，必须选择标准和基准点。标准柱的选择必须便于流水段的正常施工，数量应根据高层钢结构的实际情况确定。例如上海锦江分馆采用 8 根标准柱（见图12-96）。每根标准柱的柱基从平面 x 和 y 轴两个方向，分别引出距离 e 值作补偿线，补偿线的交点即为该标准柱的点。基准点标志应加以保护，防止损失。然后采用高精度激光经纬仪，利用基准点，对每个流水段进行垂直度观测校正，使每节标准柱的垂直偏差控制在允许范围内，对其他柱列的垂直度测定和校正是在已校正的 8 根标准柱顶部用钢丝组成两组矩形封闭圆形，钢丝同标准柱轴线的间距也用 e 值控制。通过钢丝封闭圆形，对其他柱列用丈量法测定，一般在允许偏差范围内，只记录，不校正，超过规定时再进行校正。校正完毕，作好记录，经验收后，立即进行高强螺栓终拧紧固工作。

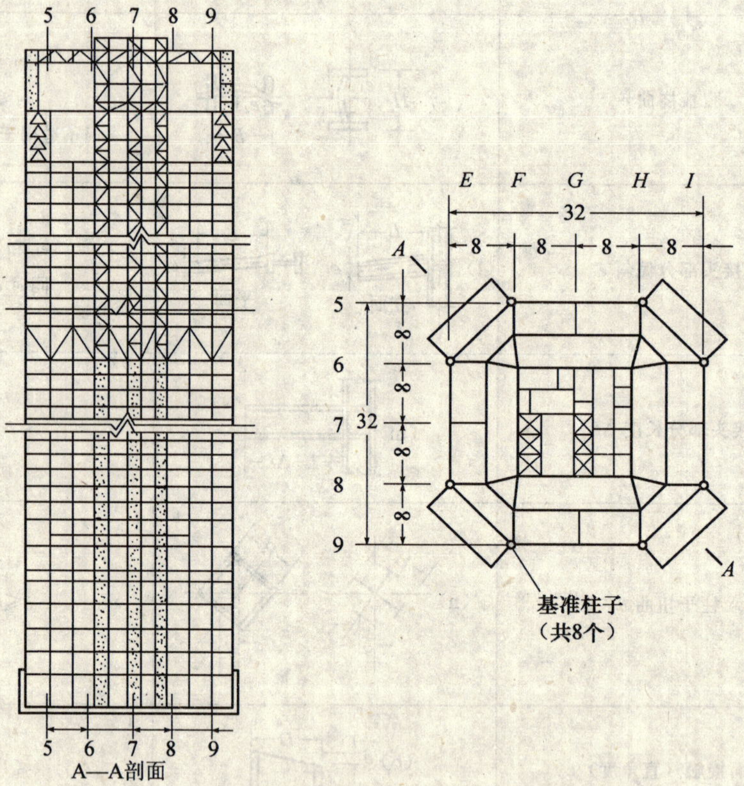

图 12-96　上海锦江分馆框架校正设置的标准柱和基准点

又如上海瑞金大厦钢结构框架校正是采用了下列校正顺序：

吊装中间节间柱→安装柱间临时支撑→安装架→安装相邻两节间柱和梁→柱校正→拧紧上下层柱间高强螺栓→拧紧柱与梁接头的高强螺栓→整体复验校正结果。

首先，吊装从中间一个节间开始，以一个节间的柱网为一个吊装单元，先吊装柱，后吊装梁。为保证施工中的整体稳定，在柱间加设临时支撑，一个柱网单元吊装就位并临时固定后，再在其左右吊装两个节间，待 3 个节间构件全部安装完成后，再进行全面校正工作。校正前各节点的螺栓不能全部拧紧。校正方法是在两柱之间安装交叉钢索和手扳葫芦（见图12-97）。根据经纬仪观测的偏差值，拉动手扳葫芦，逐渐校正其垂直度，同时校正柱网尺寸及轴线角度。经反复校正，全部达到要求后，即用测力扳手将上柱与下柱接头的螺栓拧紧。第一个节间中央柱的安装精度对整个三层结构安装精度起决定作用，故应提高其校正精度要求。

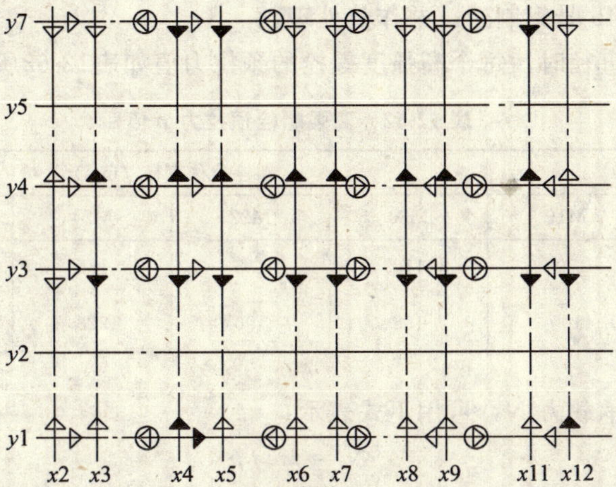

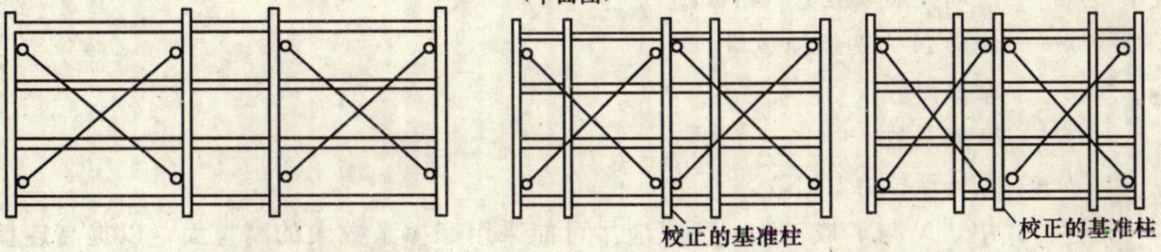

（a）（x轴线校正时拉接）　　（b）（y轴线校正时拉接）

图 12-97　柱子垂直度校正用交叉索布置图

◁表示利用临时支撑节点板；△表示柱吊装校正用环；▲表示 1～10 层利用临时支撑节点板

在所有接头的螺栓拧紧后，再进行总体的校正复验，确认无误后，即在柱与柱之间安装临时支撑。最后按设计要求焊接固定。在中央 3 个节间的钢结构安装校正完成后，吊装工作逐步向四周发展，随吊装随校正。

四、钢构件的连接

钢结构中构件的连接占有重要地位，在不少情况下，连接可能先于构件发生破坏，成为整个结构破坏的根源，因而在设计和施工时应予以足够的重视。钢结构构件连接的施工，除了安全可靠，便于制造、运输、安装、维护外，还应注意经济合理，连接部位用料省而造价低。钢结构构件的连接方法，以往采用传统的普通螺栓连接的铆钉连接，已被焊接和高强螺栓连接所代替，成为占绝对优势的连接方式。但焊接连接也存在一些问题，拟定施工方案，经过试验，分析比较，使之完善。普通螺栓中粗制螺栓一般用在次要连接或安装时用作临时固定，精制螺栓尺寸准确，但因孔径要求高，价格较贵且安装困难，也较少使用，高强螺栓有摩擦型和承压型两种，目前多数使用摩擦型高强螺栓，现将钢结构构件的连接方法分述如下。

1. 螺栓连接

摩擦型高强螺栓，借助螺栓紧固产生的强大轴力夹紧板束，靠接触面间产生的抗剪摩擦力传递同螺栓轴方向相垂直的应力。这种连接螺栓只受拉，不受剪。高强螺栓用钢，强度级在 1000N 以下的为中碳钢，经热处理，既有一定强度，又有一定塑性，强度级在 1000N 以上的为低合金钢，含 Mn，Cr，Ti，Ni 等合金元素。我国高强螺栓用钢材，一种是优质碳素钢（35 号和 45 号钢），经热处理 f_n（抗拉强度）＝830～1030MPa，称 8.8 级高强螺栓；另一种是合金钢，有 40B，20MnTiB 和 35VB 等，热处理后，f_n＝1040～1240MPa，称 10.9 级，螺母和垫圈均用 45 号钢制造，并作热处理。

不同钢材和不同直径时，每个高强度螺栓的预拉力值如表12-62所示。

表 12-62　高强螺栓预拉力 p 值　　(kN)

螺栓强度等级	螺栓公称直径（mm）					
	M16	M20	M22	M24	M27	M30
8.8 级	70	110	135	155	205	250
10.9 级	100	155	190	225	290	355

高强螺栓的极限承载力 N，可用下式表示：

$$N = nmfp$$

式中　N——滑动极限承载力（kN）；

n——传递 N 力的螺栓数量；

m——摩擦面数；

f——摩擦系数；

p——螺栓预拉力（kN）。

上述公式中，N 与 f 成正比，所以应尽可能采用摩擦系数大的摩擦面，以提高连接效率，减少接头尺寸，并减少螺栓数量。为了提高连接构件间的摩擦阻力，对被连构件的接触面应进行喷砂处理。不同的处理方法，被连构件接触面间的抗滑系数也不同，其值列入表12-63中。

表 12-63　摩擦面的抗滑系数 f 值

摩擦面处理	构件的钢号		
	Q235 钢	16Mn 钢	15MnV 钢
喷砂	0.45	0.55	0.55
喷砂后涂无机富锌漆	0.35	0.40	0.40
喷砂后生赤锈	0.45	0.55	0.55
钢丝刷清除浮物	0.30	0.35	0.35

高强螺栓施工中应注意的事项有：

（1）由于螺栓紧固轴力偏差，紧固后钢材的松弛和蠕变等原因，轴力会有一些损失，因此应按设计轴力超紧固 10%，以补偿这种损失，这一紧固轴力称为施工轴力，其允许误差应不大于±10%。

（2）不论何种螺栓，紧固均应分两次进行，第一次紧固到施工轴力的 60%～80%，第二次紧固到 100%。因为连接板或构件难免翘曲，板层间贴合不密，当接头面上螺栓较多时，先紧固的螺栓的部分轴力消耗在钢板变形上，当其周围的螺栓被紧固后，其轴力被分摊而减小。所以，两次紧固是缩小螺栓之间相互影响的紧固方法。

(3) 螺栓紧固应十分注意紧固顺序，从中间向四周扩展。如果连接板翘曲不平，从两端向中间紧固，就可能使中间鼓起而不能密贴，失去摩擦传力作用。

(4) 采用扭矩法拧紧高强螺栓，是用一种能直接显示施加扭矩大小的专用扳手来实现。使用前，应先标定扭矩和栓杆中建立的预拉力值间的对应关系，使用时，用安装在扳手上的扭矩值显示器表示扭矩已达到要求值。此法比较精确，但施工中要特别防止扭矩系数发生变化。扭矩系数的稳定性，除制造工艺外，还取决于施工因素。因此，要注意螺栓的包装、运输和存放，要求当天安装，不得露天存放。这些要求，对扭剪型螺栓尤为重要。

2. 焊接连接

在刚性连接的框架结构上，焊接连接采用广泛。它是保证梁柱接头刚度的一种重要的连接手段，它的优点是，接头简单而加工量小，节约钢材，对超厚钢材的连接更为有效，不削弱截面，制造省工，易于采用自动化作业，提高焊接结构的质量。

目前国内适用于现场施工的主要焊接方法列于表12-64。在钢结构施工中，一般只采用平焊和横焊，不采用仰焊。手工电弧焊的坡口形式示于图12-98。在施焊以前，先对相对称的两条焊缝坡口上下各100mm的范围用氧-乙炔火焰预热，预热温度为100℃，预热后，先用L—55焊条进行手工电弧焊打底，焊完上板厚的1/3，再用San-55A粉芯焊丝焊完整个焊缝。焊缝的最小厚度：手工电弧焊为4～5mm，粉芯焊丝半自动焊为5～6mm。

表 12-64 国内采用的焊接连接方法种类表

焊接方法	CO_2 保护半自动焊	粉芯焊丝半自动焊	手工电弧焊
效率（%）	95	75	60
作业性能	机械装置较大，施焊时风力不得大于2m/s，否则应设置防风装置	焊药产生的气体可抗10～15m/s的风力，在封闭场所注意通风	风力不得大于10m/s
电源和焊条（丝）	直流，80～500A，φ1.2、1.6mm	交流或直流，150～550A；φ2.4、3.2mm，盘条直径370～385mm，重10kg	交流110～310A，φ4、5、6mm

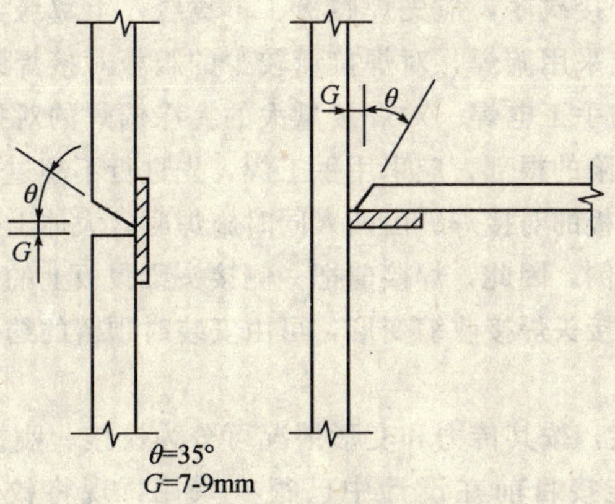

图 12-98 柱与柱和梁与柱接头的坡口形式

钢结构的焊接，不论采用何种焊接工艺，都应按照施焊顺序，在每层钢结构校正和固定以后进行（见图12-99）。钢柱的对焊，应由两名焊工按相反方向对称地同时焊接两侧焊缝，以防构件受热不均而产生热变形，引起过大的内应力。在高层钢结构中经常采用极厚钢材，如深圳发展中心大厦的钢结构，最大钢板厚度要求焊接 130mm，对这类极厚钢材的现场焊接应特别注意，一般来说，厚板焊接中最危险的问题是裂缝。焊接裂缝的原因，有冶金上的原因和力学上的原因。前者有母材的化学成分及其偏析以及氢脆等，后者有焊接时节点的约束作用和加热、冷却时的温度应力，它们的微妙组合导致了裂缝的产生。特别是因为极厚钢材的约束力极大，使这些因素的影响变得明显起来，在焊接施工中必须予以极大的注意。

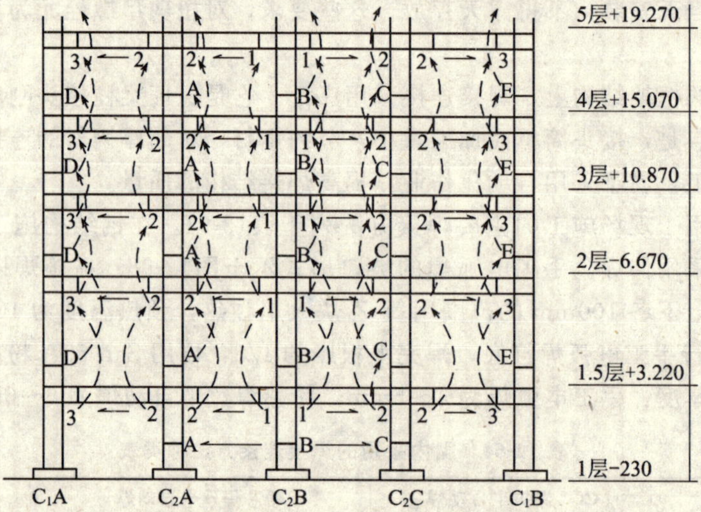

图 12-99　钢梁、钢柱的主要焊接顺序

对于柱与柱接头的焊接，首先应按施工方法要求的焊接次序进行。对容易产生焊接缺陷的根部，在气体保护弧焊的焊嘴在坡口内自由焊接之前，先用手工焊，进行不超过 3 层的焊接；在水平方向进行焊接的接头部位，沿坡口的上壁容易产生熔合不良。为了防止这种现象，焊接各层最后一遍焊道时，事先应把熔渣仔细清除掉，由于焊珠的接续处容易卷入熔渣而引起熔合不良，各层、各焊道的接续点，不能集中在一个地方。在容易产生缺陷的柱拐角处，不要断弧，而应进行环焊。柱焊接会引起层高缩短，因此工厂预制柱子时，预留 2mm 余长。

对于梁与梁接头的焊接次序，应先焊腹板、下翼缘、上翼缘，再焊角焊缝。下翼缘的对接接头作业条件狭窄，应采用俯焊，对焊接量较少的腹板对接焊缝的立焊，以及圆角朝上的对接焊缝，应采用可靠的手工电焊。对焊接量大的翼缘俯焊的对接焊缝采用效率高的气体保护弧焊，但对容易出现缺陷的根部，应采用手工焊，先进行不超过 3 层的焊接，对于水平方向的大弯曲变形，当左右腹板的对接焊缝由两人同时施焊时，大体上是可以防止的。梁与梁接头引起梁段的缩短和柱的倾倒。因此，焊接前把一侧接头梁腹板上的安装螺栓孔做成长圆孔，使梁可以滑动，此后产生的接头焊接收缩变形，可由安装时预留的约 5mm 的柱倾倒变形吸收。

3. 构件的连接

钢结构构件间的连接，按其传力和变形情况可分为铰接、刚接和介于两者之间的半刚接 3 种基本类型，半刚接连接目前在设计中已很少采用，现将铰接和刚接的连接方式按图 12-100～图12-103图示说明。

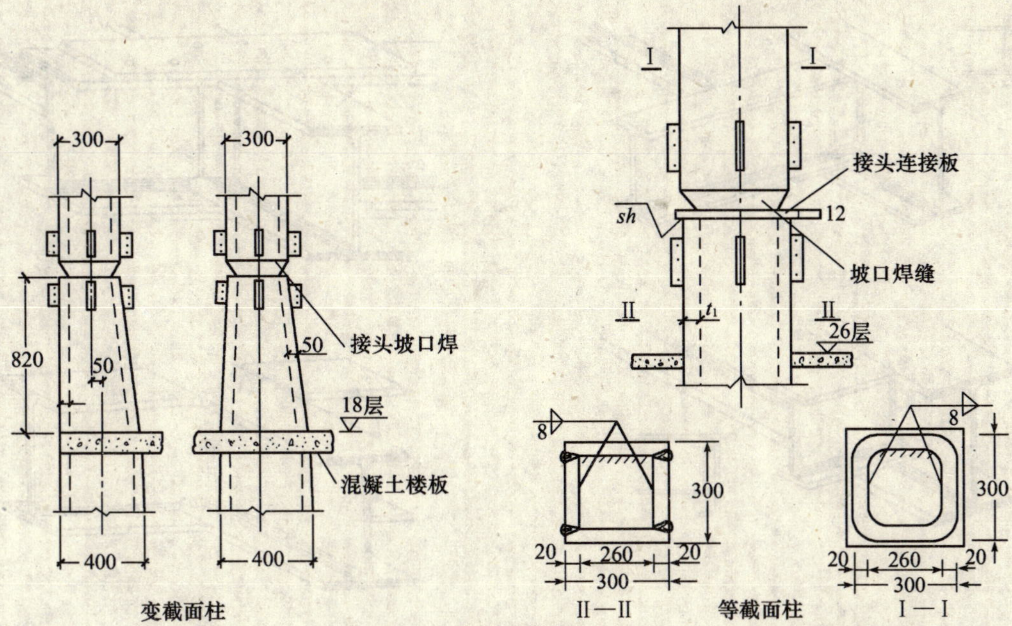

图 12-100　柱与柱连接

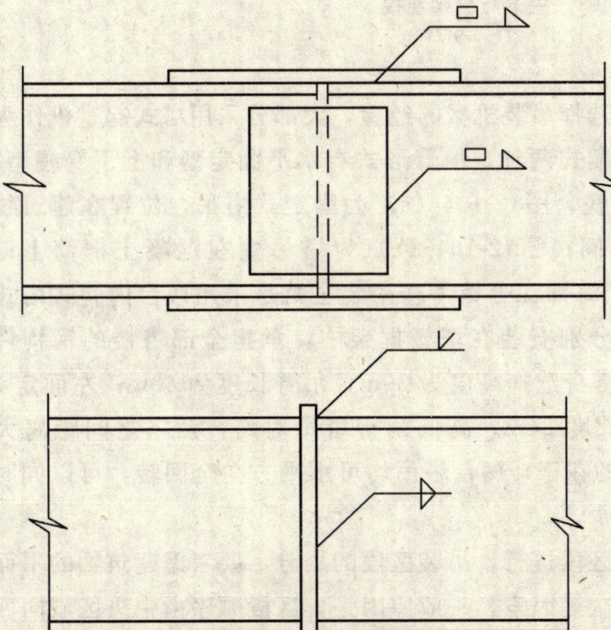

图 12-101　梁与梁连接

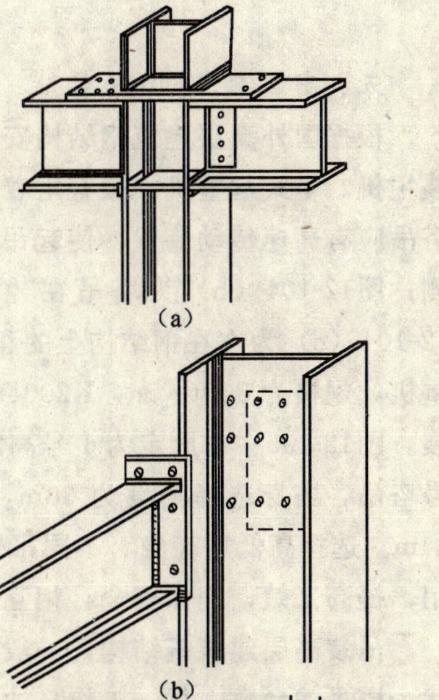

图 12-102　梁与柱连接

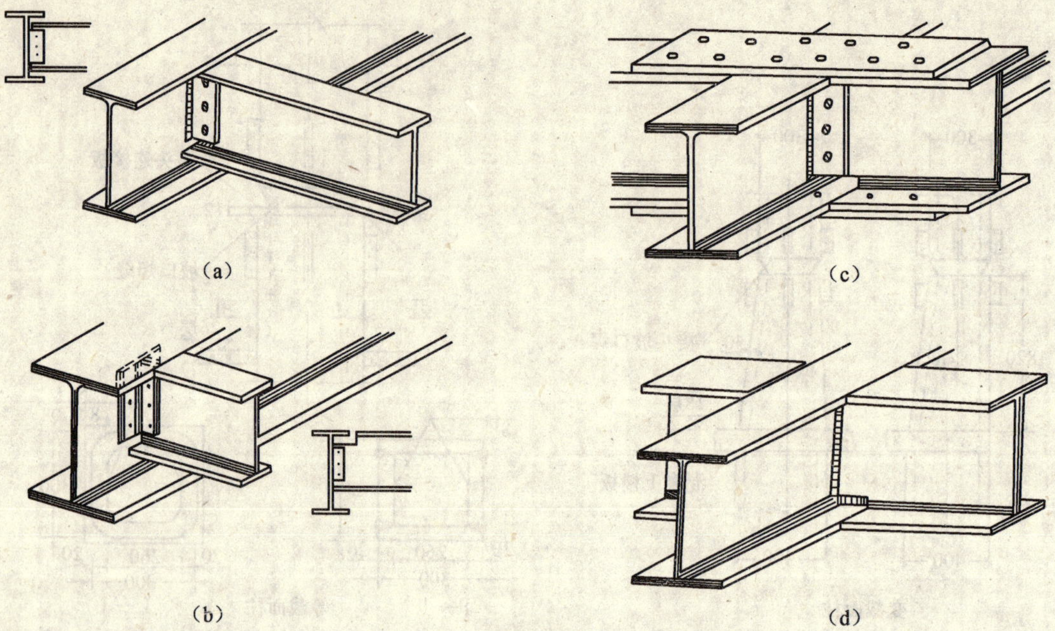

图 12-103　主梁与次梁连接

五、高层钢结构的吊装

根据国外高层建筑钢结构安装施工选择吊装机械的经验，大部分采用塔式起重机作为吊装主机。塔式起重机一般有附着式和内爬式两种，吊臂形式有水平固定型和上下变幅型等。塔吊应有高速传动装置，使起吊时间加快，图12-104（a）为固定式塔吊，位置在建筑物外侧；图12-104（b）为塔吊在建筑物中间；图12-104（c）为塔吊立在混凝土框筒上；图12-104（d）为立在钢结构上的爬吊。上海锦江分馆塔楼吊装主机是采用两台内爬式塔式起重机，规格为 200t・m，K200DS 型，分别安装在塔楼框架中，承担全部塔楼的钢构件安装，图12-105中右面定为 1 号高塔吊，塔身选择高度为 39m，吊臂长度为 40m；左面定为 2 号塔吊，塔身选择高度为 30m，吊臂长度 24m。高低两台塔吊对峙，两塔之间距离大于 24m。选择高低塔高身、不同吊臂的目的在于，两台塔吊均可水平方向全回转，可以同时使用，提高工效，确保安全，相互影响较少。

吊装高层建筑钢结构，一般按流水区段进行，吊装区段的划分，要考虑建筑物的平面形状、塔吊的台数、每一工作日的可能吊次等因素。一般原因是，区段顺序由中央区域向四周扩展，以利吊装误差的消除。每一区段的工作量，应能形成由柱、梁组成的空间构架。这样做，把经过矫正的柱子用梁加以固定，使其安装精度稳定，也有利于抗风和施工安全。钢结构的标准施工序如图12-106所示。

钢结构吊装可分楼层吊装，也可分跨吊装（见图12-107）。也有预先组装后再进行吊装，即先将构件组成大单元，然后吊装，这样可以加快进度。预组装可以在工厂拼装场做好，否则应在工地设临时组装场。图12-108（a）为竖直支撑；图12-108（b）为柱与梁连结单元；图12-108（c）为外柱与短梁连接。图12-109为整个高度的梁柱，预先在工地水平组装好，然后翻转、竖直。

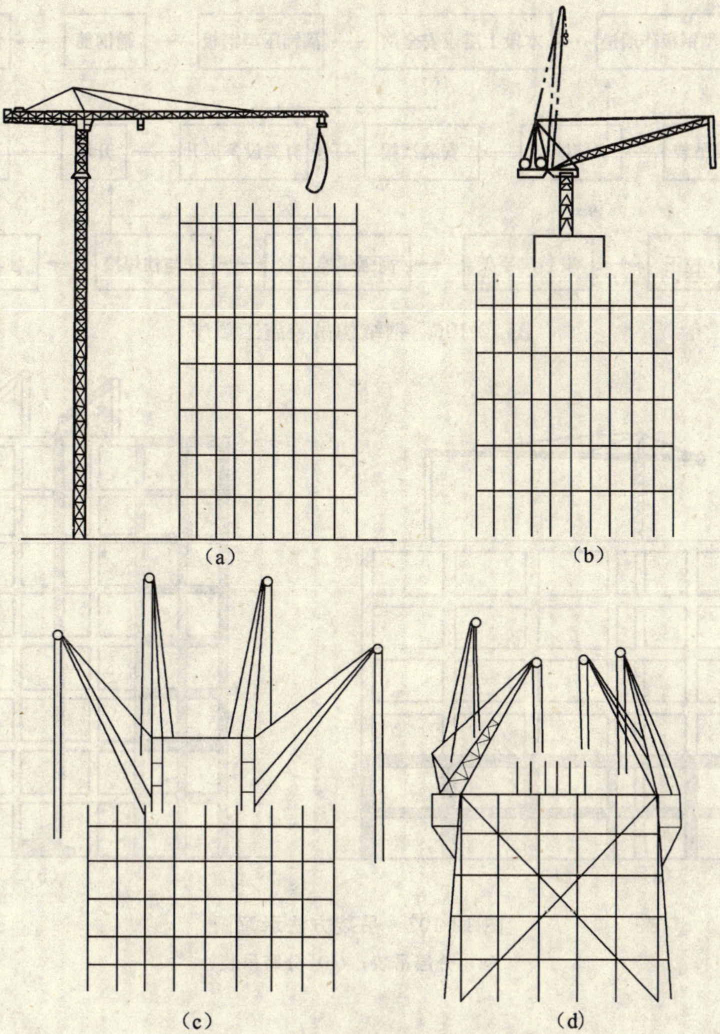

图 12-104　高层钢结构吊装示意图

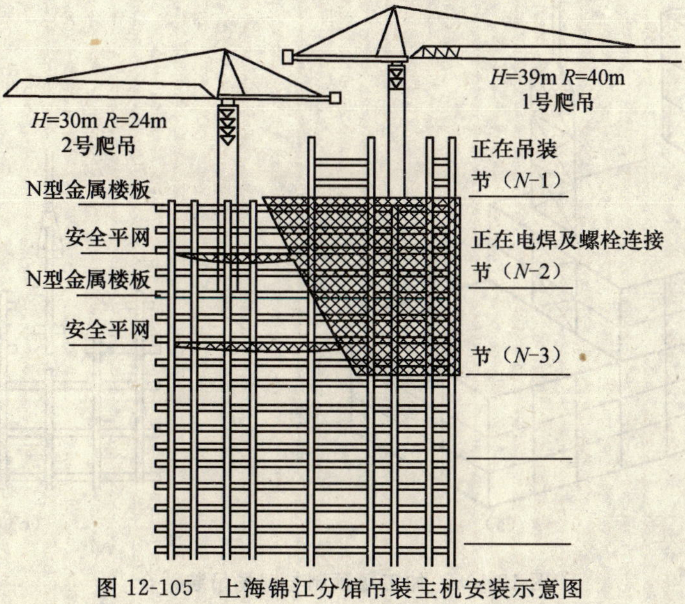

图 12-105　上海锦江分馆吊装主机安装示意图

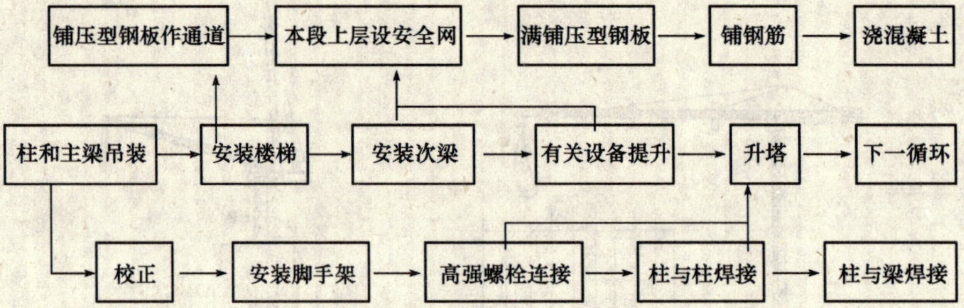

图 12-106　钢结构吊装施工顺序

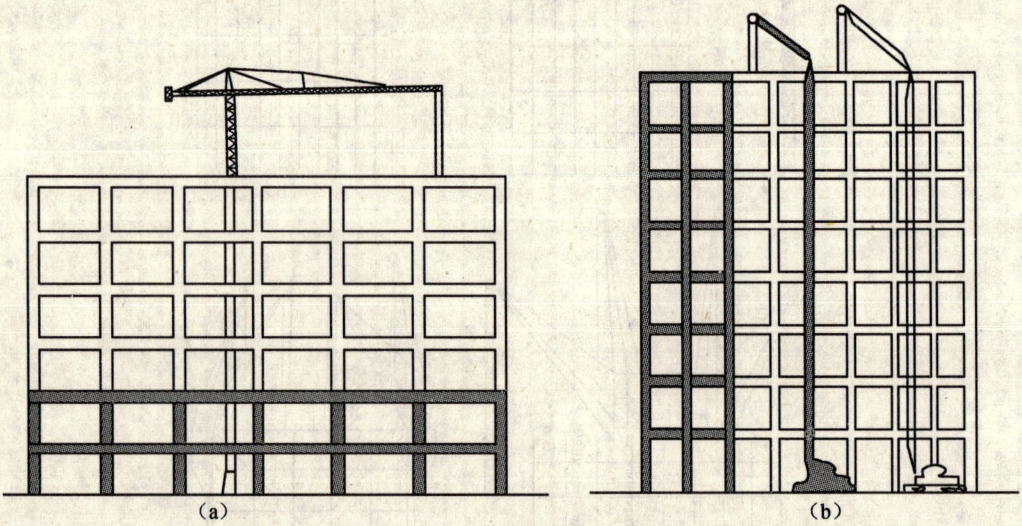

图 12-107　吊装方法示意图

(a) 分层吊装；(b) 分跨吊装

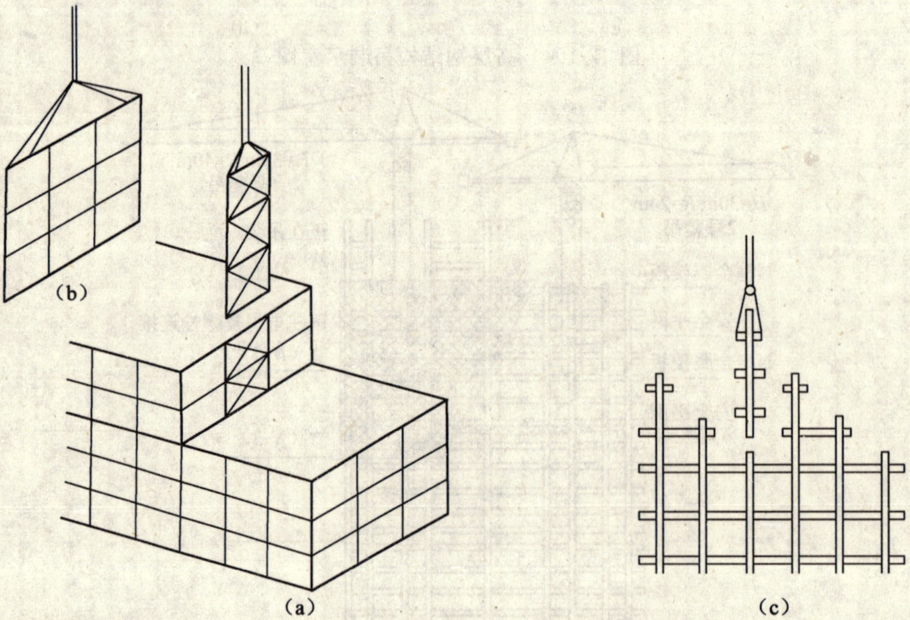

图 12-108　加工场预制与现场吊装结合

吊装前必须对土建施工交付的基础柱网轴线进行严格检查，要求第一节柱安装时的轴线位移偏差严格控制在≤1mm，柱子基础顶面标高误差值≤6mm，如果误差太大会带来其他构件接点连接的复杂化和安装的难度。

高层建筑的屋顶，常常设计成圆形的旋转餐厅，因此塔楼结构安装中最复杂的是实腹曲梁，其构件数量多，质量要求高。标高、曲度、圆心、节点连接等都有极高的质量标准控制。曲梁的安装方法是地面镶拼、高空组装，安装顺序是先里后外，对称安装。曲梁安装采用4点吊，增设平衡副吊点。安装时增设斜向浪风，临时固定在钢框架上，待曲梁组合成整体后再行拆除。

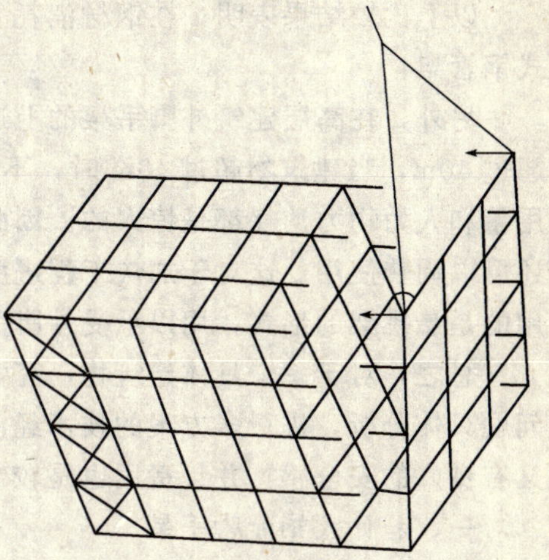

图 12-109　现场整体吊装示意图

第八节　脚手架工程

高层建筑施工的特点是体积大、层数多、露天作业多，高空作业多因而给施工作业带来一系列的困难。例如，在投影面积相同的施工现场上，建一个18层以上的高层建筑与建一个7～8层的多层建筑物相比，四周施工场地就相对狭窄，水平和垂直交通运输相对紧张。因此，不得不在有限的地面进行高空作业，在高空的空间里集中施工机具和操作人员，以满足工程施工和进度的需要。然而，作为高层建筑施工的重要组成部分——脚手架工程，对于建筑施工中与工程的工期、造价、现场文明以及作业人员的生命安全等都是十分密切的关系。

目前，国内外常用的高层建筑施工用的外脚手架系统主要有扣件式钢管脚手架系统，插接式钢框脚手架系统，桥式脚手架系统，双翼式脚手架系统，挂架-吊篮系统等。这些新型脚手架的使用大大改善了施工条件，降低了劳动强度，但是由于这些脚手架使用，对其技术经济特点缺乏足够的认识，因而难免造成技术的某些不合理，或经济上的浪费。为了施工部门在选择脚手架方案时考虑到经济合理，现按照钢材消耗及造价进行经济比较，但由于每个方案的具体条件不同，脚手架的布局及设置也不尽相同，故仅能给施工部门参考，按照脚手架的高度，分别以18m、48m、60m三种高度，并按建筑物外围每延长米计算，其结果列于表12-65。

表 12-65　每延米脚手架钢材和费用消耗参考表

脚手架高度（m） / 脚手架种类	18		48		68	
	钢材（kg）	费用（元）	钢材（kg）	费用（元）	钢材（kg）	费用（元）
桥式架	60.3	81.5	122.1	164.9	146.9	198.3
挂架-吊篮	52.8	79.7	74.5	120.1	83.1	140.4
扣插式钢管架	74.4	100.5	192.6	260.1	240	323.9
双翼式脚手架	240.7	515.2	641.8	1350.2	802	1717.8

注：平台式与插口式脚手架系统属专用脚手架，不宜与表中几种脚手架进行比较，故未列入表中。

以上比较结果表明，在钢材消耗及价格上，以挂架-吊篮为最经济，其次是桥式架扣件式钢管架。

另外，在高层建筑外脚手架的上述几种系统中，一般在要求从底向上搭设的最大高度不超过40m，当建筑物超过40m时，不可能一个高层建筑物全部一次满搭脚手架，其架料占用量和人力物力消耗都是惊人的。因此，一般都采用分段悬挑和分段搭设，各段之间的架料还可以周转使用。这对于加快工程进度，建筑物分段交付使用都是有益的。目前国内普遍采用的是悬挑架的形式，用以承受外脚手架的自重和施工荷载。

总之，对于一个具体建筑物，究竟采用哪一种系统的外脚手架和悬挑方式，则必须具体问题具体分析，进行多方案的技术经济比较，所选用的方案应是既能满足工程和使用要求，又有良好的安全感，并且费用也是较节省的。

一、扣件式钢管脚手架

我国自20世纪60年代以来，开始推广扣件式钢管脚手架，用于高度20m左右的房屋建筑的施工，并已取得了较大的进展。经过设计和使用证明，从地面向上搭设总高度不超过40m是可行的。安全的。对于超过40m以上的建筑物，采限吊撑、悬挑钢架等措施，可以解决40m以上高度的建筑物外脚手架的搭设、使用问题。扣件式钢管脚手架按承载能力可分轻型、中型及重型三类。各类脚手架额定载重量、应用范围及主要架设间距见表12-66。

表 12-66 钢管脚手架载重量与应用范围一览表

类型	额定载重量 (kN/m^2)	应用范围	主要架间距（m）	
			立柱最大间距	横梁间距
轻型	0.5 1.0	油漆工程、电气安装工程、设备安装、脚手板上不堆材料	3.0 2.7	1.5 1.35
中型	2.0	抹灰及装修工程	2.4	1.20
重型	3.0 3.0	砌筑工程、改建、翻建工程、安装工程、脚手板上堆放材料	2.0 2.0	1.0 1.0

采用扣件式钢管脚手架的优点是适用于各种外形形状的建筑物，安全感好，节省木材，用于外脚手架的钢管和扣件，可以组成多种结构形式，一材多用，周转次数多，显示出许多优越性。

但是，扣件式钢管脚手架用于高层建筑，搭设和拆除耗用工时多，劳动强度大，材料占用流动资金多，具有自身难以克服的弱点。

1. 钢管和扣件的材质要求

钢管脚手架所用的钢管大多为$\phi48\times3.5$，立杆和大横杆长度4～6.5m，小横杆2.2m。其材质符合GB 700～793号钢的技术条件，抗拉强度为340～475N/mm^2，流限为210N/mm^2。也有采用$\phi48\times3.25$规格的，其抗拉强度为520～650N/mm^2，流限≥360N/mm^2的钢管。重型钢管脚手架，也有采用$\phi76\times4.45$钢管的。

钢管脚手架连接扣件采用可锻铸铁或铸钢制作。连接直交的两根$\phi48$钢管用直角扣件，其允许安全荷载为12.5kN，旋转扣件允许安全荷载为12.5kN，接长钢管用的对接扣件可承受25kN的安全荷载。对有脆裂、变形、滑丝等现象的扣件也要进行清查筛选。扣件螺栓用A_3制成，并经过镀锌处理防锈蚀。

2. 构造分类

扣件式钢管脚手架按其搭设方式及结构构造特点可分为：

杆件拼装脚手架
- 钢管扣件脚手架
- 钢管插销脚手架
- 楔盘式钢管脚手架
- 管销式钢管脚手架

装配式钢管脚手架
- 门形构架式脚手架
- 框形构架式脚手架
- Π 形构架式脚手架
- H 形构架式脚手架

独立式组拼塔架
- 三角形构架式脚手架
- 梯形构架式组拼塔架

杆件拼装式钢管脚手架和装配式钢管脚手架可供结构施工和装修施工使用，而独立式塔架和移动式塔架一般仅供电气安装及部分装修工程使用。

3. 杆件布置

钢管脚手架的主要组成部件是主管、纵梁、横梁、十字剪刀撑、横斜撑、脚手板、踢脚板、扶手板、护栏及各种连接件。用于外墙施工时，其搭设方式示于图12-110。搭设扣件式钢管脚手架时，应特别注意以下几点：

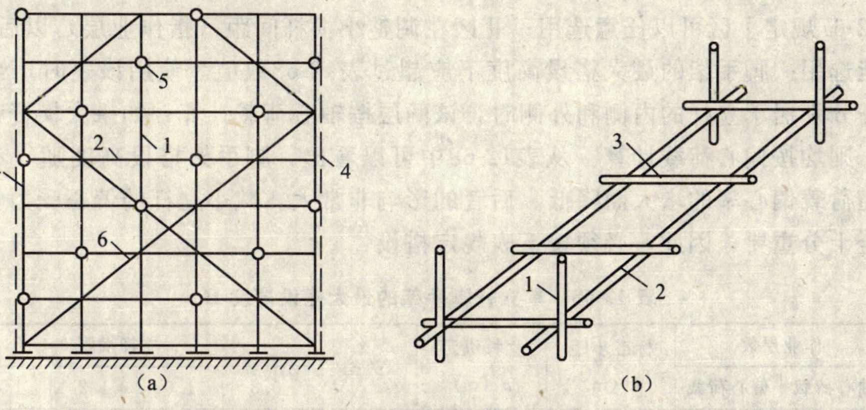

图 12-110　扣件式钢管脚手架搭设方式

1—立柱；2—纵梁；3—横梁；4—横向斜撑；5—附着锚固点；6—十字剪刀撑

十字剪刀撑及横向斜撑均应设在脚手架的外侧；斜撑和剪刀撑要与立柱相连接；纵梁两端固定在立柱上，而横梁两端则应固定在纵梁上，护栏高度必须大于 1m；锚固点应设置在立柱与纵梁相连接的节点处。锚固用的附着装置不得拉结在窗框、雨落管、避雷设施及其他不坚固或稳定性差的建筑部件上。

扣件式脚手架的立柱钢管长度不宜超过 5m，立柱节点之间的长度不得大于管径的 70 倍；两节点间斜撑长度不得超过管径的 80 倍。扣件式脚手架高度分段一般不应超过 30m。

按规定施工荷载设计和搭设扣件式钢管脚手架，根据计算结果，立杆的纵距 a 和横距 b 可按表12-67选用。

表 12-67　对立杆纵距和横距的限制区划表

立杆纵距 *a*（m）	类型	立杆横距 *b*（m） 0.8	1.0	1.2	1.4	1.6
1.4	中型	Ⅰ区	Ⅰ区	Ⅰ区	Ⅰ区	Ⅱ区
	重型	Ⅰ区	Ⅰ区	Ⅰ区	Ⅰ区	Ⅱ区
1.6	中型	Ⅰ区	Ⅰ区	Ⅰ区	Ⅱ区	Ⅱ区
	重型	Ⅰ区	Ⅰ区	Ⅰ区	Ⅱ区	Ⅱ区
1.8	中型	Ⅰ区	Ⅰ区	Ⅰ区	Ⅱ区	Ⅱ区
	重型	Ⅰ区	Ⅰ区	Ⅰ区	Ⅱ区	Ⅱ区
2.0	中型	Ⅰ区	Ⅰ区	Ⅰ区	Ⅱ区	Ⅱ区
	重型	Ⅰ区	Ⅰ区	Ⅰ区	Ⅱ区	Ⅲ区
		Ⅰ区	Ⅰ区	Ⅱ区	Ⅱ区	Ⅲ区

Ⅰ区（任意选用）；Ⅱ区（调整小横杆间距以后可以选用）；Ⅲ区（不用）

从表12-67规定Ⅰ区可以任意选用；Ⅱ区在调整小横杆间距（指作业层）以后可以选用；Ⅲ区则不能选用。脚手架的最大搭设高度不应超过表12-68数值。使用该表时，当两个作业层的大横杆分别居于立杆的内侧和外侧时，该两层按轴心荷载计算；如果大横杆都居于立杆的同一侧，则均按偏心荷载计算。从表12-68中可以看出，脚手架搭设高度随 a 和 b 的加大而减低，随荷载偏心率的增大而降低。后者的影响非常大。减小立杆的偏心受力情况对于确保使用安全十分重要，因此，必须按下表规定搭设：

表 12-68　单立杆脚手架的最大搭设高度 *H*

铺板层数	作业层数 轴心荷载	作业层数 偏心荷载	标准步距 *h*（m）	立杆纵距 *a*（m）	类型	立杆横距 *b*（m） 0.8	1.0	1.2	1.4	1.6
2	0	1	1.6	1.6	砌筑	76	72	68	63	58
					装修	79	76	71	67	63
				2.0	砌筑	69	64	58	—	—
					装修	71	67	62	57	—
			1.8	1.6	砌筑	80	76	71	66	61
					装修	82	78	74	70	66
				2.0	砌筑	71	66	61	—	—
					装修	74	70	65	60	—

续表

铺板层数	作业层数		标准步距 h (m)	立杆纵距 a (m)	类型	立杆横距 b (m)				
	轴心荷载	偏心荷载				0.8	1.0	1.2	1.4	1.6
4	0	2	1.6	1.6	砌筑	60	51	43	34	25
					装修	65	57	50	42	34
				2.0	砌筑	50	39	28	—	—
					装修	55	46	37	28	—
			1.8	1.6	砌筑	64	54	45	36	27
					装修	68	60	52	44	36
				2.0	砌筑	52	41	30	—	—
					装修	57	48	39	31	—
6	0	3	1.6	1.6	砌筑	45	32	19	—	—
					装修	51	41	31	17	—
				2.0	砌筑	34	19	—	—	—
					装修	41	27	13	—	—
			1.8	1.6	砌筑	47	33	19	7	—
					装修	52	41	29	16	—
				2.0	砌筑	32	17	—	—	—
					装修	40	26	12	—	—

相邻步架的大横杆应分别搭设在立杆的内、外两侧，即错开布置，改变过去传统的设置在立杆同一侧的搭设方法；

严格控制立杆的垂直偏差不超过架高的 1/1000；

严格控制在作业层上，一侧过多堆料或上人，按架宽方向计算的内外集中荷载对架宽中心的力矩之比不应大于 1∶2；当脚手架的搭设高度需要超过表12-71数值时，其下部应采用双立杆；上部单立杆脚手架的高度应小于表12-71数值。

脚手架应按规定设置必要的剪力撑和连墙拉结，以确保脚手架稳定并不发生侧移。剪刀撑要覆盖 3～4 根立杆，水平中心距不大于 12m，并沿高度连续设置；连接拉结，水平距离不大于 6m，垂直距离不大于 4.5m，且在单、双立杆交接处必须设置；水平斜拉杆，每 4～5 步架设一道，且设置在与附墙拉结相同的水平面内。

架高超过 50m 的脚手架，应考虑设置部分卸载措施，即装设悬挑架。悬挑架的固定应在可靠的结构部位，其外端应贴近立杆支挑脚手架的大横杆。悬挑架可自 40m 起，每 15m 左右设置一道，水平距离则控制在 12m 左右。脚手架一般应随建筑物一起逐步接高。其超出建筑物已施工部分的高度，立杆不得大于 6.5m，铺板层不得超过一步架。

4. 脚手架的稳定性验算

扣件式钢管脚手架实际上是由一些直线杆件组拼成的空间杆系结构。在负载情况下，部分杆件（立柱钢管）受压，不仅要进行强度验算，而且要进行稳定性验算。脚手架立柱失稳有三种情况：立柱钢管在各层脚手偏心荷载及由此附加的水平荷载的作用下失稳，称之为临界失稳；立柱钢管在 2 个节点之间失稳，称为局部失稳；整个脚手架在偶然发生的暴风及其他荷载作用下失去稳定，称为整体失稳。

脚手架稳定性计算很繁琐，目前，比较通行的办法是把整个脚手架稳定性验算简化为两端铰接、中心受压或偏心受压的立柱钢管稳定性的验算。

图12-111所示是钢管脚手架立柱的三种计算简图，其中较为接近实际临界荷载结果的是图中的（c）所示的计算简图。按此图计算时，要考虑附墙锚固的作用，立柱长度取为两相邻节点之间的距离。计算脚手架稳定性的假定条件是：立柱由一些杆件铰接连成，脚手架的空间位移受附墙锚固的制约，各层脚手架高度相等，全部垂直荷载的偏心方向一致。

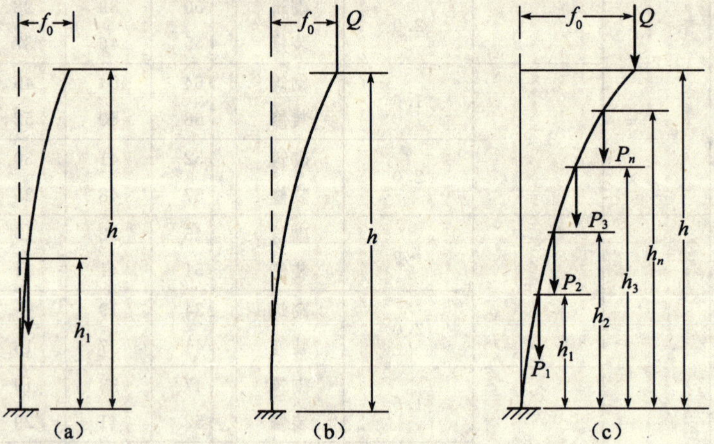

图 12-111　脚手架立柱钢管计算简图

按图12-111（c）所示的计算简图，用临界荷载法验算，既能保证足够的精确性，又为防止安装搭设过程和使用过程中的意外事故留有必要的安全度。

图12-111（a）的临界荷载为

$$P_{L1}=\frac{\pi^2 EJ}{4h_1^2}$$

图 12-111（b）的临界荷载可按下式确定：

由图可得

$$P_{L2}=\frac{\pi^2 EJ}{4h^2}$$

$$P_{L2}=\frac{\pi^2 EJ}{4h_1^2}\cdot\frac{h_1^2}{h^2}=P_{L1}\left(\frac{h_1}{h}\right)^2$$

由此可知，顶部负荷时的临界荷载小于在距离 h_1 处有荷载作用时的临界荷载。因此，如已知作用于 h_1 处的垂直荷载，乘以系数 $\left(\frac{h_1}{h}\right)^2$，即可折算出起相似作用的顶部荷载。据此，如立柱上有若干作用力，可折算出有相似作用的顶部临界荷载，以下式表示：

$$P_{Ln}=\left[P_1\left(\frac{h_1}{h}\right)^2+P_2\left(\frac{h_2}{h}\right)^2+\cdots+P_n\left(\frac{h_n}{h}\right)^2\right]T_{kp}$$

式中　T_{kp}——该组力的临界参数。

5. 脚手架安全事项

（1）防雷。一般在结构施工阶段，主要利用塔吊和电梯的避雷针。可是，进入装修阶段后，塔吊已拆除。由于外脚手架略高于建筑物，而钢材导电性比建筑物大得多，则有可能招来雷祸。因此，为增强避雷效果，各段应接通，并注意脚手架的底座须与建筑物的避雷设施相连通。

（2）防电。各种电线不得直接在钢管架上缠绕，电线和电动机具必须与脚手架接触时，应当有可靠的绝缘措施。

（3）防火。由于采用木脚手板、尼龙安全网，楼层的破旧胶合板等易燃物，应设置足够数量的灭火器。在电焊操作时，必须有专人看守，防止火星点燃。此外，还不准在施工脚手架上吸烟，或乱扔烟头。

（4）认真做好附墙锚固，对保证脚手架的稳定性极为重要。在通长的脚手架的顶部，每一步应设置一道锚固；在脚手架的顶部，每两跨设置一道锚固。

（5）严禁在脚手架上拉缆风、搭三角架、堆放预制构件或其他重物。无论是脚手架的搭设还是拆除，均不得上、下步架同时作业操作。

二、桥式脚手架

桥式脚手架就是用不同规格的角钢焊接成底座立柱、标准立柱和标准横桥、辅助横桥和端部横桥等组合件。应根据建筑物的需要选择高度和跨度（见图12-112）。立柱分为标准立柱和底座立柱。立柱截面尺寸为 400×400mm，标准节长 L＝4m，主肢角钢用∠45×4，缀条腹杆用∠30×3，接头法兰用∠50×5，立柱节间间距 50cm。底座立柱放于地面上的一端角钢为∠75×50×6。每节立柱要求端面平直，上、下端接头法兰平行。全高内不允许产生扭曲现象。立柱每节长度为 4m，钢桥长度为 8m，立柱组装总高度，当跨度为 16m，高度不超过 20m，垂直偏差全高内不大于 3cm，当高度增加时，跨度应相应减少。此时，高度、跨度和附墙连接应通过受力计算来确定。

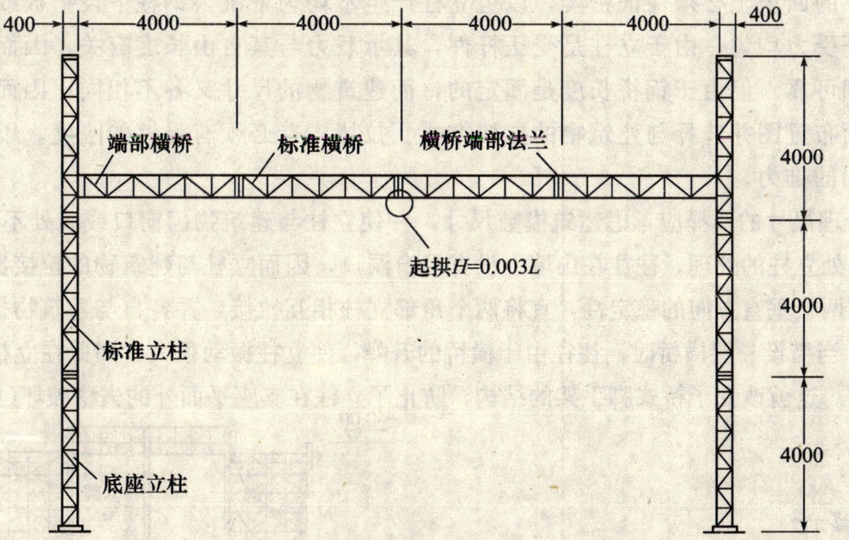

图 12-112　桥式脚手架组合示意图

横桥为标准横桥、端部横桥和辅助横桥三种，其桥断面尺寸为 800mm×650mm，利用不同长度的横桥就可以组合成多种跨度的桥式脚手架。

1. 节点连接

立柱与立柱之间的连接用 M16 螺栓对接，便可搭设允许的高度；横桥之间的连接是在端部法兰位置用 M16 螺栓 10 根，并在下弦底部采用 2M22，L＝220mm 螺栓对接。其导管为 $D_N40\times8$ [见图12-113（a）]。端部横桥与立柱连处接，首先在端部法兰上焊接角钢∠50×5 作导向，再焊上锻制成型的 $\phi25$ 圆钢卡环，以便横穿钢销子，使横桥与立柱连接起来

[见图12-113（b)]，但钢销子一定要放在柱水平腹杆上，并靠在立柱主肢角钢里侧，不得放在立柱的斜腹杆上或其他位置上，即水平腹杆只允许受剪，不得受弯。钢销子伸出立柱面不小于15cm。为防止销子滑动，可做成L形，并将L的短边倒向地面，另一端则用铅丝将钢销子与立柱绑扎牢固。

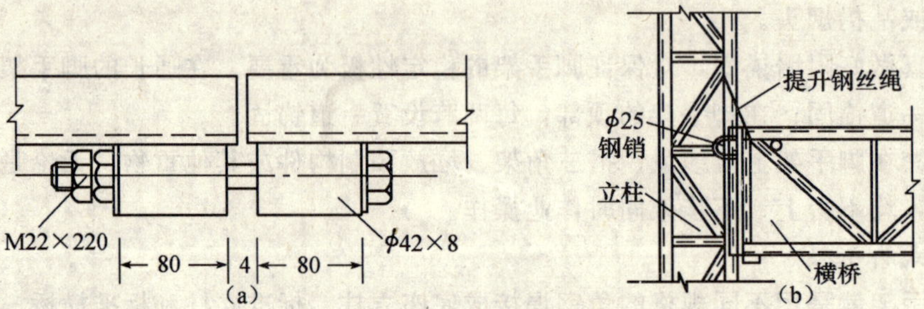

图 12-113　横桥节点连接示意图

(a) 下弦连接；(b) 立柱与横桥连接

2. 外脚手架的布置

脚手架的布置主要由建筑物的轴线尺寸和立柱、横桥的组合跨度进行组合和布置，当外脚手架不便搭设桥式脚手架，或者立柱的间距较小的部位，可采用扣件式钢管脚手架补充。但端部横杆、立杆必须与桥式脚手架立柱相连接。外排钢管架设剪刀撑，传递桥式脚手架上传来的水平荷载。

立柱下的回填土必须保证密实，以免立柱产生不均匀下沉，钢柱下设垫板或做混凝土基础，以保证受力均匀。由于立柱是受压杆件，其承载力与其自由长度有关，因而必须保证拉接点的牢固可靠。但由于钢桥长度是固定的，而建筑物的尺寸又各不相同，因而必须事先绘制桥架平面布置图并选择与建筑物的拉接方式。拉接构造必须有足够的刚度，以保证传递两个垂直方向的推力。

钢桥合理尺寸的选择应考虑建筑模数尺寸，并使立柱与建筑物门窗口或墙处不致相差太远。山墙及大角处立柱的处理，往往在山墙上没有门窗洞口，因而立柱与建筑物的拉接比较困难。为保证立柱在两个垂直方向的稳定性，宜将两个角部立柱相互拉接，并各自与建筑物拉接牢固（见图12-114)。当搭设一层横桥时，往往由于横桥的升降，使立柱振动很大，因此在立柱的顶部处设置固定横桥。这就改变了桥式脚手架的结构，防止了立柱在支座平面外的失稳破坏(见图 12-115)。

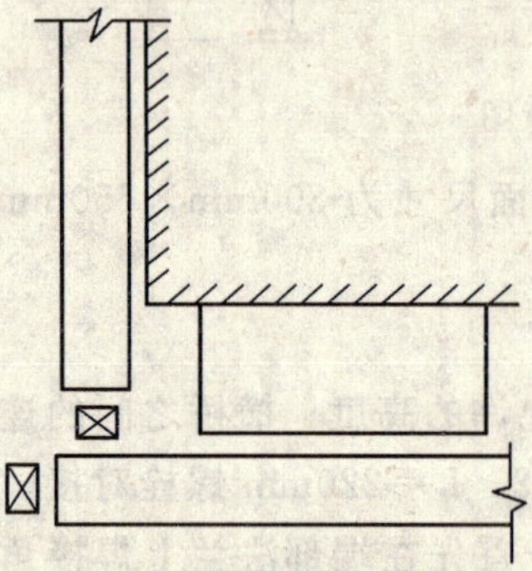

图 12-114　山墙及转角处立柱布置图

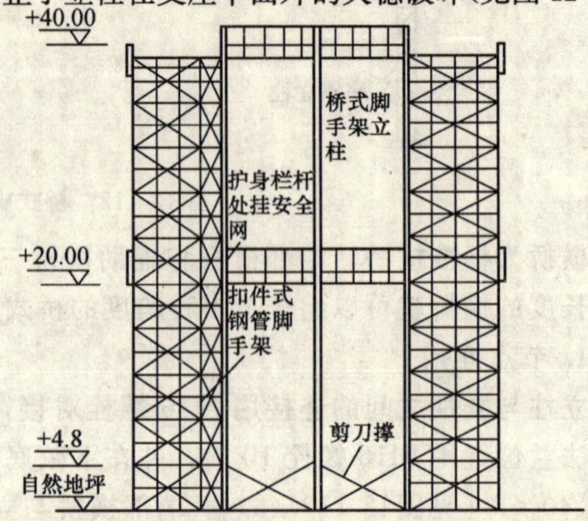

图 12-115　外脚手架立面示意图

在底部立柱之间至少要设一道剪力撑，传递桥式脚手架传来的水平荷载。

3. 安全措施

在完成桥式脚手架的基本单元的安装之后，根据工程进度的要求，用塔吊或扒杆向上搭接标准立柱。但必须注意的是，横桥的上升或下降，需在立柱按设计要求与建筑物连接好并检查无误之后，才能进行。

横桥的上升或下降。在工程的结构施工阶段横桥采用塔吊升降，在装修阶段采用手拉葫芦升降［见图12-116（a）］。手拉葫芦升降是在升降前，先在横桥两端的立柱上各挂一个10kN（1t）的手拉葫芦。两名架子工系上安全带，挂上保险绳，横桥上的其他人员全部退出。注意两端在同步上升或下降。达到预定的位置后，立即插上钢销，将横桥锁在立柱上。

塔吊提升横桥比手拉葫芦要快一些［见图12-116（b）］。提升程序是先挂好吊勾，注意吊点位置选在两端距立柱1/4l（l为横桥的净跨）处，两吊点之间的距离为1/2l，以免上升时，横桥向一侧倾斜卡住。要反复移动塔身或吊臂，到合适的位置将塔身停住，起吊时只允许塔臂、吊绳垂直运动。准备就绪后即打开钢销，吊绳慢速上升，到需要位置后，停止运动，并立即插上钢销。松开吊点，即可在横桥上作业。

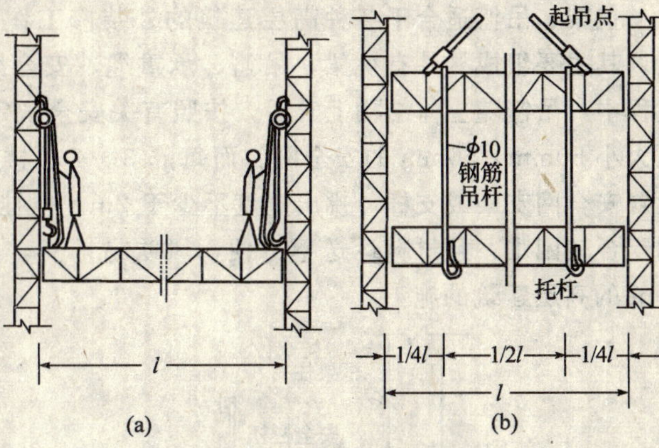

图 12-116　横桥升降示意图

（a）手拉葫芦升降；（b）塔吊提升横桥

需注意的是连接钢管不能阻挡横桥的上升或下降，并且须与桥式脚手架立柱绑扎牢固，以防立柱在支座平面内倾倒。除上述之外，凡立柱无法与框架或现浇墙体相遇时，则采用与楼面叠合层相接的方式，但不论先用何种连接方式，每两个连接点之间的距离，以不超过10m为宜，连接后的结构形态必须符合力学原理，杜绝产生几何可变体系或几何瞬变体系。

防雷、防电的措施与扣件式钢管脚手架相同要求，这里不再赘述。

近几年，不少施工单位对桥式脚手架的安全装置进行了研究，设计成功一套安全装置，经使用证明性能较好。自动保险安全装置（见图12-117）由ϕ30mm的销杆、压缩弹簧、套

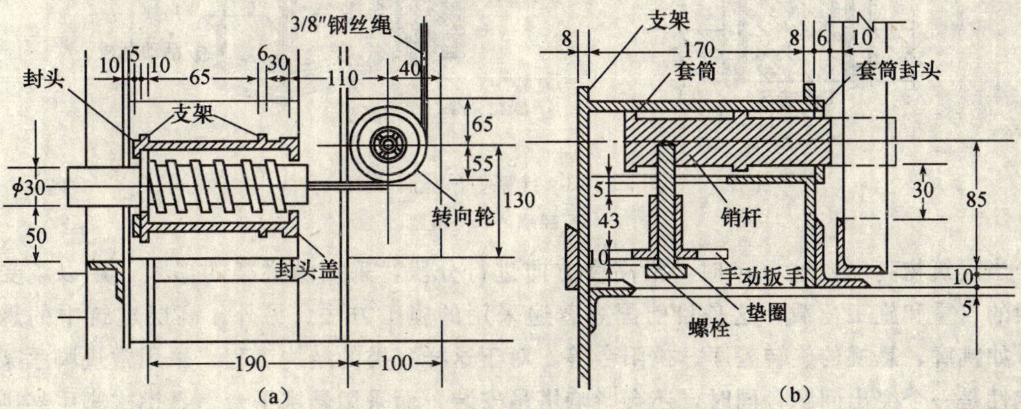

图 12-117　桥式脚手架安全保险装置

（a）自动保险安全装置；（b）手扳联动销装置

筒支架、导向轮、钢丝绳等组成。提升桥架时，首先通过提升横梁、钢丝绳将销杆拉出，并使弹簧压缩。当提升横梁达到吊环顶端时，销杆全部退人套筒内，即可提升桥架。如在提升过程中发生断绳或脱钩事故，造成桥架坠落，此时由于提升横梁的下落和弹簧力的作用，销杆将自动快速弹出，插入立柱并落于横杆上，从而自动固定桥架，防止事故发生。手扳联动销装置［见图11-117（b）］，由两组定位销、手动扳手、连杆、连接螺栓等组成。其中定位销又由销杆、套筒、支架等组成。两组定位销是根据杠杆原理实现联动，当提升桥架到预定高度后，操作人员可通过手动扳手将桥架固定。紧急制动保险也是通过这套装置加以实现。

三、挂架、吊篮和悬挑式脚手架

挂架、吊篮适合于各种高层建筑的外装修工作，具有轻便、节省材料、操作安全等优点。其主要组成构件有挑梁、吊篮、承重绳、安全绳以及脚手板等（见图12-118）。在施工过程中，吊篮随主体结构上升后，按照有关安全规定，在建筑物首层周围要搭设宽 5m，网眼大小 50mm×50mm 的安全网。而每隔 3～4 层楼又需架设一次。可在转角处、窗口位置设置安全网支架或支杆，挑出宽度不少于 2m。但挂架、吊篮只能上下竖向运动，横向间协同配合较困难，且材料运送不方便，风吹易摇晃，安全感不够好，一般仅用于高度不超过 50m 的高层建筑的施工。

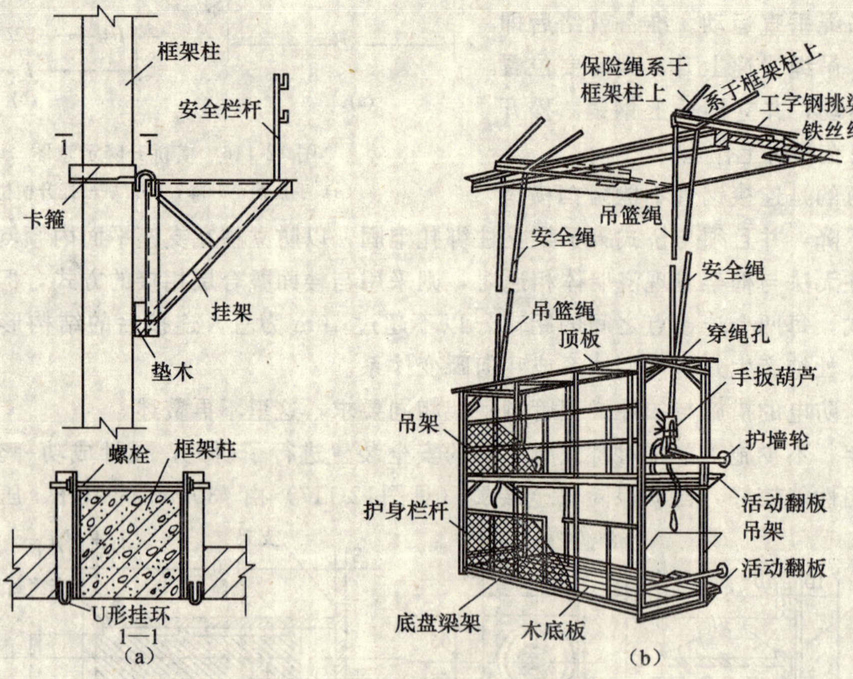

图 12-118　挂架、吊篮脚手架

(a) 挂架；(b) 吊篮

当建筑物高度超过 40m 时，沿高度方向进行分段，采用悬挑架的形式，用以承受外脚手架的自重和施工荷载，这是目前国内普遍采用的施工方法。另外，高层建筑中的悬挑结构，如挑廊、悬挑的旋转餐厅、挑阳台等，对于这样一类的结构工程，采用常规脚手架，其稳定性是一个突出问题，同时，还会影响塔吊安装，而采用悬挑平台、悬挑式脚手架则可避免这一问题，悬挑架的形式可分为斜撑钢管加吊杆［见图12-119（a）］、三角形钢架［见

图12-119（b）］下撑式挑梁钢架或下撑式空间钢架［见图12-119（c）］，但由于建筑物的层高不等，结构类型不同，外部形式千姿百态，因而悬挑方式各异。通常，悬挑方式的选择是以下述情况为约束条件：当建筑物层高低于3m，总高度不超过60m，可选用上吊式扣件钢管桁架或斜撑钢管加吊杆；当建筑物层高低于3m，柱、梁、剪力墙现浇，可选用三角形钢架；当建筑物外部凹凸起伏变化较大，且建筑物层高又大于3m时，可选用下撑式挑梁钢架；当外脚手架先用桥式脚手架时，可选用下撑式空间钢架，悬挑方式不同，其传力特点和计算方法也不尽相同。对于一个具体的建筑物，究竟采用哪一种系统的悬挑脚手架，则必须具体问题作具体分析，进行多方案的技术经济比较所选用的方法应是既能满足工程的使用要求又必须有足够的安全措施，并且费用也是较节省的。

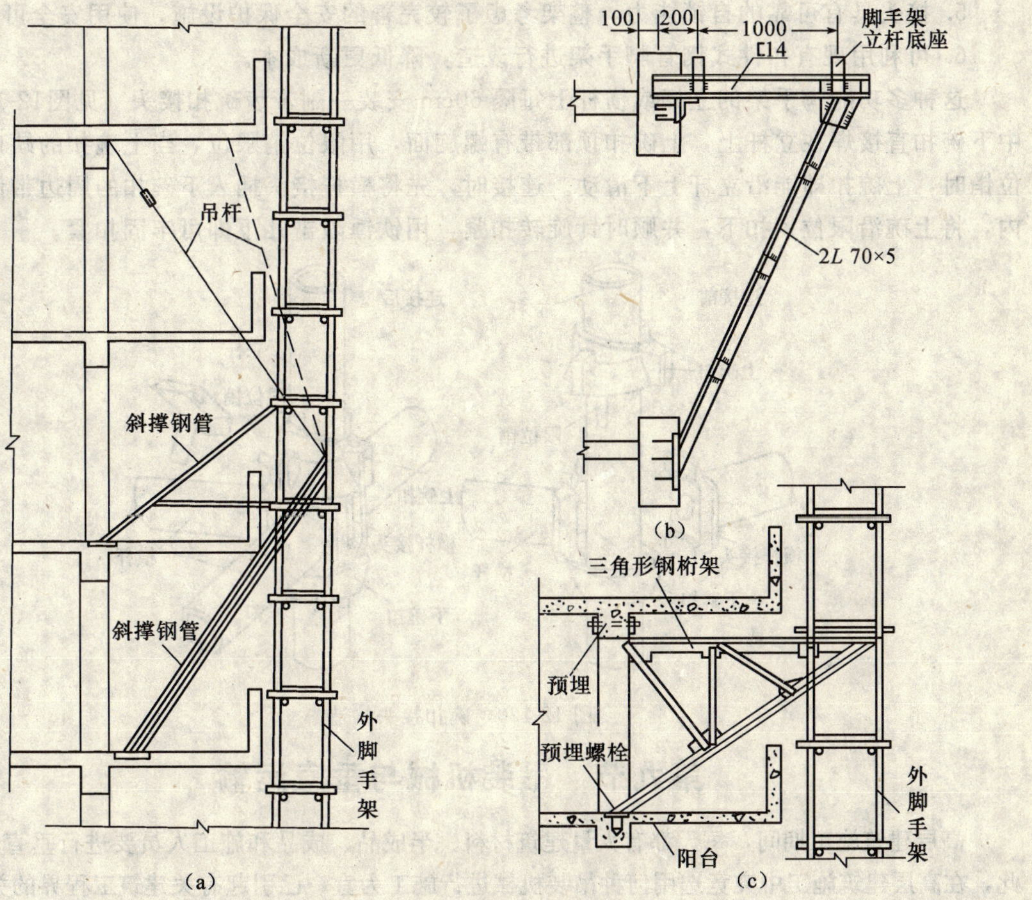

图 12-119 悬挑架外形示意图

(a) 斜撑钢管加吊杆；(b) 三角形钢架；(c) 下撑式空间钢架

为了确保安全，在设计计算悬挑架时，必须有可靠的安全度，在节点构造上要考虑确保牢固可靠和拆装方便。节点采用焊接及螺栓两种连接方法，并要采用双套保险，即在每根悬挑槽钢上从下部均加2根斜撑角钢，从楼板底面预埋锚环引出钢丝绳，将悬挑槽钢梁的端头拉牢，一旦斜撑角钢或钢丝绳损坏时，另一个可起保险作用，从而保证了悬挑架的安全。另外，选用的花篮螺栓要验算抗拉、抗剪强度，并进行试验。此外，吊杆一定要拉紧。在首层的相应位置也要架设安全网，并将首层在悬挑架位置下的出入口门关闭，禁止行人通行。搭设和拆除的顺序都十分重要。若顺序不对，则可能传力不合理，留下隐患，酿成大祸。

四、WDJ 碗扣型多功能脚手架

WDJ 碗扣型多功能脚手架与目前常用的扣件式脚手架相比，有以下一些优点：

1. 可用作单排和双排脚手架、支撑架、支撑柱、物料提升架、爬升脚手架等多种功能的施工装备，并能作曲线形脚手架；

2. 所有立杆、横杆在一个平面内，没有偏心荷载，受力情况合理，接头具有良好的抗剪、抗弯、抗扭力学性能；

3. 拼接完全避免螺栓作业，工人携带一把小铁锤即能完成全部作业，大大减轻了劳动强度，拼拆速度比扣件式脚手架提高 3～5 倍；

4. 构件无易丢扣件，避免常规扣件施工时的大量丢失，日常维护简单，运输紧凑方便；

5. 接头具有可靠的自锁能力，整架考虑了较完善的安全保护设施，使用安全可靠；

6. 可利用现有扣件式钢管脚手架进行改造，降低更新成本。

这种多功能脚手架的立杆或横杆上每隔 60cm 安装一副带齿碗扣接头（见图12-120）。其中下碗扣直接焊在立杆上，上碗扣顶部带有螺旋面，用限位销限位，当上碗扣的缺口对准限位销时，上碗扣即能沿立杆上下滑动。连接时，先将横杆接头插入下碗扣的周边带齿的圆槽内，将上碗沿限位销扣下，并顺时针旋转扣紧，用铁锤敲击几下即可牢固扣紧。

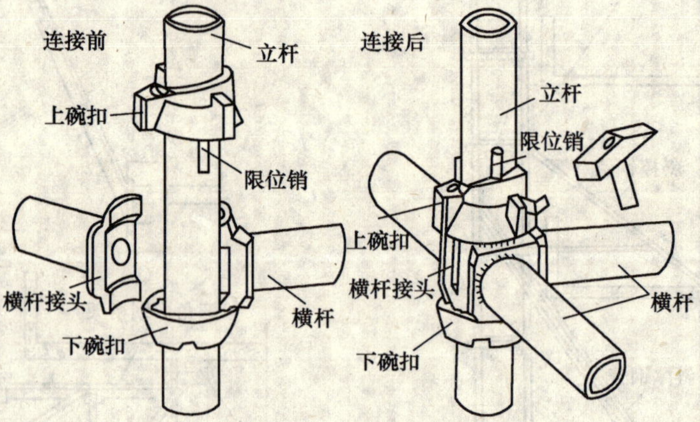

图 12-120　碗扣接头构造

第九节　吊装机械与垂直运输

高层建筑施工期间，每天都有大量建筑材料、半成品、成品和施工人员要进行垂直运输，因此，在高层建筑施工中究竟选用何种吊装机械进行施工为宜，已引起有关建筑工程界的关注。

在高层建筑施工中，正确的选择垂直吊装机械和垂直运输设备非常重要，它关系到高层建筑的施工速度。另外，施工用机械设备的费用约占土建总造价的 4%～9%，对高层建筑总造价有一定的影响。就高层建筑发展的总体而言，工程科学的内容不仅包括结构选型和荷载计算等结构内容，而且包括施工范畴，如环境影响、现场条件、施工方法、施工单位的技术状况、能力及拥有的吊装机械。垂直运输设备的选择和机械设备的配备，在高层建筑结构设计阶段就应当加以通盘考虑。

就当前国内施工水平看，作为高层建筑施工的垂直运输和吊装机械，可选用的有塔式起重机、施工人荷电梯、附墙式升降机等。图12-121、图12-122、图12-123是国内三幢高层建筑的现场平面布置和机械设备配套情况。

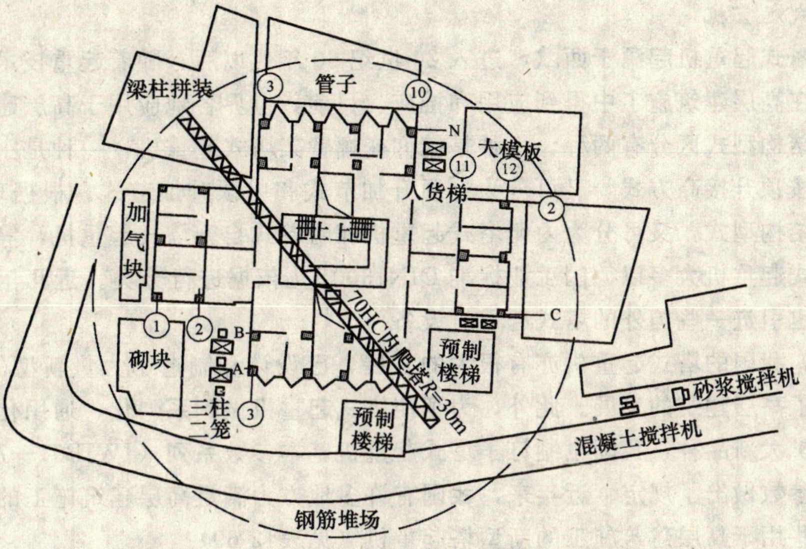

图 12-121　上海某公寓 70HC 塔式起重机的布置

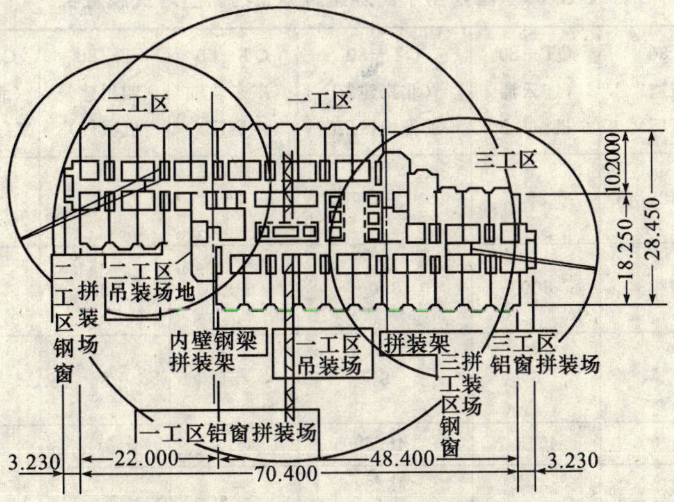

图 12-122　北京某饭店 OTH—6330（一台）
和 OTS—4520（二台）塔起重机布置

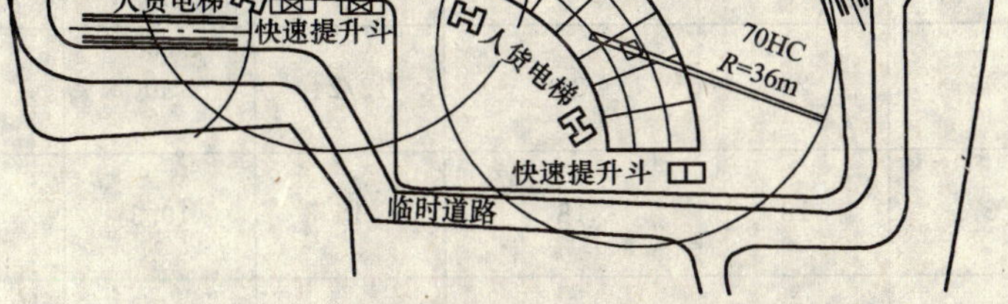

图 12-123　上海某宾馆 70HC 塔式起重机的布置

一、塔式起重机

建筑用塔式起重机起源于西欧，进入20世纪60年代以后，随着起重技术的发展，塔式起重机开始在高层建筑施工中得到应用和推广。目前，世界各地应用于高层建筑上的塔式起重机按臂架结构型式区分有两种，一种是俯仰变幅臂架塔式起重机，一种是小车变幅臂架塔式起重机。按顶升接高方式，又可分为上顶升加节式和中顶升加节式。根据现场施工条件。建筑体型和结构型式，又可分为内爬塔式起重机和附着式自升塔式起重机，等等，目前，国外生产的塔式起重机大多以德国工业标准DIN15001为依据进行分类。近几年，我国在高层建筑施工中也引进一些国外的塔式起重机设备。

近年来，我国的塔式起重机亦有很大的发展，已设计和制造了大量新型的塔式起重机，有力地促进了高层建筑的发展。此外，为了使塔式起重机做到系列化、通用化和标准化，进一步合理地扩大新品种，我国也制订了塔式起重机基本参数系列（JWJB01—78），对塔式起重机的基本参数做出了规定。近年来，我国有许多地方为满足高层建筑施工的需要，也研制和生产了一些用于高层建筑施工的新型塔起重机（见表12-69）。

表 12-69 国内用于高层建筑施工的新型塔式起重机

性能参数		QT－80（广西建筑机械厂）	QT－80（连云港机械厂）	QT－80（北京建筑工程机械厂）	QT－60（广东软轴钢窗厂）	Z－80（四川建筑机械厂）	QT－100（北京建筑工程机械厂）	QTP－60（上海建筑施工技术研究所）
起重臂长度（m）		30（36、42、48）	35	35	35	30	40	30
最大起重力矩（kN·m）		800	800	800	600	800	1000	600
最大起重量（t）		8	6	8	5	8	10	6
起重高度（m）	轨道式	45	45.5	45.5	41.3	61	140	160
	固定式	45	—	45.5	—			
	附着式	105	70	70	72.8	121		
	内爬式	—	140	140	—			
起升速度（m/min）		二绳：3.1，13.8，36.4，65 四绳：1.55 6.9，18.2，32.5	25 50	二绳：28，50，80 四绳：14，25.40	20 40 80	22.5 45	27.4 43.4 74.2 92.4	25 50
爬升速度（m/min）		0.43	0.5	0.5	0.5			0.5
小车变幅速度（m/min）		25～45	23	23	12/24	30	23	10～28.6
大车速度（m/min）		18.5	18	18	15	10.3		
轨距（m）		5	5	5		5		

QT—100 型塔式起重机是以 QT—80 型为基础发展起来的一种新机种，目前经过施工实践检验，实际使用效果较好。这种内爬式塔式起重机改进了爬升机构，使起重机的爬升更加方便。该机在使用时，当塔下起吊净高度不能保证 12m 的最小限值，就应及时向上爬升，新机种在基本性能方面与国外同类机械相比也不分上下（见表12-70）。

表 12-70　国产 QT—100 塔式起重机与国外同类机械的比较

性能参数	单位	QT—100（国产）	E2/18B（POTAIN）（法国）	80HC（LIEBHEER）（德国）	SK100—01（PEINER）（德国）
起重力矩	kN·m	1000	1020	1040	1074
额定起重量	t	10	8	5.36	6.3
最大幅度	m	40	45	45	45
最大起升高度	m	140	160	169	110
起升速度	m/min	$V_1=27.4$ $V_2=43.4$ $V_3=74.2$ $V_4=92.4$	$V_1=40$ $V_2=80$	$V_1=13$ $V_2=42$ $V_3=84\sim169$	$V_1=28$ $V_2=45$ $V_3=71$ $V_4=112$
慢就位	m/min	0～5	0～5	1.3～8.4	
起升功率	kW	30	33	30	36
回转速度	r/min	0.526	0.9	0.9	0.7
回转功率	kW	2×3.5	5.9	5	2×3
小车速度	m/min	23	60.75	12，39，73	63
小车功率	kW	3.5	2.2～4.4	4	2.7
塔身断面	m×m	1.8×1.8	1.6×1.6	1.8×1.8	2.1×2.1

高层建筑的施工对塔式起重机有以下几点要求。

1. 起重臂要长

起重臂长度大则工作半径大，从而给施工高层建筑带来方便以及带来更好的技术经济效果。在 20 世纪 60 年代初，起重臂长超过 40m 的较少，至 20 世纪 70 年代，起重臂长度已达到 70m。目前有的重型自升式塔式起重机的标准起重臂长到 80m，最长的可接长到 95m，这主要是低合金高强钢材的应用和设计计算理论的改进，使增长起重臂成为可能。

2. 工作速度要高而且能调速

高层建筑高度高，起重机一个工程循环的时间长，提高塔式起重机的工作速度，即可缩短一个工作循环的时间，有利于提高台班产量和施工的总效率，目前，塔式起重机向起吊幅度大，起重能力大、起升机构功率大，塔身自由高度大等方向发展，一般起升机构普遍具有 3～4 种工作速度，重物起升速度超过达 100m/min 占很多，有的重型塔式起重机，在机吊轻荷载时的最大起升速度可达 233m/min，构件安装变位速度可在 0～10m/min 范围内进行选择。回转速度可在 0～1r/min 之间进行调节，小车牵引和大车行走大多也有 2～3 种工作速度，小车牵引速度最快可达 60m/min。

3. 采用小车的变幅的臂架

起重臂有仰俯变幅臂架和小车变幅臂架两种。仰俯变幅臂架主要承受轴向压力，设计比较轻巧，用钢量省，还可增加起吊高度，拆装比较方便。缺点是最小幅度较大，吊装构件时需通过旋转、大车行走和仰俯臂架才能实现变位，使就位不方便。

小车变幅臂架的优点是通过起重小车行走来变幅，再辅以适当的旋转就可进行构件就位，可同时进行起升、旋转和行走起重小车等3项动作，工作平稳。其最小幅度小，有利于起重性能的发挥和扩大材料和构件的堆放范围，其缺点是结构比较笨重，用钢量大，起吊高度不如仰俯臂架大。由于小车变幅臂架有上述特点，因此，在高层建筑施工中，其经常用于装配式构件的安装中。

4. 改善操纵条件

随着塔式起重机向大型、大高度、长起重臂方向发展，操作人员的操纵条件急待改善。因此，需要在起重臂端部或起重小车上安装电视摄像机，在操作室利用电视进行操作，以及高空和地面配备无线对讲机等，以方便安装就位和联络。

塔式起重机中的自升式起重机是高层建筑施工的重要垂直运输设备，目前国内使用较多的QT_4—10型塔式起重机，它主要用作附着式，也可以用作内爬式、轨行式和固定式塔式起重机，起重能力30～100kN，起重高度40～100mm，半径20～35m，其液压顶升系统，包括顶升套架、长行程液压千斤顶、承座、顶升横梁和定位销等。液压千斤顶的缸体装在塔式起重机上部结构的底端承座上，活塞杆通过顶升横梁支承在塔身顶部。其顶升过程如图12-124。

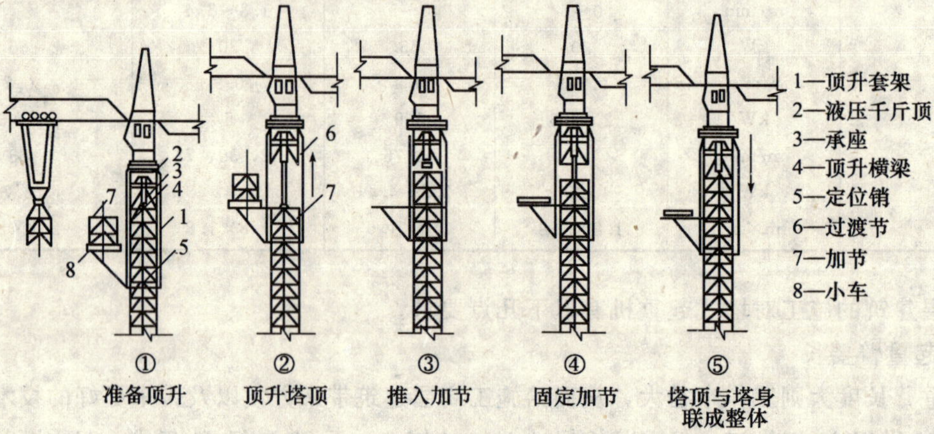

图 12-124 塔式起重机的顶升过程

(a) 准备顶升；(b) 顶升塔顶；(c) 推入加节；(d) 固定加节；(e) 塔顶与塔身联成整体

QT_2—10型用作附墙式塔式起重机时，要进行附着装置的计算。附着装置的用途在于减小塔身的压曲长度，以保证塔身在继续向上接高时，仍能安全地进行工作。

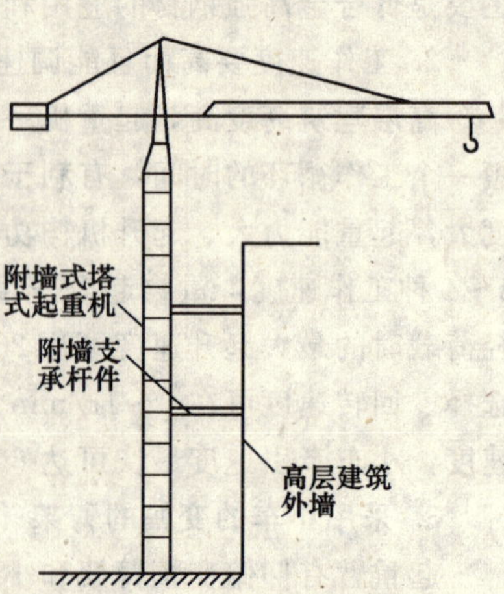

图 12-125 附墙式塔起重机

在高层建筑施工中，附墙式塔式起重机应用也比较广泛，塔式起重机作固定使用，而塔身每间隔一定高度必须设一道附墙杆连接在高层建筑物（见图12-125）上，从而确保塔身自立的稳定。当吊钩高度超过45m，就应当安装附着装置，第一道在塔身高度30～40m，以上各道间距为16～20m，这种塔机通过外附着杆件，可以提高自立式的高度。对于外附杆件的计算，从偏于安全的计算有以下两种：

一种是三支点四拉杆结构（见图12-126）。

图 12-126 中水平力 H_A 的方向是不固定的，它和塔机大臂回转位置及风向有关，图12-126中所示是最不利的受力位置，即

水平反力　$H_{A1}=H_{A2}=\frac{1}{2}H_A$

塔身对附墙杆的水平作用力 H_A 可按下式求出：

垂直反力　$V_{A1}=V_{A2}=\frac{a}{b}H_A+\frac{M_D}{B}$

$$H_A=H+\frac{3}{8}qh+\frac{3}{2}\times\frac{M}{h}$$

式中　H，M，M_D——塔式起重机基本参数；

q——塔身单位长度上承受的风荷载；

h——塔身的支承距离（第一道附墙杆到地面高度）。

第二种是二支点三拉杆结构（见图12-127）。

图12-127中杆件受力分析可采用解析法或图解法。采用解析法时，先求出 α、β、γ 三个角度的函数值，然后代入公式求出杆件 A、B、C 等三个杆件的作用力。其中杆件 B 的受力在扭矩 M_D 与水平力 H_A 作用相反时为最大。

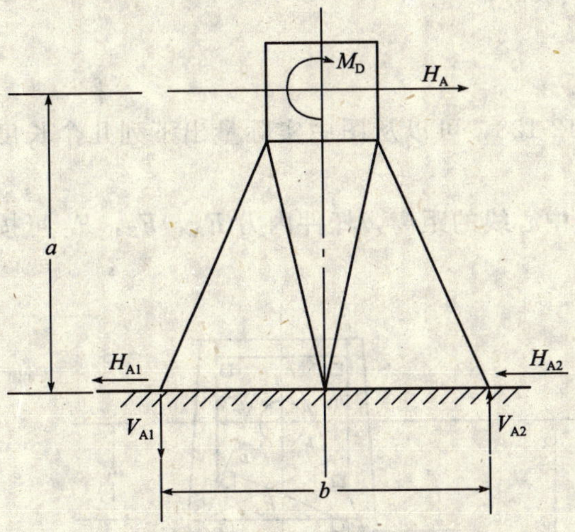

图 12-126　三支点四拉杆结构

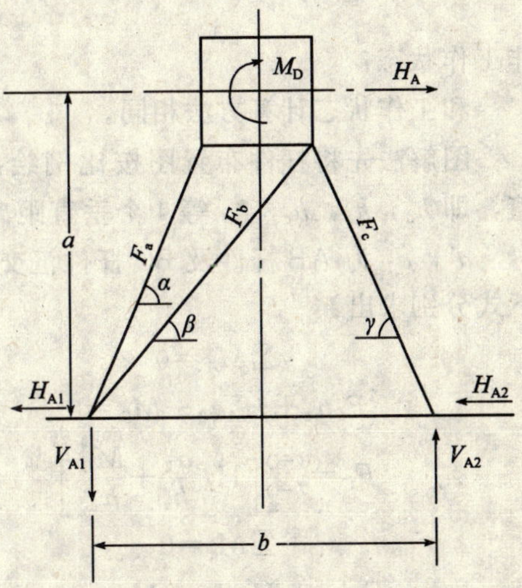

图 12-127　二支点三拉杆结构

求 α、β、γ 三个的函数值。

$$\left.\begin{aligned}\tan\alpha=\tan\gamma&=\frac{a-a_1}{\left(\frac{b-b_1}{2}\right)}\\ \tan\beta&=\frac{a-a_1}{\left(\frac{b+b_1}{2}\right)-2c_1}\end{aligned}\right\}$$

求 m 及 n 值。其中 m 是从杆件 B 和 C 汇交点到塔身轴线的距离；n 是从此汇交点到杆件 A 的水平距离。

$$m=a_1-c_1\frac{1}{\cot\beta+\cot\gamma}$$

$$n = b_1 - c_1 \frac{\cot\alpha + \cot\gamma}{\cot\beta + \cot\gamma}$$

求工作状态各杆所受的力。

$$F_A = [M_D + mha]/n\sin\alpha$$

$$F_B = [M_A\sin\gamma - \frac{M_D + H_A m\sin(\alpha+\gamma)}{n\sin\alpha}]/\sin(\beta+\gamma)$$

$$F_C = [-M_A\sin\beta - \frac{M_D + H_A m\sin(\alpha+\beta)}{n\sin\alpha}]/\sin(\beta+\gamma)$$

当 $F_{B(\max)}$ 为最大值时，将承受全部 M_D 值。

求非工作状态各杆件受力。

将第一节最终结果的 H_A（非工作状态）代入有关公式，并取 $M_D=0$ 就可求出。

附墙杆件锚固点受力验算。

根据求得的杆件作用力，取其矢向量来准确计算出左右锚固点 A_1 及 A_2 上的受力。

工作状态：

$$\left.\begin{aligned} V_{A1} &= F_A\sin\alpha + F_B\sin\beta \\ H_{A1} &= F_A\cos\alpha + F_B\cos\beta \end{aligned}\right\}$$

$$\left.\begin{aligned} V_{A1} &= -F_c\sin\gamma \\ H_{A1} &= -F_c\cos\gamma \end{aligned}\right\}$$

非工作状态：

和工作状态计算方法相同。

图解法先将杆件布置图按比例绘出，如图12-128，可以从图中实际量出下列几个长度值，即 h_a，h_b，h_c，h_d 等 4 个垂直距离；

a'，d_1 为 AB 杆件及 BC 杆件汇交点到塔身中心线的距离，杆件内力 F_A，F_B，F_C 可按下式分别求出：

$$\Sigma M_A = 0$$

$$F_C h_c + H_A a_2 + M_D = 0$$

$$F_C = {}^{(+)}_{(-)}\left[H_A \frac{a_2}{h_c} + \frac{M_D}{h_c}\right]$$

$$\Sigma M_c = 0$$

$$F_A h_a + H_A d_1 + M_D = 0$$

$$F_A = {}^{(+)}_{(-)}\left[H_A \frac{d_2}{h_c} + \frac{M_D}{h_a}\right]$$

$$F_B h_b \, {}^{(-)}_{(+)} F_C h_d + H_A a_1 \, {}^{(-)}_{(+)} M_D = 0$$

$$F_B = {}^{(-)}_{(+)}\left[F_C h_d - H_A a_1 \, {}^{(-)}_{(+)} M_D\right]/h_b$$

这个方法实用简单，便于解决特殊布置的附墙结构的计算公式。

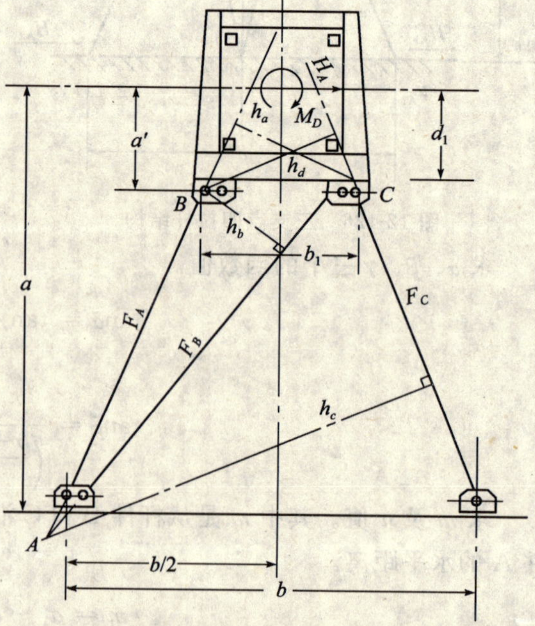

图 12-128 图解法求杆件受力

下面讲述附墙杆件的结构和布置。

附墙杆件通常采用无缝钢管，端部加焊一个带螺纹的调正节供长度微调［见图12-129(a)］，国外一般采用双角钢结构，作一次性使用，结构简单，便于加工，如图12-129（b）。角钢截面采用 2∠90×10，2∠100×12，2∠130×14 等，随塔身中心到墙面的距离及附墙各道杆件的间距大小而定，一般杆件的间距为 6～6.5m，当塔身中心到墙面的距离较远时，附墙杆件可采用桁架结构，计算方法可采用同样步骤按力学加以推导。

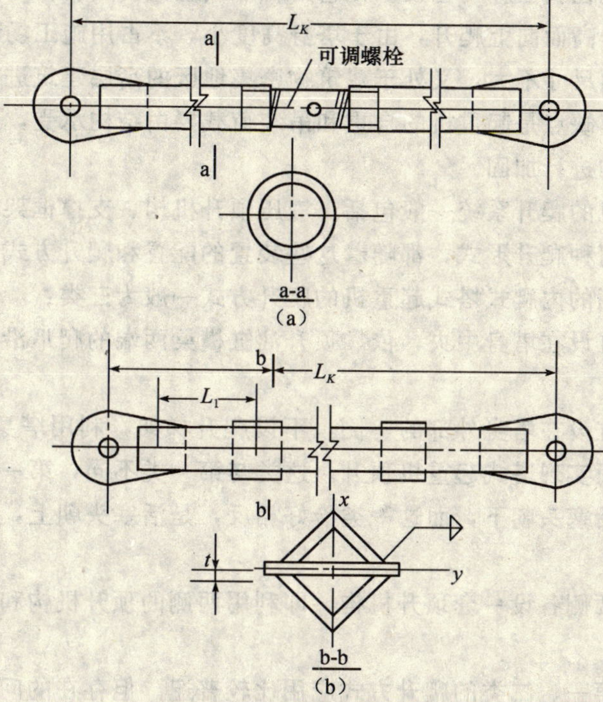

图 12-129　附墙杆断面尺寸图

德国 Lieb-Herr 联合公司采用标准构件的塔身，按标准节每节高度 2.5m 进行组装并配附墙支承杆件，见图12-130。

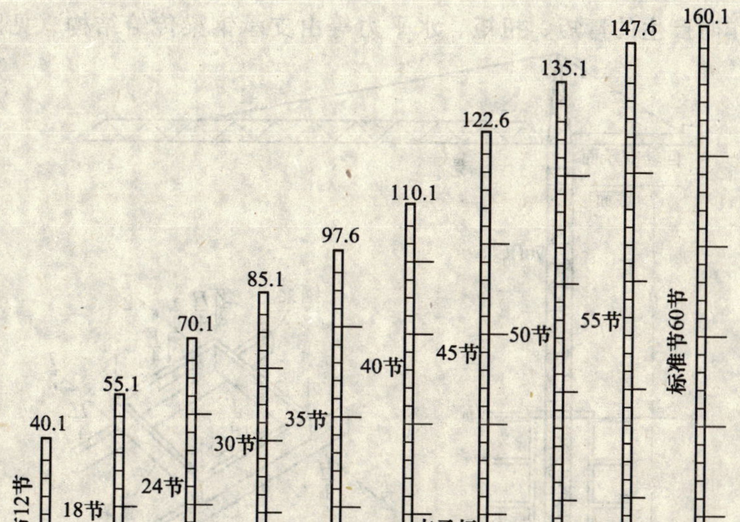

图 12-130　德国标准塔身组装图

在图12-130中，当工作高度100mm以下时，规定每6个标准节（15m）设附墙支承杆件一道，但自由端保持最多不超过11个标准节（27.5m）；当工作高度在100m以上时，规定每5个标准节（12.5m）设附墙支承杆件一道，自由意见书保持最多不超过10个标准节（25m）。但附墙杆件之间的最大间隔距离控制不超过固定式允许的自由高度。

内爬式塔式起重机在我国应用也较多，它是将塔式起重机安装在建筑物的电梯井或开间内，施工中随楼层的升高而向上爬升，由于塔身高度小，不占用施工场地，有利于避开周围高耸的障碍物，对平面尺寸不大，又处于建筑物密集地区的高层建筑进行施工，用内爬式塔式起重机是有利的。其缺点是起重机的自重和吊装荷载要由结构承受，因此对结构需要进行验算，必要时需对结构进行加固。

内爬式塔式起重机的爬升系统一般包括：液压顶升机构、支撑框架、爬升梯架、爬升爪和导向装置等。无论何种爬升形式，都随着这些装置的配置和爬升方式而异。

目前，国内外常用的内爬式塔式起重机的爬升方式一般为三类：

第一类是顶升油缸设在塔身中央，依靠顶升油缸横梁两端的爬爪沿着爬梯的踏板，一级一级地向上爬升。

第二类是顶升油缸设在塔身外部的一侧，不设爬升梯架，利用塔身一侧主肢上的踏步，由油缸横梁推举踏步而实现塔式起重机顶升。这类与第一类不同，第一类是顶升油缸悬挂在塔身中间的构架上，活塞头朝下，而这一类恰好相反，是活塞头朝上，油缸支撑在楼层上的爬升框架上。

第三类是在塔身两侧各设一套顶升机构，即利用两侧的顶升机构和螺旋装置来实现塔式起重机的爬升。

在上述三类中，第一、二类的爬升方式应用比较普遍。但存在的问题是支撑套架和爬升梯也需要随着起重机的爬升而逐层搬迁，工作量大，延长爬升时间，也容易发生事故。我国新设计的QT－100型和QTP－60型内爬式塔式起重机在这方面都有所改进。

70HC内爬式塔式起重机在我国应用较多，它坐落在两根钢梁上，钢梁再支撑在建筑物的墙或梁上，工作时产生的弯矩、扭矩、水平力等由支承钢梁传给结构（见图12-131）。图

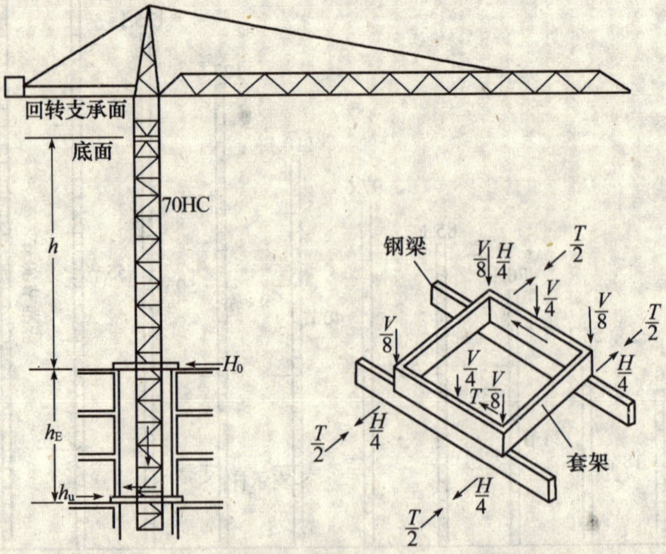

图12-131　内爬式塔式起重机工作时结构受力情况

中回转齿圈底面的弯矩为 M_X（kN·m），扭矩为 M_D（kN·m），回转断面处的垂直力和回转齿圈的支承力为 V（kN），回转齿圈底面的水平力为 H（kN），这些数值由表 12-71 查得。70HC 型塔式起重机的最小锚固间矩 h_E 的数值可由表 12-72 查得。

$$H_0=(H+qh)+\frac{M_x+Hh+\frac{1}{2}qh^2}{h_E}$$

$$T=\frac{M_D}{2b};R=\frac{1}{4}V_o$$

b—套架宽度（m）；V_0—总垂直力（包括 V）kN）；R—每根钢梁传给结构的垂直力（kN），

q——起重机上的风荷载：工作状态：$q=0.31$kN/m。非工作状态：100m 以上，$q=1.35$kN/m；100m 以上，$q=1.6$kN/m

表 12-71　70HC 型塔式起重机的计算数据

起重臂长度（m）	起重机在工作时				吊钩高度小于 100m	
	M_x（kN·m）	M_d（kN·m）	V（kN）	H（kN）	M_x（kN·m）	M_d（kN·m）
24	483	63	209	8.4	486	0
30	463	78	222	8.4	480	0
36	472	96	244	8.4	454	0
42	441	112	264	8.4	450	0
45	419	120	272	8.4	436	0

起重臂长度（m）	吊钩高度小于 100m				吊钩高度大于 100m	
	V（kN）	H（kN）	M_x（kN·m）	M_D（kN·m）	V（kN）	H（kN）
24	152	17.1	502	0	152	20.2
30	166	17.1	494	0	166	20.2
36	188	17.1	469	0	188	20.2
42	208	17.1	465	0	208	20.2
45	216	17.1	451	0	216	20.2

表 12-72　70HC 型塔式起重机锚固最小间距 h_E　（m）

锚固点以上塔身节数	起重臂长度（m）				
	24	30	36	42	45
4	6.9	7.3	7.7	7.9	8.1
5	7.2	7.6	7.9	8.2	8.4
6	7.4	7.8	8.3	8.5	8.7
7	7.7	8.1	8.5	8.8	9.0

内爬式塔式起重机施工完毕后的拆除，需要其他机械协助，如安装台灵架的拆除方案，其起重量为 4.2t，起重杆长 10m。

二、施工人荷电梯

在高层建筑施工的垂直运输中，施工人荷电梯主要用于输送人员、小型材料和工具。它的意义在于清除笨重的搬运工作和缩短工人上下楼的非生产工时消耗。据国外研究资料，此种电梯在现代建筑施工中的实际使用状况是，输入占其工作时间的67%，输物占33%；用于输送每次1～4人和不大于400kg重物的时间占全部工作时间的76%。

施工外用电梯分钢索驱动式与齿轮、齿条驱动式两种。而国外人荷电梯升降驱动机构主要形式是齿轮齿条传动。与钢丝绳传动相比，其优点是传动机构大大简化，组装、拆除和接高作业简单而迅速，使用安全可靠。

生产此种电梯的厂家很多，以瑞典 Linden-Alimak 公司为例，产品型号共35种（其中9%用于16层以上建筑的施工），起重能力为4.0～450kN，工作速度0.5～0.65m/s。

施工人荷电梯主要包括塔架、平衡重系统、样笼升降传动机构、限速制动装置，还有其他一些安全保护装置等，目前常用的施工人荷电梯的性能和构造见表12-73。

表 12-73　常用施工人荷电梯的性能和构造

型号	主要性能							塔架构造	
	载重		配重（t）	吊笼	梯笼尺寸（长×宽×高）(m^2)	提升速度（m/s）	最大提升高度（m）	断面（cm）	主弦杆（mm）
	人数	允许载重（t）							
G731	12	1	1.8	单	3×1.3×2.6	0.12～0.62	100	65×65	ϕ89×4
WT179－2	12	1	1.7	单	3×1.3×2.7	0.58	100	65×65	ϕ76×4
上海76－Ⅱ	12	1	2.3	双	3×1.3×2.6	0.12～0.62	100	80×80	ϕ89×4
SF－12	15 30	1.2 2.4	1.7	单双	3×1.3×2.6	0.5	100	80×80	
ZG－1000 ZG－2000 （波兰）	12	1	1.2	单双	3×1.3×2.7	0.65	100	65×65	ϕ76×4
E－10（法国）	12	1	无	双	1.8×1.5×2.5	0.73		72×72	ϕ76×4
SCANDOⅡ 20/30（瑞典）		2 1	1.21	双单	3×1.3×2.7	0.66～0.8	100	65×65	

型号	塔架构造		安全装置								小吊杆形式
	标准节高（m）	不附着高度（m）	限速器			电机内抱制动	电机外抱电磁制动	手提楔块制动	涡轮调速	脚踏液压刹	
			摩擦锥鼓	捕捉器	动作速度（m/s）						
G731	1.5	10		√	0.84		√	√			电动
WT179—2	1.5	5.5		√	0.88～0.98	√		√			手动
上海76-Ⅱ	1.5	6		√	0.84		√		√	√	电动
SF-12	1.508		√		0.70					√	
ZG-1000 ZG-2000 （波兰）	1.5	11.5		√	0.85～0.95	√	√				
E-10 （法国）	1.5	10	√			√					手动
SCANDOⅡ 20/30（瑞典）	1.5038	12	√						√		手动

承重塔架由统一化可互换的标准节段组成，用快速拆卸式锁具连接，国内多为插口结构，用螺栓连接。塔架的断面尺寸多为 65cm×65cm 和 80cm×80cm，用直径 D_N75 的钢管组成。如有必要，可用 4.5t 电梯的塔架节段，组成起重量较小，但高度在 200mm 以上的双吊笼电梯。例如，Super Scando 27/37C 型双吊笼电梯，每吊笼载重量 4kN，曾在 450m 高的多伦多电视塔工程上应用，连续工作 28 个月未出现故障。瑞典 ALIMAK 施工电梯的塔架全部构件均采用无缝圆钢管，主弦杆与腹杆中轴线不处于同一平面，以便用作吊笼的升降导轨。塔架标准节（图12-132）长 1.5m，采用承插接头。以利于对接定位和安装。塔架一侧或两侧可分别用螺栓固定一根齿条。

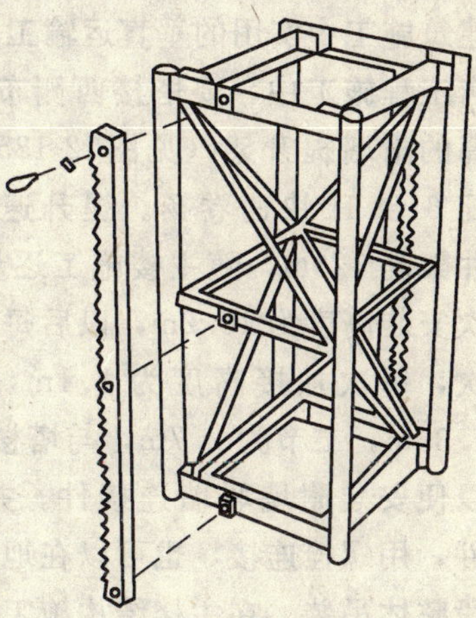

图 12-132　塔架标准节

吊笼用抗扭型钢制作骨架，用方眼钢丝编织网作围护结构，吊笼两端装设有机械联锁的升降门。吊笼底板采用木地板或花纹钢板地板。吊笼顶设有机电联锁的检查维修人孔，并有扶梯可以上下，扶梯一般固定于吊笼内不可移动。吊笼顶也用作安装和拆卸塔架的操作平台，设有一个安装小吊杆，供装卸吊运塔架标准节之用。另外，为安全起见，在吊笼顶四周装有护身栏。吊笼借助钢导轮（见图12-133）沿着塔架主弦杆升降。为了保证应力分配均匀和运行平稳，钢导轮配用滚珠轴承并装设在一个平衡扁担式的车架上。

齿轮齿条电梯大都采用由上接高方式进行安装和接高。安装时，一般先借助吊装塔架基础节，然后利用吊笼顶上的安装小吊杆将塔架标准节升运到预定高度，再利用吊笼顶上的安装小吊杆将标准节安装就位。如此反复进行，循序接装塔架标准节，达到所要求的高度，最后再把塔顶的头部滑轮和平衡重装好，将附着装置固定妥善，经过检查和试车，就可交付使用。

齿轮齿条施工电梯电源大多采用电缆馈电，在电梯地面站处设有电缆篓。吊笼上升时，电缆随之被提升；吊笼下降时，电缆经由导向装置落入电缆篓。有些齿轮齿条施工电梯则仿桥式起重机的做法，采用滑轨馈电，其优点是可避免电缆折断等意外事故。

图12-134所示是采用和不采用施工人荷电梯的工时非生产消耗的比较。图中实测数据是依据工人每天上下楼层 4 次，从休息室到电梯，从等候电梯到工作地点的时间平均为 4min，楼层高度每层为 3m，吊笼升降速度为 0.5m/s。从图12-134分析表明，在 15 层高层建筑施工中采用 1 台电梯，可节省工作时间 30%～40%。

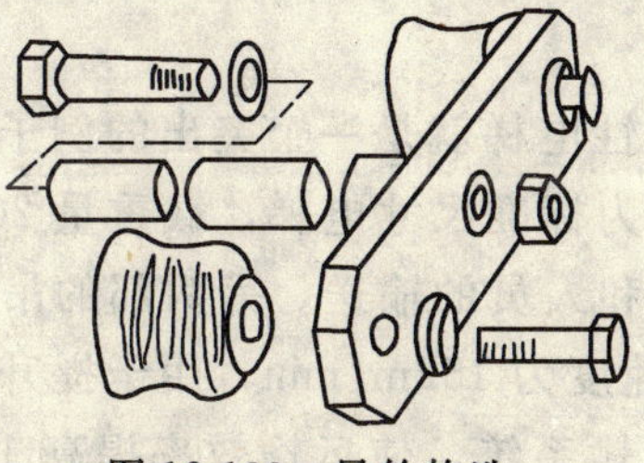

图 12-133　导轮构造

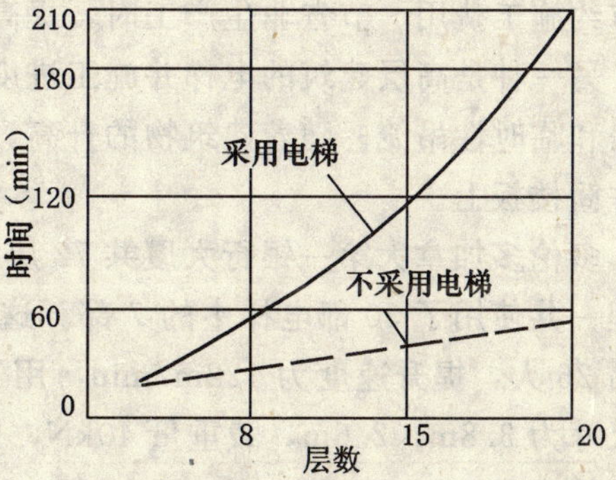

图 12-134　采用和不采用人荷电梯时间效率对比图

目前国内在高层建筑施工中，施工人荷电梯亦普遍采用，而且在不断研制新型的、性能更好的施工人荷电梯。

三、附墙提升架和永久性电梯

根据施工单位具体条件，在高层建筑施工中，也可采用附墙升架。在使用过程中提升架结构安全可靠，工作正常，拆装方便，是高层建筑施工中实用的垂直运输工具。如南京某饭店工程施工中，要塔楼西侧布置了两组120m高的附墙提升架（见图12-135）。两组井架共配6台1t快速卷扬。提升速度为50m/min。井架高120m，随主楼施工逐步加接到顶，初次安装高度为16.2m，以后每施工3层加接一次，每次加接高度为8.1m，井架标准节长1.35m，二节为2.7m，与塔楼标准层高一致，以便安装附墙联墙连接件。井架结构均为散件，用螺栓连接，也可以在地面拼装成节，分段整体吊装。在主楼结构施工阶段，提升少量混凝土及其他零星材料；在砌砖、粉刷工程中，提升砖、砂浆等材料。用自倾式提升料斗沿井架内侧轨道垂直提升至施工楼层，料斗便沿弯轨自动倾斜，将砂浆（或混凝土）泄入集料槽内，集料槽一端靠在井架边，另一端伸入楼层，呈倾斜状。砂浆在集料槽内下滑落入手推车内，输送到施工作业面，经实践证明，其效果也很好。目前，有的施工单位还采用这类提升架施工于高层建筑。

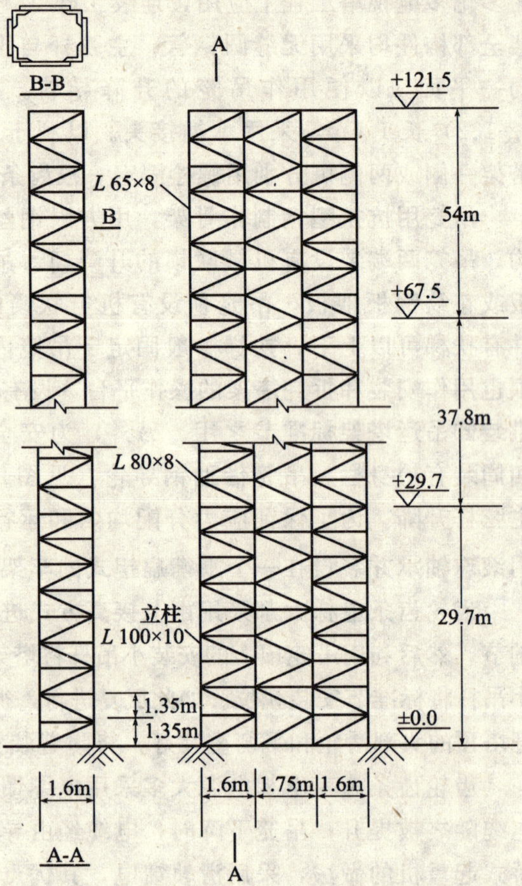

图12-135　南京某饭店120m附墙提升架

近年来，一个值得注意的趋向是充分利用建筑物的电梯井和电梯，以运输材料和施工人员，而不用施工人荷电梯。因此，在房屋建筑主体结构的施工过程中应尽早建成电梯井和机械房，直接利用高层建筑中大型永久性电梯作人员和材料的输送，可取得较好的经济效益，并节约施工费用、节省非生产工时，提高各种材料的运输效率。

另一种是高层建筑的电梯井施工进度要比外围结构高几个楼层，在梯井中设置临时性机械房和临时性吊笼。随着建筑物的升高，临时机械房需借助于塔吊分阶段向上提升，并支撑在井筒楼板上。

多伦多加拿大第一银行大厦共72层，施工中利用永久性电梯就是一个突出的例子。此工程一共使用了30部电梯中的7部。这7部电梯中，5部为标准尺寸电梯，载重量20kN，乘吊26人，提升速度为122m/min，用于小型材料、工具和人员的输送。另两部的吊笼平面尺寸为3.8m×2.6m，载重量40kN，乘员53人，提升速度为152m/min，用于提升大型集装箱材料和机动车辆，从而组成了一条高效率的垂直运输系统，使运输效率提高1.6～7倍。

第十节　施工安全要求

高层建筑施工因工期长，又长年在高空中作业，所以必须经常注意施工安全问题，一般每班都要设有安全员随时检查工程安全稳患，每天班前要开安全碰头会，检查在施工中的不安全因素。如果出了安全事故，不仅影响工程进度，造成不必要的经济损失，要影响本单位的施工声誉，重者还要降低施工等级，吊销施工营业执照。

施工安全要求应注意如下几条：

1. 高层建筑结构施工除应符合现行行业标准《建筑施工高处作业安全技术规范》（JGJ 80）、《建筑机械使用安全技术规程》（JGJ 33）、《施工现场临时用电安全技术规范》（JGJ 46）和《液压滑动模板施工安全技术规程》（JGJ 65）等的有关规定外，尚应根据工程特点编制安全施工技术措施。

2. 结构施工所使用的外脚手架，应慎重选型、经过设计计算和试验验收，并应制定操作规程，明确职责分工，严格控制使用荷载。承受外脚手架与外侧模板支撑架的现浇混凝土所达到的强度，应满足施工荷载的要求。

高层建筑施工所使用的外脚手架近年多次发生倒塌，发生重大伤亡事故，应引起高度重视。一般可根据工程实际情况和场地、地区等条件，选用各类附着升降脚手架（爬架）、挑架、挂架和支承于地面的扣件式、碗扣式、门式等钢管外脚手架。

承受外脚手架与外侧模板支撑架的现浇混凝土所达到的强度，应满足施工荷载的要求；采用落地式钢管脚手架时，应双排布置，并应与主体结构可靠连接。

3. 高处作业必须采取有效措施：施工现场应设立可靠的避雷装置；遇有六级以上强风、浓雾、雷电等恶劣气候，不应进行露天高处作业；雨天和雪天应及时清除水、冰、霜、雪，采取可靠的防滑措施。

4. 必须采取措施严防高空坠落。建筑物的出入口、楼梯口、洞口、基坑和每层建筑的周边均应设置防护设施；安全网除应随施工楼层架设外，尚应在首层和每隔 4 层各设一道。

5. 采用大模板施工时，大模板的吊装、运输、装拆、存放，必须稳固可靠。模板安装就位后，应设专人负责将钢模板串联，接通地线，防止漏电伤人。平模存放时，应满足地区条件要求的自稳角；两块大模板应采用板面对板面的存放方法；如长期存放，应将模板连接为整体。

6. 升板法施工时，应保证施工全过程的稳定性，并应符合现行国家标准《钢筋混凝土升板结构技术规范》（GBJ 130）的有关规定。

7. 高层建筑施工应解决好上下通讯联系；应采取措施防止施工现场发生火灾。因在施工现场配备必要的消防灭火器材和设备，高层施工消防供水系统设高压水泵和直径不小于 76mm 的竖管，并应逐层设置消防接口，消防水泵应有专线供应。

8. 进入工程现场，必须人人戴上安全帽，才能准许进入工程工地，并要定期检查安全帽的使用年限，已经超过使用年限的安全帽，不得继续在工程工地上使用。

第十三章　高层建筑结构计算实用程序与软件

本章的主要目的在于简单介绍有关高层建筑结构计算的程序与软件，提供信息，给读者选择和参考，来源见本章的参考文献。

第一节　有限元分析（FEA）系统的发展现状与展望

一、有限元分析（FEA）系统的发展现状

随着现代科学技术的发展，人们正在不断建造更为快速的交通工具、更大规模的建筑物、更大跨度的桥梁、更大功率的发电机组和更为精密的机械设备，均要求工程师在设计阶段能够精确地预测出产品和工程的技术性能，需要对结构的静、动力强度以及温度场、流场、电磁场和渗流等技术参数进行分析计算。例如，分析计算高层建筑和大跨度桥梁在地震时所受到的影响，是否会发生破坏性事故；分析计算核反应堆的温度场，确定传热和冷却系统是否合理；分析流体动力学参数，以提高其运转效率；等等。这些可归结为求解物理问题的采用偏微分方程式，但因计算工作量大往往不可能实现。近年来，在计算机技术和数值分析方法支持下发展起来的有限元分析（FEA，Finite Element Analysis）方法，为解决这些复杂的工程分析计算问题提供有效的途径。

我国在“九五”计划期间大力推广 CAD 技术，机械行业大中型企业 CAD 的普及率从“八五”末的 20%提高到目前的 70%。随着企业 CAD 应用的普及，工程技术人员已逐步甩掉图板，将主要精力投身于优化设计，提高工程和产品质量，计算机辅助工程分析（CAE，Computer Aided Engineering）方法和软件将成为关键的技术要素。

在工程实践中，有限元分析软件与 CAD 系统的集成应用使设计水平发生质的飞跃，主要表现在以下几个方面：

1. 增加设计功能，减少设计成本；
2. 缩短设计和分析的循环周期；
3. 增加产品和工程的可靠性；
4. 采用优化设计，降低材料的消耗或成本；
5. 在产品制造或工程施工前预先发现潜在的问题；
6. 模拟各种试验方案，减少试验时间和经费；
7. 进行机械事故分析，查找事故原因。

在大力推广 CAD 技术的今天，从自行车到航天飞机，所有的设计制造离不开有限元分析计算，FEA 在工程设计和分析中得到越来越广泛的重视。

在国际上，早在 20 世纪 50 年代末、60 年代初已投入大量的人力和物力开发具有强大功能的有限元分析程序。其中最为著名的是由美国国家宇航局（NASA）在 1965 年委托美国计算科学公司和贝尔航空系统公司开发的 NASTRAN 有限元分析系统。该系统发展至今已有几十个版本，是目前世界上规模最大、功能最强的有限元分析系统。

世界各地的研究机构和大学也发展一批规模较小，使用灵活、价格较低的专用或通用有限元分析软件，主要有德国的ASKA、英国的PAFEC、法国的SYSTUS、美国的ABQUS、ADINA、ANSYS、BERSAFE、BOSOR、COSMOS、ELAS、MARC和STARDYNE等公司的产品。

二、有限元分析（FEA）系统的发展趋势

1. 在国际上，有限元分析（FEA）系统的发展趋势

（1）从单纯的结构力学计算发展到求解许多物理场问题有限元分析方法

FEA从结构化矩阵分析发展而来，逐步推广到板、壳和实体等连续体固体力学分析，实践证明：这是一种非常有效的数值分析方法；理论也证明：只要离散求解对象的单元足够小，其解可足够逼近于精确值。近年来，有限元方法已发展到流体力学、温度场、电传导、磁场、渗流和声场等问题的求解计算，最近又发展到求解几个交叉学科的问题。例如，当气流流过一个很高的铁塔使之产生变形，而塔的变形又反过来影响到气流的流动。这样，需用固体力学和流体动力学的有限元分析结果交叉迭代求解，即“流固耦合”的问题。

（2）由求解线性工程问题进展到分析非线性问题

随着科学技术的发展，线性理论已经远远不能满足设计的要求。例如，建筑行业中的高层建筑和大跨度悬索桥的出现，要求考虑结构的大位移和大应变等几何非线性问题；航天和动力工程的高温部件存在热变形和热应力，也要考虑材料的非线性问题；诸如塑料、橡胶和复合材料等各种新材料的出现，仅靠线性计算理论不足以解决遇到的问题，只有采用非线性有限元方法才能解决。众所周知，非线性的数值计算是很复杂的，它涉及到很多专门的数学问题和运算技巧，很难为一般工程技术人员所掌握。近年来，国外一些公司花费大量的人力和投资开发诸如MARC、ABQUS和ADINA等专长于求解非线性问题的有限元分析软件，而且，广泛应用于工程实践。这些软件的共同特点是：具有高效的非线性求解器以及丰富和实用的非线性材料库。

（3）增强可视化的前处理模块和后处理模块的功能

早期有限元分析软件的研究重点在于推导新的高效率求解方法和高精度的单元。随着数值分析方法的逐步完善，尤其是计算机运算速度的飞速发展，整个计算系统用于求解运算的时间越来越少，而数据准备和运算结果的表现问题却日益突出。在现在的工程工作站上，求解一个包含10万个方程的有限元模型只需要用几十分钟。但是，如果用手工方式来建立该模型，然后，再处理大量的计算结果则需用几周的时间。可以这样说，工程师在分析计算一个工程问题时有80%以上的精力花在数据准备和结果分析上。因此，目前几乎所有的商业化有限元程序系统均有功能很强的前处理模块和后处理模块。在强调可视化的今天，很多程序均建立对用户非常友好的GUI（Graphics User Interface），使用户能以可视图形方式直观快速地进行网格自动划分，生成有限元分析所需数据，并按要求将大量的计算结果整理成变形图、等值分布云图，便于极值搜索和所需数据的列表输出。

（4）FEA与CAD软件的无缝集成

当今有限元分析系统的另一个特点是与通用CAD软件的集成使用，即在用CAD软件完成部件和零件的造型设计后，自动生成有限元网格进行计算，如果分析的结果不符合设计要求，则重新进行造型和计算，直到满意为止，极大地提高设计水平和效率。今天，工程师可以在集成的CAD和FEA软件环境中快捷地解决一个在以前无法应付的复杂工程分析问

题。所以，当今所有的商业化有限元系统商均开发有著名的 CAD 软件（例如，Pro/ENGINEER、Unigraphics、SolidEdge、SolidWorks、IDEAS、Bentley 和 AutoCAD 等）的接口。

(5) 在 Wintel 平台上的发展

早期的有限元分析软件基本上均在大中型计算机（主要是 Mainframe）上开发和运行的，后来，发展到以工程工作站（EWS，Engineering Work Station）为平台，它们的共同特点均采用 UNIX 操作系统。PC 机的出现使计算机的应用发生根本性的变化，工程师渴望在办公桌上完成复杂工程分析的梦想成为现实。但是，早期的 PC 机采用 16 位 CPU 和 DOS 操作系统，内存中的公共数据块受到限制，因此，当时计算模型的规模不能超过 1 万阶方程。Microsoft Windows 操作系统和 32 位的 Intel Pentium 处理器的推出，为将 PC 机用于有限元分析提供必需的软件和硬件支撑平台。因此，当前国际上著名的有限元程序研究和发展机构都纷纷将他们的软件移植到 Wintel 平台上，使得最新高档 PC 机的求解能力已和中低档的 EWS 不相上下。

为了将在大中型计算机和 EWS 上开发的有限元程序移植到 PC 机上，常常需要采用 Hummingbird 公司的一个仿真软件 Exceed。这样做的结果比较麻烦，而且，不能充分利用 PC 机的软硬件资源。所以，最近有些公司，例如 IDEAS、ADINA 和 R&D 开始在 Windows 平台上开发有限元程序，称作“Native Windows”版本，同时，还有在 PC 机上的 Linux 操作系统环境中开发的有限元程序包。

2. 在国内，有限元分析（FEA）系统的发展和前景

1979 年美国的 SAP5 线性结构静、动力分析程序向国内引进移植成功，掀起应用通用有限元程序分析计算工程问题的高潮。该高潮持续到 1981 年 ADINA 非线性结构分析程序引进，那时，许多一直无法解决的工程难题均能迎刃而解。人们开始公认有限元分析程序的确是工程师应用计算机进行分析计算的重要工具。但是，当时限于国内大中型计算机很少，大约只有杭州汽轮机厂的 Siemens7738 和沈阳鼓风机厂的 IBM4310 安装有上述程序，所以，用户算题非常不方便，而且，费用昂贵。PC 机的出现及其性能奇迹般的提高，为移植和发展 PC 版本的有限元程序提供必要的运行平台。可以说，国内 FEA 软件的发展一直围绕着 PC 平台做文章。在国内开发比较成功并拥有较多用户（100 家以上）的有限元分析系统。例如，大连理工大学工程力学系的 FIFEX95、北京大学力学与科学工程系的 SAP84、中国农机科学研究院的 MAS5.0 和杭州自动化技术研究院的 MFEP4.0 等。但正如前述，国外很多著名的有限元分析公司已经从前些年对 PC 平台不屑一顾转变为热衷发展，因此，对国内 FEA 程序开发者来说，发展 PC 版本不再具有优势，应该从下面几方面加倍努力：

(1) 研究开发求解非固体力学和交叉学科的 FEA 程序

经过几十年的研究和发展，用于求解固体力学的有限元方法和软件已经比较成熟，现在，研究的前沿问题是：流体动力学、可压缩和不可压缩流体的流动等非固体力学和交叉学科的问题。由于国内没有类似功能的商品化软件，国外的软件非常贵。为了打破这种垄断局面，必须发展有自主版权、用于分析流体等非固体力学和交叉学科的软件。因为流体力学问题远比固体复杂得多，而且，很少有现成的软件可以借鉴，所以，需要投入大量的人力和经费。这样，必须有国家和大型企业集团的支持。

(2) 开发具有中国特色的自动建模技术和 GUI 开发建模技术

GUI 的投入比前述课题要少得多，却可以大大提高 FEA 软件的性能和用户接受程度，

收到事半功倍的效果。国内不少人在这方面做了很多工作，由于当时 PC 机上的图形支撑环境有限，开发的效果不甚理想。Windows 中提供 OpenGL 图形标准，为在 PC 机上应用可视化图形技术开发 GUI 提供强有力的工具。OpenGL 是当今国际上公认的高性能图形和交互式视景处理标准，应用它开发出来的三维图形软件深受专业技术人员的钟爱，目前，世界上占主导地位的计算机公司均采用该标准。正如前述，近年来国外有的 FEA 程序已抛开仿真软件，直接在 Windows 平台上开发有限元程序。杭州自动化技术研究院 1997～1999 年采用 OpenGL 图形标准和相应的 Visual C＋＋等编程工具，在 PC 机上成功地开发一套可视化有限元程序包。它能直观地通过对“菜单”、“窗口”、“对话框”和“图标”等可视图形画面和符号的操作，自动建立有限元分析模型，而且，以交互方式实现计算结果的可视化处理，大大提高有限元分析的效率和精确性，也便于用户学习和掌握。

（3）有限元方法和 CAD 软件的无缝集成

作为我国自行开发的 FEA 程序，首先要考虑和我国自主版权的 CAD 软件集成。有限元分析主要用于形状比较复杂的零部件，要和具有三维造型功能的 CAD 软件集成，使设计和分析紧密结合、融为一体。

第二节　结构分析的必备工具——Algor 简介

目前，我国有限元结构分析软件市场主要以国外公司的大型商业有限元分析软件为主，如 MSC/NASTRAN、MSC/PATRAN、ANSYS、ABQUS 和 MARC 等。这些大型软件功能强大，价格昂贵，对计算机硬件要求高。美国 Algor 公司针对微机平台开发的有限元分析软件 Algor，以其分析功能齐全、使用操作简便和对硬件的要求低，因此，在从事结构分析的科技工作者中享有盛誉。

Algor 软件是在我国工程界十分熟悉的有限元分析软件 SAP5 和 ADINA 基础上发展起来的。它的第一个版本运行于微机 DOS 操作系统，而 Algor 在 1995 年已推出 Windows95 环境下运行的 Algor95。1998 年又推出全新的基于 Windows95/98 和 WindowsNT 操作系统的全 32 位有限元分析软件 Algor98。目前，该软件可以运行从 DOS 到 Windows95/98 和 WindowsNT 操作系统的微机平台。

一、Algor 软件的分析功能

Algor 软件的分析模块和主要功能有：

1. 线性应力分析

线性应力分析（ssap0）；复合材料线性应力分析（ssap0c）；间隙单元线性应力分析（ssap0g）；复合材料和间隙单元线性应力分析（ssap0gc）；线性稳定性分析（ssap6s）。

2. 线性动力学分析

线性模态分析（ssap1）；复合材料模态分析（ssap1c）；时间历程分析（ssap2）；响应谱分析（ssap3）；线性瞬态应力分析（ssap4）；复合材料瞬态应力分析（ssap4c）；频率响应分析（ssap5）；随机振动分析（ssap7）；载荷作用下的模态分析（ssap8s）。

3. 非线性动力分析

非线性模态分析（apak1）；非线性动力和应力分析（apak4）。

4. 热传导分析

稳态热传导分析（ssap10）；瞬态热传导分析（ssap11）。

5. 流体流动分析

二维稳态流动分析（flow01）；二维非稳态流动分析（flow02）；三维稳态流动分析（flow03）；三维非稳态流动分析（flow04）。

6. 电场分析

7. 管道设计集成分析

8. 机械运动仿真

非线性机械运动仿真 Accupak/VE（apak4）。

9. CAD 接口 Houdini

通过 IGES、SAT、PRT 等文件读取其他 CAD 软件的实体模型；通过 IGES、DXF 文件读取 CAD 软件线框模型。

二、Algor 软件的结构

Algor 软件通过 Roadmap 把前处理（Superdraw1）、后处理（Superview）和分析模块紧密地联系在一起，主要由以下几个部分组成：

1. 标题栏：显示程序名和使用的模型名。

2. 菜单栏：位于标题栏下方，包括下拉式菜单。

3. 模型区：此区域是显示模型的地方。

4. 浮动工具栏：此工具栏可以快速进入 SD3 命令。

5. 最小轴：指出用户的视点相对于三维活动区域的位置。

6. 状态栏：显示重要的信息和提供坐标和参数输入。

7. 对话栏：提供输入字符的地方。

三、Algor 软件的初步使用

现以安装在 Windows 95 下的 Algor 为例演示该软件初步的使用方法。

Algor 软件安装后，在 Windows 95 “开始” 下的 “程序” 菜单中形成一个 “Algor Software” 图标。单击该图标进入下一级菜单，从 “Start Algor with Roadmaps” 启动进入 “Roadmap”。从 “File” 菜单中选择 “New Model” 输入新模型名。从 “Analysis Type” 菜单中选择分析类型。双击 “Create/Edit Your Model” 进入下一级菜单，单击 “Superdraw Ⅲ” 进入前处理程序 SD3。在 SD3 中利用它的 “Add”、“Construct” 和 “Modify” 菜单下的命令来构造几何模型，再利用 “FEA Mesh” 菜单下的命令生成有限元网格。边界条件和载荷使用 “FEA Add” 菜单的下一级菜单 “Stress and Dynamic Analysis”、“Fluid Flow Analysis”、“Heat Transfer Analysis” 和 “ Electrostatic Analysis”，功能是分别施加 “结构应力和动力分析”、“流体流动分析”、“热传导分析” 和 “电场分析” 的边界条件和载荷。

例如，对于结构应力和动力分析，分别用 “Boundray Conditions”、 “Nodal Forces”、 “Nodal Moments” 和 “Nodal Temperatures” 等命令来执行。用鼠标单击状态栏中 “Element Data” 图标，出现对话窗，在该对话窗中选择单元类型、添加材料特性和几何特性。单击 “Data” 菜单生成计算所需要的数据。

此时，自动退出前处理程序 SD3，回到 Roadmap 界面。双击 “Select Run Time Options” 图标进入执行控制参数菜单，在该菜单中选择程序控制参数、计算输出内容和打印内容等。完成后双击 “Up” 图标返回到 “Roadmap” 界面。单击 “Analyze” 图标，提交作业，Roadmap 自动调用计算分析程序进行计算。计算机屏幕上会显示程序的执行进程和一些相关信息。计算完成后自动返回到 Roadmap 界面，单击“View Log File”图标检查计算历程文件。双击“Up”图标返回到“Roadmap”界面。

单击“View Analysis Results”图标，调用后处理程序 Sview 检查计算结果。Sview 主菜单下的“Options”菜单提供许多非常有用的命令，可以使用户非常方便地查看已完成的有限元模型，例如，显示节点和单元号；改变边界条件、压力、集中力和力矩的显示颜色；隐藏局部单元；以及定义剖切平面等。Sview 主菜单下的“Require”菜单提供许多查看节点和单元信息的命令，例如查看节点坐标、节点载荷和温度、查看单元材料特性，以及表面压力等信息。“Load case”、“Displaced”和“Stress-di”菜单提供很多显示计算结果的命令，在“Load case”菜单下可以观看每个工程的计算结果。在“Displaced”菜单下可以观看结构的变形图、变形和未变形的叠加图，并能查看任一节点的位移数据和任意改变放大比例。“Stress-di”菜单提供丰富的命令，可以按各种准则显示结构的应力、应变和接触力情况，不但能用云图显示，还可以显示应力、应变和接触力等值线，用鼠标点取结构上的任何节点可以显示出该节点的应力、应变和接触力数据，在该菜单下还可以生成计算结果的 BMP 图片文件。利用主菜单下的“Animate”菜单就可得到计算结果的动画演示。

第三节　结构分析通用程序 SAP84 简介

一、SAP84 的优点

微机结构分析通用程序 SAP84 是国内最受欢迎的微机结构分析通用程序之一。它具有力学模型合理、使用方便、功能强、结果准确等优点。

二、SAP84 在国内的应用情况

国内已有数千个工程项目使用 SAP84 进行计算，得到用户的一致好评。其中最典型的应用有：长江三峡大坝的初步设计、黄河小浪底枢纽工程抗震分析、北京西客站主体结构的计算、秦山核电站安全壳抗震分析、湖北郧县汉江斜拉桥、深圳中银大厦、北京崇文门四塔楼新世纪大厦、天津云顶大厦、大连云山大厦、成都王府井大厦、重庆中建大厦、上海大剧院钢屋顶、上海浦东机场候机厅悬索屋顶、中华世纪坛、北京植物园展览温室和厦门国际展览中心等重大工程。

三、SAP84 的适用性

SAP84 适用于土建、水利、电力、交通、机械、航空、矿冶、铁路、石化等广泛工程部门大型复杂结构的静力和动力分析，它也可以作为高校有关专业的师生教学科研的手段。

SAP84 尤其适用于大型、特种、复杂、具有不规则结构形式的土建结构，如多层和高层建筑、多塔楼高层建筑、具有大开洞、错层、转换层等各种特殊构造的大型建筑物以及大型网架等，具有一般专用软件所达不到的计算能力。

四、SAP84 的水平

该程序由约三十万条 FORTRAN 和 C 源程序构成。程序的组织结构科学、严谨、合理、灵活，能适应实际工程结构各种特殊的、多变的外形和多种边界条件。SAP84 采用最新计算力学、数值方法和程序设计方面的一些成果，开发丰富的单元库和先进的求解器使得该程序能在 32 位微机上高效率地求解大型和超大型工程课题。

SAP84 还开发适用于多种单元的图形输入前处理系统 GIS，使 SAP84 建模的数据准备极大地简化。SAP84 既具有二维平面和板壳有限元网格自动生成及建模程序 AutoMESH

2D，又具有三维实体单元网格自动生成及建模程序 AutoMESH 3D。这两个程序模块使采用 SAP84 的平面单元、板壳单元和三维实体元对大型和超大型复杂结构进行分析成为现实。以上这些程序的 Windows 界面使得用户的使用格外方便，输出格外简单。

SAP84 还对桥梁的动载荷开发专用模块 BRIDGE。

在 SAP84 版本 5.1 后，增加考虑土的非线性性能、横向载荷随位移改变的计算单桩和群桩的程序模块 GPILE 以及其前处理模块（包括在 GIS 中）。

因此，SAP84 无论在理论上还是技术上均达到国际和国内先进水平。

五、SAP84 的运行环境及功能

1. SAP84 的硬件环境是 PC 机，软件环境是 Windows 98、ME2000 和 XP，建议内存为 128M 以上。

2. SAP84 的解题容量几乎是无限的，目前的限制在于 Windows 系统单个文件的最大尺寸是为 2G。建议硬盘为 10G 以上。

3. SAP84 版本 6.0 采用效率极高的细胞存储稀疏算法，并带有双向循环展开技术的静动力求解器。

4. SAP84 具有分块子空间迭代法、分块 Ritz 向量 WYD 法和分块 Lanczos 法求解特征值和特征向量。SAP84 允许用振型迭加法或逐步积分法求解任意瞬态载荷下结构的动力响应。可以在多点以不同的载荷曲线（如地震和风）对结构进行激发。SAP84 可按反应谱理论求地震响应，并可与静力、瞬态响应一起组合。反应谱曲线包括工民建规范、水工规范和输入用户指定的谱曲线。在动力分析中可以把流体动压力对结构的影响作为附加质量来处理。SAP84 可以根据随机振动理论进行频域上的动力分析和可靠度分析。

5. SAP84 的单元库包括：三维框架单元、三维桁架单元、变断面直梁单元、平面曲梁单元、平面单元（平面应力、平面应变、空间膜、轴对称体和可受扭矩的轴对称体）、三维实体单元（4～21 节点包括：三棱柱和任意四面体的协调元、8 节点非协调元、16 节点非协调元以及带有旋转自由度的 8 节点 48 个自由度的非协调元）、4 节点 24 个自由度的板壳单元和以其为基础的带有细化功能的空间墙单元、管道单元和伪单元（可处理任意自由度之间线性约束的罚单元、读入刚度单元和可指定沿非坐标轴方向位移的单元）。SAP84 带有旋转自由度的空间墙单元可以协调地与三维框架单元连接，以准确的模型精确地计算任意框剪结构而没有力学上的不协调。SAP84 版本 5.1 或更高版本的罚单元可以处理节点位移之间的任意线性约束，使得每个节点具有不同自由度个数的不同类型单元能顺利连接，可用于处理高层建筑中的转换层。当采用 SAP84 中带有旋转自由度的 8 节点 48 个自由度的非协调元来处理高层建筑中的转换层时，可以不用罚单元，这样，不仅节省约束的处理，而且改善方程的病态。SAP84 版本可以在一个大型复杂结构中使用多种单元，并且完全协调。

6. SAP84 的所有单元均可以利用静力和动力子结构的功能进行静力分析和动力分析。其中动力子结构的算法是准确的，即计算的是整体结构的特征值和特征向量。该功能目前在国际上是独一无二的。

7. SAP84 可以对框架和桁架单元考虑 P-△效应，把几何刚度的非线性影响包括在内。SAP84 也可以对以框架、桁架、板壳等单元组成的结构进行稳定性分析，计算局部和总体失稳的临界载荷和屈曲模态。

8. SAP84 的三维框架单元（梁、柱以及斜柱）可以按 2001 年颁布的“混凝土结构设计规范”和“建筑结构抗震设计规范”进行混凝土配筋。墙单元可以按规范进行配筋。

9. SAP84 的彩色图形后处理程序段 SAPOUT 可以绘结构图、变形图、振型图、流体网格图和动力响应图。具有缩放、按观察点变换视角、旋转和消隐的功能。结构的变形图和特征向量可以用动画方式显示。它可以改变前景色和背景色。可以通过 DXF 文件在 AutoCAD 的环境下输出。可以画平面单元、8~21 节点三维实体单元以及板壳单元的彩色等应力区，对 4~21 节点三维实体单元可绘任意剖面上的等应力图，并可以存放在文件上。SAPOUT 还可以画三维框架的内力图。

10. SAP84 实现真 32 位的运算，因此，它的寻址范围大大增加，可使用的内存容量提高一个数量级，分块解法的每一块的尺寸可以达到上万个自由度，I/O 空前减少，因此，在程序解题的规模和速度上实现大幅度的跃进。SAP84 求解器的计算效率在国内一直处于领先的地位。

11. SAP84 的图形输入模块 GIS 可以通过交互式图形方式生成 SAP84 的数据文件，也可以读入已编辑好的数据文件进行再加工。包括三维框架、板壳和三维墙的几何生成以及材料、载荷的指定，它的工作平台可以是楼层平面、空间立面或三维空间。可以对楼板作刚性平面假定或部分楼板作刚性平面假定；允许不同塔楼的不同层采用各自独立的刚性楼板或弹性楼板的假定，能够准确地处理具有大开洞的楼板、多塔楼等复杂结构。也可以自动生成厚板转换层的三维实体单元网格以及与框架、剪力墙之间的罚单元数据，使得厚板转换层能与框架剪力墙完全变形协调。它有平移拷贝、层间拷贝、旋转拷贝和镜面反射拷贝等多种拷贝功能以及图形块任意粘贴和多种生成功能，使用极为方便。

12. SAP84 可使许多超大型结构的数据准备工作在一两天内即可全部完成。

13. SAP84 可与钢结构强度和稳定性校核以及断面性质自动查询模块 SS88 配接。可以对我国规范中列出的钢材特性和数万种断面形状自动输入材料和截面性质，在使用 SAP84 进行分析后，利用 SS88 进行强度和稳定性校核。

14. SAP84 开发 Windows 环境下 AutoCAD 平台上的二维网格自动生成模块 AutoMESH 2D。可以对平面任意区域自动生成三角形、四边形或三角形/四边形混合网格，并有网格局部编辑和细化功能。它提供点、线加密手段，并对边界和内节点实现自适应加密。同时，它还具有交互式有限元建模功能，可对 SAP84 的平面单元和板壳单元定义单元类型、载荷、约束和材料信息，可自动生成 SAP84 数据文件。

15. SAP84 版本开发 AutoCAD2000 平台上的三维实体网格自动生成模块 AutoMESH 3D。当使用 SAP84 对三维实体进行分析时，实现（四面体单元）网格的自动生成、载荷、约束和材料信息的交互式图形输入。AutoMESH 3D 的网格自动剖分功能，从理论到实际性能都居国际先进水平。该工具可使用户只需用 AutoCAD 构造物体的几何模型，再设定网格的全局尺寸及局部加密尺寸，程序将迅速生成高质量的四面体网格。对于需要加密的区域，程序将自动进行网格加密和疏密过渡。AutoMESH 3D 可自动生成 SAP84 数据。

16. SAP8 版本 5.1 中，与美国 Akron 大学岩土力学专家梁应科教授（Robert Liang）合作开发单桩和群桩分析的模块 GPILE。该模块一方面把桩用 SAP84 的框架单元来模拟，另一方面把土用非线性弹簧来模拟。对于土对桩的横向压力将按照随位移而改变的 P-Y 曲线进行迭代。每求解一次位移，要修改一次压力，然后，修改数据再求解位移，直到收敛为止。数据的修改和迭代过程的运行由程序自动完成。对于桩的承台可以用 SAP84 的板壳单元来计算，对于承台以上的任意结构则可采用SAP84的其他单元来模拟，进行整体计算。对于桩的位移和内力，同样，可以用SAP84的后处理程序显示。程序还考虑群桩的影响。

17. SAP84特别适用于多种类型单元的大型复杂组合结构，是目前国内拥有用户最多的通用结构分析程序。在SAP84开发的图形输入前处理和后处理功能已达到国际先进水平，它的许多功能在目前是独一无二的。全国已有数千个工程实际课题采用SAP84计算并作为设计的依据。

第四节　PK、PM建筑工程系列软件简介

一、PK、PM系列软件的内容

1. PMCAD结构平面计算机辅助设计
2. PK钢筋混凝土框排架及连续梁结构计算与施工图绘制
3. TAT多、高层建筑结构三维分析程序（8，30，75层）
4. TAT-D高层建筑结构动力时程分析
5. EPDA弹塑性动力时程分析软件
6. SATWE高层建筑结构空间有限元分析软件
7. FEQ高精度平面有限元框支剪力墙计算及配筋
8. XTJS框架、框-剪、剪力墙结构空间协同分析计算
9. STS高层钢结构设计软件
10. JLQ剪力墙结构计算机辅助设计
11. LTCAD楼梯计算机辅助设计
12. JCL交叉梁系楼盖计算
13. GJ钢筋混凝土基本构件设计计算
14. QIK混凝土小型空心砌块软件
15. JCCAD独立和条形等基础设计
16. EF弹性地基梁板基础结构CAD
17. BOX箱形基础计算辅助设计
18. ZJ桩基工程计算与施工图设计

本节主要简单介绍前面七个软件的内容：

二、结构平面计算机辅助设计软件（PMCAD）

PMCAD是整个结构CAD的核心，是剪力墙、楼梯施工图、高层空间三维分析和各类基础CAD的必备接口软件。PMCAD也是建筑CAD与结构的必要接口。

1. 用简便易学的人机交互方式输入各层平面布置及各层楼面的次梁、预制板、洞口、错层、挑檐等信息和外加荷载信息，在人机交互过程中提供随时中断、修改、拷贝复制、查询、继续操作等功能。

2. 自动进行从楼板到次梁、次梁到承重梁的荷载传导并自动计算结构自重，自动计算人机交互方式输入的荷载，形成整栋建筑的荷载数据库，可由用户随时查询修改任何一部位数据。由此数据可自动给框架、空间杆系薄壁柱、砖混计算提供数据文件，也可为连续次梁和楼板计算提供数据。

3. 绘制正交及斜交网格平面的框架、框-剪、剪力墙及砖混结构的结构平面图。包括柱、

梁、墙、洞口的平面布置、尺寸、偏轴、画出轴线及总尺寸线，画出预制板、次梁及楼板开洞布置，计算现浇楼板内力与配筋并画出板配筋图。画砖混结构圈梁构造柱节点大样图。

4. 作砖混结构和底层框架上层砖房结构的抗震分析验算。

5. 统计结构工程量，并以表格形式输出。

三、钢筋混凝土框架、框排架、连续梁结构计算与施工图绘制软件（PK）

1. 适用于工业与民用建筑中各种规则和复杂类型的框架结构、框排架结构、排架结构，剪力墙简化成的壁式框架结构及连续梁。

规模在 30 层，20 跨以内。

可处理梁柱正交或斜交、梁错层，抽梁抽柱，底层柱不等高，铰接屋面梁等各种情况，可在任意位置设置挑梁、牛腿和次梁，可绘制十几种截面形式的梁，可绘制折梁、加腋梁、变截面梁，矩形、工字梁、圆形柱或排架柱，柱箍筋形式多样。

2. 按新规范要求作强柱弱梁、强剪弱弯、节点核心、柱轴压比，柱体积配箍率的计算与验算，还进行罕遇地震下薄弱层的弹塑性位移计算和竖向地震力计算和框架梁裂缝宽度计算。

3. 可按照梁柱整体画、梁柱分开画、梁柱钢筋平面图表示法和广东地区梁表柱表四种方式绘制施工图。

4. 按新规范和构造手册自动完成构造钢筋的配置。

5. 具有很强的自动选筋、层跨剖面归并、自动布图等功能，同时又给设计人员提供多种方式预选钢筋、布图、构造筋等施工图绘制结果。

6. 在中文菜单提示下，提供丰富的计算简图及结果图形，提供模板图及钢筋材料表。

7. 可与“PMCAD”软件联接，自动导荷并生成结构计算所需的数据文件。

8. 可与三维分析软件 TAT、SATWE 接口，绘制 100 层以下高层建筑的梁柱图。

四、多、高层建筑结构三维分析程序（TAT）

TAT 是采用薄壁杆件原理的空间分析程序，它适用于分析设计各种复杂体型的多、高层建筑，不但可以计算钢筋混凝土结构，还可以计算钢-混凝土混合结构、纯钢结构，井字梁、平框及带有支撑或斜柱结构。其主要功能有：

1. 计算结构最大层数达 100 层；

2. 可计算框架结构，框剪和剪力墙结构、筒体结构。对纯钢结构可作 P-Δ 效应分析；

3. 可以进行水平地震、风力、竖向力和竖向地震力的计算和荷载效应组合及配筋；

4. 可以与 PMCAD 联接生成 TAT 的几何数据文件及荷载文件，直接进行结构计算；

5. 可以与动力时程分析程序 TAT-D 接力运行进行动力时程分析，并可以按时程分析的结果计算结构的内力和配筋；

6. 对于框支剪力墙结构或转换层结构，可以自动与高精度平面有限元程序 FEQ 接力运行，其数据可以自动生成，也可以人工填表，并可指定截面配筋；

7. 可以接力 PK 绘制梁柱施工图，接力 JLQ 绘制剪力墙施工图，接力 PMCAD 绘制结构平面施工图；

8. 可以与 JCCAD、EF、ZJ、BOX 等基础 CAD 联接进行基础设计；

9. TAT 与本系统其他软件密切配合，形成一整套多、高层建筑结构设计计算和施工图辅助设计系统，为设计人员提供一个良好的全面的设计工具。

五、高层建筑动力时程分析软件（TAT-D）

1. 本程序可根据输入的地震波对高层建筑结构进行任意方向的弹性动力时程分析，并提供四种动力分析结果，供用户用二阶段抗震补充设计。

2. 本程序可与 TAT 或 SATWE 接力运行，并可根据动力时程分析结果对结构重新设计，使用十分方便，程序为用户免费提供 29 条各类场地上的地震波，也可由用户输入自己的地震波。

3. TAT-D 计算模式为弹性，适用于小震作用下的动力时程分析。

六、弹塑性动力时程分析软件（EPDA）

1. 对于有抗震设防要求的建筑结构，尤其是高层、超高层建筑，进行弹塑性动力反应分析是十分必要的。因为“中震”和“大震”作用下，这些结构一般都处于弹塑性工作状态，对这些结构进行较准确的分析，一定要考虑其材料的弹塑性性质。我国正在修订的抗震设计规范和高规都明确规定“对不规则的、具有明显薄弱部位的、较高的高层建筑结构，应进行罕遇地震作用下的弹塑性变形分析”。

2. 近年来，PKPM CAD 工程部组织力量对建筑结构的弹塑性动力反应进行研究，2000 年 6 月提出实用的建筑结构弹塑性动力反应分析软件 EPDA。

3. EPDA 可以按任意给定方向计算结构的弹塑性时程响应，适用于“中震”和“大震”作用下各种材料的多、高层、及超高层建筑结构，包括钢筋混凝土结构、钢结构，和钢与混凝土混合结构，同时，程序中还考虑多塔、转换层等结构特性。

七、高层建筑结构空间有限元分析软件（SATWE）

SATWE 是应现代高层建筑发展的要求，专门为高层结构分析与设计而开发的基于壳元理论的三维组合结构有限元分析软件。其核心是解决剪力墙和楼板的模型化问题，尽可能地减小其模型化误差，提高分析精度，使分析结果能够更好地反映出高层结构的真实受力状态。

1. SATWE 采用空间杆单元模拟梁、柱及支撑等杆件。采用在壳元基础上凝聚而成的墙元模拟剪力墙。对于尺寸较大或带洞口的剪力墙，按照子结构的基本思想，由程序自动进行细分，然后用静力凝聚原理将由于墙元的细分而增加的内部自由度消去，从而保证墙元的精度和有限的出口自由度。墙元不仅具有墙所在的平面内刚度，也具有平面外刚度，可以较好地模拟工程中剪力墙的实际受力状态。

2. SATWE 为楼板给出四种简化假定，即楼板整体平面内无限刚、分块无限刚、分块无限刚加弹性连接板带和弹性楼板。在应用中，可根据工程实际情况和分析精度要求，选用其中的一种或几种简化假定。

3. SATWE 适用于高层和多层钢筋混凝土框架、框架-剪力墙、剪力墙结构，以及高层钢结构或钢-混凝土混合结构。及复杂体型的高层建筑、多塔、错层、转换层及楼板局部开洞等特殊结构型式。

4. SATWE 可完成建筑结构在恒、活、风、地震力作用下的内力分析及荷载效应组合计算，对钢筋混凝土结构还可完成截面配筋计算。

5. SATWE 可进行上部结构和地下室联合工作分析，并进行地下室设计。

6. SATWE 所需的几何信息和荷载信息都从 PMCAD 建立的建筑模型中自动提取生成并有多塔、错层信息自动生成功能，大大简化了用户操作。

7. SATWE 完成计算后，可经全楼归并接力 PK 绘梁、柱施工图，接力 JLQ 绘剪力墙施工图，并可为各类基础设计软件提供设计荷载。

八、高精度平面有限元框支剪力墙计算及配筋（FEQ）

1. 本程序可对高层建筑中的框支托梁作补充计算，采用高精度平面有限元方法计算托梁各点的应力和内力，并按规范要求作内力组合及配筋计算，同时，可计算墙体与托梁联接处的加强筋。

2. 本程序可独立使用，也可与 TAT 接力运行，使用方便。

第五节 TBSA 6.0 版 TBSA 程序简介

TBSA 程序是用来分析多层及高层建筑结构的专用程序，对结构体系和平面立面布置无特殊要求和限制。程序按结构力学三维空间分析，梁、柱、斜柱采用空间杆单元，每端 6 个自由度；剪力墙采用空间薄壁杆单元，考虑截面翘曲影响，每端 7 个自由度。程序不仅可以对框架结构、框架-剪力墙结构、剪力墙结构、筒体结构等常用的结构形式进行计算分析和配筋设计，还可用于其他更复杂的结构体系。

程序假定楼板面内无限刚，不考虑面内变形。多塔楼、错层结构采用分块刚性，按广义楼层处理。独立杆件和自由结点不受此限制。

一、TBSA 程序的基本功能

1. 通过前处理程序可自动形成结构分析的几何文件（工程名 . str）、设计信息文件（工程名 . des）和荷载文件（工程名 . lod），且可该三个文件进行人工编辑修改；

2. 可分析普通单体结构、多塔楼结构、错层结构、连体结构等多种立面结构形式；

3. 可进行风荷载、水平地震作用及竖向地震作用分析。水平地震作用可考虑耦连或非耦连两种方法；

4. 可计算钢筋混凝土构件、型钢混凝土构件、钢管混凝土柱、异形柱及钢结构构件；

5. 可按指定施工顺序考虑竖向荷载的施工模拟计算；

6. 可改变水平力作用方向，进行多方向水平力作用计算；

7. 梁单元和斜柱单元可以是固接或铰接单元；

8. 可考虑梁与柱偏心刚域的影响；

9. 可考虑框支柱、角柱的不同设计要求；

10. 对框架（包括框支柱）-剪力墙结构、板柱-剪力墙结构、钢框架-钢筋混凝土核心筒结构进行地震剪力调整；

11. 具有完善的数据检查、图形检查功能；

12. 可输出结构平面简图、荷载简图、配筋简图、振型简图、轴压比简图、底层柱脚内力简图等；

13. 对梁可以进行挠度裂缝验算，输出弹性和塑性挠度及指定梁的裂缝宽度。

二、TBSA 程序的新增加的功能

1. 可考虑双向地震作用；

2. 可考虑偶然偏心影响；

3. 可分别输入恒、活荷载，并可考虑活荷载不利布置；

4. 可计算独立杆件和自由节点，用于分析空旷结构和附属结构；

5. 可选择考虑 $P\text{-}\Delta$ 效应；

6. 可进行异形柱、型钢混凝土构件、钢构件的计算；

7. 可图形查看、输出构件内力；

8. 可单独指定楼层或构件的材料性能及抗震等级

第六节 ANSYS 软件功能简介

ANSYS 软件主要包括三个部分：前处理模块，分析计算（求解）模块和后处理模块。

前处理模块提供一个强大的实体建模及网格划分工具，用户可以方便地构造有限元模型；

分析计算模块包括结构分析（可进行线性分析、非线性分析和高度非线性分析）、流体动力学分析、电磁场分析、声场分析、压电分析以及多物理场的耦合分析，可模拟多种物理介质的相互作用，具有灵敏度分析及优化分析能力；

后处理模块可将计算结果以彩色等值线显示、梯度显示、矢量显示、粒子流迹显示、立体切片显示、透明及半透明显示（可看到结构内部）等图形方式显示出来，也可将计算结果以图表、曲线形式显示或输出。

软件提供 100 种以上的单元类型，用来模拟工程中的各种结构和材料。

该软件有多种不同版本，可以运行在从个人机到大型机的多种计算机设备上，如 PC，SGI，HP，SUN，DEC，IBM，CRAY 等。

启动 ANSYS，进入欢迎画面以后，程序停留在开始平台。从开始平台（主菜单）可以进入各处理模块：PREP7（通用前处理模块），SOLUTION（求解模块），POST1（通用后处理模块），POST26（时间历程后处理模块）。

ANSYS 用户手册的全部内容都可以联机查阅。

用户的指令可以通过鼠标点击菜单项选取和执行，也可以在命令输入窗口通过键盘输入。命令一经执行，该命令就会在 LOG 文件中列出，打开输出窗口可以看到 LOG 文件的内容。如果软件运行过程中出现问题，查看 LOG 文件中的命令流及其错误提示，将有助于快速发现问题的根源。LOG 文件的内容可以略作修改存到一个批处理文件中，在以后进行同样工作时，由 ANSYS 自动读入并执行，这是 ANSYS 软件的第三种命令输入方式。这种命令方式在进行某些重复性较高的工作时，能有效地提高工作速度。

一、前处理模块 PREP7

双击实用菜单中的“Preprocessor”，进入 ANSYS 的前处理模块。这个模块主要有两部分内容：实体建模和网格划分。

1. 实体建模

ANSYS 程序提供两种实体建模方法：自顶向下与自底向上。自顶向下进行实体建模时，用户定义一个模型的最高级图元，如球、棱柱，称为基元，程序则自动定义相关的面、线及关键点。用户利用这些高级图元直接构造几何模型，如二维的圆和矩形以及三维的块、球、锥和柱。无论使用自顶向下还是自底向上方法建模，用户均能使用布尔运算来组合数据集，从而“雕塑出”一个实体模型。ANSYS 程序提供完整的布尔运算，诸如相加、相减、相交、分割、粘结和重叠。在创建复杂实体模型时，对线、面、体、基元的布尔操作能减少相当可观的建模工作量。ANSYS 程序还提供拖拉、延伸、旋转、移动、延伸和拷贝实体模型图元的功能。附加的功能还包括圆弧构造、切线构造、通过拖拉与旋转生成面和体、线与面的自动相交运算、自动倒角生成、用于网格划分的硬点的建立、移动、拷贝和删除。自底向上进行实体建模时，用户从最低级的图元向上构造模型，即：用户首先定义关键点，然后依次是相关的线、面、体。

2. 网格划分

ANSYS 程序提供使用便捷、高质量的对 CAD 模型进行网格划分的功能。包括四种网格划分方法：延伸划分、映像划分、自由划分和自适应划分。

延伸网格划分可将一个二维网格延伸成一个三维网格。

映像网格划分允许用户将几何模型分解成简单的几部分，然后选择合适的单元属性和网格控制，生成映像网格。

自由网格划分器功能是十分强大的，可对复杂模型直接划分，避免用户对各个部分分别划分然后进行组装时各部分网格不匹配带来的麻烦。

自适应网格划分是在生成具有边界条件的实体模型以后，用户指示程序自动地生成有限元网格，分析、估计网格的离散误差，然后重新定义网格大小，再次分析计算、估计网格的离散误差，直至误差低于用户定义的值或达到用户定义的求解次数。

二、求解模块 SOLUTION

前处理阶段完成建模以后，用户可以在求解阶段获得分析结果。

点击快捷工具区的 SAVE_DB 将前处理模块生成的模型存盘，退出 Preprocessor，点击实用菜单项中的 Solution，进入分析求解模块。在该阶段，用户可以定义分析类型、分析选项、载荷数据和载荷步选项，然后开始有限元求解。ANSYS 软件提供的分析类型如下：

1. 结构静力分析

用来求解外载荷引起的位移、应力和力。静力分析很适合求解惯性和阻尼对结构的影响并不显著的问题。ANSYS 程序中的静力分析不仅可以进行线性分析，而且也可以进行非线性分析，如塑性、蠕变、膨胀、大变形、大应变及接触分析。

2. 结构动力学分析

结构动力学分析用来求解随时间变化的载荷对结构或部件的影响。与静力分析不同，动力分析要考虑随时间变化的力载荷以及它对阻尼和惯性的影响。ANSYS 可进行的结构动力学分析类型包括：瞬态动力学分析、模态分析、谐波响应分析及随机振动响应分析。

3. 结构非线性分析

结构非线性导致结构或部件的响应随外载荷不成比例变化。ANSYS 程序可求解静态和瞬态非线性问题，包括材料非线性、几何非线性和单元非线性三种。

4. 动力学分析

ANSYS 程序可以分析大型三维柔体运动。当运动的积累影响起主要作用时，可使用这些功能分析复杂结构在空间中的运动特性，并确定结构中由此产生的应力、应变和变形。

5. 热分析

ANSYS 程序可处理热传递的三种基本类型：传导、对流和辐射。热传递的三种类型均可进行稳态和瞬态、线性和非线性分析。热分析还具有可以模拟材料固化和熔解过程的相变分析能力以及模拟热与结构应力之间的热-结构耦合分析能力。

6. 电磁场分析

主要用于电磁场问题的分析，如电感、电容、磁通量密度、涡流、电场分布、磁力线分布、力、运动效应、电路和能量损失等。还可用于螺线管、调节器、发电机、变换器、磁体、加速器、电解槽及无损检测装置等的设计和分析领域。

7. 流体动力学分析

ANSYS 流体单元能进行流体动力学分析，分析类型可以为瞬态或稳态。分析结果可以是每个节点的压力和通过每个单元的流率。并且可以利用后处理功能产生压力、流率和温度分布的图形显示。另外，还可以使用三维表面效应单元和热-流管单元模拟结构的流体绕流并包括对流换热效应。

8. 声场分析

ANSYS 程序的声学功能用来研究在含有流体的介质中声波的传播，或分析浸在流体中的固体结构的动态特性。这些功能可用来确定音响话筒的频率响应，研究音乐大厅的声场强度分布，或预测水对振动船体的阻尼效应。

9. 压电分析

ANSYS 用于分析二维或三维结构对 AC（交流）、DC（直流）或任意随时间变化的电流或机械载荷的响应。这种分析类型可用于换热器、振荡器、谐振器、麦克风等部件及其他电子设备的结构动态性能分析。可进行四种类型的分析：静态分析、模态分析、谐波响应分析、瞬态响应分析。

三、后处理模块 POST1 和 POST26

ANSYS 软件的后处理过程包括两个部分：

通用后处理模块 POST1 和时间历程后处理模块 POST26。

通过友好的用户界面，可以很容易获得求解过程的计算结果并对其进行显示。这些结果包括位移、温度、应力、应变、速度及热流等，输出形式可以有图形显示和数据列表两种。

1. 通用后处理模块 POST1

点击实用菜单项中的“General Postproc”选项即可进入通用后处理模块。

这个模块对前面的分析结果能以图形形式显示和输出。例如，计算结果（如应力）在模型上的变化情况可用等值线图表示，不同的等值线颜色，代表不同的值（如应力值）。浓淡图则用不同的颜色代表不同的数值区（如应力范围），清晰地反映计算结果的区域分布情况。

2. 时间历程响应后处理模块 POST26

点击实用菜单项中的 TimeHist Postpro 选项即可进入时间历程响应后处理模块。

这个模块用于检查在一个时间段或子步历程中的结果，如节点位移、应力或支反力。这些结果能通过绘制曲线或列表查看。绘制一个或多个变量随频率或其他量变化的曲线，有助于形象化地表示分析结果。

另外，POST26 还可以进行曲线的代数运算

第七节　ADINA 结构非线性分析程序

ADINA 结构非线性分析程序早为我国工程界熟悉的著名程序，它包括：

1. 线性、非线性应力分析

2. 强大的 2D/3D 线性、非线性问题，静力和动力问题求解能力

3. 固体、杆、梁、管、板、壳和空白单元等各种单元类型的单元库

4. 材料库：如金属、岩土、塑料、橡胶、纤维织物、木材、陶瓷和混凝土等
5. 小变形、大变形、大应变
6. 热效应的弹塑性和蠕变分析
7. 屈曲和后屈曲分析
8. 静力和动力接触问题，自接触
9. 成形和切割加工工艺过程仿真模拟
10. 最新专利快速求解器
11. 静、动力子结构分析
12. 分析过程中可以动态增加或删除单元
13. 频率和模态综合求解
14. 响应谱、随机振动分析
15. 线性屈曲分析
16. 波传播和冲击波分析
17. 结构振动和谐振分析
18. 声-流体结构干涉问题分析
19. 断裂力学裂纹扩展分析
20. 用户自定义单元类型、材料和载荷

该程序能轻而易举地解决高度非线性工程问题。

第八节　通用有限元程序 Strat

一、软件的内容

1. 三维图形前处理 Prep
2. 通用有限元核心计算模块 Strat
3. 建筑结构专用后处理模块 Archi
4. 混凝土结构施工图模块 Design
5. 通用图形后处理 Plots

二、软件定位

通用与专用相结合，侧重于建筑结构的通用有限元软件

1. 通用：能处理任意复杂结构，能进行各种有限元计算
2. 专用：各模块隐含的建筑结构特点，常规结构如专用软件一样使用；专用后处理模块，对各类结构进行全面规范验算，计算结果直接用于设计

三、适用范围

1. 多高层混凝土结构、钢结构、钢-混凝土混合结构
2. 空间钢构架、网架、网壳、厂房、体育场馆
3. 无梁楼盖、加固结构
4. 多塔、错层、联体，转换层、厚板转换、斜撑、坡屋面、弹性

四、三大突出优势

1. 功能强大的全三维图形前处理系统

不借助其他软件平台，操作方式完全类似 AutoCAD，易学易用，是当前国内外功能最

全面、操作最简便的建筑结构前处理之一，其中荷载处理功能超过当前国内外各同类软件。经使用表明输入效率能提高 2 ~ 3 倍。

2. 全新开发的高性能墙单元

墙单元不能可靠计算节点弯矩是一个国际性难题，国内外各类软件的墙元均存在这类缺陷。本软件能可靠计算节点弯矩，且包含节点域变形，是墙元理论的重大创新。

3. 多结构类型的后处理模块

对不同结构类型，可按不同规范进行验算。对同一建筑中的不同结构部分，分别按适用规范进行验算。打破专业软件的人为界限，实现一套多能。

五、与国内一些软件的区别

1. 国内软件多采用按层平面建模的方式，常规结构处理非常简便；Strat 对于常规结构，同样采用按层建模的方式，且可平面与三维相结合，即按平面输入结构，在三维模式下改材料、截面，效率更高。

2. 国内软件对于斜撑、坡屋面等很难处理，复杂空间结构即无法处理。Strat 能处理任意复杂结构。

3. 国内软件多定位于专业软件，一套软件、一个模块只能处理一种结构类型，需要购买多个软件或模块才能满足日常工作要求。Strat 软件具有功能强大的前处理和多类型结构的后处理，一套软件即可满足大多数结构计算要求。

六、与国外一些软件的区别

1. 国外软件均为三维图形系统，能处理任意结构，但其只有三维功能，对于简单结构的处理反而不是很方便。Strat 同样为三维图形系统，又同时兼有二维图形功能，能方便地处理简单结构；对非常复杂的空间结构，仍可以对某些局部按二维处理，以提高输入效率。

2. 国外软件一般没有衔接中国规范的荷载处理以及构件验算功能，很多情况下只能得出总体指标和内力，不能直接应用于设计。Strat 具有完整的规范验算，处理结果可直接应用于设计，且有符合设计要求的结果判别输出。

第九节　超明星高层建筑与地基基础共同作用程序

同济大学赵锡宏教授数十年来一直从事高层建筑与地基基础共同作用工作，与其弟子宰金珉、裴捷、董建国等几十位硕士、博士生在该领域不断作出新成果和有关程序，并开发“超明星（SUPER-STAR）”系列软件和程序，包括：非线性空间基坑设计计算超明星软件、基坑预测系统超明星软件，地基基础设计超明星软件、上海地基基础设计规范超明星配套软件、高层建筑与地基基础共同作用分析超明星软件；也有基于损伤土力学理论用于地基基础和基坑工程的分析程序等。还有，和北京理正软件设计院合作的“同济—理正桩基方案优化设计软件”。其中最具特色的是高层建筑与地基基础共同作用分析软件，目前，在国内外有该方面的软件尚不多。

超明星高层建筑与地基基础共同作用软件不但能计算各种复杂的上部结构，更重要的是能用不同的地基基础计算理论用共同作用的计算方法对高层建筑与地基基础进行分析设计。该软件的主要特点有：

一、应用先进的计算方法

1. 有限元和有限元子结构法；

2. 有限层元法；

3. 半解析法；

4. 荷载传递法；

5. 剪切位移法；

6. 混合法；

7. Mindlin 方法。

二、软件的主要特色

1. 可用线性或非线性计算方法；

2. 可分析带裙房高层建筑（主楼与裙房之间设缝或不设缝）；

3. 可分析地下连续墙作承重结构的建筑；

4. 特别适用于超高层超长桩的桩筏基础，对上海 88 层的金茂大厦的桩筏基础和即将建造的上海 101 层环球金融中心的桩筏基础进行分析计算；

5. 可分析相临建筑物的影响；

6. 可分析长短桩结合的建筑（例如主楼长桩、裙房短桩或长短桩）；

7. 可分析不同地基形式的结合（例如主楼长桩、裙房天然地基）；

8. 可分析变断面的筏基（例如主楼筏基厚、裙房筏基薄）；

9. 可分析桩与筏（箱）的荷载分担；

10. 可计算筏基任意点位移和内力；

11. 可用简化实用方法、半理论-半经验方法、有限元结合统计的实用法和荷载分担计算法等对沉降和桩与筏（箱）的荷载分担进行计算。

应予指出，在国内有宰金珉在林宗元主编《岩土工程勘察设计手册》的“超高层建筑结构和地基的共同作用”部分的程序；北京理正软件设计院的理正上部结构-地基-基础共同工作整体分析系统；前面的 PK、PM 系列软件中的 XTJS 框架、框-剪、剪力墙结构空间协同分析计算。

参考文献

1 尹柏生．有限元分析系统的发展现状与展望（源自 www. fea-league. com/）

2 周传月．结构分析的必备工具——Algor（源自 www. mypcera. com）

3 北京大学力学与工程科学系袁明武，陈璞，孙树立，郑东，陈斌，刘剑飞，邸元，李水乡．结构分析通用程序 SAP84 简介（源自 www. sap84. com）

4 PK、PM 系列软件（源自 www. pkpm. com. cn）中国建筑科学研究院 PKPM CAD 工程部

5 TBSA 6.0 版 TBSA 程序简介（源自 www. tbsa. com. cn）

6 ANSYS 软件功能简介（源自 www. ansys. com. cn）

7 ADINA 结构非线性分析程序（源自 www. adina. com）

8 通用有限元软件 Strat 介绍（源自 www. strat. cn）

9 张保良，赵锡宏，超明星．高层建筑与地基基础共同作用程序